Physik

Gesamtband Sekundarstufe I

Herausgeber
Prof. Dr. habil. Lothar Meyer
Dr. Gerd-Dietrich Schmidt

DUDEN PAETEC Schulbuchverlag

Berlin · Frankfurt a. M.

Herausgeber
Prof. Dr. habil. Lothar Meyer
Dr. Gerd-Dietrich Schmidt

Autoren
PD Dr. habil. Barbara Gau
Prof. Dr. habil. Lothar Meyer
Dr. Gerd-Dietrich Schmidt

Dieses Werk enthält Vorschläge und Anleitungen für **Untersuchungen** und **Experimente.**
Vor jedem Experiment sind mögliche Gefahrenquellen zu besprechen. Die Gefahrstoffe sind durch die entsprechenden Symbole gekennzeichnet.
Experimente werden nur nach Anweisung des Lehrers durchgeführt. Solche mit Gefahrstoffen dürfen nur unter Aufsicht durchgeführt werden.
Beim Experimentieren sind die Richtlinien zur Sicherheit im naturwissenschaftlichen Unterricht einzuhalten.

1. Auflage
1 8 7 6 5 4 | 2013 2012 2011 2010 2009
Alle Drucke dieser Auflage können im Unterricht nebeneinander benutzt werden.
Die letzte Zahl bezeichnet das Jahr dieses Druckes.

Internet www.duden.de

Redaktion Prof. Dr. habil. Lothar Meyer
Gestaltungskonzept und Umschlag Britta Scharffenberg
Layout Claudia Kilian
Grafik Heribert Braun, Claudia Kilian, Manuela Liesenberg, Jens Prockat
Druck und Bindung Těšínská tiskárna, Český Těšín

ISBN 978-3-89818-325-3
ISBN 978-3-89818-365-9 (mit CD-ROM)

Inhaltsverzeichnis

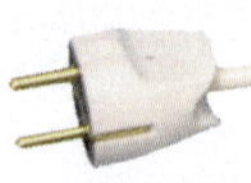

1 Die Physik – eine Naturwissenschaft

1.1 Gegenstand und Teilgebiete der Physik

Feuer und Flamme

Das Feuer hat Menschen schon immer in seinen Bann gezogen und tut es auch noch heute. Ein Lagerfeuer verbreitet eine angenehme und beruhigende Stimmung. Das Feuer spendet uns aber vor allem Licht und Wärme.

Woher kommen Licht und Wärme des Feuers? Warum geben unterschiedliche Brennstoffe unterschiedlich viel Licht und Wärme ab?

Blitz und Donner

Ein Gewitter ist eine beeindruckende Naturerscheinung. Viele Menschen fürchten sich davor.

Wie kommt es aber zu einem Blitz? Und wie gefährlich ist ein Blitz? Kann man sich vor einem Blitzschlag schützen? Warum hört man manchmal den Donner viel später, als man den Blitz sieht?

Die Spitze des Eisbergs

Häufig wird davon gesprochen, dass man nur die Spitze des Eisbergs sieht, und meint das in einem übertragenen Sinn. In der Natur entspricht es aber auch den Tatsachen. Etwa 90 % eines Eisbergs befinden sich unter Wasser.

Wie ist das zu erklären?

Warum gehen diese riesigen Eisberge eigentlich nicht unter?

Woraus besteht unsere Welt?

Alle Stoffe bestehen aus Atomen und Molekülen. Diese sind aus noch kleineren Teilchen zusammengesetzt. In der modernen physikalischen Forschung nutzt man riesige Beschleuniger, um die Struktur und die Eigenschaften der kleinsten Teilchen zu erforschen.

Wie sind Atome bzw. Moleküle aufgebaut? Welches sind die kleinsten Teilchen, die den Physikern heute bekannt sind? Wie kann man sie nachweisen?

Überall Halbleiter

Ohne Elektronik funktioniert heute weder ein Auto noch ein CD-Player, weder ein PC noch ein Handy. Sie alle besitzen komplexe elektronische Bauelemente, die Chips.

Was ist ein Chip? Welche Vorgänge gehen im Inneren eines solchen Halbleiterbauelements vor sich? Was sind überhaupt Halbleiter? Welche besonderen Eigenschaften haben sie?

Energie aus der Steckdose

Elektrische Energie und auch Wärme werden meist von großen Kraftwerken zur Verfügung gestellt. Bei der Bereitstellung, der Übertragung und der Nutzung von Elektroenergie erfolgen zahlreiche Energieumwandlungen.

Was ist Energie? Welche Energieumwandlungen erfolgen in einem Kraftwerk? Wie funktionieren die Transformatoren in einem Umspannwerk? Geht uns irgendwann die Energie aus?

Die Naturwissenschaft Physik

Wenn wir unsere Umwelt aufmerksam betrachten, können wir viele interessante Erscheinungen beobachten. Viele Naturerscheinungen, die wir heute bestaunen (s. S. 10 und 11), sind den Menschen seit langem bekannt. Diese Erscheinungen gehören zur Natur, auch ohne den Menschen mit seinen Wissenschaften und der Technik. Schon vor Jahrtausenden haben Menschen diese Erscheinungen beobachtet, sie bestaunt, sich vor ihnen gefürchtet und sie sich auch zunutze gemacht. Mithilfe des Feuers, das die Menschen z. T. von Blitzeinschlägen hatten, konnten sie Fleisch braten, Ton brennen oder später Eisen herstellen.

Durch Beobachtungen haben die Menschen Regelmäßigkeiten in der Natur entdeckt, z. B. den Wechsel von Tages- und Jahreszeiten, die Veränderung der Gestalt des Mondes sowie das Auftreten von Sonnen- und Mondfinsternissen. Mithilfe dieser Regelmäßigkeiten und der ermittelten Daten konnten die Menschen die Termine für Aussaat und Ernte besser bestimmen.

Sie suchten aber auch nach **Zusammenhängen** zwischen den Erscheinungen, um **Erklärungen** zu finden und ihre **Voraussagen** sicherer zu machen. Und sie fanden Zusammenhänge und Erklärungen, auch wenn sich diese später häufig als nicht richtig erwiesen.

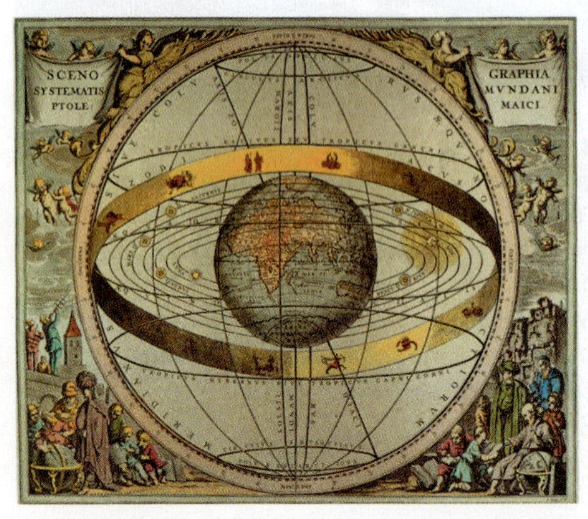

1 Das Weltbild des PTOLEMÄUS in einer historischen Darstellung: Die Erde steht im Zentrum.

2 GALILEO GALILEI (1564–1642) – Professor in Pisa, Padua und Florenz

Aus den beobachteten Bewegungen der Himmelskörper, vor allem von Sonne, Mond und Sternen, leiteten die Menschen im Altertum die nahe liegende Vermutung ab, dass sich die Erde im Zentrum der Welt befindet und sich alle Himmelskörper um die Erde bewegen. Gelehrte aus dem antiken Griechenland entwickelten daraus ein ganzes Weltbild über die Bewegungen im Kosmos und auf der Erde. CLAUDIUS PTOLEMÄUS (um 100–um 170) fasste die Erkenntnisse zusammen. Dieses Weltbild (Abb. 1) war eine großartige Leistung der antiken Wissenschaft, denn man konnte die Bewegung von Sonne und Mond vorausberechnen. So blieb dieses Weltbild viele Jahrhunderte lang erhalten und war doch falsch.

Ab Beginn der Neuzeit entwickelten solche Gelehrte wie NIKOLAUS KOPERNIKUS (1473–1542), GALILEO GALILEI (1564–1642), JOHANNES KEPLER (1571–1630) und ISAAC NEWTON (1643–1727) auf der Grundlage von Beobachtungen und Überlegungen ein neues Weltbild, in dem die Sonne im Zentrum unseres Planetensystems steht.

GALILEI (Abb. 2) war auch der erste Wissenschaftler, der **neue Denk- und Arbeitsweisen** in die Naturwissenschaften einführte. Er suchte nicht nur nach oberflächlichen Erklärungen, die dem Augenschein entsprachen, sondern fragte nach dem Wesentlichen in den Erscheinungen. Vor allem aber zeigte er, dass man nicht allein durch

theoretische Überlegungen zu neuen Erkenntnissen kommt, sondern seine Überlegungen mit **Experimenten** überprüfen muss. Experimente führen auch zu neuen Ergebnissen.
Ein berühmter Experimentator war auch der Magdeburger Bürgermeister OTTO VON GUERICKE (Abb. 1). Er konnte z. B. bei seinem Experiment mit den Magdeburger Halbkugeln (Abb. 2) die Wirkungen des Luftdrucks nachweisen. Damit widerlegte er eine lange herrschende Auffassung aus der Antike, dass es keinen luftleeren Raum – kein Vakuum – geben könne.
Durch viele Entdeckungen, Beobachtungen und Experimente entwickelte sich in den letzten Jahrhunderten die Physik als eigenständige Naturwissenschaft. Das Wort **„Physik“** kommt vom griechischen Wort „physis“ und heißt so viel wie „Natur“.

Die Physik ist eine Naturwissenschaft. Sie beschäftigt sich mit Erscheinungen und Gesetzen in unserer natürlichen Umwelt und ermöglicht die Erklärung und Voraussage vieler Erscheinungen in der Natur.

1 OTTO VON GUERICKE (1602–1686) – Bürgermeister und Experimentator, u. a. Erfinder der Luftpumpe, des Wasserbarometers und der Elektrisiermaschine

Solche Naturerscheinungen sind z. B. Sonnen- und Mondfinsternisse. Erst nachdem man erkannt hatte, wie sich der Mond um die Erde und beide zusammen um die Sonne bewegen, konnte man das Zustandekommen von Finsternissen erklären. Heute können wir voraussagen, dass die nächste totale Sonnenfinsternis in Deutschland erst am 3. September 2081 zu beobachten sein wird. Ebenso können wir voraussagen, wann die nächste in Deutschland beobachtbare Mondfinsternis stattfindet und ob sie total ist.

2 Der berühmte Versuch mit den Magdeburger Halbkugeln: 16 Pferde waren nicht imstande, den Luftdruck zu überwinden, der die luftleer gepumpten Halbkugeln zusammenhielt.

Die Physik und die anderen Naturwissenschaften

Auch andere Wissenschaften beschäftigen sich mit Erscheinungen und Gesetzen in der Natur. Deshalb gibt es viele Wechselbeziehungen zwischen der Physik und den anderen Naturwissenschaften.

Die **Physik** untersucht *grundlegende* Erscheinungen und Gesetze, die sowohl in der belebten als auch in der unbelebten Natur auftreten.

Die **Biologie** untersucht Erscheinungen des Lebens von Pflanzen, Tieren und Menschen, wie z. B. die Ernährung, Fortpflanzung, Fortbewegung und Entwicklung (Abb. 2). Auch der Aufbau und die Wirkungsweise von menschlichen und tierischen Organen werden in der Biologie untersucht. Dabei werden z. B. auch physikalische Erkenntnisse angewendet, wenn man den Aufbau und die Wirkungsweise von Auge und Ohr verstehen will.

Die **Chemie** untersucht Erscheinungen, die mit dem Aufbau, den Eigenschaften und der Umwandlung von Stoffen unserer Umwelt verbunden sind (Abb. 1). Auch dabei werden physikalische Erkenntnisse angewendet, da sich die Physik ebenfalls mit den Stoffen und ihren Eigenschaften beschäftigt.

2 Wale und Delfine verständigen und orientieren sich mithilfe des Schalls. Um dies zu verstehen, werden physikalische Erkenntnisse aus der Akustik angewendet.

Die **Astronomie** untersucht Erscheinungen im Weltall, u. a. die Bewegung und Entwicklung von Planeten und Sternen. Zu den Sternen zählt auch unsere Sonne (Abb. 3), um die sich alle Planeten unseres Sonnensystems bewegen.
Die Physik selbst berücksichtigt natürlich in ihrer Entwicklung auch die Erkenntnisse, die in der Biologie, in der Chemie und in der Astronomie gewonnen werden.

1 In chemischen Labors werden Stoffe und ihre Eigenschaften untersucht. Außerdem versucht man neue Stoffe mit bestimmten, gewünschten Eigenschaften herzustellen.

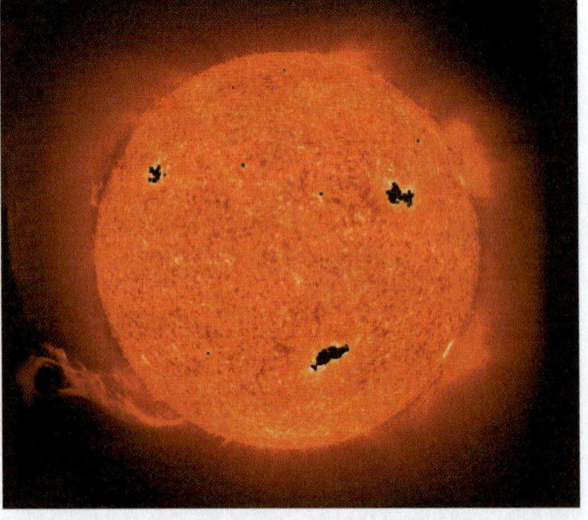

3 In der Sonne werden gewaltige Energiemengen frei, die auch die Erde mit Licht und Wärme versorgen. Die Prozesse der Energiefreisetzung kann man mithilfe der Atomphysik verstehen.

Physik, Technik und Alltag

Die Physik ist auch eine wichtige **Grundlage der Technik.** Dabei werden bewusst physikalische Erkenntnisse genutzt, um Geräte und Anlagen zu bauen, um Energie zweckmäßig zu verwenden, um unser Leben sicherer und angenehmer zu machen. Wenn du den Lichtschalter betätigst, dann leuchtet die Deckenbeleuchtung im Zimmer auf. Die elektrische Energie wird in Licht und Wärme umgewandelt. Energie wird auch genutzt, um Fernsehapparate oder Computer zu betreiben, Räume zu heizen, Fahrräder und Autos zu bewegen oder Raketen in den Weltraum zu schießen. Die vielfältige Nutzung von Energie hat das Leben der Menschen verändert.

Die Physik ist eine wichtige Grundlage der Technik. In der Technik werden physikalische Gesetze vom Menschen genutzt.

Physikalische Erkenntnisse spielen nicht nur in der Technik, sondern auch in unserem täglichen Leben eine wichtige Rolle. Die bewusste Nutzung physikalischer Erkenntnisse erleichtert unser Leben und erhöht unsere Sicherheit. Unkenntnis oder Nichtbeachtung kann zu Unfällen oder Schäden führen.

1 Die elektrische Energie, die wir im Haushalt nutzen, wird vorwiegend in Kraftwerken aus Kohle, Gas, Kernenergie, Wasser oder Wind gewonnen und gelangt über Elektrizitätsleitungen in jeden Haushalt.

2 Beim Start einer Rakete wird Treibstoff verbrannt. Die Verbrennungsgase strömen mit großer Geschwindigkeit aus und treiben die Rakete an.

In einem anfahrenden oder bremsenden Bus musst du dich festhalten, um nicht umzufallen. Das gilt auch bei einer Kurvenfahrt.
Nach dem Baden sollte man die nasse Badebekleidung wechseln, weil man sich sonst leicht erkälten kann.
Ein Autofahrer weiß, dass sein Bremsweg bei eisglatter Fahrbahn wesentlich größer ist als auf trockener Straße, und erhöht den Sicherheitsabstand.
In allen diesen Beispielen nutzen wir – bewusst oder unbewusst – physikalische Erkenntnisse.

Die Physik ist eine wichtige Grundlage unseres täglichen Lebens.
Die bewusste Nutzung physikalischer Gesetze erleichtert unser Leben und erhöht unsere Sicherheit. Unkenntnis oder Nichtbeachtung physikalischer Gesetze kann zu Unfällen oder Schäden führen.

Die Teilgebiete der Physik

Traditionell wird die Physik in verschiedene Teilgebiete eingeteilt. Diese Einteilung hat sich historisch entwickelt und ermöglicht es, das umfangreiche Gebiet der Naturwissenschaft Physik besser zu überblicken.

In der **ATOM- UND KERNPHYSIK** wird der Aufbau der Atome, ihre Umwandlung, die Entstehung und Nutzung radioaktiver Strahlung sowie der Schutz vor ihr untersucht. Auch die Gewinnung von Energie in Kernkraftwerken oder die Vorgänge der Kernverschmelzung im Inneren der Sonne werden in der Atom- und Kernphysik betrachtet.

In der **AKUSTIK,** die manchmal auch als Teilbereich der Mechanik betrachtet wird, geht es um die Entstehung und Ausbreitung von Schall, aber auch um gesundheitsgefährdenden Lärm und dem Schutz vor ihm.

In der **OPTIK** werden die Ausbreitung des Lichts, seine Reflexion und Brechung sowie die Bildentstehung durch Spiegel und Linsen untersucht. Gegenstand der Optik ist auch der Aufbau und die Wirkungsweise von optischen Geräten, wie Lupen, Mikroskopen und Fernrohren.

Die **MECHANIK** beschäftigt sich mit der Bewegung von Körpern, den verschiedenen Kräften und ihren Wirkungen, den kraftumformenden Einrichtungen (Hebel, Rollen, geneigte Ebenen), dem Druck sowie dem Schwimmen, Schweben und Fliegen.

Im Mittelpunkt der **ELEKTRIZITÄTSLEHRE** stehen elektrisch geladene Körper, der elektrische Strom und seine Wirkungen, die Gewinnung elektrischer Energie, aber auch Naturerscheinungen wie Blitze und technische Anwendungen wie Generatoren, Transformatoren oder Chips, ohne die moderne elektronische Geräte nicht funktionieren würden.

Die **WÄRMELEHRE** oder **THERMODYNAMIK** beinhaltet alle Fragen, die mit der Temperatur, der Übertragung von Wärme, dem Schmelzen, Erstarren oder Sieden zu tun haben. Auch der Aufbau und die Wirkungsweise von Verbrennungsmotoren sind Teil der Wärmelehre.

1.2 Denk- und Arbeitsweisen in der Physik

Wie sage ich es in der Physik?

Das Hin- und Herwippen funktioniert gut, wenn die schwere Person näher an der Drehachse sitzt als die leichte. In der Umgangssprache bezeichnet man eine solche Anordnung als Wippe oder auch als Schaukel, aus physikalischer Sicht ist sie ein zweiseitiger Hebel.

Warum unterscheiden sich Alltags- und Fachsprache? Was ist ein Fachbegriff? Wer legt ihn fest?

Die Wirklichkeit vereinfacht

An einem Motormodell kann man gut den Aufbau eines Motors erkennen und auch seine Wirkungsweise erklären. Ein solches Modell für einen Motor ist aber viel einfacher als ein tatsächlicher Motor, so wie er in einem Pkw eingebaut ist.

Was ist in der Physik ein Modell? Wozu dienen Modelle? Wo liegen ihre Grenzen?

Das Experiment – eine Frage an die Natur

Das Vorbereiten, Durchführen und Auswerten von Experimenten gehört zu den grundlegenden Arbeitsweisen des Physikers und spielt auch im Physikunterricht eine wichtige Rolle. Mithilfe von Experimenten kann man Zusammenhänge erkennen und genauer erfassen.

Was muss man beim Experimentieren beachten? Wie werden Messwerte erfasst und ausgewertet? Welche Messfehler können auftreten und wie beeinflussen sie das Ergebnis?

Physikalische Begriffe und Größen

Die Wissenschaft Physik hat das Ziel, nicht nur Naturerscheinungen eindeutig und klar zu beschreiben, sondern auch Zusammenhänge und Gesetze zu erkennen. Mithilfe dieser Gesetze können dann Erscheinungen in Natur und Technik erklärt oder vorausgesagt werden.
Um z. B. das Hin- und Herschwingen einer Schaukel, die Bewegung des Pendels einer Uhr oder andere Hin- und Herbewegungen zu beschreiben, nutzt man in der Physik einen Begriff: Es handelt sich in allen Fällen um **Schwingungen**. Ein solcher **Fachbegriff** ist in der Physik eindeutig definiert: Eine Schwingung ist eine zeitlich periodische Änderung einer physikalischen Größe. Auch in der Umgangssprache wird dieser Begriff verwendet, allerdings in unterschiedlichem Sinn.

Ähnlich ist das beim Begriff **Arbeit.** Der Physiker versteht unter mechanischer Arbeit einen Vorgang, bei dem ein Körper durch eine Kraft bewegt oder verformt wird. In der Umgangssprache wird der Begriff Arbeit für die unterschiedlichsten Tätigkeiten genutzt.

Wenn ein Physiker von einem **Feld** redet, meint er den Zustand eines Raumes um einen Körper, in dem auf andere Körper Kräfte wirken. So richtet sich z. B. eine Kompassnadel im magnetischen Feld der Erde in Nord-Süd-Richtung aus. Ein Landwirt verbindet mit dem Begriff Feld sicher andere Vorstellungen: Für ihn ist es eine Ackerfläche.

In der Physik wird mit physikalischen Begriffen gearbeitet. Sie sind eindeutig definiert und lassen sich damit von anderen Begriffen unterscheiden.

Solche physikalischen Begriffe sind z. B. Temperatur, Kraft, magnetisches Feld, Wärme oder Schall. Viele der Wörter entstammen der Umgangssprache und werden auch dort verwendet. Deshalb muss man bei der Nutzung von Begriffen stets beachten, ob man sie fachsprachlich oder umgangssprachlich verwendet.

Diejenigen physikalischen Begriffe, die man größenmäßig (quantitativ) erfassen kann, werden als **physikalische Größen** bezeichnet. So kann beispielsweise das Badewasser in der Badewanne kalt, warm oder heiß sein. Genauer lässt sich das mit der physikalischen Größe Temperatur kennzeichnen. Dazu wird ein Zahlenwert und eine Einheit angegeben, beispielsweise: Die Temperatur beträgt 37 °C.

Mit physikalischen Größen lassen sich messbare Eigenschaften von Objekten zahlenmäßig erfassen.

Solche physikalischen Größen sind z. B. die Masse, das Volumen, die Dichte, der elektrische Widerstand, die Brennweite einer Linse oder die Bewegungsenergie, die ein Körper hat.
Alle physikalischen Größen haben bestimmte Merkmale:

(1) Die **Bezeichnung der Größe** ist eindeutig festgelegt. So wird z. B. das elektrische Verhalten eines Bauelements durch die Größe „elektrischer Widerstand" gekennzeichnet.
(2) Die **Bedeutung der Größe** gibt an, welche Eigenschaft bzw. welches Merkmal durch sie beschrieben wird: Der elektrische Widerstand eines Bauelements ist ein Maß dafür, wie stark der Strom in ihm behindert wird.
(3) Für jede physikalische Größe ist mindestens ein **Formelzeichen** festgelegt. Das Formelzeichen für den elektrischen Widerstand ist R.
(4) Um den Wert einer Größe anzugeben, muss eine **Einheit** festgelegt sein. Die Einheit des elektrischen Widerstandes ist ein Ohm (1 Ω). Der Wert der Größe ist das Produkt aus Zahlenwert und Einheit: $R = 50 \cdot 1\,\Omega = 50\,\Omega$.
(5) Zur vollständigen Kennzeichnung einer physikalischen Größe gehört die Angabe eines **Messgerätes** oder die Beschreibung eines **Messverfahrens.** Den elektrischen Widerstand kann man mit einem Widerstandsmesser bestimmen.

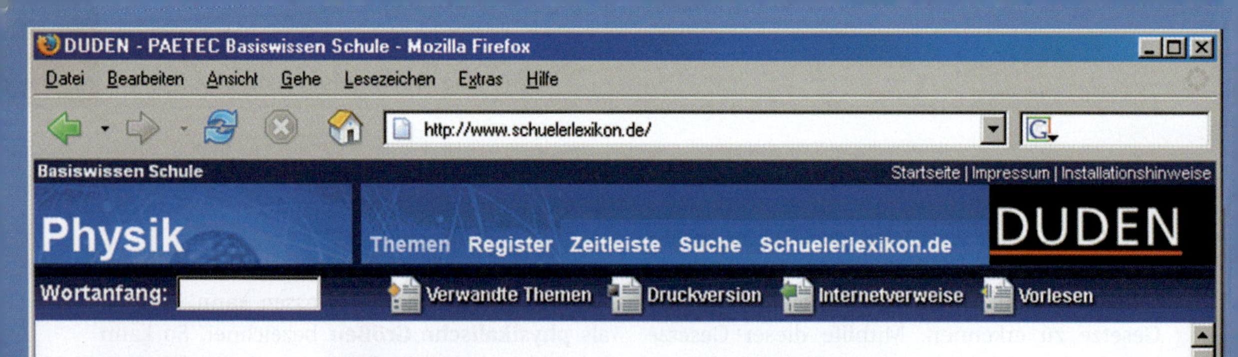

Internationales Einheitensystem

1 Internationaler Kilogramm-prototyp

Im Internationalen Einheitensystem, auch als **SI** bezeichnet (das ist die Abkürzung für das französische **S**ystème **I**nternational d' Unitès), sind **Basiseinheiten** (Grundeinheiten) für sieben physikalische Größen festgelegt. Aus diesen sieben Basiseinheiten lassen sich die meisten anderen Einheiten des Internationalen Einheitensystems ableiten.

Basiseinheit **Kilogramm** (Zeichen: kg) als Einheit für die **Masse:**
Das Kilogramm ist gleich der Masse des internationalen Kilogrammprototyps (Bild 1).

Basiseinheit **Meter** (Zeichen: m) als Einheit für die **Länge:**
Das Meter ist die Länge der Strecke, die Licht im Vakuum während der Dauer von 1/299 792 458 Sekunden durchläuft.

2 Mit einer Atomuhr kann die Zeit sehr genau gemessen werden.

Basiseinheit **Sekunde** (Zeichen: s) als Einheit für die **Zeit:**
Die Sekunde ist das 9 192 631 770-fache der Periodendauer der dem Übergang zwischen den beiden Hyperfeinstrukturniveaus des Grundzustandes von Atomen des Nuklids Cs-133 (Caesium) entsprechenden Strahlung (Bild 2).

Basiseinheit **Ampere** (Zeichen: A) als Einheit für die **elektrische Stromstärke:**
Das Ampere ist die Stärke eines konstanten elektrischen Stromes, der, durch zwei parallele, geradlinige, unendlich lange und im Vakuum im Abstand von einem Meter voneinander angeordnete Leiter von vernachlässigbar kleinem, kreisförmigen Querschnitt fließend, zwischen diesen Leitern je einem Meter Leiterlänge die Kraft von $2 \cdot 10^{-7}$ Newton hervorrufen würde.

Basiseinheit **Kelvin** (Zeichen: K) als Einheit für die **Temperatur:**
Das Kelvin ist der 273,16te Teil der thermodynamischen Temperatur des Tripelpunktes des Wassers.

Basiseinheit **Mol** (Zeichen: mol) als Einheit für die **Stoffmenge:**
Das Mol ist die Stoffmenge eines Systems, das aus ebenso viel Einzelteilchen besteht, wie Atome in 0,012 Kilogramm des Kohlenstoffnuklids ^{12}C enthalten sind.

... und mehr

Informiere dich auch unter: *Vorsätze von Einheiten, Naturkonstanten, Erhaltungsgröße, Wechselwirkungsgröße, Zustands- und Prozessgröße, vektorielle Größe*

Fertig

Gesetze und Modelle in der Physik

In Naturerscheinungen lassen sich durch gezielte Beobachtungen und Experimente Zusammenhänge zwischen einzelnen Eigenschaften von Körpern, Stoffen oder Vorgängen erkennen. So kann man bei der Ausbreitung von Schall feststellen, dass seine Ausbreitungsgeschwindigkeit von der Lufttemperatur abhängt: Je höher die Lufttemperatur ist, desto schneller breitet sich der Schall in Luft aus.
Die in einem Kupferdraht fließende Stromstärke I hängt von der angelegten Spannung U ab. Genauere Untersuchungen zeigen: Es gilt $I \sim U$, wenn die Temperatur konstant ist.
Wenn sich Zusammenhänge unter bestimmten Bedingungen immer wieder einstellen und auch für eine ganze Gruppe von Objekten gelten, dann spricht man in der Physik von gesetzmäßigen Zusammenhängen, Gesetzmäßigkeiten oder **Gesetzen.**

Physikalische Gesetze sind allgemeine und wesentliche Zusammenhänge in der Natur, die unter bestimmten Bedingungen stets wirken.

Physikalische Gesetze können unterschiedlich genau erkannt und in Worten, als Proportionalität, als Gleichung oder als Diagramm dargestellt werden (Abb. 1).
Physikalische Gesetze existieren unabhängig vom Willen und von den Wünschen des Menschen. Er kann aber Gesetze erkennen und sie bewusst nutzen. Eine Nichtbeachtung oder Unkenntnis physikalischer Gesetze kann zu Schäden und Unfällen führen. Deshalb ist es ein wichtiges Ziel physikalischer Forschung, Gesetze immer genauer zu erkennen und sie zum Wohle des Menschen und seiner Umwelt zu nutzen.

Zum Erklären und Voraussagen werden in der Physik auch **Modelle** angewendet. Solche Modelle sind z. B. das Modell Feldlinienbild, Teilchenmodelle, die Modelle von technischen Geräten oder das Modell Lichtstrahl.

Zusammenhang zwischen Masse und Volumen:

mit Worten: Für alle Körper aus ein und demselben Stoff gilt: Die Masse ist dem Volumen direkt proportional.

als Proportionalität: $m \sim V$

als Gleichung: $m = \rho \cdot V$

als Diagramm:

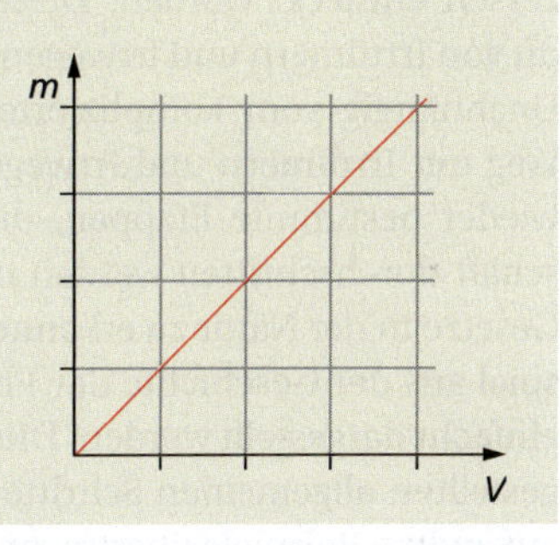

1 Ein Gesetz lässt sich in unterschiedlicher Weise formulieren und darstellen.

Für Modelle gilt:
- Für ein und dasselbe Objekt kann es verschiedene Modelle geben. Welches Modell genutzt wird, hängt davon ab, was mit dem betreffenden Modell gemacht werden soll.
- Modelle können in gegenständlicher Form vorliegen oder sie können in Worten bzw. zeichnerisch beschrieben werden.
- Mithilfe von Modellen kann man teilweise auch experimentieren. Die Ergebnisse solcher **Modellexperimente** müssen in der Praxis überprüft werden.

Ein Modell ist eine Vereinfachung der Wirklichkeit. In wichtigen Eigenschaften stimmt das Modell mit der Wirklichkeit überrein, in anderen nicht.

Deshalb ist jedes Modell immer nur innerhalb bestimmter Gültigkeitsgrenzen anwendbar. So ist z. B. das Modell Lichtstrahl gut geeignet, um die Schattenbildung oder die Reflexion von Licht zu beschreiben und zu erklären. Ungeeignet ist dieses Modell zur Erklärung der Interferenz. Dafür nutzt man in der Optik das Modell Lichtwelle.

Das Erkennen und Anwenden physikalischer Gesetze

Das Erkennen und Anwenden von Gesetzen in der Physik und Technik ist ein äußerst komplexer und in der Regel langwieriger Prozess. Wichtige Naturgesetze und deren Gültigkeitsbedingungen sind in langen, wechselvollen historischen Prozessen entdeckt worden. Diese Prozesse waren oft von Irrtümern und Irrwegen begleitet.
Unabhängig vom komplizierten, wechselvollen Weg mit Irrtümern und Irrwegen gibt es immer wieder bestimmte Etappen, die in der Wissenschaft durchschritten werden müssen, um neue Gesetze in der Natur zu erkennen. An einem Beispiel aus der Geschichte der Physik soll das vereinfacht dargestellt werden. Die jeweils links dargestellten allgemeinen Schritte lassen sich auch auf andere Beispiele übertragen.

1 Moderne physikalische Forschung ist meist mit hohem technischem Aufwand verbunden. Das Foto zeigt einen Beschleuniger zur Untersuchung von Elementarteilchen.

Weg der Erkenntnis neuer Gesetze	Ein Beispiel aus Physik und Technik
1. In Natur und Technik gibt es interessante und wiederkehrende auffällige Erscheinungen. Solche Erscheinungen veranlassen zur genauen **Beobachtung.** Durch **Vergleichen** wird versucht, Gemeinsamkeiten, Unterschiede und Regelmäßigkeiten in den Erscheinungen zu erkennen. Erscheinungen werden **klassifiziert,** d. h., Körper, Stoffe und Vorgänge mit gemeinsamen Eigenschaften werden zusammengefasst und **beschrieben.**	In Natur und Technik kann man beobachten, – dass sich Balken oder Bretter biegen, wenn sie belastet werden, – dass sich Seile und Drähte verlängern, wenn man an ihnen zieht, – dass sich Bäume im Wind verformen. Genaue Beobachtungen zeigen: Körper verformen sich immer dann, wenn auf sie eine Kraft wirkt. Dabei gibt es Körper, die nach Wegfall der Kraft wieder ihre ursprüngliche Form annehmen und solche, die auch nach Wegfall der Kraft verformt bleiben.
Begriffe werden **definiert** und Größen eingeführt. Im Ergebnis dieser Etappe können Vermutungen (Hypothesen) darüber aufgestellt werden, – welche Zusammenhänge in den Erscheinungen wirken und – unter welchen Bedingungen diese auftreten. Es werden Fragen gestellt, die im Experiment genauer zu untersuchen sind.	Zur Unterscheidung werden die Begriffe **elastische** und **plastische Verformung** verwendet. Aufgrund genauerer Beobachtung kann die Vermutung aufgestellt werden, – dass die Verformung bzw. Verlängerung eines Körpers umso größer ist, je größer die einwirkende Kraft ist, – dass dieser Zusammenhang bei allen elastisch verformten Körpern gilt. Welcher Zusammenhang existiert zwischen der Verformung bzw. Verlängerung eines elastischen Körpers und der einwirkenden Kraft?

2. Um die Vermutung zu prüfen und die Fragen zu beantworten, werden die Erscheinungen noch genauer untersucht.
Dazu führt man in der Regel **Experimente** an einer Reihe von einzelnen Objekten durch, um die vermuteten Zusammenhänge exakter zu erfassen und die Wirkungsbedingungen besser zu erkennen. Es werden Messwerte aufgenommen und mit mathematischen Mitteln (grafisch oder rechnerisch) ausgewertet.

Häufig wird versucht, den Zusammenhang zwischen den Größen bzw. Eigenschaften von Objekten mit mathematischen Mitteln, z. B. als Diagramm, als Proportionalität oder als Gleichung, zu beschreiben. Dazu werden die Messwertereihen rechnerisch ausgewertet und die Diagramme interpretiert.

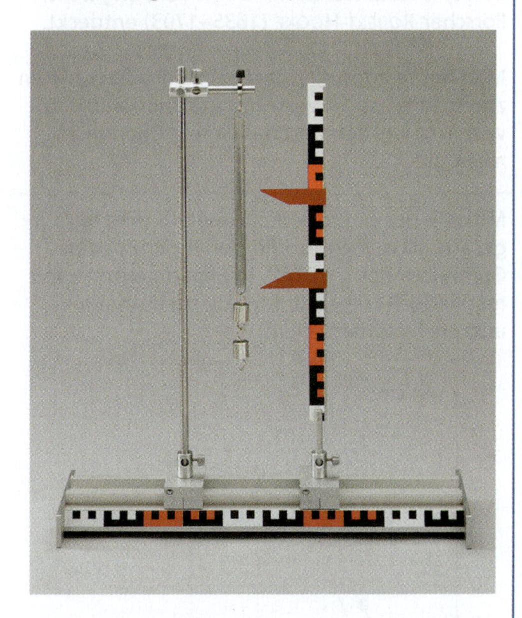

Der Zusammenhang, der zunächst nur an einzelnen Objekten gefunden wurde, wird auf eine ganze Klasse von Objekten **verallgemeinert.** Dabei ist man häufig zunächst auf Vermutungen in Bezug auf die Gültigkeitsbedingungen des Zusammenhangs angewiesen.

In Experimenten an verschiedenen Federn aus unterschiedlichsten Materialien wird folgende **experimentelle Frage** untersucht:
Welcher Zusammenhang existiert zwischen der Verlängerung *s* einer Feder und der an ihr angreifenden Kraft *F*?

Feder 1 als Beispiel

F in N	s in cm	$\frac{F}{s}$ in $\frac{\text{N}}{\text{cm}}$
0	0	–
1	0,8	1,25
2	1,7	1,18
3	2,4	1,25
4	3,3	1,21
5	4,1	1,22
6	4,7	1,28

Analoge Messwertereihen werden für weitere Federn aufgenommen und grafisch dargestellt.

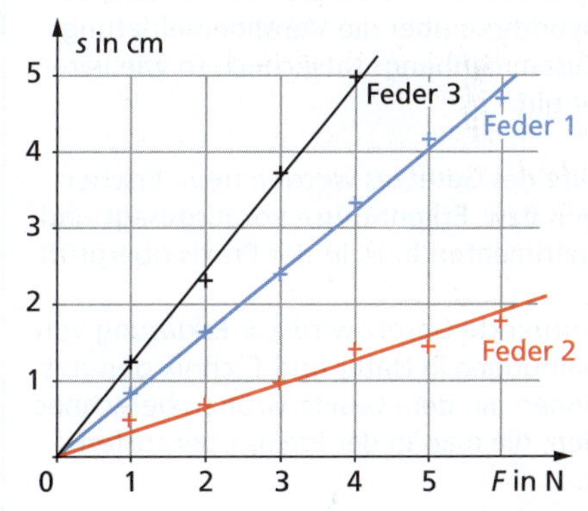

Aus den Messwertereihen und aus dem Diagramm kann man erkennen:

$s \sim F$ oder

$\frac{F}{s}$ = konstant

Bezeichnet man den für eine Feder konstanten Quotienten mit *D*, so kann man auch schreiben:

$\frac{F}{s} = D$ oder $F = D \cdot s$

Das so vermutlich existierende Gesetz muss vor allem hinsichtlich seiner Gültigkeitsbedingungen weiter überprüft werden. Manchmal erscheint es im Zusammenhang mit dem Erkennen neuer Gesetze sinnvoll, auch neue Begriffe zu **definieren** bzw. **Größen** einzuführen.

Häufig nutzt man beim Aufstellen bzw. Überprüfen von Hypothesen auch **Modelle** (↗ S. 21). Modelle sind zwar Vereinfachungen der Wirklichkeit, sie stimmen aber in wichtigen Eigenschaften mit dem Original überein, in anderen allerdings nicht.

Der konstante Faktor D (Proportionalitätsfaktor) im gefundenen Gesetz erhält den Namen „Federkonstante" und wird als neue **Größe** eingeführt. Die Federkonstante ist ein Maß für die Härte einer Feder.

Man verallgemeinert den Zusammenhang zu folgendem **Gesetz:**

Für alle elastisch verformbaren Körper gilt für den Zusammenhang zwischen Kraft und Verformung des Körpers:

$$\frac{F}{s} = D \quad \text{oder} \quad F = D \cdot s$$

Dieses Gesetz wurde 1675 von dem englischen Forscher ROBERT HOOKE (1635–1703) entdeckt.

Man hat festgestellt, dass bei zu großen Kräften zunächst elastisch verformte Körper plastisch verformt werden und das Gesetz dann nicht mehr gilt.

3. Das gefundene Gesetz muss **überprüft** werden. Vor allem muss untersucht werden, ob die Hypothese über die Verallgemeinerung des Zusammenhangs tatsächlich so wie vermutet gilt.

Mithilfe des Gesetzes werden neue Erscheinungen bzw. Erkenntnisse vorausgesagt und in Experimenten bzw. in der Praxis überprüft.

Das entdeckte Gesetz wird zur **Erklärung** von Erscheinungen in Natur und Technik genutzt. Es können mit dem Gesetz Größen berechnet werden, die man in der Praxis überprüfen kann.

Unter Nutzung des Gesetzes kann man technische Geräte konstruieren, z. B. Federkraftmesser.

Jede erfolgreiche Anwendung eines Gesetzes in der Praxis ist ein Beleg für die Gültigkeit dieses Gesetzes unter den gegebenen Bedingungen.

Für bestimmte Fälle müssen Gültigkeitsbedingungen eingeschränkt werden.

Mithilfe des gefundenen Gesetzes wird vorausgesagt, dass auch für die Verlängerung eines Gummibandes $s \sim F$ gilt. In Experimenten kann man jedoch folgende Messwerte aufnehmen und grafisch darstellen:

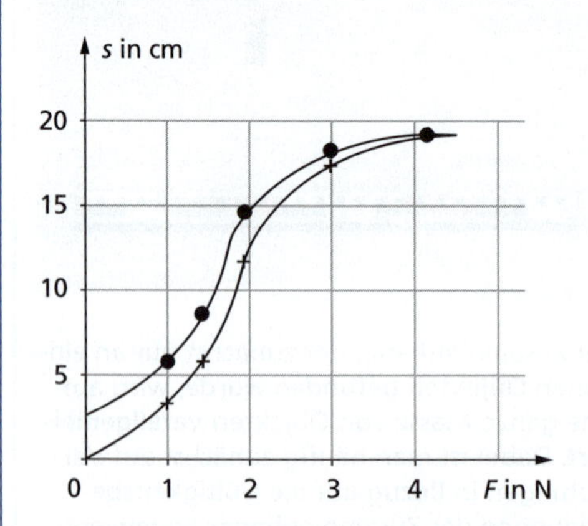

Für ein Gummiband ist das oben gefundene Gesetz nicht anwendbar. Das Gummiband wird nicht vollständig elastisch verformt. Die Gültigkeit des gefundenen Gesetzes muss also für Gummibänder ausgeschlossen werden.

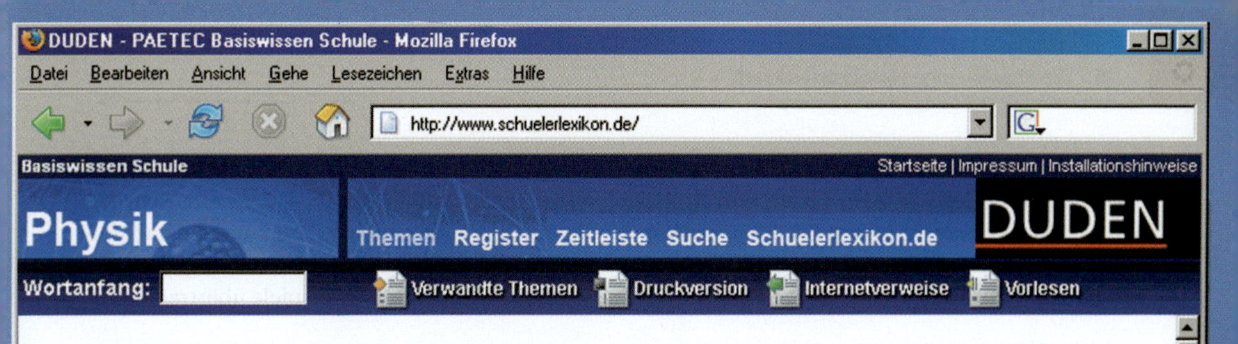

Lösen physikalischer Aufgaben durch geometrische Konstruktion

1 Auf ein Segelboot wirken unterschiedliche Kräfte.

Beim Lösen bestimmter Aufgaben (Zusammensetzung oder Zerlegung von Kräften, Zusammensetzung von Geschwindigkeiten, Zusammensetzung von Wegen) werden die physikalischen Sachverhalte in einer maßstäblichen Zeichnung dargestellt und das Ergebnis durch geometrische Konstruktion ermittelt. Aus der geometrischen Konstruktion können dann weitere Folgerungen gezogen werden. Diese Art der Lösung wird insbesondere dann angewendet, wenn ausschließlich mit vektoriellen (gerichteten) Größen gearbeitet wird, wenn es also z. B. um Kräfte, Geschwindigkeiten, Wege oder Beschleunigungen geht.

Um solche Aufgaben zu lösen, kann man in folgenden Lösungsschritten vorgehen:

- Festlegen eines geeignetes Maßstabes für die physikalische Größen,
- Umrechnen der physikalischen Größen in Längen,
- grafische Darstellung des Sachverhalts unter Beachtung der Richtung der physikalischen Größen,
- Durchführen der Konstruktion und Ermittlung des Betrages und der Richtung der physikalischen Größen.

Beispiel

Ein Segelboot (Bild 1) bewegt sich immer in die Richtung, in die die resultierende Kraft wirkt.

Wie groß ist die resultierende Kraft, wenn durch Westwind auf das Segel eine Kraft von insgesamt 250 N und gleichzeitig auf das Boot aufgrund einer nach Nordost verlaufenden Strömung eine Kraft von 100 N wirkt? In welche Richtung bewegt sich das Boot aufgrund der resultierenden Kraft?

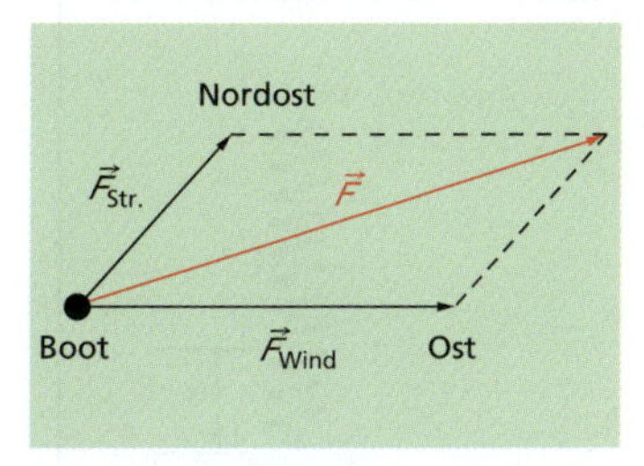

2 Zusammensetzung von zwei Kräften

Analyse:

Auf das Segelboot wirken zwei Kräfte in unterschiedlichen Richtungen. Es kann angenommen werden, dass diese Kräfte an einem Angriffspunkt, dem Schwerpunkt des Bootes, angreifen. Mithilfe eines maßstäblichen Kräfteparallelogramms können Betrag und Richtung der resultierenden Kraft ermittelt werden.

Informiere dich auch unter: *Aufgaben, experimentelle Aufgaben, grafische Aufgaben, mathematische Aufgaben*

Fertig

Ein wichtiges Ziel der Physik ist das **Anwenden physikalischer Gesetze zum Lösen von Aufgaben und Problemen,** z. B. zum Erklären und Voraussagen von Erscheinungen, zum Berechnen von Größen, zum Konstruieren technischer Geräte. Auch beim Anwenden physikalischer Gesetze gibt es immer wieder bestimmte Schritte, die durchlaufen werden müssen und die nachfolgend dargestellt werden. Die links genannten Schritte sind auf andere Beispiele übertragbar.

Anwendung von Gesetzen	Ein Beispiel aus der Technik
1. Zunächst geht es darum, den Sachverhalt der Aufgabe genau zu erfassen. Man muss sich den Sachverhalt in der Aufgabe gut vorstellen können. Dabei kann auch eine anschauliche Skizze helfen. 	**Aufgabe:** An einen Kranhaken wird eine Last der Masse 850 kg angehängt und angehoben. Um welche Länge wird das Seil des Kranes gedehnt, wenn seine „Federkonstante" 3 200 N/cm beträgt? *Analyse:* 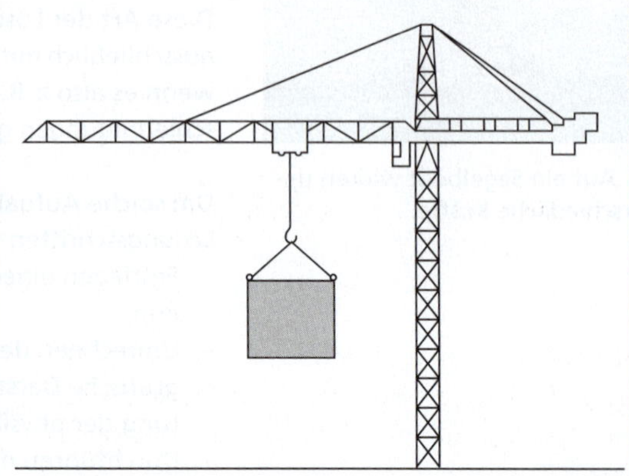
2. Der Sachverhalt der Aufgabe wird aus physikalischer Sicht vereinfacht. Unwesentliches wird weggelassen. Wesentliche Seiten werden mit Fachbegriffen beschrieben. Zum Sachverhalt der Aufgabe kann eine vereinfachte, schematisierte Skizze angefertigt werden.  Gesuchte und gegebene Größen und Fakten werden zusammengestellt.	Das Seil eines Kranes ist in einem bestimmten Bereich ein elastischer Körper. Das bedeutet, dass sich das Seil bei Einwirkung einer Kraft verlängert und bei Wegfall dieser Kraft wieder zusammenzieht. Die einwirkende Kraft ist die Gewichtskraft der angehängten Last. Das Kranseil könnte man sich vereinfacht als Feder vorstellen. 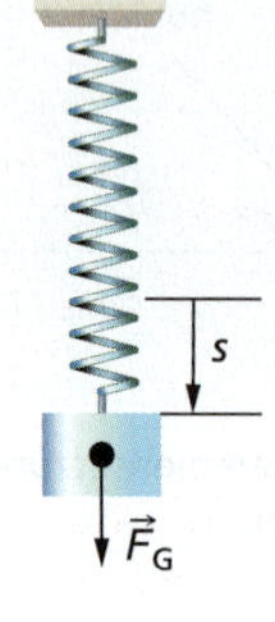 Gesucht: s Gegeben: $m = 850\ \text{kg}$ $D = 3\,200\ \frac{\text{N}}{\text{cm}}$

<table>
<tr>
<td>3. Wesentliche Seiten des Sachverhalts der Aufgabe werden mit physikalischen Gesetzen beschrieben. Dazu muss man gesetzmäßig wirkende Zusammenhänge und Bedingungen für das Wirken bekannter physikalischer Gesetze im Sachverhalt erkennen.</td>
<td>Lösung:
Unter der Bedingung, dass sich das Kranseil ausschließlich elastisch verformt, gilt das hookesche Gesetz:
$F = D \cdot s$
Die angreifende Kraft ist die Gewichtskraft der angehängten Last, die aus deren Masse berechnet werden kann. Es gilt:
$F_G \sim m$; $F_G = m \cdot g$</td>
</tr>
<tr>
<td>4. Die physikalischen Gesetze werden angewendet, um die Aufgabe zu lösen, z. B. eine gesuchte Größe zu berechnen, eine Erscheinung zu erklären oder vorauszusagen.
Dazu kann man verschiedene Mittel und Verfahren nutzen, z. B.
– das inhaltlich-logische Schließen,
– Verfahren und Regeln der Gleichungslehre,
– grafische Mittel,
– geometrische Konstruktionen,
– experimentelle Mittel.</td>
<td>$F_G = 8\,500$ N, denn 1 kg ≙ 10 N und $F_G \sim m$.
$F = D \cdot s \quad |: D$
$s = \frac{F}{D}$
$s = \frac{8\,500 \text{ N} \cdot \text{cm}}{3\,200 \text{ N}}$
$\underline{s = 2{,}66 \text{ cm}}$
Ergebnis:
Unter der Bedingung, dass sich ein Kranseil elastisch verformt, wird es beim Anhängen und Heben einer Last von 850 kg um 27 mm verlängert.</td>
</tr>
</table>

Beim Erkennen und Anwenden von Gesetzen spielt das **Experiment** eine entscheidende Rolle. Das Experimentieren ist eine sehr komplexe Tätigkeit, die in verschiedenen Etappen beim Erkennen und Anwenden von Naturgesetzen auftritt. Das Ziel eines Experiments besteht darin, eine **Frage an die Natur** zu beantworten. Dazu wird eine Erscheinung der Natur unter ausgewählten, konkreten, kontrollierten und veränderbaren Bedingungen beobachtet und ausgewertet. Die Bedingungen und damit das gesamte Experiment müssen wiederholbar und damit auch überprüfbar sein.

Beim Experimentieren wird eine Erscheinung der Natur unter ausgewählten, kontrollierten, wiederholbaren und veränderbaren Bedingungen beobachtet und ausgewertet.

Mit Experimenten werden z. B. Zusammenhänge zwischen Größen untersucht. Dies dient dem Erkennen von Naturgesetzen. Andererseits können bei Experimenten Gesetze angewendet werden, um z. B. den Wert von Größen (Konstanten) zu bestimmen, oder um vorauszusagen, welchen Wert eine physikalische Größe bei gegebenen Bedingungen annimmt. Wie auch beim Lösen von Aufgaben ist es beim Experimentieren zweckmäßig, in bestimmten Schritten voranzugehen. Diese Schritte sind auf Seite 28 dargestellt.

1 Entscheidend für ein Experiment sind die klare Festlegung von Bedingungen und seine Wiederholbarkeit.

Ablauf eines Experiments	Ein Beispiel aus der Physik

1. Vorbereiten des Experiments

Zunächst ist zu überlegen,
- welche Größen zu messen sind,
- welche Größen verändert und welche konstant gehalten werden,
- welche Gesetze angewendet werden können.

Dann ist eine Experimentieranordnung zu entwerfen und zu skizzieren, mit der die gewünschten Größen gemessen und Beobachtungen gemacht werden können. Dabei sind die zu nutzenden Geräte und Hilfsmittel festzulegen.
In der Planungsphase ist auch zu überlegen, wie das Experiment ausgewertet werden soll, da dies mitunter Einfluss auf die Experimentieranordnung und die Messgeräte hat.

Mögliche Fehlerquellen sollten schon in der Planungsphase bedacht werden, weil dies ebenfalls Einfluss auf die Durchführung und Auswertung haben kann.

Untersuche experimentell Unterschiede zwischen der Leerlaufspannung und der Klemmenspannung von elektrischen Quellen!

Zu messende Größen:
Leerlaufspannung U_L
Klemmenspannung U_K

Es werden Leerlaufspannung und Klemmenspannung für verschiedene elektrische Quellen gemessen und miteinander verglichen. Als Bauelement wird ein elektrischer Widerstand verwendet.

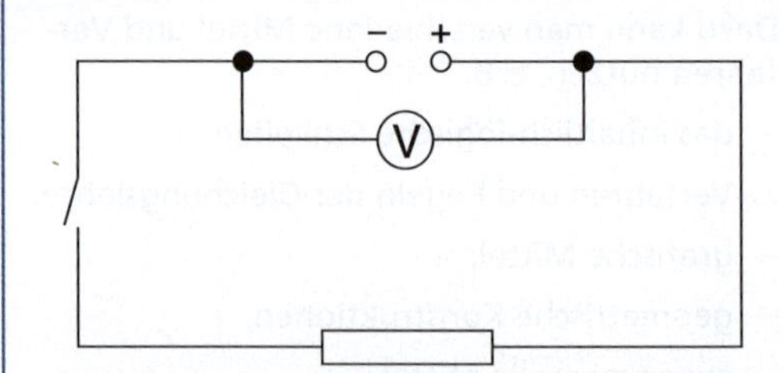

2. Durchführen des Experiments

Die Experimentieranordnung ist nach der Planung aufzubauen.
Die gewünschten Messwerte und Beobachtungen werden registriert und protokolliert. Dazu werden häufig Messwertetabellen angefertigt.

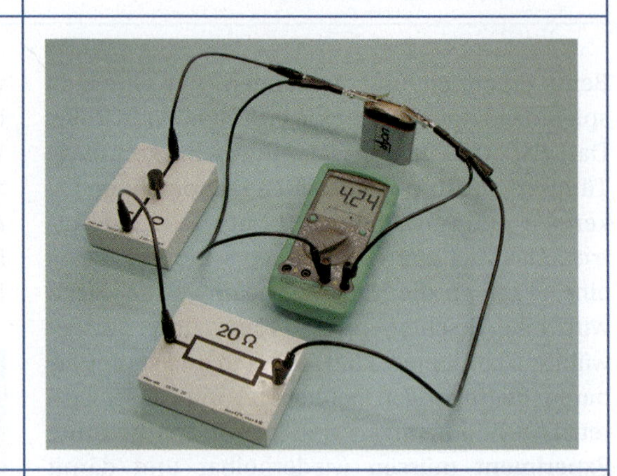

3. Auswerten des Experiments

Die protokollierten Messwerte und Beobachtungen werden ausgewertet. Dazu werden häufig Diagramme angefertigt und Berechnungen durchgeführt.
In Bezug auf die experimentelle Frage wird ein Ergebnis formuliert.
Es werden Fehlerbetrachtungen zur Genauigkeit der Messungen und Beobachtungen durchgeführt.
Das experimentelle Ergebnis wird unter Berücksichtigung der Fehlerbetrachtungen bewertet.

elektrische Quelle	U_L in V	U_K in V
Monozelle	1,5	1,3
Flachbatterie	4,5	4,0
Stromversorgungsgerät	8,0	7,5

Bei allen im Experiment untersuchten elektrischen Quellen ist die Klemmenspannung kleiner als die Leerlaufspannung:

$$U_K < U_L$$

Protokoll des Experiments (Muster)

Name: *Tobias Musterschüler* **Klasse:** *7a* **Datum:** *15.10. ......*

Aufgabe:

Welcher Zusammenhang besteht zwischen der Verlängerung *s* einer Feder und der an ihr angreifenden Kraft *F*?

Vorbereitung:

Zu messende Größen:

Größe 1: Kraft *F*

Größe 2: Verlängerung *s*

Messgeräte:

Messgerät 1: Federkraftmesser

Messgerät 2: Lineal

Weitere Geräte und Materialien:

- eine Schraubenfeder
- verschiedene Hakenkörper
- Stativmaterial

Experimentieranordnung

Durchführung und Auswertung:

Messwertetabelle:

F in N	*s* in cm	$\frac{F}{s}$ in $\frac{N}{cm}$
0	0	–
1	0,8	1,25
2	1,7	1,18
3	2,4	1,25
4	3,3	1,21
5	4,1	1,22
6	4,7	1,28

Diagramm:

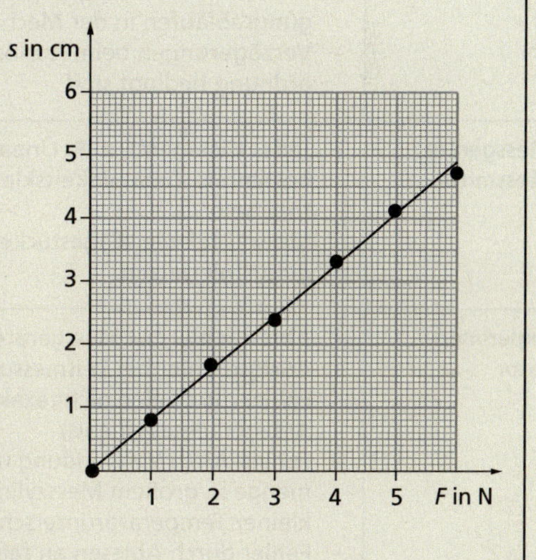

Aus der Messwertereihe und aus dem Diagramm kann man für die Feder erkennen:

$s \sim F$ oder $\frac{F}{s}$ = konstant

Ergebnis:

Zwischen der Verlängerung der Feder *s* und der an ihr angreifenden Kraft *F* besteht ein direkt proportionaler Zusammenhang.

Fehlerbetrachtungen bei experimentellen Untersuchungen

Jede Messung einer physikalischen Größe ist aus den verschiedensten Gründen mit Fehlern behaftet. Der **Messwert** x_i einer physikalischen Größe weicht also vom tatsächlichen Wert der Größe, dem **wahren Wert** x, mehr oder weniger stark ab.
Um möglichst genaue Messungen durchführen zu können bzw. um die Genauigkeit bereits durchgeführter Messungen einschätzen zu können, muss man die Ursachen für Messfehler, die Größen solcher Fehler und ihre Auswirkungen auf die Genauigkeit des Ergebnisses kennen.

Darüber hinaus muss man wissen, wie man in der Formulierung des Ergebnisses die Genauigkeit kenntlich macht.

Jede Messung ist mit Fehlern behaftet. Die Messwerte x_i weichen vom wahren Wert x der betreffenden Größe ab.

Messfehler können ihre Ursachen haben
- in der Experimentieranordnung,
- in den Messgeräten bzw. Messmitteln,
- beim Experimentator,
- in der Umgebung, in der das Experiment (die Messung) durchgeführt wird.

Fehlerursache	Beispiele
Experimentieranordnung	– unzureichende Isolierung bei kalorimetrischen Messungen und damit unkontrollierter Wärmeaustausch mit der Umgebung – Verwendung einer stromrichtigen statt einer spannungsrichtigen Schaltung oder umgekehrt bei der Messung von Spannung und Stromstärke – Vernachlässigung der Widerstände von Zuleitungen bei elektrischen Schaltungen – unzureichende Kompensation der Reibung bei der Untersuchung von Bewegungsabläufen in der Mechanik – Verzögerungen beim Auslösen von Abläufen, die durch die Experimentieranordnung bedingt sind
Messgeräte, Messmittel	– Jedes Messgerät, z. B. Lineal, Thermometer, Spannungsmesser, hat nur eine bestimmte Genauigkeitsklasse bzw. hat eine bestimmte zulässige Fertigungstoleranz. – Messmittel wie Wägestücke, Hakenkörper, Widerstände haben ebenfalls Fertigungstoleranzen.
Experimentator	– Ablesefehler bei Messgeräten – Auslösefehler bei Zeitmessungen – Fehler durch eine nicht exakte Handhabung von Messgeräten (z. B. ungenaues Anlegen eines Lineals) – Fehler durch Verwendung unzweckmäßiger Messgeräte (z. B. kleine Wassermenge in großem Messzylinder, Thermometer mit 1°-Teilung bei der Messung kleiner Temperaturunterschiede) – Fehler durch Ablesen an falschen Bezugspunkten (z. B. wird statt des Schwerpunktes eines Körpers seine Unter- oder Oberkante als Bezugspunkt für Entfernungsmessungen gewählt)
Umgebung	– Nichtbeachtung der Temperatur oder von Temperaturschwankungen – Nichtbeachtung des Druckes oder von Druckschwankungen – Schwankungen der Netzspannung, Erschütterungen

Messgerät	maximaler systematischer Fehler
Thermometer 1°-Teilung $^{1}/_{10}$°-Teilung	± 1 K ± 0,1 K
Lineal, Winkelmesser, Messuhren, Uhren, Präzisionswaagen	± 1 % (meist vernachlässigbar)
Brennweite von Linsen, Gitterkonstante eines optischen Gitters	± 1 % (meist vernachlässigbar)
Federkraftmesser	meist Genauigkeitsklasse 2,0
Spannungsmesser, Stromstärkemesser	aufgedruckte Genauigkeitsklasse

Je nach ihrem Charakter unterscheidet man zwischen groben, systematischen und zufälligen Fehlern.
Grobe Fehler sind Fehler, die aufgrund eines falschen Aufbaus, ungeeigneter Messgeräte, falschen Ablesens, defekter Messgeräte oder Unachtsamkeit auftreten. Bei sorgfältiger und planmäßiger Arbeit sind grobe Fehler grundsätzlich vermeidbar. Sie werden deshalb bei Fehlerbetrachtungen nicht berücksichtigt. Tritt ein grober Fehler auf, so sind die entsprechenden Werte zu streichen und die Messungen zu wiederholen.
Systematische Fehler sind Fehler, die vor allem durch die Experimentieranordnung oder durch die Messgeräte verursacht werden, aber auch vom Experimentator selbst hervorgerufen werden können.
Die Fehler von Messgeräten werden über die Genauigkeiten oder die Toleranz erfasst.
So bedeutet z. B. bei einem Spannungsmesser die Genauigkeitsklasse 2,5 bei einem Messbereich von 10 V: Der maximale systematische Fehler beträgt bei allen Messungen in diesem Messbereich 2,5 % vom Messbereichsendwert, also 2,5 % von 10 V und damit ± 0,25 V. Entsprechend lassen sich auch für andere Messgeräte die maximalen systematischen Fehler angeben (s. Übersicht oben).
Zufällige Fehler sind Fehler, die vor allem durch den Experimentator und durch Umwelteinflüsse zustande kommen. Dazu gehören z. B. Ablesefehler bei Messgeräten, Ablesefehler bei Zeitmessungen, ungenaues Einstellen der Schärfe eines Bildes in der Optik u. Ä. Solche zufälligen Fehler lassen sich teilweise abschätzen, aber nie vollständig erfassen. Für einige dieser Fehler sind in der Übersicht unten Werte angegeben. Zufällige Fehler haben statistischen Charakter. Bei mehrfacher Messung streuen sie um einen Mittelwert.

Art des zufälligen Fehlers	Größe des zufälligen Fehlers
Ungenaues Ablesen bei Messgeräten mit analoger Anzeige (Skalen)	Hälfte des kleinsten Skalenwertes (z. B. bei einem Lineal mit mm-Teilung: ± 0,5 mm, bei einem Thermometer mit $^{1}/_{2}$°-Teilung: ± 0,25 K)
Ungenauigkeit bei Messgeräten mit digitaler Anzeige (Ziffern)	Abweichung um 1 von der letzten Ziffer (z. B. bei einem elektronischen Thermometer mit der Anzeige 22,8 °C: ± 0,1 K)
Auslösefehler bei handgestoppter Zeit	± 0,25 s (Mittelwert)

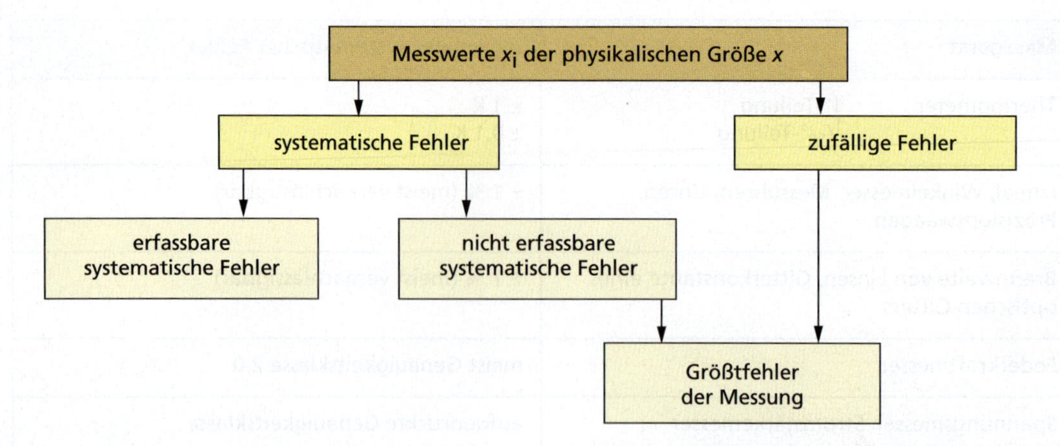

Bei Messungen können sowohl systematische als auch zufällige Fehler auftreten. Die Summe aller Fehler ergibt den **Größtfehler,** den man abschätzen kann. Die Zusammenhänge sind in der Übersicht oben dargestellt.

Fehlerbetrachtungen haben sowohl vor der Durchführung von Messungen als auch in Auswertung von Messungen ihre Bedeutung.

Fehlerbetrachtungen vor Durchführung der Messungen haben das Ziel zu erkennen, welche Messfehler auftreten können und wie man sie möglichst klein halten kann. Zu entscheiden sind solche Fragen wie:

- Welches Messverfahren wähle ich?
- Wodurch können Messfehler verursacht werden?
- Gibt es Möglichkeiten, Fehler zu korrigieren, zu kompensieren oder zu minimieren?
- Welche Größen müssen besonders genau gemessen werden, weil ihr Fehler den Fehler des Gesamtergebnisses besonders stark beeinflusst?
- Ist es sinnvoll, eine Probemessung oder eine Kontrollmessung durchzuführen?
- Reicht eine einmalige Messung oder ist es zweckmäßig, die Messungen so oft zu wiederholen, dass eine statistische Auswertung (Mittelwertbildung) gemacht werden kann?

Fehlerbetrachtungen nach der Durchführung der Messungen ermöglichen es nur noch abzuschätzen, wie genau man gemessen hat, also folgende Fragen zu beantworten:

- Welche zufälligen und systematischen Fehler sind tatsächlich aufgetreten?
- Wie groß sind die einzelnen Fehler und die Größtfehler bei den einzelnen gemessenen Größen?
- Wie beeinflussen diese Fehler das Messergebnis? Wie groß ist der Fehler der zu bestimmenden Größe?

Auch bei der Darstellung von Messwerten in Diagrammen ist zu beachten, dass Messwerte fehlerbehaftet sind. Statt die Messpunkte miteinander zu verbinden, ist eine Ausgleichskurve zu zeichnen, so wie das im folgenden Diagramm gemacht ist. Damit wird berücksichtigt, dass die Messwerte um den wahren Wert streuen.

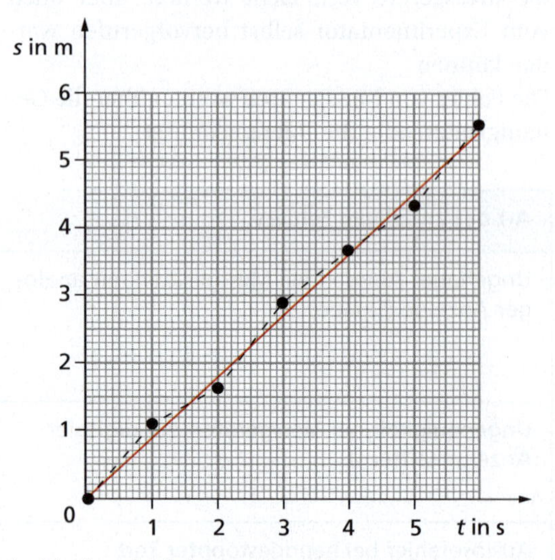

1 Die Ausgleichskurve ist rot eingezeichnet.

2 Optik

2.1 Lichtquellen und Lichtausbreitung

Die verdunkelte Sonne

Sonnen- und Mondfinsternisse sind beeindruckende Naturerscheinungen. Sie sind aber nur relativ selten zu beobachten. So war eine totale Sonnenfinsternis in Teilen Deutschlands 1999 zu sehen. Das wird erst wieder im Jahr 2081 der Fall sein.

Wie kommt eine Sonnenfinsternis, wie eine Mondfinsternis zustande? Wann treten bei uns die nächsten Finsternisse auf?

Reflektoren für die Sicherheit

Für eine bessere Sicherheit im Straßenverkehr sollen Kleidung, Fahrräder und Schultaschen mit Reflektoren ausgestattet sein. Die Reflektoren sind im Dunkeln für Autofahrer bereits von weitem sichtbar.

Warum kann man die Reflektoren im Scheinwerferlicht von Autos gut sehen, aber die Personen und das Fahrrad kaum?

Licht von der Sonne

Die wichtigste Bedingung für das Leben auf der Erde ist die Strahlung der Sonne. Die Sonne ist eine riesige glühende Gaskugel, die schon viele Millionen Jahre lang Licht aussendet und das auch noch Millionen Jahre tun wird.

Wie breitet sich das Licht von der Sonne zur Erde aus? Welche Bedeutung hat das Licht für das Leben der Menschen?

Lichtquellen und beleuchtete Körper

Körper unserer Umgebung können wir nur sehen, wenn von ihnen Licht in unsere Augen fällt. Manche Körper, z. B. die Sonne oder eine Glühlampe, erzeugen selbst Licht, andere Körper nicht.

Körper, die selbst Licht erzeugen, nennt man Lichtquellen.

Die meisten Lichtquellen sind glühende Körper, also Körper mit einer hohen Temperatur (Abb.1a, b, c). Es gibt aber auch Körper, die bei normaler Temperatur Licht aussenden, zum Beispiel Glühwürmchen, der Bildschirm eines Computers (Abb. 1d) oder Leuchtdioden. Bei diesen Körpern wird Licht durch komplizierte physikalische oder chemische Vorgänge erzeugt. Die meisten Körper, die wir sehen, erzeugen selbst kein Licht. Sie werfen nur Licht zurück, das auf sie auftrifft. Der Physiker sagt: Sie reflektieren Licht.

Körper, die auftreffendes Licht reflektieren, nennt man beleuchtete Körper.

1 Lichtquellen sind Körper, die selbst Licht erzeugen und aussenden.

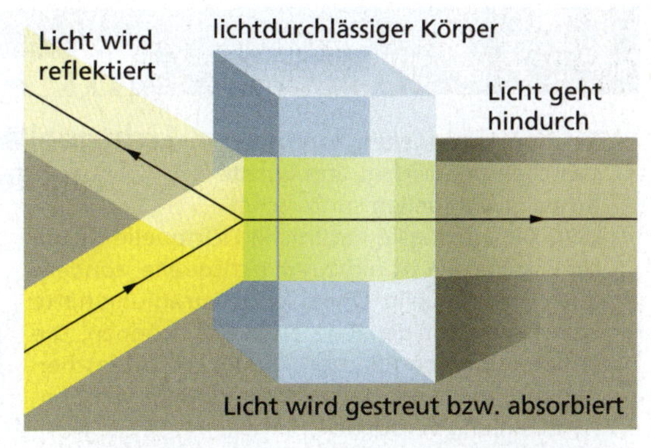

2 Bei lichtdurchlässigen Körpern wird ein Teil des auftreffenden Lichtes reflektiert, ein Teil absorbiert bzw. gestreut und ein Teil geht durch den Körper hindurch.

Bei den beleuchteten Körpern unterscheidet man zwischen lichtdurchlässigen und lichtundurchlässigen Körpern. Lichtdurchlässige Körper können **durchsichtig** (z. B. Fensterglas) oder **durchscheinend** (z. B. Milchglas) sein. Trifft Licht auf **lichtdurchlässige Körper,** so wird es z. T. hindurchgelassen, z. T. gestreut und absorbiert (aufgenommen) und zum Teil reflektiert (zurückgeworfen) (Abb. 2).

Bei **lichtundurchlässigen** Körpern wird das einfallende Licht teilweise reflektiert und teilweise absorbiert. Dieses von einem Körper aufgenommene Licht führt zu einer Erwärmung des Körpers.

Beleuchtete Körper können lichtdurchlässig (durchsichtig, durchscheinend) oder lichtundurchlässig (undurchsichtig) sein.

Ob ein Körper durchsichtig, durchscheinend oder undurchsichtig ist, hängt nicht nur von dem Stoff ab, aus dem er besteht. Eine große Rolle spielt auch die Schichtdicke. So ist z. B. eine dünne Schicht aus Wasser durchsichtig. Das gilt sogar für eine sehr dünne Metallschicht. Durch Wasserschichten von einigen Metern Dicke dringt noch Licht hindurch. Sie sind durchscheinend. Es kommt aber umso weniger Licht hindurch, je dicker die Schicht ist. Am Meeresboden in 100 m Tiefe ist es völlig dunkel.

Mosaik

Lichtquellen in Natur und Technik

Bei den Lichtquellen kann man zwischen **natürlichen** und **künstlichen Lichtquellen** unterscheiden. Die wichtigste natürliche Lichtquelle ist unsere Sonne. Sie ist nicht nur Lichtquelle, sondern auch Wärmequelle. Ohne Sonnenstrahlung hätte kein Leben auf der Erde entstehen können. Die Entwicklung von Pflanzen, Tieren und Menschen ist untrennbar mit dem Vorhandensein von Sonnenstrahlung verbunden.
Auch die Sterne, die wir nachts am Himmel sehen, sind natürliche Lichtquellen. Der Mond und alle Planeten sind dagegen beleuchtete Körper. Sie reflektieren das von der Sonne kommende Licht.
Schon von alters her nutzen die Menschen verschiedenartige Lichtquellen. Holzfeuer sind wahrscheinlich die ersten Lichtquellen, die von Menschen verwendet wurden.
Bereits in der Steinzeit wurden auch Fackeln und Kienspäne als Lichtquellen genutzt. Kienspäne sind harzdurchtränkte Holzscheite aus Kiefernholz.
Schon im Altertum waren Öllampen bekannt. Viele Jahrhunderte lang waren Wachskerzen eine wichtige Lichtquelle. In vielen Haushalten war bis zu Beginn des 20. Jahrhunderts die Petroleumlampe die wichtigste Lichtquelle.
Ein entscheidender technischer Fortschritt war im 19. Jahrhundert die Entwicklung von Gaslampen, die vor allem der Straßenbeleuchtung dienten.
Der Siegeszug der elektrischen Beleuchtung begann etwa 1880 mit der Entwicklung der ersten brauchbaren Glühlampen durch den amerikanischen Erfinder THOMAS ALVA EDISON (1847–1931).

Bei einer Glühlampe wird aber nur ein kleiner Teil der elektrischen Energie in Licht umgewandelt. Deshalb bemühten sich viele Techniker Lichtquellen zu entwickeln, die bei gleicher Lichtausbeute weniger Energie verbrauchen. Ergebnis dieser Entwicklung sind Leuchtstofflampen, Energiesparlampen und Halogenlampen (Abb. unten). Sie liefern bei weniger Energieaufwand die gleiche Lichtausbeute. Moderne Lichtquellen arbeiten teilweise auch mit Leuchtdioden. Das sind spezielle Halbleiterbauelemente.

Weitere Hinweise zu Lichtquellen sind im Internet unter der Adresse **www.schuelerlexikon.de** zu finden.

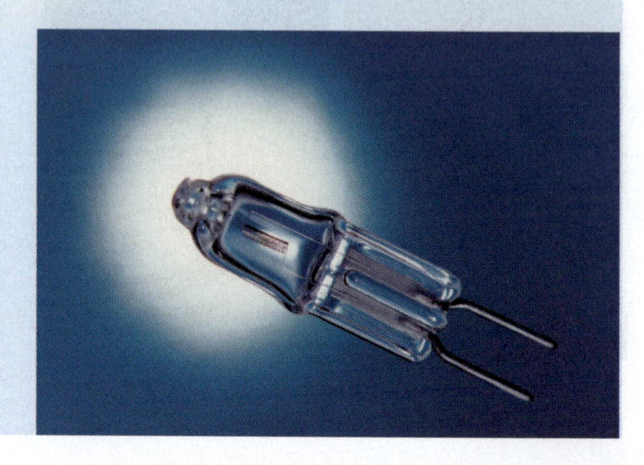

Die Ausbreitung von Licht

Von einer Lichtquelle, z. B. der Sonne oder einer Glühlampe, breitet sich Licht nach allen Seiten **geradlinig** aus, wenn es nicht durch andere Körper daran gehindert wird.
Das von einer Lichtquelle ausgehende Licht wird auch als **Lichtbündel** bezeichnet. Den Weg des Lichtes können wir durch Geraden veranschaulichen, die als **Lichtstrahlen** bezeichnet werden (Abb. 1, 2).

Licht breitet sich geradlinig aus. Der Weg des Lichts kann durch Lichtstrahlen veranschaulicht werden.

Lichtstrahlen sind ein **Modell**, eine Vereinfachung der Wirklichkeit. Um die Ausbreitung des Lichtes beschreiben und Erscheinungen erklären zu können, reicht es meist aus, einige ausgewählte Lichtstrahlen zu zeichnen (s. unten).

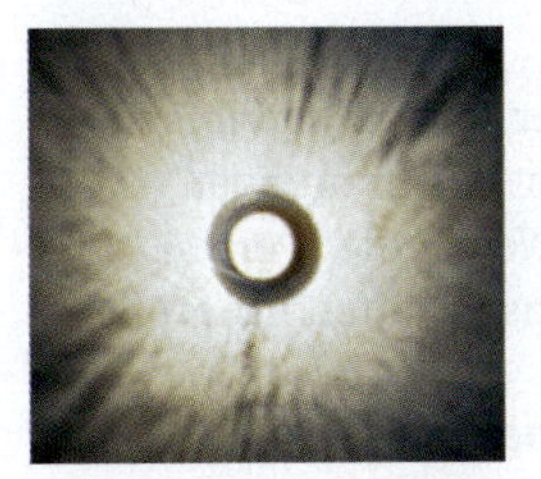

1 Geradlinige Lichtausbreitung von einer Glühlampe aus

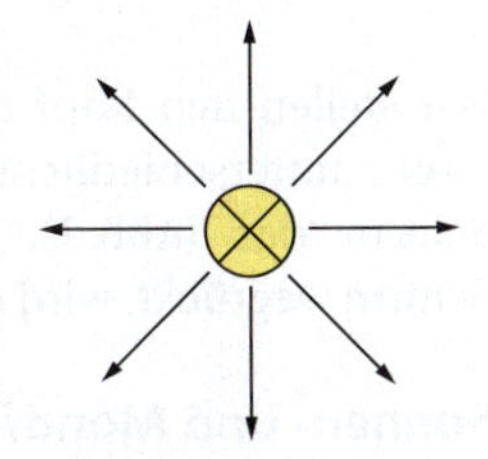

2 Veranschaulichung der Ausbreitung des Lichtes durch Lichtstrahlen

3 Schatten hinter einem undurchsichtigen Körper

Hinter beleuchtete, undurchsichtige Körper gelangt von einer Lichtquelle kein Licht. Es bilden sich dunkle Gebiete aus, die **Schatten** genannt werden. Durch die Randstrahlen wird der Schatten begrenzt (Abb. 4). Beim Vorhandensein mehrerer Lichtquellen entstehen **Kernschatten** und **Halbschatten,** so wie das in Abbildung 4 dargestellt ist.

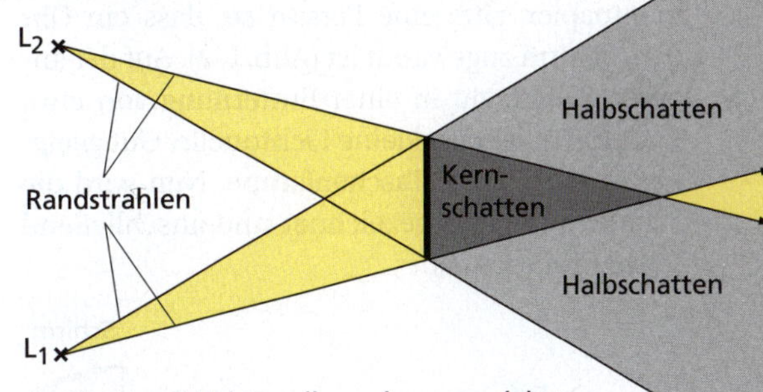

4 Sind zwei Lichtquellen oder ausgedehnte Lichtquellen vorhanden, so entstehen verschiedene Schattengebiete.

Darstellung optischer Erscheinungen

Zum Verstehen von Sehvorgängen sind nur die Strahlen wichtig, die in unsere Augen fallen.

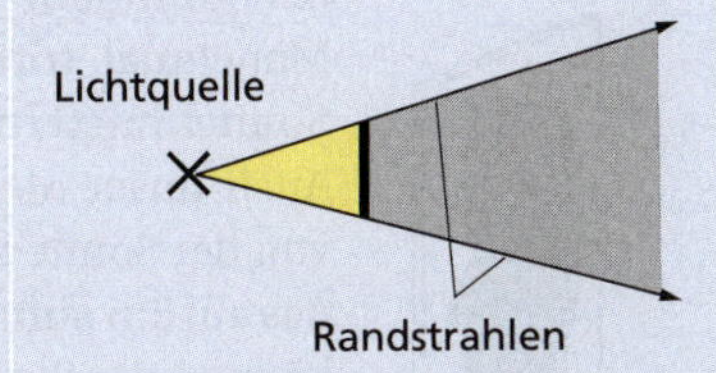

Zum Verstehen der Schattenbildung sind nur die Strahlen wichtig, die gerade noch am Hindernis vorbeigehen.

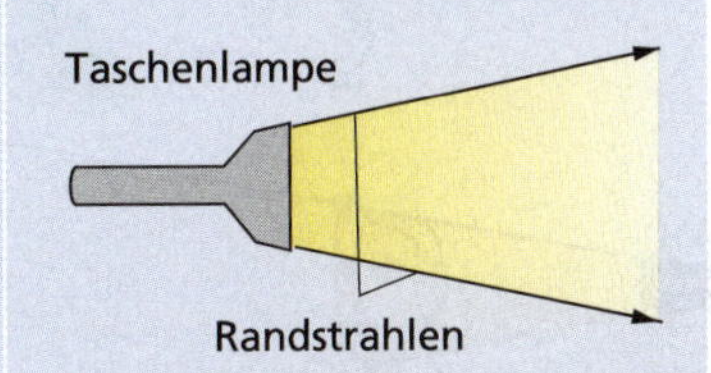

Zum Verstehen der Ausbreitung von Licht sind nur die Strahlen wichtig, die ein Lichtbündel begrenzen.

Physik in Natur und Technik

Wir zeichnen Porträts

Heute können wir mithilfe eines Fotoapparates schnell ein Bild herstellen. Die Menschen im 18. Jahrhundert kannten aber noch keinen Fotoapparat. Wenn man ein Porträt haben wollte, musste man es bei einem Maler in Auftrag geben. Die Anfertigung kostete viel Zeit und Geld.
Welche andere Möglichkeit gibt es, sich ein Porträt herzustellen?

Um seine Landsleute zur Sparsamkeit zu erziehen, erfand der französische Finanzminister E. DE SILHOUETTE Mitte des 18. Jahrhunderts ein einfaches Verfahren zur Zeichnung von Schattenbildern. Nach ihm bezeichnet man solche Schattenbilder auch als Silhouetten. Dicht vor einem Schirm aus weißem Papier, am besten Pergamentpapier, sitzt eine Person so, dass ein Ohr dem Schirm zugewandt ist (Abb. 1, 2). Auf der anderen Seite steht in einer Entfernung von etwa 1 m eine möglichst kleine Lichtquelle. Gut geeignet ist eine starke Taschenlampe. Nun wird die Schattenlinie nachgezeichnet und anschließend schwarz ausgemalt.

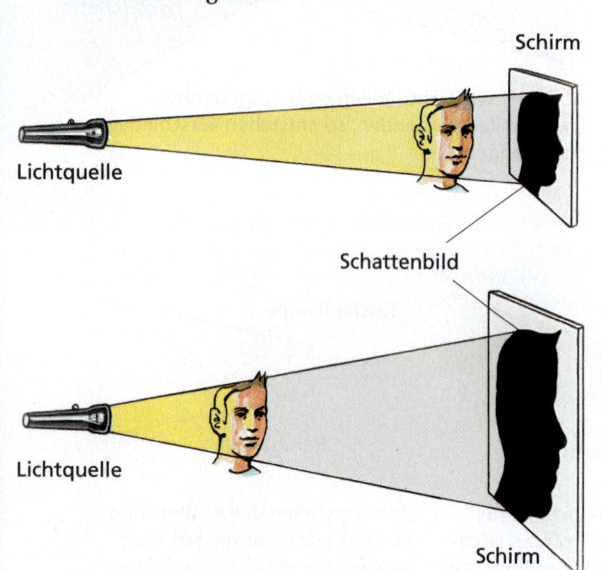

1 Die Entfernung Person–Schirm wird verändert.

2 Eine Silhouette zeigt viele Eigenschaften, die für eine Person charakteristisch sind, z. B. die Form von Nase, Lippen und Kinn.

Es ist erstaunlich, wie viele charakteristische Einzelheiten die Silhouette wiedergibt. Du kannst es selbst ausprobieren!
Was ändert sich, wenn die Person weiter vom Schirm wegrückt? Begründe deine Antwort mithilfe einer Zeichnung!

Wir stellen den Kopf der Person vereinfacht in zwei unterschiedlichen Entfernungen vom Schirm dar (Abb. 1). Wenn die Person vom Schirm wegrückt, wird das Schattenbild größer.

Sonnen- und Mondfinsternisse – beeindruckende Naturerscheinungen

Die Sonne sendet ständig Licht nach allen Seiten aus und bestrahlt damit Planeten, Monde und andere Himmelskörper in unserem Planetensystem. Sie beleuchtet also auch die Erde und den Erdmond.
Manchmal tritt die seltene Erscheinung einer **Sonnenfinsternis** auf (Abb. 2 und 3, S. 39).
Auch unser Mond ist, ebenso wie die Erde, ein von der Sonne beleuchteter Körper. Er reflektiert das auf ihn auftreffende Sonnenlicht und deshalb können wir ihn von der Erde aus sehen. Manchmal kommt es zu einer **Mondfinsternis.**
Wie kann man sich das Entstehen einer Sonnenfinsternis und einer Mondfinsternis erklären? Wie häufig sind Sonnen- und Mondfinsternisse?

1 Partielle Mondfinsternis: Der Mond befindet sich dabei teilweise im Schatten der Erde.

2 Partielle Sonnenfinsternis: Der Mond verdeckt die Sonne nur teilweise.

3 Die letzte totale Sonnenfinsternis war in Teilen Deutschlands am 11. 08. 1999 zu beobachten.

Die Sonne als Lichtquelle bestrahlt die Erde und den Mond. Sie ist eine ausgedehnte Lichtquelle. Auf der Seite, die der Sonne abgewandt ist, entstehen Kern- und Halbschatten, die weit in den Weltraum reichen. Für einen Beobachter auf dieser Seite der Erde ist Nacht. Da sich der Mond um die Erde bewegt, kann er in den Kernschatten der Erde gelangen. Solange er sich im Erdschatten befindet, wird er nicht von der Sonne beleuchtet. Es tritt eine **Mondfinsternis** auf (Abb. 4).

Sonne
Mondbahn
Erde
Mond
Kernschatten
Halbschatten

4 Mondfinsternis: Der Mond befindet sich im Schatten der Erde.

Die Bewegung des Mondes um die Erde ist auch die Ursache für eine **Sonnenfinsternis** und für die Mondphasen.
Bei seiner Bewegung gelangt der Mond manchmal zwischen Sonne und Erde. Damit wird die Sonne für einen Beobachter auf der Erde teilweise oder ganz selten auch völlig verdeckt. Es tritt Sonnenfinsternis auf (Abb. 5). Sie ist nur bei Neumond beobachtbar. Die Sonne kann dabei teilweise oder vollständig verdeckt sein.

Sonne
Kernschatten
Mond
Halbschatten
Halbschatten
Erde
Mondbahn

5 Sonnenfinsternis: Der Schatten des Mondes fällt auf die Erde.

Schattenstab und Sonnenuhr

Untersucht man mit einem Schattenstab die Länge und die Richtung des Schattens, dann zeigt sich: Mittags ist der Schatten am kürzesten und bei uns immer nach Norden gerichtet (Abb. 1). Damit kann man einen solchen Schattenstab folgendermaßen nutzen:

- Mit dem Schattenstab kann der Zeitpunkt des wahren Mittags ermittelt werden. Das ist der Zeitpunkt, an dem die Sonne am höchsten steht.
- Es kann die Nord-Süd-Richtung bestimmt werden. Der kürzeste Schatten zeigt genau in Nordrichtung.

Du kannst dir einen solchen Schattenstab selbst bauen und an einem sonnigen Tag stündlich die Punkte markieren, die die Spitze des Schattens erreicht.

Eine Weiterentwicklung des Schattenstabes ist die **Sonnenuhr**, die man in vielen verschiedenen Formen an Gebäuden und in Parks findet (Abb. 2). Sonnenuhren sind die ältesten Uhren und werden schon seit vielen Jahrhunderten von Menschen genutzt.

Wie kann man sich eine solche Sonnenuhr selbst bauen?

Eine einfache Sonnenuhr kannst du dir aus einem dicken Draht und einem Holzbrett bauen. Den Aufbau zeigt Abb. 3. Wichtig für ein genaues Anzeigen der Zeit ist der Winkel α zwischen Draht und Holzbrett. Dieser Winkel ist gleich der geografischen Breite des Ortes, an dem sich die Sonnenuhr befindet. Er beträgt für Berlin 52,5°, für Leipzig 51,4° und für München 48,2°. Für andere Orte kannst du die geografische Breite einem Atlas entnehmen.

Eine Zeiteinteilung erhältst du, wenn du an einem sonnigen Tag zu jeder vollen Stunde den Schatten nachzeichnest und die Zeit daranschreibst.

2 Sonnenuhr an einem Gebäude

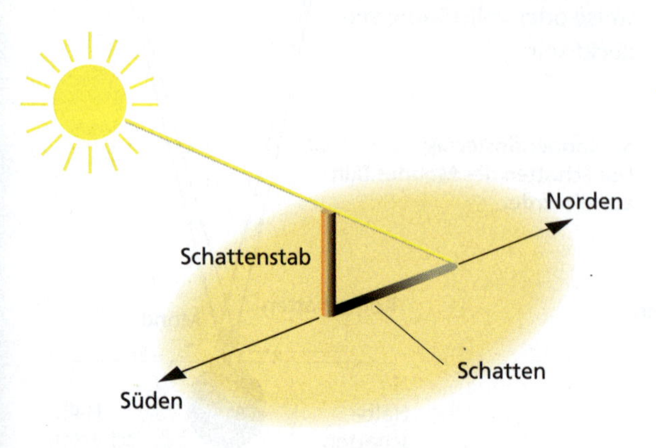

1 Mittags weist der Schatten nach Norden und ist am kürzesten.

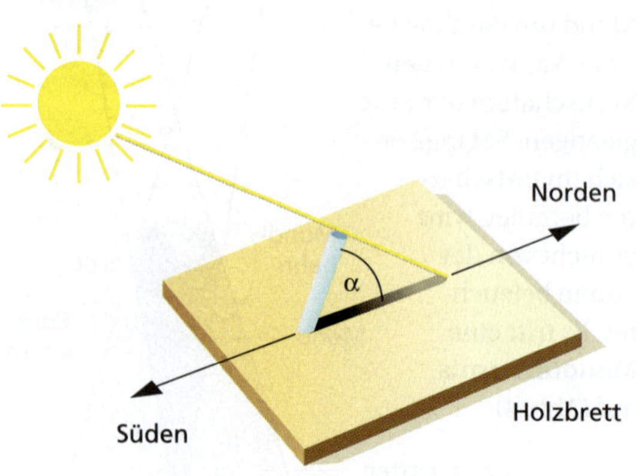

3 Einfache Sonnenuhr: Zum Bau braucht man ein Holzbrett und einen stabilen Stab.

gewusst · gekonnt

1. Auf den Fotos sind verschiedene Körper zu erkennen.

a)

b)

Welche Körper sind Lichtquellen, welche beleuchtete Körper?
Begründe deine Aussagen!

2. Ein Fotograf hatte die Aufgabe, Lichtquellen zu fotografieren.
Er hat einige Fotos vorgelegt.

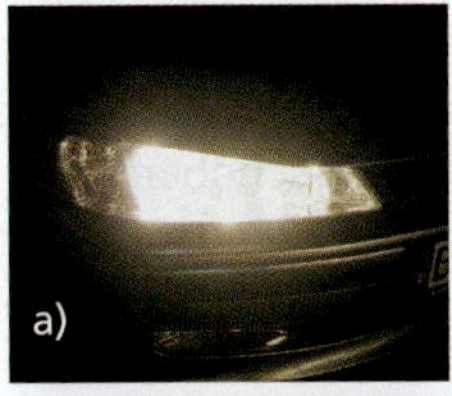
a)

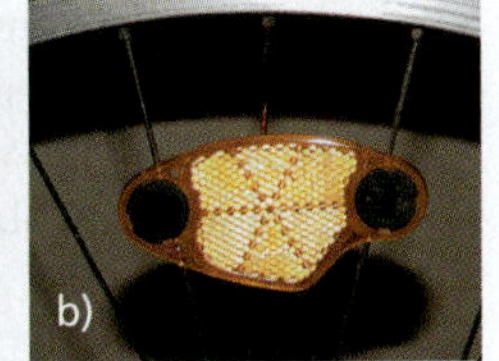
b)

c)

d)

e)

f)

Entscheide, ob er in allen Fällen wirklich Lichtquellen fotografiert hat!
Begründe deine Aussagen!

3. Die meisten Körper sind keine Lichtquellen und trotzdem sind sie zu sehen. Erkläre, wieso das möglich ist!

4. Nenne einige Lichtquellen und gib an, für welchen Zweck sie eingesetzt bzw. genutzt werden!

5. Sind die folgenden Körper Lichtquellen oder beleuchtete Körper: Mond, Buch, Glühwürmchen, Bildschirm eines eingeschalteten Fernsehapparates, Spiegel, brennendes Streichholz? Begründe!

6. In einem Zimmer ist es am Tage auch dann hell, wenn keine Lampe angeschaltet ist und die Sonne nicht in das Zimmer scheint. Wie ist das zu erklären?

7. Das Lichtbündel einer Taschenlampe soll sichtbar gemacht werden. Eine Möglichkeit besteht darin, einen staubigen Lappen zu schütteln. Probiere das aus! Überlege weitere Möglichkeiten, den Lichtweg sichtbar zu machen!

8. Ein Arbeiter erzählte, dass er vom Boden eines sehr tiefen Brunnens aus am Tag Sterne beobachten konnte. Ist das möglich? Begründe deine Aussage!

9. Versuche durch einen kurzen Schlauch eine brennende Kerze zu sehen!
Wie musst du den Schlauch halten?
Begründe!

10. Helle Kleidung ist für eine gute Sichtbarkeit im nächtlichen Straßenverkehr besser als dunkle Kleidung. Begründe!

11. Beim Auftreffen auf Körper wird Licht teilweise reflektiert, teilweise im Körper gestreut und absorbiert, teilweise hindurchgelassen. Erläutere Beispiele, bei denen das Licht
a) fast nur reflektiert,
b) fast nur absorbiert,
c) fast nur hindurchgelassen wird!

12. Welche Möglichkeiten gibt es, damit man als Fußgänger oder Radfahrer im Dunkeln gut gesehen wird?

13. Ein kleiner Baustein soll mit parallelem Licht aus einer Taschenlampe beleuchtet werden (s. Abb.).

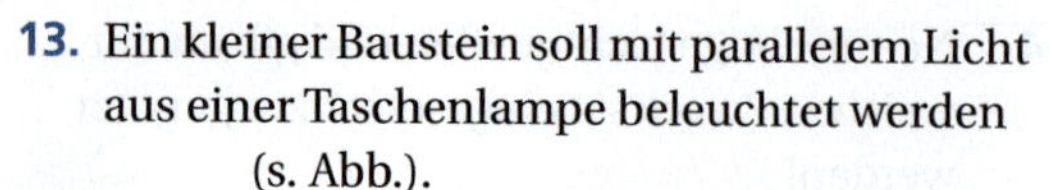

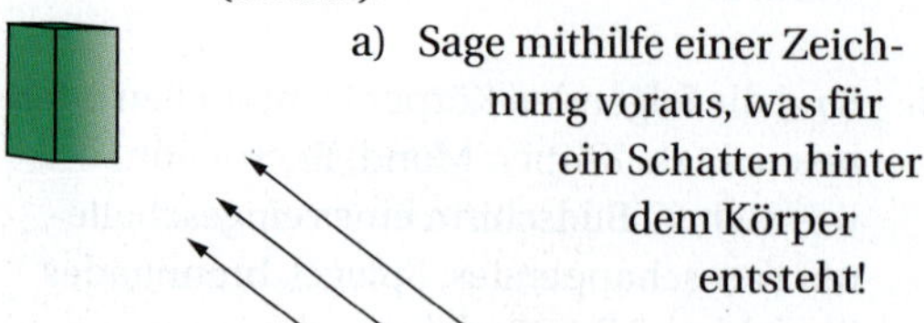

a) Sage mithilfe einer Zeichnung voraus, was für ein Schatten hinter dem Körper entsteht!

b) Überprüfe deine Voraussage mit einem Experiment!

c) Wie verändert sich der Schatten, wenn man mit der Lampe näher an den Baustein heranrückt?

14. Stelle einen Gegenstand, z. B. eine Flasche, an einer sonnigen Stelle auf ein Blatt Papier! Markiere alle 30 Minuten die Lage und die Länge des Schattens!
Beschreibe und erkläre deine Beobachtungen!

15. Die Balletttänzerin erzeugt auf einer Bühne mehrere Schattenbilder (s. Abb.).

a) Erkläre das Zustandekommen dieser Schattenbilder!

b) Wie viele Lichtquellen sind an der Erzeugung dieser Schattenbilder beteiligt?

16. Ein 3 cm breiter Gegenstand wird von einer punktförmigen Lichtquelle beleuchtet. Die Lichtquelle befindet sich 4 cm vom Gegenstand entfernt.

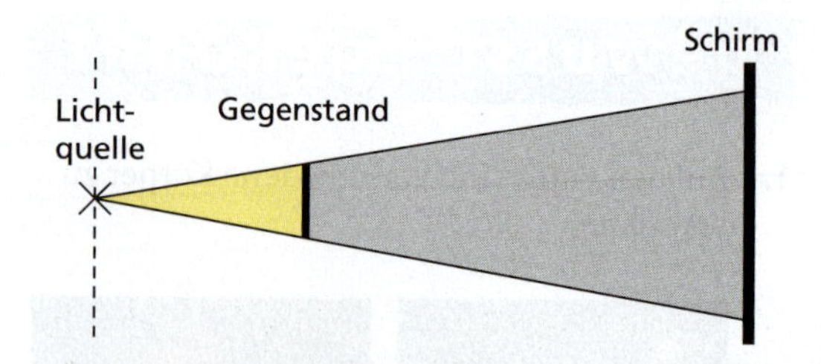

a) Wie breit ist der Schatten, der vom Körper auf einen Schirm geworfen wird? Der Schirm befindet sich 8 cm hinter dem Gegenstand. Löse die Aufgabe mithilfe einer Zeichnung!

*b) Wie verändert sich die Breite des Schattens, wenn die Lichtquelle entlang der gestrichelten Linie (s. Abb.) nach oben oder unten verschoben wird?

17. Von einer 25 cm hohen Blumenvase wird ein Schatten an der Wand erzeugt. Die Lichtquelle befindet sich 40 cm, die Vase 20 cm vor der Wand.

a) Ermittle mithilfe einer maßstäblichen Zeichnung, wie hoch der Schatten der Vase an der Wand ist!

b) Wie verändert sich die Größe des Schattens, wenn die Vase verschoben wird?

c) Probiere aus, ob deine Voraussage richtig war!

18. In welche Richtung zeigt der Schatten eines Lichtmastes um 12 Uhr?

19. Erkunde, wann an deinem Heimatort die nächste Sonnen- und Mondfinsternis zu beobachten ist! Nutze dazu das Internet!

20. Unter welchen Bedingungen können wir
a) eine Mondfinsternis,
b) eine Sonnenfinsternis
beobachten? Begründe deine Antworten!

21. Wird ein Gegenstand vom Licht einer Glühlampe beleuchtet, so ist sein Schatten scharf begrenzt. Bei Beleuchtung mit einer Leuchtstoffröhre ist der Schatten des gleichen Gegenstandes unscharf. Erkläre!

2.2 Reflexion und Brechung des Lichts

Blitzende Kugeln

In Diskotheken werden Kugeln, die mit vielen kleinen Spiegeln besetzt sind, für spezielle Lichteffekte genutzt. Die Kugeln werden in Umdrehung versetzt und mit verschiedenen Lichtquellen beleuchtet. Damit werden Lichtpunkte erzeugt, die durch den gesamten Raum wandern.

Wie kommen diese speziellen Lichteffekte zustande?

Spiegel auf dem Mond

Mit dem Raumschiff Apollo 11 wurde 1969 ein Gerät mit 100 kleinen Spiegeln auf den Mond gebracht und dort installiert. Diese Spiegel sollten von der Erde ausgesandte Lichtblitze so reflektieren, dass sie am Ort des Senders wieder empfangen werden können. Aus der Laufzeit der Lichtblitze wurde die Entfernung Erde–Mond sehr genau bestimmt.

Wie müssen Spiegel konstruiert sein, damit das Licht zur gleichen Stelle zurückgelenkt wird, von der es ausgesendet wurde?

Glasfasern übertragen nicht nur Licht

Mit Glasfasern lässt sich nicht nur Licht übertragen. In der Nachrichtentechnik werden Glasfaserkabel zur Übertragung von Telefongesprächen, Rundfunk- und Fernsehprogrammen oder zur Datenübertragung zwischen Computern genutzt.

Wie ist ein Glasfaserkabel aufgebaut? Wie kommt es, dass Licht in einem solchen Kabel fortgeleitet wird, auch wenn das Kabel gekrümmt ist?

Reflexion und Reflexionsgesetz

Trifft Licht auf die Oberfläche eines Körpers, so kann es reflektiert werden (Abb. 1). Für die Reflexion von Licht gilt das **Reflexionsgesetz.**

Wird Licht an einer Fläche reflektiert, so ist der Einfallswinkel α gleich dem Reflexionswinkel α'.

$$\alpha = \alpha'$$

Dabei liegen einfallender Strahl, Einfallslot und reflektierter Strahl in einer Ebene.

Abbildung 1 zeigt die Reflexion eines Lichtbündels an einem ebenen Spiegel und die Darstellung der Reflexion mithilfe von Lichtstrahlen.

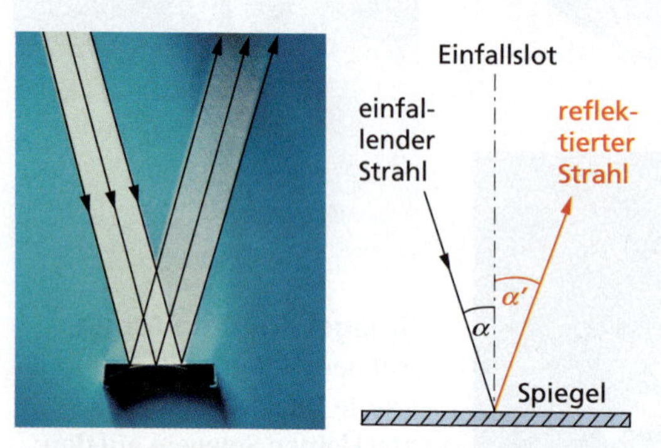

1 Reflexion von Licht an einem ebenen Spiegel

Trifft Licht senkrecht auf einen Spiegel, so wird es in die Richtung reflektiert, aus der es kam.
Je nach der Art der Oberfläche erfolgt eine reguläre oder eine diffuse Reflexion. An glatten Oberflächen, z. B. an Spiegeln oder glatten Wasserflächen, erfolgt **reguläre Reflexion** (Abb. 2).

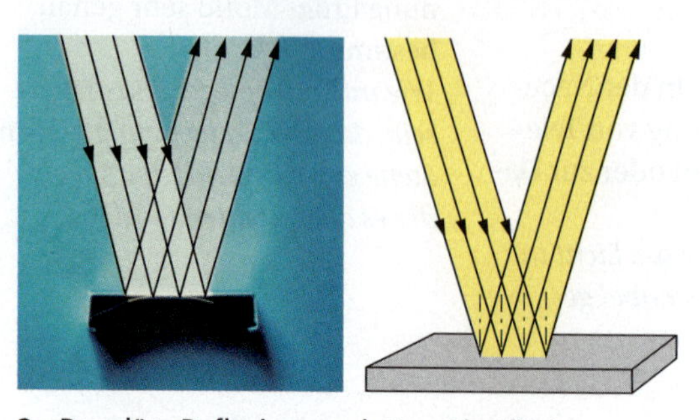
2 Reguläre Reflexion an glatten Oberflächen

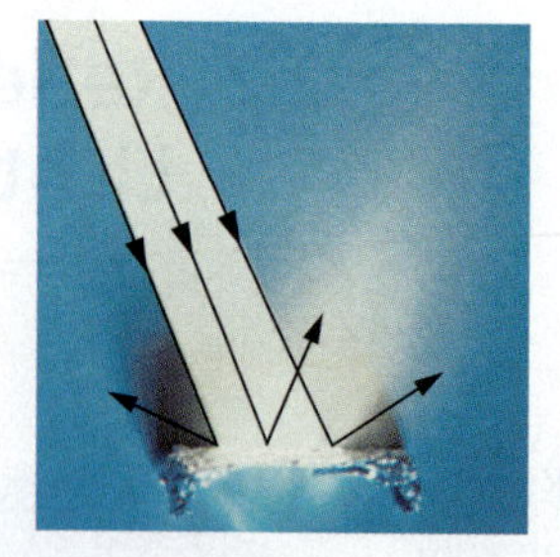
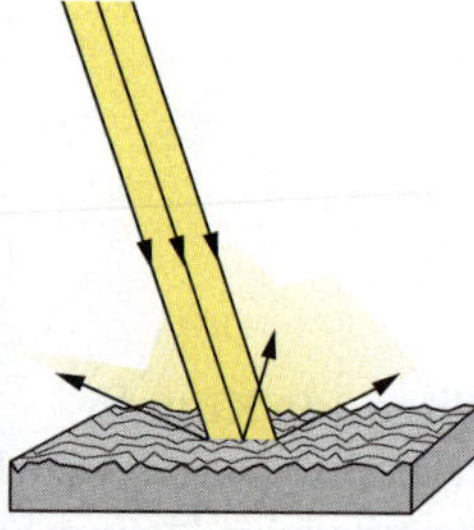
3 Diffuse Reflexion an rauen Oberflächen

Diffuse Reflexion erfolgt z. B. an Papier, Stoff, Kleidung oder rauen Wasserflächen (Abb.3). Charakteristisch für diese Art von Reflexion ist, dass ein auffallendes paralleles Lichtbündel in die unterschiedlichsten Richtungen reflektiert wird.

Bilder an Spiegeln

Jeder hat sich schon in einem Spiegel betrachtet. Die Entstehung des Spiegelbildes an einem ebenen Spiegel kann mithilfe des Reflexionsgesetzes erklärt werden.

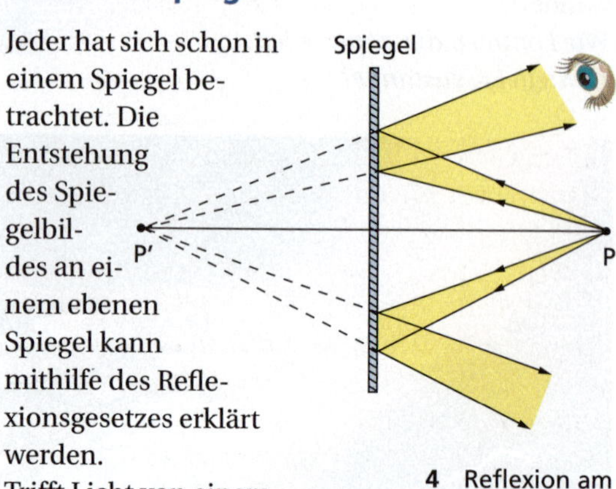

4 Reflexion am ebenen Spiegel

Trifft Licht von einem Punkt P eines Gegenstandes auf einen ebenen Spiegel, so wird es nach dem Reflexionsgesetz zurückgeworfen. Für uns scheint das Licht vom Punkt P' aus zu kommen (Abb. 4).
Wir sehen im Spiegel den Punkt P an der Stelle P', von wo aus die Lichtstrahlen geradlinig in unser Auge **herzukommen scheinen**. Die Punkte P und P' liegen symmetrisch zum Spiegel.
Befindet sich ein Gegenstand vor einem ebenen Spiegel, so geht von jedem Punkt des Gegenstandes Licht aus und trifft auf den Spiegel.
Führt man die Konstruktion des Strahlenverlaufs für jeden Punkt aus, so erhält man das Spiegelbild des Gegenstandes (Abb. 1, S. 45). Für einen ebenen Spiegel gilt:

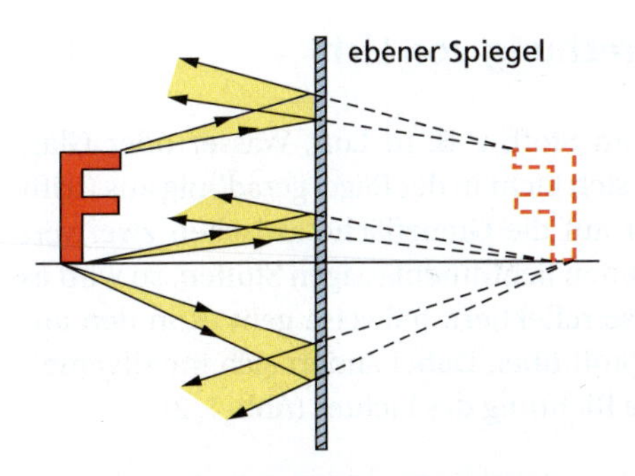

1 Bildentstehung am ebenen Spiegel

Gegenstand und Bild sind bezüglich des Spiegels symmetrisch zueinander.

Das Spiegelbild befindet sich hinter dem Spiegel, ist genauso groß wie der Gegenstand und aufrecht. Ein solches Spiegelbild kann man sehen und auch fotografieren. Man kann es aber an der Stelle, wo wir es sehen, nicht auf einem Schirm auffangen. Solche Bilder werden als **scheinbare** oder **virtuelle Bilder** bezeichnet.

In Technik und Alltag werden nicht nur ebene Spiegel, sondern auch solche mit gekrümmter Oberfläche genutzt. Solche Spiegel findet man z. B. als Spiegel in Kfz, als Verkehrsspiegel an Straßenkreuzungen oder als Kosmetikspiegel. Bei Parabolspiegeln und bei kugelförmigen Hohlspiegeln gilt: Trifft paralleles Licht auf einen solchen Spiegel, so wird es nach der Reflexion in einem Punkt, dem **Brennpunkt F,** gesammelt (Abb. 2).

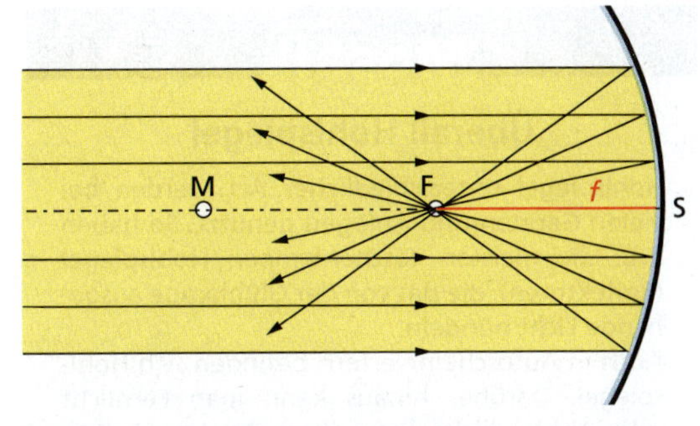

2 Reflexion an einem kugelförmigen Hohlspiegel

Bei kugelförmigen Hohlspiegeln gilt das aber nur für achsennahe Strahlen. Zur Konstruktion eines Bildes am Hohlspiegel reicht es aus, den Verlauf einiger Strahlen zu kennen (Abb. 3).

Parallelstrahlen werden nach der Reflexion am Spiegel zu **Brennpunktstrahlen** und Brennpunktstrahlen nach der Reflexion zu Parallelstrahlen. Größe, Lage und Art des Bildes hängen vom Abstand Gegenstand–Spiegel ab.

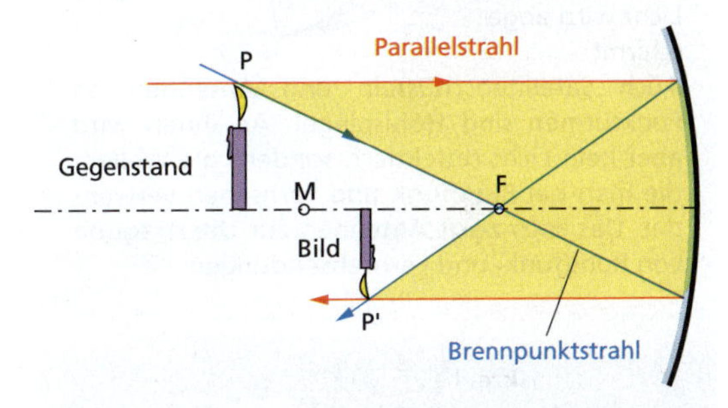

3 Bildentstehung an einem kugelförmigen Hohlspiegel

Hohlspiegel und Wölbspiegel			
Art des Spiegels	**parabolischer Hohlspiegel (Parabolspiegel)**	**kugelförmiger Hohlspiegel (Kugelspiegel)**	**kugelförmiger Wölbspiegel (Kugelspiegel)**
Beispiel	Autoscheinwerfer, Taschenlampenspiegel	Kosmetikspiegel	Weihnachtsbaumkugel, Verkehrsspiegel

Mosaik

Überall Hohlspiegel

Hohlspiegel unterschiedlicher Art werden bei vielen Geräten und Anlagen genutzt. So haben z. B. die meisten Taschenlampen Hohlspiegel (Reflektoren), die das von der Glühlampe ausgehende Licht bündeln.

Auch in Autoscheinwerfern befinden sich Hohlspiegel. Darüber hinaus kann man Fernlicht oder Abblendlicht einschalten. Das ist möglich, weil im Autoscheinwerfer eine Glühlampe mit zwei verschiedenen Glühfäden (Biluxlampe) verwendet wird.

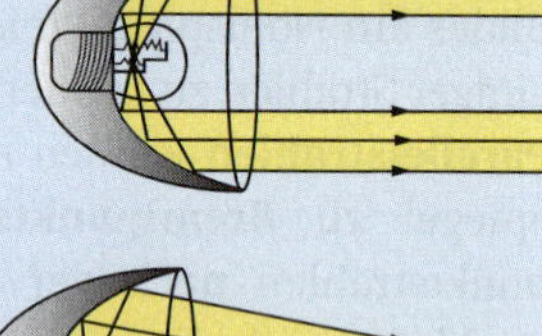

Beim Fernlicht fällt Licht auf den gesamten Spiegel.

Beim Abblendlicht befindet sich die Glühwendel an einer anderen Stelle. Das nach unten abgestrahlte Licht wird abgeschirmt.

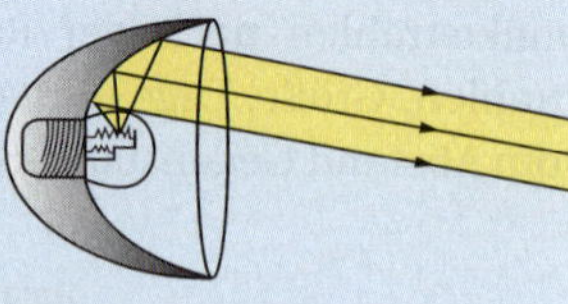

Auch Satellitenschüsseln und Antennen an Funktürmen sind Hohlspiegel. An ihnen wird aber kein Licht reflektiert, sondern die Wellen, die man bei Rundfunk und Fernsehen verwendet. Das Foto zeigt Antennen zur Übertragung von Rundfunk- und Fernsehsendungen.

Die Brechung von Licht

In einem Stoff, z. B. in Luft, Wasser oder Glas, breitet sich Licht in der Regel geradlinig aus. Trifft es aber auf die Grenzfläche zwischen zwei verschiedenen lichtdurchlässigen Stoffen, so wird es teilweise reflektiert, teilweise geht es in den anderen Stoff über. Dabei ändert sich im Allgemeinen die Richtung des Lichtes (Abb. 1, 2).

Als Brechung des Lichts bezeichnet man die Änderung seiner Ausbreitungsrichtung an der Grenzfläche zweier lichtdurchlässiger Stoffe.

1 Brechung und Reflexion des Lichtes an der Grenzfläche zweier verschiedener lichtdurchlässiger Stoffe. Hier befindet sich die Lichtquelle unter Wasser. Das Licht tritt teilweise vom Wasser in Luft über.

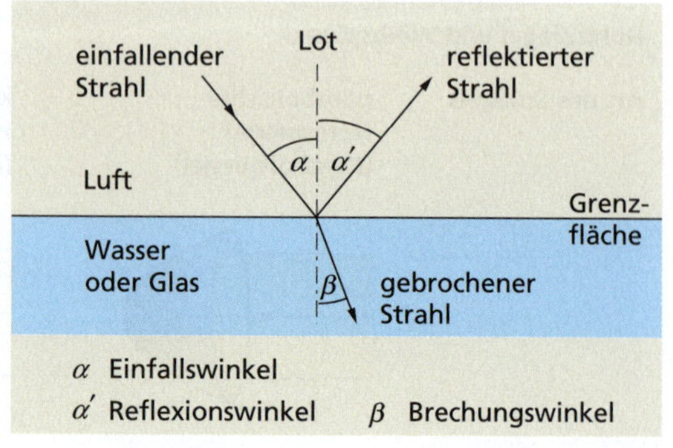

2 Strahlenverlauf bei Reflexion und Brechung an einer Grenzfläche

Das Brechungsgesetz

Geht Licht von Luft in Wasser oder Glas über, so wird es an der Grenzfläche zum Lot hin gebrochen (Abb. 1a). Geht Licht dagegen von Glas oder Wasser in Luft über, so wird es an der Grenzfläche vom Lot weg gebrochen (Abb. 1b).
Wie stark das Licht gebrochen wird, hängt ab von der Art der Stoffe und von der Größe des Einfallswinkels. Es gilt:
- Je kleiner der Einfallswinkel ist, desto weniger wird das Licht bei einer bestimmten Stoffkombination gebrochen.
- Beträgt der Einfallswinkel $\alpha = 0°$, fällt also das Licht senkrecht auf die Grenzfläche, so erfolgt keine Brechung.

Systematische Untersuchungen haben ergeben, dass zwischen dem Einfallswinkel, dem Brechungswinkel und den Lichtgeschwindigkeiten in den beiden Stoffen ein gesetzmäßiger Zusammenhang besteht, der im **Brechungsgesetz** zum Ausdruck kommt. Es lautet für beliebige Stoffe:

Tritt Licht unter einem Einfallswinkel $\alpha \neq 0$ von einem Stoff in einen anderen Stoff über, so gilt:

$$\frac{\sin\alpha}{\sin\beta} = \frac{c_1}{c_2} = n$$

α	**Einfallswinkel**
β	**Brechungswinkel**
c_1, c_2	**Lichtgeschwindigkeiten**
n	**Brechzahl**

Dabei liegen einfallender Strahl, Einfallslot und gebrochener Strahl in einer Ebene.

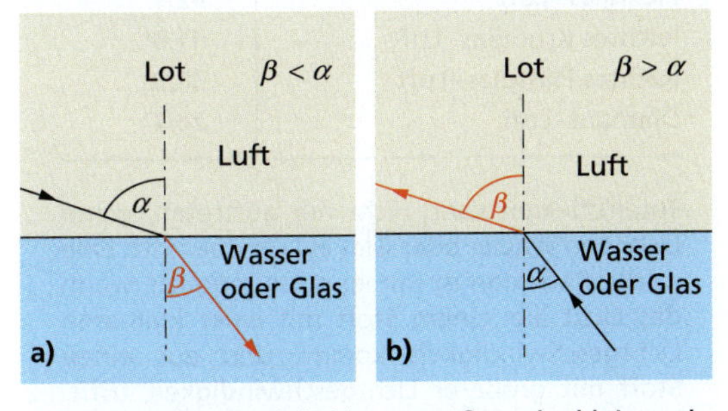

1 Der Brechungswinkel kann größer oder kleiner als der Einfallswinkel sein.

Brechzahlen für den Übergang des Lichts von Luft in einen anderen Stoff

anderer Stoff		Brechzahl *n*
Eis		1,31
Wasser		1,33
Plexiglas		1,49
Kronglas	leicht	1,51
	schwer	1,61
Flintglas	leicht	1,61
	schwer	1,75
Diamant		2,42

Die **Brechzahl** n ist eine Konstante, die die optische Eigenschaft zweier Stoffe charakterisiert. Die oben angegebenen Zahlenwerte gelten nur für den Übergang von Luft in den betreffenden Stoff. Für andere Stoffkombinationen kann man die Brechzahl berechnen (s. unten).

Mosaik

Brechzahl und Lichtgeschwindigkeit

Zwischen der Brechzahl n und den Lichtgeschwindigkeiten c_1 und c_2 in zwei Stoffen besteht ein enger Zusammenhang:

$$n = \frac{c_1}{c_2}$$

Kennt man die Lichtgeschwindigkeiten zweier Stoffe, so kann man die Brechzahl berechnen.

Lichtgeschwindigkeiten

Stoff	c in km/s
Luft	299 711 ≈ 300 000
Wasser	225 000
Plexiglas	201 000
Kronglas	
leicht	199 000
schwer	186 000
Flintglas	
leicht	186 000
schwer	171 000
Diamant	124 000

Die Totalreflexion

Tritt Licht von Glas oder Wasser in Luft über, so wird es vom Lot weg gebrochen. Der Brechungswinkel β ist größer als der Einfallswinkel α (Abb. 1a). Dabei wird ein Teil des Lichtes an der Grenzfläche gebrochen, ein geringer Teil wird reflektiert. Vergrößert man den Einfallswinkel, so wird auch der Brechungswinkel größer und erreicht schließlich $\beta = 90°$ (Abb. 1b). Wird nun der Einfallswinkel weiter vergrößert, so wird das gesamte Licht an der Grenzfläche vollständig reflektiert (Abb. 1c).

Die Erscheinung, dass beim Übergang des Lichts von Glas oder Wasser in Luft ab einem bestimmten Winkel sämtliches Licht an der Grenzfläche reflektiert wird, nennt man Totalreflexion.

a)

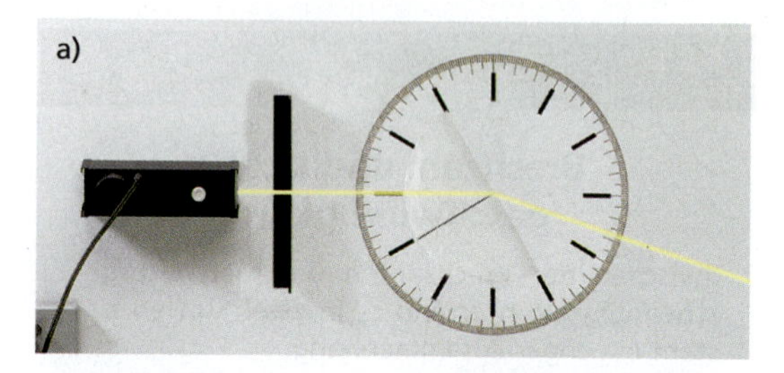

b)

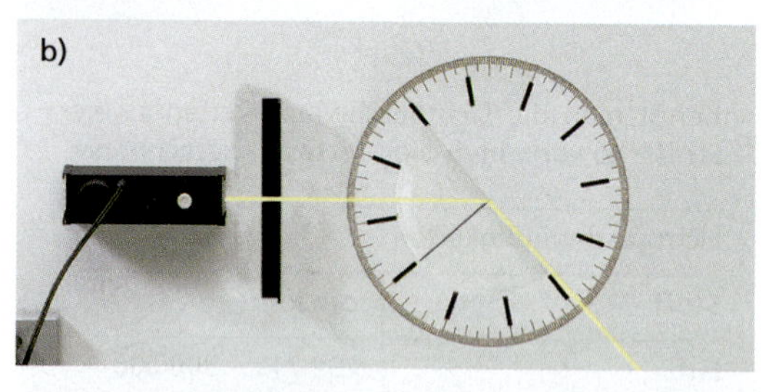

c)

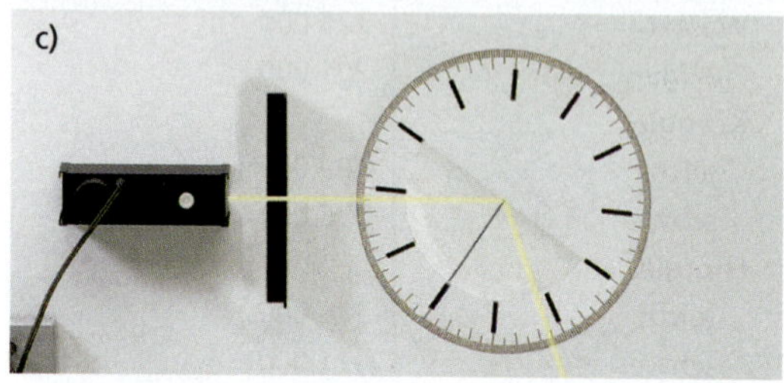

1 Brechung (a und b) und Totalreflexion (c) beim Übergang des Lichtes von Glas in Luft

Der Grenzwinkel der Totalreflexion

Den Einfallswinkel, bei dem der Brechungswinkel gerade 90° beträgt, nennt man **Grenzwinkel der Totalreflexion α_G**. Eine solche Totalreflexion tritt für alle Einfallswinkel auf, die größer als der Grenzwinkel der Totalreflexion sind.
Mithilfe des Brechungsgesetzes (s. S. 47) lässt sich der Grenzwinkel der Totalreflexion berechnen. Da beim Grenzwinkel der Totalreflexion (Abb. 1b) der Brechungswinkel $\beta = 90°$ ist, gilt:

$$\sin \beta = \sin 90° = 1$$

Setzt man das in das Brechungsgesetz ein, so erhält man:

$$\sin \alpha_G = \frac{c_1}{c_2}$$

c_1 und c_2 sind dabei die Lichtgeschwindigkeiten in den Stoffen 1 und 2 mit $c_1 < c_2$.

Totalreflexion ist z. B. zu beobachten, wenn Licht von einer Lichtquelle oder von Körpern ausgeht, die sich unter Wasser befinden.
Das kann man sehen, wenn man die Wasseroberfläche eines Aquariums schräg von unten betrachtet. Genutzt wird die Totalreflexion z. B. bei Umkehrprismen und bei Lichtleitkabeln (s. S. 50, 54), die in zunehmenden Maße für die Informationsübertragung eingesetzt werden.

Grenzwinkel der Totalreflexion

Übergang	α_G
Wasser–Eis	79,3°
schweres Flintglas–leichtes Kronglas	59,2°
Wasser–Luft	48,6°
Plexiglas–Luft	42,1°
leichtes Kronglas–Luft	41,6°
leichtes Flintglas–Luft	38,3°
Diamant–Luft	24,4°

Totalreflexion kann nicht nur auftreten, wenn Licht von Wasser oder Glas in Luft übertritt. Eine solche Reflexion ist immer dann möglich, wenn das Licht aus einem Stoff mit einer kleineren Lichtgeschwindigkeit kommt und auf einen Stoff mit größerer Lichtgeschwindigkeit trifft. Das ist auch bei Lichtleitern (s. S. 54) der Fall.

Strahlenverlauf durch Linsen und Prismen

Linsen sind lichtdurchlässige Körper, meistens aus Glas oder Kunststoff. Sie können sehr unterschiedliche Form haben. Linsen werden bei fast allen optischen Geräten, z. B. bei Lupen, Brillen, Ferngläsern oder Fotoapparaten genutzt. Auch in unserem Auge ist eine Linse vorhanden.
Wenn Licht auf eine Linse trifft, wird es nach dem Brechungsgesetz gebrochen. Je nach dem Strahlenverlauf unterscheidet man zwei große Gruppen von Linsen (Abb. 1, 2, 3).
Fällt Licht auf eine Linse, so wird es nach dem Brechungsgesetz an der Grenzfläche Luft–Glas und an der Grenzfläche Glas–Luft gebrochen. Zur Vereinfachung ersetzt man bei **dünnen Linsen** diese zweifache Brechung durch eine Brechung an der Linsenebene.
Parallele Lichtstrahlen werden an einer **Sammellinse** so gebrochen, dass sie nach der Brechung alle durch einen Punkt gehen. Bei intensivem Licht kann sich an diesem Punkt, in dem das Licht gebündelt wird, ein Gegenstand entzünden. Man nennt ihn deshalb **Brennpunkt** F (lateinisch: focus). Jede Linse hat zwei Brennpunkte. Der Abstand eines Brennpunktes von der Linsenebene wird als **Brennweite** *f* bezeichnet (Abb. 3).

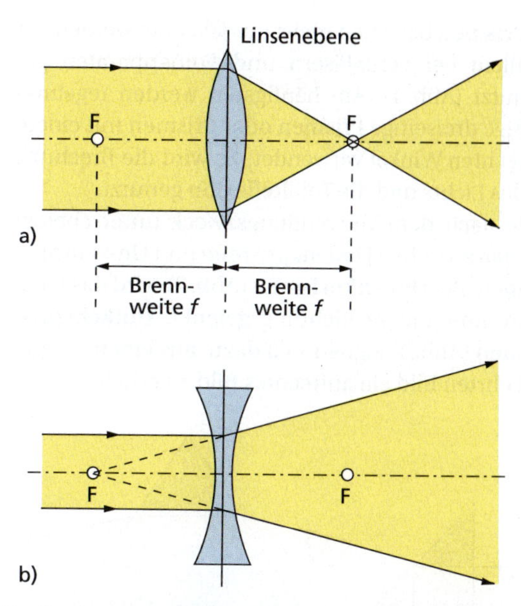

3 Brechung von Licht an einer dünne Sammellinse (a) und an einer dünnen Zerstreuungslinse (b)

1a Arten von Sammellinsen (Konvexlinsen)

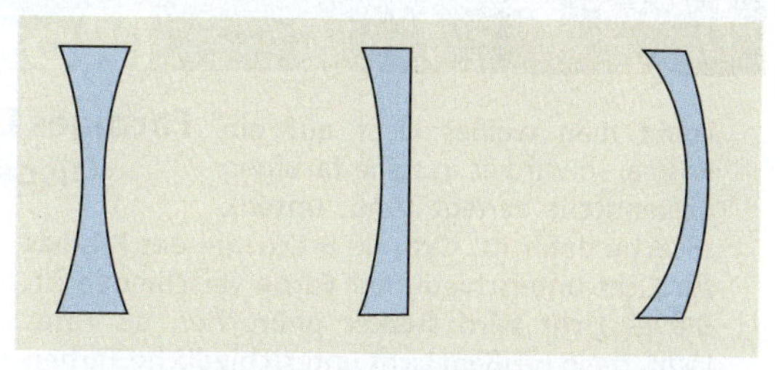

2a Arten von Zerstreuungslinsen (Konkavlinsen)

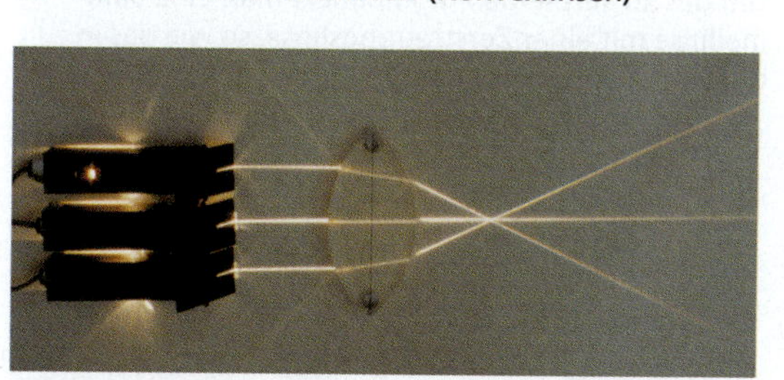

1b Linsen, die paralleles Licht nach der Brechung zunächst in einem Punkt sammeln, bevor es wieder auseinander geht, nennt man **Sammellinsen.** Sammellinsen aus Glas oder Kunststoff sind in der Mitte dicker als am Rand.

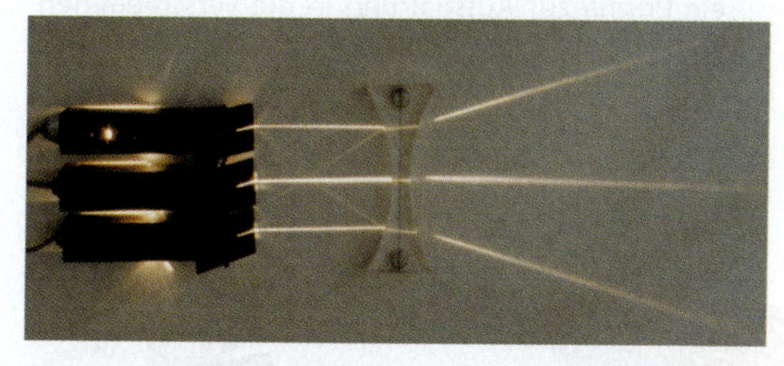

2b Linsen, die paralleles Licht nach der Brechung in verschiedene auseinander laufende Richtungen lenken, nennt man **Zerstreuungslinsen.** Zerstreuungslinsen aus Glas oder Kunststoff sind in der Mitte dünner als am Rand.

Prismen bestehen meist aus Glas. Sie werden vor allem bei Ferngläsern und Fotoapparaten genutzt (Abb. 1). Am häufigsten werden regelmäßige dreiseitige Prismen oder Prismen mit einem rechten Winkel verwendet. Es wird die Brechung des Lichts und die Totalreflexion genutzt.

Je nach dem Verwendungszweck unterscheidet man zwischen Umlenkprismen und Umkehrprismen. Bei **Umlenkprismen** (Abb. 2) wird das Licht in eine andere Richtung gelenkt. **Umkehrprismen** (Abb. 3) eignen sich dazu, aus einem umgekehrten Bild ein aufrechtes Bild zu erhalten.

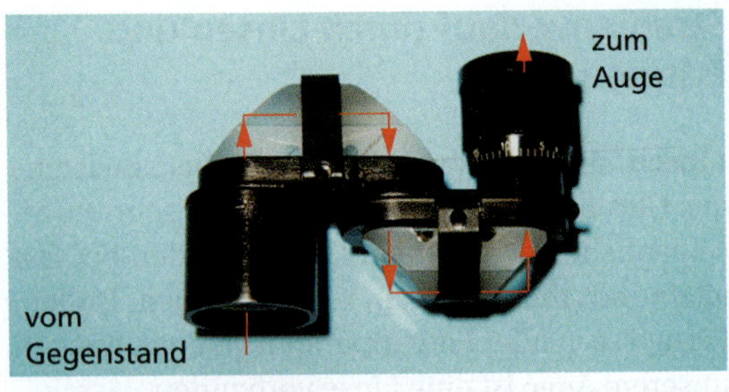

1 Bei dem abgebildeten Minifernglas wird das einfallende Licht durch zwei Prismen umgelenkt. Dadurch kann die Länge des Fernglases sehr klein gehalten werden.

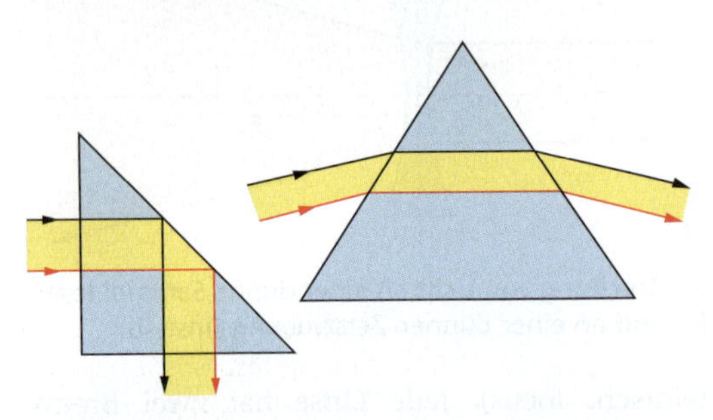

2 Bei Umlenkprismen wird Licht durch Brechung oder Totalreflexion in eine andere Richtung gelenkt.

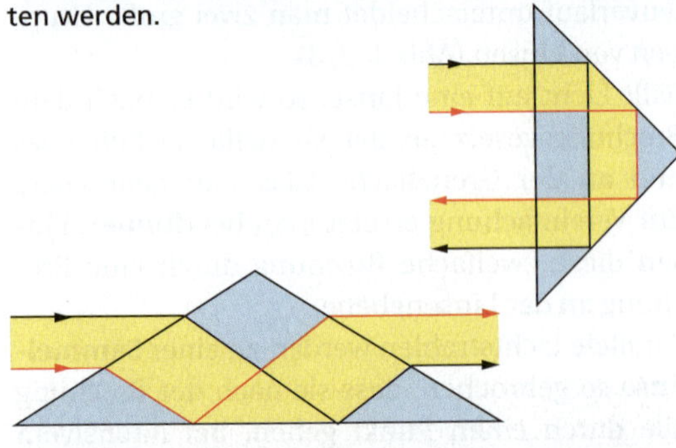

3 Bei Umkehrprismen ist die Lage der eintretenden und austretenden Strahlen zueinander vertauscht.

Mosaik

Farbiges Licht durch Dispersion

Lenkt man weißes Licht auf ein Prisma, so wird es in seine farbigen Bestandteile zerlegt (Abb. unten).

Ursache dafür ist, dass die Brechzahl des Prismas für Licht unterschiedlicher Farbe verschieden ist. Blaues Licht wird stärker gebrochen als rotes Licht. Da in weißem Licht unterschiedliche Farben enthalten sind, kommt es beim Durchgang durch ein Prisma zur Aufspaltung in die verschiedenen Farben.

Die Erscheinung, dass die Brechzahl für verschiedenfarbiges Licht unterschiedlich ist, nennt man **Dispersion.** Dispersion tritt auch bei Linsen auf. Beim Durchgang durch eine Linse wird blaues Licht stärker gebrochen als rotes. Dadurch können bei optischen Geräten Abbildungsfehler auftreten. Um das zu vermeiden, kombiniert man eine Sammellinse mit einer Zerstreuungslinse, so wie das in der Skizze angedeutet ist.

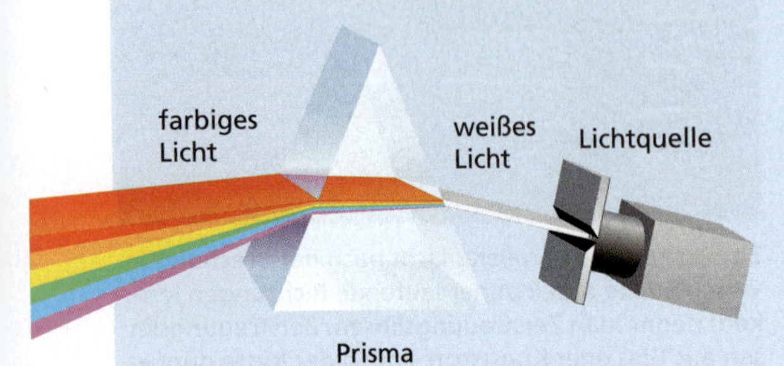

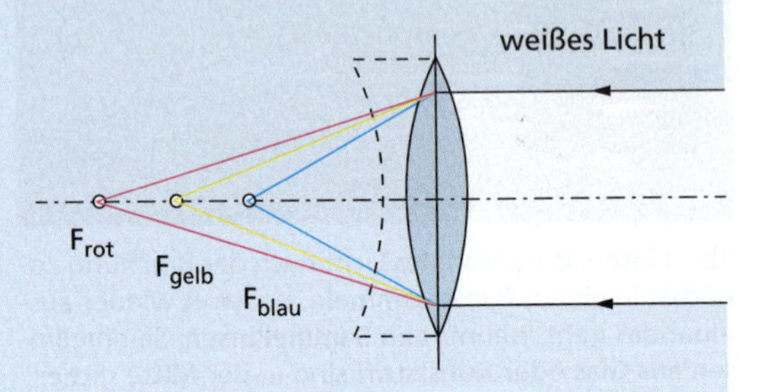

Physik in Natur und Technik

Ein Zaubertrick mit brennender Kerze

Es ist schon sonderbar, dass eine Kerze unter Wasser brennen kann (Abb. 1). Ist das ein Trick? Blickt man hinter die Glasscheibe, so zeigt sich: Hinter der Glasscheibe ist keine Kerze, weder im Wasserglas noch daneben.
Wie kann man diese Erscheinung erklären?

Das Bild der Kerze entsteht durch die Reflexion des Lichtes an der Oberfläche der Glasscheibe (Abb. 2). Von jedem Punkt der Kerze und der Flamme gelangen so Lichtstrahlen in das Auge des Beobachters. Diese Lichtstrahlen scheinen geradlinig vom Spiegelbild der Kerze hinter der Glasscheibe zu kommen.

1 Eine Kerze scheint unter Wasser zu brennen.

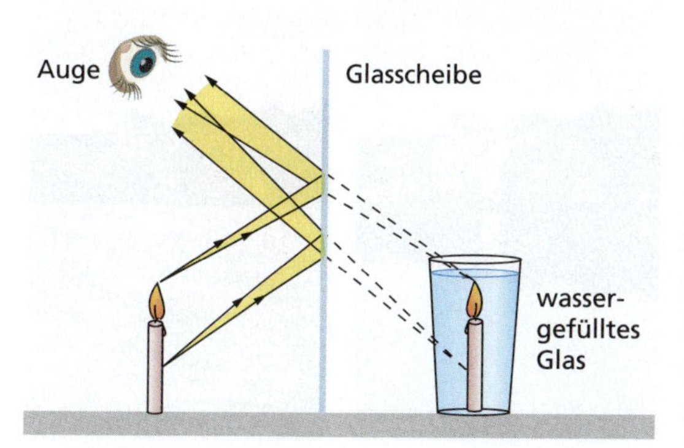

2 Wir sehen das scheinbare Bild der Kerze im wassergefüllten Glas.

3 Bei einem Kaleidoskop sieht man die Bilder ebenfalls dort, wo das Licht herzukommen scheint.

Das Auge bemerkt nichts von der Reflexion am Spiegel. Wir aber sehen das Bild der Kerze an der Stelle, von der aus die Lichtstrahlen geradlinig in unser Auge herzukommen scheinen. An dieser Stelle, im Wasserglas, befindet sich das scheinbare Bild der Kerze.

Der Sonnenofen

Mithilfe von Sonnenlicht können Stoffe so erhitzt werden, dass sie schmelzen oder verdampfen. Eine solche Anordnung wird als Sonnenofen bezeichnet (Abb. 4).
Wie ist ein solcher Sonnenofen aufgebaut? Wie funktioniert er?

4 Der Sonnenofen von Odeillo (Frankreich) ist eine der größten Anlagen dieser Art.

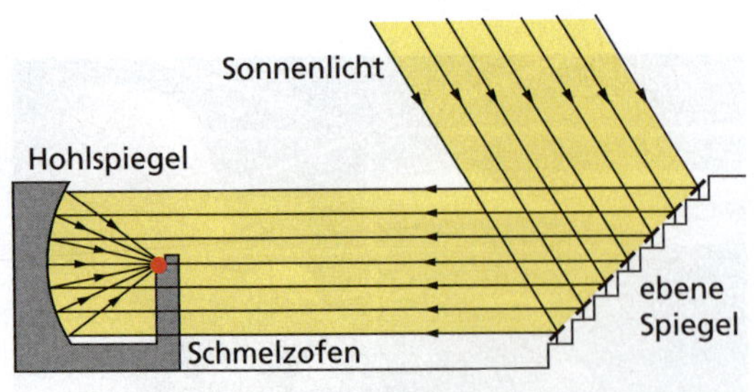

1 Strahlenverlauf beim Sonnenofen

Der auf S. 51 abgebildete Sonnenofen besteht aus verschieden angeordneten Spiegeln. Das parallele Sonnenlicht fällt zunächst auf ebene Spiegel (Abb. 1). Es wird von diesen Spiegeln nach dem Reflexionsgesetz so reflektiert, dass es als paralleles Licht auf den Hohlspiegel fällt. Vom Hohlspiegel wird das parallele Licht so reflektiert, dass es in einem kleinen Bereich konzentriert wird. In diesem Bereich werden im Sonnenofen von Odeillo Temperaturen bis 3 300 °C erreicht. Solche Temperaturen reichen aus, um fast alle Metalle zu schmelzen.

2 Das Foto zeigt einen Sonnenofen in Almeria (Spanien). Der Turm ist 60 m hoch.

Eine Landschaft im Spiegel

An einem See oder Teich kann man bei Windstille auf der Wasseroberfläche das Spiegelbild des gegenüberliegenden Ufers sehen (Abb. 3a). Bei stärkerem Wind ist das aber nicht möglich (Abb. 3b). *Erkläre, warum man bei glatter Wasseroberfläche ein Spiegelbild sieht und bei rauer und welliger Oberfläche nicht!*

Eine glatte Wasseroberfläche wirkt wie ein ebener Spiegel. Es tritt reguläre Reflexion auf. Das von den Gegenständen (Baum, Haus) ausgehende Licht fällt auf die glatte Oberfläche und wird reflektiert. Das reflektierte Licht, das in unser Auge fällt, scheint aus Richtung der Wasseroberfläche zu kommen. Wir sehen dort das Spiegelbild. Gleichzeitig fällt aber auch Licht direkt vom Gegenstand in unser Auge. Das bedeutet: Wir sehen den Gegenstand und zugleich sein auf dem Kopf stehendes Spiegelbild (Abb. 3a).

Bei einer rauen und welligen Oberfläche tritt diffuse Reflexion auf. Jeder einzelne Lichtstrahl wird zwar nach dem Reflexionsgesetz reflektiert. Da jedoch die Lagen der reflektierenden Flächen verschieden sind, werden die Lichtstrahlen in die unterschiedlichsten Richtungen reflektiert. Wir sehen kein Spiegelbild der Gegenstände (Abb. 3b). Das von den Häusern und Bäumen kommende Licht wird diffus reflektiert.

3 Ein See bei Windstille (a) und vom gleichen Standort aus bei stärkerem Wind (b)

Verbogene Trinkhalme – eine optische Täuschung?

Stellt man einen Trinkhalm in ein Gefäß mit Wasser, so scheint er an der Wasseroberfläche einen Knick zu haben (Abb. 1). Wird er etwa durch das Wasser verbogen? Nimmt man den Trinkhalm aus dem Wasser heraus, ist er wieder ohne Knick. *Wie kann man die Erscheinung des Abknickens eines Trinkhalmes im Wasser erklären?*

Der Trinkhalm bekommt tatsächlich keinen Knick. Es liegt eine optische Täuschung vor, die wir mithilfe des Brechungsgesetzes erklären können. Dazu muss man vom Sehvorgang ausgehen. Aufgrund unserer Erfahrungen mit der geradlinigen Lichtausbreitung sehen wir einen Körper an der Stelle, von der aus die Lichtstrahlen herzukommen scheinen. Von dem Teil des Trinkhalmes, der sich außerhalb des Wassers befindet, fällt das Licht geradlinig in unser Auge (Abb. 2). Anders ist es mit dem Licht von dem Teil des Trinkhalmes, der sich unter Wasser befindet. Dieses Licht, das vom Trinkhalm ausgeht, wird an der Grenzfläche Wasser–Luft nach dem Brechungsgesetz vom Lot weg gebrochen.

1 Der Trinkhalm in einem Gefäß mit Wasser erscheint wegen der Brechung geknickt.

Die rückwärtigen geradlinigen Verlängerungen der Lichtstrahlen, die ins Auge fallen, schneiden sich an den Stellen, an denen wir den Körper sehen. Dort entsteht ein scheinbares Bild des Trinkhalmes unter Wasser. Dieses Bild sehen wir. Damit scheint der Trinkhalm an der Wasseroberfläche einen deutlichen Knick zu haben. Ähnliche Effekte kann man auch an Teichen beobachten.

2 Strahlenverlauf vom Trinkhalm zum Auge

Mosaik

Gefährliche Wassertropfen

Durch weggeworfene oder liegen gelassene Flaschen und Gläser sind schon oft verheerende Waldbrände entstanden. Wie kann das passieren?

Durch einen Regenschauer bilden sich Wassertropfen auf den Glasscherben und Flaschen. Diese Wassertropfen wirken wie Sammellinsen. Trifft Sonnenlicht auf diese Wasserlinsen, so wird das Licht so gebrochen, dass es durch den Brennpunkt der jeweiligen Linse geht (s. Abb.). Fällt dieser Brennpunkt einer Wasserlinse zufällig auf Gras oder Laub, das unter dem Glas trocken geblieben ist, so kann sich dieses entzünden und ein Brand ausgelöst werden.

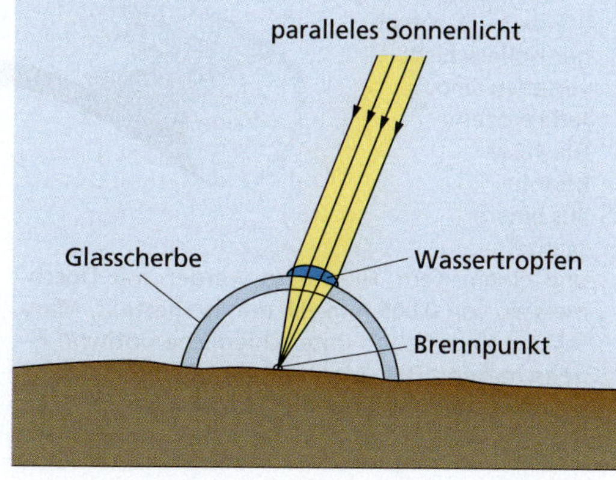

Mosaik

Informationsübertragung mit Licht

Mithilfe von Glasfaserkabeln (Abb. 1) können Telefongespräche, Computerdaten, Fernsehbilder und Rundfunkprogramme übertragen werden.

1 100-adriges Kabel für einen digital gesteuerten Multimedia-Arbeitsplatz

Solche Kabel haben den Vorteil, dass sie relativ leicht und flexibel sind. Zugleich können mehr Daten in besserer Qualität als mit vergleichbaren Kupferkabeln übertragen werden.
Die Nachrichtenübertragung in Glasfaserkabeln geschieht dabei mit Licht. Deshalb bezeichnet man Glasfaserkabel für die Nachrichtenübertragung häufig auch als Lichtleitkabel oder Lichtleiter.
Wie ist ein Glasfaserkabel aufgebaut?
Wie können mit seiner Hilfe Daten übertragen werden?

Glasfaserkabel bestehen aus vielen Tausenden feinen Glasfasern, die gebündelt und mit einer Isolierschicht versehen sind. Jede einzelne Glasfaser besteht aus einem Mantel und einem Kern. Glasfasern werden mit Durchmessern von 0,005 mm–0,5 mm hergestellt. Mantel und Kern haben unterschiedliche optische Eigenschaften: Das Material des Mantels ist so gewählt, dass in ihm die Lichtgeschwindigkeit größer als im Glasfaserkern ist. Damit tritt an der Grenzfläche Kern-Mantel ab einem bestimmten Grenzwinkel Totalreflexion auf (s. S. 48). Der Grenzwinkel der Totalreflexion hängt von den Lichtgeschwindigkeiten im Mantel und im Kern ab. Zur Nachrichtenübertragung lässt man das Licht unter einem solch großen Einfallswinkel einfallen, dass Totalreflexion auftritt.

Bei der Übertragung von Daten mittels Glasfaserkabel werden digitale Signale (z. B. von Computern) oder analoge Signale (z. B. elektromagnetische Schwingungen, in die Sprache durch ein Mikrofon umgewandelt wird) in Lichtschwankungen bzw. Lichtimpulse umgewandelt. Das geschieht in elektrooptischen Wandlern.
Diese Lichtimpulse werden auf das Glasfaserkabel übertragen, wobei der Winkel größer als der Grenzwinkel der Totalreflexion ist. Die Lichtimpulse werden vielfach an der Grenzfläche zwischen Kern und Mantel der Glasfaser total reflektiert, gelangen so zum anderen Ende der Glasfaser und von dort zu einem optoelektronischen Wandler.
In diesem werden die Lichtimpulse wieder in digitale oder analoge elektromagnetische Signale umgewandelt. Damit auf langen Strecken kein Intensitätsverlust auftritt, werden in bestimmten Abständen Lichtverstärker eingebaut.
Glasfaserkabel werden heute in vielen Bereichen der Technik genutzt.

Glasfaserkern
Glasfasermantel
α α'
$\alpha > \alpha_G$

2 Aufbau einer einzelnen Glasfaser: Trifft Licht von innen auf den Glasfasermantel, so wird es mehrfach total reflektiert und damit durch die Glasfaser geleitet.

gewusst · gekonnt

1. Licht fällt unter einem Winkel von 40° auf einen ebenen Spiegel. Zeichne einfallenden Strahl, Einfallslot und reflektierten Strahl!

2. In einem Spiegel sehen wir das Bild eines Gegenstandes.
Wie verändert sich die Lage des Bildes, wenn wir von einer anderen Stelle aus auf den Spiegel blicken? Probiere es aus!
Begründe deine Aussage mithilfe von Skizzen!

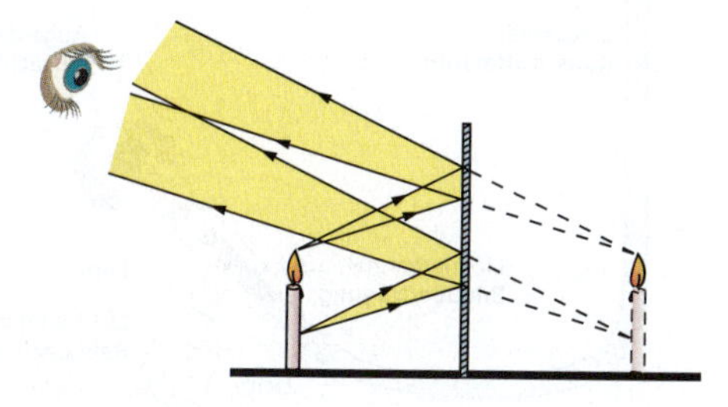

3. Vor einem ebenen Spiegel befindet sich ein Gegenstand mit Beschriftung.

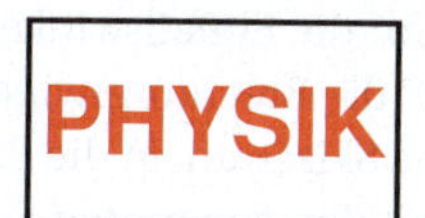

Gegenstand

Spiegel

a) Beschrifte ein Blatt Papier! Betrachte das Spiegelbild der Schrift! Beschreibe dieses Bild!

b) Konstruiere das Spiegelbild dieses Gegenstandes!

4. Nenne Gegenstände (Körper, Flächen) aus deiner Umgebung, bei denen Licht

a) in eine bestimmte Richtung reflektiert wird,

b) in sehr unterschiedliche Richtungen reflektiert wird!

c) Nenne Beispiele für die Nutzung von regulärer und diffuser Reflexion!

5. An manchen Fahrzeugen gibt es eine merkwürdige Beschriftung, die man nicht ohne weiteres lesen kann (s. Abb.).

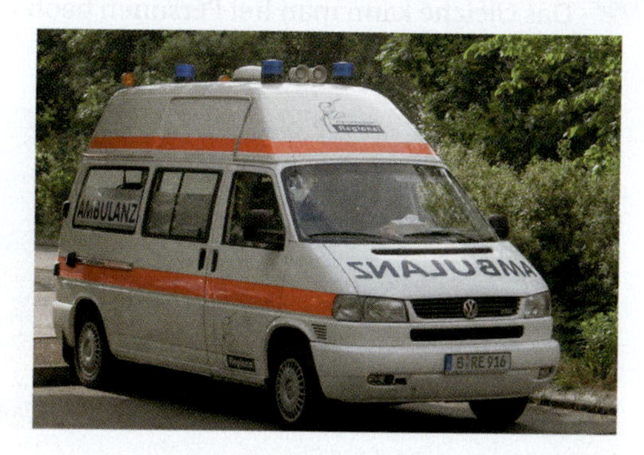

Warum wählt man eine solche Beschriftung?

6. Abends steht in einem Zimmer eine Kerze dicht vor einem Fenster. Wenn man schräg in die Fensterscheibe blickt, kann man zwei Kerzen sehen (Abb. links).
Bei manchen Fenstern kann man sogar drei Kerzen erblicken (Abb. rechts).

Wie ist diese Erscheinung zu erklären? Fertige zur Erklärung eine Skizze an!

7. Ein blank geputzter Esslöffel wirkt wie ein Hohlspiegel.

a) Betrachte dein Spiegelbild an einem Esslöffel! Halte dabei den Löffel einmal senkrecht und einmal waagerecht! Beschreibe und vergleiche die Spiegelbilder!

b) Wenn du den Löffel herumdrehst, wirkt er ebenfalls als Spiegel. Beschreibe die Spiegelbilder!

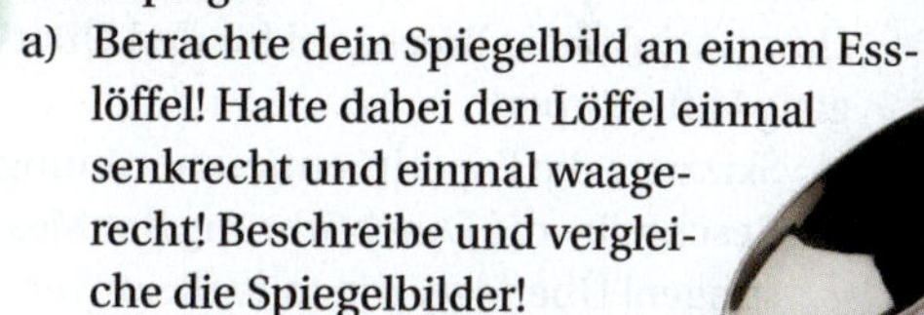

8. Stellt man eine Flasche in eine Schüssel mit Wasser, so erscheint sie gestaucht (s. Abb.). Das Gleiche kann man bei Personen beobachten, die im Wasser stehen.

Erkläre diese Erscheinung!

9. Das Foto zeigt den Blick durch eine durchsichtige wassergefüllte Dose, wie sie im Haushalt verwendet wird.

a) Probiere es selbst aus!
b) Wie kann man diese Erscheinung erklären? Fertige dazu einen Strahlenverlauf an!

***10.** Ermittle experimentell für einen gegebenen Körper durch Messung der Einfalls- und Brechungswinkel die Brechzahl für den Übergang Luft–Körper!
a) Skizziere die Experimentieranordnung!
b) Beschreibe die Durchführung der Messungen! Überlege, wie man die unvermeidlichen Messfehler klein halten kann!
c) Führe die Messungen durch und erfasse die Ergebnisse in einer Messwertetabelle!
d) Ermittle aus den Messwerten die Brechzahl für den Übergang Luft-Körper!

11. Mithilfe eines Endoskops kann ein Arzt innere Organe in einem Menschen betrachten. Um z. B. den Magen zu untersuchen, wird das schlauchartige Instrument durch die Speiseröhre des Patienten eingeführt. Beschreibe anhand der Skizze den Aufbau und erkläre die Wirkungsweise eines Endoskops!

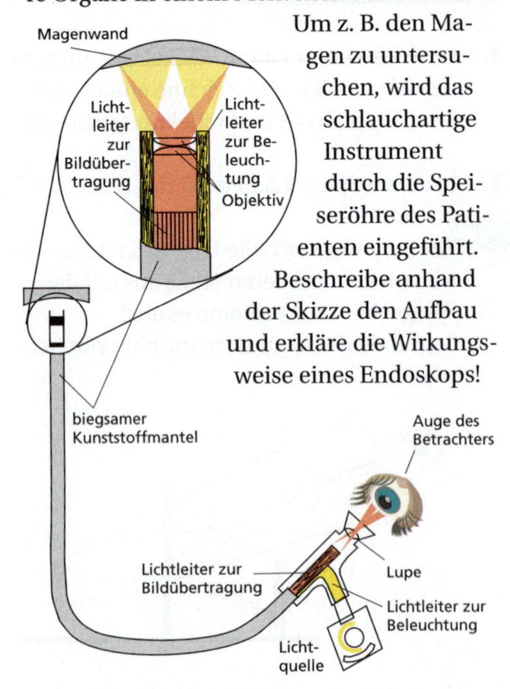

***12.** Licht fällt unter verschiedenen Winkeln von Luft auf schweres Kronglas.
a) Berechne für die Einfallswinkel 20°, 40°, 60° und 80° die Brechungswinkel!
b) Fertige eine Skizze an, in die du Lichtstrahlen mit den genannten Einfallswinkeln und den berechneten Brechungswinkeln einzeichnest! Das Licht soll dabei von einem Punkt ausgehen.
c) Welcher Zusammenhang ist zwischen der Größe des Einfallswinkels und der Stärke der Brechung erkennbar?

***13.** Licht trifft unter einem Einfallswinkel von 30° auf eine Grenzfläche zwischen Luft und schwerem Kronglas. Wie groß ist der Brechungswinkel? Welchen Winkel schließen gebrochenes und reflektiertes Licht ein?

14. Wenn man schräg von unten in ein Aquarium blickt, dann scheinen die Fische an der Oberfläche zu schwimmen. Wie ist das zu erklären?

15. In einem Schülerexperiment werden bei der Untersuchung der Brechung an einer halbkreisförmigen Scheibe folgende Einfalls- und Brechungswinkel gemessen:

α	10°	20°	30°	40°	50°
β	6,7°	13,2°	19,6°	25,5°	30,9°

a) Wie groß ist die Brechzahl des Stoffes, aus dem die Scheibe besteht?
Berechne dazu für jedes Messwertepaar die Brechzahl und bestimme den Mittelwert!

b) Um welchen Stoff könnte es sich handeln?

***16.** Licht trifft auf eine Grenzfläche Wasser–Luft.

a) Wie groß ist hierbei der Grenzwinkel der Totalreflexion?

b) Zeichne von einer punktförmigen Lichtquelle, die sich 5 cm unter einer Wasseroberfläche befindet, den Verlauf der Lichtstrahlen für Einfallswinkel von 0°, 10°, 20°, 30°, 40° und 50° ein!

17. Ein Taucher befindet sich unter Wasser. Wenn er in Richtung Wasseroberfläche schaut, dann sieht er einen kreisrunden hellen Fleck.

a) Erkläre, wie ein solcher heller Fleck zustande kommt!

*b) Ermittle durch eine maßstäbliche Konstruktion, welchen Durchmesser das helle „Guckloch" des Tauchers hat, durch das Licht von oberhalb der Wasseroberfläche in seine Augen gelangt! Die Augen des Tauchers befinden sich 2 m unter der Wasseroberfläche.

18. Eine punktförmige Lichtquelle befindet sich 4 cm über einer glatten Wasseroberfläche.

a) Konstruiere den Verlauf der Lichtstrahlen mit den Einfallswinkeln 0°, 15°, 30° und 60°!

b) Kann Totalreflexion auftreten? Begründe!

***19.** Bei einem Glasstab beträgt die Brechzahl 1,55.

a) Wie groß ist der Grenzwinkel der Totalreflexion für den Übergang Glas–Luft?

b) Wie groß ist der maximale Öffnungswinkel, unter dem das Licht aus dem Glasstab treten kann?

20. In Spiegelreflexkameras befindet sich ein Prisma (s. Abb.).

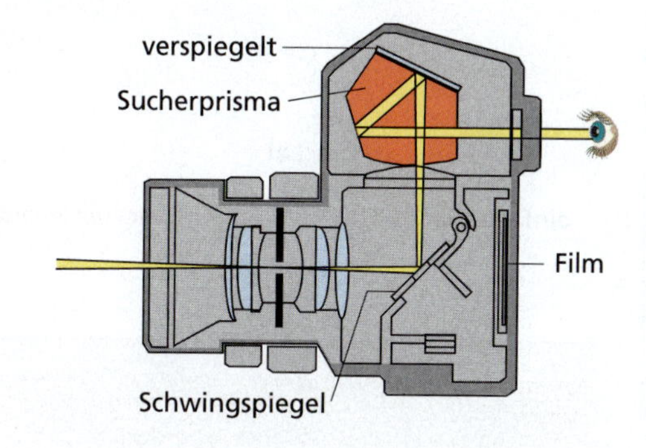

a) Beschreibe den Verlauf des Lichtes durch dieses Prisma!

b) Welche Funktion hat dieses Prisma in der Spiegelreflexkamera?

c) Könnte man statt eines Prismas auch einen ebenen Spiegel nehmen?
Begründe deine Aussage!

21. In den Abbildungen ist der Verlauf des Lichtes durch Linsen dargestellt.

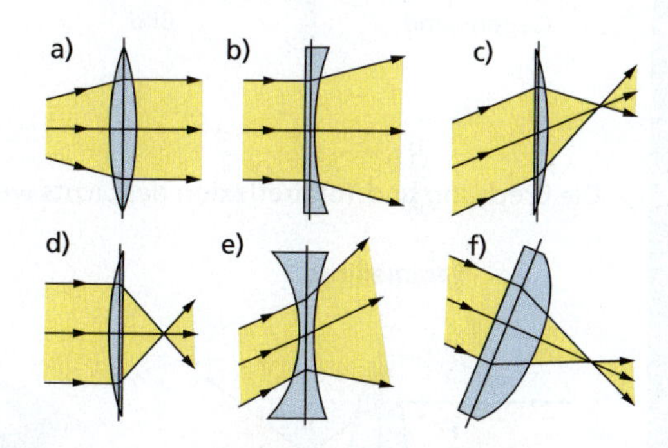

Welche der Linsen sind Sammellinsen, welche sind Zerstreuungslinsen?
Begründe deine Entscheidungen!

Ausbreitung, Reflexion und Brechung von Licht

Licht breitet sich im Vakuum und in der Luft mit einer **Geschwindigkeit** von $c \approx 300\,000$ km/s aus. In anderen Stoffen ist die Lichtgeschwindigkeit kleiner. Der Weg des Lichtes kann mit dem **Modell Lichtstrahl** dargestellt werden.
Trifft Licht auf einen Körper, so wird es teilweise reflektiert (zurückgeworfen), teilweise gestreut und absorbiert (aufgenommen) und teilweise gebrochen.

Reflexionsgesetz
Wird Licht an einer Fläche reflektiert, so ist der Einfallswinkel α gleich dem Reflexionswinkel α'.

$$\alpha = \alpha'$$

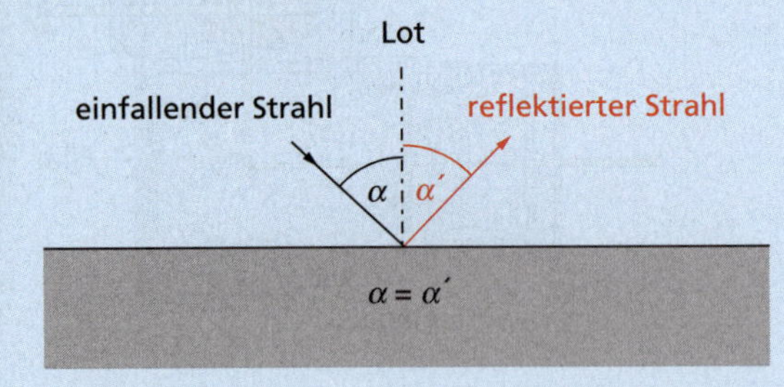

Brechungsgesetz
Trifft Licht unter einem Winkel $\alpha \neq 0$ auf die Grenzfläche zweier Stoffe, so wird es gebrochen. Es gilt:

$$\frac{\sin\alpha}{\sin\beta} = \frac{c_1}{c_2} = n$$

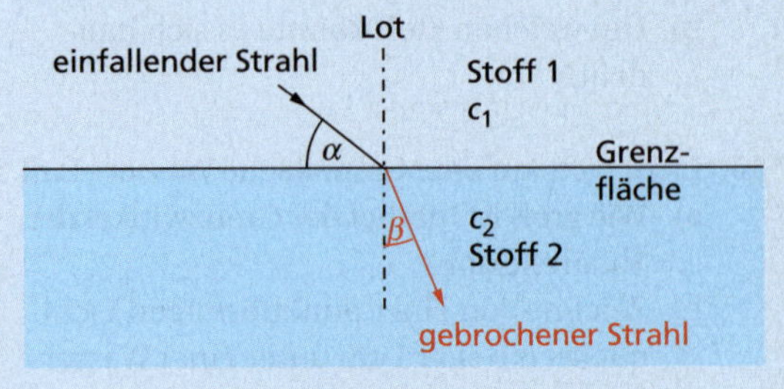

Die Reflexion des Lichts wird bei ebenen und gewölbten Spiegeln genutzt.

ebener Spiegel

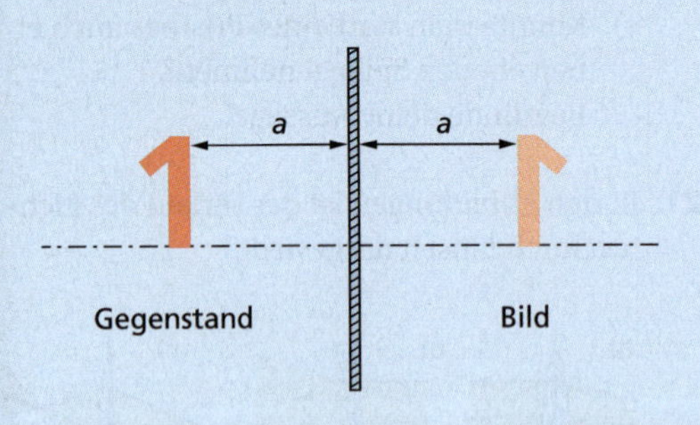

kugelförmiger Hohlspiegel

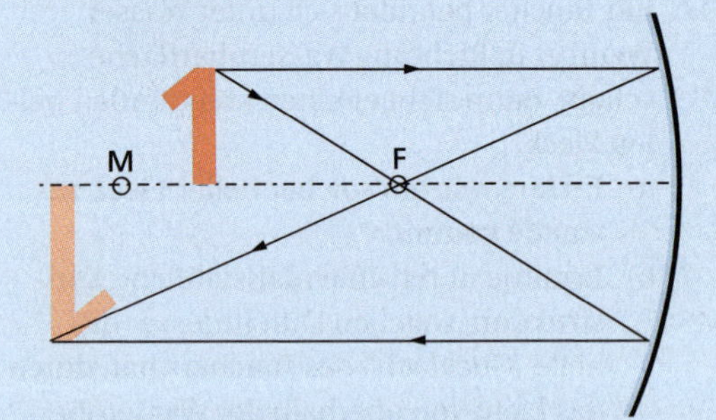

Die Brechung und Totalreflexion des Lichts werden bei **Linsen, Lichtleitern** und **Prismen** genutzt.

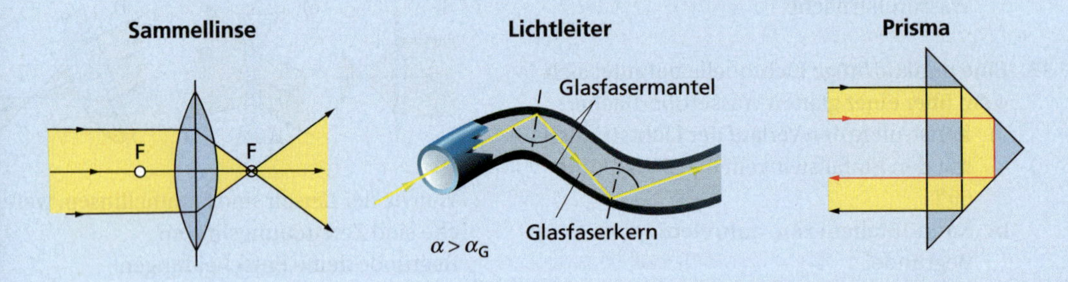

2.3 Bilder durch Öffnungen und Linsen

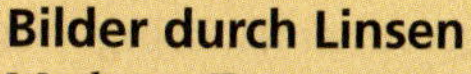

Bilder durch Linsen

Moderne Fotoapparate verfügen nicht nur über elektronische Schaltungen zur automatischen Entfernungseinstellung sowie zur Einstellung von Blende und Belichtungszeit, sondern auch über eine hochwertige Optik. Mithilfe eines Zoomobjektivs ist es z. B. möglich, von einem Standpunkt aus Gegenstände in unterschiedlicher Größe aufzunehmen.
Wie arbeitet ein Zoomobjektiv?

Ein Riesenfernrohr

Für astronomische Beobachtungen verwendet man in Sternwarten Fernrohre, die eine Länge von einigen Metern und Durchmesser von bis zu einem Meter haben können.
Wie ist ein solches astronomisches Fernrohr aufgebaut? Wie weit kann man mit einem solchen Fernrohr sehen?

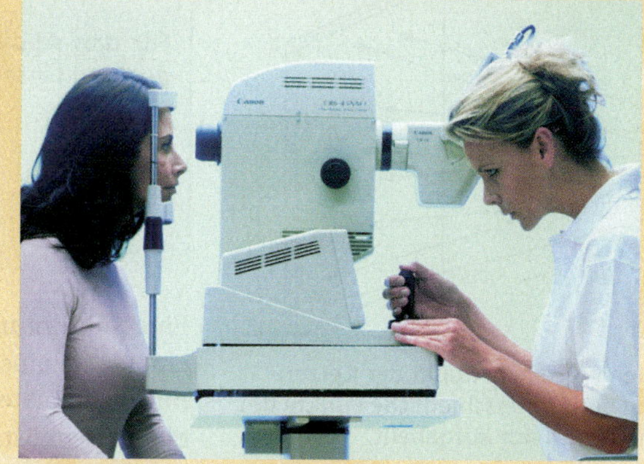

Eine Brille für gutes Sehen

Viele Menschen benötigen eine Brille, um scharf sehen zu können. Die Bestimmung der Stärke von Brillengläsern wird von Optikern oder von Augenärzten durchgeführt.
Warum benötigen viele ältere Menschen eine so genannte Lesebrille? Was ist der Unterschied zwischen Kurzsichtigkeit und Weitsichtigkeit?

Bilder durch Öffnungen

Betrachten wir mit den Augen einen Gegenstand, so sehen wir ein scharfes Bild, weil jedem Gegenstandspunkt ein Bildpunkt auf der Netzhaut des Auges zugeordnet ist. Bringt man dagegen einen Schirm vor eine Kerzenflamme (Abb. 1), so erhält man kein Bild, sondern nur eine Aufhellung des Schirms. Bringt man zwischen Kerzenflamme und Schirm eine Lochblende (Abb. 2), so kann man auf dem Schirm ein Bild beobachten.

Ein scharfes Bild eines Gegenstandes entsteht, wenn jedem Gegenstandspunkt eindeutig ein Bildpunkt zugeordnet werden kann.

Je nach der Größe des Loches ist das Bild heller oder dunkler, unschärfer oder schärfer.

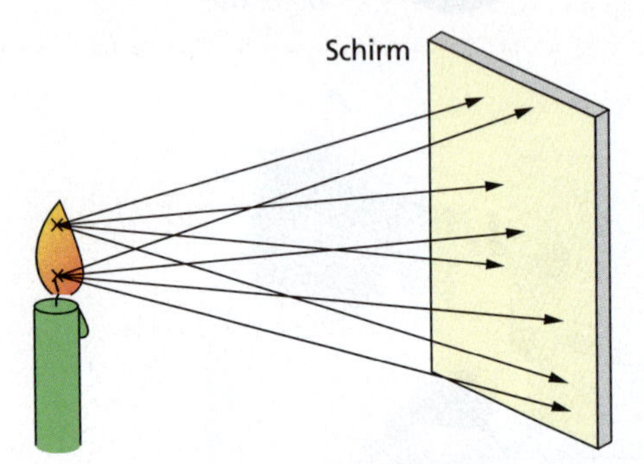

1 Die Lichtstrahlen von einem Punkt der Kerzenflamme treffen auf ganz unterschiedliche Punkte des Schirmes. Der Schirm wird nur aufgehellt.

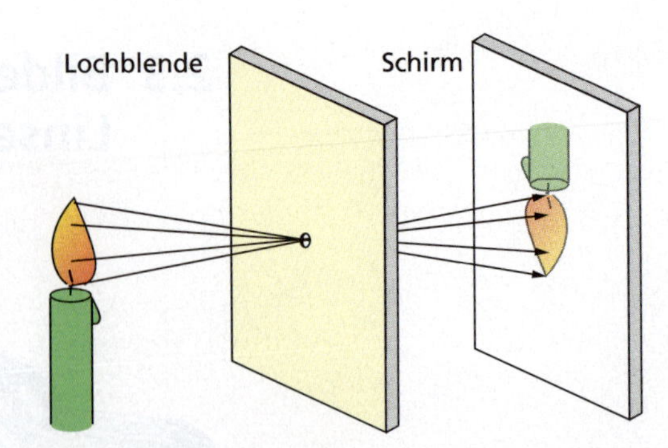

2 Bei einem scharfen Bild kann jedem Punkt der Kerzenflamme ein Bildpunkt zugeordnet werden und umgekehrt.

Wie groß das Bild eines Gegenstandes ist, hängt von der Größe des Gegenstandes, seiner Entfernung von der Lochblende (Gegenstandsweite) sowie von der Entfernung des Schirms von der Lochblende (Bildweite) ab (Abb. 3). Das Verhältnis von Bildgröße B zu Gegenstandsgröße G wird als **Abbildungsmaßstab** A bezeichnet.

Für den Abbildungsmaßstab A an Lochblenden und Linsen gilt:

$$A = \frac{B}{G} = \frac{b}{g}$$

B Bildgröße
G Gegenstandsgröße
b Bildweite
g Gegenstandsweite

Eine Anordnung aus Lochblende und Schirm mit einem Gehäuse bezeichnet man als **Lochkamera.** Sie bietet die einfachste Möglichkeit, von einem Gegenstand ein Bild zu erzeugen.

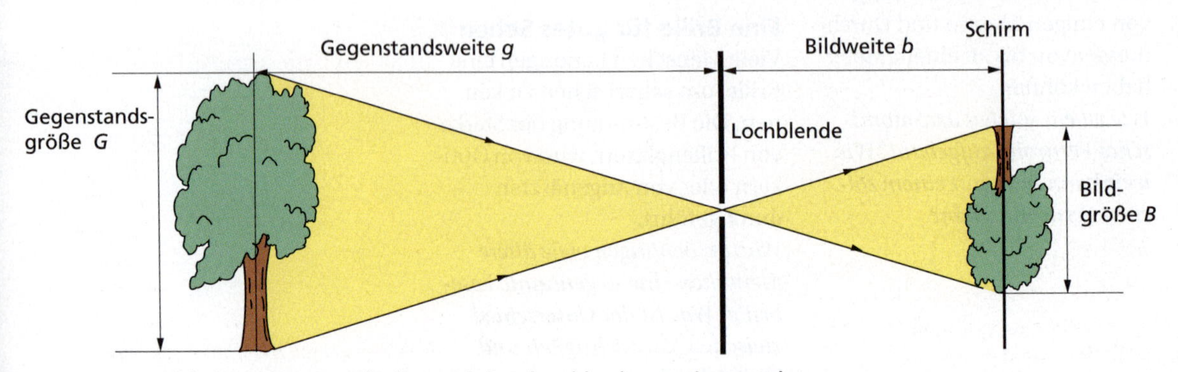

3 Das Bild eines Gegenstandes kann mit Randstrahlen konstruiert werden.

Bilder durch Sammellinsen

Um Bilder von Gegenständen zu erzeugen, kann man anstelle einer Lochblende eine Sammellinse verwenden. Für beliebige Sammellinsen gilt:

Licht, das von einem Gegenstandspunkt P ausgeht und durch eine Sammellinse fällt, trifft hinter der Linse in einem Bildpunkt P' zusammen.

Bringt man an diese Stelle einen Schirm, so erhalten wir ein scharfes Bild des Gegenstandspunktes bzw. des ganzen Gegenstandes (Abb. 1, 3). Dieses Bild ist wesentlich heller als bei Verwendung einer Lochblende, weil von jedem Gegenstandspunkt aus viel mehr Licht durch die Linse fällt als bei Verwendung einer Lochblende.

1 Scharfes Bild einer Kerzenflamme: Der Schirm befindet sich dort, wo sich die Strahlen schneiden.

2 Unscharfes Bild einer Kerzenflamme: Der Schirm befindet sich in diesem Fall nicht dort, wo sich die Strahlen schneiden.

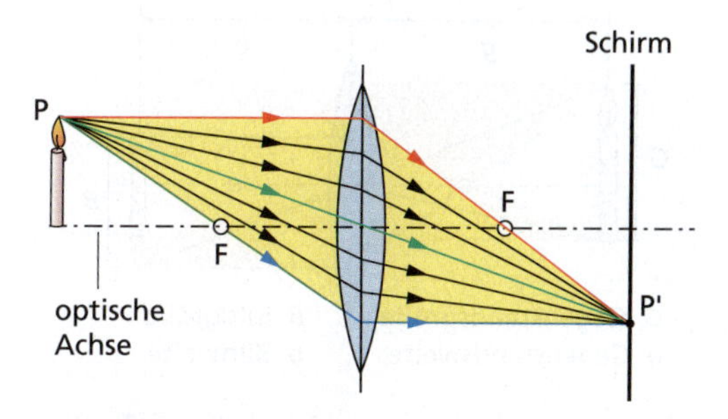

3 Gegenstandspunkt P und Bildpunkt P'

Zur zeichnerischen Konstruktion von Bildpunkten an Linsen reicht es aus, den Verlauf einiger wichtiger Strahlen zu kennen.

Parallelstrahlen verlaufen parallel zur optischen Achse der Linse.

Brennpunktstrahlen verlaufen durch einen Brennpunkt F der Linse.

Mittelpunktstrahlen verlaufen durch den Mittelpunkt M der Linse.

Eine genauere Untersuchung des Verlaufes dieser drei Strahlen ergibt:

Wenn Lichtstrahlen an einer dünnen Sammellinse gebrochen werden, so gilt unter der Bedingung achsennaher Strahlen:
- **Ein Parallelstrahl wird so gebrochen, dass er dann durch den Brennpunkt verläuft.**
- **Ein Brennpunktstrahl wird so gebrochen, dass er dann parallel zur optischen Achse verläuft.**
- **Ein Mittelpunktstrahl geht ungebrochen durch eine Sammellinse.**

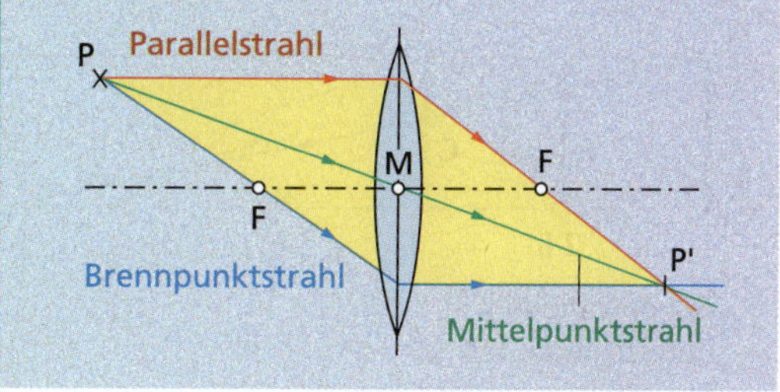

Um von einem Gegenstandspunkt einen Bildpunkt zu konstruieren, zeichnet man mindestens zwei der von dem Gegenstandspunkt ausgehenden charakteristischen Strahlen (Abb. 1, S. 62).

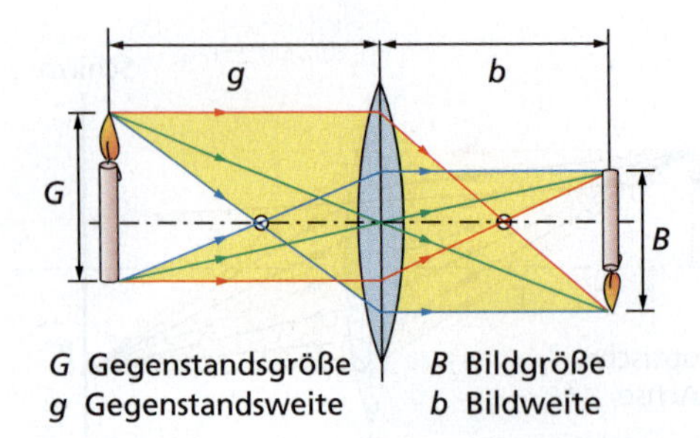

1 Bildkonstruktion an einer Sammellinse: Zur Konstruktion eines Bildpunktes sind jeweils zwei Strahlen ausreichend.

Mit Linsen kann man unterschiedlich scharfe und helle Bilder erhalten.
In Abhängigkeit von der Gegenstandsweite und der Brennweite der Sammellinse gibt es zu jedem Gegenstandspunkt genau eine Bildweite, bei der ein **scharfes Bild** entsteht. Bei dieser Bildweite schneiden sich die von dem Gegenstandspunkt ausgehenden und von der Sammellinse gebrochenen Lichtstrahlen genau in einem Punkt. Befindet sich der Schirm nicht dort, wo sich die Strahlen schneiden, dann ist das Bild unscharf.
Die Größe des Bildes ist abhängig von der Größe des Gegenstandes und von der Gegenstandsweite (Abb. 2 und Übersicht S. 63).
Bei Sammellinsen gilt ebenso wie bei Lochblenden für das Verhältnis von Bildgröße zu Gegenstandsgröße (**Abbildungsmaßstab**):

$$A = \frac{B}{G} = \frac{b}{g}$$

Der Zusammenhang zwischen Gegenstandsweite, Bildweite und Brennweite (Abb. 2) wird durch die **Linsengleichung** erfasst.

Unter der Bedingung dünner Linsen und achsennaher Strahlen gilt die Linsengleichung:

$$\frac{1}{f} = \frac{1}{g} + \frac{1}{b} \quad \text{oder} \quad f = \frac{g \cdot b}{g + b}$$

f **Brennweite der Linse**
g **Gegenstandsweite**
b **Bildweite**

Bei den Bildern, die bei Linsen und auch bei Spiegeln entstehen, unterscheidet man zwei verschiedene Arten.
Bilder von Gegenständen, die man auf einem Schirm auffangen kann, werden als **wirkliche** oder **reelle Bilder** bezeichnet. Solche reellen Bilder entstehen z. B. auf der Netzhaut des Auges, auf dem Film eines Fotoapparates oder bei einem Tageslichtprojektor auf einer Projektionswand.
Bei ebenen Spiegeln oder Lupen sehen wir Bilder, die man auch fotografieren kann, aber nicht an der Stelle auf einem Schirm auffangen kann, wo sie entstehen. Solche Bilder werden in der Optik als **scheinbare** oder **virtuelle Bilder** bezeichnet.
Ein Überblick über Bilder an Sammellinsen ist auf S. 63 gegeben. Dort ist auch der Zusammenhang zwischen der Gegenstandsweite und der Art des entstehenden Bildes dargestellt.

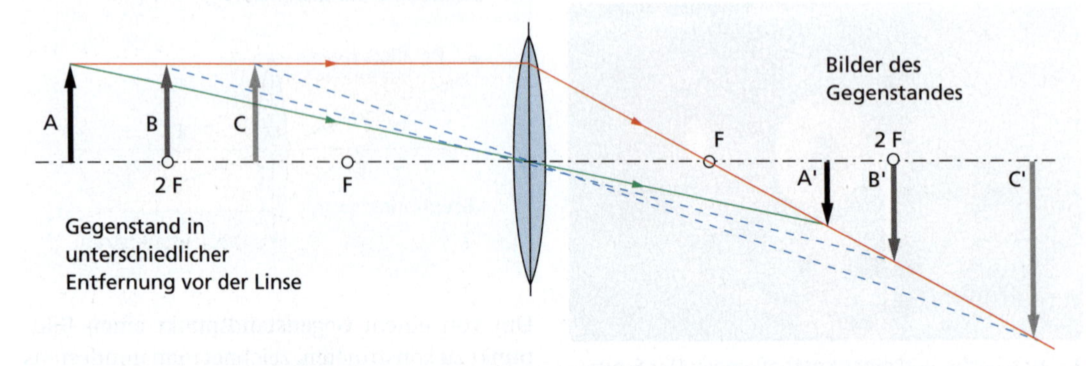

2 Bildkonstruktionen mit Strahlenverläufen für einige Bilder an Sammellinsen: Bei einer bestimmten Gegenstandsgröße hängt die Bildgröße von der Gegenstandsweite ab.

Ort des Gegenstandes	Bild und Bildkonstruktion	Eigenschaften des Bildes
außerhalb der doppelten Brennweite einer Sammellinse $g > 2f$	G, F, F, B	– verkleinert – umgekehrt – seitenvertauscht – reell (wirklich) Das Bild liegt zwischen einfacher und doppelter Brennweite.
in der doppelten Brennweite einer Sammellinse $g = 2f$	G, F, F, B	– gleich groß – umgekehrt – seitenvertauscht – reell (wirklich) Das Bild liegt in der doppelten Brennweite.
zwischen einfacher und doppelter Brennweite einer Sammellinse $2f > g > f$	G, F, F, B	– vergrößert – umgekehrt – seitenvertauscht – reell (wirklich) Das Bild liegt außerhalb der doppelten Brennweite.
in der einfachen Brennweite einer Sammellinse $g = f$	G, F, F	– kein scharfes Bild (Bild im Unendlichen) – gebrochene Strahlen verlaufen parallel – Linse voll mit der Farbe des Gegenstandes bedeckt Das Bild liegt im Unendlichen.
innerhalb der einfachen Brennweite einer Sammellinse $g < f$	B, G, F, F	– vergrößert – aufrecht – seitenrichtig – virtuell (scheinbar) Das Bild liegt auf der gleichen Seite der Linse wie der Gegenstand.

Das menschliche Auge

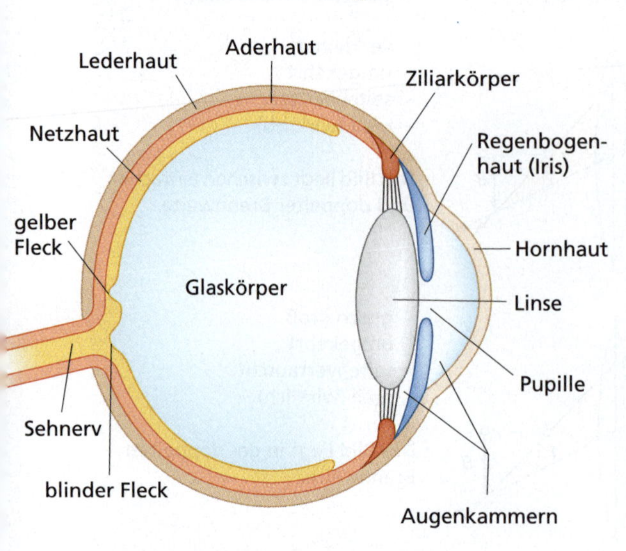

1 Aufbau des menschlichen Auges (vereinfacht)

Den größten Teil aller Informationen aus unserer Umwelt nehmen wir über unsere Augen wahr.
Das menschliche Auge ist ein kompliziertes Organ, das aus Muskeln, Fasern, Häuten, Nerven und Blutgefäßen besteht (Abb. 1). Hornhaut, Augenflüssigkeit, Augenlinse und Glaskörper bilden ein Linsensystem, das wie eine Sammellinse wirkt. In Skizzen ersetzt man deshalb das komplizierte System des Auges durch eine Sammellinse (Abb. 2). Die Brennweite dieses optischen Systems beträgt etwa 20 mm.
Das bedeutet: Gegenstände, die wir betrachten, befinden sich in der Regel weit außerhalb der doppelten Brennweite. Demzufolge gilt: Fällt von einem Gegenstand Licht auf das Auge, so wird es so gebrochen, dass auf der Netzhaut ein verkleinertes, reelles, umgekehrtes und seitenvertauschtes Bild entsteht (Abb. 2).
Damit von unterschiedlich weit entfernten Gegenständen jeweils ein scharfes Bild auf der Netzhaut entsteht, wird durch ein Muskelsystem die Krümmung der Linse und damit ihre Brennweite stufenlos verändert. Das geschieht unwillkürlich. Bei der Betrachtung naher Gegenstände ist die Augenlinse stärker gekrümmt als bei der Betrachtung entfernter Gegenstände. Die Fähigkeit der Augen, sich unwillkürlich unterschiedlichen Entfernungen anzupassen, nimmt allerdings mit zunehmendem Alter allmählich ab.
Verringert man die Entfernung eines Gegenstandes von den Augen immer mehr, so kommt man schließlich bis zu einem Punkt, bei dem man gerade noch ein scharfes Bild sehen kann. Dieser Punkt heißt **Nahpunkt.** Seine Entfernung vom Auge beträgt bei einem normalsichtigen jungen Menschen etwa 10 cm. Mit zunehmendem Alter verschiebt sich dieser Punkt vom Auge weg.
Um die Intensität des einfallenden Lichts zu steuern, besitzt das menschliche Auge eine Blende – die Iris mit der Pupille als Öffnung.
Die Netzhaut enthält zwei Arten von lichtempfindlichen Zellen: Die etwa 120 Millionen **Stäbchen** nehmen nur Hell-Dunkel-Reize auf, die etwa 6 Millionen **Zäpfchen** sind farbempfindlich. Diese Zäpfchen sprechen nur bei einer ausreichenden Lichtintensität an. Ist sie zu gering, sehen wir nur Hell-Dunkel-Töne.

Das menschliche Sehen funktioniert nur im Zusammenspiel der Augen mit dem Nervensystem. Die von den lichtempfindlichen Zellen der Netzhaut ausgehenden Reize werden an das Gehirn weitergeleitet und dort zu optischen Eindrücken verarbeitet. Wir nehmen aufrechte, seitenrichtige Bilder wahr. Dabei treten drei Besonderheiten auf.
Erstens registriert unser Auge einfallendes Licht stets so, als ob es von einem Ausgangspunkt aus geradlinig ins Auge fällt. Das gilt auch für Licht, das auf seinem Weg zum Auge reflektiert oder

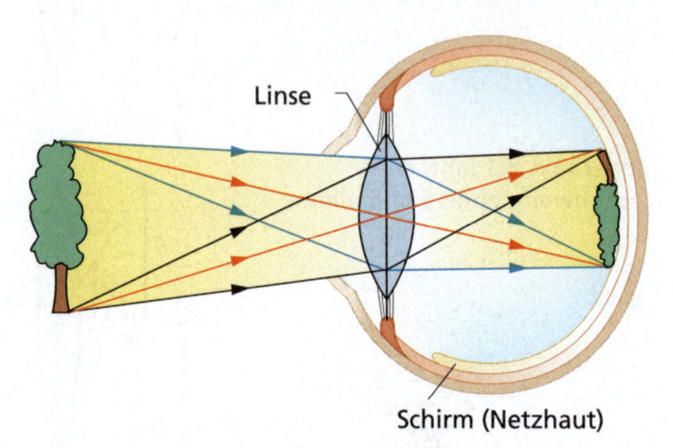

2 Bildentstehung beim Auge (vereinfacht)

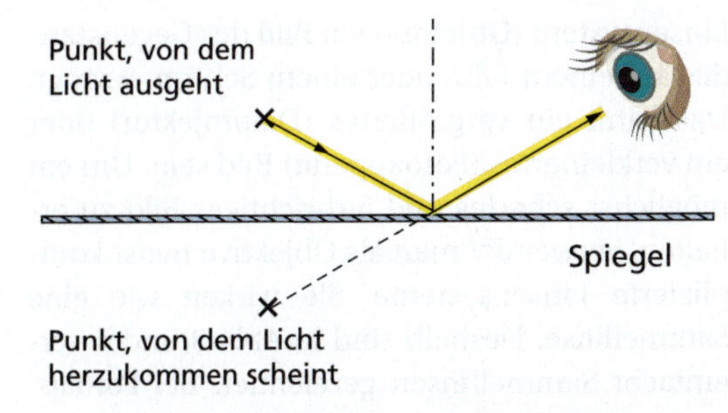

1 Licht wird vom Auge dort wahrgenommen, von wo es herzukommen scheint.

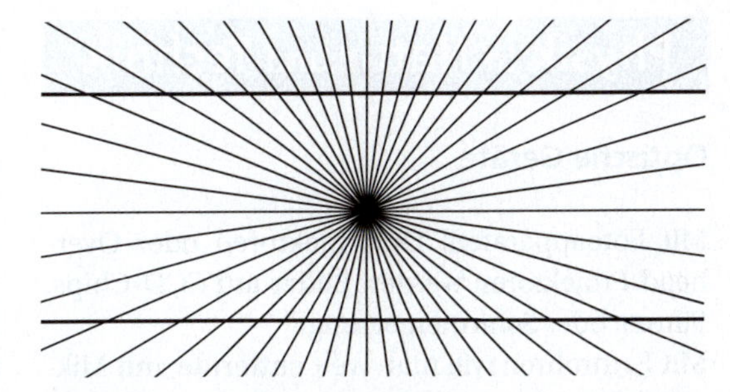

2 Optische Täuschung: Sind die eingezeichneten Waagerechten gerade oder nicht?

gebrochen wurde. Deshalb sehen wir auch Bilder an Stellen (z. B. hinter Spiegeln), an denen sie in Wirklichkeit gar nicht existieren (Abb. 1).
Zweitens erfolgt die Verarbeitung der optischen Informationen im Gehirn. Deshalb spielen beim Sehvorgang auch Erfahrungen und Stimmungen eine Rolle. Das bedeutet: Verschiedene Personen, die dieselben Gegenstände betrachten, können unterschiedliche optische Wahrnehmungen haben.
Drittens gibt es darüber hinaus zahlreiche optische Täuschungen, also optische Wahrnehmungen, die nicht der Realität entsprechen. Ein einfaches Beispiel dafür zeigt Abb. 2.
Häufig auftretende Sehfehler sind die **Kurzsichtigkeit** und die **Weitsichtigkeit** (Übersichtigkeit). Beide können mithilfe von Brillen oder Kontaktlinsen korrigiert werden.
Während beim normalsichtigen Auge das scharfe Bild von Gegenständen auf der Netzhaut entsteht, ist das bei Kurzsichtigkeit (Abb. 4) und Weitsichtigkeit (Abb. 3) nicht der Fall.
Brillen oder Kontaktlinsen müssen so gewählt werden, dass auf der Netzhaut ein scharfes Bild entsteht. Dazu sind bei einem kurzsichtigen Auge eine Zerstreuungslinse und bei einem weitsichtigen Auge eine Sammellinse zur Korrektur erforderlich.
Die **Brechkraft** von Brillengläsern wird in **Dioptrien** angegeben. Das ist der Kehrwert der in Metern gemessenen Brennweite.
Wenn ein Brillenglas beispielsweise eine Brechkraft von +2,0 Dioptrien hat, dann bedeutet das: Die Brennweite der betreffenden Sammellinse beträgt 0,5 m. Je größer die Dioptrien-Zahl ist, desto kleiner ist die Brennweite der Linse und desto „stärker" ist das Brillenglas.

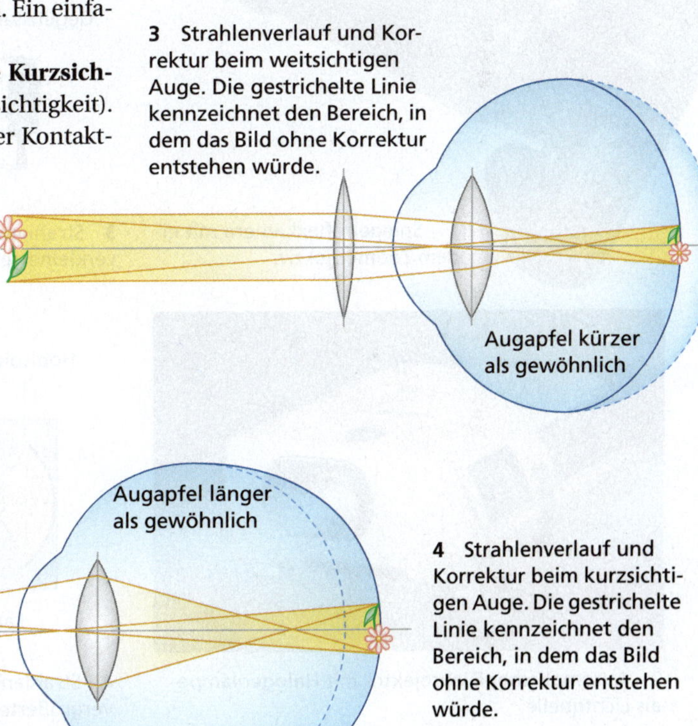

3 Strahlenverlauf und Korrektur beim weitsichtigen Auge. Die gestrichelte Linie kennzeichnet den Bereich, in dem das Bild ohne Korrektur entstehen würde.

4 Strahlenverlauf und Korrektur beim kurzsichtigen Auge. Die gestrichelte Linie kennzeichnet den Bereich, in dem das Bild ohne Korrektur entstehen würde.

Physik in Natur und Technik

Optische Geräte

Mit Fotoapparaten, Diaprojektoren oder Overhead-Projektoren werden Bilder auf CCD-Chips, Filmen oder Schirmen erzeugt.
Mit Fernrohren will man weit entfernte, mit Mikroskopen sehr kleine Gegenstände besser sehen. Dabei werden Spiegel, Prismen und Linsen genutzt, bei denen das Reflexionsgesetz und das Brechungsgesetz gelten.
Wie sind optische Geräte aufgebaut? Was für Bilder entstehen bei den verschiedenen Geräten?

Je nach ihrem Aufbau und der Anordnung der optischen Bauelemente kann man zwischen zwei Gruppen unterscheiden: Bei Fotoapparaten, Videokameras oder Diaprojektoren wird mit einem Linsensystem **(Objektiv)** ein Bild des Gegenstandes auf einem Film oder einem Schirm erzeugt. Das kann ein vergrößertes (Diaprojektor) oder ein verkleinertes (Fotoapparat) Bild sein. Um ein möglichst scharfes und farbrichtiges Bild zu erhalten, verwendet man als Objektive meist komplizierte Linsensysteme. Sie wirken wie eine Sammellinse. Deshalb sind in Abb. 3 und 4 vereinfacht Sammellinsen gezeichnet. Bei Fotoapparaten werden häufig Objektive mit veränderbarer Brennweite (Zoomobjektive) genutzt.
Eine Reihe von optischen Geräten, wie z. B. Mikroskop oder Fernrohr (s. S. 67, 68), besteht aus zwei Linsensystemen, dem Objektiv und dem Okular. Mit dem **Objektiv,** das dem Gegenstand zugewandt ist, wird ein reelles Bild des Gegenstandes erzeugt. Dieses reelle Zwischenbild wird jedoch nicht auf einem Schirm aufgefangen, sondern von der anderen Seite mit dem **Okular** betrachtet. Dabei wird von dem Zwischenbild noch einmal ein vergrößertes, virtuelles Bild erzeugt. Das Okular wirkt wie eine Lupe, mit der das Zwischenbild betrachtet wird.

1 Spiegelreflexkamera mit einem Zoomobjektiv

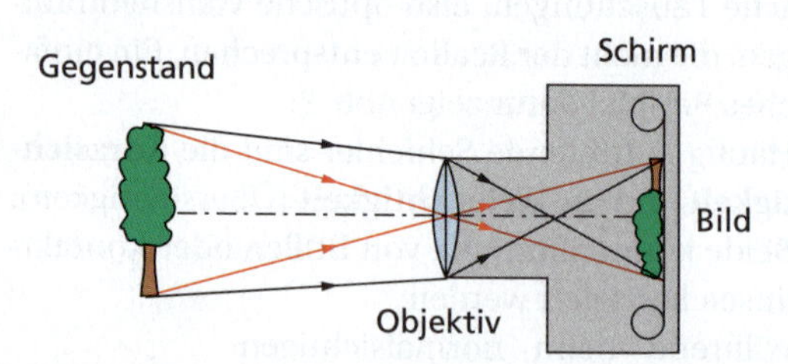

3 Strahlenverlauf beim Fotoapparat: Es entsteht ein verkleinertes Bild.

2 Automatischer Diaprojektor mit Halogenlampe als Lichtquelle

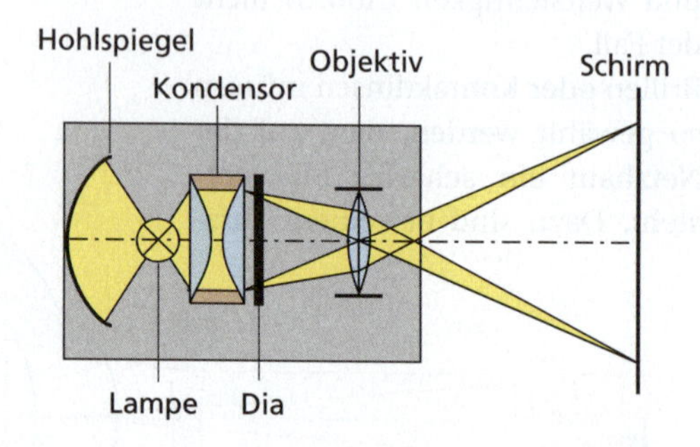

4 Strahlenverlauf beim Diaprojektor: Es entsteht ein vergrößertes Bild.

1 Astronomische (keplersche) Fernrohre

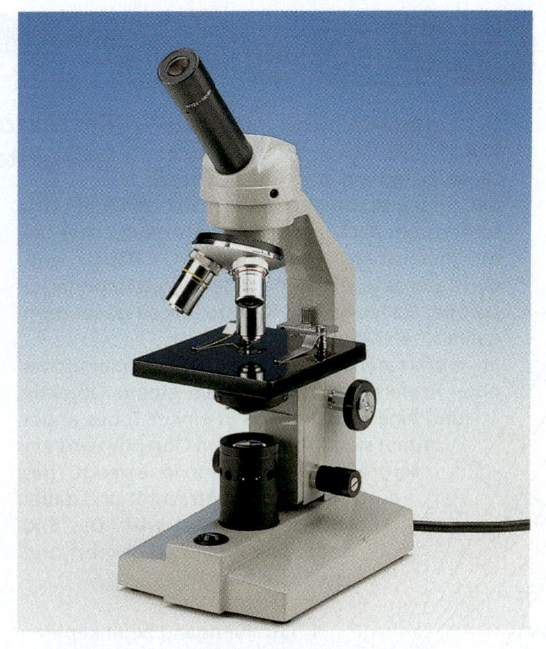

2 Mikroskop mit drei Objektiven

Dieses virtuelle (scheinbare) Bild wird bei Betrachtung mit dem Auge auf der Netzhaut abgebildet. Es kann auch auf dem Film in einem Fotoapparat festgehalten werden.

Trotz der grundsätzlichen Gemeinsamkeiten gibt es zwischen einem **Fernrohr** (Abb. 1) und einem **Mikroskop** (Abb. 2) auch wesentliche Unterschiede. Beim Fernrohr wird von einem meist sehr weit entfernten großen Gegenstand ein Bild erzeugt (Abb. 3, 4). Dieses Bild ist kleiner als der Gegenstand.

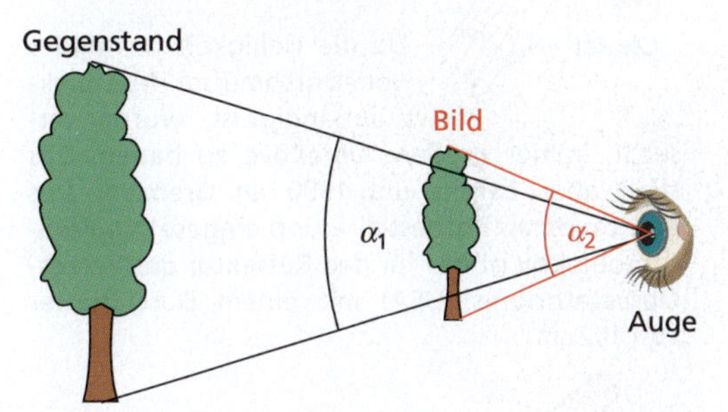

3 Der Sehwinkel ist mit einem Fernrohr größer als ohne Fernrohr.

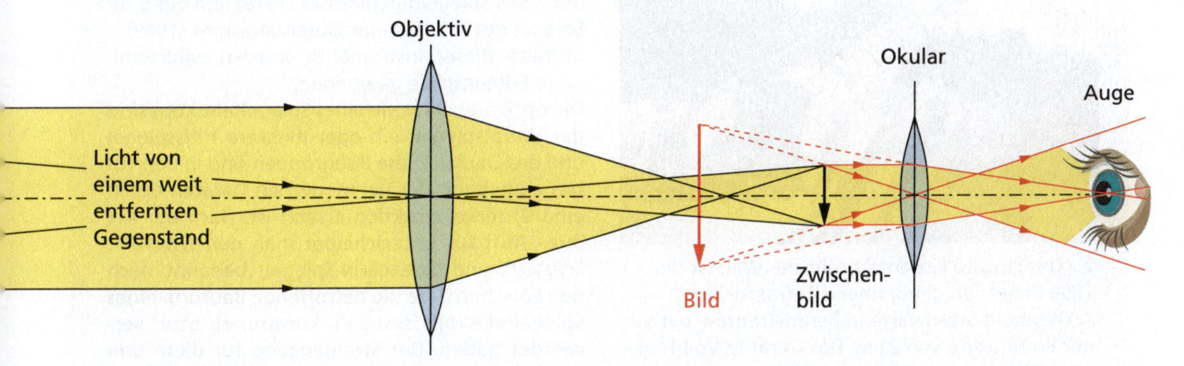

4 Strahlenverlauf bei einem astronomischen (keplerschen) Fernrohr: Durch das Objektiv entsteht ein Zwischenbild, das durch das Okular betrachtet wird. Das Okular wirkt dabei als Lupe.

Mosaik

Refraktoren und Spiegelteleskope

Das **Linsenfernrohr (Refraktor)** wurde um etwa 1600 erfunden. Diese Erfindung breitete sich rasch aus. So baute GALILEO GALILEI (1564–1642) ein Linsenfernrohr nach und verwendete es als Erster bei astronomischen Beobachtungen. Dabei entdeckte er u. a. die vier großen Jupitermonde Io, Europa, Ganymed und Kallisto, die so genannten galileischen Monde.

Im einfachsten Fall besteht ein astronomisches oder keplersches Fernrohr aus einem Objektiv und einem Okular, die in einem Tubus angeordnet sind (Abb. 1). Vom Objektiv wird ein vergrößertes Zwischenbild erzeugt, das durch das Okular betrachtet und dabei noch mal vergrößert wird. Das Bild ist darüber hinaus umgekehrt und seitenvertauscht.

Objektiv

Okular

1 Strahlengang beim keplerschen Fernrohr für sehr weit entfernte Objekte, z. B. Sterne

Da die Helligkeit des Bildes vom Durchmesser des Objektivs abhängig ist, wurde versucht, immer größere Objektive zu bauen. Das stieß aber bereits um 1900 an Grenzen. Das größte jemals hergestellte und eingesetzte Fernrohrobjektiv ist das für den Refraktor des Yerkes-Observatoriums (USA) mit einem Durchmesser von 102 cm.

2 Das längste Linsenfernrohr der Welt ist der 1896 in Betrieb genommene Refraktor der Archenhold-Sternwarte in Berlin-Treptow mit einer Brennweite von 21 m. Das Gerät ist voll funktionsfähig.

Fast parallel zur Entwicklung der Refraktoren wurden die ersten Teleskope unter Nutzung von Spiegeln gebaut. Als einer der Ersten konstruierte ISAAC NEWTON (1643–1727) um 1668 ein Spiegelteleskop mit 25 mm Öffnung. Auch hier ging die Entwicklung schnell weiter. Schon im 19. Jahrhundert arbeitete F. W. HERSCHEL (1738–1822) mit einem 1,2-m-Spiegel und W. PARSONS (1800–1867) mit einem 1,8-m-Spiegel.

3 Das 1-m-Spiegelteleskop der Universitätssternwarte Bonn. Am unteren Ende ist eine CCD-Kamera angebracht.

Weitere Meilensteine in der Entwicklung waren der Spiegel des Mt.-Wilson-Observatoriums (USA) mit 2,5 m Spiegeldurchmesser (1918) und der 5-m-Spiegel des Mt.-Palomar-Observatoriums (1949). Mithilfe dieser Instrumente wurden zahlreiche neue Erkenntnisse gewonnen.

Die optischen Bauteile eines Spiegelteleskops sind der Hauptspiegel, ein oder mehrere Hilfsspiegel und das Okular. Diese Baugruppen sind in den Tubus eingebaut, der bei modernen Geräten durch eine Gitterkonstruktion ersetzt ist. Nach der Art ihres Aufbaus unterscheidet man den NEWTON-, SCHMIDT- und CASSEGREIN-Spiegel, benannt nach den Forschern, die die betreffende Bauform eines Spiegelteleskops erstmals konstruiert bzw. verwendet haben. Der Strahlengang für diese drei Bauformen ist in Abb. 1, S. 69, dargestellt.

Mosaik

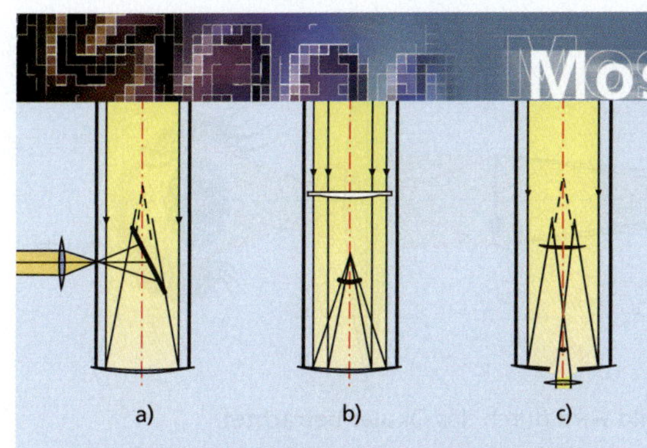

1 Strahlenverlauf beim NEWTON-Spiegel (a), SCHMIDT-Spiegel (b) und CASSEGREIN-Spiegel (c)

Beim NEWTON-Spiegel (Abb. 1a) befindet sich kurz vor dem Brennpunkt des Hauptspiegels ein ebener Hilfsspiegel, der das Licht aus dem Tubus herauslenkt. Am Tubusausgang werden das Okular oder Registriergeräte angebracht.

SCHMIDT-Spiegel (Abb. 1b) verfügen über einen kugelförmig geschliffenen Hauptspiegel. Abbildungsfehler werden durch eine gläserne Korrektionsplatte ausgeglichen. Das Bild entsteht im Tubus auf einer kugelförmigen Fläche.

Der CASSEGREIN-Spiegel (Abb. 1c) besitzt einen mittig durchbohrten Hauptspiegel. Das Licht wird durch den Hauptspiegel reflektiert und gebündelt. Es trifft dann auf einen Hilfsspiegel, der es zur Öffnung des Hauptspiegels reflektiert. Dort befinden sich das Okular bzw. Registriergeräte.

Für das theoretische Auflösungsvermögen von Teleskopen gilt die Beziehung:

$$\alpha = 1{,}22\ \frac{\lambda}{D}$$

Dabei sind α das Auflösungsvermögen in Bogenmaß, λ die Wellenlänge des betreffendes Lichtes und D der Durchmesser des Objektivs (Spiegels). Dem praktisch erreichbaren Auflösungsvermögen sind vor allem durch Szintillationen (Flimmern der Luft) Grenzen gesetzt.

Gerät	Durchmesser	max. Auflösungsvermögen
Schulfernrohr	6,3 cm	2″
5-m-Spiegel	5 m	0,5″
HUBBLE-Weltraumteleskop	2,4 m	0,1″
8-m-Spiegel	8 m	0,1″

Abhilfe schafft nur die Beobachtung im Weltraum (z. B. HUBBLE-Weltraumteleskop) oder die Verwendung einer **adaptiven Optik.** Das bedeutet: Ein relativ dünn gearbeiteter Hauptspiegel ist auf motorbetriebenen Stützen gelagert, deren Stellung durch einen Computer gesteuert wird. Der Computer wertet ständig die Bildqualität aus und errechnet die notwendigen Korrekturen. Damit wird die Spiegelform der jeweiligen optischen Situation angepasst. Ein Beispiel dafür ist das NTT (**N**ew **T**echnology **T**elescope) der ESO (**E**uropean **S**outhern **O**bservatory) auf dem Berg La Silla (Chile, 2 400 m Höhe) mit einem Spiegeldurchmesser von 3,58 m.

In dem Bestreben, immer größere Spiegel zu erhalten, werden unterschiedliche Wege gegangen. Eine Möglichkeit besteht darin, den Hauptspiegel aus Teilspiegeln zusammenzusetzen. Ein solcher **Facettenspiegel** mit insgesamt 10 m Durchmesser wird beim Keck-Teleskop (Hawaii) genutzt.

2 Das VLT der Europäischen Südsternwarte befindet sich in 2 600 m Höhe auf dem Berg Paranal, 130 km südlich von Antofagasta (Chile).

Beim VLT (**V**ery **L**arge **T**elescope) der ESO (Abb. 2), dessen erste Teile 1998 in Betrieb genommen wurden, können vier 8-m-Spiegel unabhängig voneinander arbeiten, aber auch optisch miteinander gekoppelt werden. Die Spiegel verfügen über eine aktive Lagerung, d. h. der Spiegel wird computergesteuert den Bedingungen angepasst. Die optisch gekoppelten Spiegel wirken wie ein 16-m-Spiegel. Weitere Informationen sind im Internet unter **www.eso.org** zu finden.

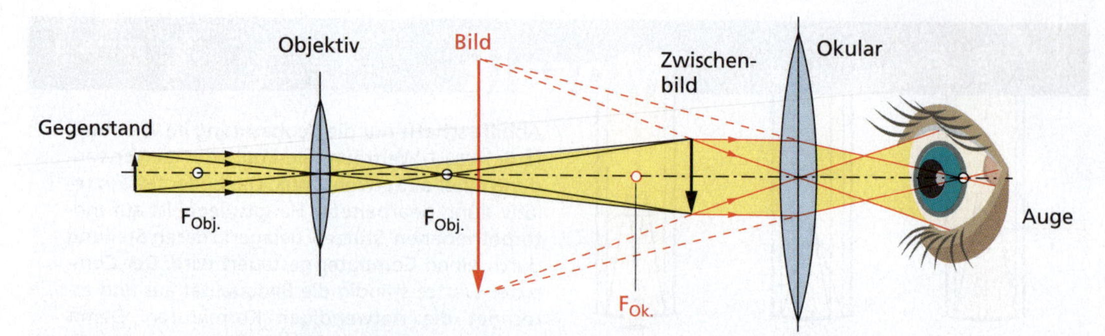

1 Strahlenverlauf bei einem Mikroskop: Das Zwischenbild wird durch das Okular betrachtet.

Beim **Mikroskop** (Abb. 1) entsteht ein vergrößertes Bild. Entscheidend für die Vergrößerung ist sowohl beim Fernrohr als auch beim Mikroskop nicht die Größe des Bildes, sondern die Vergrößerung des Sehwinkels: Das Bild des Gegenstandes sieht man mit dem Fernrohr bzw. mit dem Mikroskop unter einem größeren Winkel als bei der Betrachtung mit bloßem Auge (s. Abb. 3, S. 67 und Abb. 2). Kleine astronomische Fernrohre haben eine 10- bis 50fache Vergrößerung, Lichtmikroskope eine 500- bis 1 000fache.
Weitaus stärkere Vergrößerungen kann man mit Elektronenmikroskopen erzielen.

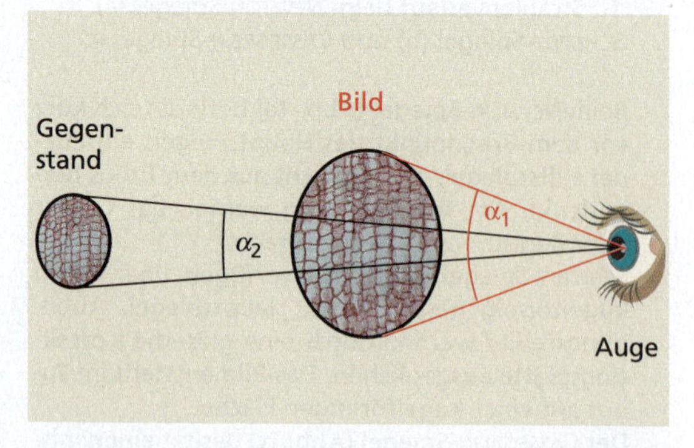

2 Der Sehwinkel ist mit einem Mikroskop größer als ohne Mikroskop.

Mosaik

Carl Zeiss – ein Name mit Tradition

Am 10. Mai 1846 reichte der gerade 30-jährige Mechaniker Carl Zeiss bei der Landesdirektion in Weimar das Gesuch ein, ihm die Gründung einer mechanischen Werkstatt in Jena zu gestatten. Diesem Gesuch mussten Stellungnahmen beigefügt werden. In dem Schreiben eines Professors der Universität Jena heißt es: *„Die Gründung einer neuen mechanischen Werkstelle muss aber um so erwünschter erscheinen, wenn sie von einem Manne ausgeht wie von Herrn Zeiss, dessen gründliche Kenntnisse, technische Geschicklichkeit und solide Gesinnung ich seit längerer Zeit kennenzulernen Gelegenheit hatte."*
Am 17. November 1846 war es soweit: Carl Zeiss eröffnete seine Werkstatt für Feinmechanik und Optik in Jena, Neugasse 7.
Schon 1847 begann er mit der Fertigung einfacher Mikroskope, die er immer weiter verbesserte und damit eine breite Anerkennung fand.

Allerdings gab es ein Problem: Der Bau der Mikroskope erfolgte nicht auf wissenschaftlicher Grundlage, sondern man war auf Probieren angewiesen, eine sehr unsichere und aufwändige Methode. Deshalb suchte Zeiss (Abb. 3) nach einem wissenschaftlichen Berater und fand ihn 1866 in dem jungen, noch unbekannten Physiker Ernst Abbe (1840 bis 1905). Diese Zusammenarbeit von Wissenschaftler und Handwerker erwies sich als äußerst konstruktiv.

3 Carl Zeiss (1816–1888)

Mosaik

Ernst Abbe wurde 1870 Professor an der Universität Jena, gründete dort 1874 das Physikalische Institut und war zeitweise auch Direktor der Universitätssternwarte. In Zusammenarbeit mit Carl Zeiss beschäftigte sich E. Abbe intensiv mit den Grundlagen der optischen Abbildung. Linsen und Objektive wurden nach vorherigen Berechnungen hergestellt. Sehr schnell schuf er eine Theorie des Mikroskops, auf deren Grundlage ab 1872 alle Zeiss-Mikroskope gebaut wurden.

1 Ernst Abbe (1840–1905)

Auch zur Entwicklung von hochwertigen Objektiven und Fernrohren hat Abbe wesentlich beigetragen. Das alles führte die kleine Werkstatt schnell zu Weltruhm. Sie entwickelte sich in wenigen Jahren zum Großbetrieb, der unter dem Namen „Carl Zeiss Jena" weltberühmt wurde. Nach dem Tod von C. Zeiss wurde E. Abbe alleiniger Inhaber der Firma und wandelte sie in die Carl-Zeiss-Stiftung um.

Bis 1945 gehörten die Zeiss-Werke in Jena zu den bedeutendsten feinmechanisch-optischen Werken der Welt.

Mit Ende des Zweiten Weltkrieges ergaben sich gravierende Änderungen: Das Zeiss-Werk in Jena wurde Staatsbetrieb und nannte sich VEB Carl Zeiss Jena. Zugleich wurde in Oberkochen von ehemaligen Mitarbeitern das Werk Carl Zeiss Oberkochen gegründet.

Mit der deutschen Wiedervereinigung im Jahre 1990 wurde auch die Trennung zwischen den Zeiss-Unternehmen in Ost und West überwunden. Das Unternehmen Carl Zeiss, das 1996 sein 150-jähriges Bestehen feierte, ist heute in vielen Bereichen ein technologisch führendes Unternehmen.

Zur Produktionspalette gehören z. B. Spezialmikroskope für die Chirurgie und Geräte für medizinische Untersuchungen, große Spiegelteleskope für Sternwarten, Planetarien (Abb. 3), Spezialkameras und Registriergeräte für Flugzeuge und Satelliten zur Erkundung der Erdoberfläche. Gebaut werden auch Präzisionsgeräte für geodätische Messungen und für die industrielle Messtechnik, hochwertige Ferngläser und Fotoobjekte, Geräte zur Erzeugung feinster Strukturen bei der Herstellung von Mikroschaltkreisen.

2 Historische Werkstatt von Carl Zeiss um 1864. Hergestellt werden Mikroskope.

3 Planetarien der Firma „Carl Zeiss" werden in vielen Ländern genutzt.

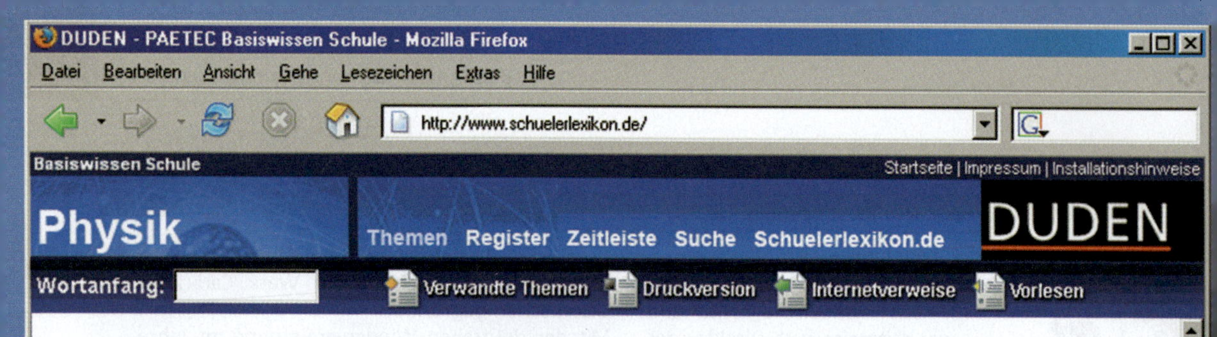

Fotoapparate

1 Aufbau eines Fotoapparats

Fotoapparate sind optische Geräte, mit deren Hilfe Bilder von Gegenständen angefertigt werden. Neben herkömmlichen Fotoapparaten, bei denen man Filme zur Speicherung nutzt, werden in zunehmendem Maße Digitalkameras verwendet, bei denen die Bilder in digitaler Form gespeichert werden und mithilfe von Computerprogrammen weiter bearbeitet werden können.

Aufbau und Wirkungsweise von Fotoapparaten
Bild 1 zeigt einen modernen Fotoapparat. Die Hauptbestandteile eines Fotoapparates sind ein lichtdichtes Gehäuse, ein **Objektiv** und der **Film** oder ein **CCD-Chip**, auf dem die Bilder gespeichert werden. Das Objektiv ist ein Linsensystem, das insgesamt wie eine Sammellinse wirkt. Bei normalen **Kleinbildkameras** hat das Objektiv eine Brennweite von etwa 50 mm, bei **Digitalkameras** von etwa 30 mm.

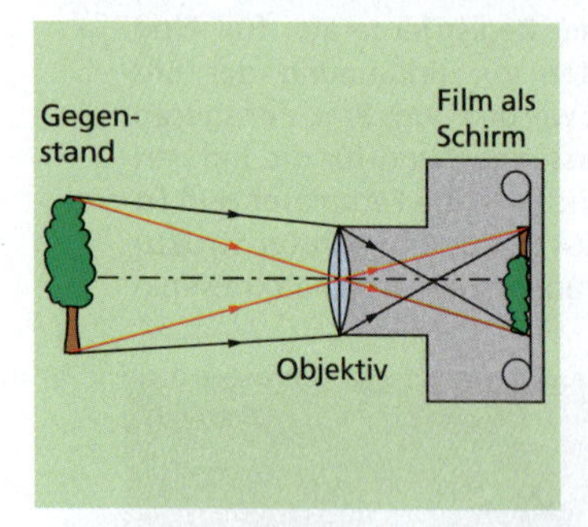

2 Strahlenverlauf bei einem einfachen Fotoapparat

Bild 2 zeigt den **Strahlenverlauf** bei einem einfachen Fotoapparat. Gegenstände, die abgebildet werden sollen, befinden sich in der Regel weit außerhalb der doppelten Brennweite des Objektivs, also weiter als 10 cm vom Objektiv entfernt. Demzufolge entsteht durch das Objektiv ein verkleinertes, umgekehrtes, seitenvertauschtes und reelles (wirkliches) Bild.

Damit das Bild des Gegenstandes scharf ist, muss mit der **Entfernungseinstellung** die Bildweite (Abstand Objektiv–Film) entsprechend gewählt werden. Das geschieht durch Verschieben des Objektivs. Für jede Gegenstandsweite gibt es genau eine Bildweite, bei der auf dem Film ein scharfes Bild entsteht. Bei weiter entfernten Gegenständen unterscheiden sich die Bildweiten nur wenig, sodass auch unterschiedlich weit entfernte Gegenstände scharf abgebildet werden.

Moderne Fotoapparate haben eine automatische Entfernungseinstellung. Die Entfernung wird dabei zumeist auf die Gegenstände eingestellt, die sich im Zentrum des Sucherbildes befinden.

Der Strahlenverlauf bei einem Fotoapparat ähnelt dem beim menschlichen **Auge:** Das Objektiv beim Fotoapparat entspricht dem Linsensystem beim Auge.

... und mehr

Informiere dich auch unter: *Lochkamera, Lupe, Mikroskop, Fernrohr und Fernglas, Auge, Diaprojektor, Ernst Abbe, Otto Schott, Carl Zeiss, Sammellinsen, Zerstreuungslinsen, ...*

Fertig

gewusst · gekonnt

1. Baue dir eine Lochkamera, bei der du die Bildweite verändern kannst (s. Abb.)!

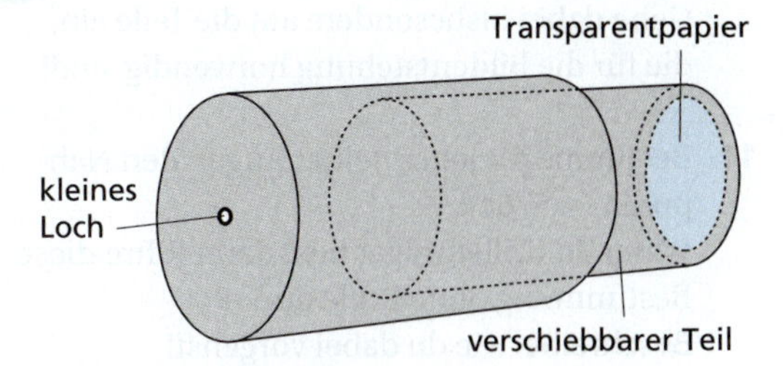

Führe mit dieser Lochkamera folgende Untersuchungen durch:

a) Lasse zunächst die Bildweite der Lochkamera konstant und verändere nur die Gegenstandsweite! Beobachte einen hellen Gegenstand auf der „Mattscheibe" (Schirm)! Beschreibe deine Beobachtungen! Erkläre sie!

b) Lasse jetzt die Gegenstandsweite konstant und verändere die Bildweite! Beobachte den Gegenstand! Beschreibe und erkläre deine Beobachtungen!

2. Untersuche experimentell, wie sich bei einer Lochkamera die Eigenschaften des Bildes in Abhängigkeit von der Größe des Loches verändern!
Beobachte dazu zunächst das Bild eines Gegenstandes bei einem größeren Loch!
Klebe dann ein kleineres Loch davor und beobachte jetzt das Bild!
Lasse Gegenstands- und Bildweite unverändert! Beschreibe deine Beobachtungen!

***3.** Begründe anhand von Zeichnungen, wie sich bei einer Lochkamera Schärfe und Helligkeit des Bildes verändern, wenn die Größe des Loches verändert wird!

4. Worin besteht der Vorteil eines Fotoapparates mit Linsen gegenüber einer Lochkamera ohne Linsen?

5. Untersuche experimentell die Bilder, die von einem hellen Gegenstand mit einer Sammellinse erzeugt werden, in Abhängigkeit von der Entfernung des Gegenstandes von der Linse (Gegenstandsweite)!

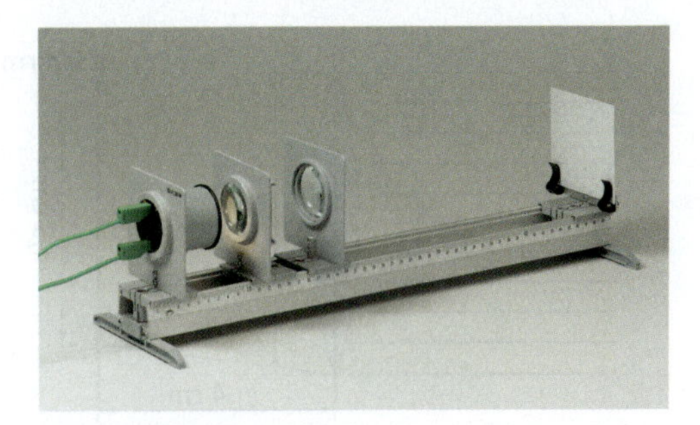

Vorbereitung:
Stelle die für das Experiment notwendigen Geräte und Hilfsmittel zusammen!
Durchführung:
Baue die Experimentieranordnung auf!
Markiere ausgehend von der Linse die einfache und die doppelte Brennweite! Wähle verschiedene Gegenstandsweiten und erzeuge auf dem Schirm ein scharfes Bild, indem du die Bildweite veränderst!
Auswertung:
Beobachte und beschreibe das Bild und trage die Ergebnisse in eine Tabelle ein!

Gegenstandsweite	Bildweite	Größe, Lage und Art des Bildes
…	…	…

a) Formuliere einen Zusammenhang zwischen Bildgröße und Gegenstandsweite!

b) Formuliere einen Zusammenhang zwischen Gegenstandsweite und Bildweite für ein scharfes Bild!

c) Formuliere einen Zusammenhang zwischen Bildweite und Bildgröße für ein scharfes Bild!

*d) Berechne bei gegebener Brennweite und Gegenstandsweite die Bildweite! Überprüfe dein Ergebnis experimentell!

***6.** Auf eine Linse von 6 cm Durchmesser fällt Sonnenlicht parallel zur optischen Achse und erzeugt auf einem Schirm, der 4 cm hinter der Linse steht, einen Lichtkreis von 4,5 cm Durchmesser.

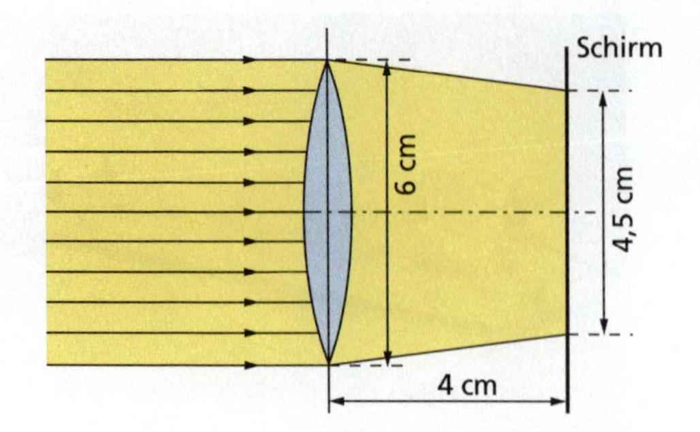

a) Wie groß ist die Brennweite der Linse?
b) Beschreibe eine andere Möglichkeit, die Brennweite einer Sammellinse zu bestimmen!

7. Für die Abbildung eines Gegenstandes auf einem Schirm steht nur ein Stück einer Linse zur Verfügung. Der übrige Teil der Linse ist abgedeckt.

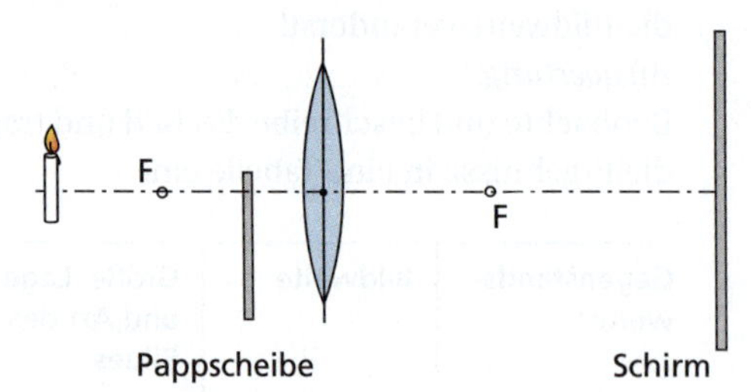

Kann man mit diesem Linsenstück ein Bild erzeugen? Worin unterscheidet sich dieses Bild von einem Bild mit einer Linse ohne Abdeckung?

8. Zum Fotografieren von sehr weit entfernten Gegenständen benutzt man Teleobjektive. Teleobjektive haben gegenüber normalen Objektiven (Brennweite um 50 mm) eine sehr große Brennweite (etwa 100 mm bis 300 mm). Warum benutzt man zum Fotografieren weit entfernter Gegenstände Objektive mit großer Brennweite?

9. Beschreibe den Aufbau eines Auges und erkläre die Bildentstehung!

10. Vergleiche die Bildentstehung in einem Auge mit der in einem Fotoapparat!
Nenne Gemeinsamkeiten und Unterschiede!
Gehe dabei insbesondere auf die Teile ein, die für die Bildentstehung notwendig sind!

11. Bestimme für jedes deiner Augen den Nahpunkt (s. S. 64)!
Wenn du Brillenträger bist, dann führe diese Bestimmung ohne Brille durch!
Beschreibe, wie du dabei vorgehst!

***12.** Unser Auge hat eine Brennweite von etwa 20 mm, wenn die Linse auf sehr weit entfernte Gegenstände eingestellt ist.
a) Wie groß ist in diesem Fall die Bildweite?
b) Wie ändert sich die Brennweite der Augenlinse, wenn ein Gegenstand in 25 cm Entfernung (deutliche Sehweite) betrachtet wird?

13. Die Netzhaut des menschlichen Auges besitzt zwei Arten lichtempfindlicher Zellen: Stäbchen und Zäpfchen.
a) Erläutere die unterschiedlichen Aufgaben von Stäbchen und Zäpfchen im menschlichen Auge!
b) Worin besteht der Sinn des Sprichwortes „Nachts sind alle Katzen grau“?

***14.** Bei einem Fernglas findet man die Angabe 8 x 21, bei einem anderen Fernglas die Angabe 7 – 21 x 40. Was bedeuten diese Angaben?

15. Lege eine durchsichtige Folie auf die Schrift eines Buches und bringe vorsichtig einige Wassertropfen darauf!
a) Was kannst du beobachten?
b) Erkläre deine Beobachtungen!

16. Nimm eine Sammellinse, z. B. eine Lupe, und einen Gegenstand und blicke durch die Linse zum Gegenstand (s. Abb.).

a) Beschreibe die Eigenschaften des Bildes, das du siehst!
b) Verändere den Abstand zwischen Gegenstand und Linse und beobachte die Bilder!
c) Beschreibe die Eigenschaften der Bilder und gib an, wo sich der Gegenstand in Bezug auf die Brennweite befinden muss! Fertige dazu eine Tabelle an!

17. Vor einer Sammellinse mit einer Brennweite von 4 cm steht in 6 cm Entfernung von der Linsenebene ein 2 cm großer Gegenstand.

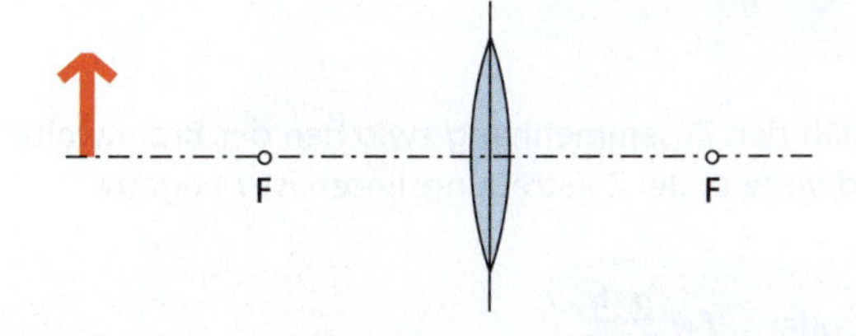

a) Konstruiere im Heft das Bild des Gegenstandes! Bestimme die Größe des Bildes und die Bildweite!
b) Berechne die Bildweite und vergleiche mit dem Ergebnis von a!
c) Würde der gesamte Gegenstand auf einem Schirm scharf erscheinen? Begründe deine Aussage!

***18.** Mithilfe einer Sammellinse wird eine brennende Kerze auf einem Schirm scharf abgebildet. Die Sammellinse hat eine Brennweite von $f = 100$ mm. Die Kerze steht 150 mm vor der Linse.
Ermittle zeichnerisch und rechnerisch, in welcher Entfernung von der Linse der Schirm aufgestellt sein muss!

19. Eine Kerzenflamme soll mit einer Sammellinse $f = 4$ cm auf einem Schirm scharf abgebildet werden. Das Bild soll a) vergrößert, b) verkleinert, c) gleich groß wie der Gegenstand sein.
Welche Abstände müssen Kerze, Linse und Schirm voneinander haben? Fertige für jeden Fall eine Zeichnung an!

20. In vielen Fällen sind Sehfehler angeboren.
a) Erkläre, wie man mit einer Brille oder Kontaktlinsen Kurzsichtigkeit korrigieren kann!
b) Erkläre, wie man mit einer Brille oder Kontaktlinsen Weitsichtigkeit (Übersichtigkeit) korrigieren kann!

***21.** Brillengläser haben meist eine Brechkraft zwischen 0,5 Dioptrien und 5 Dioptrien bei sehr starken Brillen.
Wie groß sind die Brennweiten der betreffenden Brillengläser?

22. In manchen Brillen befinden sich Gleitsichtgläser. Erkunde, was das ist und warum man sie nutzt!

23. Beschreibe, wie man ein scharfes Bild von einem Gegenstand erzeugen kann
a) beim Auge,
b) beim Fotoapparat,
c) beim Tageslichtprojektor,
d) beim Mikroskop,
e) beim Fernrohr!

Summarum

Bilder durch Öffnungen und Linsen, optische Geräte

Ein scharfes Bild eines Gegenstandes entsteht dann, wenn jedem Gegenstandspunkt ein Bildpunkt zugeordnet werden kann.

Bild durch eine Öffnung

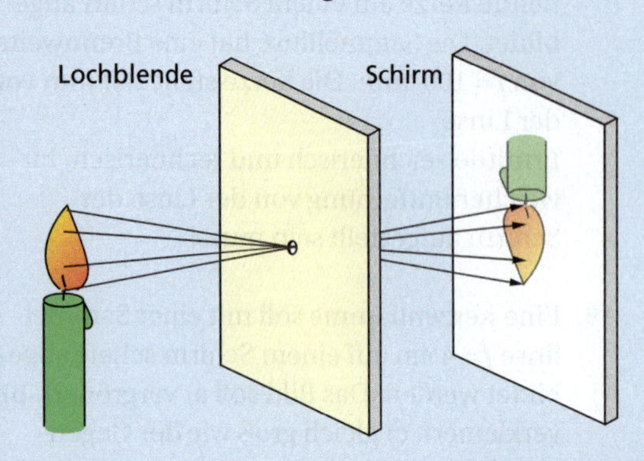

Bild durch eine Sammellinse

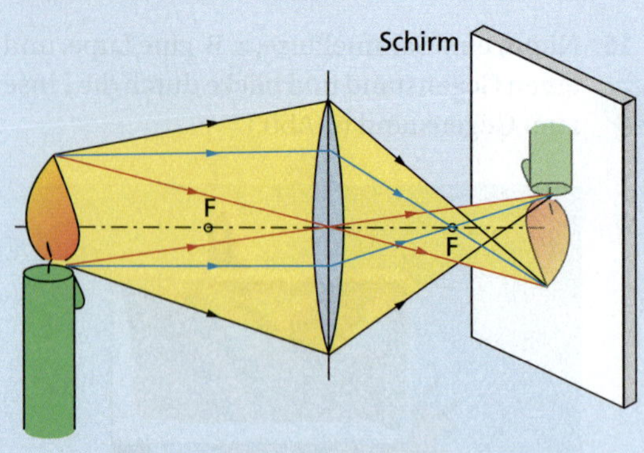

Zur Konstruktion des Bildes eines Gegenstandes an einer Linse können **Parallelstrahlen, Mittelpunktstrahlen** und **Brennpunktstrahlen** genutzt werden.

dünne Sammellinse

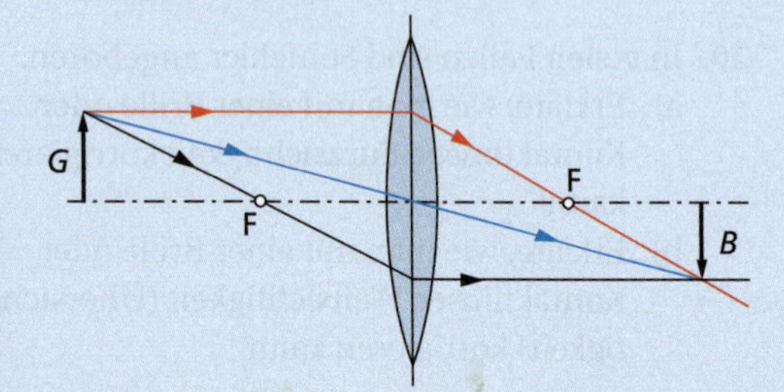

dünne Zerstreuungslinse

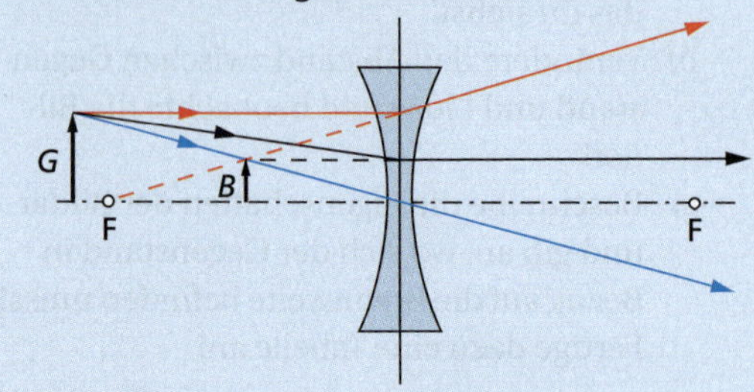

Der Zusammenhang zwischen Bildgröße *B*, Gegenstandsgröße *G*, Bildweite *b* und Gegenstandsweite *g* ist durch den **Abbildungsmaßstab** ***A*** gegeben.

$$A = \frac{B}{G} = \frac{b}{g}$$

Die **Linsengleichung** (Abbildungsgleichung) enthält den Zusammenhang zwischen der Brennweite *f* einer Linse, der Gegenstandsweite *g* und der Bildweite *b*. Bei Zerstreuungslinsen ist *f* negativ.

$$\frac{1}{f} = \frac{1}{g} + \frac{1}{b} \quad \text{oder} \quad f = \frac{g \cdot b}{g + b}$$

Genutzt werden Linsen bei solchen optischen Geräten, wie **Fotoapparaten** (S. 66, 72), **Diaprojektoren** (S. 66), **Fernrohren** (S. 67, 68) oder **Mikroskopen** (S. 67, 70). Auch das optische System **Auge** (S. 64, 65) wirkt wie eine Sammellinse.

2.4 Licht und Farben

Licht informiert
Andere Sternsysteme (Galaxien) sind viele Milliarden Kilometer von uns entfernt. Trotzdem gelangt Licht von ihnen zur Erde.
Wie lange braucht das Licht, um von der nächsten Galaxie bis zu uns zu gelangen?
Welche Informationen über die Galaxie enthält das Sternenlicht?

Ein prächtiges Farbband
Wenn nach einem Regenschauer die Sonne hervorkommt, kann man manchmal das herrliche Schauspiel eines Regenbogens beobachten. Dabei ist auffällig, dass bestimmte Farben immer in einer bestimmten Reihenfolge auftreten.
Wie kommt ein Regenbogen zustande?
Wie ist die Reihenfolge der Farben zu erklären?

Die Farben des Malers
Ein Gemälde wie das obenstehenden Bild enthält eine Vielzahl von Farben. Auch in der Natur können wir viele Farbtöne beobachten, obwohl es nur wenige Grundfarben (Spektralfarben) gibt.
Wie kommt diese Farbenvielfalt zustande?
Wie kann man sich beim Malen durch Mischen unterschiedliche Farben und Farbtöne herstellen?

Beugung von Licht

Trifft Licht auf einen sehr schmalen Spalt (Abb. 1), ein sehr kleines Hindernis oder eine Kante (Abb. 2), so breitet es sich dahinter nach allen Richtungen aus, also auch in die Schattenräume hinein. Diese Erscheinung wird als **Beugung** bezeichnet. Sie tritt auch bei Schallwellen und bei Wasserwellen auf (s. S. 245).

Licht wird an schmalen Spalten und Hindernissen gebeugt.

Die Intensität dieses gebeugten Lichtes ist aber meist so gering, dass man es nicht wahrnimmt.

Interferenz von Licht

Lenkt man das Licht einer Lichtquelle auf einen schmalen Doppelspalt, dann kann man auf einem Schirm hinter diesem Doppelspalt eine Reihe von hellen und dunklen Streifen beobachten (Abb. 3).
Es treten typische **Interferenzstreifen** mit Auslöschung und Verstärkung auf. Noch deutlicher wird der Effekt, wenn anstelle eines Doppelspaltes ein **Gitter** verwendet wird. Gitter bestehen

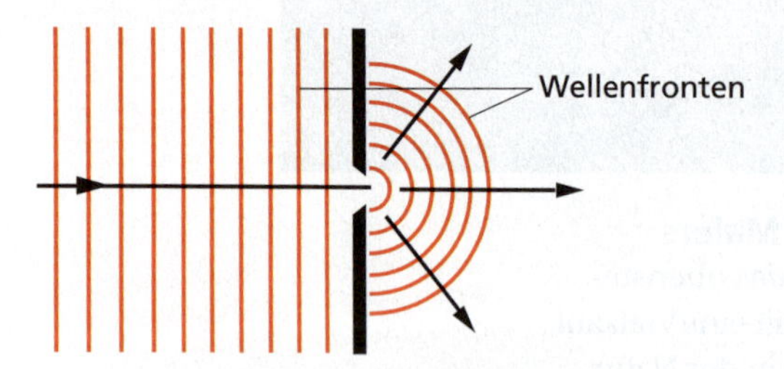

1 Beugung an einem schmalen Spalt

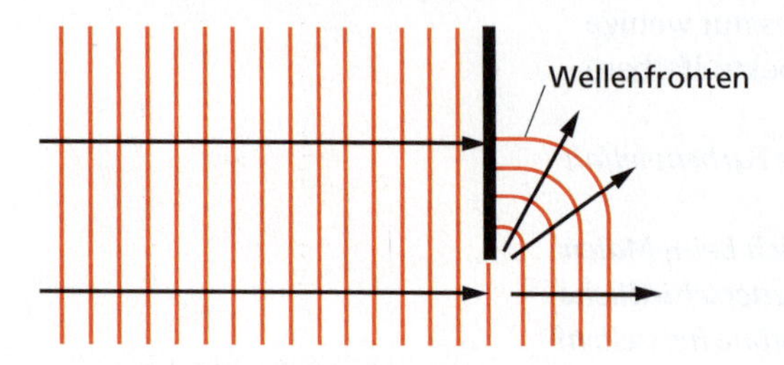

2 Beugung an einer Kante

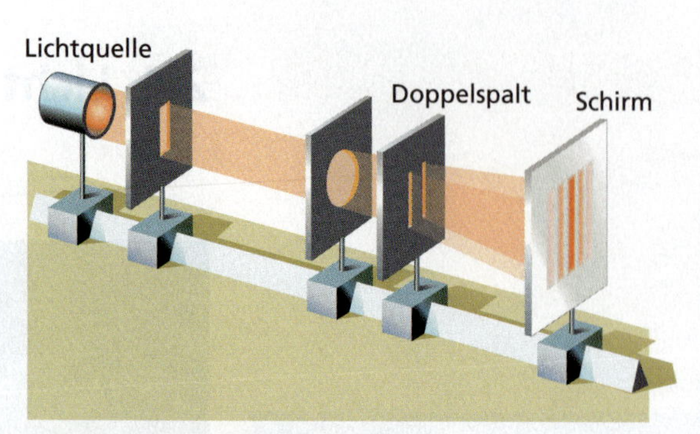

3 Experiment mit einem Doppelspalt

aus sehr vielen eng nebeneinander befindlichen Spalten.
Eine Erklärung für das Auftreten von Interferenzstreifen findet man, wenn man davon ausgeht, dass sich Licht wie eine Welle ausbreitet (Abb. 1, S. 79). Von jedem der beiden Spalte gehen Wellen aus. Die Wellen überlagern sich, sie interferieren. Durch diese Überlagerung kommt es zu einer Auslöschung (dunkle Streifen) bzw. einer Verstärkung (helle Streifen). Die Lage der Streifen ist von der Farbe des verwendeten Lichtes abhängig. Bei Verwendung von einfarbigem Licht haben die hellen Streifen die Farbe dieses Lichtes.
Interferenz von Licht kann man auch durch Reflexion und Brechung erhalten.
Bei Licht treten also ähnlich wie bei mechanischen Wellen (s. S. 245) die wellentypischen Erscheinungen Beugung und Interferenz auf. Genauere Untersuchungen haben ergeben:

Licht hat die Eigenschaften von Wellen. Es kann mit dem Modell Lichtwelle beschrieben werden.

Ähnlich wie andere Wellen transportieren Lichtwellen Energie, jedoch keinen Stoff. Die sich periodisch ändernden Größen einer Lichtwelle sind die Stärke des elektrischen und des magnetischen Feldes.
Lichtwellen sind deshalb elektromagnetische Wellen. Lichtwellen sind ebenso wie Lichtstrahlen (s. S. 37) ein Modell zur Beschreibung der Erscheinung Licht. Mit jedem dieser Modelle kann

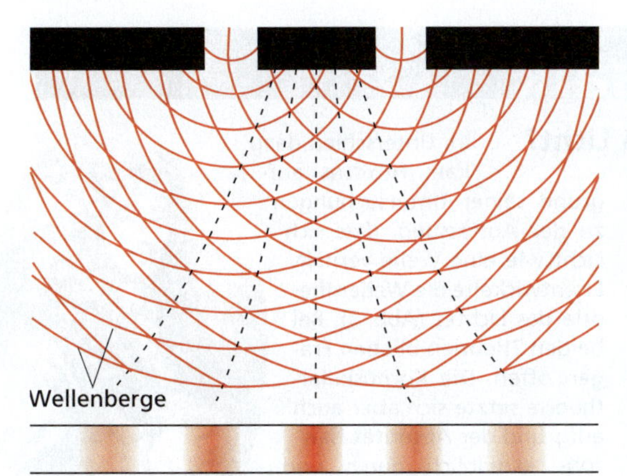

1 Interferenz von Licht am Doppelspalt

man jeweils einige der bei Licht auftretenden Effekte beschreiben und erklären. Genauere Hinweise dazu sind in der rechten Spalte zu finden.

Verwendet man bei Experimenten mit Gittern einfarbiges Licht, so erhält man Streifen in der Farbe dieses Lichtes (Abb. 1). Bei Verwendung von weißem Licht erhält man ähnlich wie bei einem Regenbogen jeweils das gesamte Spektrum (Abb. 2).

Lichtwellen besitzen ebenso wie mechanische Wellen eine Frequenz f und eine Wellenlänge λ. Sie breiten sich mit der Lichtgeschwindigkeit c aus (s. S. 47). Die Farbe des Lichtes wird durch die Frequenz bestimmt. Diese ist in allen Stoffen gleich groß. Die Wellenlänge dagegen ist stoffabhängig.

Die beschriebene Interferenz von Licht ist nur unter bestimmten Bedingungen zu beobachten: Das Licht muss von einer Lichtquelle ausgehen. Der Abstand der Spalte muss sehr klein und der Raum sollte abgedunkelt sein.

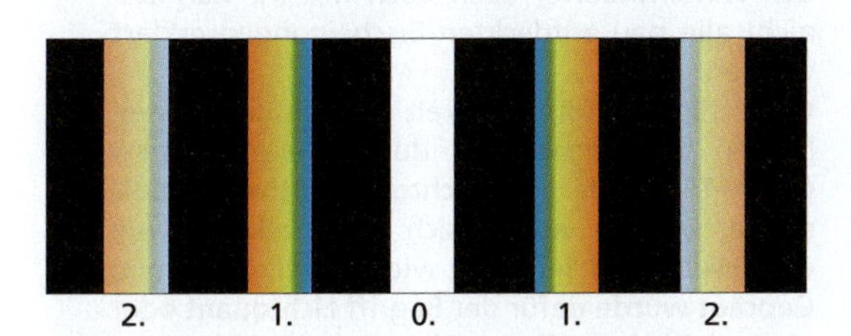

2 Farbige Interferenzstreifen bei Verwendung von weißem Licht

Mosaik

Strahlenoptik und Wellenoptik

An breiten Spalten und großen Öffnungen, wie man sie bei vielen optischen Instrumenten findet, spielen Beugung und Interferenz keine Rolle. Es tritt zwar auch Beugung auf, das gebeugte Licht ist aber wegen seiner geringen Intensität nicht sichtbar. Die Lichtausbreitung kann mit dem Modell **Lichtstrahl** beschrieben werden. Den Bereich der Optik, in dem man optische Erscheinungen mit dem Modell Lichtstrahl beschreiben und erklären kann, bezeichnet man als **Strahlenoptik.** In der Strahlenoptik kann man z. B. die Schattenbildung (Abb. 3) beschreiben und erklären. Gut geeignet ist die Strahlenoptik auch zur Beschreibung der Lichtwege bei Spiegeln, Prismen oder Linsen.

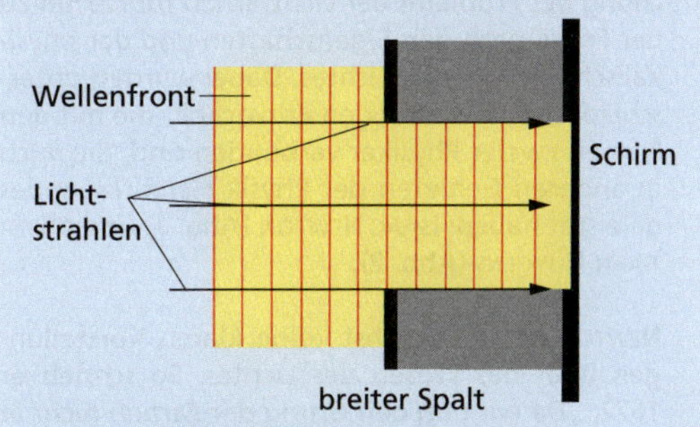

3 Schattenbildung am breiten Spalt

Bei engen Spalten, sehr kleinen Öffnungen und schmalen Hindernissen sind Beugung und Interferenz die charakteristischen Erscheinungen (Abb. 4). Beugung und Interferenz lassen sich nicht mit dem Modell Lichtstrahl, sondern nur mit dem Modell **Lichtwelle** beschreiben und erklären. Den Bereich der Optik, in dem man optische Erscheinungen mit dem Modell Lichtwelle beschreiben muss, bezeichnet man als **Wellenoptik.** Interferenzerscheinungen kann man nur in der Wellenoptik erklären.

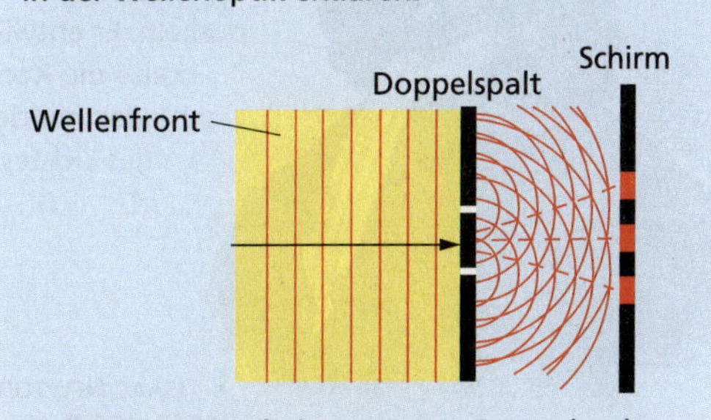

4 Beugungserscheinungen am Doppelspalt

Mosaik

Was ist Licht?

Mit dem Licht, dem Sehen und einfachen optischen Anordnungen haben sich schon griechische Gelehrte wie ARISTOTELES (384–322 v. Chr.) EUKLID (um 300 v. Chr.) und PTOLEMÄUS (um 100–um 160) beschäftigt. Die Frage, was Licht ist, blieb dabei offen.

Mit der Entwicklung der ersten Mikroskope und Fernrohre im 17. Jahrhundert begann die Entwicklung der Optik als Wissenschaftsdisziplin.

So beschäftigte sich u. a. JOHANNES KEPLER (1571–1630) mit dem Sehen, den Farben und der Natur des Lichtes. Er entdeckte die Totalreflexion, führte Untersuchungen zur Brechung durch und gab eine theoretische Beschreibung des Fernrohres. Dies erfolgte auf der Grundlage geometrischer Betrachtungen. Die verstärkte Untersuchung des Problems der Lichtfarben führte hin zu der Frage nach den Eigenschaften und der physikalischen Natur des Lichtes. Dabei wurden unterschiedliche Vorstellungen entwickelt, die mit den Namen zweier Physiker verbunden sind, die auch in anderen Gebieten der Physik Hervorragendes geleistet haben: ISAAC NEWTON (Abb. 1) und CHRISTIAAN HUYGENS (Abb. 2).

NEWTON hatte zunächst keine klaren Vorstellungen über das Wesen des Lichtes. So schrieb er 1672: *„Da wir nun den Grund der Farben nicht in den Körpern, sondern im Licht gefunden haben, so haben wir guten Grund, dieses als Substanz zu bezeichnen.*
Aber vollständig und im einzelnen zu bestimmen, was Licht ist, ... das ist nicht leicht ...".

Später präzisierte NEWTON seine Vorstellungen und betrachtete Licht als Strom von kleinen Teilchen oder Korpuskeln. Er entwickelte die **Korpuskulartheorie** des Lichtes.

1 ISAAC NEWTON (1643–1727)

Im Unterschied dazu kam HUYGENS aufgrund seiner Untersuchungen zu der Auffassung, dass sich Licht wie eine Welle verhält. Er entwickelte die **Wellentheorie** des Lichtes (Abb. 3). Bei beiden Theorien blieben Fragen offen. Die Korpuskulartheorie setzte sich aber auch aufgrund der Autorität NEWTONS allmählich durch und wurde bis zum Anfang des 19. Jahrhunderts zur allein herrschenden Vorstellung.

2 CHRISTIAAN HUYGENS (1629–1695)

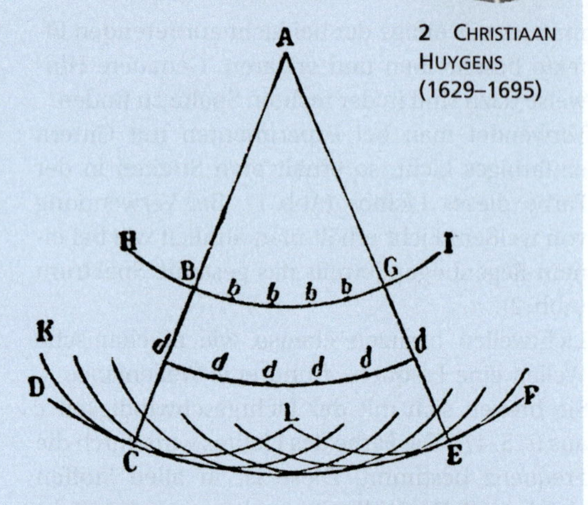

3 Originalzeichnung von HUYGENS: Elementarwellen überlagern sich zu einer Wellenfront.

Mit der Entdeckung der Interferenz durch den englischen Arzt und Naturforscher THOMAS YOUNG (1773–1829) und den Untersuchungen zur Beugung durch den französischen Physiker AUGUSTIN JEAN FRESNEL (1788–1827) begann der Siegeszug der Wellentheorie, doch auch mit ihr konnten nicht alle neu entdeckten Erscheinungen erklärt werden.

Wesentlich weiterentwickelt wurden die Vorstellungen vom Licht 1905 durch ALBERT EINSTEIN (1879–1955), der die Lichtquantentheorie aufstellte. Danach verhält sich Licht teilweise wie eine Welle und teilweise wie ein Teilchenstrom. Geprägt wurde dafür der Begriff **Lichtquant** oder **Photon.** Die betreffende Theorie heißt **Photonentheorie.**

Zerlegung von weißem Licht

Wird weißes Licht, z. B. Sonnenlicht oder das Licht einer Halogenlampe, auf ein Prisma gelenkt, so entsteht hinter dem Prisma ein prächtiges Farbband mit einer Reihe von charakteristischen Farben (Abb. 1).

Weißes Licht besteht aus Licht unterschiedlicher Farben. Die Auffächerung des weißen Lichtes in Licht unterschiedlicher Farben wird als Dispersion bezeichnet.

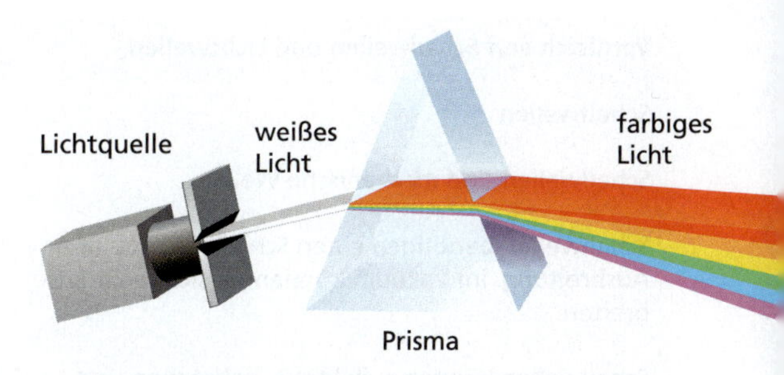

1 Zerlegung von weißem Licht durch ein Prisma: Man erhält farbiges Licht.

Die Ursache für die **Dispersion** des weißen Lichtes durch ein Prisma besteht in Folgendem: Licht unterschiedlicher Farbe wird beim Übergang von einem Stoff in einen anderen Stoff, z. B. beim Übergang von Luft in Glas, unterschiedlich stark gebrochen. Blaues Licht wird stärker gebrochen als rotes Licht. Dadurch kommt es zu einer Auffächerung des weißen Lichtes. Das bei der Dispersion des Lichtes entstehende Farbband wird als **Spektrum** bezeichnet, die entstehenden Farben als **Spektralfarben.** Sie treten immer in der gleichen Reihenfolge auf.

Spektralfarben sind die Farben Rot, Orange, Gelb, Grün, Blau und Violett.

Vereinigt man das Licht aller Spektralfarben wieder, z. B. mithilfe einer Sammellinse (Abb. 2), dann entsteht weißes Licht.

Die Mischung aller Spektralfarben ergibt weißes Licht.

Versucht man das Licht einer Spektralfarbe durch ein Prisma weiter zu zerlegen (Abb. 3), dann stellt man fest, dass dieses Licht zwar gebrochen, aber nicht weiter aufgefächert wird.

Licht einer Spektralfarbe ist nicht weiter zerlegbar.

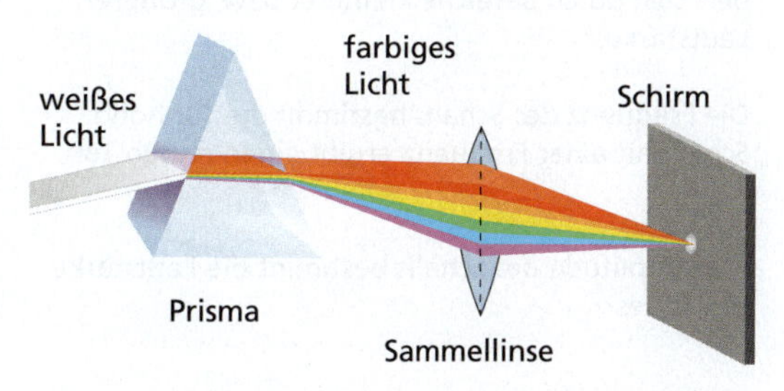

2 Die Vereinigung aller Spektralfarben ergibt Weiß.

Spektralfarben werden deshalb mitunter auch als **Grundfarben** bezeichnet.
Nicht verwechselt werden dürfen Spektralfarben mit den Grundfarben der Farbmischung (s. S. 85, 86). Lenkt man z. B. rotes, grünes und blaues Licht gleicher Intensität auf eine Stelle, so ergibt die Überlagerung dieser drei Farben Weiß. Insgesamt kann man aus diesen drei Farben alle möglichen anderen Farben erzeugen. Das wird bei einer Fernsehbildröhre mit roten, grünen und blauen Bildpunkten ebenso genutzt wie beim RGB-Modus (**R** – Rot, **G** – Grün, **B** – Blau) im Zeichenprogramm eines Computers.

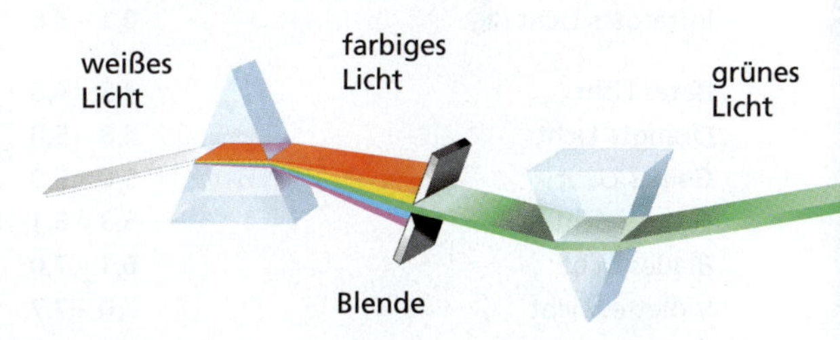

3 Das Licht einer Spektralfarbe ist nicht weiter zerlegbar.

Vergleich von Schallwellen und Lichtwellen	
Schallwellen	**Lichtwellen**
Schallwellen sind mechanische Wellen.	Lichtwellen sind elektromagnetische Wellen.
Schallwellen benötigen einen Schallträger zu ihrer Ausbreitung. Im Vakuum können sie sich nicht ausbreiten.	Lichtwellen benötigen keinen Träger zu ihrer Ausbreitung. Sie breiten sich in Stoffen, aber auch im Vakuum aus.
Schallwellen können reflektiert, gebrochen und gebeugt werden.	Lichtwellen können reflektiert, gebrochen und gebeugt werden.
Bei Schallwellen kann Interferenz eintreten. Sie äußert sich durch Bereiche kleinerer bzw. größerer Lautstärke.	Bei Lichtwellen kann Interferenz eintreten. Sie äußert sich durch Bereiche kleinerer oder größerer Helligkeit.
Die Frequenz des Schalls bestimmt die Tonhöhe. Schall mit **einer** Frequenz ergibt einen reinen Ton.	Die Frequenz des Lichtes bestimmt die Farbe des Lichtes. Licht mit **einer** Frequenz ergibt eine reine Spektralfarbe.
Die Amplitude des Schalls bestimmt die Lautstärke des Tones.	Die Amplitude des Lichtes bestimmt die Intensität des Lichtes.

Im Wellenmodell lässt sich jeder Farbe eine bestimmte Frequenz und eine Wellenlänge zuordnen. Die Farben des Spektrums umfassen jeweils einen bestimmten Frequenz- bzw. Längenwellenbereich (s. Übersicht unten und Abb. 1, S. 83). Sichtbares Licht setzt sich meist aus Lichtwellen verschiedenster Frequenzen zusammen. Weißes Licht besteht z. B. aus sichtbarem Licht aller Frequenzen bzw. Farben, ist also ein Mischlicht. Das gilt auch für das Licht, das von der Sonne zu uns gelangt.
Der für uns sichtbare Bereich des Spektrums elektromagnetischer Wellen umfasst Frequenzen von $3{,}8 \cdot 10^{14}$ Hz bis $7{,}7 \cdot 10^{14}$ Hz. Das entspricht Wellenlängen von 780 nm bis 390 nm.
Neben dem Spektrum des sichtbaren Lichtes gibt es das für den Menschen unsichtbare **infrarote** und **ultraviolette Licht.**

Infrarotes Licht wird auch als **Wärmestrahlung** bezeichnet. Es hat eine kleinere Frequenz und eine größere Wellenlänge als sichtbares Licht. Die wichtigste Quelle für dieses Licht ist die Sonne. Etwa 38 % der Sonnenstrahlung ist infrarotes Licht. Ultraviolettes Licht wird auch als UV-Licht bezeichnet. Es hat vor allem biologische Wirkungen (Bräunung der Haut, Sonnenbrand).

Art des Lichtes	Frequenz f in 10^{14} Hz	Wellenlänge λ (in Luft) in nm
Infrarotes Licht (IR)	0,1 – 3,8	30 000 – 780
Rotes Licht	3,8 – 4,8	780 – 620
Oranges Licht	4,8 – 5,0	620 – 600
Gelbes Licht	5,0 – 5,3	600 – 570
Grünes Licht	5,3 – 6,1	570 – 490
Blaues Licht	6,1 – 7,0	490 – 430
Violettes Licht	7,0 – 7,7	430 – 390
Ultraviolettes Licht (UV)	7,7 – 300	390 – 10

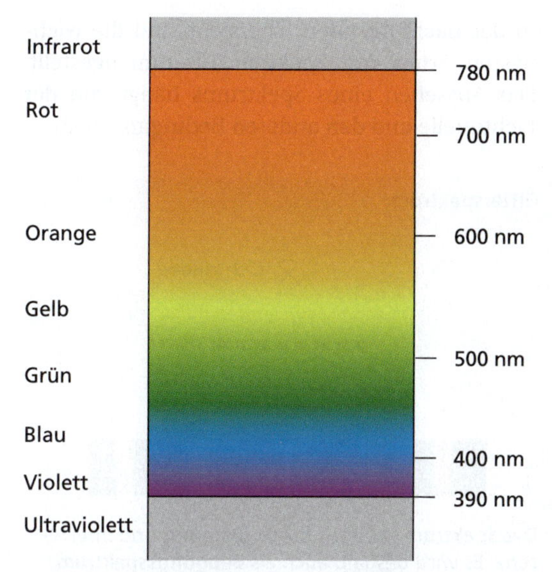

1 Kontinuierliches Spektrum und Wellenlängen des sichtbaren Lichtes in Nanometern (nm)

Das für den Menschen sichtbare Licht ist nur ein sehr kleiner Bereich aus dem gesamten Spektrum elektromagnetischer Wellen, zu denen auch die für Rundfunk und Fernsehen genutzten hertzschen Wellen, die Mikrowellen, die Röntgenstrahlen und die Gammastrahlen gehören.
Wie bei mechanischen Wellen (s. S. 243) besteht auch bei Licht ein enger Zusammenhang zwischen der Lichtgeschwindigkeit, der Wellenlänge und der Frequenz.

Für Licht gilt folgender Zusammenhang:

$$c = \lambda \cdot f$$

- c **Lichtgeschwindigkeit**
- λ **Wellenlänge**
- f **Frequenz des Lichts**

Die Frequenz des Lichtes hängt nur von seiner Entstehung ab und bleibt immer gleich. Die Lichtgeschwindigkeit und damit auch die Wellenlänge sind dagegen von dem Stoff abhängig, in dem sich das Licht ausbreitet.
In einem Stoff, z. B. in Luft, hat die Lichtgeschwindigkeit einen bestimmten Wert. Demzufolge gilt dort: Je größer die Frequenz ist, desto kleiner ist die Wellenlänge.

Mosaik

Nachweis von infrarotem und ultraviolettem Licht

Die Infrarotstrahlung der Sonne wurde im Jahre 1800 durch den Astronomen FRIEDRICH WILHELM HERSCHEL (1738–1822) entdeckt. HERSCHEL erzeugte mithilfe eines Prismas ein Spektrum des Sonnenlichts und brachte Thermometer an verschiedenen Stellen an. Dabei stellte er fest, dass das Thermometer außerhalb des sichtbaren roten Bereichs eine deutlich höhere Temperatur anzeigte als innerhalb des sichtbaren Spektrums. Es musste also auch außerhalb des sichtbaren Spektrums noch Strahlung vorhanden sein, die als infrarotes Licht bezeichnet wird.

2 WILHELM HERSCHEL (1738–1822)

Ein Jahr später fand JOHANN WILHELM RITTER (1776–1810), ein Begründer der Elektrochemie, das ultraviolette Licht. Er entdeckte, dass weißes Hornsilber (Silberchlorid) geschwärzt wurde, wenn es sich außerhalb des violetten Endes des Spektrums befand.
Ultraviolettes Licht kann man auch nachweisen, wenn man das Spektrum auf einen Fluoreszenzschirm lenkt. Im ultravioletten Licht leuchtet der Fluoreszenzschirm auf.
Infrarotes und ultraviolettes Licht sind Bestandteil der Sonnenstrahlung.
Der Anteil des infraroten Lichtes beträgt ca. 38 %, der des ultravioletten Lichtes ca. 7 % und der des sichtbaren Lichtes ca. 48 %. Hinzu kommen 7 % an anderen Strahlungsarten. Infrarotes Licht kann man z. B. mit Infrarotlampen erzeugen. Eine Quelle für ultraviolettes Licht sind Quecksilberdampflampen oder Leuchtstofflampen, die z. B. auch in Sonnenstudios verwendet werden.
Mehr Informationen zum infraroten und ultravioletten Licht sind im Internet unter der Adresse **www.schuelerlexikon.de** zu finden.

Arten von Spektren

Spektren kann man nach der Art ihres Zustandekommens und nach ihrem Aussehen einteilen.

In der nachfolgenden Übersicht sind die wichtigsten Arten von Spektren zusammengestellt. Das Aussehen eines Spektrums hängt von der Lichtquelle und den anderen Bedingungen ab.

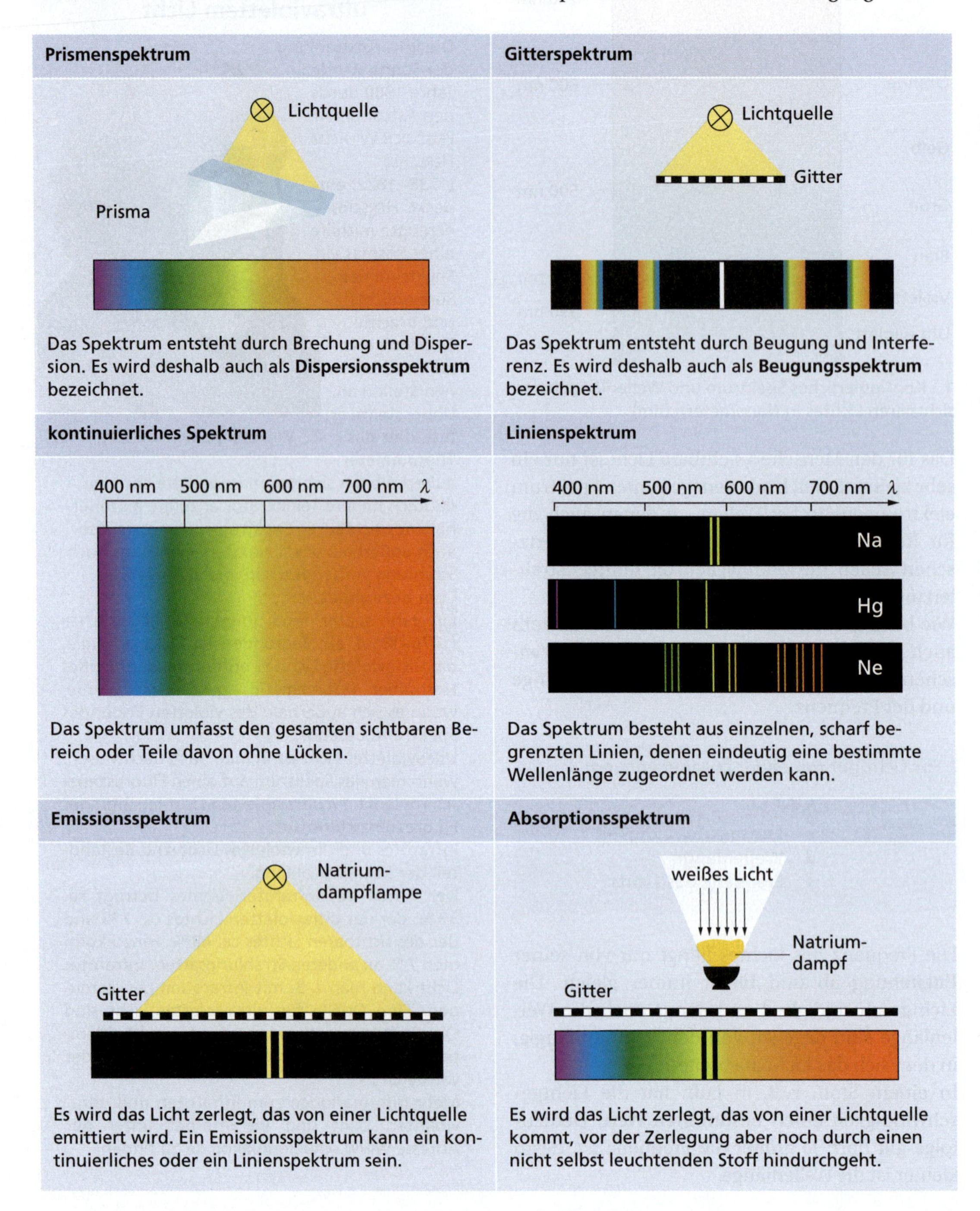

Mischung von Farben

Die Mischung von verschiedenen Farben finden wir an vielen Stellen: In der Disko leuchten verschiedenfarbige Lampen. Straßenlampen senden weißes oder gelbes Licht aus. Malerfarben lassen sich vielfältig kombinieren.

Vereinigt man alle Farben eines kontinuierlichen Spektrums, so erhält man wieder weißes Licht (s. Abb. 2, S. 81).

Blendet man aber einzelne Farben aus und vereinigt das restliche Licht (Abb. 1), so erhält man eine **Mischfarbe.** Die jeweiligen Paare aus ausgeblendeter Farbe und Mischfarbe werden als **Komplementärfarben** (komplementär bedeutet ergänzend) bezeichnet, weil sie sich zusammen zu Weiß ergänzen.

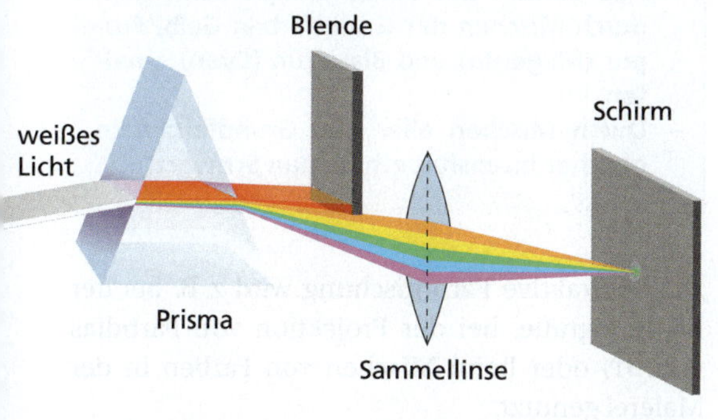

1 Blendet man rotes Licht aus, so erhält man durch Vereinigung des restlichen Spektrums grünes Licht.

ausgeblendete Spektralfarbe	Mischfarbe des restlichen Spektrums
Rot	Blaugrün
Orange	Eisblau
Gelb	Blau
Grün	Purpur
Eisblau	Orange
Blau	Gelb

Die additive Farbmischung

Bei der additiven Farbmischung wird verschiedenfarbiges Licht auf dieselbe Stelle gelenkt und überlagert (addiert) sich (Abb. 3). Dadurch entstehen Mischfarben. Genauere Untersuchungen ergaben, dass man durch additive Mischung der Farben Rot, Grün und Blau alle anderen Farben erhalten kann. Diese Farben werden daher als **Grundfarben** der additiven Farbmischung bezeichnet (Abb. 2).

2 Grundfarben der additiven Farbmischung

Die drei Grundfarben der additiven Farbmischung spielen z. B. auch bei Zeichenprogrammen von Computern eine Rolle: Mit Rot (R), Grün (G) und Blau (B) können im RGB-Modus die verschiedensten Farben erzeugt werden.

Ordnet man die verschiedenen Farben kreisförmig an, so erhält man einen Farbenkreis (Abb. 3, S. 86), an dem man wichtige Gesetze der additiven Farbmischung verdeutlichen kann.

3 Additive Mischung von verschiedenfarbigem Licht

Werden Farben durch Addition gemischt, so gilt:

- **Gegenüberliegende Farben des Farbenkreises ergeben Weiß. Es sind Komplementärfarben.**
- **Jede Farbe des Farbenkreises kann man durch Mischen der beiden benachbarten Farben erhalten.**
- **Alle Farben des Farbenkreises kann man durch Mischen der Grundfarben Blau, Grün und Rot erhalten.**
- **Durch Mischen aller drei Grundfarben in gleicher Intensität erhält man Weiß.**

Die additive Farbmischung wird z. B. beim Farbfernsehen (s. S. 92) und bei der Beleuchtung von Bühnen genutzt. Sie spielt auch beim farbigen Sehen eine entscheidende Rolle.

Die subtraktive Farbmischung

Bei der subtraktiven Farbmischung wird das Licht verschiedener Farben durch Farbfilter ausgeblendet oder durch Farbstoffe (Pigmente) absorbiert (Abb. 2). Das restliche Licht bildet eine Mischfarbe. Wird z. B. aus einem kontinuierlichen Spektrum Rot ausgeblendet, so erhält man durch Vereinigung der restlichen Farben Grün (s. Abb. 1, S. 85). Ähnlich wie bei der additiven Farbmischung gibt es auch bei der subtraktiven Farbmischung **Grundfarben,** aus denen man alle anderen Farben des Farbenkreises erhalten kann (Abb. 1). Die Grundfarben der subtraktiven Farbmischung sind Gelb, Purpur (Magenta) und Blaugrün (Cyan).

1 Grundfarben der subtraktiven Farbmischung

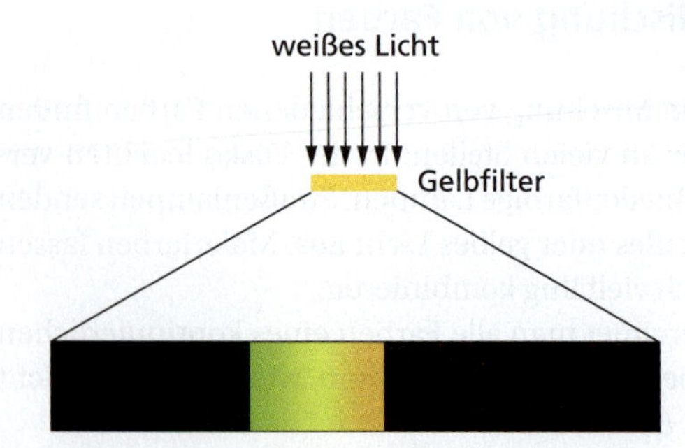

2 Absorption von Licht durch Farbfilter

Für die subtraktive Farbmischung gelten ebenfalls eine Reihe von Gesetzen:

Werden Farben durch Subtraktion (Ausblenden, Absorbieren) gemischt, so gilt:

- **Alle Farben des Farbenkreises kann man durch Mischen der Grundfarben Gelb, Purpur (Magenta) und Blaugrün (Cyan) erhalten.**
- **Durch Mischen aller drei Grundfarben in gleicher Intensität erhält man Schwarz.**

Die subtraktive Farbmischung wird z. B. bei der Farbfotografie, bei der Projektion von Farbdias (s. S. 91) oder beim Mischen von Farben in der Malerei genutzt.

3 Farbenkreis

Die Farbe von Körpern

Licht, das auf einen Körper fällt, wird von diesem Körper teilweise reflektiert, teilweise absorbiert und teilweise hindurchgelassen. Die Farbe, in der wir einen Körper sehen, ist abhängig

- von der Farbe des Lichtes, das auf ihn fällt (Abb. 1),
- von seinem Reflexionsvermögen für verschiedenfarbiges Licht,
- von seinem Durchlassvermögen für verschiedenfarbiges Licht.

Ein Körper hat die Farbe, die sich aus der Mischung des von ihm reflektierten bzw. hindurchgelassenen Lichtes ergibt.

Wird z. B. eine Zitrone mit weißem Licht beleuchtet, so erfolgt eine Absorption aller Spektralfarben außer Gelb. Gelbes Licht wird reflektiert und fällt in unsere Augen. Wir sehen die Zitrone in dieser Farbe.

Ein Körper, der sämtliches auffallende Licht absorbiert, erscheint uns schwarz. Ein Körper, der mit weißem Licht beleuchtet wird und alle Spektralfarben näherungsweise gleich stark reflektiert, erscheint uns Weiß.

Die Farbwahrnehmung eines Körpers ist nicht nur ein physikalischer Prozess. Da unsere Sinneseindrücke im Gehirn verarbeitet werden, spielen für die Farbwahrnehmung auch Stimmungen, Erfahrungen und subjektive Empfindungen eine Rolle. Unterschiedliche Personen können denselben Gegenstand verschieden wahrnehmen.

1 Bei Beleuchtung mit verschiedenfarbigem Licht hängt die Farbe, die wir wahrnehmen, von der Zusammensetzung des auffallenden Lichtes ab.

Mosaik

Dreifarbentheorie des Sehens

Licht fällt von einem Gegenstand durch die Pupille auf die Netzhaut. Hornhaut, Augenflüssigkeit, Augenlinse und Glaskörper bilden zusammen ein optisches System, das wie eine Sammellinse wirkt. Dadurch entsteht auf der Netzhaut ein scharfes Bild des Gegenstandes.

Die Netzhaut enthält zwei Arten von lichtempfindlichen Zellen: Die etwa 120 Millionen *Stäbchen* nehmen nur Hell-Dunkel-Reize auf, die etwa 6 Millionen *Zäpfchen* sind farbempfindlich. Diese Zäpfchen sprechen nur bei einer ausreichenden Lichtintensität an. Ist sie zu gering, sehen wir nur Hell-Dunkel-Töne. Von den farbempfindlichen Zäpfchen gibt es drei Arten: Die eine Art ist für rotes Licht am empfindlichsten, die anderen Arten sind es für grünes und blaues Licht. Wenn farbiges Licht auf die Zäpfchen fällt, werden die lichtempfindlichen Zellen gereizt und die Reize an das Gehirn weitergeleitet. Es ergibt sich ein Farbeindruck, der sich aus den Grundfarben Rot, Grün und Blau zusammensetzt.

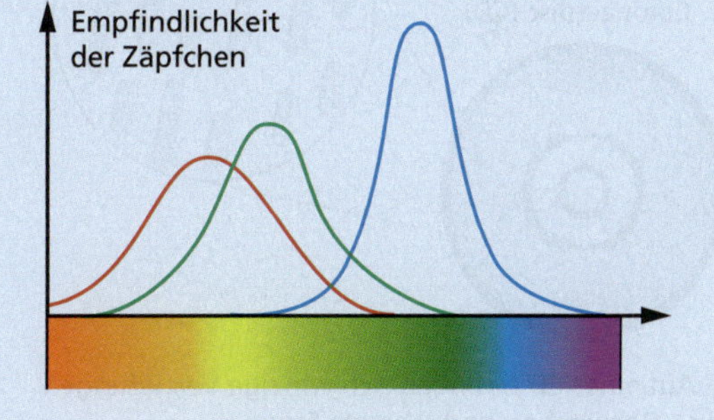

Physik in Natur und Technik

Eine farbige CD

Bewegt man eine CD (Abkürzung für **C**ompact**d**isc), die von einer Lichtquelle beleuchtet wird, hin und her, so schillert sie mitunter in allen Farben des Spektrums. Je nach Blickwinkel sieht man die verschiedenen Farben an den unterschiedlichsten Stellen.

Erkläre, wie bei einer beleuchteten CD die unterschiedlichen Farben zustande kommen!

Wenn Licht auf eine CD fällt, so wird dieses Licht reflektiert, allerdings nicht von allen Stellen in gleicher Weise. Dazu muss man den Aufbau einer CD betrachten (Abb. 1). Die Informationen sind in winzigen Vertiefungen, den so genannten Pits, gespeichert. Diese Pits sind 0,8–4,6 µm lang, 0,5 µm breit und 0,1 µm tief. Der Spurabstand beträgt 1,6 µm. Mit bloßem Auge sind diese winzigen Strukturen nicht sichtbar. Trifft Licht auf die CD, so wird es von den Stegen zwischen den Pits wie bei einem Spiegel reflektiert. Im Bereich der Pits erfolgt eine diffuse Reflexion. Damit wirkt eine CD wie ein Gitter (Reflexionsgitter) mit einem Abstand der Spalte von 1,6 µm. Das dort reflektierte Licht interferiert miteinander. Je nach Blickrichtung ist die Bedingung für die Verstärkung der einen oder anderen Farbe (Wellenlänge) erfüllt, denn die Lage eines Interferenzstreifens ist bei bestimmtem Abstand vom Gitter und gegebener Anzahl der Spalte von der Wellenlänge des Lichtes abhängig.

Die „Farbspiele" bei einer CD kommen also durch Interferenz an einem Gitter zustande. Bei einer DVD treten die gleichen Effekte auf, der Abstand der Spalte ist aber kleiner.

1 Auf einer CD befinden sich winzige Vertiefungen (Pits). Dazwischen sind schmale Stege.

Mosaik

Die Farben dünner Schichten

Ähnlich wie bei einer CD schillert eine Seifenhaut, eine dünne Ölschicht oder der Flügel einer Libelle in den unterschiedlichsten, sich ständig ändernden Farben. Die Ursache dafür ist aber eine andere als bei einer CD oder DVD.

Trifft Sonnenlicht z. B. auf eine dünne Seifenhaut, dann wird ein Teil des Lichtes an der Oberfläche reflektiert. Ein anderer Teil gelangt in die Schicht, wird an ihrer Rückseite reflektiert und tritt dann wieder aus der Schicht aus.

Beide Anteile des Lichtes überlagern sich. Je nachdem, wie die Wellen zusammentreffen, kommt es zur Verstärkung oder Auslöschung verschiedener Wellenlängen und damit Farben. Eine Seifenhaut schillert dadurch verschiedenfarbig.

1 Ein Regenbogen hat eine immer gleiche Reihenfolge der Farben.

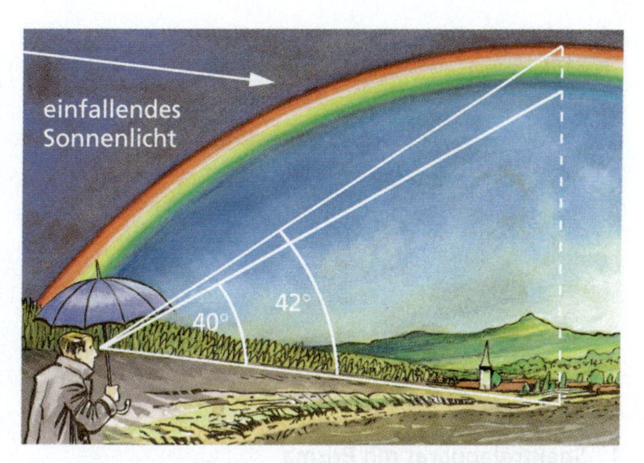

2 Einen Regenbogen sieht man unter einem bestimmten Winkel zum einfallenden Sonnenlicht.

Der Regenbogen – eine interessante Naturerscheinung

Einen Regenbogen hat schon jeder beobachtet. Er tritt auf, wenn es geregnet hat und die Sonne wieder hervortritt. Wenn man dann die Sonne im Rücken hat, kann man an der abziehenden Regenwolke manchmal einen Regenbogen beobachten (Abb. 1, 2), der fast halbkreisförmig über den Himmel verläuft.
Wie kommt ein Regenbogen zustande? Wie ist die Reihenfolge der Farben zu erklären?

Die Ursache für das Entstehen eines Regenbogens ist die Zerlegung des Sonnenlichtes durch Brechung. Trifft weißes Sonnenlicht auf Regentropfen, so wird es beim Übergang Luft – Wasser und Wasser – Luft gebrochen. Darüber hinaus tritt im Regentropfen Totalreflexion auf (Abb. 3).

Die Farbzerlegung in die Spektralfarben tritt in jedem Regentropfen auf. Da die Brechungswinkel des austretenden Lichtes für die einzelnen Spektralfarben unterschiedlich sind, gelangt von einer Stelle aus jeweils nur ein Teil des gebrochenen Lichtes (eine Farbe) in die Augen des Beobachters. Deshalb sieht er den Regenbogen aus einzelnen Spektralfarben zusammengesetzt.
Welche Farbe man an welcher Stelle des Himmels sieht, hängt vom Winkel zwischen dem Sonnenlicht und dem an Regentropfen reflektierten Licht ab (Abb. 3). Die Summe aller Eindrücke des von vielen Regentropfen gebrochenen und reflektierten Lichtes ergibt den Regenbogen.
Manchmal sieht man über dem Regenbogen noch einen zweiten, den Nebenregenbogen. Er entsteht durch zweifache Reflexion des Lichtes in Regentropfen (Abb. 4). Die Farbfolge ist im Vergleich zu der im Hauptregenbogen umgekehrt.

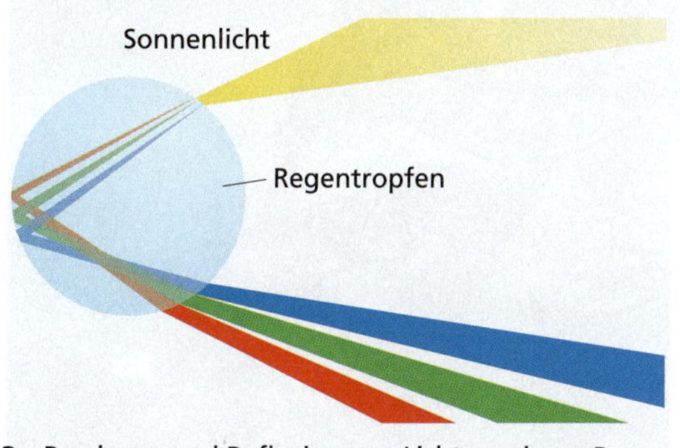

3 Brechung und Reflexion von Licht an einem Regentropfen

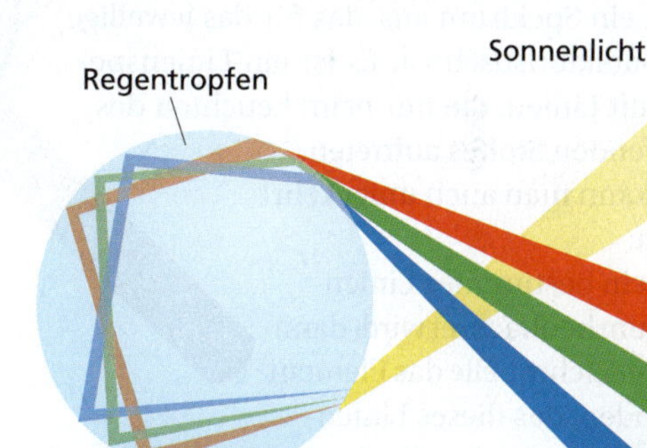

4 Brechung und zweifache Reflexion des Lichtes in einem Regentropfen

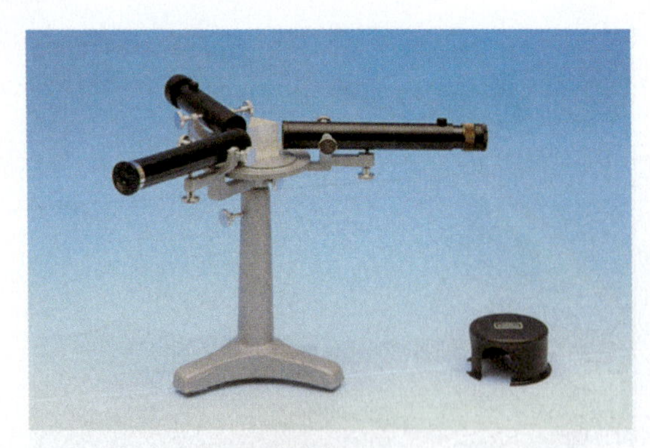

1 Spektralapparat mit Prisma

Die Spektralanalyse

JOSEPH VON FRAUNHOFER (1787–1826) entdeckte im Jahre 1814 bei der Untersuchung des Spektrums von Sonnenlicht im Sonnenspektrum zahlreiche dunkle Linien, die heute als **fraunhofersche Linien** bezeichnet werden.
Später wurden auch bei Fixsternen solche dunklen Linien im Spektrum beobachtet. 1860 legten der deutsche Physiker GUSTAV ROBERT KIRCHHOFF (1834–1887) und der Chemiker ROBERT WILHELM BUNSEN (1811–1899) mit der Arbeit „Chemische Analyse durch Spektralbeobachtungen" die wissenschaftlichen Grundlagen der Spektralanalyse vor.
Was versteht man unter einer Spektralanalyse?
Wie kann man mithilfe der Spektralanalyse das Vorhandensein von chemischen Elementen nachweisen?

Jedes leuchtende Gas unter niedrigem Druck sendet ein Spektrum aus, das für das jeweilige Gas charakteristisch ist. Es ist ein Linienspektrum mit Linien, die nur beim Leuchten des betreffenden Stoffes auftreten.
Dann kann man auch umgekehrt folgern:
Wenn ein bestimmtes Linienspektrum beobachtet wird, dann ist in der Lichtquelle das Element vorhanden, das dieses Linienspektrum aussendet. Das ist das Wesen der **Spektralanalyse**. Durch Vergleichen eines aufgenommenen Spektrums mit Linienspektren bekannter Elemente kann man herausfinden, welche Elemente in der Lichtquelle vertreten sind.
Durch spektralanalytische Untersuchungen hat man 1868 im Sonnenspektrum ein neues Gas entdeckt, das nach dem griechischen Wort für Sonne (helios) benannt wurde: das Helium. 1894 wurde es auch auf der Erde nachgewiesen.

Der Vierfarbendruck

Dieses Buch ist wie fast alle farbigen Bücher im Vierfarbendruck hergestellt worden. Betrachtet man ein Farbbild mit einer Lupe, dann stellt man fest, dass die Bilder aus lauter roten, blaugrünen und gelben Punkten bestehen (Abb. 2).
Wie geht man beim Vierfarbendruck vor?
Wie ergibt sich der Farbeindruck bei einem gedruckten Bild?

Für den Vierfarbendruck wird eine farbige Vorlage zunächst in einzelne Farbpunkte zerlegt (gerastert). Anschließend werden von der Vorlage drei Farbauszüge in den Farben Purpur (Magenta), Blaugrün (Cyan) und Gelb sowie ein vierter Auszug in Schwarz angefertigt (Abb. 1, S. 91)
Beim Druck werden diese vier Farben übereinander gedruckt. Dabei gibt es Bereiche, in denen die Farbpunkte übereinander liegen und Bereiche, wo sie nebeneinander liegen.

2 Das Bild besteht aus Mischung farbiger Bildpunkte

1 Auszüge für den Vierfarbendruck, rechts das gedruckte Bild

Der Farbeindruck des gedruckten Bildes ergibt sich damit sowohl durch additive als auch durch subtraktive Farbmischung. Das Licht von Farbpunkten, die eng nebeneinander gedruckt sind, mischt sich additiv.
Das Licht von Farbpunkten, die übereinander gedruckt sind, mischt sich subtraktiv.

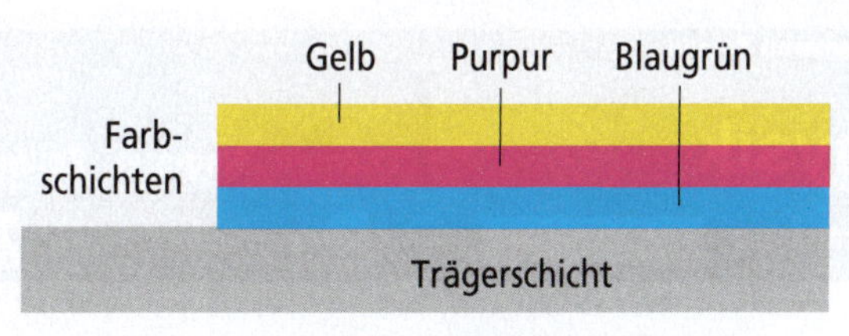

3 Aufbau eines Farbdias mit drei Farbschichten

Farbmischung bei Farbdias

1912 wurde von RUDOLF FISCHER (1881 bis 1957) in Berlin ein Patent für einen Mehrschichten-Farbfilm eingereicht. 1936 kamen erstmals die bei Agfa Wolfen entwickelten Mehrschichtenfarbfilme (Abb. 3) auf den Markt.
Wie kommt bei der Diaprojektion ein farbiges Bild zustande?

Gelbe Farbanteile: Beim Blaugrünfilter und beim Purpurfilter hat die Filterschicht an der betreffenden Stelle Löcher, das weiße Licht geht ungehindert hindurch. Das Gelbfilter lässt nur den gelben Anteil des weißen Lichtes hindurch.
Rote Farbanteile: Beim Blaugrünfilter haben die betreffenden Stellen der Filterschicht Löcher, das weiße Licht geht hindurch. Das Purpurfilter lässt Blau und Rot hindurch. Durch das Gelbfilter wird der Blauanteil absorbiert. Ein Rotanteil gelangt hindurch.
Grüne Farbanteile: Das Blaugrünfilter lässt Blau und Grün hindurch. Beim Purpurfilter hat die Filterschicht an der betreffenden Stelle Löcher. Durch das Gelbfilter wird der Blauanteil absorbiert. Damit entsteht insgesamt ein Bild dadurch, dass Licht verschiedener Farben durch Farbfilter ausgeblendet wird.

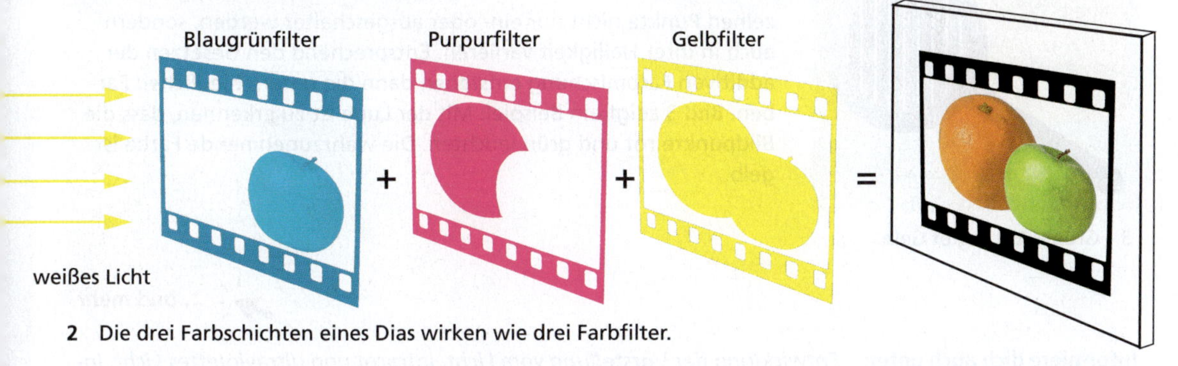

2 Die drei Farbschichten eines Dias wirken wie drei Farbfilter.

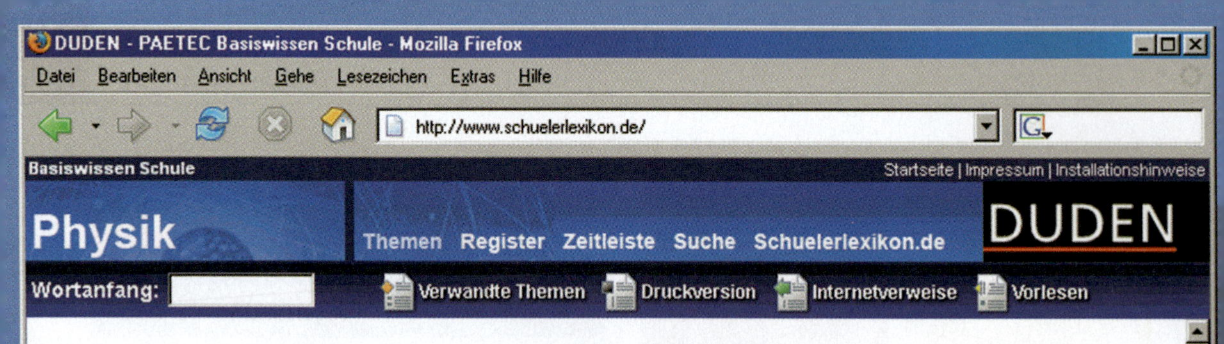

Farbfernsehen und Monitore

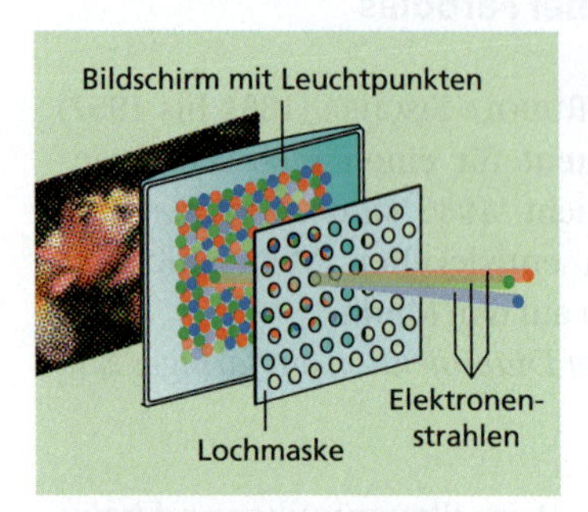

1 Aufbau eines Bildschirms

Farbfernsehen

Das Grundprinzip des in den sechziger Jahren des 20. Jahrhunderts eingeführten Farbfernsehens besteht in Folgendem: Durch eine **Aufnahmekamera** wird das Bild aufgenommen, in seine **Grundfarben** Rot, Grün und Blau zerlegt, in elektrische Signale umgewandelt und mithilfe elektromagnetischer Wellen zum Empfänger übertragen.

Im **Empfänger** werden mit diesen Signalen drei Elektronenstrahlen gesteuert, die auf rot, grün oder blau leuchtende Punkte des Bildschirmes treffen (Bild 1). Die betreffenden Punkte leuchten auf.

2 Bildpunkte auf einem Bildschirm

Die Punkte sind so klein, dass man sie mit bloßem Auge nicht unterscheiden kann. Nimmt man eine Lupe zu Hilfe, dann sieht man, dass diese rot, grün oder blau leuchtenden Punkte je nach Art der Bildröhre linienförmig (Bild 2) oder im Dreieck angeordnet sind. Insgesamt befinden sich auf einem Bildschirm ca. 1,2 Millionen solcher rot, grün oder blau leuchtender **Bildpunkte.**

Das Bild wird auf dem Schirm zeilenweise geschrieben, wobei in Deutschland als Norm mit 625 Zeilen auf dem Bildschirm gearbeitet wird. In einer Sekunde werden 25 Bilder (50 Halbbilder) übertragen. Dadurch nehmen wir ein ruhiges Bild wahr, weil der Mensch höchstens 16 Bilder je Sekunde noch als Einzelbilder voneinander unterscheiden kann.
Moderne Fernsehgeräte arbeiten mit der doppelten Bildwechselfrequenz von 100 Hz. Damit entsteht ein flimmerfreies Bild.

3 Grün + Rot ergibt Gelb.

Das Gesamtbild setzt sich durch **additive Farbmischung** aus rot, grün oder blau leuchtenden Punkten zusammen. Dabei können die einzelnen Punkte nicht nur ein- oder ausgeschaltet werden, sondern auch in ihrer Helligkeit variieren. Entsprechend den Gesetzen der additiven Farbmischung entstehen dann die unterschiedlichen Farben. Bild 3 zeigt ein Beispiel. Mit der Lupe ist zu erkennen, dass die Bildpunkte rot und grün leuchten. Die wahrzunehmende Farbe ist gelb.

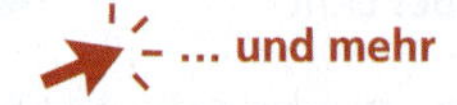

Informiere dich auch unter: *Entwicklung der Vorstellung vom Licht, Infrarot und ultraviolettes Licht, Interferenz am Gitter, Modelle für das Licht, Farben des Himmels, Spektralanalyse, Körperfarben, …*

Fertig

gewusst · gekonnt

1. Nimm feines Gewebe (z. B. einen Regenschirm) oder eine Vogelfeder und betrachte durch sie hindurch eine etwa 2 m entfernte Kerzenflamme oder eine Straßenlampe! Beschreibe deine Beobachtungen! Wie könnte man sie erklären?

*2. Der Italiener FRANCESCO GRIMALDI (1618 bis 1663) entdeckte bei seinen optischen Untersuchungen folgenden Effekt:
Durch eine kleine Öffnung im Fensterladen ließ er Sonnenlicht in ein gut abgedunkeltes Zimmer fallen und fing es in einigen Metern Entfernung auf einem Schirm auf. Wenn er in das Licht eine kleine Lochblende brachte, dann war das Bild der Lochblende auf dem Schirm größer als die geometrische Projektion. Außerdem waren die Ränder des Bildes unscharf.
Wie ist diese Erscheinung zu erklären?

3. Weshalb ist es berechtigt zu sagen: Licht hat Welleneigenschaften?

4. Welche Gemeinsamkeiten und welche Unterschiede gibt es zwischen Wasserwellen und Lichtwellen?

*5. Licht, das von leuchtendem Natriumdampf ausgesendet wird, hat in Luft eine Wellenlänge von 590 nm.
   a) Welche Farbe hat dieses Licht?
   b) Wie groß ist seine Frequenz?
   c) Straßenlampen senden weißes oder gelbes Licht aus. Erkläre!

*6. Spezielle Farbfilter lassen nur Licht ganz bestimmter Frequenzen hindurch. So gibt es z. B. Filter für folgende Frequenzen:
   a) $4{,}2 \cdot 10^{14}$ Hz
   b) $6{,}9 \cdot 10^{14}$ Hz
   c) $7{,}2 \cdot 10^{14}$ Hz
   Wie groß ist jeweils die Wellenlänge des betreffenden Lichtes in Luft?

*7. Das von einem Körper abgestrahlte rote Licht hat eine Frequenz von $4{,}0 \cdot 10^{14}$ Hz.
   a) Wie groß ist seine Wellenlänge in Luft?
   b) Wie verändern sich die Wellenlänge und die Frequenz, wenn dieses Licht in Glas übertritt? Begründe!

*8. Blaues Licht ($f = 6{,}5 \cdot 10^{14}$ Hz) tritt von Luft in Wasser über.
   a) Wie groß ist die Wellenlänge dieses Lichtes in Luft?
   b) Was geschieht mit der Wellenlänge und der Frequenz beim Übertritt des Lichts in Wasser?
   c) Wie groß ist die Wellenlänge des Lichts in Wasser?

*9. Licht hat eine Frequenz von $5{,}5 \cdot 10^{14}$ Hz und in einem bestimmten Stoff eine Wellenlänge von 311 nm.
   a) Wie groß ist seine Frequenz in Luft?
   b) Welche Wellenlänge hat das Licht in Luft? Welche Farbe hat es?

10. Bilde mit Daumen und Zeigefinger einen möglichst schmalen Spalt. Blicke durch diesen schmalen Spalt in Richtung einer Lichtquelle!
   a) Beschreibe deine Beobachtungen!
   b) Versuche sie zu erklären!

11. Die Sonne strahlt neben dem sichtbaren Licht auch infrarotes und ultraviolettes Licht ab.
   a) Wie kann man dieses nicht sichtbare infrarote bzw. ultraviolette Licht nachweisen?
   b) Welche Wirkungen haben infrarotes bzw. ultraviolettes Licht?
   c) Welche Schäden können durch nicht sichtbares Licht hervorgerufen werden?

12. Nenne und erläutere Beispiele für die Anwendung von infrarotem Licht! Nutze zur Information **www. schuelerlexikon.de**!

13. Die Spektralfarben sind Blau, Gelb, Grün, Orange, Rot und Violett.
a) Ordne diese Farben in der Reihenfolge des Farbspektrums!
b) Warum fehlen Schwarz und Weiß?
c) Nenne einige andere Farben, die fehlen! Wie kann man sie erzeugen?

14. Betrachte durch ein Prisma eine einige Meter entfernte Leuchtstofflampe! Beschreibe und erkläre deine Beobachtungen! Vergleiche das Spektrum einer Leuchtstofflampe mit dem einer Glühlampe!

15. Wie kann man ermitteln, ob farbiges Licht aus einer reinen Spektralfarbe besteht oder ob es Mischlicht ist?

16. Welche Farbe ist die Komplementärfarbe zu Grün, zu Rot bzw. zu Blau?

17. Der Anteil des sichtbaren Lichtes an der Sonnenstrahlung beträgt 48 %, der Anteil der Infrarotstrahlung 38 %, der Anteil der UV-Strahlung 7 % und der von anderen Strahlungsarten ebenfalls 7 %.
Stelle die Anteile in einem Kreisdiagramm dar!

18. Baue dir einen Farbkreisel! Beklebe ihn mit Papier unterschiedlicher Farbe! In der Skizze ist eine Möglichkeit angegeben.

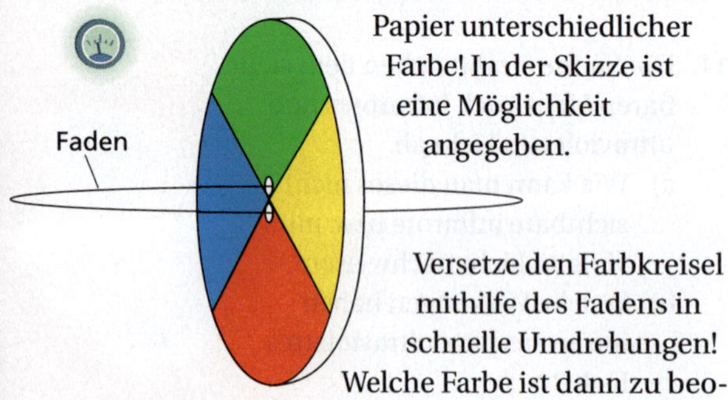

Versetze den Farbkreisel mithilfe des Fadens in schnelle Umdrehungen! Welche Farbe ist dann zu beobachten?
Probiere verschiedene Varianten aus! Erkläre!

19. Ermittle mithilfe eines Farbenkreises, aus welchen Farben man durch Mischung Weiß erzeugen kann! Gib mehrere Möglichkeiten an!

20. Welche Farbe entsteht, wenn man folgendes farbiges Licht übereinander auf eine weiße Fläche projiziert:
a) Rot und Grün,
b) Grün und Blau,
c) Blau und Rot,
d) Rot, Grün und Blau?

21. Am Computer kann man z. B. mithilfe eines Zeichenprogramms selbst Farben erzeugen, wobei man den Anteil der einzelnen Farben variieren kann.
Probiere es aus! Mische auch die Grundfarben mit gleichen und unterschiedlichen Anteilen!

22. Das Farbfernsehbild setzt sich aus vielen Tausenden von roten, grünen und blauen Leuchtpunkten zusammen.
a) Warum macht man diese Leuchtpunkte so klein?
b) Welche Farben erhält man, wenn jeweils
– nur rote und grüne,
– nur rote und blaue,
– nur grüne und blaue
Leuchtpunkte leuchten?
c) Wie müssen die roten, grünen und blauen Bildpunkte eines Bildschirmes bei einem Farbfernsehgerät leuchten, damit das Bild weiß ist?
d) Wie entsteht Schwarz?

23. Mische gelben und blauen Kreidestaub! Welche Farbe erhältst du? Begründe!

24. Welche Farbe entsteht, wenn man folgende Farbgläser hintereinander in weißes Licht hält:
a) Rot und Grün,
b) Grün und Blau,
c) Blau und Rot?

25. Rotes und grünes Licht werden gemischt.
a) Welche Farbe hat dieses Mischlicht?
b) Das Mischlicht tritt durch ein Rotfilter hindurch. Welche Farbe hat das Licht dann? Begründe!

26. Auf dem Farbdia (s. Abb.) ist ein schöner blauer Himmel zu sehen.
Wird das Dia projiziert, so erscheint der Himmel auf der Projektionsfläche ebenfalls blau, obwohl das Dia im Projektor mit weißem Licht beleuchtet wird. Erkläre!

27. Farbfilter (s. Abb.) nutzt man in der Farbfotografie z. B., wenn man in Räumen mit Leuchtstofflampen Farbaufnahmen machen will.

a) Was bewirkt ein Farbfilter?
b) Welche Bereiche des Spektrums werden durch ein Blaufilter absorbiert?

28. Beim Fotografieren im Hochgebirge ist zu beachten, dass die intensive UV-Strahlung leicht einen Blaustich auf den Bildern hervorrufen kann.
Was kann man dagegen tun? Begründe!

29. Bei Sonnenschein hat ein Pullover die Farbe Blau. In einer Diskothek wird die Tanzfläche mit rotem Licht beleuchtet.
Welche Farbe hat dann dieser Pullover? Begründe!

30. Im weißen Licht erscheint ein Körper weiß und ein anderer rot. Wie erscheinen die beiden Körper in grünem Licht?

31. Ein Pullover scheint bei Kunstlicht eine andere Farbe zu haben als bei Tageslicht. Erkläre, wie das zustande kommt!

32. Du befindest dich in einem abgedunkelten Raum.
a) In welchen „Farben" siehst du die dich umgebenden Gegenstände?
b) Die Helligkeit im Raum wird allmählich vergrößert.
Wie verändern sich die „Farben" der Gegenstände? Begründe!

33. Farben sehen wir nur, wenn es ausreichend hell ist. Bei geringer Beleuchtung ist alles grau. Woran liegt das?

34. Das Bild zeigt die farbigen Schatten einer Vase. Diese Vase wurde von links mit rotem Licht beleuchtet, der entsprechende Schatten erscheint grün. Von rechts wurde sie gleichzeitig mit grünem Licht beleuchtet. Der entsprechende Schatten ist rot.

Erkläre, warum der Schatten einer farbigen Lampe eine andere Farbe hat als das Licht, das von der Lampe ausgesendet wird!

***35.** Das von der Sonne kommende Licht ist weiß, den Himmel sehen wir aber an einem wolkenlosen Tag blau. Erkläre!

***36.** Manchmal ist ein Morgenrot zu beobachten. Wie kommt es zustande?

summa summarum

Welleneigenschaften von Licht und Farben

Bei Licht treten **Beugung** und **Interferenz** auf. Daraus folgt: Licht hat **Welleneigenschaften** und kann mit dem **Modell Lichtwelle** beschrieben werden.

Beugung
tritt an schmalen Spalten oder Kanten auf.

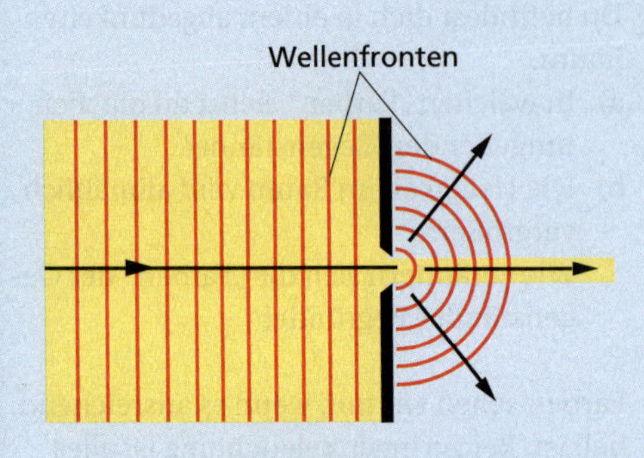

Interferenz
ist die Überlagerung von Licht mit Bereichen von Verstärkung und Auslöschung.

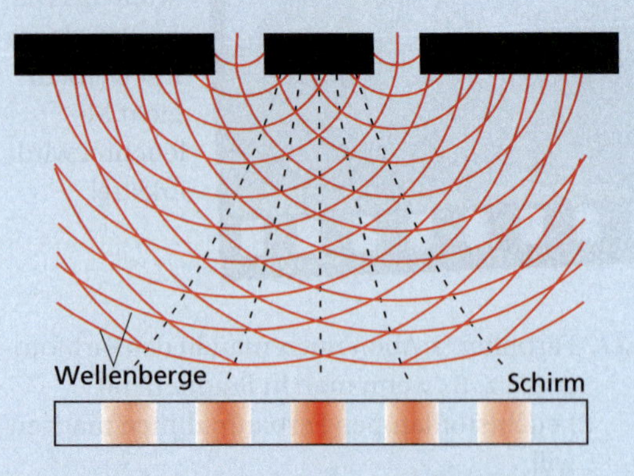

Beugung und Interferenz treten nur bei Wellen auf und lassen sich nur mit dem Wellenmodell erklären.

Für die Ausbreitung von Licht gilt analog wie bei mechanischen Wellen:

$$c = \lambda \cdot f$$

c Lichtgeschwindigkeit
λ Wellenlänge
f Frequenz des Lichts

Weißes Licht lässt sich mithilfe eines Prismas oder eines Gitters in seine farbigen Bestandteile zerlegen. Jeder Farbe lässt sich eine Frequenz und eine Wellenlänge zuordnen.

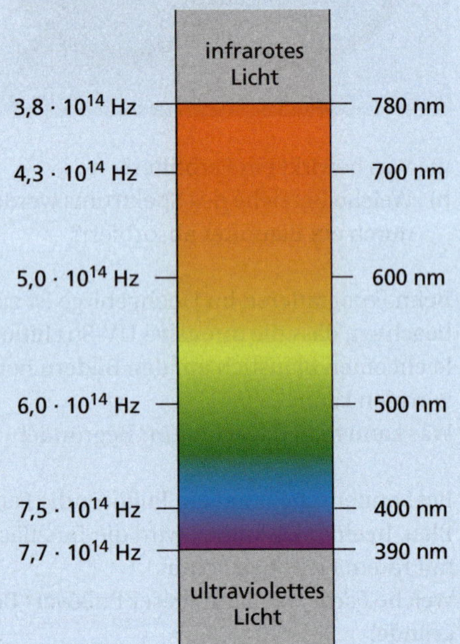

Weißes Licht besteht aus den **Spektralfarben** Rot, Orange, Gelb, Grün, Blau und Violett.
Es kann additiv oder subtraktiv gemischt werden.

3 Mechanik

3.1 Volumen, Masse und Dichte

Begrenzte Zuladung
Jedes Auto hat eine bestimmte, vom Hersteller festgelegte Tragfähigkeit. Diese Tragfähigkeit ist in den Fahrzeugpapieren eingetragen. Sie darf nicht überschritten werden. Die Zuladung von Personen und Gepäckstücken ist also begrenzt.
Was kann man tun um zu prüfen, ob die zulässige Beladung eines Pkw oder eines Wohnwagens eingehalten ist?

Proportionen helfen nicht immer weiter...
Das Foto zeigt unsere Erde und den Mond, aufgenommen von einem Raumschiff aus. Astronomen haben ermittelt, dass die Masse der Erde etwa 81-mal so groß ist wie die Masse des Mondes. Das Volumen der Erde ist aber nur 49-mal so groß wie das Volumen des Mondes.
Wie sind die Unterschiede zu erklären?

Groß = schwer und klein = leicht?
Das scheint nicht immer zu stimmen! So ist der Stein wesentlich schwerer als der leere Karton, obwohl er viel kleiner als dieser ist. Wie schwer ein Körper ist, hängt also nicht nur vom Volumen ab.
Wovon noch?

Das Volumen von Körpern

Verschiedene Körper nehmen einen unterschiedlich großen Raum ein. Eine Erbse nimmt einen kleinen Raum, ein Apfel nimmt einen größeren Raum ein. Auch Flüssigkeiten und Gase nehmen einen Raum ein. Diese Eigenschaft wird durch die physikalische Größe **Volumen** beschrieben.

> **Das Volumen gibt an, wie viel Raum ein Körper einnimmt.**
>
> **Formelzeichen:** V
> **Einheiten:** **1 Kubikmeter** **(1 m³)**
> **1 Liter** **(1 l)**

Teile der Volumeneinheit 1 m³ sind ein Kubikdezimeter (1 dm³), ein Kubikzentimeter (1 cm³) und ein Kubikmillimeter (1 mm³):

$1\ \text{m}^3 = 1\,000\ \text{dm}^3 = 1\,000\,000\ \text{cm}^3$
$1\ \text{dm}^3 = 1\,000\ \text{cm}^3 = 1\,000\,000\ \text{mm}^3$
$1\ \text{cm}^3 = 1\,000\ \text{mm}^3$

Vielfache und Teile der Einheit 1 l sind ein Hektoliter (1 hl) und ein Milliliter (1 ml)

1 hl = 100 l
1 l = 1 000 ml

Dabei gilt:

$1\ \text{dm}^3 = 1\ \text{l}$
$1\ \text{cm}^3 = 1\ \text{ml}$

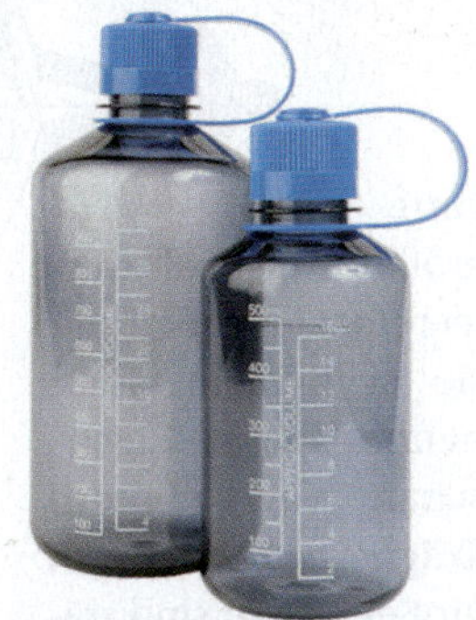

Volumen von Körpern in Natur und Technik	
Tischtennisball	25 cm³
Streichholzschachtel	28 cm³
Mauerziegel	2,2 dm³
Klassenzimmer	250 m³
große Tasse	0,25 l
Limonadenflasche	0,75 l
Wassereimer	10 l
Tank eines Pkw	45 l ... 65 l
Tankwagen	20 000 l

1 Mit Messbechern oder Messzylindern kann man das Volumen von Flüssigkeiten bestimmen.

Das Volumen von Flüssigkeiten sowie von pulverförmigen festen Körpern (Zucker, Salz, Mehl) kann mit Messzylindern oder Messbechern gemessen werden (Abb. 1). Das Volumen von strömenden Flüssigkeiten und Gasen lässt sich mit Wasser- oder Gasuhren bestimmen (Abb. 2).

Wenn ein Körper eine regelmäßige geometrische Form besitzt, z. B. die eines Würfels oder eines Quaders, kann man das Volumen dieses Körpers aus seinen Abmessungen berechnen.

> **Unter der Bedingung, dass ein Körper die Form eines Quaders besitzt, gilt für das Volumen des Körpers:**
>
> $V = a \cdot b \cdot c$ ***a*** **Länge**, ***b*** **Breite**, ***c*** **Höhe**

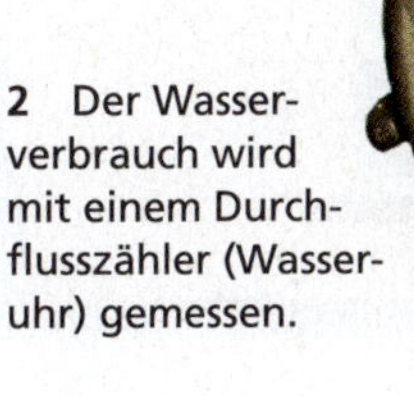

2 Der Wasserverbrauch wird mit einem Durchflusszähler (Wasseruhr) gemessen.

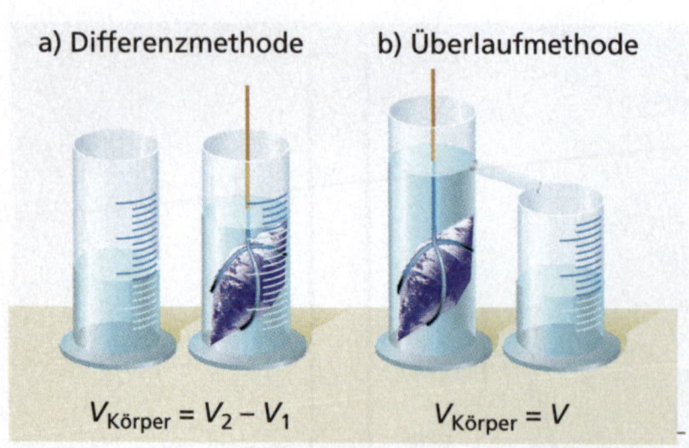

1 Bestimmung des Volumens unregelmäßiger fester Körper

Messzylinder benutzt man auch dann, wenn feste Körper eine so unregelmäßige Form haben, dass man ihr Volumen nicht berechnen kann. Abb. 1 zeigt zwei mögliche Methoden zur Bestimmung des Volumens fester Körper.

Messfehler vermeiden

Um Fehler beim Messen des Volumens zu vermeiden, sollte man Folgendes beachten:

1. Schätze zunächst das Volumen und wähle keinen zu großen oder zu kleinen Messzylinder aus!
2. Blicke beim Ablesen stets in Höhe der Flüssigkeitsoberfläche auf den Messzylinder!
3. Lies nicht an der Randkrümmung, sondern in der Mitte der Flüssigkeitsoberfläche ab!

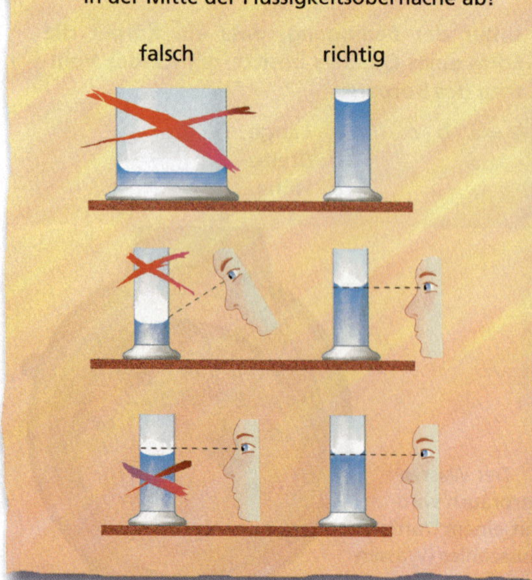

Die Masse von Körpern

Jeder von uns weiß aus Erfahrung: Verschiedene Körper sind unterschiedlich schwer.
Ein Ball ist leicht. Man kann ihn bequem hochheben. Ein gleich großer Stein ist sehr viel schwerer. Die Ursache für die Schwere der Körper sind Anziehungskräfte zwischen den Körpern aufgrund ihrer Masse.
Auf der Erde werden alle Körper von der Erde angezogen, die eine sehr große Masse besitzt. Die einzelnen Körper, z. B. ein Ball oder ein Stein, werden aufgrund ihrer unterschiedlichen Masse unterschiedlich stark von der Erde angezogen. Sie sind unterschiedlich schwer (Abb. 2).
Die Masse beschreibt aber noch eine weitere Eigenschaft von Körpern, wie die Abb. 1, S. 101 zeigt. So ist es leichter, eine leere Schubkarre anzuschieben als eine voll beladene. Beide „widersetzen“ sich einer Änderung ihrer Bewegung. Weil aber die beladene Schubkarre eine größere Masse als die leere hat, „widersetzt“ sie sich mehr. Man nennt diese Eigenschaft von Körpern **Trägheit.** Körper mit großer Masse sind träger als Körper mit kleiner Masse. Deshalb ist z. B. ein Medizinball träger als ein Fußball. Das bemerkt man nicht nur beim Abwerfen, sondern auch beim Auffangen.

2 Verschiedene Körper werden von der Erde unterschiedlich stark angezogen.

Die Eigenschaft eines Körpers, schwer und träge zu sein, wird durch die physikalische Größe Masse beschrieben. Die Masse einiger Körper ist in der Tabelle S. 101 angegeben.

1 Je schwerer ein Körper ist desto träger ist er.

Masse von Körpern in Natur und Technik	
Haar	ca. 0,1 mg
1 Liter Luft	1,3 g
Tischtennisball	2 g
1 Cent (Euro)	2,3 g
1 Tafel Schokolade	100 g
1 Liter Wasser	1 kg
1 Liter Milch	1 kg
Gehirn eines Menschen	ca. 1,4 kg
Mauerziegel	3,5 kg
Mensch	ca. 70 kg
Pkw	ca. 1 t
Elefant	ca. 3 t
Lkw	bis 40 t
Lokomotive	ca. 100 t
Blauwal	bis 150 t
Jumbo-Jet (voll beladen)	ca. 320 t
Intercity Express (ICE)	ca. 500 t
Rakete beim Start	ca. 2 000 t

Die Masse gibt an, wie schwer und wie träge ein Körper ist.

Formelzeichen: *m*
Einheiten: **1 Kilogramm (1 kg)**
1 Gramm (1 g)

Gebräuchlich sind auch die Einheiten 1 Milligramm (1 mg) und 1 Tonne (1 t).

Es gilt:
1 t = 1 000 kg
1 kg = 1 000 g
1 g = 1 000 mg

Im Alltag werden auch die Einheiten ein Pfund (500 g) und ein Zentner (50 kg) verwendet.

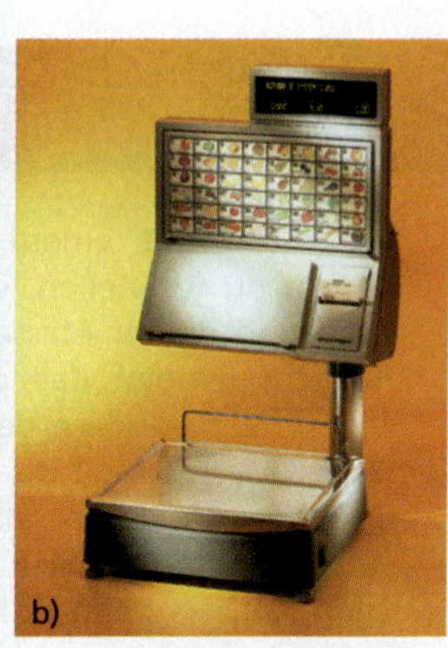

2 Einschalenwaage (a) und elektronische Waage (b)

Die Masse als Eigenschaft eines Körpers ist unabhängig davon, wo sich dieser Körper gerade befindet. Es gilt:

Die Masse eines Körpers ist überall gleich groß.

Die Masse eines Körpers kann mit einer **Waage** gemessen werden.

Bei einer Balkenwaage (Abb. 3) oder einer Einschalenwaage (Abb. 2a) wird die unbekannte Masse eines Körpers mit der bekannten Masse von Wägestücken verglichen. Wenn sich die Waage im Gleichgewicht befindet, braucht man nur noch die Massen der einzelnen Wägestücke zu addieren oder man kann die Masse direkt ablesen. Elektronische Waagen in Supermärkten zeigen nicht nur die Masse an, sondern drucken sie auch zusammen mit dem Preis aus (Abb. 2b).

3 Eine Balkenwaage ist im Gleichgewicht, wenn die Massen auf beiden Seiten gleich groß sind.

Mosaik

Trägheit im Straßenverkehr

Wenn du mit einem Bus fährst, kannst du feststellen, wie träge du aufgrund deiner Masse bist. Damit ist nicht gemeint, dass du dich müde in einen Sitz fallen lässt, sondern dass jeder Körper aufgrund seiner Masse träge ist, ob er will oder nicht. Die Trägheit ist eine grundlegende Eigenschaft jedes Körpers. Wie zeigt sich die Trägheit des menschlichen Körpers beim Anfahren und beim Bremsen in einem Bus?

1 Bremsen eines Busses

2 Anfahren eines Busses

Besonders deutlich merkt man die Trägheit seines Körpers, wenn man im Bus steht, sich leichtsinnigerweise nicht festhält und der Bus schnell anfährt ober stark abbremst.

Vor dem Anfahren befindet sich der Fahrgast zunächst in Ruhe. Der Bus setzt sich in Bewegung. Der Mensch setzt dieser Bewegungsänderung aufgrund seiner Masse einen Widerstand entgegen. Er ist träge. Die Füße sind mit dem Boden verbunden und bewegen sich mit dem Bus nach vorn. Der Oberkörper des Fahrgastes versucht aufgrund seiner Trägheit in Ruhe zu verharren. Deshalb kippt der Mensch beim Anfahren nach hinten (Abb. 2).

Während der Fahrt macht sich die Trägheit des menschlichen Körpers kaum bemerkbar, es sei denn, der Bus fährt um eine Kurve. Dann ist eine deutliche Kraft nach außen zu spüren.

Vor dem Bremsen befindet sich der Fahrgast mit dem Bus in Bewegung. Diesen Bewegungszustand versucht er aufgrund seiner Trägheit auch beim Bremsen beizubehalten. Seine Füße werden mit dem Bus abgebremst. Der Oberkörper bewegt sich jedoch aufgrund der Trägheit weiter nach vorn. Dadurch kippt der Mensch beim Bremsen nach vorn (Abb. 1).

Besonders bemerkbar macht sich die Trägheit von Körpern bei schnellen Geschwindigkeitsänderungen, also beim scharfen Bremsen oder gar bei Auffahrunfällen.

Um schwere Verletzungen möglichst zu vermeiden, ist es deshalb bei Kraftfahrzeugen vorgeschrieben, auf allen Sitzen Sicherheitsgurte anzulegen. Durch die Sicherheitsgurte werden die Körper beim plötzlichen Abbremsen des Fahrzeugs festgehalten. Zusätzlichen Schutz bietet ein Airbag (Abb. 3). Er verhindert, dass eine Person beispielsweise auf das Lenkrad aufschlägt.

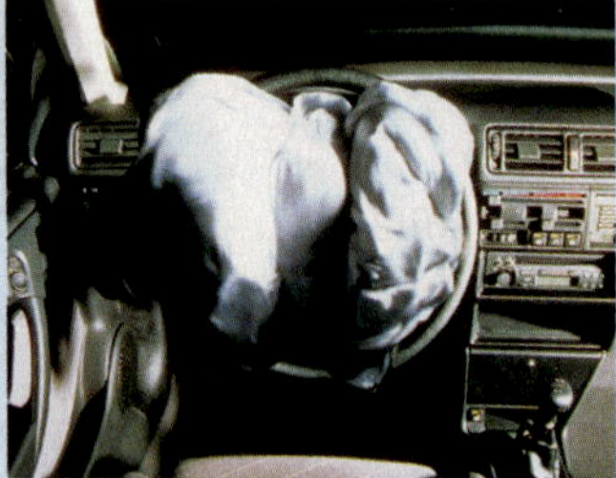

3 Das Füllen eines Airbags mit Gas dauert etwa 50 ms. Unfallfolgen werden durch ihn gemindert.

Zusammenhang zwischen Masse und Volumen – die Dichte von Stoffen

Verändert man das Volumen eines festen Körpers oder einer Flüssigkeit, so verändert sich auch die Masse des Körpers (Abb. 1). Bei einem bestimmten Stoff hat jeder Kubikzentimeter dieses Stoffes dieselbe Masse. Zwischen der Masse und dem Volumen von Körpern aus ein und demselben Stoff besteht direkte Proportionalität.

Für alle Körper aus ein und demselben Stoff gilt:

$$m \sim V$$

Direkte Proportionalität bedeutet auch, dass der Quotient aus Masse m und Volumen V für einen bestimmten Stoff einen festen Wert hat, unabhängig davon, wie groß das Volumen bzw. die Masse ist. Der Quotient ist deshalb dafür geeignet, den Stoff zu kennzeichnen, aus dem ein Körper besteht. Bei Körpern aus verschiedenen Stoffen kann die Masse bei gleichem Volumen unterschiedlich sein (Abb. 2). Bei unterschiedlichem Volumen von Körpern kann aber die Masse gleich sein (Abb. 3).

Welche Masse ein Körper mit bestimmtem Volumen hat, ist abhängig von dem Stoff, aus dem er besteht. Die Eigenschaft eines Stoffes, bei einem bestimmten Volumen eine bestimmte Masse zu haben, wird durch die physikalische Größe **Dichte** beschrieben. Bei Körpern gleichen Volumens hat derjenige die größere Masse, der aus dem Stoff mit der größeren Dichte besteht (Abb. 2). Bei Körpern gleicher Masse hat derjenige das kleinere Volumen, der aus dem Stoff mit der größeren Dichte besteht (Abb. 3). Im Alltag werden Stoffe mit großer Dichte, wie Kupfer oder Blei, als „schwere“ Stoffe bezeichnet. „Leichte“ Stoffe sind z. B. Styropor oder Kork. Sie haben eine relativ kleine Dichte.

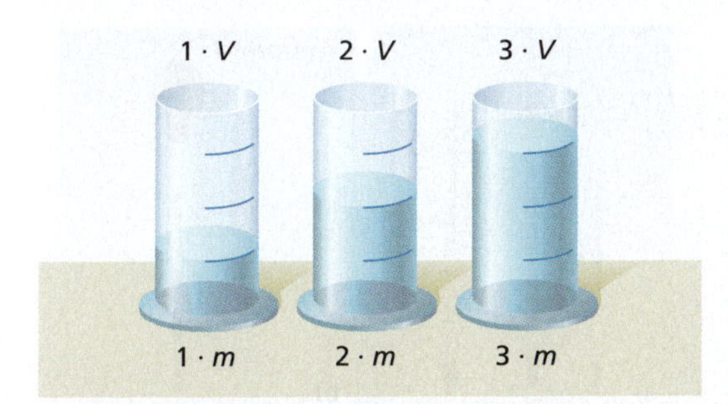

1 Verdoppelt man das Volumen des Wassers, so verdoppelt sich auch seine Masse. Verdreifacht man das Volumen, so verdreifacht sich seine Masse.

2 Die dargestellten Wasser- und Benzinmengen haben dasselbe Volumen, jedoch ist die Masse des Wassers größer als die des Benzins.

Die Dichte gibt an, welche Masse jeder Kubikzentimeter (cm³) Volumen eines Stoffes hat.

Formelzeichen: ρ **(griechischer Buchstabe, sprich: rho)**

Einheit: **1 Gramm je Kubikzentimeter** $\left(1\,\frac{\text{g}}{\text{cm}^3}\right)$

1 Kilogramm je Kubikmeter $\left(1\,\frac{\text{kg}}{\text{m}^3}\right)$

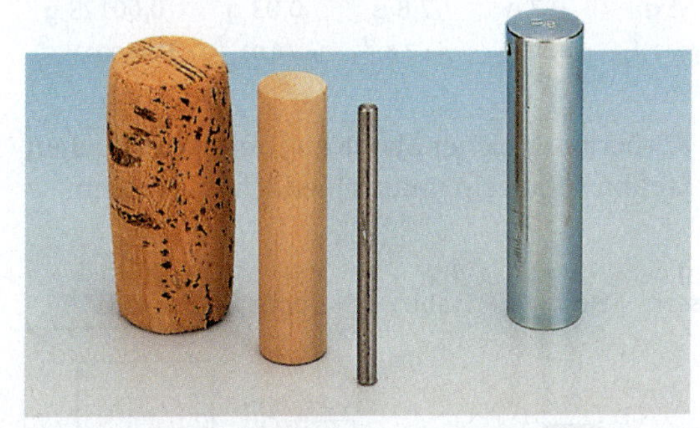

3 Die abgebildeten Körper aus verschiedenen Stoffen haben dieselbe Masse. Ihr Volumen ist jedoch sehr unterschiedlich.

Für die Einheiten der Dichte gilt:

$$1\,\frac{\text{g}}{\text{cm}^3} = 1\,000\,\frac{\text{kg}}{\text{m}^3} \qquad 1\,\frac{\text{kg}}{\text{m}^3} = 0{,}001\,\frac{\text{g}}{\text{cm}^3}$$

Die Dichte von Gasen wird manchmal auch in der Einheit Gramm je Liter angegeben. Es gilt:

$$1\,\frac{\text{g}}{\text{l}} = 1\,\frac{\text{kg}}{\text{m}^3} = 0{,}001\,\frac{\text{g}}{\text{cm}^3}$$

Kennt man die Masse und das Volumen eines Körpers, so kann man die Dichte des Stoffes ermitteln, aus dem der Körper besteht.

Die Dichte kann berechnet werden mit der Gleichung:

$\rho = \frac{m}{V}$ **m Masse des Körpers**
V Volumen des Körpers

Die Dichte von Stoffen kann man folgerdermaßen veranschaulichen:
Man überlegt, was z. B. der Wert ρ = 2,7 g/cm³ (Dichte von Aluminium) bedeutet.
Er bedeutet, dass ein Würfel von 1 cm Kantenlänge (V = 1 cm³) eine Masse von 2,7 g hat. Bei anderen Stoffen ist die Masse bei dem gleichen Volumen von 1 cm³ eine andere.
Körper mit gleichem Volumen aus verschiedenen Stoffen haben eine unterschiedliche Masse.

1 cm³ Wasser	1 cm³ Holz	1 cm³ Stahl	1 cm³ Styropor	1 cm³ Luft
1 g	0,7 g	7,8 g	0,03 g	0,00129 g
$\rho = 1\,\frac{\text{g}}{\text{cm}^3}$	$\rho = 0{,}7\,\frac{\text{g}}{\text{cm}^3}$	$\rho = 7{,}8\,\frac{\text{g}}{\text{cm}^3}$	$\rho = 0{,}03\,\frac{\text{g}}{\text{cm}^3}$	$\rho = 0{,}00129\,\frac{\text{g}}{\text{cm}^3}$

Körper mit gleicher Masse aus unterschiedlichen Stoffen haben ein unterschiedliches Volumen.

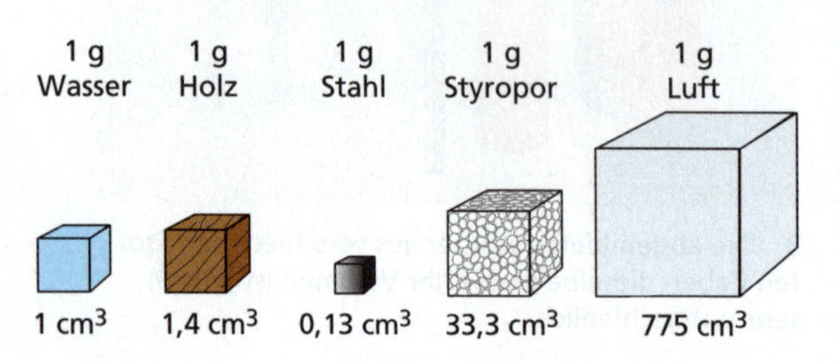

Mosaik

Das Aräometer – ein Dichtemesser

Die Dichte von Flüssigkeiten kann man direkt mit einem **Aräometer** messen. Es wird auch als **Senkwaage** bezeichnet. Abb. 1 zeigt verschiedene Bauformen. Das Prinzip der Messung beruht darauf, dass ein fester Körper bekannter Masse in einer Flüssigkeit schwimmt. Wie tief er dabei eintaucht, ist ein Maß für die Dichte der Flüssigkeit.

Im einfachsten Fall besteht ein Aräometer aus einem beidseitig verschlossenen Glasrohr, in das zuvor etwas Bleischrot gefüllt wurde (Abb. 1a). Dadurch wird erreicht, dass es gut in der Flüssigkeit „steht". An einer Skala kann man die Dichte der Flüssigkeit ablesen. Sinkt das Glasrohr tief in die Flüssigkeit ein, so hat sie eine kleine Dichte. Geringere Eintauchtiefe in einer anderen Flüssigkeit bedeutet größere Dichte.
Für genaue Messungen werden Aräometer mit verschiedenen Messbereichen verwendet.
Bei ätzenden Flüssigkeiten, z. B. Säuren, verwendet man eine etwas andere Bauform (Abb. 1b). Die zu untersuchende Flüssigkeit wird zunächst mit einem Gummiball angesaugt. In dieser Flüssigkeit schwimmt dann das Aräometer. Seine Eintauchtiefe ist auch hier ein Maß für die Dichte der Flüssigkeit. Solche Aräometer werden z. B. zur Prüfung der Flüssigkeit in Autobatterien verwendet.

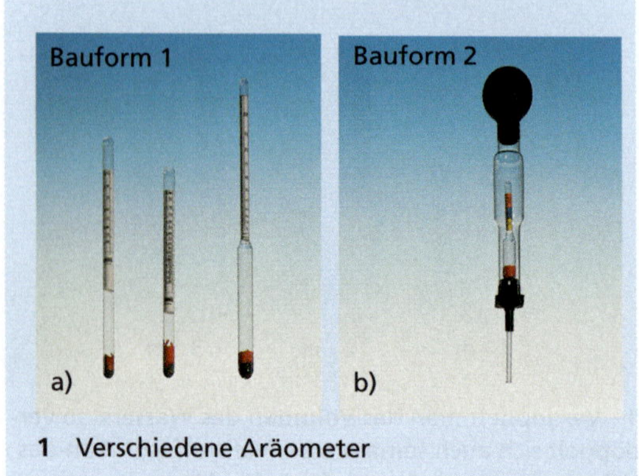

1 Verschiedene Aräometer

Physik in Natur und Technik

Es ist nicht alles Gold, was glänzt

König HIERON VON SYRAKUS auf Sizilien lebte von 306 v. Chr. bis 215 v. Chr. Die Sage berichtet, dass er sich von einem Goldschmied eine neue Krone anfertigen ließ, die aus reinem Gold sein sollte. Die neue Krone war wunderschön, aber war sie tatsächlich aus reinem Gold? Da König HIERON Zweifel daran hatte, beauftragte er den berühmten Gelehrten ARCHIMEDES, dies herauszufinden, ohne die Krone zu beschädigen. ARCHIMEDES ermittelte, dass die Krone eine Masse von 9 kg und ein Volumen von 500 cm^3 hatte.

Kann die Krone aus reinem Gold bestanden haben?

Analyse:
Wenn die Krone aus reinem Gold bestanden haben soll, so muss ihre Dichte genau so groß sein wie die von Gold. Die Dichte kann man aus Masse und Volumen berechnen.

Gesucht: ρ_{Krone}

Gegeben: $m = 9\text{ kg} = 9000\text{ g}$
$V = 500\text{ cm}^3$
$\rho_{Gold} = 19{,}3\ \frac{\text{g}}{\text{cm}^3}$

Lösung: $\rho_{Krone} = \frac{m}{V}$

$\rho_{Krone} = \frac{9\,000\text{ g}}{500\text{ cm}^3}$

$\rho_{Krone} = 18\ \frac{\text{g}}{\text{cm}^3}$

Ergebnis:
Die Dichte des Materials der Krone ist kleiner als die von Gold. Die Krone kann deshalb nicht vollständig aus Gold bestanden haben. Der Goldschmied war ein Betrüger. Der Legende nach hat ARCHIMEDES noch eine andere Lösung des Problemes gefunden. Erkunde!

Aus dem Alltag eines Bauleiters

Eine Baufirma benötigt für eine Deckenkonstruktion 25 Stahlträger, die aus einem 170 km entfernten Betrieb zu holen sind. Der Bauleiter kennt die Abmessungen und damit das Volumen eines Trägers. Es sind 0,03 m^3. Außerdem weiß er, dass der firmeneigene Lkw höchstens mit einer Masse von 5,0 t beladen werden darf.

Wie oft muss der Lkw fahren, um die 25 Stahlträger zu transportieren?
Gibt es eine günstigere Variante für den Transport?

Analyse:
Aus dem Vergleich der Masse aller Stahlträger und der Masse von 5,0 t (höchste Belastung des Lkw) ergibt sich, wie oft der Lkw fahren muss. Dazu ist zunächst die Masse eines einzelnen Stahlträgers zu ermitteln. Daraus ergibt sich dann die Gesamtmasse der 25 Stahlträger.

Gesucht: m_{Stahl} aller Träger

Gegeben: $V_{Stahl} = 0{,}03\text{ m}^3$
$m_{max} = 5\text{ t} = 5\,000\text{ kg}$

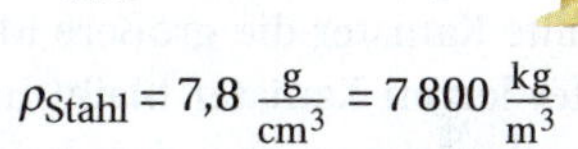

$\rho_{Stahl} = 7{,}8\ \frac{\text{g}}{\text{cm}^3} = 7\,800\ \frac{\text{kg}}{\text{m}^3}$

Lösung:
Die Masse von 0,03 m^3 Stahl ergibt sich aus der Dichte von Stahl. $\rho_{stahl} = 7\,800\text{ kg/m}^3$ bedeutet:
1 m^3 Stahl hat eine Masse von 7 800 kg.
Damit haben 0,03 m^3 eine Masse von

$m = 7\,800 \cdot 0{,}03\text{ kg}$
$m = 234\text{ kg}$

25 Stahlträger haben dann eine Masse von

$m_{Stahl} = 234 \cdot 25\text{ kg}$
$m_{Stahl} = 5\,850\text{ kg}$

Ergebnis:
Der Lkw muss zweimal fahren, weil die Masse von 25 Stahlträgern mit 5 850 kg = 5,85 t größer als seine zulässige Beladung ist. Damit müsste der Lkw einmal voll beladen und einmal fast leer fahren. Effektiver wäre es, einen Lkw mit größerer Tragfähigkeit zu schicken, der die Stahlträger mit einer Fahrt transportieren kann.

Auch Flüssigkeiten mit gleichem Volumen sind unterschiedlich schwer

Der Vater bittet Petra und Klaus darum, je einen 5 l-Kanister Wasser und Benzin von der Tankstelle zu holen. Petra möchte aber den leichteren Kanister tragen. Sie überlegt kurz und sagt dann: „Ich hole das Benzin!"

Warum will Petra den Kanister mit Benzin tragen? Wie schwer ist der 5-l-Kanister mit Benzin und wie schwer ist der Kanister mit dem Wasser?

Analyse:
Ein Körper ist umso schwerer, je größer seine Masse ist. Es muss also festgestellt werden, welcher gefüllte Kanister die größere Masse hat. Die Masse der leeren Kanister bleibt unberücksichtigt. Wir gehen davon aus, dass beide leeren Kanister gleich schwer sind.

Gesucht: m_{Wasser}
m_{Benzin}

Gegeben: $V_{\text{Wasser}} = 5\,\text{l} = 5\,000\,\text{cm}^3$
$V_{\text{Benzin}} = 5\,\text{l} = 5\,000\,\text{cm}^3$
$\rho_{\text{Wasser}} = 1{,}0\,\frac{\text{g}}{\text{cm}^3}$
$\rho_{\text{Benzin}} = 0{,}70\,\frac{\text{g}}{\text{cm}^3}$

Lösung:
Bei gleichem Volumen (V = konstant) gilt:
$\rho \sim m$
Da die Dichte von Benzin kleiner ist als die von Wasser, folgt daraus, dass auch die Masse von Benzin kleiner ist als die von Wasser. Um die Masse von 5 l Wasser zu berechnen, kann man von der Dichte des Wassers ausgehen.
$\rho_{\text{Wasser}} = 1{,}0\,\text{g/cm}^3$ bedeutet:

1 cm^3 Wasser hat eine Masse von 1 g. Also haben 5 l Wasser, das sind 5 000 cm^3, eine Masse von

$$m = 5\,000 \cdot 1\,\text{g}$$
$$\underline{m = 5\,\text{kg}}$$

Für Benzin mit $\rho_{\text{Benzin}} = 0{,}70\,\text{g/cm}^3$ ergibt sich:

$$m = 5\,000 \cdot 0{,}70\,\text{g}$$
$$\underline{m = 3{,}5\,\text{kg}}$$

Ergebnis:
Petra wählt deshalb den Benzinkanister, weil 5 l Benzin leichter sind als 5 l Wasser.
5 l Benzin haben eine Masse von 3,5 kg, 5 l Wasser dagegen eine Masse von 5 kg.

Die Dichte der meisten flüssigen Stoffe ist wesentlich größer als die von Gasen, aber kleiner als die von vielen festen Stoffen. So hat z. B. Wasser eine Dichte von 1 g/cm^3, Luft bei normalem Druck aber nur eine Dichte von 0,00129 g/cm^3, Eisen dagegen eine Dichte von 7,86 g/cm^3. Eine Ausnahme bei den Flüssigkeiten ist Quecksilber mit 13,53 g/cm^3. Das bedeutet: Ein Liter Quecksilber ist über 13-mal so schwer wie ein Liter Wasser. Noch größere Dichten haben Gold mit 19,3 g/cm^3, Platin mit 21,5 g/cm^3 und Osmium mit 22,5 g/cm^3.

Lösen von Aufgaben durch inhaltlich-logisches Schließen

Um physikalisch-mathematische Aufgaben durch inhaltlich-logisches Schließen zu lösen, solltest du dir folgende Fragen überlegen:

1. Wie kann man den Wert einer physikalischen Größe interpretieren?
2. Was für ein Zusammenhang besteht zwischen jeweils zwei Größen im Sachverhalt der Aufgabe?
3. Was folgt aus der Art des Zusammenhangs für die eine Größe, wenn von der anderen Größe Vielfache oder Teile gebildet werden?
4. Auf das Wievielfache bzw. den wievielten Teil ändert sich der Wert einer Größe?
5. Was folgt daraus für die andere Größe?

gewusst · gekonnt

1. Welcher der beiden auf dem jeweiligen Foto abgebildeten Körper hat eine größere Masse? Begründe!

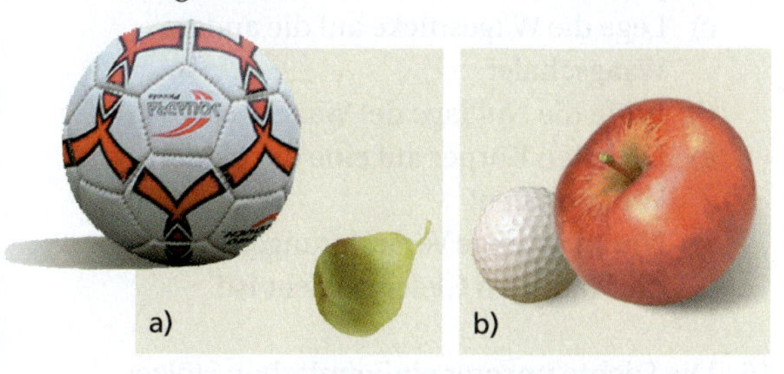

2. Führe folgenden Versuch durch: Auf ein Glas wird ein Blatt Papier gelegt und auf dieses Papier eine Münze. Halte das Glas gut fest, und ziehe das Papier langsam bzw. sehr schnell weg! Beschreibe und erkläre das Ergebnis deines Versuchs!

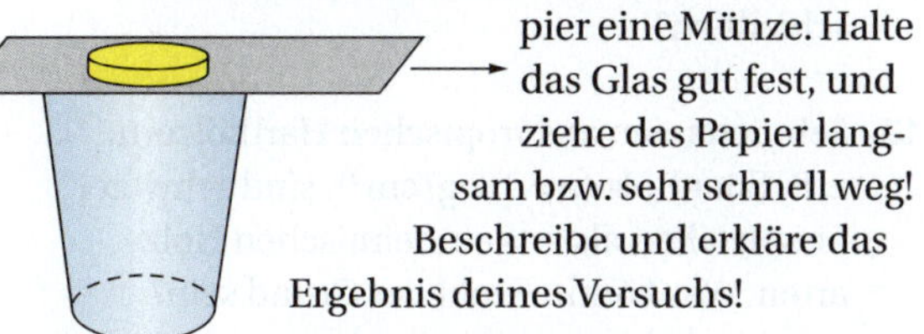

3. 50-Cent-Stücke sind übereinander gestapelt. Das unterste 50-Cent-Stück soll entfernt werden, ohne dass man den Stapel umkippt oder anhebt.

Überlege dir eine Möglichkeit! Probiere sie aus! Begründe dein Vorgehen!

4. a) Erkläre, warum in einem Pkw der Sanitätskasten, Regenschirme, ein Fotoapparat oder andere Gegenstände nicht ungesichert auf die hintere Ablage gelegt werden sollten!

b) Suche und erläutere weitere Beispiele aus dem Alltag, wo die Trägheit von Körpern genutzt wird oder beachtet werden muss!

5. Auf Verpackungen findest du folgende Angaben:

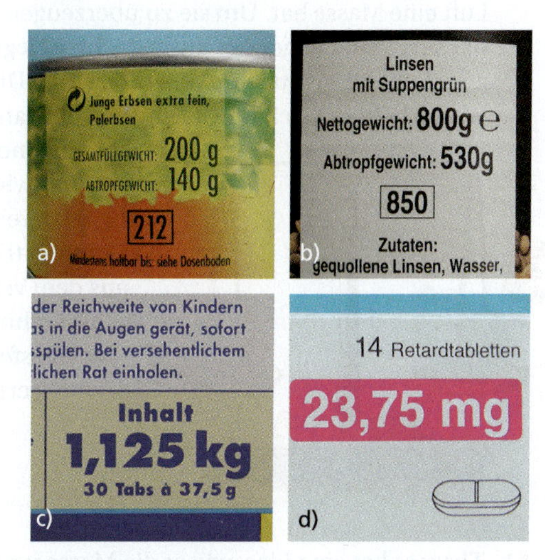

a) Gib die Masse jeweils in g, kg und mg an!
b) Ordne die Körper nach ihrer Masse!

6. Rechne die folgenden Massen in die angegebenen Einheiten um:
a) 250 kg in g und t,
b) 28 g in kg und mg,
c) 780 mg in g!
d) 0,05 t in kg und g!

7. Im Alltag hört man häufig Sätze wie diese:
a) Er kann einen Sack tragen, der 1 Zentner schwer ist.
b) Die Tüte Mehl hat ein Gewicht von 1 Kilogramm.
c) Ich hätte gern 1 Pfund Äpfel.
d) Ihr Koffer hat leider mehr als 20 kg Gewicht.

Formuliere diese Aussagen in der Sprache der Physik!

8. Sven behauptet: „Zucker wiegt mehr als Mehl." Hat er Recht? Prüfe das in einem Versuch!

9. Ordne folgende Körper nach der Dichte der Stoffe, aus denen sie bestehen: Kupfermünze, Aluminiumtopf, Holzlöffel, Heft, Bleiklotz, Benzin im Tank!

10. Katrin kann sich nicht vorstellen, dass auch Luft eine Masse hat. Um sie zu überzeugen, hat sich Frank folgendes ausgedacht: Er legt zwei Luftballons auf eine Waage (s. Abb.). Die Waage befindet sich im Gleichgewicht. Dann sticht er in einen hinein. Was wird wohl passieren? Was kann Katrin aus dem Versuchsergebnis schlussfolgern?

11. Thomas hat eine Idee, wie er die Masse von Luft ermitteln kann. Er braucht nur einen Fußball und eine Waage. Wie geht er wohl vor?

12. Warum verwendet man im Flugzeugbau vorwiegend Aluminium?

13. Welcher der beiden Körper im Bild ist aus Stahl, welcher aus Holz? Begründe!

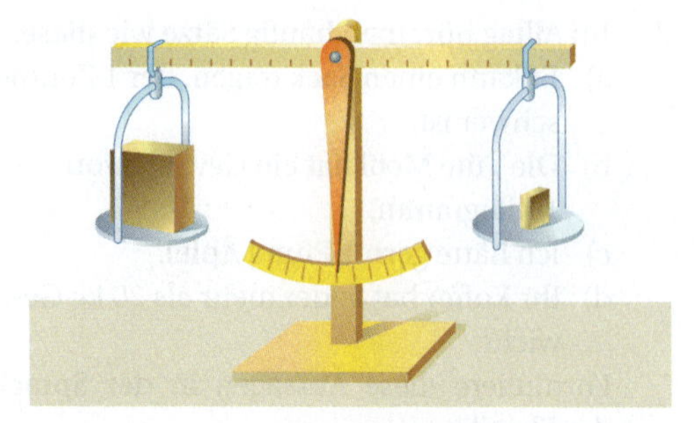

14. Ein Körper aus Holz und ein Körper aus Stahl haben das gleiche Volumen.
Welcher der beiden Körper hat die kleinere Masse? Begründe!

15. Eine Vorschrift zum Benutzen einer Balkenwaage ist durcheinander geraten. Bringe die Reihenfolge der Sätze in Ordnung!

a) Addiere die Massen der Wägestücke!
b) Schätze die Masse des zu wägenden Körpers!
c) Lege die Wägestücke auf die andere Waagschale!
d) Prüfe die Nulllage der Waage!
e) Lege den Körper auf eine der beiden Waagschalen!
f) Nimm solange Veränderungen vor, bis die Waage im Gleichgewicht ist!

16. Die Dichte unserer einheimischen Hölzer schwankt zwischen Werten von 0,5 g/cm^3 bis 0,9 g/cm^3. Warum sind die Werte so unterschiedlich?

17. Schnitzereien aus tropischen Harthölzern, z. B. Ebenholz ($\rho = 1{,}2\ g/cm^3$), sind schwerer herzustellen als aus einheimischen Holzarten. Was könnte wohl der Grund sein?

18. In drei gleiche Messzylinder werden je 100 g Wasser, Benzin und Spiritus gefüllt. Warum haben die Flüssigkeitsspiegel eine unterschiedliche Höhe? In welchem Messzylinder steht die Flüssigkeit am höchsten, in welchem am niedrigsten? Begründe!

19. Vergleiche die Masse von 1 dm^3 Blei und 1 dm^3 Wasser!

20. 1 ml Wasser hat eine Masse von 1 g. Wie groß ist dann die Masse von Wasser in einer gefüllten 2-l-Flasche?

21. Wie groß ist die Masse der Flüssigkeit im jeweiligen Messzylinder?

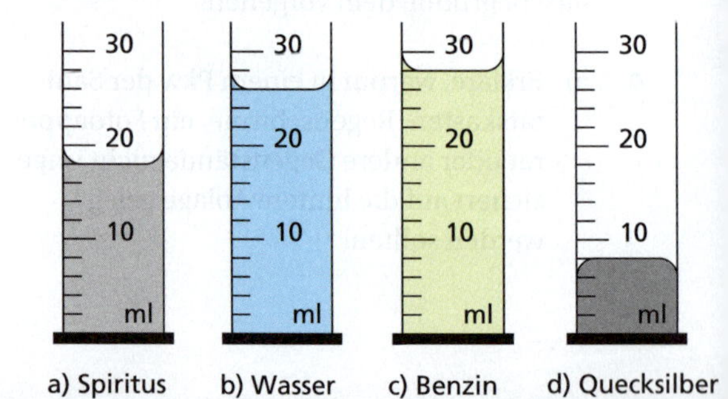

22. Luft ist eigentlich leicht: Ein Kubikmeter hat nur eine Masse von etwa 1,3 kg.
Ermittle die Masse der Luft in einem Klassenraum von 10 m Länge, 7 m Breite und 3,7 m Höhe!

23. Mithilfe eines Messbechers und einer Waage soll die Dichte einer Flüssigkeit bestimmt werden.

a) Beschreibe, wie du dabei vorgehen würdest!

b) Bestimme die Dichte von Salzwasser und von Essig!

24. Kartoffeln enthalten neben Stärke viel Wasser. Deshalb müsste ihre Dichte mit der von Wasser vergleichbar sein. Stimmt das?
Führe einen Versuch durch, um die Dichte einer Kartoffel zu bestimmen!

25. Ein Ziegelstein hat folgende Maße: $a = 25$ cm, $b = 11$ cm, $c = 8$ cm. Er ist 3,5 kg schwer. Wie groß ist die Dichte des Materials, aus dem dieser Ziegelstein besteht?

26. Welche Masse haben Körper aus Eisen, Blei, Wasser, Quecksilber und Aluminium, deren Volumen jeweils 1 dm^3 beträgt?

27. Welches Volumen haben Körper aus Eisen, Blei, Wasser, Quecksilber und Aluminium, deren Masse jeweils 1 kg beträgt?

28. Christine hat einen neuen Armreifen bekommen. Er glänzt wie Silber, könnte aber auch aus einem anderen Stoff bestehen. Wie kann Christine herausfinden, ob der Reifen wirklich aus Silber ist?

29. Im Märchen bekommt Hans im Glück einen Goldklumpen so groß wie sein Kopf geschenkt. Angenommen, der Klumpen hätte ein Volumen von 4 000 cm^3. Könnte Hans diesen Goldklumpen überhaupt forttragen?

30. Sabrina verblüfft ihren Bruder. Sie zeigt ihm zwei Kugeln aus Knetmasse, von der die eine ein deutlich größeres Volumen hat. Als sie aber beide nacheinander auf eine Briefwaage legt, stellt sich heraus, dass beide die gleiche Masse haben.
Was könnte Sabrina mit den Kugeln gemacht haben?

31. Wie ändert sich der Wasserstand in einem Becher, wenn Claudia nacheinander zwei Kugeln aus Knetmasse mit unterschiedlichen Durchmessern eintaucht? Begründe!

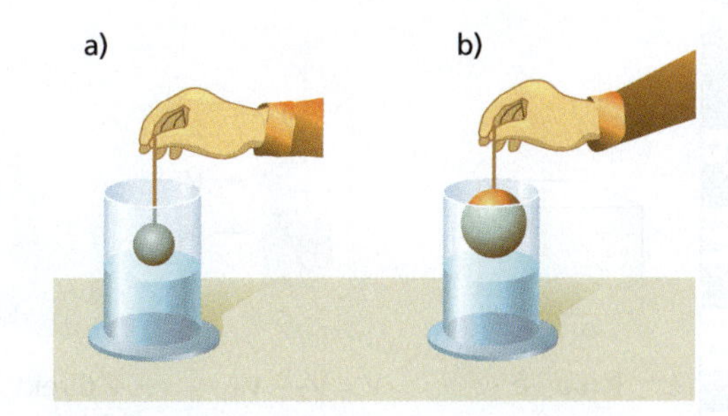

32. Aus der Erfahrung weißt du, dass Holz und Öl auf Wasser schwimmen, eine Stahlschraube aber untergeht. Vergleiche die Dichten der vier Stoffe! Was kannst du daraus schlussfolgern?

33. Bereite einen Kurzvortrag zu dem Thema „Die Dichte der Stoffe“ vor! Erarbeite dir zunächst eine Gliederung! Benutze für deine Vorbereitung das Lehrbuch und die Adresse **www.schuelerlexikon.de** im Internet!

34. Ein Reagenzglas kann man als Dichtemesser nutzen. Fülle dazu Sand in ein Reagenzglas, sodass es in Wasser zu 2/3 eintaucht! Markiere die Eintauchtiefe!
Untersuche, wie tief es in andere Flüssigkeiten eintaucht! Formuliere einen Zusammenhang zwischen Eintauchtiefe und Dichte!

Wasser
Sand
Eintauchtiefe

Volumen, Masse und Dichte

Jeder Körper nimmt ein bestimmtes **Volumen** ein und hat eine bestimmte **Masse.**

Das Volumen V
eines Körpers gibt an, welchen Raum er einnimmt.
Es wird meist in Kubikzentimeter (cm^3) oder in Liter (l) gemessen.

Die Masse m
eines Körpers gibt an, wie schwer und träge er ist.
Sie wird meist in Gramm (g) oder Kilogramm (kg) gemessen.

Das **Volumen** kann durch Berechnung oder Messung mit einem **Messzylinder** bestimmt werden.

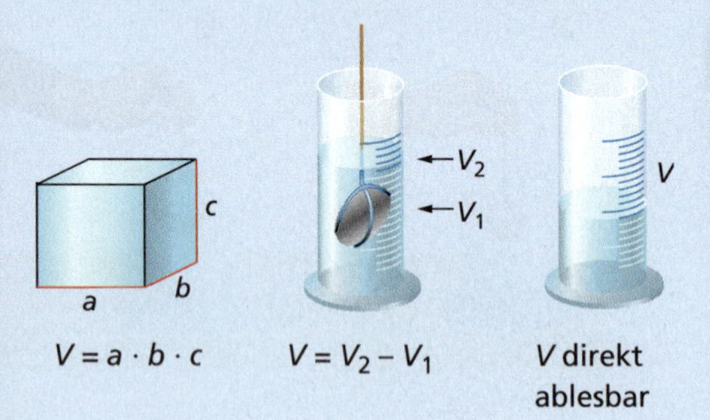

Die **Masse** kann durch Wägung mit einer **Waage** bestimmt werden.

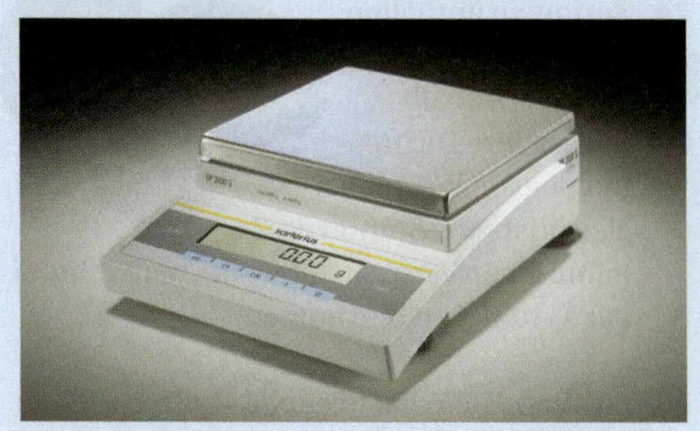

Jeder Körper besteht aus einem oder mehreren Stoffen. Jeder Stoff hat eine bestimmte **Dichte**.

Die Dichte ρ gibt an, welche Masse jeder Kubikzentimeter Volumen eines Stoffes hat.

Die Dichte kann aus der Masse m und dem Volumen V berechnet werden mit der Gleichung:

$$\rho = \frac{m}{V}$$

Für ein und denselben Stoff gilt: $m \sim V$

Die Dichte von Flüssigkeiten kann mit einem **Aräometer** direkt gemessen werden.
Sie kann wie bei anderen Stoffen auch indirekt durch Messen der Masse und des Volumens bestimmt werden.

Die Einheiten der Dichte sind:

$$1\,\frac{g}{cm^3} = 1\,\frac{kg}{dm^3} = 1\,000\,\frac{kg}{m^3}$$

$$1\,\frac{g}{l} = 1\,\frac{kg}{m^3}$$

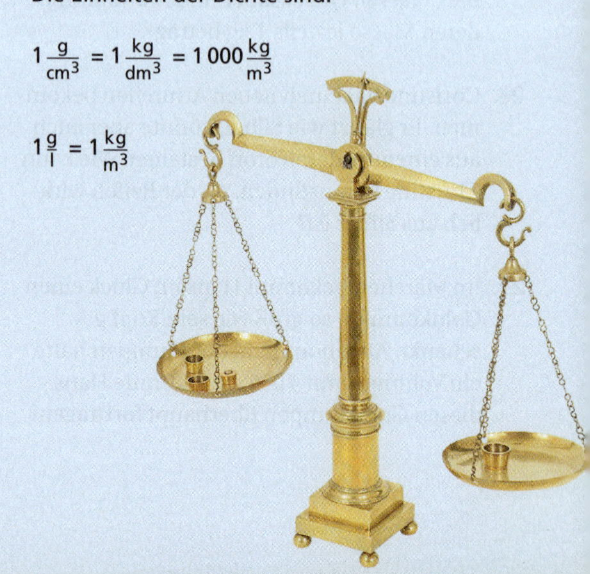

3.2 Kräfte und ihre Wirkungen

Große Sprünge leicht gemacht

Als erste Menschen betraten 1969 die Astronauten NEIL ARMSTRONG und EDWIN ALDRIN den Mond. Sie konnten dort mit ihren schweren Ausrüstungen (84 kg) große Sprünge ausführen. Auf der Erde wäre das nicht möglich gewesen.
Wie ist diese ungewöhnliche sportliche Leistung auf dem Mond zu erklären?

Ein gekonnter Aufschlag

Um beim Tennis einen harten Aufschlag zu haben, besser noch um ein Ass zu landen, muss der Spieler kräftig und geschickt gegen den Ball schlagen. Dadurch wird dieser beschleunigt, erhält seine Richtung und einen Drall. Sowohl der Ball als auch der Schläger werden verformt.
Um welche Kräfte geht es? Was bewirken sie?

Immer hart am Wind

Damit ein Surfbrett so richtig „in Fahrt kommt“, versucht der Surfer, es möglichst wirkungsvoll in den Wind zu stellen. Dabei beachtet er nicht nur die Stärke und Richtung des Windes, sondern auch Strömungen und Wellen.
Welche Kräfte hemmen die Bewegung eines Surfbretts, welche treiben es an?

Wirkungen von Kräften auf Körper

Im Alltag sagen wir über Vorgänge, bei denen Körper bewegt oder verformt werden, dass Kräfte wirken. **Naturkräfte,** die bei Erdbeben wirken, können Ortschaften zerstören. Mit **Muskelkräften** heben wir eine Tasche oder bewegen einen Ball. Die **Schubkraft** von Triebwerken setzt ein Flugzeug auf einer Startbahn in Bewegung.

Bei diesen und anderen Vorgängen wirken Körper aufeinander ein, wobei sich ihre Bewegung oder ihre Form oder beides ändert (Abb. 1–4). So wird z. B. beim Abschuss eines Fußballs nicht nur die Bewegung des Balls geändert, sondern kurzzeitig auch seine Form. Beim Aufprall eines Autos auf einen Baum wird es sowohl abgebremst als auch verformt.

Die Einwirkungen der Körper aufeinander sind wechselseitig. Man sagt auch: Die Kraft ist eine **Wechselwirkungsgröße:** Körper A übt eine Kraft auf Körper B aus; Körper B wirkt auf Körper A mit der gleichen Kraft.

Für das Beispiel mit dem Auto bedeutet das: Bei einem Unfall wirkt auch das Auto auf den Baum ein und verformt ihn.

Körper können Kräfte aufeinander ausüben. Die Kräfte sind an ihren Wirkungen erkennbar: Sie bewirken eine Änderung der Bewegung oder der Form von Körpern oder beides.

Körper können mehr oder weniger stark aufeinander einwirken und dadurch kleine oder große Wirkungen hinterlassen.

Wie stark verschiedene Körper aufeinander einwirken, wird durch die physikalische Größe **Kraft** beschrieben.

Die Kraft gibt an, wie stark zwei Körper aufeinander einwirken.

Formelzeichen: *F*
Einheit: 1 Newton (1 N)

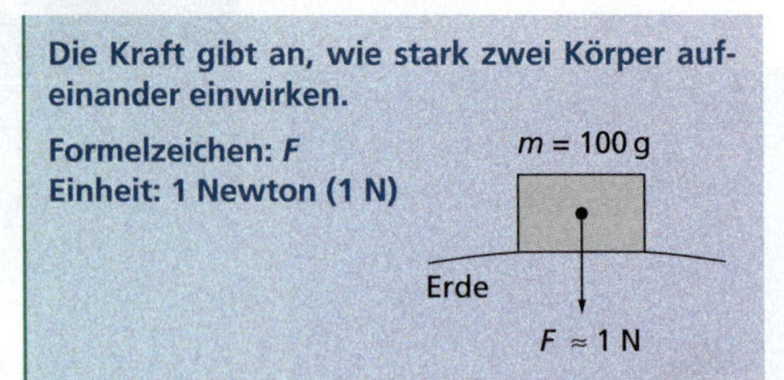

1 N ist etwa die Kraft, mit der die Erde einen Körper anzieht, der eine Masse von 100 g hat.

Die Einheit ein Newton (1 N) wurde nach dem englischen Physiker ISAAC NEWTON (1643–1727) benannt, der wichtige Gesetze der Mechanik, der Elektrizitätslehre und der Optik entdeckt hat.

ISAAC NEWTON war einer der bedeutendsten Physiker der Wissenschaftsgeschichte. Er fand nicht nur den grundlegenden Zusammenhang zwischen der Kraft und der Bewegungsänderung eines Körpers, sondern entdeckte auch, dass sich Körper aufgrund ihrer Masse gegenseitig anziehen und dass die Gesetze der Mechanik auch im Weltraum wirken.

Vielfache der Einheit 1 N sind ein Kilonewton (1 kN) und ein Meganewton (1 MN):

$$1\,\text{kN} = 1000\,\text{N}$$
$$1\,\text{MN} = 1000\,\text{kN} = 1\,000\,000\,\text{N}$$

1 Ein Radfahrer wirkt auf die Pedale ein und hält das Fahrrad in Bewegung.

2 Die Füße wirken auf den Ball, bremsen ihn ab und geben ihm eine andere Richtung.

3 Der Sturm wirkt auf das Wasser, setzt es in Bewegung und türmt riesige Wellen auf.

4 Bei einem Crashtest wird das Auto abgebremst und verformt sich.

Arten von Kräften

Magnetische Kraft

Durch einen Elektromagneten werden Körper aus Eisen angezogen. Zwischen Magnet und Eisenkörper wirken **magnetische Kräfte.**

Elektrische Kraft

Ein Kamm wird durch Reibung elektrisch geladen und zieht Kugeln aus Styropor an. Zwischen Styroporkugeln und Kamm wirken **elektrische Kräfte.**

Federspannkraft

Eine gespannte Feder übt eine Kraft aus. Diese Kraft wird als **Federspannkraft** bezeichnet. Die Feder kann dabei gedehnt oder gestaucht sein.

Gewichtskraft

Jeder Körper wird von der Erde angezogen und übt auf seine Unterlage eine Kraft aus, die man **Gewichtskraft** nennt.

Reibungskraft

Beim Fahren mit dem Fahrrad wirken immer auch Kräfte, die die Bewegung hemmen. Sie heißen **Reibungskräfte.**

Zugkraft

Waggons werden durch eine Lokomotive in Bewegung gesetzt. Dabei wirken auf die Waggons **Zugkräfte.**

Windkraft

In einer Windkraftanlage zur Gewinnung von Elektroenergie werden die Rotoren von Windrädern durch **Windkraft** in Bewegung versetzt.

Wasserkraft

In alten Mühlen wird **Wasserkraft** genutzt, um mithilfe von Wasserrädern Mahl- oder Schleifsteine anzutreiben. Man kann auch Elektroenergie gewinnen.

Schubkraft

Um eine Rakete in Bewegung zu setzen, werden Verbrennungsgase mit großer Geschwindigkeit ausgestoßen. Auf die Rakete wirkt dann eine **Schubkraft.**

Mosaik

Plastische und elastische Verformung

Wenn Kräfte auf Körper einwirken, können die Verformungen **plastisch** oder **elastisch** sein.
Die Verformung eines Körpers ist plastisch, wenn er nicht wieder von allein seine ursprüngliche Form annimmt, wie das beim Schmieden eines Werkstücks, beim Biegen eines Rohres, beim Bearbeiten von Knetmasse oder beim Pressen eines Karosserieteils der Fall ist.

1 Beim Töpfern einer Tonvase erfolgen plastische Verformungen.

Auch das Ausrollen eines Kuchenteigs oder das Töpfern einer Tonvase (Abb. 1) sind plastische Verformungen. Nach einer plastischen Verformung behält ein Körper seine Form bei.

Wirkt dagegen eine Kraft auf einen Ball, die Saiten einer Gitarre (Abb. links) oder den Ast eines Baumes, so erfolgt ebenfalls eine Verformung dieser Körper. Sie nehmen aber ihre ursprüngliche Form wieder an, wenn die Kraft nicht mehr wirkt.
Die Verformung des Körpers ist elastisch, wenn er von allein wieder seine ursprüngliche Form annimmt.
Elastisch verformt werden z. B. auch die metallischen Zungen bei einer Mundharmonika, die Stimmbänder oder Flugzeugtragflächen.

Messen und Darstellen von Kräften

Die elastische Verformung von Stahlfedern kann man nutzen, um Kräfte zu messen. Die Entwicklung solcher Federkraftmesser geht auf Untersuchungen des englischen Physikers ROBERT HOOKE (1635–1703) zurück. Er führte Messungen mit verschiedenen Federn durch und untersuchte die Dehnung der Federn in Abhängigkeit von der wirkenden Kraft (Abb. 2). Lagen die Kräfte in einem Bereich, in dem sich die Feder elastisch verformt, so erhielt er in Auswertung seiner Messreihen ein Diagramm, wie es in Abb. 3 für zwei Federn dargestellt ist.

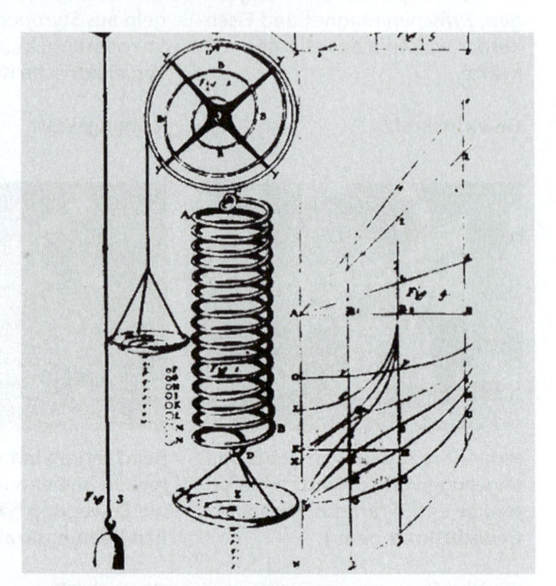

2 Seite aus dem 1687 veröffentlichten Buch „Hookesche Lectures de Potentia Restitutiva"

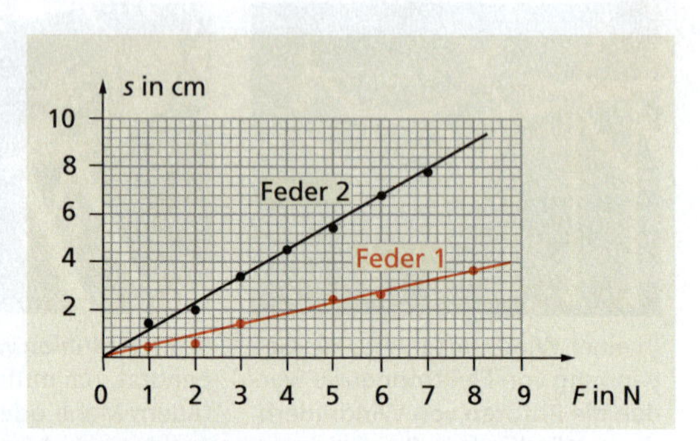

3 Die Verlängerung der Feder ist proportional zur angreifenden Kraft.

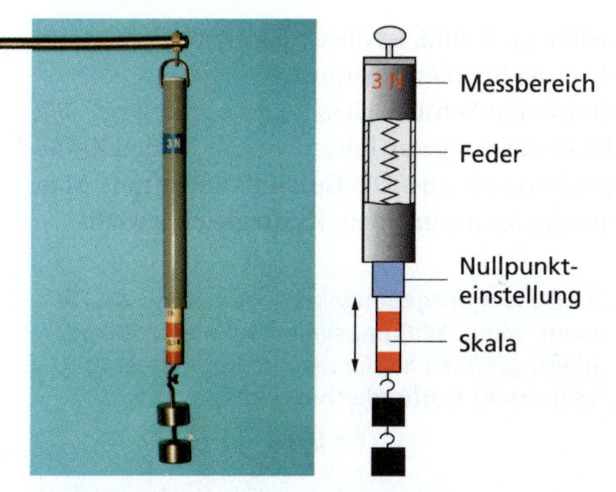

1 Ein Federkraftmesser und sein Aufbau

Für die Ausdehnung einer Feder fand R. HOOKE das nach ihm benannte **hookesche Gesetz:**

Unter der Bedingung, dass eine Feder elastisch verformt wird, gilt: Die Verlängerung der Feder s ist der angreifenden Kraft F proportional.

$$s \sim F$$

Für andere Körper, z. B. für ein Gummiband, gilt das hookesche Gesetz nicht. Es dehnt sich bei bestimmten Kräften überproportional aus.

Das hookesche Gesetz wird zum Messen von Kräften mit einem **Federkraftmesser** genutzt (Abb. 1). Sein wichtigster Teil ist eine elastische **Feder**. Um an einer **Skala** die Kraft in Newton (N) ablesen zu können, muss diese Skala geeicht werden. Dazu lässt man z. B. eine Kraft von 1 N, 2 N usw. einwirken und markiert die jeweilige Dehnung der Feder.

Vor jeder Messung ist der **Nullpunkt** der Skala einzustellen. Je nach Bauart des Federkraftmessers kann man das durch Verschieben einer Hülse oder Verstellen einer Schraube machen.

Um kleine bzw. große Kräfte zu messen, verwendet man Federkraftmesser, die unterschiedliche Federn und damit einen verschiedenen **Messbereich** haben. Federkraftmesser für große Kräfte haben dicke Federn, solche für kleine Kräfte dagegen dünne Federn. Der Physiker spricht auch von harten und weichen Federn.

Vorgehen beim Messen von Kräften

1. Schätze die Kraft und wähle davon ausgehend einen geeigneten Federkraftmesser aus!
2. Stelle den Nullpunkt ein!
3. Lass die Kraft einwirken und lies an der Skala den Betrag der Kraft ab!

Kräfte in Natur und Technik	
Gewichtskräfte	
10-Cent-Stück	0,04 N
Schokoladentafel (100 g)	1 N
1 l Wasser	10 N
Mensch	500 N–800 N
Pkw	≈ 10 000 N
Zugkräfte	
Pferd	400 N–750 N
Pkw	≈ 5 000 N
Lokomotive	≈ 200 000 N
Hubkräfte	
Gewichtheben	1 000 N–2 500 N
Eisenbahndrehkran	bis 2 500 000 N

Die Wirkung einer Kraft ist von ihrem **Angriffspunkt,** ihrem **Betrag** und ihrer **Richtung** abhängig. Die Kraft ist eine gerichtete (vektorielle) Größe. Kräfte werden deshalb durch Pfeile dargestellt (Abb. 2). Für genaue Zeichnungen muss man einen Maßstab vereinbaren, z. B. 5 N ≙ 1 cm. Gerichtete Größen werden durch einen Pfeil über dem Formelzeichen gekennzeichnet. Mit dem Kurzzeichen ohne Pfeil ist der Betrag der Kraft gemeint.

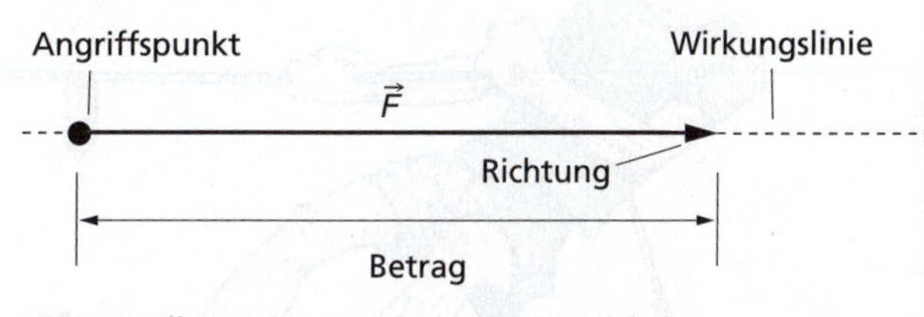

2 Darstellung einer Kraft durch einen Pfeil

Zusammensetzung von Kräften

Auf einen Körper können gleichzeitig mehrere Kräfte wirken. Das ist z. B. der Fall, wenn zwei Personen ein Auto anschieben, ein Radfahrer bergauf fährt oder wenn Schüler beim Tauziehen ihre Kräfte messen (Abb. 1).

Wirken zwei Kräfte längs einer Wirkungslinie auf einen Körper in gleicher Richtung, so addieren sich ihre Beträge:

$$F = F_1 + F_2$$

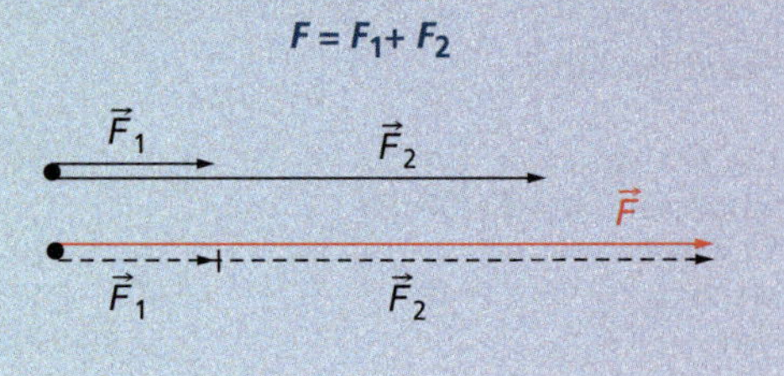

Das gilt nur, wenn die Kräfte längs einer Linie wirken. Bei Kräften, die in entgegengesetzter Richtung wirken, gilt ein anderes Gesetz.

Wirken zwei Kräfte längs einer Wirkungslinie auf einen Körper in entgegengesetzter Richtung, so subtrahieren sich ihre Beträge:

$$F = F_1 - F_2$$

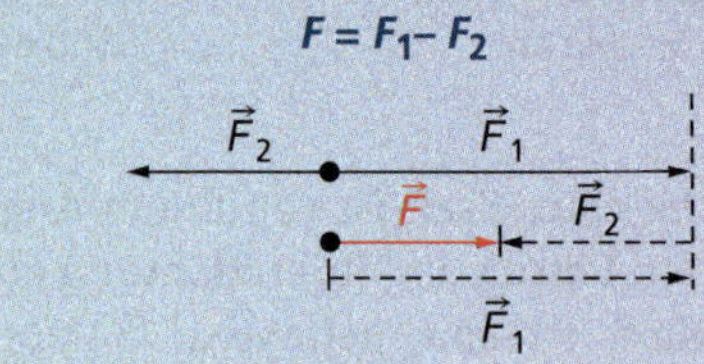

Die Richtung der Gesamtkraft ist gleich der Richtung der größeren der beiden Teilkräfte. Obwohl z. B. die Teilkräfte der beiden Schüler beim Tauziehen groß sind, ist die Gesamtkraft klein, wenn einer der Schüler gewinnt.

Sind beide Schüler gleich stark, so bewegt sich die Markierung des Taus nicht. Die beiden Kräfte gleichen sich aus. Die Gesamtkraft ist null. Man spricht dann von einem **Kräftegleichgewicht**.

Sind zwei entgegengesetzt gerichtete Kräfte längs einer Wirkungslinie auf einen Körper gleich groß, so ist die resultierende Kraft null. Es herrscht Kräftegleichgewicht:

$$F = 0\ \text{N}$$

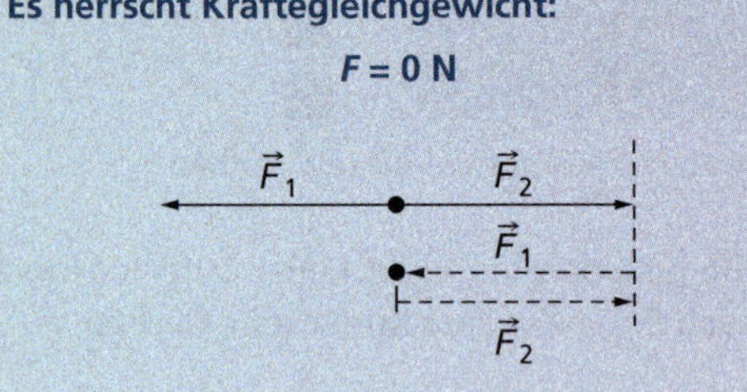

Zwei Kräfte auf einen Körper können auch in beliebigen anderen Richtungen wirken, z. B. auf ein Flugzeug die Antriebskraft in der einen und die Kraft des Windes in einer anderen Richtung. In diesem Fall gilt für die Gesamtkraft:

Wirken zwei Kräfte mit gemeinsamem Angriffspunkt in unterschiedlichen Richtungen auf einen Körper ein, so erhält man die Gesamtkraft durch ein Kräfteparallelogramm.

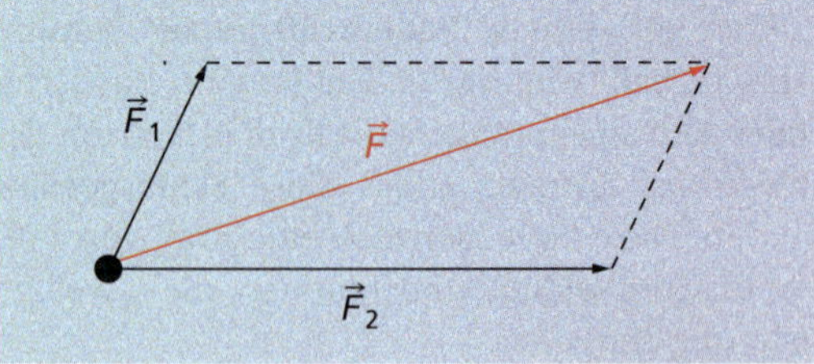

1 Zwei Kräfte wirken in entgegengesetzter Richtung auf das Seil ein.

Die Gewichtskraft von Körpern

Alle Körper ziehen sich aufgrund ihrer Massen gegenseitig an. Die Erde zieht alle Körper an, die sich auf ihr befinden. Hält man einen Gegenstand, z. B. ein Schulbuch, in der Hand, so spürt man eine Kraft, die nach unten zieht. Legt man das Schulbuch auf einen Tisch, so drückt es mit derselben Kraft auf diese Unterlage. Lässt man es los, fällt es nach unten, also in Richtung Erdmittelpunkt. Hängen wir es an einen Federkraftmesser, so zieht es mit derselben Kraft an der Aufhängung. Die Ursache dafür ist in allen Fällen die Erdanziehungskraft.
In der Physik wird die Kraft, die dadurch auf alle Körper auf der Erdoberfläche und in Erdnähe wirkt, als **Gewichtskraft** bezeichnet.

Die Gewichtskraft F_G gibt an, wie stark ein Körper auf eine Unterlage drückt oder an einer Aufhängung zieht.

Die Gewichtskraft, die auf einen Körper wirkt, hängt ab
- von seiner Masse und
- von dem Ort, an dem er sich befindet.

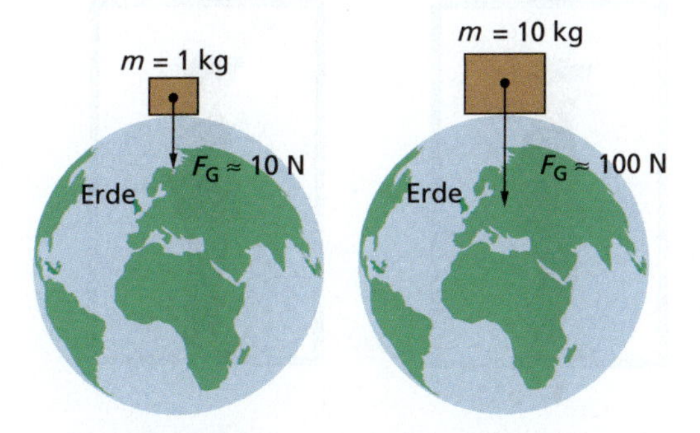

1 Je größer die Masse eines Körpers ist, desto größer ist am gleichen Ort auch seine Gewichtskraft.

Für relativ kleine Höhen, z. B. beim Aufstieg auf einen 3 000 m hohen Berg oder beim Flug mit einem Airbus in etwa 10 km Höhe, ist die Gewichtsverminderung so klein, dass man sie vernachlässigen kann.
In einer Entfernung von etwa 1 000 km über der Erdoberfläche ist die Gewichtskraft um etwa ein Viertel kleiner als auf ihr, in 10 000 km Höhe beträgt sie noch etwa ein Siebtel der Gewichtskraft auf der Erdoberfläche.

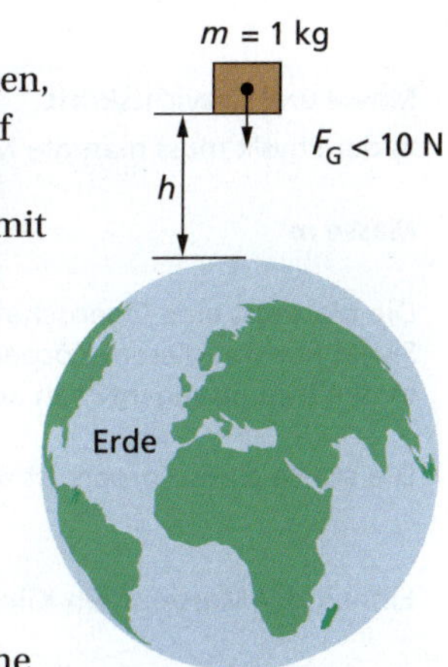

2 Je weiter ein Körper von der Erde entfernt ist, desto kleiner ist seine Gewichtskraft.

Die Gewichtskraft kann berechnet werden mit der Gleichung:

$$F_G = m \cdot g$$

m Masse des Körpers
g Ortsfaktor (Fallbeschleunigung)

Der Ortsfaktor ist eine Konstante, die vom jeweiligen Ort abhängig ist. Ihr durchschnittlicher Wert für die Erdoberfläche beträgt:

$$g = 9{,}81\,\frac{\text{N}}{\text{kg}} \approx 10\,\frac{\text{N}}{\text{kg}}$$

Für den Mars (Abb. 3) beträgt der Wert 3,71 N/kg.

3 Die Gewichtskraft des Mars-Rovers ist auf diesem Planeten nur 0,4-mal so groß wie auf der Erde.

Masse und Gewichtskraft In der Physik muss man die Masse und die Gewichtskraft eines Körpers voneinander unterscheiden.	
Masse *m*	**Gewichtskraft F_G**
Die Masse ist eine Eigenschaft eines Körpers. Sie ist nur von diesem Körper abhängig. In der Technik spricht man auch vom Gewicht.	Die Gewichtskraft kennzeichnet die Wechselwirkung zwischen zwei Körpern. Sie ist von beiden Körpern abhängig.
Die Masse eines Körpers ist überall gleich groß.	Die Gewichtskraft eines Körpers ist abhängig vom Ort, an dem sich der Körper befindet.
Einheit der Masse ist ein Kilogramm (1 kg).	Einheit der Gewichtskraft ist ein Newton (1 N).
Messgerät für die Masse ist die Waage.	Messgerät für die Gewichtskraft ist der Kraftmesser.

Die Gewichtslosigkeit

Die Gewichtskraft eines Körpers ist nicht nur davon abhängig, wo sich der betreffende Körper befindet. Sie hängt auch davon ab, ob und wie sich der Körper bewegt.

Steht z. B. eine Person auf einer ruhenden Unterlage, so wirkt auf die Unterlage, z. B. den Fußboden, ihre „normale“ Gewichtskraft. Ursache dafür ist die Anziehungskraft zwischen Person und Erde. Diese Anziehungskraft zwischen Person und Erde wirkt auch, wenn sich die Person beliebig bewegt (Abb. 1). Bei einer Bewegung nach oben oder nach unten verändert sich aber die Kraft, die auf die Unterlage wirkt, also die Gewichtskraft. Beim Anfahren nach oben ist die Gewichtskraft größer als die „normale“ Gewichtskraft. Beim Anfahren nach unten ist das Gegenteil der Fall: Die Gewichtskraft ist kleiner als die „normale“ Gewichtskraft. Auch in Flugzeugen kann man die Verminderung seiner eigenen Gewichtskraft spüren, wenn das Flugzeug in ein „Luftloch“ gerät.

Fällt ein Körper herunter, so übt er keine Kraft mehr auf eine Unterlage aus. Seine Gewichtskraft ist in diesem Fall null. Der Körper ist dann **gewichtslos** oder, wie man manchmal auch sagt, **schwerelos.** Das ist auch bei Körpern der Fall, die sich um die Erde herum bewegen, z. B. bei Astronauten in einer Raumstation.

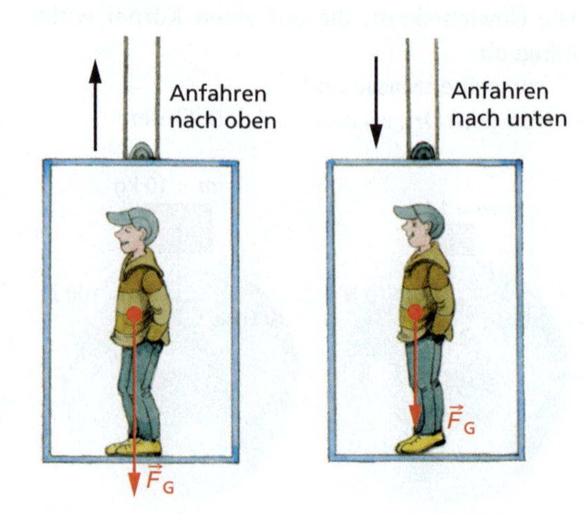

1 Beim Anfahren und Bremsen des Fahrstuhls kann man die unterschiedliche Gewichtskraft registrieren.

Physik in Natur und Technik

Verschiedene Kräfte – verschiedene Wirkungen

Beim Wasserspringen (Abb. 1) biegt sich das Sprungbrett durch die Gewichtskraft des Springers durch. Bei verschiedenen Springern biegt sich das Brett unterschiedlich stark durch. Die Gewichtskräfte haben unterschiedliche Wirkungen auf das Sprungbrett.
Wovon ist die Wirkung der Gewichtskraft auf ein Sprungbrett abhängig?
Wie ändert sich die Verformung des Sprungbrettes, wenn es schräg nach oben gestellt wird?

Die Kraft, die auf das Sprungbrett einwirkt, ist die Gewichtskraft des Springers. Wir müssen herausfinden, ob Betrag, Richtung und Angriffspunkt die Wirkung dieser Kraft beeinflussen. Dazu untersuchen wir systematisch die Wirkung von Kräften auf eine biegsame Holzleiste anstelle des Sprungbrettes. Wir führen also für den gegebenen Fall ein Experiment am Modell durch.
Damit wenden wir eine für die Physik typische Arbeitsweise an: An einem vereinfachten Beispiel (Modell) werden Zusammenhänge untersucht und die Ergebnisse auf das Original, das elastische Sprungbrett, übertragen.

1 Die Verformung eines elastischen Brettes hängt u. a. von der Gewichtskraft des Jungen ab.

1. Fall:
Wir untersuchen, ob die Wirkung einer Kraft vom Betrag abhängig ist. Angriffspunkt und Richtung der Kraft bleiben konstant.
Die Experimente (Abb. 2 a, b) zeigen:

Die Wirkung einer Kraft auf einen Körper ist von ihrem Betrag abhängig.

Je größer die Gewichtskraft eines Springers ist, desto stärker biegt sich das Sprungbrett durch, wenn er an einer bestimmten Stelle auf dem Brett steht.

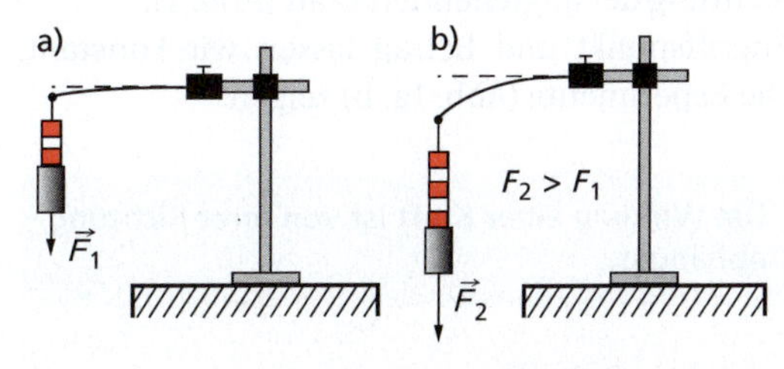

2 Abhängigkeit der Wirkung einer Kraft von ihrem Betrag

2. Fall:
Wir untersuchen die Abhängigkeit der Wirkung einer Kraft vom Angriffspunkt und lassen Betrag und Richtung der Kraft konstant. Die Experimente (Abb. 3a, b) zeigen:

Die Wirkung einer Kraft ist von ihrem Angriffspunkt abhängig.

Je weiter nach vorn ein Springer auf das Sprungbrett geht, desto stärker biegt es sich durch.

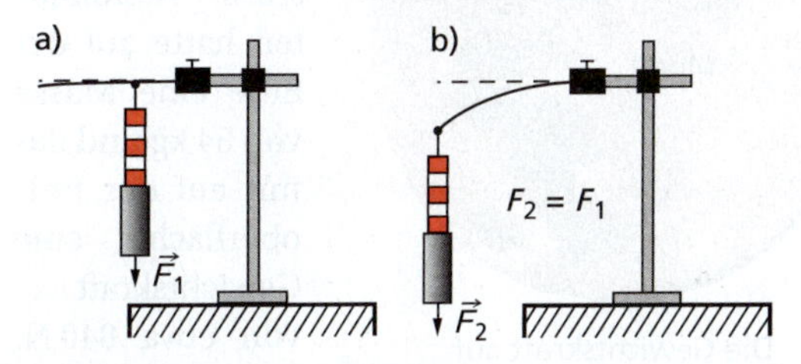

3 Abhängigkeit der Wirkung einer Kraft vom Angriffspunkt

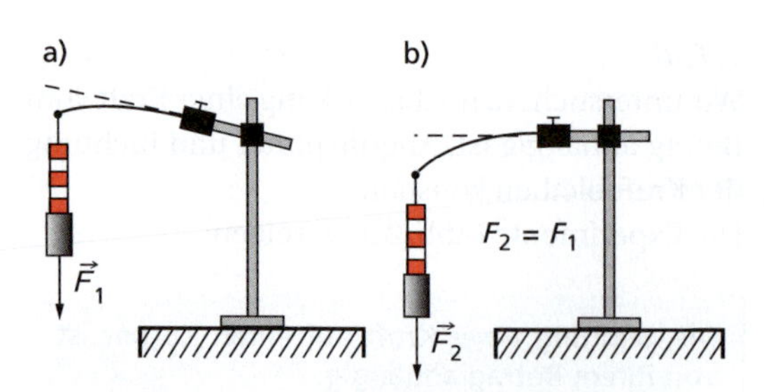

1 Abhängigkeit der Wirkung einer Kraft von ihrer Richtung

3. Fall:
Wir untersuchen die Abhängigkeit der Wirkung einer Kraft von ihrer Richtung und verändern die Richtung der angreifenden Kraft (Abb. 1).
Angriffspunkt und Betrag lassen wir konstant. Die Experimente (Abb. 1a, b) zeigen:

> **Die Wirkung einer Kraft ist von ihrer Richtung abhängig.**

Würde man das Sprungbrett beim Wasserspringen schräg nach oben stellen, so würde es sich bei gleicher Gewichtskraft nicht so stark durchbiegen wie bei horizontaler Lage.

Auf dem Mond ist alles leichter

In den Jahren 1969–1972 landeten amerikanische Astronauten auf dem Mond. Im Rahmen des Apollo-Mondlandeprogramms betrat NEIL ARMSTRONG im Juli 1969 als Erster die Mondoberfläche. Die Ausrüstung eines Astronauten hatte auf der Erde eine Masse von 84 kg und damit auf der Erdoberfläche eine Gewichtskraft von etwa 840 N. So viel wiegt auf der Erde ein ausgewachsener Mann. Auf dem Mond führten die Astronauten aber mit dieser Ausrüstung ohne Schwierigkeiten große Sprünge aus.

Wie ist das zu erklären? Welche Gewichtskraft hatte die Ausrüstung eines Astronauten auf dem Mond?

$m = 1$ kg
$F_G = 1{,}62$ N
Mond

2 Die Gewichtskraft auf dem Mond ist nur etwa 1/6 so groß wie auf der Erde.

Die Masse der Ausrüstung ist auf dem Mond genauso groß wie auf der Erde. Sie beträgt 84 kg und ist nicht vom Ort abhängig.
Die Gewichtskraft eines Körpers ist jedoch vom Ort abhängig. Während der Ortsfaktor auf der Erde $g = 9{,}81\ \text{m/s}^2$ beträgt, ist sein Wert auf dem Mond $1{,}62\ \text{m/s}^2$. Demzufolge ist die Gewichtskraft auf dem Mond etwa 1/6 der Gewichtskraft auf der Erde. Die Ausrüstung eines Astronauten hat auf dem Mond nicht mehr eine Gewichtskraft von 840 N wie auf der Erde, sondern nur von 140 N. Auch die Gewichtskraft des Astronauten selbst verringert sich auf dem Mond auf 1/6. Da die Muskelkräfte die gleichen waren wie auf der Erde, konnten die Astronauten auf dem Mond große Sprünge ausführen und ihre schwere Ausrüstung ohne Probleme transportieren.

Erklären physikalischer Erscheinungen

Beim Erklären wird zusammenhängend und geordnet dargestellt, warum eine Erscheinung in Natur und Technik so und nicht anders auftritt. Dabei wird die *einzelne* Erscheinung auf das Wirken *allgemeinerer* Gesetze zurückgeführt, indem dargestellt wird, dass die Wirkungsbedingungen bestimmter Gesetze in der Erscheinung vorliegen. Auch Modelle können zum Erklären herangezogen werden.
Beim Erklären sollte man deshalb in folgenden Schritten vorgehen:

1. Beschreibe die für das Wirken von Gesetzen und Anwenden von Modellen wesentlichen Seiten in der Erscheinung! Lasse unwesentliche Seiten unberücksichtigt!
2. Nenne Gesetze und Modelle, mit denen die Erscheinung erklärt werden kann, weil deren Wirkungsbedingungen vorliegen!
3. Führe die Erscheinung auf das Wirken physikalischer Gesetze bzw. auf das Anwenden von Modellen zurück!

1. Gib jeweils an, welche Körper in den folgenden Situationen aufeinander einwirken und welche Kräfte wirken!
   a) Eine Handballspielerin wirft den Ball ab.
   b) Ein Baum biegt sich im Wind.
   c) Du bremst mit deinem Fahrrad an einer Kreuzung.
   d) Du biegst eine Büroklammer aus Metall auf.
   e) Ein Turmspringer taucht ins Wasser ein.

2. Erläutere an Beispielen, wie durch das Wirken von Kräften
   a) die Bewegung von Körpern,
   b) die Form von Körpern,
   c) die Bewegung und die Form von Körpern gleichzeitig geändert werden!

3. Von Ronaldo sagen seine Mitschüler, er sei ein Kraftprotz.
Was meinen sie wohl damit? Versuche eine physikalische Interpretation!

4. Bei einem Experiment wurde die Verlängerung einer Schraubenfeder und eines Gummibands durch verschiedene Wägestücke gemessen.

Kraft in N	Verlängerung in cm	
	Feder	Gummiband
0	0	0
0,1	2,1	2,4
0,2	3,9	5,6
0,3	6,0	8,1
0,4	8,0	12,1

   a) Um wie viel länger sind die Feder und das Gummiband bei jedem Wägestück von 0,1 N geworden?
   b) Stelle die Messwerte in einem Diagramm dar!
   c) Warum nutzt man zum Bau von Kraftmessern kein Gummiband, sondern elastische Federn aus Stahl?

5. Suche und erläutere Beispiele, wo im Alltag von Kräften gesprochen wird, aber damit nicht eine Kraft im physikalischen Sinne gemeint ist!

6. Die Knautschzone eines Pkw dient dem Schutz der Fahrzeuginsassen.
   a) Erläutere die Funktion einer solchen Knautschzone! Erfolgt bei einem Unfall eine elastische oder plastische Verformung?
   b) Wie würde ein Unfall im dichten Straßenverkehr verlaufen, wenn die Karosserien aller Autos elastisch wären?

7. Ein Federkraftmesser hat noch keine Skala.
   a) Wie könnte man sich eine solche Skala herstellen? Als Hilfsmittel stehen dir Wägestücke und ein Lineal zur Verfügung.
   b) Stelle selbst eine solche Skala her!

8. Untersuche experimentell, wie sich ein langes Lineal in Abhängigkeit von seiner Belastung durchbiegt (s. Abbildung)!
Dazu wird ein langes und biegsames Lineal so angeordnet, wie es die Skizze zeigt. An einem Ende wird es durch 10-Cent-Münzen belastet. Eine 10-Cent-Münze hat eine Gewichtskraft von 0,04 N.

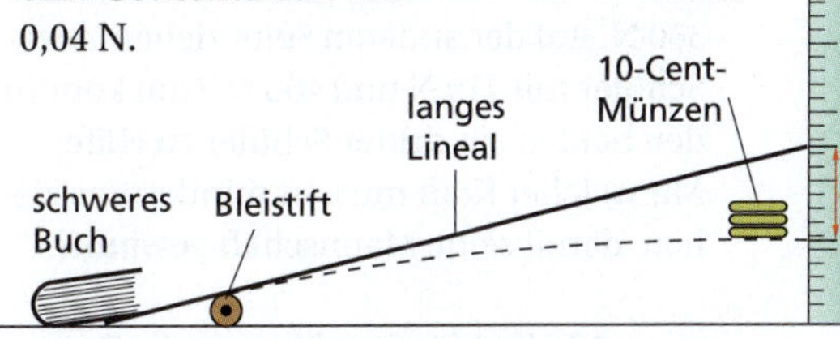

   a) Bestimme die Durchbiegung s in Abhängigkeit von der Belastung F!
   b) Trage die Messwerte in eine Tabelle ein! Übernimm dazu das Muster ins Heft!

F in N	0,04	0,08	0,12	...
s in cm				

   c) Stelle die Messwerte in einem Diagramm dar! Interpretiere es! Gilt $s \sim F$?

***9.** Das hookesche Gesetz kann auch als Gleichung in der Form $F = D \cdot s$ geschrieben werden. Erkunde, welche physikalische Bedeutung D hat! Nutze die Internetadresse **www.schuelerlexikon.de**!

10. Zwei Autos sind vom gleichen Typ, aber unterschiedlich alt. Wenn beide mit je zwei Kästen Limonade beladen werden, sinkt das ältere Auto tiefer als das neue. Was könnte der Grund sein?

11. Nachfolgend sind einige Kräfte dargestellt. Als Maßstab wurde vereinbart: 0,5 cm entspricht 1 N. Welche Beträge haben die Kräfte F_1 bis F_5? Welche Beträge hätten sie, wenn gilt: 2 cm ≙ 10 N?

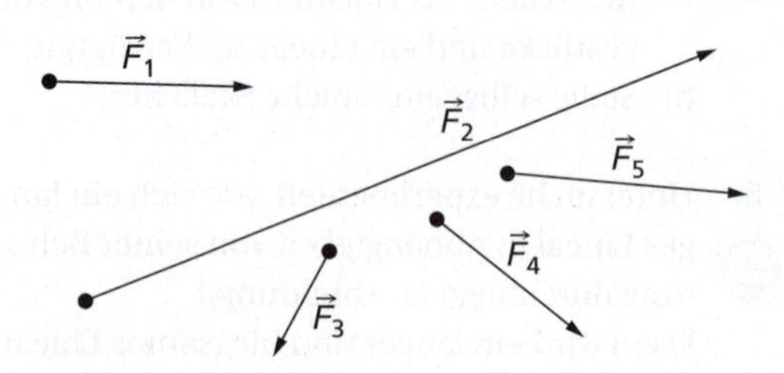

12. Zwei Mannschaften tragen einen Wettkampf im Tauziehen aus. Nach links ziehen drei Schüler mit den Kräften 380 N, 400 N und 360 N. Auf der anderen Seite ziehen zwei Schüler mit 410 N und 400 N. Nun kommt den beiden ein dritter Schüler zu Hilfe. Mit welcher Kraft muss er mindestens ziehen, damit seine Mannschaft gewinnt?

13. Im Märchen klettern die Bremer Stadtmusikanten aufeinander, um den Räubern auf die Schliche zu kommen. Wie setzt sich die Kraft zusammen, die von Hund, Katze und Hahn auf den Esel ausgeübt wird?

14. Beatrice wird auf einem Schlitten gezogen. Begründe, welche Zugrichtung am Seil für den Ziehenden am vorteilhaftesten ist!

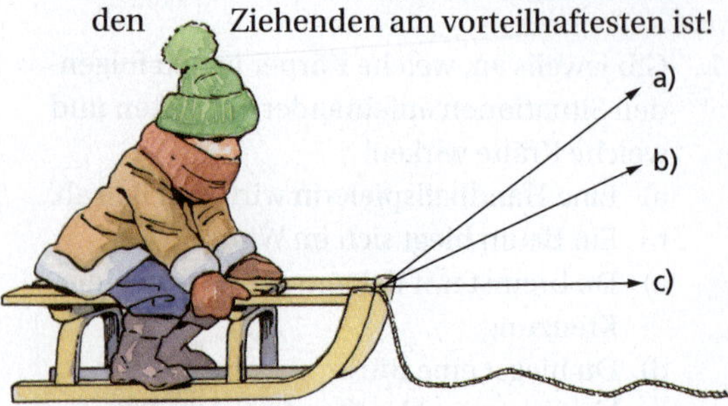

15. An der Skala eines Federkraftmessers kannst du nur noch die Werte 0 N und 8 N erkennen, die übrigen sind nicht mehr lesbar. Wie könntest du die Skala ergänzen, um auf 1 N genau ablesen zu können? Begründe!

16. Verschiedene Körper haben folgende Masse: 2,5 g; 36 g; 1,5 kg; 7,8 kg; 3,2 t. Gib ihre Gewichtskräfte auf der Erdoberfläche an!

17. Verschiedene Körper haben auf der Erdoberfläche folgende Gewichtskraft: 0,5 N; 5,8 N, 3,1 N; 25 kN; 680 N. Gib an, welche Masse diese Körper haben!

18. Ein Schüler mit der Masse 42 kg wird von der Erde mit der Gewichtskraft 420 N angezogen. Zieht auch der Schüler die Erde an? Wenn ja, mit welcher Kraft?

19. Die Mondlandeeinheit, mit der Menschen im Jahre 1969 erstmals zum Mond gelangten, hatte eine Masse von 14 700 kg.

a) Wie groß war die Gewichtskraft der Mondlandeeinheit auf der Erde und auf dem Mond?

b) Vergleiche die Gewichtskraft der Mondlandeeinheit mit der eines Pkw (s. S. 115) auf der Erde!

***20.** Experimentiere „in Gedanken“: Am Südpol beträgt die Gewichtskraft einer Packung Reis genau 10 N. Musst du am Äquator Reis dazugeben oder ausschütten, um wieder genau 10 N zu erhalten?

Kräfte und ihre Wirkungen

Kräfte können bewirken

eine Änderung der Form von Körpern (plastische oder elastische Verformung)	eine Änderung der Bewegung von Körpern (Schnelligkeit oder Richtung der Bewegung oder beides)

Die Kraft F ist eine gerichtete Größe. Sie gibt an, wie stark zwei Körper wechselseitig aufeinander einwirken. Erkennbar ist eine Kraft an ihren Wirkungen. Gemessen wird sie in der Einheit 1 Newton (1 N). Das Messgerät für die Kraft ist der Federkraftmesser.

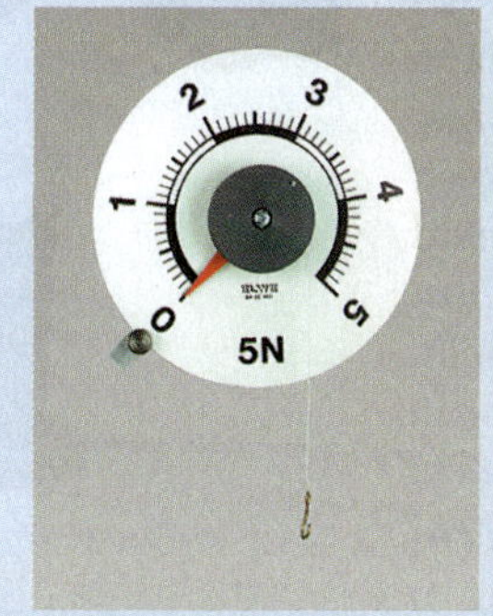

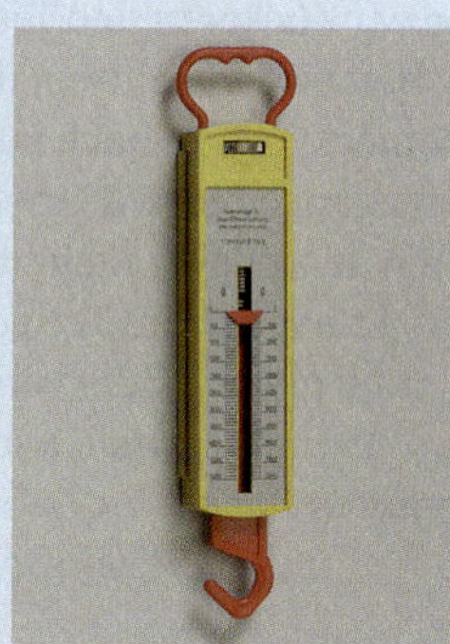

Die Wirkung einer Kraft auf einen Körper ist abhängig

- vom Betrag der Kraft,
- von der Richtung der Kraft,
- vom Angriffspunkt der Kraft.

Die **Darstellung einer Kraft** erfolgt durch einen Pfeil.

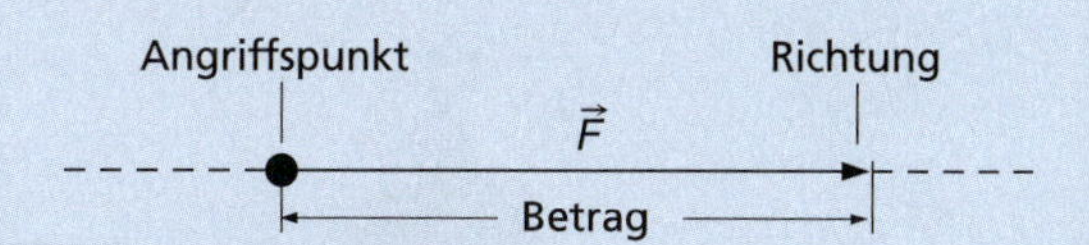

Es gibt vielfältige Arten von Kräften. Eine wichtige Art ist die **Gewichtskraft F_G**.

Ursache der Gewichtskraft ist die Massenanziehung zwischen dem Körper und der Erde.

Je größer die Masse eines Körpers ist, desto größer ist seine Gewichtskraft.

Für die Gewichtskraft gilt: $F_G = m \cdot g$

m Masse
g Ortsfaktor

Ein Körper der Masse 1 kg hat auf der Erdoberfläche eine Gewichtskraft von etwa 10 N.

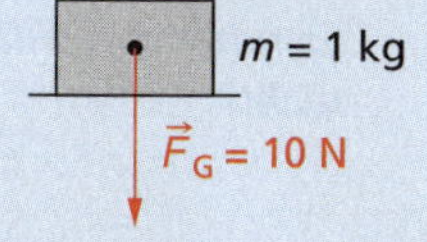

Ein Körper der Masse 100 g hat auf der Erdoberfläche eine Gewichtskraft von etwa 1 N.

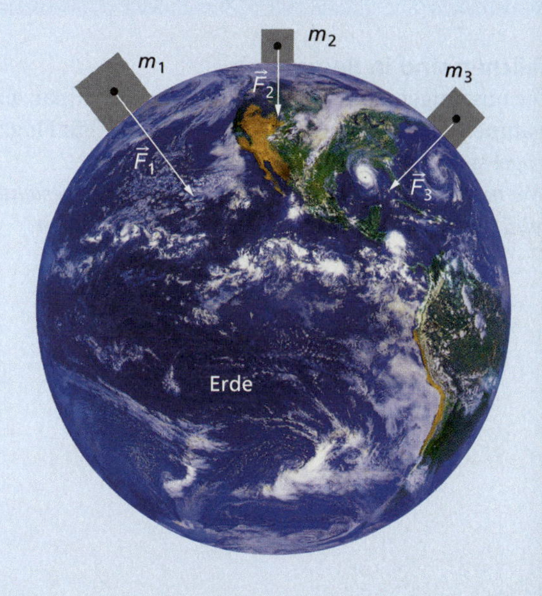

3.3 Körper – Stoffe – Teilchen

Teilchen sind unsichtbar

Wenn wir Zucker in den Tee geben und umrühren, dann schmeckt schon nach kurzer Zeit der ganze Tee süß. Aber wir können den Zucker nicht mehr sehen. Er hat sich im Tee gelöst und gleichmäßig verteilt.
Warum können wir den gelösten Zucker im Tee nicht mehr sehen?

Teilchen sind in Bewegung

Die uns umgebende Luft ist für uns nicht sichtbar, aber trotzdem wahrnehmbar. Wir spüren sie z. B. als Wind. Für Flugzeuge oder für Vögel spielt sie die „tragende" Rolle.
Wie bewegen sich die Teilchen, aus denen Luft besteht? Wodurch wird die Bewegung der Luftteilchen hervorgerufen?

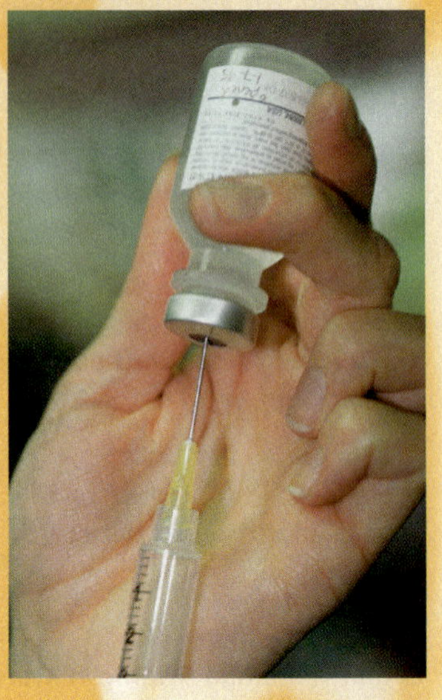

Teilchen sind verschieden

Die Luft in einer Luftpumpe können wir zusammendrücken, wenn wir mit dem Daumen die Öffnung schließen.
Bei einer Injektionsspritze ist das anders. Die Flüssigkeit, die gespritzt werden soll, lässt sich nicht zusammendrücken. Sie strömt durch die Kanüle in unseren Arm.
Warum kann man Gase zusammendrücken, Flüssigkeiten aber nicht?

Aufbau der Körper aus Stoffen

Alle Gegenstände unserer Umgebung, mit denen sich die Physik beschäftigt, bezeichnet man als **Körper.**

Manchmal kommt das auch schon in der Bezeichnung für den betreffenden Gegenstand zum Ausdruck. So spricht man von Himmelskörpern, Heizkörpern oder vom Körper eines Menschen. Jeder einzelne dieser Körper besteht aus einem oder mehreren **Stoffen**. Das gilt auch für den menschlichen Körper (Abb. 1).

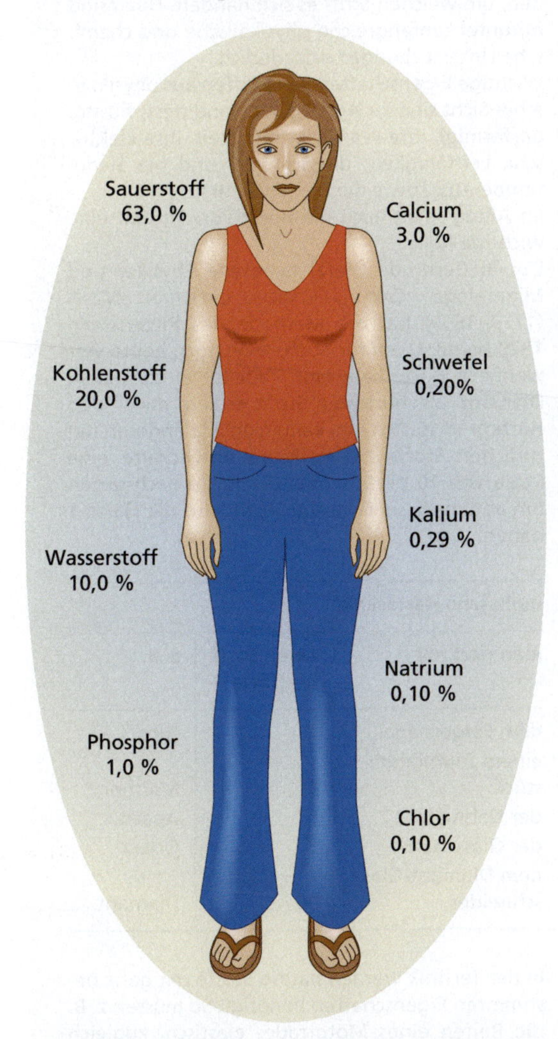

1 Der menschliche Körper besteht ebenfalls aus verschiedenen Stoffen. Angegeben sind die durchschnittlichen Anteile in Prozent.

Jeder Körper besteht aus einem oder mehreren Stoffen.

Für die Einteilung der vielfältigsten Stoffe, die es in Natur und Technik gibt, existieren verschiedene Möglichkeiten. Stoffe können z. B. nach ihren Eigenschaften, ihrer Verwendung oder ihrer Entstehung eingeteilt werden.

In der Chemie und auch in der Physik ist es üblich, die Stoffe nach den kleinsten Teilchen einzuteilen, aus denen sie bestehen. Dabei wird zwischen **Reinstoffen** und **Stoffgemischen** unterschieden.

Reine Stoffe (Reinstoffe) bestehen aus gleichartigen Teilchen eines Stoffes.

Beispiele für solche Reinstoffe sind destilliertes (reines) Wasser, das Gas Wasserstoff, Kohlenstoff, Eisen oder Aluminium (Abb. 2a).

Reine Stoffe sind jedoch in der Natur und in der Technik kaum anzutreffen. Die meisten uns umgebenden Stoffe bestehen aus verschiedenen reinen Stoffen, sie bilden ein **Stoffgemisch**.

Stoffgemische bestehen aus Teilchen verschiedener reiner Stoffe.

Beispiele für solche Stoffgemische sind die Luft, Leitungswasser oder Mineralwasser, gezuckerter Tee, Teig und fast alle Nahrungsmittel. Die Eigenschaften von Stoffgemischen unterscheiden sich meist von denen der reinen Stoffe, aus denen sie bestehen.

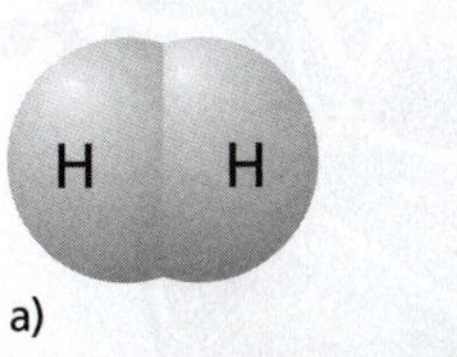

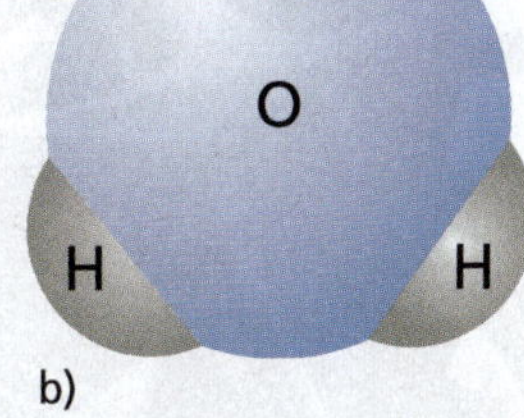

2 Wasserstoffmoleküle (a) bestehen aus je zwei Wasserstoffatomen, Moleküle des Wassers (b) aus je einem Sauerstoffatom und zwei Wasserstoffatomen.

Mosaik

Eigenschaften von Stoffen

1 Viele Stoffe, aus denen die Körper bestehen, sind rot. Sie unterscheiden sich aber z. B. in ihrer Härte, ihrer Elastizität und ihrer elektrischen Leitfähigkeit.

Jeder einzelne Stoff hat viele verschiedene Eigenschaften. Solche Eigenschaften sind z. B. die **Farbe**, der **Geruch**, die **Härte**, die **Elastizität**, die **Leitfähigkeit für Wärme** und den **elektrischen Strom** oder der **Aggregatzustand**.
In manchen Eigenschaften stimmen verschiedene Stoffe überein, in anderen Eigenschaften unterscheiden sie sich (Abb. 1).
Es gilt:
Jeder Stoff hat eine für ihn typische Kombination von Eigenschaften.

Solche Eigenschaften, an denen ein Stoff zweifelsfrei erkannt werden kann, nennt man manchmal auch seine **charakteristischen Eigenschaften.** Charakteristische Eigenschaften sind z. B. für die Stoffe Essig oder Benzin der Geruch, für den Stoff Gold die Farbe oder für den Stoff Eisen die Eigenschaft, von Magneten angezogen zu werden. Liegt ein unbekannter Stoff vor, so kann man aus den Untersuchungen seiner Eigenschaften darauf schließen, um welchen Stoff es sich handelt. Dazu sind mitunter umfangreiche physikalische und chemische Untersuchungen erforderlich.
Wichtige Eigenschaften von Stoffen aus physikalischer Sicht sind ihr Aggregatzustand (fest, flüssig, gasförmig), ihre Wärmeleitfähigkeit, ihre elektrische Leitfähigkeit, die Schmelz- und die Siedetemperatur sowie die Dichte (S. 103).
Im Alltag spielt auch die **Härte von Stoffen** eine wichtige Rolle.
Der in Gernrode (Harz) geborene Physiker und Mineraloge CARL FRIEDRICH CHRISTIAN MOHS (1773–1839) hat die Methode des Ritzens um 1820 benutzt, um für Stoffe eine noch heute verwendete Härteskala (vgl. Tabelle) aufzustellen. Diamant als härtester Stoff erhielt darin den Härtegrad 10. Mit ihm kann man alle anderen natürlichen Stoffe ritzen. MOHS entwickelte eine Skala von 10 bis 1, wobei die Härte nach unten hin abnimmt, sehr weiche Stoffe also die Härte 1 haben.

mohssche Härteskala

man ritzt mit	einen Stoff bis Härte	z. B.
dem Fingernagel	2	Gips
einem Aluminiumstück	3	Marmor
der Nähnadel	5	Apatit
der Glasscherbe	7	Quarz
dem Diamant-Glasschneider	10	Diamant

In der Technik werden häufig Stoffe mit ganz bestimmten Eigenschaften benötigt. So müssen z. B. die Reifen eines Motorrades elastisch, zugleich aber auch stabil und rutschfest sein. Sie dürfen auch nicht zu schnell porös werden.

Aufbau der Stoffe aus Teilchen

Körper kann man durch verschiedene Trennverfahren (z. B. Sägen, Schneiden, Feilen) in Teile zerlegen. Bei einem Stück Kreide geht das z. B. sehr leicht schon mithilfe der Finger. Dabei erhält man immer kleinere Teilchen. Bei sehr feinem Kreidestaub sind die einzelnen Teilchen mit bloßem Auge nicht mehr zu erkennen (Abb. 1).
Wenn wir Zucker in Tee lösen, dann schmecken wir zwar den Zucker in diesem Tee, sehen können wir ihn aber nicht mehr. Der Zucker hat sich im Tee in sehr kleine Teilchen zerteilt, die aber untereinander gleich sind.
Luft ist überall vorhanden. Bei Wind spüren wir sie auch. Luft ist aber nicht sichtbar. Sie besteht ebenso aus sehr kleinen Teilchen, die wiederum untereinander gleich, aber verschieden von anderen Stoffen sind. Allgemein gilt:

Alle Stoffe bestehen aus Teilchen.

Physiker und Chemiker bezeichnen diese Teilchen auch als **Atome** bzw. **Moleküle.** Mithilfe spezieller Methoden kann man z. B. Atome sichtbar machen (Abb. 2).
Wenn man einige Tropfen Tinte in ein Glas mit kaltem und warmen Wasser gibt, so verteilt sich die Tinte jeweils im gesamten Wasser. Im warmen Wasser erfolgt die Durchmischung jedoch schneller als im kalten Wasser (Abb. 3).
Das geschieht, weil sich die Teilchen der Tinte und des Wassers bewegen.

1 Kreide kann man immer weiter zerteilen. Letztendlich entsteht Kreidestaub.

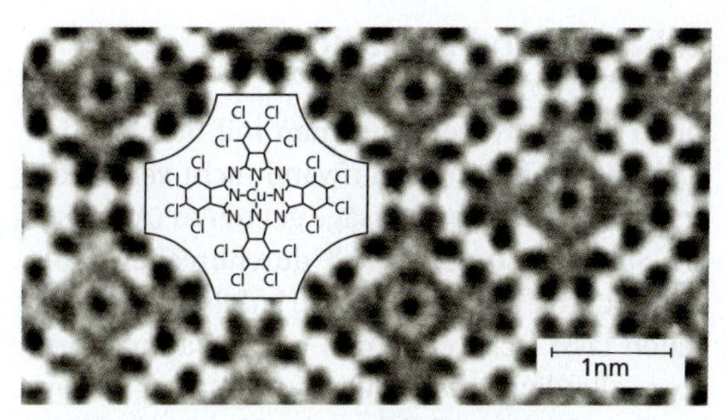

2 Aufnahme von regelmäßig angeordneten Atomen mit einem Elektronenmikroskop

Allgemein gilt:

Die Teilchen der Stoffe befinden sich in ständiger Bewegung.

Den Duft von Parfüm kann man nach einiger Zeit im gesamten Raum wahrnehmen. Die Luftteilchen des Raumes vermischen sich mit den Teilchen des Parfüms. Diese Erscheinung des Durchmischens nennt man **Diffusion.**

Die Diffusion ist das selbstständige Durchmischen von Teilchen verschiedener Stoffe.

Die Beweglichkeit der Teilchen ist bei festen Stoffen, Flüssigkeiten und Gasen unterschiedlich und ändert sich auch mit der Temperatur. Allgemein gilt: Die Teilchen von Gasen bewegen sich schneller als die von Flüssigkeiten und diese wiederum schneller als bei festen Stoffen.

3 Tinte verteilt sich in Wasser, weil die Teilchen von Wasser und Tinte in ständiger Bewegung sind.

Kohäsion und Adhäsion

Einen dicken Nagel kann man mit den Händen auch mit großem Kraftaufwand nicht verbiegen. Bei einer Fuchsschwanzsäge gelingt es (Abb. 1). Ein Stück Kreide lässt sich durchbrechen. Aber dazu ist Kraft erforderlich. Die Luft in einem Luftballon lässt sich verformen und zusammendrücken, allerdings nicht beliebig weit. Das bedeutet: Zwischen den Teilchen des Nagels, der Säge, der Kreide und der Luft wirken Kräfte, die den Zusammenhalt des jeweiligen Stoffes verursachen. Das Zusammenhalten der Teilchen eines Stoffes nennt man **Kohäsion.**

> **Kohäsionskräfte sind die Kräfte, die zwischen den Teilchen ein und desselben Stoffes wirken.**

Die Kohäsionskräfte bewirken, dass feste Körper aus einem Stoff ihre Form beibehalten. Die Kräfte sind bei festen Körpern größer als bei Flüssigkeiten und bei Flüssigkeiten wiederum größer als bei Gasen. Kohäsionskräfte bewirken auch die Stabilität und Festigkeit von Körpern, die hohe Belastungen aushalten müssen, wie Tragseile oder Maschinenteile.

Teilchen, die fest zusammenhalten, können aber auch unterschiedlichen Stoffen angehören, wie z. B. die Lackschicht auf einem Fahrradrahmen oder die Goldschicht auf einem Schmuckstück. Die Lackteilchen und die Teilchen des Rahmens sind eine feste Verbindung eingegangen. Ähnliches gilt auch für ein vergoldetes Schmuckstück oder für einen verchromten Auspuff. Das Zusammenhalten der Teilchen von **verschiedenen Stoffen** nennt man **Adhäsion.**

1 Kohäsionskräfte zwischen Stahlteilchen einer Säge bewirken, dass die Säge auch nach dem Verbiegen ihre Form behält.

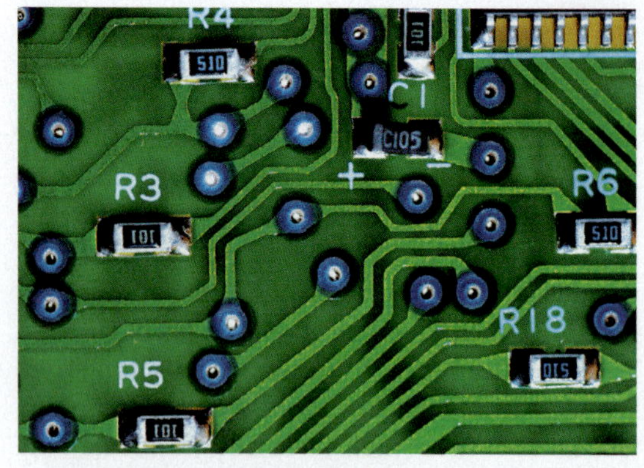

2 Elektrische Bauelemente werden auf eine Leiterplatte gelötet.

> **Adhäsionskräfte sind die Kräfte, die zwischen den Teilchen verschiedener Stoffe wirken.**

Die Adhäsionskräfte bewirken z. B. auch, dass Kreide an der Wandtafel haftet, Körper zusammenkleben, Leimfarbe sich mit einer Wand verbindet oder Körper verlötet werden (Abb. 2).

Das Teilchenmodell

Das Wissen über den Aufbau der Stoffe können wir zu einer anschaulichen, vereinfachten Vorstellung zusammenfassen. Eine solche vereinfachte Vorstellung bezeichnet der Physiker als **Modell.** Mit einem Modell kann man Sachverhalte beschreiben, erklären oder voraussagen. Die Teilchen eines Stoffes können wir uns vereinfacht als kleine Kugeln vorstellen, zwischen denen Kräfte wirken.

> **Das Teilchenmodell:**
>
> 1. **Alle Stoffe bestehen aus Teilchen.**
> 2. **Die Teilchen befinden sich in ständiger Bewegung.**
> 3. **Zwischen den Teilchen wirken Kräfte.**

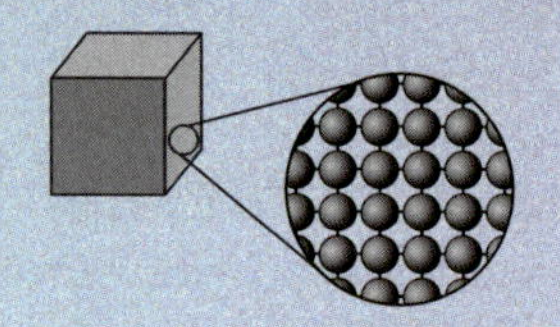

Die Kapillarität

Bei einem Tintenklecks hilft Löschpapier. Würfelzucker saugt Tee auf. Pflegecreme dringt in die Haut ein. Ein Schwamm nimmt überschüssiges Wasser auf. Die Ursache der Vorgänge kann in folgendem Versuch verdeutlicht werden:
Ein Glasgefäß mit Röhren unterschiedlichen Durchmessers wird mit Wasser gefüllt. Das Wasser steigt von selbst umso höher, je geringer der Durchmesser der Röhre ist (Abb. 1).
Wie ist das Versuchsergebnis zu erklären? Zwischen den Teilchen der Glaswand und des Wassers wirken Adhäsionskräfte. Dadurch steigt das Wasser etwas nach oben. Weil aber zwischen den Wasserteilchen Kohäsionskräfte wirken, wird weitere Flüssigkeit „nachgesaugt".
In sehr dünnen Röhrchen, Hohlräumen bzw. Poren, auch **Kapillaren** genannt, tritt dieser Effekt besonders deutlich auf.

Kapillarität ist das selbständige Aufsteigen von Flüssigkeiten in engen Röhrchen.

Auf diesem Prinzip basiert auch der Wasser- und Nährstofftransport in Pflanzen. Das Grundwasser steigt bis zu den Wurzeln auf. Je nach Pflanzenart haben sich bei den Wurzeln vielfältige Formen herausgebildet. So kann eine einzeln stehende Roggenpflanze Seitenwurzeln mit einer Gesamtlänge von bis zu 80 km Länge entwickeln. Auch das Aufsteigen von Feuchtigkeit in Wänden kommt durch die Kapillarität zustande.

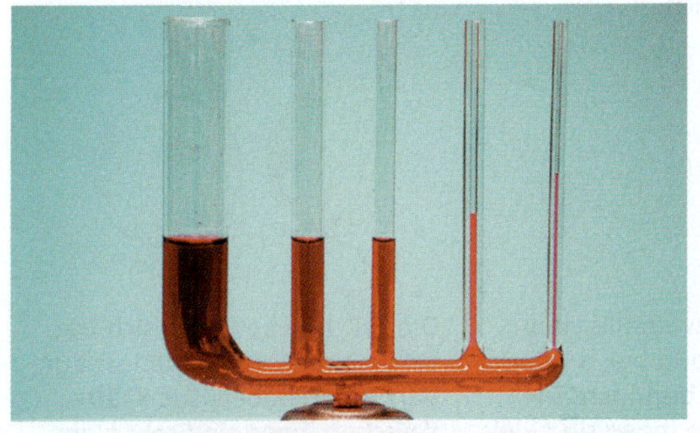

1 In engen Röhren steigt das Wasser am höchsten. Diese Erscheinung wird als Kapillarität bezeichnet.

Die brownsche Bewegung

Der schottische Mediziner und Biologe ROBERT BROWN (1773 bis 1858) untersuchte im Jahre 1827 Blütenstaub unter einem Mikroskop. Er hatte dem Blütenstaub einen Tropfen Wasser beigemischt. Dabei fiel ihm eine unruhige Bewegung der Staubkörnchen auf.
BROWN nahm zunächst an, dass die Körnchen lebendige Körper seien, die sich von selbst im Wasser bewegen. Aber bei weiteren Versuchen beobachtete er, dass sich „tote" Staub- und Russteilchen ebenso verhielten wie die Blütenstaubkörnchen. Sie bewegten sich unaufhaltsam zickzackförmig, wie in der Abbildung dargestellt. Die Punkte zeigen die Stellen, an denen sich ein Staubkörnchen nach jeweils 30 Sekunden aufhält.

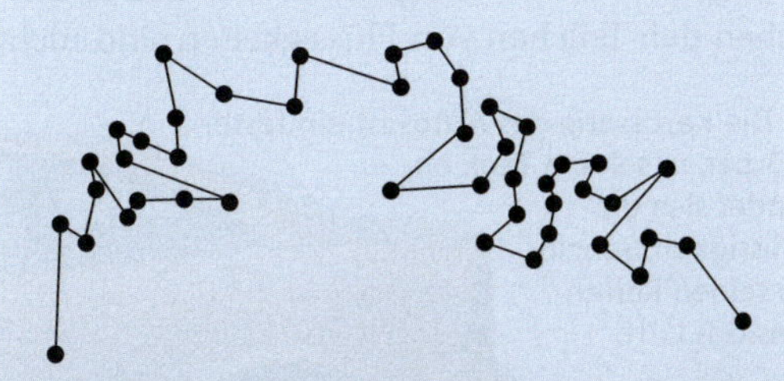

Erst 1905 konnte der berühmte deutsche Physiker ALBERT EINSTEIN (1879–1955) eine Begründung dafür geben: Die winzig kleinen, nicht sichtbaren Teilchen der Flüssigkeit, die Moleküle, befinden sich in ständiger Bewegung. Sie stoßen dabei an die viel größeren, im Mikroskop sichtbaren Blütenstaubkörnchen und schieben diese unregelmäßig hin und her.
Nach ihrem Entdecker wird diese unregelmäßige Bewegung sichtbarer Staubkörnchen als **brownsche Bewegung** bezeichnet. Die brownsche Bewegung ist ein Beleg für die Existenz kleinster, nicht sichtbarer Teilchen.
Bereits im Altertum nahmen einige Gelehrte an, dass alle Stoffe aus kleinsten Teilchen bestehen, die nicht mehr zerteilt werden können. Diese Teilchen nannten sie **Atome** (vom griechischen Wort atomos: das Unteilbare). Diese Idee geriet später in Vergessenheit. Die Untersuchung solcher Erscheinungen wie der Diffusion und der brownschen Bewegung bestätigten später die Richtigkeit der Teilchenvorstellung. Dass Atome und Moleküle tatsächlich existieren, konnte erst Anfang des 20. Jahrhunderts durch verschiedene Experimente bestätigt werden.

Feste Körper, Flüssigkeiten und Gase

Feste Körper, z. B. ein dicker Metalldraht oder eine Zange, haben eine bestimmte Form und ein unveränderliches Volumen. Nur mit großen Kräften ist es möglich, den Draht mithilfe der Zange zu verbiegen oder ein Stück abzukneifen.
Die Teilchen in festen Körpern haben feste Plätze und liegen dicht beieinander. Zwischen ihnen wirken große Kräfte. Deshalb sind das Volumen und die Form von festen Körpern unveränderlich. Sie lassen sich nicht zusammendrücken.

Gießt man eine bestimmte Menge Milch nacheinander in verschiedene Gefäße, dann passt sich die Milch der jeweiligen Form des Gefäßes an. Das Volumen der Milch ändert sich jedoch nicht. Das gilt für alle **Flüssigkeiten.** Die Kräfte zwischen den Teilchen von Flüssigkeiten sind nicht so groß wie bei festen Körpern. Deshalb sind die Flüssigkeitsteilchen sehr leicht gegeneinander verschiebbar und nur deshalb lassen sie sich gießen und nehmen die Form des Gefäßes an, in dem sie sich befinden. Trotzdem bleibt der Abstand der Flüssigkeitsteilchen unverändert. Das ist die Ursache dafür, dass sich die meisten Flüssigkeiten nicht zusammendrücken lassen. Das wird z. B. bei Spritzen oder bei hydraulischen Anlagen (s. S. 206) genutzt.

Von **Gasen** wissen wir, dass sie sich in ihrer Form und ihrem Volumen jeweils dem Gefäß anpassen, in dem sie sich gerade befinden. Da die Teilchen keinen festen Platz haben und der Abstand zwischen ihnen relativ groß ist, kann ein gasförmiger Körper, zum Beispiel die Luft in einer Luftpumpe, zusammengedrückt werden. Wenn sich der zur Verfügung stehende Raum vergrößert, füllen die Gasteilchen wegen ihrer freien Bewegung den gesamten Raum aus. Der Abstand der Teilchen voneinander vergrößert sich.

1 Die Karosserie des Autos ist ein fester Körper. In seinem Tank befindet sich die Flüssigkeit Benzin, in seinen Reifen das Gas Luft.

Aufbau und Eigenschaften	Feste Körper	Flüssigkeiten	Gase
	Die Teilchen liegen sehr eng und regelmäßig beieinander. Sie haben einen festen Platz.	Die Teilchen liegen dicht beieinander, haben aber keinen festen Platz. Sie sind gegeneinander verschiebbar. Ihr Abstand bleibt aber gleich.	Der Abstand der Teilchen ist groß. Sie haben keinen festen Platz.
	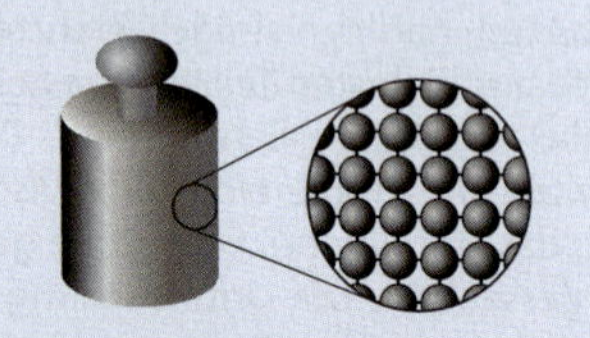	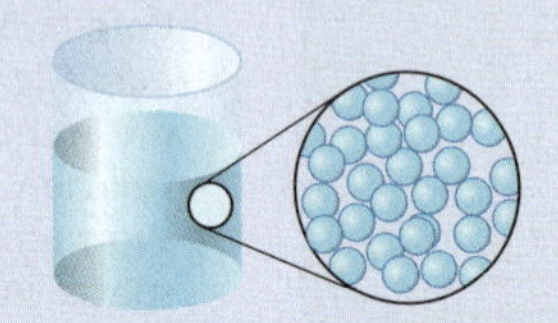	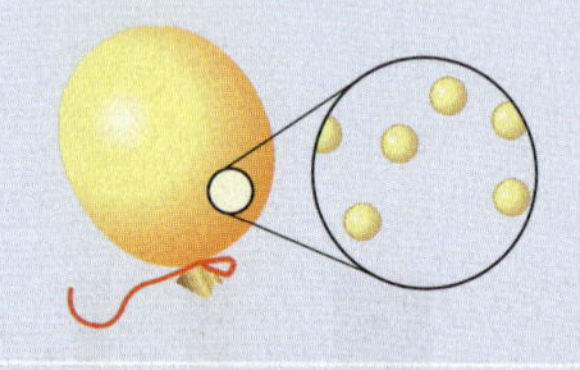
	Die Teilchen schwingen um ihren Platz hin und her. Zwischen ihnen wirken starke anziehende bzw. abstoßende Kräfte.	Die Teilchen bewegen sich an dem Platz hin und her, an dem sie sich gerade befinden. Die Kräfte zwischen ihnen sind kleiner als bei festen Körpern.	Die Teilchen bewegen sich frei im gesamten Raum, den sie zur Verfügung haben. Die Kräfte zwischen ihnen sind sehr klein.

Physik in Natur und Technik

Eine merkwürdige Erscheinung

Auf einem Teich sieht man manchmal Insekten, die auf der Wasseroberfläche laufen (Abb. 1).
Warum sinken die Insekten nicht in das Wasser ein?

Um eine Antwort zu finden, hilft der folgende Versuch, bei dem wir die Erscheinung an Beispielen erforschen: In ein Gefäß wird Wasser gefüllt. Probiert man einen schweren Gegenstand, z. B. ein Geldstück, auf die Wasseroberfläche zu legen, so gelingt das nicht. Das Geldstück geht unter. Nimmt man aber einen leichten Körper wie eine Rasierklinge und legt sie vorsichtig auf das Wasser, so geht sie nicht unter, sondern schwimmt auf der Wasseroberfläche, obwohl eine Rasierklinge aus Stahl eine größere Dichte als Wasser hat.
Wie sind diese Erscheinungen zu erklären?

Zwischen den Wasserteilchen wirken Kohäsionskräfte. Im Inneren des Wassers ist jedes Teilchen von vielen anderen umgeben. Es wird von allen gleichmäßig in allen Richtungen angezogen. Bei den Teilchen an der Oberfläche ist das anders. Sie werden nur von den Teilchen neben und unter ihnen angezogen. Die nach oben gerichteten Kräfte entfallen, da sich über ihnen nur Luftteilchen befinden. Dadurch bilden die Wasserteilchen eine Schicht, die wie ein sehr dünnes, aber elastisches Häutchen wirkt. Dieses Häutchen kann sogar leichte Gegenstände tragen.

1 Ein Wasserläufer bewegt sich auf dem Wasser.

2 Triebwerke für ein Flugzeug in einer Montagehalle: Auch dabei wird Klebetechnik genutzt.

Kleben macht leichter und belastbar

Einzelteile von Flugzeugen oder Schiffen wurden noch vor einigen Jahren genietet, geschraubt oder geschweißt. Heute klebt man bei vielen dieser Arbeiten (Abb. 2).
Die Auswirkungen in Bezug auf die Masse der Produkte sind enorm. So wird z. B. ein Jumbojet vom Typ Boeing 747 um bis zu 10 000 kg leichter. Dadurch können außerdem große Mengen an Treibstoff eingespart werden.
Worauf beruht die Wirkung von Klebstoffen?

Man trägt den Klebstoff in flüssiger Form auf die Teile auf, die verbunden werden sollen. Dann werden die Teile aufeinander gepresst.
Beim Kleben wird die Adhäsion genutzt. Der Klebstoff dringt in die Oberflächen der Teile ein. Dadurch kommen viele Teilchen beider Teile miteinander in Berührung. Wenn der Klebstoff trocknet, gehen die Teilchen der Körper und des Klebstoffs eine enge Verbindung ein. Sie kann nicht mehr oder nur sehr schwer rückgängig gemacht werden. Klebestellen halten großen Belastungen stand. Ein Beispiel dafür sind die Rotorblätter von Hubschraubern.

gewusst · gekonnt

1. Gib die gleiche Menge Zucker in zwei gleiche Tassen Tee! Rühre den Tee nur in einer der Tassen um! Warte etwa fünf Minuten! Dann probiere den Tee aus beiden Tassen! Was stellst du fest? Erkläre!

2. Gib die gleiche Menge Zucker jeweils in eine Tasse heißen und kalten Tee und rühre beide gut um! Probiere sogleich den Tee aus beiden Tassen! Was stellst du fest? Erkläre!

3. Gieße Wasser in unterschiedlich geformte Gefäße und halte sie dann schräg! Was beobachtest du? Erkläre!

4. Wo bleibt eigentlich die Luft beim Zerplatzen eines Luftballons?

5. Fülle in einen Messbecher zuerst bis zum 200-ml-Skalenstrich Erbsen! Schütte diese in ein größeres Gefäß! Fülle danach den Messbecher ebenso voll mit Grieß! Schütte anschließend den Grieß zu den Erbsen und vermische beides durch Schütteln! Bestimme, welches Volumen das Gemisch einnimmt!
Vergleiche das Volumen des Gemisches mit der Summe der Volumen beider Stoffe! Erkläre das Ergebnis!

6. Fülle Erbsen und eine Murmel in eine Pappschachtel! Schüttle die Schachtel auf einem Tisch hin und her! Beobachte die Bewegung der Erbsen und der Murmel! Was soll mit diesem Versuch dargestellt werden?

7. Erkläre mithilfe der Teilchenvorstellung, warum feste Körper und Flüssigkeiten ein bestimmtes Volumen haben! Was ist bei Gasen in dieser Hinsicht anders?

8. Erkläre, weshalb feste Körper eine bestimmte Form besitzen, Flüssigkeiten aber immer die Form des Gefäßes annehmen, in das sie geschüttet werden!

9. Fülle je eine Plastikspritze mit Wasser und Luft und presse einen Finger auf die Öffnung! Versuche, den Kolben hineinzudrücken! Beschreibe dein Versuchsergebnis! Erkläre!

10. Begründe mit dem Teilchenmodell, warum ein Meißel bei einem gleich starken Hammerschlag tiefer in ein Werkstück aus Holz eindringt als in ein Werkstück aus Eisen!

11. Warum fällt es dir leichter, eine Reißzwecke in Pappe als in eine Holztafel zu drücken? Begründe!

12. In einem Gefäß wurden Sirup und Wasser übereinandergeschichtet (Abb. a). Abb. b zeigt das Ergebnis nach 12 Stunden. Was ist passiert? Probiere es selbst aus!

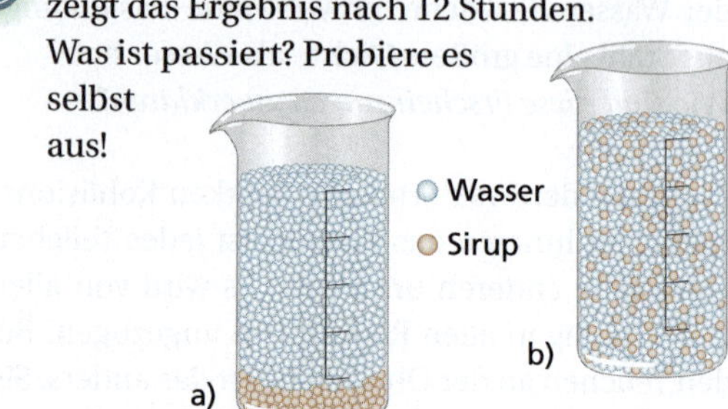

13. Wie lässt sich mit dem Teilchenmodell die Ausbreitung von Parfümduft in der Umgebung erklären?

14. Worauf beruht die hohe Klebewirkung von Alleskleber?

15. Wenn man Wasser aus einer Tasse sehr vorsichtig ausgießt, läuft es meist an der Tasse herunter. Das passiert aber nicht, wenn man das Wasser zügig ausgießt. Erkläre!

16. Warum haftet Kreide an der Wandtafel?

17. Wie kannst du erklären, dass sich in einem Messzylinder der Wasserspiegel an den Wänden nach oben hin „anschmiegt“?

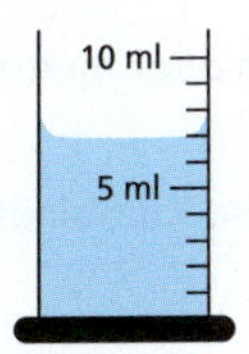

18. Auf welcher physikalischen Eigenschaft beruht die Wirkung von Löschpapier und Küchenpapier?

19. Gewaschene Turnschuhe trocknen schneller, wenn du sie mit Zeitungspapier ausstopfst. Warum?

***20.** Flaschenkürbisse haben ganz feine Poren. Sie werden in tropischen Regionen auch als Trinkgefäße benutzt, weil die Flüssigkeit in ihrem Inneren kühler als die Umgebung bleibt. Wie ist das zu erklären?

21. Tauche ein Stück Würfelzucker mit einer Ecke in Tee! Beschreibe deine Beobachtungen und erkläre!

22. Fülle einen Blumentopf mit lockerer, trockener Erde und einen zweiten mit der gleichen Erde, die aber festgestampft wird! Stelle dann beide Töpfe in wassergefüllte Untersetzer! Beobachte im Abstand von einigen Stunden die Feuchtigkeit in der oberen Erdschicht! Erkläre deine Beobachtungen!

23. Nenne und erläutere Beispiele, wo die Wirkung der Kapillarität erwünscht und wo sie unerwünscht ist!

24. Lege auf den Boden eines Gefäßes ein Stück Würfelzucker! Fülle so viel Wasser ein, dass der Würfelzucker noch etwas herausragt! Zerbrich Zahnstocher in kleine Stücke und ordne sie wie in der Abb. an! Wiederhole den Versuch, in dem du nun in die Mitte ein Stück Seife gibst! Beschreibe und erkläre deine Beobachtungen!

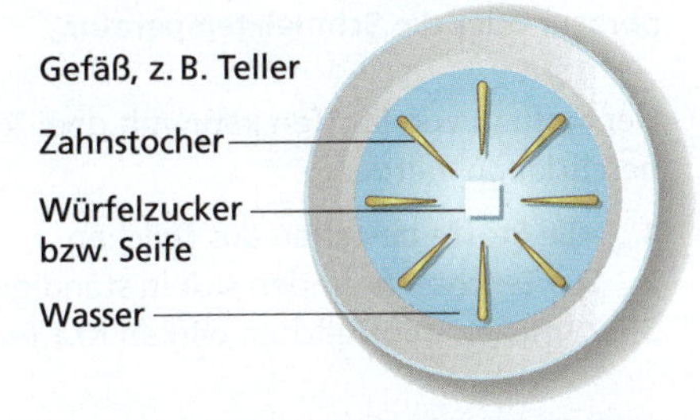

25. Eine Glasplatte oder eine Kunststoffplatte wird an einer Stelle mit etwas Fett eingerieben. Nun bringst du vorsichtig drei Tropfen Wasser auf die Platte:
- einen Tropfen Leitungswasser auf die vorher mit Fett eingeriebene Stelle,
- einen Tropfen Leitungswasser auf eine andere Stelle,
- einen Tropfen Wasser aus einem Gefäß, in das etwas Spülmittel hineingegeben wurde, auf eine dritte Stelle.

Beschreibe deine Beobachtungen und erkläre sie!

26. Wenn es geregnet hat, kann man auf Blättern, Scheiben oder Autos Wassertropfen beobachten. Warum bildet sich keine gleichmäßige Wasserschicht, sondern Tropfen?

summa summarum

Körper, Stoffe, Teilchen

Alle uns umgebenden Körper bestehen aus einem oder mehreren **Stoffen.** Dabei gilt:

Jeder Stoff hat eine für ihn typische Kombination von Eigenschaften.

Solche Eigenschaften von Stoffen sind die **Farbe,** der **Geruch,** die **Dichte,** die **Härte,** die **Leitfähigkeit für Wärme,** die **elektrische Leitfähigkeit,** der **Aggregatzustand** bei Zimmertemperatur, die **Siedetemperatur** oder die **Schmelztemperatur.**

Der Aufbau von Stoffen kann mit dem **Teilchenmodell** beschrieben werden.

1. Alle Stoffe bestehen aus Teilchen.
2. Die Teilchen befinden sich in ständiger Bewegung.
3. Zwischen den Teilchen wirken Kräfte.

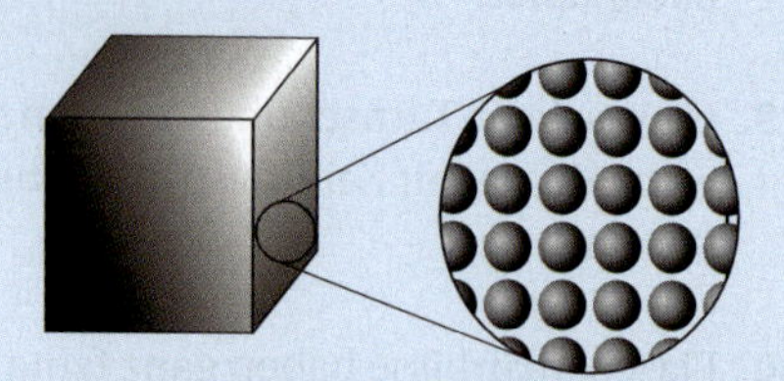

	Feste Körper	**Flüssigkeiten**	**Gase**
Aufbau und Eigenschaften	Teilchen haben einen bestimmten Platz. Die Teilchen schwingen um ihren Platz hin und her. Zwischen ihnen wirken starke anziehende bzw. abstoßende Kräfte.	Teilchen sind gegeneinander verschiebbar. Die Teilchen führen unregelmäßige Bewegungen aus. Zwischen den Teilchen wirken Kräfte, die kleiner als bei festen Körpern sind.	Teilchen bewegen sich beliebig im Raum. Die Teilchen bewegen sich frei im vorhandenen Raum. Zwischen den Teilchen wirken nur geringe Kräfte.
Form	Feste Körper haben eine bestimmte Form.	Flüssigkeiten passen sich der Form des Gefäßes an, in dem sie sich befinden.	Gase passen sich der Form des Gefäßes an, in dem sie sich befinden.
Volumen	Feste Körper haben ein bestimmtes Volumen. Sie lassen sich nicht zusammendrücken.	Flüssigkeiten haben ein bestimmtes Volumen. Sie lassen sich nicht zusammendrücken.	Gase nehmen den gesamten Raum ein, der ihnen zur Verfügung steht. Sie lassen sich zusammendrücken und haben ein veränderliches Volumen.

3.4 Mechanische Arbeit, Energie und Leistung

Was ist mechanische Arbeit?

Beim Kugelstoßen, beim Spannen eines Bogens, beim Dehnen einer Feder oder beim Biegen eines Astes wird mechanische Arbeit verrichtet. Dabei wirkt häufig eine Kraft nur kurzzeitig mit veränderlichem Betrag ein.

Wie kann man in solchen Fällen die verrichtete mechanische Arbeit bestimmen? Wie groß ist die Energie, die der Körper dann besitzt?

Energie und Arbeit

Nach dem Start eines Abfahrtsläufers vergrößert sich zunächst seine Geschwindigkeit und kann bis über 100 km/h erreichen. In Kurven verringert sich die Geschwindigkeit, bei Schussfahrten vergrößert sie sich. Hinter dem Ziel bremst der Fahrer auf einer kurzen Strecke bis zum Stillstand ab.

Welche Energieumwandlungen gehen vom Start bis zum Ziel vor sich? Welche Arten von Arbeit werden verrichtet?

Leistung ist gefragt

Beim Start einer Rakete muss in kurzer Zeit eine gewaltige Menge Treibstoff verbrannt werden, damit die Rakete von der Startrampe abheben kann.
Bei großen Raketen, z. B. beim Start eines Space Shuttle, werden in jeder Sekunde etwa 10 Tonnen Treibstoff verbrannt. Die Verbrennungsgase strömen mit ca. 2 300 m/s aus den Düsen der Triebwerke. Aus der Ruhe heraus erreicht die Rakete nach wenigen Minuten eine Geschwindigkeit von etwa 8 km/s.

Welche Energieumwandlungen treten beim Start einer Rakete auf? Wie groß ist die Leistung eines Raketentriebwerkes?

Mechanische Arbeit

Bei allen physikalischen Vorgängen, bei denen ein Körper durch eine Kraft bewegt oder verformt wird, wird **mechanische Arbeit** verrichtet (s. Übersicht unten). Sie ist eine **Prozessgröße.**

Mechanische Arbeit wird verrichtet, wenn ein Körper durch eine Kraft bewegt oder verformt wird.

Formelzeichen: W
Einheiten: 1 Newtonmeter (1 N · m)
1 Joule (1 J)

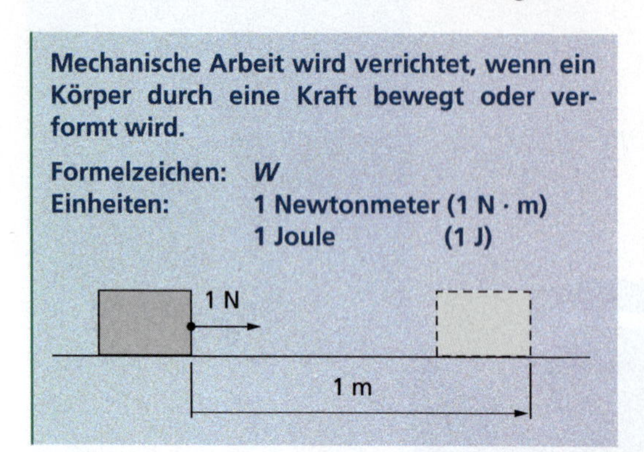

Die bei einem Vorgang verrichtete mechanische Arbeit kann man aus dem Betrag der einwirkenden Kraft und dem zurückgelegten Weg berechnen, wobei die Richtungen von Kraft und Weg zu beachten sind. Wir betrachten nur den Fall, dass die Kraft in Richtung des Weges wirkt und immer den gleichen Betrag hat.

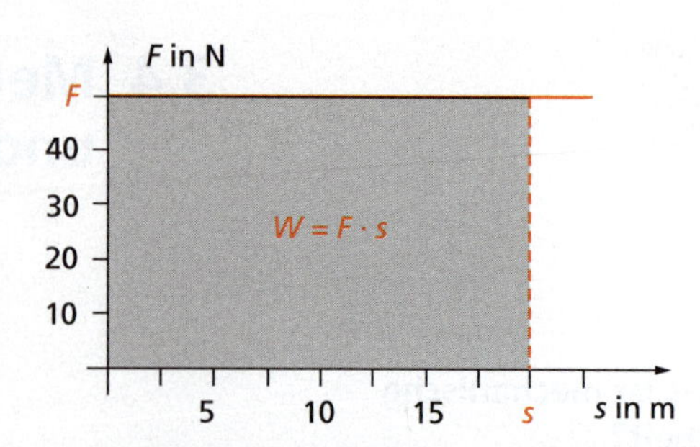

1 F-s-Diagramm bei F = konstant. Die konstante Kraft beträgt hier F = 50 N, der Weg s = 20 m.

Unter der Bedingung, dass die Kraft konstant ist und in Richtung des Weges wirkt, gilt:

$W = F \cdot s$ — F einwirkende Kraft, s zurückgelegter Weg

Stellt man Kraft und Weg in einem Diagramm dar, so kann aus einem solchen F-s-Diagramm ebenfalls die Arbeit ermittelt werden (Abb. 1). Das Produkt aus der einwirkenden Kraft und dem zurückgelegten Weg entspricht der Fläche unter dem Graphen. Dabei müssen die jeweiligen Einheiten beachtet werden. Im betrachteten Fall ergibt sich $W = 50\ \text{N} \cdot 20\ \text{m} = 1000\ \text{N} \cdot \text{m}$.

Heben eines Körpers	Verformen (Spannen) einer Feder	Anfahren eines Autos	Fahren eines Schiffes
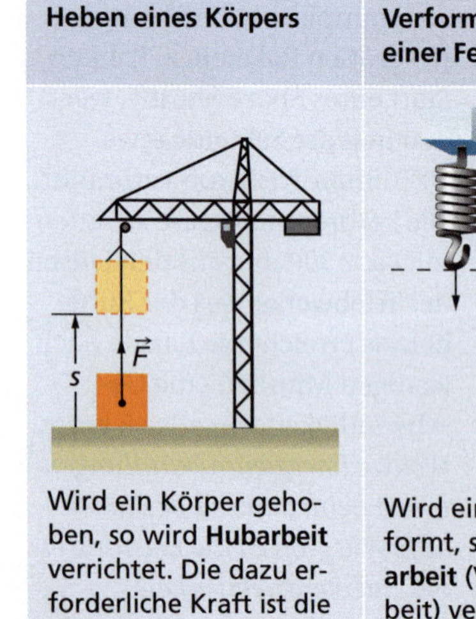	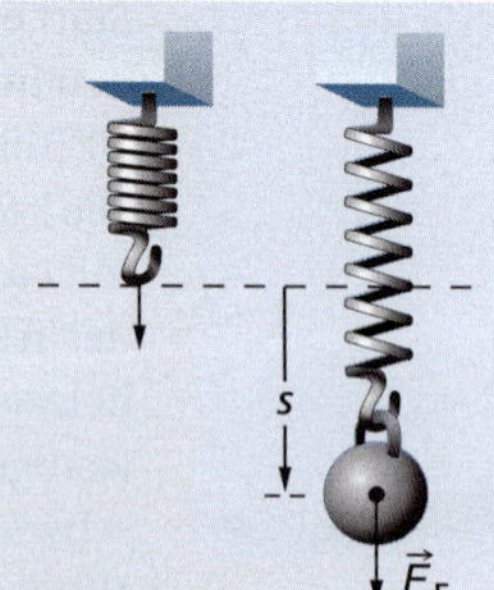		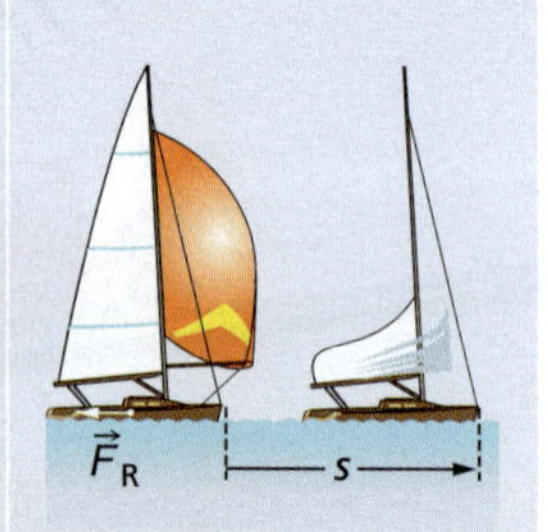
Wird ein Körper gehoben, so wird **Hubarbeit** verrichtet. Die dazu erforderliche Kraft ist die Gewichtskraft.	Wird ein Körper verformt, so wird **Spannarbeit** (Verformungsarbeit) verrichtet. Bei elastischer Verformung gilt:	Wird ein Körper beschleunigt, so wird **Beschleunigungsarbeit** verrichtet. Hier wird der Körper noch gehoben.	Wird die Bewegung eines Körpers durch Reibungskräfte gehemmt, so wird **Reibungsarbeit** verrichtet.
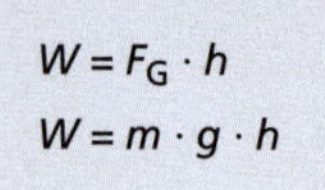 $W = F_G \cdot h$ $W = m \cdot g \cdot h$	$W = \frac{1}{2} F_E \cdot s$	$W = F \cdot s$	$W = F_R \cdot s$

Mosaik

Diagramme in Wissenschaft und Technik

Zur Veranschaulichung von Zusammenhängen sowie zur Darstellung von Verläufen oder von Abhängigkeiten werden in vielen Bereichen von Wissenschaft und Technik Diagramme genutzt. Wichtige Arten von Diagrammen sind **Kreisdiagramme, Säulendiagramme** und **Liniendiagramme** (s. Übersicht unten).

Die sinnvolle Interpretation von Diagrammen ist in vielen Bereichen von Wissenschaft und Technik eine wichtige Aufgabe. So muss z. B. ein Mediziner ein EKG (s. Übersicht) richtig interpretieren oder ein Techniker aus dem Diagramm einer Schwingungsdämpferprüfung die richtigen Folgerungen ableiten. Physikalische, chemische oder biologische Zusammenhänge lassen sich häufig nur in Diagrammen sinnvoll und sehr anschaulich darstellen. Bei der Interpretation eines Diagramms ist sorgfältig zu prüfen, welche Aussagen aus ihm ableitbar sind. In vielen Fällen reicht es aus, den Kurvenverlauf zu interpretieren. So geben z. B. in der Medizin und in der Technik Abweichungen vom „Normalverlauf" Hinweise auf Erkrankungen bzw. Defekte.

In der Physik ist nicht nur der Verlauf des Graphen von Interesse. Bei einer Reihe von Diagrammen hat auch die Fläche unter dem Graphen bzw. der Anstieg des Graphen eine physikalische Bedeutung (s. Übersicht).

Arten von Diagrammen

Kreisdiagramm

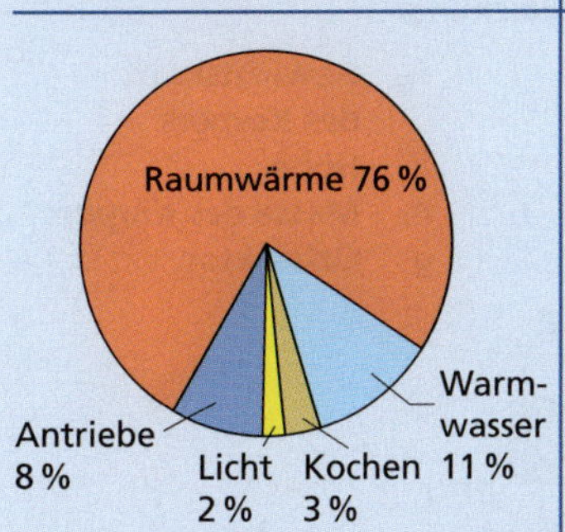

Aufteilung des Energieverbrauchs in deutschen Privathaushalten

Säulendiagramm

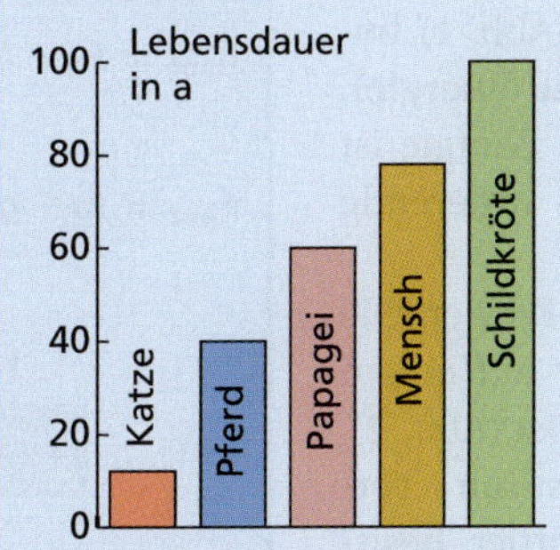

Durchschnittliche Lebensdauer einiger Lebewesen

Liniendiagramm

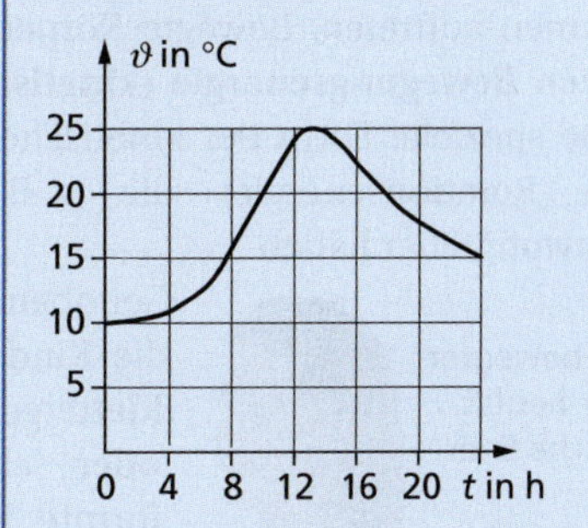

Abhängigkeit der Temperatur von der Tageszeit

Interpretation von Diagrammen

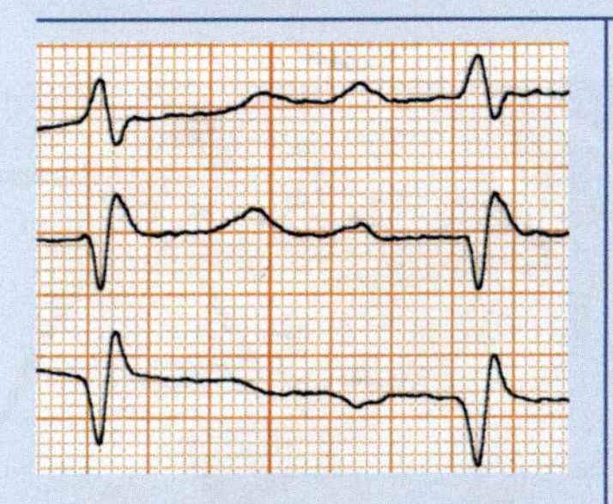

EKG: Aus dem Kurvenverlauf können Aussagen über die Herztätigkeit abgeleitet werden.

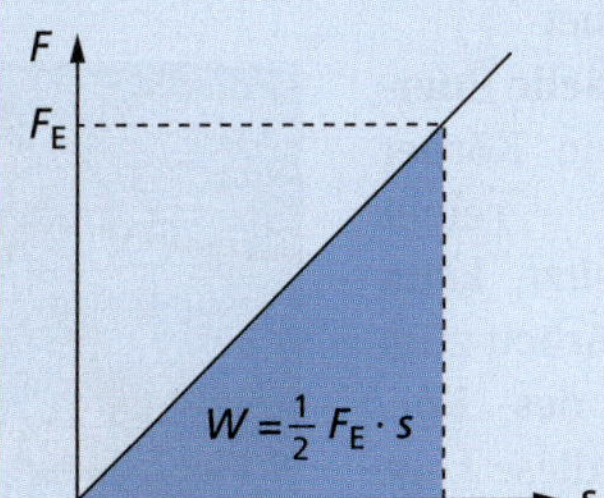

Im Kraft-Weg-Diagramm für eine Feder hat die Fläche eine physikalische Bedeutung.

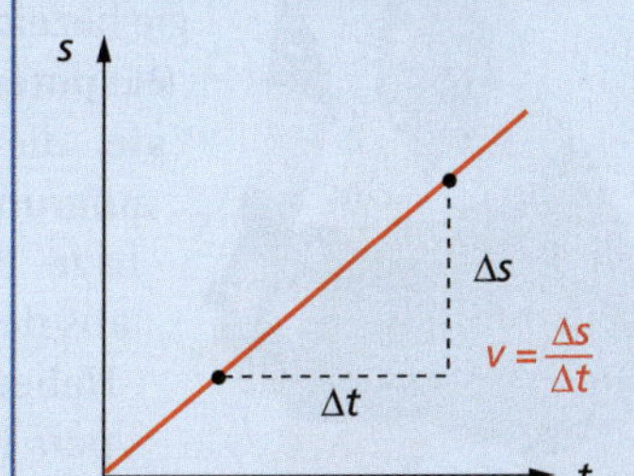

Im Weg-Zeit-Diagramm hat der Anstieg eine physikalische Bedeutung.

Mechanische Energie

Ein fallender Stein, ein fahrendes Auto, eine gespannte Feder oder ein rotierendes Schwungrad besitzen Energie. Das gilt auch für strömendes oder angestautes Wasser, für Wind oder für Dachziegel, die sich 10 m über dem Erdboden auf einem Dach befinden. Die Energie, die Körper aufgrund ihrer Lage oder ihrer Bewegung haben, wird als **mechanische Energie** bezeichnet. Auch für mechanische Energie gilt:

Mechanische Energie ist die Fähigkeit eines Körpers, Arbeit zu verrichten, Wärme abzugeben oder Licht auszusenden.

Formelzeichen: E_{mech}
Einheit: **1 Joule (1 J)**

Mechanische Energie kann in verschiedenen Formen auftreten. Bewegte Körper (Abb. 1) besitzen **Bewegungsenergie (kinetische Energie).** Eine spezielle Form der kinetischen Energie ist die Rotationsenergie, die z. B. rotierende Schwungräder haben.

1 Ein bewegter Körper besitzt kinetische Energie.

Gehobene Körper, wie die Kinder auf einem Klettergerüst (Abb. 2), oder elastisch verformte Körper besitzen Energie der Lage. Sie wird in der Physik als **potenzielle Energie** oder als Lageenergie bezeichnet.

Die **potenzielle Energie,** die ein Körper aufgrund seiner Lage besitzt, kann aus der Arbeit zum Heben des Körpers in diese Lage berechnet werden. Sie ist genauso groß wie die zuvor an ihm verrichtete Hubarbeit.

Mechanische Energien in Natur und Technik	
potenzielle Energie	
Ziegelstein (m = 3,5 kg), um 1 m gehoben	35,0 J
Mensch (55 kg) auf 10-m-Sprungbrett	5,5 kJ
Rammbär (m = 1000 kg), um 1 m gehoben	10 kJ
kinetische Energie	
Apfel (m = 100 g) bei 1 m freiem Fall	1 J
Mensch (m = 55 kg) beim normalen Gehen	50 J
Pkw (m = 1000 kg) bei 100 km/h	386 kJ

Die potenzielle Energie kann berechnet werden mit der Gleichung:

$E_{pot} = F_G \cdot h$

$E_{pot} = m \cdot g \cdot h$

F_G Gewichtskraft des Körpers
h Höhe
m Masse des Körpers
g Ortsfaktor

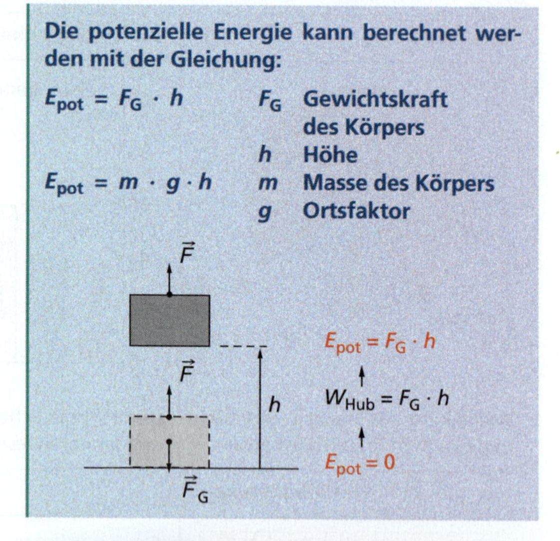

2 Ein gehobener Körper besitzt potenzielle Energie.

Mosaik

Energie einer Feder

Die Energie, die eine gespannte Feder besitzt, ist ebenfalls potenzielle Energie (Spannenergie). Die **potenzielle Energie einer gespannten Feder** ist genauso groß wie die zuvor an ihr verrichtete Spannarbeit. Je stärker eine Feder gedehnt wird, desto größer ist ihre Spannenergie. Spannenergie besitzen auch ein gespannter Bogen oder ein verformter Expander.

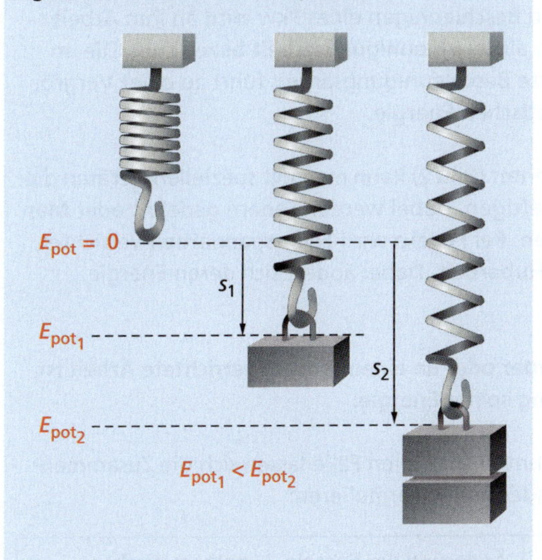

Die **kinetische Energie** eines Körpers ist von seiner Masse und von seiner Geschwindigkeit abhängig. So hat bei einer bestimmten Geschwindigkeit ein schwerer Lkw eine wesentlich größere kinetische Energie als ein leichter Pkw. Die kinetische Energie eines Pkw, der mit 130 km/h fährt, ist wesentlich größer als die bei einer Geschwindigkeit von 50 km/h.

Die kinetische Energie (Bewegungsenergie) eines Körpers ist umso größer,

– je größer die Masse des Körpers ist und
– je größer seine Geschwindigkeit ist.

Sie kann berechnet werden mit der Gleichung:

$E_{kin} = \frac{1}{2} m \cdot v^2$

m Masse des Körpers
v Geschwindigkeit des Körpers

Energieerhaltungssatz der Mechanik

Beim Herabfallen eines Steines oder beim Hochwerfen eines Balles wird potenzielle Energie in kinetische Energie umgewandelt und umgekehrt. Geht man davon aus, dass keine mechanische Energie in andere Energieformen umgewandelt wird und kein Energieaustausch mit der Umgebung erfolgt, spricht man von einem abgeschlossenen mechanischen System. Dafür gilt der **Energieerhaltungssatz der Mechanik.**

In einem abgeschlossenen mechanischen System ist die mechanische Energie stets konstant.

$E_{mech} = E_{pot} + E_{kin} = \text{konstant}$

E_{mech} mechanische Energie
E_{pot} potenzielle Energie
E_{kin} kinetische Energie

Der Energieerhaltungssatz der Mechanik ist ein Spezialfall des allgemeinen Energieerhaltungssatzes (s. S. 471).
Aus den vorhergehenden Betrachtungen wird deutlich, dass zwischen der Energie eines Körpers und der verrichteten Arbeit ein enger Zusammenhang besteht.

Die an einem Körper oder von einem Körper verrichtete mechanische Arbeit ist genauso groß wie die Änderung seiner Energie.

$W = \Delta E$

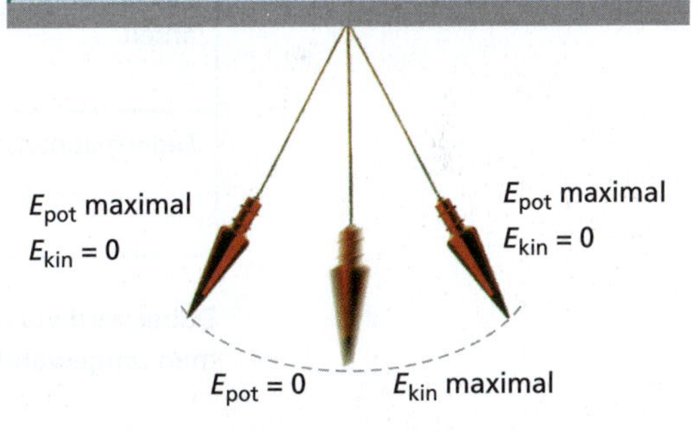

1 Die Umwandlung von kinetischer in potenzielle Energie und umgekehrt kann man gut bei einem Fadenpendel verfolgen.

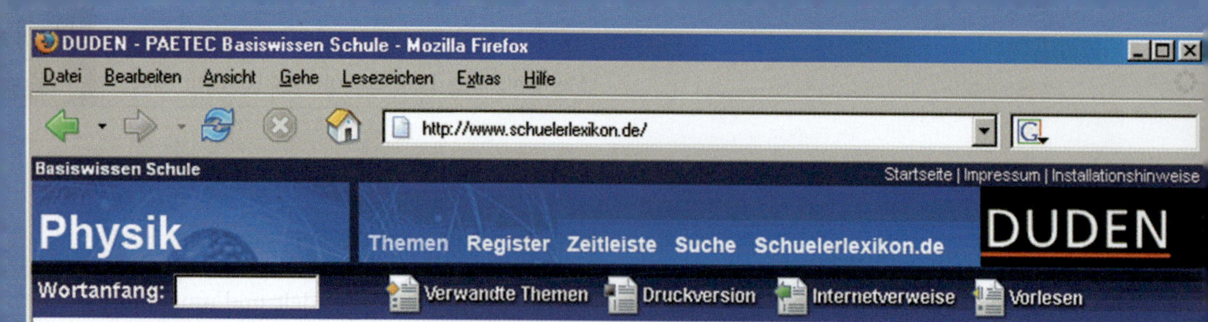

Energie und Arbeit

1 Ein Hubschrauber verrichtet beim Aufsteigen Hubarbeit.

Ein Kran oder ein Hubschrauber (Bild 1) hebt einen Behälter in eine bestimmte Höhe. Dabei wird **Hubarbeit** verrichtet. Die **potenzielle Energie** des Behälters vergrößert sich.
Beim Anfahren und Beschleunigen eines Pkw wird an ihm Arbeit verrichtet, die man als **Beschleunigungsarbeit** bezeichnet. Die an dem Pkw verrichtete Beschleunigungsarbeit führt zu einer Vergrößerung seiner **kinetischen Energie.**

In einem Fitness-Center (Bild 2) kann man mit speziellen Geräten die Armmuskulatur kräftigen. Dabei werden Federn gedehnt oder Massestücke angehoben. Bei Federn wird **Federspannarbeit** verrichtet, bei Massestücken Hubarbeit. Dabei ändert sich deren Energie.

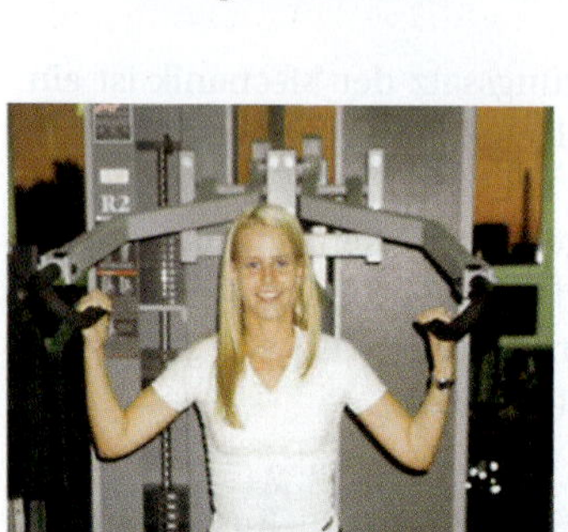

2 Es werden Federspannarbeit und Hubarbeit verrichtet.

Allgemein gilt:
Die von einem Körper oder an einem Körper verrichtete Arbeit ist gleich der Änderung seiner Energie.

Für die oben genannten speziellen Fälle lassen sich die Zusammenhänge auch folgendermaßen formulieren:

Art der Arbeit	Änderung der Energie	mathematischer Zusammenhang
Hubarbeit	führt zur Änderung der potenziellen Energie	$W_H = F_G \cdot h = \Delta E_{pot}$ $W_H = m \cdot g \cdot h = \Delta E_{pot}$
Beschleunigungsarbeit	führt zur Änderung der kinetischen Energie	$W_B = F \cdot s = \Delta E_{kin}$ $W_B = m \cdot a \cdot s = \Delta E_{kin}$
Federspannarbeit	führt zur Änderung der potenziellen Energie	$W_F = \frac{1}{2} F_E \cdot s = \Delta E_{pot}$ $W_F = \frac{1}{2} D \cdot s^2 = \Delta E_{pot}$

Dabei wird vorausgesetzt, dass keine Energie in andere Energieformen umgewandelt wird.

Informiere dich auch unter: *Beschleunigungsarbeit, Hubarbeit, Reibungsarbeit, Verformungsarbeit, Volumenänderungsarbeit, Energieerhaltungssatz der Mechanik, potenzielle Energie, Joule, ...*

Fertig

Die mechanische Leistung

Mechanische Arbeit kann unterschiedlich schnell verrichtet werden. Tina und Lisa wiegen jeweils 50 kg. Beim Stangenklettern (Abb. links) schafft Tina die 4-m-Strecke in 7 s, Lisa dagegen braucht 10 s. Tina hat die gleiche mechanische Arbeit schneller verrichtet als Lisa. Damit ist Tinas **Leistung** größer als die von Lisa.

Die mechanische Leistung gibt an, wie viel Arbeit in jeder Sekunde verrichtet wird.

Formelzeichen: P
Einheiten:
1 Joule je Sekunde $\left(1\,\frac{J}{s}\right)$
1 Newtonmeter je Sekunde $\left(1\,\frac{N\cdot m}{s}\right)$
1 Watt **(1 W)**

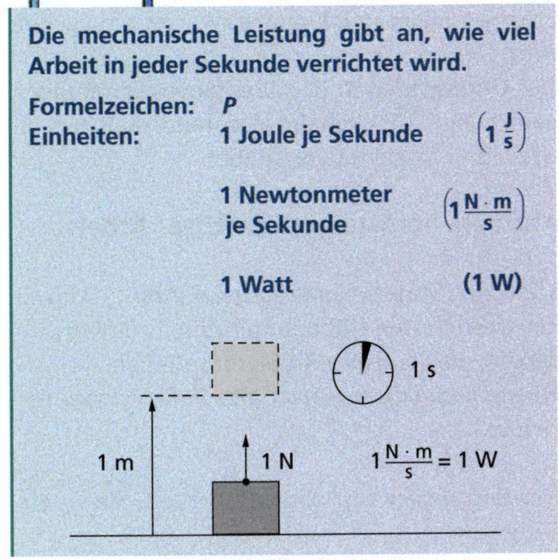

Für die Einheiten gilt:

$$1\,W = 1\,\frac{J}{s} = 1\,\frac{N\cdot m}{s}$$

Eine Leistung von 1 W wird vollbracht, wenn eine Arbeit von 1 J in 1s verrichtet wird oder wenn ein Körper mit einer Gewichtskraft von 1 N in 1 s um 1 m gehoben wird.

Vielfache der Einheit 1 W sind ein Kilowatt (1 kW) und ein Megawatt (1 MW):

1 kW = 1000 W
1 MW = 1000 kW = 1000 000 W
1 GW = 1000 MW = 1000 000 000 W

Leistungen in Natur und Technik	
Taschenrechner	0,02 W
Fahrraddynamo	3 W
Mensch (Dauerleistung)	80 W–100 W
Glühlampe im Haushalt	bis 100 W
Rad fahren	200 W
Tauchsieder	300 W–1000 W
Dauerleistung eines Pferdes	ca. 500 W
kurzzeitige sportliche Höchstleistung (Mensch)	1,5 kW
mittlerer Automotor	50 kW
Formel-1-Rennwagen	ca. 500 kW
Elektrolokomotive	5 MW
Kraftwerksblock	500 MW–1000 MW

Manchmal wird auch noch die gesetzlich nicht mehr zulässige Einheit eine Pferdestärke (1 PS) verwendet:

1 PS = 736 W

Die Einheit 1 W ist nach dem britischen Ingenieur James Watt (1736–1818) benannt, der die erste für die Wirtschaft brauchbare Dampfmaschine entwickelt hat. Eine Leistung von 1 Watt wird auch vollbracht, wenn ein Körper mit einer Kraft von 1 Newton in einer Sekunde 1 Meter in Richtung der Kraft bewegt wird.

Die mechanische Leistung kann berechnet werden mit der Gleichung:

$P = \frac{W}{t}$ — **W verrichtete mechanische Arbeit**, **t Zeit**

Ein Fahrstuhl, der für die gleiche Stockwerkshöhe nur die Hälfte der Zeit benötigt als ein anderer, hat eine doppelt so große Leistung als dieser.
Wird von einem Kran A die doppelte Menge Steine in der gleichen Zeit in eine bestimmte Höhe transportiert als von einem Kran B, dann hat Kran A doppelt soviel geleistet wie Kran B.
Während Maschinen ausdauernd Leistungen vollbringen können, sind Menschen nur kurzzeitig zu Höchstleistungen in der Lage. Die Höchstleistung kann mehr als 1000 W betragen. Die mittlere Leistung liegt bei etwa 100 W.

Physik in Natur und Technik

Bälle für alle Fälle

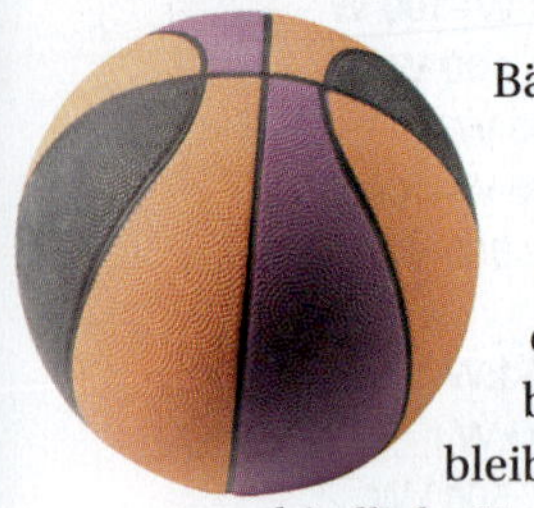

Bälle, die man aus gleichen Höhen fallen lässt, springen nicht nur unterschiedlich hoch, sondern können auch wie im Falle eines Wasserballs oder Medizinballs fast sofort am Boden liegen bleiben. Offensichtlich finden unterschiedliche Energieumwandlungen statt.

Beschreibe die Energieumwandlungen, wenn ein Superball, ein Tischtennisball und ein Medizinball aus gleichen Höhen fallen! Welche Gemeinsamkeiten und welche Unterschiede gibt es?

Während der Superball A nach dem ersten Aufprall auf dem Boden fast wieder seine ursprüngliche Höhe erreicht und noch lange springt, bleibt der Tischtennisball B deutlich unter dessen Höhe und springt nur noch einige Male immer weniger hoch. Der Medizinball C bleibt sofort liegen (Abb. 1).

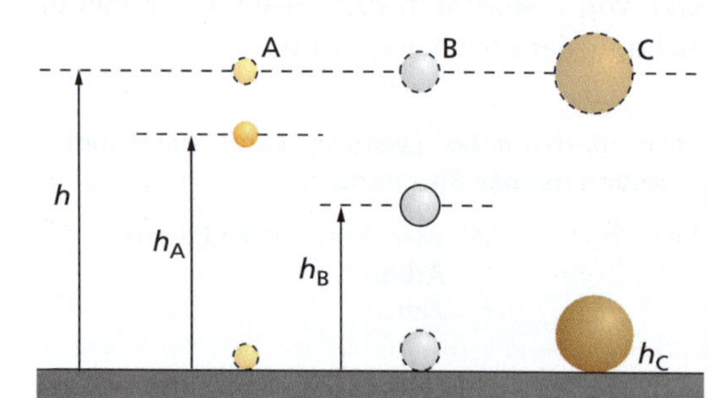

1 Nach dem Aufprall gilt: $h > h_A > h_B$ und $h_C = 0$.

In allen drei Fällen wird die Lageenergie beim Fallen in kinetische Energie umgewandelt. Am Boden ist die kinetische Energie am größten und die Lageenergie ist null.

Mit dem Aufprall auf dem Boden unterscheiden sich die drei Vorgänge.

Beim **Medizinball** führt die kinetische Energie zur unelastischen Verformung. Ein Teil der Energie wird durch Reibung in thermische Energie umgewandelt. Der Ball erhöht geringfügig seine Temperatur und die seiner Umgebung.

Das **Gemeinsame** in den Energieumwandlungen beim **Superball** und beim **Tischtennisball** zeigt sich beim Aufprall auf dem Boden:

Der größte Teil der kinetischen Energie wird zur elastischen Verformung der Bälle genutzt. Die Spannenergie erhöht sich und wird dann wieder in kinetische Energie umgewandelt. Beide Bälle springen nach oben, wobei ihre Lageenergie in dem Maße zunimmt, wie ihre kinetische Energie abnimmt. Im obersten Punkt ist die kinetische Energie null, die Lageenergie hat dann ihren höchsten Wert erreicht. Sie ist aber kleiner als am Anfang, weil bei jedem Aufprall ein Teil der Energie durch unelastische Verformung in thermische Energie umgewandelt und als Wärme abgegeben wird.

Der **Unterschied** in den Energieumwandlungen beim Superball und beim Tischtennisball liegt im Grad ihrer Elastizität begründet.

Auch ein Bergsteiger verrichtet Arbeit

Klettern ist eine beliebte Sportart (Abb. 2). Um einen bestimmten Höhenunterschied zu überwinden, ist mechanische Arbeit erforderlich.

Wovon hängt die Arbeit ab, die ein Bergsteiger verrichtet?

Der Bergsteiger verrichtet Hubarbeit. Sie ist abhängig

- von der Gewichtskraft des Bergsteigers und seiner Ausrüstung und
- vom Höhenunterschied, den der Bergsteiger überwindet.

Die mechanische Arbeit ist unabhängig davon, wie schnell der Bergsteiger sich nach oben bewegt. Die Schnelligkeit des Verrichtens von Arbeit wird durch die Größe Leistung erfasst.

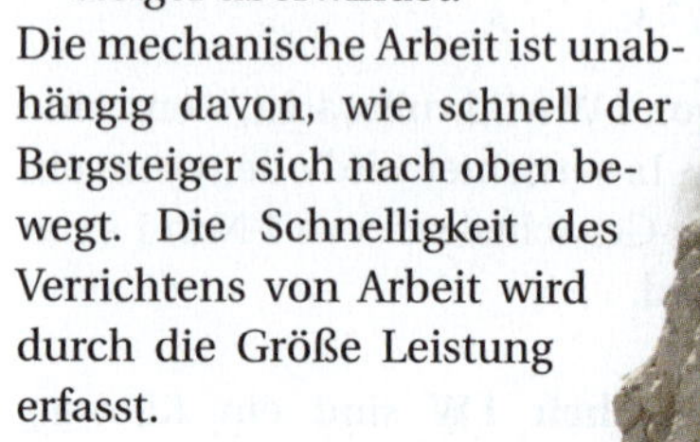

2 Ein Bergsteiger verrichtet Hubarbeit.

Wie groß ist die verrichtete Arbeit, wenn der Bergsteiger eine Masse von 68 kg hat, seine Ausrüstung 12 kg wiegt und er aus einer Höhe von 785 m in eine Höhe von 1 685 m klettert?

Analyse:
Aus der Masse des Bergsteigers und seiner Ausrüstung muss die Gewichtskraft ermittelt werden, die beide haben. Der zurückgelegte Weg ist der Höhenunterschied. Die ebenfalls auftretende Reibungsarbeit und die Beschleunigungsarbeit (z. B. Bewegungsänderung von Armen und Beinen) bleiben unberücksichtigt.
Vereinfacht kann der Sachverhalt folgendermaßen dargestellt werden:

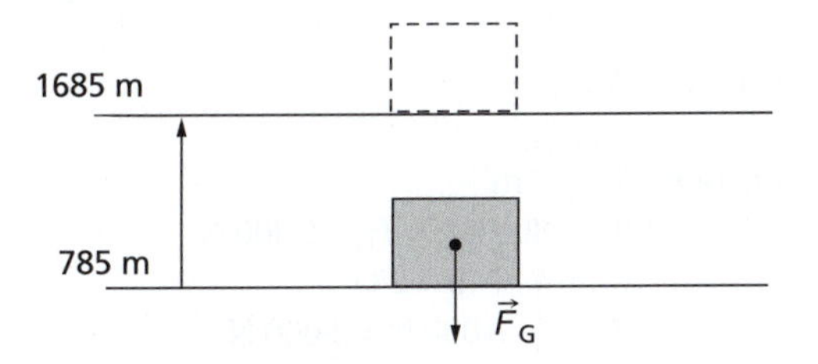

Gesucht: W in N · m
Gegeben: $m_1 = 68$ kg
$m_2 = 12$ kg
$h = 1\,685 \text{ m} - 785 \text{ m} = 900 \text{ m}$

Lösung:

$$W = F_G \cdot h$$

Die Kraft ergibt sich aus der Masse von Bergsteiger und Ausrüstung:

$$m = m_1 + m_2$$
$$m = 68 \text{ kg} + 12 \text{ kg}$$
$$m = 80 \text{ kg}$$

Das entspricht einer Gewichtskraft von 800 N. Damit erhält man für die Hubarbeit:

$$W = 800 \text{ N} \cdot 900 \text{ m}$$
$$W = 720\,000 \text{ N} \cdot \text{m}$$

Ergebnis:
Der Bergsteiger verrichtet eine Arbeit von 720 000 N · m oder 720 kJ. Diese Hubarbeit ist unabhängig davon, ob der Bergsteiger einen steilen und kurzen oder einen weniger steilen und langen Weg wählt.

1 Ein Hochspringer vollbringt kurzzeitig eine sportliche Höchstleistung.

Höchstleistung leider nicht von Dauer

Während beim Hochsprung nur die Höhe der übersprungenen Latte interessiert, geht es beim Gewichtheben allein um ein „Kräftemessen".
Ein Vergleich der beiden sportlichen Leistungen im physikalischen Sinne ist nur möglich, wenn einige Größen bekannt sind. So hebt der Hochspringer (m = 75 kg) seinen Schwerpunkt etwa um 1 m (Abb. 1). Dafür benötigt er 0,5 s. Der Gewichtheber hebt 180 kg in etwa 2 s um eine Höhe von 2 m.
In beiden Fällen handelt es sich bei diesen Sportarten um Augenblicksleistungen.
Vergleiche die Leistungen eines Hochspringers und eines Gewichthebers mit der menschlichen Dauerleistung von etwa 100 W!

Analyse:
Beide Sportler verrichten Hubarbeit.

Gesucht: Leistung des Hochspringers P_H
Leistung des Gewichthebers P_G
Gegeben: $m_H = 75$ kg $\Rightarrow F_{G_H} = 750$ N
$m_G = 180$ kg $\Rightarrow F_{G_G} = 1\,800$ N
$h_H = 1$ m $\quad h_G = 2$ m
$t_H = 0{,}5$ s $\quad t_G = 2$ s

Lösung:
Die Leistung kann berechnet werden mit der Gleichung:

$$P = \frac{W_{Hub}}{t} \qquad W_{Hub} = F_G \cdot h$$

Damit ergibt sich für die Leistung:

$$P = \frac{F_G \cdot h}{t}$$

$$P_H = \frac{750\ \text{N} \cdot 1\ \text{m}}{0{,}5\ \text{s}} \qquad P_G = \frac{1800\ \text{N} \cdot 2\ \text{m}}{2\ \text{s}}$$

$$\underline{P_H = 1500\ \text{W}} \qquad \underline{P_G = 1800\ \text{W}}$$

Ergebnis:
Die Leistung des Gewichthebers von 1800 W ist 1,2-mal so groß wie die Leistung des Hochspringers von 1500 W. Beide liegen als Augenblicksleistungen weit über der Dauerleistung eines Menschen. Sie sind 15- bzw. 18-mal größer als die Dauerleistung von 100 W.
Solche Augenblicksleistungen können von Menschen nur einen kurzen Zeitraum lang erbracht werden. Die genannte Dauerleistung kann dagegen auch mehrere Stunden lang vollbracht werden.

Mechanische Arbeit beim Heben eines Körpers

Mithilfe eines Krans (Abb. 1) soll eine Betonplatte (m = 800 kg) um 7 m angehoben werden. Die Anzahl der tragenden Seile beträgt vier. Das bedeutet: Die Last verteilt sich gleichmäßig auf diese vier tragenden Seile.
Welche mechanische Arbeit ist zum Heben der Betonplatte erforderlich?
Welche Arbeit muss der Elektromotor des Krans am Seilende verrichten? Vergleiche die Ergebnisse!

1 Kran mit vier tragenden Seilen

Analyse:
Vereinfacht wird die Anordnung als Flaschenzug mit vier tragenden Seilen betrachtet. Reibung, Masse der Seile und Masse der losen Rollen werden vernachlässigt.
Nach den Gesetzen an Rollen (s. S. 152) muss der Motor ein Viertel der Gewichtskraft des Körpers aufbringen.
Der Weg, den das Seil in Richtung Motor bewegt werden muss, ist viermal so groß wie der Weg, um den die Betonplatte gehoben wird. Die Masse von Rollen und Seil wird vernachlässigt.

zum Motor

$\vec{F}_G$

Gesucht: W_{Hub}
W_{Motor}
Gegeben: $h = 7\ \text{m}$
$m = 800\ \text{kg} \Rightarrow F_G = 8\,000\ \text{N}$
$s = 4 \cdot 7\ \text{m} = 28\ \text{m}$
$F = \frac{1}{4} \cdot 8\,000\ \text{N} = 2\,000\ \text{N}$

Lösung:
Für die Hubarbeit ergibt sich:

$$W_{Hub} = F_G \cdot h$$
$$W_{Hub} = 8\,000\ \text{N} \cdot 7\ \text{m}$$
$$\underline{W_{Hub} = 56\,000\ \text{N} \cdot \text{m}}$$

Für die Arbeit des Motors erhält man:

$$W_{Motor} = F \cdot s$$
$$W_{Motor} = 2\,000\ \text{N} \cdot 28\ \text{m}$$
$$\underline{W_{Motor} = 56\,000\ \text{N} \cdot \text{m}}$$

Ergebnis:
Die mechanische Arbeit zum Heben der Betonplatte ist genau so groß wie die Arbeit, die der Elektromotor aufbringen muss.
Diesen Zusammenhang kann man allgemein auch als Gesetz von der Gleichheit der Arbeit formulieren: Mit kraftumformenden Einrichtungen wird keine mechanische Arbeit gespart. Diese Aussage gilt nicht nur für lose Rollen und Flaschenzüge, sondern auch für geneigte Ebenen und Hebel, allerdings nur, wenn man die Reibung vernachlässigt.

gewusst · gekonnt

1. Die Abbildungen zeigen Beispiele, bei denen Kräfte wirken.

Welche Arten von Arbeit werden verrichtet? Begründe jeweils deine Aussage!

2. Welche Arten mechanischer Arbeit werden bei folgenden Vorgängen verrichtet?
a) Ein Pkw verringert durch Bremsen seine Geschwindigkeit.
b) Ein Radfahrer fährt an.
c) Ein Kind steigt eine Leiter hinauf.
d) Ein Handwerker biegt ein Rohr.

3. Eine Kiste wird mit einer Kraft von 150 N auf dem Boden 3 m weit geschoben.
Wie groß ist die verrichtete Arbeit?

4. Du läufst mit deiner Schultasche auf einer ebenen Straße 350 m weit.
Welche Arbeit verrichtest du an der Schultasche? Begründe deine Aussage!

5. Nenne Beispiele für Hubarbeit, Spannarbeit, Beschleunigungsarbeit und Reibungsarbeit aus deinem Erfahrungsbereich!
Erläutere, welche Kräfte wirken und welche Wege zurückgelegt werden!

6. Gleich schwere Kisten sind vom Boden in einzelne Felder eines Regals gehoben worden. In welchen Fällen wurde die gleiche Arbeit zum Füllen der Regalfelder verrichtet?
Antworte so: $W_{1A} = W_{2C}$.

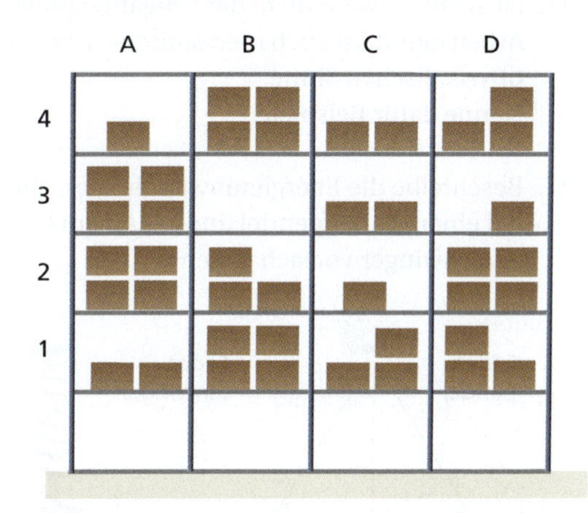

7. Berechne die fehlenden Werte unter der Bedingung, dass eine konstante Kraft in Richtung des Weges wirkt!

	F	*s*	*W*
a)	400 N	2,5 m	
b)	0,3 N		9 N · m
c)		3,8 m	76 kJ
d)	12,6 N	10 cm	

8. Ein Schüler verrichtet eine Arbeit von 100 J. Nenne vier verschiedene Möglichkeiten, diese Arbeit zu verrichten!

9. Anja will sich beim Wandern die Arbeit erleichtern, indem sie statt des bequemen Wanderweges eine steile Abkürzung wählt. Was meinst du dazu?

10. Zwei Schüler gehen mit ihren Schultaschen eine Treppe hoch.
Unter welchen Bedingungen verrichten sie die gleiche Arbeit?

11. Nicht alles, was man in der Umgangssprache Arbeit nennt, ist auch mechanische Arbeit im physikalischen Sinne.
Nenne dafür Beispiele!

12. Beschreibe die Energieumwandlungen, die bei einem Fadenpendel und bei einem Federschwinger vor sich gehen!

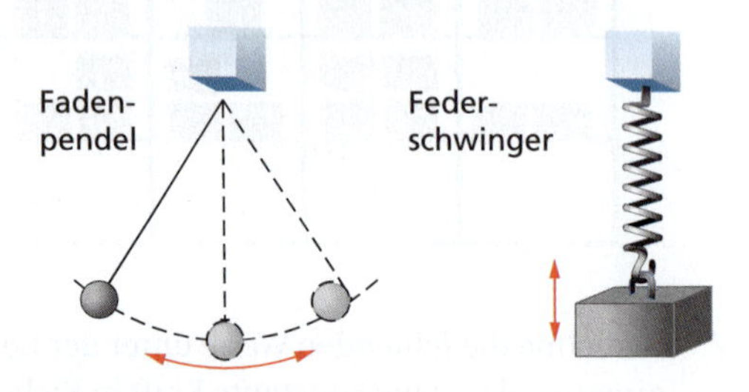

13. Gib für folgende Beispiele an, welche Energie der Körper besitzt:
a) ein fahrendes Auto,
b) ein Schwungrad,
c) ein gespannter Bogen,
d) gestautes Wasser an einem Wehr!

14. Nenne Beispiele für Körper aus Natur, Technik und Alltag, die potenzielle bzw. kinetische Energie besitzen!

15. Während Jens mutig vom 3-m-Brett ins Wasser springt, bevorzugt sein Vater das 1-m-Brett. Trotzdem haben beide auf dem jeweiligen Brett die gleiche potenzielle Energie. Wie kann das sein?

***16.** Auf dem Tisch steht eine Plastikflasche mit einem Liter Wasser.
Wie groß ist ihre potentielle Energie
a) gegenüber dem Erdboden,
b) gegenüber der Tischplatte?

***17.** Wie ist die große zerstörerische Wirkung von Schnee- und Geröllawinen zu erklären?

18. Ein Pkw und ein voll beladener Lkw fahren mit der gleichen Geschwindigkeit. Welches der beiden Fahrzeuge hat die größere kinetische Energie? Begründe!

19. Ein Radfahrer fährt bergauf mit 10 km/h und bergab mit 25 km/h. In welchem Fall hat er die größere kinetische Energie? Begründe!

20. Ein Ball ($m = 500$ g) wird nach oben geworfen und erreicht eine maximale Höhe von 12 m.
a) Beschreibe die Energieumwandlungen während des Fluges des Balles!
b) Wie groß ist die potenzielle Energie des Balles im höchsten Punkt seiner Bahn?

21. Ein Kind schwingt auf einer Schaukel hin und her. Beschreibe die dabei auftretenden Energieumwandlungen!

22. Bis zu welcher Höhe rollt die Kugel in der Abbildung? Beschreibe den Zusammenhang zwischen Energie und Arbeit an diesem Beispiel!

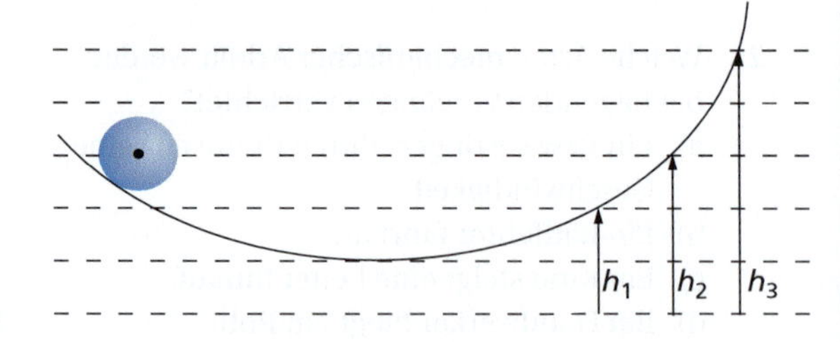

23. Katrin behauptet, dass der Becher in ihrer Hand (Gewichtskraft 1 N) eine potenzielle Energie von etwa null hat (s. Abb.). Michael beharrt auf 0,8 N · m. Bilde dir eine Meinung und begründe sie!

24. Ein Kran hebt ein Betonteil ($m = 800$ kg) vom Erdboden auf 6,5 m Höhe.
a) Welche Art von Arbeit wird dabei verrichtet?
b) Welche Energieform besitzt dann das Betonteil?
c) Erläutere den Zusammenhang zwischen der verrichteten Arbeit und der Energie!

25. Baue dir ein Pendel (s. Abb.) und lasse es im Punkt A los! Halte nun einen Bleistift oder einen ähnlichen Gegenstand im Punkt B an die Pendelschnur und behindere so die Pendelbewegung! Wie setzt das Pendel seine Bewegung fort? Erreicht es die Höhe von Punkt A? Begründe deine Aussage!

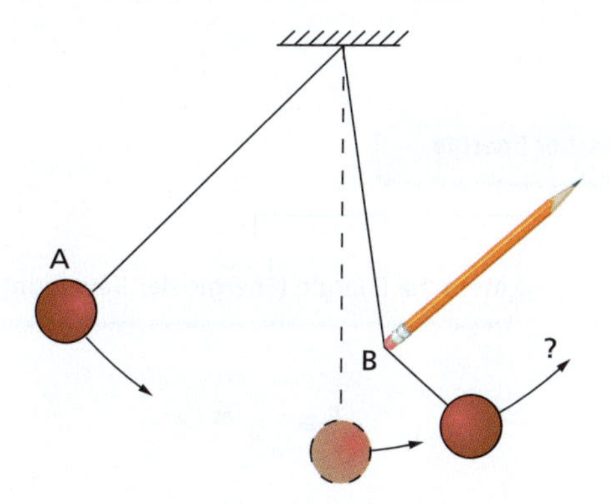

***26.** Mithilfe einer Pumpe werden 2000 l Wasser aus einer Baugrube gepumpt.
a) Wie viel Arbeit verrichtet die Pumpe, wenn das Wasser 5 m hoch gepumpt wird?
b) Wie groß ist die Leistung der Pumpe, wenn zum Herauspumpen des Wassers 15 min benötigt werden?

27. Um viel größer ist die Leistung von Tina beim Stangenklettern, wenn sie eine Höhe von 4 m in 7 s schafft, Lisa dagegen 10 s benötigt. Beide Mädchen wiegen 50 kg.

28. Ein Kran hat eine Betonplatte mit einer Masse von $m = 500$ kg in 15 s um 5 m hochgehoben. Dann wird die Betonplatte in horizontaler Richtung um 4 m bewegt (s. Abb.).
a) Wie groß ist die durch den Kran verrichtete Hubarbeit?
b) Wie groß ist die Arbeit, wenn die Platte nur horizontal bewegt wird?
c) Wie groß ist die aufgebrachte Leistung?

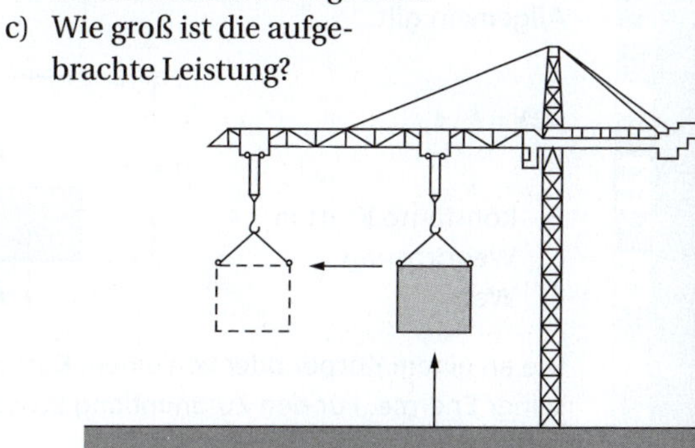

29. Berechne die fehlenden Werte unter der Bedingung, dass die Arbeit gleichmäßig verrichtet wird!

	W	*P*	*t*
a)	360 J		12 s
b)		100 W	1 h
c)	1,2 kJ	0,3 kW	
d)	880 N · m		5 s

30. Ein Autofahrer sagt: „Mein Auto hat eine Leistung von 65 kW." Ein anderer stellt fest: „Mein Auto hat 80 PS, ist also leistungsstärker." Hat er Recht?

31. Bestimme experimentell deine Höchstleistung beim Treppensteigen!
Miss die Zeit, die du brauchst! Bestimme den Weg aus der Höhe einer Treppenstufe und der Anzahl der Stufen!

32. Zwei Pkw gleicher Antriebsleistung verrichten unterschiedliche Arbeit. Ist das möglich? Begründe deine Aussage!

33. Ein Bergsteiger ($m = 65$ kg) mit 10 kg Ausrüstung bewältigt einen Höhenunterschied von 970 m in 2 1/2 Stunden. Wie groß ist die von ihm verrichtete Hubarbeit, wie groß seine mechanische Leistung?

Mechanische Arbeit, Energie und Leistung

Mechanische Arbeit wird verrichtet, wenn ein Körper durch eine Kraft bewegt oder verformt wird.

Allgemein gilt:

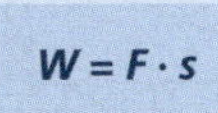

$$W = F \cdot s$$

F konstante Kraft in Wegrichtung
s Weg

$s = h$
$\vec{F}$
$\vec{F}_G$

Für die Hubarbeit gilt:

$$W = F_G \cdot h \qquad W = m \cdot g \cdot h$$

F_G Gewichtskraft
h Höhe (Weg)
m Masse
g Ortsfaktor

Die an einem Körper oder von einem Körper verrichtete **mechanische Arbeit** ist gleich der Änderung seiner Energie. Für den Zusammhang zwischen Arbeit W und Energie E gilt:

$$W = \Delta E$$

Formen mechanischer Energie

- potenzielle Energie (Energie der Lage)

$$E_{pot} = F_G \cdot h = m \cdot g \cdot h$$

- kinetische Energie (Energie der Bewegung)

$$E_{kin} = \frac{1}{2}\, m \cdot v^2$$

Für einen Vorgang, bei dem nur potenzielle in kinetische Energie umgewandelt wird und umgekehrt, gilt der **Energieerhaltungssatz der Mechanik:**

In einem abgeschlossenen mechanischen System ist die Summe aus potenzieller und kinetischer Energie konstant.

$$E_{pot} + E_{kin} = E_{mech} = \text{konstant}$$

Mechanische Arbeit W	**Mechanische Leistung P**
wird verrichtet, wenn ein Körper durch eine Kraft bewegt oder verformt wird.	gibt an, wie viel mechanische Arbeit in jeder Sekunde verrichtet wird.
Einheiten: 1 Newtonmeter (1 N · m) 1 Joule (1 J)	**Einheiten:** 1 Watt (1 W) 1 Kilowatt (1 kW)
Berechnung: $W = F \cdot s$ (F = konstant und $F \parallel s$)	**Berechnung:** $P = \frac{W}{t}$ $\quad P = \frac{F_G \cdot h}{t}$

3.5 Kraftumformende Einrichtungen

So schwer und doch...

Im Rostocker Überseehafen gibt es riesige Krananlagen. Es werden große Lasten bewegt und Frachtschiffe be- und entladen. Allein mit Muskelkräften wäre das nicht möglich.
Was ist das Besondere an einem Kran? Welche physikalischen Gesetze werden genutzt?

So steil und doch...

Ein noch so steiler und steiniger Berg schreckt einen echten Mountainbiker nicht. Im Gegenteil! Er fühlt sich herausgefordert. Aber erst aus dem Zusammenspiel seiner Muskelkräfte und den Vorzügen einer Gangschaltung mit mehr als 20 Gängen bezwingt er enorme Steigungen.
Was bewirkt eigentlich eine Gangschaltung?

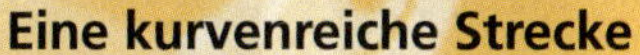

Eine kurvenreiche Strecke

Die Strecke, die Fahrzeuge auf Serpentinen in gebirgigen Regionen zurücklegen, ist wesentlich länger als der direkte Weg, der aber sehr viel steiler wäre.
Warum haben sich die Ingenieure trotzdem für diese Streckenführung, also für einen langen Weg, entschieden?

Was sind kraftumformende Einrichtungen?

Die menschliche Muskelkraft reicht in vielen Fällen nicht aus, um Körper zu bewegen oder zu verformen. Deshalb nutzen die Menschen schon seit Jahrtausenden Hilfsmittel, die die menschliche Muskelkraft vergrößern. Zu solchen Hilfsmitteln gehören Hebel, Rollen, Flaschenzüge, geneigte Ebenen sowie hydraulische und pneumatische Anlagen. Auch in der modernen Technik können wir auf diese Hilfsmittel nicht verzichten. Der Physiker bezeichnet sie als **kraftumformende Einrichtungen,** weil mit ihrer Hilfe der Betrag oder die Richtung der Kraft oder beides verändert werden kann.

Hebel

Hebel können je nach ihrem Verwendungszweck unterschiedliche Formen und Anordnungen haben (Abb. 1). Alle Hebel besitzen jedoch eine **Drehachse** und zwei **Kraftarme.** Je nach Lage der Kraftarme zur Drehachse unterscheidet man zwischen **einseitigen** und **zweiseitigen Hebeln** (Abb. 2, 3). Beispiele für einen einseitigen Hebel sind Flaschenöffner, Nussknacker, Pinzetten oder Schraubenschlüssel. Beispiele für einen zweiseitigen Hebel sind Zangen, Scheren, Wippen oder Balkenwaagen.

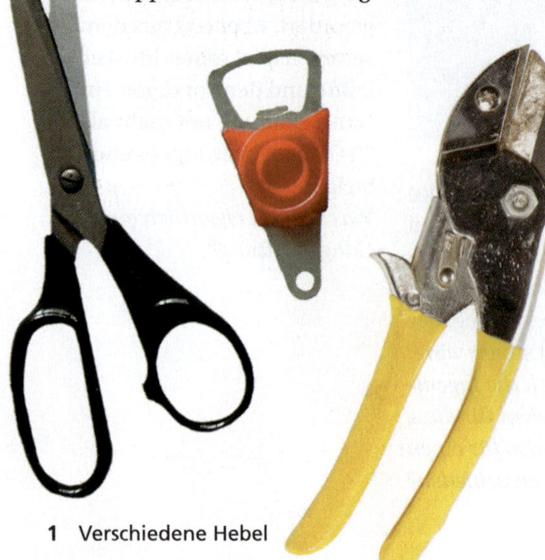

1 Verschiedene Hebel

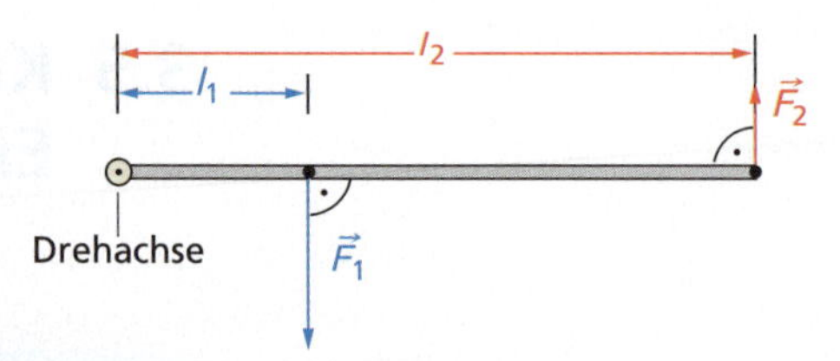

2 Einseitiger Hebel: Die Kräfte greifen, von der Drehachse aus gesehen, auf **einer** Seite an.

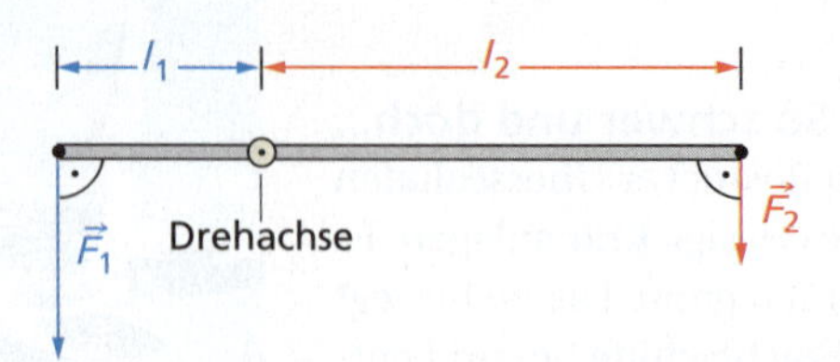

3 Zweiseitiger Hebel: Die Kräfte greifen, von der Drehachse aus gesehen, auf **verschiedenen** Seiten an.

Befindet sich ein einseitiger oder zweiseitiger Hebel im Gleichgewicht, so gilt das **Hebelgesetz.**

Je länger der gewählte Kraftarm ist, desto kleiner ist die aufzuwendende Kraft. Für einen Hebel im Gleichgewicht gilt:

$F_1 \cdot l_1 = F_2 \cdot l_2$ **oder** $\frac{F_1}{F_2} = \frac{l_2}{l_1}$

F_1, F_2 **wirkende Kräfte**
l_1, l_2 **Längen der zugehörigen Kraftarme**

Das kann man z. B. feststellen, wenn man mit einer Brechstange eine schwere Kiste anheben oder mit einem Schraubenschlüssel eine Radmutter lösen will (Abb. 4).

4 Je länger der Kraftarm, desto kleiner die Kraft.

Rollen und Flaschenzüge

Rollen und **Flaschenzüge** ermöglichen es, den Angriffspunkt einer Kraft zu verschieben, ihre Richtung zu ändern oder den Betrag der aufzubringenden Kraft zu verringern. Dazu werden **feste Rollen** und **lose Rollen** verwendet.

1 Mit einer festen Rolle wird nur die Richtung der Kraft verändert.

Bei einer festen Rolle (Abb. 1) ist die Zugkraft genauso groß wie die Gewichtskraft der Last. Zugweg und Lastweg sind ebenfalls gleich groß. Man kann aber die Kraft in eine andere Richtung umlenken. Dabei ist es egal, ob man senkrecht oder schräg am Seil zieht. Deshalb wird eine feste Rolle auch als **Umlenkrolle** bezeichnet.

Bei einer losen Rolle (Abb. 2) verteilt sich die Gewichtskraft der Last auf zwei Seile. Auf jedes Seil wirkt nur die halbe Kraft. Um die Last zu bewegen, ist also nur die halbe Gewichtskraft der Last erforderlich. Die feste Rolle in Abb. 2 dient lediglich zur Umlenkung dieser Kraft. Der Zugweg ist allerdings doppelt so groß wie der Lastweg.

Eine Anordnung von mehreren festen und losen Rollen bezeichnet man als **Flaschenzug.** Bei einem Flaschenzug verteilt sich die Gewichtskraft der Last auf die Anzahl der tragenden Seile. Die aufzubringende Kraft ist damit noch kleiner als bei einer losen Rolle, der Zugweg dafür aber größer. Für lose Rollen und Flaschenzüge gilt:

Je größer die Anzahl der tragenden Seile ist, desto kleiner ist die aufzuwendende Kraft und desto größer ist der Zugweg.

2 Mit einer losen Rolle wird der Betrag der aufzubringenden Kraft verkleinert.

Mosaik

Unser Arm – ein Hebel

Unsere Arme und Beine wirken ebenfalls wie Hebel. Wenn wir den Unterarm waagerecht halten, dann gilt für die Kraftarme etwa:

$$l_1 : l_2 = 1 : 8$$

Das bedeutet: Um in dieser Stellung eine bestimmte Last zu halten, muss durch die Muskeln etwa die achtfache Kraft aufgebracht werden. Für größere Lasten reicht die Muskelkraft nicht aus.

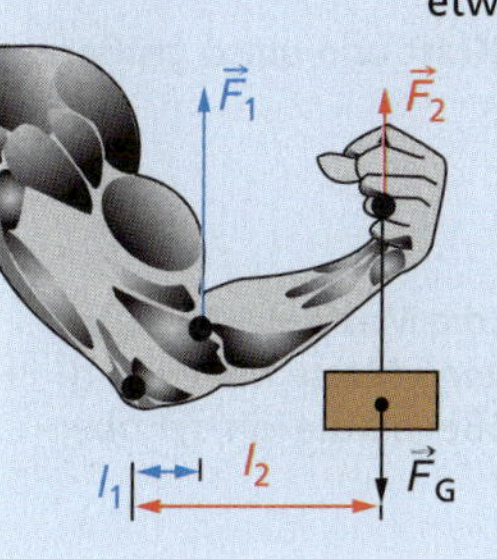

Um solch eine größere Last, z. B. eine schwere Tasche, zu halten, muss der Kraftarm l_2 verkürzt werden. Das geschieht dadurch, dass man den Unterarm in eine fast senkrechte Stellung bringt.

Die Wirkung einer Kraft auf einen drehbaren Körper beschreibt man in der Physik auch mit der Größe **Drehmoment.** Wirkt eine Kraft F senkrecht zum Kraftarm l, dann gilt für das Drehmoment M:

$$M = F \cdot l$$

Bei allen Hebeln wirken Drehmomente. Befindet sich z. B. ein zweiseitiger Hebel im Gleichgewicht, dann sind die links und rechts wirkenden Drehmomente gleich groß. Man kann das Hebelgesetz (s. S. 150) auch so formulieren:

Im Gleichgewicht ist das linksdrehende Drehmoment genauso groß wie das rechtsdrehende Drehmoment:

$$M_{\text{links}} = M_{\text{rechts}}$$

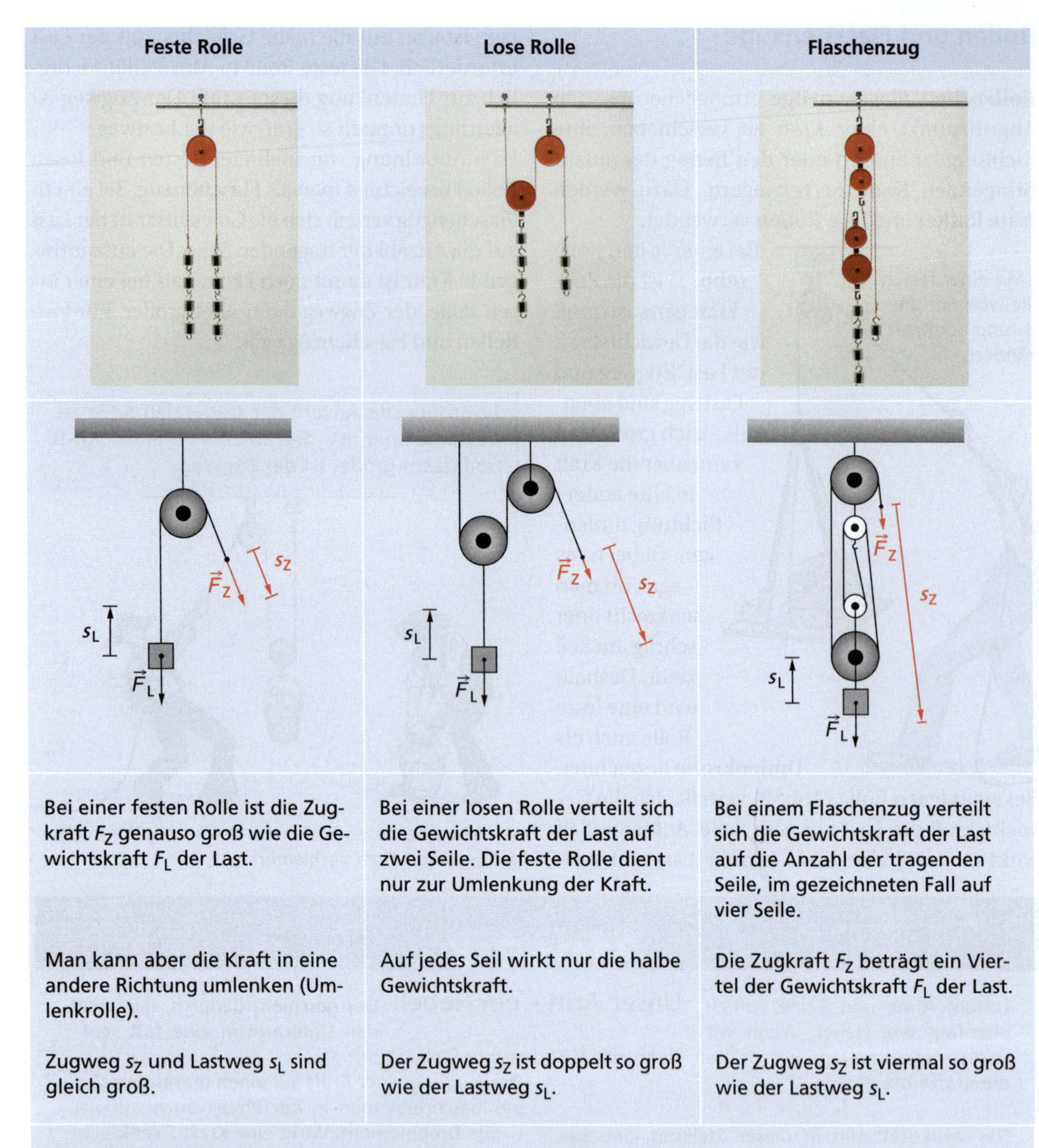

Feste Rolle	Lose Rolle	Flaschenzug
Bei einer festen Rolle ist die Zugkraft F_Z genauso groß wie die Gewichtskraft F_L der Last.	Bei einer losen Rolle verteilt sich die Gewichtskraft der Last auf zwei Seile. Die feste Rolle dient nur zur Umlenkung der Kraft.	Bei einem Flaschenzug verteilt sich die Gewichtskraft der Last auf die Anzahl der tragenden Seile, im gezeichneten Fall auf vier Seile.
Man kann aber die Kraft in eine andere Richtung umlenken (Umlenkrolle).	Auf jedes Seil wirkt nur die halbe Gewichtskraft.	Die Zugkraft F_Z beträgt ein Viertel der Gewichtskraft F_L der Last.
Zugweg s_Z und Lastweg s_L sind gleich groß.	Der Zugweg s_Z ist doppelt so groß wie der Lastweg s_L.	Der Zugweg s_Z ist viermal so groß wie der Lastweg s_L.

Für beliebige Anordnungen von Rollen gilt:

Je größer die Anzahl der tragenden Seile ist, umso kleiner ist die aufzuwendende Kraft und umso größer ist der Zugweg. Beträgt die Anzahl der Rollen n, dann gilt allgemein:

$$F_Z = \frac{F_L}{n} \qquad s_Z = n \cdot s_L$$

Der Zusammenhang zwischen den Kräften gilt exakt nur unter der Bedingung, dass die Masse der Seile und Rollen sowie die Reibung vernachlässigt werden können. Da aber Rollen und Seile eine Masse haben und stets auch Reibung auftritt, ist in der Praxis die tatsächlich erforderliche Zugkraft größer als die mit der oben genannten Gleichung berechnete Kraft.

Geneigte Ebenen

Auch eine geneigte Ebene ist eine kraftumformende Einrichtung, da mit ihrer Hilfe der Betrag der aufzubringenden Kraft verringert werden kann. Beispiele für geneigte Ebenen sind Straßen mit Anstieg oder Gefälle, Treppen, Rollbänder (Abb. oben), schräge Rampen oder entsprechend gestaltete Bauaufzüge. Der Betrag der aufzuwendenden Kraft zum Bewegen eines Körpers hängt von der Neigung der Ebene ab. Es gilt:

Je weniger eine Ebene geneigt ist, desto kleiner ist die erforderliche Zugkraft und desto länger ist der Weg *s*, um eine bestimmte Höhe *h* zu erreichen.

$$\frac{F_Z}{F_G} = \frac{h}{s}$$

F_Z Zugkraft
F_G Gewichtskraft
s zurückgelegter Weg
h Höhe der geneigten Ebene

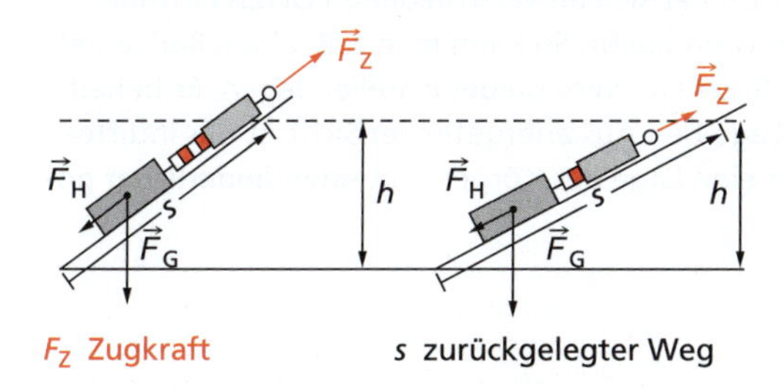

1 Die aufzubringende Kraft an der geneigten Ebene ist umso geringer, je weniger sie geneigt ist.

Die Goldene Regel der Mechanik

Vergleicht man Kräfte und Wege bei Rollen, Hebeln und geneigten Ebenen miteinander, so stellt man fest, dass sich der Weg stets vergrößert, wenn die aufzuwendende Kraft kleiner wird (Abb. 2). Dieser Zusammenhang zwischen Kraft und Weg gilt für alle kraftumformenden Einrichtungen und wird als **Goldene Regel der Mechanik** bezeichnet. Diese Goldene Regel der Mechanik wurde vor ca. 400 Jahren von dem italienischen Physiker GALILEO GALILEI (1564–1642) wie folgt formuliert:

Was man an Kraft spart, muss man an Weg zusetzen.

Die Goldene Regel der Mechanik lässt sich auch in Form einer Proportionalität ausdrücken.

Für alle kraftumformenden Einrichtungen gilt unter der Bedingung, dass die Reibung nicht berücksichtigt wird:

$$F \sim \frac{1}{s}$$

F Kraft
s zurückgelegter Weg

Das bedeutet: Eine Verdopplung der Kraft verringert den Weg auf die Hälfte, eine Verdreifachung der Kraft auf ein Drittel. Es heißt auch: Eine Halbierung der Kraft führt zu einer Verdopplung des Weges. Will man nur ein Drittel der Kraft aufwenden, dann muss man den dreifachen Weg zurücklegen. Welche Möglichkeit man wählt, hängt von den jeweiligen Bedingungen ab.

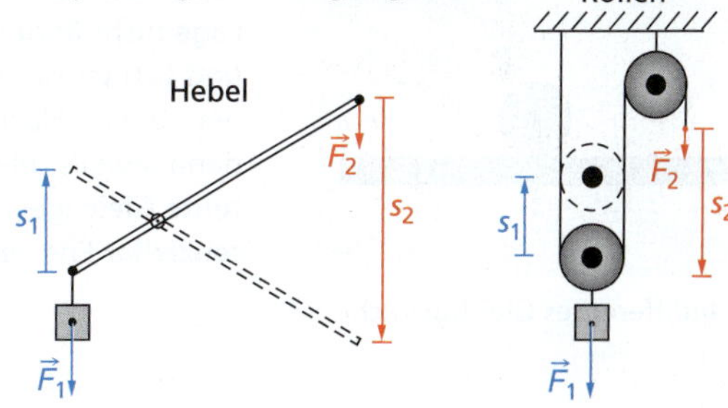

2 Bei Hebeln und Rollen ist die Kraft umso kleiner, je größer der Weg ist.

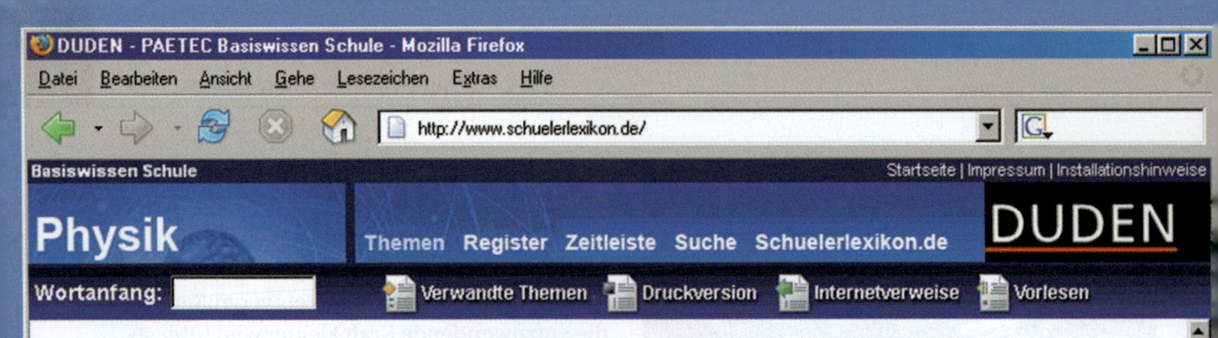

Gleichgewicht von Körpern

1 Schiefer Turm von Pisa

Jeder Körper befindet sich zu einem gegebenen Zeitpunkt in einer bestimmte Lage. Er kann, wenn er sich selbst überlassen bleibt, diese Lage ändern oder beibehalten. In der Physik spricht man in diesem Zusammenhang vom Gleichgewicht und unterscheidet zwischen dem stabilen, dem labilen und dem indifferenten Gleichgewicht.

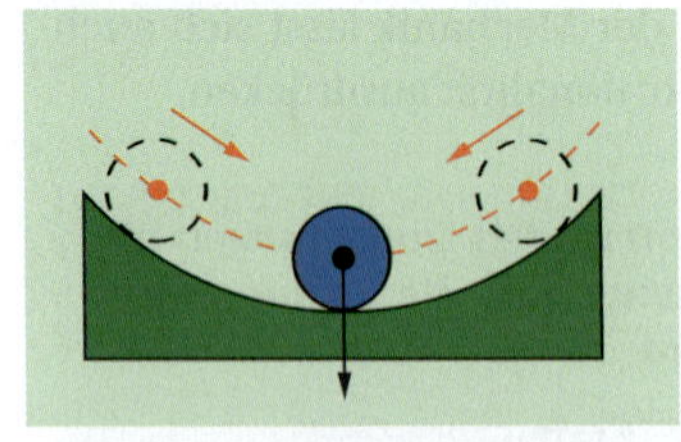

2 Stabiles Gleichgewicht

Stabiles Gleichgewicht eines Körpers ist dadurch gekennzeichnet, dass er wieder in eine stabile Lage gelangt, wenn man ihn geringfügig aus der **Ausgangslage** herausbewegt oder kippt. Bewegt man z. B. eine Kugel aus einer Mulde heraus (Bild 2) oder kippt man einen Schrank etwas an, dann kehren diese Körper wieder in die Ausgangslage zurück, wenn man sie sich selbst überlässt. Aus energetischer Sicht ist das stabile Gleichgewicht eine Lage des Körpers mit **minimaler potenzieller Energie.**

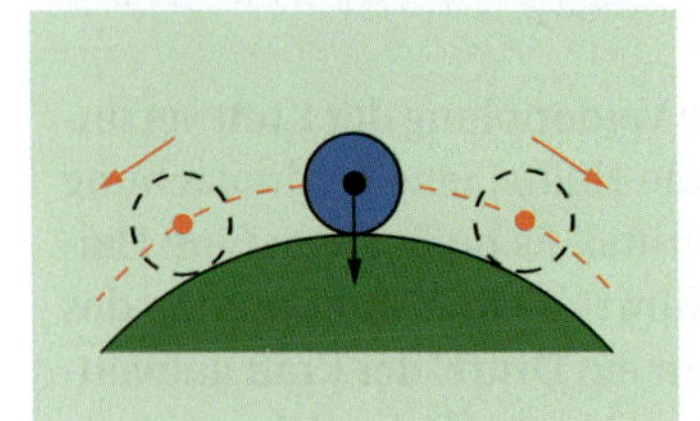

3 Labiles Gleichgewicht

Labiles Gleichgewicht liegt vor, wenn eine geringfügige Lageveränderung des Körpers dazu führt, dass er sich weiter weg von der Ausgangslage bewegt, wenn er sich selbst überlassen bleibt. Lässt man z. B. eine auf einem Berg liegende Kugel (Bild 3) oder einen stehenden Stab los, so bewegen sie sich von der Ausgangslage weg. Die Körper befinden sich in der Ausgangslage in einem labilen Gleichgewicht. Aus energetischer Sicht ist das labile Gleichgewicht eine Lage des Körpers mit **maximaler potenzieller Energie.**

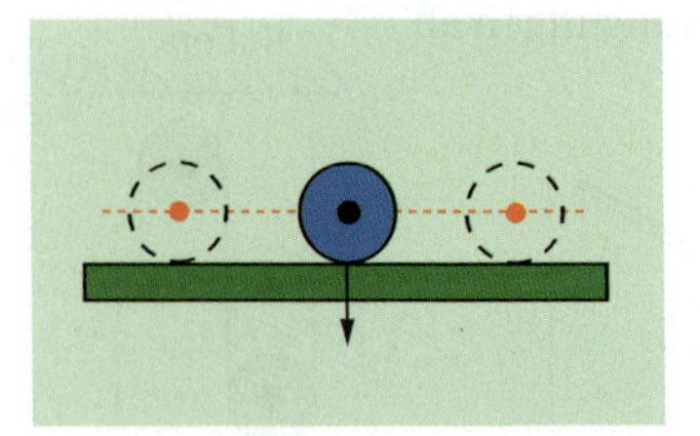

4 Indifferentes Gleichgewicht

Indifferentes Gleichgewicht ist dadurch gekennzeichnet, dass die verschiedenen Lagen des Körpers gleichberechtigt sind und er seine Lage nicht ändert, wenn er sich an verschiedenen Orten befindet und sich selbst überlassen bleibt. So kann man z. B. einen Ball auf einer ebenen Fläche (Bild 4) an verschiedene Stellen legen. Er behält dann jeweils seine Lage bei. Aus energetischer Sicht ist das indifferente Gleichgewicht eine Lage des Körpers mit **unveränderlicher potenzieller Energie.**

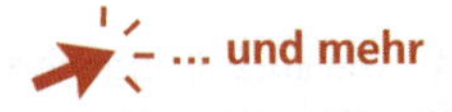

Informiere dich auch unter: *Schwerpunkt von Körpern, Standfestigkeit von Körpern, Drehmoment, Flaschenzüge, Rollen, Hebel, geneigte Ebenen, Goldene Regel der Mechanik, Zerlegung von Kräften, ...*

Fertig

Physik in Natur und Technik

Auch Wippen will gelernt sein

Manfred und Alexander wollen wippen (Abb. 1). Manfred hat eine Masse von 75 kg, Alexander eine Masse von 35 kg.
Wenn sich beide an das jeweilige Ende der Wippe setzen, funktioniert es nicht so recht. Alexander kommt gar nicht auf den Boden. Bei den meisten Wippen sind aber die Sitze verschiebbar oder es sind mehrere Sitze vorhanden.
Wie müssen sich die beiden auf die Wippe setzen, damit sie problemlos schaukeln können? Die Gesamtlänge der Wippe beträgt 5 m.

Analyse:
Die Wippe ist ein zweiseitiger Hebel. An jedem Kraftarm greift die Gewichtskraft einer Person aufgrund ihrer Masse an.
Das Schaukeln funktioniert dann besonders gut, wenn sich dieser Hebel im Gleichgewicht befindet. Dann gilt das Hebelgesetz. Da die Gewichtskräfte der Personen verschieden sind, müssen sich die beiden in unterschiedlichen Entfernungen von der Drehachse auf die Wippe setzen. Da Manfred wegen seiner größeren Masse die größere Gewichtskraft hat, muss der Kraftarm auf seiner Seite kürzer sein.
Die Skizze zeigt den Sachverhalt vereinfacht:

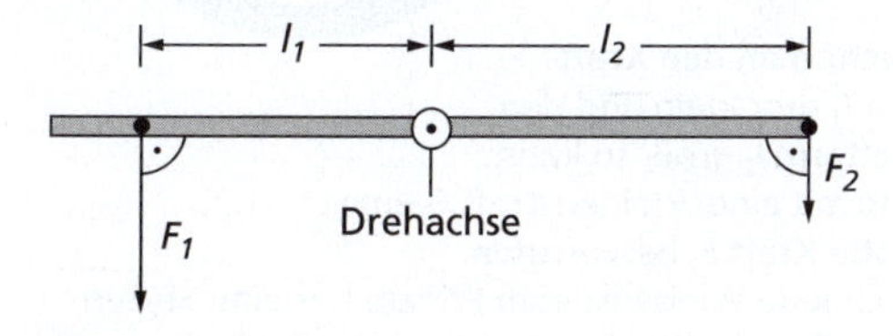

Gesucht: l_1
Gegeben: $l_2 = 2{,}50$ m
$m_1 = 75$ kg
$m_2 = 35$ kg

Lösung:
Aus der Masse der Personen können deren Gewichtskräfte berechnet werden: Sie betragen $F_1 = 750$ N und $F_2 = 350$ N.

1 Unterschiedlich schwere Personen auf einer Wippe im Gleichgewicht: Ihre Entfernungen von der Drehachse sind unterschiedlich.

Zur Berechnung von l_1 benutzen wir das Hebelgesetz in der Form:

$$F_1 \cdot l_1 = F_2 \cdot l_2 \quad |: F_1$$

$$l_1 = \frac{F_2 \cdot l_2}{F_1}$$

$$l_1 = \frac{350\ \text{N} \cdot 2{,}50\ \text{m}}{750\ \text{N}}$$

$$\underline{l_1 = 1{,}17\ \text{m}}$$

Ergebnis:
Damit Manfred und Alexander problemlos wippen können, muss Manfred ungefähr 1,2 m vom Drehpunkt entfernt sitzen, wenn Alexander am Ende der Wippe sitzt.

Die günstigste Entfernung der beiden Personen von der Drehachse kann man auch durch einfaches Probieren finden:
Die Sitzpositionen werden solange verändert, bis die Wippe näherungsweise im Gleichgewicht ist. Die leichtere Person sollte dabei am Ende der Wippe sitzen und die schwerere Person ihre Sitzposition ändern, denn aus dem Hebelgesetz folgt: Je größer die Gewichtskraft einer Person ist, desto kleiner ist die Länge des Kraftarmes, um den Hebel ins Gleichgewicht zu bringen. Sind die richtigen Sitzpositionen gefunden, braucht man nur kleine Kräfte, um hin- und herzuwippen.
Sind die Kraftarme gleich lang, so müssten auch die beiden Kräfte gleich groß sein, damit der Hebel im Gleichgewicht ist.

Mosaik

Rollen spannen Drähte

Die Fahrdrähte für Straßenbahnen oder Elektrolokomotiven müssen immer straff gespannt sein.
Das erreicht man mithilfe von Rollen und angehängten schweren Körpern.
Für die technische Realisierung solcher Spannvorrichtungen gibt es unterschiedliche Möglichkeiten. Abb. 1 zeigt eine Variante, wie sie bei der Deutschen Bahn genutzt wird.
Die Spannvorrichtung besteht aus einer festen und einer losen Rolle (Abb. 2). Die zum Spannen erforderliche Kraft wird durch die angehängten Körper bewirkt. Der Fahrdraht ist mit der losen Rolle verbunden. Die angehängten Körper haben eine bestimmte Gewichtskraft F_G.

1 Spannvorrichtung für Fahrdrähte, so wie sie bei der Deutschen Bahn genutzt werden

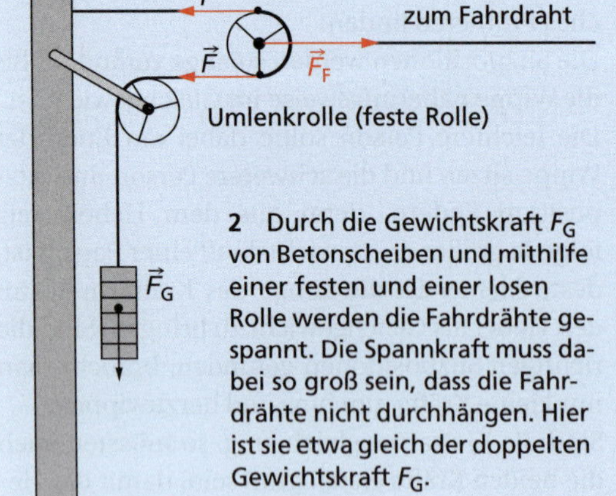

2 Durch die Gewichtskraft F_G von Betonscheiben und mithilfe einer festen und einer losen Rolle werden die Fahrdrähte gespannt. Die Spannkraft muss dabei so groß sein, dass die Fahrdrähte nicht durchhängen. Hier ist sie etwa gleich der doppelten Gewichtskraft F_G.

Diese Gewichtskraft wird durch die feste Rolle umgelenkt und wirkt auf die lose Rolle. Nach den Gesetzen an der losen Rolle wirkt diese Kraft F in beiden Seilstücken und spannt den Fahrdraht mit einer Kraft, die etwa doppelt so groß ist wie die Gewichtskraft der angehängten Körper. Eine andere Variante ist in Abbildung 3 dargestellt.

3 Eine Stufenrolle zum Spannen von Fahrdrähten

Wenn man die Spannkraft des Fahrdrahtes noch weiter vergrößern will, nutzt man anstelle der festen und losen Rolle eine Stufenrolle (Abb. 3).
Für eine solche Stufenrolle (Wellrad) im Gleichgewicht gilt ebenfalls das Hebelgesetz:

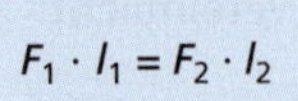

$$F_1 \cdot l_1 = F_2 \cdot l_2$$

Macht man den Kraftarm l_1 sehr klein und den Kraftarm l_2 groß, so kann man mit einer kleinen Kraft F_2 eine große Kraft F_1 hervorrufen.
Auch jede Winde ist vom Prinzip her eine Stufenrolle. Damit gilt auch dort das Hebelgesetz.

gewusst · gekonnt

1. Welcher der Gegenstände auf den Fotos ist ein einseitiger, welcher ein zweiseitiger Hebel? Wo befinden sich die Drehachsen und wo greifen Kräfte an?

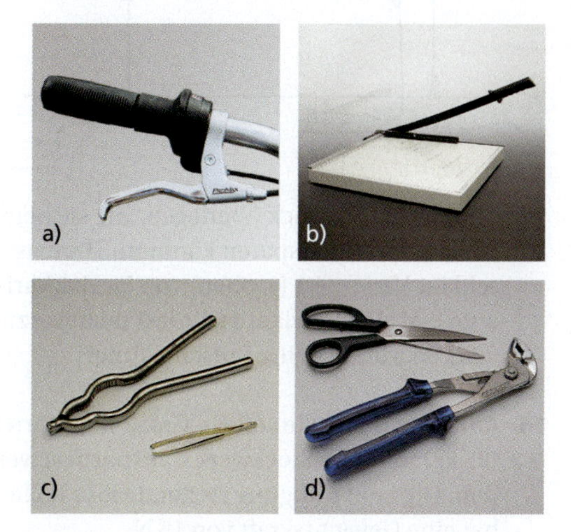

2. Schneide Pappe mit einer Schere, indem du die Pappe jeweils unterschiedlich weit in die Schere schiebst! Wann fällt es dir leichter? Was bedeutet das physikalisch?

3. Zerbrich einen Zahnstocher, ein Streichholz oder einen dünnen Ast und wiederhole das mit den kleineren Stücken so lange wie möglich. Was stellst du fest? Wie kann man das physikalisch erklären?

4. Welche Hebel gibt es am Fahrrad? Welche Funktion haben die verschiedenen Hebel am Fahrrad?

5. Warum hat eine Blechschere kurze Schneiden, aber lange Griffe? Begründe das physikalisch!

6. Eine schwere Kiste soll angehoben werden. Dazu kann man eine Brechstange nutzen. Ist es günstiger, eine Brechstange als einseitigen oder als zweiseitigen Hebel zu benutzen (siehe Skizzen rechts oben)? Begründe!

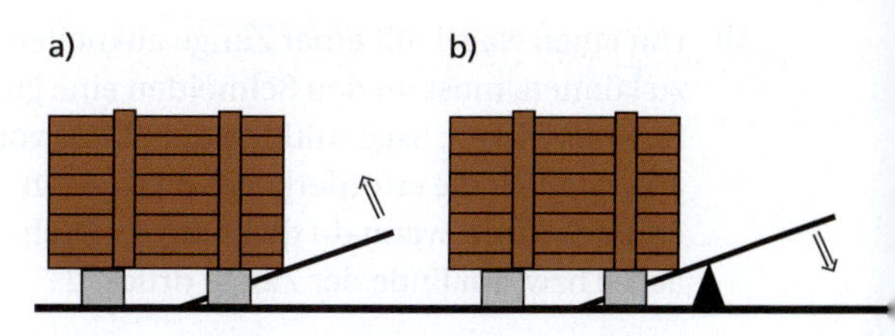

7. Martin ist doppelt so schwer wie Marie. Trotzdem gibt es verschiedene Positionen, wo sie sich auf einer Wippe hinsetzen können, um ins Gleichgewicht zu kommen. Die Wippe ist 4 m lang, die Drehachse befindet sich in der Mitte. Gib drei verschiedene Möglichkeiten an!

8. Angenommen, Hasen, Pakete, Katzen und Paul würden alle mit ihren Gewichtskräften am Ende der Wippe angreifen. Finde mindestens eine Lösung, die Paul auf der Wippe im Bild im Gleichgewicht hält!

9. Auch unsere Beine und Arme sind Hebel. Wenn das Verhältnis der Hebelarme beim Arm etwa 1 : 8 beträgt, wie groß ist dann die Kraft, die der Bizeps zum Halten eines Eimers Wasser (ca. 10 kg) aufbringen muss?

10. Um einen Nagel mit einer Zange abkneifen zu können, muss an den Schneiden eine große Kraft wirken. Sage mithilfe der Skizze voraus, wie sich die erforderliche Muskelkraft ändern würde, wenn du dicht an der Drehachse bzw. am Ende der Zange drückst!

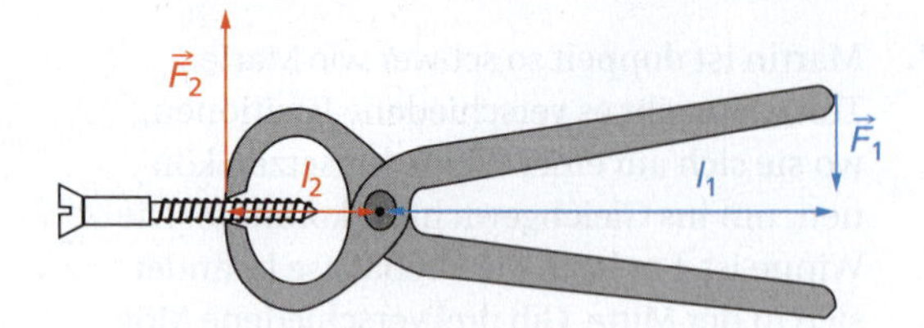

11. Worauf musst du beim Packen und Tragen deiner Schultasche oder deines Rucksacks achten, um deine Wirbelsäule nicht unnötig zu belasten?

12. Tim und Tom heben jeder eine schwere Kiste mit Flaschen. Wer von den beiden beachtet besser, dass er seine Wirbelsäule möglichst entlasten sollte? Begründe!

13. Die Radmuttern an einem Pkw werden so festgezogen, dass $F \cdot l = 120$ Nm beträgt. Als sie bei einer Panne wieder gelöst werden müssen, ist das sehr mühsam.

a) Wovon ist es abhängig, welche Muskelkraft für das Lösen der Radmuttern erforderlich ist?

b) Wie könnte man die Radmuttern mit möglichst kleiner Kraft lösen?

14. Bestimmt bist du schon einmal ein Seil hinaufgeklettert. Wie groß war dabei die Kraft, die du aufwenden musstest?

15. Thomas und Patrick überlegen, wie sie beim Seilklettern Kraft sparen könnten. Thomas schlägt Variante 1 (s. oben) vor, Patrick Variante 2. Welche Variante würdest du bevorzugen? Begründe deine Entscheidung!

16. Auf einer Baustelle soll ein Gefäß mit Mörtel (25 kg) ins erste Stockwerk transportiert werden. Die zur Verfügung stehende lose Rolle hat eine Gewichtskraft von 15 N.

a) Welche Kraft muss der Bauarbeiter mindestens aufbringen?

b) Ändert sich diese Kraft, wenn er das Seil zusätzlich noch über eine feste Rolle führt?

c) Wie verändert sich die Kraft, wenn er das Seil nicht senkrecht nach unten, sondern schräg zieht?

17. Eine Kiste mit einer Masse von 100 kg soll angehoben werden.

a) Welche Kraft ist bei den angegebenen drei Varianten jeweils erforderlich? Die Masse der losen Rollen und die Reibung werden vernachlässigt.

*b) Gib eine weitere Möglichkeit an, bei der die erforderliche Zugkraft kleiner als 250 N ist!

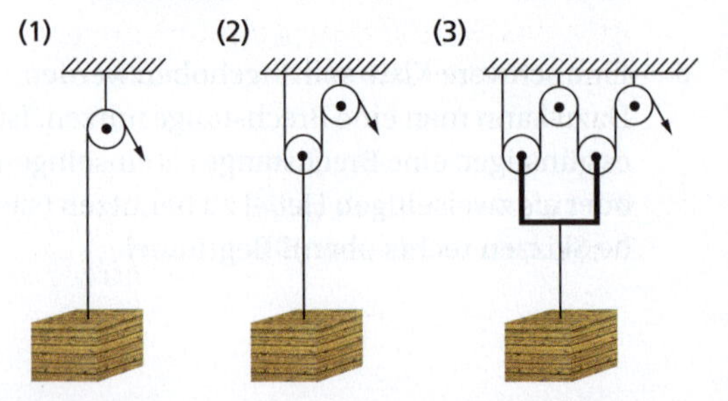

***18.** Reicht die Muskelkraft eines Arbeiters (800 N) aus, um mit der in der Skizze dargestellten Anordnung eine Betonplatte von 0,4 t zu heben? Die Masse der mit zu hebenden Rollen beträgt 2 kg.

19. Den Schuhverschluss im Bild kann man als Flaschenzug auffassen. Die Ösen entsprechen Rollen. Sind es z. B. 8 Ösen, dann kommen 8 Schnürsenkelstücke zur Wirkung. Um wie viel wird die Zugkraft unserer Hände beim Schnüren der Schuhe verstärkt, wenn man die Reibung vernachlässigen würde?

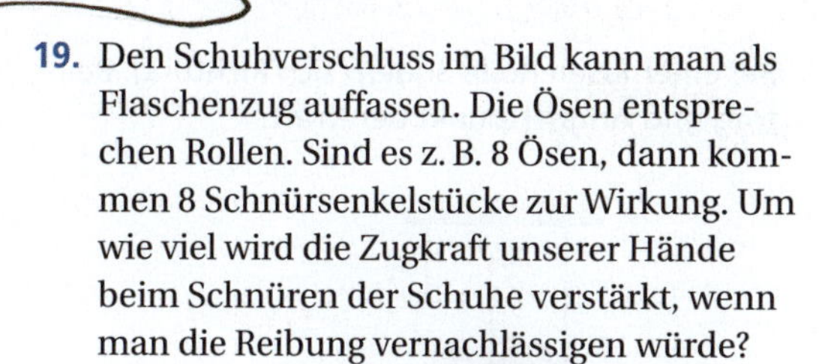

***20.** Aus wie vielen Rollen muss ein Flaschenzug bestehen, wenn zum Beladen eines Fahrzeugs mit Maschinenteilen der Masse 92 kg ein Motor zur Verfügung steht, der eine Zugkraft von 230 N aufbringen kann? Die Massen der Rollen und die Reibung sollen vernachlässigt werden.

21. Mit einer einfachen Winde soll ein Eimer mit Wasser ($m = 11$ kg) aus einem Brunnen nach oben gezogen werden. Der Zylinder hat einen Durchmesser von 20 cm, der Kraftarm der Kurbel ist 30 cm lang.

a) Welche Kraft muss an der Kurbel mindestens aufgebracht werden, um den Eimer mit Wasser nach oben zu transportieren?

b) Wie lang muss der Kraftarm der Kurbel mindestens sein, wenn der Kraftaufwand nicht größer als 30 N sein soll?

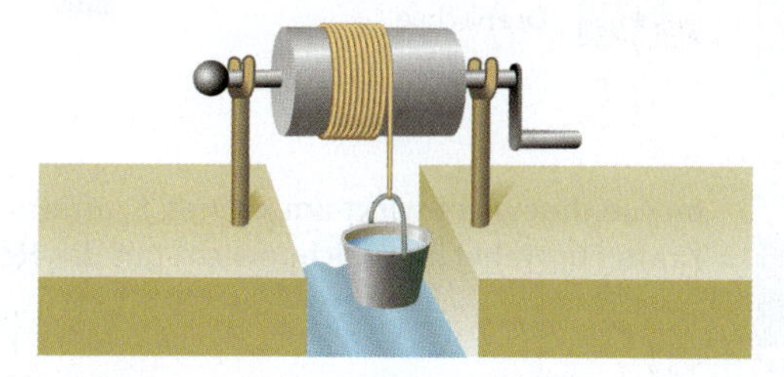

22. Nenne und erläutere Beispiele für geneigte Ebenen! Erläutere an einem der Beispiele die Goldene Regel der Mechanik!

23. Auf einer Bergwanderung wählen alle bis auf eine gut trainierte Person einen allmählich ansteigenden kurvigen Weg. Der Sportler entscheidet sich für eine sehr steile Abkürzung.

a) Wer hat den längeren Weg, wer braucht die größere Kraft?

b) Erläutere an diesem Beispiel die Goldene Regel der Mechanik!

***24.** Wie lang muss ein Brett mindestens sein, damit ein Junge eine 50 kg schwere Schubkarre über eine 30 cm hohe Stufe schieben kann, wenn seine Muskelkraft in Wegrichtung maximal 300 N beträgt? Welche Auswirkung hätte eine Verdopplung der Brettlänge auf die dann aufzubringende Kraft?

25. Bei einer Radtour treffen Anna und Max auf das nebenstehende Verkehrsschild. Beide sind sich einig, dass sie nun ihre Kräfte schonen können. Was bedeutet es aber genau?

10 %

Hebel, Rollen, geneigte Ebenen

Zu den kraftumformenden Einrichtungen gehören **Hebel, Rollen** und **geneigte Ebenen.**

Hebel

zweiseitiger Hebel

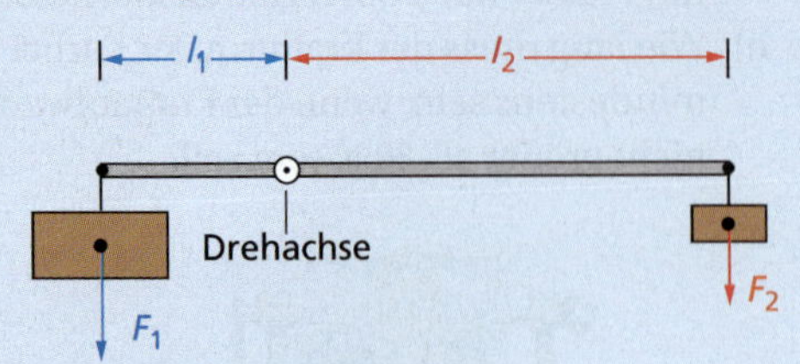

einseitiger Hebel

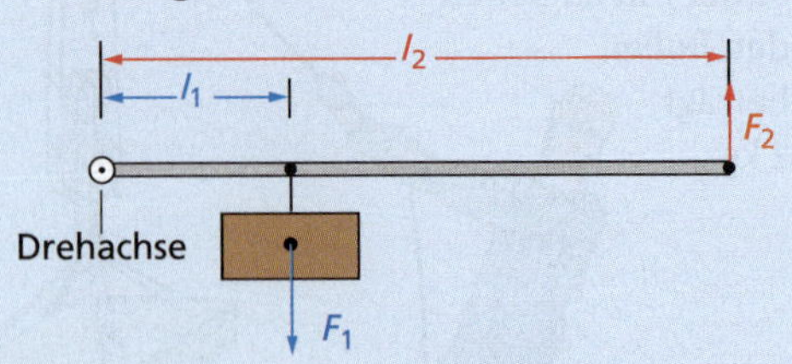

Im Gleichgewicht wirkt am kleinen Kraftarm eine große Kraft und am großen Kraftarm eine kleine Kraft. Für Hebel im Gleichgewicht gilt das **Hebelgesetz.**

$$F_1 : F_2 = l_2 : l_1$$

Rollen

Bei einer **festen Rolle** wird nur die Richtung der Kraft und ihr Angriffspunkt verändert (Umlenkrolle).

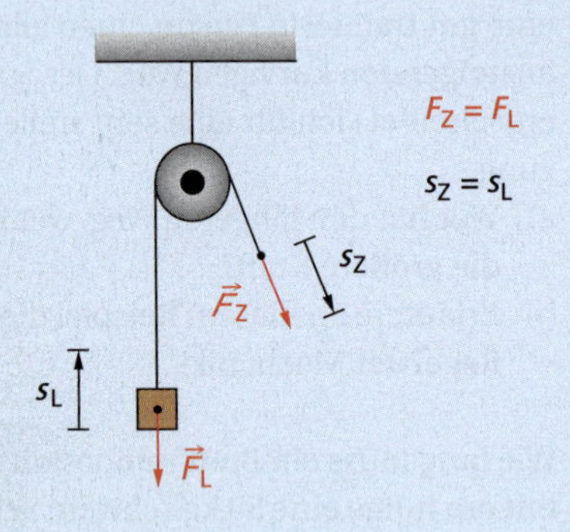

Bei einer **losen Rolle** ändern sich Richtung, Betrag und Angriffspunkt der Kraft.

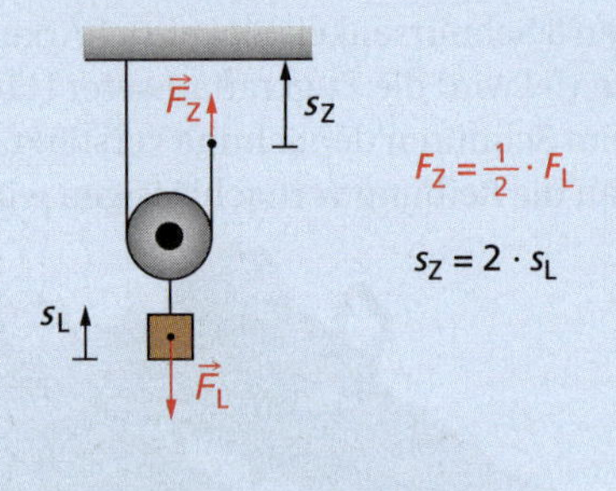

Geneigte Ebenen

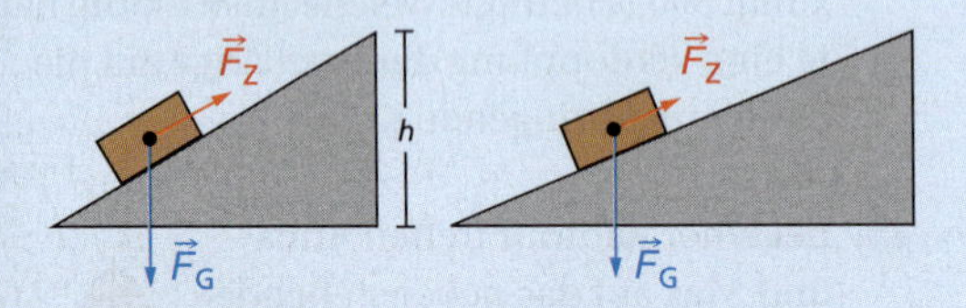

Je kleiner die Neigung der Ebene ist, umso kleiner ist die notwendige Kraft und umso größer ist der Weg. Bei reibungsfreier Bewegung gilt:

$$\frac{F_Z}{F_G} = \frac{h}{s}$$

Für alle kraftumformenden Einrichtungen gilt die **Goldene Regel der Mechanik:**

Was man an Kraft spart, muss man an Weg zusetzen.

3.6 Bewegungen in Natur und Technik

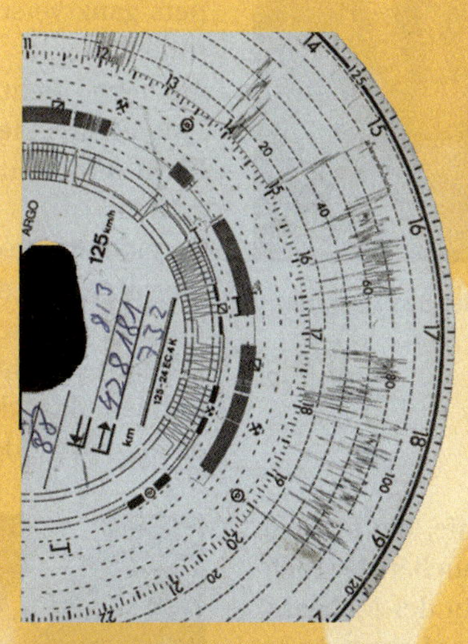

Durchschnittsgeschwindigkeit oder Augenblicksgeschwindigkeit?
Für Lkw und Busse ist vorgeschrieben, dass sie einen Fahrtenschreiber benutzen müssen, der die Geschwindigkeit zu jedem Zeitpunkt aufzeichnet.
Welche Aussagen kann man aus dem nebenstehenden Fahrtenschreiberdiagramm ableiten? Warum sind Fahrtenschreiber für Lkw und Busse vorgeschrieben?

Ruhe oder Bewegung?
Wenn man durch das Fenster eines Hauses auf die Straße schaut, kann man leicht erkennen, welche Körper sich auf der Straße bewegen und welche in Ruhe sind. Sitzt man dagegen auf einem fahrenden Schiff, so fällt es schon etwas schwerer zu sagen, ob eine Person oder das Schiff sich bewegen oder in Ruhe sind.
Woran kann man erkennen, ob sich ein Körper in Bewegung befindet oder ob er ruht? Was versteht man in der Physik unter Bewegung?

Entscheidend ist die Beschleunigung
Viele Pkw gleicher Bauart gibt es mit Motoren unterschiedlicher Leistung. Pkw mit stärkeren Motoren haben den Vorteil, dass man mit ihnen schneller und somit sicherer überholen kann. Allerdings verbrauchen sie in der Regel auch mehr Kraftstoff.
Warum kann man in einem Pkw mit stärkerem Motor schneller und somit sicherer überholen?

1 Die Personen sind je nach Wahl des Bezugssystems in Ruhe oder in Bewegung.

Bewegung und Ruhe

Bewegung und Ruhe sind Begriffe, die man sowohl in der Umgangsprache als auch in der Fachsprache der Physik verwendet. In der Mechanik ist eine **Bewegung** eine Orts- oder Lageveränderung eines Körpers gegenüber einem anderen Körper, dem **Bezugskörper,** oder einem **Bezugssystem.** Ein Bezugssystem ist ein Bezugskörper und ein damit verbundenes Koordinatensystem.

Ein Körper ist in Bewegung, wenn er seine Lage gegenüber einem Bezugssystem verändert. Ein Körper ist in Ruhe, wenn er seine Lage gegenüber einem Bezugssystem nicht verändert.

Jede Bewegung ist somit **relativ** und kann nur gegenüber einem Bezugssystem angegeben werden. Häufig ist dieses Bezugssystem die Erdoberfläche. Es kann aber auch ein beliebiges anderes Bezugssystem gewählt werden.
Sitzt man z. B. in einem fahrenden Zug still, so ist man sowohl in Bewegung als auch in Ruhe (Abb. 1). Gegenüber dem Zug ist man in Ruhe, denn man ändert seine Lage gegenüber dem Zug nicht. Gleichzeitig fährt aber der Zug mit hoher Geschwindigkeit auf den Gleisen entlang und zusammen mit ihm bewegt man sich. Gegenüber stehenden Personen auf dem Bahnsteig sind Zug und Personen in ihm in Bewegung.

Das Modell Massepunkt

Bei vielen Bewegungen sind Form und Volumen des bewegten Körpers wichtig. Eine Turnerin kann z. B. durch Veränderung der Form ihres Körpers ganz verschiedene Bewegungen ausführen (Abb. 2).
Auch bei dicht befahrenen Straßen oder beim Einparken eines Autos in eine Parklücke sind Form und Volumen des Autos sorgfältig zu beachten.
Bei einer Reihe von Bewegungen kann man in der Physik jedoch auch von Form und Volumen des Körpers absehen und annehmen, dass sich der Körper wie ein Punkt bewegt. Dabei stellt man sich vor, dass die gesamte Masse des Körpers in einem Punkt, dem Massepunkt, vereinigt ist. Da-

2 Die Schönheit von Turnübungen ist vor allem davon abhängig, wie die Turnerin während der Vorführungen ihre Körperform verändert.

durch wird die Wirklichkeit, z. B. ein realer Körper, vereinfacht bzw. idealisiert. Ein realer Körper wird durch einen gedachten Massepunkt ersetzt (Abb. 1, 2). Ein solches ideelles Ersatzobjekt nennt man **Modell.**

Der **Massepunkt** ist ein solches Modell. Durch Nutzung dieses Modells können viele Berechnungen und Beschreibungen von Bewegungen vereinfacht werden. Bei der Anwendung des Modells Massepunkt benutzt man in der Regel den Massemittelpunkt des Körpers, auch Schwerpunkt genannt, zur Darstellung des Massepunktes (Abb. 1, 2).

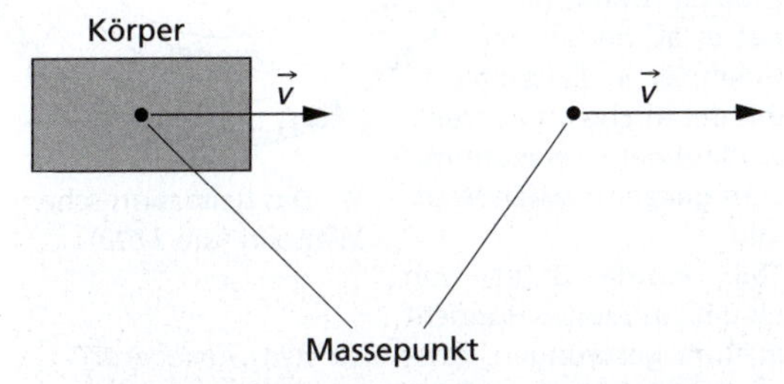

1 Vereinfachung mit dem Modell Massepunkt

2 Das Auto als realer Körper

Bahnformen und Bewegungsarten

Körper bewegen sich entlang einer **Bahn,** deren Form sehr unterschiedlich sein kann. Die verschiedenen Bahnformen sind unten dargestellt. Längs einer Bahn kann die Art der Bewegung unterschiedlich sein.

Geradlinige Bewegung	Krummlinige Bewegung	Schwingung
Der abgebildete Zug bewegt sich auf den Schienen immer in der gleichen Richtung. Er führt eine **geradlinige Bewegung** entlang der Schienen aus.	Die Gondeln des Riesenrades bewegen sich auf einer Kreisbahn. Sie führen eine Kreisbewegung aus. Die Kreisbewegung ist eine spezielle **krummlinige Bewegung.**	Das Mädchen bewegt sich ständig zwischen zwei Punkten hin und her. Ihre Bahn ist ein Teil eines Kreises. Es führt eine **Schwingung** aus.

Mosaik

„Und sie bewegt sich doch!"

Die Relativität der Bewegung war einer der Gründe für einen jahrhundertelangen und z. T. erbitterten Streit.
Bereits im Altertum konnten die Menschen die Bewegungen der Himmelskörper, vor allem der Sonne, des Mondes und der Sterne, am Himmel beobachten. Das führte zu der nahe liegenden Vermutung, dass sich die Erde fest im Zentrum der Welt befindet und sich alle Himmelskörper um die Erde bewegen. Zugleich erkannte man in den Bewegungen der Himmelskörper eine Reihe von Regelmäßigkeiten und nutzte sie, um Termine für Saat und Ernte zu bestimmen. All diese und weitere Erkenntnisse wurden von CLAUDIUS PTOLEMÄUS (um 100–um160) aus Alexandria in seinem Hauptwerk „Syntaxis mathematike" (Mathematische Zusammenstellung), arabisch auch „Almagest" genannt, zusammengefasst.
Mit diesem Werk begründete er das **geozentrische Weltbild** (Abb. 1), nach dem die Erde sich im Mittelpunkt der Welt befindet und sich alle anderen Himmelskörper auf Kreisbahnen um die Erde bewegen. Eine Reihe astronomischer Beobachtungen konnte damit aber nicht widerspruchsfrei erklärt werden. Außerdem war die Genauigkeit der Berechnungen für die Seefahrt im Zeitalter der Entdeckungen und auch für den Kalender nicht mehr ausreichend.

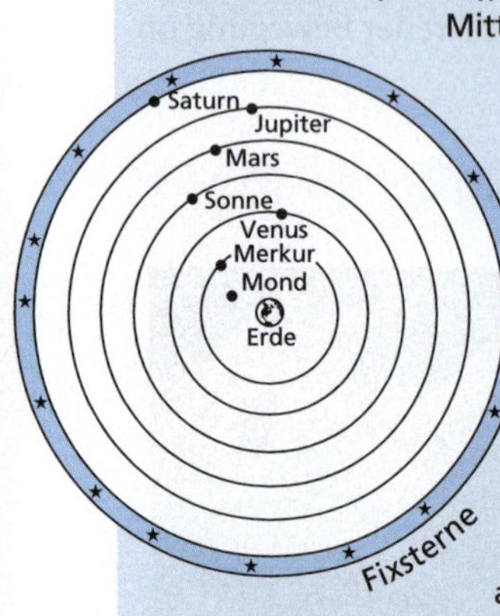

1 Das geozentrische Weltbild

Um diese Probleme zu lösen, wurde das Weltbild von PTOLEMÄUS immer weiter ausgebaut. Vor allem im Mittelalter wurden aber auch zunehmend Zweifel am immer komplizierter werdenden geozentrischen Weltbild laut.

NIKOLAUS KOPERNIKUS (1473–1543) griff als Erster den früher bereits vereinzelt geäußerten Gedanken wieder auf, dass nicht die Erde, sondern die Sonne als Zentralstern im Mittelpunkt unseres Planetensystems steht und sich alle Planeten auf Kreisbahnen um die Sonne bewegen. Fast 30 Jahre lang arbeitete KOPERNIKUS diese Idee mathematisch zum **heliozentrischen Weltbild** (Abb. 2) aus.
Ein berühmter Vertreter des heliozentrischen Weltbildes war GALILEO GALILEI, der aufgrund eigener Untersuchungen von der Richtigkeit dieses Weltbildes überzeugt war (Abb. 3). Damit geriet er als berühmter Gelehrter in Zwiespalt mit der Kirche und deren eindeutigem Bekenntnis zum geozentrischen Weltbild.

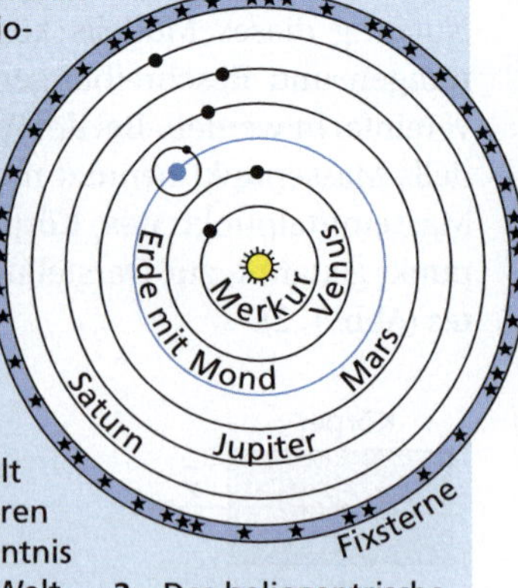

2 Das heliozentrische Weltbild (um 1700)

1633 wurde GALILEI von einem Inquisitionsgericht in Rom gezwungen, öffentlich dem heliozentrischen Weltbild abzuschwören. Beim Hinausgehen aus dem Gericht soll er der Legende nach gesagt haben: *„Und sie bewegt sich doch!"* Im Jahre 1992 wurde GALILEI rehabilitiert.

3 GALILEO GALILEI (1564–1642)

Gleichförmige Bewegungen

Körper können sich unterschiedlich schnell bewegen. Wie schnell oder wie langsam sich ein Körper bewegt, wird durch die physikalische Größe **Geschwindigkeit** beschrieben.

Die Geschwindigkeit gibt an, wie schnell oder langsam sich ein Körper bewegt.

Formelzeichen: v
Einheiten: 1 Meter je Sekunde $\left(1\frac{\text{m}}{\text{s}}\right)$
1 Kilometer je Stunde $\left(1\frac{\text{km}}{\text{h}}\right)$

Dabei bestehen zwischen den Einheiten folgende Beziehungen:

$$1\,\frac{\text{m}}{\text{s}} = 3{,}6\,\frac{\text{km}}{\text{h}} \qquad 1\,\frac{\text{km}}{\text{h}} = \frac{1}{3{,}6}\,\frac{\text{m}}{\text{s}} \approx 0{,}28\,\frac{\text{m}}{\text{s}}$$

In speziellen Bereichen nutzt man auch andere Einheiten. So wird in der Schifffahrt die Geschwindigkeit in Knoten (Abkürzung kn) angegeben:

$$1\,\text{kn} = \frac{1\,\text{Seemeile}}{1\,\text{Stunde}} = 1\,852\,\frac{\text{m}}{\text{h}}$$

Die Geschwindigkeit eines Körpers bei einer gleichförmigen Bewegung kann berechnet werden mit der Gleichung:

$v = \frac{s}{t}$ s zurückgelegter Weg
t benötigte Zeit

Diese Gleichung gilt sowohl für **geradlinige Bewegungen** als auch für **Kreisbewegungen**. Für solche gleichförmigen Kreisbewegungen kann der Weg mithilfe des Radius der Kreisbahn und die Zeit durch die Umlaufzeit (Zeit für einen Umlauf) ausgedrückt werden:

Für eine gleichförmige Kreisbewegung kann die Geschwindigkeit berechnet werden mit der Gleichung:

$v = \frac{2\pi \cdot r}{T}$ r Radius der Kreisbahn
T Umlaufzeit

Eine gleichförmige Bewegung liegt vor,
- wenn ein Körper in gleichen Zeiten gleiche Wege zurücklegt,
- wenn der Quotient aus Weg und Zeit immer konstant ist,
- wenn die in einem Weg-Zeit-Diagramm dargestellten Messwertepaare auf einer ansteigenden Geraden liegen, die durch den Ursprung des Koordinatensystems verläuft; dazu werden die Messwertepaare als Punkte in ein s-t-Diagramm eingetragen und miteinander verbunden (Abb. 1),
- wenn die in einem Geschwindigkeit-Zeit-Diagramm dargestellten Messwertepaare auf einer Geraden liegen, die parallel zur Zeit-Achse verläuft (Abb. 1, S. 166).

Verläuft der Graph in Abb. 1 parallel zur Zeit-Achse, so ruht der Körper.

Betrachten wir als Beispiel ein Auto, für das man gemessen hat, in welchen Zeiten vorgegebene Wege zurückgelegt wurden.

Weg s in m	Zeit t in s
0	0
100	5,1
200	9,9
300	15,2
400	20,1
500	25,0

Damit erhält man folgendes s-t-Diagramm:

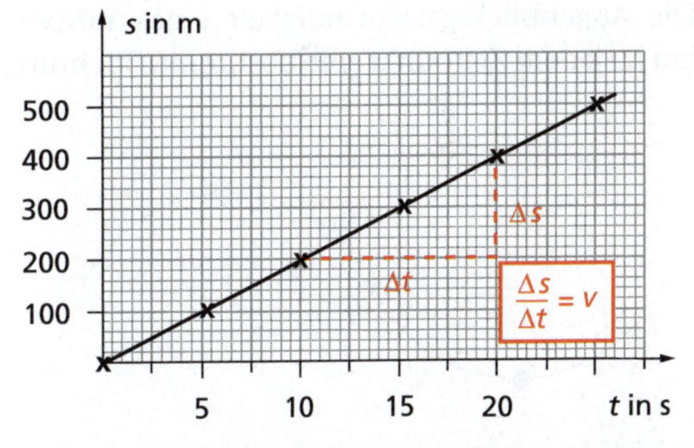

1 Weg-Zeit-Diagramm für eine gleichförmige Bewegung: Es ergibt sich eine Gerade, die durch den Ursprung des Koordinatensystems verläuft.

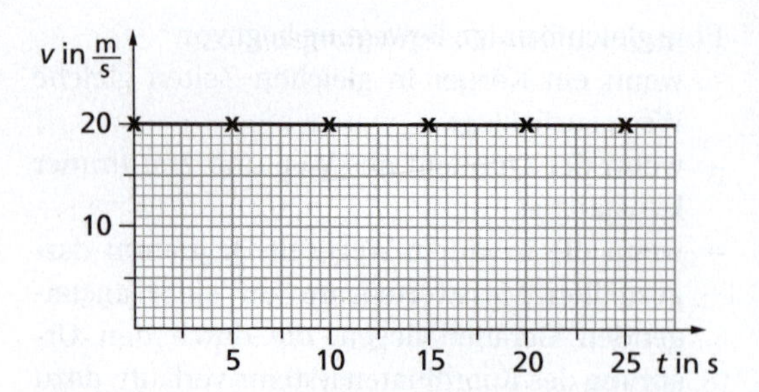

1 Geschwindigkeit-Zeit-Diagramm bei v = konstant

Aus den Messwerten kann man eine konstante Geschwindigkeit von ca. 20 m/s berechnen und im v-t-Diagramm darstellen (Abb. 1).
Der Quotient s/t, also die Geschwindigkeit, ist im s-t-Diagramm der Anstieg des Graphen (s. Abb. 1, S. 165). Je größer die Geschwindigkeit ist, desto steiler verläuft der Graph im s-t-Diagramm.

Der Anstieg des Graphen im s-t-Diagramm ist bei einer gleichförmigen Bewegung gleich der Geschwindigkeit.

Durchschnitts- und Augenblicksgeschwindigkeit

Die Geschwindigkeit bei einer **gleichförmigen Bewegung** kann mit der Gleichung $v = s/t$ berechnet werden. Sie ist konstant, gilt für jeden Ort bzw. jeden Zeitpunkt der Bewegung und entspricht der **Augenblicksgeschwindigkeit** des Körpers. Das ist die Geschwindigkeit eines Körpers zu einem bestimmten Zeitpunkt.
Die Augenblicksgeschwindigkeit eines Körpers hat zu jedem Zeitpunkt eine bestimmte Richtung und einen bestimmten Betrag. Sie ist eine **gerichtete Größe** (Abb. 2).
Ist eine Bewegung **ungleichförmig** ($v \neq$ konstant), so kann man aus dem zurückgelegten Weg und der benötigten Zeit eine mittlere Geschwindigkeit, auch **Durchschnittsgeschwindigkeit** genannt, berechnen.

Die Durchschnittsgeschwindigkeit eines Körpers kann berechnet werden mit der Gleichung:

$$\bar{v} = \frac{\Delta s}{\Delta t}$$

Δs **insgesamt zurückgelegter Weg**
Δt **Zeitintervall (benötigte Zeit)**

Wird das Zeitintervall Δt für die Messungen der Zeit sehr klein gewählt, so kann man sich mit der Durchschnittsgeschwindigkeit der Augenblicksgeschwindigkeit annähern.
Im Unterschied zur Augenblicksgeschwindigkeit ist die Durchschnittsgeschwindigkeit keine gerichtete Größe.

Die Beschleunigung

Körper können bei einer Bewegung ihre Geschwindigkeit ändern, d. h. schneller oder langsamer werden. Diese Geschwindigkeitsänderung kann unterschiedlich schnell erfolgen.
So benötigen z. B. verschiedene Autos unterschiedlich viel Zeit, um aus dem Stand eine Ge-

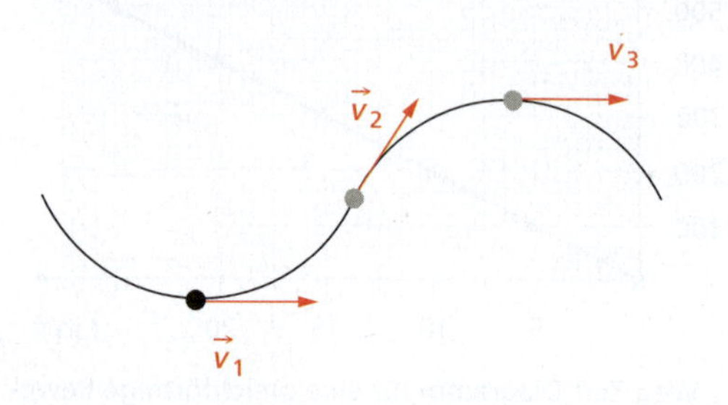

2 Die Geschwindigkeit ist eine gerichtete Größe. Sie ist durch Betrag und Richtung bestimmt.

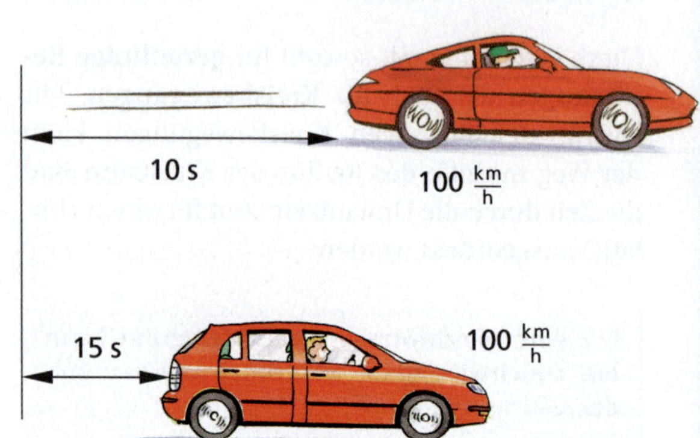

3 Gleiche Geschwindigkeitsänderung – unterschiedliche Zeiten: Der Sportwagen beschleunigt stärker.

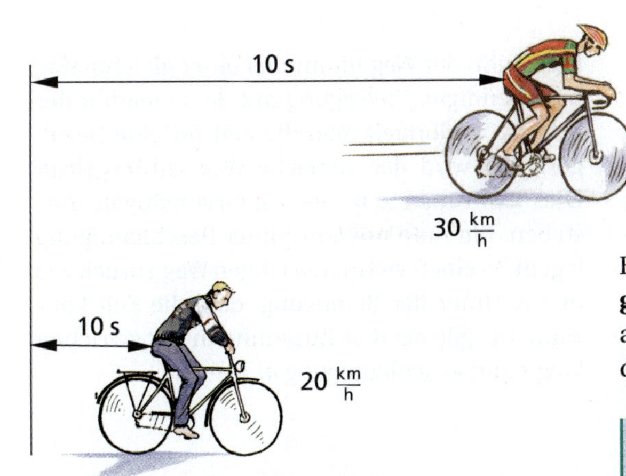

1 Gleiche Zeiten – unterschiedliche Geschwindigkeitsänderungen: Der Rennfahrer beschleunigt stärker.

schwindigkeit von 100 km/h zu erreichen (Abb. 3, S. 166). Der obere Pkw benötigt dafür 10 s, der untere Pkw 15 s. Der obere Pkw beschleunigt stärker. Zwei Radfahrer beschleunigen aus dem Stand heraus 10 s lang (Abb. 1). Der Rennfahrer hat einen stärkeren Antritt und erreicht in dieser Zeit eine Geschwindigkeit von 30 km/h, der andere Fahrer nur 20 km/h.
Wie schnell oder wie langsam ein Körper seine Geschwindigkeit ändert, wird in der Physik durch die physikalische Größe **Beschleunigung** beschrieben.

Die Beschleunigung gibt an, wie schnell sich die Geschwindigkeit eines Körpers ändert.

Formelzeichen: ***a***
Einheit: **1 Meter je Quadratsekunde** $\left(1\,\frac{m}{s^2}\right)$

Ein Körper hat eine Beschleunigung von 1 m/s², wenn sich seine Geschwindigkeit in jeder Sekunde um 1 m/s ändert.
Die jeweilige Beschleunigung ist eine gerichtete Größe. Erhöht sich bei der Bewegung die Geschwindigkeit eines Körpers, so wird die Beschleunigung mit einem positiven Vorzeichen versehen. Bei Verringerung der Geschwindigkeit erhält die Beschleunigung häufig ein negatives Vorzeichen. Man spricht dann auch von einer verzögerten Bewegung. Dann würde –2 m/s² bedeuten: Die Geschwindigkeit eines Körpers verringert sich in jeder Sekunde um 2 m/s.
Wie die Geschwindigkeit ist die Beschleunigung eine gerichtete Größe, also durch Betrag und Richtung bestimmt. Die augenblickliche Beschleunigung eines Körpers kann bei Experimenten mit elektronischen **Beschleunigungsmessern** gemessen werden. Sie kann auch aus der Änderung der Geschwindigkeit und der dafür benötigten Zeit berechnet werden.

Die Beschleunigung eines Körpers kann berechnet werden mit der Gleichung:

$$a = \frac{\Delta v}{\Delta t}$$

Δv Geschwindigkeitsänderung
Δt Zeitintervall

Bei einer **gleichmäßig beschleunigten Bewegung** ändert sich die Geschwindigkeit gleichmäßig. Die Beschleunigung ist konstant. Die berechnete Beschleunigung gilt für jeden Ort und jeden Zeitpunkt der Bewegung.

Bei einer **ungleichmäßig beschleunigten Bewegung** ändert sich die Geschwindigkeit ungleichmäßig. Die Beschleunigung ist nicht konstant. Mit der obigen Gleichung kann dann nur eine mittlere Beschleunigung berechnet werden. Sie wird mit einem Strich über dem Formelzeichen gekennzeichnet.

Beschleunigungen in Natur und Technik	
anfahrender Güterzug	0,1 m/s²
anfahrender ICE	0,5 m/s²
anfahrendes Fahrrad	2 m/s²
anfahrender Pkw	2,5 m/s²
100-m-Läufer in der Startphase	3 m/s²
bremsender Pkw (trockene Straße)	7 m/s²
anfahrendes Rennauto	7,5 m/s²
fallender Stein	10 m/s²
startende Rakete (maximal)	100 m/s²

Gleichmäßig beschleunigte Bewegungen

Ein Körper bewegt sich gleichmäßig beschleunigt und geradlinig, wenn seine Beschleunigung gleich bleibt, sich seine Geschwindigkeit also gleichmäßig ändert, und er sich auf einer geraden Bahn bewegt. Für eine solche Bewegung gelten das folgende **Geschwindigkeit-Zeit-Gesetz** und das **Weg-Zeit-Gesetz.**

Für eine gleichmäßig beschleunigte Bewegung eines Körpers aus dem Stillstand gilt:

a = konstant	a Beschleunigung
$v = a \cdot t$	v Geschwindigkeit
$s = \frac{a}{2} \cdot t^2$	t Zeit

Die Gleichung $s = \frac{a}{2} \cdot t^2$ beschreibt Zusammenhänge zwischen dem Weg s, der konstanten Beschleunigung a und der Zeit t bei einer gleichmäßig beschleunigten Bewegung.
Diese Gleichung kann man interpretieren: Unter der Bedingung, dass die Beschleunigung konstant ist, gilt für den Zusammenhang zwischen Weg s und Zeit t:

$$s \sim t^2$$

Interpretieren einer Gleichung

Beim Interpretieren einer Gleichung solltest du folgendermaßen vorgehen:

1. Nenne zunächst die physikalischen Größen, zwischen denen Zusammenhänge in der Gleichung dargestellt sind!
   Gehe auf wichtige Bedingungen ein, unter denen die Gleichung gilt!
2. Leite aus der mathematischen Struktur der Gleichung Zusammenhänge zwischen physikalischen Größen ab!
   Gehe dabei z. B. auf direkte oder indirekte Proportionalität und auf wichtige Bedingungen ein, unter denen Zusammenhänge gelten!
3. Leite praktische Folgerungen aus den Zusammenhängen zwischen den Größen ab!

Das heißt, der Weg nimmt bei einer gleichmäßig beschleunigten Bewegung mit dem Quadrat der Zeit zu. Verdoppelt man die Zeit für eine Bewegung, so wird der vierfache Weg zurückgelegt. Dies kann man z. B. bei Anfahrvorgängen feststellen. Ein Auto mit konstanter Beschleunigung legt in 2 s einen viermal so langen Weg zurück wie in 1 s. Unter der Bedingung, dass die Zeit konstant ist, gilt für den Zusammenhang zwischen Weg s und Beschleunigung a:

$$s \sim a$$

Das heißt: In einer bestimmten Zeit ist der zurückgelegte Weg umso größer, je größer die Beschleunigung ist. Für gleichmäßig verzögerte geradlinige Bewegungen bis zum Stillstand gelten dieselben physikalischen Gesetze. Bei verzögerten Bewegungen wird die Beschleunigung häufig mit einem negativen Vorzeichen versehen und manchmal als **Beschleunigung,** manchmal als **Verzögerung** bezeichnet. Verzögerte Bewegungen treten z. B. bei Bremsvorgängen auf.
Beim gleichmäßig beschleunigten Anfahren eines Motorrades aus dem Stand wurden folgende Werte gemessen:

Zeit t in s	Weg s in m	Geschwindigkeit v in km/h
0	0	0
1	1,2	9
2	5,0	18
3	11,2	27
4	20,0	36

Diese Werte kann man in einem s-t-Diagramm (Abb. 1, S. 169) und in einem v-t-Diagramm (Abb. 2, S. 169) darstellen. Aus den Messwerten kann man für das Motorrad eine konstante Beschleunigung von $a = 2{,}5\ \text{m/s}^2$ berechnen. Damit ergibt sich das a-t-Diagramm (Abb. 3, S. 169).
In den Diagrammen kommt dem Verlauf des Graphen eine physikalische Bedeutung zu:
Er zeigt, welcher Zusammenhang zwischen den beiden Größen besteht, die auf den Achsen abgetragen sind.

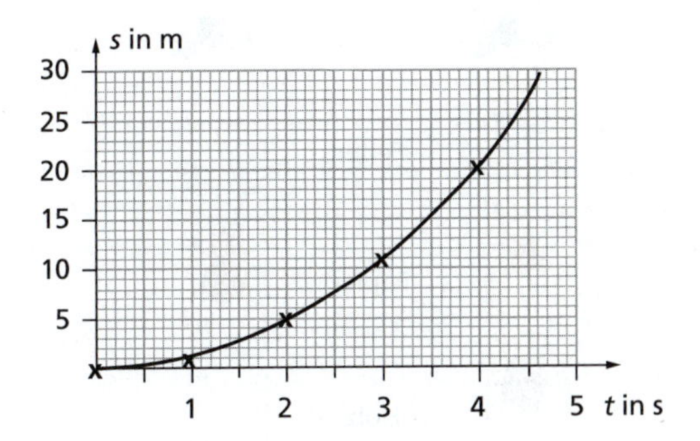

1 Weg-Zeit-Diagramm

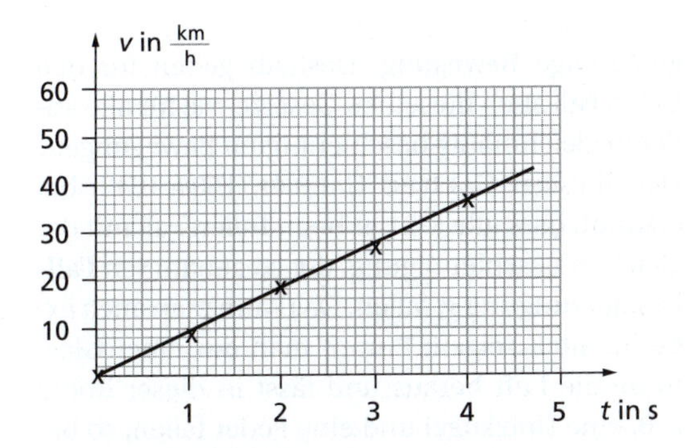

2 Geschwindigkeit-Zeit-Diagramm

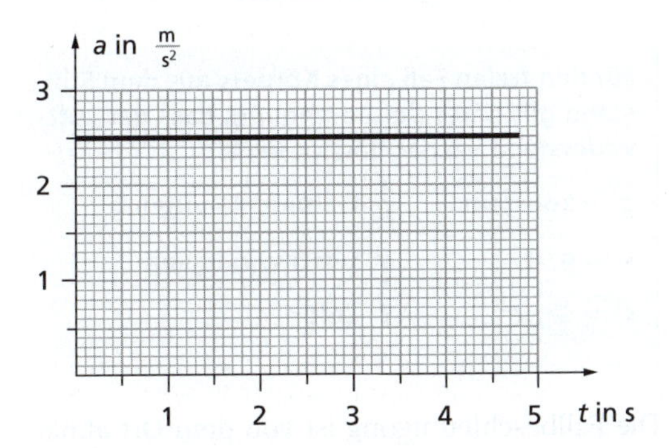

3 Beschleunigung-Zeit-Diagramm

Darüber hinaus hat in manchen Diagrammen auch der *Anstieg des Graphen* und die *Fläche unter dem Graphen* eine physikalische Bedeutung. Der Anstieg des Graphen an einer bestimmten Stelle im s-t-Diagramm ist gleich der Geschwindigkeit (Abb. 4) und im v-t-Diagramm gleich der Beschleunigung (Abb. 5).

Interpretieren eines Diagramms

Beim Interpretieren eines Diagramms solltest du folgendermaßen vorgehen:

1. Nenne die physikalischen Größen, die auf den Achsen abgetragen sind!
2. Beschreibe den Zusammenhang zwischen den Größen, die auf den Achsen abgetragen sind!
3. Nenne charakteristische Werte! Gehe, wenn möglich, auf die Bedeutung der Fläche unter dem Graphen und des Anstieges des Graphen ein!

Bei manchen Diagrammen hat der Quotient aus den beiden Achsengrößen, das ist der Anstieg des Graphen, eine physikalische Bedeutung (Abb. 4, 5).
Auch das Produkt aus den beiden auf den Achsen abgetragenen Größen (die Fläche unter dem Graphen) hat manchmal eine physikalische Bedeutung (Abb. 5).

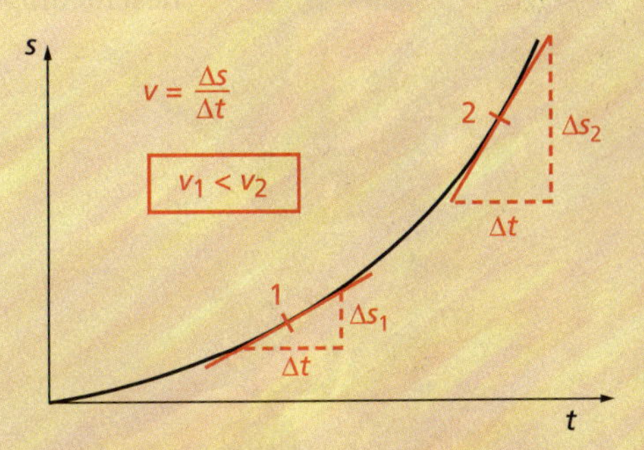

4 s-t-Diagramm: Größerer Anstieg bedeutet größere Geschwindigkeit.

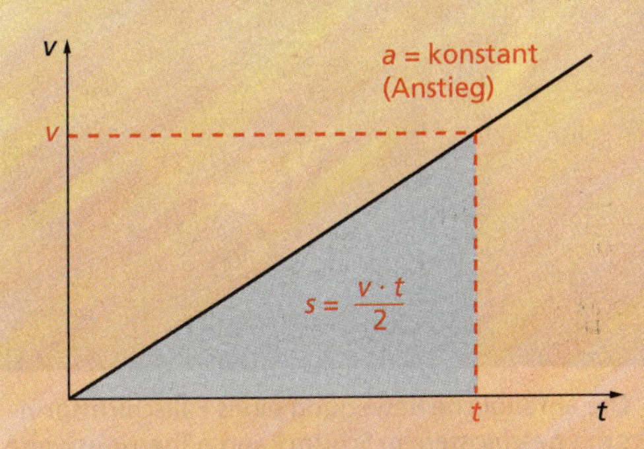

5 v-t-Diagramm: Die Fläche unter dem Graphen ist zahlenmäßig gleich dem Weg.

Der freie Fall

Alle Körper auf der Erde werden von dieser angezogen. Diese Anziehungskraft bewirkt, dass ein Körper, wenn er losgelassen wird, senkrecht nach unten fällt. Diese Fallbewegung kann sehr unterschiedlich verlaufen. So ist z. B. beim Herabschweben eines Fallschirmspringers der Luftwiderstand so groß, dass er sich näherungsweise gleichförmig bewegt. Das gilt auch für Regentropfen in der Nähe des Erdbodens oder für herabfallende Blätter.

Anders ist das z. B. bei einem herabfallenden Stein oder bei einem Körper, der sich im Vakuum bewegt. Der Luftwiderstand ist dann vernachlässigbar. Eine Fallbewegung, die nicht durch den Luftwiderstand behindert wird, nennt man **freien Fall.** Der freie Fall ist eine gleichmäßig beschleunigte geradlinige Bewegung. Deshalb gelten für den freien Fall auch dieselben Gesetze wie für alle anderen gleichmäßig beschleunigten Bewegungen.

1 Die anfängliche Bewegung eines Fallschirmspringers mit geschlossenem Schirm kann näherungsweise als freier Fall betrachtet werden. Nach kurzer Zeit erreichen aber die Fallschirmspringer eine konstante Fallgeschwindigkeit von ca. 200 km/h.

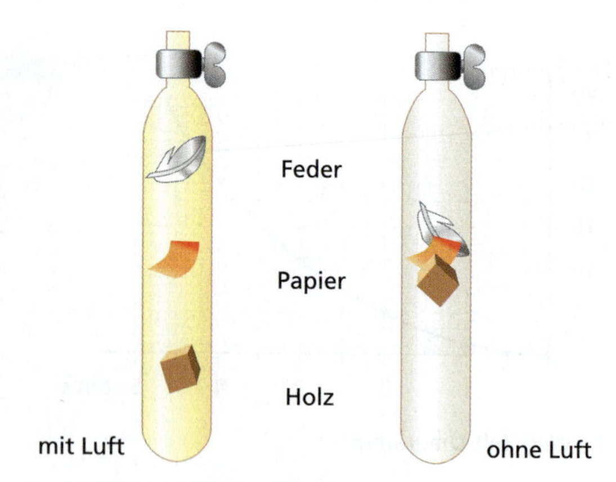

2 Im Vakuum fallen alle Körper gleich schnell.

Der Physiker Galileo Galilei (1564–1642) hat erkannt, dass alle Körper beim freien Fall mit der gleichen Beschleunigung, der so genannten **Fallbeschleunigung g,** fallen. Das kann man auch experimentell zeigen: Pumpt man aus einer Glasröhre die Luft heraus und lässt in dieser Röhre z. B. eine Holzkugel und eine Feder fallen, so bewegen sich beide gleich schnell (Abb. 2).

Die Fallbeschleunigung ist nicht von der Masse des fallenden Körpers abhängig.

Für den freien Fall eines Körpers aus dem Stillstand gilt unter der Bedingung, dass der Luftwiderstand vernachlässigt wird:

$g = \text{konstant}$	g Fallbeschleunigung
$v = g \cdot t$	v Geschwindigkeit
$s = \frac{g}{2} \cdot t^2$	t Zeit

Die Fallbeschleunigung ist von dem Ort abhängig, an dem sich ein Körper befindet. Sie wird deshalb auch als **Ortsfaktor** bezeichnet. Als Mittelwert für die Fallbeschleunigung an der Erdoberfläche gilt:

$$g = 9{,}81\ \frac{\text{m}}{\text{s}^2}$$

Am Äquator ist die Fallbeschleunigung etwas kleiner als der Mittelwert (9,79 m/s^2), an den Polen der Erde etwas größer (9,83 m/s^2).

Mosaik

Galilei und die Bewegungsgesetze

Der italienische Naturforscher Galileo Galilei (1564–1642) führte nicht nur die experimentelle Methode in die Naturwissenschaften ein, sondern entwickelte auch die mittelalterliche Bewegungslehre entscheidend weiter. Bis Galileo Galilei dominierten die Auffassungen des Aristoteles (384–322 v. Chr.): *„Alles, was sich bewegt, bewegt sich entweder von Natur oder durch eine äußere Kraft oder vermöge seines freien Willens“.* Daraus folgerte Aristoteles, dass schwere Körper schneller fallen als leichte Körper, eine Auffassung, die sich durchaus mit der Alltagserfahrung deckt.

Galilei überlegte sich dazu folgendes Gedankenexperiment: Verbindet man einen schweren und einen leichten Körper miteinander, dann müssen einerseits nach Aristoteles beide zusammen schneller fallen als der schwere Körper, da ihre Masse größer ist. Andererseits würde der leichte Körper den Fall des schweren Körpers hemmen, da er – ebenfalls nach Aristoteles – langsamer fallen soll als der schwere Körper. Den Widerspruch löste Galilei, indem er davon ausging, dass alle Körper gleich schnell fallen müssten.

In seinem 1638 in Leiden erschienenen Werk „Discorsi“, einem in 6 Tage gegliederten Buch in Form von Gesprächen, formuliert er:

„Gleichförmig oder einförmig beschleunigte Bewegung nenne ich diejenige, bei der von Anfang an in gleichen Zeiten gleiche Geschwindigkeitszuwüchse dazukommen“. Im Weiteren leitet Galilei den Zusammenhang zwischen Weg und Zeit aus geometrischen Überlegungen ab (Bild 1).

Heute ist gesichert, dass Galilei auch sorgfältige quantitative Untersuchungen zu Bewegungen durchgeführt, aber nie veröffentlicht hat.

In seinen „Discorsi“ ist folgender Dialog zwischen Simplicio und Salviati enthalten:

1 Originalzeichnung Galileis zu den Fallgesetzen aus dem „Discorsi“: Die in gleichen Zeiten (senkrecht aufgetragen) zurückgelegten Wege (Flächen) verhalten sich wie 1 : 3 : 5, die Gesamtwege damit wie 1 : 4 : 9.

„Simplicio: Ob aber die Beschleunigung, deren die Natur sich bedient, beim Fall der Körper eine solche sei, das bezweifle ich noch, und deshalb würden ich und andere... es für sehr erwünscht halten, jetzt einen Versuch herbeizuziehen, deren es so viele geben soll.

2 Der Galilei-Arbeitsraum im Deutschen Museum in München

Salviati: Ihr stellt in der Tat... eine berechtigte Forderung auf. ... Der Autor hat es nicht unterlassen, Versuche anzustellen, und um mich davon zu überzeugen, dass die gleichförmig beschleunigte Bewegung im oben geschilderten Verhältnis vor sich gehe, bin ich wiederholt in Gemeinschaft mit unserem Autor in folgender Weise vorgegangen: ... auf einem Holzbrett von 12 Ellen Länge ... war ... eine Rinne von etwas mehr als einem Zoll Breite eingegraben. Dieselbe war sehr gerade gezogen, und um die Fläche recht glatt zu haben, war inwendig ein sehr glattes und reines Pergament aufgeklebt; in dieser Rinne ließ man eine sehr harte, völlig runde und glatt polierte Messingkugel laufen. Nach Aufstellung des Brettes wurde dasselbe auf einer Seite gehoben, bald eine, bald zwei Ellen hoch; dann ließ man die Kugel durch den Kanal fallen und verzeichnete ... die Fallzeit für die ganze Strecke. Darauf ließen wir die Kugel nur durch ein Viertel der Strecke laufen und fanden stets die halbe Fallzeit gegen früher; ... bei wohl hundertfacher Wiederholung fanden wir stets, dass die Strecken sich verhielten wie die Quadrate der Zeiten ...“

Zusammengesetzte Bewegungen

Bewegungen in Natur und Technik sind meistens keine einfachen geradlinigen gleichförmigen oder gleichmäßig beschleunigten Bewegungen. Häufig setzen sich Bewegungen aus mehreren einzelnen Bewegungen zusammen.

So resultiert die Bewegung eines Flugzeuges u. a. aus der Bewegung infolge des eigenen Antriebes und der Bewegung des Windes.

Die Bewegung eines Schiffes ergibt sich aus der Bewegung infolge des Schiffsantriebes und aus der Strömung des Wassers. Wenn man in einem fahrenden Zug läuft, resultiert die Gesamtbewegung aus der Bewegung des Zuges und der Bewegung im Zug.

Bei der Zusammensetzung von Bewegungen ist zu beachten, dass Wege, Geschwindigkeiten und Beschleunigungen nicht nur unterschiedliche Beträge, sondern auch unterschiedliche Richtungen haben können. Weg, Geschwindigkeit und Beschleunigung sind **gerichtete Größen.**

Fährt z. B. ein Boot senkrecht zur Strömung über einen Fluss, so ergibt sich die resultierende Geschwindigkeit aus der Geschwindigkeit des Bootsantriebes und der Strömungsgeschwindigkeit des Flusses mittels eines Parallelogramms (Abb. 1). Auch die Wege addieren sich (Abb. 1). Zu dem Weg s_1 senkrecht zur Strömungsrichtung des Wassers kommt der Weg s_2 in Strömungsrichtung des Wassers hinzu. Die Wege addieren sich wie die Geschwindigkeiten.

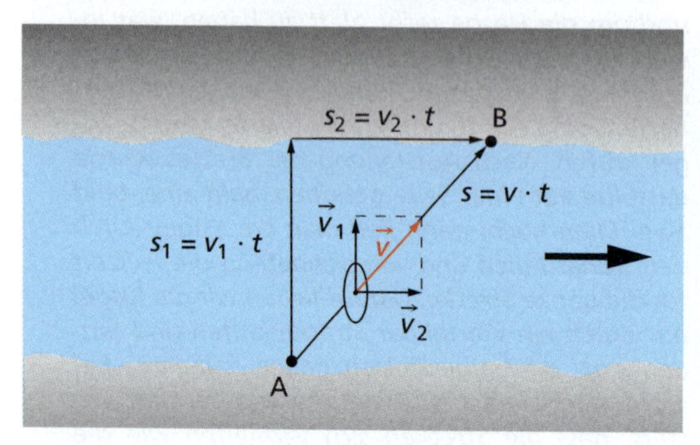

1 Wege und Geschwindigkeiten bei der Überlagerung zweier gleichförmiger Bewegungen

Würfe

Eine spezielle Art der zusammengesetzten Bewegung ist die **Wurfbewegung** oder, wie man kurz sagt, der Wurf. Dabei überlagern sich eine gleichförmige Bewegung mit der Abwurfgeschwindigkeit v_0 und der freie Fall. Je nachdem, in welche Richtung der Abwurf erfolgt, unterscheidet man zwischen dem senkrechten, dem waagerechten und dem schrägen Wurf (s. Überblick S. 173).

Bei einem senkrechten Wurf nach oben oder nach unten bewegt sich der betreffende Körper auf einer geraden Bahn. Er führt eine geradlinige Bewegung aus. Die Bahnen, die bei waagerechten und schrägen Würfen entstehen, haben die Formen von Parabeln. Man nennt sie deshalb auch **Wurfparabeln** (Abb. 1 und 2, S. 173).

2 Die dargestellte Bewegung eines Wals (Orca) ähnelt einem schrägen Wurf.

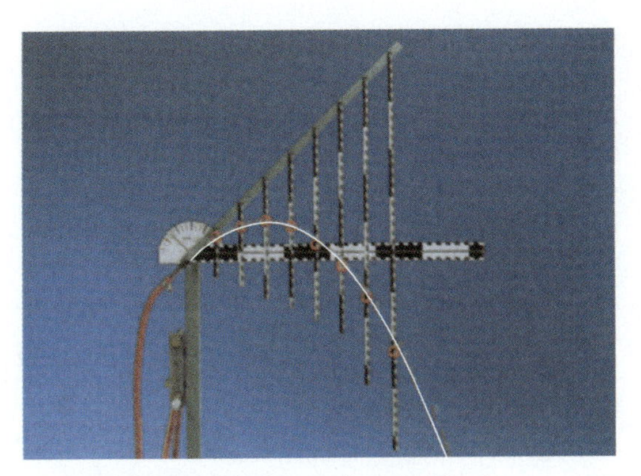

1 Wurfparabel bei einem schrägen Wurf

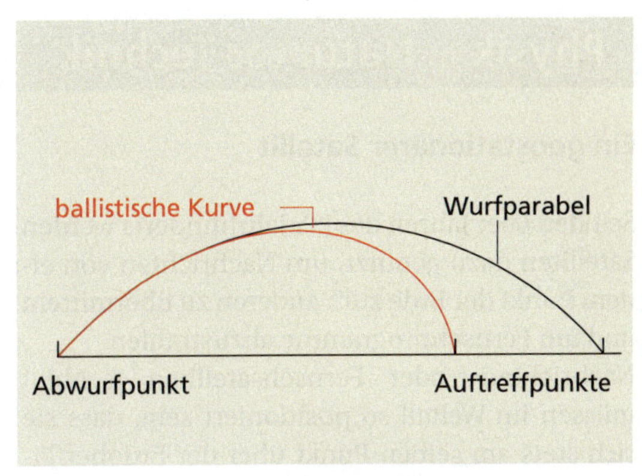

2 Wurfparabel und ballistische Kurve

Die Wurfweite ist abhängig
- von der Abwurfgeschwindigkeit v_0,
- vom Abwurfwinkel α.

Die größte Wurfweite wird bei einer ungestörten Bewegung eines Körpers (Luftwiderstand vernachlässigbar) und einem Abwurfwinkel von 45° erreicht. Reine Wurfparabeln treten nur bei Bewegungen im Vakuum auf.

Wenn man aber z. B. die Bahn eines Fußballs oder eines Geschosses verfolgt, dann stellt man fest, dass diese Bahn von der Wurfparabel abweicht. Man nennt eine solche Bahn eine **ballistische Kurve** (Ballistik: Lehre von den Flugbahnen von Körpern). Ursache für das Entstehen solcher ballistischer Kurven ist das Wirken des bewegungshemmenden Luftwiderstandes.

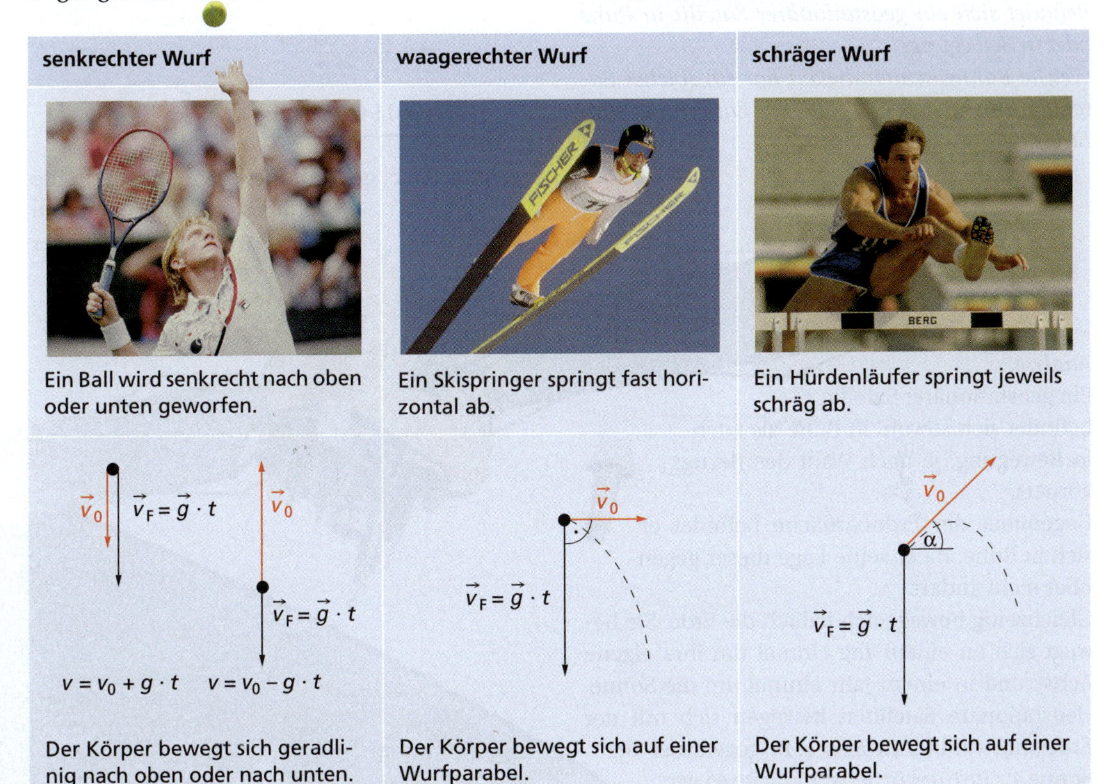

Physik in Natur und Technik

Ein geostationärer Satellit

Seit den 60er Jahren des 20. Jahrhunderts werden Satelliten dazu genutzt, um Nachrichten von einem Punkt der Erde zum anderen zu übermitteln und um Fernsehprogramme abzustrahlen.
Nachrichten- oder Fernsehsatelliten (s. Abb.) müssen im Weltall so positioniert sein, dass sie sich stets am selben Punkt über der Erdoberfläche bzw. über dem Horizont befinden. Für einen optimalen Empfang werden die Richtantennen oder „Satellitenschüsseln" auf diesen Punkt über dem Horizont ausgerichtet.
Solche Satelliten, die sich immer über einem bestimmten Punkt der Erdoberfläche befinden, nennt man auch **geostationäre Satelliten.** Der erste Nachrichtensatellit, der in eine geostationäre Bahn gebracht wurde, war der US-amerikanische Nachrichtensatellit „Syncom 1" (1963).
Befindet sich ein geostationärer Satellit in Ruhe oder in Bewegung?
Welche Bahngeschwindigkeit hat ein solcher Satellit, wenn er sich in 42 000 km Entfernung vom Erdmittelpunkt befindet?

Analyse:
Ein geostationärer Satellit befindet sich sowohl in Ruhe als auch in Bewegung, je nach Wahl des Bezugskörpers.
Gegenüber der Erdoberfläche befindet er sich in Ruhe, da er seine Lage dieser gegenüber nicht ändert.
Gleichzeitig bewegt sich jedoch die Erde. Sie bewegt sich an einem Tag einmal um ihre eigene Achse und in einem Jahr einmal um die Sonne. Geostationäre Satelliten bewegen sich mit der Erde mit, verändern also z. B. gegenüber der Sonne als Bezugskörper ständig ihre Lage.

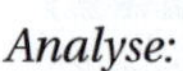

Somit sind solche Satelliten gegenüber der Sonne in Bewegung.
An einem Tag bewegt sich der Satellit mit der Erde einmal um die Erdachse und führt dabei eine Kreisbewegung aus. Von der Bewegung um die Sonne soll bei der Berechnung abgesehen werden.
Als Weg legt der Satellit somit an einem Tag den Umfang eines Kreises zurück.
Die Bewegung des Satelliten ist eine gleichförmige Kreisbewegung.

Gesucht: v

Gegeben: $r = 42\,000$ km
$T = 24$ h

Lösung: $v = \frac{2\pi \cdot r}{T}$

$v = \frac{2\pi \cdot 42\,000 \text{ km}}{24 \text{ h}}$

$\underline{v = 11\,000 \text{ km/h}}$

Ergebnis: Der geostationäre Satellit hat eine Bahngeschwindigkeit von etwa 11 000 km/h oder etwa 3 km/s.

Wie genau ist der Tachometer?

Thomas möchte die Genauigkeit der Geschwindigkeitsanzeige seines Fahrradcomputers überprüfen. Dazu messen zwei Freunde mit einer Stoppuhr die Zeit, die er für eine Strecke von 100 m benötigt. Thomas braucht für die Strecke genau 18 s. Sein Tachometer zeigt auf der Messstrecke konstant 23 km/h an.
Zeigt der Tachometer des Fahrradcomputers die tatsächliche Geschwindigkeit? Wie kann man die Genauigkeit der Anzeige verbessern?

Analyse:
Es wird davon ausgegangen, dass der Radfahrer auf der Messstrecke eine gleichförmige Bewegung ausführt. Dann kann aus den Messwerten für Weg und Zeit die tatsächliche Geschwindigkeit berechnet und mit der Tachometeranzeige verglichen werden.
Gesucht: $v_{Messung}$ in km/h

Gegeben: $s = 100\ \text{m}$
$t = 18\ \text{s}$
$v_{Tacho} = 23\ \frac{\text{km}}{\text{h}}$

Lösung:
Die Geschwindigkeit $v_{Messung}$ kann wie folgt berechnet werden:

$$v_{Messung} = \frac{s}{t}$$

$$v_{Messung} = \frac{100\ \text{m}}{18\ \text{s}} = 5{,}6\ \frac{\text{m}}{\text{s}} = 5{,}6 \cdot 3{,}6\ \frac{\text{km}}{\text{h}}$$

$$\underline{v_{Messung} \approx 20\ \frac{\text{km}}{\text{h}}}$$

Ergebnis:
Der Tachometer des Fahrradcomputers geht nicht genau. Er zeigt eine größere Geschwindigkeit an, als das Fahrrad in Wirklichkeit fährt. Die Abweichung beträgt etwa 15 %. Der Fahrradcomputer muss neu programmiert werden, damit er die tatsächliche Geschwindigkeit anzeigt. Aber auch dann hat er – wie jedes Messinstrument – noch einen bestimmten Messfehler. Dieser Fehler sollte aber unter 10 % liegen.

Abstand halten!

Um Auffahrunfälle zu vermeiden, gibt es für den Abstand von Fahrzeugen folgende Faustregel: Der Abstand von einem Fahrzeug zum nächsten sollte mindestens gleich der Hälfte der Anzeige am Tachometer sein (Geschwindigkeit in km/h, Abstand in m). Wenn ein Auto z. B. mit 80 km/h fährt, sollte sein Sicherheitsabstand zum vorausfahrenden Fahrzeug also mindestens 40 m betragen.
Berechne für einen Pkw mit dieser Geschwindigkeit unter Berücksichtigung der Schrecksekunde den Bremsweg bei einer Vollbremsung, wenn die Bremsverzögerung auf trockener Straße 7 m/s² beträgt!
Beurteile auf der Grundlage des errechneten Ergebnisses den Sinn der obigen Faustregel!

Analyse:
Der Pkw wird als Körper angesehen, der eine verzögerte Bewegung bis zum Stillstand ausführt.
Für die Berechnungen wird angenommen, dass der Bremsvorgang eine gleichmäßig verzögerte Bewegung ist.
Bevor der Fahrer des Pkw nach einem plötzlichen Ereignis die Bremsen betätigt, vergeht eine gewisse Reaktionszeit.
Wir nehmen an, dass die Reaktionszeit des Fahrers genau eine Sekunde beträgt. Während dieser „Schrecksekunde" bewegt sich der Pkw gleichförmig mit der angegebenen Geschwindigkeit von 80 km/h weiter.
Der Bremsweg setzt sich also zusammen aus dem Weg während der gleichförmigen Bewegung und dem Weg während der gleichmäßig verzögerten Bewegung bis zum Stillstand. Diese beiden Teilwege können berechnet werden. Ihre Summe ergibt den Gesamtweg bis zum Stillstand.

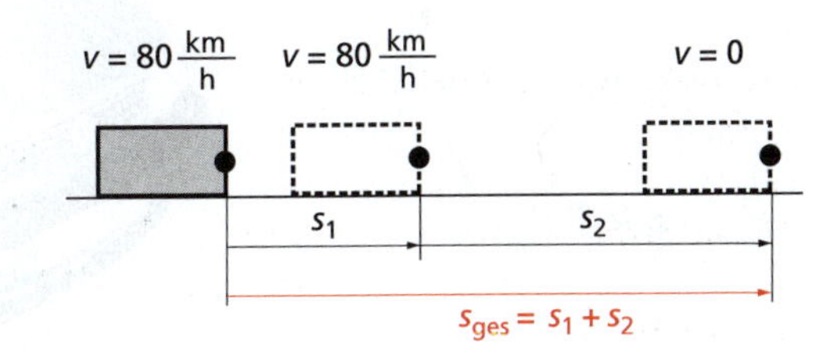

Gesucht: s_{ges} in m

Gegeben: $v = 80\ \frac{km}{h} = 80 \cdot \frac{1}{3{,}6}\ \frac{m}{s} \approx 22\ \frac{m}{s}$

$a = 7\ \frac{m}{s^2}$

$t_1 = 1\ s$

Lösung:

Der Bremsweg ergibt sich als Summe der Wege für beide Bewegungen:

$$s_{ges} = s_1 + s_2$$

Den Weg für die gleichförmige Bewegung während der „Schrecksekunde" kann man mit dem Weg-Zeit-Gesetz für gleichförmige Bewegungen berechnen:

$$s_1 = v \cdot t_1$$

$$s_1 = 22\ \frac{m}{s} \cdot 1\ s$$

$$s_1 = 22\ m$$

Den Weg für die gleichmäßig verzögerte Bewegung kann man nach dem Weg-Zeit-Gesetz für gleichmäßig beschleunigte Bewegungen berechnen:

$$s_2 = \frac{a}{2} \cdot t_2^2$$

Da die Zeit t_2 für diese Bewegung nicht bekannt ist, kann das Geschwindigkeit-Zeit-Gesetz herangezogen werden, denn die Anfangsgeschwindigkeit v ist bekannt.

Somit erhält man ein Gleichungssystem aus zwei Gleichungen mit zwei unbekannten Größen (s_2 und t_2), das man lösen kann:

$$s_2 = \frac{a}{2} \cdot t_2^2$$

$$v = a \cdot t_2$$

↓

$$t_2 = \frac{v}{a}$$

↙

$$s_2 = \frac{a}{2} \left(\frac{v^2}{a^2}\right)$$

$$s_2 = \frac{v^2}{2a}$$

$$s_2 = \frac{22^2 m^2 \cdot s^2}{2 \cdot 7\ m \cdot s^2}$$

$$s_2 \approx 35\ m$$

Damit erhält man für den Gesamtweg:

$$s_{ges} = 22\ m + 35\ m$$

$$\underline{s_{ges} = 57\ m}$$

Ergebnis:

Der Bremsweg bei einer Vollbremsung auf trockener Straße mit einer Anfangsgeschwindigkeit von 80 km/h beträgt unter Berücksichtigung der Schrecksekunde etwa 57 m. Das ist mehr als der Mindestabstand, der nach der Faustregel gefordert wird. Es ist jedoch zu berücksichtigen, dass das vorausfahrende Fahrzeug in der Regel nicht plötzlich zum Stillstand kommt, sondern nach einem gewissen Bremsweg. So könnte ein Auffahrunfall gerade vermieden werden. Dabei muss aber beachtet werden: Bei nasser oder gar vereister Fahrbahn ist die Bremsverzögerung wesentlich geringer, sodass der Sicherheitsabstand größer sein muss und die Faustregel nicht mehr gilt.

Ein Gurt ist Pflicht

Bei Fahrten im Pkw müssen alle Insassen mit einem Sicherheitsgurt angeschnallt sein (Abb. 1). Dies ist mitunter zwar lästig, aber bei Unfällen oft lebensrettend (Abb. 1). Manche Fahrer und Beifahrer sind jedoch der Meinung, dass sie sich bei Unfällen mit geringen Geschwindigkeiten auch ohne Gurt noch abstützen können.

1 Die Gurtpflicht besteht bei jeder Fahrt.

1 Beim Abbremsen treten erhebliche Beschleunigungen und Kräfte auf.

Wie groß ist die Bremsverzögerung bei einem Aufprall auf ein Hindernis, wenn ein Fahrzeug mit einer Geschwindigkeit von zunächst 30 km/h in einer Sekunde zum Stehen kommt?

Analyse:
Der Aufprall auf ein Hindernis wird als gleichmäßig verzögerte Bremsbewegung eines Körpers bis zum Stillstand angesehen.

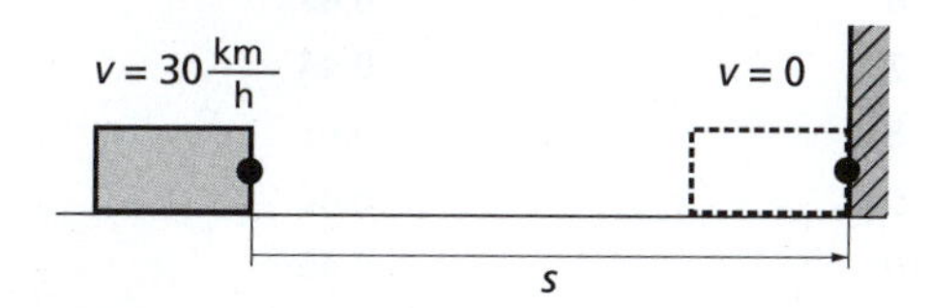

Gesucht: a
Gegeben: $v = 30\ \frac{km}{h} = 30 \cdot \frac{1}{3,6}\ \frac{m}{s} \approx 8,3\ \frac{m}{s}$

$t = 1\ s$

Lösung:
Die Beschleunigung für eine gleichmäßig verzögerte Bewegung kann man mit der folgenden Gleichung berechnen:

$$a = \frac{\Delta v}{\Delta t}$$

$$a = \frac{8,3\ m}{1\ s \cdot s}$$

$$\underline{a = 8,3\ \frac{m}{s^2}}$$

Ergebnis:
Die Bremsbeschleunigung bei einem Aufprall auf ein Hindernis mit einer Anfangsgeschwindigkeit von 30 km/h beträgt 8,3 m/s² und ist damit etwas kleiner als die Fallbeschleunigung. Ein solcher Auffahrunfall ist vergleichbar mit einem Sprung aus 3,5 m Höhe auf ein hartes Hindernis.
Es ist deshalb unbedingt erforderlich, bei jeder Fahrt der Verpflichtung zum Angurten im Pkw nachzukommen.
Bedenke dabei, dass z. B. bei einem Frontalzusammenstoß mit einem entgegenkommenden Fahrzeug die Relativgeschwindigkeit, also die Summe der Geschwindigkeiten beider Fahrzeuge, beim Aufprall zur Wirkung kommt.

Lösen physikalisch-mathematischer Aufgaben

Beim Lösen physikalischer Aufgaben mit mathematischen Mitteln solltest du folgendermaßen vorgehen:

1. Versuche, dir den Sachverhalt der Aufgabe vorzustellen! Fertige, wenn notwendig, eine anschauliche Skizze an!
2. Vereinfache den Sachverhalt aus der Sicht der Physik! Lasse Unwesentliches weg! Fertige eine vereinfachte, schematische Skizze zum Sachverhalt an!
3. Stelle die gesuchten und die gegebenen Größen der Aufgabe zusammen!
4. Versuche, Zusammenhänge und Gesetze im Sachverhalt zu erkennen!
   Gib Gleichungen für gesuchte und gegebene Größen an, die unter den gegebenen Bedingungen gelten!
5. Mitunter wird der Sachverhalt mit mehreren Gleichungen und mehreren Variablen (unbekannten Größen) beschrieben.
   Löse das Gleichungssystem, indem du die Gleichungen miteinander kombinierst!
6. Setze die Werte für die gegebenen Größen in die Endgleichung ein und berechne die gesuchten Größen!
   Mitunter müssen vor dem Einsetzen noch Einheiten gegebener oder gesuchter Größen umgerechnet werden.
7. Formuliere das Ergebnis der Aufgabe! Beantworte dabei die Fragen im Aufgabentext!

Die Fallbeschleunigung

Die Fallbeschleunigung ist eine wichtige Naturkonstante.

Bestimme experimentell die Fallbeschleunigung!

Vorbereitung:

Für den freien Fall gilt das Weg-Zeit-Gesetz der gleichmäßig beschleunigten Bewegung:

$$s = \frac{g}{2} \cdot t^2$$

Mithilfe dieses Gesetzes kann der Wert für die Fallbeschleunigung experimentell bestimmt werden.

$$s = \frac{g}{2} \cdot t^2 \qquad | \cdot 2 \quad | : t^2$$

$$g = \frac{2s}{t^2}$$

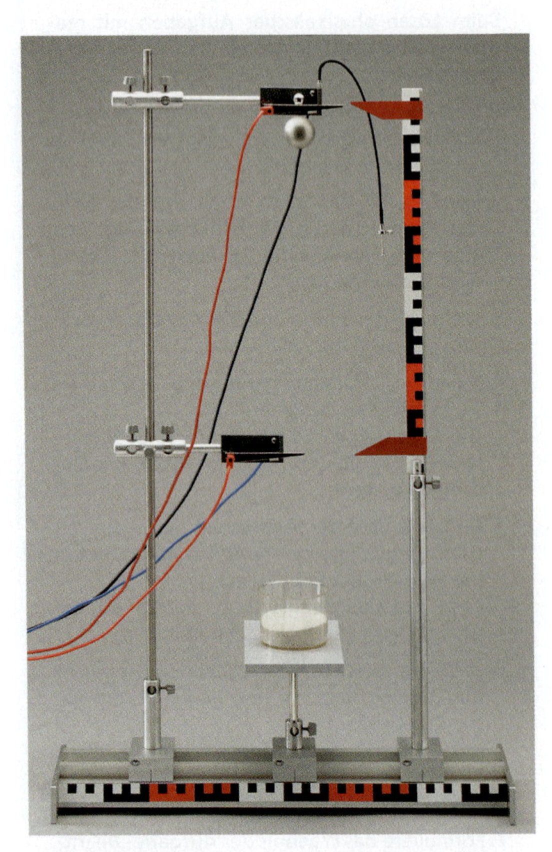

1 Experimentieranordnung zur Bestimmung der Fallbeschleunigung

Weg und Zeit für den freien Fall eines Körpers müssen gemessen werden, um anschließend die Fallbeschleunigung berechnen zu können.

Um einen möglichst genauen Wert für g zu erhalten, sollte die zu messende Fallzeit nicht zu klein sein. Deshalb ist ein möglichst großer Fallweg zu wählen. Die Fallzeit wird mehrmals gemessen und anschließend ein Mittelwert berechnet. Die Auslösung des freien Falls erfolgt mit einem Magnetschalter, die Zeitmessung mit einer elektronischen Uhr. Der fallende Körper muss so gewählt werden, dass der Luftwiderstand möglichst gering ist.

Durchführung:

Der Fallweg beträgt s = 0,96 m. Die Fallzeit wird 10-mal gemessen.

Messung Nr.	Zeit t in s
1	0,43
2	0,42
3	0,46
4	0,44
5	0,45
6	0,42
7	0,44
8	0,43
9	0,46
10	0,45

Auswertung:

Aus der Messreihe für die Zeit kann folgender Mittelwert berechnet werden:

$$\bar{t} = \frac{4{,}4\ \text{s}}{10} = 0{,}44\ \text{s}$$

Für die Fallbeschleunigung errechnet man damit:

$$g = \frac{2 \cdot 0{,}96\ \text{m}}{(0{,}44)^2 \cdot \text{s}^2}$$

$$\underline{g = 9{,}9\ \frac{\text{m}}{\text{s}^2}}$$

Der experimentell ermittelte Wert stimmt sehr gut mit dem Tabellenwert (9,81 m/s^2) überein.

gewusst · gekonnt

1. Gib für folgende Bewegungen Bezugskörper an!
- a) Kind auf einer Schaukel
- b) Bewegung der Erde um die Sonne
- c) Menschen in der Gondel eines Riesenrades
- d) Ruderer auf einem Fluss
- e) Passagiere in einem Flugzeug

2. In einem Kaufhaus steht eine Person auf einer Rolltreppe.

- a) Ist diese Person in Ruhe oder in Bewegung oder trifft sogar beides zu? Begründe!
- b) Ein Junge läuft auf einer fahrenden Rolltreppe. Ist er in Ruhe oder in Bewegung oder ist beides zutreffend? Begründe!

3. Diskutiere, ob sich die folgenden Körper in Ruhe oder in Bewegung befinden!
- a) Sitzende Person in einem haltenden Zug
- b) Sitzende Person in einem fahrenden Zug
- c) Person in einem Aufzug
- d) Dachziegel auf einem Hausdach
- e) Vogel auf einem Ast
- f) Geostationärer Nachrichtensatellit

4. Auf den Fotos rechts oben sind Körper in Bewegung abgebildet.
Welche Bahnformen haben die Bewegungen der entsprechenden Körper?

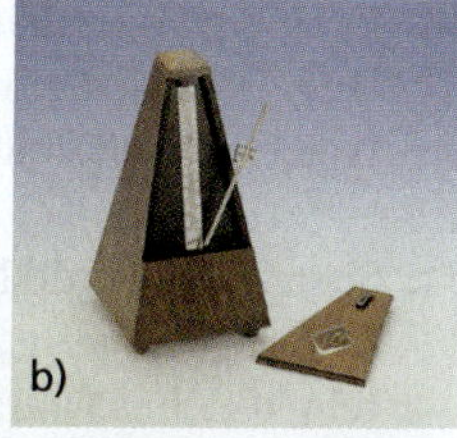

5. Gib an, ob die folgenden Bewegungen gleichförmig verlaufen! Begründe deine Antworten!
- a) Abfahrt mit einem Schlitten vom Berg
- b) Transport von Gepäck auf einem Förderband
- c) Bewegung eines Weitspringers

6. Susann benötigt zum Durchfahren einer bestimmten Strecke mit dem Fahrrad die doppelte Zeit wie Tina.
Was kannst du über die Geschwindigkeit von Susann im Vergleich zu der von Tina aussagen? Begründe deine Antwort!

7. Ein Auto braucht für eine bestimmte Strecke 20 Minuten, ein anderes für die gleiche Strecke 15 Minuten. Welches Auto hat die größere Geschwindigkeit? Begründe!

8. Gib die Geschwindigkeiten 0,5 m/s; 3 m/s; 20 m/s und 100 m/s in km/h an!

9.
- a) Gib die Geschwindigkeiten 130 km/h; 50 km/h; 5 km/h in m/s an!
- b) Die Erde bewegt sich mit etwa 30 km/s auf ihrer Bahn um die Sonne. Wie viele Kilometer je Stunde sind das?
- c) Damit ein Satellit in eine Erdumlaufbahn kommt, muss er eine Geschwindigkeit von 28 440 km/h haben. Gib diese Geschwindigkeit in km/s an!

10. In einem Warenhaus ist die Rolltreppe 12 m lang. Die Fahrt eines Kunden dauert 14 s. Welche Geschwindigkeit hat er?

11. Susann, Tina und Michael haben verschiedene ferngesteuerte Autos. Sie wollen ermitteln, welches Fahrzeug das schnellste und welches das langsamste ist. Dazu führen sie zu Hause verschiedene Messungen durch.

Auto von	Weg *s* in m	Zeit *t* in s
Susann	4	2
Tina	10	3
Michael	12	3

Ordne die Autos nach ihrer Geschwindigkeit!

12. Gute Fußballer können beim Abschuss dem Ball eine Geschwindigkeit von 90 km/h verleihen. Wie viel Zeit hat ein Torwart, um bei einem 11-m-Schuss auf den Abschuss zu reagieren?

13. Die besten Tennisspieler können beim Aufschlag dem Ball eine sehr große Geschwindigkeit verleihen. Bereits nach 0,3 s trifft der Ball bei diesen Spielern in 17 m Entfernung im Aufschlagfeld auf. Wie groß ist die Geschwindigkeit des Tennisballs bei diesen Spitzensportlern?

14. Für ein Fahrzeug wurden folgende Messwerte aufgenommen:

Weg *s* in km	6	12	18	24	30	36
Zeit *t* in min	2	4	6	8	10	12

a) Zeichne das Weg-Zeit-Diagramm!
b) Ermittle die Wege für eine und für sieben Minuten!
c) Ermittle die Zeit für 33 km!
d) Wie bewegt sich dieses Fahrzeug? Begründe deine Aussage!
e) Berechne die Geschwindigkeit, mit der sich dieses Fahrzeug bewegt!
f) Zeichne das Geschwindigkeit-Zeit-Diagramm!

15. Für einen Radfahrer wurde folgendes Weg-Zeit-Diagramm aufgenommen:

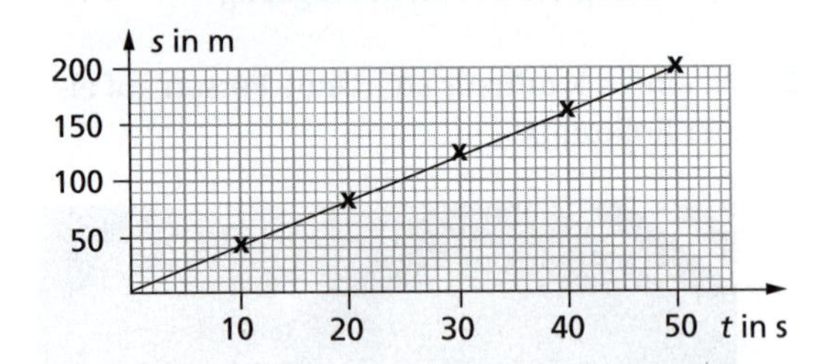

a) Welchen Weg hat er nach 25 s zurückgelegt?
b) Welche Zeit braucht er für 150 m?
c) Wie groß ist seine Geschwindigkeit?
d) Zeichne das Geschwindigkeit-Zeit-Diagramm!

16. Ein Auto fährt mit 50 km/h. Welchen Weg legt es während der „Schrecksekunde" des Fahrers zurück?

17. Bei einem Gewitter vergeht meistens etwas Zeit, bis man nach der Wahrnehmung des Blitzes auch den Donner hört. Während man den Blitz sofort sieht, benötigt der Schall des Donners für seine Ausbreitung mehr Zeit. Wie weit ist ein Gewitter entfernt, wenn man den Donner 4 s nach dem Wahrnehmen des Blitzes hört?

18. Wie lange benötigt das Licht von der Sonne bzw. vom Mond bis zur Erde?

19. In Wohngebieten werden in der Regel Tempo-30-Zonen eingerichtet. Dadurch ist es für Kraftfahrer besser möglich, auf spielende Kinder oder plötzliche Ereignisse zu reagieren. Unfälle können vermieden werden.

a) Welchen Weg legt ein Pkw in der „Schrecksekunde" bei 30 km/h zurück?

* b) Um wie viel wäre der Weg länger, wenn der Pkw mit 50 km/h fahren würde?

20. Wie groß wäre die Zeitersparnis bei einer Fahrt auf der Autobahn, wenn man die Strecke von 240 km statt mit 100 km/h mit 130 km/h fahren könnte?

21. Gib an und begründe, ob sich die folgenden Angaben auf eine Momentangeschwindigkeit oder eine Durchschnittsgeschwindigkeit beziehen:

a) Die Reisegeschwindigkeit des ICE beträgt 200 km/h.

b) Die Geschwindigkeit der Magnetschwebebahn „Transrapid" beträgt bis zu 420 km/h.

c) In geschlossenen Ortschaften darf maximal 50 km/h gefahren werden.

d) Eine Wandergruppe hat eine Geschwindigkeit von 4 km/h.

22. Ein ICE (s. Abb.) braucht für die 284 km lange Strecke Berlin–Hannover eine Gesamtzeit von 1 Stunde und 35 Minuten.

Wie groß ist seine Durchschnittsgeschwindigkeit?

23. Der Intercity-Express von Erfurt nach Berlin benötigt laut Fahrplan für die 284 Kilometer 2 Stunden und 58 Minuten. Inka wundert sich über die daraus resultierende Geschwindigkeit, denn sie hat gelesen, dass der ICE mit 200 km/h fahren kann. Wie sind die Unterschiede zu erklären?

24. Ermittle deine Durchschnittsgeschwindigkeit

a) beim 100-m-Lauf,

b) mit dem Fahrrad,

c) für einen Schulweg!

25. Die Abbildung zeigt das stark vereinfachte Fahrtenschreiberdiagramm für einen Lkw.

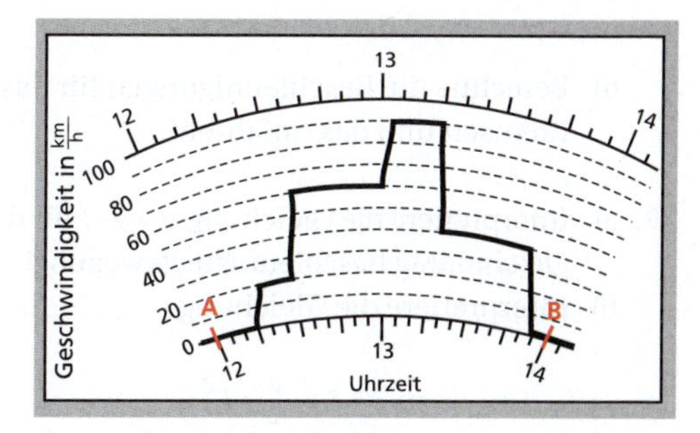

Interpretiere dieses Diagramm!

***26.** Ein neuer Pkw benötigt 9,8 s, um von null auf 100 km/h zu kommen.

a) Wie groß ist die Beschleunigung dieses Pkw?
Welche Annahme muss man über die Art der Bewegung machen?

b) Um von 80 km/h auf 120 km/h zu kommen, benötigt derselbe Pkw 10,6 s.
Berechne auch hierfür die Beschleunigung und vergleiche diese mit der Beschleunigung bei Aufgabe a!

c) Wie sind die Unterschiede zu erklären?

***27.** Ein Sportwagen erreicht aus dem Stand in 6,8 s eine Geschwindigkeit von 100 km/h. Welchen Weg legt er dabei zurück?

28. Ein Lkw-Fahrer ist wegen eines plötzlich auf die Straße laufenden Kindes zum Bremsen und zum kurzfristigen Halten gezwungen.

Im Diagramm ist der Bewegungsablauf für diesen Vorgang vereinfacht dargestellt.

a) Interpretiere das v-t-Diagramm!

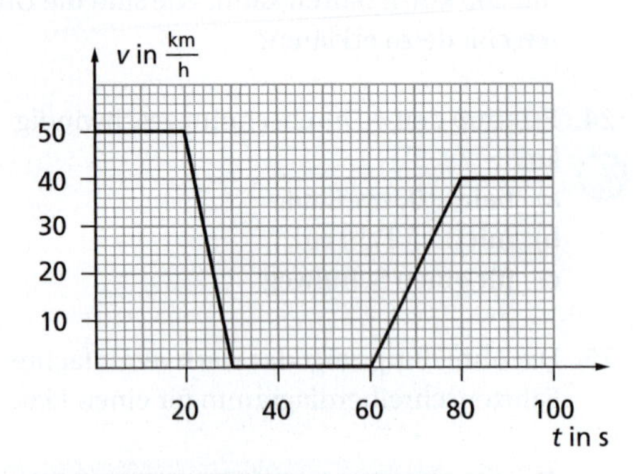

b) Berechne die Beschleunigungen für das Bremsen und das Anfahren!

29. a) Interpretiere die Gleichung $v = a \cdot t$ für die gleichmäßig beschleunigte Bewegung!

b) Interpretiere die Gleichung

$$s = \frac{a}{2} \cdot t^2$$

für die gleichmäßig beschleunigte Bewegung!

***30.** Nach einem Unfall ermittelt die Verkehrspolizei für die Vollbremsung eines Motorrades einen Bremsweg von 26 m. Für den Straßenbelag kann man eine Bremsverzögerung von 6,8 m/s^2 annehmen. Mit welcher Geschwindigkeit ist das Motorrad gefahren? Hat sich der Fahrer innerhalb einer geschlossenen Ortschaft damit vorschriftsmäßig verhalten?

***31.** Ein mit drei Personen und viel Gepäck beladener Pkw fährt mit einer Geschwindigkeit von 80 km/h auf einer nassen Landstraße. Plötzlich sieht der Fahrer etwa 100 m vor dem Fahrzeug ein Reh auf die Fahrbahn laufen. Kann das Fahrzeug noch vor dem Reh zum Stehen gebracht werden, wenn für diesen Fall eine Bremsverzögerung von 4,2 m/s^2 angenommen wird und der Fahrer eine Reaktionszeit von 0,9 s hat?

32. Im Vergleich zu einem Regentropfen schwebt eine Schneeflocke viel langsamer herab. Wie können diese Unterschiede in den Fallbewegungen erklärt werden?

33. Gib für folgende Vorgänge an, ob man die Bewegungen mit den Gesetzen des freien Falls beschreiben kann oder nicht! Begründe!

a) Schweben der Samen von Pusteblumen
b) Fallschirmspringer
c) Fall eines Dachziegels vom Dach
d) Fall eines Apfels vom Baum
e) Fall von Hagelkörnern

***34.** Ein Stein löst sich von einem Felsen und schlägt nach 8 s auf dem Boden auf. In welcher Höhe über der Auftreffstelle hat sich der Stein gelöst?

***35.** Um die Tiefe eines Brunnens zu ermitteln, wird ein Stein vom Brunnenrand aus fallen gelassen. Nach drei Sekunden hört man, wie der Stein aufschlägt. Wie tief ist der Brunnen?

36. Ein Fallschirmspringer lässt sich zunächst mit nicht geöffnetem Fallschirm fallen. Seine Bewegung wird durch das v-t-Diagramm beschrieben.

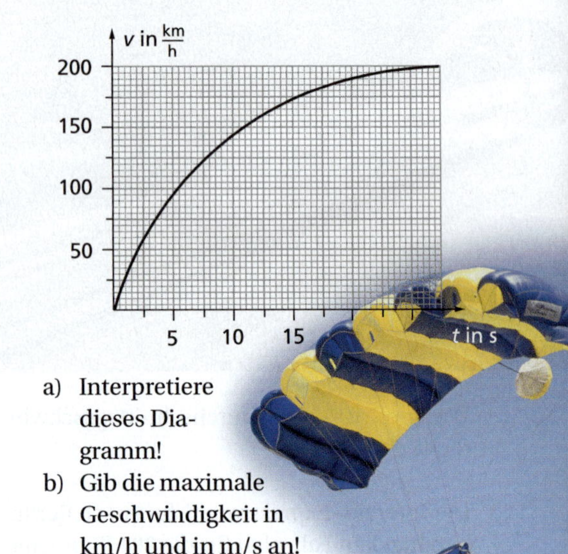

a) Interpretiere dieses Diagramm!

b) Gib die maximale Geschwindigkeit in km/h und in m/s an!

Bewegungen in Natur und Technik

Ein Körper befindet sich in Bewegung, wenn er seine Lage gegenüber einem Bezugssystem ändert.

Die Geschwindigkeit
gibt an, wie schnell oder langsam sich ein Körper bewegt.

$$v = \frac{s}{t} \qquad \bar{v} = \frac{\Delta s}{\Delta t}$$

Die Beschleunigung
gibt an, wie schnell sich die Geschwindigkeit eines Körpers ändert.

$$\bar{a} = \frac{\Delta v}{\Delta t}$$

Nach der Art der Bewegung kann man unterscheiden:

gleichförmige Bewegungen

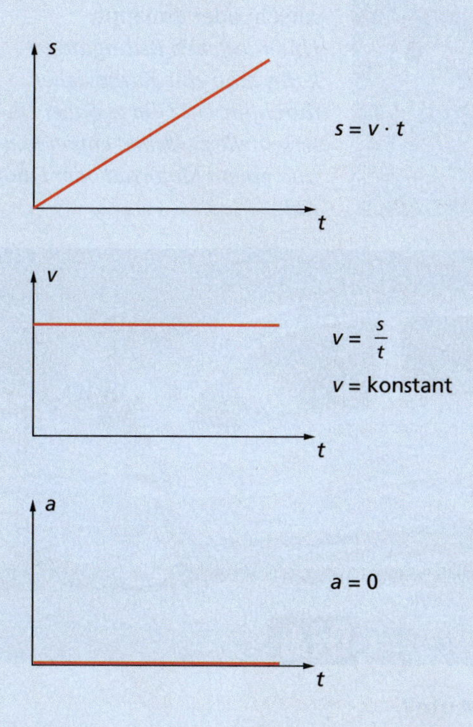

$s = v \cdot t$

$v = \frac{s}{t}$

v = konstant

$a = 0$

gleichmäßig beschleunigte Bewegungen

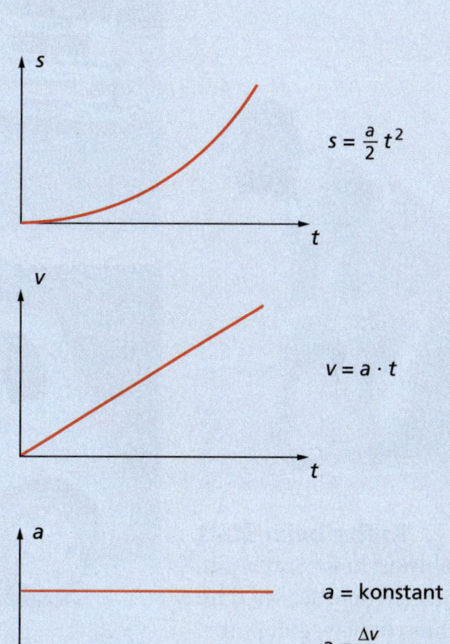

$s = \frac{a}{2} t^2$

$v = a \cdot t$

a = konstant

$a = \frac{\Delta v}{\Delta t}$

Eine spezielle gleichmäßig beschleunigte Bewegung ist der **freie Fall** mit $a = g$ ($g = 9{,}81\,\text{m/s}^2$).

Für den freien Fall gilt:

$s = \frac{g}{2} t^2 \qquad s = \frac{v^2}{2g} \qquad v = g \cdot t \qquad v = \sqrt{2g \cdot h}$

3.7 Kräfte und Bewegungen

Körper sind träge

Bei zu hohen Geschwindigkeiten kann es leicht passieren, dass ein Fahrzeug aus einer Kurve herausgetragen wird, wegrutscht oder umkippt.

Unter welchen Bedingungen kann man eine Kurve sicher durchfahren? Gibt es dabei Unterschiede zwischen einem Lkw und einem Motorrad oder Fahrrad?

Kräfte beim Start

Als Fehlstart beim Sprint gilt, wenn sich ein Sportler vor dem Startschuss in Bewegung setzt. Um dies zu registrieren, sind bei großen Wettkämpfen in den Startblöcken elektronische Messeinrichtungen eingebaut, die die Beinkräfte der Sportler auf die Startblöcke messen.

Warum können solche elektronischen Messeinrichtungen für Kräfte einen Fehlstart registrieren?

Wie sicher ist ein Auto?

Autos haben aus Sicherheitsgründen eine Knautschzone. Dadurch können bei Unfällen die Unfallfolgen bei den Fahrzeuginsassen vermindert werden, indem bei einem Aufprall der vordere Teil des Autos zusammengeschoben wird. Das oben stehende Bild zeigt dies bei einem Crashtest.

Welche Kräfte führen zu einer Verformung der Knautschzone bei einem Unfall?

Warum kann die Knautschzone bei einem Unfall nur den Insassen helfen, die angeschnallt sind?

Das Wechselwirkungsgesetz

Wirken zwei Körper aufeinander ein, so wirkt auf *jeden* der beiden Körper eine Kraft (s. S. 112 ff.). So zieht z. B. die Erde unseren Körper an, unser Körper zieht aber auch die Erde an. Bei einem Crashtest (Abb. 1) wirkt Auto 1 auf Auto 2, aber auch Auto 2 auf Auto 1.
Beim Heben einer Tasche müssen wir eine Muskelkraft nach oben aufwenden, zugleich wirkt aber die Gewichtskraft der Tasche nach unten. Solche zwischen verschiedenen Körpern auftretenden Kräfte werden als Wechselwirkungskräfte bezeichnet. Für diese Kräfte gilt das **Wechselwirkungsgesetz.**

Wirken zwei Körper aufeinander ein, so wirkt auf jeden der Körper eine Kraft. Die Kräfte sind gleich groß und entgegengesetzt gerichtet:

$$\vec{F}_1 = -\vec{F}_2$$

1 Crashtest von Autos: Beide Autos wirken wechselseitig aufeinander ein.

2 Boot und Mensch bewegen sich entgegengesetzt. Es gilt: actio = reactio.

In Kurzform formuliert man das Wechselwirkungsgesetz auch als „actio = reactio" bzw. „Kraft = Gegenkraft". Es gilt immer, wenn *zwei* Körper aufeinander einwirken, auch wenn man in einer Reihe von Anwendungen nur eine dieser Kräfte genauer betrachtet.
Das Wechselwirkungsgesetz ist auch der Grund dafür, dass beim Aussteigen einer Person aus einem Boot sich dieses entgegengesetzt wegbewegt (Abb. 2). Dieses Prinzip nennt man auch **Rückstoßprinzip.**

Das newtonsche Grundgesetz

Wirkt auf einen Körper eine Kraft, so kann dieser beschleunigt werden. So wird z. B. bei einem Startsprung (Abb. 1, S. 186) der Körper einer Schwimmerin durch Muskelkräfte beschleunigt.
Wie stark ein Körper durch eine Kraft beschleunigt wird, hängt davon ab
- wie groß die wirkende Kraft ist und
- wie groß die Masse des Körpers ist.

Zwischen der auf einen Körper wirkenden Kraft, seiner Masse und seiner Beschleunigung gibt es in der Mechanik gesetzmäßige Beziehungen, die im **newtonschen Grundgesetz** beschrieben sind.

Zwischen Kraft, Masse und Beschleunigung gilt folgender Zusammenhang:

$$F = m \cdot a$$

1 Beschleunigung der Körper durch Muskelkräfte beim Absprung

Dieses Gesetz bewirkt z. B., dass eine Schwimmerin mit einer größeren Absprungkraft eine größere Beschleunigung erreicht als eine gleich schwere Schwimmerin mit kleinerer Absprungkraft (Abb. 1).

Mit $a = g$ erhält man aus dem newtonschen Gesetz die Gleichung für die Gewichtskraft (s. S. 117):

$$F_G = m \cdot g$$

Setzt man in die Gleichung $F = m \cdot a$ für m und a die Einheiten ein, so erhält man als Einheit der Kraft:

$$1\,\text{kg} \cdot 1\,\frac{\text{m}}{\text{s}^2} = 1\,\frac{\text{kg} \cdot \text{m}}{\text{s}^2}$$

Diese Einheit wird als ein Newton (1 N) bezeichnet.

Für die Einheiten der Kraft gilt:

$$1\,\text{N} = 1\,\frac{\text{kg} \cdot \text{m}}{\text{s}^2}$$

Das Trägheitsgesetz

Aus dem newtonschen Grundgesetz ergibt sich, dass eine Kraft notwendig ist, um einen Körper der Masse m zu beschleunigen oder zu verzögern. Ist eine solche Kraft nicht vorhanden, bleibt ein Körper in Ruhe oder in gleichförmiger geradliniger Bewegung. Dies ist der Inhalt des **Trägheitsgesetzes.**

Ein Körper bleibt in Ruhe oder in gleichförmiger geradliniger Bewegung, solange die Summe der auf ihn wirkenden Kräfte null ist:

$$\vec{F} = 0 \quad \Rightarrow \quad \vec{a} = 0 \quad \Rightarrow \quad \vec{v} = \text{konstant}$$

Die Eigenschaft von Körpern, ohne Krafteinwirkung in gleichförmiger geradliniger Bewegung oder in Ruhe zu bleiben, bezeichnet man als **Trägheit.** Sie tritt z. B. beim Abbremsen eines Körpers auf (Abb. 2). Bei dem Aufprall eines Pkw auf ein Hindernis bewegt sich der Fahrer gleichförmig geradlinig weiter, wenn er nicht durch die Kraft eines Airbags bzw. durch einen Sicherheitsgurt abgebremst wird. Die beim plötzlichen Abbremsen auftretenden Kräfte sind sehr groß. Die Trägheit eines Körpers ist umso größer, je größer seine Masse ist. Sie macht sich vor allem bei schnellen Bewegungsänderungen und auch bei Kurvenfahrten bemerkbar.

2 Trägheit eines Körpers beim plötzlichen Abbremsen im Auto und Auffangen mittels Airbag

Mosaik

NEWTON und die Mechanik

Bereits im antiken Griechenland untersuchten Gelehrte die Frage, warum sich Körper bewegen.
ARISTOTELES (384–322 v. Chr.) unterschied Bewegungen im Himmel und auf der Erde. Außerdem teilte er die Bewegungen auf der Erde in natürliche und erzwungene Bewegungen ein und formulierte:
„Alles, was sich bewegt, bewegt sich entweder von Natur oder durch eine äußere Kraft oder vermöge seines freien Willens."
Eine natürliche Bewegung war z. B., dass ein schwerer Körper nach unten fällt und ein leichter Körper nach oben steigt.
ARISTOTELES vertrat auch die Meinung, dass ein Körper nur dann in Bewegung bleibt, wenn eine Kraft auf ihn wirkt. Hört die Wirkung der Kraft auf, kommt der Körper zur Ruhe.
„Ein in Bewegung befindlicher Körper hält an in seiner Bewegung, wenn die Kraft, die ihn voranstößt, ihre Wirkung beendet." Diese Auffassung entspricht auch voll den Alltagserfahrungen mit Bewegungen von Körpern auf der Erde. Jedoch ist sie nur scheinbar richtig.

1 ARISTOTELES (384 bis 322 v. Chr.)

GALILEO GALILEI (1564–1642) löste sich von der scheinbaren Alltagserfahrung und überlegte sich, welche Bewegung Körper ausführen würden, wenn es keine Reibung gäbe. Er nahm an, dass Körper ohne Einfluss der Reibung in Ruhe oder in gleichförmiger geradliniger Bewegung wären. Eine äußere Kraft, die Reibungskraft, ist die Ursache dafür, dass Körper zur Ruhe kommen. Damit widersprach er ARISTOTELES und entdeckte das Trägheitsgesetz.
Diese und andere Erkenntnisse griff der englische Physiker ISAAC NEWTON auf und schuf daraus eine Theorie der Mechanik, die nach ihm benannte „Newtonsche Mechanik". Sie erschien 1687 als Werk mit dem Titel „Mathematische Prinzipien der Naturlehre". Das Werk bestand aus drei Teilen. Im ersten Band führt er alle Bewegungen auf drei grundlegende Gesetze zurück: das Trägheitsgesetz, das newtonsche Grundgesetz und das Wechselwirkungsgesetz. Im zweiten Band behandelt NEWTON die Bewegung in Flüssigkeiten. Im dritten Band beschäftigt er sich mit der Bewegung der Himmelskörper. Dabei wendete er die physikalischen Bewegungsgesetze für Körper auf der Erde auch auf Bewegungen von Himmelskörpern an. So hob er die Unterscheidung zwischen Bewegungen im Himmel und auf der Erde auf und begründete eine einheitliche Physik.
Die Legende berichtet, dass NEWTON die zwischen zwei Körpern wirkende Kraft mit 23 Jahren entdeckte, als er auf einer Wiese lag und sah, wie ein Apfel vom Baum fiel. Dadurch wurde er zum Nachdenken darüber angeregt, warum der Apfel zur Erde fällt.
Als Ursache fand NEWTON, dass sich Körper aufgrund ihrer Massen gegenseitig anziehen. Dies wird als **Gravitation** bezeichnet.

2 ISAAC NEWTON (1643 bis 1727)

Reibungskräfte

Zwischen zwei Körpern, die sich berühren, wirken Reibungskräfte. Das spüren wir z. B., wenn wir einen schweren Schrank wegschieben wollen oder wenn wir mit dem Fahrrad einen sandigen Weg entlang fahren.

Reibungskräfte sind immer so gerichtet, dass sie der Bewegung entgegenwirken und diese hemmen oder verhindern.

Sie sind u. a. die Ursache für Bremsvorgänge und für Erwärmungen bei sich bewegenden Körpern. Dabei wird zwischen der **Haftreibungskraft,** der **Gleitreibungskraft** und der **Rollreibungskraft** unterschieden (s. Übersicht unten).
Die wesentliche Ursache für das Auftreten von Reibungskräften liegt in der Oberflächenbeschaffenheit der Körper begründet, die sich berühren. Diese Oberflächen sind mehr oder weniger rau. Liegen die Körper aufeinander oder bewegen sie sich gegeneinander, so „verhaken" sich die Unebenheiten der Flächen. Die Bewegung wird gehemmt oder verhindert (Abb. 1). Die Reibungskraft wirkt also stets entgegen der Bewegungsrichtung (Abb. 2).

1 Reibungskräfte wirken auch, wenn sich Körper in Wasser oder in Luft bewegen.

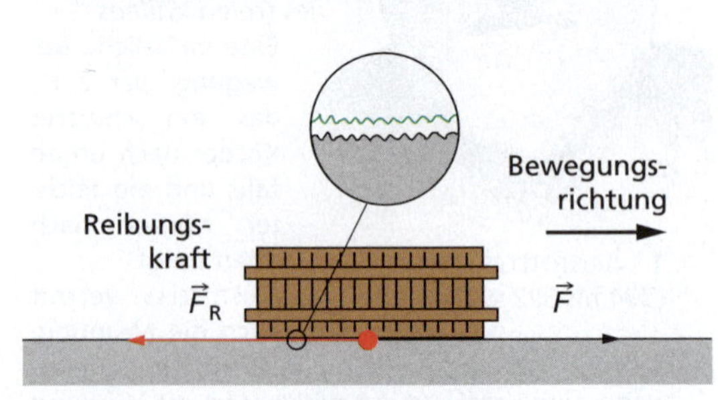

2 Beim Haften oder Gleiten eines Körpers auf einem anderen wird die Reibungskraft durch die Rauheit der Oberflächen hervorgerufen.

Arten der Reibung

Haftreibung	Gleitreibung	Rollreibung
liegt vor, wenn ein Körper auf einem anderen haftet.	liegt vor, wenn ein Körper auf einem anderen gleitet.	liegt vor, wenn ein Körper auf einem anderen abrollt.

Die Kraft, die zwischen Reifen und Straße wirkt und das Rutschen der Räder verhindert, nennt man **Haftreibungskraft.**	Kinder rutschen oder gleiten auf der Rutsche herab. Die bewegungshemmende Kraft nennt man **Gleitreibungskraft.**	Die Kraft, die zwischen rollenden Rädern und dem Weg auftritt, und die Bewegung hemmt, nennt man **Rollreibungskraft.**

Der Betrag der **Reibungskraft** ist umso größer, je größer die Kraft ist, mit der ein Körper senkrecht auf seine Unterlage drückt (Abb. 1). Diese Kraft heißt **Normalkraft** F_N. Bei waagerechten Unterlagen ist die Normalkraft gleich der Gewichtskraft des Körpers.
Bei rauen Oberflächen ist die Reibungskraft größer als bei glatten (Abb. 2). Art und Beschaffenheit der Oberflächen kommen in der Reibungszahl μ zum Ausdruck. Die **Reibungszahl** hängt nicht von der Größe der Berührungsflächen ab.

Für die Reibungskraft gilt:

$F_R = \mu \cdot F_N$

F_R Reibungskraft
μ Reibungszahl
F_N Normalkraft

Reibung ist teils erwünscht und teils unerwünscht. Wenn wir gehen, ist eine große Haftreibung zwischen unseren Schuhen und der Straße erwünscht. Das gilt auch für die Reibung zwischen der Straße und den Reifen von Fahrrädern, Motorrädern oder Autos. Erwünscht ist eine geringe Reibung z. B. bei Kugellagern oder beim Bergabfahren mit Schlitten oder Ski. Unerwünscht ist eine große Rollreibung dagegen bei den Rädern von Fahrzeugen.
Ist die Haftreibung z. B. bei Glatteis oder feuchtem Laub gering, so können wir leicht ausrutschen. In diesem Fall ist die geringe Haftreibung unerwünscht. Besonders im Straßenverkehr sind

Reibungszahlen in Natur und Technik		
Stoff	**Haftreibungszahl**	**Gleitreibungszahl**
Holz auf Holz	0,6	0,5
Reifen auf		
Asphalt nass	0,5	0,3
Asphalt trocken	0,8	0,5
Beton trocken	0,9	0,6
Stahl auf Stahl		
trocken	0,15	0,06
geschmiert	0,11	0,05
Stahl auf Eis	0,03	0,01

die unterschiedlichen Reibungskräfte bei verschiedenen Fahrbahnverhältnissen zu beachten.
Die Reibungskraft kann **vergrößert** werden durch
- Vergrößerung der Normalkraft,
- Aufrauung der Oberflächen.

Die Reibungskraft kann **verringert** werden durch
- Verkleinerung der Normalkraft,
- Glättung der Oberflächen,
- Schmiermittel (Fett, Öl, Wasser).

So wirkt z. B. Wasser bei **Aquaplaning** als Schmiermittel. Aquaplaning tritt auf, wenn Fahrzeuge schnell durch Pfützen fahren und dabei eine Wasserschicht zwischen Reifen und Straße bleibt. Diese Wasserschicht bewirkt, dass sich die Reibungskraft erheblich verkleinert und das Fahrzeug nicht mehr beherrschbar ist.

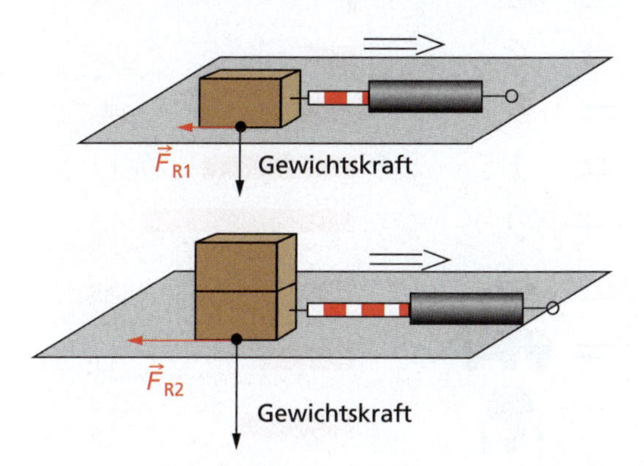

1 Reibungskraft bei unterschiedlicher Gewichtskraft

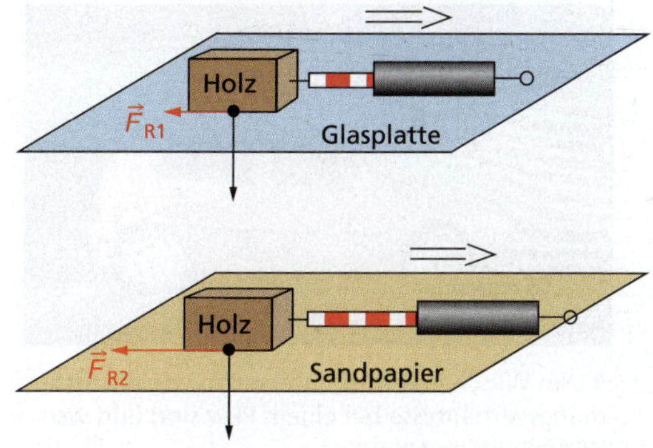

2 Reibungskraft bei unterschiedlichen Oberflächen

Mosaik

Der Strömungswiderstand

Wenn sich ein Auto oder ein Vogel gegenüber Luft bewegen, so wirken jeweils zwei Körper, z. B. das Auto und die umgebende Luft, wechselseitig aufeinander ein. Ähnlich ist das bei einem Fisch im Wasser. Diese Wechselwirkung führt zu einer Kraft, die der Bewegung einen Widerstand entgegensetzt. Man nennt diesen Widerstand **Strömungswiderstand,** die Kraft **Strömungswiderstandskraft** F_W. Ein Strömungswiderstand tritt immer dann auf, wenn sich ein Körper gegenüber Luft, anderen Gasen oder Flüssigkeiten bewegt.
Der Strömungswiderstand entsteht vor allem durch eine Wirbelbildung hinter umströmten Körpern. Bei Körpern, die eine **Stromlinienform** besitzen oder die sich sehr langsam in einer Strömung bewegen, treten kaum Wirbel auf. Der Strömungswiderstand ist in diesem Fall gering.

Der Strömungswiderstand eines Körpers ist umso größer,
- **je größer die Querschnittsfläche des Körpers ist,**
- **je größer die Strömungsgeschwindigkeit zwischen Körper und umgebendem Stoff ist und**
- **je größer die Dichte des Stoffes ist.**

Er ist auch abhängig von der Form und der Oberflächenbeschaffenheit des umströmten Körpers.

Bewegt sich ein Pkw oder ein anderes Fahrzeug in Luft, so spricht man vom **Luftwiderstand.** Die bewegungshemmende Kraft wird als **Luftwiderstandskraft** bezeichnet.

1 Im Windkanal wird untersucht, wie die Strömungsverhältnisse bei einem Pkw sind und wo Wirbelbildung erfolgt.

Für den Luftwiderstand gilt:
- Der Luftwiderstand ist umso größer, je größer die Querschnittsfläche des umströmten Körpers ist.
- Der Luftwiderstand wächst mit dem Quadrat der Geschwindigkeit zwischen Luft und Körper. So ist beispielsweise der Luftwiderstand eines Pkw bei 100 km/h viermal so groß wie bei 50 km/h.
- Der Luftwiderstand hängt von der Form und der Oberflächenbeschaffenheit des Körpers ab. Erfasst werden diese Einflussfaktoren durch eine nur für den jeweiligen Körper geltende Konstante, die als **Luftwiderstandszahl** oder als **Luftwiderstandsbeiwert** c_W bezeichnet wird.

Die Luftwiderstandskraft kann mit folgender Gleichung berechnet werden:

$$F_W = \frac{1}{2} c_W \cdot A \cdot \rho \cdot v^2$$

c_W Luftwiderstandsbeiwert
A Querschnittsfläche des Körpers
ρ Dichte der Luft
v Relativgeschwindigkeit zwischen Luft und Körper

Moderne Pkw haben einen Luftwiderstandswert von etwa 0,3. Bei Stromlinienkörpern liegt er bei 0,06, bei Moped- und Motorradfahrern bei 0,6.

Kräfte bei der Kreisbewegung

Bewegt sich ein Körper auf einer Kreisbahn mit einem konstanten Betrag der Geschwindigkeit, so führt dieser Körper eine **gleichförmige Kreisbewegung** aus (s. S. 165). Solche Kreisbewegungen vollführen z. B. die Personen in einem Karussell (Abb. 1), Satelliten um die Erde oder ein Fahrzeug bei einer Kurvenfahrt.

Dabei ändert sich ständig die Richtung der Geschwindigkeit. Damit ist die gleichförmige Kreisbewegung eine beschleunigte Bewegung. Die Beschleunigung ist immer senkrecht zur Geschwindigkeit und damit in Richtung Zentrum der Kreisbewegung gerichtet. Sie wird deshalb als **Radialbeschleunigung** oder **Zentralbeschleunigung** bezeichnet.

Damit ein Körper in Richtung Zentrum der Kreisbewegung beschleunigt wird und sich folglich auf einer Kreisbahn bewegt, muss auf ihn nach dem newtonschen Grundgesetz eine Kraft in Richtung des Zentrums der Kreisbewegung wirken. Diese Kraft wird **Radialkraft** oder **Zentralkraft** genannt (Abb. 3).

Die Radialkraft F_r gibt an, welche Kraft erforderlich ist, um einen Körper auf einer Kreisbahn zu halten.

Bei einem Karussell wird die Radialkraft von den Halterungen, an denen die Sitze befestigt sind, aufgebracht (Abb. 1).

1 Die Sitze eines Karussells mit den Menschen führen eine Kreisbewegung aus.

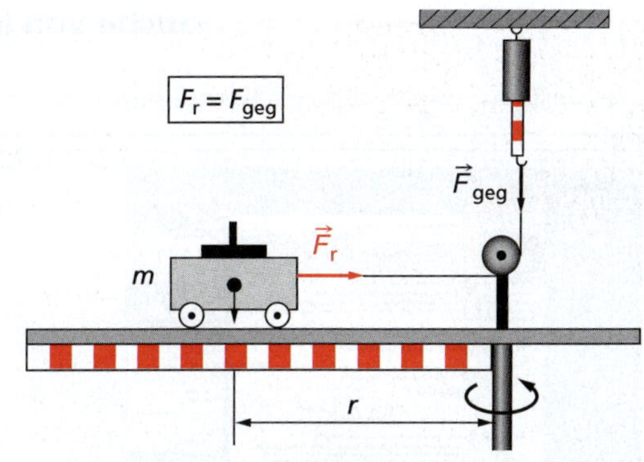

2 Mit einem Radialkraftmesser können Radialkräfte experimentell untersucht werden.

Die auf einen Körper wirkende Radialkraft ist von verschiedenen Faktoren abhängig.

Für die Radialkraft bei einer gleichförmigen Kreisbewegung gilt:

$$F_r = m \cdot \frac{v^2}{r} \quad \text{oder} \quad F_r = m \cdot \frac{4\pi^2 \cdot r}{T^2}$$

m Masse des Körpers
v Geschwindigkeit des Körpers
r Radius der Kreisbahn
T Umlaufzeit

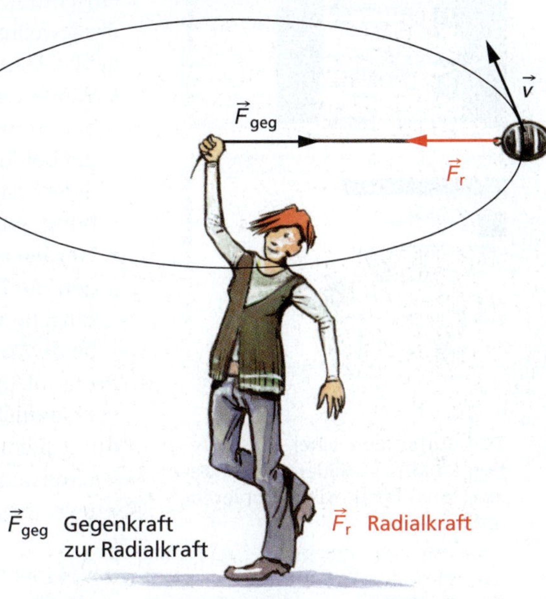

3 Kräfte bei einer Kreisbewegung: Radialkraft und Gegenkraft sind gleich groß.

Suche von Informationen im Internet

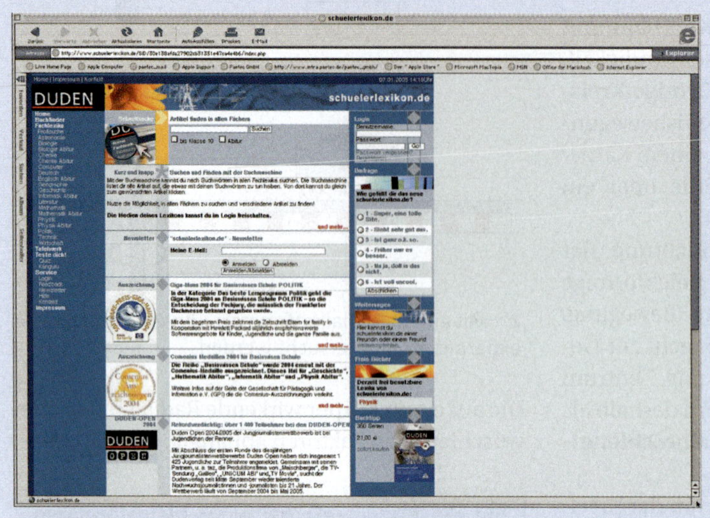

Unter **www.schuelerlexikon.de** kommst du auf die Homepage dieser für Schüler entwickelten Lexika. Dort kannst du z. B. das Lexikon Physik auswählen.

Das Internet ist eine wichtige Informationsquelle. Auf vielen Millionen Seiten sind für jeden Nutzer eine Vielzahl von Informationen zugänglich, die man über Internet-Adressen, Links oder Suchmaschinen finden kann. Wenn du einen bestimmten Begriff, ein Gesetz, ein technisches Gerät oder eine Biografie eines Wissenschaftlers finden willst, solltest du beachten:

– Zweckmäßig ist die Suche über eine gute **Suchmaschine** (z. B. www.google.de oder www.altavista.de) oder über eine Adresse, unter der für Schüler entwickelte Materialien zur Verfügung stehen.
– Nutze die Suche mit **Suchwörtern!** Überlege dir aber vorher genau, welche Suchwörter du eingibst. Bei einem Suchwort wie „Kraft" bekommst du viele Beiträge angezeigt. Das Suchwort „Gewichtskraft" oder „Reibungskraft" schränkt die Anzahl der angezeigten Seiten deutlich ein.
– Du kannst die Suche auch durch die Eingabe mehrerer Wörter einschränken. Wie dann die Wörter einzugeben sind, hängt von der jeweiligen Suchmaschine ab. Meist sind dazu Hinweise gegeben. Häufig gilt:
  - Werden zwei durch Leerzeichen getrennte Wörter eingegeben, so werden die Beiträge aufgelistet, die mindestens eines der beiden Wörter enthalten. Die Eingabe von „Kraft Reibung" liefert dann alle Beiträge, die die Wörter „Kraft" oder „Reibung" enthalten.
  - Werden zwei durch + verbundene Wörter eingegeben, so werden die Beiträge aufgelistet, die alle beide Wörter enthalten. Eingabe von „Kraft + Reibung" liefert die Beiträge, in denen beide Wörter enthalten sind.
– Prüfe, ob die Informationen, die du gefunden hast, für dich verständlich sind und ob es wirklich die Informationen sind, die du gesucht hast. Dazu musst du versuchen, beim Lesen die wichtigsten Inhalte zu erfassen und zu bewerten.

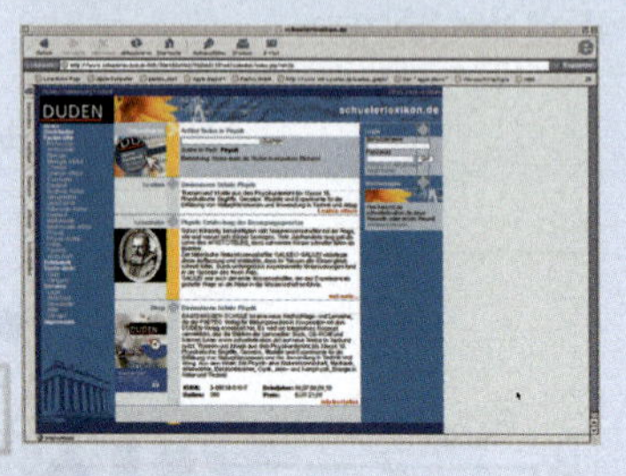

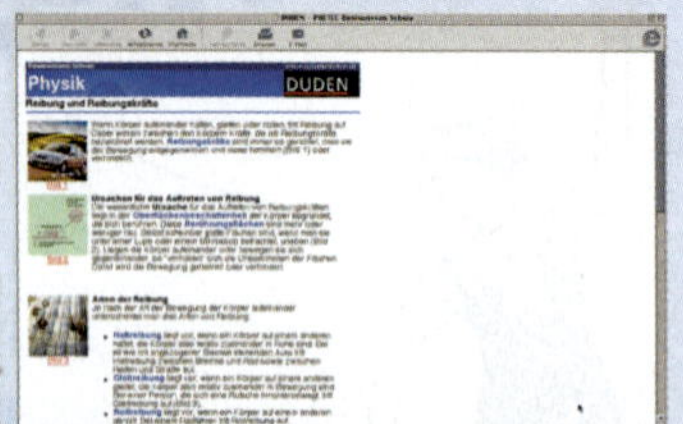

Zum Anfertigen einer Präsentation kann man Bilder und Texte aus dem Schülerlexikon kopieren und nutzen.

Überlege, wie du weiter mit dem Beitrag arbeiten willst. Möglich ist z. B.:
– das Notieren der Adresse, um später noch mal nachzusehen;
– das Ausdrucken des Beitrages;
– das Kopieren und Speichern des Beitrages.

Physik in Natur und Technik

Das Raketenprinzip

Um eine Rakete oder ein Raumschiff (Abb. 1) auf eine Umlaufbahn um die Erde zu bringen, muss die Rakete beim Start stark beschleunigt werden und in kurzer Zeit eine hohe Geschwindigkeit erreichen. Um in eine Erdumlaufbahn zu gelangen, muss das Raumschiff mindestens eine Geschwindigkeit von 28440 km/h besitzen. Auf diese Geschwindigkeit ist das Raumschiff beim Start zu beschleunigen.
Erkläre, wie ein Raumschiff mit einer Rakete in kurzer Zeit auf hohe Geschwindigkeiten beschleunigt werden kann!

Raketen sind Körper mit einer großen Masse. Die Startmasse einer Rakete vom Typ Ariane 5 (Abb. 2) beträgt etwa 730 t. Um die Rakete beim Start von null auf hohe Geschwindigkeiten zu beschleunigen, müssen große Kräfte in Wegrichtung wirken. Nach dem *newtonschen Grundgesetz* müssen diese Kräfte umso größer sein, je größer die Masse der Rakete und je größer deren Beschleunigung ist ($F = m \cdot a$). Solche großen Kräfte erzeugt man, indem im Inneren der Rakete ein Brennstoff verbrannt wird. In einer Brennkammer dehnen sich die Verbrennungsgase aufgrund der hohen Temperatur schnell aus. Dabei werden die Gase stark beschleunigt und treten dann mit sehr hohen Geschwindigkeiten aus einer Düse entgegengesetzt zur Bewegungsrichtung der Rakete aus (Abb. 1).
Beim Start einer Ariane 5 (Abb. 2) werden durch die Raketentriebwerke etwa 6,8 t Verbrennungsgase je Sekunde mit einer Geschwindigkeit von etwa 2500 m/s ausgestoßen.
Aufgrund der starken Beschleunigung der Verbrennungsgase und ihrer Masse wirkt eine große Kraft entgegen der Bewegungsrichtung der Rakete. Nach dem *Wechselwirkungsgesetz* entsteht mit dieser Kraft eine gleich große, aber entgegengesetzt gerichtete Kraft ($\vec{F}_1 = -\vec{F}_2$).
Diese Gegenkraft beschleunigt die Rakete in Bewegungsrichtung (Abb. 2). Bei einer Rakete nennt man das hier vorliegende Rückstoßprinzip auch **Raketenprinzip.**

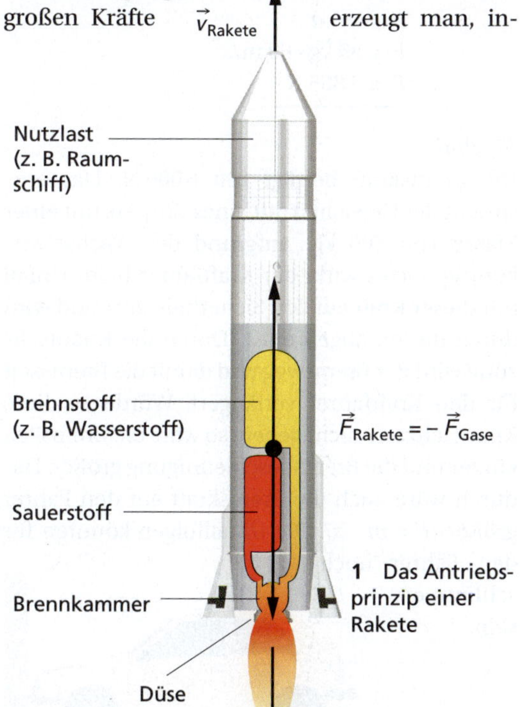

1 Das Antriebsprinzip einer Rakete

2 Start der europäischen Trägerrakete Ariane 5

Bei Verkehrsunfällen wirken gewaltige Kräfte

Bei Verkehrsunfällen wirken Kräfte, die zu großen Zerstörungen und zu schweren Verletzungen bei den Fahrzeuginsassen führen können. Um die Unfallfolgen für die Fahrgäste zu mindern, besitzen moderne Pkw eine Reihe von Einrichtungen wie Sicherheitsgurt, Airbag und Knautschzone. Trotzdem sind die wirkenden Kräfte auf die Fahrzeuginsassen noch gewaltig.
Ein Pkw fährt beispielsweise mit einer Geschwindigkeit von 50 km/h auf ein Hindernis. Dabei wird die Knautschzone des Fahrzeugs um 1,20 m zusammengedrückt und der Fahrer bewegt sich im Sicherheitsgurt noch einmal 20 cm nach vorn, bevor er zum Stillstand kommt.
Welche Bremsbeschleunigung erfährt der Kraftfahrer beim Unfall? Vergleiche diese mit der Fallbeschleunigung!
Mit welcher Kraft wird ein Kraftfahrer der Masse 85 kg bei diesem Unfall abgebremst?
Wie beeinflusst die Knautschzone eines Pkw die Unfallfolgen?

Analyse:
Beim Unfall wird der Pkw mit den Insassen aus der Bewegung bis zum Stillstand abgebremst. Dabei legt ein Fahrzeuginsasse noch einen Weg zurück, der sich aus dem Zusammendrücken der Knautschzone und dem Weg im Sicherheitsgurt ergibt.
Gesucht: a in $\mathrm{m/s^2}$
F in N

Gegeben: $v = 50\ \frac{\mathrm{km}}{\mathrm{h}} = 13{,}9\ \frac{\mathrm{m}}{\mathrm{s}}$
$s_1 = 1{,}20\ \mathrm{m}$
$s_2 = 20\ \mathrm{cm} = 0{,}2\ \mathrm{m}$
$m = 85\ \mathrm{kg}$
$g = 9{,}81\ \mathrm{m/s^2} \approx 10\ \mathrm{m/s^2}$

Lösung:
Es wird angenommen, dass die Bremsbewegung eine gleichmäßig verzögerte Bewegung ist. Die Beschleunigung kann man aus der Geschwindigkeitsänderung und dem Weg berechnen. Der Weg ergibt sich als Summe aus den beiden Teilwegen (s_1 und s_2).

Aus $a = \frac{v}{t}$ (1) und $s = \frac{a}{2} t^2$ (2) erhält man durch Einsetzen der Zeit t aus Gleichung (1) in Gleichung (2):

$$s = \frac{a}{2} \cdot \frac{v^2}{a^2} \text{ und damit:}$$

$$a = \frac{v^2}{2s}$$

$$a = \frac{13{,}9^2\,\mathrm{m}^2}{2 \cdot 1{,}4\ \mathrm{m} \cdot \mathrm{s}^2}$$

$$\underline{a = 69\ \mathrm{m/s^2}}$$

Die Bremsbeschleunigung ist ca. siebenmal so groß wie die Fallbeschleunigung. Mit dem newtonschen Grundgesetz kann die Bremskraft auf den Kraftfahrer berechnet werden.

$$F = m \cdot a$$
$$F = 85\ \mathrm{kg} \cdot 69\ \mathrm{m/s^2}$$
$$\underline{F = 5\,865\ \mathrm{N}}$$

Ergebnis:
Die Bremskraft beträgt fast 6 000 N. Das entspricht der Gewichtskraft eines Körpers mit einer Masse von 600 kg. Aufgrund des Wechselwirkungsgesetzes wirkt der Kraftfahrer beim Unfall mit dieser Kraft auf den Sicherheitsgurt und wird durch diesen abgebremst. Durch die Knautschzone wird der Bremsweg und damit die Bremszeit für den Kraftfahrer verlängert. Würde es diese Knautschzone nicht geben, so wäre die Bremszeit kürzer und die Bremsbeschleunigung größer. Dadurch wäre auch die Bremskraft auf den Fahrer größer ($F = m \cdot a$). Die Unfallfolgen könnten für den Fahrer noch schlimmer sein.

Hinweise für die Arbeit

Es geht darum, eigene Ideen zum Thema zu entwickeln und sich eigene Aufgaben zu stellen, die die jeweilige Gruppe möglichst selbstständig bearbeitet. Dabei sollte das Thema von unterschiedlichen Seiten aus betrachtet werden. Wenn ihr ein Thema bearbeitet, ist es zweckmäßig, einige allgemeine Arbeitsschritte zu beachten. Diese Arbeitsschritte sind nachfolgend dargestellt.

1. Arbeitsschritt: Am besten veranstaltet man zuerst einmal einen Markt der Ideen und wählt daraus die Themenbereiche aus, die die jeweilige Gruppe bearbeiten möchte.

2. Arbeitsschritt: Die Gruppe erstellt einen **Arbeitsplan.** Die Punkte, die unbedingt geklärt werden sollten, sind unten zu finden.

3. Arbeitsschritt: Die Umsetzung des Arbeitsplanes erfolgt. Treten Fragen auf, kann man sich an den Lehrer wenden.

4. Arbeitsschritt: Nach Beendigung der Gruppenarbeit werden die Ergebnisse präsentiert. Dabei muss man beachten, dass sich die Mitschüler meistens mit anderen Fragestellungen beschäftigt haben.
Die Art der Darstellung muss also in kurzer und logischer Form erfolgen, sodass alle Mitschüler die Versuche und Ergebnisse verstehen und die gewonnenen Erkenntnisse nachvollziehen können.

5. Arbeitsschritt: Abschließend kann eine Wandzeitung angefertigt werden, die einen Gesamtüberblick über die Arbeit der Klasse gibt. Diese wird an gut sichtbarer Stelle im Schulhaus ausgehängt. Eine andere Möglichkeit ist die Anfertigung einer Präsentation mittels Computer.

Reifenprofile

Aquaplaning

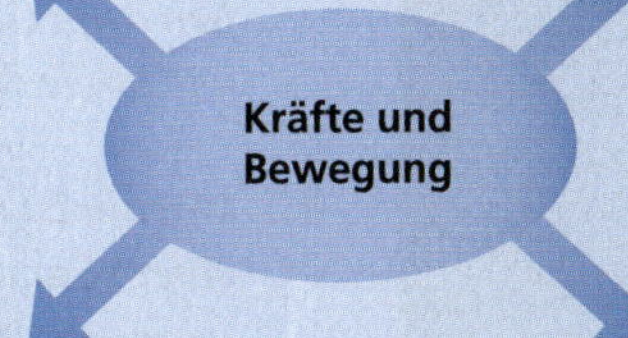

Straßenbelag

Schnee und Glatteis

Arbeitsplan der Gruppe

a) Welche Fragen sollen in der Gruppe zum ausgewählten Themenbereich beantwortet werden?
b) Welche Materialien/Medien sollen genutzt werden?
Welche Methoden sollen bei der Informationsbeschaffung angewendet werden?
c) Welche Experimente möchte die Gruppe durchführen?
d) Wer ist für welchen Bereich bzw. für welche Frage zuständig?
e) Welcher zeitliche Rahmen steht zur Verfügung?
f) Wie sollen die Ergebnisse dargestellt werden?

Reibung im Straßenverkehr

Reibung und Straßenbelag

Wir fahren mit unseren Fahrrädern auf Straßen, Radwegen, Feld- und Waldwegen (Abb. 1). Auf die verschiedenen Fahrbahnen müssen wir uns mit unserem Fahrverhalten einstellen. Besonders wichtig ist das beim Anfahren und Bremsen sowie bei Kurvenfahrten.

Das Fahren auf sandigen Böden strengt uns auch viel mehr an als wenn wir auf einer asphaltierten Straße fahren, weil auf Sandboden die Reibungskraft größer ist.

Straßen sind heute meistens mit Beton oder Asphalt überzogen. Früher wurden Straßen gewöhnlich mit Kopfsteinpflaster gebaut (Abb. 2), was man auch heute gelegentlich in Nebenstraßen noch sehen kann.

1 Auf Sandwegen ist das Fahrradfahren sehr anstrengend.

2 Kopfsteinpflaster findet man heute noch in Nebenstraßen und in Fußgängerzonen.

Die Art des Straßenbelages hat Einfluss auf die Reibung zwischen den Rädern eines Fahrzeuges und der Straße. Besonders vorsichtig muss man auf nassem Kopfsteinpflaster und auf sandigen Wegen fahren.

1. *Erkunde, wie sich der Straßenbelag in den letzten zwei Jahrhunderten verändert hat!*

2. *Welche Arten von Straßenbelag gibt es heute in deiner Umgebung?*

3. *Stelle in einer Übersicht Materialien für Straßen- und Gehwegbeläge zusammen! Erkunde, wie lange der Belag durchschnittlich hält!*

4. *Warum ist das Fahren mit einem Fahrrad auf einem Sandweg viel anstrengender als auf einer Asphaltstraße?*

5. *Vor allem im Herbst und im Winter hört man im Anschluss an den Wetterbericht häufig den Hinweis: Stellen Sie sich mit Ihrem Fahrverhalten auf die veränderten Fahrbahnverhältnisse ein.*
   Welche Veränderungen sind das? Was ändert sich aus physikalischer Sicht? Was bedeutet das für dein Verhalten im Straßenverkehr?

6. *Untersuche in einem Experiment die Abhängigkeit der Haft-, Roll- und Gleitreibung eines Fahrzeugs von der Beschaffenheit des Bodens!*

Vorbereitung:
Die zu untersuchenden Abhängigkeiten sollen mithilfe eines Spielzeugautos als Modell auf verschiedenen Böden untersucht werden.

Teppichboden

Geräte und Materialien:
- Spielzeugauto
- Federkraftmesser
- verschiedene Unterlagen

Durchführung:
Mit dem Federkraftmesser wird die jeweilige Reibungskraft gemessen.

a) *Bestimme die Haftreibungskraft jeweils dann, wenn sich das Auto zu bewegen beginnt!*
b) *Bestimme die Rollreibungskraft, wenn das Auto gleichmäßig über die Tischplatte bzw. den Teppichboden rollt!*
c) *Bestimme die Gleitreibungskraft! Klebe dazu die Räder so fest an die Karosserie des Autos, dass sie sich nicht drehen können!*
Ziehe das Auto gleitend über die Tischplatte bzw. den Teppichboden und lies jeweils die Kraft ab!
*d) *Berechne die jeweiligen Reibungszahlen! Erkunde, welche Größe du dazu messen musst!*

Auswertung:
Vergleiche die Reibungskräfte, die bei der Reibung des Autos auf der Tischplatte und auf dem Teppichboden auftreten!

Welche Schlussfolgerungen können hinsichtlich des Einflusses des Straßenbelages auf die Reibungskraft abgeleitet werden?

Regen, Schnee und Glatteis

Nasse bzw. schnee- oder eisbedeckte Fahrbahnen können die Reibung eines Fahrzeuges auf der Straße erheblich verringern.
Wenn man diese äußeren Bedingungen nicht beachtet, kann es im Straßenverkehr zu schweren Unfällen kommen. Es wird empfohlen, bei Schnee und Eis vor allem Fahrräder und Zweiradfahrzeuge gar nicht erst zu benutzen.

7. *Erkunde, welchen Einfluss Regen, Schnee und Eis auf die Reibung und damit auf den Bremsweg von Fahrzeugen haben!*

8. *Stelle Verhaltensregeln für Fahrzeugführer bei Regen, Schnee und Glatteis auf!*

9. *Welchen Einfluss können verschmutzte Fahrbahnen auf die Reibung haben?*

10. *Untersuche experimentell den Einfluss von Nässe auf die Reibung eines Fahrzeuges mit dem Boden!*
Nutze dazu ein Spielzeugauto als Modell!

Reifenprofile

Räder und Reifen von Fahrzeugen sehen ganz verschieden aus. Allein die Reifen von Fahrrädern, z. B. von Mountainbikes, Citybikes, Rennrädern oder Tourenrädern, unterscheiden sich stark voneinander.
Auch die Reifen von Pkw sind verschieden. Manche Sportwagen haben sehr breite Reifen. Reifen von Rennautos haben kein Profil, sondern drei oder vier Rillen. Gerade bei Autorennen hört man immer wieder, wie wichtig die Wahl der Reifen für den sportlichen Erfolg ist.

11. *Für Pkw gibt es Sommer-, Winter- und Allwetterreifen. Stelle deren Eigenschaften, Profilformen und Einsatzgebiete zusammen!*

12. *Erkunde, welche verschiedenen Arten von Reifen es für Fahrräder gibt? Stelle in einer Übersicht zusammen, mit welchen Reifen Fahrräder für welche Anforderungen besonders geeignet sind! Gehe dabei auf die Eigenschaften der jeweiligen Reifen ein!*

13. *Erkunde, wie der Reifendruck die Reibung zwischen Reifen und Straße beeinflusst! Welche Schlussfolgerungen kann man daraus für einen optimalen Reifendruck ziehen?*

Antischlupf, ABS und Aquaplaning

Damit Fahrzeuge sicher anfahren und bremsen können, müssen Motorkraft und Bremskraft optimal auf die Straße übertragen werden. Ist die Haftreibungskraft zwischen Straße und Reifen zu klein, dann drehen beim Anfahren die Räder durch. Beim Bremsen blockieren sie.
Eine **Antischlupfregelung** sorgt bei modernen Autos dafür, dass die Räder beim Anfahren nicht durchdrehen.
Beim Bremsen wird ein **A**nti-**B**lockier-**S**ystem (ABS) genutzt. Es bewirkt, dass die Räder nicht blockieren. Dadurch bleibt das Fahrzeug auch bei einer Vollbremsung lenkbar. Das ABS wird nur dann wirksam, wenn ein Blockieren der Räder droht.
Besonders gefährlich ist es, wenn bei nasser Fahrbahn Aquaplaning auftritt. Bei Aquaplaning „schwimmen" die Vorderräder auf einem Wasserfilm auf der Fahrbahn. Sie haben also keine Haftung mehr mit der Fahrbahn. Damit ist das Lenken des Fahrzeugs nicht mehr möglich.

14. *Erkunde, wie eine Antischlupfregelung in modernen Pkw funktioniert!*

15. *Warum kann man zügiger anfahren, wenn die Reifen nicht durchdrehen? Warum kommt man schneller zum Stehen, wenn beim Bremsen die Räder nicht blockieren?*

16. *Informiere dich über die Wirkungsweise von ABS! Nutze dazu auch die Betriebsanleitung von Pkw oder informiere dich im Internet! Welche Vorteile hat ein Auto mit ABS gegenüber Autos ohne ABS?*

17. *Wie entsteht das Aquaplaning beim Fahren auf nassen Fahrbahnen? Welchen Einfluss haben Reifenprofil und Geschwindigkeit auf das Entstehen von Aquaplaning?*

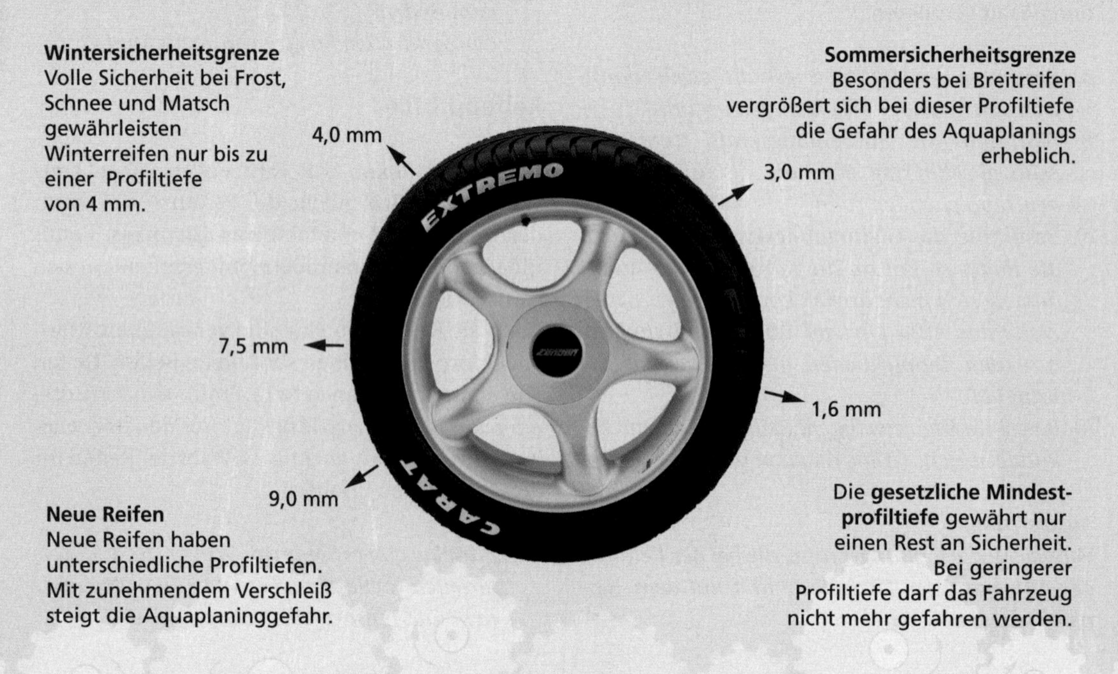

gewusst · gekonnt

1. Ein Schüler hat eine Masse von 65 kg.
a) Mit welcher Kraft wird der Schüler von der Erde angezogen?
b) Mit welcher Kraft zieht der Schüler die Erde an? Begründe!

2. Zwei Schüler ziehen an zwei Kraftmessern mit unterschiedlichen Messbereichen (s. Abb.). Ein Kraftmesser zeigt eine Kraft von 5 N an.
Welche Kraft zeigt der andere Kraftmesser an? Begründe deine Aussage!

3. Zwei Schüler stehen sich auf Rollschuhen gegenüber. Robert stößt sich von Katharina ab.
a) Beschreibe die Bewegung beider Schüler nach dem Abstoßen! Begründe deine Aussage!

b) Robert hat eine größere Masse als Katharina.
Was kann man daraus für die Bewegung der beiden nach dem Abstoßen ableiten?

4. Nenne und erläutere Beispiele aus Natur und Technik, bei denen das Rückstoßprinzip angewendet wird!

5. Bei einem Experiment zur Untersuchung des Zusammenhanges zwischen der Beschleunigung eines Körpers und der beschleunigenden Kraft wurden folgende Messwertepaare aufgenommen:

F in N	0	1,0	2,0	3,0	4,0
a in $m \cdot s^{-2}$	0	0,30	0,59	0,91	1,20

a) Zeichne das Beschleunigung-Kraft-Diagramm!
b) Interpretiere das Diagramm!
c) Ermittle aus den Messwerten die Masse des Körpers!

6. Die Motoren eines IC können eine maximale Antriebskraft von 270 kN aufbringen. Die Masse des IC beträgt 500 t.
a) Wie groß ist die maximale Beschleunigung des IC beim Anfahren?
b) In welcher Zeit kann der IC mit dieser Beschleunigung eine Geschwindigkeit von 100 km/h erreichen?
*c) Warum dauert der Beschleunigungsvorgang in der Praxis länger?

***7.** Ein Verkehrsflugzeug hat eine Gesamtmasse von 330 t. Mit seinen vier Strahltriebwerken wird das Flugzeug auf der Startbahn bis zu einer Geschwindigkeit von 300 km/h beschleunigt, bis es abheben kann. Jedes Triebwerk entwickelt eine maximale Schubkraft von 200 kN.
a) Wie groß ist die Beschleunigung des Flugzeugs während der Startphase?
b) Wie lang muss die Startbahn mindestens sein?

***8.** Bei einem Unfall wird ein Pkw in 1,2 s von 40 km/h bis zum Stillstand abgebremst. Welche beschleunigende Kraft wirkt auf den Fahrer ($m = 70$ kg)?

9. Gute Fußballer verleihen dem Ball beim Abschuss eine Geschwindigkeit von 90 km/h. Die Wechselwirkung mit dem Ball beim Abschuss dauert 0,02 s. Der Ball hat eine Masse von 700 g.
a) Mit welcher Kraft muss der Fußballer gegen den Ball treten?
b) Wie groß ist die Beschleunigung des Balls?

***10.** Ein Bus bremst aus einer Geschwindigkeit von 50 km/h bis zum Stillstand in 6 s ab.
a) In welcher Richtung wirken dabei auf Personen im Bus Kräfte?
b) Mit welcher Kraft muss sich eine Person der Masse von 80 kg dabei festhalten?

11. Beim schnellen Anfahren eines Pkw wird man kräftig in den Sitz gedrückt. Erkläre, wie das kommt!

12. Beim Abschleppen eines defekten Autos mit einem Seil sollte man langsam anfahren. Erkläre, warum bei einem ruckartigen Anfahren das Seil reißen kann!

13. Begründe, warum man Pkw, die defekte Bremsen haben, nicht mit einem Seil abschleppen darf!

14. Beim ruckartigen Anheben eines schweren Koffers kann der Griff abreißen. Warum passiert das bei einem langsamen Anheben nicht?

15. Ladungen auf Dachgepäckträgern von Pkw müssen sehr gut befestigt werden. Begründe, warum dies notwendig ist!

16. Nenne Beispiele aus Natur, Technik und Alltag für das Auftreten von Reibungskräften! Erläutere, wie durch diese Kräfte Bewegungen beeinflusst werden!

17. Die Fotos zeigen Beispiele für die Nutzung von Reibungskräften in der Technik. Wo wirken Reibungskräfte ? Was bewirken sie?

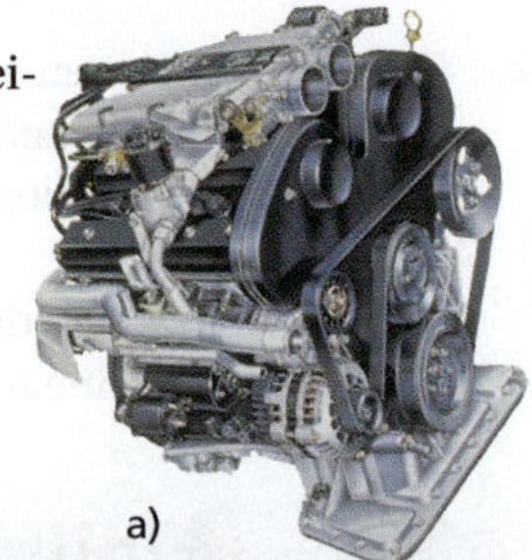

a)

b)

18. Beim Abkippen einer Ladung Sand stellt der Fahrer die Ladefläche bis zu einem bestimmten Winkel schräg. Danach rutscht der Sand in einem Zug hinunter. Erkläre dies physikalisch! Stelle die wirkenden Kräfte in einer Zeichnung dar!

19. Eine Schlittschuhfahrerin ($m = 52$ kg) bewegt sich auf dem Eis. Wie groß ist die bewegungshemmende Gleitreibungskraft?

***20.** Ein Pkw mit einer Masse von 1000 kg fährt auf einer trockenen Asphaltstraße. Der Fahrer muss plötzlich bremsen. Wie groß ist die maximale Bremskraft?

21. Bestimme experimentell die Reibungskräfte für die Haft- und Gleitreibung eines Holz-

klotzes auf einer Unterlage aus normalem Papier und aus Sandpapier!

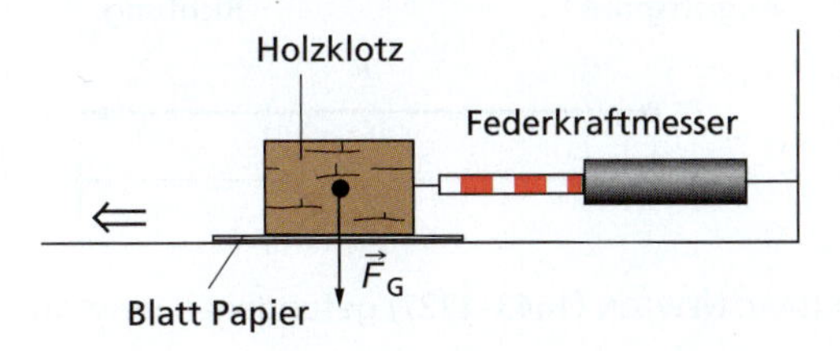

Eine Bewegung des Holzklotzes gegenüber seiner Unterlage wird durch Ziehen am Papier erreicht. Vergleiche die Kräfte miteinander! Formuliere ein Ergebnis!

22. Du fährst mit einem Fahrrad auf einem ebenen Radweg. Dann lässt du dich „austrudeln" und kommst nach einigen Dutzend Metern zum Stillstand.
a) Welche Kraft brachte dich und das Fahrrad zum Stehen?
b) Wovon hängt ab, wie weit dein Fahrrad noch rollt?
c) Wieso wurdest du nicht langsamer, als du gleichmäßig in die Pedale getreten hast?

23. Zerknülle eines von zwei Blättern Papier zu einer Kugel! Lass beide aus gleicher Höhe fallen. Was beobachtest du? Versuche eine Erklärung mithilfe der Reibung zu finden!

24. Du stehst bis zum Hals im Wasser. Wenn du dann gehen willst, musst du dich mächtig anstrengen. Warum?

25. Ein Lkw hat Öl verloren und auf der Straße eine Ölspur hinterlassen.
Warum ist eine solche Ölspur für andere Fahrzeuge, insbesondere für Motorradfahrer und Radfahrer, sehr gefährlich?

26. In Schwimmhallen rutschst du auf den nassen Fliesen leicht aus. Warum ist das so?

27. Beim Inline-Skating ist die Rollreibung relativ klein. Zum schnellen Abbremsen ist aber eine möglichst große Reibungskraft erforderlich. Diskutiere Möglichkeiten, wie man eine große Reibungskraft hervorrufen und damit schnell abbremsen kann!

28. Quietschende Türscharniere ölt man, quietschende Bremsen aber nicht. Begründe!

29. Warum kann man bei nasser Fahrbahn eine Kurve nicht so schnell durchfahren wie bei trockener Fahrbahn?

30. Ein Holzklotz wird über einen Holztisch gezogen. Er drückt mit der Gewichtskraft F_G von 0,5 N auf die Unterlage. Die dabei wirkende Gleitreibungskraft F_R beträgt 0,3 N. Nun wird der Holzklotz nacheinander mit Wägestücken von jeweils 50 g beschwert und wieder die Gleitreibungskraft gemessen. Die Tabelle zeigt alle Messwerte.

F_G in N	0,5	1,0	1,5	2,0	2,5
F_R in N	0,3	0,5	0,7	1,0	1,3

a) Zeichne die Messwerte in ein Diagramm!
b) Welcher Zusammenhang besteht zwischen der Gewichtskraft und der Gleitreibungskraft?

31. Informiere dich beispielsweise unter der Adresse **www.schuelerlexikon.de** über den Aufbau und die Wirkungsweise einer Scheibenbremse, wie sie bei Pkw genutzt wird! Bereite dazu einen Kurzvortrag vor!

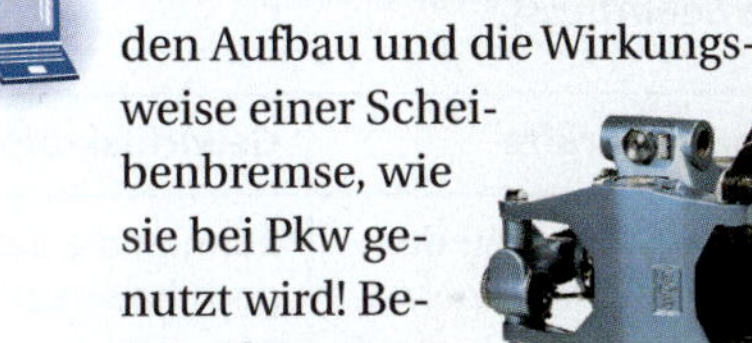

32. Reibung ist teilweise nützlich und erwünscht, teilweise auch störend und unerwünscht. Bereite einen Kurzvortrag über die verschiedenen Reibungskräfte vor! Suche Beispiele aus Natur, Technik und Alltag für erwünschte und unerwünschte Reibung! Nutze auch das Internet, z. B. die Adresse **www.schuelerlexikon.de**!

Kräfte und Bewegungen

Die **Wirkung einer Kraft** auf einen Körper ist abhängig

- vom Betrag,
- von der Richtung,
- vom Angriffspunkt.

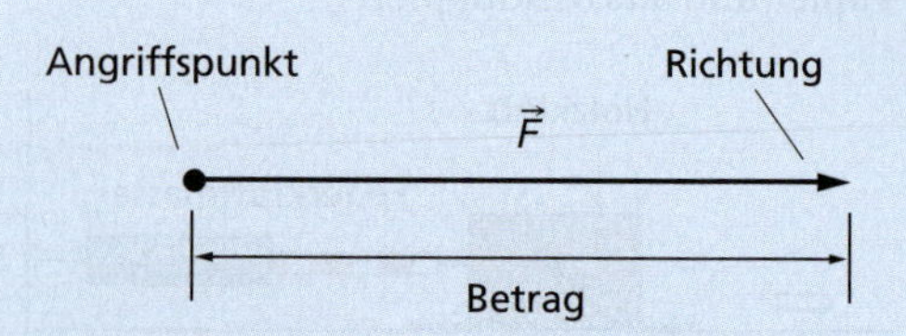

Grundlegende Gesetze der Dynamik sind die von ISAAC NEWTON (1643–1727) gefundenen **newtonschen Gesetze.**

1. newtonsches Gesetz (Trägheitsgesetz)	Unter der Bedingung, dass die Summe der Kräfte null ist, gilt: $\vec{v}$ = konstant	m $\vec{v}$ v Geschwindigkeit
2. newtonsches Gesetz (newtonsches Grundgesetz)	$F = m \cdot a$	m a $\vec{F}$ F Kraft m Masse a Beschleunigung
3. newtonsches Gesetz (Wechselwirkungsgesetz)	$\vec{F}_1 = -\vec{F}_2$	$\vec{F}_1$ $\vec{F}_2$

Die Bewegung von Körpern wird vor allem durch **beschleunigende Kräfte, Gewichtskräfte** und **Reibungskräfte** beeinflusst.

Beschleunigende Kräfte	**Gewichtskräfte**	**Reibungskräfte**
führen zu einer Änderung der Geschwindigkeit von Körpern. $F_B = m \cdot a$	können die Bewegung von Körpern bewirken oder beeinflussen. $F_G = m \cdot g$	hemmen oder verhindern die Bewegung von Körpern. $F_R = \mu \cdot F_N$
m $\vec{F}_B$	m = 1 kg $g = 9{,}81\ \frac{\text{N}}{\text{kg}}$ Erde $F_G = 9{,}81$ N $F_G \approx 10$ N	Richtung der Bewegung $\vec{F}_R$ $\vec{F}_N$
Es erfolgt eine beschleunigte Bewegung in Kraftrichtung.	Die Gewichtskraft ist ortsabhängig.	Eine spezielle Reibungskraft ist die **Luftwiderstandskraft.**

3.8 Druck und Druckkräfte

Hochgefühl

Ballonfahrten erfüllen den alten Menschheitstraum vom Fliegen. Die Ballons werden von unten mit heißen Gasen gefüllt. Heißluftballons eignen sich aber auch, um Lasten zu transportieren.
Wie kommt es, dass ein Ballon aufsteigen kann, obwohl er auch noch Lasten tragen muss? Wie kann seine Höhe reguliert werden?

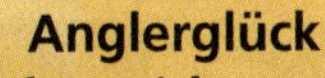

Anglerglück

Zum Angeln gehört nicht nur Glück, sondern auch Können. Die große Kunst besteht darin, den Fisch auch aus dem Wasser zu bekommen, wenn er schon mal angebissen hat. Für große Fische muss man dazu einen Kescher verwenden.
Warum kann man große Fische zwar mit der Angel zu sich heranziehen, braucht aber einen Kescher, um sie aus dem Wasser zu holen?

Tiefenrausch

Ungeübte Taucher können etwa 40 s lang unter Wasser bleiben. Geübte Perlentaucher erreichen über 2 min und Tiefen bis zu 30 m. Für größere Tiefen werden spezielle Ausrüstungen benötigt. Trotzdem kann es ab einer Tiefe von 50 m vorkommen, dass der menschliche Organismus rauschartig mit leichtsinnigem Verhalten und geringerem Urteilsvermögen reagiert.
Wodurch kommt es zum Tiefenrausch? Wie kann man ihn vermeiden?

Der Druck

Damit Autoreifen funktionstüchtig bleiben, wird in Abständen der Druck kontrolliert, der in ihrem Inneren herrscht (Abb. 2). Ähnliches gilt für unseren Blutdruck (Abb. 4). Die eingeschlossene Luft im Reifen bzw. das Blut in unseren Venen stehen „unter Druck". Sie können Kräfte ausüben.

Druck und Kraft sind jedoch nicht dasselbe. Der Druck hat keine bestimmte Richtung. Er beschreibt den Zustand, in dem sich Flüssigkeiten oder Gase befinden. Er ist die Ursache dafür, dass die eingeschlossenen Flüssigkeiten oder Gase Kräfte auf alle Begrenzungsflächen ausüben, auch auf die Kolben und auf Flächen von Körpern in ihrem Inneren (Abb. 3). Diese Kräfte werden als **Druckkräfte** bezeichnet. Die Richtung, in die die Kräfte wirken, kann man in der Abb. 1 erkennen. Drückt man auf den Kolben einer mit Wasser gefüllten Kugelspritze, dann tritt das Wasser gleichmäßig und senkrecht aus allen Öffnungen. Je stärker man auf den Kolben drückt, desto weiter spritzt das Wasser. Das liegt daran, dass der Druck in der Kugel größer wurde. Weil die Öffnungen der Kugel alle gleich groß sind, spritzt das Wasser überall gleich schnell heraus.

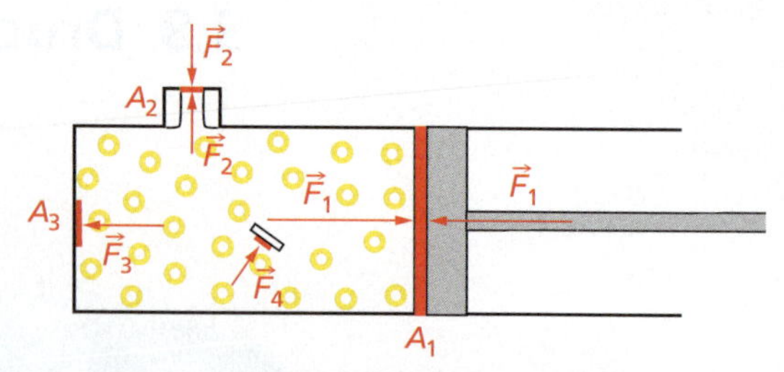

3 Eingeschlossene Flüssigkeiten oder Gase üben Kräfte auf Flächen aus. Der Druck ist konstant.

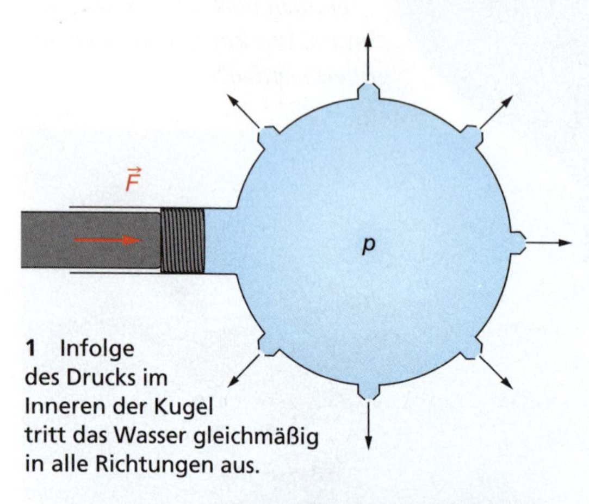

1 Infolge des Drucks im Inneren der Kugel tritt das Wasser gleichmäßig in alle Richtungen aus.

Der Druck kennzeichnet den Zustand im Inneren einer Flüssigkeit oder eines Gases, die sich in einem geschlossenen Gefäß befinden.
Es wirken Druckkräfte senkrecht auf die Begrenzungsflächen des Gefäßes.

Kräfte, die senkrecht auf eine Fläche wirken, kennzeichnen auch den Druck, mit dem feste Körper auf ihre Unterlage wirken. Dieser **Auflagedruck** ist umso größer, je größer die Kraft und je kleiner die Fläche sind (s. S. 205).

2 In Reifen von Pkw hat die Luft meist einen Druck zwischen 2,0 bar und 3,0 bar.

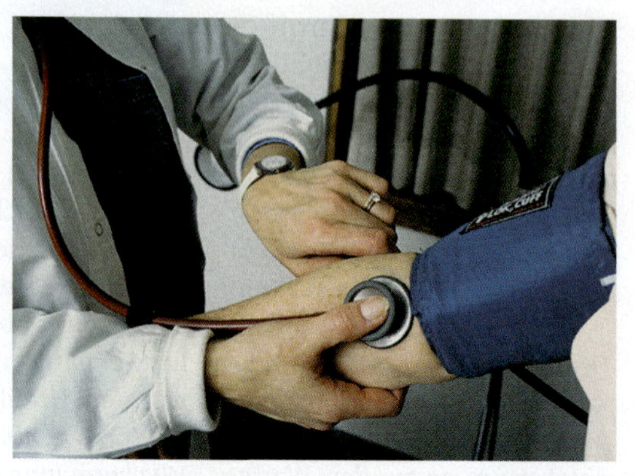

4 Blutdruckwerte geben Auskunft über unseren Gesundheitszustand.

Der Auflagedruck

Bei Schnee sinkt eine Person ohne Ski tief ein, mit Ski dagegen wesentlich weniger (Abb. 1). Die Kraft, mit der die Person auf die Unterlage wirkt, die Gewichtskraft, ist aber in beiden Fällen gleich groß. Unterschiedlich ist dagegen die Fläche, auf die diese Kraft wirkt. Man kennzeichnet die Einwirkung einer Kraft auf eine Fläche durch die physikalische Größe **Auflagedruck.**

Der Auflagedruck gibt an, mit welcher Kraft ein Körper senkrecht auf eine bestimmte Fläche wirkt.
Formelzeichen: p
Einheit: 1 Pascal (1 Pa)

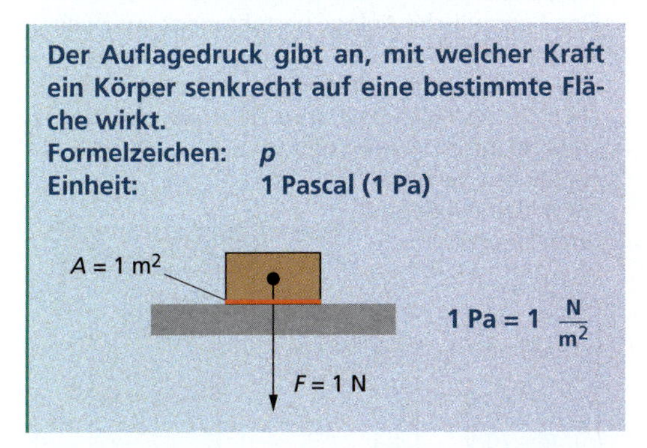

Die Einheit ein Pascal ist nach dem französischen Wissenschaftler BLAISE PASCAL (1623–1662) benannt. 1 Pascal ist der Druck, bei der eine Kraft von 1 N senkrecht auf eine Fläche von 1 m² wirkt. Dieser Druck ist sehr klein. Deshalb nutzt man meist **Vielfache dieser Einheit.** Es gilt:

$$1\ \text{Pa} = 1\ \text{N/m}^2 = 0{,}0001\ \text{N/cm}^2$$
$$1\ \text{kPa} = 1000\ \text{Pa} = 0{,}1\ \text{N/cm}^2$$
$$1\ \text{MPa} = 1000\ \text{kPa} = 100\ \text{N/cm}^2$$

1 Ein Skifahrer sinkt wegen der großen Fläche der Ski nur wenig ein.

Beim Befestigen eines Merkzettels mit einer Reißzwecke an einer Pinnwand genügt schon eine kleine Kraft, damit sie in die Unterlage eindringt. Eine abgebrochene Nadelspitze macht das Nähen fast unmöglich. Die Nadel dringt auch bei großer Kraft kaum in den Stoff ein. An der Eindringtiefe in einem bestimmten Stoff erkennt man, wie stark der Auflagedruck ist. Er ist umso größer,

- je größer die wirkende Kraft ist und
- je kleiner die Fläche ist, auf die die Kraft wirkt.

Wenn man den Auflagedruck eines Körpers klein haben will, so muss man dafür sorgen, dass die Fläche, auf die die Kraft wirkt, groß ist.

Unter der Bedingung, dass die Kraft senkrecht auf die Fläche wirkt, kann der Auflagedruck p mit folgender Gleichung berechnet werden:

$p = \frac{F}{A}$ — F **wirkende Kraft**, A **Fläche, auf die die Kraft wirkt**

Der Druck ist besonders groß, wenn die Kraft F groß und die Fläche A klein ist. Er ist besonders klein, wenn die Kraft klein und die Fläche groß ist. Die Kraft F nennt man auch **Druckkraft.**
Drücke treten auch in Gasen und Flüssigkeiten auf und führen dort zu Kraftwirkungen auf Flächen. Auf diese Weise lassen sich Drücke in Natur und Technik bestimmen, wie der Druck in Bremsleitungen eines Pkw, der Blutdruck eines Menschen, der Luftdruck an der Erdoberfläche oder der Druck, den das Gas in einer Gasflasche auf die Wände des Gefäßes ausübt.

Der Druck in Flüssigkeiten

Der Druck von Flüssigkeiten, die sich in geschlossenen Gefäßen befinden, wird z. B. bei Bremsanlagen von Kraftfahrzeugen oder bei hydraulischen Pressen genutzt. Untersucht man den Druck, den eine Flüssigkeit in einem abgeschlossenen Gefäß an verschieden Stellen hat, so ergibt sich:

Der Druck einer Flüssigkeit in einem geschlossenen Gefäß ist überall gleich groß. Er breitet sich allseitig aus.

Der Druck in der Flüssigkeit wird häufig durch eine Kraft auf einen Kolben hervorgerufen. Er wird deshalb **Kolbendruck** genannt und ist umso größer, je größer die auf den Kolben wirkende Kraft und je kleiner die Fläche des Kolbens ist.

Der Kolbendruck kann berechnet werden mit der Gleichung:

$p = \frac{F}{A}$ — F Kraft des Kolben, A Fläche des Kolben

Im Unterschied zu Gasen liegen die Teilchen in einer Flüssigkeit dicht, sind aber leicht gegeneinander verschiebbar. Wird auf eine Flüssigkeit eine Kraft ausgeübt, dann versuchen die Teilchen wegen ihrer Verschiebbarkeit in alle Richtungen auszuweichen. Dabei stoßen sie mit anderen Teilchen zusammen und übertragen so die Kraft in der gesamten Flüssigkeit und auf ihre Begrenzungsflächen.

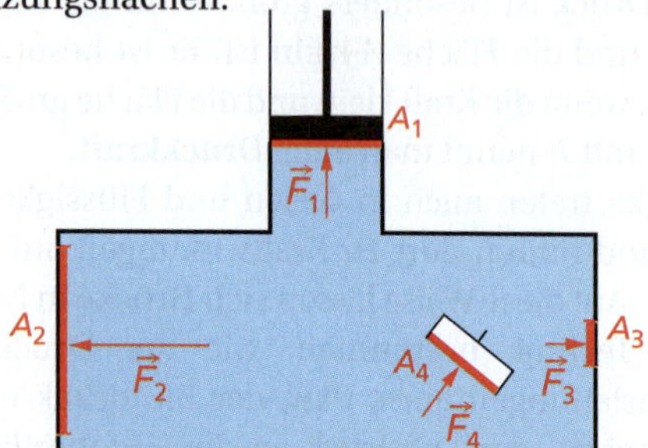

1 Der Druck in einer Flüssigkeit ist überall gleich groß, die Kräfte auf Flächen sind verschieden.

Mosaik

Hydraulische Anlagen

Wagenheber, Hebebühnen, Bremsanlagen von Fahrzeugen oder Pressen (Abb. 2) funktionieren nach demselben Prinzip: Sie vergrößern Kräfte mithilfe von Flüssigkeiten. So gesehen sind sie kraftumformende Einrichtungen (s. S. 150 ff.), bei denen durch Kolbendruck sowohl der Betrag als auch die Richtung von Kräften geändert werden kann.

Eine hydraulische Anlage besteht meist aus zwei unterschiedlich großen Zylindern mit beweglichen Kolben, die miteinander verbunden sind (Abb. 2). Als Flüssigkeit wird Öl verwendet. Der Druck in ihrem Inneren beträgt bis zu 200 bar. Sie lassen sich auf recht kleinem Raum unterbringen.

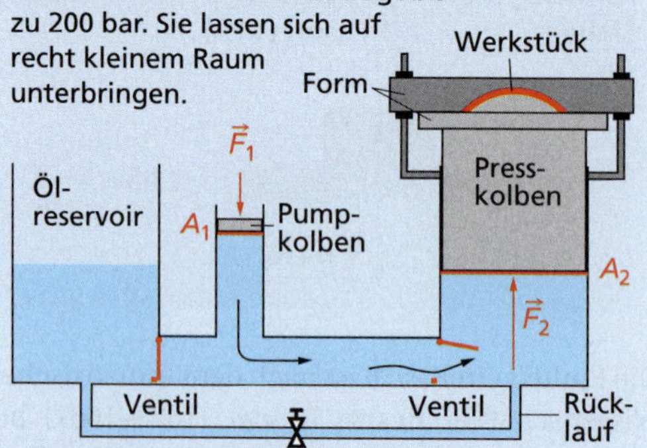

2 In einer hydraulischen Presse erzeugt eine kleine Kraft auf den Pumpkolben eine große Kraft auf den Presskolben.

Drückt man mit einer kleinen Kraft F_1 auf den Pumpkolben mit kleiner Fläche A_1, so erzeugt man einen Druck p, der überall in der Anlage gleich ist. Dieser Druck p wirkt auch auf den Presskolben. Da die Fläche A_2 dieses zweiten Kolbens groß ist, ist auch die Kraft F_2 auf den Kolben groß. Für jede hydraulische Anlage im Gleichgewicht gilt:

$$\frac{F_1}{A_1} = \frac{F_2}{A_2} \quad \text{oder} \quad \frac{F_1}{F_2} = \frac{A_1}{A_2}$$

F_1, F_2 Kräfte an den Kolben
A_1, A_2 Flächen der Kolben

In hydraulischen Pressen werden nach diesem Prinzip so große Kräfte erzeugt, dass z. B. Karosserieteile im kalten Zustand verformt werden können. Bei Hebebühnen kann ein Pkw durch eine kleine Kraft angehoben werden.

Der Schweredruck in Flüssigkeiten

Der Druck in einer Flüssigkeit, der infolge der Gewichtskraft der darüber liegenden Flüssigkeit entsteht, heißt **Schweredruck** (Abb. 1).
Der Schweredruck ist abhängig von
- der Höhe der Flüssigkeitssäule (Eintauchtiefe) und
- der Dichte der Flüssigkeit.

Der Schweredruck in einer Flüssigkeit kann nach folgender Gleichung berechnet werden:

$$p = \rho \cdot g \cdot h$$

ρ Dichte der Flüssigkeit
g Ortsfaktor (Fallbeschleunigung)
h Höhe der Flüssigkeitssäule

In einer größeren Tiefe ist die darüber liegende Flüssigkeitssäule länger. Sie hat eine größere Gewichtskraft. Demzufolge ist der Schweredruck größer. Man spürt z. B. beim Tauchen, wie der Druck des Wassers auf unser Trommelfell mit der Tiefe zunimmt. Der Zusammenhang zwischen dem Druck und der Höhe der Wassersäule (Eintauchtiefe) ist in der Abb. 2 dargestellt.

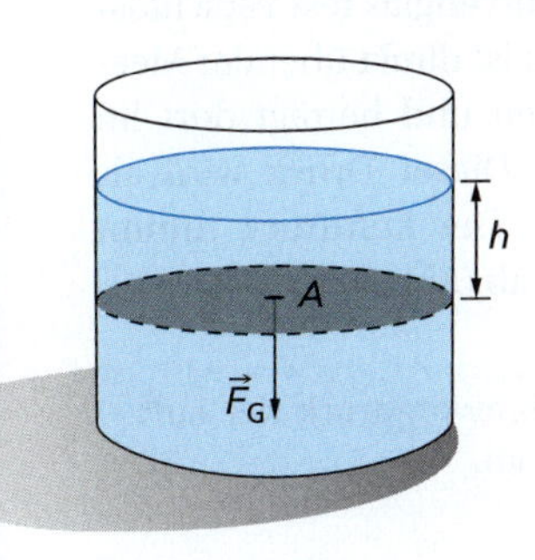

1 Die Gewichtskraft der Flüssigkeitssäule erzeugt den Schweredruck in der Flüssigkeit.

Der Marianengraben im pazifischen Ozean ist mit 11 034 m der tiefste der Welt. Auf seinem Boden beträgt der Schweredruck des Wassers ca. 11 000 N/cm^2. Das bedeutet: Auf eine Fläche von 1 cm^2 wirkt dort etwa die Gewichtskraft eines Pkw. Bei Wasser ist auch zu beachten: Salzwasser hat eine etwas größere Dichte als Süßwasser. Deshalb ist der Schweredruck bei gleicher Tiefe in Salzwasser etwas größer als in Süßwasser.
Schweredruck tritt auch in Gefäßen auf, wobei dort eine Besonderheit festzustellen ist. Obwohl sich verschieden viel Wasser in den Gefäßen in

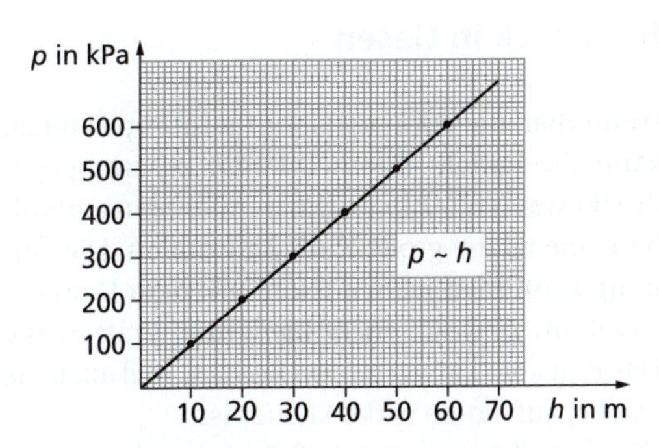

2 In Wasser nimmt der Schweredruck je 10 m Tiefe um etwa 100 kPa zu.

Abb. 3 befindet, zeigen die Kraftmesser denselben Wert an. Der Druck auf den Boden hängt nur von der Höhe der Flüssigkeitssäule und deren Dichte ab. Sonderbar (paradox) ist daran, dass eine kleine Flüssigkeitsmenge dieselbe Kraft auf eine Fläche erzeugen kann wie eine große. Die Erscheinung wird deshalb **hydrostatisches Paradoxon** genannt.

Der Schweredruck in einer Flüssigkeit ist unabhängig von der Gefäßform.

Das zeigt sich auch in **verbundenen Gefäßen.** Die Flüssigkeitsspiegel liegen in verbundenen Gefäßen immer auf gleicher Höhe. Auch hier hängt der Schweredruck nicht von der Form des Gefäßes, sondern nur von der Höhe der Flüssigkeitssäule und der Dichte ab.

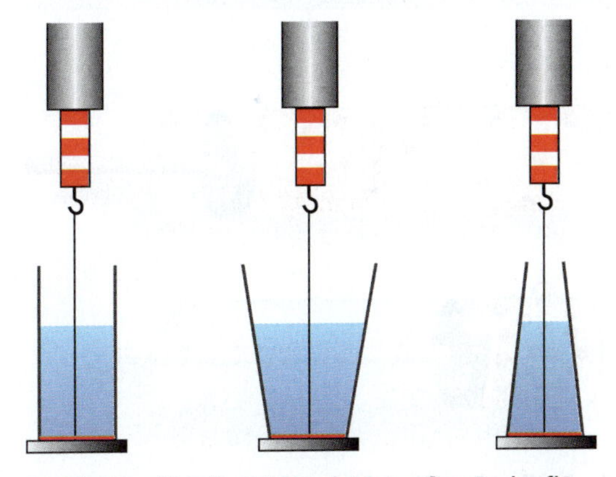

3 Die Druckkraft auf die gleich großen Bodenflächen ist bei gleicher Höhe der Wassersäulen gleich.

Der Druck in Gasen

Wenn man die Öffnung einer Luftpumpe zuhält, kann die Luft in ihrem Inneren zusammengedrückt werden (Abb. 1). Dazu muss man am Kolben eine relativ große Kraft aufwenden. Die Öffnung kann man jedoch leicht mit dem Daumen zuhalten, obwohl auch hier eine Kraft wirkt. Diese ist aber kleiner als am Kolben, weil auch die Fläche, auf die sie wirkt, kleiner ist.

Die Gasteilchen in der Luftpumpe nehmen den gesamten Raum ein, in dem sie sich befinden. Sie sind in ständiger Bewegung und stoßen mit anderen Teilchen und mit den Gefäßwänden zusammen. Wird der Kolben in die Pumpe hineingedrückt, verkleinert sich der Raum für die Gasteilchen. Das Gas gerät „unter Druck". Die Teilchen prasseln jetzt häufiger auf die Wände. Der Druck ist größer (Abb. 2).

1 Durch Hineinschieben des Kolbens vergrößert sich der Druck in der Luftpumpe.

Der Druck eines Gases in einem geschlossenen Gefäß ist überall gleich groß. Er breitet sich allseitig aus.

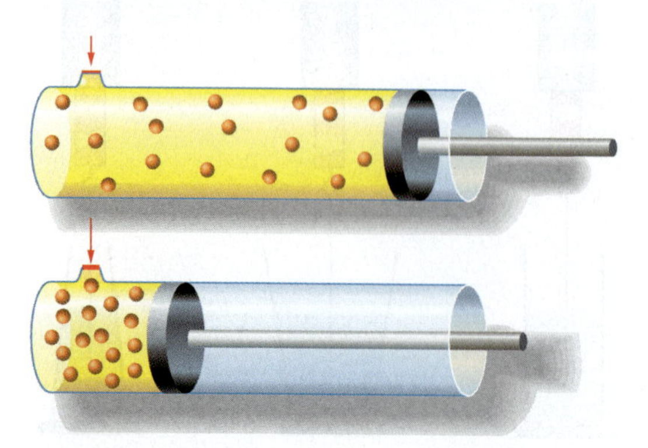

2 Bei Druckerhöhung prasseln die Teilchen häufiger auf die Begrenzungsflächen.

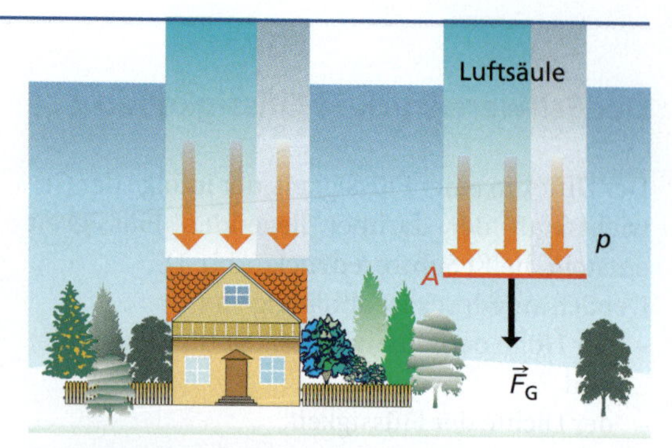

3 Die Gewichtskraft der Luft erzeugt den Luftdruck auf der Erde.

Der Luftdruck

Auch Gase wie die Luft haben eine Gewichtskraft und können dadurch einen Schweredruck verursachen, den man **Luftdruck** nennt (Abb. 3). Er wirkt auf alle Körper der Erde, auch wenn wir ihn nicht immer spüren.

Der Luftdruck bewirkt z. B., dass ein Haken mit Saugnapf an einer glatten Fläche befestigt werden kann oder ein Konservenglas fest verschlossen bleibt. Der Luftdruck ist direkt über der Meeresoberfläche am größten und beträgt dort im Durchschnitt 101,3 kPa. Dieser Druck wird als **Normdruck** bezeichnet. Der Luftdruck nimmt mit zunehmender Höhe ab (Abb. 4).

Der Luftdruck ist der Schweredruck der Luft. Er nimmt mit der Höhe ab.

Der Luftdruck wird auch in den Einheiten ein Millibar (1 mbar) und ein Hektopascal (1 hPa) angegeben: 101,3 kPa = 1013 hPa = 1013 mbar.

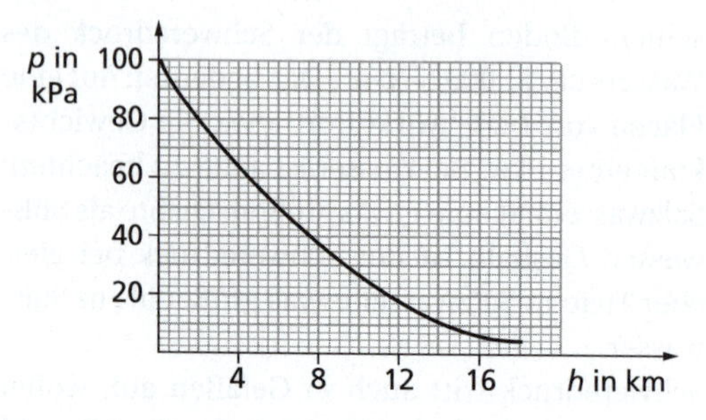

4 Der Luftdruck nimmt mit zunehmender Höhe über dem Meeresspiegel ab.

Mosaik

Luftdruck und Wetter

Die Entdeckung des Luftdrucks war eng mit der Suche nach dem luftleeren Raum, dem Vakuum, verbunden.
Seit der Antike herrschte die Auffassung, dass es einen luftleeren Raum nicht geben könne. Wie sollte auch etwas im „Nichts" existieren. Der griechische Philosoph ARISTOTELES (um 384–322 v. Chr.) vertrat die Auffassung, dass die Natur eine „Abscheu vor dem Leeren" (horror vacui) hätte. Dieser Lehrsatz galt bis ins Mittelalter.
Um 1630 wurde GALILEO GALILEI (1564–1642) von Brunnenbauern auf das Problem aufmerksam gemacht, dass sie mit ihren Pumpen Wasser nur aus einer Tiefe bis ca. 10 m heben konnten. Er beauftragte seinen Schüler EVANGELISTA TORRICELLI (1608–1647), dieses Problem zu untersuchen.
TORRICELLI experimentierte anstelle von Wassersäulen mit langen Röhren, in die Quecksilber gefüllt war, das eine wesentlich größere Dichte als Wasser hat. Er entdeckte, dass die Quecksilbersäule in einem quecksilbergefüllten Rohr, das man umdrehte und mit der Öffnung nach unten in Quecksilber brachte, so weit sank, bis sie noch eine Länge von ca. 760 mm hatte (Abb. 1). Der Schweredruck dieser Quecksilbersäule musste sich mit dem Luftdruck ausgleichen.
Über der Säule befand sich offenbar ein Vakuum. Der Druck von ca. 760 mm Quecksilbersäule entspricht dem normalen Luftdruck.

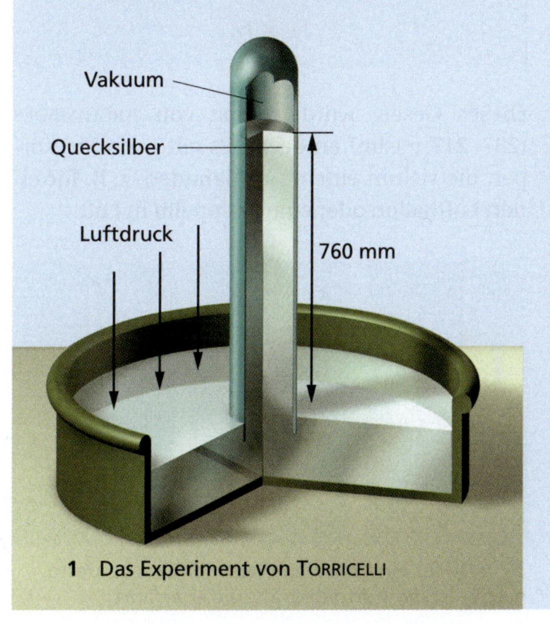

1 Das Experiment von TORRICELLI

Zu Ehren von TORRICELLI wurde die entsprechende Einheit für den Luftdruck 1 Torr genannt:

1 Torr $\triangleq$ 1 mm Quecksilbersäule
760 Torr $\triangleq$ 760 mm Quecksilbersäule

Der Luftdruck hat bei uns meistens Werte zwischen 970 hPa und 1030 hPa. Er schwankt um den Normdruck von 1013 hPa.
Gebiete mit niedrigem Luftdruck werden als **Tiefdruckgebiete**, solche mit hohem Luftdruck als **Hochdruckgebiete** bezeichnet. Diese Gebiete unterschiedlichen Luftdrucks kommen durch die unterschiedliche Erwärmung von Festland und Meer und die damit verbundenen Luftströmungen zustande. Dabei spielen sowohl globale als auch regionale Vorgänge eine Rolle.

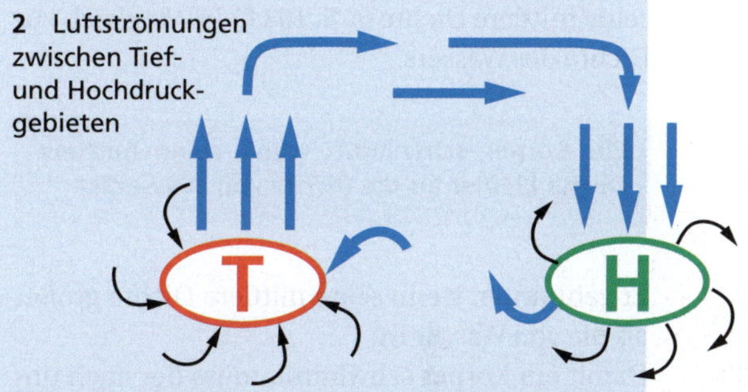

2 Luftströmungen zwischen Tief- und Hochdruckgebieten

Die Lage von Tiefdruck- und Hochdruckgebieten ändert sich ständig.
Damit entstehen unterschiedliche Wetterlagen und verschiedene Windrichtungen. Luft strömt dabei am Boden immer von Gebieten hohen Luftdrucks in Bereiche niedrigen Luftdrucks, vom Hoch zum Tief.
Die Windgeschwindigkeit hängt von den Druckunterschieden ab und kann bei Sturm mehr als 100 km/h erreichen. Die höchste in Deutschland gemessene Windgeschwindigkeit wurde 1984 auf dem Brocken im Harz mit 263 km/h gemessen.
Im **Tiefdruckgebiet** steigt die Luft, die vom Hochdruckgebiet abgeflossen ist, sich erwärmt hat und an der Erdoberfläche Feuchtigkeit aufgenommen hat, nach oben (Abb. 2). Es kommt dabei zur Abkühlung der Luft, zu Wolkenbildung und zu Niederschlag. Tiefdruckgebiete sind bei uns meist mit unbeständigem Wetter verbunden.
Im **Hochdruckgebiet** fließt Luft nach unten ab. Das ist verbunden mit Temperaturzunahme und Wolkenauflösung. Hochdruckgebiete sind bei uns meist mit schönem Wetter verbunden.

Auftrieb und Auftriebskraft

Ein Surfbrett, ein Baumstamm, ein Eiswürfel oder ein viele Tonnen schweres Schiff (Abb. 1) schwimmen auf der Wasseroberfläche. Körper aus unterschiedlichen Stoffen tauchen dabei unterschiedlich tief ein. Ebenso liegt ein beladenes Schiff tiefer im Wasser als ein unbeladenes. Aber bei beiden Schiffen ist im Binnengewässer deutlich zu sehen, wie weit sie im Meerwasser eingetaucht waren.
Andere Körper dagegen, wie Steine, Metallschrauben oder ein voll Wasser laufendes Schiff, gehen unter.
Untersucht man genauer, welche Körper schwimmen und welche nicht, dann zeigt sich: Entscheidend dafür, ob ein Körper schwimmt, ist seine mittlere Dichte (s. S. 103 f.) im Vergleich zur Dichte des Wassers.

Ein Körper schwimmt, wenn seine mittlere Dichte kleiner als die Dichte von Wasser ist.

Er geht unter, wenn seine mittlere Dichte größer als die von Wasser ist.
Damit ein Körper schwimmt, muss der nach unten gerichteten Gewichtskraft eine gleich große Kraft entgegenwirken. Diese Kraft nennt man **Auftriebskraft** F_A, die Erscheinung selbst **Auftrieb**. Eine Auftriebskraft wirkt nicht nur auf schwimmende Körper, sondern auf jeden Körper, der sich in einer Flüssigkeit befindet (Abb. 2). Sie ist umso größer, je mehr der Körper in die Flüssigkeit eintaucht (Abb. 3).

1 Ein Schiff schwimmt, weil seine mittlere Dichte kleiner als die von Wasser ist.

2 Taucht ein Körper in Wasser ein, dann verringert sich seine Gewichtskraft scheinbar durch die nach oben gerichtete Auftriebskraft.

Das Volumen des eingetauchten Teils des Körpers verdrängt ein gleich großes Volumen der Flüssigkeit. Die Gewichtskraft des verdrängten Volumens der Flüssigkeit ist umso größer, je größer das Volumen des eingetauchten Teils des Körpers ist. Damit ergibt sich ein Zusammenhang zwischen der Auftriebskraft, die ein Körper in einer Flüssigkeit erfährt, und der Gewichtskraft der von ihm verdrängten Flüssigkeit. Dieser Zusammenhang wird durch das **archimedische Gesetz** beschrieben.

Die auf einen Körper wirkende Auftriebskraft F_A ist gleich der Gewichtskraft F_G der verdrängten Flüssigkeit.

$$F_A = F_G$$

Dieses Gesetz wurde zuerst von ARCHIMEDES (287–212 v. Chr.) entdeckt. Es gilt auch für Körper, die sich in einem Gas befinden, z. B. für einen Luftballon oder einen Zeppelin in Luft.

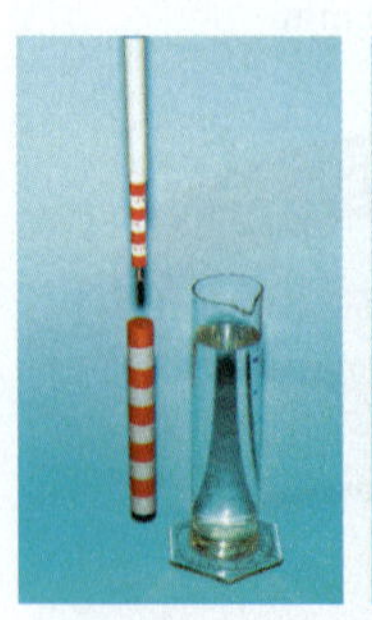

3 Je tiefer ein Körper in Wasser eintaucht, desto größer ist die Auftriebskraft, die er erfährt.

Die Gewichtskraft der verdrängten Flüssigkeit oder des verdrängten Gases ist von der Masse abhängig und die Masse wiederum hängt vom Volumen und von der Dichte des Stoffes ab, aus dem er besteht. Allgemein gilt für die Auftriebskraft:

> **Die Auftriebskraft F_A kann berechnet werden mit der Gleichung:**
>
> $$F_A = \rho \cdot V \cdot g$$
>
> **ρ Dichte des Stoffes, aus dem der verdrängte Körper besteht (z. B. Wasser)**
> **V Volumen des Körpers, der sich in der Flüssigkeit befindet**
> **g Ortsfaktor**

Für Wasser ist $\rho = 1 \text{ g/cm}^3$. Für Luft hat die Dichte einen Wert von $\rho = 1{,}29 \text{ kg/m}^3$.

Sinken, Schweben, Steigen, Schwimmen

Je nachdem, wie groß die Gewichtskraft eines Körpers F_G und die an ihm wirkende Auftriebskraft F_A sind, kann der Körper in einer Flüssigkeit oder einem Gas sinken, schweben, steigen oder schwimmen.
Da das Volumen des eingetauchten Körpers und das der verdrängten Flüssigkeit bzw. des verdrängten Gases immer den gleichen Wert haben, sind die Dichten der Stoffe, aus denen die Körper bestehen, letztlich entscheidend dafür, ob ein Körper sinkt, steigt oder schwebt. Für den Körper ist dabei die **mittlere Dichte** wichtig.
In der nachfolgenden Übersicht sind die Bedingungen für das Sinken, Schweben, Steigen und Schwimmen eines Körpers angegeben.

Sinken	Schweben	Steigen	Schwimmen
$F_A < F_G$	$F_A = F_G$	$F_A > F_G$	$F_A = F_G$ Ein Teil des Körpers befindet sich außerhalb der Flüssigkeit.
$\rho_{Fl} < \rho_{Körper}$	$\rho_{Fl} = \rho_{Körper}$	$\rho_{Fl} > \rho_{Körper}$	$\rho_{Fl} > \rho_{Körper}$
Ein Stein sinkt im Wasser nach unten.	Ein Taucher schwebt im Wasser in einer bestimmten Tiefe.	Ein Fisch steigt aus großer Tiefe nach oben.	Ein Schiff schwimmt auf dem Wasser.

Das Fliegen

Im Unterschied zu Heißluftballons oder Zeppelinen haben Insekten und Vögel, Drachen oder gar große Flugzeuge eine größere mittlere Dichte als die Luft.
Bei Insekten und Vögeln wird durch den Flügelschlag nach unten und die Stellung der Flügel eine nach oben gerichtete Auftriebskraft hervorgerufen (Abb. 1). Bei Drachen und Drachenfliegern strömt Luft gegen eine Fläche und wird nach unten umgelenkt. Dadurch entsteht eine nach oben gerichtete Auftriebskraft. Bei Flugzeugen (Abb. 2) spielt der dynamische Auftrieb die entscheidende Rolle. Für alle Fälle gilt:

Voraussetzung für das Fliegen von Körpern ist eine hinreichend große Auftriebskraft.

Das Segeln von Vögeln und Fliegen von Flugzeugen beruht darauf, dass es durch die Bewegung der Luft gegenüber einem Körper (z. B. Flugzeug) in der Strömung eine nach oben gerichtete Auftriebskraft F_A gibt.
Da der Auftrieb aufgrund der Bewegung zwischen Luft und Körper zustande kommt, wird er **dynamischer Auftrieb** genannt. Ein dynamischer Auftrieb entsteht vor allem bei der Bewegung von Körpern mit einem Tragflügelprofil (Abb. 3). Solche Profile haben z. B. die Flügel von Vögeln oder die Tragflächen von Flugzeugen. Der dynamische Auftrieb tritt auch in Flüssigkeiten auf. Die Strömung wird durch einen Tragflügel aufgeteilt.

2 Entscheidend dafür, dass ein Flugzeug fliegt, ist die Form und die Größe seiner Tragflächen. An den von Luft umströmten Tragflächen kommt eine Auftriebskraft nach oben zustande.

Dabei wird die Luft in der Umgebung des bewegten Körpers nach unten bewegt, und damit kommt ein Auftrieb an dem Tragflügel zustande. Verstärkt wird dieser Auftrieb durch geeignete Flügelprofile. An ihnen entsteht oberhalb des Tragflügels ein Gebiet mit größerer Strömungsgeschwindigkeit und kleinerem Druck als unterhalb. Der Druckunterschied zwischen Ober- und Unterseite des Tragflügels führt zu einer zusätzlichen Auftriebskraft senkrecht zur Bewegungsrichtung.
Wie groß die Auftriebskraft an einem Tragflügel ist, hängt bei einem Flügel mit bestimmtem Profil vom Anstellwinkel des Tragflügels gegenüber der Bewegungsrichtung der Strömung und von der Geschwindigkeit zwischen Luft und Tragflügel ab. Bei Flugzeugen können Größe und Form der Tragflächen verändert werden.

1 Beim Flug von Vögeln und Insekten spielt der Flügelschlag eine wichtige Rolle. Beim Flügelschlag nach unten wird Luft nach unten bewegt. Dadurch wirkt eine Auftriebskraft nach oben.

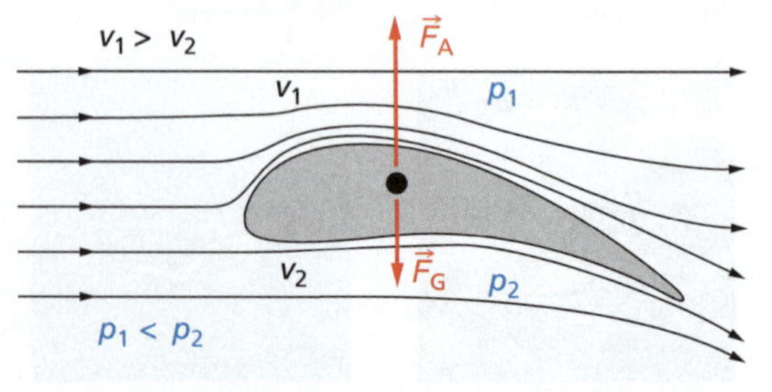

3 Unterschiedliche Geschwindigkeiten und Drücke an einem Tragflügel: Entscheidend für den Auftrieb ist die Relativgeschwindigkeit zwischen Luft und Tragflügel.

Physik in Natur und Technik

Ein Auto auf der Bühne

In Kfz-Werkstätten werden Autos mithilfe von Hebebühnen hochgehoben (Abb. 1). Das erleichtert die Reparatur an schwer zugänglichen Teilen. Den Aufbau einer solchen Anlage zeigt Abb. 2. Der Pumpkolben einer Hebebühne hat eine Fläche von 40 cm². Die Fläche des Arbeitskolbens an der Bühne beträgt 200 cm².

Mit welcher Kraft muss die Pumpe auf den Kolben einwirken, um ein Auto mit einer Gewichtskraft von 12 000 N zu heben?

1 Pkw auf einer Hebebühne

Analyse:
Die Hebebühne ist eine hydraulische Anlage. Sieht man von möglichen Reibungskräften ab, kann man die Kraft auf den Pumpkolben mithilfe des Gesetzes für hydraulische Anlagen ermitteln.

Gesucht: F_1
Gegeben: $F_2 = 12\,000\text{ N}$
$A_1 = 40\text{ cm}^2$
$A_2 = 200\text{ cm}^2$

Lösung: Für hydraulische Anlagen gilt:

$$\frac{A_1}{A_2} = \frac{F_1}{F_2}$$

Weil die Fläche des Pumpkolbens nur ein Fünftel der Fläche des Arbeitskolbens beträgt, muss

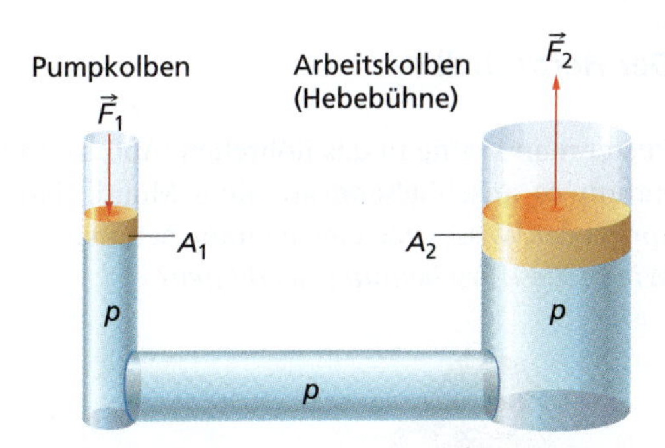

2 Aufbau einer Hebebühne (vereinfacht)

als Kraft auf den Pumpkolben auch nur ein Fünftel der Gewichtskraft des Autos wirken.

$$F_1 = F_2 : 5$$
$$F_1 = 12\,000\text{ N} : 5$$
$$\underline{F_1 = 2\,400\text{ N}}$$

Ergebnis:
Die Pumpe muss mit einer Kraft von 2 400 N auf den Kolben einwirken, um das Auto zu heben.

Mosaik

Die Spraydose

Die Skizze zeigt den Aufbau einer Spraydose. Betätigt man den Sprühkopf, so wird ein Ventil geöffnet. Das unter hohem Druck stehende Treibgas bewirkt auch in der Flüssigkeit einen hohen Druck. Die Flüssigkeit tritt durch eine feine Düse mit großer Geschwindigkeit aus.

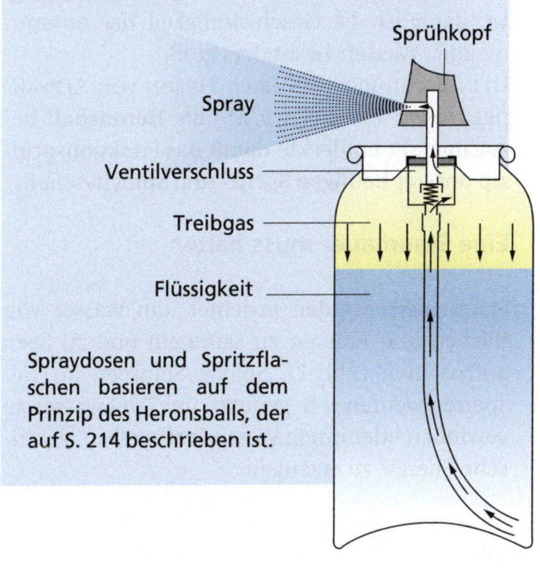

Spraydosen und Spritzflaschen basieren auf dem Prinzip des Heronsballs, der auf S. 214 beschrieben ist.

Der Heronsball

Pustet man kräftig in das Röhrchen (Abb. 1) und nimmt es anschließend aus dem Mund, dann spritzt das Wasser wie eine Fontäne heraus.
Wie ist diese Erscheinung zu erklären?

1 Mit einem Heronsball lassen sich Fontänen erzeugen.

Die Luft über dem Wasser im Gefäß befindet sich zunächst unter normalem Druck. Pustet man weitere Luft in das Gefäß, dann erhöht sich der Druck erheblich. Das Volumen, das die Luft ausfüllen kann, bleibt konstant, weil sich das Wasser nicht zusammendrücken lässt. Der Druck in der Luft breitet sich allseitig aus und übt auch Kräfte auf die Wasseroberfläche aus. Dadurch erhöht sich der Druck im Wasser. In dem Moment, in dem man das Röhrchen aus dem Mund nimmt, ist an dieser Stelle kein ausreichender Gegendruck vorhanden. Das Wasser spritzt heraus. Wenn das Röhrchen oben wie eine Düse verengt ist, dann ist die Geschwindigkeit des ausströmenden Wassers besonders groß.
Die Anordnung wird nach HERON VON ALEXANDRIA (etwa 150–100 v. Chr.) als **Heronsball** bezeichnet. Er entdeckte damit das Funktionsprinzip unserer heutigen Spritz- und Sprayflaschen.

Eine Staumauer muss halten

Staumauern werden errichtet, um Wasser von Bächen und Flüssen zu sammeln und zu Seen aufzustauen (Abb. 2). Solche Stauseen an Talsperren werden z. B. genutzt, um Trinkwasser zu gewinnen oder um in Wasserkraftwerken elektrische Energie zu erzeugen.

2 Durch die Staumauer wird das Wasser eines Flusses gesammelt.

Wie müssen Staumauern gebaut sein, damit sie auch halten?
Wie groß ist der Schweredruck des Wassers an der Sohle einer Staumauer, wenn diese 50 m unter dem Wasserspiegel des Stausees liegt?

Staumauern müssen den Kräften entgegenwirken, die durch den Schweredruck des Wassers hervorgerufen werden. Da der Schweredruck mit der Tiefe zunimmt, muss die Staumauer an tiefer gelegenen Stellen immer größeren Kräften standhalten. Sie wird deshalb so gebaut, dass sie von der Krone zur Sohle immer breiter wird (Abb. 3). Der Druck auf die Mauer ist aber nur von der Höhe des Wassers abhängig und nicht davon, wie lang oder breit der Stausee ist.
Der Schweredruck in Wasser nimmt je 10 m Tiefe um etwa 100 kPa zu. Es gilt $p \sim h$. Deshalb herrscht in 50 m Tiefe ein Schweredruck von etwa $5 \cdot 100\ \text{kPa} = 500\ \text{kPa}$. Diesen Wert kann man auch aus dem Diagramm auf S. 207 ablesen.

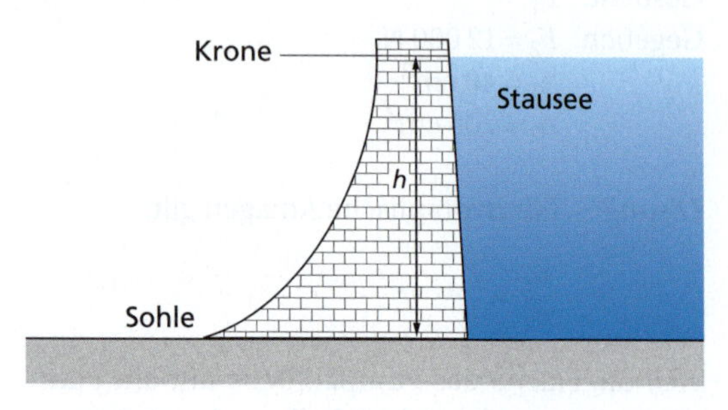

3 Profil der Staumauer an einem Stausee

Messung des Luftdrucks

Messgeräte für den Luftdruck nennt man **Barometer**. Eine häufig verwendete Form ist das Dosenbarometer (Abb. 1).

Beschreibe den Aufbau und erkläre die Wirkungsweise eines Dosenbarometers!

Ein Dosenbarometer besteht aus einer fast luftleeren Metalldose (Druckdose). Die Dose ist über eine Feder mit einem Hebelmechanismus verbunden, der zu einem Zeiger führt. Dadurch wird die Bewegung eines gewellten Deckels (Membran) auf den Zeiger übertragen.

Bei Normdruck wird der Zeiger auf den Wert 1013 hPa (760 Torr) gestellt. Verändert sich der Luftdruck, dann wird die Membran mehr oder weniger verbogen. Dadurch verändert sich die Zeigerstellung. Moderne Barometer gibt es in vielen verschiedenen Bauformen. Teilweise arbeiten sie mit Drucksensoren und zeigen den Luftdruck digital an. Das bedeutet: Der Luftdruck wird als Zahlenwert mit Einheit angezeigt. Messgeräte für die Messung des Gasdrucks in einer Gasflasche oder für den Luftdruck in einem Auto- oder Fahrradreifen nennt man **Manometer.** Abbildung 2 zeigt eine Bauform eines solchen Manometers, ein Membranmanometer.

Es funktioniert folgendermaßen: Der Luftdruck im Reifen verformt über eine Membran eine Feder, die mit einem Zeiger verbunden ist. An einer Skala kann der Druck abgelesen werden. Er wird meist in bar angezeigt. Es gilt: 1 bar = 100 kPa. Bei Autoreifen liegt der empfohlene Druck meist zwischen 2,0 bar und 3,0 bar.

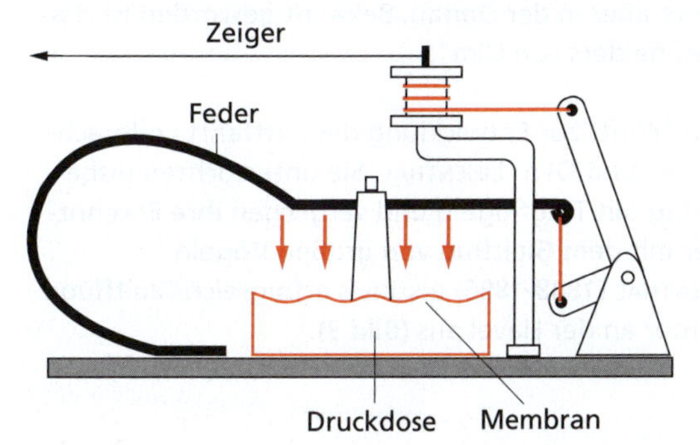

1 Die Verbiegung der Membran ist ein Maß für den Luftdruck.

2 Ein Manometer misst den Überdruck in einem Gas. Die Skizze zeigt den Aufbau eines Manometers zur Messung des Drucks in Autoreifen.

Beschreiben des Aufbaus und Erklären der Wirkungsweise eines technischen Gerätes

Beim Beschreiben des Aufbaus eines technischen Gerätes und dem Erklären seiner Wirkungsweise mithilfe physikalischer Gesetze sollte man folgendermaßen vorgehen:

1. Gehe vom Verwendungszweck des technischen Gerätes aus!
2. Beschreibe die für das Wirken physikalischer Gesetze wesentlichen Teile des Gerätes! Lasse dabei technische Details des Gerätes unberücksichtigt!
3. Führe die Wirkungsweise des Gerätes auf physikalische Gesetze zurück!

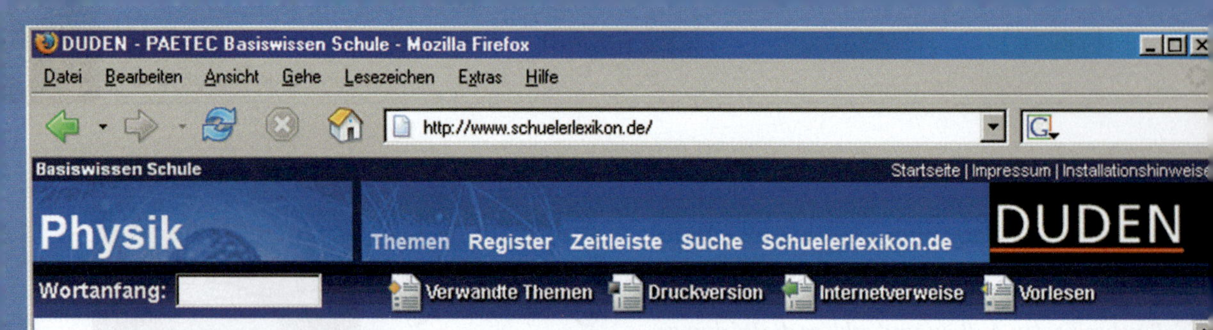

Flugzeuge

1 Modernes Flugzeug: Mit ihm werden Teile des Airbus transpotiert.

Flugzeuge haben sich im Verlaufe des 20. Jahrhunderts zu einem wichtigen Verkehrs- und Transportmittel entwickelt. Trotzdem war und bleibt das Fliegen eines Flugzeuges eine relativ komplizierte Angelegenheit und erfordert insbesondere beim Starten und beim Landen viel Erfahrung. Moderne Elektronik in Verbindung mit den traditionellen Teilen eines Flugzeuges (Antrieb, Tragflächen, Höhenruder, Querruder, Seitenruder) ermöglicht heute ein relativ sicheres Fliegen von Flugzeugen mit mehreren hundert Passagieren.

Historisches

Der Traum vom Fliegen ist uralt. Bereits die griechische Sage berichtet, dass DÄDALUS und sein Sohn IKARUS sich Flügel aus Vogelfedern bauten und damit flogen.

Im 11. Jahrhundert soll ein englischer Mönch einen Flugversuch vom Turm eines Klosters unternommen haben, der jedoch misslang.

Im 15. Jahrhundert beschäftigte sich der geniale Maler, Mathematiker und Techniker LEONARDO DA VINCI (1452–1519) eingehend mit dem Fliegen. Er studierte insbesondere den Flug der Vögel und entwarf Zeichnungen von künstlichen Flügeln (Bild 2), aber auch von Drehflüglern und Fallschirmen. Die Ideen von LEONARDO gerieten zunächst in Vergessenheit, der Traum vom Fliegen aber blieb.

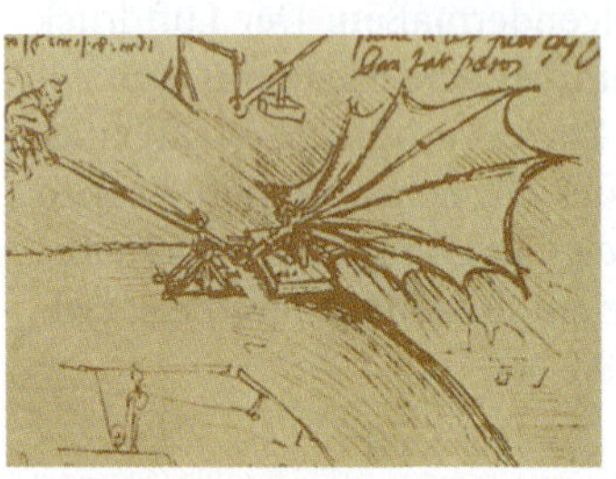

2 Schlagflügel von LEONARDO DA VINCI

Immer wieder unternahmen Menschen Flugversuche, die jedoch alle misslangen. So führte 1811 in Ulm der Schneidermeister ALBRECHT LUDWIG BERLINGER einen Flugversuch durch, der aber kläglich scheiterte. Er hatte versucht, mit selbst gebauten Flügeln von einem eigens errichteten Holzgerüst im Gleitflug über die Donau zu schweben. Der Flug endete aber in der Donau. Bekannt geworden ist das als der Flug des "Schneiders von Ulm".

3 OTTO LILIENTHAL mit seinem Gleitflugapparat

Einen wesentlichen Schritt zur Entwicklung der Luftfahrt vollbrachten die Brüder GUSTAV und OTTO LILIENTHAL. Sie untersuchten insbesondere den Gleitflug mit Tragflügeln und verglichen ihre Erkenntnisse immer wieder mit dem Gleitflug von großen Vögeln.

1891 führte O. LILIENTHAL (1848-1896) erstmals erfolgreich Gleitflüge in Derwitz bei Werder an der Havel aus (Bild 3).

Informiere dich auch unter: *Hubschrauber, Heißluftballon, Luftschiff, U-Boot, Blutdruck, hydraulische Anlagen, Saugpumpe, Otto von Guericke, Blaise Pascal, Evangelista Torricelli, Archimedes, Auftrieb, …*

Fertig

gewusst · gekonnt

1. Robert verwechselt die Begriffe Druck und Druckkraft. Hilf ihm am Beispiel des Aufpumpens eines Fahrradreifens mit einer Luftpumpe!

2. Warum kannst du einen voll aufgedrehten Wasserhahn nicht mit bloßer Hand zuhalten, wohl aber ein kleines Loch in einem Gartenschlauch?

3. Wie kann man die Erscheinung erklären, dass sich Luft zusammendrücken lässt, Wasser aber nicht?

4. Kannst du es schaffen, ein Auto mit einer Gewichtskraft von etwa 10 000 N mit einem hydraulischen Wagenheber anzuheben? Das Verhältnis der Querschnittsflächen von Hub- und Pumpkolben beträgt 1 : 20.

5. In den Arterien, die vom menschlichen Herzen wegführen, herrscht ein Druck von 14 kPa. Mit welcher Kraft wird das Blut in die Arterien gedrückt, wenn diese eine Querschnittsfläche von 3 cm^2 haben?

*6. Wie groß ist die Kraft, die auf die Ausstiegsluke eines Tauchbootes in 12 m Tiefe wirkt? Die Luke ist kreisförmig und hat einen Durchmesser von 70 cm.

7. In Waschmaschinen und Geschirrspülern wird der Zufluss von Wasser mit einer Druckdose reguliert (s. Abb.).

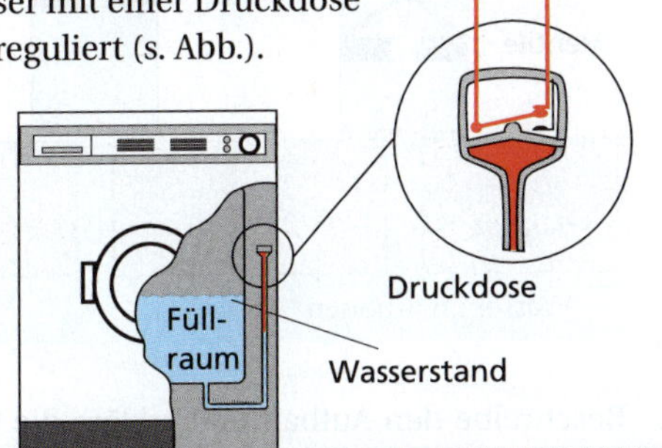

Die Druckdose steuert ein Magnetventil, das die Wasserzufuhr ein- bzw. ausschaltet. Erkläre die Wirkungsweise einer solchen Wasserstandsregulierung!

8. 1960 erreichten die Tiefseetaucher PICCARD und WALSH im Stillen Ozean eine Tiefe von ca. 11 000 m. Die Tauchkugel, mit der sie das schafften, bestand aus Stahl von 12 cm Stärke. Die Scheiben der Fenster waren sogar 15 cm dick.
   Berechne den Schweredruck für diese Tiefe, und begründe damit, warum diese starken Wände und Fenster notwendig waren!

9. Bei abgelegenen Haushalten ist noch heute eine Anlage wie in der Abb. nützlich: Mithilfe einer Pumpe gelangt Wasser aus einem Brunnen in einen Druckbehälter. Von dort kommt es zu einzelnen Wasserhähnen.

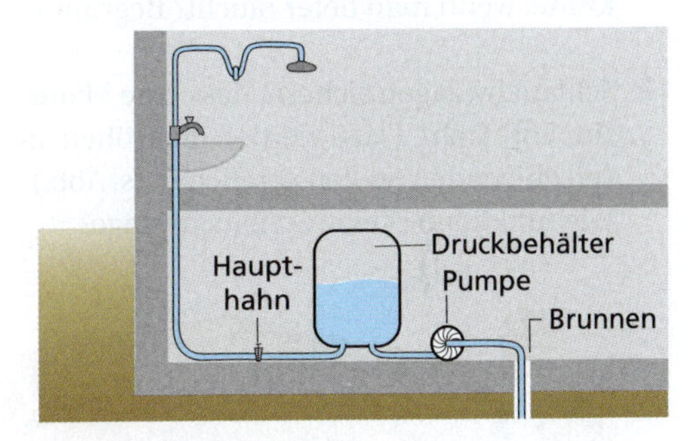

   Wie funktioniert diese Anlage? Wozu dient der Druckbehälter?

10. Die Abbildung zeigt den Ausfluss von Wasser aus einem Standzylinder bei unterschiedlichen Höhen der Öffnungen.
    Erkläre die unterschiedlichen Weiten der Wasserstrahlen!

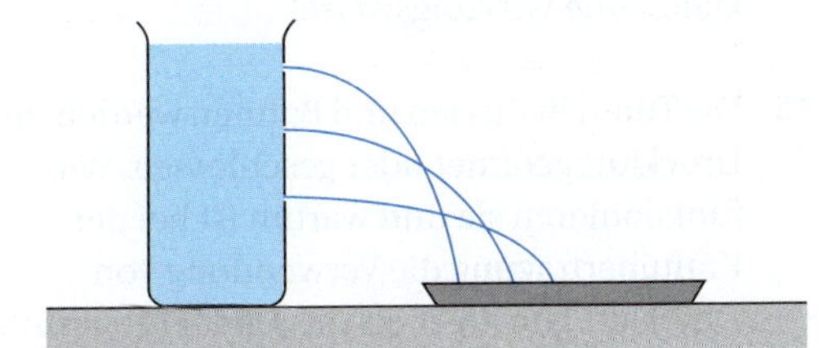

11. Die Skizze zeigt, wie eine Wasserversorgungsanlage aufgebaut sein könnte. Wie funktioniert ein solche Wasserversorgungsanlage? Warum ist es notwendig, beim Hochhaus eine Zusatzpumpe zu installieren?

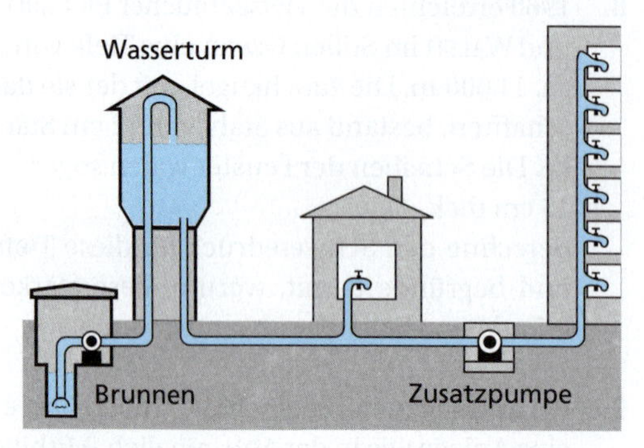

12. Beim Tauchen im Wasser merkt man die Kräfte auf das Trommelfell im Ohr. Wie entstehen diese Kräfte? Wie verändern sich die Kräfte, wenn man tiefer taucht? Begründe!

13. Schlauchwaagen sichern, dass eine Mauer „im Lot" steht. Dazu werden die Höhen an verschiedenen Stellen verglichen (s. Abb.). Wie funktioniert eine Schlauchwaage?

14. Geruchsverschlüsse an Waschbecken sind verbundene Gefäße. Beschreibe den Aufbau eines solchen Geruchsverschlusses und erkläre seine Wirkungsweise!

15. Die Türen in Bussen und Bahnen werden mit Druckluft geöffnet oder geschlossen. Wie funktionieren sie und warum ist bei der Kraftübertragung die Verwendung von Druckluft günstiger als die einer Flüssigkeit?

16. Bei einigen Spielzeugautos nutzt man den Druck der Luft in einem Luftballon als Antriebsmittel (s. Abb.). Erläutere, wie der Druck der Luft im Ballon das Fahrzeug antreiben kann!

***17.** Der Luftdruck über der Erdoberfläche schwankt je nach Wetterlage und Region zwischen 970 hPa und 1 030 hPa.
Wie ändern sich demzufolge die Kräfte, die auf eine Hand (150 cm^2) wirken? Spürt man diese Kräfte? Begründe!

18. Wie groß ist der Luftdruck jeweils unter normalen Bedingungen auf dem höchsten Berg in Deutschland und in Europa?

***19.** Vor einem Gewitter fällt der Luftdruck von 1 020 hPa auf 980 hPa. Um wie viele Zentimeter würde die Wassersäule eines Wasserbarometers fallen?

20. Begründe, warum auf Spraydosen in der Regel steht: Vor Sonneneinstrahlung und Temperaturen über 50 °C schützen!

21. Von Hand betriebene Saugpumpen findet man noch heute in Gärten. Die Abbildung zeigt den Aufbau einer solchen Pumpe.

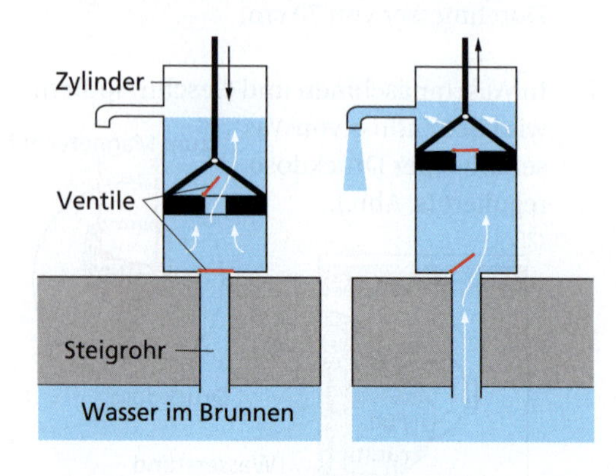

Beschreibe den Aufbau und erkläre die Wirkungsweise!

22. Die Abbildung zeigt eine einfache und doch raffinierte Tränke für kleine Tiere. Erkläre die Wirkungsweise dieser Tränke!

23. Was kann man tun, damit sich Konservengläser mit Schraubdeckel leichter öffnen lassen?

24. Unter Wasser kann man sogar schwere Steine leicht anheben. Warum hat man aber große Mühe, sie aus dem Wasser zu heben?

25. Als Stefans Bruder schwimmen lernte, konnte Stefan ihn bequem mit einer Hand waagerecht im Wasser halten. Warum gelang das nicht auch außerhalb des Wassers?

***26.** Ein Boot wiegt 25 kg und schwimmt mit Alexandra (55 kg) und Kevin (60 kg) im Wasser. Wie viel Wasser muss das Boot mindestens verdrängen, damit es stabil schwimmt?

27. Ein Taucher hat mit kompletter Ausrüstung eine mittlere Dichte von $1{,}05\ \mathrm{g/cm^3}$ und eine Masse von 75 kg.
a) Wie groß ist die Auftriebskraft, die auf den Taucher wirkt?
b) Sinkt, schwebt, steigt oder schwimmt der Taucher im Wasser?

28. Bevor der Mensch tief einatmet, hat er eine mittlere Dichte von $1{,}02\ \mathrm{g/cm^3}$, danach $0{,}98\ \mathrm{g/cm^3}$. Wie kommt das zustande?

29. a) Was musst du tun, um möglichst ohne Schwimmbewegung auf der Wasseroberfläche zu schwimmen?
b) Warum ist das in Meerwasser einfacher als in einem Binnensee?

30. Am Rumpf von Hochseeschiffen zeigen Markierungen an, bis zu welcher Eintauchtiefe das Schiff in einer bestimmten Region beladen werden darf (s. Abb.). Man nennt sie Freibordmarken. Warum sind sie unterschiedlich hoch?

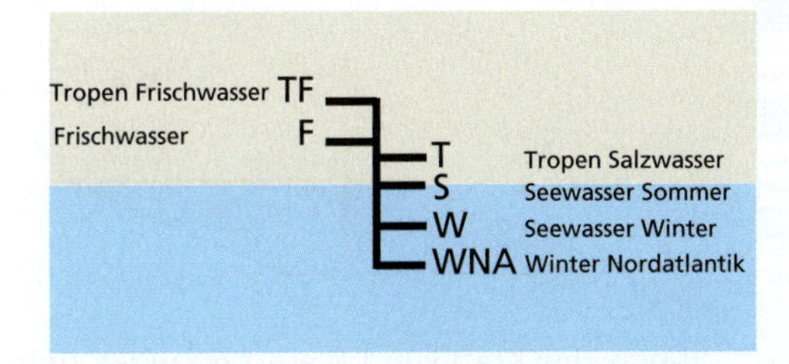

31. Ein Schiff wird in Rostock beladen und fährt durch den Nord-Ostsee-Kanal und die Nordsee in den Atlantischen Ozean. Wie wird sich die Eintauchtiefe des Schiffes ändern, wenn seine Beladung gleich bleibt?

32. Lege ein gekochtes Ei in ein Glas mit Wasser. Streue langsam Salz in das Wasser! Erkläre deine Beobachtung!

33. Um Schiffe in der Werft zu reparieren, werden sie mitunter mit Schwimmdocks aus dem Wasser gehoben (s. Abb.). Erkläre die Wirkungsweise eines solchen Schwimmdocks!

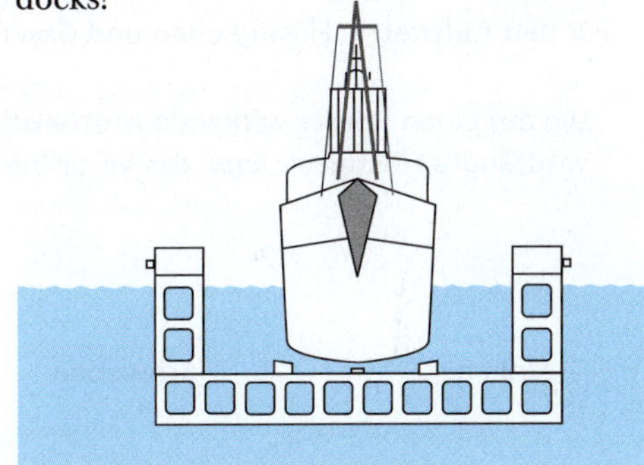

34. Warum schwimmen Eiswürfel im Wasser?

35. Viele Fische haben eine Schwimmblase, die mit einem Gas gefüllt ist. Wie können sie im Wasser sinken, steigen oder schweben? Vergleiche mit einem U-Boot!

Druck, Druckkräfte und Auftrieb

Der **Druck** gibt an, mit welcher Kraft F ein Körper senkrecht auf eine Fläche A wirkt.

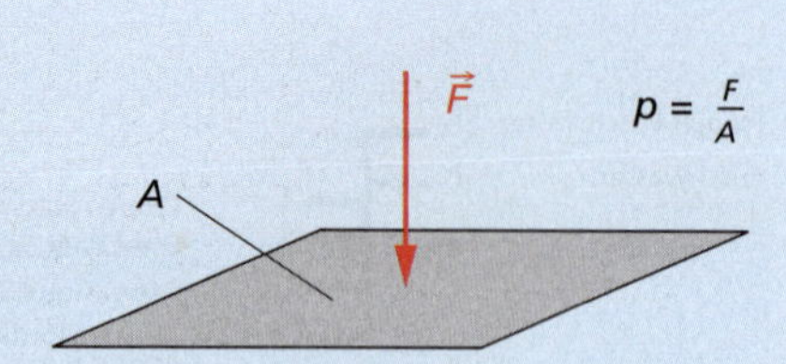

Wenn eine Kraft von 1 N auf 1 m² wirkt, beträgt der Druck 1 Pa (1 Pascal).
Wirkt ein Druck auf eine Fläche, entsteht eine **Druckkraft:**

$$F = p \cdot A$$

Wichtige Anwendungen des gleichmäßigen Wirkens des Druckes nach allen Seiten sind **hydraulische** und **pneumatische Anlagen.**

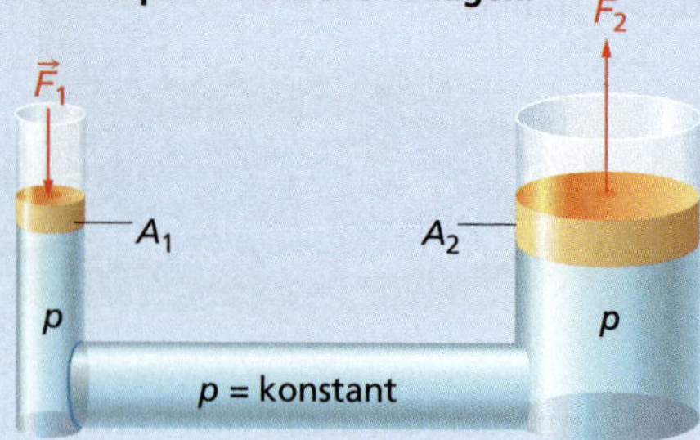

$$\frac{F_1}{A_1} = \frac{F_2}{A_2}$$

In Flüssigkeiten und Gasen wirkt infolge der Gewichtskraft der Flüssigkeit bzw. des Gases ein Druck.

Schweredruck in einer Flüssigkeit	Luftdruck über der Erdoberfläche
Der Schweredruck ist abhängig – von der Eintauchtiefe ($p \sim h$), – von der Dichte der Flüssigkeit. $p = \rho \cdot g \cdot h$	Der Normdruck in Höhe des Meeresspiegels beträgt 101,3 kPa, 1013 hPa bzw. 1013 mbar. Je größer die Höhe ist, desto geringer ist der Luftdruck.

Für den **Auftrieb** in Flüssigkeiten und Gasen gilt das **archimedische Gesetz:**

Die auf einen Körper wirkende Auftriebskraft ist gleich der Gewichtskraft der verdrängte Flüssigkeit bzw. des verdrängten Gases:

$$F_A = \rho \cdot V \cdot g$$

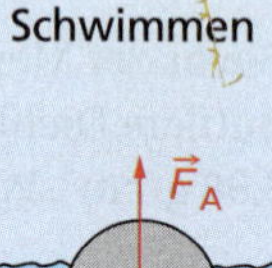

Sinken

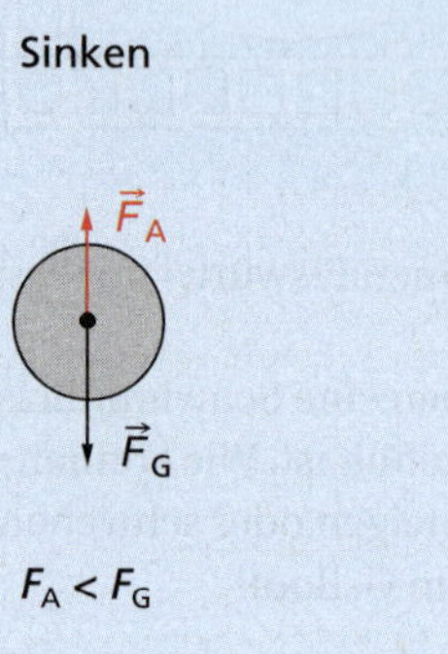

$F_A < F_G$

Schweben

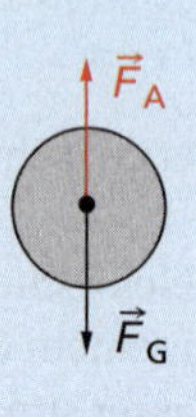

$F_A = F_G$

Steigen

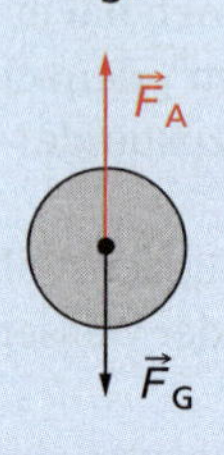

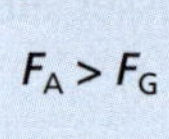

$F_A > F_G$

Schwimmen

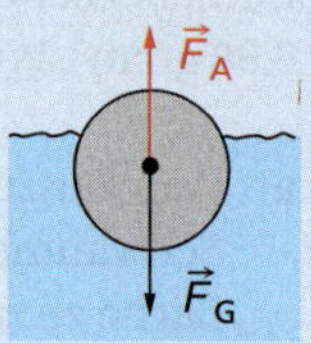

$F_A = F_G$

3.9 Mechanische Schwingungen

Schwingende Federn
Die Räder von Fahrzeugen sind nicht einfach nur auf einer Welle befestigt, sondern mit einer starken Feder und einem Schwingungsdämpfer, auch Stoßdämpfer genannt, aufgehängt.
Welche Funktion haben Feder und Stoßdämpfer bei der Radaufhängung von Fahrzeugen? Warum sind beide Teile für die Verkehrssicherheit von Fahrzeugen wichtig?

Schwingende Lasten
Kranführer müssen beim Heben und Schwenken von Lasten sehr vorsichtig und geschickt vorgehen, weil es sonst zu gefährlichen Schwingungen der Lasten kommen kann.
Was für Schwingungen können beim Heben und Schwenken von Lasten mit dem Kran auftreten? Wie entstehen diese Schwingungen? Warum können diese Schwingungen gefährlich werden?

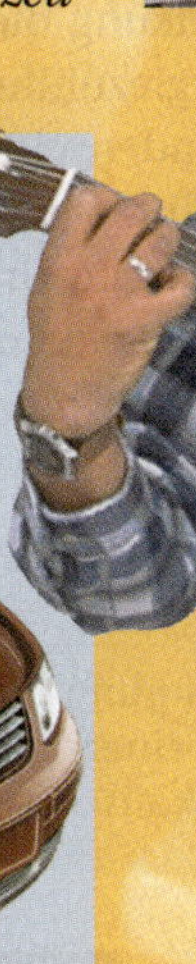

Schwingende Saiten
Beim Spielen einer Gitarre muss man jeweils die richtige Saite anzupfen oder anschlagen. Darüber hinaus muss durch Greifen dafür gesorgt werden, dass die Saite die richtige Länge hat.
Was für Schwingungen führt eine Gitarrensaite aus? Wovon ist es abhängig, wie schnell bzw. wie stark sie schwingt?

Entstehung mechanischer Schwingungen

In unserer Umwelt gibt es viele Vorgänge, bei denen sich ein Zustand nach einer bestimmten Zeit wiederholt. Man nennt solche Vorgänge auch **periodische Vorgänge.** Die Kreisbewegung eines Riesenrades (Abb. 1), das Hin- und Herschwingen der Saite einer Gitarre oder die Bewegung einer Schaukel (Abb. 2) sind solche periodischen Vorgänge.

1 Nach einer bestimmten Zeit kommt die Gondel eines Riesenrades immer wieder an derselben Stelle vorbei.

Bei einer Reihe von periodischen Vorgängen, z. B. bei einer Schaukel (Abb. 2), bewegt sich ein Körper zeitlich periodisch um eine **Ruhelage,** manchmal auch Nulllage oder Gleichgewichtslage genannt. Dabei ändern sich verschiedene physikalische Größen periodisch, z. B. der Abstand des Körpers von der Ruhelage, seine Geschwindigkeit, seine Beschleunigung, seine potenzielle bzw. kinetische Energie. Solche Vorgänge nennt man **mechanische Schwingungen.**

Eine mechanische Schwingung ist eine zeitlich periodische Bewegung eines Körpers um eine Ruhelage.

Stimmgabeln, die Flügel eines Vogels oder Federgabeln an Fahrrädern (Abb. 3) können mechanische Schwingungen ausführen. Das gilt ebenso für die Last an einem Kranseil oder die Luftsäule in einer Orgelpfeife.

2 Die Schaukel pendelt zwischen zwei Umkehrpunkten hin und her.

Damit ein Körper überhaupt Schwingungen vollführen kann, müssen bestimmte Voraussetzungen erfüllt sein.

Voraussetzungen für das Entstehen mechanischer Schwingungen sind:

- das Vorhandensein schwingungsfähiger Körper, wobei jeder Körper träge ist,
- die Auslenkung dieser Körper aus der Ruhelage (Energiezufuhr),
- das Vorhandensein rücktreibender Kräfte.

Es gibt auch Schwingungen, bei denen sich nichtmechanische Größen, wie z. B. die elektrische Spannung oder die Stromstärke, zeitlich periodisch ändern. In diesem Fall spricht man von elektromagnetischen Schwingungen.

Allgemein gilt:

Eine Schwingung ist eine zeitlich periodische Änderung einer physikalischen Größe bzw. eines physikalischen Zustandes.

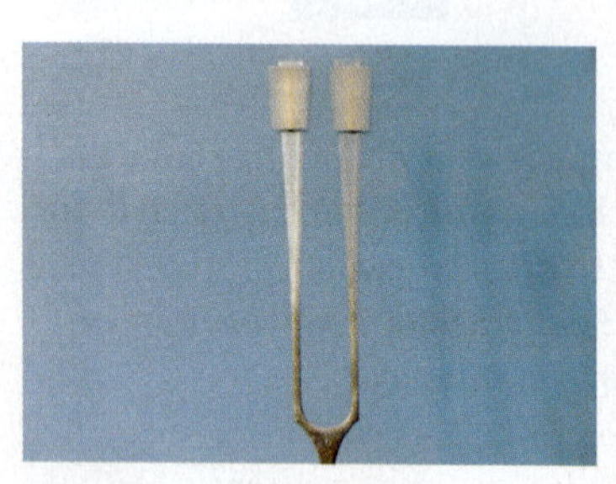

3a Eine angeschlagene Stimmgabel führt Schwingungen um eine Ruhelage aus.

3b Nach einem Stoß schwingt die Federgabel eines Fahrrades um eine Ruhelage.

3c Ein Vogel führt mit seinen Flügeln Schwingungen um eine mittlere Lage aus.

Beschreibung mechanischer Schwingungen

Da sich bei mechanischen Schwingungen mechanische Größen zeitlich periodisch ändern, kann man diese Größen zur Beschreibung von Schwingungen nutzen.
Zur Verdeutlichung der Zusammenhänge können die Schwingungen aufgezeichnet (Abb. 1) oder mithilfe eines Oszillografen sichtbar gemacht werden. Damit erhält man Darstellungen vom zeitlichen Verlauf der Schwingung. Eine solche Darstellung kann auch in einem Diagramm erfolgen (Abb. 2), wenn man z. B. die zeitliche Änderung der jeweiligen Auslenkung y (Abstand des schwingenden Körpers von der Ruhelage) darstellt. Zur Beschreibung mechanischer Schwingungen werden unterschiedliche physikalische Größen genutzt.

1 Aufzeichnung der Pendelschwingung mithilfe eines Sandpendels

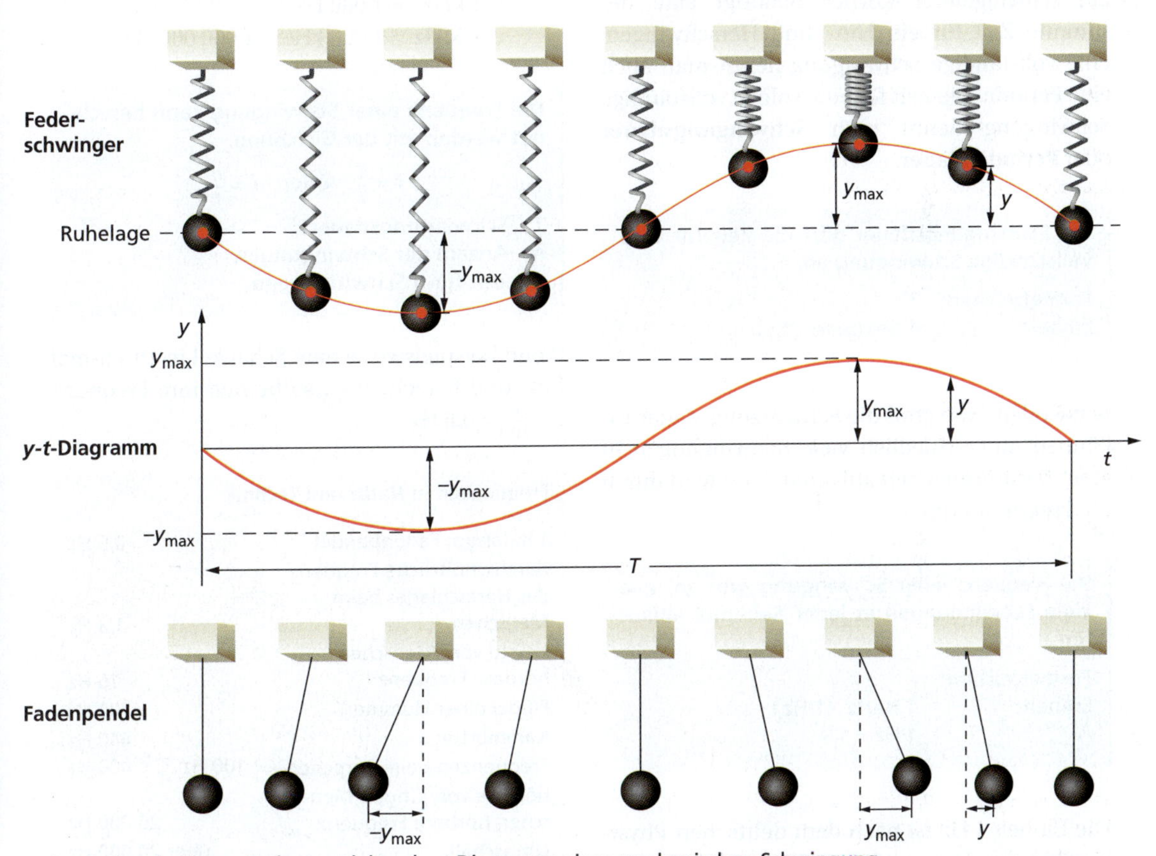

2 Federschwinger, Fadenpendel und y-t-Diagramm einer mechanischen Schwingung

Die Auslenkung (Elongation) gibt den Abstand des schwingenden Körpers von der Ruhelage an.

Formelzeichen: y
Einheit: **1 Meter (1 m)**

Schwingende Körper bewegen sich zwischen zwei Umkehrpunkten hin und her. Diese Punkte haben den größten Abstand von der Ruhelage. Man nennt ihn **Amplitude** (Abb. 1).

Die Amplitude einer Schwingung ist der maximale Abstand des schwingenden Körpers von der Ruhelage.

Formelzeichen: y_{max}
Einheit: **1 Meter (1 m)**

Ein schwingender Körper benötigt eine bestimmte Zeit für ein Hin- und Herschwingen. Eine vollständige Schwingung nennt man auch eine Periode. Die Zeit für eine solche vollständige Schwingung nennt man **Schwingungsdauer** oder **Periodendauer**.

Die Schwingungsdauer gibt die Zeit für eine vollständige Schwingung an.

Formelzeichen: T
Einheit: **1 Sekunde (1 s)**

Je nachdem, wie groß die Schwingungsdauer ist, können unterschiedlich viele Schwingungen in einer bestimmten Zeit ablaufen. Dies wird durch die **Frequenz** erfasst.

Die Frequenz einer Schwingung gibt an, wie viele Schwingungen in jeder Sekunde ablaufen.

Formelzeichen: f
Einheit: **1 Hertz (1 Hz)**
1 Hz = 1/s

Die Einheit 1 Hz ist nach dem deutschen Physiker HEINRICH HERTZ (1857–1894) bezeichnet wor-

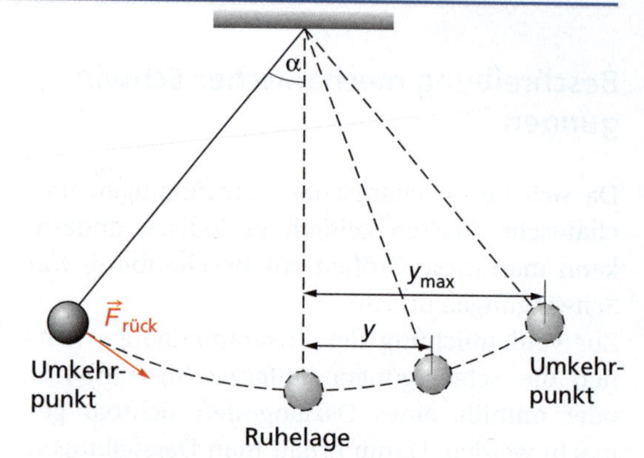

1 Kenngrößen einer Schwingung

den. HERTZ entdeckte 1886 die nach ihm benannten hertzschen Wellen. Er untersuchte deren Eigenschaften und schuf damit eine Grundlage für die drahtlose Nachrichtenübertragung.
Vielfache der Einheit 1 Hz sind ein Kilohertz (1 kHz) und ein Megahertz (1 MHz):

1 kHz = 1 000 Hz
1 MHz = 1 000 kHz = 1 000 000 Hz

Die Frequenz einer Schwingung kann berechnet werden mit der Gleichung:

$$f = \frac{1}{T} \quad \text{oder} \quad f = \frac{n}{t}$$

T Schwingungsdauer
n Anzahl der Schwingungen
t Zeit für n Schwingungen

Wenn beispielsweise eine Schaukel in 10 s 6-mal hin- und herschwingt, so beträgt ihre Frequenz $f = \frac{6}{10\ \mathrm{s}} = 0{,}6\ \mathrm{Hz}$.

Frequenzen in Natur und Technik	
1 m langes Fadenpendel	0,5 Hz
durchschnittliche Frequenz des Herzschlages beim Menschen	1,3 Hz
tiefste vom Menschen hörbare Frequenz	16 Hz
Flügel einer Hummel	200 Hz
Kammerton a	440 Hz
Frequenzen beim Sprechen	100 Hz … 1 000 Hz
höchste von jungen Menschen hörbare Frequenz	20 000 Hz
Ultraschall	über 20 000 Hz

Fadenpendel und Federschwinger

Körper, die sich in einer stabilen Gleichgewichtslage befinden, können mechanische Schwingungen ausführen, wenn sie aus der Gleichgewichtslage ausgelenkt werden und auf sie eine rücktreibende Kraft wirkt.

Einfache mechanische Schwinger sind das **Fadenpendel** und der **Federschwinger.** Mit ihnen kann man eine Reihe von mechanischen Schwingern vereinfacht darstellen. Beispiele für schwingende Körper, die man vereinfacht als Fadenpendel betrachten kann, sind eine Kinderschaukel, das Pendel einer Uhr oder Artisten am Trapez.

Für die Schwingungsdauer eines Fadenpendels gilt unter der Bedingung kleiner Auslenkungen an einem bestimmten Ort:

$$T = 2\pi \sqrt{\frac{l}{g}}$$

l Länge des Fadenpendels
g Fallbeschleunigung

Die Schwingungsdauer eines Fadenpendels ist nur von der Pendellänge und von der Fallbeschleunigung abhängig, die am jeweiligen Ort herrscht. Die Masse des Pendelkörpers hat *keinen* Einfluss auf die Schwingungsdauer.

Alle elastischen Körper können Schwingungen ausführen, wenn sie verformt und anschließend sich selbst überlassen werden. Ein **Federschwinger** ist ein einfacher elastischer Körper, der aus einer Feder und einem schwingenden Körper der Masse m besteht. Als rücktreibende Kraft wirkt die Gewichtskraft oder die Federkraft.

Die Schwingungsdauer eines solchen Federschwingers ist von der Masse des schwingenden Körpers und von den Eigenschaften der Feder abhängig. Die Eigenschaften einer Feder werden mit der **Federkonstanten** D beschrieben. Die Federkonstante ist umso größer, je größer die Kraft ist, die man zum Dehnen der Feder um eine bestimmte Länge braucht.

Für die Schwingungsdauer eines Federschwingers gilt:

$$T = 2\pi \sqrt{\frac{m}{D}}$$

m Masse des schwingenden Körpers
D Federkonstante

Wird beispielsweise durch eine Kraft von 10 N eine Feder um 4 cm gedehnt, so hat die Federkonstante D einen Wert von:

$$D = \frac{10\ \text{N}}{4\ \text{cm}} = 2{,}5\ \frac{\text{N}}{\text{cm}}$$

Schwingungsfähige elastische Anordnungen sind z. B. die Federungen von Autos und Motorrädern, ein Kranseil mit angehängter Last, eine Stimmgabel oder ein Trampolin mit Springer. Auch die Fundamente von Maschinen können schwingen, wenn sie elastisch verformbar sind. In grober Näherung können solche elastischen Anordnungen vereinfacht als Federschwinger dargestellt werden.

Der Herzschlag – eine Schwingung

Beim Herzschlag ändert sich zeitlich periodisch der Druck in den Blutgefäßen. Diese periodische Druckänderung kann als Puls registriert werden. Nach der Definition einer Schwingung (s. S. 222) ist somit der Herzschlag eine mechanische Schwingung, denn er ist mit der zeitlich periodischen Änderung einer physikalischen Größe – hier des Druckes – verbunden. Der normale Blutdruck schwankt dabei zwischen 16 kPa und 11 kPa. Kilopascal (kPa) ist die Einheit des Druckes. Bei 10 kPa wirkt auf 1 cm^2 Fläche senkrecht eine Kraft von 1 N.

In der Medizin wird der Blutdruck meist nicht in der Einheit Pascal (Pa), sondern in Millimeter Quecksilbersäule (Torr) angegeben. Die Werte betragen dann 120 Torr und 80 Torr (s. S. 209).

Energieumwandlungen bei Schwingungen

Bei mechanischen Schwingungen wird potenzielle Energie in kinetische Energie umgewandelt und umgekehrt.
Für ein Fadenpendel sind die Energieumwandlungen in Abb. 2 dargestellt. Die Werte für die kinetische bzw. potenzielle Energie schwanken zwischen null und einem Maximalwert. Dieser Maximalwert ist von der Masse des schwingenden Körpers und von der maximalen Auslenkung bzw. der Geschwindigkeit abhängig.
Lässt man ein solches Pendel längere Zeit hin- und herschwingen, dann zeigt sich: Die Amplitude der Schwingungen wird kleiner. Ursache dafür ist: Durch Reibung an der Aufhängung und durch den Luftwiderstand des schwingenden Körpers wird ein Teil der mechanischen Energie in thermische Energie umgewandelt und als Wärme an die Umgebung abgegeben. Dadurch verringert sich die mechanische Energie des schwingenden Körpers und damit die Amplitude. Allmählich kommt die Schwingung zum Erliegen. Eine solche Schwingung wird als **gedämpfte Schwingung** bezeichnet (Abb. 1) Für eine gedämpfte mechanische Schwingung gilt:

$$E_{pot} + E_{kin} + E_{therm} = \text{konstant}$$

Dabei verkleinert sich ständig der Anteil der mechanischen Energie. Die thermische Energie, die in Form von Wärme an die Umgebung abgegeben wird, vergrößert sich.
Beispiele für solche gedämpften Schwingungen sind das Hin- und Herschwingen eines Autos nach dem Durchfahren einer Bodenwelle oder die Schwingung einer Gitarrensaite.

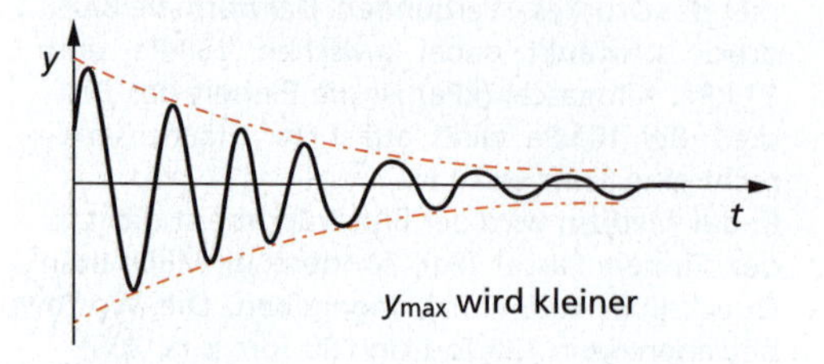

1 *y-t*-Diagramm einer gedämpften Schwingung

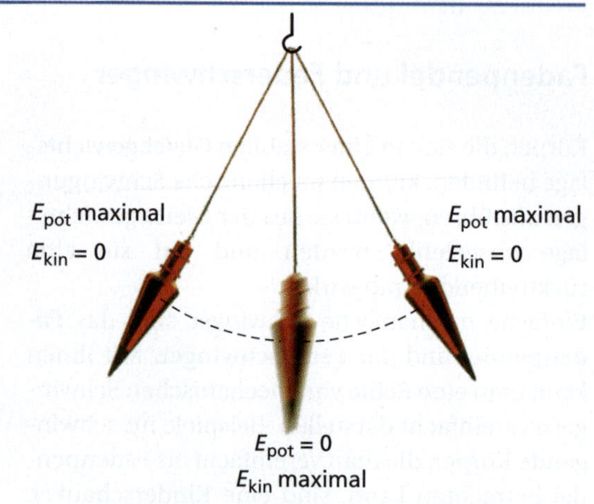

2 Energieumwandlungen an einem Fadenpendel

Bei einer gedämpften Schwingung ändern sich die Form der Schwingungskurve und die Schwingungsdauer in vielen Fällen nicht, wohl aber die Amplitude der Schwingung. Sie wird immer kleiner und letztendlich null.

Führt man einem Schwinger die Energie, die ihm durch Reibung verloren geht, ständig wieder zu oder sieht man im Idealfall von der Reibung ab, so bleibt die Amplitude der Schwingung konstant (Abb. 3). In einem solchen Fall spricht man von einer **ungedämpften Schwingung.**
Für eine ungedämpfte mechanische Schwingung gilt der Energieerhaltungssatz der Mechanik:

$$E_{pot} + E_{kin} = \text{konstant}$$

Da überall Reibung auftritt, kommt eine ungedämpfte Schwingung nur zustande, wenn ständig genau die Energie zugeführt wird, die durch Reibung „verloren“ geht.
Beispiele dafür sind die Pendel von Pendeluhren oder ein Metronom.

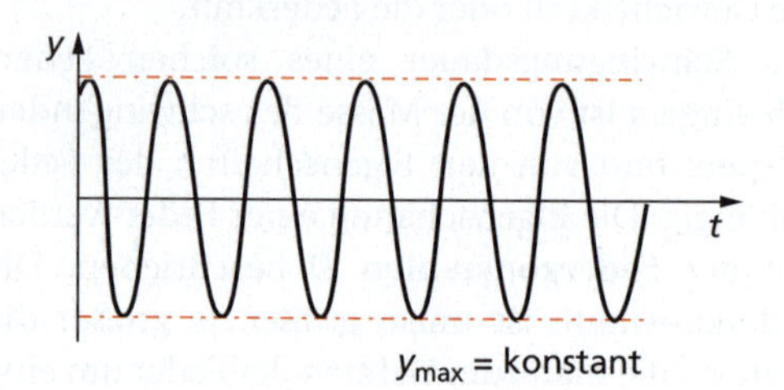

3 *y-t*-Diagramm einer ungedämpften Schwingung

Mosaik

Aus der Entwicklung der Zeitmessung

Die ältesten bekannten Uhren zur Zeitmessung sind **Sonnenuhren.** Man findet sie heute in den verschiedensten Varianten an Gebäuden. Viele Jahrhunderte hindurch wurden auch **Wasser-** oder **Sanduhren** benutzt, bei denen man eine fließende Wasser- oder Sandmenge für die Zeitmessung verwendet.
Die ersten **mechanischen Uhren** aus dem 14. Jahrhundert besaßen Räderwerke, die durch große Gewichte angetrieben wurden.

Im 16. Jahrhundert wurden die ersten tragbaren Taschenuhren entwickelt. So baute um 1512 der Nürnberger Schlosser PETER HENLEIN (1479–1542) Taschenuhren, die als „Nürnberger Eier" bekannt wurden. Als Antrieb für diese Taschenuhren wurden kleine Spiralfedern genutzt. Die verschiedenen Uhren hatten bis zu dieser Zeit den Nachteil, dass sie alle noch sehr ungenau waren. Die Schifffahrt und die astronomische Forschung in der damaligen Zeit verlangten aber nach genaueren Uhren.
Einer, der wesentlich zur Verbesserung der Uhren beigetragen hat, war der Holländer CHRISTIAAN HUYGENS (1629–1695).

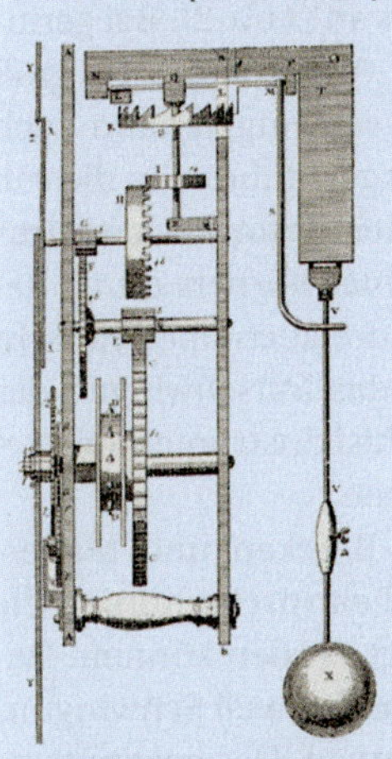

HUYGENS nutzte für seine Uhren die von ihm untersuchten Gesetze der Pendelbewegung und konstruierte 1656 eine Pendeluhr, in der er das bekannte Räderuhrwerk mit einem Pendel koppelte (s. Abb.). 1657 erhielt er für diese geniale Idee ein Patent. 1674 konstruierte er unabhängig vom Engländer ROBERT HOOKE (1635 bis 1703) eine Taschenuhr mit einer Spiralfeder als Unruh, die ebenfalls mechanische Schwingungen ausführte.
Diese mechanischen Uhren wurden in vielfältigen Formen und Größen gebaut, ihre Mechanik wurde ständig weiterentwickelt.

Auch die Genauigkeit der mechanischen Uhren wurde in den folgenden Jahrzehnten immer weiter verbessert. Die physikalischen Prinzipien aber, auf denen diese Uhren beruhten, die mechanischen Schwingungen, blieben gleich.

1 Uhr mit Unruh: Zur Steuerung werden mechanische Schwingungen genutzt.

Erst im 20. Jahrhundert wurden elektrische Uhren konstruiert, die elektromagnetische Schwingungen zur Steuerung der Zeiger nutzen. 1929 wurde in den USA die erste **Quarzuhr** gebaut. Eine noch größere Genauigkeit als Quarzuhren weisen **Atomuhren** auf, bei denen der Gang von Schwingungen in Atomen gesteuert wird. Die erste Atomuhr wurde 1948 für das National Bureau of Standards, das nationale amerikanische Normungsinstitut, gebaut. Eine der genauesten Atomuhren befindet sich in der Physikalisch-Technischen Bundesanstalt in Braunschweig (Abb. 2). Bei ihr tritt in 200 000 Jahren eine Abweichung von weniger als einer Sekunde auf.

2 Atomuhr in der Physikalisch-Technischen Bundesanstalt in Braunschweig

Eigenschwingungen, erzwungene Schwingungen und Resonanz

Körper, die einmalig aus ihrer Ruhelage ausgelenkt werden und dann ohne jede Beeinflussung von außen hin und her schwingen, führen **freie Schwingungen** bzw. **Eigenschwingungen** aus. Dem schwingenden Körper wird nur einmalig Energie zugeführt. So führt z. B. eine Stimmgabel nach einem einmaligen Anschlagen Eigenschwingungen aus. Das gilt auch für die Saite einer Gitarre, die einmal gezupft wird. Ein solcher frei schwingender Körper schwingt mit einer bestimmten Frequenz, die nur von seinen Eigenschaften abhängig ist, seiner **Eigenfrequenz** f_0. Die Eigenfrequenz eines Fadenpendels hängt z. B. von seiner Länge ab, die eines Federschwingers von der Masse des schwingenden Körpers.

Ein Körper, dem ständig periodisch Energie von außen zugeführt wird, führt **erzwungene Schwingungen** aus. Wird z. B. ein Kind auf einer Schaukel periodisch von außen angestoßen, so treten erzwungene Schwingungen auf. Eine Maschine kann das Fundament, auf dem sie steht, zu erzwungenen Schwingungen anregen.

Die Energiezufuhr erfolgt von außen durch Kopplung verschiedener Schwinger (Abb. 1). Dieser „Energielieferant“ wird Erreger, seine Frequenz **Erregerfrequenz** f_E genannt (Abb. 1). Der Schwinger führt jetzt eine erzwungene Schwingung aus. Er ist ständig mit dem Erreger verbunden und wird von diesem beeinflusst.

Ein Körper kann Eigenschwingungen oder erzwungene Schwingungen ausführen.

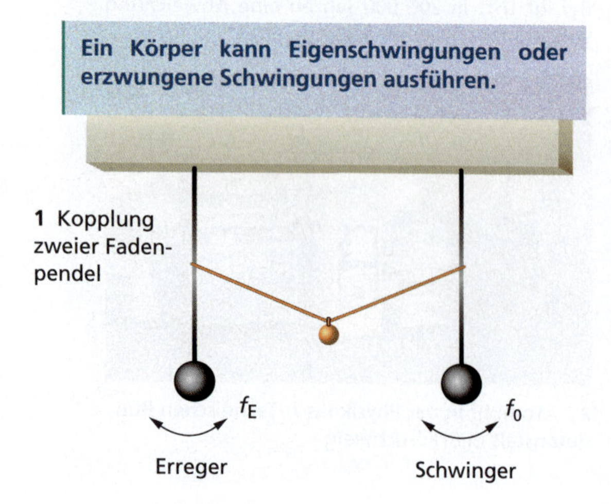

1 Kopplung zweier Fadenpendel

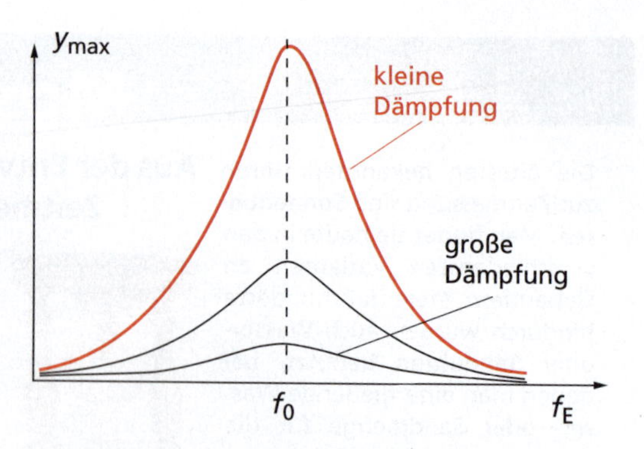

2 Abhängigkeit der Amplitude bei erzwungenen Schwingungen von der Erregerfrequenz und der Dämpfung

Liegt die Erregerfrequenz in der Nähe der Eigenfrequenz, so vergrößert sich die Amplitude des Schwingers. Ein Maximum wird erreicht, wenn die Erregerfrequenz gleich der Eigenfrequenz ist. Dieser Fall wird als **Resonanz** bezeichnet.

Resonanz tritt bei erzwungenen Schwingungen unter folgender Bedingung auf:

$f_E = f_0$ — f_E Erregerfrequenz, f_0 Eigenfrequenz

Wie stark sich die Amplitude des Schwingers im Resonanzfall vergrößert, hängt von der Dämpfung des Schwingers ab (Abb. 2). Bei geringer Dämpfung kann die Amplitude sehr groß werden. Dieses starke Mitschwingen kann auch zur Zerstörung des Schwingers führen. In diesem Fall spricht man von einer **Resonanzkatastrophe.** Das Mitschwingen eines Körpers durch Resonanz kann erwünscht oder auch unerwünscht sein. **Erwünscht** ist z. B. das Mitschwingen des Resonanzkörpers von Musikinstrumenten bei möglichst vielen Frequenzen.

Fundamente, Fußböden, Brücken und Mauerwerke von Gebäuden sind elastische Körper, die zu Schwingungen angeregt werden können. Dabei ist Resonanz **unerwünscht,** weil Schwingungen zu Schäden führen können. Das bekannteste Beispiel dafür ist die Tacoma-Hängebrücke in der USA (1940, Foto S. 237). Die Brücke wurde durch Windböen in so starke Schwingungen versetzt, dass sie einstürzte.

Schwingungen, die wir hören

Mit den Ohren nehmen wir verschiedene Geräusche, Sprache, Musik, aber auch unangenehmen Lärm wahr.

Alles, was man mit den Ohren hören kann, ist Schall.

Schall entsteht durch mechanische Schwingungen von Körpern. Dadurch kann sich z. B. der Zustand der Luft (Dichte, Druck) zeitlich periodisch ändern. Letztlich erreichen die Druckschwankungen das menschliche Ohr und versetzen dort das Trommelfell in Schwingungen. Diese werden auf das Innenohr übertragen. Wir nehmen den Schall wahr.

Luft kann von verschiedenen Körpern und auf unterschiedliche Weise in Schwingungen versetzt werden. Die menschliche Stimme, Musikinstrumente, die Membran eines Lautsprechers, Stimmgabeln, aber auch vibrierende Fensterscheiben oder Fahrzeuge erzeugen Schall.

Körper, die durch ihre mechanischen Schwingungen Schall erzeugen, nennt man Schallquellen.

Bei Musikinstrumenten können z. B. schwingen:

- Saiten (bei Zupf- und Streichinstrumenten wie Gitarre, Klavier und Violine),
- Stäbe, Platten oder Membranen (bei Schlaginstrumenten wie Xylofon und Schlagzeug),
- Luftsäulen (bei Blasinstrumenten wie Saxofon, Flöte, Trompete und Orgel).

Bei Schallschwingungen unterscheidet man zwischen **Ton, Klang, Geräusch** und **Knall.** Mithilfe von Mikrofon und Oszillograf oder in den entsprechenden y-t-Diagrammen können die Unterschiede deutlich sichtbar gemacht werden (s. Übersicht unten). Töne sind sinusförmige Schwingungen. Überlagern sich mehrere Töne unterschiedlicher Frequenz, so nimmt man einen Klang wahr. Er zeichnet sich – im Unterschied zum Geräusch – durch eine regelmäßige Schwingungsform aus. Charakteristisch für den Knall ist eine einmalige starke Auslenkung.

Ton	Klang	Geräusch	Knall
Die Schwingung ist sinusförmig.	Die Schwingung ist periodisch, aber nicht sinusförmig.	Die Schwingung ist unregelmäßig.	Die Schwingung hat eine große Amplitude und klingt schnell ab.
Eine angeschlagene Stimmgabel erzeugt einen ganz klaren Ton.	Mit Musikinstrumenten kann man verschiedene Klänge erzeugen.	Geräusche entstehen z. B. bei Fahrzeugen und Maschinen.	Beim Explodieren eines Feuerwerkskörpers entsteht ein Knall.

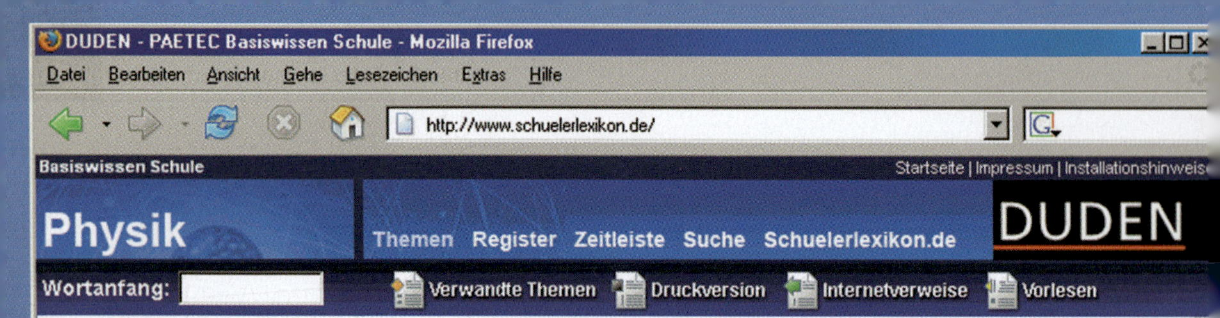

Schallquellen im Überblick

Der Mensch nimmt **Schall** in einem Frequenzbereich von 16 Hz bis 20 000 Hz mit seinen Ohren wahr. **Schallquellen** sind alle die Körper, die in diesem Frequenzbereich hinreichend stark schwingen und damit Schall aussenden, der sich dann im Raum ausbreitet. Nachfolgend betrachten wir ausgewählte Beispiele von Schallquellen.

1 Bei Musikinstrumenten schwingen Saiten, Luftsäulen oder Membranen.

Menschliche und tierische Stimmen

Beim Menschen erfolgt die Erzeugung von Schall mithilfe der **Stimmbänder.** Das sind zwei elastische Bänder, die sich im Kehlkopf am oberen Ende der Luftröhre befinden (Bild 2). Zwischen diesen beiden Bändern existiert eine Öffnung, die **Stimmritze.**
Wird von der Lunge her Luft durch die Stimmritze gepresst, so geraten die Stimmbänder in Schwingungen. Es entstehen Töne, Klänge oder Geräusche. Werden die Stimmbänder straffer gespannt, so schwingen sie schneller. Die Töne werden höher. Wird mehr Luft durch die Stimmritze gepresst, so schwingen die Stimmbänder heftiger. Die entstehenden Töne sind lauter.
Die menschliche Stimme übertrifft in der Vielfalt der Töne, Klänge und Geräusche jedes Musikinstrument. Die individuellen Unterschiede kommen durch den unterschiedlichen Bau der Stimmbänder und der Resonanzräume zustande.

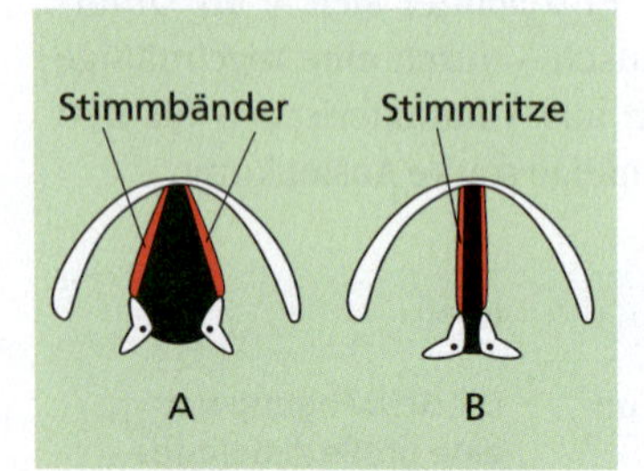

2 Durch ausströmende Luft schwingen die Stimmbänder.

Bei **Tieren** erfolgt die Schallerzeugung sehr unterschiedlich, wobei jede Tierart charakteristische Laute von sich gibt.
Bei vielen Säugetieren, z. B. Hunden, Katzen, Kühen oder Bären, wird Luft aus den Lungen gepresst und erzeugt im Rachenraum Schwingungen, die wir als Tierlaute wahrnehmen.
Die Lungen der Vögel sind mit kleinen Luftsäcken verbunden, in die Luft gepresst werden kann. Die Luft strömt über eine gespannte Membran aus und bringt diese zum Schwingen. Je nachdem, wie stark diese Membran gespannt ist, entstehen tiefe oder hohe Töne. Grashüpfer erzeugen Geräusche dadurch, dass sie mit den Hinterbeinen über zahlreiche kleine Erhöhungen an den Vorderflügeln streichen.

3 Tiere geben charakteristische Laute von sich.

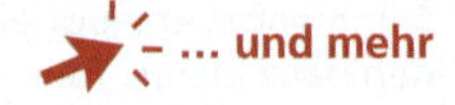

Informiere dich auch unter: *Hörbereich und Stimmumfang, Lärm und Lärmbekämpfung, Schallaufzeichnung und Schallwiedergabe, Schall und Musik, Tonhöhe und Lautstärke, Ultraschall, ...*

Fertig

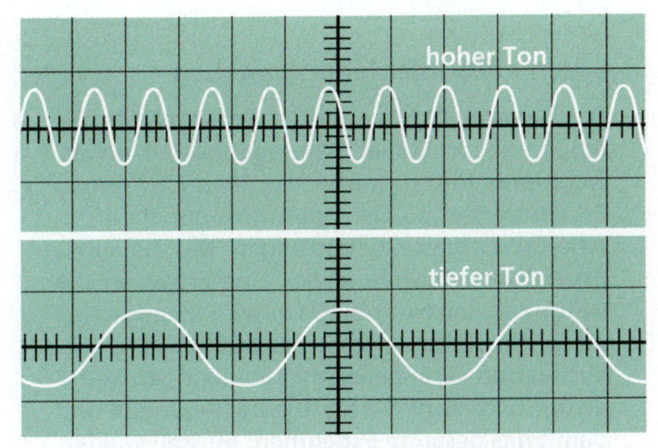

1 Abhängigkeit der Tonhöhe von der Frequenz

Töne können höher oder tiefer sowie lauter oder leiser sein. Die **Tonhöhe** ist davon abhängig, mit welcher Frequenz ein Körper schwingt (Abb. 1).

Je größer die Frequenz der Schwingung ist, umso höher ist der entstehende Ton.

Die **Lautstärke** ist davon abhängig, mit welcher Amplitude ein Körper schwingt (Abb. 2). Es gilt:

Je größer die Amplitude der Schwingung eines Körpers ist, umso lauter ist der Ton.

Ob man einen Ton hören kann, hängt sowohl von seiner Frequenz als auch von der Lautstärke, also von den Druckschwankungen, ab. Wir hören nur Töne in einem Frequenzbereich zwischen 16 Hz und 20 000 Hz, wobei der obere Wert mit zunehmendem Alter deutlich abnimmt.

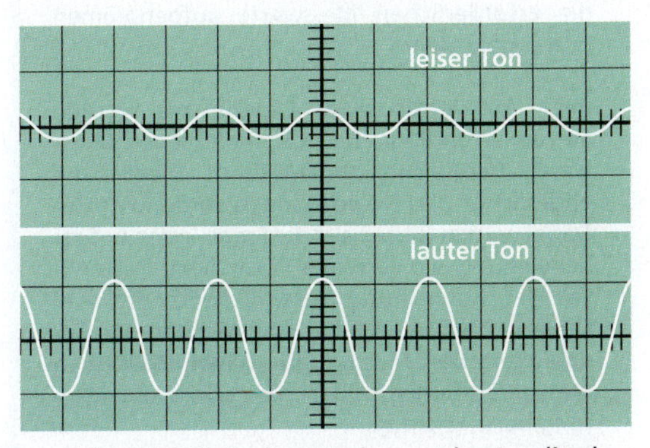

2 Abhängigkeit der Lautstärke von der Amplitude

Mosaik

Hörbereich und Stimmumfang

Sowohl beim Menschen als auch bei Tieren ist zwischen dem **Hörbereich** und dem **Stimmumfang** zu unterscheiden.

Der **Hörbereich** ist derjenige Bereich, in dem ein Lebewesen Schall wahrnehmen kann. Ein Reihe von Tieren hört nicht nur viel leisere Töne als der Mensch, sondern kann auch Schall in anderen Frequenzbereichen als der Mensch wahrnehmen. So hören z.B. Hunde, Katzen und Fledermäuse auch Frequenzen von über 20 kHz, die der Mensch nicht mehr wahrnehmen kann (Abb. 3).

Beachte: Es gibt auch Schall (Frequenz kleiner als 16 Hz), den ein Mensch zwar nicht hören, der aber trotzdem sein Wohlbefinden negativ beeinflussen kann.

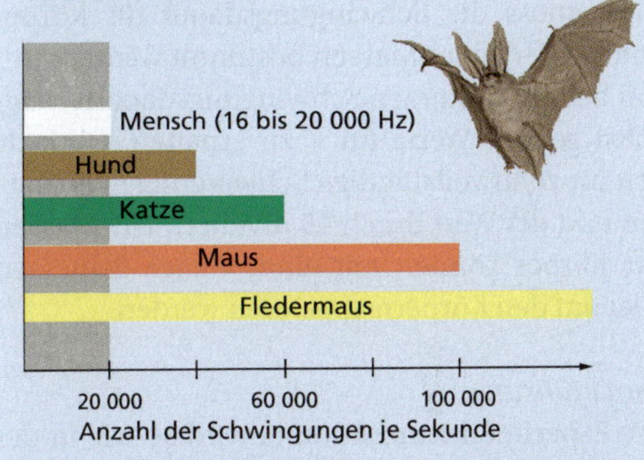

3 Hörbereich von verschiedenen Lebewesen

Ähnlich ist die Situation bei der Schallerzeugung. Der **Stimmumfang** ist derjenige Bereich, in dem ein Lebewesen Schall selbst erzeugt.

Auch hier unterscheiden sich viele Tiere erheblich vom Menschen (s. Übersicht unten). Delfine und Fledermäuse nutzen den Schall zur Orientierung und auch zum Beutefang.

Lebewesen	Stimmumfang (Anzahl der Schwingungen je Sekunde)
Mensch	85–1 100
Hund	450–1 000
Katze	500–2 500
Delfin	250–270 000
Fledermaus	10 000–120 000

Physik in Natur und Technik

Die Schwingungsdauer eines Federschwingers

Die Schwingungsdauer eines Federschwingers ist von der Masse des schwingenden Körpers abhängig.
Untersuche experimentell den Zusammenhang zwischen der Schwingungsdauer eines Federschwingers und der Masse des schwingenden Körpers! Zeichne und interpretiere das Schwingungsdauer-Masse-Diagramm (T-m-Diagramm)!

Vorbereitung:
Um den genannten Zusammenhang zu untersuchen, muss die Schwingungsdauer für Körper unterschiedlicher Massen bestimmt werden.
Um bei relativ kurzen Schwingungsdauern möglichst genaue Werte für T zu erhalten, wird die Zeit für zehn vollständige Schwingungen gemessen und der Wert durch 10 dividiert. Die Massen der Körper können mit einer Waage gemessen oder auf den Körpern abgelesen werden.

Durchführung:
Die Experimentieranordnung wird so wie in der Zeichnung (Abb. 1) aufgebaut.
Um möglichst genaue Messwerte zu erhalten, sollte vor der Messung vorgezählt werden (z. B. „3 – 2 – 1 – 0 (Start) – 1 – 2 – … – 10 (Stopp)“).
Für einzelne Massen können auch die Schwingungsdauern mehrmals gemessen und daraus ein Mittelwert gebildet werden. Die Amplituden der Schwingungen sind nicht zu groß zu wählen.

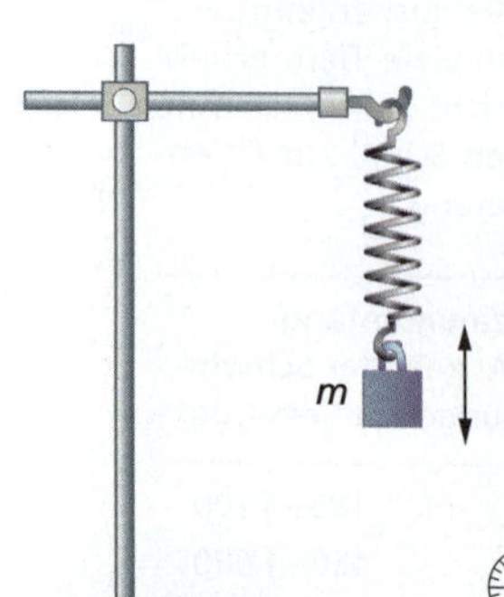

1 Experimentieranordnung zur Bestimmung der Schwingungsdauer eines Federschwingers

Lösen experimenteller Aufgaben

Das Experiment ist neben der Arbeit mit Modellen und theoretischen Überlegungen ein unverzichtbares Mittel, um in der Physik zu neuen Erkenntnissen zu gelangen und um theoretische Erkenntnisse zu bestätigen. Das Ziel eines Experiments besteht darin, eine Frage an die Natur zu beantworten. Dazu wird eine Erscheinung der Natur unter ausgewählten, kontrollierten und veränderbaren Bedingungen beobachtet und ausgewertet. Die Bedingungen und damit das gesamte Experiment müssen wiederholbar sein. In der Schule werden Experimente u. a. genutzt, um Zusammenhänge zwischen physikalischen Größen zu erkennen und genauer zu untersuchen. Experimente werden auch durchgeführt, um den Wert physikalischer Größen zu bestimmen.
Experimente laufen im Wesentlichen in drei Etappen ab: Vorbereitung, Durchführung und Auswertung.

Beim **Vorbereiten eines Experiments** ist zu überlegen,
- welche Größen zu messen sind und wie sie gemessen werden können,
- welche Messfehler auftreten können und wie man sie klein halten kann,
- welche Größen verändert und welche konstant gehalten werden müssen,
- welche Geräte und Hilfsmittel erforderlich sind,
- wie die Experimentieranordnung gestaltet werden muss,
- wie die gewonnenen Messwerte ausgewertet werden sollen.

Beim **Durchführen eines Experiments** werden die erforderlichen Messwerte aufgenommen und protokolliert.

Beim **Auswerten eines Experiments** werden auf der Grundlage der aufgenommenen Messwerte Vergleiche durchgeführt, Diagramme angefertigt und Berechnungen vorgenommen. Dabei wird in Bezug auf die Frage- oder Aufgabenstellung ein Ergebnis formuliert. Bestandteil der Auswertung vieler Experimente sind Fehlerbetrachtungen zur Abschätzung der Genauigkeit der Messungen. Dabei muss man Messgerätefehler und Fehler durch die Messung berücksichtigen.

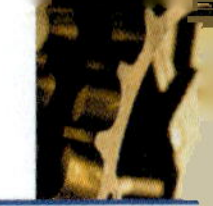

Auswertung:

m in g	*T* in s
20	1,62
50	2,56
70	3,04
100	3,63
150	4,44
170	4,73
200	5,13

Die Messwerte können z. B. grafisch ausgewertet werden. Dazu werden die Messwerte in einem Diagramm dargestellt.

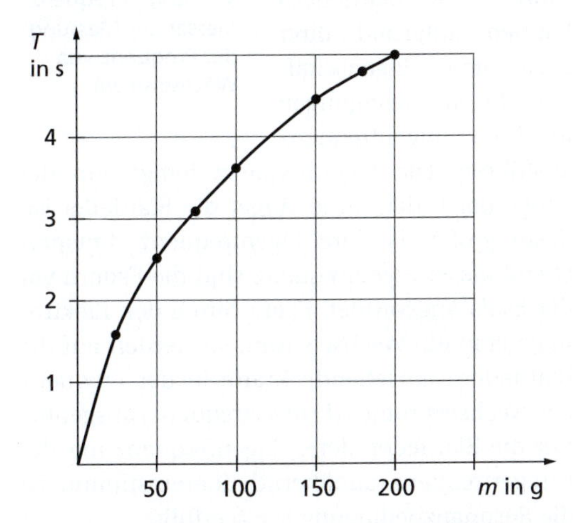

Aus diesem Diagramm ergibt sich: Je größer die Masse des schwingenden Körpers ist, umso größer ist die Schwingungsdauer.
Es besteht aber keine direkte Proportionalität. Vielmehr nimmt die Schwingungsdauer mit zunehmender Masse des schwingenden Körpers immer langsamer zu. Genauere Untersuchungen haben ergeben, dass für eine Feder gilt:

$$T \sim \sqrt{m} \quad \text{oder} \quad \frac{T}{\sqrt{m}} = \text{konstant}$$

Das bedeutet: Trägt man auf der horizontalen Achse statt der Masse m die Wurzel aus der Masse ab, so erhält man im Diagramm eine Gerade, die durch den Koordinatenursprung verläuft.

Der Schwingungsdämpfer

Schwingungsdämpfer (Abb. 1) findet man heutzutage nicht nur bei Lkw, Pkw und Motorrädern, sondern teilweise auch bei Fahrrädern. Sie werden dort als Federgabeln bezeichnet.
Welche Aufgaben haben Schwingungsdämpfer bei Fahrzeugen?
Wie kann man die Funktionstüchtigkeit von Schwingungsdämpfern prüfen?

Schwingungsdämpfer bei Fahrzeugen, insbesondere bei Pkw, haben verschiedene Aufgaben.
Eine erste Aufgabe besteht darin, den Fahrkomfort zu verbessern. Unebenheiten der Fahrbahn werden über die Räder auf das Fahrzeug übertragen und führen zu Schwingungen. Ohne Schwingungsdämpfer würden diese Schwingungen auch auf die Personen im Fahrzeug übertragen, was auf Dauer sehr unangenehm wäre.
Schwingungsdämpfer verhindern, dass die aufgrund von Fahrbahnunebenheiten entstehenden Schwingungen auf die Personen im Fahrzeug übertragen werden.
Eine zweite Aufgabe von Schwingungdämpfern ist die Verbesserung der Verkehrssicherheit des betreffenden Fahrzeuges. Durch Schwingungsdämpfer wird vermieden, dass Räder aufgrund von Unebenheiten der Fahrbahn die Verbindung zur Fahrbahn verlieren. Damit wird die Gefahr des Rutschens oder Schleuderns, insbesondere in Kurven, wesentlich verringert. Das ist wegen der bei Kurvenfahrten auftretenden Kräfte besonders wichtig.

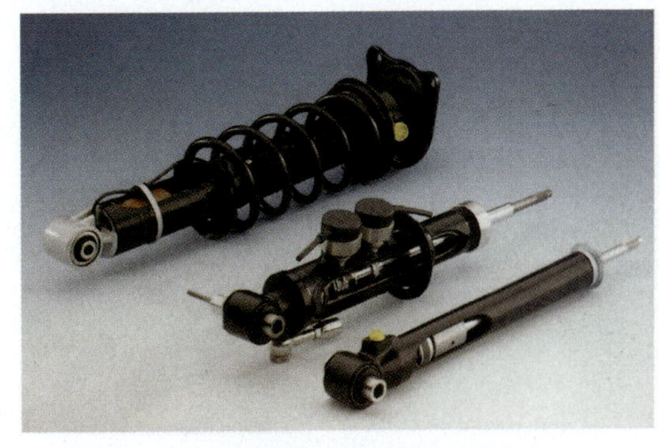

1 Schwingungsdämpfer unterschiedlicher Bauart

1 Prüfung von Schwingungsdämpfern: Dazu werden die Räder in vertikale Schwingungen versetzt.

Defekte Schwingungsdämpfer verringern die Verkehrssicherheit. Sie sollten deshalb umgehend erneuert werden.
Zur Prüfung der Funktionstüchtigkeit von Schwingungsdämpfern werden spezielle Anordnungen genutzt (Abb. 1). Die Räder des Autos werden mit einer „Rüttelmaschine" in vertikale Schwingungen versetzt. Das erfolgt getrennt für jedes einzelne Rad und damit für jeden Schwingungsdämpfer. Die Frequenz dieser Schwingungen und auch ihre Amplituden können verändert werden. Die erzwungenen Schwingungen des Autos werden mit einem Schwingungsschreiber aufgezeichnet und anschließend ausgewertet (Abb. 2). Aus der Form der aufgezeichneten Schwingungen ist für den Fachmann erkennbar, ob ein Schwingungsdämpfer noch voll funktionstüchtig ist oder ob er ersetzt werden muss. Das muss aus Gründen der Verkehrssicherheit so schnell wie möglich geschehen.

2 Schwingungen eines Schwingungsdämpfers

Der Zungenfrequenzmesser

Um die Frequenz des Wechselstromes zu messen, benutzt man Zungenfrequenzmesser (Abb. 3). *Beschreibe den Aufbau und erkläre die Wirkungsweise eines Zungenfrequenzmessers für Wechselstrom!*

3 Zungenfrequenzmesser zur Messung der Frequenz von Wechselstrom

Der Zungenfrequenzmesser besteht aus einem Elektromagneten und einer Anzahl von Blattfedern unterschiedlicher Länge, die vor dem Elektromagneten und einer Skala schwingen können (Abb. 4). Die Blattfedern können aufgrund ihrer elastischen Eigenschaften Eigenschwingungen in ihrer Eigenfrequenz ausführen. Die Eigenfrequenz hängt von der Länge der Feder ab: Je länger die Blattfeder ist, desto größer ist ihre Eigenfrequenz. Entsprechend dieser Eigenfrequenz sind die Federn vor der Skala angeordnet. Fließt durch den Elektromagneten ein Wechselstrom, so werden auf die Blattfedern anziehende Kräfte in der Frequenz des Wechselstromes (Erregerfrequenz) ausgeübt. Für die Blattfeder, deren Eigenfrequenz mit der Erregerfrequenz annähernd übereinstimmt, ist die Resonanzbedingung $f_E = f_0$ erfüllt.
Es kommt zu einem heftigen Mitschwingen dieser Feder, während benachbarte Federn nur

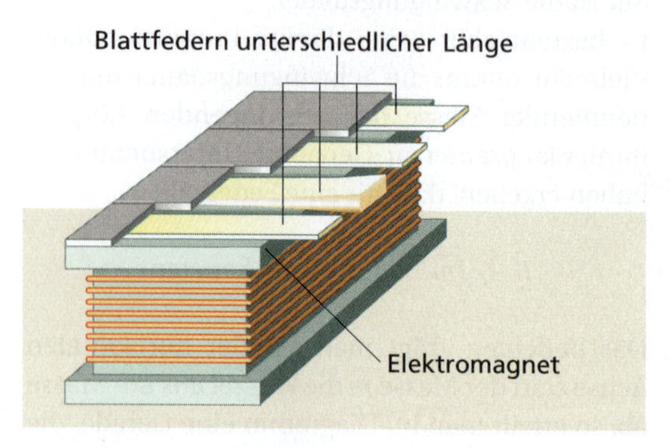

4 Aufbau eines Zungenfrequenzmessers

wenig oder gar nicht schwingen, da Erregerfrequenz und Eigenfrequenz für diese Blattfedern nicht übereinstimmen. Für die heftig schwingende Feder kann auf der Skala die Frequenz abgelesen werden (s. Abb. 3, S. 234).

Musik liegt in der Luft

Ein beliebtes Musikinstrument ist die Gitarre. Sie besitzt in der Regel sechs Saiten, mit denen man unterschiedlich hohe Töne erzeugen kann (Abb. 1). Aber auch das Gitarrenspiel muss gelernt sein. Man muss zur rechten Zeit die richtigen Saiten unterschiedlich stark zupfen oder anschlagen. *Wie erzeugt man mit einer Gitarre unterschiedlich hohe sowie unterschiedlich laute Töne?*

Bei einer Gitarre entsteht ein Ton, wenn eine Saite schwingt. Je größer die Frequenz dieser Schwingung ist, umso höher ist der Ton. Die Frequenz der Schwingung einer Saite ist zunächst abhängig von ihren elastischen Eigenschaften (Dicke der Saite und Spannung in der Saite). Diese Eigenschaften bestimmen die Eigenfrequenz einer Saite und damit den jeweiligen Grundton, der bei Anzupfen einer Saite ohne Greifen entsteht (Abb. 1). Einen höheren Ton auf einer Saite kann man dadurch erzeugen, dass man durch Greifen mit dem Finger den schwingenden Teil einer Saite verkürzt (Abb. 3). Bei einem kürzeren Teil einer Saite ist die Frequenz der Schwingung größer als beim Grundton.

Die Töne einer Gitarrensaite können lauter oder leiser sein. Der Ton einer Saite ist umso lauter, je größer die Amplitude der Schwingung ist. Eine größere Amplitude erhält man durch ein stärkeres Anzupfen einer Saite. Bei modernen Konzertgitarren erfolgt darüber hinaus eine elektronische Verstärkung.

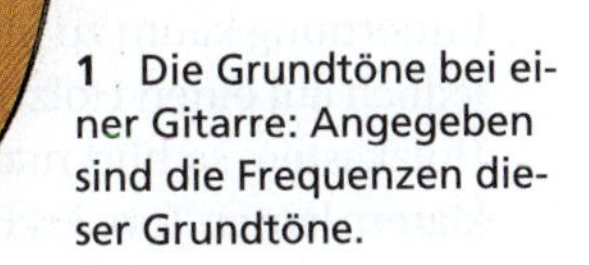

1 Die Grundtöne bei einer Gitarre: Angegeben sind die Frequenzen dieser Grundtöne.

2 Bei Saiteninstrumenten hängt die Tonhöhe von der jeweiligen Saite und ihrer Länge ab.

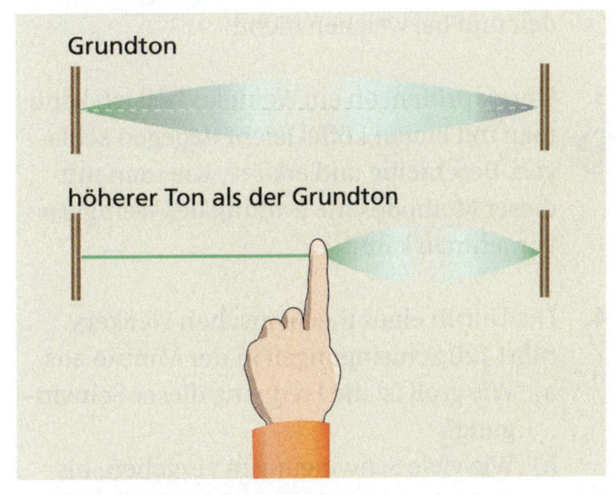

3 Höhere Töne entstehen durch Verkürzen des schwingenden Teils einer Saite.

gewusst · gekonnt

1. Die folgenden Abbildungen zeigen periodische Vorgänge.

Bei welchen dieser Vorgänge handelt es sich um mechanische Schwingungen, bei welchen nicht? Begründe deine Aussagen!

2. In Natur und Technik gibt es zahlreiche periodische Vorgänge. Nenne Beispiele für solche periodischen Vorgänge in Natur und Technik! Begründe, bei welchen dieser Vorgänge es sich um mechanische Schwingungen handelt und bei welchen nicht!

3. Um zu prüfen, ob ein Weinglas heil ist, kann man mit einem Löffel leicht dagegen schlagen. Beschreibe und erkläre, wie man mit dieser Methode eine Prüfung des Weinglases vornehmen kann!

4. Die Unruh eines mechanischen Weckers führt 120 Schwingungen in der Minute aus.

a) Wie groß ist die Frequenz dieser Schwingung?

b) Wie viele Schwingungen vergehen, bis der Sekundenzeiger um eine Stelle weiterrückt?

5. Die Schwingungen einer Stimmgabel wurden aufgezeichnet. Dabei ergab sich folgendes Schwingungsbild:

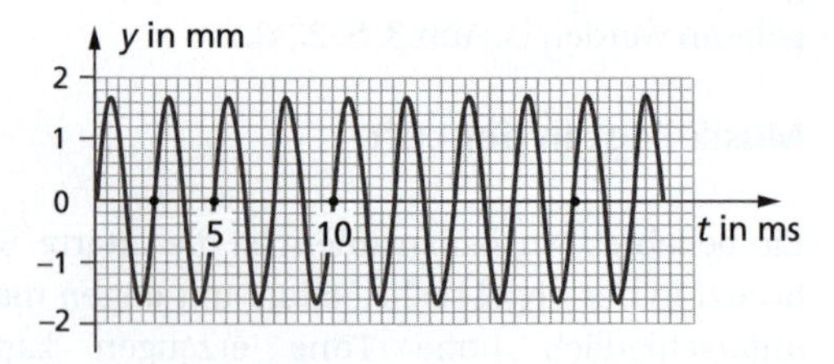

Ermittle aus dem y-t-Diagramm Amplitude, Schwingungsdauer und Frequenz der Schwingung!

6. Der Pulsschlag ist ein periodischer Vorgang.

a) Bestimme mithilfe des Pulsschlages die Frequenz deines Herzschlages! Miss dazu die Zeit z. B. für 10 Pulsschläge und ermittle daraus die Frequenz!
Um einen genaueren Wert zu erhalten, führe mehrere Messungen durch und bilde einen Mittelwert!

b) Diskutiere die Genauigkeit des Pulsschlages als Grundlage für die Zeitmessung!

***7.** Wie groß ist die Schwingungsdauer beim Kammerton a (440 Hz)?

8. Beschreibe die Energieumwandlungen bei gedämpften Schwingungen

a) für ein Fadenpendel,

b) für einen Federschwinger!

9. In einem Pkw kann es bei bestimmten Drehzahlen des Motors zum Vibrieren von Fahrzeugteilen kommen. Erkläre!

10. Warum sollten Marschkolonnen nicht im Gleichschritt über Brücken marschieren?

11. Eine angeschlagene Stimmgabel ist in 1 m Entfernung kaum zu hören. Stellt man sie jedoch auf einen Holztisch oder einen Holzkasten, so hört man einen klaren, lauten Ton. Erkläre!

12. Die Abbildungen zeigen den Aufbau eines Schwingungsdämpfers (Stoßdämpfers), so wie sie bei Pkw verwendet werden.

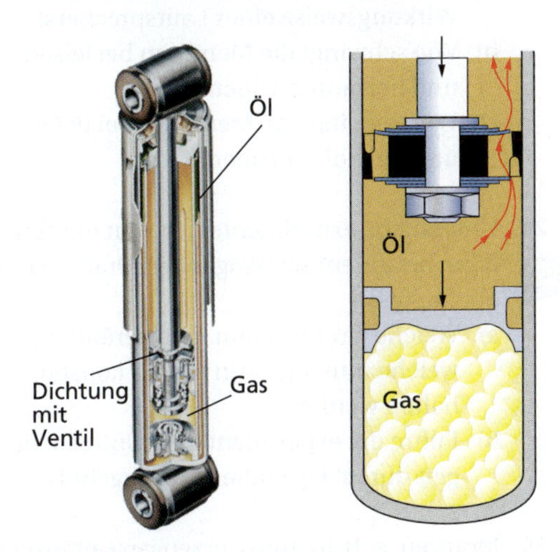

Beschreibe den Aufbau und erkläre die Wirkungsweise eines solchen Schwingungsdämpfers!

13. Die Melodie einer kleinen Spieluhr kann man nur richtig hören, wenn man sie auf einen Holztisch stellt. Warum?

14. Manche Sänger können ein Glas durch Singen eines Tones zum Zerspringen bringen. Dazu schlagen sie zunächst kurz mit dem Finger gegen das Glas und singen dann kräftig einen Ton in das Glas hinein. Wieso kann dadurch das Glas zerspringen?

15. Beim Tragen einer Tasse Tee oder eines Wassereimers muss man vorsichtig sein, damit nichts ausgeschüttet wird, selbst wenn die Tasse bzw. der Eimer nicht voll sind.
Wie kann es zum Verschütten von Tee bzw. Wasser aus einem nicht vollen Gefäß beim Tragen kommen? Begründe!

16. Beim Anschieben eines schweren Autos aus einer Kuhle nutzt man die Resonanz bei mechanischen Schwingungen aus.
Beschreibe und erkläre, wie man dabei vorgehen sollte!

17. Im Jahr 1940 stürzte die gerade erst neu erbaute 1 km lange Tacoma-Hängebrücke (s. Abb.) in den USA ein, obwohl nur eine relativ geringe Windstärke herrschte. Der Wind wehte allerdings nicht gleichmäßig, sondern böig. Erkläre, wie es trotz der geringen Windstärke zum Einsturz dieser großen Brücke kommen konnte!

18. Erst nach mehrmaligem geschickten Ziehen an einem Seil kann ein Glöckner die schwere Glocke in einem Kirchturm zum Klingen bringen. Erkläre das Vorgehen!

19. Ein Lineal oder eine Blattfeder wird auf eine Tischkante gelegt. Das Ende wird ausgelenkt und schwingt hin und her.
Wie ändert sich der Ton mit Veränderung der Länge des schwingenden Teils? Probiere es aus und erkläre!

20. Das Foto zeigt das Schwingungsbild einer Stimmgabel. Charakterisiere die Schwingung! Wie groß ist die Frequenz?

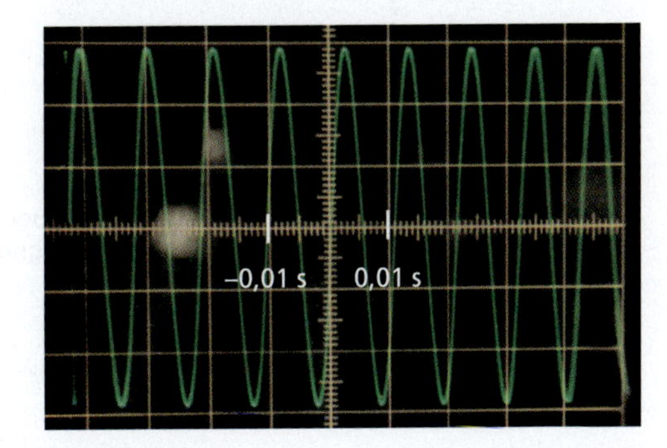

21. In den Abbildungen sind verschiedene Schallquellen dargestellt.

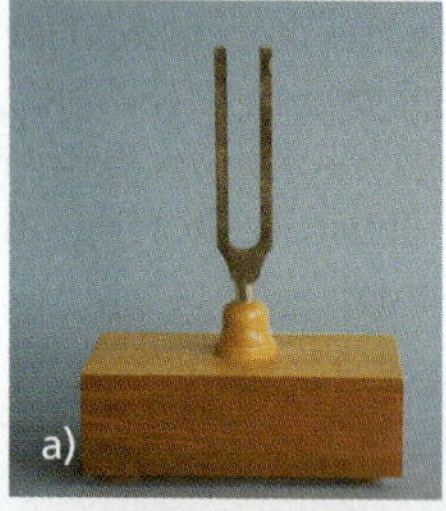

Gib für die verschiedenen Schallquellen an, welche Teile des Körpers schwingen und damit Schall erzeugen!

22. Mit Schlag-, Zupf-, Blas- und Streichinstrumenten kann Schall in Form von Klängen erzeugt werden.
Nenne für jede Art von Instrument ein Beispiel und erläutere, wie bei diesem Instrument der Schall entsteht!

23. In einem Lautsprecher wird der Schall durch das Schwingen eines kleinen, beweglichen Elektromagneten (Schwingspule) erzeugt. Die geringen Schwingungen dieser Schwingungsspule wären jedoch kaum zu hören, wenn der Lautsprecher nicht noch eine Membran hätte (s. Abb. links unten).

a) Beschreibe den Aufbau und erkläre die Wirkungsweise eines Lautsprechers!
b) Wie schwingt die Membran bei leisen und bei lauten Tönen?
c) Wie schwingt die Membran bei tiefen und bei hohen Tönen?

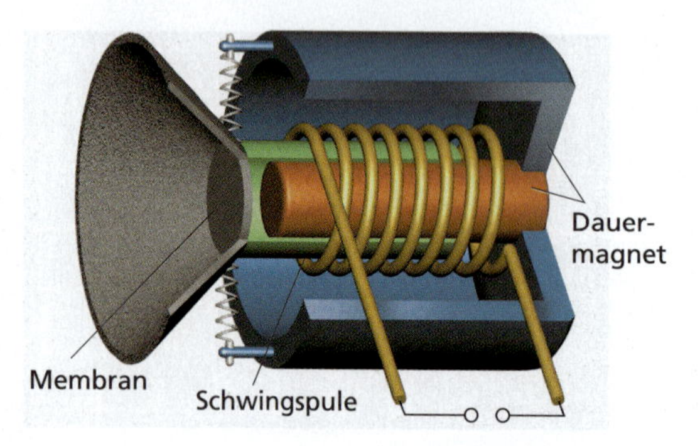

24. Untersuche experimentell, wovon die Tonhöhe bei einem schwingenden Draht (Saite) abhängig ist!

a) Welche Größen kann man verändern, welche müssen dann jeweils konstant gehalten werden?
b) Führe die experimentellen Untersuchungen durch! Formuliere das Ergebnis!

25. Motoren, z. B. in Autos, erzeugen Geräusche. Vor allem bei älteren oder defekten Autos können diese Geräusche unangenehm laut sein.

a) Erläutere, wie durch Motoren Schall erzeugt werden kann!
b) Warum sind die Geräusche von älteren Autos besonders laut?

26. Mithilfe eines Oszillografen wurden die Schwingungsformen einiger Schallquellen untersucht (s. Abb. unten).
Um welche Art von Schall handelt es sich jeweils? Nenne für jede Art 2 Beispiele!

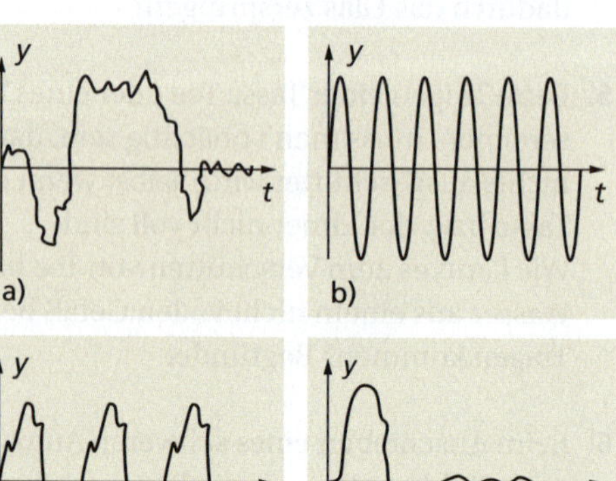

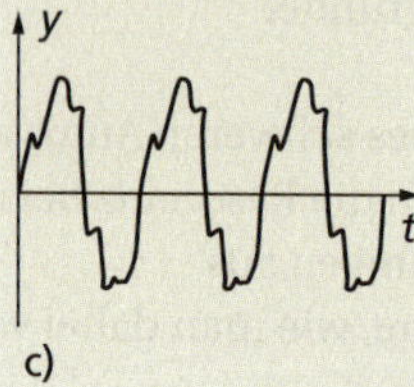

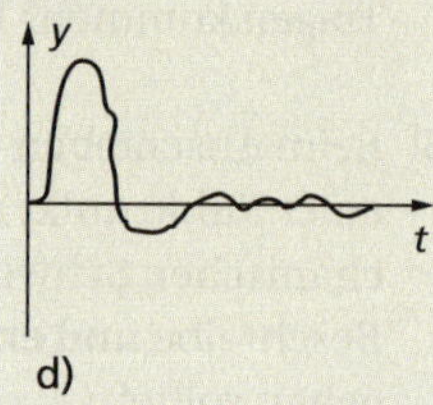

Mechanische Schwingungen

Eine **Schwingung** ist die zeitlich periodische Änderung einer physikalischen Größe (z. B. Auslenkung, Druck, Geschwindigkeit, Beschleunigung, Spannung, Stromstärke).

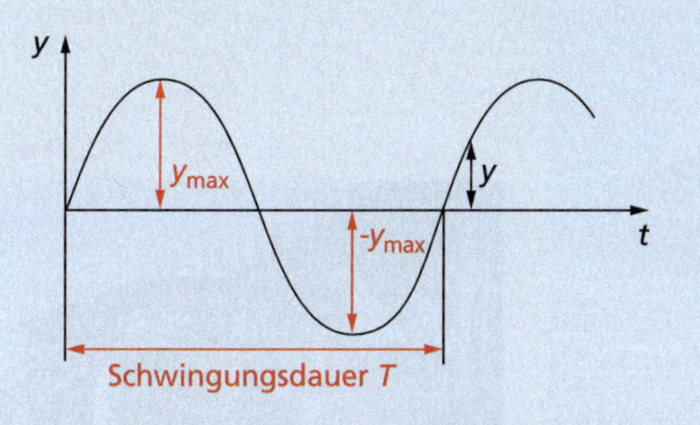

Wichtige Größen zur Beschreibung von Schwingungen sind:

y	Auslenkung
y_{max}	Amplitude (maximale Auslenkung)
T	Schwingungsdauer
f	Frequenz

$$T = \frac{1}{f}$$

$$f = \frac{1}{T}$$

Schwingende Körper können **Schall** erzeugen. Der menschliche Hörbereich liegt zwischen 16 Hz und 20 000 Hz. Sehr lauter Schall wird als **Lärm** bezeichnet.

In der Akustik wird zwischen **Ton, Klang, Geräusch** und **Knall** unterschieden. Diese **Arten des Schalls** lassen sich durch Schwingungsformen charakterisieren.

Ton	Klang	Geräusch	Knall
y, t	y, t	y, t	y, t

Nach dem **Verlauf der Amplitude** kann man zwischen ungedämpften und gedämpften Schwingungen unterscheiden.

ungedämpfte Schwingung

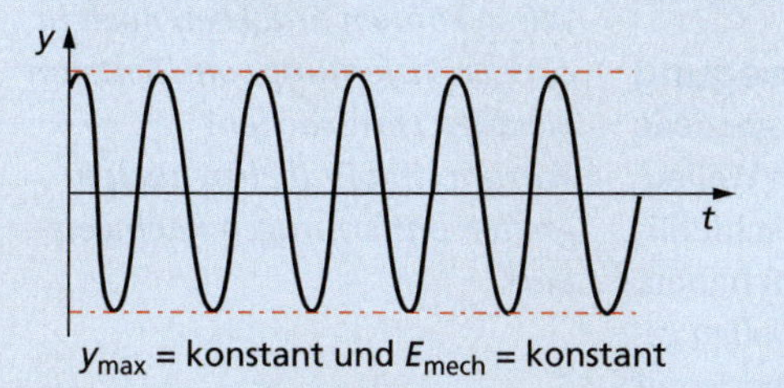

y_{max} = konstant und E_{mech} = konstant

gedämpfte Schwingung

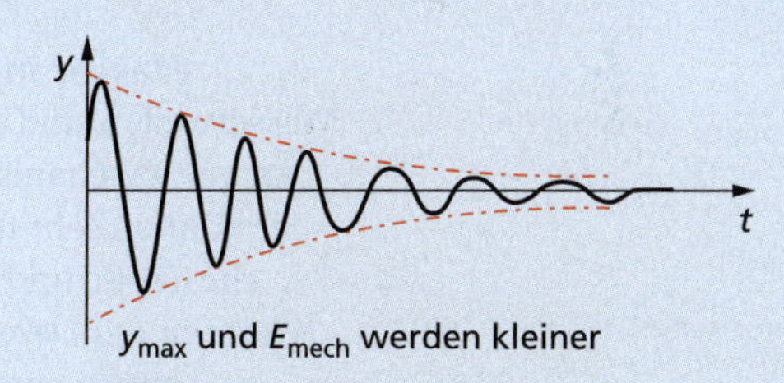

y_{max} und E_{mech} werden kleiner

Freie Schwingungen erfolgen bei einmaliger Auslenkung eines Körpers in der Eigenfrequenz des Schwingers. Wird die Schwingung eines Körpers ständig von außen beeinflusst (periodische Energiezufuhr), so führt er **erzwungene Schwingungen** mit der Erregerfrequenz aus.

3.10 Mechanische Wellen

Schnelle Flugzeuge

Flugzeuge, vor allem wenn sie tief fliegen, können laute Geräusche erzeugen. Blickt man dorthin, von wo man das Geräusch des Flugzeugs hört, sieht man es nicht. Es ist schon viel weiter geflogen. Jedoch von dort, wo man es sieht, hört man kein Geräusch.
Warum kann man ein schnell fliegendes Flugzeug in der Regel nicht dort sehen, wo man es hört?

Erdbeben sind gefährlich

Erdbeben können gewaltige Zerstörungen verursachen. Selbst in einiger Entfernung vom Erdbebenzentrum kann es zu Schäden an Gebäuden kommen. Auch hunderte Kilometer vom Zentrum entfernt kann man Erdbeben mit Seismografen noch nachweisen.
Wieso können Erdbeben noch in einiger Entfernung vom Zentrum Schäden verursachen?
Warum sind Erdbeben auch in großen Entfernungen nachweisbar?

Wasser in Bewegung

Wasserwellen sind eine spezielle Art von mechanischen Wellen. Sie können sehr unterschiedliche Größe und Form haben.
Wie kann man Wasserwellen genauer charakterisieren?
Unterscheiden sich Wasserwellen in ihren Eigenschaften von anderen mechanischen Wellen?

Entstehung mechanischer Wellen

Durch Kopplung können schwingungsfähige Körper bzw. Teilchen von einem anderen Schwinger Energie erhalten und so selbst zu Schwingungen angeregt werden. Dadurch kann sich die Schwingung eines Körpers von Schwinger zu Schwinger in einem Raum ausbreiten (Abb. 1). Solche Vorgänge nennt man **mechanische Wellen.**

Eine mechanische Welle ist die Ausbreitung einer mechanischen Schwingung im Raum.

Voraussetzungen für ihr Entstehen sind:
- das Vorhandensein schwingungsfähiger Teilchen,
- eine Kopplung zwischen den Teilchen,
- eine Anregung von Teilchen (Energiezufuhr).

Je nachdem, ob die einzelnen Schwinger längs oder quer zur Ausbreitungsrichtung der Welle schwingen, unterscheidet man zwischen **Längs-** und **Querwellen.**
Schallwellen sind Längswellen. Schallschwingungen eines Erregers führen zu Druckschwankungen, die als Welle weitergeleitet werden. Das wird am Beispiel eines Tamburins deutlich (Abb. 2). Man kann sich Schallwellen vereinfacht wie die Ausbreitung einer Erregung längs einer Schraubenfeder vorstellen.
Im Unterschied zu Schallwellen sind Wasserwellen oder Seilwellen Querwellen (Abb. 1). Wie bei gekoppelten Federschwingern (Abb. 3) schwingen die Teilchen dabei quer zur Ausbreitungsrichtung der Welle. Solche Querwellen lassen sich auch mithilfe einer Wellenmaschine (Abb. 4) demonstrieren. Ausbreitungsrichtung und Schwingungsrichtung sind bei Querwellen stets senkrecht zueinander. Schall- oder Wasserwellen sind mechanische Wellen, da sich bei ihnen mechanische Größen wie die Auslenkung oder die Geschwindigkeit periodisch ändern.

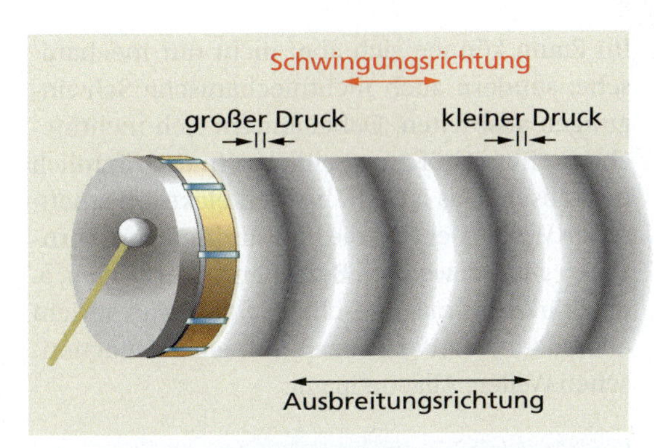

2 Ausbreitung einer Längswelle: Ausbreitungsrichtung und Schwingungsrichtung sind gleich.

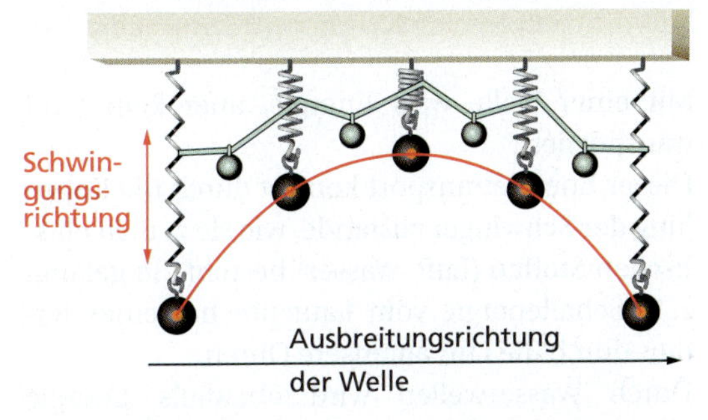

3 Ausbreitung einer Querwelle bei gekoppelten Federschwingern

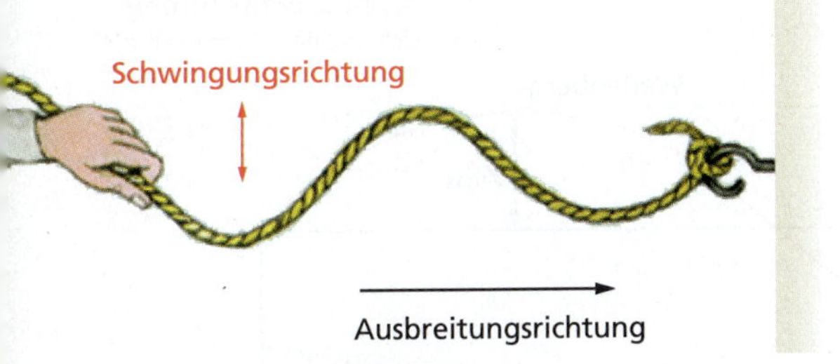

1 Seilwellen sind Querwellen. Schwingungsrichtung und Ausbreitungsrichtung der Welle stehen senkrecht zueinander.

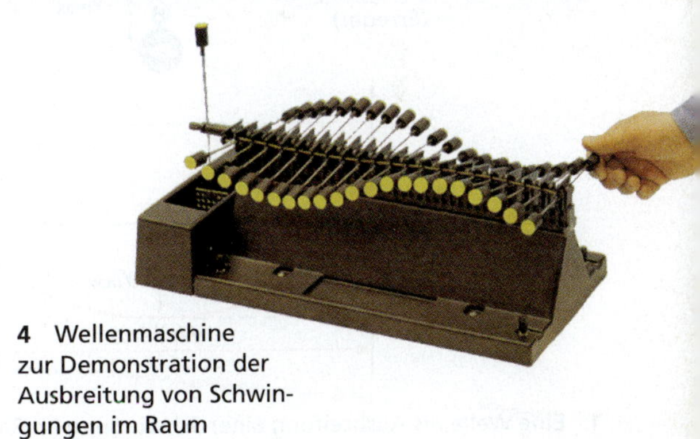

4 Wellenmaschine zur Demonstration der Ausbreitung von Schwingungen im Raum

Im Raum können sich aber nicht nur mechanische, sondern auch nichtmechanische Schwingungen ausbreiten. Dabei ändern sich nichtmechanische Größen zeitlich und räumlich periodisch. Das ist z. B. bei den elektromagnetischen Wellen der Fall, die für Rundfunk und Fernsehen genutzt werden. Bei ihnen ändert sich u. a. die Stärke des magnetischen Feldes. Man spricht auch dann von Wellen, z. B. von elektromagnetischen Wellen. Allgemein gilt:

Eine Welle ist eine zeitlich und räumlich periodische Änderung einer physikalischen Größe bzw. eines physikalischen Zustandes.

Mit einer Welle wird Energie, aber kein Stoff transportiert.
Dieser Energietransport kommt durch die Kopplung der Schwinger zustande, wie sie z. B. in elastischen Stoffen (Luft, Wasser) besteht. So gelangt z. B. Schallenergie vom Lautsprecher eines Radios durch die Luft an unsere Ohren.
Durch Wasserwellen wird ebenfalls Energie transportiert, die z. B. am Ufer zu Abtragungen und Zerstörungen führen kann.

Beschreibung mechanischer Wellen

Da bei einer Welle jeder einzelne Körper bzw. jedes Teilchen mechanische Schwingungen ausführt, können zunächst solche Schwingungsgrößen wie **Auslenkung, Amplitude, Schwingungsdauer** und **Frequenz** (s. S. 224) zur Beschreibung genutzt werden. Die Ausbreitung der Schwingung im Raum wird darüber hinaus mit den Größen **Wellenlänge** und **Ausbreitungsgeschwindigkeit** beschrieben. Dazu kann die Ausbreitung einer Schwingung als Welle in einem *y-s*-Diagramm dargestellt werden (Abb. 1). Die Bewegungen jedes einzelnen schwingenden Körpers oder Teilchens lassen sich wie bei Schwingungen in einem *y-t*-Diagramm (s. S. 223) darstellen.

Die Wellenlänge gibt den Abstand zweier benachbarter Schwinger an, die sich im gleichen Schwingungszustand befinden.

Formelzeichen: λ
Einheit: **1 Meter (1 m)**

Im gleichen Schwingungszustand befinden sich z. B. benachbarte Wellenberge bzw. Wellentäler.

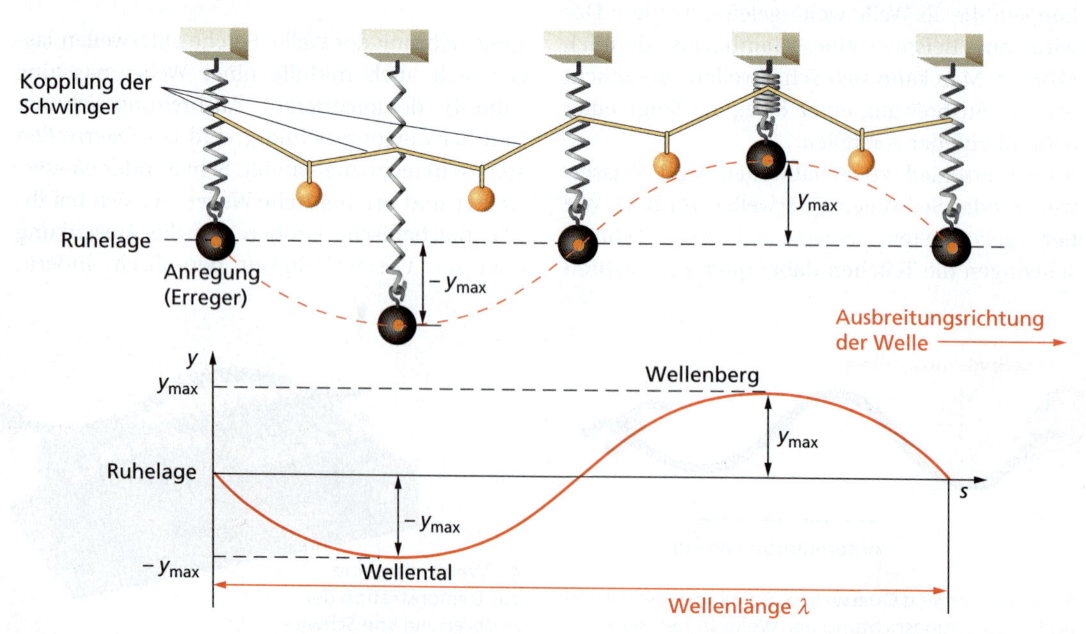

1 Eine Welle als Ausbreitung einer Schwingung im Raum. Das *y-s*-Diagramm gilt für t = konstant.

Das nutzt man zur Bestimmung von Wellenlängen: Der Abstand zweier benachbarter Wellenberge bzw. Wellentäler ist gleich der Wellenlänge.

Die Ausbreitungsgeschwindigkeit einer Welle ist die Geschwindigkeit, mit der sich ein Schwingungszustand im Raum ausbreitet.

Formelzeichen: v
Einheit: **1 Meter je Sekunde** $(1\,\frac{m}{s})$

Als Schwingungszustand kann z. B. ein Wellenberg oder ein Wellental angesehen werden.
Die Ausbreitungsgeschwindigkeit von Schallwellen nennt man auch **Schallgeschwindigkeit.** Schallwellen können sich in festen Körpern, Flüssigkeiten und Gasen ausbreiten. Die Schallgeschwindigkeiten sind dabei sehr unterschiedlich und auch von der Temperatur der Stoffe abhängig (s. Übersicht unten).
Die unterschiedlichen Ausbreitungsgeschwindigkeiten mechanischer Wellen in verschiedenen Stoffen hängen mit den unterschiedlich starken Kopplungskräften zwischen den Teilchen der Stoffe zusammen. Die Ausbreitungsgeschwindigkeit ist umso größer, je stärker die Kopplungskräfte zwischen Teilchen sind. Sie ist in der Regel auch umso größer, je höher die Temperatur des betreffenden Stoffes ist. Das ist z. B. auch zu beachten, wenn man Berechnungen mit Schallgeschwindigkeiten durchführt.

Schallgeschwindigkeiten in verschiedenen Stoffen

Stahl	bei 20 °C	4 900 m/s
Beton	bei 20 °C	3 800 m/s
Ziegelstein	bei 20° C	3 600 m/s
Holz	(Eiche) bei 20 °C	3 400 m/s
Eis	bei −4 °C	3 250 m/s
Wasser	bei 0 °C	1 404 m/s
	bei 20 °C	1 484 m/s
Luft	bei −20 °C	320 m/s
	bei 0 °C	332 m/s
	bei +20 °C	344 m/s
Gummi	bei 20° C	50 m/s

Wellenlängen in Natur und Technik

Ultraschallwellen in der Medizin (1 MHz–15 MHz)		1,5 mm–0,1 mm
Schallwellen bei 20 °C und 1000 Hz	in Luft	34 cm
	in Wasser	148 cm
Wasserwellen	in flachem Wasser	einige cm
	im Meer bei Sturm	> 10 m

Zwischen der Ausbreitungsgeschwindigkeit, der Wellenlänge und der Frequenz mechanischer Wellen gibt es einen wichtigen gesetzmäßigen Zusammenhang.

Für alle mechanischen Wellen gilt für die Ausbreitungsgeschwindigkeit:

$v = \lambda \cdot f$ λ **Wellenlänge**, f **Frequenz**

Bei der Anwendung dieses Gesetzes ist zu beachten, dass die Frequenz einer Welle nur von der Frequenz der Erregerschwingung abhängig ist. Bei der Ausbreitung von Wellen ändert sich die Frequenz nicht. Das gilt auch dann, wenn mechanische Wellen von einem Stoff in einen anderen übergehen. Dagegen sind die Ausbreitungsgeschwindigkeiten und damit die Wellenlängen vom Stoff abhängig, in dem sich eine Welle ausbreitet.

1 Wasserwellen können sich mit sehr unterschiedlichen Geschwindigkeiten ausbreiten.

Eigenschaften mechanischer Wellen

Durch vielfältige Experimente und durch Erfahrungen in der Praxis hat man verschiedene Eigenschaften mechanischer Wellen entdeckt.
In einem Stoff breiten sich Wellen in der Regel vom Erreger geradlinig aus. Es bilden sich **Wellenfronten.** Die Ausbreitung erfolgt z. B. bei Wasserwellen senkrecht zu diesen Wellenfronten (Abb. 1).
Mechanische Wellen können **reflektiert** (zurückgeworfen), **gebrochen** (in ihrer Ausbreitungsrichtung verändert) und **gebeugt** werden (Abb. 2a, b, c). Reflexion und Brechung sind uns als Eigenschaften von Licht schon bekannt. Sie treten aber auch bei Wasserwellen und anderen mechanischen Wellen auf.
Beugung ist eine Eigenschaft, die nur bei Wellen zu beobachten ist. Treffen mechanische Wellen, z. B. Schallwellen oder Wasserwellen, auf Spalte, Kanten oder Ecken, so breiten sie sich auch hinter diesen Hindernissen aus. So hört man z. B. den Motor eines Autos auch, wenn es hinter einer Hausecke steht. Die Erscheinung, dass sich Wellen auch „um Hindernisse herum" ausbreiten, wird als Beugung bezeichnet (Abb. 3).
Gehen Wellen von mehreren Stellen aus, so breiten sie sich ungestört voneinander aus, wie man das bei Wasserwellen sehen kann (Abb. 4).

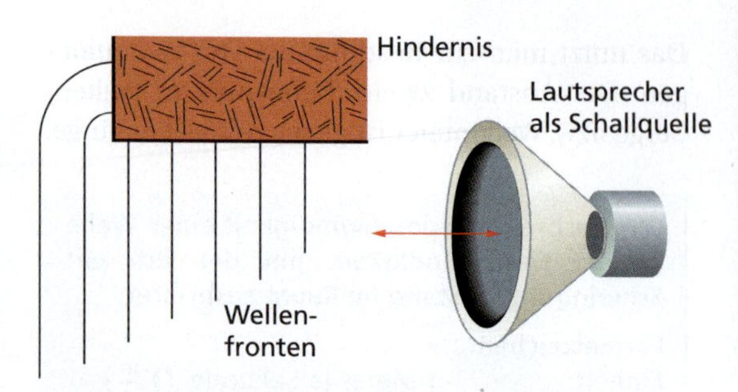

3 Beugung von Schallwellen an einer Kante

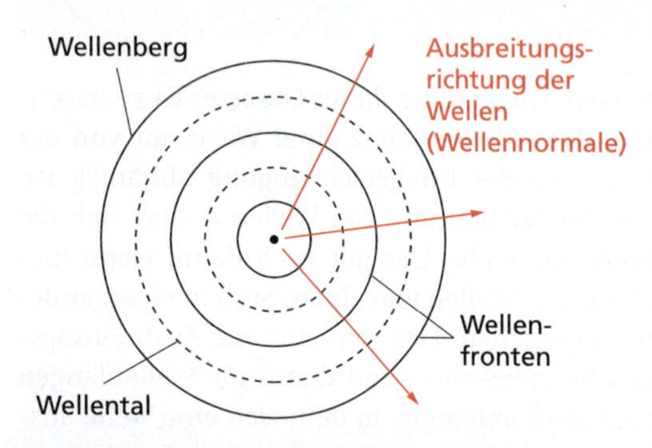

1 Wellenfronten und Wellennormale

4 Ausbreitung von zwei Wasserwellen

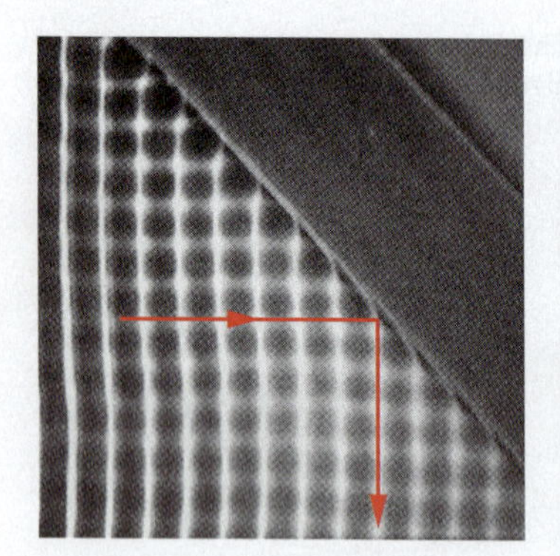

2a Reflexion von Wasserwellen an einem Hindernis

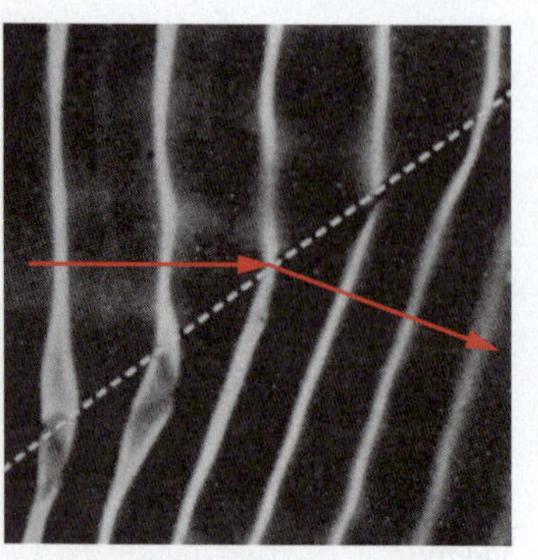

2b Brechung von Wasserwellen bei unterschiedlichen Wassertiefen

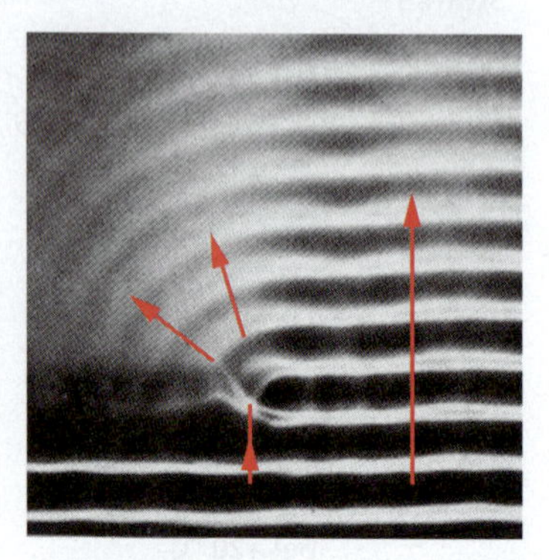

2c Beugung von Wasserwellen um ein Hindernis herum

Diese ungestörte Ausbreitung verschiedener Wellen ist auch der Grund dafür, dass man Schall von verschiedenen Quellen (mehrere Menschen, Radio, Flugzeuggeräusche) getrennt voneinander wahrnehmen kann.

Treffen Wasserwellen oder Schallwellen, die von verschiedenen Punkten ausgehen, in einem Bereich aufeinander, so kann es zu einer Überlagerung kommen. Es entsteht eine resultierende Welle als Addition der Ausgangswellen. Diese Überlagerung von Wellen nennt man **Interferenz.** Dabei kommt es an verschiedenen Stellen zu typischen Interferenzerscheinungen wie einer Verstärkung und einer Auslöschung (Abb. 1).

Beugung und **Interferenz** sind Erscheinungen, die nur bei Wellen auftreten und deshalb auch zum Nachweis des Wellencharakters genutzt werden können. Man kann sagen: Wenn Beugung oder Interferenz auftreten, haben wir es mit Wellen zu tun.

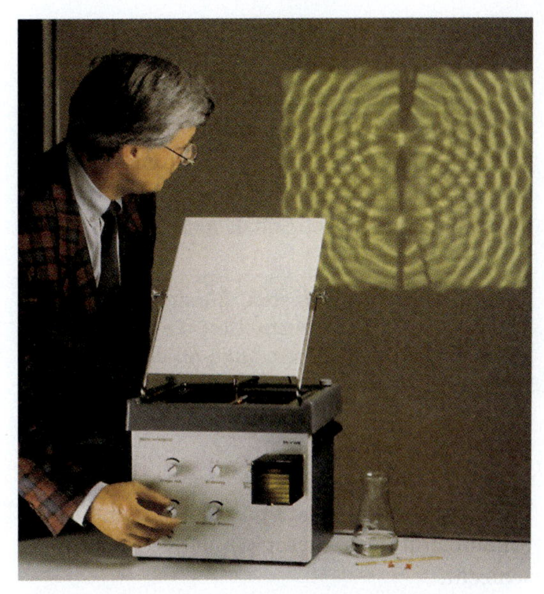

1 Interferenz zweier kreisförmiger Wasserwellen mit Bereichen der Verstärkung und Auslöschung

Reflexion	Brechung	Beugung	Interferenz
Wellen werden durch ein Hindernis zurückgeworfen.	Wellen verändern ihre Ausbreitungsrichtung beim Übergang von einem Stoff in einen anderen.	Wellen breiten sich auch hinter einer Kante oder hinter einem Spalt in den Raum aus.	Wellen überlagern sich zu einer resultierenden Welle mit Verstärkungen und Auslöschungen.
α α'	α Stoff 1 (v_1) β Stoff 2 (v_2)		Auslöschung Verstärkung Lautsprecher
Es gilt das **Reflexionsgesetz:** $\alpha = \alpha'$	Es gilt das **Brechungsgesetz:** $\frac{\sin \alpha}{\sin \beta} = \frac{v_1}{v_2}$ v_1, v_2 Ausbreitungsgeschwindigkeiten	Es gilt: Jeder Punkt, auf den eine Welle trifft, ist Ausgangspunkt einer neuen Welle.	Es gilt: Es treten Bereiche der Verstärkung und Bereiche der Auslöschung bzw. Abschwächung auf.
Beispiel: Reflexion von Schallwellen an einem Berghang (Echo)	**Beispiel:** Veränderung der Ausbreitungsrichtung von Wasserwellen beim Übergang von tiefem zu flachem Wasser	**Beispiel:** Hörbarkeit von Geräuschen auch hinter einer Hausecke	**Beispiel:** Nichthörbarkeit interferierender Wellen an bestimmten Stellen

Eigenschaften von Schallwellen

Schallwellen sind Längswellen, die sich von einer Schallquelle aus im Raum ausbreiten (Abb. 1).
In vielen Fällen erfolgt die Ausbreitung in Luft, es können aber auch Flüssigkeiten oder feste Körper sein, in denen sich Schall ausbreitet.

Schall kann sich in festen, flüssigen und gasförmigen Körpern ausbreiten. Er wird dabei von einem Ort zu einem anderen übertragen.

Körper aus festen und harten Stoffen (Metall, Glas, Holz und Steine) leiten den Schall gut.
Körper aus weichen und porösen Stoffen (Wolle, Schaumstoff und Styropor) leiten den Schall schlecht.
In einem luftleeren Raum (Vakuum) kann sich Schall nicht ausbreiten, da keine Luft als Schallträger vorhanden ist (Abb. 2).

Schallwellen breiten sich in Körpern aus verschiedenen Stoffen unterschiedlich schnell aus.

Eine Übersicht zu Schallgeschwindigkeiten ist auf S. 243 gegeben. Wie andere mechanische Wellen werden auch Schallwellen **reflektiert, gebrochen,** an Kanten und Spalten **gebeugt** und können sich **überlagern** (s. S. 244 f.).
Der Hörbereich des Menschen umfasst einen Frequenzbereich von 16 Hz bis 20000 Hz. Das entspricht in der Luft einem Wellenlängenbereich von 21 m bis 2 cm.

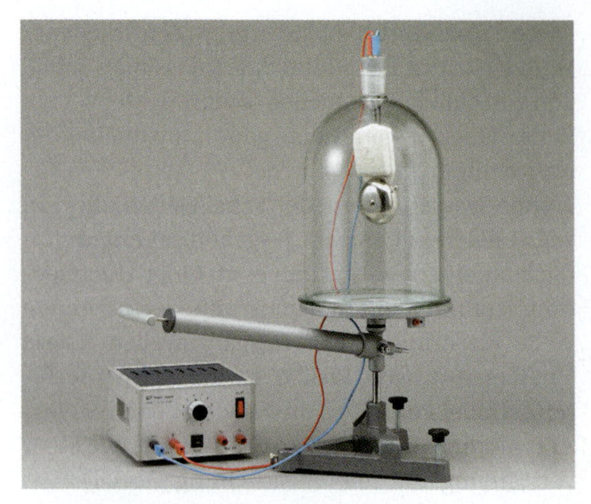

2 Pumpt man aus dem Gefäß die Luft heraus, so ist die Klingel nicht mehr zu hören.

Wenn Schall auf Körper trifft, so wird er zum Teil **hindurchgelassen,** zum Teil **absorbiert** (aufgenommen) und zum Teil **reflektiert** (zurückgeworfen). Wie viel Schall hindurchgelassen, absorbiert oder reflektiert wird, hängt ab von

- dem Stoff, aus dem der Körper besteht,
- der Schichtdicke des Körpers und
- der Oberfläche des Körpers.

Weiche und poröse Körper mit einer rauen Oberfläche absorbieren viel und reflektieren wenig Schall. Sie lassen auch wenig Schall hindurch. Harte Körper mit einer glatten Oberfläche absorbieren wenig, reflektieren aber viel Schall.
Die Eigenschaft von Körpern, Schall zu reflektieren oder zu absorbieren, wird zur **Schalldämmung** und zur **Schalldämpfung,** also zur Verminderung von Lärm, genutzt. Das ist wichtig, weil Lärm eine der größten Umweltbelastungen bei uns ist.

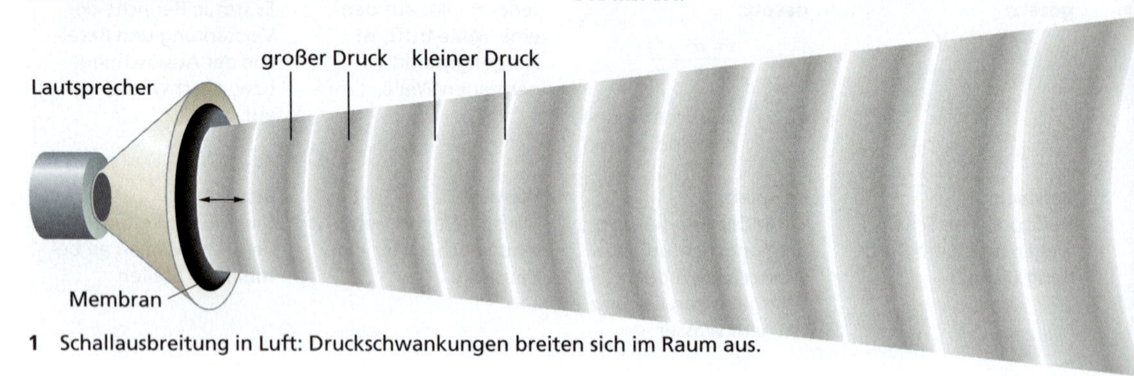

1 Schallausbreitung in Luft: Druckschwankungen breiten sich im Raum aus.

Sinnliche Wahrnehmung des Schalls

Der Mensch nimmt Schall wie Sprache, Musik und Geräusche mit seinen Ohren wahr (Abb. 1). Durch die Ohrmuschel wird der Schall aufgenommen und durch den Gehörgang an das Trommelfell weitergeleitet.

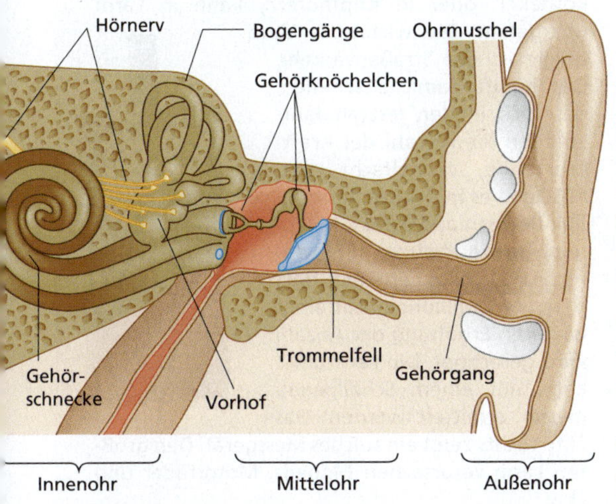

1 Aufbau des menschlichen Ohres

Die Ohrmuschel und der Gehörgang wirken wie ein Trichter, an dessen Innenwänden der Schall reflektiert wird.

Durch die Verdichtungen und Verdünnungen der Luft im Gehörgang wird das Trommelfell zum Mitschwingen angeregt. Diese Schwingungen werden durch die Gehörknöchelchen auf die Schnecke mit den Sinneszellen übertragen.

Die Sinneszellen in der Schnecke nehmen die Schwingungen als Reize wahr und leiten diese Reize zum Gehirn weiter. Dort werden die Wahrnehmungen zu akustischen Eindrücken verarbeitet.

Der Mensch nimmt Schall aber nur unter bestimmten Bedingungen wahr:

- Das menschliche Ohr nimmt nur Schall mit Frequenzen zwischen 16 Hz und 20 000 Hz wahr, wobei die obere Grenze mit dem Alter stark abnimmt. Ein 35-Jähriger hört noch bis etwa 15 000 Hz, ein 50-Jähriger nur noch bis etwa 13 000 Hz.
  Töne mit einer Frequenz von über 20 kHz (Ultraschall) und Töne mit einer Frequenz von weniger als 16 Hz (Infraschall) sind für den Menschen nicht wahrnehmbar, können aber trotzdem sein Wohlbefinden beeinflussen.
- Schall wird vom Menschen nur dann wahrgenommen, wenn die Lautstärke nicht zu gering und nicht zu groß ist. Töne unterhalb der **Hörschwelle** und oberhalb der **Schmerzschwelle** hören wir nicht.

Den Bereich, in dem der Mensch Schall wahrnimmt, bezeichnet man als **Hörbereich** oder Hörfläche (Abb. 2).

Für die **Lautstärke,** mit der wir Schall hören, wurde eine Einheit eingeführt, die an die Besonderheiten der akustischen Wahrnehmung des Menschen gekoppelt ist: das **Dezibel,** abgekürzt dB. Teilweise wird auch die Einheit Phon verwendet. Bei einer Frequenz von 1 000 Hz gilt:
1 Phon = 1 dB

Unser Ohr weist folgende Besonderheit auf: Wenn wir z. B. ein Motorrad mit 70 dB hören, dann hören wir zwei Motorräder nicht mit der doppelten Lautstärke von 80 dB, sondern mit ca. 73 dB. Erst zehn Motorräder würden wir mit der doppelten Lautstärke, also mit 80 dB hören. Die Hörschwelle liegt bei 0 dB, die Schmerzschwelle bei 130 dB. Ständiger Lärm über 85 dB kann zu Hörschäden führen.

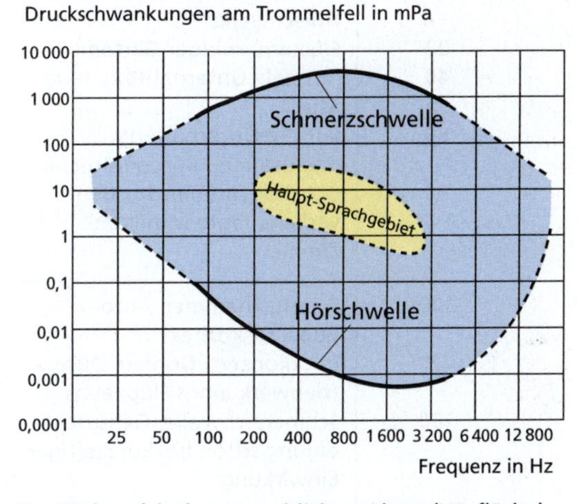

2 Hörbereich des menschlichen Ohres (Hörfläche)

Schall, Lärm und Lärmschutz

Schall, der an unsere Ohren gelangt, kann bei uns angenehme Empfindungen auslösen, z.B. die Sprache von vertrauten Menschen, Musik oder das knisternde Geräusch eines Lagerfeuers.
Schall kann uns aber auch stören, belästigen oder sogar schädigen.

Schall, der als belästigend empfunden wird oder gar zu gesundheitlichen Schäden führen kann, wird als Lärm bezeichnet.

Dabei ist zu beachten: Lärm ist eine subjektive Empfindung. Das, was der eine als Lärm empfindet, muss ein anderer nicht zwangsläufig auch als Lärm empfinden.
Lärm ist keine Erscheinung unserer Zeit, sondern hat schon immer Menschen beschäftigt. So bestimmte z. B. das Allgemeine Preußische Landrecht von 1793: *„Mutwillige Buben, welche auf den Straßen lärmen, sollen mit verhältnismäßigem Gefängnis, körperlicher Züchtigung oder Zuchthaus bestraft werden."*
Unbestritten ist, dass unsere Welt lauter geworden ist. Autos, Flugzeuge, Radios und Fernsehgeräte, Rockkonzerte oder Disko-Musik tragen zum Lärm bei. Etwa 25 Millionen Bürger der Bundesrepublik Deutschland, das sind ca. 40 %, fühlen sich zeitweise oder dauernd durch Lärm belästigt.

Lautstärken in Natur und Technik

Lautstärke in dB	Beispiele
0	Hörschwelle
20	Flüstern, ruhiger Garten
40	normale Unterhaltung, leise Musik
60	lautere Unterhaltung, Staubsauger, Bürogeräusche
80	üblicher Lärm im Straßenverkehr, laute Musik im Zimmer
100	Presslufthammer, Autohupe, Diskothek
120	Rockkonzert, Donner, Düsentriebwerk eines Flugzeugs
130	Schmerzschwelle, Gehörschädigung schon bei kurzzeitiger Einwirkung

Die wichtigsten **Lärmquellen** sind der Lärm des Straßenverkehrs und des Schienenverkehrs, Fluglärm sowie der Lärm von Maschinen und Anlagen unterschiedlicher Art. Auch zu laute Musik, z. B. in Diskotheken oder in Kopfhörern, kann in Lärm übergehen. Die wichtigste Lärmquelle ist der Straßenverkehr. Das hängt damit zusammen, dass sich in den letzten Jahrzehnten die Anzahl der Kraftfahrzeuge vervielfacht hat. 1950 gab es in der Bundesrepublik Deutschland etwa 2 Millionen Kraftfahrzeuge, 1986 waren es 31 Millionen und 1995 bereits 40 Millionen. Mit einer weiteren Erhöhung der Anzahl wird gerechnet. Die Lautstärke kann mit einem Schallpegelmesser ermittelt werden. Das Foto rechts zeigt ein solches Messgerät. Den größten Lärm verursachen Mopeds, Motorräder und Lkw.

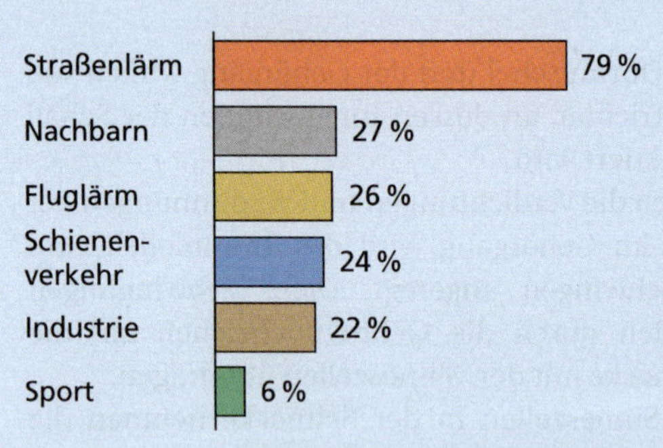

1 Belästigung der Bevölkerung durch Lärm in den Bundesländern. Dargestellt sind Durchschnittswerte von Befragungen.

Wirkungen von Lärm

Dauerhafter und starker Lärm kann den menschlichen Körper stark beeinflussen und zu Gesundheitsschäden führen. So kann es durch Lärm zu einer Erhöhung des Blutdrucks, zu einer Beschleunigung der Atmung sowie zu einer Erhöhung der Herzfrequenz kommen. Es können Schlafstörungen, Minderung der Konzentration sowie Kopf- und Magenschmerzen auftreten.

Mosaik

Medizinisch nachweisbar sind Veränderungen der Gehirnaktivität, der Durchblutung und das Ausscheiden von Stresshormonen.
Wenn man sich längere Zeit stärkerem Lärm aussetzt, kann auch das Gehör geschädigt werden. Die Sinneszellen werden durch Lärm beeinflusst. Kurzzeitiger Lärm verringert ihre Leistungsfähigkeit zeitweise, es kommt zu einer vorübergehenden Betäubung. Länger anhaltender, starker Lärm von über 85 dB führt zu einem allmählichen Absterben von Haarzellen. Da sich diese Zellen **nicht** regenerieren, entsteht dadurch ein bleibender Gehörschaden. Als Grundsatz gilt deshalb:

Die Vermeidung von Lärm ist der beste Schutz vor gesundheitlichen Schäden. Wo es möglich ist, sollte Lärm gedämmt oder gedämpft werden.

Lärmschutz

Lärmschutz ist darauf gerichtet, schädliche Umwelteinwirkungen durch Lärm zu vermeiden oder zu beseitigen (Abb. 1). Am besten wäre es, die Entstehung von Lärm zu vermeiden. Wo das nicht möglich ist, gilt es, durch verschiedene Maßnahmen den Lärm zu dämmen oder zu dämpfen (Abb. 2). Wichtig sind vor allem technische Maßnahmen zur Lärmbekämpfung, bei denen genutzt wird, dass Schall an Körpern reflektiert und von porösen Stoffen absorbiert wird.

1 Schallschutzwand an einer Autoschnellstraße: Der Erdwall und die Wand schützen die Bewohner vor Lärm.

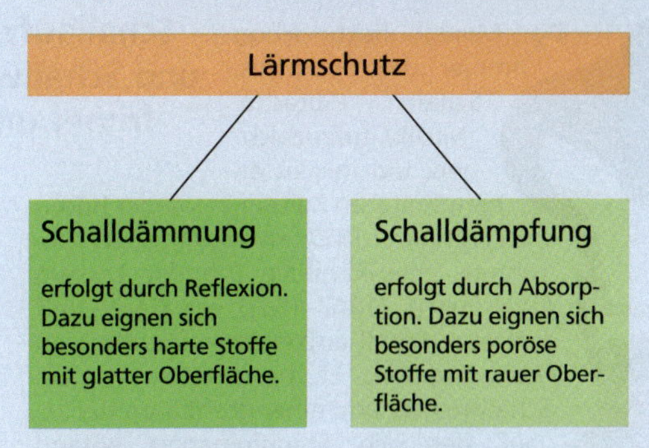

2 Lärmschutz kann durch Schalldämmung oder Schalldämpfung erfolgen.

Zu solchen Maßnahmen gehören:
- die Errichtung von Schallschutzwänden oder Erddämmen an Straßen (Abb. 1),
- der Einbau von Schallschutzfenstern in Wohnungen,
- die Kapselung von Fahrzeugmotoren und die schalldämmende Auskleidung des Motorraums,
- die Verminderung der Reifen-Fahrbahngeräusche durch Verbesserung der Reifen und veränderten Straßenbelag („Flüsterasphalt"),
- die zunehmende Nutzung von Flugzeugen mit leisen Triebwerken,
- der Bau leiserer Maschinen und Anlagen (Autos, Rasenmäher, Staubsauger, Waschmaschinen).

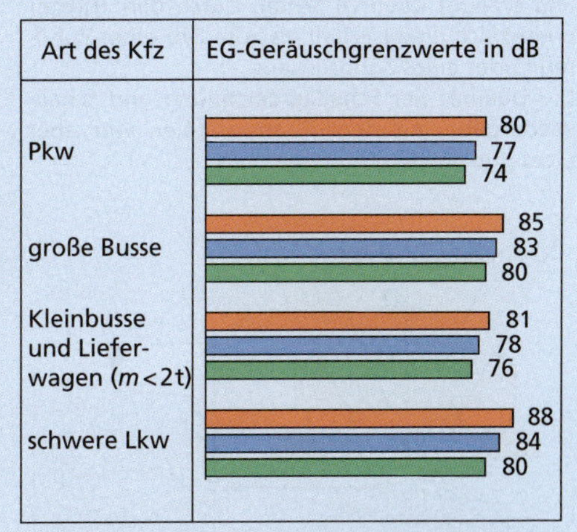

3 EG-Geräuschgrenzwerte für verschiedene Fahrzeuge bis 1989 (rot), zwischen 1989 und 1995 (blau) und ab 1.10.1995 (grün)

Mosaik

Schallaufzeichnung und Schallwiedergabe früher und heute

Der Mensch hatte schon immer das Bedürfnis, Schall (Sprache, Musik) aufzuzeichnen, um ihn zu einem späteren Zeitpunkt wieder hören zu können. 1877 entwickelte der berühmte amerikanische Erfinder THOMAS ALVA EDISON (1847–1931) ein Gerät, mit dem man Schall aufzeichnen konnte, den **Phonographen.** Er bestand aus einem Schalltrichter und einer drehbaren Walze, auf der sich Stanniolpapier befand (Abb. 1). Das Prinzip dieser Schallaufzeichnung ist aus der Skizze (Abb. 1) erkennbar:

- Der Schall wird durch den Trichter zu einer Membran geleitet.
  Diese Membran gerät dadurch in Schwingungen.
- An der Membran ist eine Nadel befestigt. Schwingt die Membran stark, entstehen auf dem Stanniolpapier tiefe Dellen. Schwingt sie weniger stark, entstehen flache Dellen.
  Der Schall ist somit in den Vertiefungen des Stanniolpapiers gespeichert.

Will man den Schall wieder hörbar machen, so wird die Nadel an den Anfang der Schreibspur gesetzt und die Walze gedreht. Die Nadel folgt den unterschiedlichen Vertiefungen im Stanniolpapier. Diese Hin- und Herbewegungen werden auf die Membran übertragen. Die Membran schwingt und erzeugt dadurch Schall. Durch den Trichter breitet sich dieser Schall bis zum Ohr einer Zuhörerin oder eines Zuhörers aus.

Die Qualität der Schallaufzeichnung und Schallwiedergabe mit dem Phonographen war aber nicht gut.

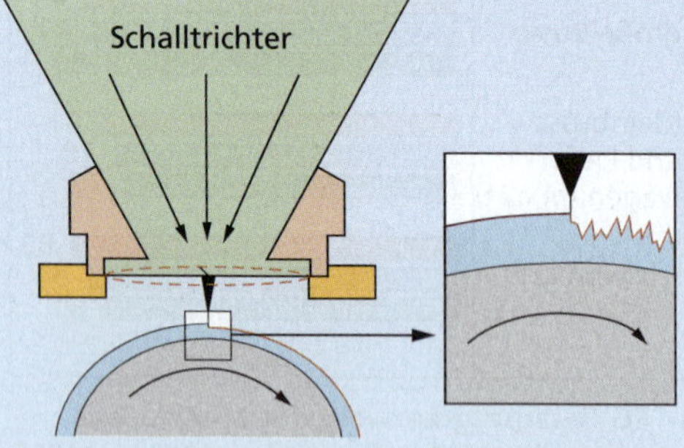

1 Prinzip des Phonographen von EDISON

Einen entscheidenden Fortschritt erzielte der deutsche Elektrotechniker EMIL BERLINER (1851 bis 1929). Er ersetzte die Walze durch eine Platte, in deren Rille der Schall gespeichert wurde (Abb. 2). Die Abtastung erfolgt mit einer dünnen Nadel.

Noch im 19. Jahrhundert kamen die ersten **Schallplatten** in den Handel, die auf Grammophonen abgespielt wurden. Eine Weiterentwicklung waren in den 50er Jahren des 20. Jahrhunderts die Stereo-Langspielplatten.

Schallplatte

2 Der Schall ist in der Form der Rille gespeichert.

Ein anderes Verfahren der Schallaufzeichnung und -wiedergabe entstand mit der Entwicklung des Rundfunks. Mitte der dreißiger Jahre wurden die ersten **Tonbandgeräte** eingesetzt. Die Aufzeichnung von Schall auf Magnetbändern finden wir heute noch bei Diktiergeräten oder Kassettenrecordern.

Weit verbreitet sind heute CDs (englisch: **c**ompact **d**isc) und DVDs (englisch: **d**igital **v**ersatile **d**isc). Eine CD ist eine Kunststoffplatte, die mit einer sehr dünnen Metallschicht überzogen ist. Auf ihr befinden sich winzige, mit bloßem Auge nicht sichtbare Vertiefungen, so genannte Pits (Abb. 3). In diesen Vertiefungen ist, ähnlich wie bei einer Schallplatte, der Schall gespeichert. Die Abtastung erfolgt mit Laserlicht. Dieses Licht wird aufgefangen, in elektrische Signale umgewandelt und verstärkt.

CD

3 Der Schall ist in winzigen Vertiefungen gespeichert.

Physik in Natur und Technik

Die Ausbreitungsgeschwindigkeit mechanischer Wellen

Die Gleichung für die Ausbreitungsgeschwindigkeit mechanischer Wellen lautet: $v = \lambda \cdot f$
Interpretiere diese Gleichung für die Ausbreitungsgeschwindigkeit von Wellen!

Die Gleichung $v = \lambda \cdot f$ beschreibt die Zusammenhänge zwischen der Ausbreitungsgeschwindigkeit v, der Wellenlänge λ und der Frequenz f mechanischer Wellen.
Dabei ist zu beachten, dass die Frequenz einer mechanischen Welle nur davon abhängig ist, wie die Welle erzeugt wird. Die Frequenz ändert sich bei der Ausbreitung der Welle nicht, auch dann nicht, wenn die Welle von einem Stoff in einen anderen übergeht.
Deshalb sind bei der Interpretation der Gleichung zwei Fälle zu unterscheiden:

1. Unter der Bedingung, dass die Ausbreitungsgeschwindigkeit konstant ist, sich die Welle also nur in *einem* Stoff mit konstanter Temperatur ausbreitet, gilt:

$$v = \lambda \cdot f \quad | : f$$

$$\frac{v}{f} = \lambda \text{ bzw. } \lambda = \frac{v}{f}$$

Aus v = konstant folgt:

$$\lambda \sim \frac{1}{f}$$

Das heißt: Wellenlänge und Frequenz einer mechanischen Welle sind umgekehrt proportional zueinander. Je größer die Wellenlänge ist, umso kleiner ist die Frequenz und umgekehrt. So ist z. B. die Wellenlänge einer Schallwelle umso kleiner, je größer die Frequenz eines Tones ist, wenn sich der Schall nur in einem Stoff (z. B. Luft) ausbreitet. Das bedeutet: Je höher ein Ton (große Frequenz) ist, desto kleiner ist die Wellenlänge.
Bei einer Frequenz von 100 Hz und einer Ausbreitungsgeschwindigkeit von $v = 332$ m/s beträgt

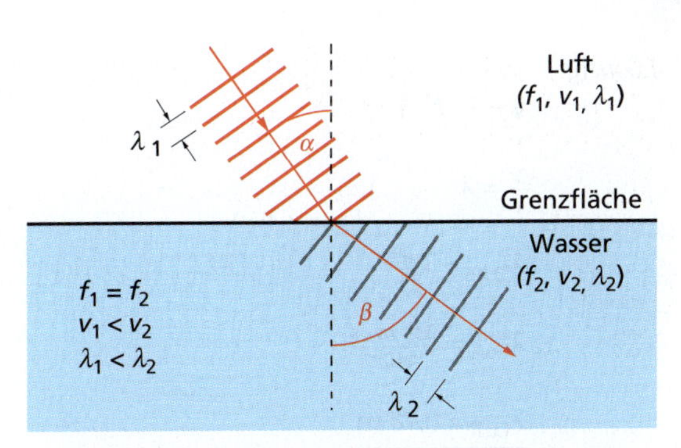

1 Brechung und Änderung der Wellenlänge beim Übergang einer Schallwelle von einem Stoff in einen anderen

die Wellenlänge 3,32 m. Bei der 10-fachen Frequenz von 1000 Hz beträgt sie wegen $\lambda \sim \frac{1}{f}$ nur ein Zehntel, also 0,332 m.

2. Unter der Bedingung, dass die Frequenz konstant ist, gilt:

$$v \sim \lambda$$

Zwischen Ausbreitungsgeschwindigkeit und Wellenlänge besteht eine direkte Proportionalität. In einem Stoff konstanter Temperatur ist die Ausbreitungsgeschwindigkeit immer gleich. Das gilt dann auch für die Wellenlänge.
Beim Übergang einer mechanischen Welle von einem Stoff in einen anderen ändert sich in der Regel die Ausbreitungsgeschwindigkeit und damit auch die Wellenlänge. So wird z. B. beim Übergang einer Schallwelle von Luft in Wasser die Wellenlänge größer, weil die Schallgeschwindigkeit in Wasser größer ist als in Luft.
Bei bekannter Ausbreitungsgeschwindigkeit und Frequenz kann man die Wellenlänge berechnen.
Berechne für den Kammerton a (440 Hz) die Wellenlänge der Schallwelle in Luft und in Wasser!

Analyse:
Für den Kammerton a kann die Wellenlänge in Luft und Wasser mit der Gleichung für die Ausbreitungsgeschwindigkeit berechnet werden.

Gesucht: λ_{Luft}, λ_{Wasser}
Gegeben: f = 440 Hz
v_{Luft} = 344 m/s (bei 20 °C)
v_{Wasser} = 1 484 m/s (bei 20 °C)

Lösung:

$v = \lambda \cdot f \quad | : f$

$\frac{v}{f} = \lambda$

$\lambda_{Luft} = \frac{v_{Luft}}{f}$

$\lambda_{Luft} = \frac{344 \text{ m} \cdot \text{s}}{440 \text{ s}}$

$\underline{\lambda_{Luft} = 0{,}78 \text{ m}}$

$\lambda_{Wasser} = \frac{v_{Wasser}}{f}$

$\lambda_{Wasser} = \frac{1484 \text{ m} \cdot \text{s}}{440 \text{ s}}$

$\underline{\lambda_{Wasser} = 3{,}37 \text{ m}}$

Ergebnis:
Die Wellenlänge für den Kammerton a beträgt in Luft 0,78 m, in Wasser dagegen 3,37 m. Die Wellenlänge ändert sich nicht nur beim Übergang von einem Stoff in einen anderen, sondern ist auch in einem Stoff bei verschiedener Temperatur unterschiedlich.

So ist z. B. die Wellenlänge von Schallwellen in Luft bei 0 °C kleiner als bei 20 °C, da die Ausbreitungsgeschwindigkeit bei 0 °C kleiner ist.

Mosaik

Wenn die Erde bebt

Erdbeben sind natürliche Erschütterungen der Erdkruste bzw. des oberen Erdmantels. In jedem Jahr werden mehrere tausend kleinerer und größerer Beben registriert. Etwa 90% aller Beben entstehen dadurch, dass sich Teile der Erdkruste gegeneinander verschieben, sich dadurch gewaltige Spannungen aufbauen und plötzlich entladen. Kleinere Erdbeben können auch im Zusammenhang mit vulkanischen Aktivitäten oder beim Einsturz von Hohlräumen (Höhlen, Bergwerken) entstehen. Erdbeben treten vor allem in tektonisch aktiven Zonen auf. Das ist der Bereich um den Pazifik und die eurasischen Faltengebirge. Etwa 75 % aller Beben treten im Bereich um den Pazifik herum auf, etwa 17 % im Bereich der eurasischen Faltengebirge.

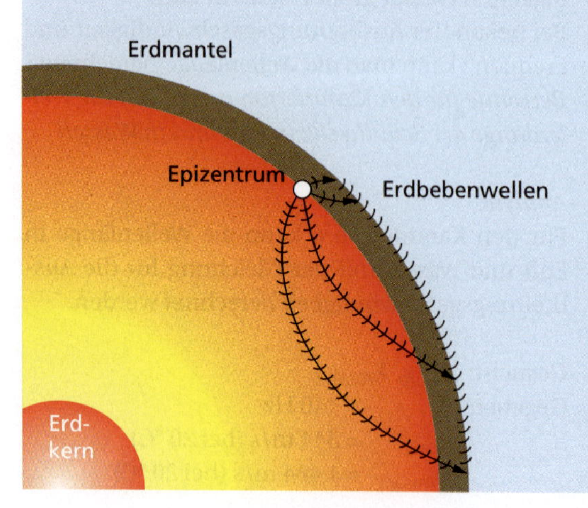

Das Erdbebenzentrum liegt meist 60 km bis 700 km unter der Erdoberfläche, die senkrecht darüber liegende Stelle der Erdoberfläche wird als **Epizentrum** bezeichnet. Vom Bebenzentrum breiten sich Erdbebenwellen als Längs- und Querwellen teilweise an der Erdoberfläche und teilweise im Erdmantel aus (Abb. links). Diese Erdbebenwellen können zur Zerstörung von Gebäuden, Brücken und Dämmen sowie zu Erdrutschen führen. Die Dauer von Erdbeben beträgt meist nur einige Sekunden bis Minuten. Häufig treten **Nachbeben** unterschiedlicher Stärke auf.

Auch in Deutschland können Erdbeben auftreten, ihre Stärke ist aber meist gering. Die Stärke von Erdbeben wird heute in der RICHTER-Skala angegeben, einer Skala, die von dem amerikanischen Seismologen CHARLES FRANCIS RICHTER (1900 bis 1985) im Jahr 1935 entwickelt wurde. Aktuelle Informationen zu Erdbeben findet man im Internet.

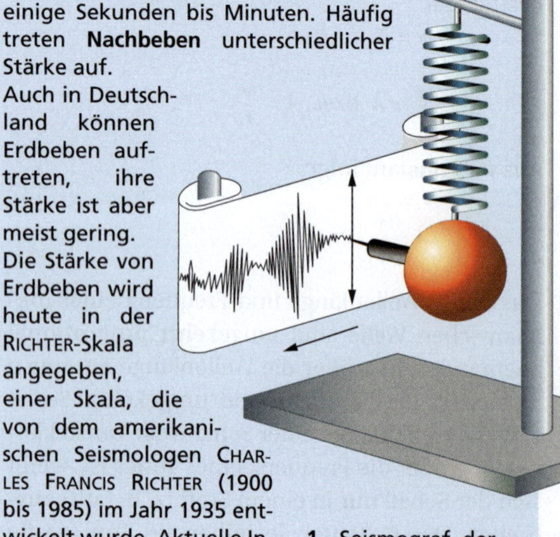

1 Seismograf, der vertikale Bewegungen aufzeichnet

Das Echo und seine Anwendung

Eine Eigenschaft von Schallwellen besteht darin, dass sie an Flächen reflektiert werden.
Die Reflexion von Schall kann man mit folgendem Versuch nachweisen:
In einem Standzylinder liegt eine tickende Uhr. Aus ca. 1 m Entfernung hört man sie nicht. Hält man aber eine Glasplatte schräg über den Standzylinder, so ist das Ticken der Uhr deutlich zu hören (Abb. 1).
Reflektiert werden sowohl Schallwellen im hörbaren Bereich als auch Schallwellen mit Frequenzen über 20 000 Hz, also im Ultraschallbereich.
Wie wird diese Eigenschaft des Schalls in Natur und Technik genutzt?

Beispiele für die Nutzung der Reflexion von Schall gibt es in Natur, Technik und Medizin.
So orientieren sich z. B. Fledermäuse mithilfe von Ultraschall (Abb. 2). Während ihres Fluges stoßen sie ständig für uns nicht hörbare Ultraschallschreie aus.
Treffen die Schallwellen auf ein Hindernis, so werden sie reflektiert und die reflektierten Schallwellen von der Fledermaus wieder aufgenommen. Die Fledermaus kann dann dem Hindernis ausweichen oder Beutetiere fangen.
Eine Methode zur Bestimmung der Tiefe von Gewässern, zum Aufspüren von Fischschwärmen oder von U-Booten ist das **Echolotverfahren** (Abb. 3). Dabei werden von einem Sender Ultraschallimpulse gerichtet abgestrahlt. Der Schall wird am Meeresboden oder an Hindernissen (Fischschwarm, U-Boot) reflektiert. Der reflektierte Schall wird von einem Empfänger aufgenommen. Aus der Laufzeit der Schallimpulse kann man die Tiefe des Fischschwarms ermitteln. Der Schall breitet sich im Wasser gleichförmig aus und damit gilt das Weg-Zeit-Gesetz für die gleichförmige Bewegung $s = v \cdot t$.
Die Zeit t ist dabei die Hälfte der Zeit, die der Schall vom Sender bis zum Empfänger benötigt. Es sind auch Aussagen über die Größe und die Bewegungsrichtung des Fischschwarms möglich.
In der Medizin und in der Technik wird das Echolotverfahren bei Ultraschalluntersuchungen genutzt (s. S. 254). Mit dem Echolotverfahren kann auch ein Werkstoff auf Einschlüsse oder Risse geprüft werden (s. S. 254).

1 Schall wird an Flächen reflektiert. Es gilt das Reflexionsgesetz $\alpha = \alpha'$

2 Eine Fledermaus orientiert sich mithilfe von Ultraschall. Genutzt wird dabei die Reflexion von Schallwellen.

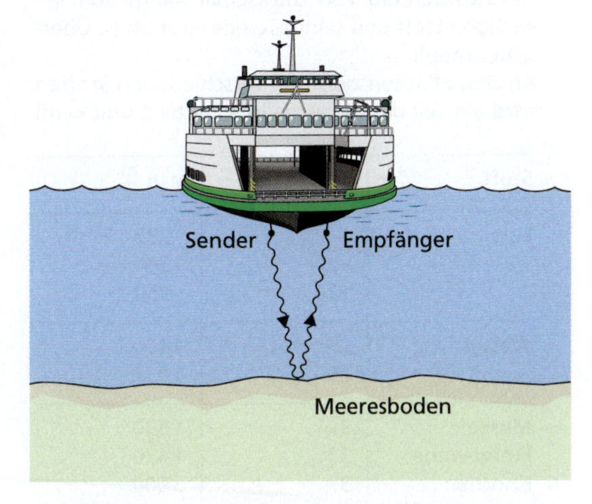

3 Mit dem Echolotverfahren kann man die Meerestiefe bestimmen oder Fischschwärme orten.

Mosaik

Ultraschall und seine Anwendung

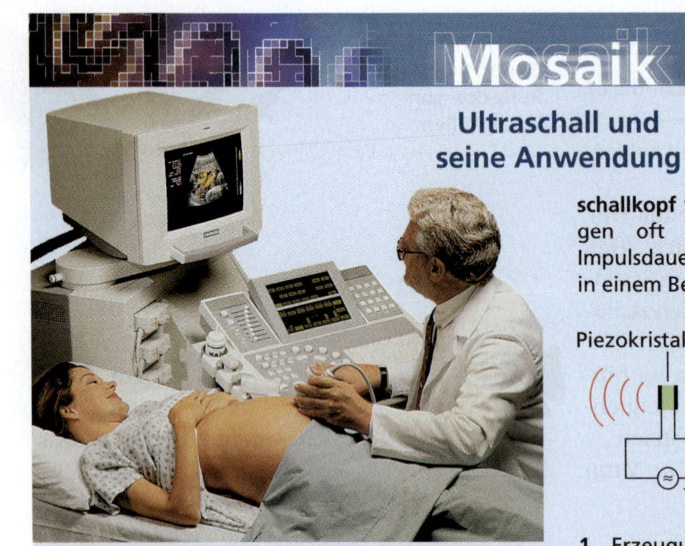

Schall mit einer Frequenz von über 20 kHz bezeichnet man als Ultraschall. Der Frequenzumfang des Ultraschalls reicht bis 1 GHz. Bei technischen Anwendungen arbeitet man in der Regel in einem Bereich von einigen MHz.

Die **Erzeugung von Ultraschall** erfolgt mithilfe von Schallgebern. Bei den vorrangig genutzten piezoelektrischen Schallgebern wird folgender Effekt genutzt: Unter dem Einfluss eines hochfrequenten elektrischen Wechselfeldes wird ein Piezokristall zu Schwingungen angeregt (Abb. 1) und strahlt Ultraschall ab. Bei magnetostriktiven Wandlern wird der 1847 von J. P. JOULE gefundene Effekt genutzt, dass ferromagnetische Stoffe bei der Magnetisierung ihre Länge ändern.

Die **Ausbreitung von Ultraschall** hängt vom jeweiligen Stoff und seiner Temperatur ab (s. Übersicht unten).

An Grenzflächen zwischen verschiedenen Stoffen wird ein Teil des Ultraschalls reflektiert und kann von einem Empfänger aufgenommen werden. Sender und Empfänger sind zumeist in einem **Ultraschallkopf** vereinigt, wobei man bei Anwendungen oft mit Ultraschallimpulsen mit einer Impulsdauer von 1 µs–2 µs und einer Impulsfolge in einem Bereich von 0,3 kHz–10 kHz arbeitet.

Stoff	ϑ in °C	v in $\frac{m}{s}$
Luft	0 +20 +30	332 344 350
Wasser	5 25	1 400 1 457
Muskel Fettgewebe Knochen	37 37 37	1 570 1 470 3 600

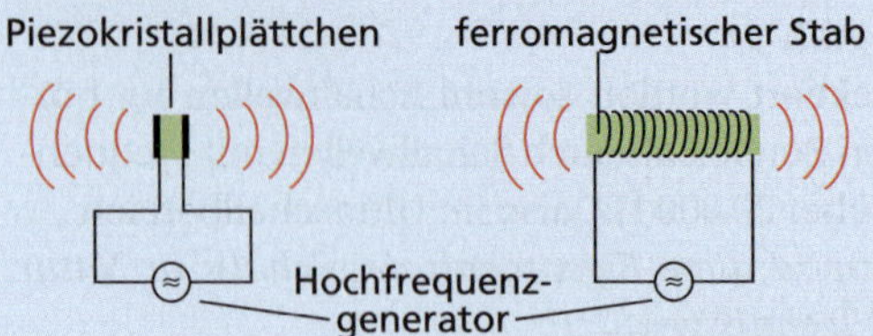

1 Erzeugung von Ultraschall

Die **Anwendungen von Ultraschall** sind überaus vielfältig. Das **Echolotverfahren (A-scope**, A von Amplitude) wird nicht nur genutzt, um die Wassertiefe unter Schiffen zu bestimmen oder Fischschwärme zu orten, sondern auch, um massive Werkstücke oder Schweißnähte zu prüfen (Abb. 2).

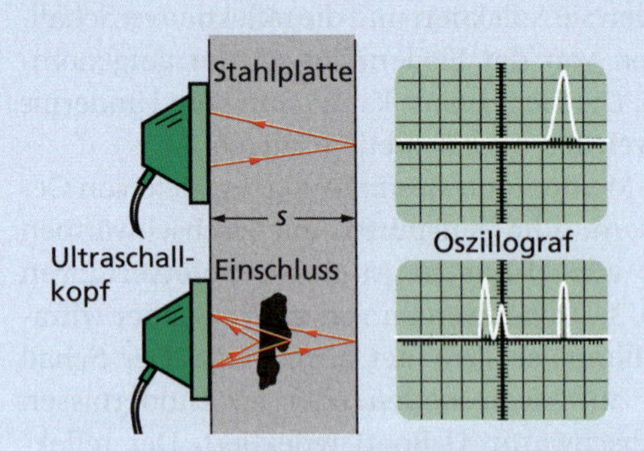

2 Werkstoffprüfung mit Ultraschall

Bei Augenuntersuchungen mit Ultraschall kann man z. B. feststellen, ob eine Netzhautablösung vorliegt.

Um ein zweidimensionales Schnittbild einer Körperebene zu erhalten, wendet man das **B-scope** (B von brightness = Helligkeit) an. Dabei wird der Schallkopf über die Körperoberfläche geführt. Die empfangenen Echoimpulse werden als mehr oder weniger helle Punkte dargestellt. Damit erhält man ein zweidimensionales Bild aus dem Körperinneren (Abb. oben links).

gewusst · gekonnt

1. Die folgenden Abbildungen zeigen verschiedene Erscheinungen aus unserer Umwelt.

a) Beschreibe die Erscheinungen und begründe, ob es sich bei der jeweiligen Erscheinung um mechanische Wellen handelt!

b) Gib für die Fälle, bei denen es sich um mechanische Wellen handelt, an, ob es Längs- oder Querwellen sind! Begründe!

*c) Welche physikalischen Größen ändern sich zeitlich und räumlich periodisch bei den jeweiligen mechanischen Wellen?

2. Beschreibe Vorgänge aus Natur und Technik, bei denen es sich um mechanische Wellen handelt! Begründe! Gib an, ob es sich um Längs- oder Querwellen handelt!

3. Wellenbäder sind beliebte Freizeiteinrichtungen. Die Wellen werden durch eine Wellenmaschine erzeugt, die sich an einer Seite des Beckens befindet. Erläutere an diesem Beispiel, dass mit mechanischen Wellen zwar Energie, aber kein Stoff transportiert wird!

4. Durch eine Reihe gekoppelter Fadenpendel (s. Abb.) kann sich eine mechanische Welle ausbreiten.

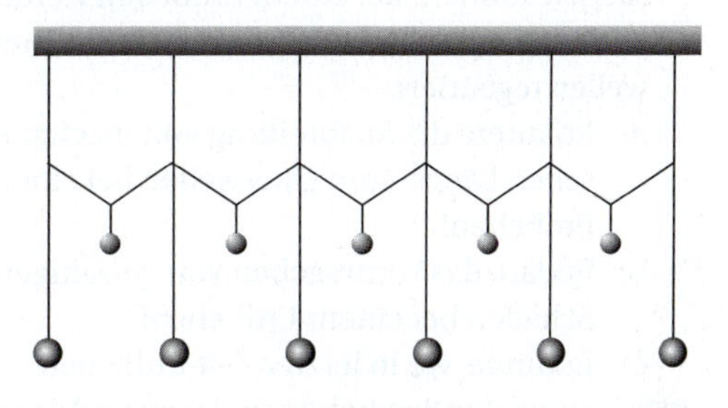

Erläutere die Ausbreitung von mechanischen Längs- und Querwellen an diesem Beispiel!

5. Mit den zwei nachfolgenden Diagrammen wird die Ausbreitung der Schwingung einer Stimmgabel als mechanische Welle grafisch dargestellt.

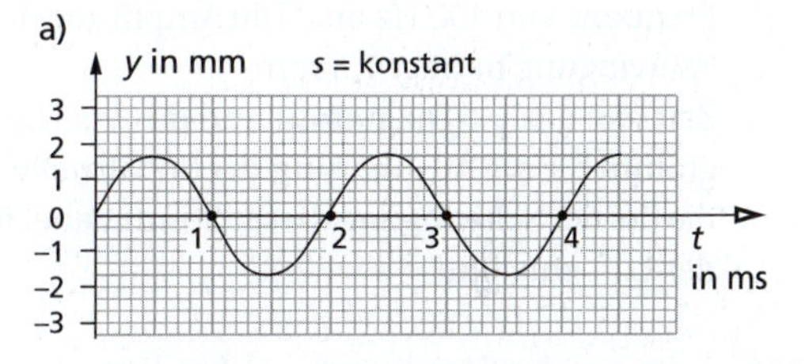

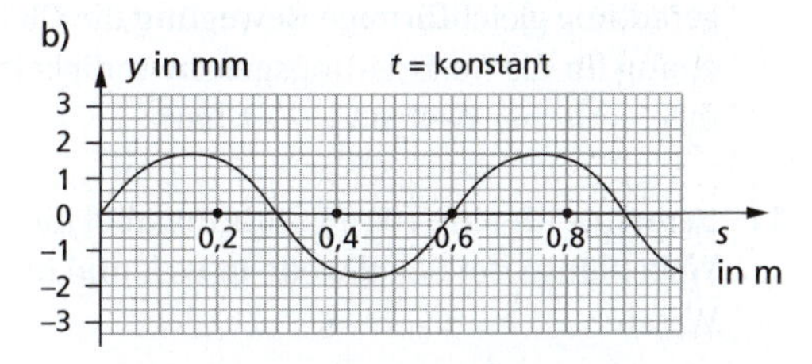

Ermittle aus den Diagrammen die Amplitude, die Frequenz, die Wellenlänge und die Schwingungsdauer sowie die Ausbreitungsgeschwindigkeit der Schallwellen, die von der Stimmgabel ausgehen!

6. Eine Stimmgabel schwingt mit einer Frequenz von 523 Hz. Wie groß sind Schwingungsdauer und Wellenlänge in Luft bei 20 °C?

***7.** Bei Erdbeben entstehen sowohl Längs- als auch Querwellen, die gewaltige Zerstörungen in der Natur und an Gebäuden verursachen können. Bei einem Erdbeben werden zuerst Längswellen und anschließend Querwellen registriert.

a) Erläutere die Ausbreitung von mechanischen Längs- und Querwellen bei einem Erdbeben!

b) Erkläre das Verursachen von gewaltigen Schäden bei einem Erdbeben!

c) Erkunde, wo in letzter Zeit Erdbeben stattgefunden haben und welche Auswirkungen sie hatten! Hinweise dazu findest du im Internet.

8. Erläutere die Ausbreitung einer Schwingung im Raum am Beispiel einer Schallwelle!

9. Eine Stimmgabel wird angeschlagen und führt mechanische Schwingungen mit einer Frequenz von 400 Hz aus. Die Amplitude der Schwingung beträgt 1,5 mm.
Zeichne das y-t-Diagramm und das y-s-Diagramm für die Ausbreitung der Schallwelle, die bei der Schwingung dieser Stimmgabel in der Luft entsteht!

***10.** Leite aus der Gleichung $v = \frac{s}{t}$ für die geradlinig gleichförmige Bewegung die Gleichung für die Ausbreitungsgeschwindigkeit mechanischer Wellen $v = \lambda \cdot f$ her!

11. Berechne für eine 100-Hz-Stimmgabel die Wellenlänge der Schallwelle in Luft und in Wasser!

12. Wasserwellen sind Oberflächenwellen. Wenn man z. B. einen Stein ins Wasser wirft, breiten sich die Wellen kreisförmig vom Erregerzentrum aus (s. Abb. rechts oben).

a) Beschreibe eine Möglichkeit, wie man die Ausbreitungsgeschwindigkeit von Wasserwellen bestimmen könnte!

b) Nutze das beschriebene Verfahren, um die Ausbreitungsgeschwindigkeit von Wasserwellen zu bestimmen!

13. Lineare Wasserwellen, wie sie z. B. von Wellenmaschinen in Bädern erzeugt werden, treffen auf unterschiedliche Hindernisse. Dabei sind die in den Skizzen unten dargestellten Erscheinungen zu beobachten. Beschreibe das jeweilige Experiment! Welche Eigenschaften von Wasserwellen werden mit dem jeweiligen Experiment demonstriert?

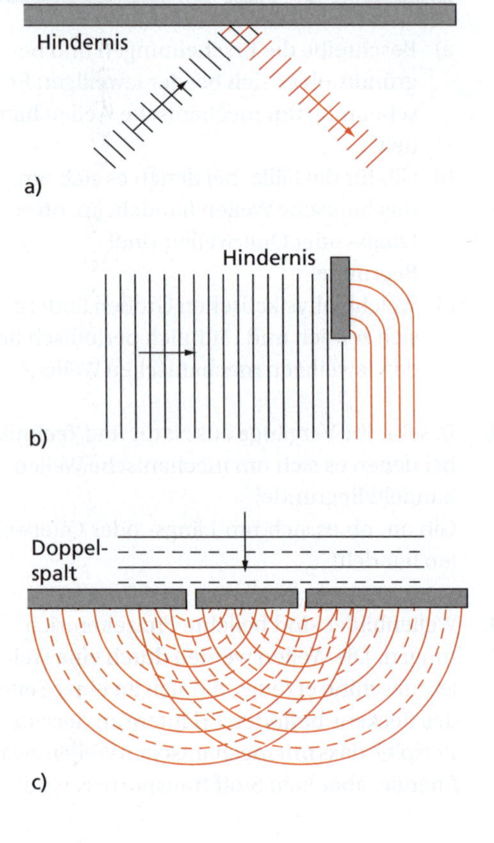

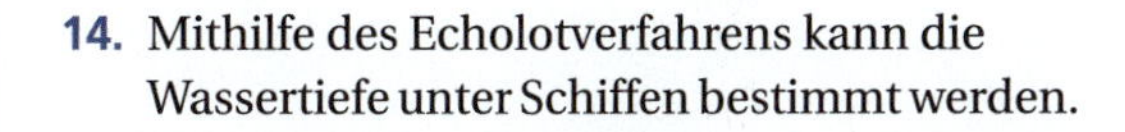

14. Mithilfe des Echolotverfahrens kann die Wassertiefe unter Schiffen bestimmt werden.

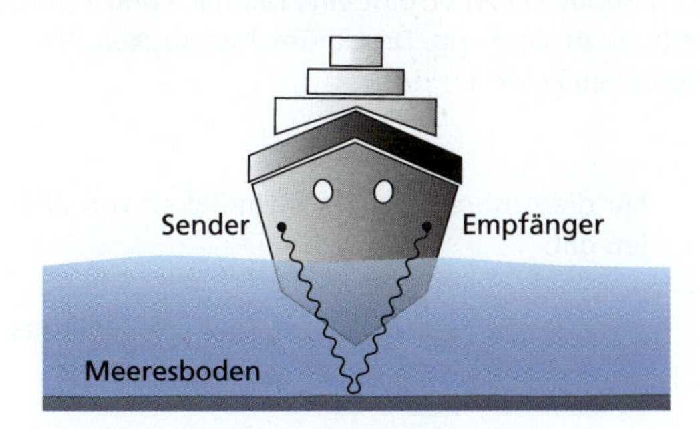

a) Erläutere das Echolotverfahren!

b) Von einem Schiff wird unmittelbar unter der Wasseroberfläche mit einem Echolotgerät Schall ausgesendet. Nach 9,6 s wird der Schall wieder empfangen.
Wie tief ist an dieser Stelle das Meer?

*c) Wie verändert sich die Laufzeit der Schallimpulse, wenn bei gleicher Tiefe die Wassertemperatur höher ist?

15. Die Skizze zeigt die Ultraschalluntersuchung eines Werkstücks.

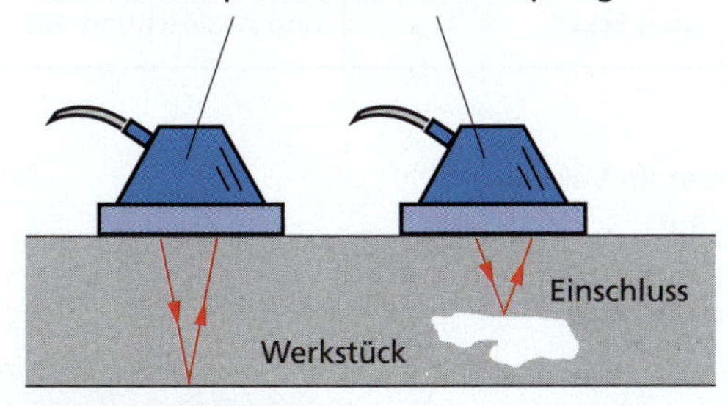

Erkläre, wie man mit einer solchen Ultraschalluntersuchung Einschlüsse in Werkstücken feststellen kann!

16. Menschen haben einen durchschnittlichen Stimmumfang von 85 Hz bis 1 100 Hz und einen Hörbereich von 16 Hz bis 20 kHz.

a) Berechne aus diesen Angaben, in welchem Bereich sich die Wellenlängen der Schallwellen befinden, die von Menschen in Luft erzeugt werden!

b) Berechne, in welchem Bereich sich die Wellenlängen von Schallwellen befinden, die von Menschen wahrgenommen werden können!

17. Eine fliegende Biene oder Mücke summt, einen fliegenden Schmetterling hört man dagegen nicht. Erkläre!

18. Auf der Erde kann man Explosionen im Weltall auch nach längerer Zeit nicht hören. Erkläre, warum man sie nicht hört!

19. Wenn man eine Klingel unter eine Glasglocke stellt, kann man sie trotzdem hören. Pumpt man jedoch die Luft aus dem Raum unter der Glocke heraus, wird die Klingel immer leiser. Erkläre, wie das kommt!

20. Mit einem Schlauchstethoskop (s. Abb.) kann ein Arzt die Geräusche von Herz und Lunge wahrnehmen. Dazu setzt er das Bruststück auf den Körper des Menschen auf. Das Bruststück besteht aus einer Kapsel mit oder ohne Membran. Beschreibe den Aufbau und erkläre die Wirkungsweise eines Schlauchstethoskops!

Ohrstück
Schlauchverbindung
Bruststück

21. Zu welchen gesundheitlichen Schäden können ständiger Lärm oder zu laute Musik führen?

22. Lärm ist für viele eine erhebliche Belastung und kann auch Erkrankungen hervorrufen.

a) Stelle in einer Übersicht Möglichkeiten zusammen, wie du dich vor Lärm schützen kannst!

b) Diskutiert Möglichkeiten, wie ihr selbst die Erzeugung von Lärm vermeiden oder verringern könnt!

Mechanische Wellen, Schallwellen

Eine **Welle** ist die Ausbreitung einer Schwingung im Raum. Dabei erfolgt eine räumlich und zeitlich periodische Änderung einer physikalischen Größe (z. B. Auslenkung, Druck, Geschwindigkeit, Beschleunigung, Stärke des elektrischen bzw. magnetischen Feldes).

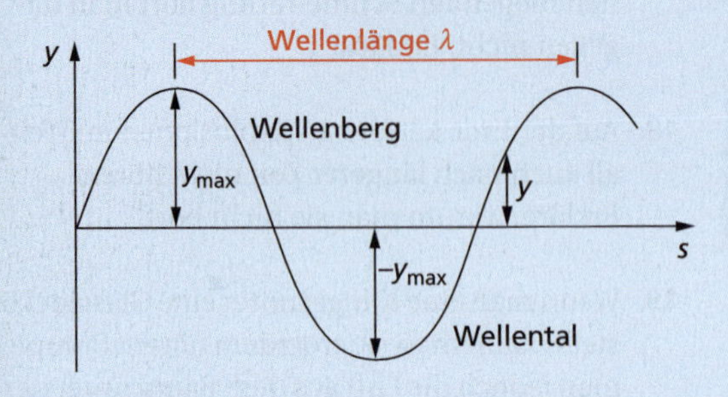

Für die Ausbreitungsgeschwindigkeit von Wellen gilt:

$$v = \lambda \cdot f$$

λ Wellenlänge
f Frequenz

Wellen können reflektiert, gebrochen und gebeugt werden sowie sich überlagern.

Reflexion	Brechung	Beugung	Interferenz
Stoff 1 (v_1), Stoff 2 (v_2)			Auslöschung, Verstärkung, Lautsprecher
$\alpha = \alpha'$	Wellen ändern ihre Ausbreitungsrichtung.	Wellen gehen um „die Ecke“.	Es tritt Verstärkung und Auslöschung auf.

Schallwellen sind mechanische Wellen.

Schallwellen
- breiten sich in Stoffen aus, nicht aber im Vakuum,
- breiten sich in Luft mit ca. 333 m/s aus,
- werden an Flächen reflektiert,
- werden an Kanten und Öffnungen gebeugt,
- werden durch Stoffe absorbiert.

Sehr lauter Schall (Lärm) kann zu gesundheitlichen Schäden führen. Deshalb gilt:

Die Vermeidung von Lärm ist der beste Schutz vor gesundheitlichen Schäden. Wo es möglich ist, sollte Lärm gedämmt oder gedämpft werden.

4 Wärmelehre

4.1 Temperatur, Wärme und Wärmeübertragung

Eine Wetterkarte informiert

Im Wetterbericht wird vorausgesagt, wie das Wetter am nächsten Tag sein wird. Die Wetterkarte zeigt, welche Temperaturen zu erwarten sind und ob es Niederschläge geben wird. Manchmal wird neben der Temperatur auch noch die „gefühlte Temperatur“ angegeben.

Was kann man aus einer Wetterkarte über die Temperatur und andere Wetterdaten ableiten?
Wie unterscheidet sich die gemessene Temperatur von der gefühlten Temperatur?

Kalt oder warm?

Wenn du an einem heißen Sommertag am Strand liegst, kommst du leicht ins Schwitzen. Nach einem ausführlichen Bad kommt es dir dann aber relativ kühl vor, wenn du aus dem Wasser kommst, obwohl sich die Lufttemperatur nicht verändert hat.

Wie sind diese unterschiedlichen Empfindungen zu erklären?

Kälte „ohne Ende“

Eisbären leben in der Arktis, in der monatelang strenger Frost herrscht. Temperaturen von unter −30 °C über einen längeren Zeitraum hinweg sind keine Seltenheit. Die Bären fischen im eiskalten Wasser und bringen ihre Jungen im Polarwinter in Schneehöhlen zur Welt.

Wie schützen sich Eisbären und andere Tiere vor tiefen Temperaturen?

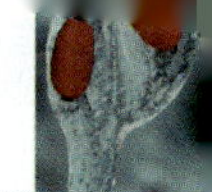

Die Temperatur

Mit den wärmeempfindlichen und kälteempfindlichen Punkten in unserer Haut können wir fühlen, ob Luft oder Wasser heiß, warm oder kalt sind. Unser Temperaturempfinden lässt sich aber leicht täuschen: Fassen wir nacheinander Gegenstände aus Metall, Glas und Holz an, so erscheinen sie uns auch dann unterschiedlich warm, wenn sie die gleiche Temperatur haben. Bei sehr heißen (Abb. 1) und sehr kalten Körpern (Abb. 3) versagt unser Temperaturempfinden ebenfalls. Deshalb gilt:

Zur genauen Bestimmung der Temperatur eines Körpers ist es notwendig, diese Temperatur zu messen.

Die Temperatur ist eine physikalische Größe, die das genauer erfasst, was wir als heiß, warm oder kalt empfinden.
Messgeräte für die Temperatur sind **Thermometer,** die es in sehr unterschiedlichen Bauformen gibt (s. S. 263).
Zur Angabe der Temperatur eines Körpers in Grad Celsius (°C) wird die **Celsiusskala** (Abb. 2) genutzt. Diese Temperaturskala ist nach dem schwedischen Naturwissenschaftler ANDERS CELSIUS (1701–1744) benannt. CELSIUS schuf diese heute weltweit genutzte Temperaturskala um 1740. Als Fixpunkte (Bezugspunkte) für seine Skala wählte er die Temperatur von schmelzendem Eis und die Temperatur von siedendem Wasser bei normalem Luftdruck (Abb. 2).

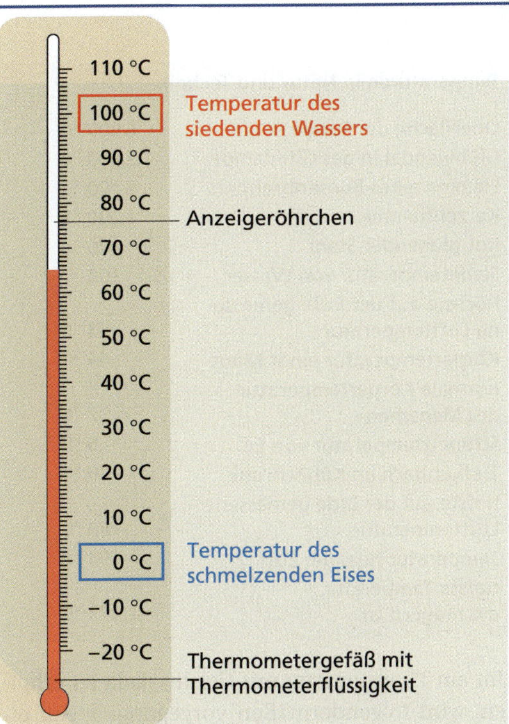

2 Die Celsiusskala mit ihren beiden Fixpunkten 0 °C und 100 °C.

Die Temperatur gibt an, wie heiß oder wie kalt ein Körper ist.

Formelzeichen: ϑ **(griechischer Buchstabe, sprich: Theta)**

Einheit: **1 Grad Celsius (1 °C)**

1 Ein glühender Stahlblock hat eine Temperatur von etwa 800 °C.

3 Ein Eisberg kann in der Antarktis eine Temperatur von – 30 °C haben.

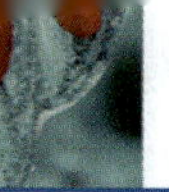

Temperaturen in Natur und Technik	
Oberfläche der Sonne	6 000 °C
Glühwendel in der Glühlampe	2 500 °C
Flamme eines Bunsenbrenners	1 700 °C
Kerzenflamme	1 200 °C
Rot glühender Stahl	800 °C
Siedetemperatur von Wasser	100 °C
höchste auf der Erde gemessene Lufttemperatur	58 °C
Körpertemperatur einer Maus	44 °C
normale Körpertemperatur des Menschen	37 °C
Schmelztemperatur von Eis	0 °C
Tiefkühlfach im Kühlschrank	– 20 °C
tiefste auf der Erde gemessene Lufttemperatur	– 88 °C
Temperatur flüssiger Luft	– 193 °C
tiefste Temperatur, die möglich ist	– 273 °C

Um ein Thermometer mit Celsiusskala zu erhalten, wird folgendermaßen vorgegangen: Auf einer Skala (Abb. 2, S. 261) wird die Temperatur von schmelzendem Eis (0 °C) und die Temperatur von siedendem Wasser (100 °C) markiert. Der Abstand zwischen diesen beiden Punkten wird in 100 gleiche Teile geteilt. Jeder Teil entspricht einem Temperaturunterschied von einem Grad Celsius (1 °C). Temperaturen, die größer als 0 °C sind, können ein vorgesetztes Pluszeichen erhalten. Temperaturen, die kleiner als 0 °C sind, müssen durch ein vorgesetztes Minuszeichen gekennzeichnet werden.

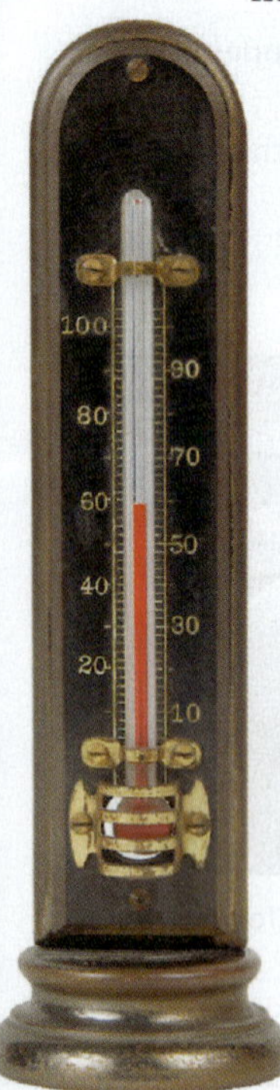

Die ersten wirklich brauchbaren Thermometer wurden um 1720 von DANIEL GABRIEL FAHRENHEIT (1686 bis 1736) entwickelt. Es handelt sich dabei um Flüssigkeitsthermometer. Sie bestehen aus einem Thermometergefäß, einem Anzeigeröhrchen und einer Skala (Abb. 1). Bei ihnen wird genutzt, dass sich das Volumen der Flüssigkeit im Thermometergefäß mit der Temperatur ändert. Während man früher meist Quecksilber als Thermometerflüssigkeit nutzte,

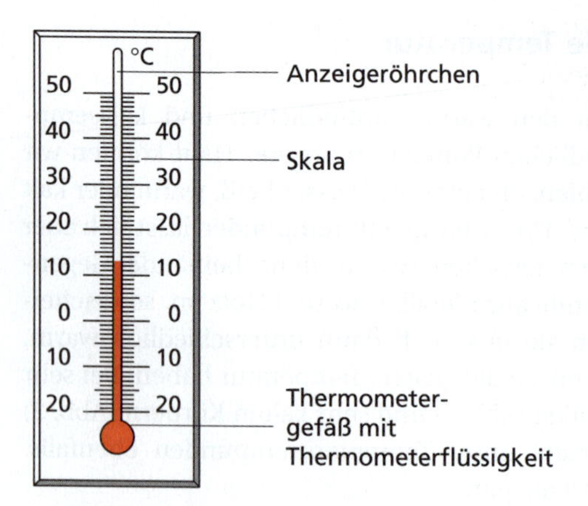

1 Aufbau eines Flüssigkeitsthermometers

wird heute in der Regel gefärbter Alkohol verwendet. Wasser ist als Thermometerflüssigkeit ungeeignet (s. S. 283).

Die Wirkungsweise eines Flüssigkeitsthermometers beruht darauf, dass sich eine Flüssigkeit bei Temperaturänderung ausdehnt oder zusammenzieht (s. S. 282). Je höher die Temperatur ist, desto höher steht die Flüssigkeitssäule im Anzeigeröhrchen.

Neben Flüssigkeitsthermometern gibt es noch viele andere Arten von Thermometern mit unterschiedlichem Aufbau und verschiedener Wirkungsweise (s. S. 263).

Jedes Thermometer hat einen bestimmten **Messbereich** und eine vom Aufbau abhängige **Messgenauigkeit.** Das abgebildete Flüssigkeitsthermometer (Abb. 1) hat einen Messbereich von –20 °C bis +50 °C. Man kann auf 1 °C genau ablesen und 0,5 °C schätzen.

Vorgehen beim Messen der Temperatur

1. Schätze die Temperatur des Körpers und wähle ein geeignetes Thermometer aus! Beachte dabei den Messbereich des Thermometers und die notwendige Messgenauigkeit!
2. Bringe den Messfühler (z. B. das Thermometergefäß) in guten Kontakt mit dem Körper, dessen Temperatur gemessen werden soll!
3. Warte ab, bis sich die angezeigte Temperatur nicht mehr ändert!
4. Lies die Temperatur an der Skala ab!

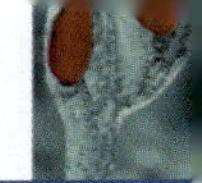

Mosaik

Verschiedene Thermometer für unterschiedliche Anwendungen

Je nach Verwendungszweck und Bauform gibt es unterschiedliche Arten von Thermometern. Die Thermometer unterscheiden sich nicht nur in ihrem Aufbau und ihrer Wirkungsweise, sondern vor allem auch in ihren Messbereichen. Im Haushalt werden vielfach verschiedene Arten von Flüssigkeitsthermometern verwendet (Abb. 1).

Als **Zimmerthermometer** nutzt man meist Thermometer mit einem Messbereich, der zwischen –10 °C und 40 °C liegt (Abb. 1a).

Als **Außenthermometer** haben sie meist einen Messbereich zwischen –30 °C und 50 °C.

Mit **Kühlschrankthermometern** (Abb.1b) will man die Temperatur im Innern eines Kühlschranks messen. Der Messbereich solcher Thermometer geht deshalb meist bis – 20 °C oder – 30 °C.

Mit einem **Fieberthermometer** soll möglichst genau die Körpertemperatur gemessen werden. Der Messbereich dieser Thermometer liegt deshalb zwischen 35 °C und 42 °C, also im Bereich der normalen Körpertemperatur von 37 °C (Abb. 1c). Da es hier auf sehr genaue Messungen ankommt, besitzen Fieberthermometer eine hohe Messgenauigkeit, mit der man auf 0,1 °C genau ablesen kann.

Mit **Laborthermometern** (Abb. 1d) kann man z. B. auch Temperaturen von über 100 °C messen.

Neben Flüssigkeitsthermometern gibt es auch Thermometer bzw. Temperaturanzeigen, die völlig anders funktionieren.

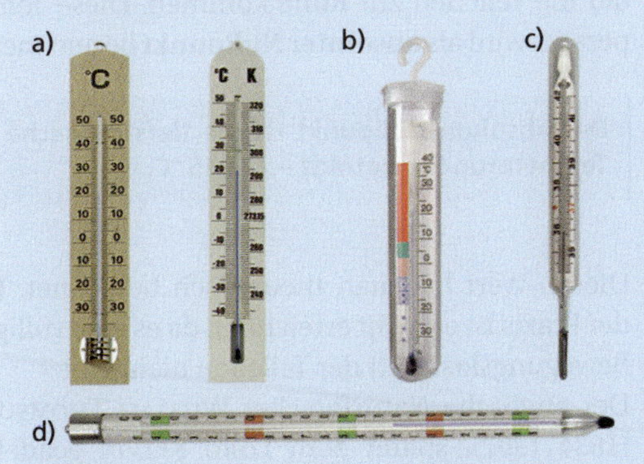

1 Verschiedene Flüssigkeitsthermometer

Weit verbreitet sind **Bimetallthermometer** (Abb. 2). Genutzt wird bei solchen Thermometern die Veränderung der Krümmung eines Bimetallstreifens bei Temperaturänderung.

Zunehmend verwendet werden **elektrische Thermometer** (Abb. 3).

Besonders interessant ist das **galileische Thermometer** (Abb. 4), das GALILEO GALILEI (1564–1642) erfunden hat und dessen Wirkungsweise mit dem Auftrieb in Flüssigkeiten erklärt werden kann.

2 Bimetallthermometer

Es gibt auch Thermometer, bei denen genutzt wird, dass bestimmte Stoffe mit der Temperatur ihre Farbe wechseln. Abb. 5 zeigt ein solches Thermometer.

3 Elektrisches Thermometer

4 Thermometer nach GALILEI

POSTCARD THERMOMETER

32-35°c	90-95°F
29-32	85-90
27-29	80-85
24-27	75-80
21-24	70-75
18-21	65-70
16-18	60-65
13-16	55-60

5 Thermometer mit Thermofarben

Temperatur und Teilchenbewegung

Bei Talfahrten im Gebirge kann es vorkommen, dass die Bremsscheiben eines Pkw heiß werden. Bei einer technischen Prüfung werden sie deshalb ähnlich belastet, um ihre Funktionsfähigkeit zu prüfen (Abb. 1). Umfasst man den unteren Teil des Kolbens einer Luftpumpe mit der Hand und pumpt kräftig Luft in einen Schlauch, dann spürt man, das sich die Luftpumpe erwärmt. Schüttelt man eine kleine Menge Wasser in einem verschlossenen Gefäß mindestens eine Minute lang sehr kräftig hin und her, dann kann man ebenfalls eine Erhöhung der Temperatur feststellen, auch wenn sie viel geringer als in den beiden anderen Fällen ist.

Nach dem Teilchenmodell bestehen alle Stoffe aus Teilchen. Die Teilchen befinden sich in ständiger Bewegung. Zwischen ihnen wirken Kräfte.

Je höher die Temperatur eines Körpers ist, desto schneller bewegen sich die Teilchen des Stoffes, aus dem der Körper besteht.

Werden die Bremsbeläge gegen die Bremsscheiben gepresst, dann „verhaken" sich die Teilchen beider Stoffe, werden wieder auseinander gerissen usw., obwohl die Oberflächen scheinbar eben aussehen. Die Teilchen werden ständig von ihren Plätzen gezerrt, federn zurück und bewegen sich heftiger als zuvor. Die Temperatur steigt.

1 Bremsscheiben eines Pkw erreichen bei Belastung eine Temperatur von bis zu 600 °C.

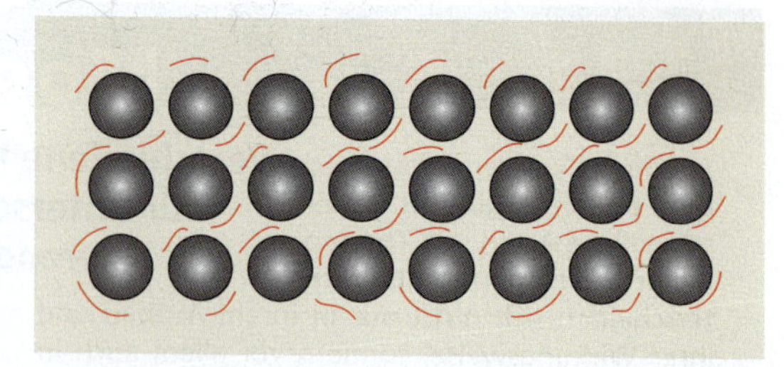

2 Bei niedriger Temperatur schwingen die Teilchen eines festen Körpers um ihre Plätze hin und her.

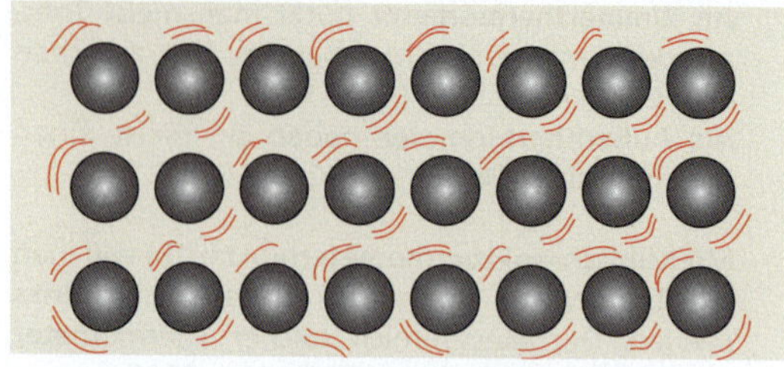

3 Bei hoher Temperatur schwingen die Teilchen eines festen Körpers heftiger, bleiben aber immer an den gleichen Stellen im Stoff.

In Flüssigkeiten schwingen die Teilchen bei höherer Temperatur heftiger und wechseln häufiger ihre Plätze als bei niedriger Temperatur. Deshalb geht z. B. Diffusion schneller vor sich (s. S. 127).
Auch zwei Gase vermischen sich bei höherer Temperatur schneller miteinander, weil sich die Teilchen der heißen Gase schneller bewegen als die der kalten Gase.

Bei Verringerung der Temperatur bewegen sich die Teilchen aller Stoffe weniger heftig. Die tiefstmögliche Temperatur ist deshalb diejenige, bei der die Teilchen zur Ruhe kommen. Diese Temperatur wird als **absoluter Nullpunkt** bezeichnet.

Der absolute Nullpunkt ist die tiefstmögliche Temperatur. Sie beträgt −273,15 °C.

Diesen Wert hat man theoretisch berechnet. In der Praxis ist er nicht erreichbar, da es eine völlige Bewegungslosigkeit der Teilchen nicht gibt.

Der englische Naturforscher William Thomson (1834–1907), später zum Lord Kelvin geadelt, wählte den absoluten Nullpunkt zum Ausgangspunkt einer Temperaturskala.

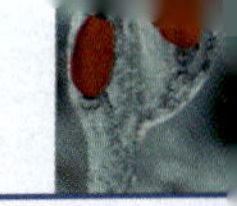

Diese Temperaturskala, die mit dem tiefstmöglichen Wert von –273,15 °C beginnt, wird zu Ehren von Lord KELVIN auch Kelvinskala genannt. Die Temperaturen dieser Skala heißen **absolute Temperaturen.** Da für die Kelvinskala die gleiche Einteilung wie für die Celsiusskala gewählt wurde (Abb. 1), entsprechen 0 °C dann 273,15 K. Häufig rechnet man mit 273 K. Für eine Temperatur von 20 °C kann dann z. B. geschrieben werden: $\vartheta = 20\ °C$ oder $T = 293\ K$.

Die Temperatur kann auch in der Kelvinskala angegeben werden (absolute Temperatur).

Formelzeichen: T
Einheit: **1 Kelvin (1 K)**

Temperaturdifferenzen werden meist in Kelvin angegeben. Für den Zusammenhang von Temperaturen in K und in °C gilt:

$$\frac{T}{\text{K}} = \frac{\vartheta}{°\text{C}} + 273$$

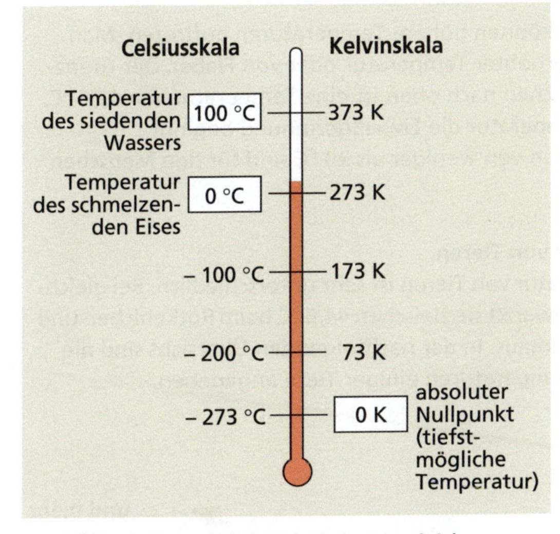

1 Celsiusskala und Kelvinskala im Vergleich

Mosaik

Weitere Temperaturskalen

Temperaturangaben müssen für jedermann und überall dasselbe aussagen. Das gelingt mit Bezugspunkten, die überall auf der Welt gleich sind. In der Geschichte der Physik hat es verschiedene Vorschläge gegeben, von denen einige noch heute in Gebrauch sind (Abb. 2).

Der schwedische Forscher ANDERS CELSIUS (1701–1744) wählte die Temperaturen von schmelzendem Eis (0 °C) und siedendem Wasser (100 °C) und teilte den Abstand zwischen ihnen in 100 gleiche Teile. Eis schmilzt im Norden bei derselben Temperatur wie im Süden, und auch Wasser siedet überall bei derselben Temperatur, wenn der Druck gleich ist. Die Celsiusskala ist heute in den meisten Ländern verbreitet.

Noch vor CELSIUS, im Jahre 1714, entwickelte der Physiker GABRIEL DANIEL FAHRENHEIT (1686–1736) seine Temperaturskala. FAHRENHEIT wurde in Danzig geboren und wirkte in den Niederlanden und England. Als Nullpunkt der Skala wählte er die Temperatur eines Gemisches aus Eis, Salmiak und Wasser: 0 °F (sprich null Grad Fahrenheit). Mit dieser niedrigen Temperatur (–32 °C) hoffte FAHRENHEIT, negative Temperaturen vermeiden zu können. Der andere Fixpunkt ist unsere Körpertemperatur (100 °F). Den Abstand zwischen beiden Punkten teilte er in 100 gleiche Teile.

Die Fahrenheitskala ist noch heute in den USA und Großbritannien verbreitet. Auch auf internationalen Flügen werden die Außentemperaturen häufig sowohl in °C als auch in °F angegeben.

Der französische Physiker und Zoologe RENÉ ANTOINE RÉAUMUR (1683–1757) schuf um 1730 die nach ihm benannte RÉAUMUR-Skala. Als Fixpunkte wählte auch er die Temperatur von schmelzendem Eis und siedendem Wasser, nannte sie aber 0 °R und 80 °R.

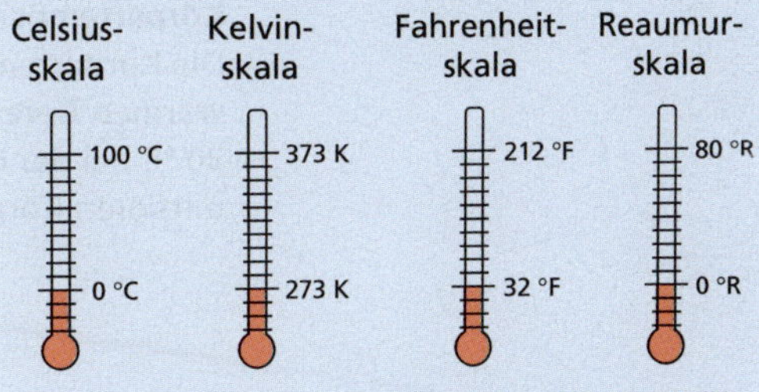

2 Verschiedene Temperaturskalen im Vergleich

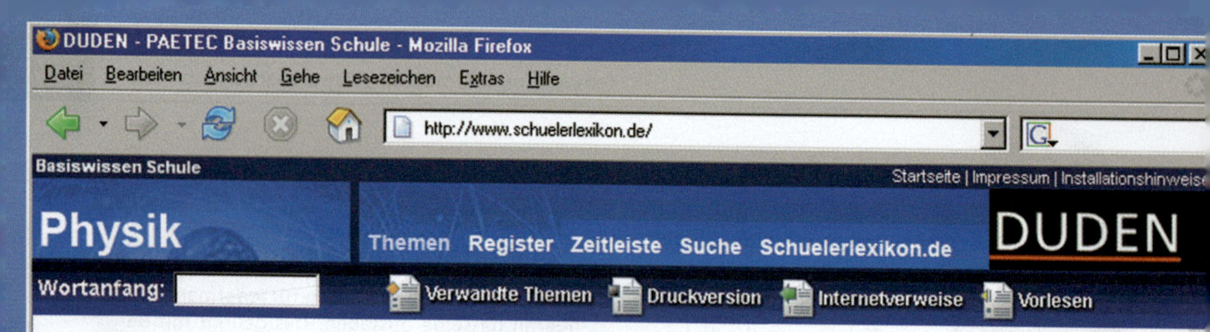

Körpertemperaturen

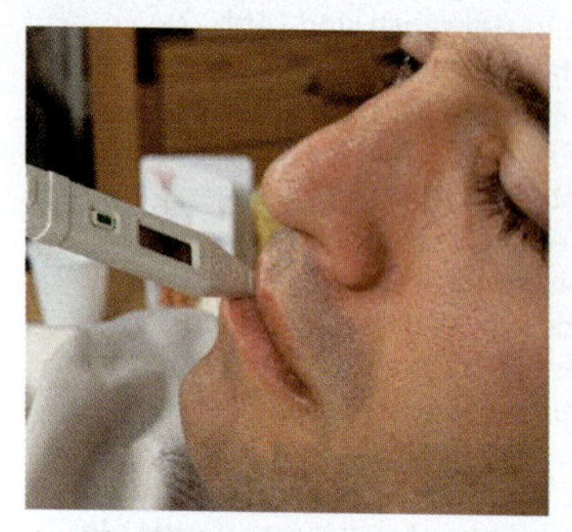

1 Die Körpertemperatur kann an unterschiedlichen Stellen gemessen werden.

Die Temperatur, die der **Mensch** oder ein anderes Lebewesen hat, wird als Körpertemperatur bezeichnet.

Körpertemperatur von Menschen
Beim Menschen – einem „gleichwarmen Säugetier" – beträgt die Körpertemperatur etwa 37 °C. Sie wird mit **Fieberthermometern** (Bild 1) gemessen. Diese Temperatur hat nicht für alle Personen den gleichen Wert und ist auch für eine Person nicht konstant.
So gibt es eine individuelle Spannbreite, also Personen mit einer ständig etwas höheren oder etwas niedrigeren Temperatur.

Darüber hinaus ändert sich die Körpertemperatur beim Menschen im Laufe eines Tages. Früh gegen 6 Uhr ist sie besonders niedrig, am späten Nachmittag gegen 18 Uhr erreicht sie einen Höchstwert. Die **Temperaturschwankung** beträgt bis zu 1 K am Tag (Bild 2). Welche Körpertemperatur gemessen wird, ist auch davon abhängig, ob man die Temperatur auf der Haut (z. B. unter der Achsel) oder in einer Körperhöhle misst. Als **normaler Wert** für die menschliche Körpertemperatur gilt bei Messung in Körperhöhlen:
$\vartheta = (36{,}8\ °C \pm 0{,}5\ °C)$

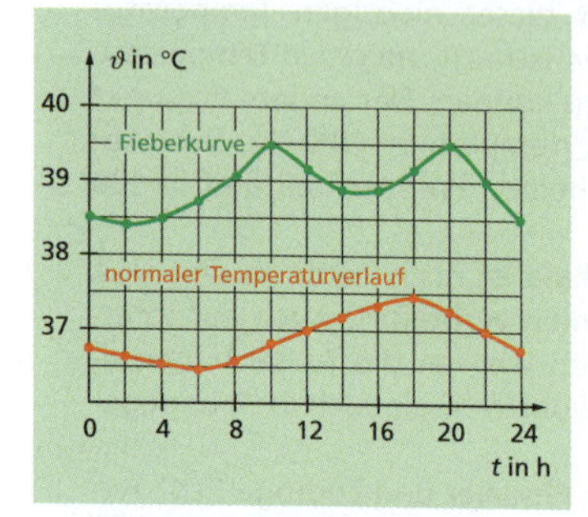

2 Die Körpertemperatur des Menschen ist nicht konstant.

Bei Messung auf der Haut gilt als Normalwert: $\vartheta = (36{,}3\ °C \pm 0{,}5\ °C)$

Bei Erkrankungen können höhere Temperaturen auftreten. Man spricht dann von erhöhter Temperatur oder von **Fieber.** Der Grenzwert für den Menschen nach oben ist eine Temperatur von 42,6 °C, weil bei dieser Temperatur die Eiweißgerinnung beginnt. Körpertemperaturen von weniger als 20 °C sind für den Menschen tödlich.

Körpertemperatur von Tieren
Die Körpertemperatur von Tieren ist sehr unterschiedlich. Bei gleichwarmen Tieren schwankt sie zwischen 44,6 °C beim Rotkehlchen und 30 °C bei der Haselmaus. In der nachfolgenden Übersicht sind die mittleren Körpertemperaturen einiger Tiere angegeben.

Informiere dich auch unter: *Gefühlte Temperatur, Temperatur von Körpern, Thermometer, Anders Celsius, Lord Kelvin, Fahrenheit, Reaumurtemperatur, …*

Fertig

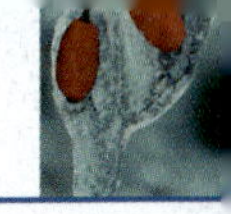

Temperatur, thermische Energie und Wärme

Eine Form der Energie ist diejenige, die alle Körper aufgrund ihrer Temperatur haben. Sie wird als **thermische Energie** bezeichnet (s.S. 468). So besitzt das heiße Wasser, das aus einem Geysir (Abb. 1) austritt, thermische Energie.
Die in einem Körper gespeicherte thermische Energie ist abhängig
- von der Masse des Körpers,
- von der Temperatur des Körpers,
- von dem Stoff, aus dem er besteht.

Je höher die Temperatur eines Körpers ist, umso größer ist seine thermische Energie. So besitzt z. B. ein Liter heißes Wasser eine größere thermische Energie als ein Liter kaltes Wasser.
Aufgrund ihrer thermischen Energie können Körper Wärme an ihre Umgebung abgeben.

Körper, die Wärme an ihre Umgebung abgeben, nennt man Wärmequellen.

Einige Wärmequellen sind in Abb. 2 dargestellt. Wird von einem Körper Wärme abgegeben, so verringert sich seine Energie. Die Energie des

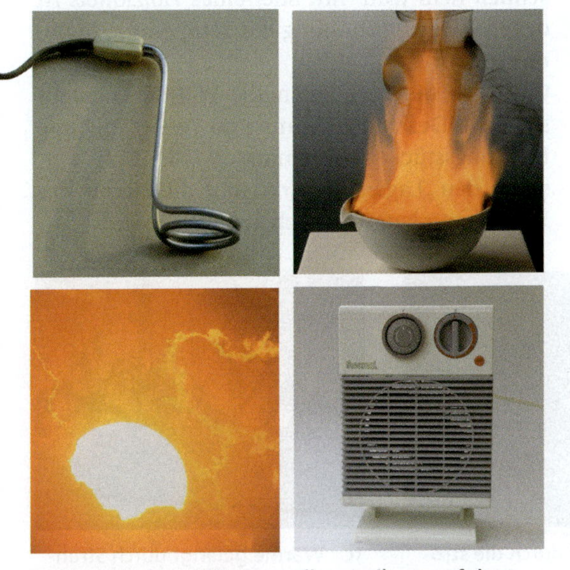

2 Verschiedene Wärmequellen: In ihnen erfolgen unterschiedliche Energieumwandlungen.

1 Heißes Wasser eines Geysirs besitzt Energie. Es gibt Wärme an die Umgebung ab.

Körpers, auf den die Wärme übertragen wird, vergrößert sich dementsprechend (Abb. 3). Die von einem Körper auf einen anderen Körper übertragende Wärme ist somit ein Maß für die dem einen Körper zugeführte bzw. vom anderen Körper abgegebene Energie.

Die Wärme gibt an, wie viel Energie von einem Körper auf einen anderen Körper übertragen wird.

Formelzeichen: Q
Einheit: **1 Joule (1 J)**

Vielfache der Einheit 1 J sind 1 Kilojoule (1 kJ) und ein Megajoule (1 MJ).
Es gilt: 1 MJ = 1 000 kJ = 1 000 000 J

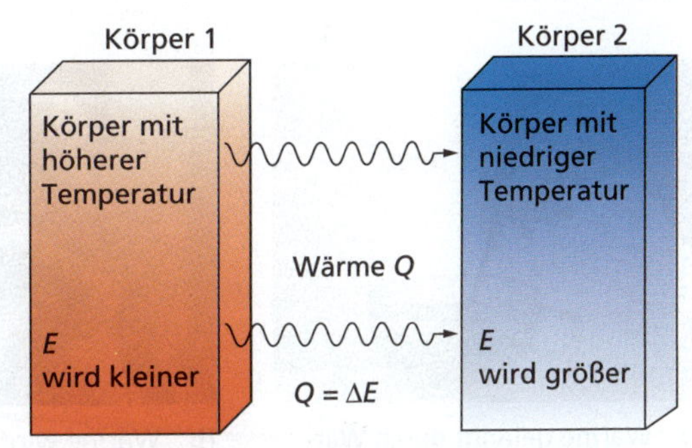

3 Energie wird durch Wärme von einem Körper auf einen anderen übertragen.

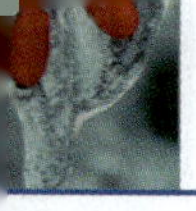

Wärmeübertragung und Wärmedämmung

Die Heizplatte eines Herdes erwärmt einen Kochtopf. Die Heißluft eines Föhns trocknet Haare. Die Sonne erwärmt unsere Erde (Abb. 1). In jedem Fall wird dabei Wärme von einem Körper höherer Temperatur auf einen Körper mit niedriger Temperatur übertragen.
In den Beispielen 1b und 1c ist die Wärmeübertragung erwünscht. Nicht erwünscht ist sie z. B., wenn aus geheizten Räumen Wärme durch Mauern, Fenster oder Türen nach außen dringt. Diese Art von Wärmeübertragung kann durch Maßnahmen der **Wärmedämmung** möglichst gering gehalten werden. Ein gut isoliertes Haus verhindert die schnelle Wärmeübertragung an die Umgebung. Die dadurch eingesparten Brennstoffe verringern die Belastung der Umwelt.

Wärmeleitung

Moderne Kochtöpfe leiten über einen besonderen Boden die Wärme der Heizplatte rasch weiter. Die Griffe aus Kunststoff bleiben jedoch kalt. Ein metallischer Löffel in einer heißen Suppe oder in Tee (Abb. 1a) hat sich dagegen bereits nach kurzer Zeit erwärmt.
Die Wärme wird durch den Körper von einem Ort höherer Temperatur zu einem Ort niedrigerer Temperatur geleitet. Das geschieht solange, bis überall die gleiche Temperatur herrscht. Diese Art der Wärmeübertragung heißt **Wärmeleitung.** Auch Heizkörper, Lötkolben und Bügeleisen leiten die Wärme.

2 Wasser ist ein schlechter Wärmeleiter. Während das Wasser in dem oberem Bereich siedet, merkt man an der Hand kaum eine Erwärmung.

Wie viel Wärme übertragen wird, hängt u. a. von dem Temperaturunterschied innerhalb des Körpers und von dem Stoff ab, aus dem er besteht.

Innerhalb eines Körpers kann Wärme durch Wärmeleitung von einer Stelle höherer Temperatur zu einer Stelle niedrigerer Temperatur übertragen werden.

Dass Körper die Wärme unterschiedlich gut leiten, bemerkt man beim Zubereiten einer Suppe, wenn man mit Löffeln aus unterschiedlichen Materialien umrührt. Ein Löffel aus Aluminium erweist sich dabei als ungeeignet, weil er sehr schnell heiß wird. Am Stiel eines Holzlöffels ist dagegen keine Erhöhung der Temperatur zu bemerken.
Gase wie die Luft leiten die Wärme ebenfalls schlecht. Deshalb zieht man im Winter mehrere Kleidungsstücke übereinander. Die Luft zwischen den „Lagen" bewirkt, dass die Wärme des Körpers nur langsam nach außen gelangt.

1a Wärme gelangt durch Wärmeleitung vom heißen Tee bis zum Ende des metallischen Löffels.

1b Wärme wird durch die strömende Luft vom Föhn zu den Haaren transportiert.

1c Wärme gelangt durch Strahlung ohne Stoff von der Sonne zur Erde.

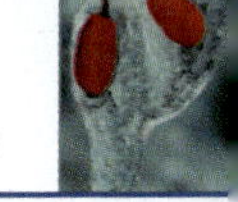

Gute Wärmeleiter sind Körper aus Metallen, vor allem aus Kupfer, Aluminium, Gold und Silber (s. Übersicht unten).
Da ruhende Luft am schlechtesten die Wärme leitet, nutzt man sie zur **Wärmedämmung.**
Dämmstoffe wie Glaswolle oder Styropor enthalten in Poren und Zwischenräumen viel Luft. Sie sind geeignet, die Wärmeleitung durch Häuserwände, Dächer und Heizungsrohre, aber auch durch Kühlschränke zu dämmen.
Auch Fenster mit Doppel- oder Dreifachverglasung nutzen die eingeschlossene Luft, damit möglichst wenig Wärme nach außen gelangt.
Viele alltägliche Erfahrungen lassen sich ebenfalls mit der unterschiedlichen Wärmeleitung der Stoffe erklären. Ein Messingleuchter, der aus einer Verpackung aus Styropor ausgepackt wird, erscheint kälter als die Verpackung, obwohl beide die Raumtemperatur angenommen haben. Barfuß laufen auf Badfliesen erscheint kälter als auf der Duschvorlage. Messing und Fliesen leiten die Körperwärme schneller ab als Styropor und Textilien. Unser Körper kann nicht schnell genug Wärme nachliefern. Wir spüren die Verringerung der Hauttemperatur.

Wärmeleitfähigkeit von Stoffen im Vergleich zur Wärmeleitfähigkeit von Luft
(Eine Wärmeleitfähigkeit von 5 (Papier) bedeutet: Papier leitet die Wärme fünfmal besser als Luft.)

Stoff	Wärmeleitfähigkeit
Luft	1
Glaswolle	1,2
Styropor	1,8
Papier	5
Holz (Eiche)	8
Wasser	24
Ziegelstein	24
Glas	32
Porzellan	40
Beton	44
Stahl	2000
Zinn	2500
Messing	4000
Aluminium	9400
Gold	12000
Kupfer	16000
Silber	18000

Wärmeströmung

In Warmwasserheizungen strömt erhitztes Wasser durch Rohre bis in die einzelnen Heizkörper (Abb. 1). Durch das strömende Wasser wird Wärme übertragen. Die Heizkörper geben die Wärme an die Raumluft ab. Die erwärmte Luft beginnt ebenfalls zu strömen und überträgt die Wärme an den gesamten Raum (Abb. 2b).
Diese Art der Wärmeübertragung wird **Wärmeströmung** genannt. Im Unterschied zur Wärmeleitung wird die Wärme zusammen mit dem Wasser bzw. der Luft transportiert. Bei der Wärmeleitung dagegen wird die Wärme nur innerhalb eines Körpers transportiert, der Körper selber bewegt sich nicht.
Im Experiment kann man zeigen, dass Wasser aufwärts zu strömen beginnt, wenn man es an einer Stelle erwärmt. Kaltes Wasser strömt nach, wird erwärmt usw. (Abb. 2a). Dieser Kreislauf ist vergleichbar mit dem der strömenden Luft in einem Zimmer
(Abb. 2b).

1 Erhitztes Wasser wird in Fernheizungen durch Rohrleitungen gepumpt.

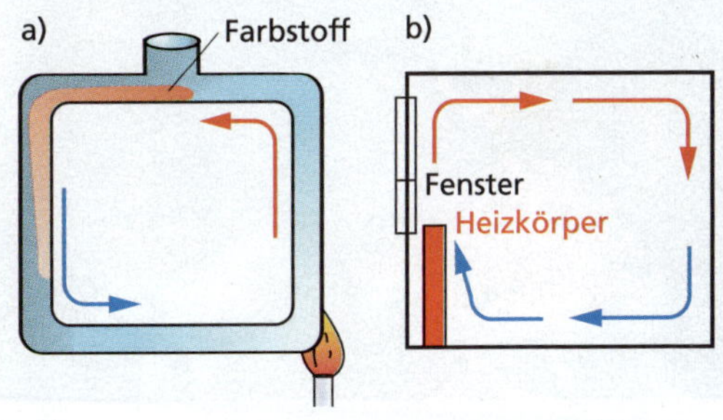

2 Erwärmtes Wasser strömt nach oben (a), erwärmte Luft ebenfalls (b). Es entsteht ein Kreislauf.

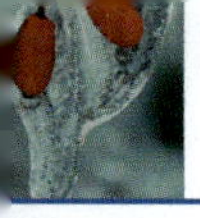

Wärmestrahlung

Jeder von uns kennt die angenehme Wärme der Sonnenstrahlung. Sie gelangt praktisch durch den leeren Weltraum, also ohne Stoff, zur Erde. Diese Art der Wärmeübertragung wird **Wärmestrahlung** genannt.

Die Oberfläche der Sonne ist etwa 6 000 °C heiß. Die Temperatur der Sohle eines Bügeleisens z. B. ist dagegen etwa zwanzig Mal kleiner. Trotzdem strahlt auch sie Wärme ab. Der Unterschied zwischen beiden besteht darin, dass im Falle der Sonne die Strahlung sichtbar ist, beim Bügeleisen nicht. Nur sehr heiße Körper wie die Sonne oder ein glühender Metalldraht senden auch sichtbares Licht aus.

Heiße Körper senden Wärmestrahlung aus. Das geschieht ohne Mitwirkung eines Stoffes.

Auch Rotlichtlampen (Abb. 1), Öfen, Lebewesen oder heiße Speisen strahlen Wärme ab.

Jeder Körper sendet aber nicht nur Wärmestrahlung aus, sondern er nimmt sie auch auf.

Das Wasser in einem zusammengerollten Gartenschlauch erwärmt sich an einem sonnenreichen Tag. Brötchen, frisch aus dem Backofen, nehmen von den Gegenständen ringsum weniger Strahlung auf als sie abgeben; sie kühlen ab. Umgekehrt nimmt ein gut gekühltes Getränk an einem heißen Sommertag mehr Wärmestrahlung auf, als es aussendet; es erwärmt sich.

1 Die Wärmestrahlung einer Rotlichtlampe wird bei der Aufzucht von Ferkeln genutzt.

Mosaik

Reflexion und Absorption von Wärmestrahlung

Wenn Wärmestrahlung auf einen Körper trifft, so wird sie zum Teil hindurchgelassen, zum Teil absorbiert (verschluckt) und zum Teil reflektiert (zurückgeworfen). Die absorbierte Wärmestrahlung führt zu einer Erwärmung des Körpers.

Wie viel Wärmestrahlung von einem Körper hindurchgelassen, absorbiert oder reflektiert wird, hängt ab von

- dem Stoff, aus dem der Körper besteht,
- der Schichtdicke des Körpers und
- der Oberfläche des Körpers.

Körper mit dunklen, rauen oder matten Oberflächen absorbieren viel, reflektieren aber wenig Wärmestrahlung (Abb. 2). Dieser Effekt wird auch in Sonnenkollektoren genutzt, bei denen Wasser in Heizschlangen erwärmt wird (s. S. 273–274). Auch dunkle Kleidung nimmt wesentlich mehr Wärmestrahlung auf als helle Kleidung.

Körper mit hellen, glatten oder glänzenden Oberflächen nehmen wenig Wärmestrahlung auf. Den größten Teil reflektieren sie. Aus diesem Grund bevorzugt man im Sommer und auch in warmen Regionen möglichst helle Kleidung. Kühlwagen und Tanklaster haben eine helle, glatte Lackierung (Abb. 2), damit möglichst viel Wärmestrahlung reflektiert und möglichst wenig absorbiert wird.

Allgemein gilt: Je besser ein Körper Wärmestrahlung absorbiert, desto mehr Wärmestrahlung gibt er umgekehrt auch ab.

2 Durch die weiße Lackierung des Tankwagens wird viel Wärmestrahlung reflektiert.

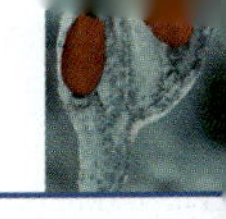

Mosaik

Lebewesen geben Körperwärme ab

Lebewesen benötigen zur Aufrechterhaltung aller Lebensfunktionen eine bestimmte Körpertemperatur. Beim Menschen beträgt sie 37 °C, bei den meisten Vögeln 40 °C bis 42 °C, bei Säugetieren zwischen 30 °C und 42 °C.
Die zur Aufrechterhaltung der Körpertemperatur notwendige Körperwärme wird durch chemische Prozesse im Körper erzeugt. Dabei wird die zugeführte Nahrung z. T. in Wärme umgewandelt.

Durch die „Verbrennungsvorgänge" im Körperinneren wird ständig Wärme produziert, die zu einem Aufheizen des Körpers führen würde, wenn über die Körperoberfläche keine Wärmeabgabe an die Umgebung erfolgt. Die Wärmeabgabe an die Umgebung geschieht vorrangig in Form von Wärmestrahlung, aber auch Wärmeströmung spielt eine Rolle, vor allem bei Wind.
Der Mensch schützt sich bei niedrigen Temperaturen und Wind durch eine dem Wetter angemessene Bekleidung: Besonders warm ist Kleidung, die viel Luft enthält, z. B. Thermobekleidung (Abb. 1). Ein guter Wärmeschutz wird auch erreicht, wenn man mehrere Kleidungsstücke übereinander zieht.
Die eingeschlossene Luft sorgt dann für eine gute Wärmedämmung.

1 Die Auswahl der Kleidung ist stark von den äußeren Bedingungen abhängig.

Bei hoher Temperatur wird leichte und luftige Kleidung gewählt. Trotzdem kommt es dann leicht zur Bildung von Schweiß. Das ist eine natürliche Reaktion des Körpers, die ihn vor einer Überhitzung schützt.
Durch das Verdunsten des Schweißes wird dem Körper zusätzlich Wärme entzogen, er wird gekühlt.

2 Das Fell von Tieren ist ein guter Schutz vor Wärme und auch vor Kälte.

Eine Kühlung erfolgt auch bei Wind. Dann wird Körperwärme schneller abgeführt und es kann auch leicht passieren, dass wir frieren. Das ist besonders deutlich zu spüren, wenn man sich nach dem Baden nicht abtrocknet. Dann erscheint manchmal die warme Luft kühler als das kalte Wasser.
Kann vom Körper nicht genügend Wärme abgegeben werden, so kommt es zu einem Wärmestau, der bis zu einem lebensgefährlichen **Hitzschlag** führen kann. Dann muss schnell die Körpertemperatur gesenkt und der Kreislauf angeregt werden.
Auch Tiere geben Körperwärme in Form von Wärmestrahlung und Wärmeleitung ab. Vor Hitze und Kälte schützen sie sich in unterschiedlicher Weise. Viele Tiere verfügen über ein dichtes Fell (Abb. 2).
Vögel schützen sich mit ihrem Gefieder und der dort eingelagerten Luft. Eine Reihe von Tieren hat als Schutz eine dicke Speckschicht (Abb. 3).

3 Wale, Robben und andere Wassertiere schützen sich mit einer dicken Speckschicht vor Wärmeabgabe an die Umgebung.

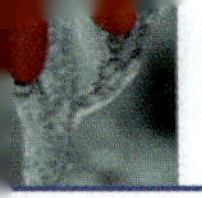

Physik in Natur und Technik

Ein selbst gebautes Thermometer

Die Fixpunkte der Celsiusskala sind leicht herzustellen. Dies kann man beim Bau eines Thermometers ausnutzen.
Wie kann man ein Flüssigkeitsthermometer mit einer Celsiusskala herstellen?

Die Fixpunkte der Celsiusskala sind 0 °C (Schmelztemperatur von Eis) und 100 °C (Siedetemperatur von Wasser).
Für das Flüssigkeitsthermometer benötigt man ein Thermometergefäß mit Anzeigeröhrchen und Thermometerflüssigkeit (z. B. gefärbten Alkohol). Dieses Thermometer, das noch keine Skala hat, wird zunächst in ein Gemisch aus Wasser und Eis getaucht (Abb. 1). Wenn sich die Flüssigkeitssäule im Anzeigeröhrchen nicht mehr ändert, kann man den Stand der Säule markieren. Damit wäre der erste Fixpunkt 0 °C ermittelt. Dann wird das Thermometer in siedendes Wasser gehalten. Wenn sich die Höhe der Flüssigkeitssäule nicht mehr ändert, kann der zweite Fixpunkt 100 °C markiert werden. Anschließend wird der Abstand zwischen den beiden Punkten in 10 gleiche Abstände unterteilt. Somit erhält man eine Temperaturskala, die eine Skaleneinteilung von jeweils 10 °C besitzt.

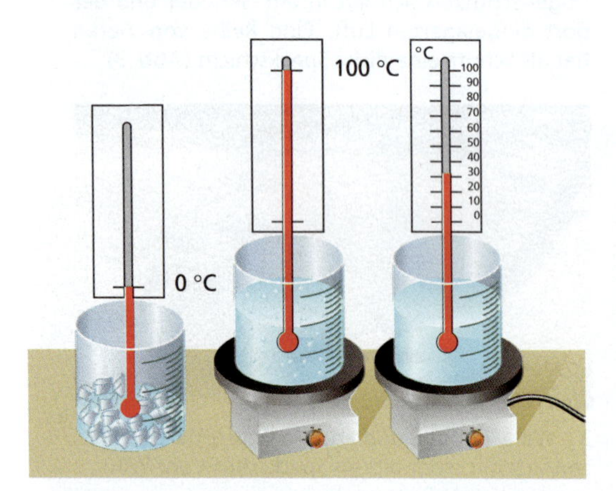

1 Festlegung der Fixpunkte eines Flüssigkeitsthermometers

Die tiefste und die höchste Temperatur

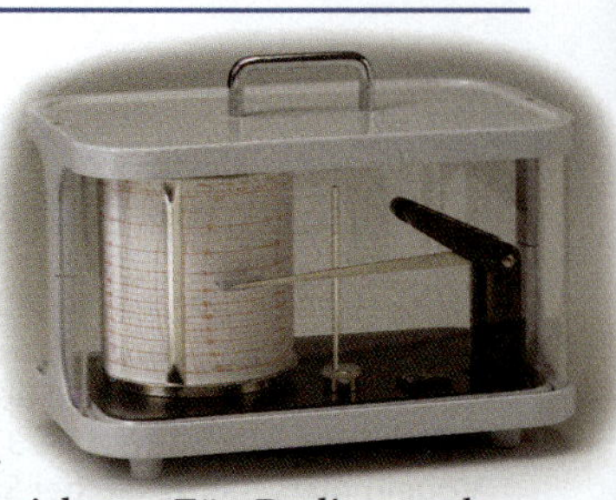

In Wetterstationen wird ständig die Lufttemperatur gemessen und aufgezeichnet. Für Berlin ergaben die Messungen an einem Tag im März die in Abb. 2 dargestellten Werte. Aufgezeichnet wurden die von Mitternacht an gemessenen Werte.
Wie groß war die niedrigste, wie groß die höchste Temperatur in diesen 24 Stunden? Ist diese Temperaturverteilung zufällig?

Eine Analyse des Temperatur-Zeit-Diagramms ergibt: Die tiefste Temperatur wurde um 6 Uhr morgens mit 0,5 °C registriert, die höchste Temperatur trat um 14 Uhr mit 10 °C auf.
Eine solche Temperaturverteilung ist nicht zufällig, sondern ganz typisch. Die tiefste Lufttemperatur tritt unmittelbar vor Sonnenaufgang auf. Im März geht die Sonne gegen 6 Uhr auf.
Die Tageshöchsttemperatur der Luft tritt meist nicht mittags auf, wenn die Sonne ihren höchsten Stand erreicht hat, sondern ein bis zwei Stunden später. Das kommt daher, weil durch die Sonnenstrahlung zunächst die Erdoberfläche erwärmt wird und diese die Wärme dann an die Luft abgibt. Damit erreicht die Lufttemperatur erst später als 12 Uhr ihren höchsten Wert.

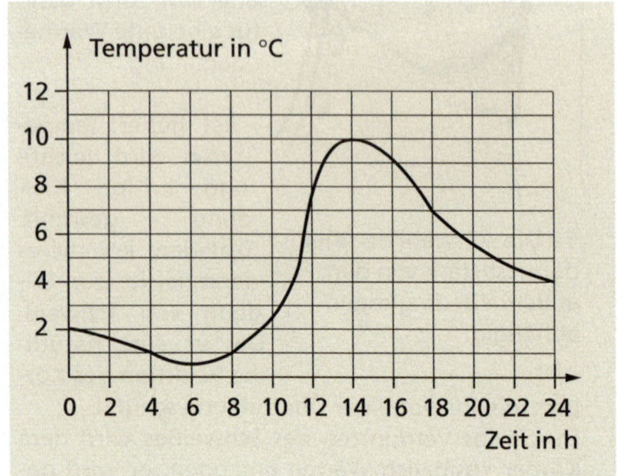

2 Temperatur-Zeit-Diagramm für einen Zeitraum von 24 Stunden

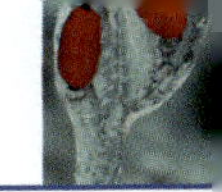

Warmes Wasser für das ganze Haus

Moderne Häuser haben zentrale Warmwasserheizungen, die alle Räume mit Wärme versorgen. *Beschreibe den Aufbau und erkläre die Wirkungsweise einer Warmwasserheizung! Gehe auf die verschiedenen Arten der Wärmeübertragung ein!*

Eine zentrale Warmwasserheizung dient der Versorgung aller Zimmer eines Hauses mit Wärme von einer Stelle aus.
Die wesentlichen Teile der Heizung sind der Heizkessel, die Heizkörper, die Rohrleitungen und die Pumpe (Abb. 1). In der Heizungsanlage befindet sich Wasser. Es ist nicht nur wegen seiner guten Verfügbarkeit, sondern auch wegen seiner großen spezifische Wärmekapazität (s. S. 285) besonders gut als Stoff für die Wärmeübertragung geeignet. Außerdem hat die Heizungsanlage ein Ausgleichsgefäß, damit die Volumenänderung des Wassers bei Temperaturänderung nicht zu Schäden am Rohrleitungssystem und an den Heizkörpern führt.
Im Heizkessel wird durch Verbrennung von Gas, Öl oder Kohle das Wasser von Zimmertemperatur auf eine Temperatur von ca. 80 °C erwärmt. Mithilfe einer Pumpe wird das Wasser in der Heizungsanlage in Bewegung gesetzt.

Heiz-
körper
Heiz-
körper
Rohr-
leitungen
Ausgleichs-
gefäß
Pumpe
Heizkessel

1 Die Wärmeübertragung erfolgt durch Wärmeleitung, Wärmeströmung und Wärmestrahlung.

Dabei wird die Wärme aus dem Heizkessel durch **Wärmeströmung** des Wassers in die Rohre und Heizkörper übertragen. Durch **Wärmeleitung** innerhalb der Metallwände der Rohre und der Heizkörper gelangt die Wärme des Wassers an deren Oberfläche. Von dort wird die Wärme an die Umgebung abgestrahlt. Die Luft in der Nähe der Heizkörper wird wärmer. Sie steigt nach oben. So entsteht eine **Wärmeströmung** der Luft im Raum. Sie sorgt zusammen mit der Wärmestrahlung der Heizkörper für eine Verteilung der Wärme im gesamten Raum.
Durch die Abgabe von Wärme durch die Heizkörper kühlt sich das Wasser in den Heizkörpern ab. Das kühlere Wasser strömt durch die Rohrleitungen zurück zum Heizkessel, in dem es erneut erwärmt wird. Der Kreislauf beginnt von Neuem.

Warmes Wasser vom Dach

Besonders umweltfreundlich sind das Heizen und die Warmwasseraufbereitung mit Sonnenkollektoren (Abb. 2).
Beschreibe den Aufbau und erkläre die Wirkungsweise eines Sonnenkollektors!

In Sonnenkollektoren wird Wasser mithilfe der Sonnenstrahlung erwärmt. Die meisten Anlagen bestehen aus zwei Wasserkreisläufen, die durch einen Wärmetauscher verbunden sind, und dem eigentlichen Kollektor (Sammler). Pumpen halten die Kreisläufe in Gang (Abb. 1, S. 274).

2 Wasser wird durch die Strahlung der Sonne in Sonnenkollektoren erwärmt.

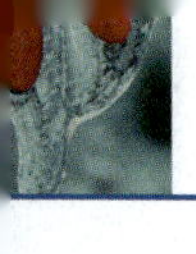

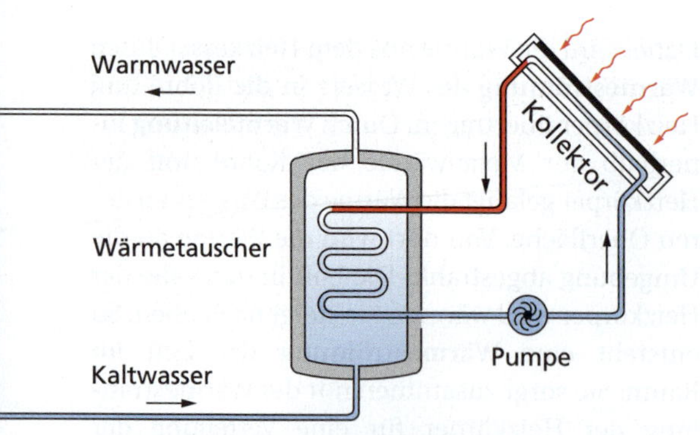

1 Aufbau eines Sonnenkollektors

Kaltes Wasser wird im Kollektor durch die Sonnenstrahlung erwärmt. Von dort gelangt es in den Wärmetauscher und gibt Wärme an das dort befindliche kältere Wasser des anderen Kreislaufs ab. Das erwärmte Wasser wird zum Heizen und als Brauchwasser verwendet.
Messungen zeigen, wie die Sonneneinstrahlung in Deutschland verteilt ist (Abb. 2).

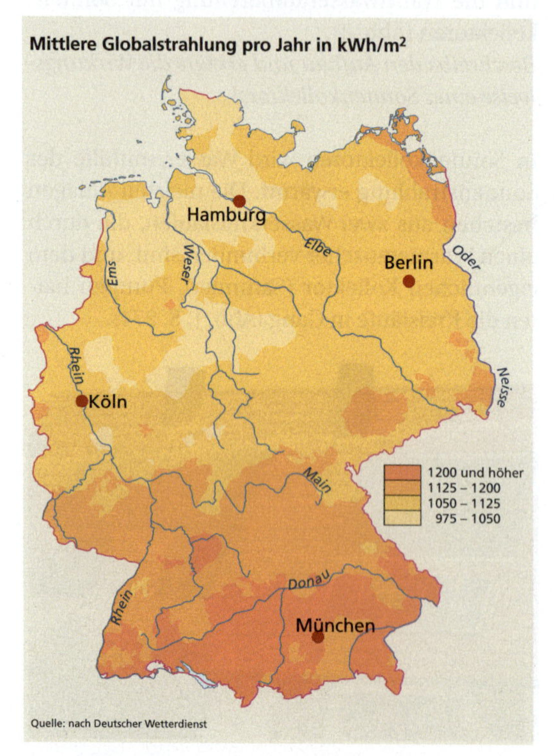

2 Gesamte Sonneneinstrahlung auf eine nach Süden geneigte Fläche pro Jahr in kWh/m²

Ein seltsamer Kochherd

Ein Sonnenofen kann eine Alternative zu anderen Kochherden sein (Abb. 3).
Beschreibe, wie ein Sonnenofen funktioniert! Baue dir aus einfachen Mitteln einen Sonnenofen!

3 Ein Sonnenofen eignet sich zum Braten und Kochen.

Sonnenöfen nutzen die Wärmestrahlung der Sonne. Sie bestehen aus Hohlspiegeln, in deren Brennpunkt sich die Wärmestrahlung von der Sonne konzentriert. In Abb. 4 ist ein einfacher Sonnenofen abgebildet.
Das Licht der Sonne trifft auf den Reflektor eines Scheinwerfers und wird von den verspiegelten Wänden so zurückgeworfen, dass es sich in einem Lichtfleck sammelt. An diese Stelle muss das Aluminiumtöpfchen gebracht werden. Es kann mithilfe von Draht an einem Korken befestigt werden. Nachdem etwas Wasser in das Töpfchen gefüllt wird, kann man in Abständen von zwei Minuten eine Temperaturerhöhung nachweisen.

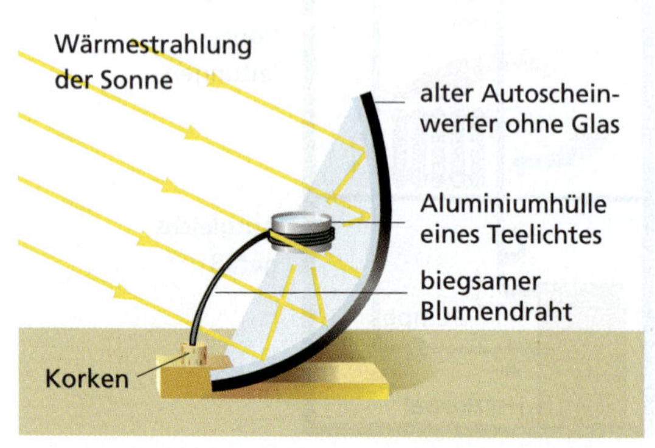

4 Aufbau eines einfachen Sonnenofens, den man sich selbst bauen kann.

Wärmeübertragung bei Häusern

Die Heizungsanlage eines Hauses muss so konstruiert sein, dass die Wärme gut in alle Räume übertragen wird. Dazu werden Wärmeleitung, Wärmestrahlung und Wärmeströmung genutzt (s. S. 273).

Die Wärmeübertragung aus dem Inneren des Hauses an die Umgebung soll jedoch möglichst gering sein. Das ist aus ökonomischer Sicht sinnvoll, denn man spart dadurch Heizkosten. Es ist auch aus ökologischer Sicht zweckmäßig, denn bei geringer Wärmeübertragung vom Haus nach außen wird Brennstoff gespart. Damit werden Ressourcen geschont und es entstehen weniger Schadstoffe.

Die Übertragung von Wärme aus dem Inneren eines Hauses nach außen erfolgt vor allem durch die Wände und Fenster sowie durch das Dach (Abb. 1). Besonders groß ist diese Wärmeübertragung dann, wenn der Temperaturunterschied zwischen Innen und Außen groß und die Wärmedämmung unzureichend ist. Genauer zeigt eine spezielle Fotoaufnahme, an welchen Stellen Wärme aus dem Inneren eines Hauses nach außen gelangt (Abb. 2).

Durch Maßnahmen der Wärmedämmung kann die Wärmeübertragung aus geheizten Räumen an die Umwelt verringert werden. Dazu ist es notwendig, Wärmeleitung, Wärmeströmung und Wärmestrahlung zwischen dem Inneren des Hauses und der Umwelt zu verringern.

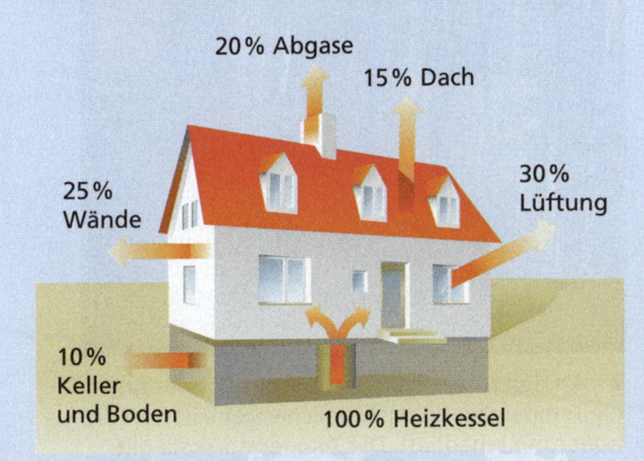

1 Wärmeverluste bei einem Haus: Angegeben sind Durchschnittswerte.

2 Die Wärmeabgabe ist an den roten Stellen besonders groß, an den blauen Stellen gering.

1. *Erkunde, welchen Anteil die Heizkosten an den Betriebskosten eines Hauses haben!*

2. *Welche Temperaturen werden für die unterschiedlichen Räume in einem Haus empfohlen und warum?*

3. *Wie kann man die Wärmeleitung nach außen verringern? Welche Stoffe eignen sich als Dämmstoffe, welche nicht? Diese Frage kann auch experimentell untersucht werden.*

4. *Wie kann man die Wärmeströmung bzw. die Wärmestrahlung nach außen verhindern?*

5. *Warum ist es günstiger, kurz und intensiv zu lüften, als den ganzen Tag das Fenster einen Spalt weit offen zu lassen?*

3 Bei Niedrigenergiehäusern ist die Wärmeübertragung nach außen gering.

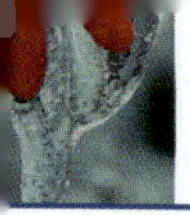

Mosaik

Die Thermografie – ein Hilfsmittel in Medizin und Technik

Viele Körper geben Wärme an ihre Umgebung ab. Das ist z. T. erwünscht, z. T. aber auch unerwünscht. Die von Körpern abgegebene Wärmestrahlung kann mithilfe von speziellen Kameras registriert werden. Aus den Aufnahmen (Abb. 1, 2) kann man erkennen, welche Stellen viel und welche wenig Wärme abgeben. Da Stellen, die mehr Wärme abgeben, auch eine höhere Temperatur haben, kann man aus solchen speziellen Aufnahmen auch die Temperaturverteilung auf einem Körper erkennen und mithilfe einer Temperaturskala die Temperatur ermitteln. Das beschriebene Verfahren wird als **Thermografie** bezeichnet.

Die Thermografie wird heute in vielfältiger Weise in der Technik, aber auch in der Medizin genutzt. So kann man z. B. in der Medizin durch eine thermografische Aufnahme die Hauttemperatur ermitteln und aus der Temperaturverteilung auf mögliche Erkrankungen schließen. So haben z. B. entzündete Stellen eine höhere Temperatur. Dabei ist zu beachten, dass auch normalerweise die Hauttemperatur des Menschen nicht überall gleich groß ist (Abb. 1).

In der Technik kann man die Thermografie z. B. nutzen, um bei Häusern die Stellen zu finden, von denen besonders viel Wärme abgegeben wird (s. Abb. 2, S. 275). Es lässt sich viel Energie sparen, wenn genau an diesen Stellen die Wärmedämmung verbessert wird.

Bei Rohrleitungen (Abb. 2) kann man Mängel in der Isolierung oder schadhafte Stellen feststellen. Bei komplizierten elektronischen Schaltungen und Bauelementen lassen sich die Stellen herausfinden, die sich stärker erwärmen und an denen dadurch eventuell Fehler auftreten können.

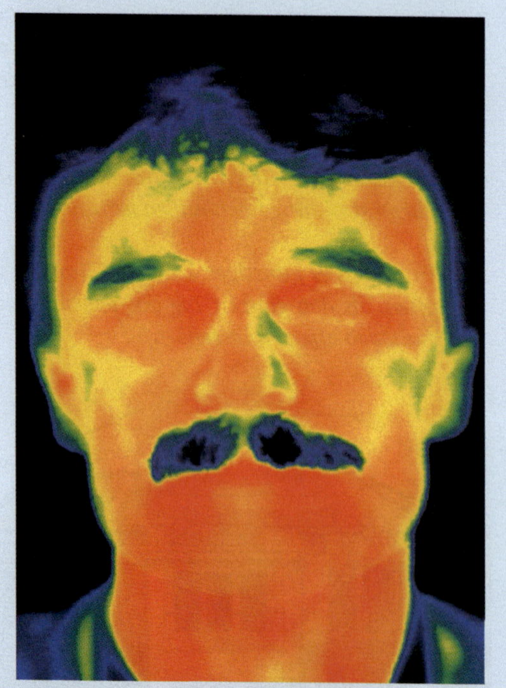

1 Thermografische Aufnahme eines Kopfes: Unterschiedliche Farbe bedeutet verschiedene Hauttemperatur. Rechts ist eine Farbskala mit Temperaturen angegeben.

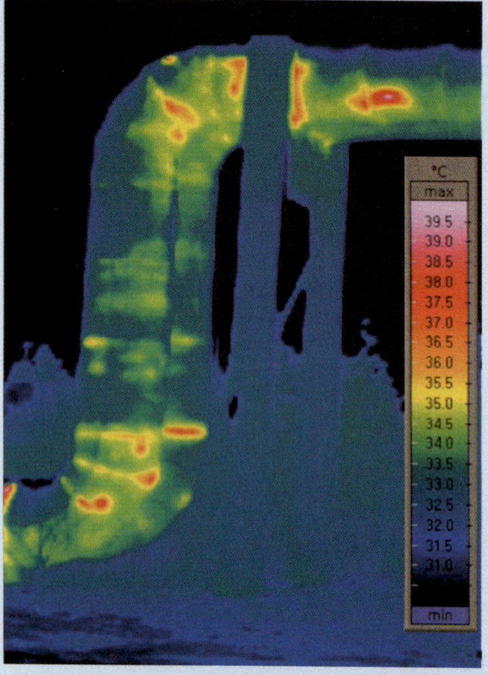

2 An den roten Stellen ist bei der Rohrleitung die Temperatur höher. Möglicherweise ist dort die Isolierung schadhaft. Die Temperaturskala gilt auch für den links abgebildeten Kopf.

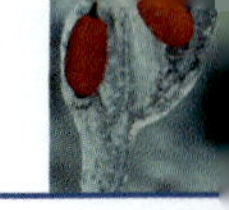

gewusst · gekonnt

1. Führe folgenden Versuch aus!

Was stellst du fest, wenn du deine Hände aus den beiden Schüsseln in die rechte Schüssel tauchst? Wie kann man diese Empfindungen erklären?

2. Erkunde, was für Thermometer es bei euch zu Hause gibt! Fertige nach dem Muster eine Übersicht an!

Verwendungszweck	Messbereich	Messgenauigkeit

3. In den nachfolgend genannten Situationen soll jeweils die Temperatur gemessen werden. Dafür stehen die in der Abbildung dargestellten Thermometer zur Verfügung.

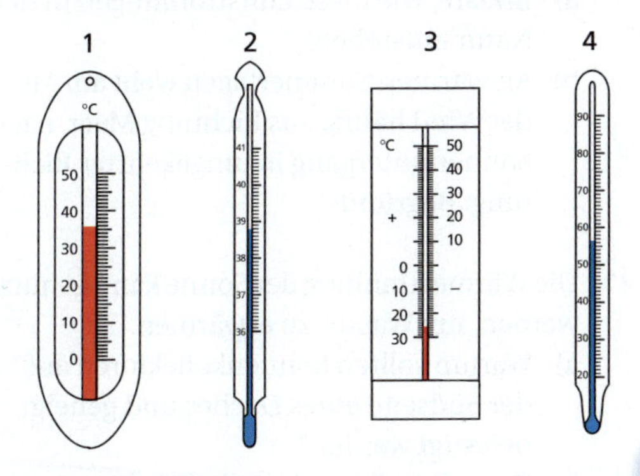

Gib an, welches Thermometer du für die Temperaturmessung in der jeweiligen Situation nutzen würdest! Begründe deine Wahl!

a) Temperatur in der Sauna
b) Körpertemperatur des Menschen
c) Außentemperatur der Luft
d) Temperatur im Tiefkühlfach des Kühlschranks.

4. Welche Temperaturen zeigen die in der Abb. dargestellten Thermometer an?

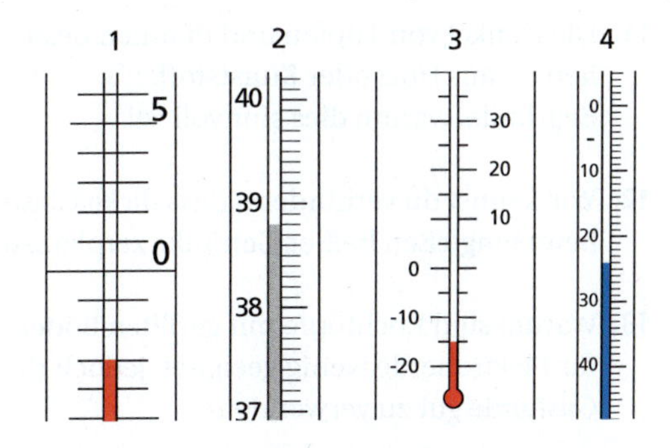

5. Als Thermometerflüssigkeit für Außenthermometer wird Quecksilber oder Alkohol verwendet. Warum ist Wasser als Thermometerflüssigkeit für Außenthermometer nicht geeignet?

6. Warum ist es schwierig, die Temperatur eines kompakten Körpers, z. B. eines glühenden Stahlblockes, zu messen? Wie könnte man dessen Temperatur bestimmen?

7. Miss an einem Tag in der Zeit von 8 Uhr bis 18 Uhr an einem Außenthermometer in Abständen von einer Stunde die Temperatur! Achte darauf, dass das Thermometer im Schatten hängt! Trage die Messwerte in eine Tabelle ein!
Stelle die Messwerte in einem Temperatur-Zeit-Diagramm dar! Interpretiere dieses Diagramm!

8. Erkunde, welche höchsten und welche tiefsten Lufttemperaturen in Deutschland und in der Welt jemals gemessen worden sind! Nutze für deine Recherche das Internet, insbesondere auch die Adresse **www.schuelerlexikon.de**!

9. Nenne mindestens drei gute und schlechte Wärmeleiter! Wo werden gute bzw. schlechte Wärmeleiter genutzt?

10. Warum verhindert ein Drahtnetz unter dem Gefäß (s. Abb.), dass das Glas zerspringt?

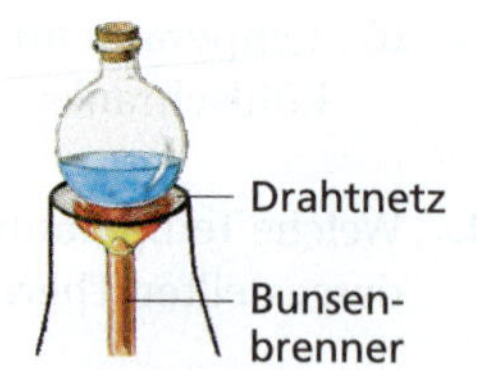

11. Die Henkel von Töpfen und Pfannen bestehen oft aus Holz oder Kunststoff. Begründe, warum dies sinnvoll ist!

12. Wie kannst du verhindern, dass dicke Gläser beim Eingießen heißer Getränke zerplatzen?

13. Warum sind Kochtöpfe mit gerillten Böden für Elektroherde wenig geeignet, jedoch für Gasherde gut zu verwenden?

14. Warum kann man in so genannten Isoliertaschen Tiefkühlkost problemlos vom Einkauf nach Hause transportieren?

15. Wie gelangt von einem Föhn die warme Luft zu den Haaren?

16. Was bevorzugst du bei kaltem Wetter: Mehrere dünne Kleidungsstücke, die du übereinander ziehst oder nur einen dicken Pullover? Prüfe deine Entscheidungen aus physikalischer Sicht!

17. Heizkörper sind häufig unter dem Fenster angebracht. Erkläre, warum das sinnvoll ist!

18. Erkläre die Wirkungsweise eines luftgekühlten Motors bei einem Moped oder bei einem Motorrad! Welche Funktion haben die Kühlrippen aus einer Aluminiumlegierung (s. Abb.)?

19. Wie funktioniert die Wasserkühlung eines Motors (s. Abb.) in einem Pkw?

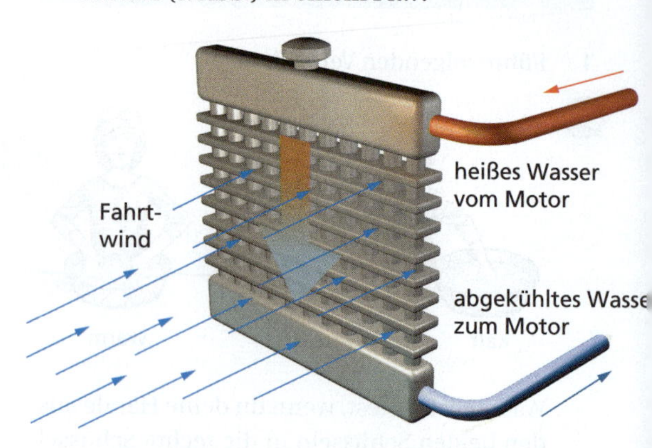

20. Die Abbildung zeigt in der Natur auftretende Luftströmungen.
Besonders über trockenen Getreidefeldern und Sand gibt es starke Luftströmungen nach oben. Diese werden von Segelfliegern, aber auch von Vögeln genutzt.

a) Erkläre, wie diese Luftströmungen in der Natur entstehen!
b) An warmen Sommertagen weht am Meer der Wind häufig aus Richtung Meer, nach Sonnenuntergang in umgekehrter Richtung. Begründe!

21. Die Wärmestrahlung der Sonne kann genutzt werden, um Wasser zu erwärmen.
a) Warum sollten Sonnenkollektoren auf der Südseite eines Daches und geneigt befestigt werden?
b) Baue dir selbst mit einfachen Mitteln einen Sonnenkollektor!
c) Funktioniert ein Sonnenkollektor auch, wenn der Himmel bewölkt ist?

Temperatur, Wärme und Wärmeübertragung

Die **Temperatur** gibt an, wie heiß oder wie kalt ein Körper ist. Bei Temperaturangaben wird meist die **Celsiusskala** oder die **Kelvinskala** genutzt.

Celsiusskala:
Formelzeichen: ϑ
Einheit: ein Grad Celsius (1 °C)

Kelvinskala:
Formelzeichen: T
Einheit: ein Kelvin (1 K)

0 °C = 273 K
100 °C = 373 K

Die **Wärme** Q gibt an, wie viel Energie von einem Körper auf einen anderen übertragen wird.
Wärme und Energie haben die gleichen Einheiten:

$$1\ \text{J} = 1\ \frac{\text{kg} \cdot \text{m}^2}{\text{s}^2}$$

$$1\ \text{kJ} = 1\,000\ \text{J}$$

$$1\ \text{MJ} = 1000\ \text{kJ} = 1\,000\,000\ \text{J}$$

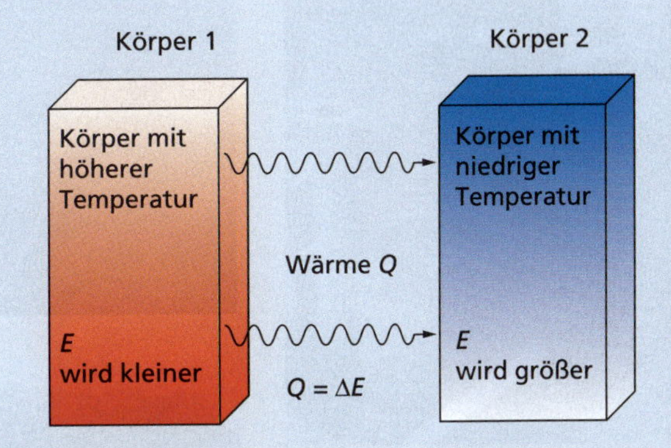

Wärme kann übertragen werden durch

Wärmeleitung

Metalle sind gute Wärmeleiter. Wasser, Gase (Luft) oder Holz leiten die Wärme schlecht.

Wärmestrahlung

Wärmestrahlung breitet sich in der Luft, aber auch ohne Stoff aus.

Wärmeströmung

Durch strömende Flüssigkeiten und Gase wird Wärme übertragen.

Maßnahmen zur Verringerung der Wärmeübertragung bezeichnet man als **Wärmedämmung.** Wärmedämmung bedeutet die Verhinderung oder Verminderung von Wärmeleitung, Wärmeströmung und Wärmestrahlung.

4.2 Thermisches Verhalten von Körpern

Leitungen – straff oder schlaff?

Wenn man elektrische Hochspannungsleitungen im Sommer und im Winter betrachtet, stellt man fest, dass diese Leitungen im Sommer meist tiefer durchhängen, während sie im Winter straffer gespannt sind.
Wie kann diese Erscheinung erklärt werden?
Was muss beim Bau von Hochspannungsleitungen aufgrund dieser Erscheinung beachtet werden?

Stahl verändert sein Volumen

In Stahlwerken wird flüssiger Stahl in Kokillen gegossen und kühlt dort allmählich ab.
Wie verändert sich das Volumen des Stahls beim Abkühlen?
Was muss man beachten, wenn man ein Werkstück durch Gießen in einer Form herstellt?

Leitungen mit Schleifen

Rohrleitungen, z. B. für Fernwärme, werden in bestimmten Abständen als Schleifen verlegt, so genannte Dehnungsschleifen.
Welche Funktion haben diese Dehnungsschleifen?
Was könnte passieren, wenn man Rohrleitungen ohne Dehnungsschleifen verlegt?

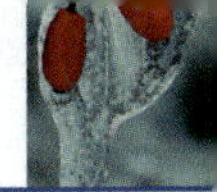

Volumen- und Längenänderung von festen Körpern

Jeder Körper nimmt bei einer bestimmten Temperatur einen bestimmten Raum ein. Er besitzt ein bestimmtes Volumen. Gleichmäßig geformte Körper besitzen eine bestimmte Länge, Breite und Höhe. Erwärmungen oder Abkühlungen führen zu Änderungen der Abmessungen eines Körpers (Abb. 1). Unter der Bedingung, dass sich ein Körper ausdehnen kann, gilt:

Wenn sich die Temperatur eines Körpers ändert, dann ändert sich auch sein Volumen.

Schon an einer Eisenkugel lässt sich nachweisen, dass sich ihr Volumen vergrößert, wenn man sie erhitzt (Abb. 2). Auch lange feste Körper wie Brücken, Eisenbahnschienen oder Hochspannungsleitungen (Abb. 1a) vergrößern bei Erwärmung ihr Volumen. Bei diesen Körpern ist aber nur die Längenänderung von praktischer Bedeutung. Die Längenänderung eines festen Körpers hängt außer von der ursprünglichen Länge und der Temperaturänderung auch von dem Stoff ab, aus dem der Körper besteht.

Die Längenänderung fester Körper ist umso größer,
- **je größer der lineare Ausdehnungskoeffizient des Stoffes ist, aus dem der Körper besteht,**
- **je länger der Körper ist und**
- **je größer die Temperaturänderung ist.**

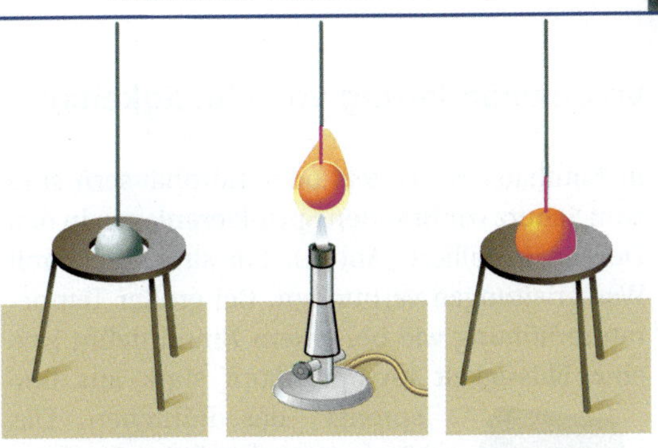

2 Bei Zimmertemperatur passt die Eisenkugel gerade noch durch eine Öffnung. Wird sie erhitzt, dehnt sie sich aus und passt nicht mehr hindurch.

Ein Kupferdraht verlängert sich unter gleichen Bedingungen mehr als ein Draht aus Stahl (s. Tabelle). Die Abhängigkeit vom Stoff wird durch eine Stoffkonstante erfasst, die als **linearer Ausdehnungskoeffizient** bezeichnet wird.

Längenänderung eines Körpers von 10 m Länge bei einer Temperaturänderung von 10 K

Stoff	Längenänderung
Aluminium	2,4 mm
Beton	1,2 mm
Eisen	1,2 mm
Glas	1,0 mm
Gold	1,4 mm
Holz	0,8 mm
Kupfer	1,6 mm
Messing	1,8 mm
Silber	2,0 mm
Stahl	1,2 mm
Zink	3,6 mm
Zinn	2,7 mm

1a Im Sommer hängen Hochspannungsleitungen zwischen den Masten in der Regel mehr durch als im Winter.

1b Zur Wasserkühlung eines Motors gehört ein Ausgleichsgefäß. Es gibt Raum für die sich ausdehnende Kühlflüssigkeit.

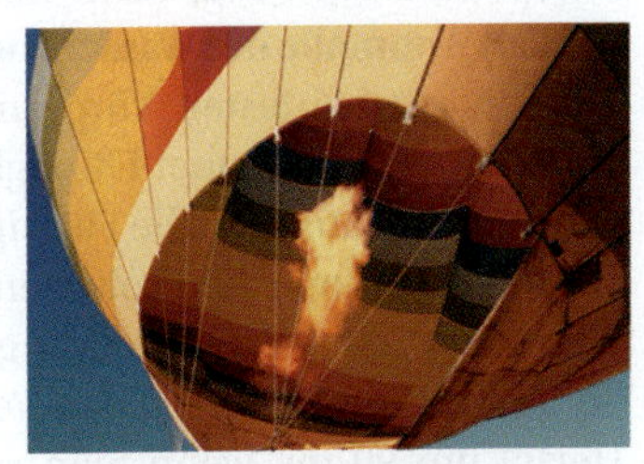

1c Das erhitzte Gas dehnt sich aus und bläht einen Heißluftballon auf. Ein Teil des ursprünglich vorhandenen Gases entweicht.

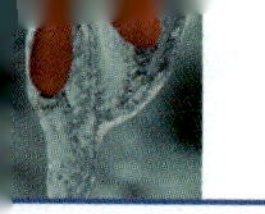

Volumenänderung von Flüssigkeiten

In Kaufhäusern, Hotels oder Bürohäusern sind zum Schutz vor Bränden Sprinkleranlagen in den Decken installiert (Abb. 1). Sie sind direkt mit Wasserleitungen verbunden. Bei großer Temperaturerhöhung wie bei einem Brand dehnt sich eine Flüssigkeit im Sprühkopf stark aus und „sprengt" das Röhrchen. Das Löschwasser hat freien Lauf.

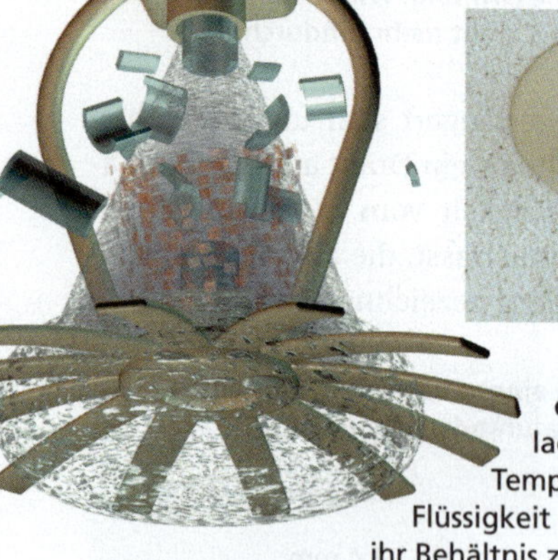

1 Im Sprühkopf einer Sprinkleranlage dehnt sich bei Temperaturanstieg eine Flüssigkeit so stark aus, dass ihr Behältnis zerspringt.

Das in Abb. 2 dargestellte Experiment zeigt, wie unterschiedlich sich das Volumen von verschiedenen Flüssigkeiten vergrößert, wenn man sie der gleichen Temperaturänderung aussetzt.

Die meisten Flüssigkeiten dehnen sich bei Erhöhung der Temperatur aus und ziehen sich bei Verringerung der Temperatur zusammen.

Wasser macht bei niedriger Temperatur eine Ausnahme (s. S. 283). Sein nicht normales Verhalten wird als **Anomalie des Wassers** bezeichnet.
Ähnlich wie bei festen Körpern hängt auch die Volumenänderung einer Flüssigkeit ab
- vom Stoff, aus dem die Flüssigkeit besteht,
- vom ursprünglichen Volumen der Flüssigkeit,
- von der Temperaturänderung.

So vergrößert sich z. B. das Volumen von 10 l Heizöl um 90 ml, wenn man seine Temperatur um 10 K erhöht, das von Wasser dagegen bei der gleichen Temperaturänderung nur um 18 ml (s. Tabelle rechts).

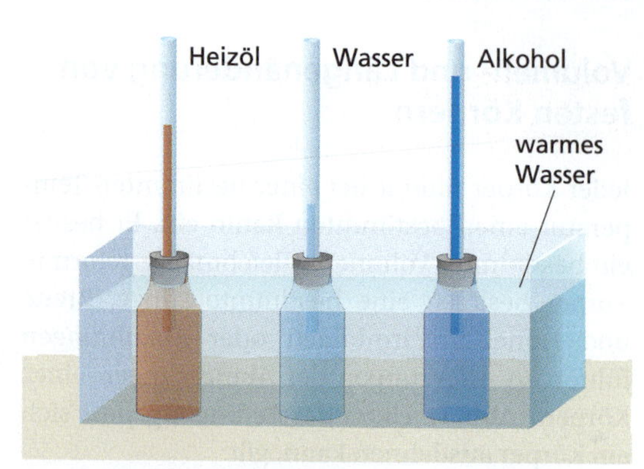

2 Bei Zimmertemperatur standen die Flüssigkeiten in den drei Steigrohren gleich hoch: Ihr Ausgangsvolumen war gleich. Bei gleicher Temperaturerhöhung dehnt sich Alkohol am meisten aus.

Volumenänderung von 10 l Flüssigkeit, wenn sich deren Temperatur um 10 K ändert

Stoff	Volumenänderung
Alkohol	110 ml
Benzin	100 ml
Glycerin	50 ml
Heizöl	90 ml
Quecksilber	18 ml
Wasser	18 ml

Mosaik

Flüssigkeitsthermometer

Die Volumenänderung von Flüssigkeiten und Gasen mit der Temperatur wird bei Flüssigkeitsthermometern (Abb. 3) und Gasthermometern (s. S. 284) genutzt. Als Thermometerflüssigkeit wird meist gefärbter Alkohol verwendet. Wasser ist wegen seines besonderen Verhaltens (s. S. 283) nicht geeignet.

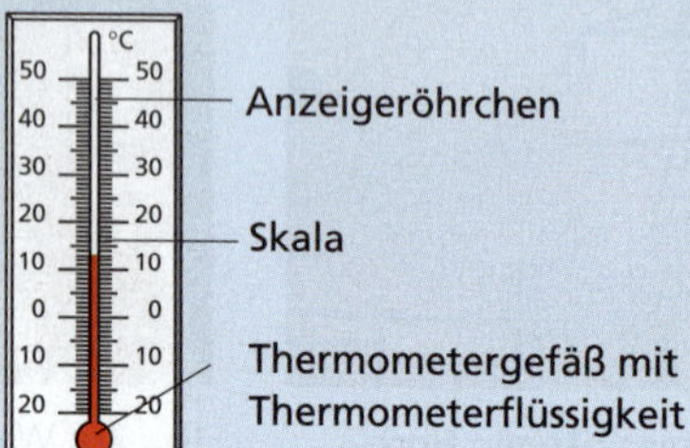

3 Aufbau eines Flüssigkeitsthermometers

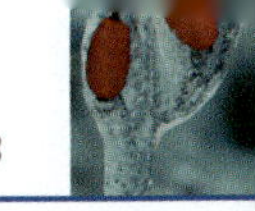

Mosaik

Die Anomalie des Wassers

Bei Temperaturen über 4 °C verhält sich Wasser wie andere Flüssigkeiten. Bei Erhöhung der Temperatur dehnt es sich aus, bei Verringerung der Temperatur wird sein Volumen kleiner.

Kühlt sich Wasser aber unter 4 °C ab, so wird sein Volumen nicht kleiner, sondern bis 0 °C wieder größer. Wasser hat bei 4 °C sein kleinstes Volumen und damit seine größte Dichte, da bei konstanter Masse $\rho \sim 1/V$ gilt. Dieses „nicht normale" Verhalten von Wasser wird in der Physik als **Anomalie des Wassers** bezeichnet (Abb. 1). Die Anomalie des Wassers ist für das Leben von Tieren und Pflanzen im Wasser sehr wichtig.

Im Sommer wird das Wasser von der Sonne erwärmt. Das leichtere, wärmere Wasser bleibt an der Oberfläche, tiefer liegende Schichten sind kühler. Es bildet sich eine stabile Temperaturschichtung des Wassers aus (Abb. 2). Das kannst du auch beim Baden feststellen.

Im Herbst (Abb. 3) und Winter (Abb. 4) kühlt sich das Wasser an der Oberfläche ab. Das Wasser mit der größeren Dichte sinkt nach unten. Bei Temperaturen um 4 °C bleibt dann das kühlere Wasser an der Oberfläche. Eine weitere Abkühlung führt zur Eisbildung an der Wasseroberfläche. Tiefer liegende Schichten haben eine Temperatur von 4 °C. Das Wasser gefriert in größeren Tiefen also nicht. Dadurch können Tiere und Pflanzen im Wasser überleben.

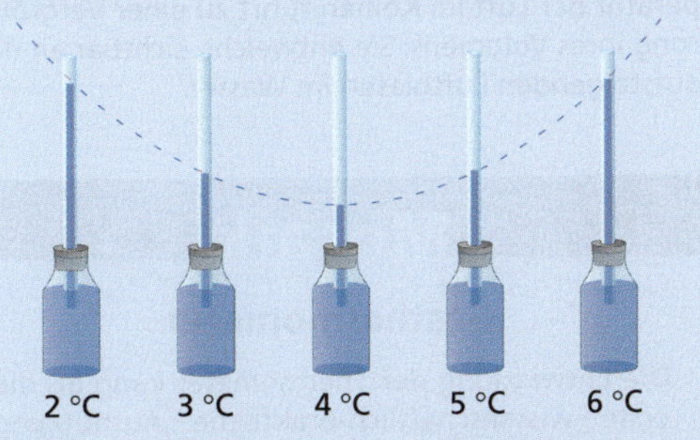

1 Bei 4 °C hat Wasser sein kleinstes Volumen und seine größte Dichte.

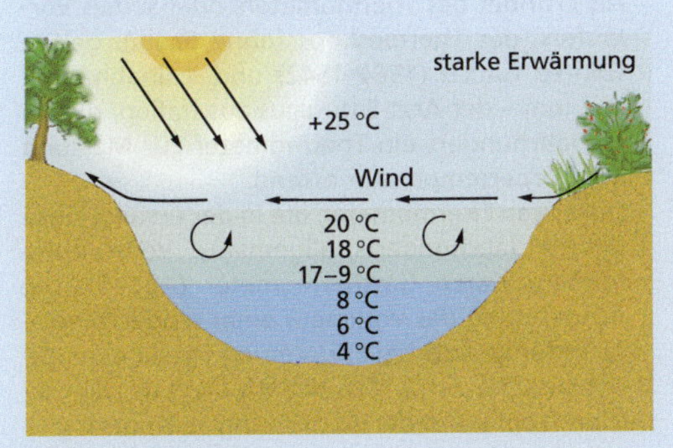

2 Sommerstabilität

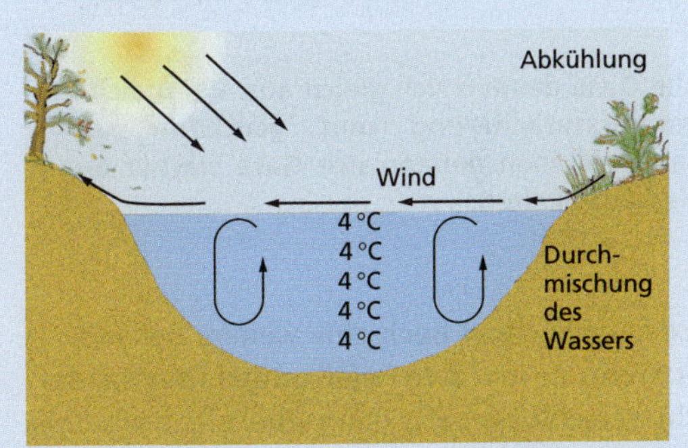

3 Herbstzirkulation

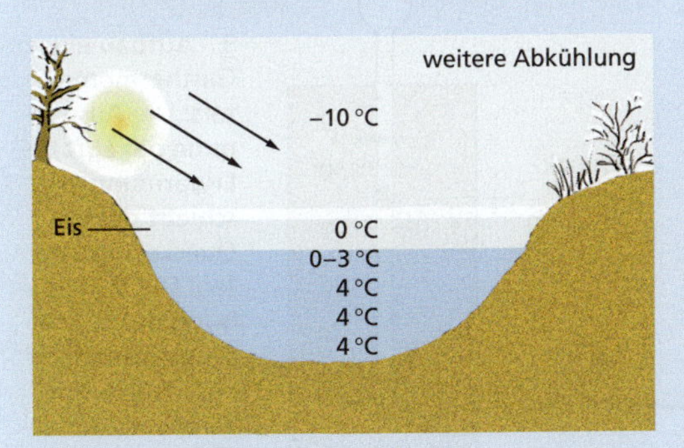

4 Winterstabilität

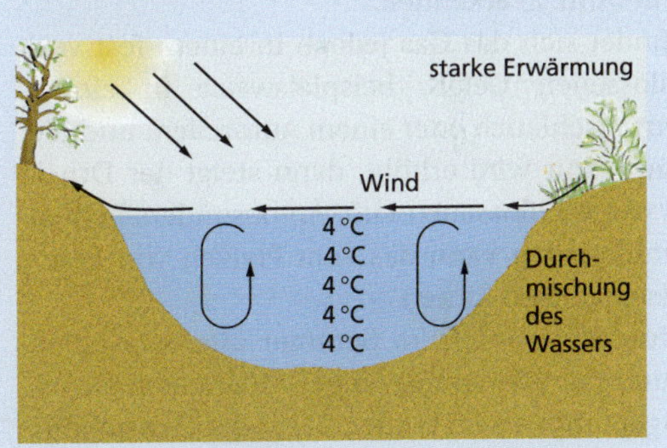

5 Frühjahrszirkulation

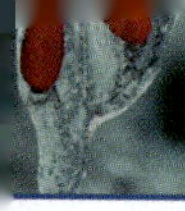

Volumenänderung von Gasen

Ebenso wie feste Körper und die meisten Flüssigkeiten dehnen sich auch Gase beim Erwärmen aus und ziehen sich beim Abkühlen zusammen (Abb. 1). Aber bei Gasen hängt die Volumenänderung bei Erwärmung nicht von der Art des Gases ab. Gase wie Luft, Butan oder Helium dehnen sich fast gleich stark aus.

Das Volumen eines Gases von 10 l vergrößert sich bei einer Erwärmung um 10 K um 366 ml. Zum Vergleich: Das Volumen von 10 l Wasser vergrößert bei der gleichen Temperaturänderung nur um 18 ml.

1 Wird die Luft in dem Gefäß erwärmt, so dehnt sie sich aus. Der Luftballon bläst sich auf.

Alle Gase dehnen sich gleich aus. Bei gleicher Temperaturänderung und gleichem Ausgangsvolumen dehnen sich Gase stärker aus als Flüssigkeiten.

Gase kennzeichnet noch eine weitere Besonderheit: Wenn sie in einem Gefäß erhitzt werden, das nicht verschlossen ist, dann entweicht ein Teil des Gases. Man kann das leicht in einem Experiment (Abb. 2) erkennen.

Befindet sich das Gas jedoch in einem fest verschlossenen Gefäß, beispielsweise in einem Fahrradschlauch oder einem Autoreifen, und die Temperatur wird erhöht, dann steigt der Druck der eingeschlossenen Luft. An besonders heißen Sommertagen kann das zum Platzen von Fahrradschläuchen führen.

Autoreifen werden im Sommer aus demselben Grund manchmal mit einem niedrigeren Druck aufgepumpt als im Winter. Besonders Vorsichtige schützen die Autoreifen bei längerem Halt in der Hitze mit Pappkartons oder hellen Tüchern.

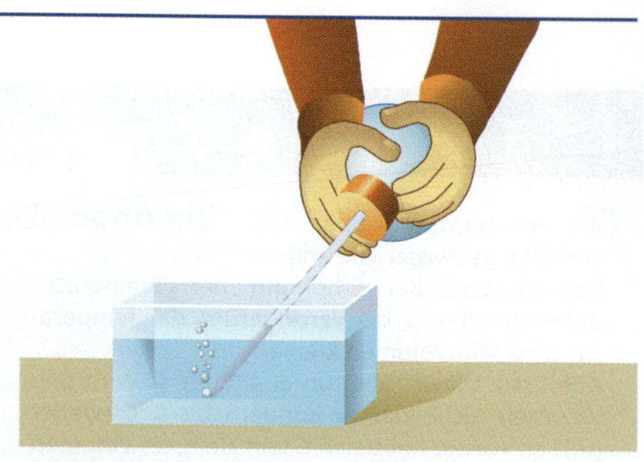

2 Schon eine Erhöhung von Raum- auf Körpertemperatur der Luft im Kolben führt zu einer Vergrößerung ihres Volumens: Sie entweicht, sichtbar an den aufsteigenden Luftblasen im Wasser.

Mosaik

Gasthermometer

Die Entwicklung der Thermometer kann als die erste wissenschaftlich-praktische Ausnutzung der Erkenntnis von der Wärmeausdehnung verschiedener Körper angesehen werden.
Als Erfinder des Thermometers oder seines Vorläufers, des Thermoskops (ohne Skala), gelten GALILEO GALILEI (1564–1642) und – unabhängig von ihm – der Arzt SANTORIUS aus Italien, der im 16. Jahrhundert ein Thermometer zur Messung der Körpertemperatur erfand.
Die ersten Thermometer, die in der ersten Hälfte des 17. Jahrhunderts allgemeine Verbreitung fanden, waren Gasthermometer (Abb. 3). Die Ausdehnung des Volumens einer eingeschlossenen Menge Luft bei Erwärmung ist die eigentliche Ursache dafür, dass sich die Lage des Quecksilbertropfens in der Anordnung verändert.

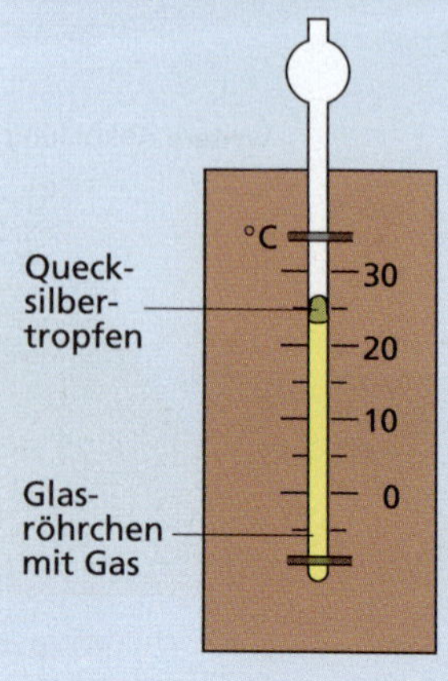

3 Aufbau eines Gasthermometers: Die Ausdehnung der Luft bei Erwärmung verschiebt den Quecksilbertropfen. Die Verschiebung des Quecksilbertropfens ist ein Maß für die Temperaturänderung.

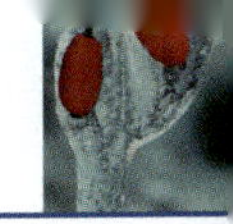

Die spezifische Wärmekapazität

Magma quillt aus dem Erdinneren (Abb. 1) und kühlt dann allmählich ab. Dabei gibt es Wärme an die Umgebung ab. Seine thermische Energie verringert sich.
Wenn wir heißes Wasser brauchen, so müssen wir dem Wasser Wärme zuführen, indem wir es z. B. auf eine Heizplatte stellen oder mit dem Tauchsieder erhitzen. Das Wasser nimmt Wärme auf, seine thermische Energie vergrößert sich.
Im Herbst ist es in unmittelbarer Nähe großer Wasserflächen deutlich milder als im Binnenland. Im Wasser ist Energie gespeichert, die teilweise an die Luft abgegeben wird und die Lufttemperatur beeinflusst. Im Frühling dagegen ist es am Meer häufig kühler als im Binnenland.

Die Wärme, die von einem Körper an seine kältere Umgebung abgegeben oder von seiner wärmeren Umgebung aufgenommen wird, ist abhängig von
- dem Stoff, aus dem der Körper besteht,
- der Masse des Körpers und
- der Temperaturdifferenz zwischen der Endtemperatur und der Anfangstemperatur des Körpers.

1 Der Ätna auf Sizilien ist mit 3340 m Höhe nicht nur der höchste, sondern auch der aktivste Vulkan Europas. Der letzte größere Ausbruch erfolgte 2001.

Die Abhängigkeit der abgegebenen oder aufgenommenen Wärme vom Stoff wird durch die **spezifische Wärmekapazität** beschrieben.

Die spezifische Wärmekapazität eines Stoffes gibt an, wie viel Wärme von 1 kg dieses Stoffes abgegeben oder aufgenommen wird, wenn sich seine Temperatur um 1 K ändert.

Formelzeichen: c
Einheit: 1 Kilojoule je Kilogramm und Kelvin $\left(1\,\frac{kJ}{kg \cdot K}\right)$

Stahl hat z. B. eine spezifische Wärmekapazität von:

$$c = 0{,}47\ \frac{kJ}{kg \cdot K}$$

Das bedeutet: Wenn sich 1 kg Stahl um 1 K abkühlt, so wird eine Wärme von 0,47 kJ an die Umgebung abgegeben. Wenn 1 kg Stahl um 1 K erwärmt werden soll, muss ihm eine Wärme von 0,47 kJ zugeführt werden. Bei einem Kilogramm Wasser braucht man für die gleiche Temperaturänderung etwa die 9fache Wärme.
Die spezifische Wärmekapazität ist eine Stoffkonstante. Ihr Wert ist bei Wasser besonders groß.

spezifische Wärmekapazität von Stoffen

Stoff	c in $\frac{kJ}{kg \cdot K}$
Aluminium	0,90
Beton	0,90
Blei	0,13
Eis (bei 0°C)	2,09
Eisen	0,46
Heizöl	2,07
Holz (Eiche)	2,39
Kupfer	0,39
Luft	1,01
Porzellan	0,73
Quecksilber	0,14
Ziegelstein	0,86
Wasser	4,19
Wasserdampf	1,86
Zinn	0,23

Grundgleichung der Wärmelehre

Der Zusammenhang zwischen der Temperaturänderung eines Körpers und der von ihm aufgenommenen oder abgegebenen Wärme wird in der **Grundgleichung der Wärmelehre** erfasst.

Unter der Bedingung, dass sich der Aggregatzustand eines Körpers nicht ändert, kann die von einem Körper abgegebene oder aufgenommene Wärme berechnet werden mit der Gleichung:

$Q = m \cdot c \cdot \Delta T$

- m Masse des Körpers
- c spezifische Wärmekapazität
- ΔT Differenz zwischen Endtemperatur und Anfangstemperatur

Statt der Temperaturdifferenz ΔT kann auch $\Delta\vartheta$ gesetzt werden, denn es gilt: $\Delta T = \Delta\vartheta$.

Ein spezieller Fall liegt vor, wenn zwei Körper unterschiedlicher Temperatur, z. B. zwei Wassermengen, gemischt werden.

Dann gilt: Die vom wärmeren Wasser abgegebene Wärme ist genauso groß wie die vom kühleren Wasser aufgenommene Wärme. Das gilt auch für zwei beliebige Körper, die sich in engem Kontakt zueinander befinden, und wird als **Mischungsregel** bezeichnet.

Die von einem Körper abgegebene Wärme ist genauso groß wie die vom anderen Körper aufgenommene Wärme.

$$Q_{ab} = Q_{zu}$$

Haben zwei Wassermengen mit den Massen m_1 und m_2 die Temperaturen ϑ_1 und ϑ_2, so gilt für die abgegebene und die aufgenommene Wärme:

$$m_1 \cdot c \cdot (\vartheta_1 - \vartheta_m) = m_2 \cdot c \cdot (\vartheta_m - \vartheta_2)$$

Dabei ist ϑ_m die Mischungstemperatur.

Die Bedeutung der spezifischen Wärmekapazität des Wassers

Von allen in der Natur vorkommenden Stoffen hat Wasser mit die größte spezifische Wärmekapazität. $c = 4{,}19\ \text{kJ/(kg} \cdot \text{K)}$ bedeutet, dass 1 l Wasser eine Wärme von 4,19 kJ aufnimmt, wenn es um 1 K erwärmt wird. Bei einer Abkühlung von 1 K gibt das Wasser eine Wärme von 4,19 kJ ab.

Große Wassermengen, insbesondere Seen, Meere und Ozeane, haben erheblichen Einfluss auf das Klima.

Im Sommer wird vom Wasser aufgrund der Sonneneinstrahlung viel Wärme gespeichert.

Im Herbst und Winter wird ein erheblicher Teil dieser Wärme an die Umgebung abgegeben. Es ist milder als im Binnenland.

Im Frühjahr und Frühsommer erwärmt sich das Wasser erst allmählich. Der umgebenden Luft, die sich schneller erwärmt, wird Wärme entzogen.

Dadurch entsteht insgesamt ein typisches **Seeklima** mit relativ milden Wintern und relativ kühlen Sommern.

Beeinflusst wird das Klima in vielen Regionen auch durch gewaltige Meeresströmungen, z. B. durch den warmen Golfstrom. Er geht von der Karibik aus und hat Auswirkungen auf das Klima in England, Schottland, Irland oder Norwegen.

Auch in der Technik besitzt Wasser große Bedeutung. In Warmwasserheizungen wird genutzt, dass Wasser aufgrund seiner großen spezifischen Wärmekapazität viel Energie in Form von Wärme transportiert. Für die Kühlung von Motoren oder als Kühlmittel in Kraftwerken wird ebenfalls Wasser verwendet.

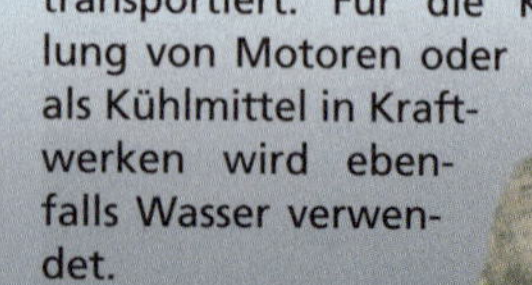

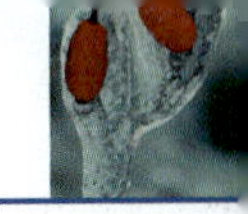

Physik in Natur und Technik

Feuermelder in Aktion

Kinos, Kaufhäuser oder Lagerhäuser sind mit Alarmanlagen für Feuer ausgerüstet. Diese Alarmanlagen dienen dem Schutz von Menschen und Sachwerten vor Feuer und Rauch.
Bei den Feueralarmanlagen gibt es Temperaturwarnanlagen, die das Überschreiten einer bestimmten Temperatur signalisieren, und Rauchmeldeanlagen, die die Lufttrübung bei Rauchentwicklung registrieren.
Wesentlicher Teil einer Temperaturwarnanlage ist ein Bimetallstreifen.
Wie ist ein Bimetallstreifen aufgebaut? Wie funktioniert er?

Ein Bimetallstreifen (bi = zwei) besteht aus zwei Streifen aus verschiedenen Metallen, z. B. aus Zink und Eisen oder aus Messing und Eisen (Abb. 1a). Die Metallstreifen sind fest miteinander verschweißt, verklebt oder vernietet.
Ändert sich die Temperatur, so dehnen sich beide Metalle aus. Bei gleicher Temperaturänderung dehnt sich jedoch Zink stärker als Eisen aus (s. Tabelle S. 281). Da beide Metalle fest miteinander verbunden sind, biegt sich der Bimetallstreifen bei Temperaturerhöhung zum Eisen hin. Bei Verringerung der Temperatur geht auch die Biegung wieder zurück.

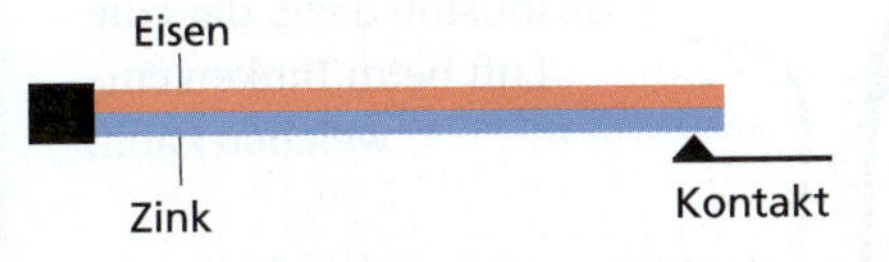

1a Bimetallstreifen (abgekühlt)

1b Bimetallstreifen (erwärmt): Da sich Zink stärker als Eisen ausdehnt, krümmt sich der Bimetallstreifen.

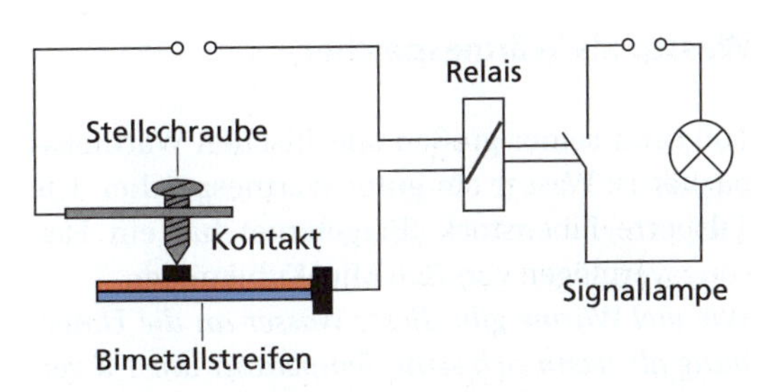

2 Aufbau einer Temperaturwarnanlage

Beschreibe den Aufbau der in Abb. 2 dargestellten Temperaturwarnanlage! Erkläre ihre Wirkungsweise!

Eine Temperaturwarnanlage dient dazu, eine erhöhte Temperatur in einem Raum, z. B. bei Ausbruch eines Feuers, zu signalisieren.
Sie besteht aus einem Bimetallschalter (Bimetallstreifen, Kontakt), einem Relais (elektromagnetischer Schalter) und einer Signallampe.
Bei normaler Raumtemperatur ist der Bimetallschalter geschlossen. Die Signallampe leuchtet nicht. Erhöht sich die Temperatur, so biegt sich der aus zwei verschiedenen Metallen bestehende Bimetallstreifen. Der Kontakt öffnet sich, der Stromfluss wird unterbrochen. Dadurch wird im Relais der Stromkreis, in dem sich die Signallampe befindet, geschlossen. Sie leuchtet auf.
Mithilfe der Stellschraube kann die Temperatur eingestellt werden, bei der der Stromfluss unterbrochen wird. Je nach Raum wählt man dazu Temperaturen zwischen 40 °C und 90 °C.

3 Automatische Rauch- und Feuermelder sind meist an der Decke angebracht.

Wasser als Wärmespeicher

Aufgrund seiner großen spezifischen Wärmekapazität ist Wasser ein guter Wärmespeicher. Die Talsperre Eibenstock (Erzgebirge) hat ein Fassungsvermögen von 76,6 Mio. Kubikmeter.

Wie viel Wärme gibt dieses Wasser an die Umgebung ab, wenn sich seine Temperatur um 1 K verringert?

Analyse:

Da sich der Aggregatzustand des Wassers nicht ändert, kann die Grundgleichung der Wärmelehre zur Berechung genutzt werden. Die Masse des Wassers lässt sich aus dem gegebenen Volumen und der Dichte ermitteln.

Gesucht: Q

Gegeben: $V = 76{,}6 \cdot 10^6\ \text{m}^3$

$\Delta T = 1\ \text{K}$

$\rho = 1\ \frac{\text{g}}{\text{cm}^3} = 1\,000\ \frac{\text{kg}}{\text{m}^3}$

$c = 4{,}19\ \frac{\text{kJ}}{\text{kg} \cdot \text{K}}$

Lösung:

$$Q = c \cdot m \cdot \Delta T \qquad \rho = \frac{m}{V}$$

$$m = \rho \cdot V$$

$$Q = c \cdot \rho \cdot V \cdot \Delta T$$

$$Q = 4{,}19\ \frac{\text{kJ}}{\text{kg} \cdot \text{K}} \cdot 1\,000\ \text{kg} \cdot 76{,}6 \cdot 10^6 \cdot 1\ \text{K}$$

$$\underline{\underline{Q = 3{,}2 \cdot 10^{11}\ \text{kJ}}}$$

Ergebnis:

Bei der Verringerung der Temperatur um 1 K gibt das Wasser der Talsperre Eibenstock eine Wärme von $3{,}2 \cdot 10^{11}$ kJ an die Umgebung ab. Zum Vergleich: Der Heizkessel eines Einfamilienhauses müsste mit einer Leistung von 15 kW etwa 675 Jahre lang betrieben werden, um diese Wärme abzugeben. Große Wasserflächen beeinflussen aufgrund ihres Speicherungsvermögens für Wärme auch das Klima.

Vorsicht beim Tanken im Sommer

In der Regel tankt man sein Auto voll. Im Sommer kann das jedoch gefährlich werden, wenn der Tank randvoll gefüllt wird.

Warum sollte man an heißen Sommertagen den Tank eines Autos nie randvoll füllen?

Wie alle Flüssigkeiten dehnt sich das Benzin aus. Es wird an der Tankstelle aus unterirdischen Vorratsbehältern gepumpt und hat dann eine Temperatur von ca. 10 °C. An Sommertagen mit 30 °C bedeutet das eine Temperaturerhöhung um 20 K. Wenn also ein Tank z. B. 50 l Benzin fasst, dann vergrößert sich das Volumen folgendermaßen:

Entsprechend der Tabellenwerte auf S. 282 vergrößert sich das Volumen von 10 l Benzin bei einer Temperaturänderung von 10 K um 100 ml. 50 l dehnen sich dann bei gleicher Temperaturänderung um 5 · 100 ml = 500 ml aus. Bei einer doppelt so großen Temperaturänderung hat sich das Tankvolumen dann um das Doppelte vergrößert: Es sind 1 000 ml.

Das Volumen einer Tankfüllung Benzin von 50 l wird also um 1/50 größer. Das ist immerhin 1 l. Wurde der Tank bei diesen Temperaturen bis zum Rand gefüllt, entweicht das überschüssige Benzin über ein Entlüftungsrohr (Abb. unten). Das verschmutzt nicht nur die Umwelt, sondern kann auch zur Ursache von Bränden werden.

Das Entlüftungsrohr dient ansonsten dazu, dass die Luft beim Tanken entweichen kann.

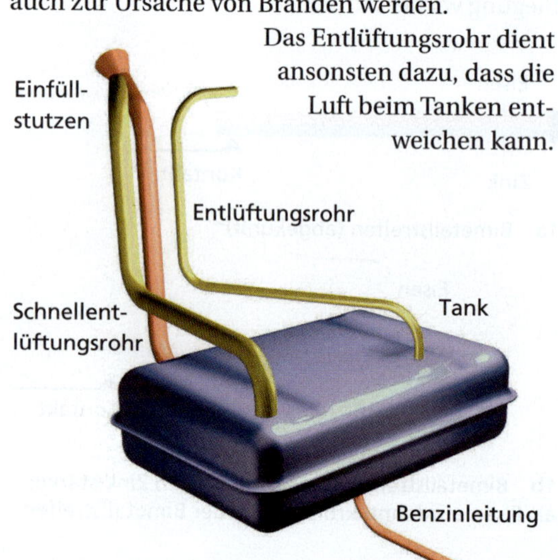

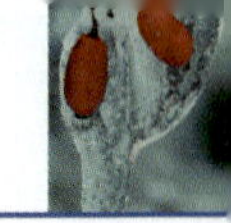

gewusst · gekonnt

1. Erkunde, welche Stoffe sich bei Erwärmung besonders stark ausdehnen!

2. Es gibt Thermometer, die die Ausdehnung von Quecksilber, Alkohol oder Gasen nutzen. Warum kommt nicht auch Wasser als Thermometerflüssigkeit infrage?

3. Warum kann ein aufgeblasener Luftballon in der Sonne zerplatzen?

4. Eine Wasserflasche aus Glas blieb unbemerkt bei starkem Frost im Kofferraum eines Autos liegen. Als am nächsten Tag die Temperaturen wieder bei etwa 6 °C lagen, gab es eine unangenehme Überraschung. Welche könnte das gewesen sein? Erkläre!

5. Ein Tischtennisball kann leicht eine Delle bekommen. Was kann man tun, um ihn wieder auszubeulen? Begründe!

6. Der 1889 gebaute, 300 m hohe Pariser Eiffelturm besteht aus Stahl. Bei intensiver Sonneneinstrahlung wird der Turm nicht nur etwas höher, sondern biegt sich auch zur Seite. Begründe das physikalisch!

7. Große Brücken sind an mindestens einer Seite auf Rollen gelagert (Abb. links), in der Fahrbahn befinden sich Dehnungsfugen (Abb. rechts).

Welche Funktion haben die Rollen bzw. die Fugen?

8. Befestige das eine Ende einer Stricknadel fest auf einem Holzklotz! Das andere Ende der Stricknadel soll beweglich auf einer Stopfnadel mit Zeiger lagern.

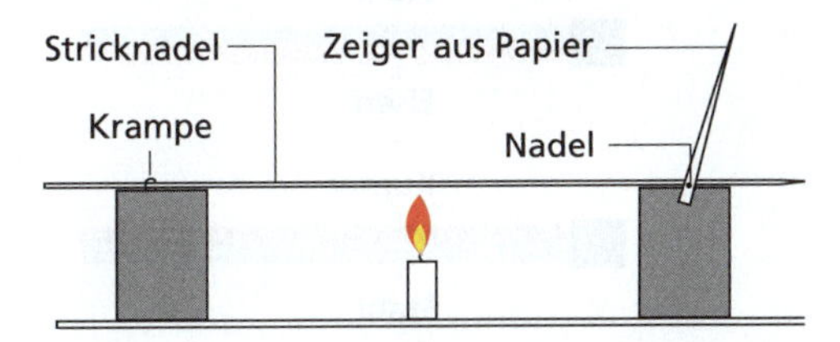

Nun erwärme die Stricknadel vorsichtig mit einer Kerzenflamme! **Vorsicht!** Es besteht Brandgefahr. Beschreibe und erkläre deine Beobachtung!

9. Festsitzende Glasstöpsel lösen sich, wenn man den Flaschenhals vorsichtig erwärmt. Erkläre!

10. Warmwasserleitungen von einem Heizkraftwerk zu einem Wohngebiet verfügen über „Dehnungsschleifen“ (s. Abb.).

Welche Funktion haben sie?

11. Die Fahrdrähte für Elektrolokomotiven müssen immer straff gespannt sein. Das wird mithilfe von Rollen und angehängten Körpern gewährleistet.
Wie groß ist die Längenänderung eines 100 m langen Fahrdrahtes aus Kupfer, wenn die tiefste Temperatur im Winter –15 °C und die Höchsttemperatur im Sommer 35 °C beträgt?

12. In welche Richtung werden sich die Bimetallstreifen bei Abkühlung biegen? Begründe deine Aussagen!

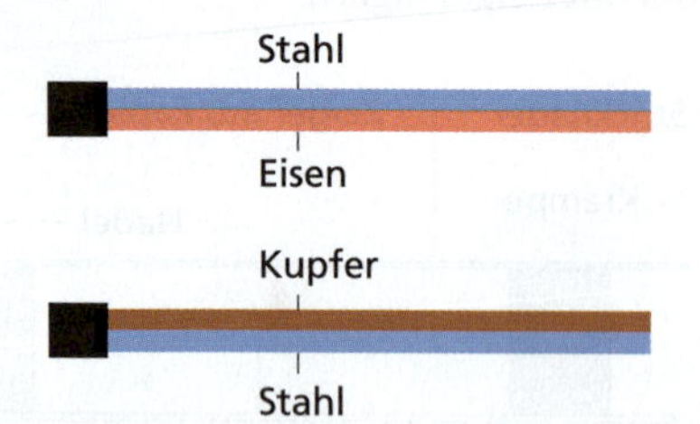

13. Warum ist es sinnvoller, den Reifendruck eines Autos vor als nach einer langen Fahrt zu kontrollieren?

14. Beschreibe den Aufbau und erkläre die Wirkungsweise eines Bimetallthermometers!

15. Zur Regulierung der Raumtemperatur benutzt man Thermostatventile an den Heizkörpern (s. Abb.).

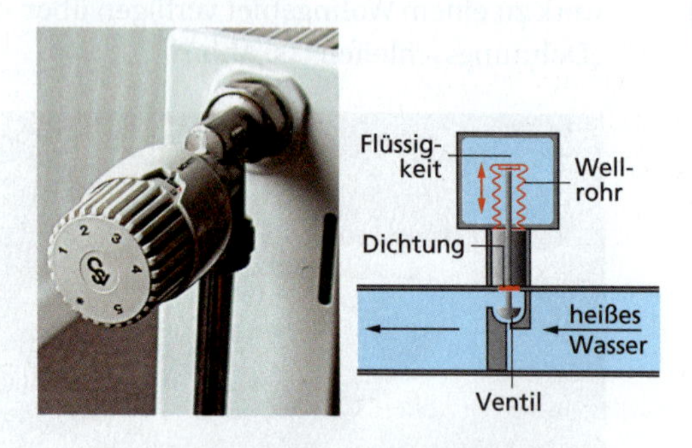

Die Flüssigkeit kann ein Wellrohr zusammendrücken, das wie eine starke Feder wirkt. Wie funktioniert ein solches Ventil?

16. Leere Spraydosen soll man nicht ins Feuer werfen.
a) Erkläre, warum das sehr gefährlich ist!
b) Auf Spraydosen findet man folgenden Aufdruck: „Vor Sonneneinstrahlung und Temperaturen über 50 °C schützen". Begründe den Hinweis physikalisch!

17. Die spezifische Wärmekapazität von trockenem Sand beträgt $c = 0{,}84\ \text{kJ}/(\text{kg} \cdot \text{K})$ und ist wesentlich kleiner als die von Wasser. Begründe damit die hohen Temperaturschwankungen in Wüstengebieten im Unterschied zu Gebieten am Meer!

18. Ein Liter Wasser soll von 18 °C auf 60 °C erwärmt werden. Wie viel Wärme muss dem Wasser zugeführt werden?

19. Ein glühender Stahlblock mit einer Masse von 1 t hat eine Temperatur von 900 °C und kühlt allmählich auf 20 °C ab.
Wie viel Wärme wird dabei an die Umgebung abgegeben?

20. Die spezifische Wärmekapazität einer Flüssigkeit soll experimentell bestimmt werden.
a) Beschreibe, wie man vorgehen könnte!
b) Bestimme experimentell die spezifische Wärmekapazität einer Flüssigkeit!

21. In einem Becherglas wurden 200 g einer Flüssigkeit erwärmt. Das Diagramm zeigt den experimentell ermittelten Zusammenhang.

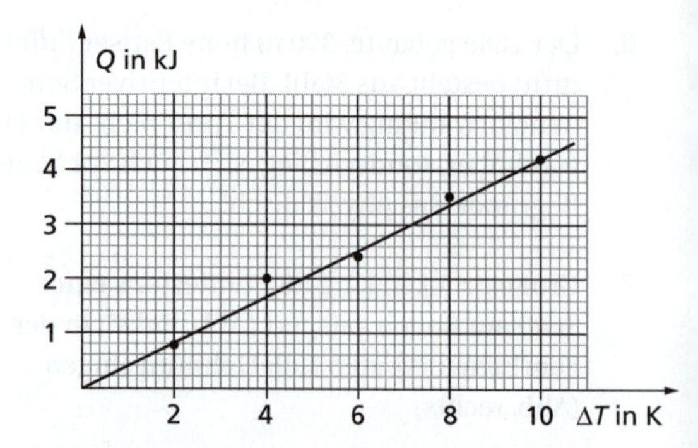

a) Interpretiere das Diagramm!
b) Berechne für die Flüssigkeit die spezifische Wärmekapazität! Entnimm die notwendigen Daten dem Diagramm!

22. Bei der Erwärmung von 0,5 l Wasser auf einem Gasherd steigt die Temperatur in jeder halben Minute um 7,5 K.
Welche Wärme gibt die Gasflamme in einer Minute an das Wasser ab?

Thermisches Verhalten von Körpern

Wird einem Körper Wärme zugeführt oder von ihm abgegeben, so kann das unterschiedliche Auswirkungen haben.

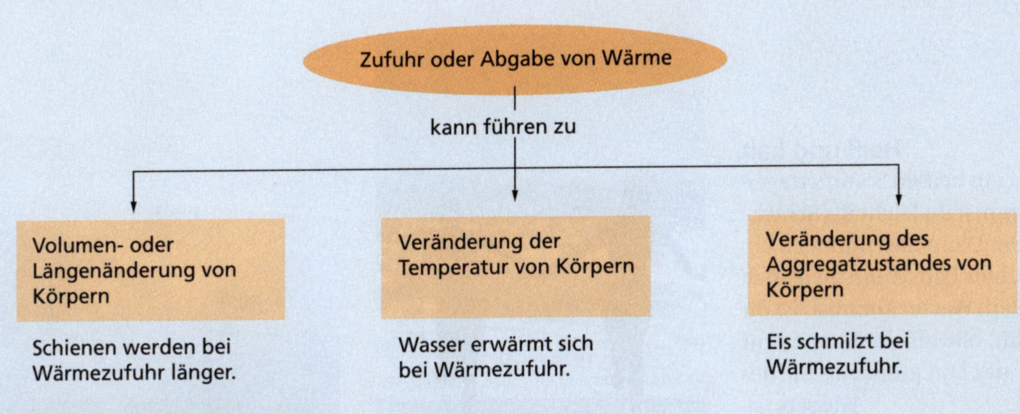

Die **Längenänderung** fester Körper ist umso größer,
- je länger die Körper sind,
- je größer die Temperaturänderung ist.

Die **Volumenänderung von festen Körpern, Flüssigkeiten** und **Gasen** ist umso größer,
- je größer das Volumen der Körper ist,
- je größer die Temperaturänderung ist.

Längen- und Volumenänderung hängen auch von dem Stoff ab, aus dem der Körper besteht.

Für fast alle Stoffe gilt:
Bei Temperaturerhöhung dehnen sie sich aus, bei Temperaturverringerung ziehen sie sich zusammen.
Wasser ist im Temperaturbereich zwischen 0 °C und 4 °C eine Ausnahme (Anomalie des Wassers).

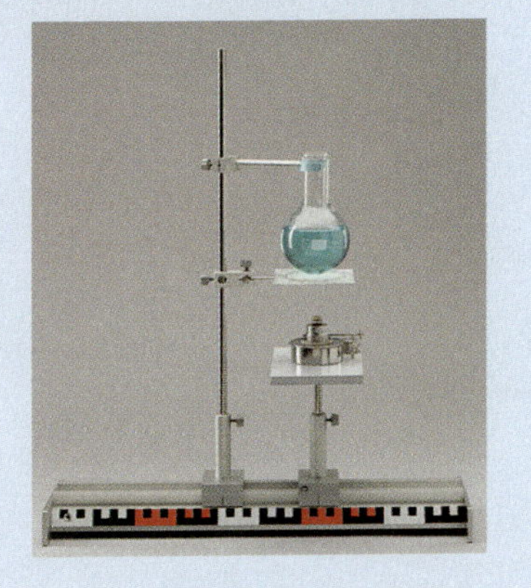

Bei einem Körper in einem bestimmten Aggregatzustand hängt seine Temperaturänderung ΔT ab von
- der zugeführten oder abgegebenen Wärme Q
- der Masse m des Körpers,
- der spezifischen Wärmekapazität c des Stoffes.

Es gilt die **Grundgleichung der Wärmelehre:**

$$Q = c \cdot m \cdot \Delta T$$

4.3 Aggregatzustände und Aggregatzustandsänderungen

Heiß und kalt

An heißen Sommertagen kommst du leicht ins Schwitzen. Dann hilft nur noch ein kühles Bad. Wenn du jedoch aus dem Wasser kommst, ist dir kalt, obwohl die Temperatur der Luft größer als die des Wassers ist.
Wovon hängt es ab, ob dir nach dem Baden kalt ist?

Heiß und feucht

Du lässt heißes Wasser in die Badewanne. Schon nach kurzer Zeit sind der Spiegel, die Fenster, aber auch die Kacheln beschlagen.
Wie kommt der dünne Feuchtigkeitsfilm zustande? Befindet sich die Feuchtigkeit auch auf anderen Gegenständen im Bad?

Heiß und glühend

Um Stahl zum Glühen zu bringen, muss ihm viel Wärme zugeführt werden. Der glühende Stahl wird dann plötzlich abgekühlt und damit gehärtet.
Bei welcher Temperatur schmilzt Stahl? Kann er auch verdampfen?

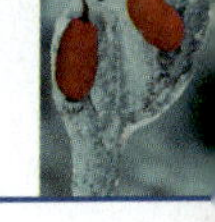

Körper in verschiedenen Aggregatzuständen

Alle Körper unserer Umgebung haben bei Zimmertemperatur einen bestimmten **Aggregatzustand.** Wasser ist flüssig, ein Hammer fest und die Luft gasförmig. Bei einer anderen Temperatur können diese Körper aber auch in einem anderen Aggregatzustand vorliegen (Abb. 1). Wasser kann zu Eis werden, Stahl kann schmelzen, Luft kann verflüssigt werden.

Körper können sich im festen, flüssigen oder gasförmigen Aggregatzustand befinden.

Je nachdem, in welchem Aggregatzustand sich ein Körper befindet, ändert sich mit der Temperatur auch sein Volumen(s. S. 281). Der Körper bleibt aber in demselben Aggregatzustand.
Damit ein Körper seinen Aggregatzustand ändert, muss die Wärme genügend groß sein, die ihm zugeführt bzw. entzogen wird. Abb. 2 benennt die Vorgänge, bei denen sich die Aggregatzustände ändern. Das geschieht bei der Schmelz- bzw. Siedetemperatur.

Schmelzen und Erstarren

Wird einem festen Körper, z. B. Eis oder Stahl, Wärme zugeführt, so steigt seine Temperatur. Der Körper bleibt aber zunächst im festen Aggregatzustand.
Bei einer bestimmten Temperatur, der **Schmelztemperatur,** wird der Körper flüssig. Solange der Körper schmilzt, sind sowohl feste als auch flüssige Teile des Körpers vorhanden. Seine Temperatur ändert sich nicht. Die gesamte zugeführte Wärme wird für das Schmelzen benötigt, also für die Umwandlung des Körpers vom festen in den flüssigen Aggregatzustand. Erst wenn der gesamte Körper geschmolzen ist, steigt seine Temperatur wieder an (Abb. 1, S. 294).
Die Schmelztemperatur ist abhängig von dem Stoff, aus dem der Körper besteht.
Körper können auch direkt vom festen in den gasförmigen Aggregatzustand übergehen. Dieser Vorgang heißt **Sublimieren.** Er tritt z. B. bei Schnee auf.

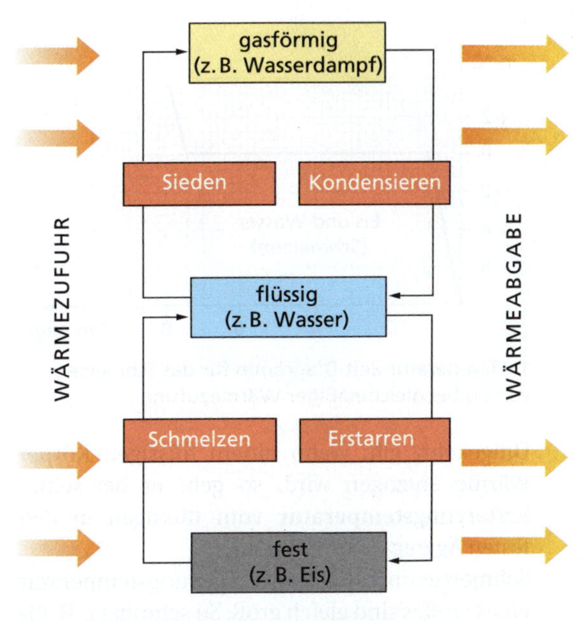

2 Aggregatzustände und ihre Änderungen

1a Wasser geht bei Temperaturen unter 0 °C in seinen festen Zustand über und liegt als Eis vor.

1b Schokolade wird beim Erwärmen flüssig und kann z. B. für Glasuren genutzt werden.

1c Luft und andere Gase können bei sehr tiefen Temperaturen auch flüssig sein.

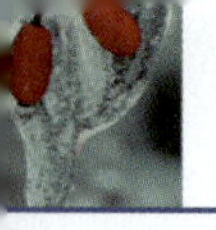

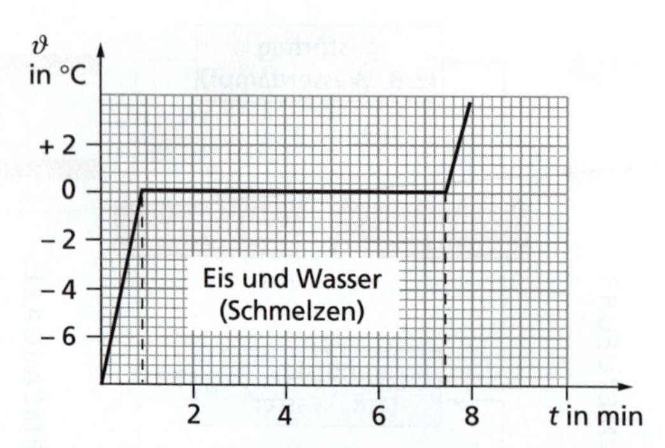

1 Temperatur-Zeit-Diagramm für das Schmelzen von Eis bei gleichmäßiger Wärmezufuhr

Umgekehrt gilt: Wenn einem flüssigen Körper Wärme entzogen wird, so geht er bei seiner **Erstarrungstemperatur** vom flüssigen in den festen Aggregatzustand über.
Schmelztemperatur und Erstarrungstemperatur eines Stoffes sind gleich groß: So schmilzt z. B. Eis bei 0 °C. Bei ebenfalls 0 °C erstarrt Wasser.

Ein Körper geht bei der Schmelztemperatur vom festen in den flüssigen Aggregatzustand (Schmelzen) bzw. umgekehrt vom flüssigen in den festen Aggregatzustand (Erstarren) über.

Während des Schmelzens und des Erstarrens ändert sich mit dem Aggregatzustand auch das Volumen des Körpers (Abb. 2).

Bei den meisten Stoffen ist das Volumen des flüssigen Körpers größer als das Volumen des festen Körpers.
Wasser bildet dabei eine Ausnahme.

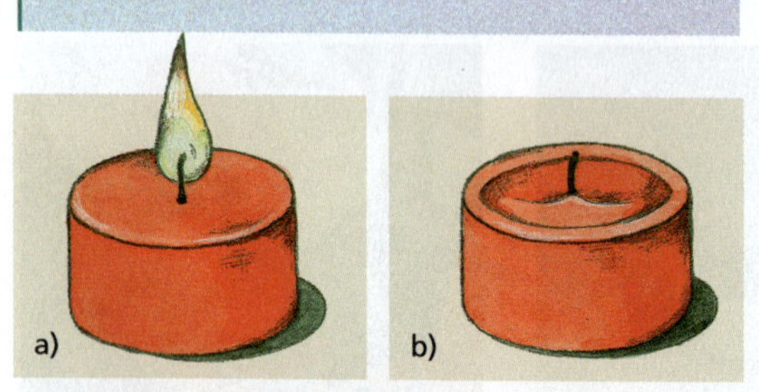

2 Das flüssige Kerzenwachs auf der brennenden Kerze bildet eine glatte Oberfläche (a). Beim Erstarren zieht sich das Wachs zusammen. Das feste Wachs bildet auf der Oberfläche eine Mulde (b).

Die Schmelztemperatur von Stoffen ist nicht immer gleich groß. Sie ist abhängig vom äußeren Druck. Für Eis gilt:

Die Schmelztemperatur von Eis ist umso niedriger, je größer der Druck ist.

Das spielt zum Beispiel beim Schlittschuhfahren oder bei der Bewegung von Gletschereis eine wichtige Rolle. Die zum Schmelzen erforderliche Wärme wird als **Schmelzwärme** bezeichnet.

Die spezifische Schmelzwärme gibt an, wie viel Wärme erforderlich ist, um 1 kg eines Stoffes zu schmelzen.

Formelzeichen: q_s
Einheit: 1 Kilojoule je Kilogramm $\left(1 \frac{kJ}{kg}\right)$

Beim Erstarren wird diese Wärme wieder abgegeben. Die Schmelzwärme für einen Körper mit der Masse m kann dann berechnet werden mit der Gleichung $Q_S = q_S \cdot m$.

Schmelztemperatur ϑ_s und spezifische Schmelzwärme q_s einiger Stoffe

Stoff	ϑ_s in °C	q_s in $\frac{kJ}{kg}$
Quecksilber	–39	12
Eis	0	334
Glycerin	18	201
Wachs	50	176
Zinn	232	59
Messing	320	168
Blei	327	25
Zink	419	105
Antimon	631	165
Aluminium	660	396
Kupfer	1 083	205
Eisen	1 540	275
Platin	1 739	111
Wolfram	3 387	193

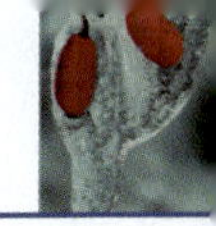

Sieden und Kondensieren

Wird einem flüssigen Körper, z. B. Wasser, Wärme zugeführt, so steigt zunächst seine Temperatur, bis er zu sieden beginnt und gasförmig wird. Solange das Wasser siedet, also sowohl flüssige als auch gasförmige Teile vorhanden sind, ändert sich die Temperatur des Wassers nicht. Die gesamte zugeführte Wärme wird für die Umwandlung des Körpers vom flüssigen in den gasförmigen Aggregatzustand benötigt. Erst dann steigt die Temperatur des Körpers wieder an (Abb. 1). Umgekehrt gilt: Wenn einem gasförmigen Körper Wärme entzogen wird, so geht er bei seiner **Kondensationstemperatur** vom gasförmigen in den flüssigen Aggregatzustand über. Siedetemperatur und Kondensationstemperatur eines Stoffes sind gleich groß.

Ein Körper geht bei der Siedetemperatur vom flüssigen in den gasförmigen Aggregatzustand (Sieden) bzw. vom gasförmigen in den flüssigen Aggregatzustand (Kondensieren) über.

Wie die Schmelztemperatur ist auch die Siedetemperatur druckabhängig.

Siedetemperatur ϑ_V und spezifische Verdampfungswärme q_V einiger Stoffe

Stoff	ϑ_V in °C	q_V in $\frac{kJ}{kg}$
Stickstoff	−196	198
Sauerstoff	−183	214
Ammoniak	−33	1 370
Dimethylether	35	384
Alkohol (Ethanol)	78	840
Wasser	100	2 256
Speiseöl	200	–
Quecksilber	357	285
Zink	907	1 802
Blei	1751	871
Gold	2707	1 578
Eisen	3 070	6 322

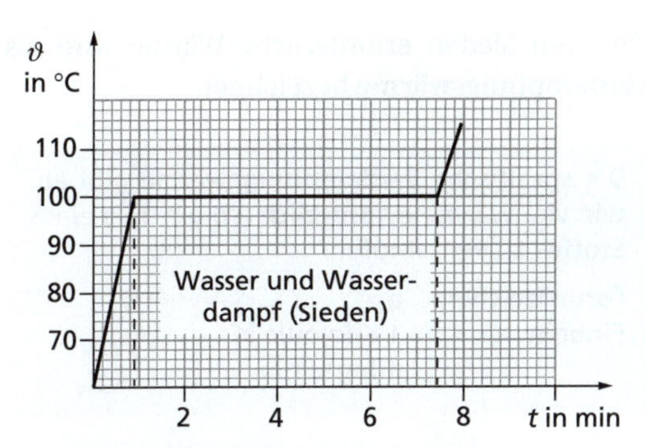

1 Temperatur-Zeit-Diagramm für das Sieden von Wasser bei gleichmäßiger Wärmezufuhr

Die Siedetemperatur von Wasser ist umso höher, je größer der Druck ist.

Das wird z. B. in Schnellkochtöpfen genutzt (Abb. 2). Durch Erhöhung des Drucks siedet das Wasser erst bei über 100 °C. Dadurch werden die Speisen schneller gar.

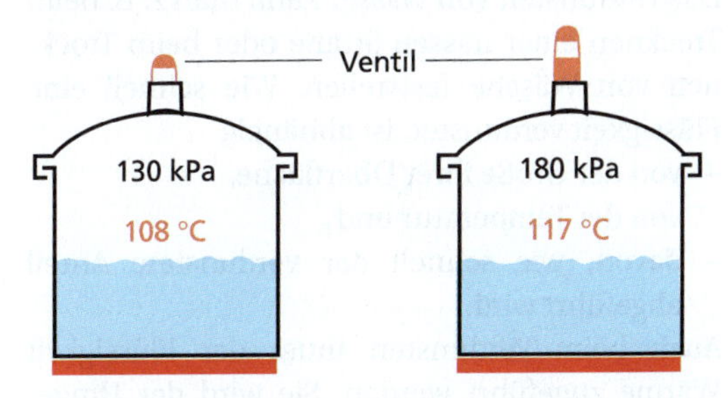

2 Im Schnellkochtopf kann der Dampf nicht entweichen. Druck und Temperatur steigen.

Siedetemperatur von Wasser bei verschiedenem Druck

p in kPa	ϑ_V in °C
1	7
5	33
10	46
50	81
100 (normaler Druck)	100
500	152
1 000	180
5 000	264
10 000	311
20 000	366

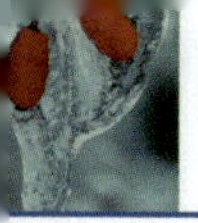

Die zum Sieden erforderliche Wärme wird als **Verdampfungswärme** bezeichnet.

Die spezifische Verdampfungswärme gibt an, wie viel Wärme erforderlich ist, um 1 kg eines Stoffes zu verdampfen.

Formelzeichen: q_V
Einheit: **1 Kilojoule je Kilogramm** $\left(1 \frac{kJ}{kg}\right)$

Beim Kondensieren wird diese Wärme wieder abgegeben. Die Verdampfungswärme für einen Körper mit der Masse m kann berechnet werden mit der Gleichung $Q_V = q_V \cdot m$.

Verdunsten von Flüssigkeiten

Flüssigkeiten können auch weit unter ihrer Siedetemperatur in den gasförmigen Zustand übergehen. Diesen Vorgang nennt man **Verdunsten.**
Das Verdunsten von Wasser kann man z. B. beim Trocknen einer nassen Straße oder beim Trocknen von Wäsche feststellen. Wie schnell eine Flüssigkeit verdunstet, ist abhängig

- von der Größe ihrer Oberfläche,
- von der Temperatur und
- davon, wie schnell der verdunstete Anteil abgeführt wird.

Auch beim Verdunsten muss der Flüssigkeit Wärme zugeführt werden. Sie wird der Umgebung entzogen. Dadurch kühlt sich die Umgebung ab. Diese „Verdunstungskälte" spielt eine wichtige Rolle bei der Regulierung unserer Körpertemperatur: Bei sehr warmem Wetter schwitzen wir. Der Schweiß verdunstet teilweise. Die dafür erforderliche Wärme wird unserem Körper entzogen. Er wird gekühlt.

Beim Verdunsten von Flüssigkeiten wird der Umgebung Wärme entzogen.

Das wird z. B. in der Medizin genutzt: Um kleine Stellen auf der Haut unempfindlich gegen Schmerz zu machen, wird eine Flüssigkeit aufgesprüht, die sehr schnell verdunstet.

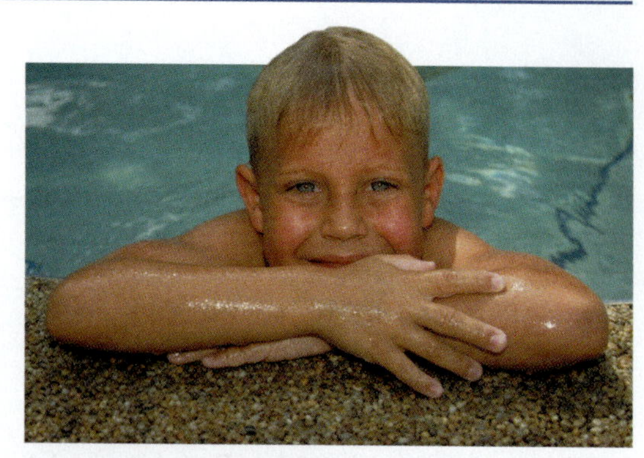

1 Wasser auf der Haut verdunstet. Dadurch kühlt sich die Haut ab. Das kann sogar bei hohen Temperaturen zu einer Erkältung führen.

Die Luftfeuchtigkeit

Luft enthält Wasserdampf, der für uns nicht sichtbar ist. Er gelangt durch Verdunsten von Wasser in die Atmosphäre.

Der Anteil von Wasserdampf, der sich in der Atmosphäre befindet, wird als Luftfeuchtigkeit bezeichnet.

Die Luftfeuchtigkeit wird meist in Prozent angegeben. 60 % Luftfeuchtigkeit bedeutet: Die Luft enthält 60 % des Wasserdampfes, der bei einer bestimmten Temperatur aufgenommen werden kann. Kondensiert dieser Wasserdampf, so bilden sich Wolken, in Erdbodennähe Nebel und am Erdboden Tau.

2 Wolken, Nebel oder Tau sind kondensierter Wasserdampf.

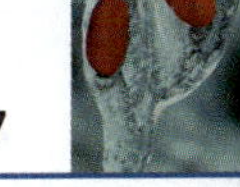

Mosaik

Wind und Wetter

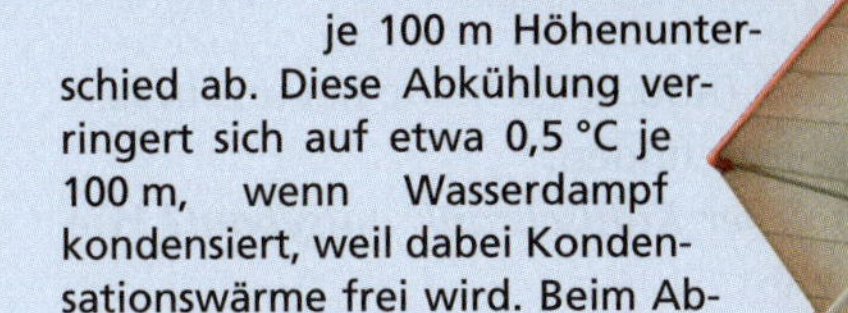

Die Entstehung von **Wind** ist ein sehr komplizierter Prozess, bei dem sowohl globale als auch regionale Besonderheiten Einfluss haben. Eine große Rollen spielen Druck- und Temperaturunterschiede. So strömt z. B. die Luft am Boden stets von Gebieten hohen Luftdrucks (Hochdruckgebiete) in Bereiche niedrigen Luftdrucks (Tiefdruckgebiete).
Die Windgeschwindigkeiten hängen von den Druck- und Temperaturunterschieden ab. Manchmal wird auch die **Windstärke** angegeben, meist nach der BEAUFORT-Skala (s. Übersicht rechts).
An Berghängen beobachtet man **Aufwind** (Abb. 1). Das Aufsteigen von Luft ist mit einer Abkühlung und nicht selten mit Wolkenbildung verbunden. Eine typische Erscheinung in den Alpen ist der **Föhn** (Abb. 2). Er entsteht folgendermaßen: Die anströmende Luft steigt nach oben und kühlt dabei um etwa 1 °C je 100 m Höhenunterschied ab. Diese Abkühlung verringert sich auf etwa 0,5 °C je 100 m, wenn Wasserdampf kondensiert, weil dabei Kondensationswärme frei wird. Beim Absinken erwärmt sich die Luft ebenfalls um etwa 1 °C je 100 m Höhenunterschied. Damit kann die Luft mehr Wasserdampf aufnehmen. Wolken lösen sich auf.

1 An Berghängen, die von der Sonne bestrahlt werden, erwärmt sich die Luft und steigt als Hangaufwind nach oben. Solche Aufwinde werden von Vögeln und Segelfliegern genutzt.

2 Die Luft kühlt sich beim Aufsteigen ab und erwärmt sich beim Absinken. Damit verringert sich die Luftfeuchtigkeit. Es kommt zum Föhn.

Windstärken nach BEAUFORT

Windstärke	Geschwindigkeit in m/s	Bezeichnung und Auswirkungen
0	0,0 … 0,2	still; Rauch steigt gerade empor
1	0,3 … 1,5	leiser Zug; Windrichtung angezeigt nur durch Zug des Rauches
2	1,6 … 3,3	leichte Brise; Wind am Gesicht fühlbar, Blätter säuseln
3	3,4 … 5,4	schwache Brise; bewegt Blätter und dünne Zweige
4	5,5 … 7,9	mäßige Brise; hebt Staub und loses Papier, bewegt Zweige und dünnere Äste
5	8,0 … 10,7	frische Brise
6	10,8 … 13,8	starker Wind; starke Äste in Bewegung, Pfeifen in Freileitungen
7	13,9 … 17,1	steifer Wind; ganze Bäume in Bewegung, Hemmung beim Gehen gegen den Wind
8	17,2 … 20,7	stürmischer Wind
9	20,8 … 24,4	Sturm; kleinere Schäden an Häusern und Dächern
10	24,5 … 28,4	schwerer Sturm; entwurzelt Bäume, bedeutende Schäden an Häusern
11	28,5 … 32,6	orkanartiger Sturm; verbreitete Sturmschäden
12	> 32,6	Orkan

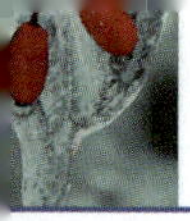

Physik in Natur und Technik

Ein Schrank zum Kühlen

Ein Kühlschrank (Abb. 1) ist heute bei uns in fast jedem Haushalt zu finden.
Wie ist ein solcher Kühlschrank aufgebaut? Wie funktioniert er?

Die Abb. 1 und 3 zeigen die wichtigsten Teile eines Kühlschranks. In seinem Innenraum befindet sich ein System von Rohren, der **Verdampfer** (Abb. 2). In diesem verdampft das Kühlmittel. Das Kühlmittel ist eine Flüssigkeit, die bei normalem Luftdruck bei Temperaturen weit unter dem Gefrierpunkt, z. B. bei –25 °C, siedet. Die zum Verdampfen notwendige Wärme wird der Luft und den Lebensmitteln in Kühlschrank entzogen. Sie kühlen ab.

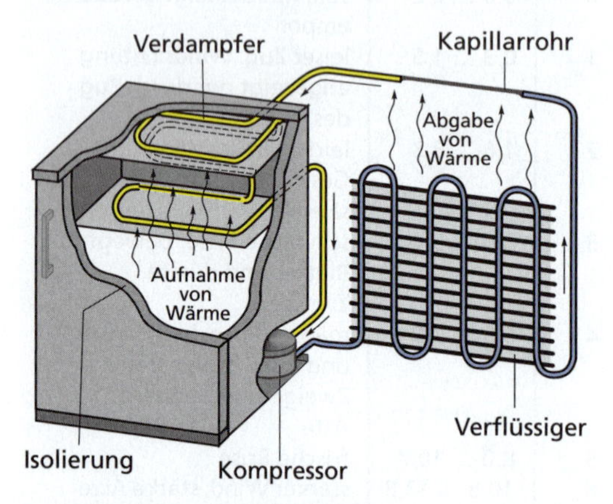

1 Aufbau eines Kühlschranks

Der **Kompressor** ist eine Pumpe. Diese saugt den Dampf ab, der im Verdampfer entstanden ist, und presst ihn in den Verflüssiger. Durch das Absaugen wird die Verdampfung beschleunigt und die Kühlung verstärkt. Beim Zusammenpressen erhöhen sich – ähnlich wie bei einer Luftpumpe – der Druck und damit die Temperatur des Dampfes. Sie steigt auf etwa 40 °C an.
Im **Verflüssiger** kondensiert der Dampf. Dabei wird Kondensationswärme frei, die über die Kühlrippen abgegeben wird.

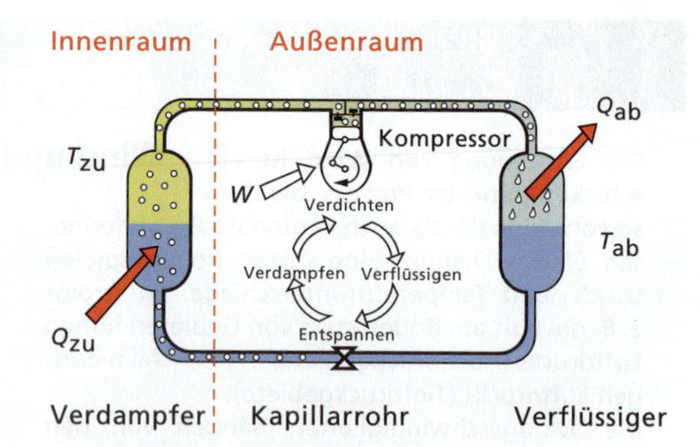

2 Kreislauf des Kühlmittels in einem Kühlschrank

Durch ein **Kapillarrohr** gelangt das Kühlmittel wieder in den Verdampfer. Dadurch verringert sich sein Druck und es beginnt wieder zu verdampfen. Der Kreislauf beginnt erneut.
Worin unterscheidet sich ein Kühlschrank von einer Wärmepumpe?

Bei einem Kühlschrank wird mithilfe des Kühlaggregats Wärme aus dem Inneren des Schrankes nach außen transportiert. Dadurch wird der Innenraum gekühlt und die Umgebung erwärmt. Ein solches Aggregat kann man auch als Wärmepumpe benutzen, um im Winter Gebäude zu heizen. Dabei wird, im Unterschied zum Kühlschrank, dem Außenraum (Erdreich, Grundwasser, Luft) Wärme durch einen Verdampfer entzogen, der sich außerhalb des Hauses befindet. Der Verflüssiger steht im Haus. Er gibt die Kondensationswärme an den Innenraum ab. Die Raumtemperatur steigt.

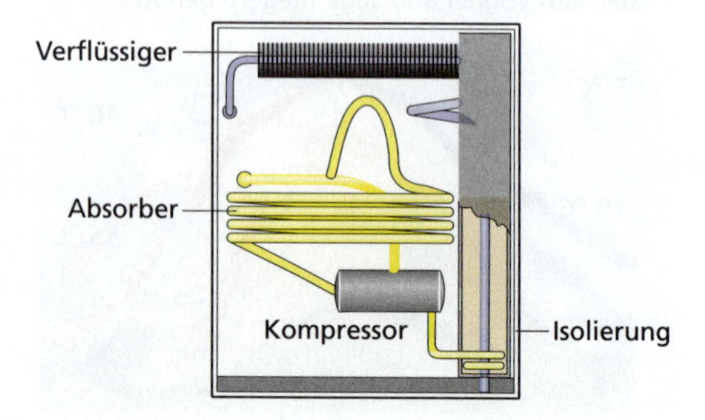

3 Ein Kühlschrank besteht aus Verflüssiger, Kompressor und Kapillarrohr. Der Verdampfer befindet sich im Inneren des Gerätes.

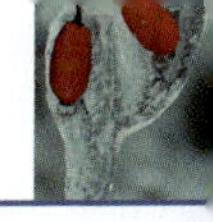

Immer cool bleiben

Juice, Cola und andere Getränke schmecken am besten, wenn sie kalt sind. Deshalb stellt man sie in den Kühlschrank oder gibt Eiswürfel in das Getränk (Abb. 1).
Wie verändert sich die Temperatur eines Getränks, wenn Eiswürfel zugegeben werden?

Das Getränk hat zunächst Zimmertemperatur. Gibt man Eiswürfel hinzu und rührt gut um, bildet sich ein Flüssigkeit-Eis-Gemisch. Die Eiswürfel beginnen sich zu erwärmen und zu schmelzen. Die dafür erforderliche Wärme wird der Flüssigkeit entzogen. Dabei sind zwei Vorgänge zu unterscheiden:
- Das Eis erwärmt sich zunächst bis auf 0 °C.
- Das Eis beginnt bei 0 °C zu schmelzen.

In den beiden Vorgängen wird der Flüssigkeit Wärme entzogen. Die Temperatur der Flüssigkeit verringert sich, solange noch Eis vorhanden ist. Kälter als 0 °C kann das Gemisch nicht werden. Diese Temperatur wird aber meist nicht erreicht, weil ein ständiger Austausch der Wärme mit der Umgebung des Raumes stattfindet.

1 Je mehr Eis in einem Getränk schmilzt, umso kälter wird es, aber nicht kälter als 0 °C.

Ist das Eis vollständig geschmolzen, erwärmt sich das Getränk wieder. Die dafür erforderliche Wärme stammt aus der Umgebung des Glases. Diese kühlt sich demzufolge geringfügig ab.
Wartet man lange genug, dann nimmt das Getränk allmählich wieder die Temperatur der Umgebung an.

Kochen will gelernt sein

Wenn man Kartoffeln kochen will, müssen sie eine Zeit lang bei ca. 100 °C in Wasser garen.
Warum ist es sinnvoll, kurz vor dem Sieden des Wassers die Heizstufe des Herdes zu verkleinern?

Kartoffeln garen in siedendem Wasser. Beim Sieden geht das Wasser in Wasserdampf über, der aus dem Topf entweicht. Das geschieht bei der Siedetemperatur von 100 °C, unabhängig davon, ob das Wasser stark oder schwach sprudelt.
Es reicht deshalb völlig aus, dem Wasser nur so viel Wärme zuzuführen, dass der Siedevorgang gerade im Gange bleibt. Das Garen bei höherer Heizstufe geht deshalb nicht schneller.

Mosaik

Destillation – ein Verfahren zur Stofftrennung

Die unterschiedlichen Siedetemperaturen von Flüssigkeiten werden zum Trennen von Flüssigkeitsgemischen genutzt. Das Verfahren nennt man **Destillieren.** Mit ihm wird aus Rohöl Benzin gewonnen oder reiner Alkohol hergestellt oder Wasser gereinigt. Wird einem Flüssigkeitsgemisch Wärme zugeführt, so verdampft zunächst die Flüssigkeit mit der niedrigeren Siedetemperatur. Fängt man diesen Dampf auf und kühlt ihn, so kondensiert er, sodass er aufgefangen werden kann. Das geschieht so lange, bis eine der Flüssigkeiten vollständig verdampft ist.
Um destilliertes Wasser herzustellen, wird die Temperatur langsam erhöht, damit Flüssigkeiten mit einer Siedetemperatur unter der des Wassers verdampfen können.

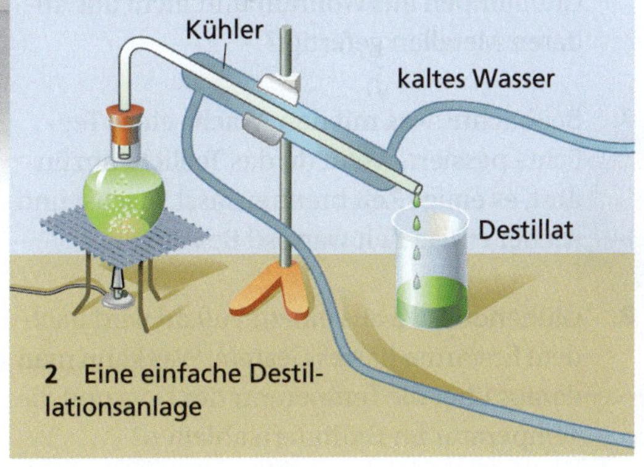

2 Eine einfache Destillationsanlage

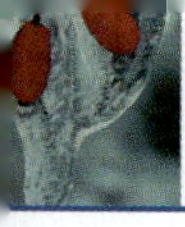

gewusst · gekonnt

1. Nenne und erläutere einige Aggregatzustandsänderungen in der Natur und im Haushalt!

2. Nimm in die eine Hand einen Eiswürfel aus dem Gefrierfach, in die andere Hand zwei Würfel! Was geschieht mit dem Eis, was mit deinen Händen? Beschreibe deine Beobachtungen und deine Empfindungen!

3. Ruth zweifelt an, dass Regentropfen, Eiszapfen und Wasserdampf alle etwas Gemeinsames haben.
   a) Was haben sie Gemeinsames?
   b) Mit welchen Erläuterungen kannst du ihr helfen?

4. Fülle ein kleines Plastikgefäß randvoll mit Wasser, stelle es auf einen Teller und dann vorsichtig in ein Gefrierfach!
   Was stellst du fest, als du das Gefäß nach einigen Stunden wieder hervorholst? Erkläre!

5. Quecksilber und Alkohol werden in Flüssigkeitsthermometern verwendet. Kann man mit einem Quecksilberthermometer oder mit einem Alkoholthermometer besonders tiefe Temperaturen messen? Begründe!

6. Der Glühfaden einer eingeschalteten Glühlampe besitzt eine Temperatur von etwa 2 500 °C. Warum werden die Glühfäden von Glühlampen aus Wolfram und nicht aus anderen Metallen gefertigt?

7. Beobachte, was mit dem Wachs eines Teelichts passiert, wenn du das Teelicht anzündest, es einige Zeit brennen lässt, löschst und wieder einige Zeit wartest! Beschreibe!

8. Glühende Lava aus einem Vulkan wird nach dem Erstarren hartes Gestein. Was kann man daraus über die Temperatur der Lava und die Temperatur im Erdinnern ableiten?

9. Damit die Scheibenwaschanlage eines Autos auch im Winter funktioniert, muss man dem Wasser ein Frostschutzmittel beigeben. Was soll das Frostschutzmittel bewirken?

10. Durch Frostaufbrüche können Straßen stark beschädigt werden. Erkläre anhand der Bilder, wie es zu diesen Schäden kommen kann!

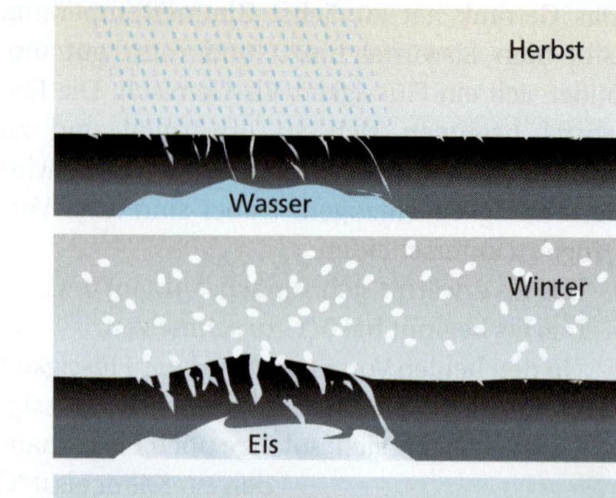

11. Bruno behauptet: „Wenn einem Körper Wärme zugeführt wird, so erhöht sich dessen Temperatur immer."
    Britta dagegen meint: „Wenn einem Körper Wärme zugeführt wird, so erhöht sich dessen Temperatur nicht immer." Wer hat Recht? Begründe!

12. Beim Föhnen der Haare kannst du eine interessante Beobachtung machen: Solange die Haare feucht sind, ist der heiße Luftstrom des Föhns kaum spürbar, mitunter erscheint er sogar kühl. Bei trockenen Haaren merkst du, dass der Luftstrom tatsächlich heiß ist.
    Wie sind diese Unterschiede zu erklären?

13. Wenn du einen angefeuchteten Finger hochhältst, kannst du recht gut die Windrichtung bestimmen. Probiere es aus! Erkläre!

14. Untersuche, ob sich die Temperatur von Wasser während des Verdampfens ändert!
Vorbereitung:
Erwärme gleichmäßig eine Menge Wasser und miss in gleichen Zeitabständen die Temperatur, bis kaum noch Wasser im Gefäß vorhanden ist!
Durchführung:
Stelle das Gefäß auf eine Heizplatte, die vorher schon einige Minuten eingeschaltet wurde! Miss in Abständen von einer Minute die Temperatur! Notiere die Messwerte!
Auswertung:
Trage die Messwerte in ein Diagramm ein! Wähle für die waagerechte Achse die Zeit und für die senkrechte Achse die Temperatur! Formuliere ein Ergebnis!

15. Wo bleibt das Wasser, wenn eine nasse Tafel bereits nach kurzer Zeit wieder trocken ist?

16. Im Winter verhindert Streusalz, dass das Wasser auf den Straßen gefriert. Was passiert hier physikalisch?

17. Miss die Temperatur von Leitungswasser in einem Glas! Fülle nun einen Esslöffel Salz hinzu, rühre um und lies erneut die Temperatur ab!
a) Was stellst du fest!
b) Erkläre dein Versuchsergebnis!

18. Ein gärtnerischer Ratschlag lautet, besonders die Koniferen im Spätherbst gründlich zu wässern, damit sie den Winter gut überstehen. Was ist damit gemeint?

19. Bei sehr warmem Wetter oder starker Anstrengung schützt sich der menschliche Körper vor Überhitzen durch die Absonderung von Schweiß. Erläutere, wie durch Schweißabsonderung die menschliche Haut gekühlt wird!

20. Nicht nur der Mensch, sondern auch Tiere schützen sich bei hohen Temperaturen vor Überhitzung. Erkunde, wie verschiedene Tiere ihre Körpertemperatur regulieren!

21. Wie kann es sein, dass du unmittelbar nach dem Baden frierst, obwohl die Lufttemperatur deutlich höher als die Wassertemperatur ist?

22. Beim Kochen von Suppe bilden sich an der Innenseite des Topfdeckels Wassertropfen. Erkläre, wie diese Wassertropfen entstehen!

23. Wenn ein Brillenträger im Winter aus der kalten Winterluft in ein warmes Zimmer kommt, dann beschlägt seine Brille. Erkläre, wie das kommt!

24. Wickle um ein Thermometergefäß eines Flüssigkeitsthermometers oder um den Messfühler eines elektronischen Thermometers Watte oder Löschpapier.
a) Feuchte die Watte mit Spiritus an! Was kannst du beobachten? Erkläre!
b) Wiederhole den Versuch! Blase dabei möglichst ständig kalte Luft gegen die angefeuchtete Watte!
Vergleiche das Ergebnis mit dem bei Teilaufgabe a! Erkläre!

***25.** Flugzeuge, die in großer Höhe fliegen, ziehen oft „Kondensstreifen" hinter sich her. Wie kommen sie zustande?

summa summarum

Aggregatzustände und ihre Änderungen

Körper aus einem Stoff können sich in verschiedenen Aggregatzuständen befinden.

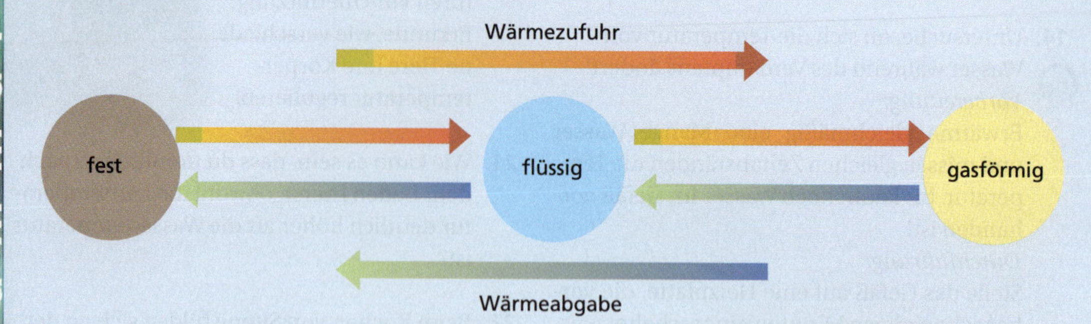

Während des **Schmelzens** und **Erstarrens** bleibt die Temperatur (Schmelztemperatur, Erstarrungstemperatur) gleich groß. Schmelzwärme und Erstarrungswärme sind gleich groß.

$$Q_s = q_s \cdot m$$

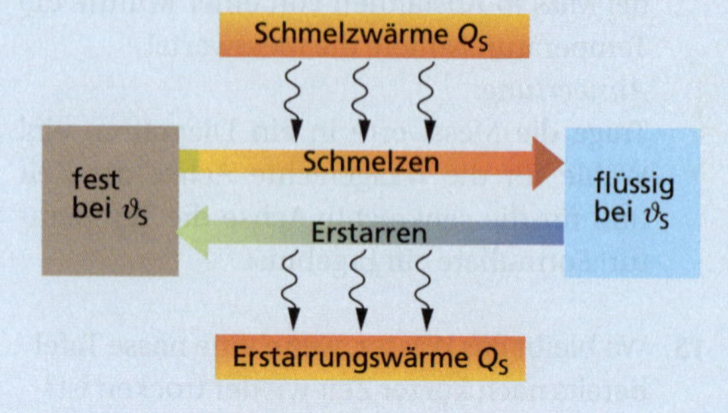

Während des **Siedens** und **Kondensierens** bleibt die Temperatur (Siedetemperatur, Kondensationstemperatur) gleich groß. Verdampfungswärme und Kondensationswärme sind gleich groß.

$$Q_v = q_v \cdot m$$

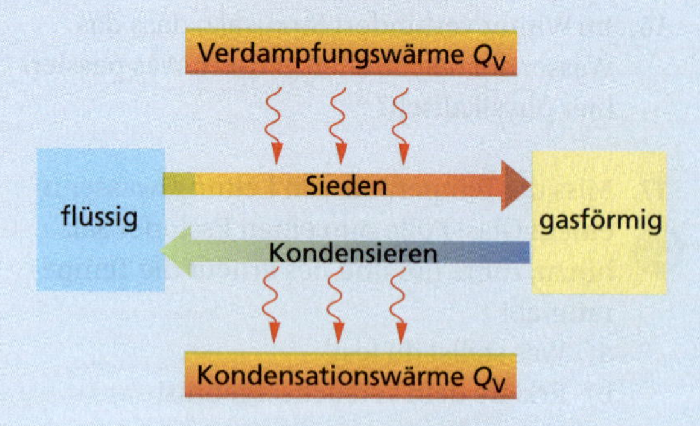

Für Wasser gelten die nachfolgend genannten Daten.

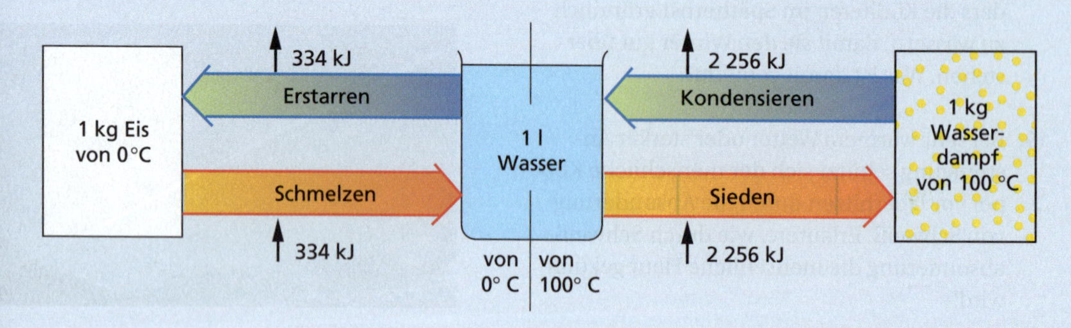

4.4 Wärme und Wärmekraftmaschinen

Die erste Lokomotive

Im 19. Jahrhundert trug die Entwicklung der Eisenbahn wesentlich zum technischen Fortschritt bei. 1814 konstruierten die Gebrüder STEPHENSON die erste Lokomotive. 1822 bis 1825 entstand die erste Bahnlinie zwischen Stockton und Darlington, auf der eine der Lokomotiven von STEPHENSON fuhr. Sie leistete 8 PS und erreichte eine Geschwindigkeit von 20 km/h.

Wie funktioniert eine solche Dampfmaschine?

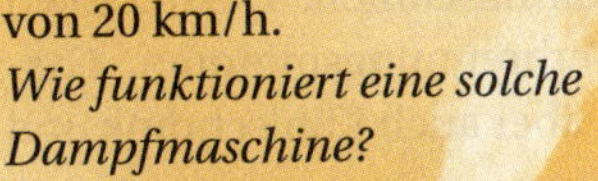

Verbrennungsmotoren für Autos

Pkw haben als Antrieb einen Ottomotor oder einen Dieselmotor. In den Motoren wird Kraftstoff (Benzin, Diesel) verbrannt und die in ihm enthaltene Energie in Bewegungsenergie des Autos umgewandelt.

Welche Unterschiede bestehen in der Funktionsweise von Ottomotor und Dieselmotor?

Welche Vor- und Nachteile haben diese Motoren?

Gasturbinen treiben an

Zum Antrieb von Flugzeugen und auch in modernen Kraftwerken nutzt man Gasturbinen.

Wie funktioniert eine Gasturbine? Welche Energieumwandlungen erfolgen bei einer solchen Turbine?

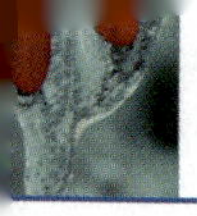

Thermische Energie, Wärme und Arbeit

Heiße Gase können Arbeit verrichten. Das lässt sich beobachten, wenn beim Kochen der Deckel auf dem Topf zu klappern beginnt und damit den Beginn des Siedevorgangs anzeigt. Der Wasserdampf verrichtet Arbeit. Entsprechendes geschieht bei einer Weihnachtspyramide. Die erwärmte Luft über der Kerze dehnt sich aus, strömt nach oben und trifft auf die schräg gestellten Flügel.

In einfachen Versuchen kann man zeigen, wie sich erwärmte Gase ausdehnen und unter erhöhtem Druck in der Lage sind, mechanische Arbeit zu verrichten (Abb. 1).

Im Teilchenmodell lässt sich das folgendermaßen deuten: Bei Wärmezufuhr bewegen sich die Gasteilchen schneller. Die thermische Energie des Gases erhöht sich. Die Teilchen stoßen auf andere Körper. Diese können sich bewegen (Kolben, Turbinenrad o. Ä.). Dabei verlieren die Teilchen kinetische Energie. Die thermische Energie des Gases nimmt ab. Es wird kälter.

Befindet sich das Gas in einem abgeschlossenen Behälter, dann steigt der Druck auf die Gefäßwände. Die thermische Energie des Gases im Gefäß erhöht sich.

Die thermische Energie von Gasen ermöglicht es Arbeit zu verrichten.

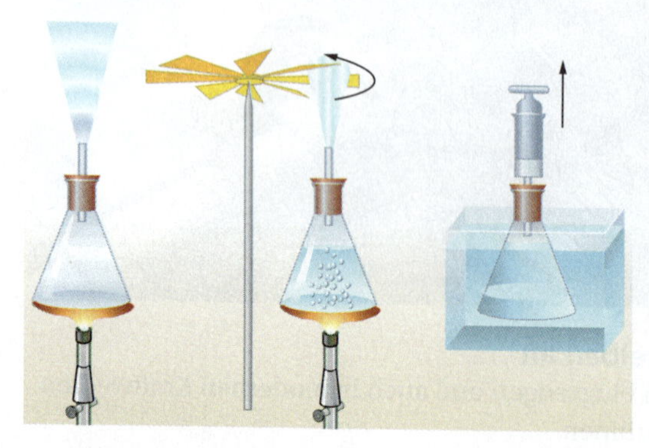

1 Die thermische Energie von Gasen wird in mechanische Energie umgewandelt.

Der Zusammenhang zwischen der Änderung der thermischen Energie, der verrichteten mechanischen Arbeit und der dabei ausgetauschten Wärme wird genauer im **1. Hauptsatz der Wärmelehre** erfasst.

In einem abgeschlossenen System ist die Änderung der thermischen Energie verbunden mit der Zufuhr oder der Abgabe von Wärme und dem Verrichten mechanischer Arbeit.

$\Delta E = W + Q$

ΔE Änderung der thermischen Energie
W mechanische Arbeit
Q Wärme

Der 1. Hauptsatz der Wärmelehre ist der Energieerhaltungssatz für thermische Vorgänge. Er ist die Grundlage für das Verständnis der Wirkungsweise von Wärmekraftmaschinen. Dazu zählen Dampfmaschinen, Verbrennungsmotoren, Gas- und Dampfturbinen, aber auch Kühlschrank und Wärmepumpe.

Ottomotor und Dieselmotor

Im Jahre 1867 stellte Nikolaus Otto (1832 bis 1891) seinen ersten Verbrennungsmotor vor. Diese Art von Motor ist heute unter dem Namen **Ottomotor** bekannt. Rudolf Diesel (1858–1913) entwickelte um 1895 eine weitere Art von Motor, den wir heute als **Dieselmotor** kennen. Bei beiden Arten von Motoren wird in einem Zylinder Kraftstoff (Diesel oder Benzin) verbrannt.

2 Nikolaus Otto (1832–1891)

3 Rudolf Diesel (1858–1913)

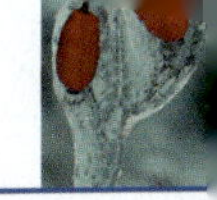

Die im Kraftstoff enthaltene chemische Energie wird beim Verbrennen in thermische Energie des Gases und diese wiederum in mechanische Energie des Kolbens umgewandelt.
Der Kolben führt eine Hin- und Herbewegung aus, die über die Pleuelstange und die Kurbelwelle in eine Drehbewegung umgeformt und über das Getriebe auf die Räder übertragen wird.
Bei allen Vorgängen bleibt ein erheblicher Teil der zugeführten Energie ungenutzt. Er wird in Form von Wärme an die Umgebung abgegeben.
Für Verbrennungsmotoren gilt folgende **Energieumwandlungskette:**

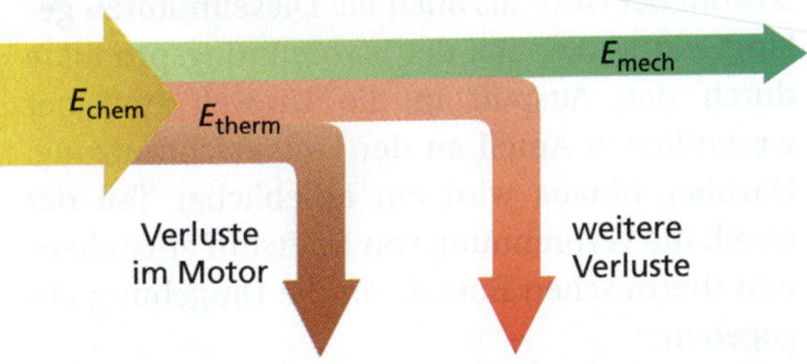

Die Energieverluste durch Abwärme lassen sich nicht beliebig verringern. Ein Teil der Energie muss immer in Form von Wärme abgegeben werden. Darüber hinaus treten Verluste durch die Reibung auf, die an unterschiedlichen Stellen wirkt. Besonders große Fahrzeuge mit einem hohen Antriebsbedarf, wie Dieselloks, Schiffe, Lkw und Busse, sind mit Dieselmotoren ausgerüstet. Auch etwa 30 % der Pkw haben heute einen Dieselmotor (Abb. 1, 2).

2 Dieselmotor für einen Pkw

Bei einem Viertakt-Dieselmotor (Abb. 1) wird im **1. Takt** Luft angesaugt, indem sich der Kolben nach unten bewegt.
Im **2. Takt** bewegt sich der Kolben nach oben und verdichtet die Luft so stark, dass sie sich auf über 600 °C erhitzt. Hat der Kolben seinen höchsten Punkt erreicht, so sprüht eine Einspritzpumpe durch eine feine Düse den Dieselkraftstoff mit hohem Druck in den Zylinder. Dort entzündet er sich von selbst in der heißen Luft.
Im **3. Takt** verbrennt der Dieselkraftstoff explosionsartig. Die Verbrennungsgase dehnen sich aus und treiben den Kolben nach unten. Es wird Arbeit verrichtet und Wärme abgegeben.
Im **4. Takt** bewegt sich der Kolben nach oben und stößt die Abgase aus. Auch mit den Abgasen wird Wärme an die Umgebung abgegeben.
Der Vorgang beginnt von neuem.

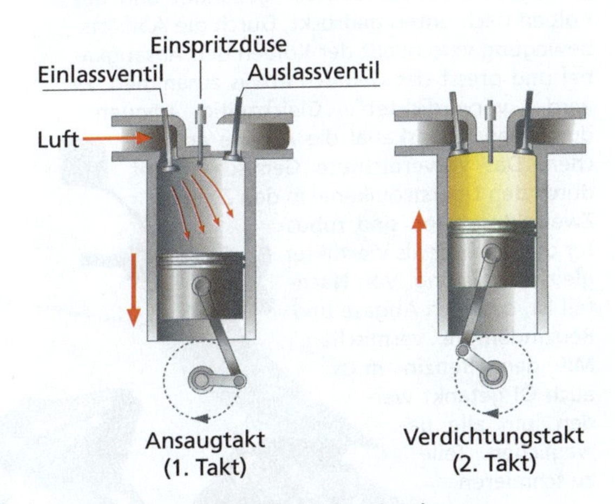

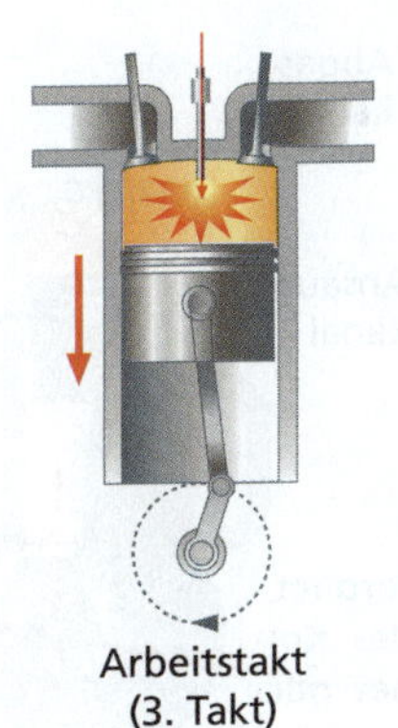

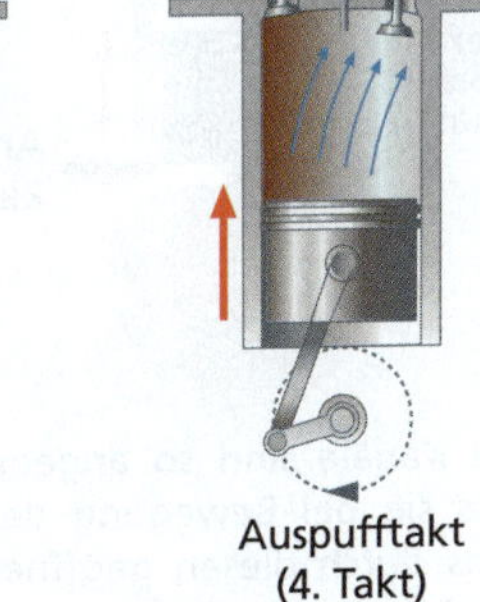

1 Arbeitsweise eines Viertakt-Dieselmotors

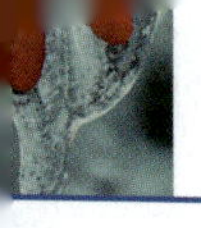

Lediglich im 3. Takt wird die zugeführte Energie in mechanische Energie umgewandelt. Er wird deshalb als Arbeitstakt bezeichnet. In den anderen Takten wird dem Motor von außen mithilfe eines **Schwungrads** Energie zugeführt.
Motoren können 4, 6 oder 8, aber auch 12 **Zylinder** haben. Sie werden vom Kühlwasser umströmt, da sich der Motor beim Verbrennen der Gase stark erhitzt, und gekühlt werden muss.
In einem Mehr-Zylinder-Motor laufen zu gleichen Zeiten unterschiedliche Takte ab, sodass sich immer einer der Zylinder im Arbeitstakt befindet.
Wegen der hohen Verdichtung ist der Druck im Zylinder sehr groß. Deswegen sind die Dieselmotoren kompakt und relativ schwer.

Ottomotoren findet man in Pkw, Motorrädern und in transportablen Geräten wie Rasenmähern. Es gibt sie als Zweitakt- und als Viertaktmotoren. Bei einem Ottomotor wird nicht Luft, sondern ein Gemisch aus Luft und Benzin in den Zylinder gebracht und verdichtet. Dieses Gemisch wird vorher im Vergaser erzeugt. Im Unterschied zum Dieselmotor wird das Gemisch durch den Funken einer Zündkerze zur Explosion gebracht. Dabei entstehen Temperaturen bis zu 2 000 °C und ein hoher Druck. Die anderen Takte sind vergleichbar mit denen beim Dieselmotor.
Während Dieselmotoren einen Wirkungsgrad von bis zu 40 % haben können, erreichen Ottomotore nur Wirkungsgrade von höchstens 30 %. Bei den meisten Pkw-Motoren liegen diese Werte zwischen 20 % und 25 %.
Sowohl bei Otto- als auch bei Dieselmotoren gelangt ein großer Teil der Verbrennungsprodukte durch den Auspuff in die Umwelt und hat wesentlichen Anteil an der Luftverschmutzung. Darüber hinaus wird ein erheblicher Teil der durch die Verbrennung von Kraftstoff entstehenden thermischen Energie an die Umgebung abgegeben.

Mosaik

Zweitakt-Ottomotor

Zweitakt-Ottomotoren gibt es nicht nur in Rasenmähern, sondern auch in Mopeds und Mofas, Kettensägen und Wasserpumpen. Wie unterscheiden sie sich von den Viertaktmotoren?
Ihr Aufbau ist einfacher, da keine Ventile erforderlich sind (s. Skizzen).

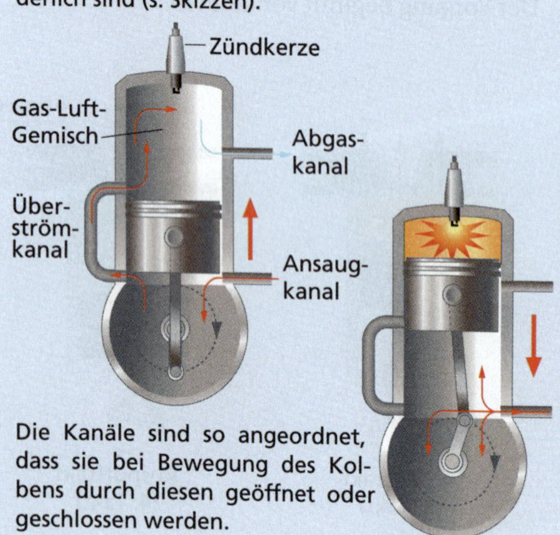

Die Kanäle sind so angeordnet, dass sie bei Bewegung des Kolbens durch diesen geöffnet oder geschlossen werden.

Im **1. Takt** bewegt sich der Kolben nach oben und verschließt dadurch den Überström- und Abgaskanal. Das Gemisch wird weiter verdichtet. Durch den so entstehenden Unterdruck im Kurbelgehäuse strömt durch den Ansaugkanal neues Gemisch in das Kurbelgehäuse.
Im **2. Takt** wird das Gemisch gezündet und der Kolben nach unten gedrückt. Durch die Abwärtsbewegung verschließt der Kolben den Ansaugkanal und presst das Gemisch etwas zusammen. Es wird „vorverdichtet“. Gleichzeitig können durch den Abgaskanal die Abgase entweichen. Das vorverdichtete Gemisch strömt durch den Überströmkanal in den Zylinder.
Zweitaktmotoren sind robuster und leichter als Viertakter gleicher Leistung. Von Nachteil ist, dass sich Abgase und Benzindämpfe vermischen. Mit dem Benzin muss auch Öl getankt werden, um alle beweglichen Teile zu schmieren.

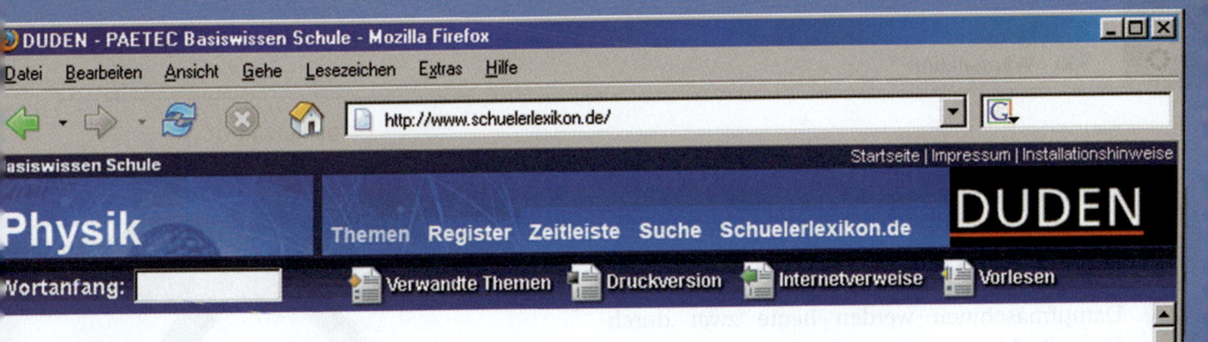

Ottomotor

1 Ottomotor für einen Pkw

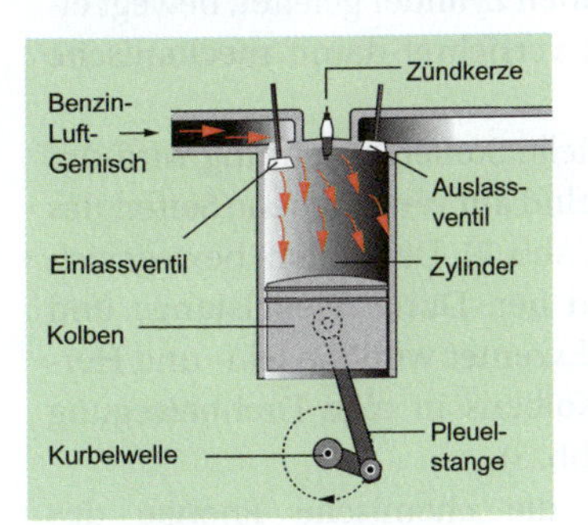

2 Aufbau eines Ottomotors

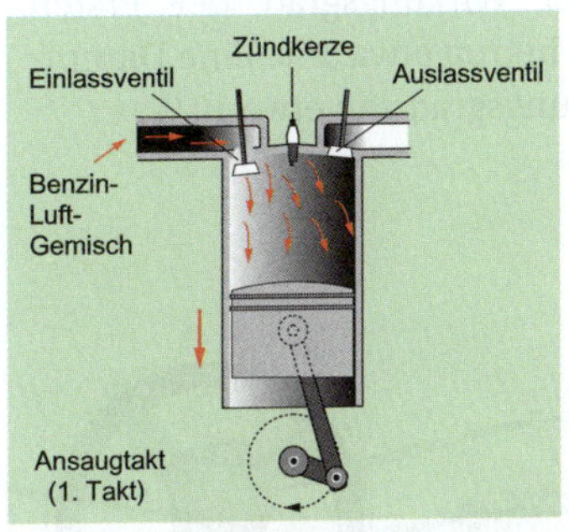

3 Wirkungsweise eines Ottomotors

Der Ottomotor, benannt nach dem deutschen Erfinder **Nikolaus August Otto** (1832–1891), ist ein **Verbrennungsmotor,** der mit einem Benzin-Luft-Gemisch betrieben wird. Es gibt ihn als Viertakt- und Zweitaktmotor. Ottomotoren werden zum Antrieb von Motorrädern, Pkw, Booten, Rasenmähern und vielen anderen Maschinen genutzt.

Aufbau und Wirkungsweise eines Viertaktmotors
Der **Aufbau eines Ottomotors** als **Viertaktmotor** ist in Bild 2 dargestellt. Wichtige Teile sind der **Zylinder** mit dem beweglichen Kolben, der über die **Pleuelstange** mit der **Kurbelwelle** verbunden ist. Die Zylinderwände werden mit Wasser gekühlt. Der Kolben besteht meist aus einer Leichtmetalllegierung und besitzt zur besseren Abdichtung Kolbenringe. Die **Zündkerze** dient der elektrischen Zündung des Benzin-Luft-Gemisches. Darüber hinaus besitzt der Motor ein **Einlassventil** zum Einbringen des Benzin-Luft-Gemisches und ein **Auslassventil** zum Ausstoßen der Verbrennungsgase. Der höchste Punkt, den der Kolben erreicht, wird als **oberer Totpunkt** (OT), der niedrigste Punkt als **unterer Totpunkt** (UT) bezeichnet. Das Volumen zwischen diesen beiden Punkten ist der **Hubraum** des Motors.

Die **Wirkungsweise eines Ottomotors** kann man aus Bild 3 erkennen. Dargestellt ist ein Viertaktmotor. Seine vier Takte lassen sich folgendermaßen charakterisieren:

1. Takt: Ansaugen (Ansaugtakt)
Im **Vergaser** wird ein Benzin-Luft-Gemisch erzeugt und durch die Abwärtsbewegung des Kolbens angesaugt. Durch das geöffnete Einlassventil gelangt das Benzin-Luft-Gemisch in den Zylinder. Bei neueren Motoren wird das Benzin-Luft-Gemisch mit hohem Druck in den Zylinder eingespritzt. Man spricht dann von **Direkteinspritzung.**

2. Takt: Verdichten (Verdichtungstakt)
Durch den sich aufwärts bewegenden Kolben bei geschlossenen Ventilen wird das Benzin-Luft-Gemisch verdichtet. Druck und Temperatur erhöhen sich. Kurz vor dem oberen Totpunkt wird durch einen elektrischen Funken an der Zündkerze das Benzin-Luft-Gemisch gezündet.

... und mehr

Informiere dich auch unter: *Rudolf Diesel, Dieselmotor, Dampfmaschine, Dampfturbine, Flugzeugtriebwerke, Gasturbine, Heißluftmotor, Stirlingmotor, Kühlschrank, Wärmepumpe, Wankelmotor, …*

Fertig

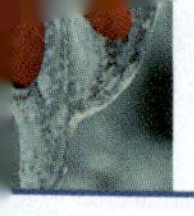

Physik in Natur und Technik

Die Dampfmaschine

Dampfmaschinen werden heute zwar durch Dampfturbinen, Verbrennungsmotoren und Elektromotoren ersetzt, aber im 18. Jahrhundert wurde mit ihrer Entwicklung und Nutzung erstmals eine industrielle Produktion möglich. Sie dienten nicht nur als Antriebe für Lokomotiven (Abb. 1) und Schiffe, sondern auch für viele andere Maschinen in Eisen- und Walzwerken, Spinnereien, Webereien, im Straßenbau und in der Landwirtschaft, z. B. als Dampfpflug.

Diese Entwicklung nahm ihren Anfang, als im Bergbau Kohle und Erz in immer tieferen Schächten abgebaut werden musste. Das dabei eindringende Wasser konnte nur mit leistungsfähigen Pumpen abgepumpt werden. Dafür wurden die ersten Dampfmaschinen entwickelt. Aber erst als es dem schottischen Techniker JAMES WATT (1776–1819) gelang, den Wirkungsgrad der Maschine zu verbessern und die Hin- und Herbewegung des Kolbens mithilfe eines Schwungrads, einer Pleuelstange und eines Exzenters (Abb. 3) in eine Drehbewegung umzuwandeln, war der eigentliche Durchbruch geschafft.

Wie ist eine Dampfmaschine aufgebaut? Wie funktioniert sie?

1 Dampfmaschine als Antrieb für Dampflokomotiven: Man sieht sie noch bei historischen Bahnen.

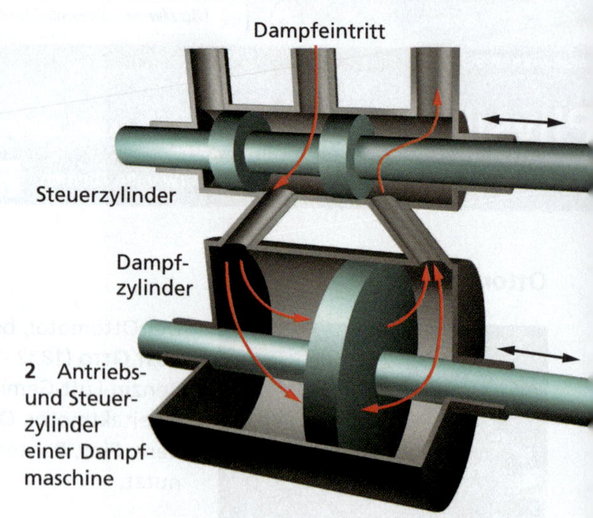

2 Antriebs- und Steuerzylinder einer Dampfmaschine

Durch eine Heizungsanlage mit Kohle- oder Ölheizung wird Wasser erhitzt und in Wasserdampf umgewandelt. Der unter hohem Druck stehende Wasserdampf, der eine große thermische Energie besitzt, wird in einen Zylinder geleitet, bewegt einen Kolben und verrichtet damit mechanische Arbeit.

Durch eine spezielle Steuereinrichtung wird der Dampf abwechselnd auf verschiedene Seiten des Kolbens geleitet (Abb. 2). Der Kolben bewegt sich dadurch hin und her. Durch Pleuelstange und Kurbelwelle mit Exzenter wird die Hin- und Herbewegung des Kolbens in eine Drehbewegung umgewandelt (Abb. 3).

Insgesamt wird die chemische Energie des Brennstoffes (Kohle, Öl) in mechanische Energie umgewandelt. Der Wirkungsgrad der ersten Dampfmaschinen betrug etwa 3 %. Eine Dampflok hat einen Wirkungsgrad von etwa 10 %.

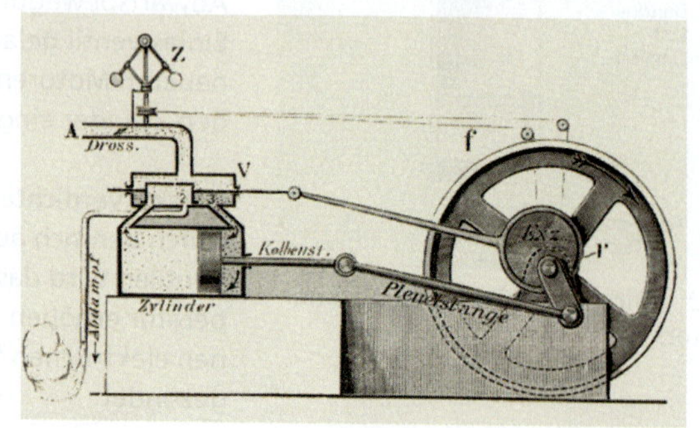

3 Aufbau einer Kolbendampfmaschine (historische Darstellung)

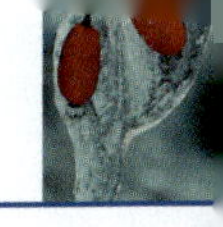

Ein Kraftwerk für Strom und Wärme

Seit 1994 stellt das Steinkohle-Kraftwerk Rostock elektrische Energie bereit. Als Brennstoff wird über den Seeweg eingeführte Steinkohle aus Polen verwendet. Andere Wärmekraftwerke verbrennen Gas, Heizöl oder Biomasse.

Das Rostocker Kraftwerk hilft mit einer Leistung von ca. 500 MW die tagsüber anfallende Mittellast an Elektroenergie abzudecken. Der Wirkungsgrad beträgt bei reiner Stromerzeugung 42,4 %. Bei Abgabe der mit der Stadt vereinbarten 150 MW Fernwärme steigt die Ausnutzung des Brennstoffs auf 53,3 %, bei der größtmöglichen Wärmeauskopplung von 300 MW auf 62,5 %.
Wie ist ein Wärmekraftwerk aufgebaut und wie funktioniert es?

Wesentliche Teile eines Kraftwerks sind der Kessel zur Dampferzeugung, Dampfturbine, Generator, Kondensator und Kühlturm (Abb. 1).
Das Prinzip eines Wärmekraftwerks besteht darin, dass Wasser in einem geschlossenen Kreislauf strömt, in dem es verdampft und wieder kondensiert. In diesem Kreislauf trifft es auf die Turbinen, wird im Kondensator wieder abgekühlt und von neuem im Dampferzeuger erhitzt.
Stündlich werden im Rostocker Kraftwerk 150 t Steinkohle verbrannt und 1 650 t Dampf erzeugt. Dieser Dampf trifft bei einer Temperatur von 560 °C mit einem Druck von 260 bar auf eine einwellige Turbinenanlage, die mit einem Generator verbunden ist. Der Generator liefert eine Spannung von 21 kV, die über einen Transformator bei 380 kV ins Verbundnetz eingespeist wird.
Jede Verbrennung ist mit Belastungen der Umwelt wie Abwärme und Abgase verbunden. Die heutige Kraftwerkstechnik ermöglicht es, diese Belastungen zu verringern. Das beginnt mit der Verwendung von Brennern, die die Entstehung der Stickoxide bereits um ein Drittel reduzieren. Spezielle Anlagen dienen der Entstickung (< 200 mg/m^3), Entstaubung (< 20 mg/m^3) und der Entschwefelung (< 200 mg/m^3) der Rauchgase. Das Auffälligste am Rostocker Kraftwerk ist der fehlende Schornstein. Die gereinigten Rauchgase werden über den 141,5 m hohen Kühlturm abgeführt. Die Kühlung erfolgt mit Wasser der Ostsee. Ein Teil des Dampfes, der aus den Turbinen austritt, wird direkt als Fernwärme ausgekoppelt und versorgt den Ortsteil Toitenwinkel.

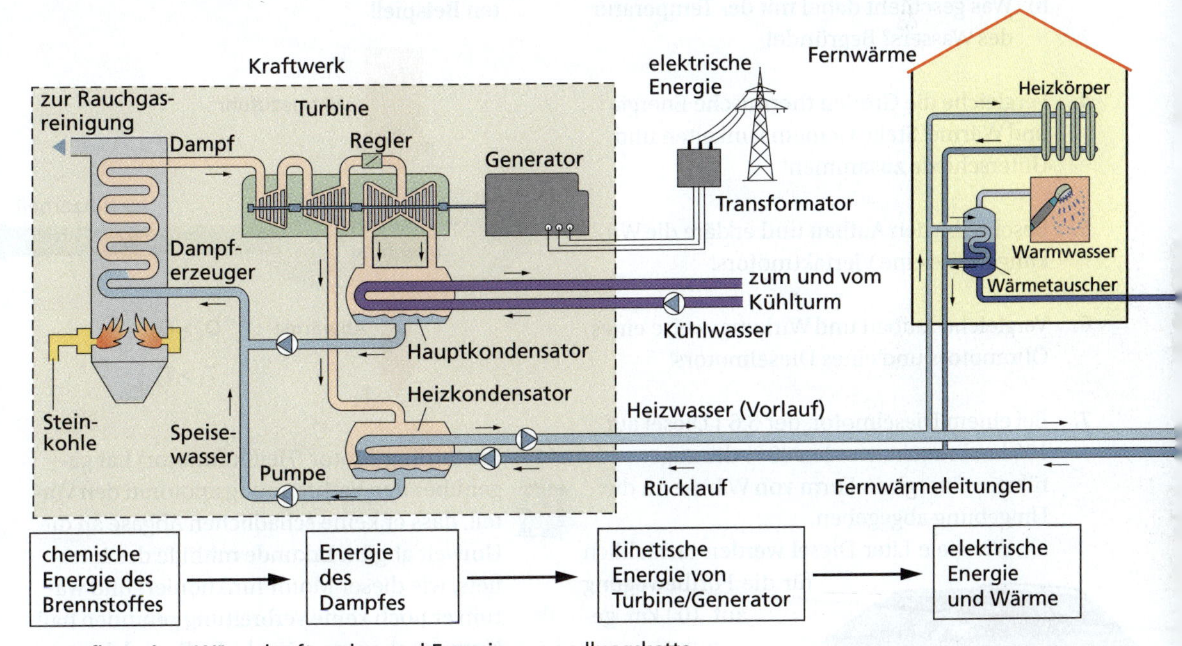

1 Aufbau eines Wärmekraftwerkes und Energieumwandlungskette

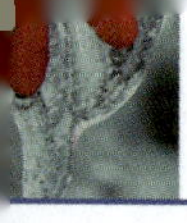

gewusst · gekonnt

1. Nenne und erläutere Vorgänge aus Natur und Technik, bei denen mechanische Energie in thermische Energie umgewandelt wird!

2. Taucht man eine Glaskugel wie in der Abbildung abwechselnd in warmes und kaltes Wasser, dann bewegt sich der Kolben auf und ab. Könnte man aus dieser Anordnung eine selbständig arbeitende Maschine bauen?

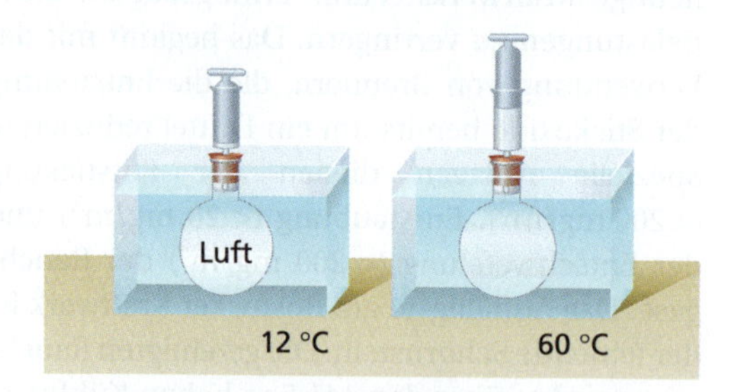

3. Die thermische Energie eines Topfes mit Wasser soll erhöht werden.
   a) Nenne verschiedene Möglichkeiten, wie man das erreichen kann!
   b) Was geschieht dabei mit der Temperatur des Wassers? Begründe!

4. Vergleiche die Größen thermische Energie und Wärme! Stelle Gemeinsamkeiten und Unterschiede zusammen!

5. Beschreibe den Aufbau und erkläre die Wirkungsweise eine Viertaktmotors!

6. Vergleiche Aufbau und Wirkungsweise eines Ottomotors und eines Dieselmotors!

7. Bei einem Dieselmotor, der 5,6 l Diesel auf 100 km braucht, werden 68 % der zugeführten Energie in Form von Wärme an die Umgebung abgegeben.
   a) Wie viele Liter Diesel werden tatsächlich für die Fortbewegung auf 100 km genutzt?

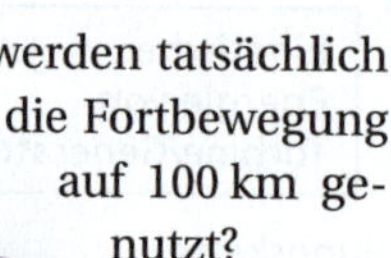

   b) Wie groß ist der Wirkungsgrad dieses Dieselmotors?

8. Warum müssen Wärmekraftmaschinen gekühlt werden?
   Welche Kühlmittel werden benutzt?

9. Der durchschnittliche Kraftstoffverbrauch bei Pkw mit Ottomotoren betrug in Deutschland im Jahr 1990 9,6 l, 1995 noch 9,0 l und im Jahr 2003 etwa 8,4 l. Inzwischen gibt es aber schon 3-Liter-Autos. Sie produzieren wesentlich weniger Schadstoffe als Autos mit höherem Benzinverbrauch.
   a) Durch welche Maßnahmen kann man bei jedem Pkw den Benzinverbrauch und damit auch den Schadstoffausstoß verringern?
   b) Erkunde, durch welche technischen Maßnahmen der Kraftstoffverbrauch moderner Autos wesentlich verringert werden kann!

10. Die Grafik (s. Abb.) zeigt das Prinzip einer Wärmekraftmaschine.
    Erläutere die Grafik an einem selbst gewählten Beispiel!

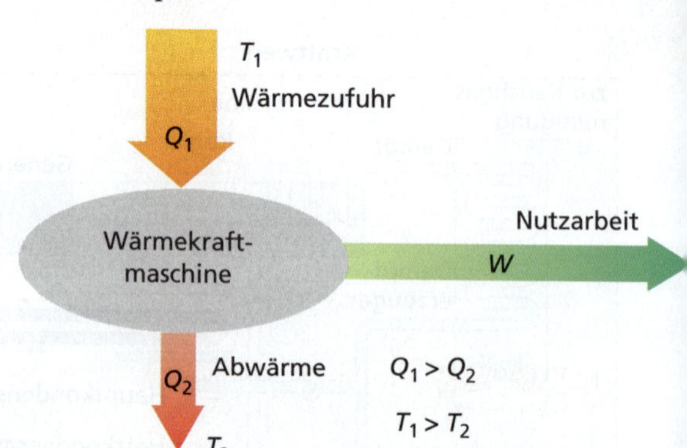

*11. Ein Stirling-Motor (Heißluftmotor) hat gegenüber den Verbrennungsmotoren den Vorteil, dass er keine schädlichen Abgase an die Umwelt abgibt. Erkunde mithilfe des Internets, wie dieser Motor funktioniert und warum er noch keine Verbreitung gefunden hat! Nutze auch **www.schuelerlexikon.de**!

12. Im 19. Jahrhundert löste die Dampfmaschine in vielen Bereichen den Antrieb durch Windenergie bzw. durch Tiere und Menschen ab.
a) Welche Vorteile hatten Dampfmaschinen gegenüber anderen Antriebsarten?
b) Warum kann man in diesem Zusammenhang vom Beginn der industriellen Produktion sprechen?

13. In Gegenden mit geringer Bevölkerungsdichte, z. B. in Mecklenburg-Vorpommern, transportieren einzelne Triebwagen (s. Abb.) die Reisenden. Erkunde in deiner Region,
– wann die Dampflok verdrängt wurde,
– welche Schienentransportmittel heute am meisten verbreitet sind und
– welche Vor- und Nachteile sie haben!

14. Der deutsche Ingenieur Felix Wankel (1902 bis 1988) entwickelte einen Motor, bei dem sich der Kolben nicht hin- und herbewegt, sondern rotiert. Ein solcher Motor wird als Drehkolbenmotor oder Wankelmotor bezeichnet. Informiere dich im Internet unter **www.schuelerlexikon.de** über diesen Motor! Bereite zu Aufbau und Wirkungsweise einen Kurzvortrag vor!

15. Erkunde, wo auch heute noch Dampfmaschinen genutzt werden!

16. Bei der Deutschen Bahn wurden ab den fünfziger Jahren des 20. Jahrhunderts Dampflokomotiven allmählich durch Diesel- und Elektrolokomotiven ersetzt.
Welche Vorteile haben diese Lokomotiven gegenüber Dampflokomotiven?

17. Wasser wird erhitzt. Der ausströmende Wasserdampf strömt gegen das Flügelrad.
a) Beschreibe die Energieumwandlungen, die bei diesem Experiment vor sich gehen!
b) Mit dem Experiment wird die prinzipielle Wirkungsweise einer Dampfturbine demonstriert. Erkunde, wie eine Dampfturbine aufgebaut ist und wie sie funktioniert!

18. Stelle in einer Übersicht Gemeinsamkeiten und Unterschiede zwischen einem 4-Takt-Ottomotor und einem 2-Takt-Ottomotor zusammen!

19. In manchen Autos sind Klimaanlagen eingebaut. Welche Prozesse der Umwandlung und Übertragung von Energie treten in Klimaanlagen auf? Wie wirkt sich der Einsatz einer Klimaanlage auf den Benzinverbrauch eines Autos aus?

20. Vergleiche den Aufbau und die Wirkungsweise einer Wärmepumpe (s. Abb.) und eines Kühlschranks (s. S. 298)!

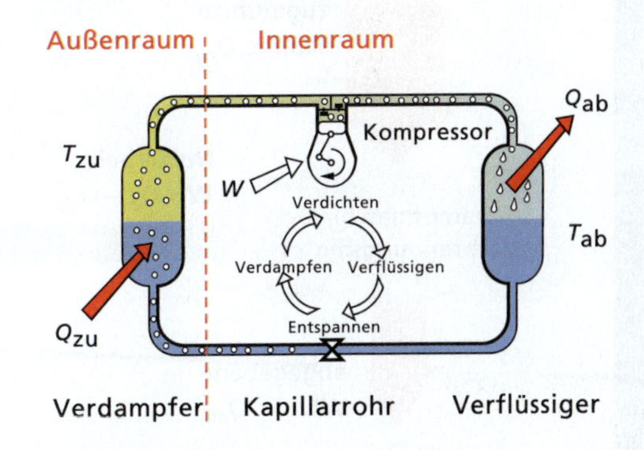

Wärme und Wärmekraftmaschinen

Die **thermische Energie** von Gasen ermöglicht es, **mechanische Arbeit** zu verrichten. Dabei wird **Wärme** von einem Körper auf andere Körper übertragen.

Thermische Energie E_{th}	**Wärme Q**
ist die Fähigkeit eines Körpers, aufgrund seiner Temperatur mechanische Arbeit zu verrichten und Wärme abzugeben.	gibt an, wie viel thermische Energie von einem Körper auf einen anderen übertragen wird.
E_{th} Arbeit W ; E_{th} Q	E_{th} Wärme Q E_{th}

Bei **Wärmekraftmaschinen** wird mithilfe thermischer Energie mechanische Arbeit verrichtet. Dabei wird immer ein Teil der zugeführten Energie in Form von Wärme an die Umgebung abgegeben.

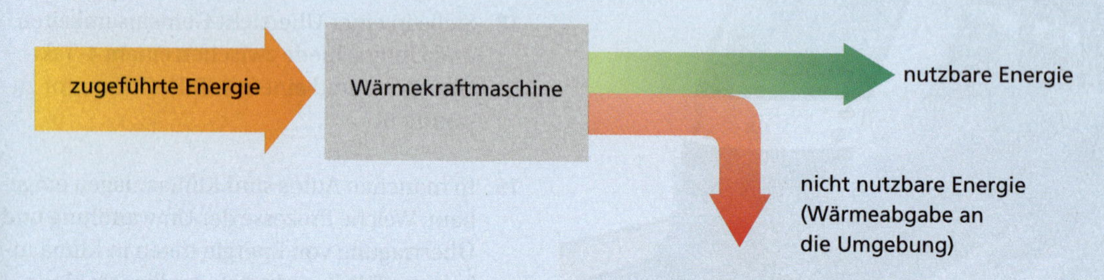

Zu den **Wärmekraftmaschinen** gehören Dampfmaschinen, Verbrennungsmotoren (Ottomotor, Dieselmotor) sowie Gas- und Dampfturbinen, aber auch Kühlschränke und Wärmepumpen.

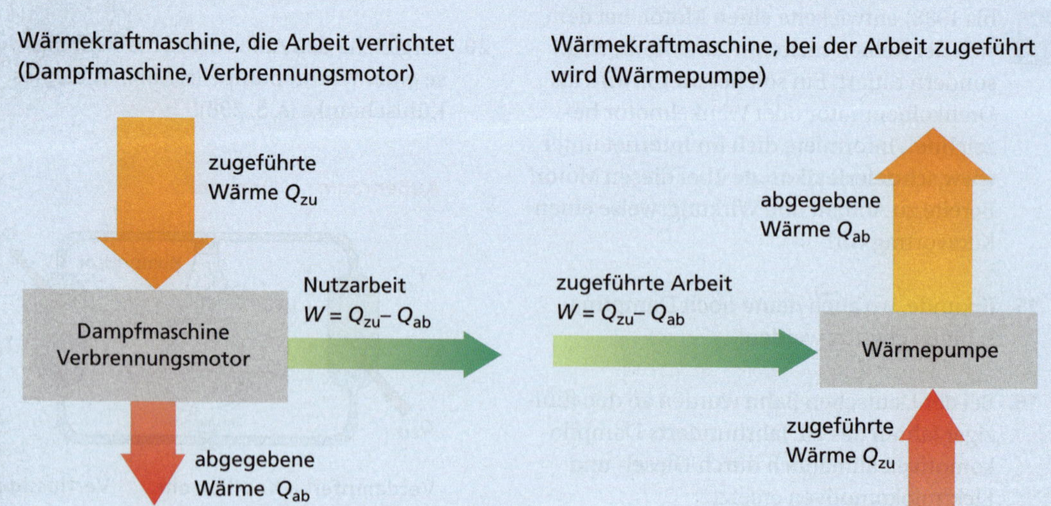

5 Elektrizitätslehre und Magnetismus

5.1 Elektrischer Strom, Stromstärke und Spannung

Überall die gleiche Spannung?

Ein Computerarbeitsplatz wird eingerichtet. Damit kommen zu der großen Anzahl elektrischer Geräte in unserem Haushalt noch weitere hinzu, sodass oft Steckdosen fehlen. Eine Verteilerleiste kann Abhilfe schaffen. *Wodurch wird erreicht, dass alle Steckdosen in Wohnungen und auch die Verteilerleiste dieselbe Spannung liefern?*

Eine leuchtende Kette

Die Lichterkette einer Weihnachtsbaumbeleuchtung wird mit einem Kabel an die Steckdose angeschlossen und alle Lämpchen leuchten. Wenn man ein Lämpchen locker dreht, so verlöschen alle Lämpchen der Kette. Es gibt aber auch Lichterketten, die weiter leuchten, wenn eine Lampe kaputt ist. *Wie ist das zu erklären? Was für eine Schaltung liegt bei einer solchen Lichterkette vor?*

Spannung, erzeugt von Fischen?

Einige Fische, wie der im Süßwasser lebende südamerikanische Zitteraal, können Spannungen von mehreren Hundert Volt erzeugen. Der dadurch kurzzeitig im Wasser fließende Strom reicht aus, um ihre Beute zu betäuben oder gar zu töten. Gleichzeitig schützen sie sich so vor ihren natürlichen Feinden. *Wodurch ist es einem Zitteraal möglich, so hohe Spannungen zu produzieren?*

Wirkungen des elektrischen Stromes

Fließt elektrischer Strom durch elektrische Leiter oder elektrische Geräte, so kann er verschiedene Wirkungen hervorrufen. Die charakteristischen Wirkungen des elektrischen Stroms sind in der Übersicht unten an Beispielen dargestellt.

Elektrischer Strom kann eine Lichtwirkung, eine Wärmewirkung, eine chemische Wirkung und eine magnetische Wirkung haben.

Ob ein elektrischer Strom fließt oder nicht, kann man nur an seinen Wirkungen erkennen. Auch alle Nachweismöglichkeiten für Strom beruhen auf seine Wirkungen.

Elektrischen Strom kann man nur an seinen Wirkungen erkennen.

Die Wirkungen des Stromes werden auch bei den vielfältigen Anwendungen genutzt. Glühlampen sind Beispiele für die Nutzung der Lichtwirkung. Die Wärmewirkung wird z. B. bei Elektroherden oder beim Föhn angewendet. Elektromagnete findet man in allen Elektromotoren oder als Lasthebemagnete. Zum Verchromen von Gegenständen nutzt man die chemische Wirkung.

Regeln für einen sicheren Umgang mit elektrischem Strom

1. Experimentiere niemals mit elektrischen Quellen, die eine Spannung von 25 V und mehr besitzen! Beachte: Die Netzspannung beträgt 230 V und ist daher lebensgefährlich.
2. Berühre niemals die Pole einer Steckdose, blanke Leitungen oder Leitungen mit schadhafter Isolierung mit bloßen Händen, metallischen Gegenständen oder anderen Leitern des elektrischen Stromes, z. B. Bleistift- oder Kugelschreiberminen!
3. Schließe Geräte stets an die richtige elektrische Quelle an! Die Voltzahlen von elektrischer Quelle und Gerät müssen annähernd übereinstimmen.
4. Ziehe Stecker niemals an den Leitungen aus der Steckdose, sondern stets am Stecker!

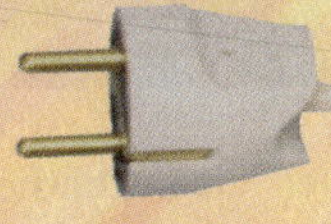

5. Baue elektrische Schaltungen stets bei ausgeschalteter elektrischer Quelle auf! Die elektrische Quelle darf erst nach Überprüfung der Schaltung eingeschaltet werden.
6. Bei gefährlichen Schaltungen müssen Sicherungen eingebaut werden. Wenn eine Sicherung kaputtgeht, dann ist
   - zunächst die Ursache der Störung zu beseitigen (z. B. Kurzschluss) und
   - dann eine neue Sicherung einzusetzen.

Elektrischer Strom kann unterschiedliche Wirkungen haben

Der elektrische Strom in einer Glühlampe kann Licht erzeugen.	Der elektrische Strom in einem Bügeleisen erwärmt die Heizplatte.	Der elektrische Strom macht aus der Spule einen Elektromagneten.	Mithilfe des elektrischen Stromes kann man einen metallischen Gegenstand verkupfern.
	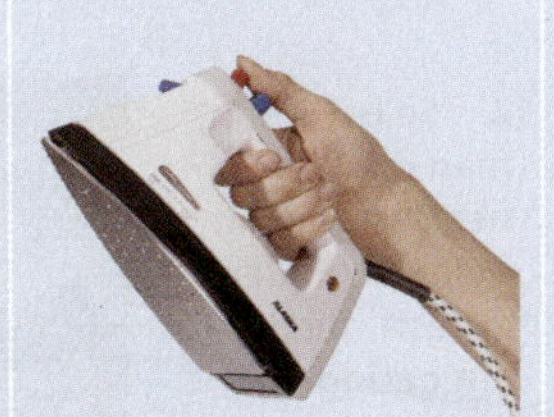	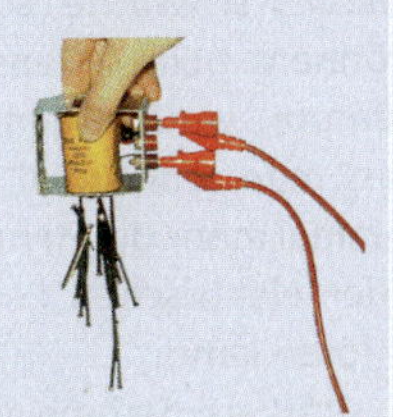	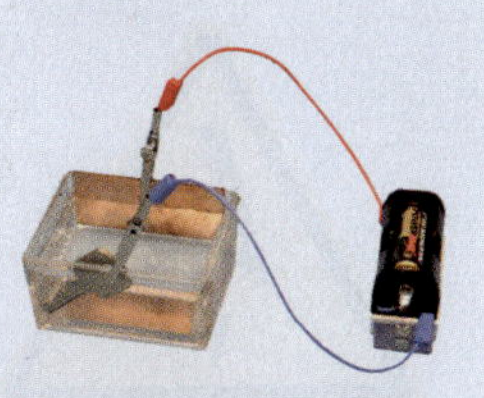
Der Strom hat eine **Lichtwirkung.**	Der Strom hat eine **Wärmewirkung.**	Der Strom hat eine **magnetische Wirkung.**	Der Strom hat eine **chemische Wirkung.**

Der elektrische Stromkreis

Elektrischer Strom kann nur in einem geschlossenen Stromkreis fließen (Abb. 1).

Ein elektrischer Strom fließt nur, wenn in einem geschlossenen Stromkreis mindestens eine elektrische Quelle und ein elektrischer Verbraucher durch elektrische Leitungen miteinander verbunden sind.

In den meisten Stromkreisen ist ein **Schalter** eingebaut, mit dem der Stromkreis geöffnet oder geschlossen werden kann.

1 Ein einfacher Stromkreis besteht aus einer elektrischen Quelle und einem Verbraucher.

Mosaik

Der Schutz des Menschen vor elektrischem Strom

Der menschliche Körper kann den elektrischen Strom leiten. Die Wirkung von elektrischem Strom auf den Menschen hängt von der Stärke des Stromes und von der Spannung sowie vom Stromweg ab (s. Abb.).

Sehr kleine Ströme schaden nichts. Manchmal werden sie auch zur medizinischen Behandlung genutzt. Aber bereits etwas größere elektrische Ströme können den Menschen verletzen oder sogar töten. Schon Ströme aus elektrischen Quellen über 25 V können lebensgefährlich sein. Steckdosen haben 230 V und sind damit für den Menschen äußerst lebensgefährlich.

Bereits schwache Ströme können beim Menschen Krämpfe verursachen, sodass man manchmal nicht einmal mehr die Hand von der elektrischen Leitung lösen kann.

Stärkere Ströme verursachen Atmungsbeschwerden und Verbrennungen. Es kann auch zu Unregelmäßigkeiten in der Herztätigkeit kommen. Dies kann zur Bewusstlosigkeit, zum Herzstillstand und damit zum Tod führen. Für den Stromweg Hand-Hand gilt:

2 mA	Strom gerade wahrnehmbar
10 mA	Es treten deutliche Verkrampfungen auf.
16 mA	starke Verkrampfungen, heftige Schmerzen
über 40 mA	Strom kann tödlich sein

Manchmal kann aber auch bereits der Schreck beim Berühren einer elektrischen Quelle zu einem Unfall führen. Deshalb muss sich der Mensch vor dem elektrischen Strom schützen und unbedingt die auf S. 315 genannten Regeln zum Umgang mit elektrischem Strom einhalten.

Hochspannung
Lebensgefahr

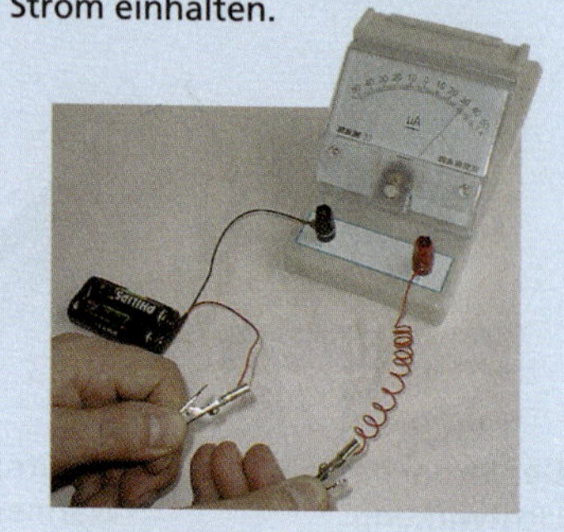

2 Selbst wenn man die Pole einer Batterie mit beiden Händen anfasst, fließt ein geringer elektrischer Strom durch den Körper.

Elektrische Quellen sind z. B. Batterien, Akkumulatoren, Solarzellen. Man nennt elektrische Quellen auch Stromquellen, Spannungsquellen oder Elektrizitätsquellen. Sie liefern elektrische Energie. Dabei sind Quellen für **Gleichstrom** und für **Wechselstrom** zu unterscheiden. Die Steckdosen im Haushalt liefern Wechselstrom mit einer Spannung von 230 V, bei dem sich die Polung 50-mal in der Sekunde ändert.
In einem Stromkreis können sich verschiedene Geräte und Bauteile befinden, darunter **elektrische Verbraucher.** Das sind elektrische Geräte, in denen die verschiedenen Wirkungen des elektrischen Stromes genutzt werden, z. B. um Licht und Wärme zu erzeugen. In ihnen wird die elektrische Energie der Quelle in andere Energieformen umgewandelt.
Elektrische Leitungen bestehen aus Materialien, die den elektrischen Strom gut leiten.

Körper, die den elektrischen Strom gut leiten, nennt man elektrische Leiter.
Körper, die den elektrischen Strom schlecht oder gar nicht leiten, nennt man elektrische Nichtleiter (Isolatoren).

Fast alle Metalle sind gute **elektrische Leiter.** Körper aus Kupfer und Aluminium leiten den elektrischen Strom besonders gut. Sie werden deshalb vor allem für elektrische Leitungen eingesetzt.
Daneben gibt es auch viele **Nichtleiter** oder **Isolatoren.** Keramik, Kunststoff (z. B. Plastik oder Lack), Glas, Gummi und nicht leuchtende Gase (z. B. Luft) sind Isolatoren. Sie werden deshalb z. B. zur Isolation von elektrischen Leitungen genutzt.
Weitere Bauteile, die sich häufig in Stromkreisen befinden, sind **Glühlampen** und **Widerstände.**
Elektrische Stromkreise können in **Schaltplänen** vereinfacht und übersichtlich dargestellt werden. Dabei verwendet man für die einzelnen Bauteile **Schaltzeichen,** die international einheitlich festgelegt wurden.
Die Schaltzeichen einiger wichtiger Bauteile sind in der Übersicht (rechts) zusammengestellt.

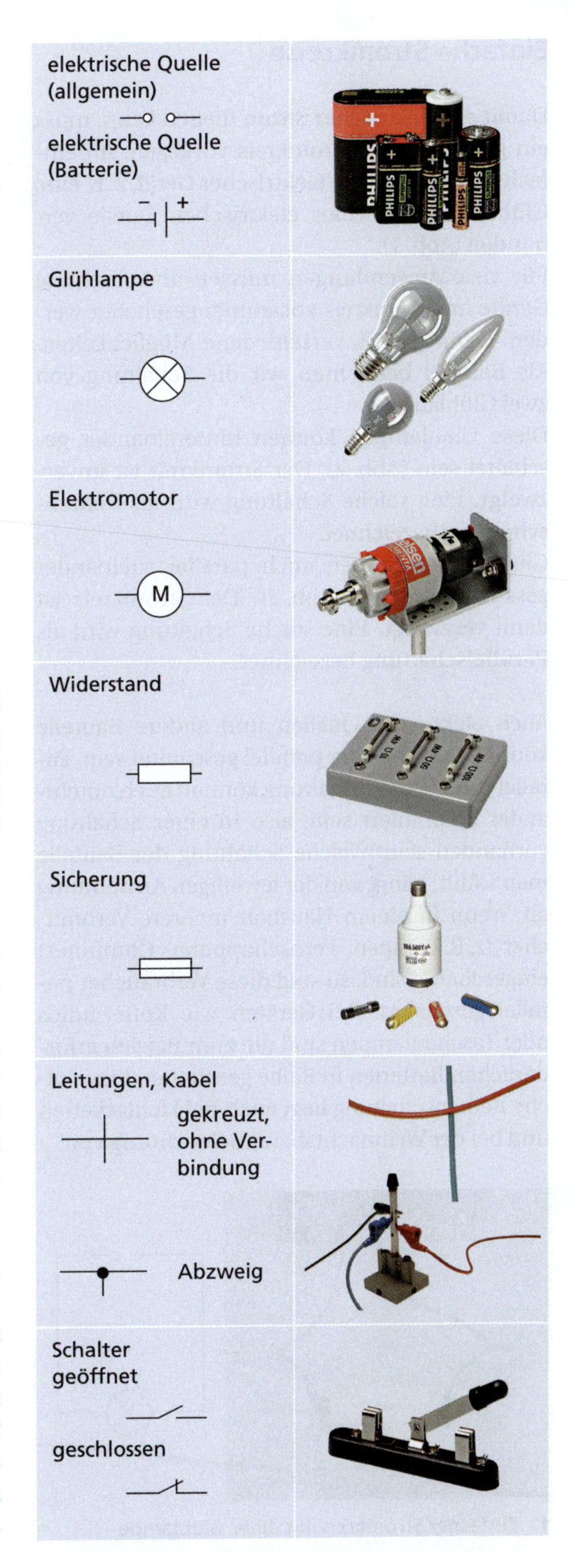

Einfache Stromkreise

Damit ein elektrischer Strom fließen kann, muss ein geschlossener Stromkreis vorliegen. Im einfachsten Fall wird ein elektrisches Gerät, z. B. eine Glühlampe, mit einer elektrischen Quelle verbunden (Abb. 1).

Für viele Anwendungen müssen aber mehrere Geräte im Stromkreis zusammengeschaltet werden. Dafür gibt es verschiedene Möglichkeiten. Als Beispiel betrachten wir die Schaltung von zwei Glühlampen.

Diese Glühlampen können hintereinander geschaltet sein (Abb. 2). Der Stromkreis ist **unverzweigt.** Eine solche Schaltung wird als **Reihenschaltung** bezeichnet.

Glühlampen können auch parallel zueinander geschaltet werden (Abb. 3). Der Stromkreis ist dann **verzweigt.** Eine solche Schaltung wird als **Parallelschaltung** bezeichnet.

Auch elektrische Quellen und andere Bauteile können in Reihe oder parallel geschaltet sein. Parallel- und Reihenschaltung können auch miteinander kombiniert sein, also in einer Schaltung vorhanden sein. Welche Schaltung der Bauteile man wählt, hängt von der jeweiligen Anwendung ab. Wenn in einem Haushalt mehrere Verbraucher (z. B. Lampen, Fernsehapparat, Computer) eingeschaltet sind, so sind diese Verbraucher parallel geschaltet. Bei Geräten wie Kofferradios oder Taschenlampen sind die zum Betrieb erforderlichen Batterien in Reihe geschaltet. Eine solche Reihenschaltung liegt auch bei Lichterketten und bei der Weihnachtsbaumbeleuchtung vor.

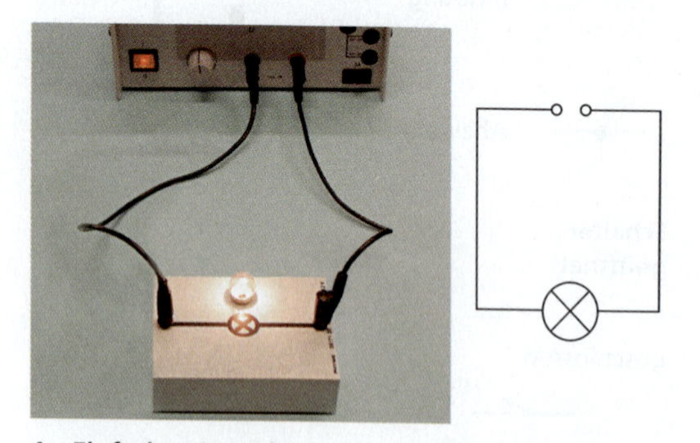

1 Einfacher Stromkreis mit einer Glühlampe

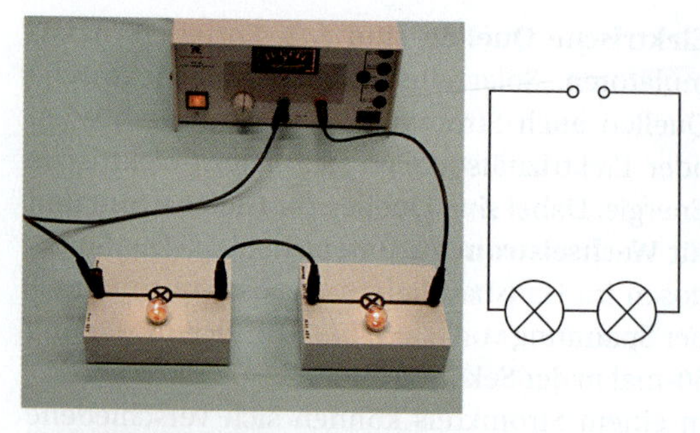

2 Reihenschaltung von Glühlampen (unverzweigt)

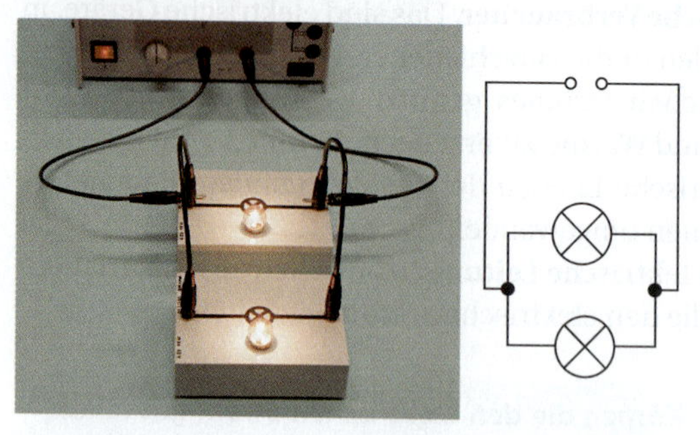

3 Parallelschaltung von Glühlampen (verzweigt)

Der Kurzschluss

Wenn der elektrische Strom z. B. durch eine schadhafte Isolierung die Möglichkeit hat, von einem Pol der elektrischen Quelle zum anderen Pol zu fließen, ohne durch den Verbraucher zu müssen, so wird er diesen Weg wählen. Man spricht dann von einem **Kurzschluss.**

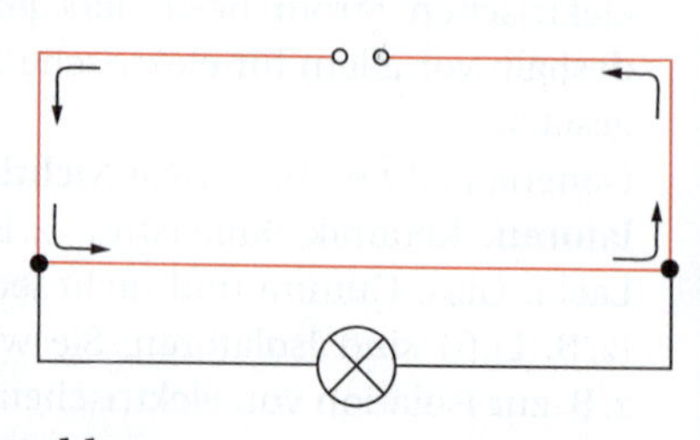

Da bei einem Kurzschluss kein Strom mehr durch den Verbraucher fliesst, arbeitet dieser auch nicht mehr. Der elektrische Strom in den Leitungen und in der Quelle kann so groß werden, dass aufgrund der Wärmewirkung des elektrischen Stromes die Leitungen und die Quelle heiß werden. Dabei kann es zu Bränden kommen. Manchmal können die Quelle oder die Leitungen auch zerstört werden.

Die elektrische Stromstärke

Die Wirkungen des elektrischen Stromes sind u. a. abhängig von der Stärke des Stromes, der durch einen Leiter oder ein Bauteil fließt. So leuchtet eine Lampe mehr oder weniger hell, je nachdem, wie groß der elektrische Strom ist, der durch die Glühlampe fließt. Eine Heizwendel gibt umso mehr Wärme ab, je größer die Stromstärke ist.
Auch im Alltag spricht man von Stromstärke, z. B. im Zusammenhang mit Wasserströmungen, Verkehrs- oder Fußgängerströmen. Die Stärke einer Wasserströmung ist umso größer, je mehr Wasser pro Sekunde durch den Rohrquerschnitt fließt. Ein Fußgängerstrom ist umso stärker, je mehr Fußgänger eine bestimmte Stelle passieren.
Beim elektrischen Strom bewegen sich Elektronen durch einen metallischen Leiter. Die Stärke dieses Elektronenstromes wird durch die physikalische Größe **elektrische Stromstärke** beschrieben. Allgemein gilt:

Die elektrische Stromstärke gibt an, wie viele Ladungsträger (z. B. Elektronen) sich in jeder Sekunde durch den Querschnitt eines elektrischen Leiters bewegen.

Formelzeichen: I
Einheit: 1 Ampere (1 A)

Elektrische Stromstärken in Natur und Technik	
Fotozelle	10 µA
Radio (batteriebetrieben)	10 mA
lebensgefährliche Stromstärke	> 25 mA
Glühlampe einer Taschenlampe	0,2 A
60-W-Glühlampe (bei 230 V)	0,26 A
100-W-Glühlampe (bei 230 V)	0,43 A
Bügeleisen	5 A
Elektrolokomotive	300 A
Elektroschweißgerät	500 A
Elektroschmelzofen	15 000 A
Blitz	bis 100 000 A

Die Einheit 1 A ist nach dem Franzosen ANDRÉ MARIE AMPÈRE (1775–1836) benannt. AMPÈRE war als Physiker und auch als Mathematiker tätig. In der Physik befasste er sich vor allem mit den magnetischen Wirkungen elektrischer Ströme. So fand er, dass stromdurchflossene Leiter nicht nur auf Magnetnadeln wirken, sondern sich auch je nach der Stromrichtung zwei stromdurchflossene Leiter anziehen oder abstoßen.
Teile der Einheit 1 A sind ein Milliampere (1 mA) und ein Mikroampere (1 µA):

$$1\,\text{A} = 1\,000\,\text{mA} = 1\,000\,000\,\mu\text{A}$$
$$1\,\text{mA} = 1\,000\,\mu\text{A}$$

Bei einer Stromstärke von einem Ampere (1 A) bewegen sich etwa $6 \cdot 10^{18}$ Elektronen in jeder Sekunde durch den Leiterquerschnitt. Die Geschwindigkeit der Elektronen bei ihrer gerichteten Bewegung ist sehr gering und beträgt in metallischen Leitern nur etwa 1 mm/s.
Die elektrische Stromstärke wird mit Strommessern, auch **Stromstärkemesser** oder **Amperemeter** genannt, gemessen (Abb. 1, 2).

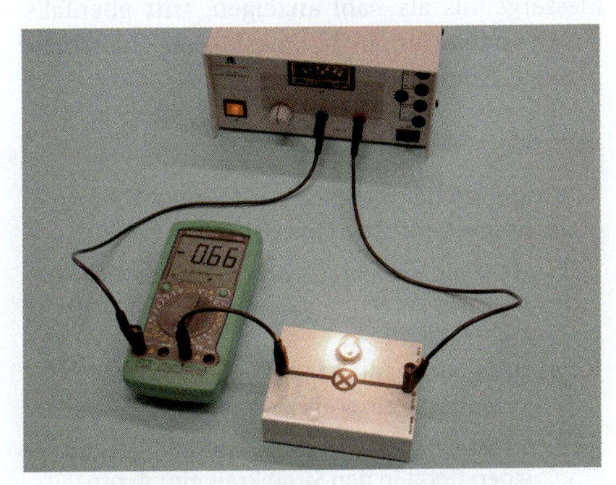

1 Messung der elektrischen Stromstärke in einem Stromkreis mit einer Glühlampe

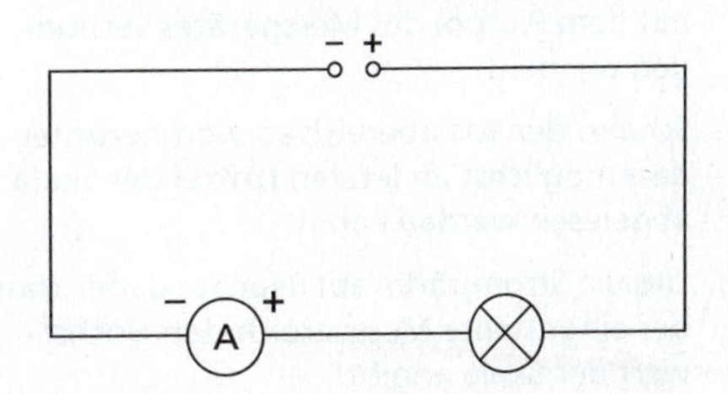

2 Schaltplan für Stromkreis mit Strommesser

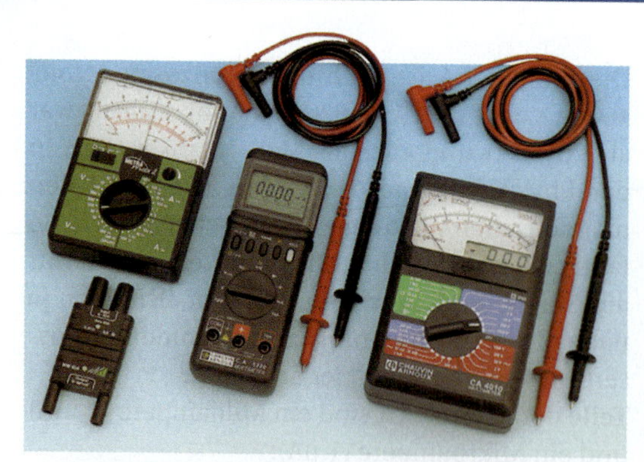

1 Vielfachmessgeräte unterschiedlicher Bauart

Messgeräte haben einen **Messgerätefehler,** der die Genauigkeit der abgelesenen Messwerte beeinflusst. Dieser Fehler wirkt sich bei Zeigerinstrumenten im ersten Drittel der Skala besonders stark auf die Genauigkeit aus. Wenn man den Fehler klein halten will, ist der Messbereich so zu wählen, dass der Zeiger im letzten Drittel der Skala steht.
Bei digitalen Messgeräten, also solchen, die das Messergebnis als Zahl anzeigen, tritt ebenfalls ein Messfehler auf. In der Regel ist die zuletzt angezeigte Ziffer unsicher.

Vorgehen beim Messen mit einem Vielfachmessgerät bei Stromstärkemessung

1. Stelle die Stromart (Gleichstrom oder Wechselstrom) am Messgerät ein, die im Stromkreis vorliegt!
2. Stelle den größten Messbereich für die Stromstärke am Messgerät ein!
3. Schalte das Messgerät *in Reihe* zum elektrischen Gerät in den Stromkreis ein! Achte bei Gleichstrom darauf, dass der Minuspol der elektrischen Quelle mit dem Minuspol des Messgerätes und der Pluspol der Quelle mit dem Pluspol des Messgerätes verbunden werden!
4. Schalte den Messbereich so weit herunter, dass möglichst im letzten Drittel der Skala abgelesen werden kann!
5. Lies die Stromstärke ab! Beachte dabei, dass der eingestellte Messbereich den Höchstwert der Skala angibt!

Die elektrische Spannung

Damit sich Elektronen gerichtet durch einen elektrischen Leiter bewegen können, müssen Kräfte auf sie wirken. Diese Kräfte entstehen dadurch, dass ein elektrischer Leiter an eine elektrische Quelle angeschlossen wird.
Die elektrische Quelle treibt die Elektronen und damit den elektrischen Strom an. Man sagt auch, die elektrische Quelle besitzt eine elektrische Spannung und treibt damit die elektrischen Ladungsträger bzw. den elektrischen Strom an.
Verschiedene elektrische Quellen können den elektrischen Strom unterschiedlich stark antreiben. Dadurch werden auch die Wirkungen des elektrischen Stromes beeinflusst. Die Stärke des Antreibens wird durch die physikalische Größe **elektrische Spannung** beschrieben.

Die elektrische Spannung gibt an, wie stark der Antrieb des elektrischen Stromes ist.

Formelzeichen: U
Einheit: 1 Volt (1 V)

Die Einheit 1 V ist nach dem italienischer Naturforscher Alessandro Volta (1745–1827) benannt, der viele elektrische Erscheinungen erforscht hat.

Elektrische Spannungen in Natur und Technik	
Körperzellen des Menschen	0,07 V
Knopfzelle	1,35 V
Monozelle, Mignonzelle	1,5 V
Akkumulator (Handy)	≈ 3,5 V
Fahrraddynamo	6 V
Autobatterie	12 V
Haushaltssteckdose	230 V
Straßenbahn	500 V
Zitteraal	bis 800 V
Elektrolokomotive	15 kV
Generator im Kraftwerk	15 kV
Überlandleitung	bis 380 kV
zwischen Wolken und Erde (Gewitter)	bis 10^9 V

Volta konstruierte um 1800 die ersten brauchbaren Spannungsquellen. Er erfand auch den Vorläufer unserer heutigen Batterien, die es inzwischen in den unterschiedlichsten Bauformen gibt (Abb. 1).

1 Verschiedene elektrische Quellen

Vielfaches der Einheit 1 V ist ein Kilovolt (1 kV):

1 kV = 1 000 V

Teil der Einheit 1 V ist ein Millivolt (1 mV):

1 V = 1 000 mV

Die elektrische Spannung wird mit **Spannungsmessern,** auch **Voltmeter** genannt, gemessen. Die Spannung kann sowohl an der elektrischen Quelle als auch am Gerät gemessen werden. Da eine Spannung stets zwischen zwei unterschiedlichen Punkten anliegt, sind Spannungsmesser parallel zu dem Gerät zu schalten, an dem die Spannung gemessen werden soll.

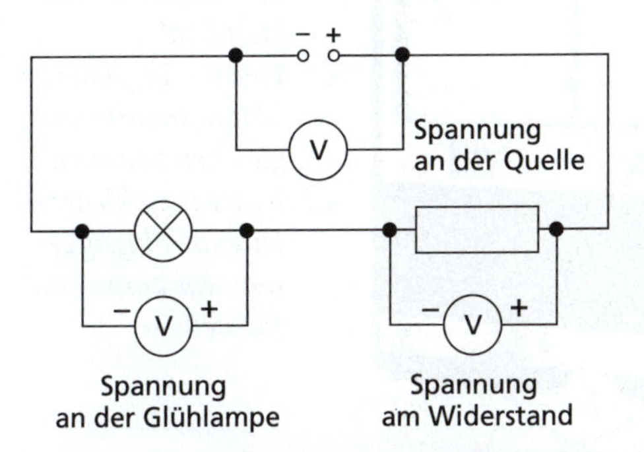

2 Spannungsmesser sind immer parallel zu dem elektrischen Gerät oder dem Bauteil zu schalten, an dem die Spannung gemessen werden soll.

Mosaik

Messprinzipien für Stromstärke und Spannung

Häufig angewendet werden **Drehspulinstrumente** (Abb. 3), die die magnetische Wirkung des elektrischen Stromes nutzen. Eine Spule ist drehbar zwischen den beiden Polen eines Dauermagneten gelagert. Durch diese Spule fließt der Strom, dessen Stärke gemessen werden soll. Je nach der Stärke des Stromes wird die Spule mehr oder weniger gedreht. Und je nach Richtung des Stromes dreht sie sich in die eine oder andere Richtung. Deshalb ist bei diesen Instrumenten genau auf die Polung zu achten. Die Spiralfeder bewirkt, dass der Zeiger immer wieder in seine Ausgangsstellung zurückkehrt.

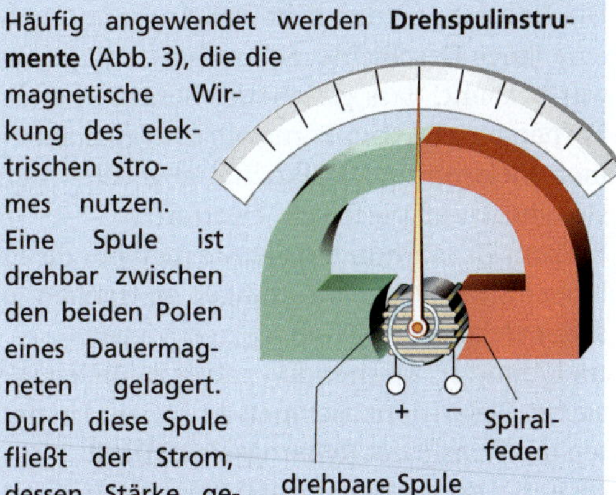

3 Prinzipieller Aufbau eines Drehspulinstrumentes

Eine andere Möglichkeit wird in einer **Spannungswaage** genutzt. (Abb. 4). Verbindet man z. B. den Plus- und Minuspol einer elektrischen Quelle mit je einer der Metallplatten, so ziehen sich diese wegen der gegensätzlichen Ladungen an. Je größer die Spannung ist, desto größer sind die Anziehungskräfte. Die Polung spielt keine Rolle, weil die Platten in jedem Fall unterschiedlich aufgeladen werden.

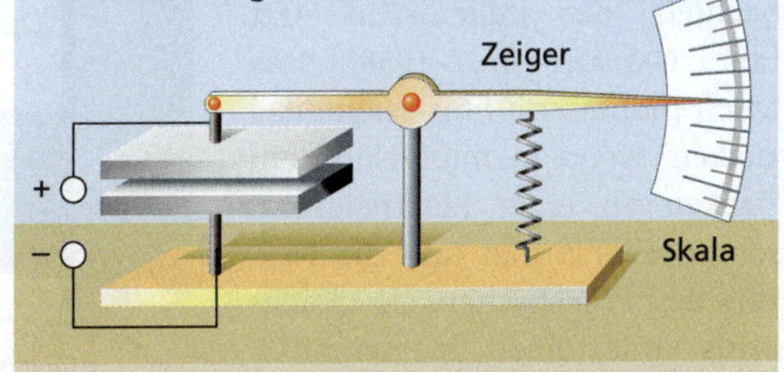

4 Prinzipieller Aufbau einer einfachen Spannungswaage

Galvanische Spannungsquellen

Möglichkeiten zur Erzeugung elektrischer Spannung

Die Erforschung der elektrischen Spannung hat eine lange Geschichte. Schon bei den Griechen war bekannt, dass geriebener Bernstein andere Körper anzieht. Vom Bernstein sind auch die Namen Elektron und Elektrizität abgeleitet. Bernstein heißt auf griechisch „electron".
Bis zum 18. Jahrhundert kannte man nur die Reibung als Möglichkeit, Ladungen zu trennen und somit elektrische Spannung zu erzeugen.
Im 17. und 18. Jahrhundert gab es zahlreiche Versuche, Elektrisiermaschinen zu bauen. Sie nutzten das Prinzip der **Reibungselektrizität.**
Eine der ersten funktionsfähigen Elektrisiermaschinen baute der Magdeburger Bürgermeister und Forscher Otto von Guericke (1602–1686). Diese elektrische Quelle eignete sich zur Untersuchung der elektrischen Spannung. Sie wurde auch genutzt, um interessante Effekte vorzuführen. Für technische Anwendungen war sie jedoch nicht geeignet.
Mit Reibungselektrizität machen wir auch im Alltag Erfahrungen. Wenn man im Auto gesessen hat, aussteigt und die Tür berührt, kann man einen **elektrischen Schlag** bekommen. Beim Ausziehen von Pullovern hört man es manchmal knistern. Im Dunkeln kann man sogar kleine Funken sehen. Ursache für diese Erscheinungen ist die Reibung unterschiedlicher Materialien aneinander. 1780 beobachtete der italienische Arzt Luigi Galvani (1737–1798), dass frisch präparierte Froschschenkel zucken, wenn in ihrer Nähe ein Funken an einer Elektrisiermaschine überspringt und die Nerven des Froschschenkels gleichzeitig mit einer Messerspitze berührt werden. Weitere Untersuchungen zu dieser „tierischen Elektrizität" ergaben:

Der Froschschenkel beginnt auch zu zucken, wenn man verschiedene Teile mit einem Bogen aus zwei verschiedenen Metallen verbindet.
Später stellte sich heraus, dass nicht der Froschschenkel das Entscheidende ist, sondern eine leitende Flüssigkeit und zwei verschiedene Metalle. Nach seinem Entdecker heißen aus solchen Teilen aufgebaute elektrische Quellen **galvanische Elemente.**

1. *Halte einen Stift aus Kunststoff, den du kräftig am Ärmel deiner Kleidung gerieben hast, über kleine Papierschnitzel! Beschreibe, was du beobachtest! Erkläre!*

2. *Hält man ein Blatt Papier an eine senkrechte, glatte Wand (Tür, Schrank), so fällt das Papier ab. Reibt man das Papier zuvor z. B. am Ärmel, so bleibt es an der senkrechten Wand kleben. Probiere es aus! Erkläre diese Erscheinungen!*

3. *Aus zwei verschiedenen Metallen und einer leitenden Flüssigkeit kann man sich eine einfache elektrische Quelle herstellen. Statt der leitenden Flüssigkeit in einem Becherglas ist auch eine Zitrone, ein Apfel oder eine Kartoffel nutzbar (Abb. 1).*
   a) *Baue dir ein solches einfaches galvanisches Element!*
   b) *Miss die Spannung bei verschiedenen Kombinationen von Metallen!*
   c) *Welches Ergebnis erhält man mit zwei gleichen Metallen?*
   d) *Nutze verschiedene leitende Flüssigkeiten! Was kannst du feststellen?*

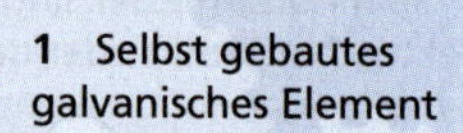

1 Selbst gebautes galvanisches Element

Die voltasche Säule

Der italienische Naturforscher ALESSANDRO VOLTA (1745–1827) untersuchte die von GALVANI entdeckten Erscheinungen genauer und fand heraus, dass immer dann eine Spannung auftritt, wenn zwei verschiedene Metalle durch eine leitende Flüssigkeit miteinander verbunden sind. Ausgehend davon untersuchte VOLTA, unter welchen Bedingungen eine besonders große Spannung auftritt. Mit den Metallen Kupfer und Zink und als leitende Flüssigkeit verdünnte Schwefelsäure machte er die besten Erfahrungen (Abb. 1a). Eine solche Kombination wird nach ihm VOLTA-Element genannt. VOLTA hatte damit den Vorläufer unserer heutigen Batterien erfunden. Die Suche nach noch stärkeren elektrischen Quellen führte zu neuen Anordnungen. So schrieb VOLTA im März 1800 in einem Brief:
„... *Dreißig, vierzig ... oder mehr Kupferstücke, ... jedes in Verbindung mit einem Stück Zink; ferner eine gleiche Anzahl Schichten, z. B. Salzwasser, Lauge oder dergleichen; eine solche Anlage der Leiter stets in der gleichen Weise wiederholt; das ist alles, woraus mein neuer Apparat besteht.*"
Mit dieser Anordnung, **voltasche Säule** genannt (Abb. 1b), konnten Spannungen von 50 V bis 100 V erzeugt werden.

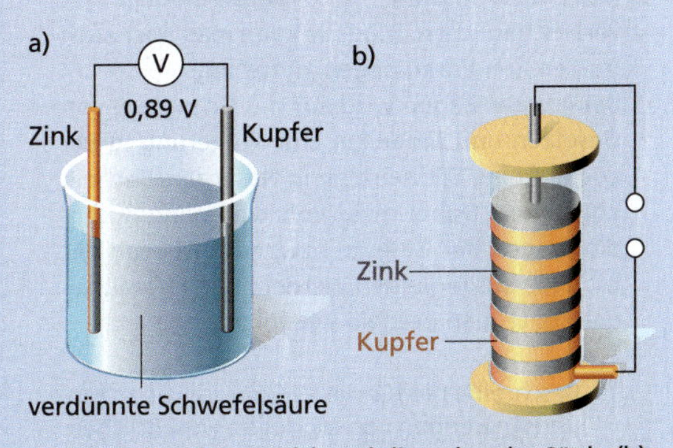

1 Das Volta-Element (a) und die voltasche Säule (b)

4. *Baue ein VOLTA-Element (Abb. 2)! Verwende Kupfer, Zink und Salzwasser!*
   Miss die Spannung! Untersuche, wie sich die Spannung ändert, wenn andere leitende Flüssigkeiten verwendet werden!

5. *Plane ein Experiment mit dem Ziel herauszufinden, ob die Spannung von*
   – *der Größe der Metallplatten,*
   – *der Form der Metallplatten,*
   – *dem Abstand der Metallplatten*
   abhängt! Führe das Experiment durch!

6. *Lass die in Aufgabe 4 beschriebene Anordnung eine Zeit lang unverändert stehen. Lies die Spannung nach 5 min, 10 min, 20 min und 30 min ab! Erkläre!*

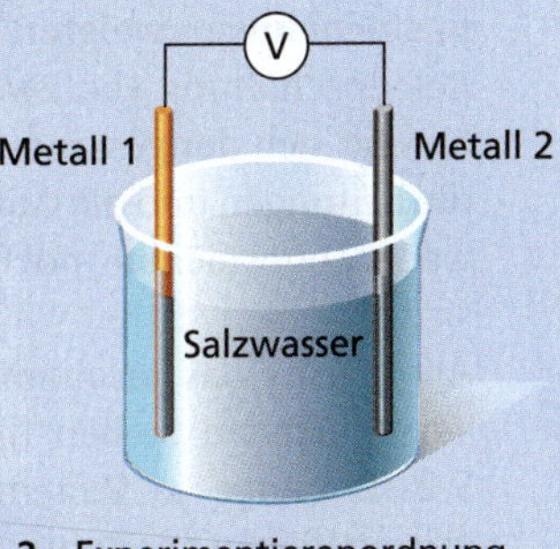

2 Experimentieranordnung

Moderne elektrische Quellen

Viele elektrische Geräte werden heute mit Batterien betrieben. Diese Batterien sehen ganz verschieden aus und sind auch unterschiedlich aufgebaut (Abb. 3).

7. *Untersuche oder erkunde den Aufbau einer Monozelle oder einer Flachbatterie!* ***Vorsicht!*** *Es besteht Verletzungsgefahr!*
   Beachte, dass Batterien Sondermüll sind und entsorge die Reste entsprechend!

8. *Stelle eine Übersicht zu in Geräten häufig verwendeten Batterien zusammen! Gib ihre Spannung an und wo sie eingesetzt werden! Warum muss es unterschiedliche Arten von Batterien geben?*

9. *Erkundige dich, wie wiederaufladbare Batterien (Akkumulatoren) aufgebaut sind und wo sie genutzt werden! Was geschieht beim Aufladen eines Akkumulators? Was sollte man beim Aufladen beachten?*

3 Verschiedene Arten von Batterien

Die elektrische Stromstärke in unverzweigten und verzweigten Stromkreisen

Elektrische Geräte und Bauteile können in einem Stromkreis in Reihe oder parallel zueinander geschaltet werden.
In einem **unverzweigten Stromkreis,** z. B. bei der Reihenschaltung von zwei Glühlampen (Abb. 1), bewegt sich der gesamte Elektronenstrom durch die Leitungen und die Geräte. Elektronen können weder entweichen noch hinzukommen noch sich stauen.
Ähnlich ist das in einem Wasserstromkreis: An verschiedenen Stellen fließt jeweils die gleiche Wassermenge je Zeiteinheit durch die Querschnittsfläche der Rohre.

> **Für die elektrische Stromstärke in unverzweigten Stromkreisen gilt:**
>
> $$I = I_1 = I_2$$

In **verzweigten Stromkreisen** teilt sich der Elektronenstrom an den Verzweigungspunkten in zwei Teilströme auf (Abb. 2). Ein Teil bewegt sich durch die Glühlampe 1, der andere durch die Glühlampe 2. Sind die Glühlampen unterschiedlich, so sind auch die Ströme der Elektronen unterschiedlich groß. Auch im Wasserstromkreis verteilt sich der Wasserfluss auf die beiden Zweige. Dabei geht aber kein Wasser verloren.

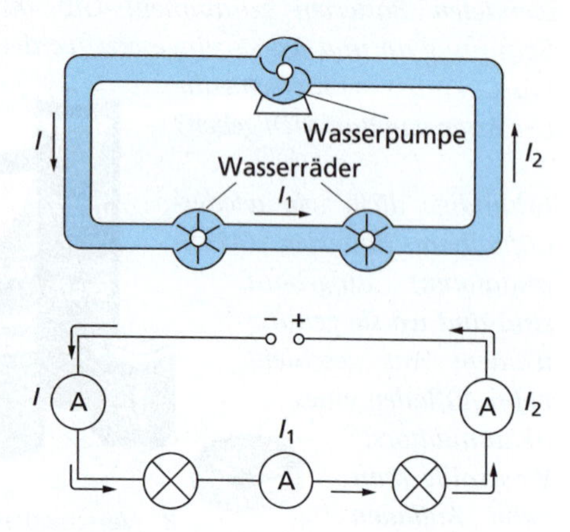

1 Stromstärken im unverzweigten Stromkreis

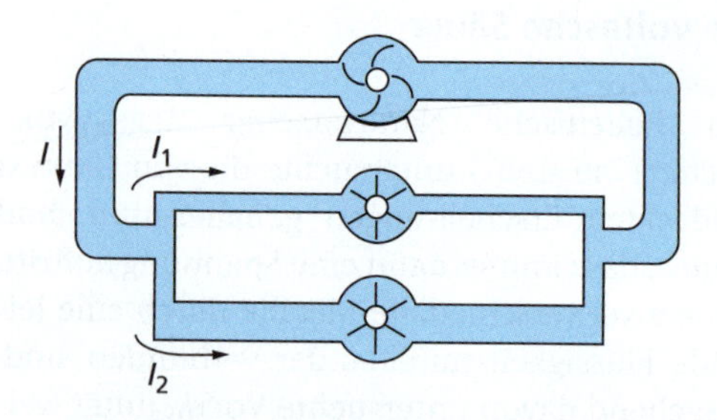

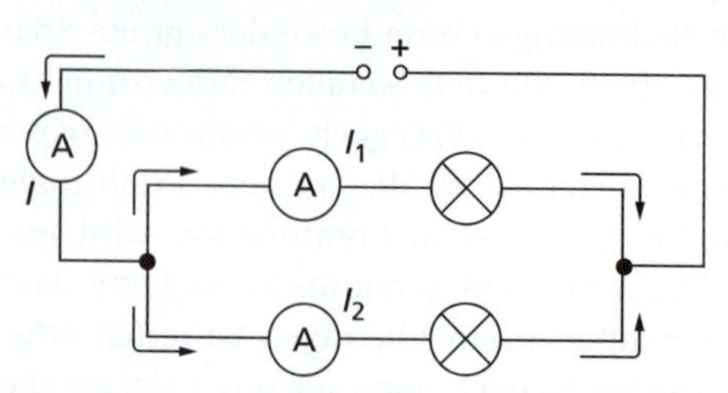

2 Stromstärken im verzweigten Stromkreis

> **Für die elektrische Stromstärke in verzweigten Stromkreisen gilt:**
>
> $$I = I_1 + I_2$$

Voraussagen physikalischer Erscheinungen

Die elektrische Stromstärke in Stromkreisen kann man mithilfe eines Wassermodells gut veranschaulichen. Modelle kann man aber auch nutzen, um **Voraussagen** zu treffen.
Beim Voraussagen wird auf der Grundlage von Gesetzen und Modellen eine Folgerung in Bezug auf eine Erscheinung in Natur und Technik abgeleitet. Dabei muss von den Wirkungsbedingungen der Gesetze bzw. den Grenzen der Modelle ausgegangen werden. Beim Voraussagen sollte man deshalb wie folgt vorgehen:

1. Beschreibe die für das Wirken von Gesetzen und Anwenden von Modellen wesentlichen Seiten in der Erscheinung! Lasse unwesentliche Seiten unberücksichtigt!
2. Nenne Gesetze und Modelle, die der Erscheinung zugrunde liegen, weil deren Wirkungsbedingungen vorliegen!
3. Leite Folgerungen für die Erscheinung ab!

Die elektrische Spannung in unverzweigten und verzweigten Stromkreisen

In **unverzweigten Stromkreisen** sind die elektrischen Geräte, z. B. zwei Glühlampen, in Reihe geschaltet (Abb. 1). Die Stärke des Antriebes der elektrischen Quelle, die Spannung U, teilt sich auf beide Geräte auf. An den Geräten liegen die Teilspannungen U_1 und U_2 an.

Für die elektrische Spannung in unverzweigten Stromkreisen gilt:

$$U = U_1 + U_2$$

Schaltet man z. B. zwei Glühlampen gleicher Bauart in Reihe, dann liegt an jeder der Glühlampen die Hälfte der Spannung U der elektrischen Quelle.

In **verzweigten Stromkreisen** existiert an den Verzweigungspunkten derselbe Antrieb für beide Teilströme (Abb. 2). Die Teilspannungen in den einzelnen Zweigen sind gleich der Gesamtspannung U.

Für die elektrische Spannung in verzweigten Stromkreisen gilt:

$$U = U_1 = U_2$$

Soll an verschiedenen Geräten die gleiche Spannung liegen, so werden die Geräte parallel geschaltet. Das ist z. B. bei Haushaltsgeräten der Fall.

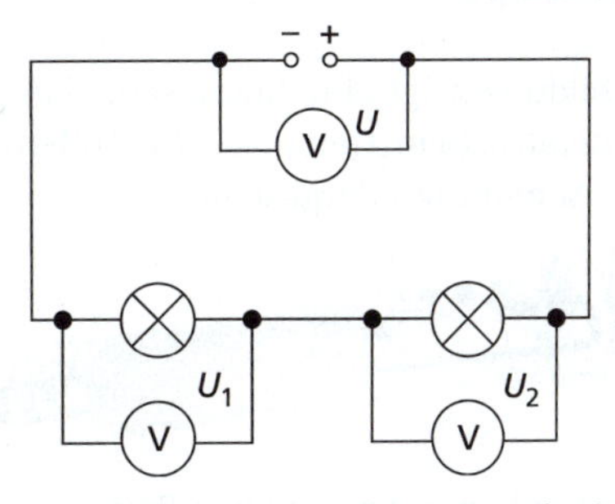

1 Spannungen im unverzweigten Stromkreis

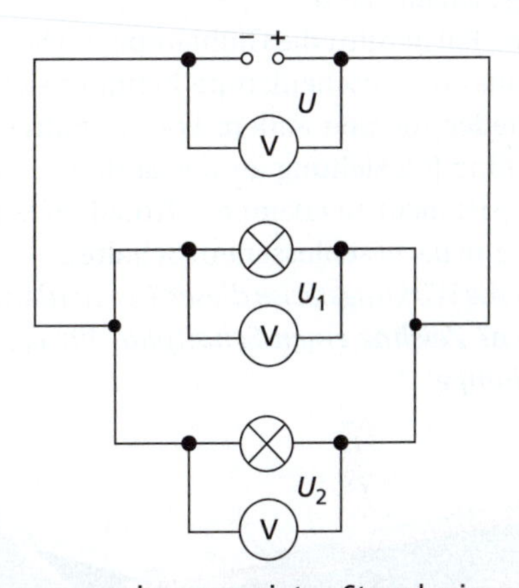

2 Spannungen im verzweigten Stromkreis

Mosaik

Schaltung von elektrischen Quellen

Um einen größeren Antrieb des elektrischen Stromes zu erhalten, werden mehrere elektrische Quellen in Reihe geschaltet (s. Abb.). Die Spannungen der einzelnen Quellen addieren sich zu einer Gesamtspannung. Das wird z. B. bei Taschenlampen, Radios, CD-Playern und anderen batteriebetriebenen Geräten genutzt, um die erforderliche Betriebsspannung zu erhalten: Man nutzt 2, 3 oder 4 Batterien. Beim Einsetzen der Batterien ist auf die richtige Polung zu achten.

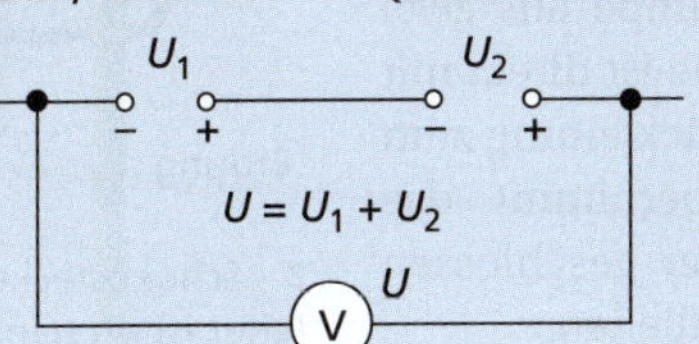

Bei falscher Polung erhält man unter Umständen die Spannung null. Darüber hinaus können Schäden am Gerät auftreten.

Elektrische Quellen können auch parallel zueinander geschaltet werden. Dann ist die Gesamtspannung gleich der Spannung der einzelnen Quelle. Die Schaltung hat den Vorteil, dass mit ihr ein elektrisches Gerät länger betrieben werden kann als nur mit einer einzigen Quelle, da in den Quellen mehr Energie gespeichert ist.

Physik in Natur und Technik

Elektrischer Strom in der Tasche – die Taschenlampe

Die Abbildung zeigt eine Stabtaschenlampe mit metallischem Gehäuse. Ihr Aufbau ist in Abbildung 1 dargestellt.

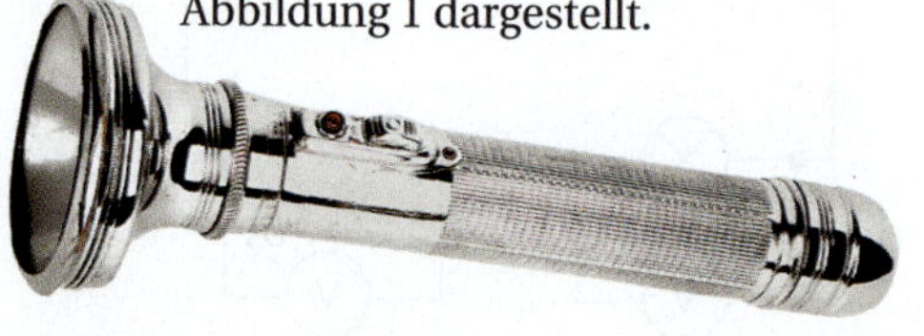

Die Taschenlampe besitzt zwei Batterien, die in Reihe geschaltet sind.
Der eine Pol berührt die Glühlampe. Im Schraubverschluss der Taschenlampe befindet sich eine Metallfeder, die den andere Pol der Batterie berührt. Eine Rückleitung an das andere Ende der Batterie ist nicht zu erkennen. Trotzdem leuchtet die Lampe bei geschlossenem Schalter.
Wie ist die Wirkungsweise dieser Taschenlampe zu erklären? Zeichne einen Schaltplan für diese Taschenlampe!

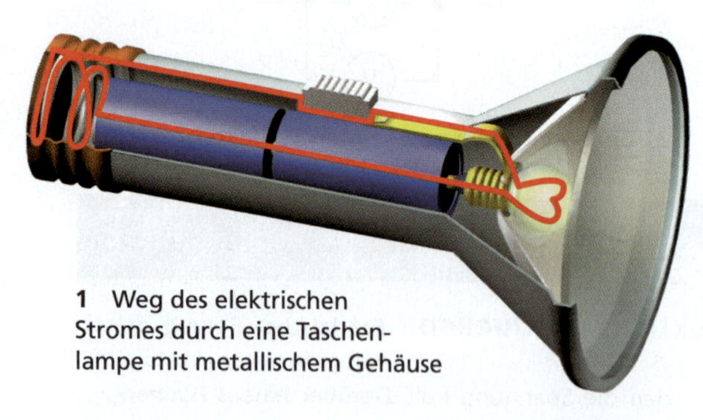

1 Weg des elektrischen Stromes durch eine Taschenlampe mit metallischem Gehäuse

Die Glühlampe kann nur leuchten, wenn sie in einem geschlossenen Stromkreis mit einer elektrischen Quelle verbunden ist. Die elektrische Quelle besteht bei der Taschenlampe aus zwei Batterien. Der eine Pol der Batterie ist direkt mit der Glühlampe verbunden. Die Rückleitung zum anderen Ende der Batterie übernimmt das Metallgehäuse. Wenn der Schalter geschlossen wird, kann ein elektrischer Strom fließen.

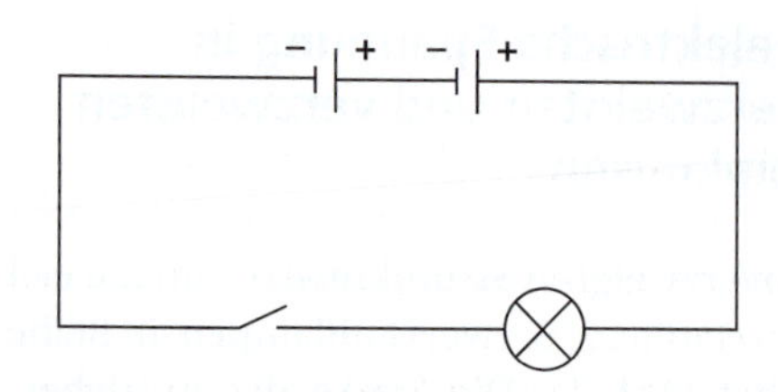

2 Schaltplan für eine Taschenlampe mit zwei Batterien

Wenn der Verschluss der Taschenlampe abgeschraubt wird, leuchtet die Lampe nicht mehr, weil der Stromkreis dann unterbrochen ist.
Bei einer Taschenlampe mit Kunststoffgehäuse kann das Gehäuse die Rückleitung des Stromes nicht übernehmen. Deshalb ist in diesen Taschenlampen eine Rückleitung eingebaut.

Schukostecker – Schukodose: zwei, die zueinander passen

Der Kontakt mit Strom aus der Steckdose kann lebensgefährlich sein. Deshalb muss bei elektrischen Geräten eine solche Berührung ausgeschlossen werden, selbst wenn das Gerät defekt ist. Vor allem bei Geräten mit Metallgehäusen kann z. B. ein defektes Kabel eine elektrische Verbindung zum Gehäuse herstellen. Deshalb dürfen Geräte mit Metallgehäuse nur mit Schutzkontaktsteckern (Schukosteckern) an Schutzkontaktsteckdosen (Schukodosen) angeschlossen werden. Dadurch wird ein zusätzlicher Schutzleiter mit dem Metallgehäuse verbunden (Abb. 3). Wirksam ist ein solcher Schutzleiter allerdings nur dann, wenn er fachgerecht im Gerät, am

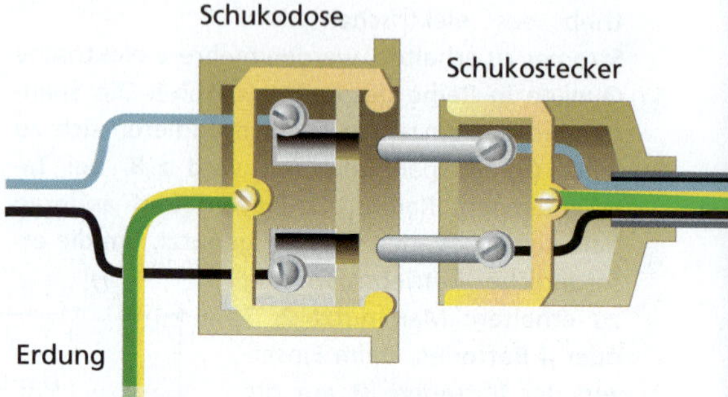

3 Schukostecker und Schukosteckdose: Der Schutzleiter ist an seiner grün-gelben Farbe erkennbar.

Schukostecker und an der Schukodose angeschlossen ist.
Wie kann durch die Benutzung von Schukosteckern und Schukodosen eine Berührung mit elektrischem Strom an Geräten vermieden werden?

Geräte mit Metallgehäuse besitzen im Anschlusskabel drei elektrische Leiter: zwei Leiter zum Betreiben des Gerätes und noch einen Schutzleiter (Abb. 1). Dieser Schutzleiter ist im Gerät leitend mit dem Metallgehäuse verbunden.
Zugleich ist der Schutzleiter über die Schutzkontakte in Schukostecker und Schukodose mit der Erde verbunden (s. Abb. 3, S. 326).

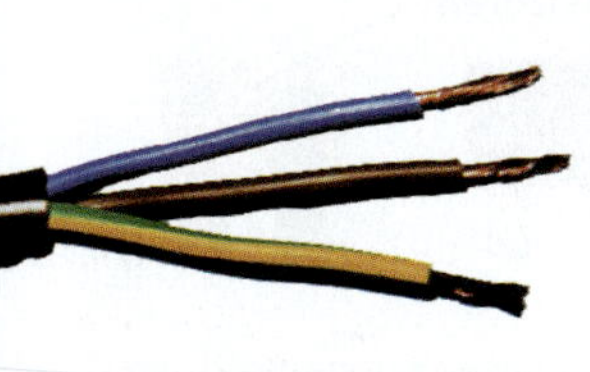

1 Bei Geräten mit Schukoanschluss werden stets dreiadrige Kabel verwendet. Der Schutzleiter ist grün-gelb.

Kommt es durch einen Defekt im Gerät zu einer Verbindung des Metallgehäuses mit elektrischem Strom, so wird dieser Strom sofort über den Schutzleiter in die Erde abgeleitet.

Der elektrische Strom fließt wie beim Kurzschluss von einem Pol der Quelle in die Erde ab, wenn er durch den Schutzleiter dazu die Möglichkeit hat. Das Gerät hört auf zu arbeiten. Eine Berührung des Metallgehäuses durch den Menschen ist ungefährlich.
Bei Geräten mit Kunststoffgehäuse ist ein Schutzleiter nicht erforderlich, da Kunststoff ein Isolator ist. Solche Geräte haben deshalb meist keine Schukostecker, sondern Flachstecker, die in Schukosteckdosen passen.

Eine Wechselschaltung erspart Wege

In großen Räumen, langen Fluren oder Treppenhäusern möchte man eine Lampe von verschiedenen Stellen aus- und einschalten können. Dazu benutzt man Umschalter, auch Wechselschalter genannt.
Entwirf einen Schaltplan für eine solche Anlage! Beschreibe ihre Wirkungsweise! Baue ein Modell für eine solche Anlage auf!

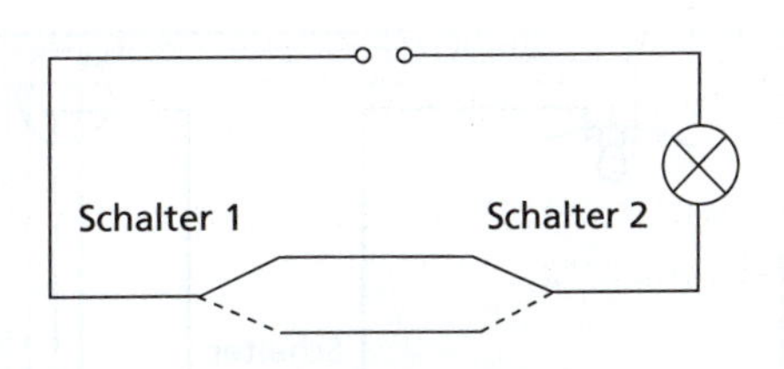

2 Schaltplan für eine Wechselschaltung

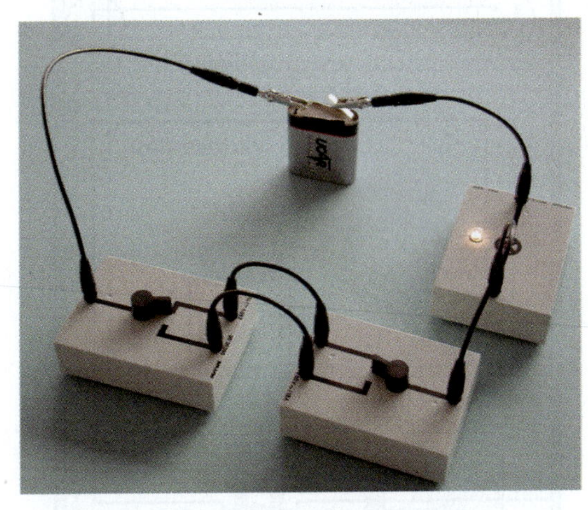

3 Modell einer Wechselschaltung

Im gezeichneten Schaltplan (Abb. 2) ist der Stromkreis geschlossen. Die Lampe leuchtet. Wird einer der beiden Schalter geöffnet, so verlöscht die Glühlampe. Abb. 3 zeigt das Modell einer solchen Anlage.

Eine sichere Sache – die Hausinstallation

Die elektrischen Leitungen in Häusern müssen so verlegt sein, dass an allen Geräten die erforderliche Betriebsspannung anliegt. Darüber hinaus darf es zu keiner Gefährdung des Menschen kommen, auch wenn ein Gerät oder eine Leitung einmal defekt ist.
Vor allem müssen Berührungen des Menschen mit elektrischem Strom und Brände durch Kurzschluss vermieden werden. Deshalb sind in der elektrischen Anlage in Häusern verschiedene Sicherheitsmaßnahmen eingebaut. In Abb. 1, S. 328, sind solche Maßnahmen dargestellt.
Erläutere die Wirkungsweise verschiedener wichtiger Sicherheitsmaßnahmen bei einer elektrischen Hausinstallation!

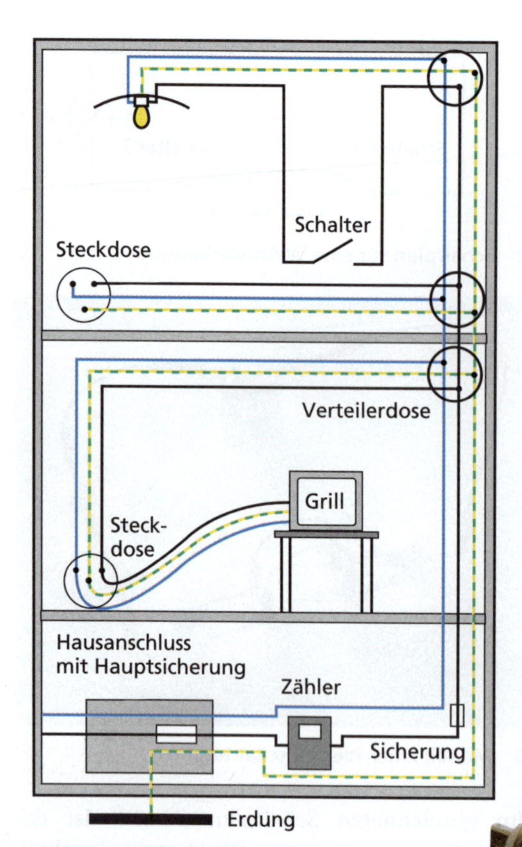

1 Aufbau einer Hausinstallation

Mit der Sicherung elektrischer Anlagen in Häusern soll vermieden werden, dass durch die Leitungen zu große elektrische Ströme fließen. Durch große Ströme können sich die Leitungen erhitzen, die Isolierungen können durchschmelzen und es kann sogar zu Bränden kommen. Solche großen Ströme treten auf, wenn es in einem Gerät oder in den Leitungen einen Kurzschluss gibt oder wenn zu viele Geräte gleichzeitig angeschlossen sind.

Um den elektrischen Strom in Leitungen zu begrenzen, werden verschiedene Arten von **Sicherungen** (Schmelzsicherungen, Sicherungsautomaten oder Leitungsschutzschalter) eingebaut. Diese unterbrechen den Stromkreis, wenn der Strom zu groß wird, bevor sich die Leitungen erhitzen und es zu Schäden kommt. Dabei muss jedoch beachtet werden, dass für den jeweiligen Stromkreis Sicherungen mit den richtigen Werten zu verwenden sind.

Mosaik

Sicherungen

Die wichtigsten Arten von Sicherungen, die im Haushalt bei elektrischen Geräten und bei Pkw verwendet werden, sind **Schmelzsicherungen** (s. Foto) und **Sicherungsautomaten.**

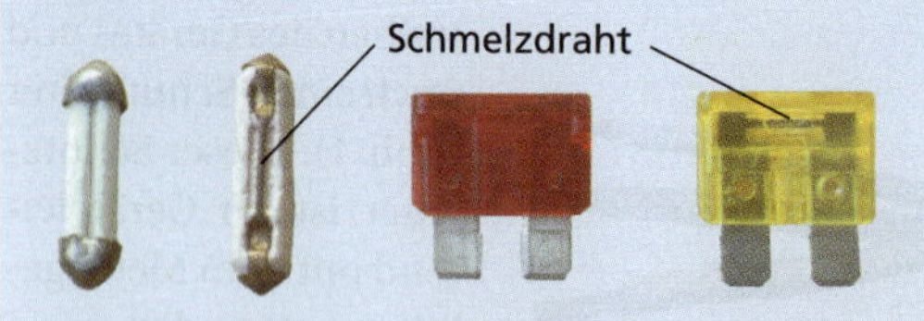

Die im Haushalt verwendeten Schelzsicherungen haben eine andere Form, aber einen ähnlichen Aufbau und die gleiche Wirkungsweise. Genutzt wird die Wärmewirkung des elektrischen Stromes. Die Sicherung wird in Reihe geschaltet. Der elektrische Strom fließt durch den Schmelzdraht, der für eine bestimmte maximale Stromstärke ausgelegt ist. Wird der Strom im Stromkreis zu groß, dann schmilzt der Schmelzdraht. Der Stromkreis wird dadurch unterbrochen. Es muss eine neue Schmelzsicherung eingesetzt werden.

Bei **Sicherungsautomaten** werden die Wärmewirkung und die magnetische Wirkung des elektrischen Stromes genutzt. Beide Wirkungen sind umso größer, je größer die elektrische Stromstärke ist. Der Weg des Stromes durch den Sicherungsautomaten ist in Abb. 2 rot eingezeichnet. Genauere Informationen sind unter **www.schuelerlexikon.de** zu finden.

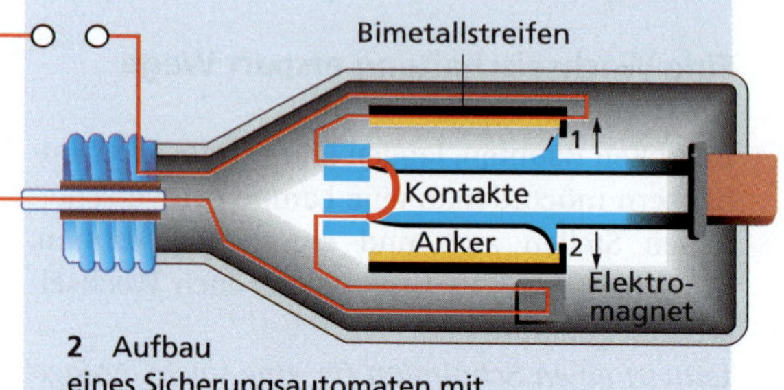

2 Aufbau eines Sicherungsautomaten mit Elektromagnet und Bimetallstreifen

Ein Strommesser für viele Bereiche

Mit einem Vielfachmessgerät kann man die elektrische Stromstärke z. B. bis zu einem Wert von 1 A messen. Dazu nutzt man einen bestimmten Messbereich, der mindestens 1 A betragen muss. Für größere Stromstärken braucht man einen größeren Messbereich.
Das Messwerk im Messgerät kann jedoch nur Stromstärken in einem kleinen Bereich messen.

Wie kann der Messbereich eines Strommessers erweitert werden?

Wenn durch das Messwerk von Strommessern immer nur ein Strom bis zu einer bestimmten Stärke fließen darf, so muss bei einer größeren Stromstärke ein Teilstrom durch einen zweiten Stromkreis fließen.

Das kann man erreichen, indem man zu dem Messwerk einen Nebenwiderstand parallel schaltet, so wie das in Abb. 1 dargestellt ist. Am Verzweigungspunkt teilt sich der Strom auf. Nur ein Teilstrom fließt durch das Messwerk. Für die Stromstärke gilt:

$$I_1 = I - I_2.$$

Durch unterschiedliche Nebenwiderstände kann man verschiedene Messbereiche erhalten.

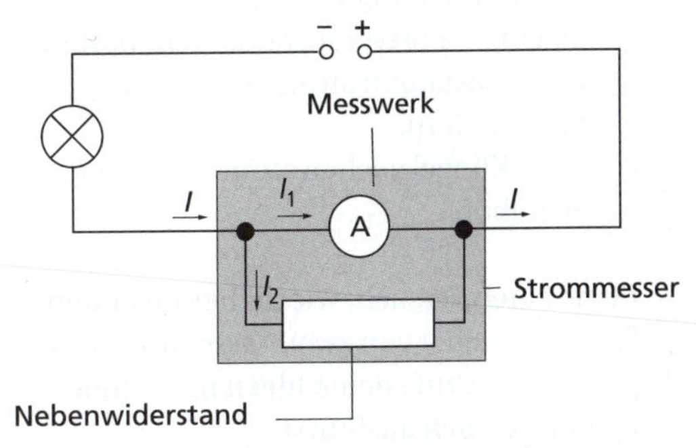

1 Messbereichserweiterung eines Strommessers

Mosaik

Spannungs- und stromrichtiges Messen

Bei jeder Art von Messung treten Messfehler auf. Dabei gibt es bei der Messung von Spannungen und Stromstärken eine Besonderheit durch die Art der Schaltung der Messgeräte: Die auftretenden Messfehler kann man klein halten. Unterschieden wird zwischen der spannungsrichtigen und der stromrichtigen Schaltung. Bei der **spannungsrichtigen Schaltung** (Abb. 2) zeigt der Spannungsmesser genau die Spannung an, die am Bauteil anliegt, denn Spannungsmesser und Bauteil sind parallel geschaltet und für die Parallelschaltung gilt $U_1 = U_2$.

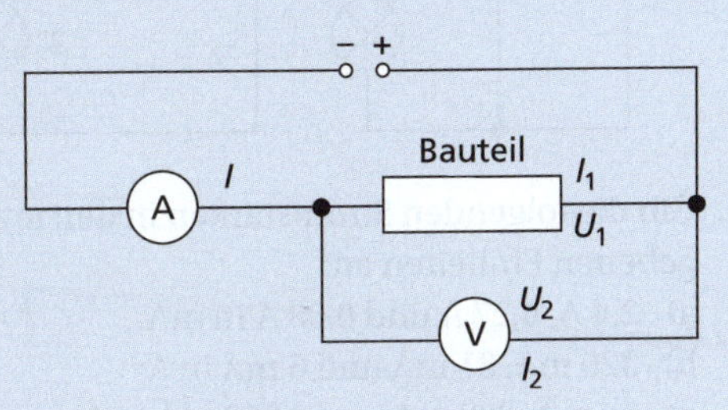

2 Spannungsrichtige Schaltung

Der Strommesser zeigt dagegen die Gesamtstromstärke an, die durch das Bauteil und den Spannungsmesser fließt, denn es gilt $I = I_1 + I_2$.
Bei der **stromrichtigen Schaltung** (Abb. 3) zeigt der Strommesser die Stromstärke an, die durch das Bauteil fließt. Der Spannungsmesser dagegen zeigt die Gesamtspannung an.

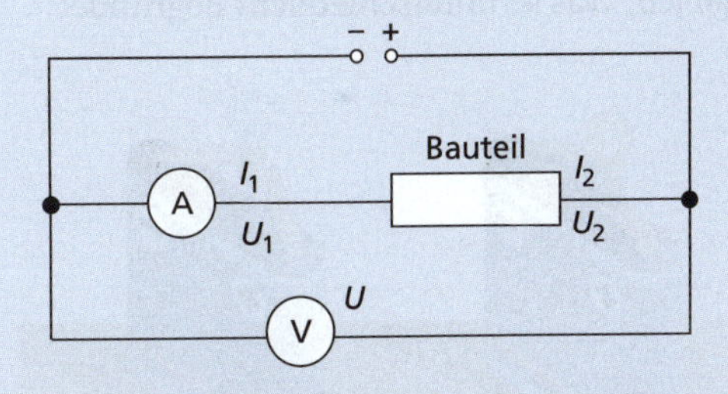

3 Stromrichtige Schaltung

Welche der beiden Schaltungen man wählt, hängt bei einem Experiment von der Aufgabenstellung und den gegebenen Bedingungen ab.

gewusst · gekonnt

1. Benenne in den folgenden Aussagen, was strömt! Wie kann man feststellen, wie groß der jeweilige Strom ist?

a) Der Verkehrsstrom auf der neu gebauten Autobahn A 20 reißt nicht ab.

b) Riesige Wassermassen strömten in der Elbe in Richtung Dresden.

c) Zu einer Sportveranstaltung im Berliner Olympiastadion strömen Zuschauer aus nah und fern.

d) Beim Klingelzeichen strömen alle auf den Schulhof.

2. Plane einen Versuch, wie du herausfinden kannst, welcher von zwei Wasserströmen der größere ist! Prüfe deine Ideen nach, indem du den Versuch ausführst!

3. Ein Garten wird eine Stunde lang mit Wasser gesprengt. Die Wasseruhr zeigt an, dass in dieser Stunde 540 Liter Wasser verbraucht wurden.

a) Wie viele Liter Wasser strömen pro Minute bzw. pro Sekunde durch den Querschnitt des Wasserschlauchs?

b) Wie groß ist die „Wasserstromstärke" in diesem Fall?

4. In der Skizze wurde dieselbe Glühlampe mit einer Flachbatterie verbunden. Was ist gleich? Was ist unterschiedlich? Begründe!

5. Wie kannst du erreichen, dass eine Lampe in einem Stromkreis mal schwach, dann sehr hell leuchtet?

6. Versuche, wie du zwei Lämpchen an eine Flachbatterie halten musst, damit sie gleichzeitig leuchten!

7. Bei einer Fahrradbeleuchtung führt nur ein Draht zum Scheinwerfer und zum Rücklicht.

a) Warum leuchten die Lampen trotzdem, wenn der Dynamo in Betrieb ist?

b) Zeichne einen Schaltplan für die Beleuchtungsanlage eines Fahrrades!

c) Was passiert, wenn die Isolierung eines Kabels an einer Stelle durchgescheuert ist und das Kabel am Rahmen anliegt? Begründe!

8. Der Scheinwerfer an Ulrikes Fahrrad leuchtet beim Betrieb des Dynamos nicht. Woran könnte das liegen? Was müsste sie tun, um den Fehler zu finden und zu beheben?

9. Nachdem Mathias seine Fahrradbeleuchtung repariert hat, kommt er zu dem Schluss, dass man in Stromkreisen grundsätzlich die zweite Zuleitung sparen könne. Was hältst du davon? Begründe deine Aussage physikalisch!

10. Zwei Glühlampen sind an eine elektrische Quelle angeschlossen (Abb. a, b). Was passiert, wenn jeweils eine der beiden Lampen aus der Fassung geschraubt wird? Begründe!

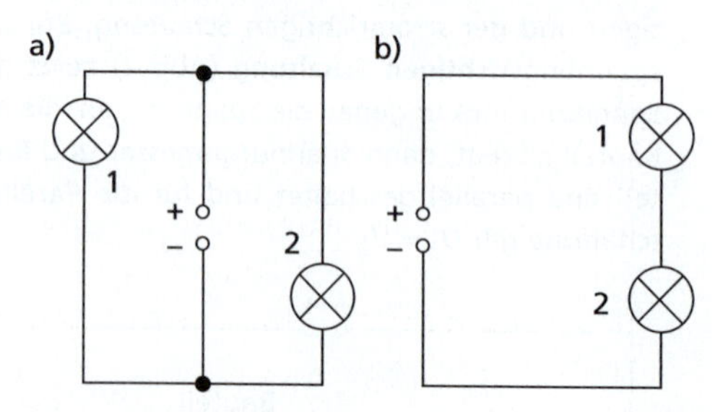

11. Gib die folgenden Stromstärken in den angegebenen Einheiten an:

a) 2,4 A, 0,27 A und 0,08 A in mA;

b) 320 mA, 81 mA und 6 mA in A;

c) 14 mA, 280 mA und 4 650 mA in A;

d) 1,8 A, 0,75 A und 0,023 A in mA!

12. An einem Vielfachmessgerät werden nacheinander die Messbereiche
a) 10 mA,
b) 100 mA und
c) 300 mA eingestellt.
Lies die elektrische Stromstärke jeweils für die Zeigerstellungen A bis D im Bild ab!

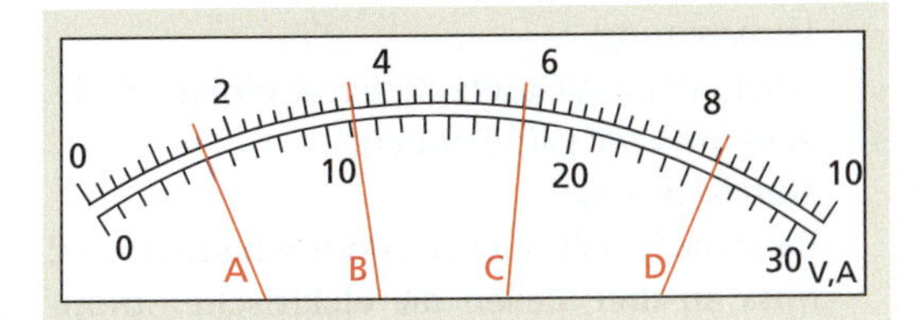

13. Warum solltest du am Vielfachmessgerät zunächst den größten Messbereich einstellen, wenn du die elektrische Stromstärke messen willst?

14. Begründe, warum ein Strommesser stets in Reihe zu dem elektrischen Gerät geschaltet werden muss, durch das der elektrische Strom fließt!

15. Untersuche in einem einfachen Stromkreis die elektrische Stromstärke und setze dich mit dem Begriff „Stromverbrauch" auseinander!
Vorbereitung:
Zeichne einen Schaltplan für einen Stromkreis, der aus einer Glühlampe und einem Schalter besteht und in dem du an drei verschiedenen Stellen die elektrische Stromstärke messen kannst!
Durchführung:
Baue die Schaltung nach dem Schaltplan auf! Miss nacheinander an drei verschiedenen Stellen die elektrische Stromstärke und notiere die Messwerte!
Auswertung:
Vergleiche die Messwerte! Wodurch könnte die Genauigkeit der Messergebnisse beeinflusst worden sein?
Was kann man, ausgehend von den experimentellen Ergebnissen, zum Begriff „Stromverbrauch" sagen?

16. Verbinde nacheinander dieselbe Glühlampe aus einer Fahrradlampe mit einer Flachbatterie (4,5 V), einer Monozelle (1,5 V) und einer Blockbatterie (6 V)! Was kannst du beobachten? Was würde passieren, wenn du die Lampe an eine Blockbatterie von 9 V oder an eine Autobatterie (12 V) anschließt?

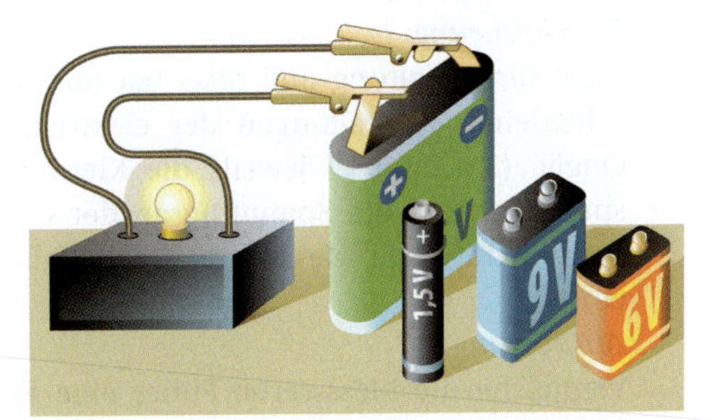

17. Gib folgende Spannungen in den angegebenen Einheiten an:
a) 12,5 V, 8,3 V und 0,36 V in mV;
b) 15 000 V, 6 800 V und 230 V in kV;
c) 110 kV, 220 kV und 380 kV in V!

18. Wie groß sind die elektrischen Spannungen, wenn am Vielfachmessgerät nacheinander die Messbereiche
a) 3 V, b) 10 V und c) 60 V eingestellt werden?
Lies jeweils für die Zeigerstellungen A bis D die Messwerte ab!

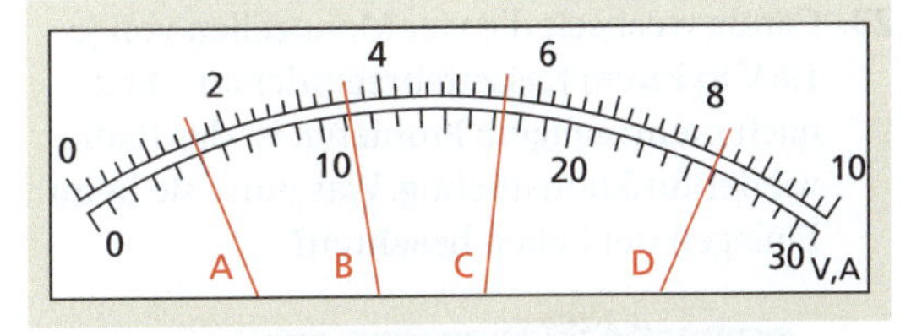

19. Prüfe die Spannung nach, die auf Batterien, Knopfzellen und Monozellen angegeben ist!

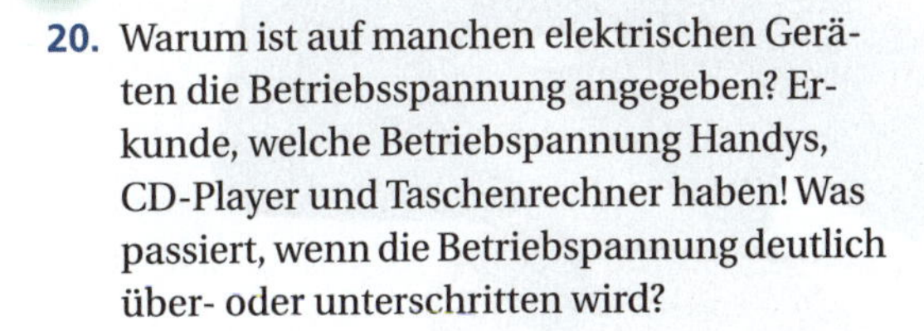

20. Warum ist auf manchen elektrischen Geräten die Betriebsspannung angegeben? Erkunde, welche Betriebspannung Handys, CD-Player und Taschenrechner haben! Was passiert, wenn die Betriebspannung deutlich über- oder unterschritten wird?

21. Untersuche experimentell den Zusammenhang zwischen der Klemmenspannung an einer elektrischen Quelle und der Spannung an einer Glühlampe in einem einfachen Stromkreis!

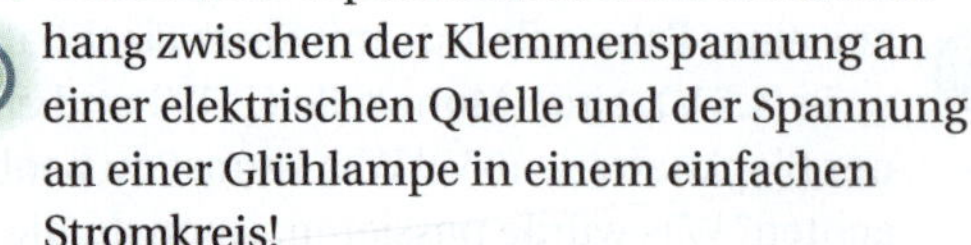

Vorbereitung:
Zeichne einen Schaltplan und bereite eine Messwertetabelle vor!
Durchführung:
Baue die Schaltung auf! Miss bei fünf verschiedenen Einstellungen der elektrischen Quelle (1 V bis 5 V) jeweils die Klemmenspannung und die Spannung an der Glühlampe! Trage die Messwerte in die Tabelle ein!
Auswertung:
Vergleiche die Messwerte! Führe eine Fehlerbetrachtung durch! Formuliere den Zusammenhang zwischen der Klemmenspannung an der elektrischen Quelle und der Spannung an der Glühlampe!

22. An den Steckdosen im Haushalt liegen bei uns 230 V an. In anderen Ländern sind Spannungen von 110 V oder 120 V üblich. Was passiert, wenn wir unsere elektrischen Haushaltsgeräte (z. B. Tauchsieder, Föhn) dort einschalten?
Begründe deine Antwort mit dem Antrieb des elektrischen Stroms!

23. Carola wechselt die vier Monozellen von je 1,5 V in ihrem Kassettenrecorder aus. Erst nach mehrmaligem Probieren ist das Radio wieder funktionstüchtig. Was muss sie beim Einlegen der Zellen beachten?

24. Wie kannst du mit drei Flachbatterien von je 4,5 V eine Glühlampe (12 V / 1,5 A) zum Leuchten bringen? Prüfe nach, ob deine Idee stimmt!

25. Bestätige in einem Experiment das Gesetz für die elektrische Stromstärke in einem unverzweigten Stromkreis!
Vorbereitung:
Wie lautet das Gesetz? Zeichne einen Schaltplan mit zwei Glühlampen!
Durchführung:
Baue die Schaltung nach dem Schaltplan auf! Miss an drei Stellen die elektrische Stromstärke und notiere die Messwerte!
Auswertung:
Beantworte die experimentelle Aufgabe! Wodurch könnte die Genauigkeit der Messergebnisse beeinflusst worden sein?

26. Bestätige in einem Experiment das Gesetz für die elektrische Stromstärke in einem verzweigten Stromkreis! Gehe bei diesem Experiment wie in Aufgabe 25 vor.

27. Zwei Glühlampen gleicher Bauart sind in einem Stromkreis parallel geschaltet. An verschiedenen Stellen sind Strommesser eingebaut.

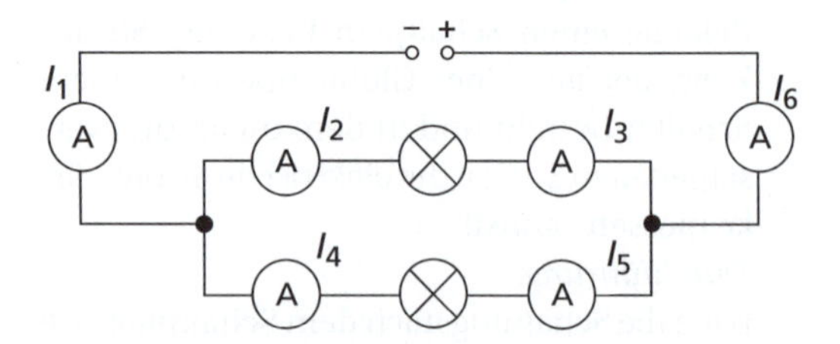

a) Welche Strommesser zeigen die gleiche Stromstärke an?
b) Was kann man über die Stromstärken I_1, I_2 und I_4 aussagen?
c) Was kann man über die Helligkeit beider Glühlampen aussagen?

28. Ein Motor und eine Glühlampe sind in einem Stromkreis parallel geschaltet.

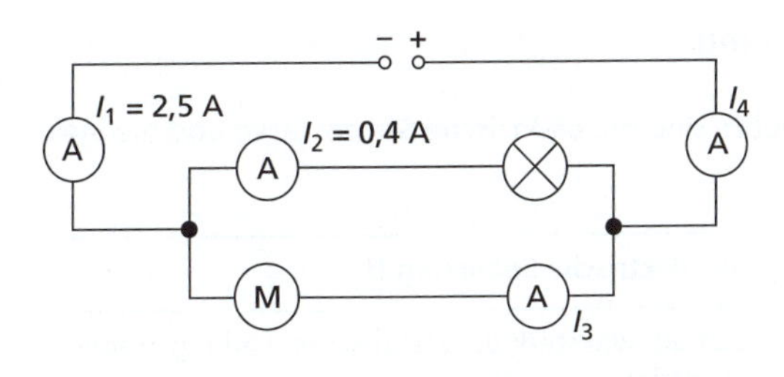

Wie groß sind die Stromstärken I_3 und I_4? Begründe!

29. Im Haushalt ist ein elektrischer Stromkreis mit einer Sicherung von 10 A abgesichert. Angeschaltet sind der Kühlschrank ($I_1 = 0{,}4$ A), das Fernsehgerät ($I_2 = 0{,}3$ A) und ein elektrischer Heizkörper ($I_3 = 3{,}5$ A). Außerdem sind zwei elektrische Kochplatten ($I_4 = 5{,}2$ A) in Betrieb. Was geschieht, wenn nun noch ein Mikrowellenherd ($I_5 = 3{,}5$ A) angeschaltet wird? Begründe!

30. Bestätige in einem Experiment das Gesetz für die elektrische Spannung in einem unverzweigten Stromkreis!
Vorbereitung:
Wie lautet das Gesetz? Zeichne einen Schaltkreis mit zwei Glühlampen!
Durchführung:
Baue die Schaltung auf! Miss die Klemmenspannung und die beiden Spannungen an den Lampen! Notiere die Messwerte!
Auswertung:
Beantworte die experimentelle Aufgabe! Wodurch könnte die Genauigkeit der Messergebnisse beeinflusst worden sein?

31. Bestätige in einem Experiment das Gesetz für die elektrische Spannung in einem verzweigten Stromkreis! Gehe bei diesem Experiment wie in Aufgabe 30 vor!

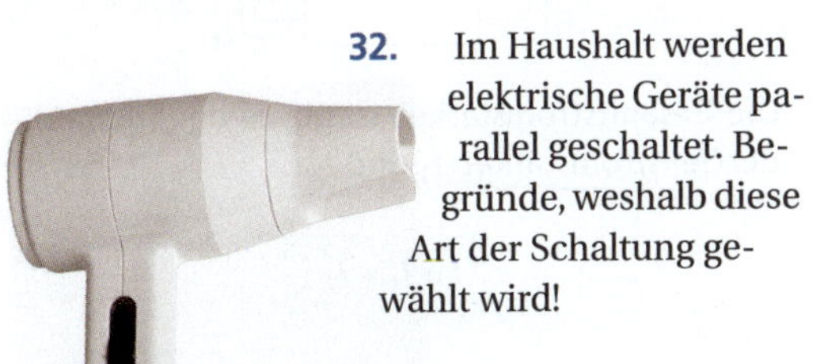

32. Im Haushalt werden elektrische Geräte parallel geschaltet. Begründe, weshalb diese Art der Schaltung gewählt wird!

33. Warum brennen die 10 in Reihe geschalteten 20-V-Kerzen einer Lichterkette beim Anschluss an eine Steckdose nicht durch?

34. In einem Experiment werden eine 230-V-Lampe und eine 6-V-Lampe in Reihe an eine elektrische Quelle von 230 V geschaltet.
a) Warum geht bei dieser Schaltung die 6-V-Lampe nicht kaputt?
b) Erkläre die unterschiedliche Helligkeit beider Lampen, obwohl in einem unverzweigten Stromkreis die Stromstärke überall gleich groß ist!

35. Manche elektronischen Geräte haben eine geringere Betriebsspannung als die zur Verfügung stehende elektrische Quelle. Was kann man tun, um ein solches Gerät dennoch anschließen zu können? Begründe!

36. Wie kann man zwei 6-V-Lampen an eine elektrische Quelle von 12 V (Autobatterie) anschließen? Fertige einen Schaltplan an und begründe ihn!

37. Je mehr Glühlampen man in Reihe an eine elektrische Quelle anschließt, desto schwächer leuchten sie (s. Abb.).
Erkläre diese Erscheinung!

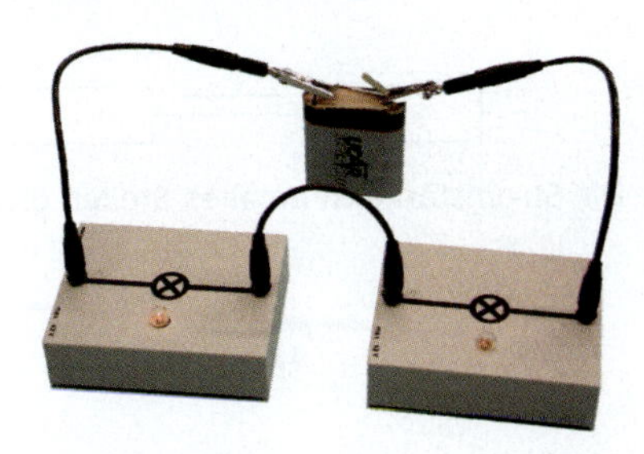

Elektrischer Strom, Stromstärke und Spannung

Wichtige physikalische Größen in der Elektrizitätslehre sind die **elektrische Stromstärke** und die **elektrische Spannung.**

Die elektrische Stromstärke I	**Die elektrische Spannung** U
gibt an, wie viele Ladungsträger sich in jeder Sekunde durch den Querschnitt eines Leiters bewegen.	gibt an, wie stark die elektrischen Ladungsträger angetrieben werden.
Einheiten: 1 A, 1 mA 1 A = 1000 mA	**Einheiten:** 1V, 1 mV, 1 kV 1 kV = 1000 V 1 V = 1000 mV
Messgeräte für die Stromstärke sind Strommesser (Amperemeter). Strommesser sind in Reihe zum elektrischen Gerät zu schalten, bei dem die Stromstärke gemessen werden soll.	**Messgeräte** für die Spannung sind Spannungsmesser (Voltmeter). Spannungsmesser sind parallel zum elektrischen Gerät zu schalten, an dem die Spannung gemessen soll.

Für die **Reihenschaltung** und die **Parallelschaltung** von Bauteilen in Stromkreisen gelten folgende Gesetze:

Reihenschaltung von Bauteilen
(unverzweigter Stromkreis)

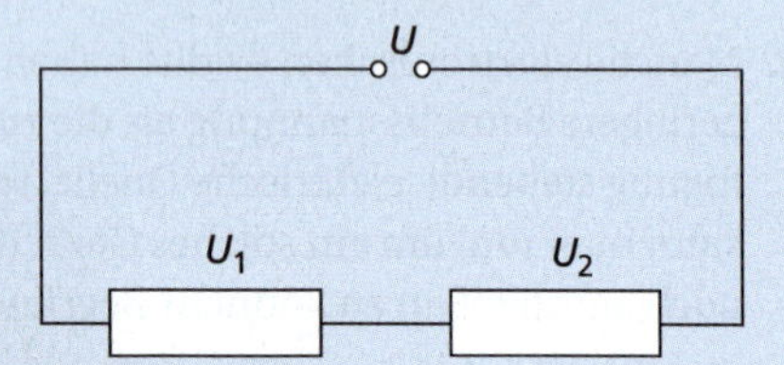

Die Gesamtspannung U ist gleich der Summe der Teilspannungen U_1 und U_2.

$$U = U_1 + U_2$$

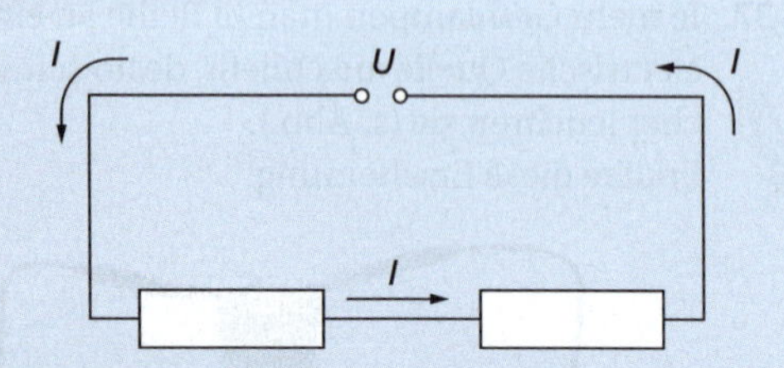

Die Stromstärke ist an allen Stellen gleich groß.

$$I = I_1 = I_2$$

Parallelschaltung von Bauteilen
(verzweigter Stromkreis)

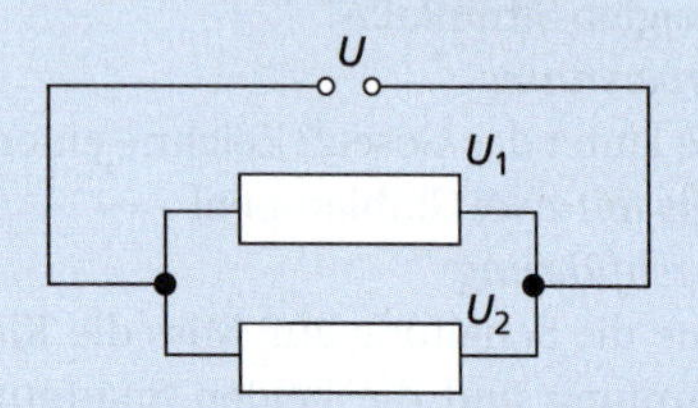

Die Teilspannungen U_1 und U_2 sind genauso groß wie die Gesamtspannung U.

$$U = U_1 = U_2$$

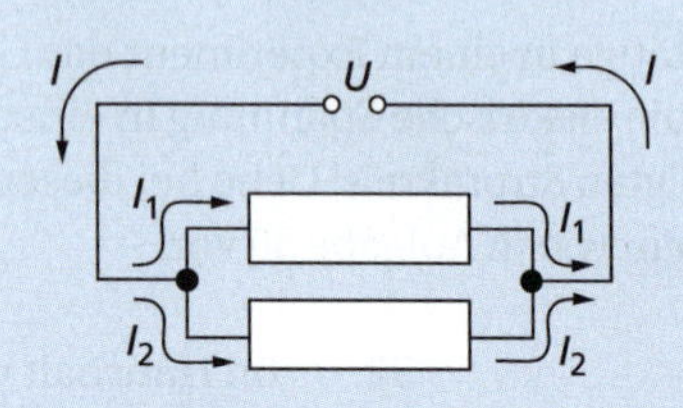

Die Gesamtstromstärke I ist gleich der Summe der Teilstromstärken I_1 und I_2.

$$I = I_1 + I_2$$

5.2 Elektrischer Widerstand und ohmsches Gesetz

Widerstände brennen durch

Die Glühwendel jeder Glühlampe brennt einmal durch. Meistens geschieht das beim Einschalten. Im kalten Zustand ist der elektrische Widerstand des Glühdrahtes erheblich kleiner als bei normalem Betrieb der Lampe. Hersteller geben die Haltbarkeit von Glühlampen mit ca. 1 000 Betriebsstunden an.

Warum brennen Glühlampen nach einer bestimmten Betriebsdauer durch? Warum passiert das meistens beim Einschalten?

Widerstände regeln

Mit Drehknöpfen oder Schiebern kann man an einem Radio die Lautstärke regeln, an einem Bügeleisen die Temperatur und an einer Bohrmaschine die Drehzahl. Mit der Änderung von Widerständen in einem Stromkreis ändern sich auch die Größen Stromstärke und Spannung.

Wie sind regelbare Widerstände aufgebaut? Wie funktionieren sie?

Widerstände schalten

Um zu verhindern, dass Treibstoff in einem Tank überläuft, wird in den Tank eine elektrische Überfüllsicherung eingebaut. Sie stoppt die Treibstoffzufuhr, wenn der Tank fast voll ist. In dieser Füllhöhe ist ein Kaltleiterwiderstand angebracht, dessen elektrischer Widerstand sich mit der Temperatur ändert.

Wie funktionieren Überfüllsicherungen? Welche Eigenschaft von Widerständen wird dabei genutzt?

Zusammenhang zwischen Spannung und Stromstärke – Das ohmsche Gesetz

Je größer die elektrische Spannung in einem Stromkreis ist, desto größer ist der Antrieb des elektrischen Stromes. Damit bewegen sich mehr Elektronen durch den Querschnitt des Leiters. Die elektrische Stromstärke steigt. So leuchtet z. B. eine Glühlampe heller, wenn sie an eine stärkere elektrische Quelle angeschlossen wird.
Der Zusammenhang zwischen Stromstärke und Spannung wurde von dem deutschen Forscher Georg Simon Ohm (Abb. 2) entdeckt und ist im **ohmschen Gesetz** beschrieben.

Für alle metallischen Leiter gilt unter der Bedingung, dass die Temperatur konstant ist:

$$I \sim U$$

Mit der anliegenden Spannung U wächst auch die Stromstärke I. Die Gesetzesaussage $I \sim U$ ist gleichbedeutend mit der Formulierung

$$\frac{U}{I} = \text{konstant.}$$

Stellt man für einen metallischen Leiter bei ϑ = konstant den Zusammenhang zwischen der Stromstärke I und der Spannung U in einem Diagramm dar, so erhält man als Graph eine Gerade (Abb. 1). Das ohmsche Gesetz gilt nur unter der Bedingung, dass die Temperatur konstant ist. Diese Gültigkeitsbedingung für das ohmsche Gesetzt ist nicht immer erfüllt. Verändert sich beispielsweise bei einer Glühlampe (Metallfadenlampe) die Spannung, so ändert sich auch die Stromstärke und die Temperatur des Glühfadens. Es gilt nicht $I \sim U$ (Abb. 3).

2 Georg Simon Ohm (1789–1854) arbeitete zunächst als Lehrer für Mathematik und Physik und war später als Professor für Physik in München tätig.

Der elektrische Widerstand

Bewegen sich die Elektronen im Stromkreis, so stoßen sie mit den Metall-Ionen der elektrischen Leiter zusammen. Dadurch wird die gerichtete Bewegung der Elektronen behindert. Dem elektrischen Strom wird ein Widerstand entgegengesetzt. Die elektrische Spannung verursacht entgegen dem Widerstand einen Stromfluss bestimmter Stromstärke. Der Quotient aus Spannung und Stromstärke ist geeignet, die Größe **elektrischer Widerstand** zu beschreiben.

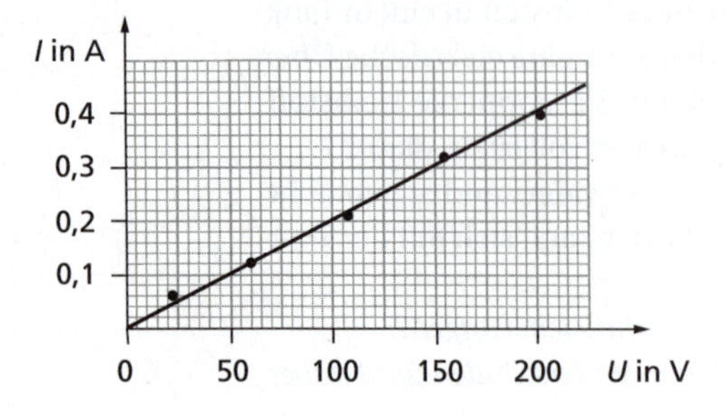

1 Kennlinie eines Konstantandrahtes (ϑ = konstant)

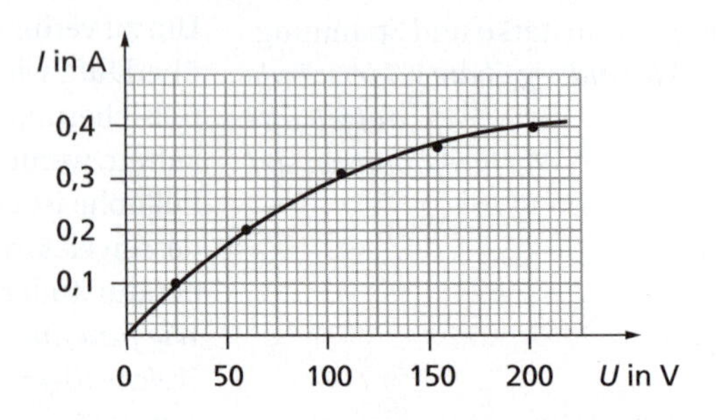

3 Kennlinie einer Metallfadenlampe ($\vartheta \neq$ konstant)

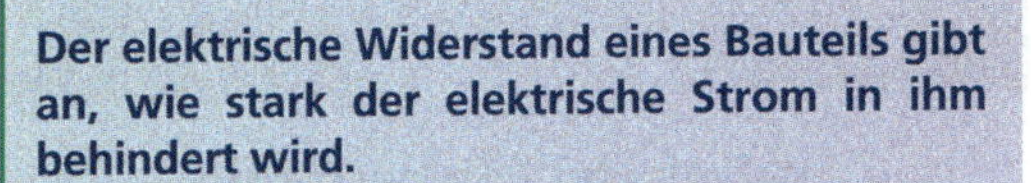

Der elektrische Widerstand eines Bauteils gibt an, wie stark der elektrische Strom in ihm behindert wird.

Formelzeichen: ***R***
Einheit: **1 Ohm (1 Ω)**

Für die Einheit 1 Ohm gilt: $1\,\Omega = \frac{1\,\text{V}}{1\,\text{A}}$

Vielfache der Einheit 1 Ω sind ein Kiloohm (1 kΩ) und ein Megaohm (1 MΩ):

$1\,\text{k}\Omega = 1\,000\,\Omega$

$1\,\text{M}\Omega = 1\,000\,\text{k}\Omega = 1\,000\,000\,\Omega$

Der elektrische Widerstand von Bauteilen oder Geräten kann mithilfe von **Widerstandsmessern** (Ohmmetern) direkt gemessen werden (Abb. 1). Dazu wird in ein Vielfachmessgerät eine elektrische Quelle eingesetzt. Der Nullpunkt der Skala ergibt sich, wenn der Widerstand praktisch null ist. Die Stromstärke und damit der Zeigerausschlag sind dann am größten. Mit Zunahme des Widerstandes nimmt die Stromstärke ab und ist null, wenn der Widerstand sehr groß ist. Jedem Wert der Stromstärke kann so ein Widerstandswert zugeordnet werden.
Der elektrische Widerstand kann aber auch aus der Stromstärke und der Spannung berechnet werden, die man mit Amperemeter und Voltmeter messen kann.

Der elektrische Widerstand eines Bauteils kann berechnet werden mit der Gleichung:

$R = \frac{U}{I}$ ***U*** **elektrische Spannung**
I **elektrische Stromstärke**

Elektrische Widerstände in Natur und Technik	
Verlängerungsschnur	ca. 0,1 Ω
Heizplatte im Herd	15 Ω
Heizung einer Waschmaschine (1000 W)	50 Ω
100-W-Glühlampe	530 Ω
60-W-Glühlampe	880 Ω
Körperwiderstand des Menschen (von Hand zu Hand)	ca. 1 kΩ

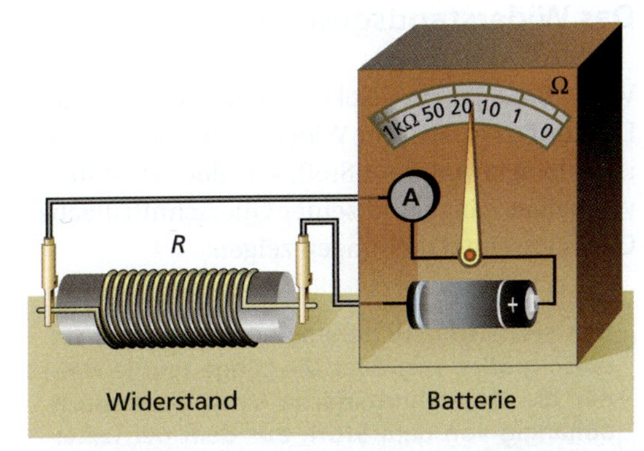

1 Im Ohmmeter wird der unbekannte Widerstand *R* mit einem Strommesser in Reihe an eine Batterie angeschlossen.

Bestimmt man den elektrischen Widerstand von Metalldrähten bei unterschiedlicher Temperatur, dann zeigt sich:

Bei den meisten Metallen erhöht sich mit steigender Temperatur ihr elektrischer Widerstand.

Das kann man auch bei einer Glühlampe feststellen: Bei Vergrößerung der Spannung erhöht sich die Stromstärke und damit die Temperatur der Glühwendel. Damit vergrößert sich ihr elektrischer Widerstand (s. Abb. 3, S. 336). Die Temperaturabhängigkeit des elektrischen Widerstandes hängt vom jeweiligen Stoff ab. Sie muss bei technischen Widerständen (s. S. 338) beachtet werden und wird bei metallischen Widerstandsthermometern genutzt.
Im Teilchenmodell kann man die Vergrößerung des Widerstandes bei Temperaturerhöhung folgendermaßen deuten: Mit Erhöhung der Temperatur bewegen sich die Metall-Ionen im Leiter heftiger. Dadurch wird die gerichtete Bewegung der Elektronen stärker behindert. Der Widerstand wird größer.
Den Technikern ist es gelungen Materialien herzustellen, deren Widerstand weitgehend temperaturunabhängig ist. Ein solches Material ist **Konstantan,** eine Legierung aus Kupfer, Nickel und Mangan.

2 Rohkupfer

Das Widerstandsgesetz

Viele Bauteile in elektrischen Geräten sind Drähte. Der elektrische Widerstand eines Drahtes ist abhängig von dem Stoff, aus dem er besteht, von seiner Länge und seiner Querschnittsfläche. Genauere Untersuchungen zeigen:

Der elektrische Widerstand eines Leiters ist umso größer, je größer die Länge und je kleiner die Querschnittsfläche sind. Er ist auch abhängig von dem Stoff, aus dem der Leiter besteht.

Die Abhängigkeit des Widerstandes vom Stoff wird durch den **spezifischen elektrischen Widerstand** beschrieben. Dieser gibt an, wie groß der Widerstand eines Drahtes aus diesem Stoff ist, der 1 m lang ist und eine Querschnittsfläche von 1 mm² besitzt (Abb. 1). Der spezifische elektrische Widerstand ist eine Materialkonstante.
Alle Abhängigkeiten des elektrischen Widerstandes eines Drahtes sind im **Widerstandsgesetz** zusammengefasst.

Der elektrische Widerstand eines Leiters kann berechnet werden mit der Gleichung:

$R = \rho \cdot \frac{l}{A}$

- ρ **spezifischer elektrischer Widerstand**
- l **Länge des Leiters**
- A **Querschnittsfläche des Leiters**

Stoff	Widerstand
Silber	0,016 Ω
Kupfer	0,017 Ω
Aluminium	0,028 Ω
Wolfram	0,053 Ω
Eisen	0,10 Ω
Stahl	0,15 Ω
Konstantan	0,5 Ω

1 Elektrische Widerstände verschiedener Stoffe bei einer Länge von 1 m und 1 mm² Querschnittsfläche

Mosaik

Technische Widerstände

Die Bezeichnung „Widerstand" wird sowohl für die physikalische Größe als auch für elektrische Bauelemente benutzt.
In elektrischen Geräten befinden sich Widerstände unterschiedlicher Bauformen. **Festwiderstände** haben einen unveränderlichen, „festen" Widerstand (Abb. 2a und 3).
Bei **regelbaren Widerständen** (Abb. 2b und 4) werden mit einem Gleit- oder Drehkontakt unterschiedliche Längen eines Widerstandsdrahtes eingestellt, der vom elektrischen Strom durchflossen wird ($R \sim l$).

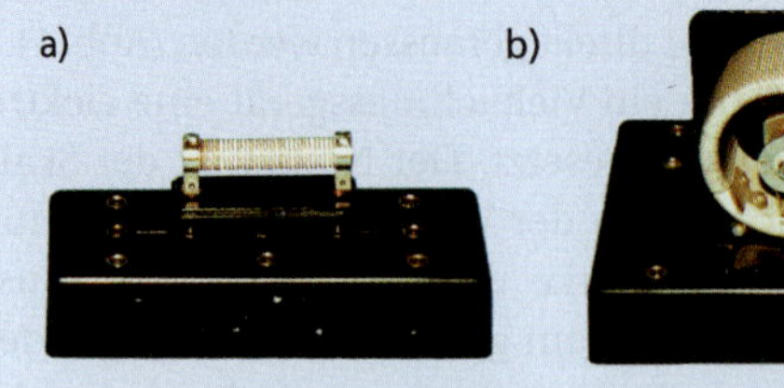

2 Drahtwiderstände: Auf Keramikzylinder werden lange, isolierte Metalldrähte gewickelt.

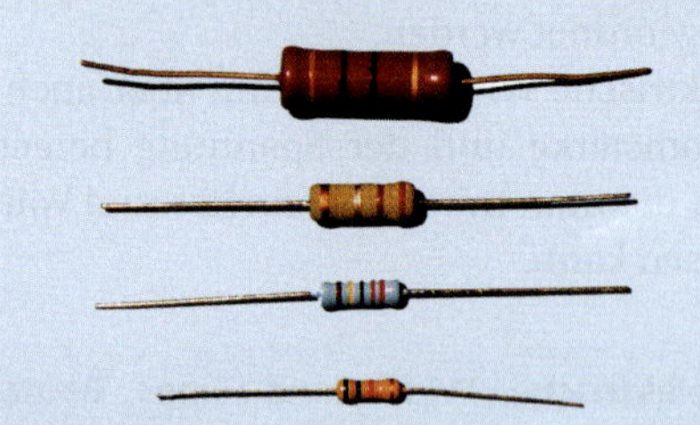

3 Schichtwiderstände: Auf Keramikröhrchen werden dünne Kohle- oder Metallschichten aufgedampft. Aus den farbigen Ringen kann der Widerstand über einen Code abgelesen werden.

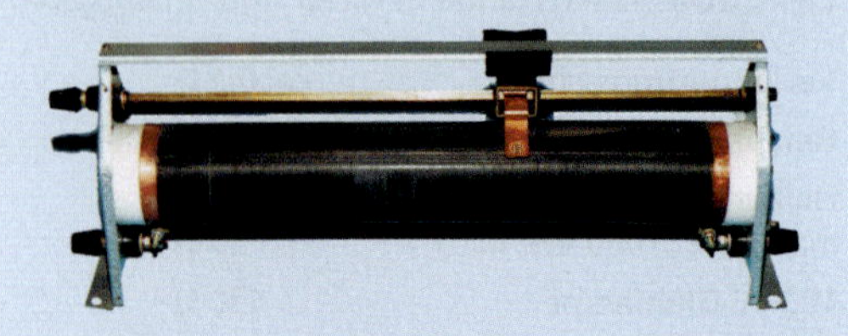

4 Gleitwiderstand: Mit einem Schieber wird die Länge des Drahtes im Stromkreis verändert.

Der elektrische Widerstand in unverzweigten und verzweigten Stromkreisen

Durch Reihen- und Parallelschaltung von Bauteilen ändert sich der Gesamtwiderstand in Stromkreisen. Dadurch leuchten z. B. gleiche Glühlampen unterschiedlich hell (Abb. 1 und 2).
Schaltet man zwei Bauteile in Reihe in den Stromkreis, so gilt für den elektrischen Widerstand das folgende Gesetz:

Bei Reihenschaltung zweier Bauteile beträgt der Gesamtwiderstand:

$$R = R_1 + R_2$$

Der Gesamtwiderstand ist also in diesem Falle immer größer als der größte Teilwiderstand.
Anders ist das bei einer Parallelschaltung von zwei Bauteilen. In diesem Fall addieren sich die Widerstände der einzelnen Bauteile nicht, sondern es gilt:

Bei Parallelschaltung zweier Bauteile ist der Gesamtwiderstand immer kleiner als der kleinste der Teilwiderstände:

$$\frac{1}{R} = \frac{1}{R_1} + \frac{1}{R_2}$$

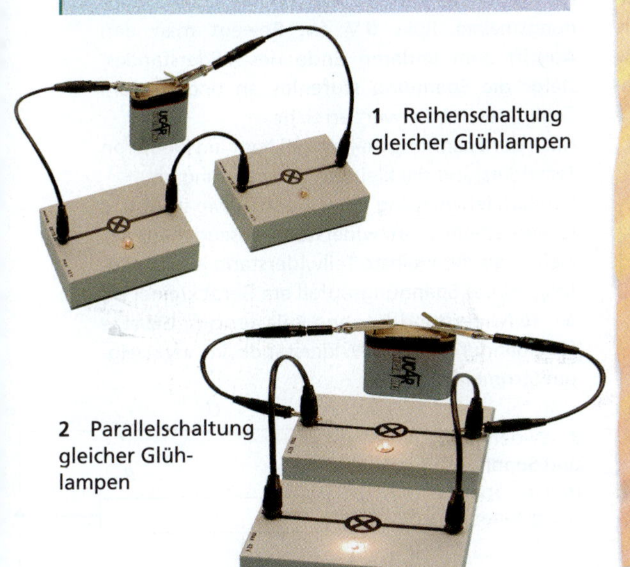

1 Reihenschaltung gleicher Glühlampen

2 Parallelschaltung gleicher Glühlampen

Theoretisches Herleiten von Gleichungen in der Physik

Da viele Gesetzesaussagen in der Physik als Gleichungen formuliert werden, kann man mathematische Mittel nutzen, um neue Erkenntnisse zu gewinnen.
Dabei werden vor allem die Regeln für das äquivalente Umformen von Gleichungen angewendet, um neue Gleichungen abzuleiten. Dies wird u. a. beim Lösen physikalisch-mathematischer Aufgaben für konkrete Anwendungen genutzt.

Aus bekannten Gesetzen kann man auf diesem Wege auch neue Gesetze herleiten, z. B. das Gesetz für den Gesamtwiderstand in unverzweigten Stromkreisen.

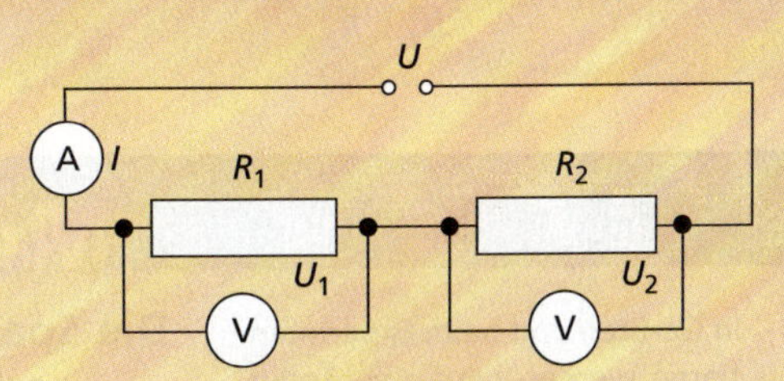

3 Spannungen, Stromstärken und Widerstände im unverzweigten Stromkreis

Bei der **Reihenschaltung von Widerständen** (Abb. 3) gilt:

(1) $U = U_1 + U_2$ und

(2) $I = I_1 = I_2$

Dividiert man die Gleichung (1) durch die konstante Stromstärke I, erhält man:

(3) $\frac{U}{I} = \frac{U_1}{I} + \frac{U_2}{I}$

Mit $R = \frac{U}{I}$ folgt daraus das Gesetz:

(4) $R = R_1 + R_2$

Theoretisch hergeleitete Gesetze müssen durch die Praxis bestätigt werden.
Dazu nutzt man Messungen in Experimenten, um theoretisch ermittelte Erkenntnisse experimentell zu bestätigen oder zu widerlegen.

Widerstände und Spannungen im unverzweigten Stromkreis

Bei einer Reihenschaltung von zwei Widerständen liegt an jedem der Widerstände eine Teilspannung an (Abb. 1). Der Wert der Teilspannung ist vom Wert des jeweiligen Widerstandes abhängig. Der Zusammenhang zwischen den Spannungen und den Widerständen wird als **Spannungsteilerregel** bezeichnet. Für zwei in Reihe geschaltete Widerstände lautet sie:

Bei einer Reihenschaltung von zwei Widerständen verhalten sich die an ihnen anliegenden Teilspannungen wie die entsprechenden elektrischen Widerstände:

$$\frac{U_1}{U_2} = \frac{R_1}{R_2}$$

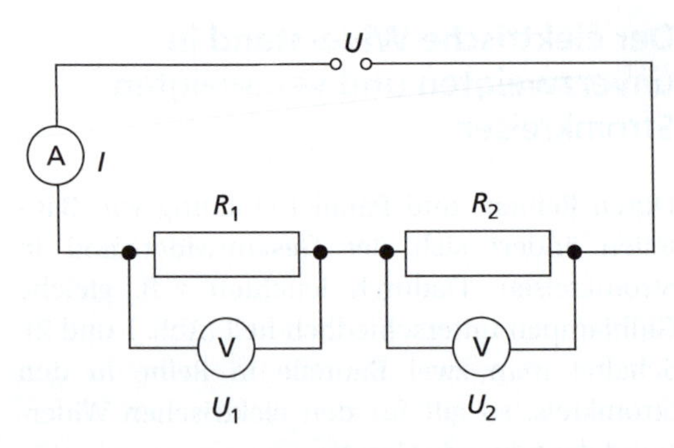

1 Widerstände und Spannungen bei einer Reihenschaltung von zwei Bauteilen

Damit lassen sich mithilfe von Festwiderständen oder regelbaren Widerständen in Stromkreisen unterschiedliche Teilspannungen erzeugen. In der Praxis wird häufig eine **Spannungsteilerschaltung** genutzt. Sie wird auch als **Potenziometerschaltung** bezeichnet (s. unten).

Mosaik

Die Spannungsteilerschaltung

In Geräten und beim Experimentieren werden häufig veränderbare Spannungen benötigt. Dies ist z. B. in einer Dimmerschaltung der Fall, mit der man die Helligkeit einer Stehlampe stufenlos regeln kann.
Dazu verwendet man Spannungsteiler, mit deren Hilfe man einer Quelle mit der Spannung U jede kleinere Teilspannung entnehmen kann. Diese Schaltung wird als **Spannungsteilerschaltung** (Potenziometerschaltung) bezeichnet (Abb. 2).

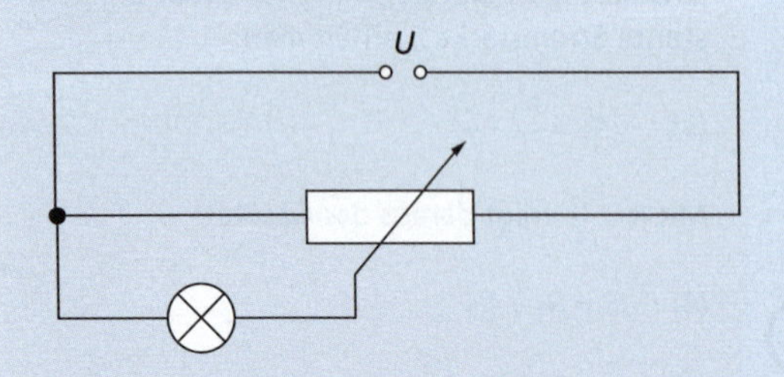

2 Spannungsteilerschaltung

Ein Spannungsteiler ist ein regelbarer Widerstand mit drei Anschlüssen. Einer der Anschlüsse ist mit einem verstellbaren Abgriff verbunden, der den Widerstand R in die beiden Teilwiderstände R_1 und R_2 „teilt" (Abb. 3). Wie groß die Widerstände R_1 und R_2 sind, hängt von der Stellung des Abgriffs ab. Befindet er sich z. B. am linken Rand eines Gleitwiderstandes (Abb. 3), zeigt der Spannungsmesser links 0 V an. Bewegt man den Abgriff zum anderen Ende des Widerstandes, steigt die Spannung stufenlos an und hat am Ende ihren Höchstwert erreicht.
Nach der Spannungsteilerregel liegt am kleineren Teilwiderstand die kleinere Teilspannung an.
Bei Parallelschaltung eines Gerätes wie in Abb. 2 ist von einem Ersatzwiderstand auszugehen, der kleiner als der kleinste Teilwiderstand ist. Demzufolge ist der Spannungsabfall am Gerät kleiner als am Teilwiderstand R_1 ohne Belastung (s. Gesetze für Spannungen und Widerstände im verzweigten Stromkreis).

3 Widerstände und Spannungen am Spannungsteiler

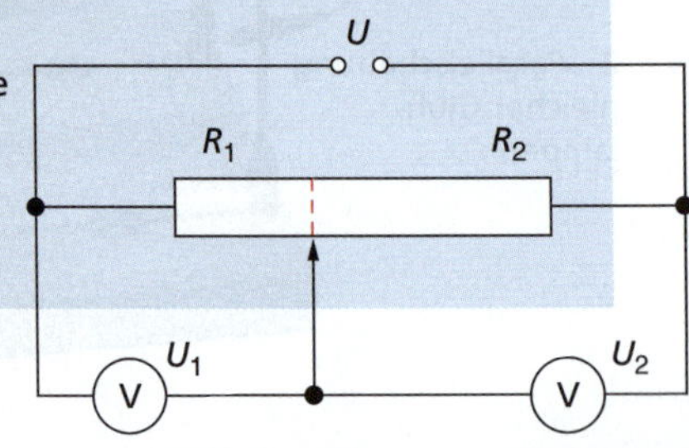

Physik in Natur und Technik

Die Glühlampe und ihr Widerstand

In Glühlampen befindet sich eine Wendel (s. Foto), die vom elektrischen Strom durchflossen wird. Je nach der angelegten Spannung ändert sich die Stromstärke. Die Glühlampe leuchtet verschieden hell.
Der Stromfluss durch die Glühlampe ändert die Temperatur der Wendel und damit ihren elektrischen Widerstand. Im normalen Betrieb erreichen Wendeln aus Wolfram Temperaturen bis zu 2 500 °C. Das Element Wolfram hat eine Schmelztemperatur von 3 380 °C.
Wie groß ist der elektrische Widerstand der Wendel einer 40-W-Glühlampe bei Zimmertemperatur und bei Betriebstemperatur?
Was kann man daraus über die Stromstärke beim Einschalten der Glühlampe ableiten?

Vorbereitung:
Um den elektrischen Widerstand der Wendel zu bestimmen, müssen Spannung und Stromstärke gemessen werden, denn es gilt $R = U/I$. Bei jeder einzelnen Messung wird die Temperatur der Wendel als konstant angenommen.
Die Messung bei Zimmertemperatur kann durchgeführt werden, wenn man die Stromstärke so klein hält, dass sich die Wendel nicht oder nur geringfügig erwärmt. Dazu schaltet man die Lampe an eine elektrische Quelle mit geringer Spannung, z. B. etwa 2 V.
Um die Betriebsspannung zu erreichen, wird die Lampe an eine Quelle von 230 V angeschlossen. Der Strom, der nun durch die Lampe fließt, ist wegen der etwa 100-mal so großen Spannung ebenfalls größer. Dadurch erwärmt sich die Wendel bis zur Betriebstemperatur.
Die Messwertetabelle wird so entworfen, dass die gemessenen Spannungen und Stromstärken erfasst werden können. Die letzte Spalte dient der Berechnung des Widerstandes.
Das Experiment wird nach folgendem Schaltplan aufgebaut:

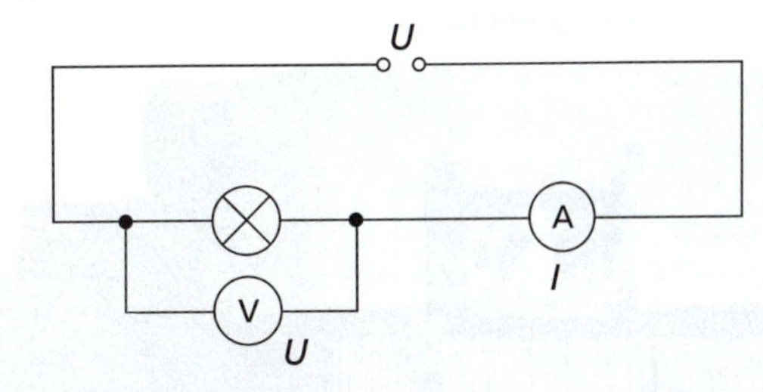

Durchführung:
Bei den jeweiligen Bedingungen werden Spannung und Stromstärke gemessen. Die Messwerte der beiden Messungen werden in die Messwertetabelle eingetragen.

Auswertung:

Bedingung	U in V	I in mA	R in Ω
Zimmertemperatur	1,8	18	100
Betriebstemperatur	225	175	1 290

Aus Spannung und Stromstärke wird mithilfe der Gleichung $R = U/I$ jeweils der Widerstand berechnet, wobei die Einheiten zu beachten sind. Die Antworten auf die eingangs gestellten Fragen lauten: Bei Zimmertemperatur beträgt der elektrische Widerstand der Wendel einer 40-W-Glühlampe 100 Ω, bei Betriebstemperatur dagegen 1 290 Ω.
Daraus folgt: Die Stromstärke ist im Moment des Einschaltens wesentlich größer als im Betriebszustand, da bei U = konstant $I \sim 1/R$. Das ist die Ursache dafür, dass Glühlampen meist beim Einschalten kaputtgehen. Dünne Stellen der Wendel „brennen durch“.

Kleine Lampen an große Spannungen

In Diaprojektoren werden kleine Halogenlampen als Lichtquellen verwendet. Sie geben bei einer Stromstärke von ca. 6,3 A sehr helles Licht ab. Ihre Betriebsspannung beträgt jedoch nur 24 V. Angeschlossen wird ein solcher Diaprojektor aber an die Netzspannung von 230 V.

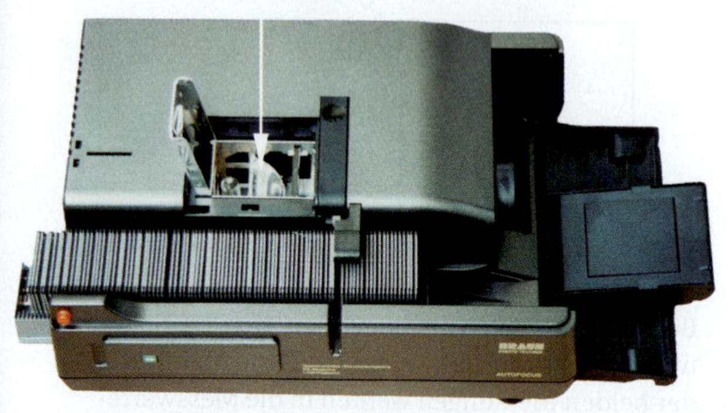

1 Diaprojektor mit Halogenlampe

Eine Halogenlampe hat eine Betriebsspannung von 24 V. Wie kann man sie trotzdem an eine Netzspannung von 230 V anschließen?

Analyse:
Grundsätzlich ist in einem Stromkreis immer das Zusammenwirken der drei physikalischen Größen Spannung, Stromstärke und Widerstand zu untersuchen. Bei der Halogenlampe ist zu klären, welches Gesetz eine Aussage über unterschiedliche Spannungen im Stromkreis ermöglicht: Es kann nur um eine Reihenschaltung gehen, in der die Summe aus der Spannung U_L an der Halogenlampe und an einem Vorwiderstand U_{vor} die Netzspannung U ergibt ($U = U_L + U_{vor}$). Der elektrische Widerstand des Vorwiderstandes muss so gewählt werden, dass an der Halogenlampe nur 24 V anliegen.
In Bezug auf die Stromstärken ist zu fragen, wie groß sie sein dürfen, ohne die Bauelemente zu zerstören. Da die Halogenlampe erst bei einem Strom der Stärke 6,3 A ihre volle Helligkeit erreicht, darf der Vorwiderstand bei dieser Stromstärke nicht „durchschmoren".

Zur Lösung des Problems hilft folgender Schaltplan:

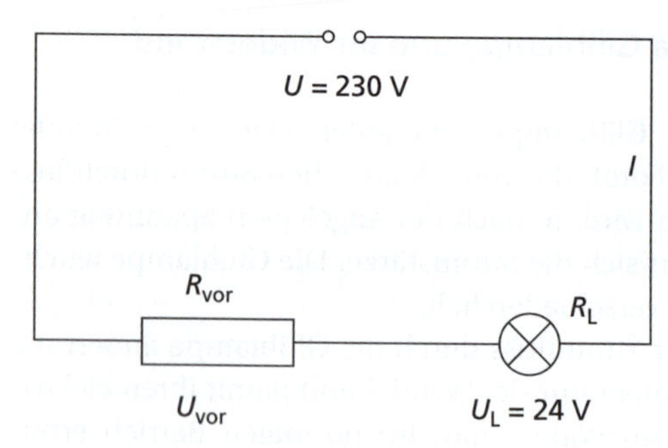

Gesucht: R_{vor}

Gegeben: $U = 230\ V$
$U_L = 24\ V$
$I = 6{,}3\ A$

Lösung:
Der Vorwiderstand kann nach folgender Gleichung berechnet werden:

$$R_{vor} = \frac{U_{vor}}{I}$$

U_{vor} ist nicht bekannt, kann aber mit dem Gesetz für Spannungen im unverzweigten Stromkreis berechnet werden:

$$U = U_{vor} + U_L \quad | - U_L$$
$$U_{vor} = U - U_L$$
$$U_{vor} = 230\ V - 24\ V$$
$$U_{vor} = 206\ V$$

Damit lässt sich R_{vor} berechnen:

$$R_{vor} = \frac{U_{vor}}{I}$$
$$R_{vor} = \frac{206\ V}{6{,}3\ A}$$
$$\underline{R_{vor} = 32{,}7\ \Omega}$$

Ergebnis:
Schaltet man die Halogenlampe (Betriebsspannung 24 V) mit einem Vorwiderstand von etwa 33 Ω in Reihe, so kann man sie an 230 V Netzspannung anschließen.

gewusst · gekonnt

1. Was bedeutet der Begriff elektrischer Widerstand? Beschreibe die Bewegung der Elektronen in einem Metalldraht!

2. Begründe mit dem Modell der Elektronenleitung in einem elektrischen Leiter, warum ein langes Stück eines Eisendrahts einen größeren Widerstand hat als ein kurzes Stück!

3. Erkläre, warum man an den schlechteren von zwei metallischen Leitern eine höhere Spannung anlegen muss, damit durch beide ein gleich großer Strom fließt!

4. Erläutere am Beispiel der Fahrradbeleuchtung mit einem Dynamo den Zusammenhang zwischen der elektrischen Spannung und der Stromstärke im Stromkreis!

5. Untersuche experimentell den Zusammenhang zwischen Spannung und Stromstärke an einem technischen Widerstand!
Vorbereitung:
Zeichne einen Schaltplan für den experimentellen Aufbau!
Durchführung:
Baue die Schaltung nach dem Schaltplan auf! Nimm 5 Messwertepaare für Spannung und Stromstärke auf und trage die Ergebnisse in eine Tabelle ein!
Auswertung:
Stelle die Messwertepaare in einem *I-U*-Diagramm grafisch dar! Welcher Zusammenhang besteht zwischen Spannung und Stromstärke? Überprüfe den Zusammenhang rechnerisch!

6. In einem Stromkreis befindet sich ein elektrischer Leiter. Wie ändert sich der Strom, der durch den Leiter fließt, wenn die Spannung der elektrischen Quelle verdoppelt wird?

7. Wie ändert sich die Stromstärke, wenn in einem Stromkreis die Spannung der elektrischen Quelle und der Widerstand eines Leiters verdreifacht werden?

8. In einem Experiment wurden für ein elektrisches Bauelement folgende Messwertepaare aufgenommen:

U in V	1	2	3	4	5	6
I in A	0,15	0,22	0,29	0,34	0,36	0,37

a) Stelle die Messwertepaare grafisch dar!
b) Gilt für dieses Bauelement das ohmsche Gesetz? Begründe!
c) Um was für ein elektrisches Bauelement könnte es sich handeln?

9. Gib folgende Widerstände in den angegebenen Einheiten an:
a) 600 Ω und 2 750 Ω in kΩ,
b) 140 kΩ und 87 kΩ in Ω und in MΩ,
c) 3,8 MΩ und 0,056 MΩ in kΩ und in Ω!

10. Ein Konstantandraht hat einen Widerstand von 50 Ω. Welche Spannung muss an den Draht angelegt werden, damit in ihm ein Strom der Stärke a) 1 A, b) 2 A, c) 4 A, d) 5 A und e) 0,5 A fließt?

11. Eine kleine Glühlampe hat bei ihrer Betriebsspannung von 6 V einen elektrischen Widerstand von 12 Ω.
Wie groß ist in diesem Fall die elektrische Stromstärke?

12. Bestimme experimentell den Widerstand einer 6-V-Glühlampe im kalten Zustand und im Betriebszustand!

13. Eine 60-W-Glühlampe hat im kalten Zustand bei 10 V einen Widerstand von 50 Ω, bei einer Betriebsspannung von 230 V jedoch einen Widerstand von 880 Ω.
a) Berechne für beide Fälle die elektrische Stromstärke!
b) Warum brennen Glühlampen meistens beim Einschalten durch?

14. Deute die unterschiedlichen Widerstände einer Glühlampe bei verschiedenen Temperaturen mit dem Teilchenaufbau der Stoffe und dem Modell der Elektronenleitung!

15. Bei einem Kurzschluss werden die beiden Pole einer elektrischen Quelle ohne Verbraucher leitend miteinander verbunden. Lediglich die Quelle selbst setzt dem Stromfluss einen elektrischen Widerstand entgegen. Bei einem 6-V-Akkumulator beträgt dieser Widerstand 0,05 Ω.
Wie groß ist die Stromstärke, wenn man die beiden Anschlüsse des Akkumulators kurzschließt?

16. In Sprachkapseln älterer Telefone wurden Kohlekörnermikrofone verwendet (s. Abb.).

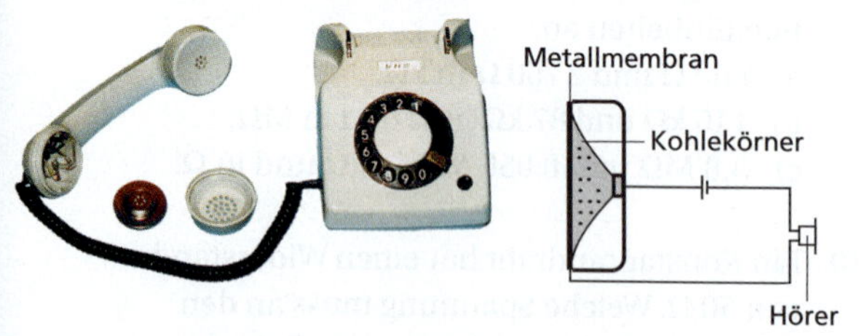

Durch Schallschwingungen (z. B. Sprache) werden unterschiedliche Druckkräfte auf die Kohlekörner ausgeübt. Durch Zusammendrücken der Körner ändert sich ihr elektrischer Widerstand.
Wie ändert sich die elektrische Stromstärke, wenn die Spannung konstant bleibt?

17. Der menschliche Körper ist sehr empfindlich für elektrischen Strom. Aufgrund von Untersuchungen wird empfohlen, Ströme bereits ab einer Stärke von 10 mA zu meiden.
Der Körperwiderstand des Menschen von Hand zu Hand beträgt bei trockener Haut bis 30 kΩ, bei feuchter Haut ca. 1 kΩ.

a) Wie groß dürfen die Spannungen höchstens sein, um Gefährdungen des Menschen auszuschließen?
b) Welche Konsequenzen ergeben sich daraus für den Umgang mit Netzspannung und anderen hohen Spannungen?

18. Auf S. 336 ist die *I-U*-Kennlinie einer Metallfadenlampe dargestellt.
Wie groß ist ihr Widerstand bei 50 V und bei 200 V? Erkläre den Unterschied der beiden Werte!

19. Für ein elektronisches Bauelement wurde die nachfolgend dargestellte *I-U*-Kennlinie aufgenommen.

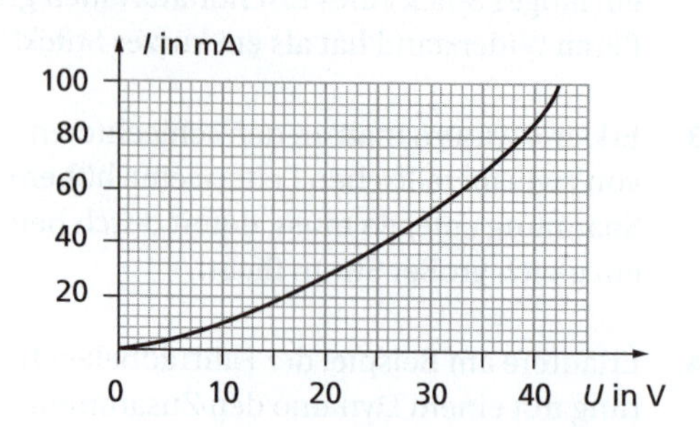

a) Interpretiere diese Kennlinie! Nutze die Hinweise zum Interpretieren auf S. 131!
b) Bestimme den elektrischen Widerstand des Bauelements für 15 V und für 30 V!
c) Kann das Bauelement ein metallischer Leiter sein? Begründe!

20. Die Skizze zeigt den Aufbau eines Widerstandsthermometers.

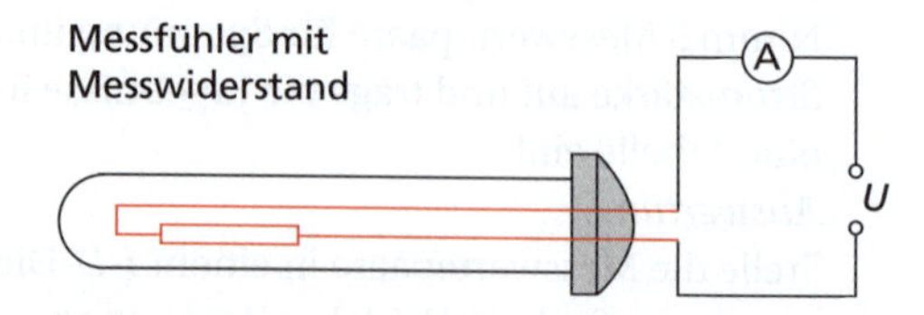

Beschreibe den Aufbau und erkläre seine Wirkungsweise!

21. Bei Halogenlampen, die in Taschenlampen verwendet werden, findet man die Angabe 2,8 V/0,85 A. Wie groß ist der elektrische Widerstand einer solchen Halogenlampe?

22. Warum verwendet man zum Nachweis des ohmschen Gesetzes z. B. einen Draht aus Konstantan und nicht aus Eisen?

23. Warum bestehen elektrische Leitungen häufig aus Aluminium oder Kupfer?

24. Der abgebildete regelbare Widerstand hat einen elektrischen Widerstand von 800 Ω. Der Durchmesser des Widerstandsdrahtes aus Stahl beträgt 1 mm.

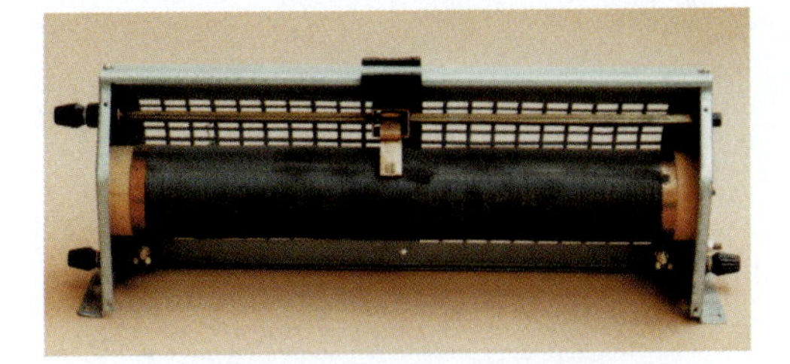

a) Wie lang ist der aufgewickelte Draht?
b) Wie groß ist der elektrische Widerstand, wenn der Strom nur durch $^1/_4$ des Drahtes fließt?
c) Wie groß ist die Stromstärke im Widerstand, wenn der Strom durch den halben Widerstand fließt und die anliegende Spannung 20 V beträgt?

25. Der Widerstand der Verbindungsleitungen, die du beim Experimentieren benutzt, ist sehr klein im Vergleich zu den Widerständen der Bauteile und Geräte im Stromkreis. Begründe, warum das sein muss!

26. Elektrische Kabel bestehen aus Aluminium oder Kupfer (s. Abb.). Um das Wievielfache ist der elektrische Widerstand eines Kabels aus Aluminium etwa größer als der eines gleichlangen und gleichdicken Kabels aus Kupfer? Runde sinnvoll!

27. Du findest im Keller eine Rolle mit isoliertem Kupferdraht und willst ermitteln, wie viele Meter Draht auf der Rolle sind. Die beiden Enden des Drahtes sind zugänglich.
Gib Möglichkeiten an, wie man die Länge des Drahtes bestimmen kann!

28. Seit 1989 erfolgte eine Umstellung der im Haushalt verwendeten Netzspannung von 220 V auf 230 V. Von diesen 230 V darf die Spannung maximal um 6 % nach oben und um 10 % nach unten abweichen.
a) Berechne die Spannungen, die maximal bzw. minimal im Netz auftreten dürfen!
b) Wie groß ist in einer 60-W-Glühlampe die Stromstärke bei normaler, bei der höchsten und bei der niedrigsten Spannung? Die Glühlampe hat im gesamten Bereich einen Widerstand von 880 Ω.

29. Manche elektronischen Geräte haben eine geringere Betriebsspannung als die zur Verfügung stehende elektrische Quelle. Was ist zu tun, um solche Geräte dennoch anschließen zu können? Begründe!

30. Der Messbereich eines Spannungsmessers beträgt 10 V.
Berechne die Größe des erforderlichen Vorwiderstandes, wenn der Messbereich auf 100 V erweitert werden soll! Der Innenwiderstand des Messwerkes des Spannungsmessers beträgt 10 kΩ.

31. Bereite einen Schülervortrag mit dem Thema „Leben und Leistungen von GEORG SIMON OHM" vor! Nutze dazu neben Nachschlagewerken auch die Adresse **www.schuelerlexikon.de** im Internet!

32. Zwei Widerstände mit 50 Ω und mit 200 Ω sind mit einer elektrischen Quelle in Reihe geschaltet.
a) Zeichne den Schaltplan!
b) Am Widerstand mit 50 Ω liegt eine Spannung von 12 V an. Wie groß ist die am anderen Widerstand anliegende Spannung?
c) Welche Spannung hat die Quelle? Begründe!
d) Wie groß ist die Stromstärke, die durch die Widerstände fließt?

Elektrischer Widerstand und ohmsches Gesetz

Der elektrische Widerstand		
eines Bauteils gibt an, wie stark der elektrische Strom in ihm behindert wird.	**Einheiten:** 1 Ω, 1 kΩ, 1 MΩ 1 kΩ = 1 000 Ω 1 MΩ = 1 000 kΩ	**Messgeräte** für den Widerstand sind Widerstandsmesser (Ohmmeter).

Für metallische Leiter gilt bei ϑ = konstant das **ohmsche Gesetz**, das sich in folgenden Formen darstellen lässt:

$$I \sim U \qquad \frac{U}{I} = \text{konstant}$$

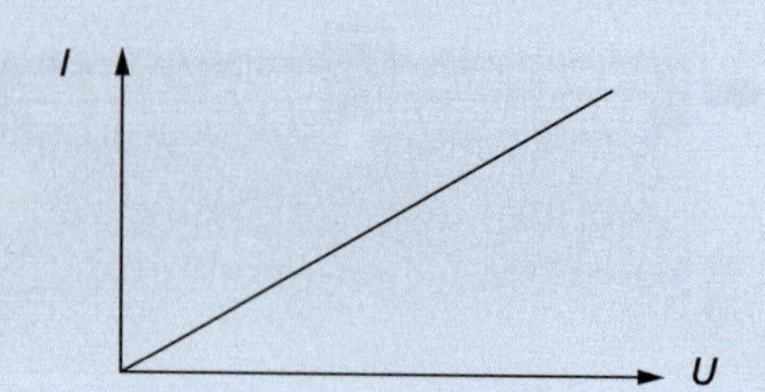

Der elektrische Widerstand eines Bauteils kann berechnet werden mit der Gleichung:

$$R = \frac{U}{I}$$

Dabei bedeuten U die am Bauteil anliegende Spannung und I die Stromstärke durch das Bauteil. Auch diese Gleichung wird häufig als **ohmsches Gesetz** bezeichnet.

Der **elektrische Widerstand** eines metallischen Leiters ist abhängig von der Länge des Leiters, seiner Querschnittsfläche und dem Stoff, aus dem er besteht.

Er ist umso größer,
- je länger der Leiter ist und
- je kleiner die Querschnittsfläche des Leiters ist.

Die Zusammenhänge zwischen den Größen sind im **Widerstandsgesetz** erfasst. Es lautet:

$$R = \rho \cdot \frac{l}{A}$$

ρ spezifischer elektrischer Widerstand
l Länge des Leiters
A Querschnittsfläche des Leiters

Reihenschaltung von Bauteilen
(unverzweigter Stromkreis)

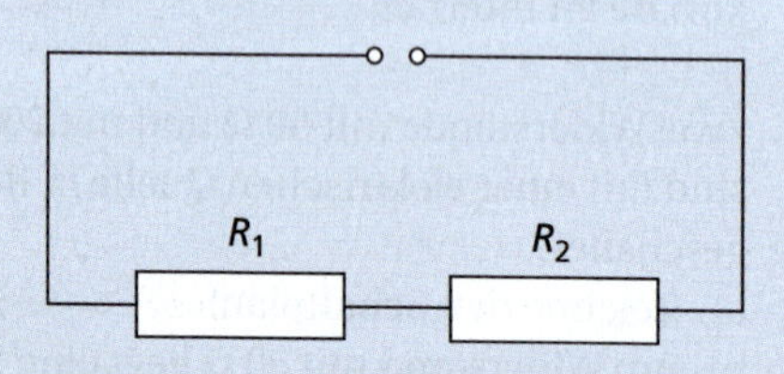

Der Gesamtwiderstand ist gleich der Summe der Teilwiderstände.

$$R = R_1 + R_2$$

Parallelschaltung von Bauteilen
(verzweigter Stromkreis)

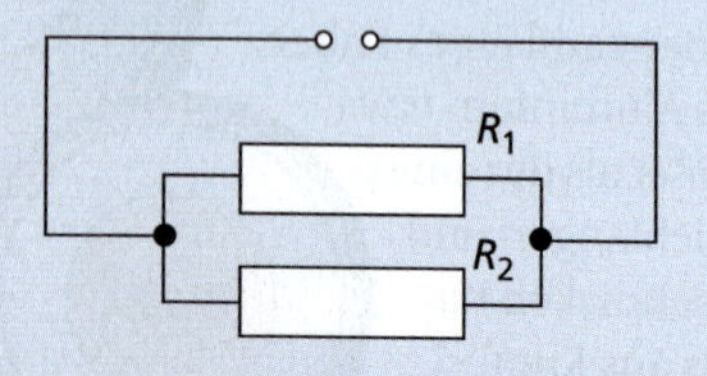

Der Gesamtwiderstand ist kleiner als der kleinste der Teilwiderstände.

$$R = \frac{R_1 \cdot R_2}{R_1 + R_2}$$

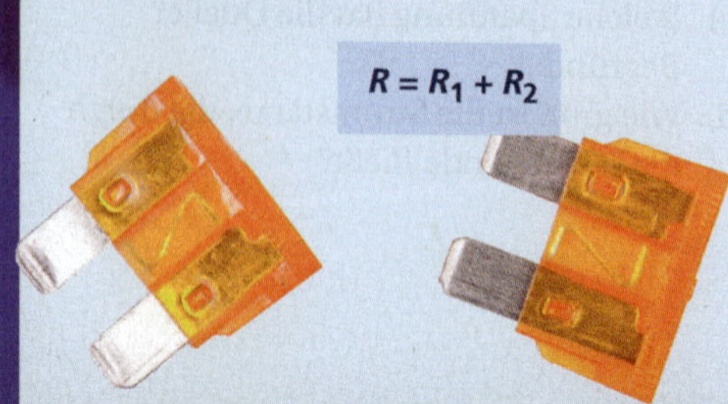

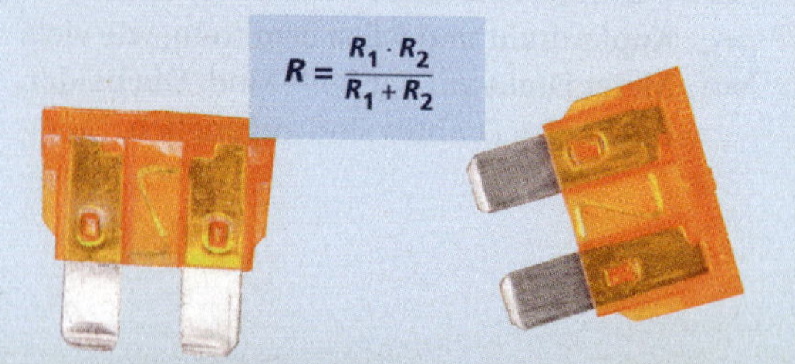

5.3 Elektrische Energie, Arbeit und Leistung

Maschinen leisten viel

Für ein Loch durch die Wand „per Hand" wäre ein sehr großer Aufwand nötig. Mit einer Bohrmaschine ist das kein Problem. Entscheidend ist, dass diese Bohrmaschine eine genügend große Leistung besitzt.

Warum ist ein Loch durch die Wand mit einer Bohrmaschine großer Leistung (1000 W) einfacher und schneller auszuführen als mit einer Maschine kleiner Leistung?

Lampen leisten Unterschiedliches

Auf einem Lämpchen steht 6 V/0,2 A. Als es versehentlich an eine Blockbatterie von 9 V angeschlossen wird, leuchtet es kurz hell auf und brennt dann durch. Eine 60-Watt-Lampe schrauben wir dagegen in eine Leselampe, die an 230 V angeschlossen ist. Sie leuchtet angenehm hell.

Was bedeuten diese Zahlenangaben? Lassen sich aus ihnen Schlüsse für die Verwendung von elektrischen Bauteilen und Geräten ziehen?

Überall Elektroenergie

Elektrische Energie ist die wichtigste Energieform nicht nur für die Wirtschaft, sondern auch für alle Bereiche unseres Lebens. Viele Geräte, die wir ständig verwenden, benötigen elektrische Energie. Kein Wunder, wenn ihr jährlicher Verbrauch in den Haushalten ständig ansteigt. Elektroenergie wird in Hochspannungsleitungen über weite Strecken und Ländergrenzen hinweg bis zum Verbraucher übertragen.

Was ist das Besondere an der Elektroenergie? Was macht ihre große Bedeutung aus?

Elektrische Energie

Im Alltag spricht man oft über Energie: Sie wird verbraucht, gewonnen, umgewandelt, verwertet, gespeichert, kostet viel, wird immer weniger, muss erhalten bleiben.
Überall nutzen wir die verschiedensten Formen der Energie. Wie wichtig gerade die elektrische Energie für uns ist, bemerken wir schon, wenn z. B. wegen Bauarbeiten für einige Stunden die Versorgung unterbrochen werden muss oder durch schwere Unwetter Beschädigungen im Netz auftreten. Computer, Kühlschrank und Radio funktionieren nicht mehr. Die Gasheizung springt nicht an. Der Bildschirm des Fernsehapparates bleibt dunkel. Straßenbahnen und Züge können nicht mehr fahren. Elektrische Energie wird deshalb häufig als wichtigste Energieform bezeichnet. Sie hat den Vorteil, dass sie sich gut in andere Energieformen umwandeln lässt.
Die Geräte, Maschinen und Anlagen funktionieren nur, wenn man ihnen elektrische Energie zuführt. Das geschieht in den Stromkreisen, in die sie geschaltet werden. Die elektrische Energie betreibt automatische Produktionsanlagen in der Industrie (Abb. 1) ebenso wie Geräte im Haushalt. Anlagen oder Haushaltsgeräte sind „Verbraucher“ der elektrischen Energie. Letztlich wandeln sie aber nur die elektrische Energie in andere Energieformen um. Die elektrische Energie versetzt die „Verbraucher“ in die Lage, Licht auszusenden, Wärme abzugeben oder mechanische Arbeit zu verrichten (Abb. 2).

1 Automatische Anlagen arbeiten mit elektrischer Energie. Sie steigern die Effektivität von Produktionsprozessen.

Elektrische Energie ist die Fähigkeit des elektrischen Stromes, mechanische Arbeit zu verrichten, Wärme abzugeben oder Licht auszusenden.

Formelzeichen: ***E***
Einheiten: **1 Joule (1 J)**
1 Wattsekunde (1 Ws)

Für die Einheiten gilt: 1 Ws = 1 J
1 Ws = 1 V · 1 A · 1 s

Vielfaches der Einheit 1 Ws ist eine Kilowattstunde (1 kWh): 1 kWh = 3 600 000 Ws
Benannt ist diese Einheit nach dem englischen Physiker JAMES PRESCOTT JOULE (1818–1889), der wichtige Untersuchungen zu Energieumwandlungen durchgeführt hat und zu den Entdeckern des Energieerhaltungssatzes gehört.

2a Ein ans Netz geschalteter Kronleuchter lässt einen Raum hell erstrahlen, da er viel Licht aussendet.

2b In einem Elektroherd gibt die elektrische Energie über Heizspiralen genügend Wärme zum Kochen und Backen ab.

2c Die elektrische Energie versetzt einen Mixer in die Lage, mechanische Arbeit zu verrichten, z. B. Teig zu kneten.

Elektrische Energie – elektrische Arbeit

Mithilfe von Elektromotoren werden Lasten gehoben und Transportbänder bewegt. Alle diese Maschinen mit Elektromotoren wandeln elektrische Energie in mechanische Energie um. Dabei wird **elektrische Arbeit** verrichtet.

> **Die elektrische Arbeit gibt an, wie viel elektrische Energie in andere Energieformen umgewandelt wird.**
>
> **Formelzeichen:** W
> **Einheiten:** **1 Wattsekunde (1 Ws)**
> **1 Kilowattstunde (1 kWh)**

Die bei diesen Vorgängen umgewandelte Energie und damit die elektrische Arbeit ist abhängig von der anliegenden Spannung, der Stromstärke im Gerät und der Einschaltdauer des Gerätes.

> **Die elektrische Arbeit (umgewandelte Energie) kann folgendermaßen berechnet werden:**
>
> $W = \Delta E = U \cdot I \cdot t$ U **Spannung**
> I **elektrische Stromstärke**
> t **Zeit**

Hat z. B. ein Gerät eine Leistung von 1000 W und ist es eine Stunde lang in Betrieb, so beträgt die verrichtete Arbeit und damit die genutzte elektrische Energie 1 kWh. Es gilt immer $W = \Delta E$.

1 Bei eingeschalteten Geräten dreht sich die Zählerscheibe in einem Elektrizitätszähler. Die Anzahl der Umdrehungen ist proportional zur umgesetzten Energie. Je mehr Umdrehungen in einer bestimmten Zeit erfolgen, desto höher sind die Kosten.

Die genutzte elektrische Energie kann mit einem Elektrizitätszähler (Kilowattstundenzähler) gemessen werden (Abb. 1). Schaltet man z. B. bei einem Heizlüfter verschiedene Heizstufen ein, dann dreht sich die Zählerscheibe bei der größeren Heizstufe schneller als bei der kleineren. Meist gilt: 375 Umdrehungen entsprechen einer genutzten Energie von 1 kWh.

Die Kosten für die von einem Elektrizitätswerk zur Verfügung gestellte und von einem Haushalt tatsächlich abgenommene elektrische Energie werden am Jahresende „in Rechnung“ gestellt (Abb. 2). Diese Rechnung beinhaltet neben den Bereitstellungskosten (Grundpreis) vor allem die tatsächlich in Anspruch genommene Energie in Kilowattstunden (kWh). So kostete z. B. eine Kilowattstunde (1 k Wh) im Jahre 2003 in Berlin durchschnittlich 0,15 Euro.

Zähler-Nr. 620960 — Verbrauchszeitraum: 26.11.2002 – 25.11.2003

Zählerstand (alt):	22434	Zählerstand (neu):	24853
Verbrauch:	2419 kWh		
Arbeitspreis [1]:	15,0100 Cent/kWh x 2419	=	363,09 EUR
Grundbetrag Strom [2]:	22,50 EUR/365 Tage	=	22,50 EUR
Messen/Abrechnen [2]:	20,20 EUR/365 Tage	=	20,20 EUR
		Netto =	405,79 EUR
		Ust. 16 % =	64,93 EUR
		Rechnungsbetrag: =	**470,72 EUR**

1) Kosten für in Anspruch genommene Energie
2) Kosten für Energiebereitstellung (Grundpreis)

2 Jahresendabrechnung eines Elektrizitätswerkes (Ausschnitt)

Elektrische Leistung

Auf einem Reisetauchsieder findet man die Angabe 230 V/400 W (sprich Watt). Bei einer Glühlampe steht auf dem Sockel oder dem Glaskolben 230 V/100 W. Auf dem Typenschild eines jeden elektrischen Gerätes werden in der Regel die Betriebsspannung und die **elektrische Leistung** angegeben (Abb. 1).

Je höher die Leistung ist, umso mehr elektrische Energie wandelt das Gerät in einer bestimmten Zeit in andere Energieformen um:

Ein Tauchsieder mit 1000 W bringt die gleiche Menge Wasser schneller zum Sieden als ein Reisetauchsieder (400 W). Eine Bohrmaschine von 1000 W leistet mehr als eine von 500 W. Lautsprecherboxen mit großen Leistungen haben mehr „Power" als solche mit niedrigen Wattzahlen. Allgemein gilt:

Die elektrische Leistung gibt an, wie viel elektrische Energie in jeder Sekunde umgewandelt wird.

Formelzeichen: P
Einheit: 1 Watt (1 W)

Für die Einheit gilt: 1 W = 1 V · 1 A

Vielfache der Einheit 1 W sind ein Kilowatt (1 kW) und ein Megawatt (1 MW):

1 kW = 1 000 W
1 MW = 1 000 kW = 1 000 000 W

Die elektrische Leistung eines Gerätes ist abhängig von der anliegenden Spannung und von der Stromstärke.

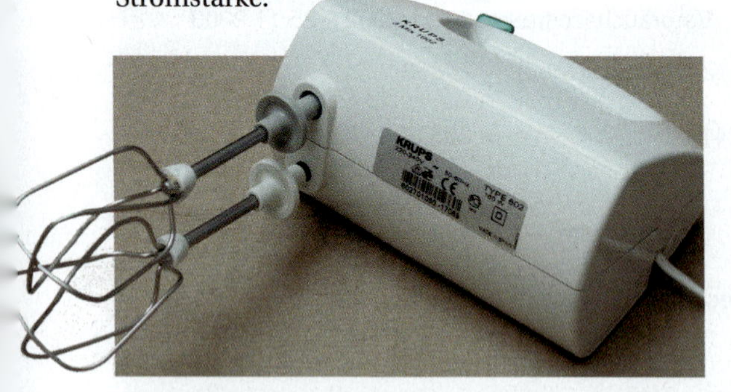

1 Das Typenschild einer Küchenmaschine gibt Auskunft über die Betriebsspannung und die Leistung.

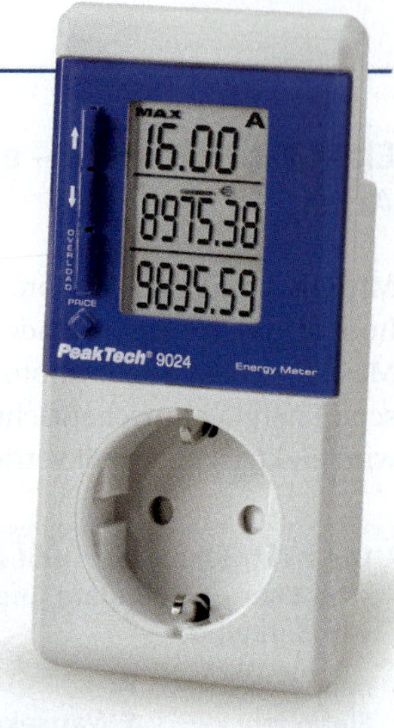

2 Mit Leistungsmessern kann die elektrische Leistung direkt gemessen werden. Mit dem abgebildeten Messgerät kann man die Leistung einzelner Geräte bestimmen.

Die elektrische Leistung kann berechnet werden mit der Gleichung:

$P = U \cdot I$

U elektrische Spannung
I elektrische Stromstärke

Um die elektrische Leistung eines Gerätes zu ermitteln, kann man Spannung und Stromstärke messen und dann die Leistung berechnen. Sie kann auch mit **Leistungsmessern (Wattmetern)** direkt gemessen werden (Abb. 2).

Elektrische Leistungen in der Technik	
Taschenrechner	0,02 W
Spielzeugmotor	1 W
Fahrraddynamo	3 W
Energiesparlampen	5 W – 20 W
Glühlampen im Haushalt	25 W –100 W
Scheinwerferlampen im Auto	60 W
Heizkissen	60 W
Küchenmaschine	200 W
Mikrowelle	0,8 kW
Tauchsieder, Kochplatte	bis 1 kW
Bügeleisen	1,1 kW
Waschmaschine	2 kW
Motor einer Elektrolokomotive	5 MW
Kraftwerksblock	bis 1 000 MW

Physik in Natur und Technik

Hell, heller, am hellsten

Die Lampe eines Fahrrades leuchtet nicht immer gleich hell. Während sie im Stillstand überhaupt nicht leuchtet, nimmt ihre Helligkeit zu, je mehr „in die Pedalen" getreten wird. Mit dem Dynamo als Quelle im Stromkreis können Spannungen bis zu 6 V erzeugt werden. Auf kleinen Lämpchen wie für das Fahrrad wird außer der Spannung noch die Stromstärke angegeben.
Was bedeuten die Angaben 6 V/0,4 A auf einer Fahrradlampe? Wie kann experimentell geprüft werden, wovon die Helligkeit der Lampe abhängt?

Beantwortung der 1. Frage:
Die Angabe 6 V/0,4 A bedeutet folgendes: An die Lampe darf höchstens die Betriebsspannung 6 V gelegt werden. Dann fließt ein Strom der Stärke 0,4 A. Wird die Betriebsspannung überschritten, dann vergrößert sich die Stromstärke, und die Lampe kann durchbrennen. Das Produkt aus Spannung und Stromstärke kennzeichnet die Leistung der Lampe. Sie beträgt 2,4 W.

Beantwortung der 2. Frage:
Vorbereitung:
Der Vergleich mit dem Fahrraddynamo liefert die Idee der Versuchsdurchführung: Die Spannung an der Lampe wird schrittweise von 0 V auf 6 V erhöht. Das hat unterschiedliche Stromstärken zur Folge. Die Werte für Spannung und Stromstärke werden gemessen.

Die Experimentieranordnung (Abb. 1) wird nach folgendem Schaltplan aufgebaut:

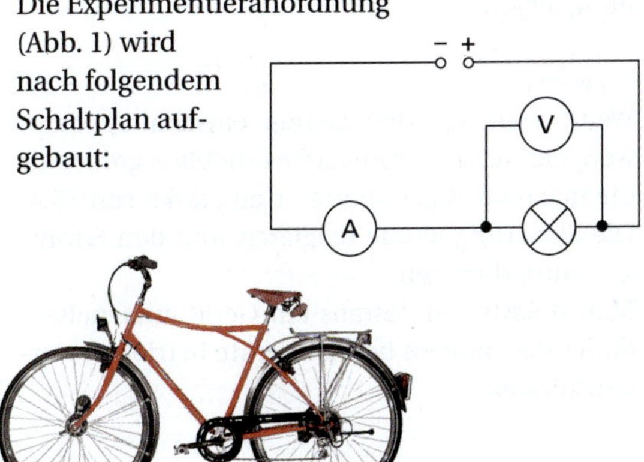

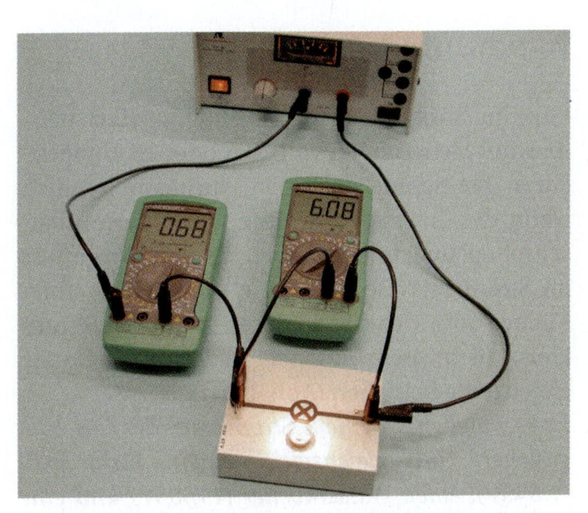

1 Experimentieranordnung zur Untersuchung der Helligkeit einer Glühlampe

Durchführung:
Die Messwerte für die Spannungen und Stromstärken werden in die vorbereitete Tabelle eingetragen. Auch die jeweilige Helligkeit der Lampe wird notiert. Die letzte Spalte dient der Berechnung der Leistung.

U in V	*I* in mA	Helligkeit der Glühlampe	*P* in W
0	0	leuchtet nicht	0
2	130	leuchtet kaum	0,26
4	265	leuchtet hell	1,06
6	400	leuchtet sehr hell	2,40

Auswertung:
Die Lampe leuchtet umso heller, je größer die anliegende Spannung und die Stromstärke in der Lampe sind. Das zeigt sich im Produkt von Spannung und Stromstärke, also der Leistung.
Erst bei Betriebsspannung hat die Lampe ihre volle Leistung erreicht. Aus den Messergebnissen kann man folgendes schlussfolgern:
Bei konstanter Betriebsspannung von 6 V leuchtet eine Lampe mit einer größeren Leistung, z. B. 5 W, heller als die Fahrradlampe von 2,4 W. Glühlampen gleicher Leistung leuchten gleich hell. Je größer bei gleicher Leistung ihre Betriebsspannung ist, desto kleiner ist die Stromstärke.

Vorsicht, Überlastung!

Einzelne Stromkreise im Haushalt werden meistens mit Sicherungen von 10 A oder 16 A abgesichert. Sie schmelzen oder „springen heraus", wenn die fließenden Ströme diese Werte überschreiten und unterbrechen so den Stromfluss im Stromkreis. Deshalb kann man z. B. in einer Küche, trotz vieler Steckdosen in einem Stromkreis, nicht beliebig viele elektrische Geräte gleichzeitig betreiben (Abb. 1).

Ist es möglich, in einem Stromkreis, der mit 16 A gesichert ist, gleichzeitig einen Elektrogrill (1,5 kW), einen Wasserkocher (1 750 W) und eine Kaffeemaschine (900 W) zu betreiben?

Analyse:
Die Steckdosen in einer Küche sind alle parallel geschaltet, damit an allen Geräten dieselbe Betriebsspannung von 230 V anliegt. Der Schaltplan sieht folgendermaßen aus:

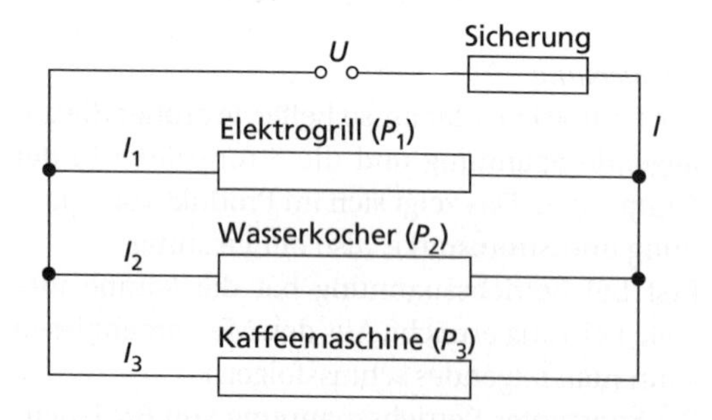

Die Gesamtstromstärke, die durch die Sicherung fließt, ist im verzweigten Stromkreis gleich der Summe der Teilstromstärken in jedem einzelnen Gerät. Sie darf nicht höher als die durch die Sicherung maximal zugelassene Stromstärke sein.

Gesucht: I

Gegeben: $I_{max} = 16\ \text{A}$
$U = 230\ \text{V}$
$P_1 = 1{,}5\ \text{kW} = 1\,500\ \text{W}$
$P_2 = 1\,750\ \text{W}$
$P_3 = 900\ \text{W}$

Lösung:
Für einen verzweigten Stromkreis gilt für die Stromstärken:

$$I = I_1 + I_2 + I_3$$

und für die Spannungen:

$$U = U_1 = U_2 = U_3$$

Die Stromstärke in einem Gerät kann aus der Leistung des Gerätes und der anliegenden Spannung berechnet werden.

$$P = U \cdot I \mid : U \quad \rightarrow \quad I = \frac{P}{U}$$

Damit erhält man für drei Geräte:

$$I = \frac{P_1}{U} + \frac{P_2}{U} + \frac{P_3}{U}$$

$$I = \frac{1\,500\ \text{V} \cdot \text{A}}{230\ \text{V}} + \frac{1\,750\ \text{V} \cdot \text{A}}{230\ \text{V}} + \frac{900\ \text{V} \cdot \text{A}}{230\ \text{V}}$$

$$I = 6{,}5\ \text{A} + 7{,}6\ \text{A} + 3{,}9\ \text{A}$$

$$I = 18\ \text{A} \qquad I_{max} = 16\ \text{A}$$

$$\underline{I > I_{max}}$$

Dasselbe Ergebnis für die Gesamtstromstärke erhält man, wenn man die Leistungen aller Geräte addiert und dann durch die anliegende Spannung dividiert.

Ergebnis:
Wenn man alle drei Geräte einschaltet, dann wäre die Gesamtstromstärke erheblich größer als die maximal abgesicherte Stromstärke von 16 A. Die Sicherung würde reagieren und den Stromkreis unterbrechen.
Man müsste mindestens ein Gerät ausschalten, damit die anderen beiden Geräte betrieben werden können.

Eine Zählerscheibe dreht sich

Die elektrische Energie, die wir im Haushalt nutzen, wird mit einem Elektrizitätszähler gemessen. Dieser Zähler zeigt die elektrische Energie an, die von allen Geräten im Haushalt in Anspruch genommen wurde. In jedem Elektrizitätszähler dreht sich eine Zählerscheibe. Aus dem Typenschild kann man entnehmen, wie viele Umdrehungen einer Kilowattstunde entsprechen. Diese Angaben variieren je nach Zählertyp.
Wie kann man mithilfe eines Elektrizitätszählers (120 Umdrehungen/kWh) die elektrische Energie ermitteln, die ein Haushaltstauchsieder (1 000 W) bzw. ein Reisetauchsieder (200 W) während einer Betriebsdauer von 10 Minuten in Wärme umwandeln?

Vorbereitung:
Will man die in Anspruch genommene Energie eines Gerätes ermitteln, dann muss man dafür sorgen, dass nur dieses Gerät in Betrieb ist und alle anderen abgeschaltet sind.
Die Tauchsieder werden nacheinander über einen Zähler ans Netz geschlossen (Abb. 1). Es wird eine bestimmte Zeit lang registriert, wie viele Umdrehungen die Zählerscheibe ausführt. Aus der Anzahl der Umdrehungen kann die genutzte Energie mithilfe der Kenndaten des Zählers berechnet werden.

Durchführung:
Das Experiment wird wie in Abb. 1 aufgebaut.

1 Messung des Energieverbrauchs eines Tauchsieders mit einem Elektrizitätszähler

Nun wird der Haushaltstauchsieder 10 Minuten lang eingeschaltet und die Anzahl der Umdrehungen der Zählerscheibe registriert. Dasselbe wiederholt man mit dem Reisetauchsieder.

Tauchsieder	Umdrehungen
1000 W	20
200 W	4

Auswertung:
Der Zähler dreht sich bei einem Verbrauch von 1 kWh 120-mal. Das bedeutet bei einem Betrieb von 10 Minuten

a) für den Haushaltstauchsieder:
120 Umdrehungen $\hat{=}$ 1 kWh
20 Umdrehungen $\hat{=}$ 0,17 kWh

b) für den Reisetauchsieder:
4 Umdrehungen $\hat{=}$ 0,03 kWh

Der Haushaltstauchsieder entnimmt dem Netz bei gleicher Betriebsdauer etwa fünfmal so viel Energie wie der Reisetauchsieder.

Gleiche Leistung – unterschiedliche Spannung

Eine Haushaltslampe und die Scheinwerferlampe eines Pkw haben zwar die gleiche Leistung von 60 W, werden aber mit unterschiedlicher Spannung betrieben: eine Glühlampe im Haushalt mit 230 V, die Scheinwerfer eines Pkw mit 12 V. Um die Leistung von 60 W zu erreichen, muss wegen

$$P = U \cdot I$$

bei einer großen Spannung die Stromstärke klein bzw. bei einer kleinen Spannung die Stromstärke groß sein. Das bedeutet: Die Stromstärke durch Glühlampen im Haushalt ist bei gleicher Leistung wesentlich kleiner als die durch die Scheinwerferlampe eines Pkw. Große Stromstärken erwärmen jedoch die Leitungen. Deshalb führen z. B. Überlandleitungen Spannungen von 380 kV. In Verteilungsnetzen wird diese Hochspannung auf 230 V transformiert.

gewusst · gekonnt

1. Stelle in einer Tabelle Geräte zusammen, die im Haushalt genutzt werden! Die gesuchten Daten befinden sich meistens auf den Geräten, manchmal aber auch in den Betriebsanleitungen.

Gerät	elektrische Leistung
...	...

2. Auf Kleinglühlampen ist häufig außer der Spannung noch die Stromstärke angegeben. Ordne die Lampen in der Tabelle nach steigender Leistung!

Nr.	Spannung	Stromstärke
1	12 V	0,1 A
2	6 V	0,5 A
3	4 V	0,1 A
4	2,8 V	0,85 A
5	1,5 V	0,53 A

3. Wie viel länger dauert es, eine Suppe statt mit einer Kochplatte von 2 000 W mit einer von 1 000 W auf die gleiche Temperatur zu erwärmen? Was kannst du unter dem Aspekt des „Energieverbrauchs" feststellen?

4. Was bedeuten die Angaben auf den Typenschildern?

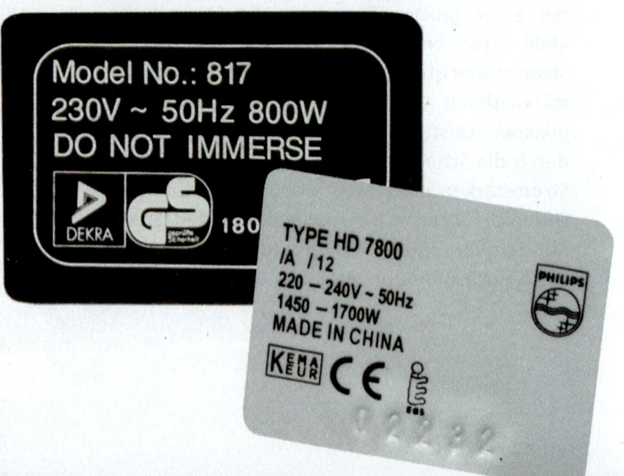

5. Macht es Sinn, ein Lämpchen (12 V / 0,1 A) an eine Blockbatterie (9 V) anzuschließen? Begründe!

6. Bestimme experimentell die elektrische Leistung eines Gerätes!
Vorbereitung:
Nach welcher Gleichung kann die elektrische Leistung berechnet werden?
Welche physikalischen Größen müssen gemessen werden?
Entwirf einen Schaltplan!
Durchführung:
Baue die Schaltung nach dem Schaltplan auf!
Führe die notwendigen Messungen durch!
Auswertung:
Berechne die elektrische Leistung des Gerätes! Welche Fehler können bei den Messungen auftreten?

7. Auf der Glühlampe für einen Fahrradscheinwerfer steht: 6 V / 2,4 W.
Berechne die Stromstärke bei vollem Betrieb der Glühlampe!

8. Warum werden die Stromkreise für den Betrieb von Waschmaschine und Kochherd im Haushalt extra abgesichert?

9. Was bedeutet die Angabe 230 V / 7 W auf einer Energiesparlampe?
Vergleiche mit einer „normalen" Glühlampe, z. B. 230 V / 40 W!

10. Ein Stromkreis ist mit 16 A abgesichert. Welche elektrische Leistung kann man einer Steckdose (230 V) maximal entnehmen?

11. Für Glühlampen, die nacheinander an eine Quelle von 230 V angeschlossen werden, ergeben sich folgende Stromstärken:

***P* in W**	25	40	60	75
***I* in A**	0,11	0,18	0,26	0,33

Interpretiere die Messwerte!
Welcher Zusammenhang besteht zwischen Leistung, Spannung und Stromstärke?

12. Beschreibe die Durchführung und Auswertung eines Experiments, mit dem du die Leistung eines Spielzeugmotors bestimmen kannst! Entwirf auch eine Schaltskizze!

13. ICE-Züge haben Motoren mit einer Leistung von 5 MW. Wie groß ist die Stromstärke, die durch die Fahrleitung fließt, wenn der Zug mit voller Motorleistung anfährt? Die Spannung zwischen Gleis und Fahrleitung beträgt 15 kV. Schätze, bevor du rechnest!

14. Lisa benötigt 5 Minuten, um ihr Haare mit einem Föhn (1 500 W) zu trocknen. Wie viel Energie wird in dieser Zeit umgewandelt?

15. Vergleiche die Energien, die beim Betrieb einer Glühlampe (230 V / 60 W) und der Lampe eines Autoscheinwerfers umgewandelt werden! Durch die Scheinwerferlampe, die durch eine Batterie mit 12 V gespeist wird, fließt ein Strom der Stärke 5 A.

16. Vom einem Widerstand sind die Angaben 20 Ω / 5 W bekannt. Darf dieser Widerstand direkt an eine Quelle von 12 V angeschlossen werden? Begründe!

17. Im Winter versagt öfter mal die Batterie eines Pkw. Um Abhilfe zu schaffen, gibt es Starthilfekabel. Warum sind diese besonders dick?

18. Beim Anlassen eines Automotors fließt kurzeitig ein Strom der Stärke 200 A. Die Spannung an der Batterie beträgt in diesem Fall 10 V. Welche elektrische Arbeit wird beim Anlassen des Motors verrichtet, wenn der Vorgang 5 s dauert?

19. Die Kosten für die Kilowattstunde sind in verschiedenen Ländern unterschiedlich. So betrugen die Preise im Jahr 2004 in US-Dollar pro kWh in den USA im Durchschnitt 0,082, in Frankreich 0,117 und in Spanien 0,183.
a) Erkunde den aktuellen Preis für deinen Wohnort!
b) Vergleiche mit den angegebenen Werten!

20. Schau dir den Elektrizitätszähler in eurer Wohnung gründlich an und notiere dir wichtige Angaben!
Was misst der Elektrizitätszähler eigentlich? In welcher Einheit wird gemessen?

21. Für die Nutzung elektrischer Energie bekommen die Haushalte jährlich eine „Rechnung für Energielieferung“. In der Umgangssprache wird häufig von „Stromrechnung“ und „Stromverbrauch“ gesprochen.
Erläutere, ob die Begriffe „Stromrechnung“ und „Stromverbrauch“ in diesem Zusammenhang richtig verwendet werden! Wie würde es ein Physiker formulieren?

22. Ein Mixer wird jeweils die gleiche Zeit lang im Leerlauf, in einem Mixgetränk und in einem zähen Kuchenteig betrieben. Wie ändert sich die elektrische Energie, die jeweils in den drei Fällen umgesetzt wird?

23. Die Stromrechnung für private Haushalte setzt sich aus einem Grundpreis für die Bereitstellung der Energie, dem Arbeitspreis für die genutzte elektrische Energie und der Mehrwertsteuer zusammen. Berechne für folgendes Beispiel die Kosten für die genutzte elektrische Energie in einem Jahr!
Energieverbrauch: 1 585 kWh
Arbeitspreis: 0,15 Euro / kWh
Grundpreis: 42,70 Euro / Jahr
Mehrwertsteuer: 16 %

***24.** Bestimme experimentell und rechnerisch die Kosten für die Zubereitung einer Kanne Tee! Bringe 500 ml Wasser in einem Wasserkocher zum Sieden! Miss für diesen Vorgang die Zeit! Benutze für die Berechnung der Kosten den aktuellen Preis des Anbieters!

25. Woran könnte es liegen, dass deine Mitschüler bei dem Experiment in Aufgabe 24 zu anderen Ergebnissen gekommen sind?

26. Berechne für eine Woche die Kosten für die Nutzung elektrischer Energie in deinem Haushalt! Lies dazu im Abstand von einer Woche den Zählerstand am Elektrizitätszähler ab! Multipliziere die elektrische Arbeit mit den gültigen Kosten für eine Kilowattstunde! Beachte dabei, dass Haushalte 16 % Mehrwertsteuer zu zahlen haben!

27. Aus ökonomischen und ökologischen Gründen sollte jeder sparsam mit Elektroenergie umgehen. Nenne und begründe einige Maßnahmen der rationellen und sparsamen Nutzung von Energie im Haushalt!

28. Benjamin hat eine Besorgung bis zum Dunkelwerden aufgeschoben, sodass er die Fahrradbeleuchtung einschalten muss. Er ist 30 Minuten lang unterwegs. Wie viel Energie haben seine Beinmuskeln in dieser Zeit zusätzlich aufgebracht? Die Spannung des Fahrraddynamos beträgt 6 V, die Stromstärke durch jede der zwei Lampen 0,4 A.

29. Was ist physikalisch gemeint, wenn man im Alltag Aussagen wie diese hört?
a) Die neue Waschmaschine braucht weniger Strom als die alte.
b) Zur Weihnachtszeit steigt der Stromverbrauch rapide!
c) Wegen der Ökosteuer steigt der Strompreis.
d) Solarstrom ist immer noch sehr teuer.

30. Wie groß ist die gelieferte Energie einer Lithium-Batterie (3,5 V), die 1,5 Stunden lang einen Strom von 2 A hervorrufen kann?

31. Auf einem Auto-Akkumulator steht die Angabe 36 Ah (sprich: 36 Amperestunden). Was bedeutet das?

32. Wie lange kann man einen Spielzeugmotor (15 W) mit einem Kleinakkumulator von 12 V betreiben, auf dem 0,5 Ah steht?

33. Auf Akkumulatoren, z. B. dem Akkumulator für eine Videokamera und einen Kleinakku, findet man bestimmte Angaben (s. Foto). Die entsprechenden Angaben bei einer Autobatterie lauten z. B. 70 Ah.
a) Erkunde, was die Angaben bedeuten!
b) Ermittle, bei welchen weiteren Geräten Akkumulatoren verwendet werden und welche elektrische Energie maximal in ihnen gespeichert werden kann!

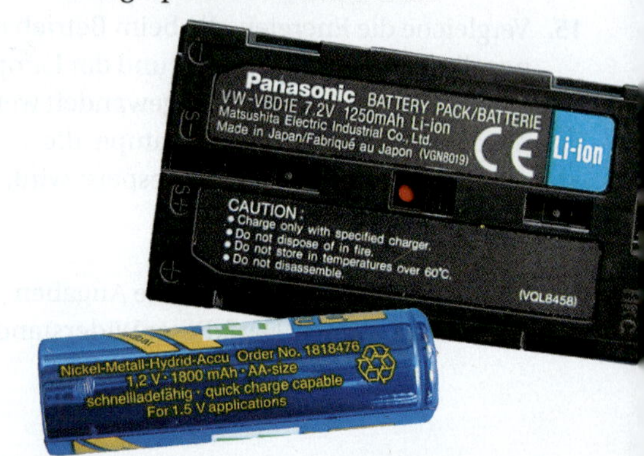

Elektrische Energie, Arbeit und Leistung

Die **elektrische Energie** ist die Fähigkeit des elektrischen Stromes, mechanische Arbeit zu verrichten, Wärme abzugeben oder Licht auszusenden.
Wichtige physikalische Größen sind auch die **elektrische Arbeit** und die **elektrische Leistung.**

Die elektrische Arbeit *W*	**Die elektrische Leistung *P***
gibt an, wie viel elektrische Energie in andere Energieformen umgewandelt wird.	gibt an, wie viel elektrische Energie in jeder Sekunde in andere Energieformen umgewandelt wird.
Einheiten: 1 Joule (1 J) 1 Wattsekunde (1 Ws) 1 Kilowattstunde (1 kWh)	**Einheiten:** 1 Watt (1 W) 1 Kilowatt (1 kW) 1 Megawatt (1 MW)
Messgeräte für die verrichtete elektrische Arbeit sind **Elektrizitätszähler** (Kilowattstundenzähler).	**Messgeräte** für die elektrische Leistung sind **Leistungsmesser** (Wattmeter).
Berechnungsmöglichkeiten: $W = E = P \cdot t$ $W = E = U \cdot I \cdot t$ *W* elektrische Arbeit *E* genutzte elektrische Energie *t* Zeit *U* elektrische Spannung *I* elektrische Stromstärke	**Berechnungsmöglichkeiten:** $P = U \cdot I$ $P = \frac{W}{t}$ $P = \frac{E}{t}$ *U* elektrische Spannung *I* elektrische Stromstärke *W* elektrische Arbeit *E* genutzte elektrische Energie *t* Zeit

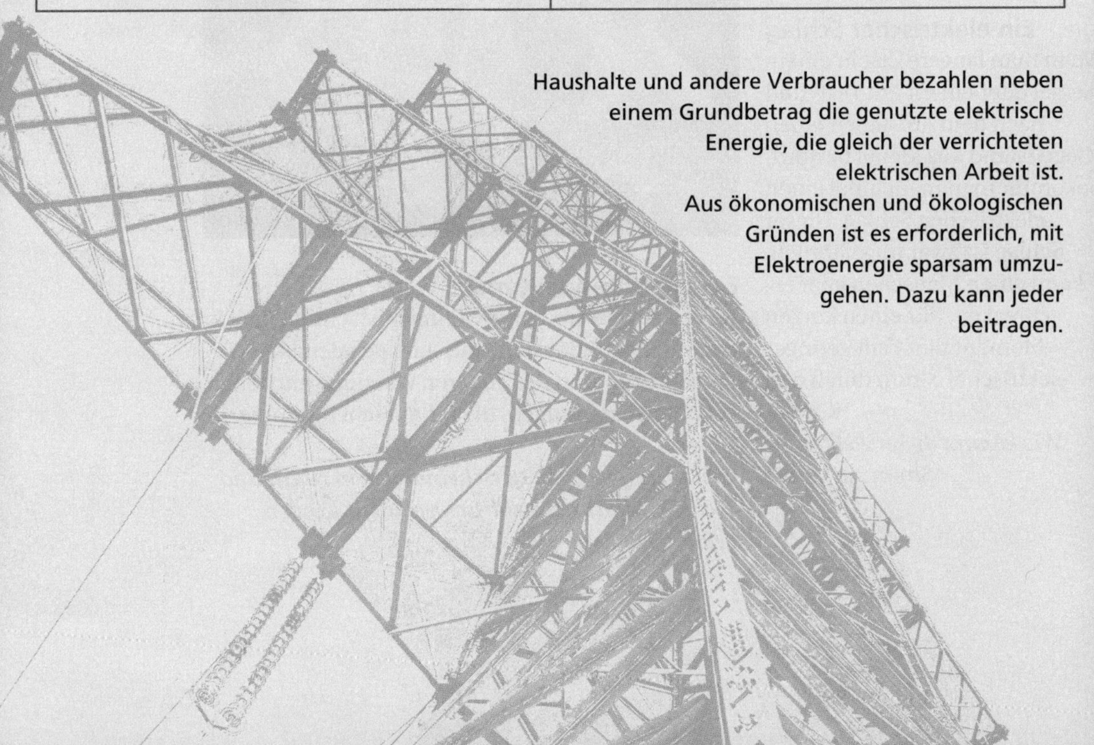

Haushalte und andere Verbraucher bezahlen neben einem Grundbetrag die genutzte elektrische Energie, die gleich der verrichteten elektrischen Arbeit ist.
Aus ökonomischen und ökologischen Gründen ist es erforderlich, mit Elektroenergie sparsam umzugehen. Dazu kann jeder beitragen.

5.4 Elektrische geladene Körper und elektrische Felder

Haare stehen zu Berge
Wenn man trockene Haare mit einem Plastikkamm kämmt, kann es passieren, dass einem die Haare zu Berge stehen. Die Haare werden regelrecht von dem Kamm angezogen und man sieht aus wie Struwwelpeter. Ähnliches kann man auch feststellen, wenn man mit einer elektrisch geladenen Kugel verbunden ist (s. Foto).
Wie ist diese Erscheinung zu erklären?

Ein elektrischer Schlag
Wenn man längere Zeit in einem Sessel oder einem Auto saß und nach dem Aufstehen einen Gegenstand aus Metall berührt, bekommt man manchmal einen elektrischen Schlag. Dieser Schlag ist zwar ungefährlich, kann einen Menschen aber erschrecken. Für einen kurzen Moment fließt ein geringer elektrischer Strom durch den Körper.
Wie kommt dieser elektrische Strom zustande?

Eine leuchtende Kugel
Plasmakugeln sind ungewöhnliche Lichtquellen. In der Mitte befindet sich eine stark geladene Kugel. Zwischen ihr und der äußeren Wandung entstehen Leuchterscheinungen, die ihr Aussehen ständig ändern.
Gibt es weitere Leuchterscheinungen in Natur und Technik, die durch elektrisch geladene Körper bewirkt werden?

Elektrisch geladene Körper

Körper unserer Umgebung können elektrisch geladen sein. Die Ursache dafür liegt in ihrem Aufbau begründet. Alle Körper sind aus Atomen und Molekülen aufgebaut. Atome wiederum bestehen aus einer Atomhülle, in der sich elektrisch negativ geladene **Elektronen** befinden, und dem Atomkern (Abb. 2). Der Atomkern enthält u. a. elektrisch positiv geladene **Protonen** und ist damit positiv geladen. Ein Atom, das die gleiche Anzahl positiver Ladungen im Kern und negativer Ladungen in der Atomhülle hat, ist elektrisch neutral. Auch ein Körper, der insgesamt genauso viele Elektronen wie Protonen hat, ist nach außen ungeladen.

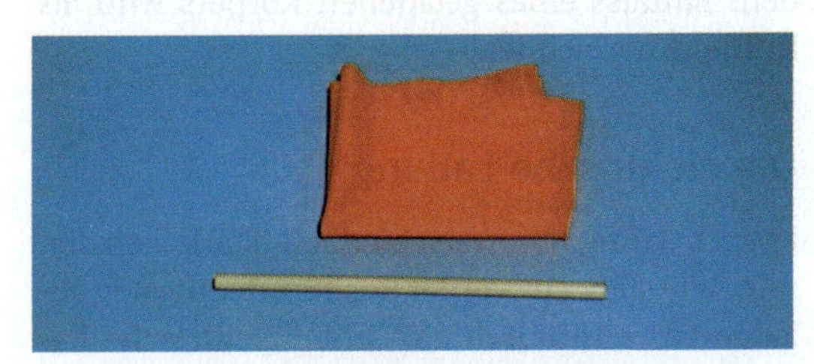

1a Vor der Berührung sind beide Körper neutral.

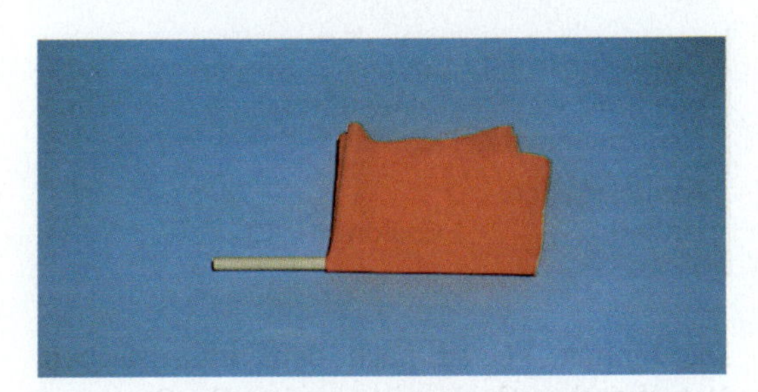

1b Beim innigen Berühren (Reiben) gehen Elektronen vom Tuch auf den Plastikstab über.

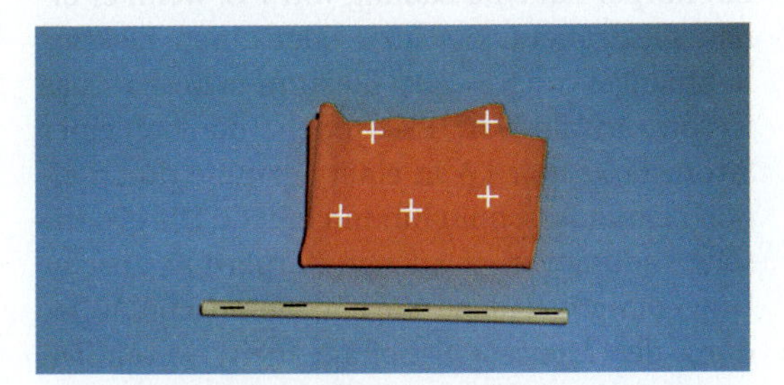

1c Nach der Berührung sind das Tuch positiv und der Plastikstab negativ geladen.

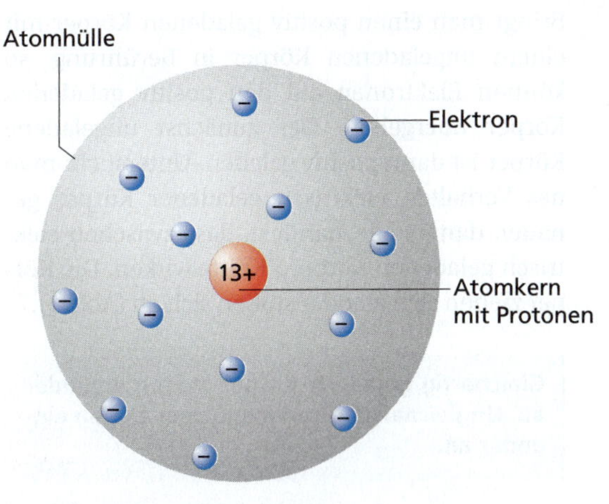

2 Aufbau eines Aluminiumatoms

Durch inniges Berühren bzw. Reiben zweier Körper aneinander können Elektronen von dem einen Körper auf den anderen Körper übergehen.

Danach hat der eine Körper mehr Elektronen als positive Ladungen. Er besitzt **Elektronenüberschuss** und ist negativ geladen.
Der andere Körper hat Elektronen abgegeben und besitzt nun einen **Elektronenmangel.** Er hat mehr positive Ladungen als Elektronen und ist positiv geladen (Abb. 1).

Ein negativ geladener Körper hat einen Elektronenüberschuss. Bei einem positiv geladenen Körper herrscht Elektronenmangel.

Da die **Ladungstrennung** durch Berührung bzw. Reibung zustande kommt, spricht man auch von **Reibungselektrizität.**

Kräfte zwischen geladenen Körpern

Berührt man einen ungeladenen Körper mit einem elektrisch negativ geladenen Körper, so können Elektronen von dem geladenen Körper auf den ungeladenen Körper übergehen. Der betroffene Körper ist dann negativ geladen.

Bringt man einen positiv geladenen Körper mit einem ungeladenen Körper in Berührung, so können Elektronen auf den positiv geladenen Körper übergehen. Der zunächst ungeladene Körper ist dann positiv geladen. Untersucht man das Verhalten elektrisch geladener Körper genauer, dann stellt man fest, dass zwischen elektrisch geladenen Körpern Kräfte wirken. Die Körper ziehen sich an oder stoßen sich ab (Abb. 1).

Gleichartig geladene Körper stoßen einander ab. Ungleichartig geladene Körper ziehen einander an.

Werden elektrisch geladene Körper leitend miteinander verbunden, so kommt es zum **Ladungsausgleich** (Abb. 2).

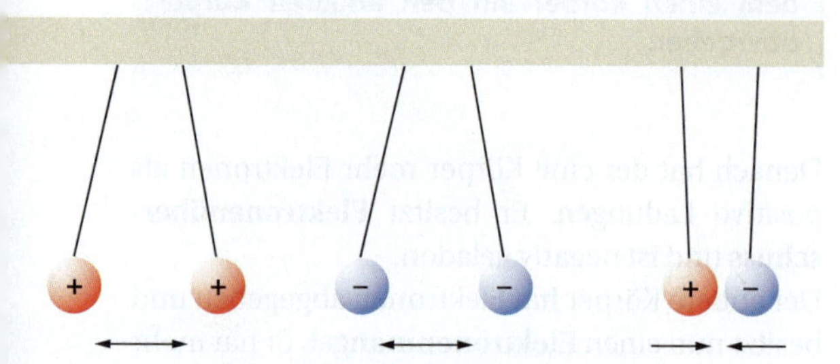

1 Es erfolgt eine Abstoßung, wenn beide Körper gleichartig geladen sind.
Es erfolgt eine Anziehung, wenn beide Körper ungleichartig geladen sind.

Nähert man einem ungeladenen Körper z. B. einen negativ geladenen Körper, so wirken zwischen den Ladungen ebenfalls Kräfte (Abb. 3). Es kommt auf dem ungeladenen Körper zu einer

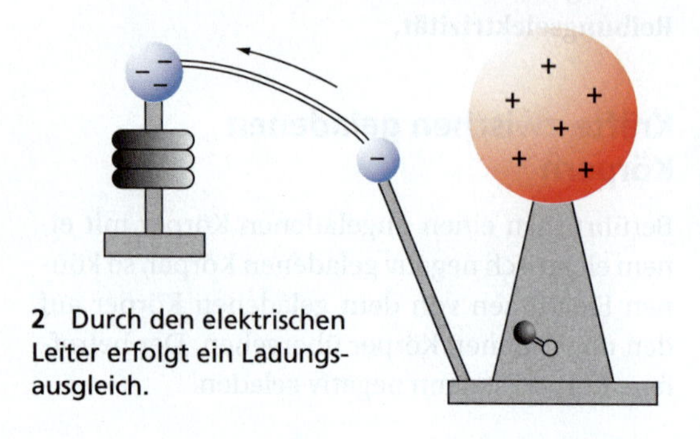

2 Durch den elektrischen Leiter erfolgt ein Ladungsausgleich.

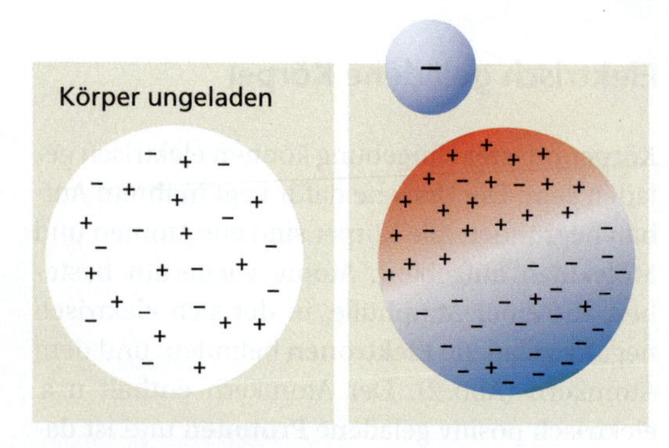

3 Ladungstrennung durch Influenz

Verschiebung von Ladungen und damit zu einer Ladungstrennung in bzw. auf dem betreffenden Körper.
Die Erscheinung der Ladungstrennung unter dem Einfluss eines geladenen Körpers wird als **Influenz** bezeichnet.

Die elektrische Ladung

Körper können unterschiedlich stark geladen sein. Wie stark ein Körper positiv oder negativ geladen ist, wird durch die Größe **elektrische Ladung** beschrieben.

Die elektrische Ladung eines Körpers gibt an, wie groß sein Elektronenüberschuss oder sein Elektronenmangel ist.

Formelzeichen: Q
Einheit: 1 Coulomb (1 C)

Die Einheit 1 C ist nach dem französischen Naturforscher CHARLES AUGUSTIN DE COULOMB (1736–1806) benannt.
Ein Körper hat eine Ladung von 1 C, wenn er einen Elektronenüberschuss oder einen Elektronenmangel von $6{,}2 \cdot 10^{18}$ Elektronen besitzt. Das ist die Anzahl von Elektronen, die bei einer Stromstärke von 1 A in einer Sekunde durch einen Leiterquerschnitt hindurchfließt. Die elektrische Ladung von geladenen Körpern in unserer Umgebung (geladene Kugeln, elektrische Aufladung des Menschen) beträgt meist wesentlich weniger als ein Tausendstel Coulomb. Die Ladung eines Elektrons ist $1{,}6 \cdot 10^{-19}$ C.

Das elektrische Feld

Im Raum um einen elektrisch geladenen Körper werden auf andere elektrisch geladene Körper Kräfte ausgeübt. Diesen Raum nennt man **elektrisches Feld.**

Ein elektrisches Feld existiert im Raum um einen elektrisch geladenen Körper, in dem auf andere elektrisch geladene Körper Kräfte ausgeübt werden.

Für elektrische Felder besitzen wir kein Sinnesorgan. Ein elektrisches Feld lässt sich aber durch Kräfte auf elektrisch geladene Körper nachweisen. Bringt man z. B. kleine, negativ geladene Kugeln in die Nähe einer anderen, positiv geladenen Kugel und zeichnet die jeweils wirkenden Kräfte ein, dann erhält man das in Abb. 1 dargestellte Bild. Werden anstelle der einzelnen Kraftpfeile (Abb. 1) durchgehende Linien gezeichnet, so erhält man ein **Feldlinienbild** des betreffenden Feldes (Abb. 2, 3, 4).

Ein elektrisches Feld lässt sich mithilfe eines Feldlinienbildes veranschaulichen.
Das Feldlinienbild ist ein Modell des elektrischen Feldes.

Aus einem Feldlinienbild ist erkennbar, in welcher Richtung die Kraft auf einen geladenen Körper wirkt (Abb. 4). Es gibt auch Auskunft über die Stärke des Feldes. Je stärker das elektrische Feld ist, desto dichter werden die Feldlinien gezeichnet. Beachte: Ein elektrisches Feld gibt es auch dort, wo keine Feldlinien gezeichnet sind.

Experimentelle Untersuchung elektrischer Felder

Feldlinien lassen sich auch experimentell veranschaulichen, wenn sich Grießkörnchen in Öl in einem elektrischen Feld befinden (Abb. unten). Unter der Wirkung des elektrischen Feldes richten sich die Grießkörnchen in Richtung der Feldlinien aus.

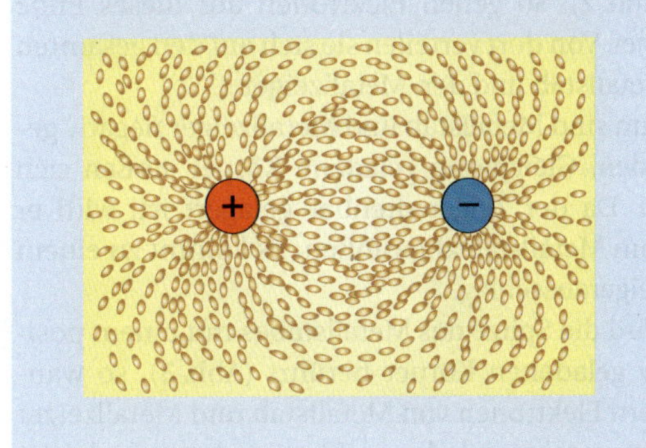

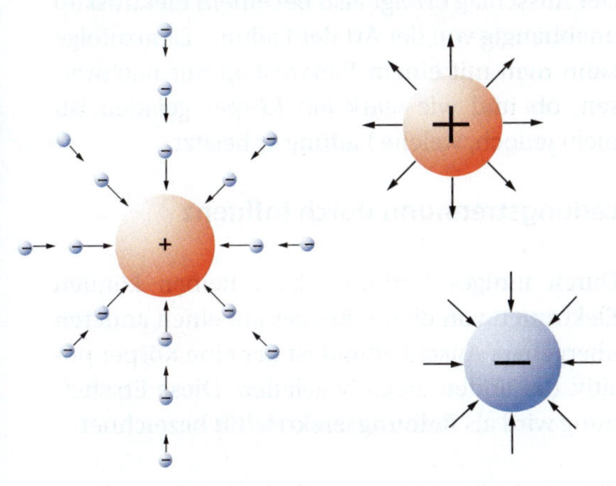

1 Kräfte auf geladene Körper im elektrischen Feld

2 Elektrisches Feld um geladene Kugeln

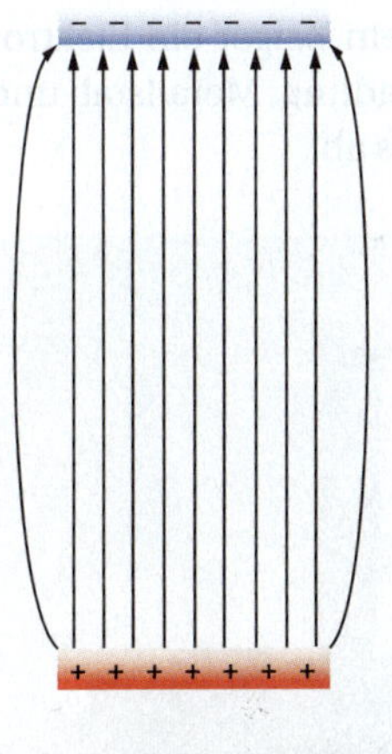

3 Elektrisches Feld zwischen zwei unterschiedlich geladenen Platten

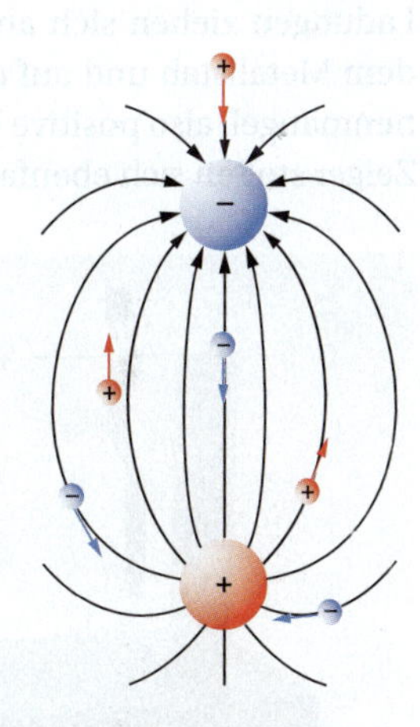

4 Feldlinienbild und Kräfte auf geladene Körper

Physik in Natur und Technik

Das Elektroskop

Um nachzuweisen, ob ein Körper elektrisch geladen ist, benutzt man ein Elektroskop (Abb. 1).
Beschreibe den Aufbau und erkläre die Wirkungsweise eines Elektroskops!
Kann man mit einem Elektroskop die Art der elektrischen Ladung eines Körpers bestimmen?

Ein Elektroskop dient dem Nachweis elektrischer Ladungen.
Es besteht aus einem Metallstab, der leitend mit einem drehbar gelagerten Metallzeiger verbunden ist. Berührt man das obere Ende des Metallstabes mit einem negativ geladenen Körper (Abb. 2), so gehen Elektronen auf dieses Ende über. Von dort verteilen sie sich auf den gesamten Metallstab und den Metallzeiger.
Nun sind Metallstab und Metallzeiger negativ geladen. Gleichartig geladene Körper stoßen sich ab. Da der Zeiger drehbar gelagert ist, wird er vom Metallstab abgestoßen. Es kommt zu einem Zeigerausschlag.
Wird die Spitze des Metallstabes mit einem positiv geladenen Körper berührt (Abb. 3), so wandern Elektronen von Metallstab und Metallzeiger zum positiv geladenen Körper, denn ungleiche Ladungen ziehen sich an. Dadurch entsteht auf dem Metallstab und auf dem Zeiger ein Elektronenmangel, also positive Ladung. Metallstab und Zeiger stoßen sich ebenfalls ab.

1 Aufbau eines einfachen Elektroskops

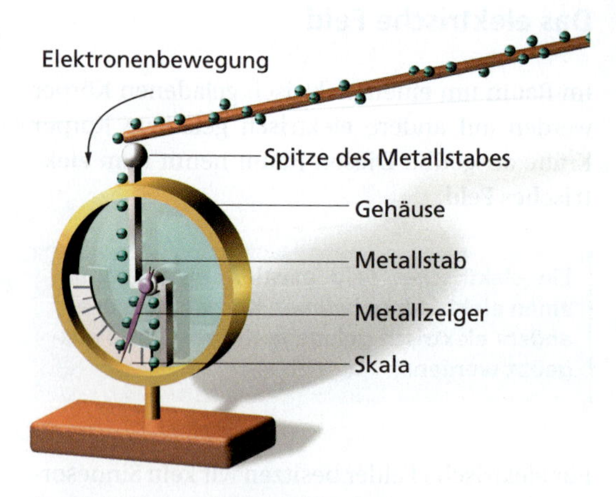

2 Negativ geladenes Elektroskop

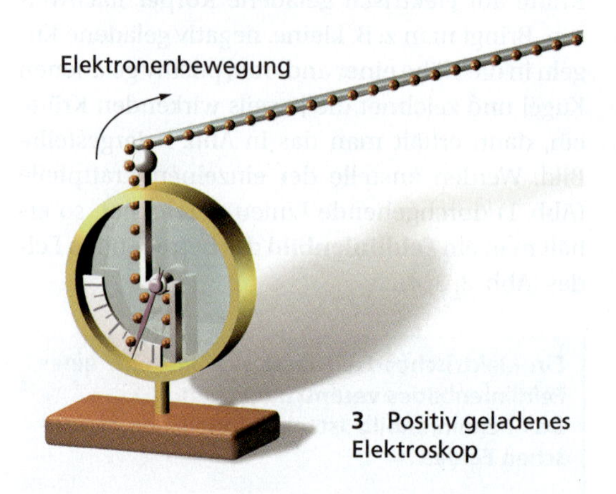

3 Positiv geladenes Elektroskop

Der Ausschlag erfolgt also bei einem Elektroskop unabhängig von der Art der Ladung. Demzufolge kann man mit einem Elektroskop nur nachweisen, ob und wie stark ein Körper geladen ist, nicht jedoch, welche Ladung er besitzt.

Ladungstrennung durch Influenz

Durch inniges Berühren bzw. Reiben können Elektronen von einem Körper auf einen anderen übergehen. Anschließend ist der eine Körper positiv, der andere negativ geladen. Diese Erscheinung wird als **Reibungselektrizität** bezeichnet.

Eine Ladungstrennung auf einem Körper kann auch erreicht werden, wenn man diesen Körper überhaupt nicht berührt.

Wie kann man auf einem Körper Ladungstrennung hervorrufen, ohne diesen Körper zu berühren?

Wir wissen bereits, dass zwischen elektrisch geladenen Körpern elektrische Felder existieren und in diesen auf elektrisch geladene Körper Kräfte wirken. Diese Kräfte kann man nutzen, um auf Körpern Ladungstrennung hervorzurufen.
Bringt man eine negativ geladene Kugel in die Nähe eines Elektroskops, so schlägt der Zeiger aus (Abb. 1).

1 Elektroskop bei Annährung eines geladenen Körpers: Es kommt zu einem Zeigerausschlag.

Um die geladene Kugel existiert ein elektrisches Feld. Seine Form ist in Abb. 2, S. 361, dargestellt. Die im Metallstab und Metallzeiger des Elektroskops vorhandenen beweglichen negativen Elektronen werden in diesem Feld abgestoßen, bewegen sich also von der negativ geladenen Kugel weg. Die Spitze des Metallstabes des Elektroskops ist dann positiv geladen, der Metallstab und der Zeiger negativ. Da sich gleichartig geladene Körper abstoßen, schlägt der Zeiger des Elektroskops aus.
Entfernt man die negativ geladene Kugel, so verteilen sich die negativ geladenen Elektronen wieder gleichmäßig auf Metallstab und Zeiger. Der Ausschlag des Zeigers geht zurück.
Die Ladungstrennung auf einem Körper unter dem Einfluss eines elektrischen Feldes bezeichnet man als **Influenz.**
Influenz tritt immer dann auf, wenn sich ein geladener Körper in der Nähe ungeladener, leitender Körper befindet.

Elektrofilter gegen Staub

Staub gibt es überall: in Wohnungen, in Betrieben und im Freien.
Auch in Kohlekraftwerken entsteht viel Staub in Form von Asche. Gelangt diese Asche mit dem Rauch ins Freie, kann sie die Umwelt stark belasten. Deshalb versucht man, die Asche aufzufangen und zu entsorgen. Dazu benutzt man Entstaubungsanlagen.
Das Herzstück einer Entstaubungsanlage ist ein Elektrofilter (Abb. 2).
Wie kann die Wirkungsweise eines Elektrofilters erklärt werden?

Ein Elektrofilter besteht aus zwei Platten, die positiv geladen sind (s. Abb. 1, S. 364). Zwischen diesen Platten befindet sich ein Draht, der so stark negativ geladen ist, dass er Elektronen versprüht. Diese Elektronen setzen sich auf den Staubteilchen des Rauchgases fest, das durch den Filter geleitet wird. Dadurch werden die Staubteilchen selbst negativ geladen. Die negativ geladenen Staubteilchen werden von den positiv geladenen äußeren Platten angezogen, denn zwischen dem Draht und den geladenen Platten existiert ein elektrisches Feld. In diesem elektrischen Feld wirken Kräfte auf die negativ geladenen Staubteilchen. Die Staubteilchen lagern sich an den positiv geladenen Platten ab. Mithilfe eines Klopfwerkes wird der angelagerte Staub abgeschüttelt, in einer Auffangvorrichtung gesammelt und entsorgt.

2 Elektrofilter in einem Kraftwerk

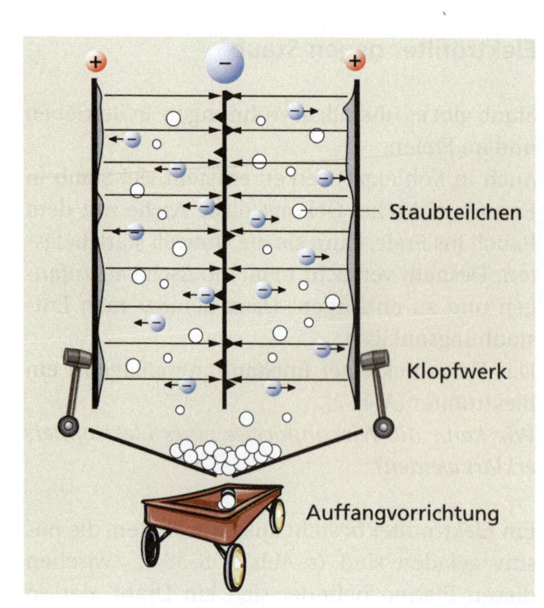

1 Aufbau eines Elektrofilters zur Rauchgasreinigung

In Kohlekraftwerken wird der Rauch durch solche Elektrofilter geleitet und von Asche gereinigt. Das ist ein wichtiger Beitrag zur Verringerung der Luftverschmutzung.

Blitz und Donner

Mit Blitz und Donner kündigt sich ein Gewitter an. Während eines Gewitters können Dutzende von Blitzen auftreten. Weltweit werden 70 bis 100 Blitze in jeder Sekunde registriert.
Die durchschnittliche Stromstärke beträgt etwa 40 000 A bei einem Durchmesser der Blitze von 10 bis 20 cm, ihre Länge meist 2 bis 3 km und ihre Dauer weniger als 1 s.
Wie entsteht ein Blitz? Gibt es nur Blitze zwischen einer Wolke und der Erde?

Ein Blitz ist ein zeitlich kurzer, aber sehr starker elektrischer Strom, der die unterschiedlichen Ladungen zwischen geladenen Wolken bzw. Wolken und der Erde ausgleicht.
Elektrisch geladene Gewitterwolken entstehen vor allem an warmen, schwülen Tagen. Warme, aber auch feuchte Luft steigt nach oben. Dabei kühlt sie sich ab. Aus dem in der Luft befindlichen Wasserdampf werden dadurch Wassertropfen, Eiskristalle und Hagelkörner. Der Mechanismus der Ladungstrennung in der Wolke ist noch nicht in allen Einzelheiten geklärt. Ein Erklärungsansatz ist folgender (Abb. 3): Ein Teil der aufgestiegenen Hagelkörner fällt wieder herab, weil sie zu schwer sind. Durch das schnelle Aufsteigen von Luft mit Wassertropfen und Eiskristallen sowie das Herabfallen von Hagelkörnern kommt es infolge von Reibung zu Ladungstrennungen. Damit entstehen in Gewitterwolken Bereiche, die unterschiedlich geladen sind.

2 Blitze sind kurzzeitige elektrische Entladungen zwischen Wolke–Erde bzw. zwischen Wolke–Wolke.

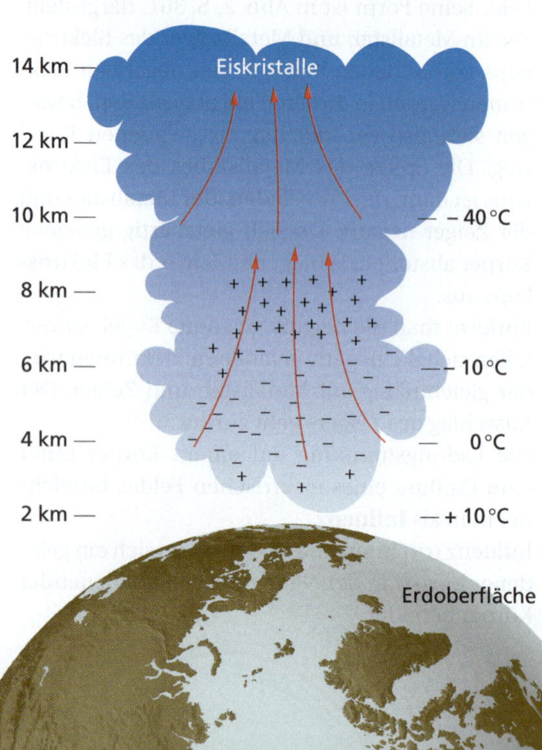

3 Aufbau einer Gewitterwolke

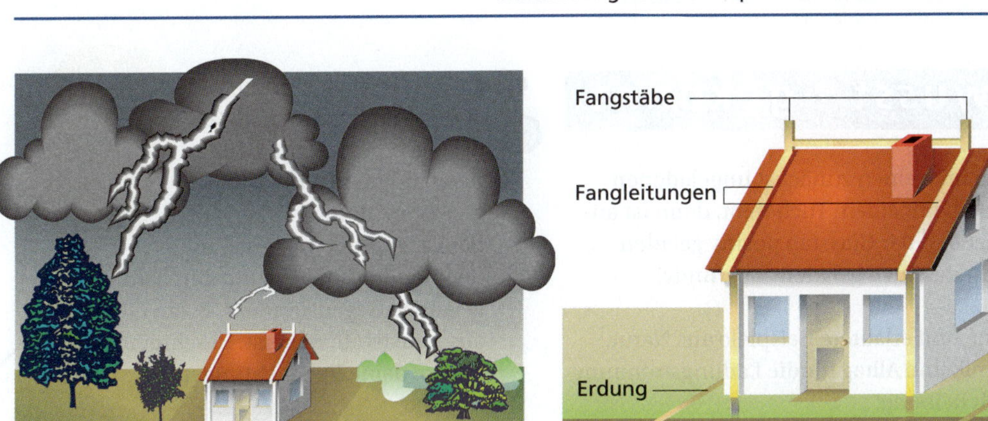

1 Ein Ladungsausgleich durch Blitze kann zwischen Wolken sowie zwischen Wolken und der Erde erfolgen.

2 Blitzschutzanlage eines Hauses: Über Fangstäbe und Fangleitungen wird der Blitz zur Erde abgeleitet.

Wenn die unterschiedlichen Ladungen in Gewitterwolken groß genug sind, kommt es zu einem Ladungsausgleich durch einen Blitz. Dabei wandern Elektronen zum positiv geladenen Körper (Abb. 1).

Der Blitzableiter

Gewitter sind häufig mit Sturmböen, starkem Regen oder Hagel verbunden. Erhebliche Schäden können aber auch dann entstehen, wenn ein Blitz in eine Hochspannungsleitung, in Gebäude, in Bäume oder gar in Menschen einschlägt. Deshalb muss man sich vor Blitzen schützen. An Häusern werden dazu häufig Blitzschutzanlagen angebracht.
Wie funktioniert eine Blitzschutzanlage? Wie kann man sich vor Blitzeinschlag schützen, wenn man im Freien von einem Gewitter überrascht wird?

Blitze schlagen vor allem in hohe, spitze Gebäude und Gegenstände ein, z. B. in hohe Bäume, Kirchturmspitzen oder Spitzen von Dächern. Mithilfe einer Blitzschutzanlage wird der Blitz „aufgefangen" und ungefährlich in die Erde abgeleitet.
Eine Blitzschutzanlage (Abb. 2) besitzt Fangstäbe und Fangleitungen, die die höchsten Stellen des Gebäudes bilden, sodass der Blitz dort einschlägt. Über dicke Eisendrähte wird der elektrische Strom des Blitzes in die Erde abgeleitet. Damit ist man in Gebäuden relativ sicher. Das gilt auch für Pkw und andere geschlossene Fahrzeuge, die wie ein **faradayscher Käfig** wirken (Abb. 3).
Für den Menschen ist ein Blitzeinschlag in den Körper und auch in unmittelbare Nähe seines Aufenthaltsortes lebensgefährlich. Am sichersten ist es, sich in eine Mulde zu legen oder zu hocken. Beachte: Bäume bieten keinen Schutz.

3 Schon MICHAEL FARADAY (1791–1867) stellte fest, dass elektrische Entladungen (Blitze) nicht in einen Raum eindringen, der von einem elektrischen Leiter umgeben ist. Eine solche Anordnung wird als faradayscher Käfig bezeichnet.

gewusst · gekonnt

1. Wenn man einen zunächst ungeladenen Glasstab mit einem Tuch reibt, dann ist anschließend der Glasstab positiv geladen. Wie ist das Tuch geladen? Begründe!

2. Nenne und erläutere Beispiele aus Natur, Technik und Alltag für die Ladungstrennung durch Reibung!

3. Reibe einen Plastikkamm an Stoff und halte ihn über einige kleine Papierschnitzel oder Styroporkugeln!

   a) Was kannst du beobachten?
   b) Erkläre deine Beobachtungen!

*4. Mit einem Bandgenerator (s. Abb.) kann man elektrische Ladungen trennen. Beschreibe den Aufbau und erkläre die Wirkungsweise eines Bandgenerators!

5. Wenn man einen Pullover auszieht, knistert es manchmal. Im Dunkeln kann man sogar Funken sehen.
   Ähnliches tritt auf, wenn man sich frisch gewaschene, trockene Haare mit einem Plastikkamm kämmt.
   Erkläre diese Erscheinungen!

6. Du kannst eigene Untersuchungen mit geladenen Körpern machen, wenn du einen Luftballon aufbläst, ihn an einem dünnen Faden aufhängst, ihn durch Reiben mit den Händen auflädst und ihm dann geladene Gegenstände, z. B. ein Lineal aus Kunststoff, näherst. Beschreibe und erkläre deine Beobachtungen!

7. Was versteht man unter einem elektrischen Schlag? Unter welchen Bedingungen kann er auftreten?

8. Wenn man aus einem Auto mit Sitzen aus Kunststoff steigt, bekommt man beim Anfassen der Tür häufig einen elektrischen Schlag. Erkläre!

9. Geht man eine Treppe hinunter, rutscht mit den Händen auf der Plastikoberfläche des Geländers entlang und berührt anschließend das Metallgeländer, so bekommt man manchmal einen elektrischen Schlag.
   Erkläre diese Erscheinung!

10. In der Textilindustrie werden große Rollen, über die Garn geführt wird, mit der Erde elektrisch verbunden.
    Warum ist diese Maßnahme sinnvoll?

11. Legt man ein Blatt Papier auf eine Schreibtischunterlage aus Kunststoff, so haftet das Blatt fest daran.

   a) Erkläre diese Erscheinung!
   b) Wo treten ähnliche Erscheinungen auf?

12. Schnellhefter aus Kunststoff „kleben“ manchmal regelrecht zusammen.
Wie ist diese Erscheinung zu erklären?

13. Auf Fernsehgeräten, besonders auf dem Bildschirm, sammelt sich schnell viel Staub.
Wie ist das zu erklären?

14. Eine positiv geladene Kugel wird einem Elektroskop genähert (s. Abb.).

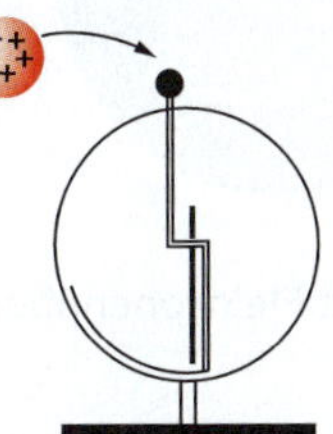

a) Was kann man beobachten, wenn man die Kugel nähert bzw. entfernt?
b) Erkläre die Beobachtung!

15. Wenn man einen durch Reiben aufgeladenen Gegenstand (z. B. ein Lineal oder einen Kunststoffstab) in die Nähe eines dünnen Wasserstrahls hält, kann man eine merkwürdige Beobachtung machen (s. Abb.).

a) Probiere es selbst aus!
b) Wie kann man diese Erscheinung erklären?

16. Ein Körper hat eine negative Ladung von 0,1 C. Wie groß ist der Elektronenüberschuss auf diesem Körper?

17. Ein Körper hat eine positive Ladung von 0,5 C. Wie viele Elektronen müssen auf ihn übergehen, damit er elektrisch neutral wird?

18. Eine Kugel ist nach außen zunächst elektrisch neutral. Mithilfe eines Bandgenerators wird die Kugel aufgeladen. Dabei gehen $3{,}1 \cdot 10^{10}$ Elektronen auf die Kugel über.
a) Wie ist die Kugel dann geladen?
b) Wie groß ist die Ladung der Kugel?

19. Die Skizze zeigt das elektrische Feld zwischen einer Platte und einer Spitze.

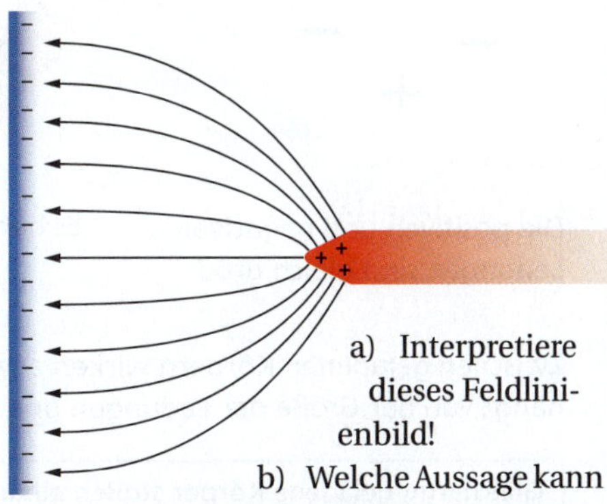

a) Interpretiere dieses Feldlinienbild!
b) Welche Aussage kann man aus dem Feldlinienbild über die Stärke des Feldes in der Nähe der Spitze bzw. der Platte treffen? Begründe!

20. Worin besteht der Unterschied zwischen einem elektrischen Feld und dem Feldlinienbild dieses Feldes?

***21.** Bei einer elektrisch geladenen Kugel verteilen sich die Elektronen immer gleichmäßig über die gesamte Oberfläche.
Erkläre diese Erscheinung!

22. Als Erfinder des Blitzableiters gilt der amerikanische Staatsmann und Naturforscher BENJAMIN FRANKLIN (1706–1790).
a) Informiere dich über Leben und Wirken von B. FRANKLIN! Nutze dazu z. B. die Internetadresse **www.schuelerlexikon.de**!
b) Formuliere Regeln für das Verhalten bei Gewittern im Freien!

***23.** Empfindliche elektronische Geräte oder auch Räume müssen von äußeren elektrischen Feldern abgeschirmt werden. Wie kann man das erreichen?

Elektrisch geladenen Körper und elektrische Felder

Körper können elektrisch neutral, positiv oder negativ geladen sein.

elektrisch neutral

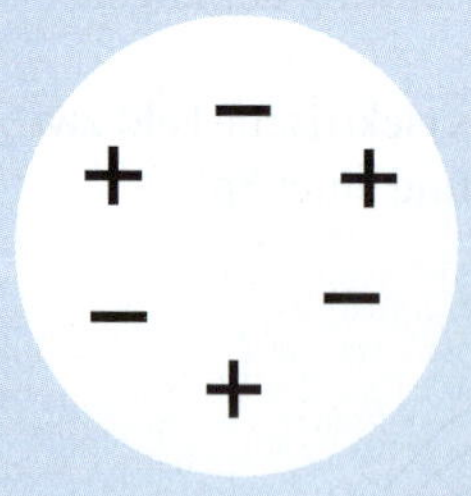

Die positiven und negativen Ladungen sind gleich groß.

positiv geladen

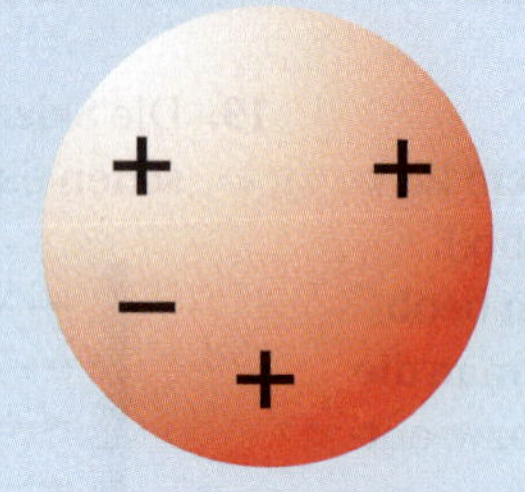

Es herrscht Elektronenmangel.

negativ geladen

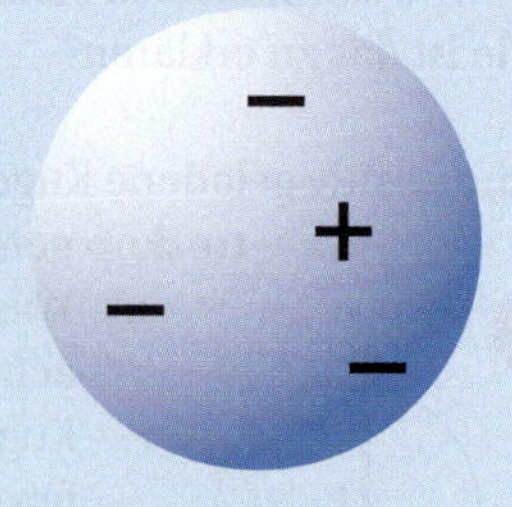

Es herrscht Elektronenüberschuss.

Zwischen geladenen Körpern wirken anziehende oder abstoßende Kräfte. Der Betrag der Kraft hängt von der Größe der Ladungen und ihrem Abstand voneinander ab.

Gleichartig geladene Körper stoßen einander ab.	Ungleichartig geladene Körper ziehen einander an.

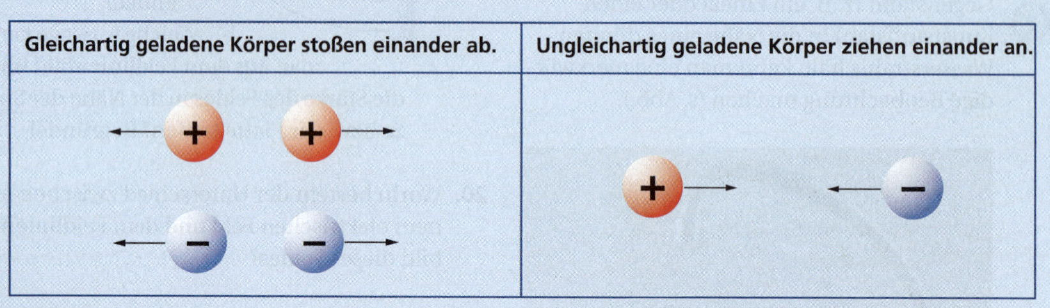

Zwischen unterschiedlich geladenen Körpern kann durch elektrische Überschläge (Blitze, elektrische Schläge) oder durch eine leitende Verbindung (Kabel) eine Übertragung von Ladungen und damit ein **Ladungsausgleich** erfolgen.

Ein **elektrisches Feld** existiert im Raum um elektrisch geladene Körper, in dem auf andere elektrisch geladene Körper Kräfte ausgeübt werden.

Für das **Feldlinienbild als Modell des Feldes** gilt:
- Die Richtung der Feldlinien gibt die Richtung der Kräfte auf geladene Körper an.
- Die Dichte der Feldlinien ist ein Maß für die Stärke des Feldes.
- Feldlinien verlaufen beim elektrischen Feld von + nach –.

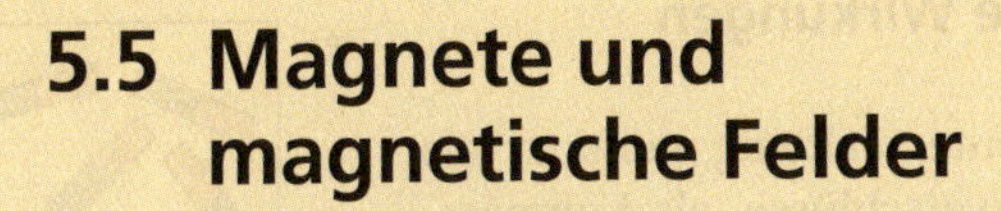

5.5 Magnete und magnetische Felder

Ein Kompass weist die Richtung
Mithilfe eines Kompasses kann man die Himmelsrichtungen bestimmen und sich in unbekanntem Gelände orientieren. Auch in der Seefahrt wurden und werden Kompasse zur Orientierung genutzt.
Warum kann man mit einem Kompass die Himmelsrichtungen bestimmen?

Magnete zur Befestigung
Mithilfe von Haftmagneten kann man Informationszettel oder Nachbildungen für den Unterricht leicht an Wandtafeln anbringen, verschieben oder auch entfernen. Allerdings haften die Magnete nicht an allen Tafeln.
Aus welchen Stoffen müssen Wandtafeln bestehen, damit man Gegenstände mithilfe von Magneten daran befestigen kann?

Magnete üben Kräfte auf Körper aus
Wenn man einen Magneten z. B. in die Nähe von Eisenfeilspänen bringt, dann werden diese Eisenfeilspäne vom Magneten angezogen. Dabei fällt zweierlei auf: Zum einen werden die Eisenfeilspäne von bestimmten Stellen des Magneten besonders stark angezogen. Zum anderen richten sie sich in typischer Weise aus.
Wie sind diese Erscheinungen zu erklären?
Welche Stoffe werden von Magneten angezogen, welche nicht? Wie sind Magnete überhaupt aufgebaut?

Magnete und ihre Wirkungen

Magnete werden heute vielfältig genutzt: als Haftmagnete, für Türverschlüsse, als Kompassnadeln. Sie haben eine besondere Eigenschaft: Sie ziehen Körper aus bestimmten Stoffen an.

Magnete sind Körper, die andere Körper aus Eisen, Nickel oder Cobalt anziehen.

Körper, die diese magnetische Eigenschaft auf Dauer oder über sehr lange Zeit besitzen, nennt man **Dauermagnete** oder **Permanentmagnete.** Dauermagnete bestehen ebenfalls aus Eisen, Nickel, Cobalt. Sie können verschiedene Formen haben (Abb. 1). Weit verbreitet sind Stabmagnete und Hufeisenmagnete, aber auch kreisförmige Magnete.

Dauermagnete werden heute meist aus speziellen Legierungen (Eisen-Nickel, Eisen-Aluminium) hergestellt. Dabei nutzt man, dass Körper aus Eisen, Nickel und Cobalt selbst magnetisch werden, wenn man sie in die Nähe eines starken Magneten bringt.

Körper, die von Magneten angezogen werden, sind auch selbst magnetisierbar.

Diese Eigenschaft von Körpern aus Eisen, Nickel und Cobalt, den **ferromagnetischen Stoffen,** ergibt sich aus ihrem Aufbau.

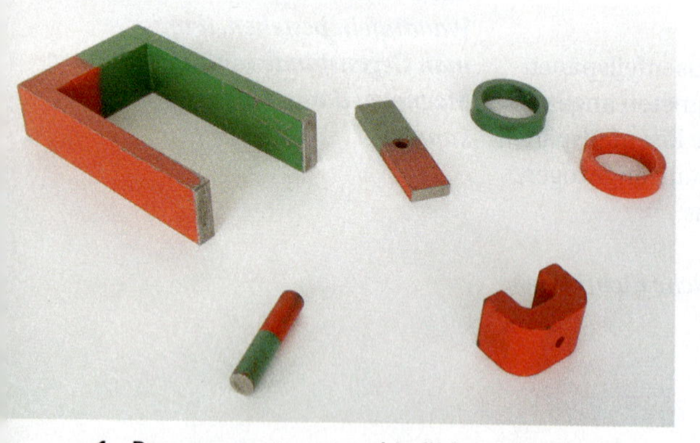

1 Dauermagnete unterschiedlicher Form

a)

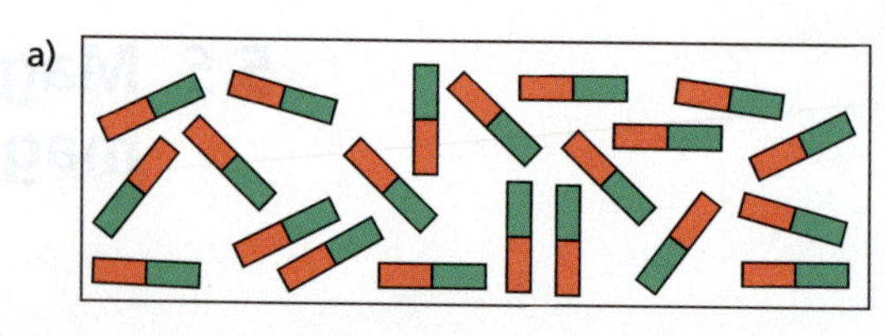

b)

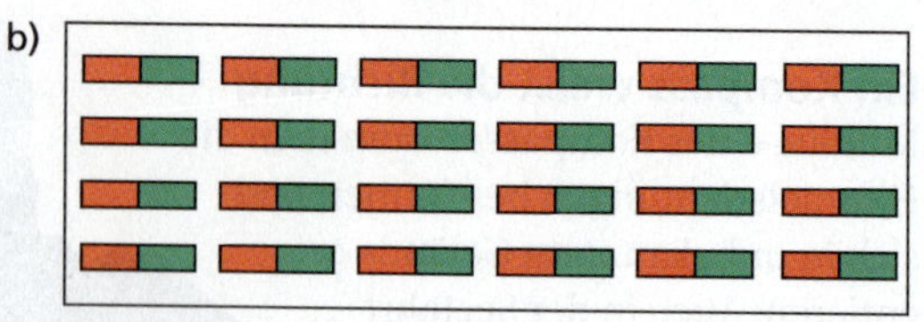

2 Unmagnetisiertes (a) und magnetisiertes (b) Eisen im Modell

Magnetisierbare Stoffe bestehen aus winzigen Bereichen, von denen sich jeder wie ein kleiner Magnet verhält. Im unmagnetisierten Zustand sind diese **Elementarmagnete** völlig ungeordnet (Abb. 2a). Der Körper ist nach außen hin unmagnetisch. Unter dem Einfluss eines Magneten können sich die Elementarmagnete ausrichten (Abb. 2b). Der Körper wird selbst magnetisch.

Die Ausrichtung der Elementarmagnete und damit der Magnetismus des Körpers geht verloren, wenn man einen Magneten zu stark erhitzt oder starken Erschütterungen aussetzt, ihn also z. B. mit einem Hammer bearbeitet.

Lassen sich in einem Stoff die Elementarmagnete leicht ausrichten, so bezeichnet man diesen Stoff als **magnetisch weich.** Die Ausrichtung der Elementarmagnete geht bei weichmagnetischen Stoffen aber auch leicht wieder teilweise oder ganz verloren. Ein Stoff, für den das zutrifft, ist z. B. Weicheisen, das man für die Herstellung von Transformatoren, Elektromotoren und Generatoren verwendet. Die Eisenkerne von Elektromagneten bestehen ebenfalls aus Weicheisen. Auch wenn sich in der Nähe eines magnetisch weichen Stoffes kein Magnet befindet, bleibt meist ein geringer Restmagnetismus zurück. Stoffe, bei denen die Ausrichtung der Elementarmagnete nur unter dem Einfluss starker Magnete erfolgt und lange Zeit erhalten bleibt, bezeichnet man als **magnetisch hart.** Aus solchen Stoffen stellt man Dauermagnete her, die z. B. als Haftmagnete verwendet werden.

Eigenschaften von Magneten

Magnete ziehen Körper aus ferromagnetischen Stoffen an. Diese Anziehung ist nicht an allen Stellen des Magneten gleich stark. An bestimmten Stellen ist die Anziehung am größten. Bei Stabmagneten und Hufeisenmagneten sind es die Enden (Abb. 1). Diese Stellen, an denen die stärksten anziehenden Kräfte wirken, nennt man **Pole** des Magneten.

Jeder Magnet hat zwei Pole, den Nordpol und den Südpol.

Auch wenn man einen Magneten zerteilt, hat jeder Teil wieder zwei Pole, einen **Nordpol** und einen **Südpol.** Das ergibt sich aus dem Aufbau eines Magneten (s. Abb. 2b, S. 370). Darüber hinaus gibt es auch keramische Magnete, die mehr als ein Polpaar besitzen. Solche Magnete verwendet man z. B. bei Fahrraddynamos.

Magnete können sich anziehen oder abstoßen, je nachdem, welche Pole sich gegenüberstehen (Abb. 2). Die anziehende und abstoßende Wirkung von Magneten kann auch durch andere Körper (z. B. Holz, Papier) hindurch gehen (Abb. 3). Nur Gegenstände aus Eisen, Nickel und Cobalt können nicht durchdrungen werden. Besonders gut zur **magnetischen Abschirmung** eignen sich Körper aus weichmagnetischen Stoffen, z. B. aus Weicheisen. Zur magnetischen Abschirmung empfindlicher Messgeräte und Anlagen nutzt man Bleche aus Weicheisen.

1 An den Polen eines Magneten sind die magnetischen Kräfte am größten.

Gleiche Magnetpole stoßen sich ab.

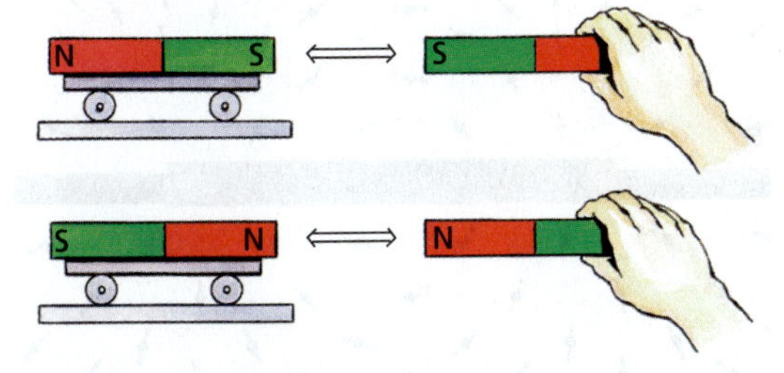

Ungleiche Magnetpole ziehen sich an.

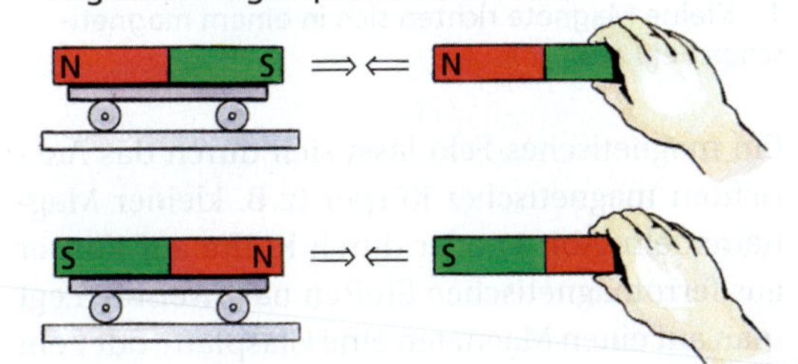

2 Kräfte zwischen Magneten

Das magnetische Feld

Den Raum um einen Magneten, in dem eine magnetische Wirkung auf andere Magnete bzw. auf Körper aus Eisen, Nickel und Cobalt zu beobachten ist, nennt man **Magnetfeld** oder **magnetisches Feld.**

Ein magnetisches Feld existiert im Raum um einen Magneten, in dem auf andere Magnete bzw. auf Körper aus ferromagnetischen Stoffen Kräfte ausgeübt werden.

3 Magnete wirken durch Holz und viele andere Stoffe hindurch. Das Magnetfeld durchsetzt diese Stoffe.

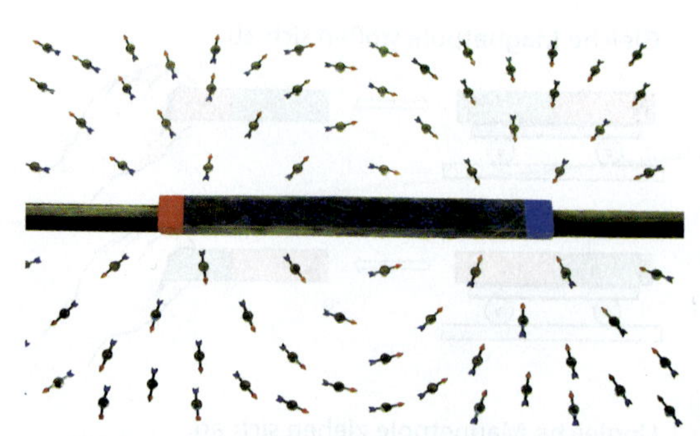

1 Kleine Magnete richten sich in einem magnetischen Feld aus.

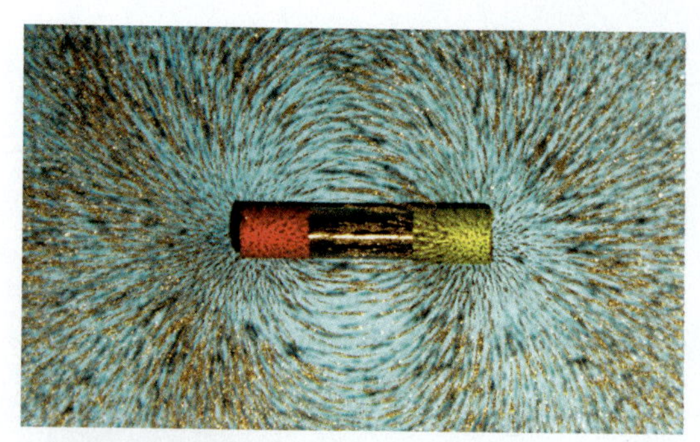

3 Eisenfeilspäne ordnen sich im magnetischen Feld eines Stabmagneten in bestimmter Weise an.

Ein magnetisches Feld lässt sich durch das Ausrichten magnetischer Körper (z.B. kleiner Magnetnadeln, Abb 1) oder durch Kräfte auf Körper aus ferromagnetischen Stoffen nachweisen. Legt man auf einen Magneten eine Glasplatte oder ein Blatt Papier und streut darauf Eisenfeilspäne, dann richten sich die Eisenfeilspäne in bestimmter Weise aus. Es ergibt sich ein typisches Bild (Abb. 3).
Zeichnet man anstelle der Ketten aus Eisenfeilspänen Linien, so erhält man ein **Feldlinienbild** dieses Feldes (Abb. 2).

Ein magnetisches Feld lässt sich mithilfe eines Feldlinienbildes veranschaulichen. Das Feldlinienbild ist ein Modell des Feldes.

Aus einem Feldlinienbild ist z. B. erkennbar, wie sich kleine Magnete im betreffenden Magnetfeld ausrichten.

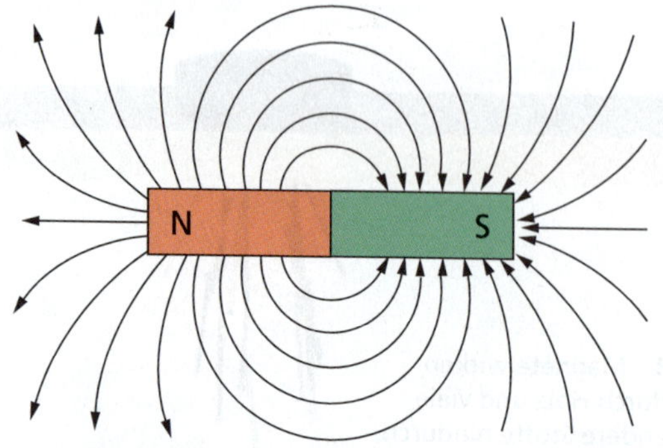

2 Feldlinienbild eines Stabmagneten: Die Feldlinien verlaufen vom Nord- zum Südpol.

Für das Feldlinienbild als Modell des magnetischen Feldes gilt:
- **Die Richtung der Feldlinien gibt die Richtung der wirkenden Kräfte auf Probekörper (z.B. kleine Magnete) an.**
- **Je größer die Anzahl der Feldlinien in einem bestimmten Gebiet des Feldes ist, desto stärker ist das magnetische Feld.**

Das Modell Feldlinienbild

Da das Feldlinienbild eines Magnetfeldes ein Modell ist, gilt wie für jedes andere Modell, dass es eine Vereinfachung der Wirklichkeit ist. In wichtigen Eigenschaften stimmt es mit der Wirklichkeit überein, in anderen nicht. So ist z. B. aus einem Feldlinienbild erkennbar,
- in welcher Richtung Kräfte auf Probekörper wirken, die sich in der Nähe des Magneten befinden,
- an welchen Stellen das Magnetfeld stärker oder schwächer ist.

Die Grenzen dieses Modelles bestehen u. a. darin, dass
- das Magnetfeld im gesamten Raum um einen Magneten vorhanden ist und nicht nur in einer Ebene,
- das Magnetfeld auch zwischen den Feldlinien existiert und
- keine Aussage über die absolute Stärke des Magnetfeldes gemacht werden kann.

Verlaufen die Feldlinien parallel, so ist die Stärke des Magnetfeldes überall gleich groß. Ein solches Feld wird als **homogenes Feld** bezeichnet.

Magnetfelder stromdurchflossener Leiter

Ein stromdurchflossener Leiter wirkt wie ein Magnet (Abb. 1). Besonders stark ist die magnetische Wirkung, wenn der Leiter als Spule aufgewickelt ist und einen Eisenkern enthält. Man nennt eine solche stromdurchflossenen Spule mit Eisenkern auch einen **Elektromagneten.**

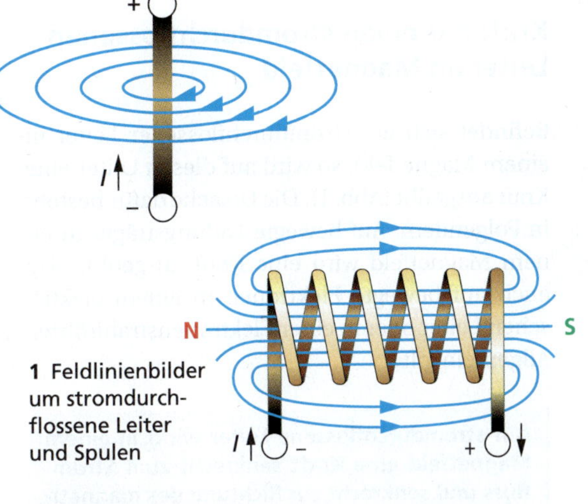

1 Feldlinienbilder um stromdurchflossene Leiter und Spulen

Um stromdurchflossene Leiter und stromdurchflossene Spulen existiert ein Magnetfeld.

Schaltet man den Strom ab, hört die magnetische Wirkung auf.
Das Magnetfeld einer Spule hat eine ähnliche Form wie das Magnetfeld eines Stabmagneten. Es gibt Nord- und Südpol. Mit Änderung der Polung der elektrischen Quelle ändert sich die Lage von Nord- und Südpol.

Im Äußeren der Spule verläuft das Magnetfeld wie bei einem Stabmagneten vom Nord- zum Südpol. Im Innern der Spule verläuft es dagegen vom Südpol zum Nordpol.
Die Stärke des Magnetfeldes einer Spule ist umso größer,
- je größer die Stromstärke in der Spule ist,
- je größer die Windungszahl der Spule ist und
- je kürzer die Spule ist.

Die Entdeckung der magnetischen Wirkung des elektrischen Stroms

Durch die Entdeckungen von LUIGI GALVANI (1737 bis 1798) und ALESSANDRO VOLTA (1745 bis 1827) konnten erstmals leistungsfähige Spannungsquellen entwickelt werden.
Damit wurden ab dem Jahre 1800 viele Untersuchungen zu Wirkungen des elektrischen Stromes durchgeführt. Unter anderem versuchte der dänische Physiker HANS CHRISTIAN OERSTED (1777–1851) an galvanischen Elementen Magnetismus nachzuweisen.

1820 wollte er in einer Vorlesung vor Studenten einen Draht durch elektrischen Strom zum Glühen bringen. Beim Einschalten des Stromes bemerkte er bei einem zufällig in der Nähe liegenden Kompass, dass die Kompassnadel abgelenkt wurde.
Nach Ausschalten des Stromes drehte sich die Kompassnadel in die ursprüngliche Nord-Süd-Richtung zurück.
OERSTED hatte damit die magnetische Wirkung des elektrischen Stromes entdeckt.

Kraft auf einen stromdurchflossenen Leiter im Magnetfeld

Befindet sich ein stromdurchflossener Leiter in einem Magnetfeld, so wird auf diesen Leiter eine Kraft ausgeübt (Abb. 1). Die Ursache dafür besteht in Folgendem: Auf bewegte Ladungsträger in einem Magnetfeld wird eine Kraft ausgeübt, also auch auf bewegte Elektronen in einem elektrischen Leiter oder in einer Elektronenstrahlröhre. Allgemein gilt:

Auf stromdurchflossene Leiter wirkt in einem Magnetfeld eine Kraft senkrecht zum Stromfluss und senkrecht zur Richtung des magnetischen Feldes.

Die Richtung der Kraft auf stromführende Leiter ergibt sich nach der **Rechte-Hand-Regel (UVW-Regel).**

Rechte-Hand-Regel (UVW-Regel):

Daumen:	**Stromrichtung von + nach – (Bewegungsrichtung positiv geladener Ladungsträger, Ursache U)**
Zeigefinger:	**Richtung des Magnetfeldes vom Nord- zum Südpol (Vermittlung V)**
Mittelfinger:	**Richtung der Kraft (Wirkung W)**

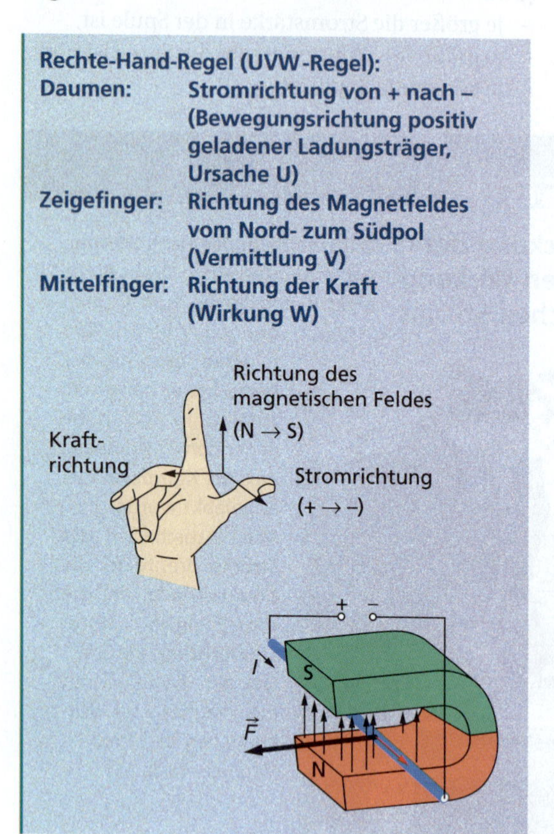

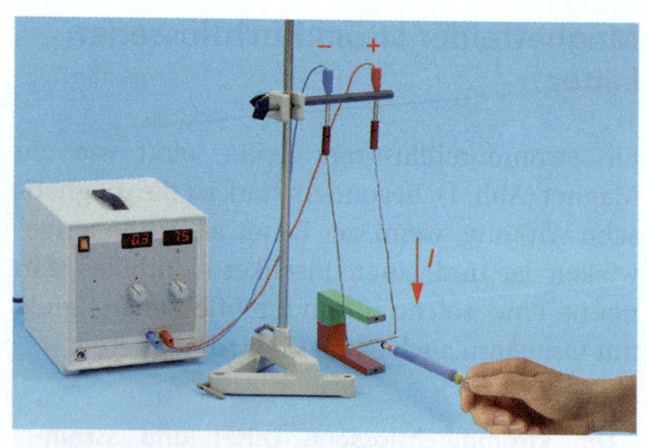

1 Auf einen stromdurchflossenen Leiter wirkt im Magnetfeld eine Kraft.

Die Erscheinung, dass auf einen stromdurchflossenen Leiter in einem Magnetfeld eine Kraft ausgeübt wird und damit der Leiter in Bewegung gesetzt werden kann, wird als **elektromotorisches Prinzip** bezeichnet.
Dabei wird elektrische in mechanische Energie umgewandelt. Genutzt wird das elektromotorische Prinzip bei Elektromotoren (s. S. 377) und bei elektrischen Messgeräten, z. B. bei Drehspulinstrumenten (s. S. 321).

Mosaik

Kräfte zwischen stromdurchflossenen Leitern

Bringt man in das Magnetfeld eines stromdurchflossenen Leiters einen zweiten stromdurchflossenen Leiter, so wirkt auf diesen eine Kraft. Die Richtung der Kraft kann mit der Rechte-Hand-Regel bestimmt werden.

2 Die Richtung der Kraft auf einen stromdurchflossenen Leiter ist von der Stromrichtung abhängig.

Physik in Natur und Technik

Ein Elektromagnet als Kran

Große Elektromagnete werden genutzt, um schwere Lasten zu heben und zu transportieren. Solche Lasthebemagnete werden vor allem auf Schrottplätzen, in Stahlwerken und auf Baustellen eingesetzt (Abb. 1).
Wie ist ein Lasthebemagnet aufgebaut?
Wie kann man seine Wirkungsweise erklären?

1 Aufbau eines Lasthebemagneten

Ein Lasthebemagnet besteht aus einer Spule und einem Eisenkern. Fließt durch die Spule ein Strom, so entsteht ein Magnetfeld, das durch den Eisenkern verstärkt wird. Körper aus Eisen und Stahl werden von diesem Magneten angezogen. Beim Abschalten des Stromes fallen sie ab.

Ein klingender Magnet

Das wichtigste Bauteil einer elektrischen Klingel ist ein Elektromagnet. Auch in einem Türgong (Abb. 2), der zwei Töne erzeugt, ist ein Elektromagnet enthalten.

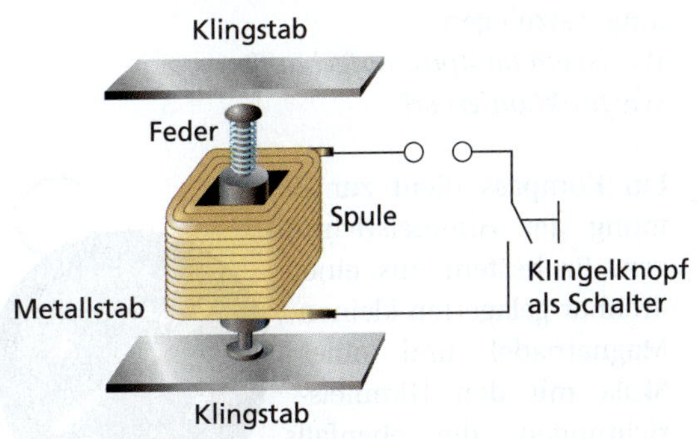

2 Aufbau eines Türgongs

Beschreibe den Aufbau und erkläre die Wirkungsweise eines elektrischen Türgongs!

Der Türgong enthält einen Stromkreis mit einer Spule. In der Spule befindet sich ein Metallstab, der auf einer Feder gelagert ist. Oberhalb und unterhalb der Spule befinden sich die Klingstäbe (Abb. 2). Die Spule befindet sich in einem Stromkreis mit einer elektrischen Quelle und einem Schalter (Klingelknopf).

Wird durch Betätigung des Klingelknopfes (Schalter) der Stromkreis geschlossen, so fließt ein elektrischer Strom. Durch die magnetische Wirkung des elektrischen Stromes wird die Spule zu einem Elektromagneten. Der Elektromagnet übt eine Kraft auf den in der Spule befindlichen Metallstab aus, sodass dieser gegen den Klingstab stößt.
Dabei wird der Metallstab zunächst gegen den einen Klingstab gelenkt. Nach Loslassen des Klingelknopfes wird der Stromkreis geöffnet und die magnetische Wirkung auf den Metallstab hört auf.
Durch die Feder wird der Metallstab zurückgezogen und gegen den anderen Klingstab gelenkt. Danach bewegt er sich wieder in die Ruhelage.

Orientierung mit dem Kompass

Zur Orientierung in einer unbekannten Gegend kann man Karte und Kompass nutzen (Abb. 1). Insbesondere ist es möglich, mithilfe eines Kompasses die Himmelsrichtungen zu bestimmen, sich zu orientieren und die künftige Marschrichtung festzulegen.
Wie ist ein Kompass aufgebaut?
Wie funktioniert er?

Ein Kompass dient zur Bestimmung der Himmelsrichtungen. Er besteht aus einer drehbar gelagerten kleinen Magnetnadel und einer Skala mit den Himmelsrichtungen, die ebenfalls drehbar sein kann. Die Bauformen können dabei sehr unterschiedlich sein. Meist ist die Kompassnadel auf einer Spitze leicht drehbar gelagert, so wie das bei dem unten abgebildeten Kompass ist. Es gibt auch Kompasse, bei denen die Magnetnadel in Form einer Kugel ausgebildet und leicht drehbar in einer Flüssigkeit gelagert ist.
Um sich mit einem Kompass im Gelände orientieren zu können, nutzt man aus, dass die Erde selbst ein sehr großer, aber nicht sehr starker Magnet ist (Abb. 3). Dabei ist zu beachten: Der magnetische Südpol liegt in der Nähe des geografischen Nordpols, der magnetische Nordpol in der Nähe des geografischen Südpols (Abb. 2).

1 Orientierung mit dem Kompass: Die Nadel richtet sich in Nord-Süd-Richtung aus.

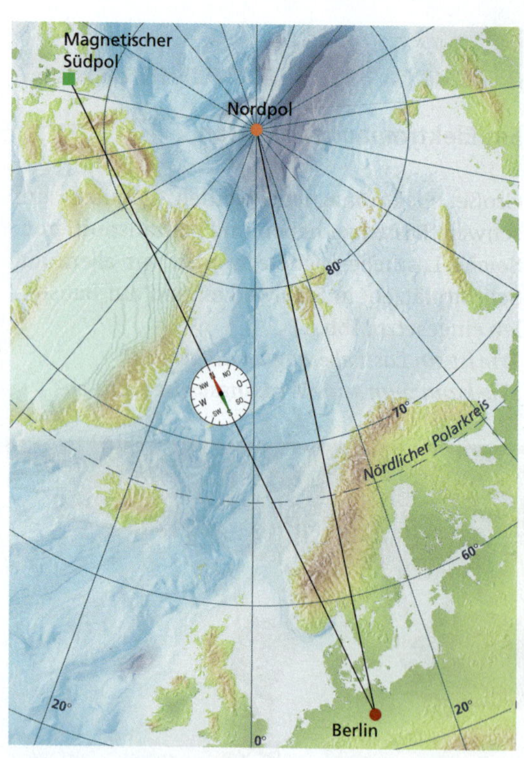

2 Der magnetische Südpol liegt in der Nähe des geografischen Nordpols.

Im Magnetfeld der Erde richtet sich die drehbar gelagerte Magnetnadel entsprechend der Richtung der Feldlinien dieses Magnetfeldes aus.
Da die geografischen Pole und die magnetischen Pole der Erde nicht zusammenfallen, zeigt eine Magnetnadel nicht genau in Nord-Süd-Richtung. Die Abweichung beträgt in Deutschland 1°–2°.

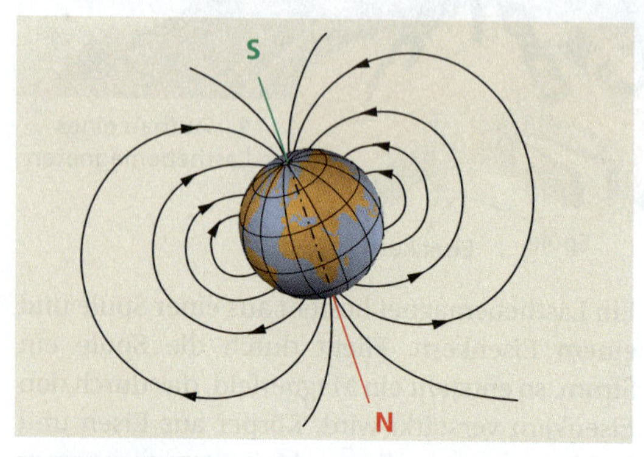

3 Magnetfeld der Erde in Erdnähe: Es ähnelt dem Magnetfeld eines Stabmagneten.

Der Gleichstrommotor

Elektromotoren (Abb. 1, 3) werden heute in sehr vielen Geräten und Anlagen zum Antrieb genutzt. Einige dieser Motoren werden mit Gleichstrom betrieben, andere mit Wechselstrom.

Wie ist ein Gleichstrommotor aufgebaut? Wie funktioniert ein Gleichstrommotor?

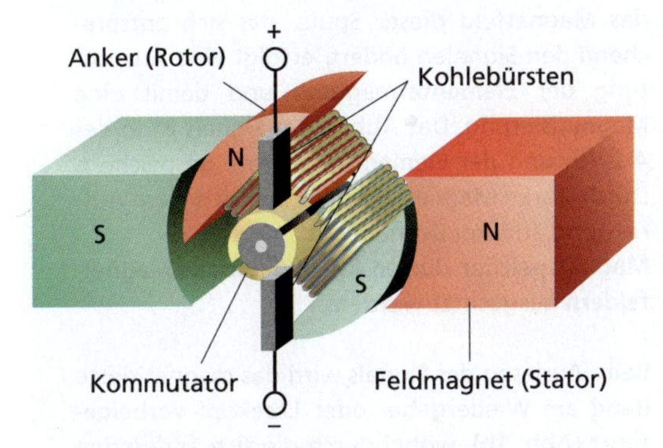

1 Aufbau eines Gleichstrommotors

Ein Gleichstrommotor dient zur Umwandlung von elektrischer Energie in mechanische Energie, mit der mechanische Arbeit verrichtet wird. Dabei wird eine Drehbewegung erzeugt, die zum Antrieb von Geräten und Anlagen verwendet wird.

In Gleichstrommotoren werden die Kräfte zwischen Magneten genutzt. Die wesentlichen Teile eines Gleichstrommotors sind der feststehende Feldmagnet (Stator), der drehbar gelagerte Anker (Rotor), der Kommutator (Polwender) und die Kohlebürsten (Abb. 1). Durch den **Feldmagneten** (Dauer- oder Elektromagnet) wird ein magnetisches Feld aufgebaut. In diesem Feld ist ein Elektromagnet, der **Anker,** drehbar gelagert. Über **Kohlebürsten** als Schleifkontakte wird der Anker an eine Gleichspannung angeschlossen. Durch den Stromfluss im Anker wird dieser zum Magneten und es treten Kräfte zwischen Feldmagneten und Anker auf. Diese Kräfte führen zu einer Drehbewegung des Ankers.

Wenn sich die ungleichen Magnetpole des Feldmagneten und des Ankers direkt gegenüberstehen, muss das Magnetfeld des Ankers umgepolt werden, damit die Drehbewegung weiterlaufen kann. Dies geschieht durch den **Kommutator** (Polwender). Durch die Trägheit bei der Drehbewegung bewegt sich der Anker über den Totpunkt (Abb. 2b) hinweg und der Strom durch den Anker wird umgepolt. Es treten wieder abstoßende und anziehende Kräfte zwischen Feldmagneten und Anker auf, die zur Fortsetzung der Drehbewegung führen (Abb. 2c).

Der skizzierte Gleichstrommotor läuft recht ungleichmäßig. Für technische Anwendungen hat man deshalb Anker entwickelt, die wesentlich komplizierter aufgebaut sind und einen gleichmäßigen Lauf gewährleisten.

3 Elektromotor (aufgeschnitten)

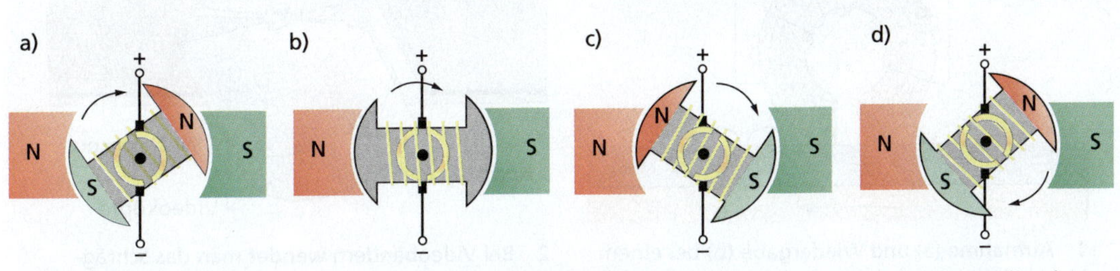

2 Wirkungsweise eines Gleichstrommotors: Die Lage der Magnetpole beim Rotor ändert sich ständig, da durch den Kommutator nach jeder halben Drehung eine Umpolung erfolgt.

Magnetspeicher

Um Ton- und Bildinformationen zu speichern, müssen diese als Signale auf ein entsprechendes Speichermedium geprägt werden. Sie müssen von dort auch wieder abrufbar sein. Weit verbreitet sind Magnetspeicher. Zu solchen Speichern gehören **Magnetbänder** für Tonbandgeräte, Diktiergeräte, Videorecorder und Camcorder sowie **Magnetplatten** bei Disketten und Festplatten von Computern.

Auf Magnetbändern können analoge oder digitale Signale gespeichert werden. Auf Disketten und Festplatten speichert man digitale Signale, weil nur diese von Computern verarbeitet werden können.

Das Grundprinzip der magnetischen Speicherung ist überall gleich: Auf eine Trägerschicht ist eine sehr dünne, magnetisierbare Schicht aufgebracht, die häufig aus Cobalt und Nickel besteht. Die Elementarmagnete dieser Schicht sind zunächst ungeordnet.

Zum Speichern wird das Magnetband oder die Magnetplatte an einer Spule, dem Aufnahme- oder Schreibkopf, vorbeigeführt (Abb. 1a). Durch das Magnetfeld dieser Spule, das sich entsprechend den Signalen ändert, erfolgt eine Ausrichtung der Elementarmagnete und damit eine Magnetisierung. Das Abbild des Signals ist in der Ausrichtung der Elementarmagnete gespeichert. Durch starke Magnetfelder könnte sich diese Ausrichtung ändern. Deshalb gilt:

Magnetspeicher dürfen keinen starken Magnetfeldern ausgesetzt werden.

Beim Auslesen des Signals wird das magnetisierte Band am Wiedergabe- oder Lesekopf vorbeigeführt (Abb. 1b), wobei durch die sich ändernden Magnetfelder in der Spule eine Spannung induziert wird, die ein Abbild der gespeicherten Informationen ist.

Bei **Videobändern** wendet man wegen der großen Datenmengen folgenden Trick an: Aufnahme- und Wiedergabeköpfe sind auf einer Trommel befestigt, die mit 1500 U/min rotiert. Die Daten werden in Schrägspuren nebeneinander auf dem Videoband gespeichert (Abb. 2).

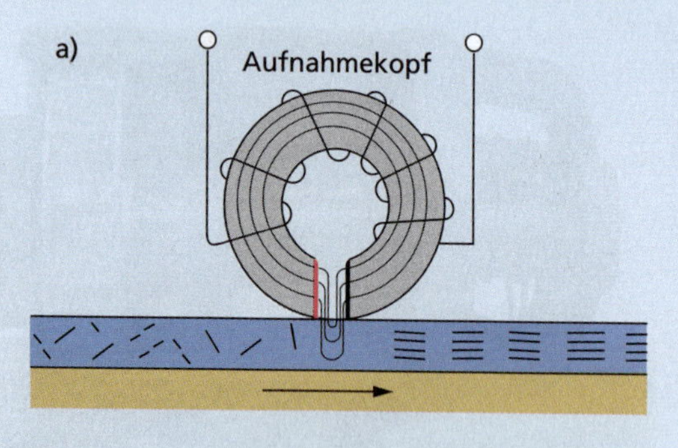

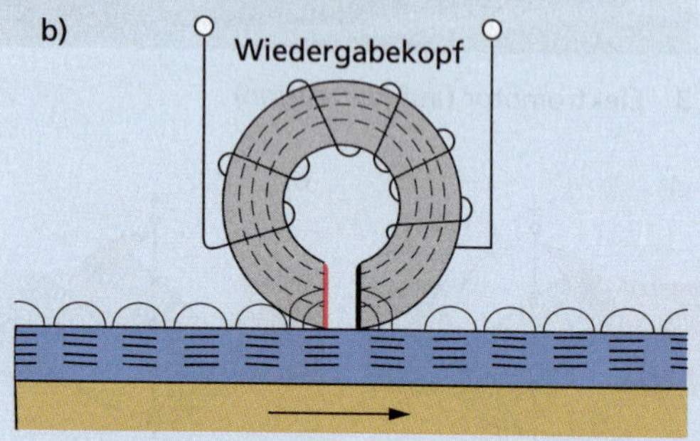

1 Aufnahme (a) und Wiedergabe (b) bei einem Magnetband

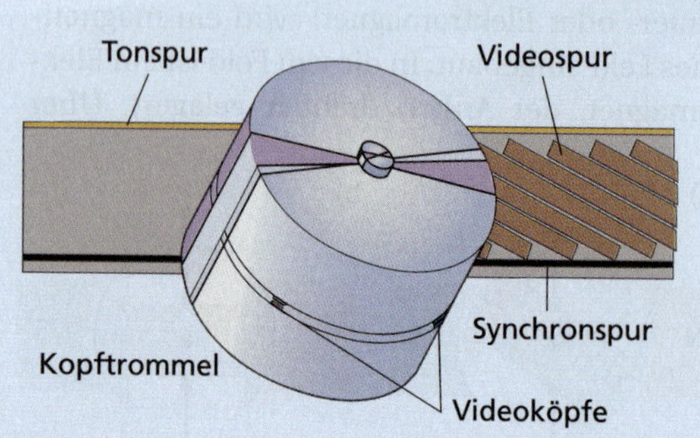

2 Bei Videobändern wendet man das Schrägspurverfahren an.

gewusst · gekonnt

1. Untersuche, ob Gegenstände wie eine Büroklammer, eine Schere, ein Kamm, Papier, Münzen, Nägel und Schrauben von einem Magneten angezogen werden!

2. Erläutere, wie Magnete bei folgenden Geräten angewendet werden:
   a) magnetischer Seifenhalter,
   b) magnetischer Schraubendreher,
   c) magnetischer Büroklammerspender,
   d) magnetischer Türschließer!

3. Von zwei äußerlich gleich aussehenden Stäben ist der eine Stab ein unmagnetischer Eisenstab und der andere ein Permanentmagnet. Erläutere, wie man ohne spezielle Hilfsmittel feststellen kann, welcher der beiden der Eisenstab ist!

4. Wenn man an einem Nagel oder an einer Nadel aus Eisen mehrmals gleichmäßig mit einem Magneten in gleicher Richtung entlangstreicht, wird der Nagel oder die Nadel magnetisiert (s. Abb.).

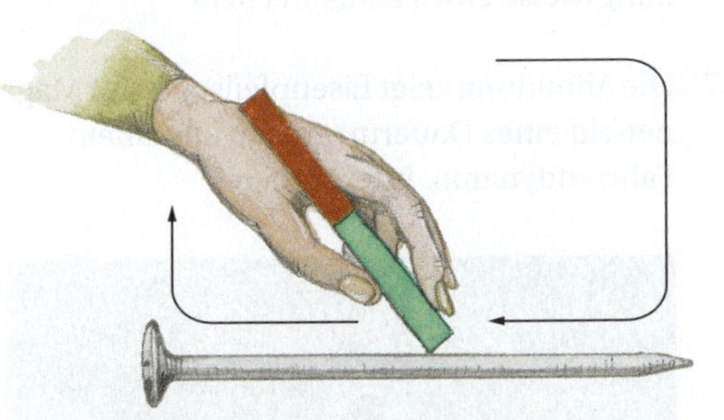

   Stelle dir einen solchen Magneten her! Probiere aus, wie man aus einem solchen Magneten einen Kompass bauen könnte! Kontrolliere mit einem anderen Kompass, ob die Ausrichtung der selbst gebauten Magnetnadel stimmt!

5. Ein Kompass zeigt dir nur dann die richtige Richtung an, wenn die Nadel nicht durch andere magnetische Kräfte als die des Erdmagnetfeldes beeinflusst wird.
   Wodurch können Fehler bei der Richtungsbestimmung mit einem Kompass entstehen? Begründe!

6. Halte einen Kompass je einmal oben und unten an einen eisernen Heizkörper!
   a) Beschreibe deine Beobachtungen!
   * b) Erkläre deine Beobachtungen!

7. Magnet ist nicht gekennzeichnet. Du weißt daher nicht, wo sich der Nordpol und wo sich der Südpol befinden.
   Wie kann man experimentell herausfinden, welches der Nordpol ist?
   Welche Hilfsmittel werden dazu benötigt?

8. Stelle dir vor, du befindest dich mit einer Expedition in der Antarktis. Genau unter deinen Füßen ist ein magnetischer Pol. Du hast einen Kompass, dessen Nadel so gelagert ist, dass sie sich in jede Richtung drehen kann. Wie stellt sich die Nadel ein? Begründe!

9. Wenn man an einen Pol eines kräftigen Stabmagneten zwei lange Nägel hängt, so gehen die unteren Spitzen der Nägel auseinander.
   a) Probiere es aus!
   b) Erkläre diese Erscheinung!

10. Wickle mehrere Male einen isolierten Draht um einen Kompass und halte die Enden des Drahtes an die Pole einer Batterie!
    Beschreibe und erkläre deine Beobachtungen!

11. Du willst herausfinden, ob in einem bestimmten Raum ein magnetisches Feld vorhanden ist. Diskutiere Möglichkeiten!

12. Begründe, warum sich eine Magnetnadel immer in Nord-Süd-Richtung einstellt!

13. Aus einer Spule und einem Eisenkern kann man sich einen Elektromagneten herstellen. Untersuche mithilfe einer einfachen Versuchsanordnung, wovon die Stärke eines Elektromagneten abhängig ist! Baue den Versuch entsprechend der Abbildung auf!

a) Schalte die elektrische Quelle ein! Beschreibe und erkläre deine Beobachtung!

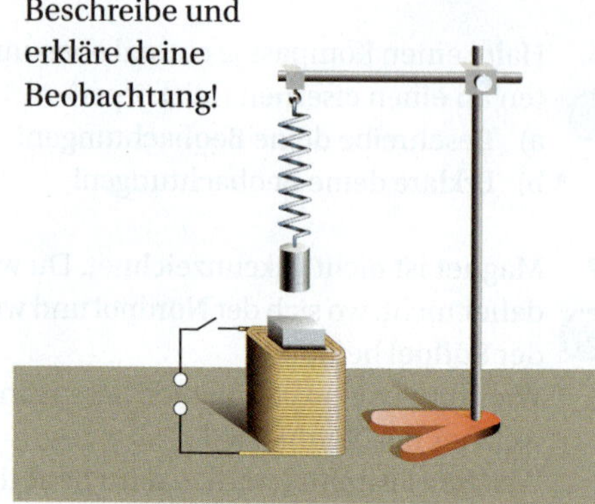

b) Wähle an der elektrischen Quelle eine größere Spannung! Was beobachtest du? Welche Vermutung kannst du aus der Beobachtung ableiten?

c) Führe den Versuch nacheinander mit zwei Spulen unterschiedlicher Windungszahl durch! Die Stromstärke muss in beiden Fällen gleich groß sein. Was beobachtest du? Welche Vermutung kannst du daraus ableiten?

14. Eine elektrische Klingel hat den in der Abbildung dargestellten Aufbau.

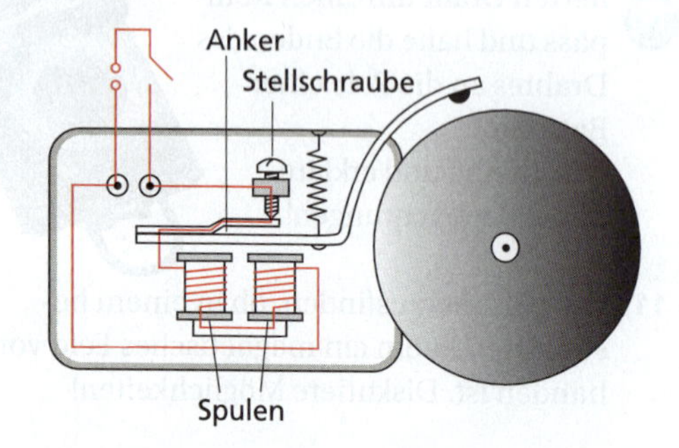

Beschreibe den Aufbau und erkläre die Wirkungsweise einer solchen Klingel!

15. Ein Relais ist ein elektromagnetischer Schalter. Es hat den in der Abbildung dargestellten Aufbau.

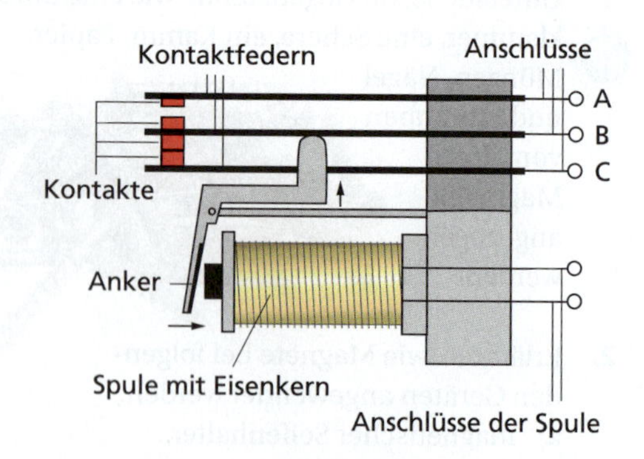

Beschreibe den Aufbau eines Relais! Erkläre seine Wirkungsweise!

16. Die Abbildung zeigt den Aufbau eines Lautsprechers.

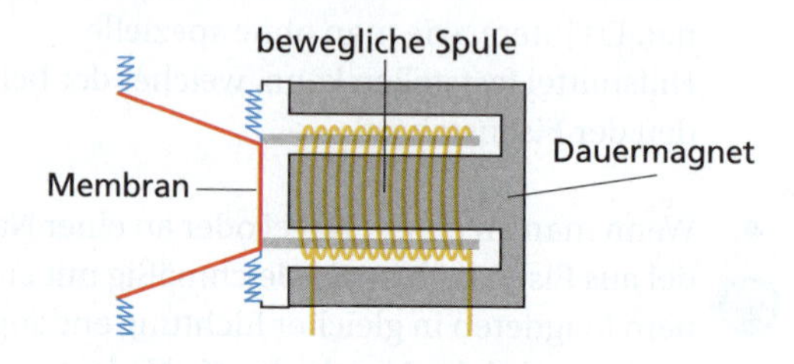

Beschreibe den Aufbau und erkläre die Wirkungsweise eines Lautsprechers!

17. Die Abbildung zeigt Eisenpfeilspäne im Magnetfeld eines Dauermagneten aus einem Fahrraddynamo. Interpretiere!

Magnete und magnetische Felder

Ein **magnetisches Feld** existiert im Raum um Dauermagnete und stromdurchflossene Leiter.
- Jedes Magnetfeld hat Nord- und Südpol.
- In einem Magnetfeld wirken Kräfte auf ferromagnetische Stoffe (Eisen, Nickel, Cobalt) und andere Magnete.
- Gleiche Pole stoßen sich ab, ungleiche Pole ziehen sich an.
- Im Magnetfeld ist Energie gespeichert.
- Magnetfelder lassen sich mithilfe von Feldlinienbildern veranschaulichen.

Magnetfeld eines Stabmagneten **Magnetfeld einer stromdurchflossenen Spule**

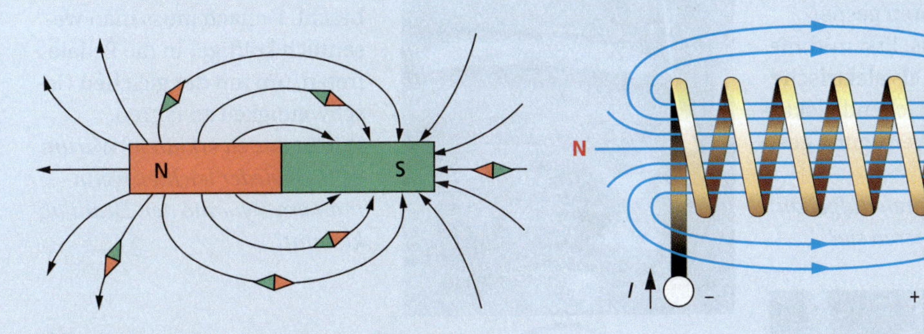

Die **Stärke des Magnetfeldes** um eine stromdurchflossene Spule (Elektromagnet) ist umso größer,
- je größer die Stromstärke in der Spule ist,
- je größer die Windungszahl der Spule ist.

Um eine Spule mit Eisenkern ist das Magnetfeld wesentlich stärker als um eine Spule ohne Eisenkern.

Wichtige Anwendungen von Elektromagneten sind **Lasthebemagnete, Klingeln, Türgongs** und **elektromagnetische Relais.**

Aufbau eines Gleichstrommotors

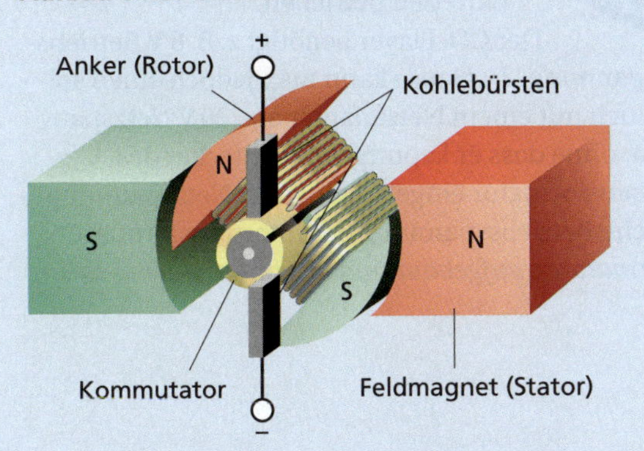

Eine weitere Anwendung von Elektromagneten ist der Gleichstrommotor. Bei ihm wird das **elektromotorische Prinzip** genutzt:
Auf stromdurchflossene Leiter im Magnetfeld werden Kräfte ausgeübt, die eine Bewegung hervorrufen können.

5.6 Elektromagnetische Induktion

Generator als Energiequelle

Für den Betrieb der meisten Geräte und Anlagen reicht die elektrische Energie, die in Batterien oder Akkumulatoren gespeichert ist, nicht aus. Erst mithilfe von Generatoren als elektrische Quelle kann ausreichend elektrische Energie zur Verfügung gestellt werden.

Wie sind Generatoren aufgebaut und wie funktionieren sie?

Fahrraddynamo als Energiewandler

Wenn es dunkel wird, muss am Fahrrad die Beleuchtungsanlage angeschaltet werden. Dazu wird der Dynamo an den Reifen gebracht. Danach muss man wesentlich kräftiger in die Pedale treten, um mit der gleichen Geschwindigkeit zu fahren.

Wie ist das zu erklären? Warum geht es wieder leichter, wenn man am Dynamo den Draht abklemmt?

Netzadapter als Energieversorger

Tragbare elektronische Geräte wie CD-Player, Kassettenrecorder oder Walkman werden gewöhnlich mit Batterien betrieben.

Der CD-Player benötigt z. B. 6 V Betriebsspannung. Zu Hause kann man jedoch einen solchen CD-Player auch mit einem Netzadapter an 230 V Netzspannung anschließen, ohne dass er kaputtgeht. Im Stecker des Adapters ist ein Transformator eingebaut, der die Netzspannung auf die erforderliche Betriebsspannung heruntertransformiert.

Wie sind Transformatoren aufgebaut und wie funktionieren sie?

Das Induktionsgesetz

Bewegt man einen elektrischen Leiter senkrecht zu den Feldlinien in einem Magnetfeld, so entsteht im Leiter ein Stromfluss. Dieser Stromfluss ist durch Kräfte auf die Elektronen im Leiter bedingt (Abb. 1).
Zwischen den Enden des Leiters entsteht eine Spannung, die **Induktionsspannung U_i** genannt wird. Der Vorgang heißt **elektromagnetische Induktion.**
Diese von dem englischen Physiker MICHAEL FARADAY (1791–1867) entdeckte elektromagnetische Induktion ist eine entscheidende Grundlage der gesamten Elektrotechnik.
Größere Induktionsspannungen entstehen, wenn anstelle eines Leiters eine Spule benutzt wird (Abb. 2). Dabei ist es egal, ob man den Magneten oder die Spule bewegt. Entscheidend ist die Relativbewegung zwischen Spule und Magnet. Genauere Untersuchungen haben ergeben, dass das Entstehen einer Induktionsspannung nicht an die Bewegung eines Leiters im Magnetfeld gebunden ist, sondern an die Änderung des von der Spule bzw. von dem Leiter umfassten Magnetfeldes (Abb. 3). Diese Erkenntnisse lassen sich zusammenfassen zu einer Aussage darüber, unter welchen Bedingungen eine Induktionsspannung entsteht.

In einer Spule wird eine Spannung induziert, wenn sich das von der Spule umfasste Magnetfeld ändert.

Ändern kann sich dabei die Stärke des Magnetfeldes oder der räumliche Anteil, den die Spule umfasst. Das Magnetfeld kann sowohl durch Dauermagnete als auch durch Elektromagnete erzeugt werden. Um Induktionsspannungen zu erhalten, kann man verschiedene Anordnungen nutzen. Einige mögliche Anordnungen sind in Abb. 3 dargestellt. Dabei ist zu beachten: Nicht jede Relativbewegung zwischen einer Induktionsspule und einem Magnetfeld führt zu einer Induktionsspannung. Entscheidend ist die Änderung des umfassten Magnetfeldes.

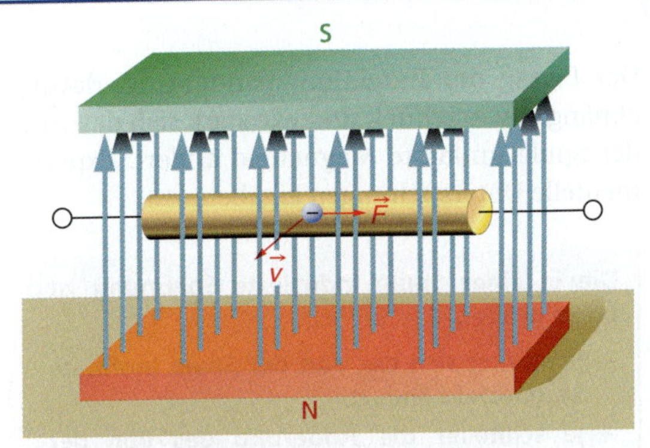

1 Kraft auf Elektronen bei der Bewegung eines Leiters im Magnetfeld

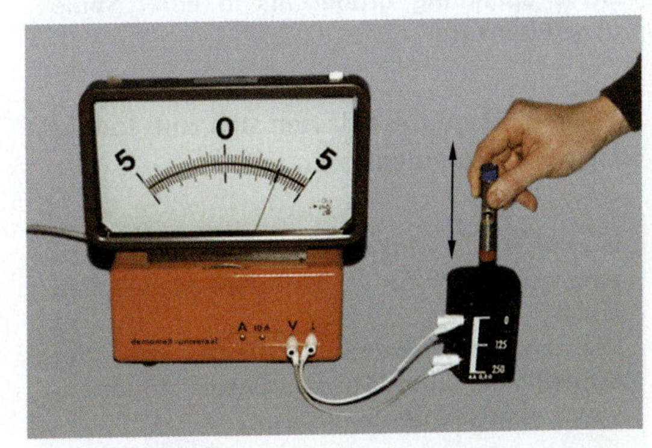

2 Erzeugen einer Induktionsspannung durch Bewegen des Magneten

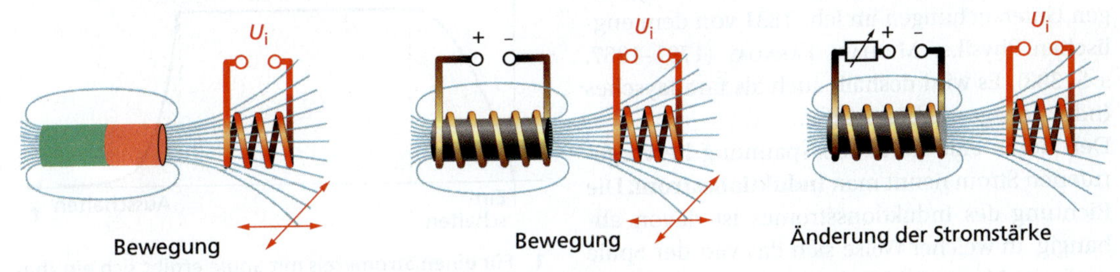

3 Anordnungen zur Erzeugung von Induktionsspannungen

Der Betrag der Induktionsspannung ist davon abhängig, wie schnell und wie stark sich das von der Spule umfasste Magnetfeld ändert. Experimentelle Untersuchungen ergaben:

Die in einer Spule induzierte Spannung ist umso größer,
- **je stärker sich das von der Spule umfasste Magnetfeld ändert,**
- **je schneller die Änderung des von der Spule umfassten Magnetfeldes erfolgt.**

Auch der Bau der Spule hat Einfluss auf die Größe der Induktionsspannung. Insbesondere hängt die Induktionsspannung in einer Spule von ihrer Windungszahl und davon ab, ob sie einen Eisenkern besitzt.

Die in einer Spule induzierte Spannung ist umso größer, je größer die Windungszahl der Spule ist.
Bei einer Spule mit Eisenkern ist die induzierte Spannung größer als in einer Spule ohne Eisenkern.

Alle diese Erkenntnisse lassen sich zum **Induktionsgesetz** zusammenfassen.

In einer Spule wird eine Spannung induziert, wenn sich das von ihr umfasste Magnetfeld ändert.
Die Induktionsspannung hängt von der Schnelligkeit und Stärke dieser Änderung sowie vom Bau der Spule ab.

Entdeckt wurde dieses grundlegende Gesetz und seine Gültigkeitsbedingungen nach mehrjährigen Untersuchungen im Jahr 1831 von dem englischen Physiker MICHAEL FARADAY (1791–1867, s. S. 388). Es wird deshalb auch als faradaysches Induktionsgesetz bezeichnet.
Den durch eine Induktionsspannung hervorgerufenen Strom nennt man **Induktionsstrom.** Die Richtung des Induktionsstromes ist davon abhängig, in welcher Weise sich das von der Spule umfasste Magnetfeld ändert.

Das lenzsche Gesetz

Durch elektromagnetische Induktion entsteht elektrische Energie. Nach dem Gesetz von der Erhaltung der Energie kann diese nur durch Umwandlung anderer Energien, z. B. der Bewegungsenergie, entstehen. Diese Erkenntnis wird im **lenzschen Gesetz** beschrieben.

Ein Induktionsstrom ist stets so gerichtet, dass er der Ursache seiner Entstehung entgegenwirkt.

Entdeckt wurde dieses Gesetz von dem deutschen Physiker HEINRICH FRIEDRICH EMIL LENZ (1804–1865), der in St. Petersburg wirkte.
Das Gesetz zeigt sich z. B. bei einer Spule, die sich in einem Stromkreis befindet.
Wird ein solcher Stromkreis, in dem sich eine Spule befindet, geschlossen, so steigt die Stromstärke an. Um die Spule wird damit ein Magnetfeld aufgebaut. Dieses sich ändernde Magnetfeld umfasst die Spule selbst und induziert in der Spule eine Spannung und einen Strom. Diesen Vorgang nennt man **Selbstinduktion.**
Nach dem lenzschen Gesetz ist der Induktionsstrom so gerichtet, dass er beim Einschalten dem ursprünglichen Strom entgegenwirkt, diesen also schwächt. Dadurch steigt die Stromstärke in einem solchen Stromkreis nur allmählich an.
Beim Ausschalten dagegen sinkt die Stromstärke aufgrund der Selbstinduktion in der Spule nur allmählich ab. Für die Stromstärke ergibt sich beim Ein- und Ausschalten ein charakteristischer Verlauf (Abb. 1).

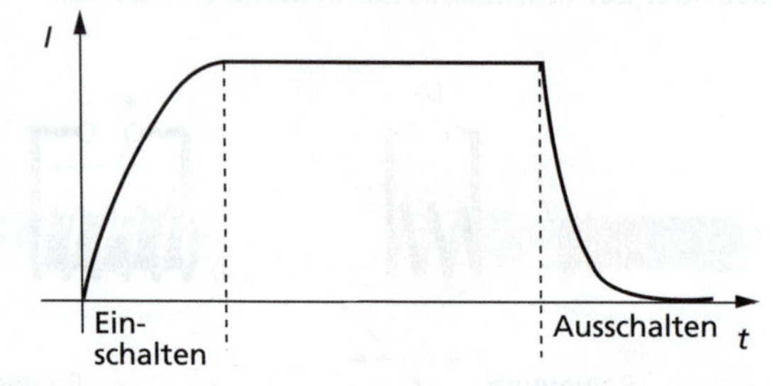

1 Für einen Stromkreis mit Spule ergibt sich ein charakteristisches Stromstärke-Zeit-Diagramm.

Wirbelströme

Spannungen werden nicht nur in Spulen induziert, sondern auch in anderen Leitern, wenn sich das von ihnen umfasste Magnetfeld ändert. Bringt man z. B. metallische Platten oder Stäbe in ein sich veränderndes Magnetfeld, so werden in diesen Körpern Spannungen induziert. Diese Spannungen rufen Ströme hervor, die nach ihrer Form als Wirbelströme bezeichnet werden (Abb. 1).

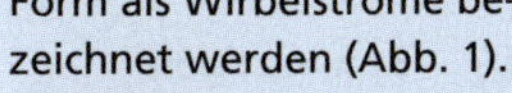

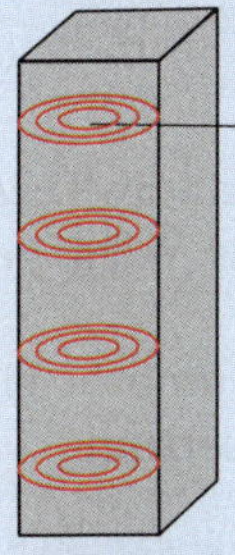

1 Wirbelströme in massiven Stäben und Platten: Durch eine Änderung des Magnetfeldes werden Spannungen induziert, die solche Ströme hervorrufen.

Diese Wirbelströme sind Induktionsströme. Sie sind demzufolge nach dem lenzschen Gesetz so gerichtet, dass sie der Ursache ihrer Entstehung entgegenwirken. Das wird z. B. bei Wirbelstrombremsen genutzt (Abb. 2).

Durch die Bewegung einer Scheibe im Magnetfeld werden in ihr Wirbelströme erzeugt. Nach dem lenzschen Gesetz wirkt das mit diesen Wirbelströmen verbundene Magnetfeld so, dass die Bewegung gehemmt wird.

Weitgehend vermeiden kann man Wirbelströme, wenn man massive Teile, z. B. die Kerne von Transformatoren, aus dünnen gegeneinander isolierten Blechen (Dynamoblechen) zusammensetzt.

2 Modell einer Wirbelstrombremse

Der Transformator

Ein Transformator dient der Umwandlung von elektrischen Spannungen und Stromstärken. Dabei wird die elektromagnetische Induktion genutzt. Es gilt das Induktionsgesetz.

Ein Transformator besteht aus zwei Spulen, die sich auf einem **geschlossenen Eisenkern** befinden (Abb. 3). Die Spulen sind miteinander nicht elektrisch leitend verbunden. An die eine Spule, die **Primärspule,** wird eine elektrische Wechselspannung angelegt, die in der Spule ein ständig wechselndes Magnetfeld erzeugt. Über den geschlossenen Eisenkern wird das magnetische Wechselfeld in die andere Spule, die **Sekundärspule,** übertragen (Abb. 3).

Die Sekundärspule umfasst also ein sich ständig änderndes Magnetfeld. Nach dem Induktionsgesetz wird deshalb in der Sekundärspule eine Wechselspannung induziert (Abb. 4).

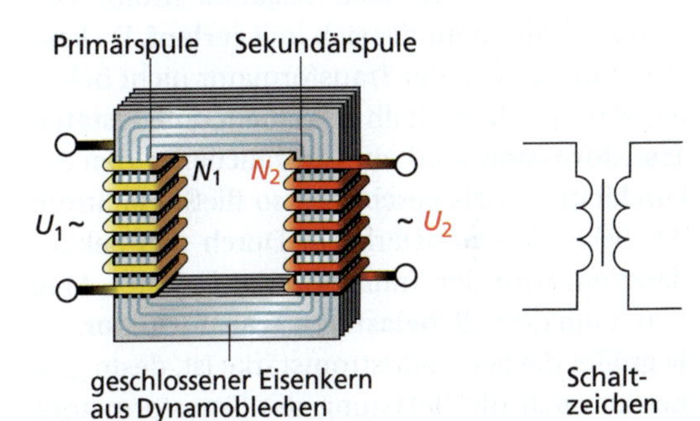

3 Aufbau eines Transformators

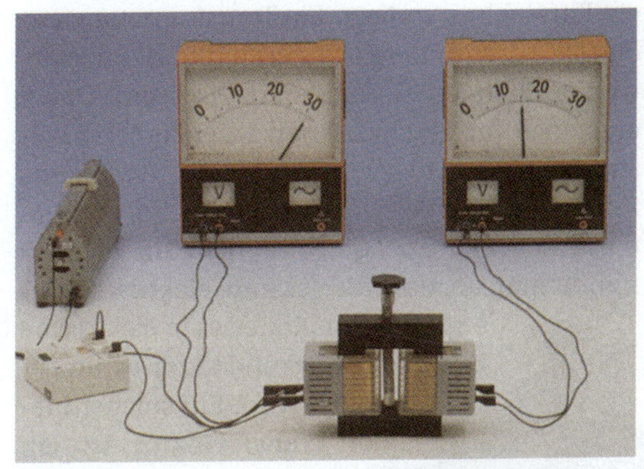

4 Mit einem Transformator kann der Wert einer Wechselspannung verändert werden.

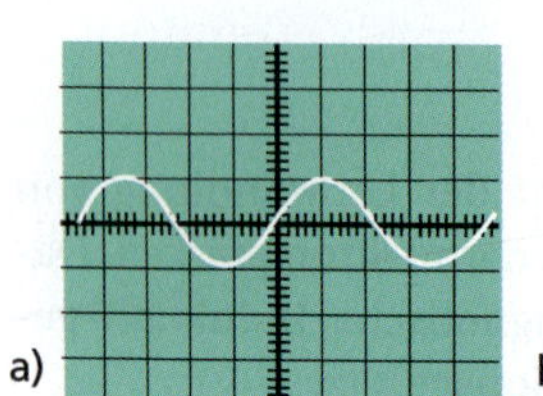

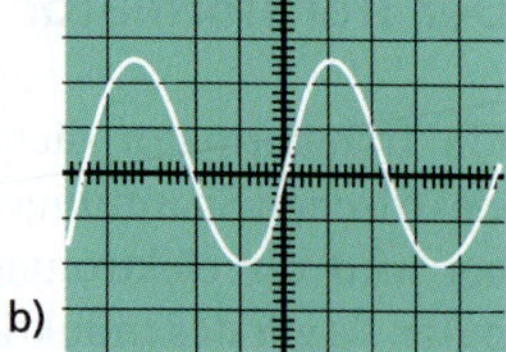

1 Mit einem Transformator kann eine kleine Wechselspannung (a) in eine große Wechselspannung (b) umgewandelt werden.

Der Stromkreis, in dem sich die Primärspule mit der Windungszahl N_1 befindet, heißt **Primärstromkreis.** In ihm fließt ein Strom der Primärstromstärke I_1. Die Spannung an der Primärspule ist die Primärspannung U_1. Im **Sekundärstromkreis** wird in der Sekundärspule mit der Windungszahl N_2 die Sekundärspannung U_2 induziert.

Wird an die Sekundärspule kein Gerät angeschlossen und ist der Stromkreis nicht geschlossen, so fließt auch kein Sekundärstrom. Der Transformator befindet sich im **Leerlauf.** Da kein Strom fließt, wird der Transformator nicht belastet. Man spricht deshalb von einem **unbelasteten Transformator.** Wird ein Verbraucher in den Sekundärstromkreis geschaltet, so fließt ein Strom der Sekundärstromstärke I_2. Durch den Sekundärstrom wird der Transformator belastet. Man nennt ihn deshalb **belasteten Transformator.**

Je größer die Sekundärstromstärke ist, desto größer ist auch die Belastung des Transformators. Am größten ist sie, wenn beide Enden der Sekundärspule miteinander verbunden werden, also ein Kurzschluss vorliegt. Ein Transformator wandelt elektrische Energie des Primärkreises in elektrische Energie des Sekundärkreises um. Dabei entstehen im geschlossenen Eisenkern Wirbelströme, die zu einer Erwärmung des Eisenkerns führen. Ein Teil der elektrischen Energie wird in thermische Energie umgewandelt. Im Idealfall nimmt man an, dass die gesamte elektrische Energie des Primärkreises in elektrische Energie des Sekundärkreises umgewandelt wird. Ein solcher **idealer Transformator** ist ein Modell. Gute Transformatoren erreichen heute jedoch schon einen Wirkungsgrad von 99 %. In welcher Weise sich die Werte von Wechselspannungen und Wechselstromstärken mit einem Transformator ändern, hängt von den Windungszahlen der Primär- und Sekundärspule sowie von der Belastung des Transformators ab.

Für den unbelasteten Transformator gilt das **Gesetz für die Spannungsübersetzung.**

Für einen unbelasteten idealen Transformator (Leerlauf) gilt:

$$\frac{U_1}{U_2} = \frac{N_1}{N_2}$$

U_1, U_2 Spannungen
N_1, N_2 Windungszahlen

Ein Transformator befindet sich dann im Leerlauf, wenn der Sekundärstromkreis nicht geschlossen ist.

Für den belasteten Transformator (Abb. 2) gilt das **Gesetz für die Stromstärkeübersetzung.**

Für einen stark belasteten idealen Transformator (Kurzschluss) gilt:

$$\frac{I_1}{I_2} = \frac{N_2}{N_1}$$

I_1, I_2 Stromstärken
N_1, N_2 Windungszahlen

Dieses Gesetz gilt nur für den Kurzschluss. Diese Bedingung des Gesetzes ist umso besser erfüllt, je größer die Belastung des Transformators, je größer also I_2 ist.

Mit einem Transformator können sehr hohe Wechselspannungen oder sehr hohe Wechselströme erzeugt werden.

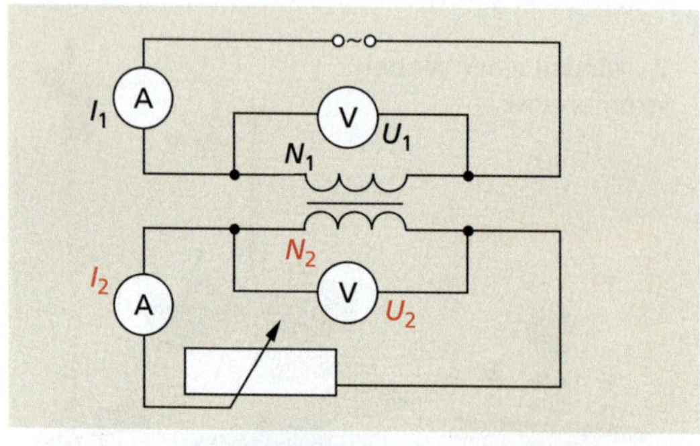

2 Schaltung eines belasteten Transformators: Im Sekundärstromkreis befindet sich ein Verbraucher.

Gleichspannung und Wechselspannung, Gleichstrom und Wechselstrom

Batterien und Akkumulatoren liefern eine **Gleichspannung.** Sie ist dadurch charakterisiert, dass sich ihre Polarität nicht ändert und darüber hinaus die Spannung meist konstant ist (Abb. 1). Entsprechendes gilt für **Gleichstrom** (Abb. 3): Die Richtung des Stromflusses ändert sich nicht, die Stromstärke ist meist konstant.

Im Unterschied dazu ändern sich bei **Wechselspannung** (Abb. 2) und **Wechselstrom** (Abb. 4) der Betrag und die Polung von Spannung und Stromstärke zeitlich periodisch. Das kann man z. B. an einem Zeigerinstrument beobachten, wenn man eine Leiterschleife gleichmäßig in einem Magnetfeld gleicher Stärke dreht. Auch die in Kraftwerken erzeugte Spannung, die wir im Haushalt nutzen, ist Wechselspannung, die einen Wechselstrom bewirkt.

Der Kurvenverlauf von Wechselspannung und Wechselstromstärke ist sinusförmig. Die Frequenz (s. S. 224) der Netzwechselspannung beträgt in Deutschland 50 Hz. Bei der Deutschen Bahn wird mit 16 2/3 Hz gearbeitet.

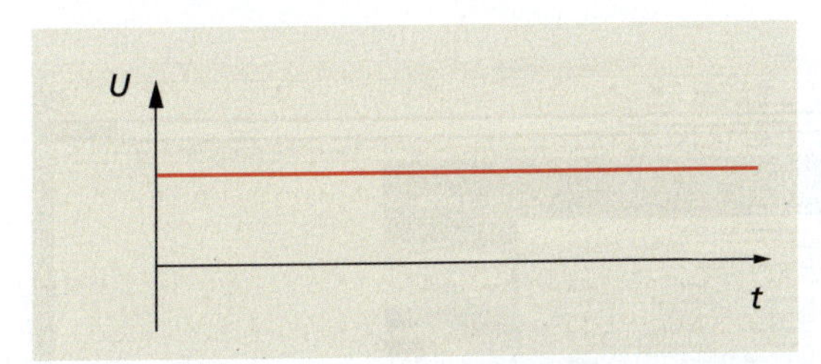

1 Gleichspannung: Die Polarität bleibt gleich, der Betrag der Spannung ist meist konstant.

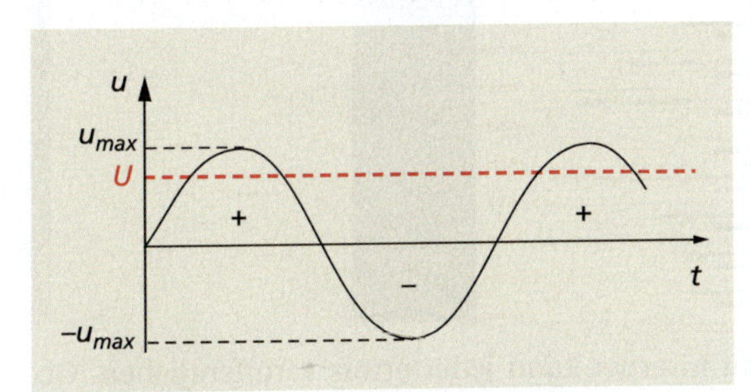

2 Wechselspannung: Die Polarität ändert sich periodisch, ebenso der Betrag der Spannung.

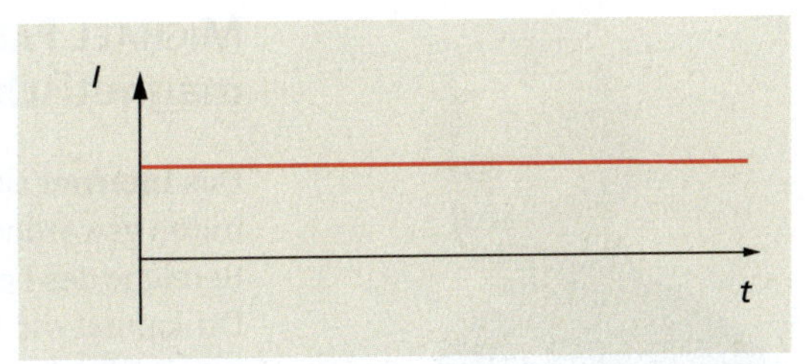

3 Gleichstrom: Der Strom fließt immer in einer Richtung. Der Betrag der Stromstärke ist meist konstant.

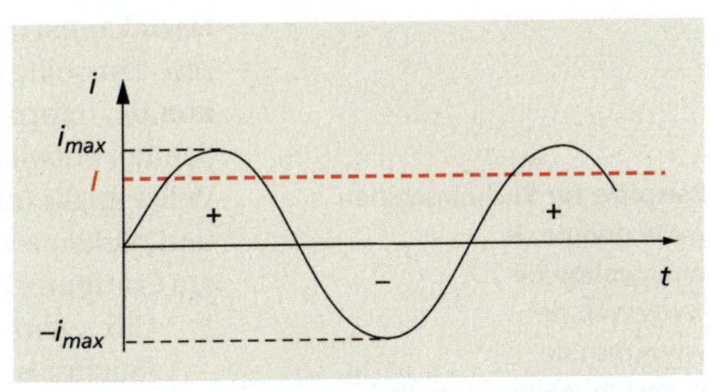

4 Wechselstrom: Die Polarität ändert sich periodisch, ebenso der Betrag der Stromstärke.

Messinstrumente zeigen nicht die **Maximalwerte** u_{max} bzw. i_{max} an, sondern die so genannten **Effektivwerte** U bzw. I (Abb. 2, 4). Für Netzspannung beträgt bei uns der Effektivwert 230 V, der Maximalwert dagegen 325 V.

Der Effektivwert von Wechselspannung oder Wechselstromstärke ist derjenige Wert, der dieselben Wirkungen wie eine Gleichspannung oder Gleichstromstärke desselben Betrages hervorrufen würde.

Das bedeutet: Netzwechselspannung von 230 V ruft die gleiche Wirkung wie Gleichspannung von 230 V hervor. Es ist deshalb üblich, bei Wechselspannungen bzw. -stromstärken stets die von Messgeräten angezeigten Effektivwerte anzugeben. Zwischen Maximal- und Effektivwerten von sinusförmigem Wechselstrom gibt es einfache mathematische Zusammenhänge. Es gilt:

$$U = \frac{u_{max}}{\sqrt{2}} \approx 0{,}7 \cdot u_{max} \quad \text{bzw.} \quad u_{max} = \sqrt{2} \cdot U$$

$$I = \frac{i_{max}}{\sqrt{2}} \approx 0{,}7 \cdot i_{max} \quad \text{bzw.} \quad i_{max} = \sqrt{2} \cdot I$$

1 MICHAEL FARADAY (1791–1867)

MICHAEL FARADAY– der Entdecker der elektromagnetischen Induktion

Das **Internet** ist auch für die Schule zum unentbehrlichen Arbeitsmittel geworden. Es enthält eine riesige Informationsfülle über alle Bereiche des Lebens.

Du kannst dir Informationen aus dem Internet zur Vorbereitung von Prüfungen, zur Anfertigung eines Vortrages, zur Lösung komplexer Aufgaben oder auch zur Vorbereitung auf ein bestimmtes physikalisches Thema beschaffen.

Dazu kannst du am Computer verschiedene **Suchmaschinen** nutzen. Du solltest aber auch unter der Adresse **www.schuelerlexikon.de** Informationen suchen, da diese Adresse besonders für Schüler entwickelte und aufbereitete Artikel enthält.

Willst du dir Informationen aus dem Internet, z. B. über das Leben und Wirken sowie die Bedeutung von M. FARADAY holen, musst du am Computer bestimmte **Schritte ausführen**.

1. Gib zuerst über einen Web-Browser eine Internetadresse (Suchmaschine) ein, z. B. **www.schuelerlexikon.de**!
2. Gib in das speziell vorgesehene Suchfenster dein **Suchwort** faraday ein und frage die Informationen aus der Datenbank ab! Das Suchprogramm durchsucht die Datenbank nach deinem eingegebenen Suchwort. Das Ergebnis der Suche ist eine Liste von Artikeln.
3. Öffne die einzelnen Artikel und verschaffe dir einen Überblick über deren Inhalt!

Beispiele für Suchmaschinen
www.google.de
www.yahoo.de
www.web.de
www.msn.de
www.schuelerlexikon.de

Tipps für die Suche im Internet
- Verwende klare und treffende Suchwörter!
- Schreibe die Suchwörter klein, dann werden sowohl die groß als auch klein geschriebenen Wörter gefunden!
- Achte darauf, in welcher Sprache die Suchmaschine suchen soll!
- Achte darauf, ob der Informationsabruf kostenpflichtig oder kostenfrei ist!

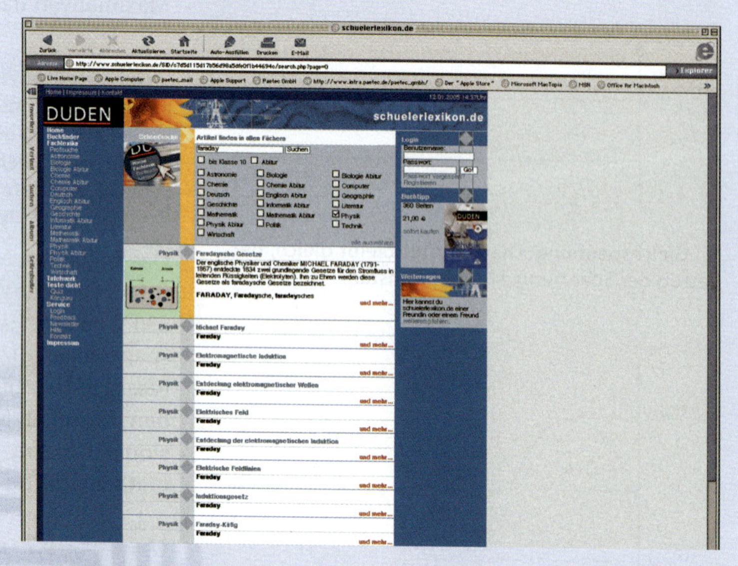

Beachte dabei: Im Internet kann jeder etwas veröffentlichen. Ob die Inhalte von Artikeln richtig sind, muss der einzelne Nutzer kritisch bewerten.

Findest du mit einer Suchmaschine keine ausreichenden Informationen, so kannst du mit weiteren Suchmaschinen arbeiten, z. B. www.yahoo.de, www.google.de.

1. Gib die Suchmaschine www.google.de und anschließend das Suchwort „faraday" ein! Frage die Informationen aus der Datenbank ab! Du erhältst ca. 36 900 Dokumente in deutscher Sprache zum Suchwort „faraday".
2. Schränke die Suche ein, indem du die Suchwörter faraday induktion (getrennt durch ein Leerzeichen) eingibst! Du erhältst noch ca. 2200 Dokumente zum gewählten Thema.
3. Eine weitere Einschränkung erhältst du, wenn du beide Suchwörter durch ein Minuszeichen trennst (ca. 485 Dokumente. Aufgelistet werden alle Artikel, die „faraday", aber **nicht** „induktion" enthalten).

Mithilfe der im Internet gesuchten Informationen kannst du folgende **Aufgaben** beantworten:

1. *Wann lebte und wirkte MICHAEL FARADAY?*
2. *Wie gelangte MICHAEL FARADAY zur Entdeckung der elektromagnetischen Induktion und des Induktionsgesetzes?*
3. *Womit beschäftigte sich MICHAEL FARADAY noch?*

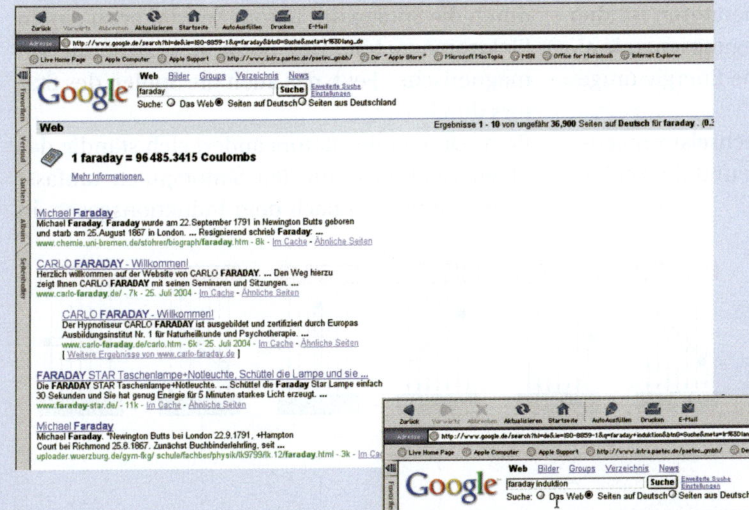

Tipps für die Suche im Internet

1. Bei einer sehr großen Anzahl von angezeigten Dokumenten kannst du die Informationssuche einschränken
   - durch Eingabe mehrerer Wörter, die durch ein Leerzeichen getrennt werden oder durch ein direkt vor das Suchwort gesetztes Pluszeichen,
   - durch ein direkt vor das zweite Suchwort gesetztes Minuszeichen.
2. Nutze die Hinweise, die bei einzelnen Suchmaschinen gegeben sind! Mit der erweiterten Suche kann das Suchfeld deutlich eingeschränkt werden.
3. Die Anzahl der angezeigten Dokumente ist oftmals sehr groß. Die besten „Treffer" stehen in der Regel am Anfang.

Physik in Natur und Technik

Der Wechselstromgenerator

In Kraftwerken werden mithilfe von riesigen Generatoren (Abb. 2) Wechselspannungen bis zu 20 000 V und Wechselströme bis zu 50 000 A erzeugt. Auch die Lichtmaschine eines Pkw oder der Dynamo eines Fahrrades sind kleine Wechselstromgeneratoren. Obwohl mit einem Fahrraddynamo wesentlich kleinere Wechselspannungen und Wechselströme erzeugt werden, besitzt er einen analogen Aufbau und eine ähnliche Wirkungsweise wie ein großer Generator im Kraftwerk.

Beschreibe den Aufbau und erkläre die Wirkungsweise eines Wechselstromgenerators!

2 Läufer eines Generators in einem Kraftwerk. Seine Abmessungen kann man anhand der Person abschätzen.

Ein Wechselstromgenerator dient zur Erzeugung von Wechselspannungen und Wechselströmen. Es gibt sie in unterschiedlichen Größen und Bauformen. Allen Wechselstromgeneratoren ist aber gemeinsam, dass in ihnen Bewegungsenergie einer Drehbewegung in elektrische Energie umgewandelt wird.

Die wesentlichen Teile eines Wechselstromgenerators sind der Rotor, der Stator und die Schleifringe (Abb. 1, S. 391).

Der **Rotor** ist über die **Schleifringe** mit einer Gleichspannungsquelle verbunden. Fließt Strom durch die Spulen des Rotors, so wird er zu einem Elektromagneten. Der Rotor besitzt somit ein magnetisches Feld, das auch die Spulen des Stators durchsetzt.

Beim Drehen des Rotors ändert sich ständig das Magnetfeld, das von den Statorspulen umfasst wird. Damit wird nach dem Induktionsgesetz in

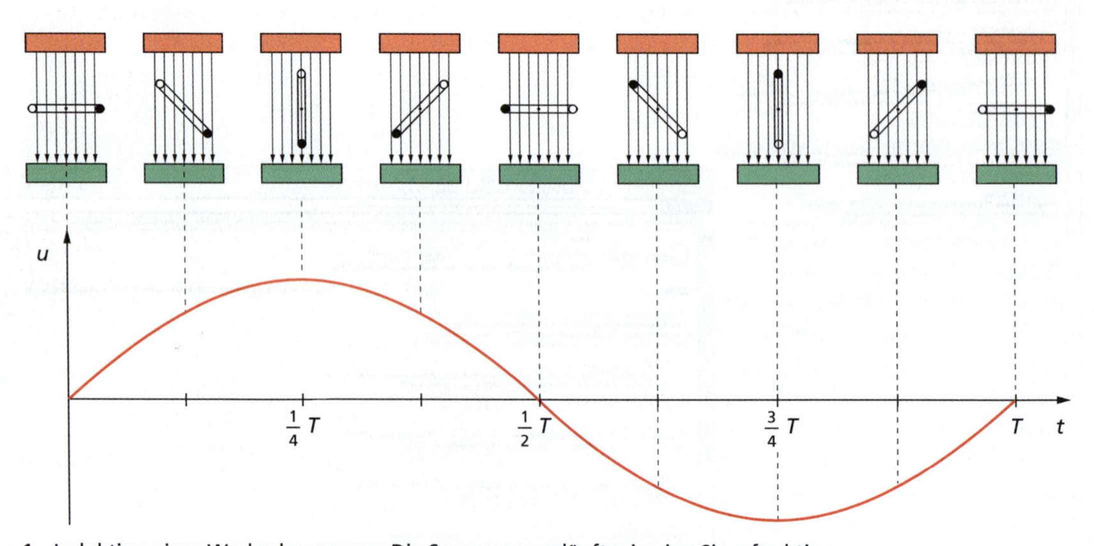

1 Induktion einer Wechselspannung: Die Spannung verläuft wie eine Sinusfunktion.

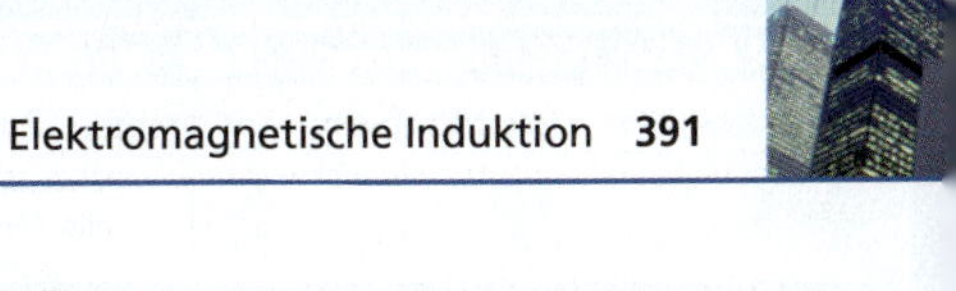

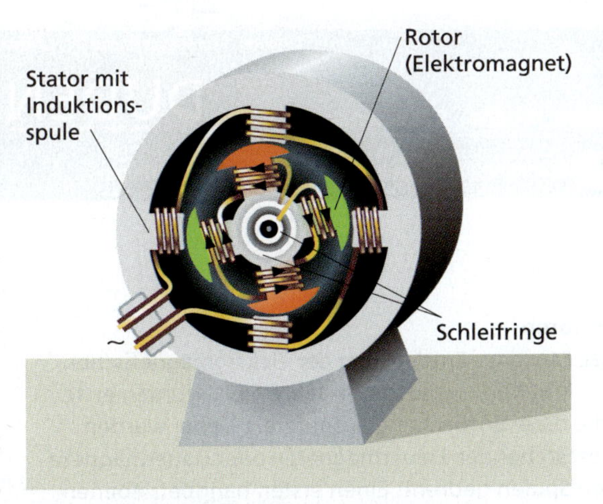

1 Aufbau eines Wechselstromgenerators

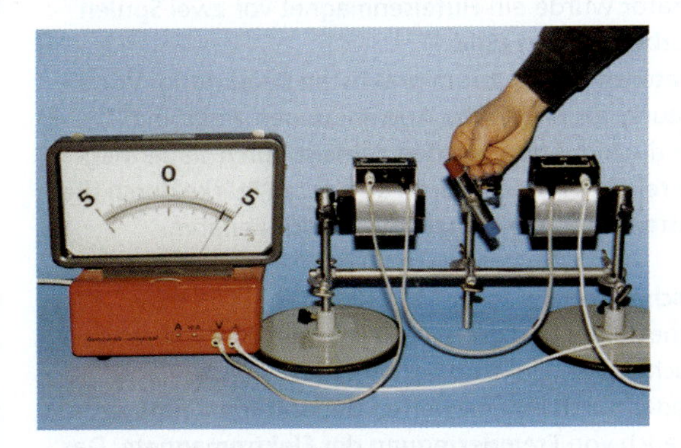

2 Modell eines Wechselstromgenerators

ihnen eine Spannung induziert. Da die Änderung des Magnetfeldes im Stator in Abhängigkeit von der Stellung des Rotors unterschiedlich ist, entsteht eine sinusförmige Wechselspannung.
Zur Vereinfachung ist in Abb. 1, S. 390, statt des relativ kompliziert aufgebauten Rotors eine Leiterschleife dargestellt.
Bei einer **Wechselspannung** ändern sich ständig Polung und Betrag der Spannung.
Der Rotor eines Wechselspannungsgenerators kann statt eines Elektromagneten auch ein Dauermagnet sein (Abb. 2). Dies ist z.B. bei einem Fahrraddynamo der Fall. Dort rotiert ein tonnenförmiger Dauermagnet, die Induktionsspulen sind innen am Gehäuse des Dynamos angebracht. Es entsteht eine Wechselspannung, die aber nur näherungsweise sinusförmig ist.

Das Mikrofon

Um Sprache und Musik aufzunehmen und über Lautsprecher verstärkt wiederzugeben, benutzt man Mikrofone. Auch für die Aufzeichnung von Sprache und Musik auf Tonbandgeräten oder für das Telefonieren benötigt man Mikrofone.
Wie ist ein Mikrofon aufgebaut und wie funktioniert es?

Ein Mikrofon dient der Umwandlung von Schall (z. B. Sprache, Musik) in elektrische Spannungsschwankungen, die verstärkt oder aufgezeichnet werden können. Dabei wird die elektromagnetische Induktion genutzt. Die wesentlichen Teile eines Mikrofons sind die Membran, die Spule und ein Dauermagnet (Abb. unten). Die Membran ist an Federn leicht beweglich aufgehängt. Gleichzeitig ist die Membran mit einer leicht beweglichen Spule verbunden, die im magnetischen Feld eines Dauermagneten hin- und herschwingen kann. Schall trifft auf die Membran und lässt diese im Takt der Sprache und der Musik schwingen. Dadurch schwingt auch die Spule im Feld des Dauermagneten in diesem Takt. Das von der Spule umfasste Magnetfeld ändert sich dabei im Takt der Sprache und der Musik. Nach dem Induktionsgesetz wird damit in der Spule eine Spannung induziert, die sich in diesem Takt ändert. Die induzierte Wechselspannung kann zu einem elektrischen Verstärker weitergeleitet werden. Mikrofone, die nach diesem Prinzip funktionieren, nennt man **dynamische Mikrofone.**

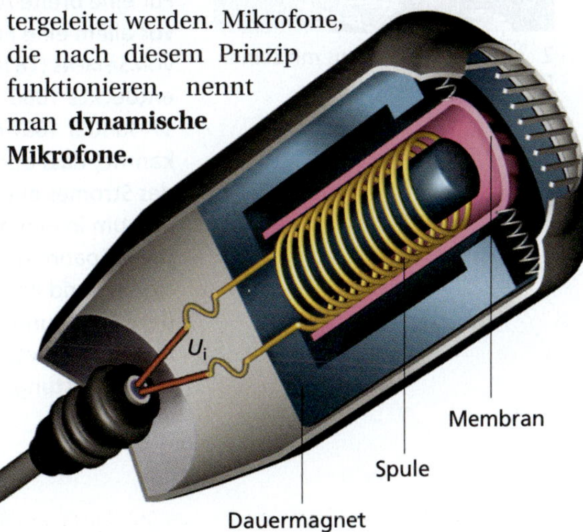

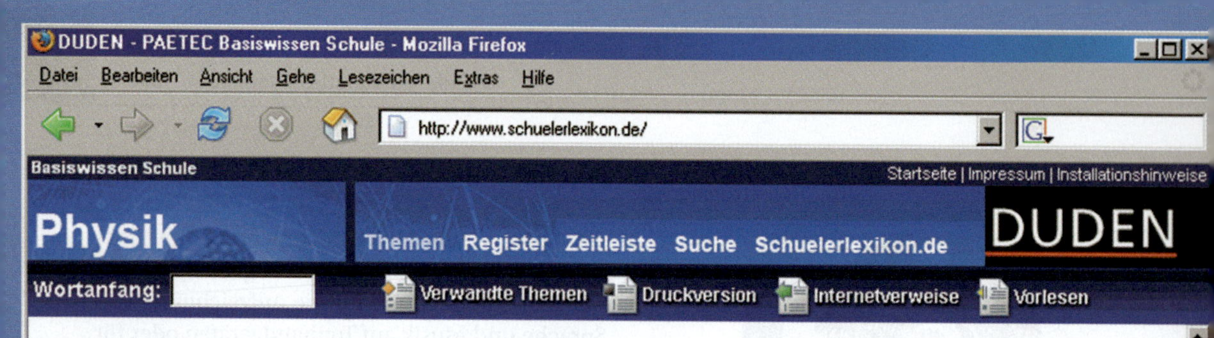

Aus der Entwicklung der Elektrotechnik

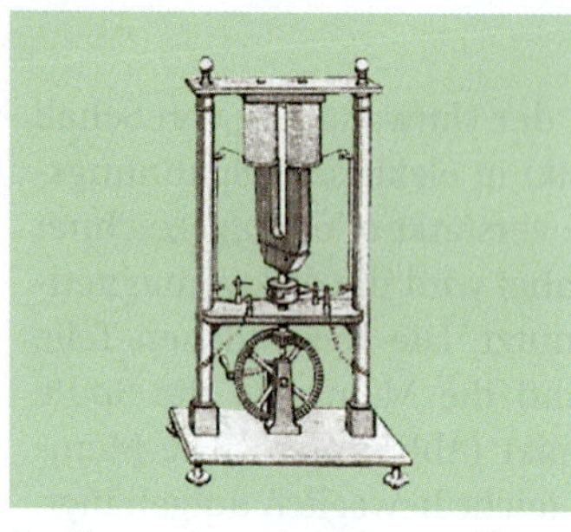

1 Generator von HIPPOLYTE PIXII (1832)

Die ersten Generatoren

Bald nach MICHAEL FARADAYS Entdeckung der elektromagnetischen Induktion und des Induktionsgesetzes im Jahre 1831 wurden erste Geräte gebaut, die diese Entdeckung ausnutzten. Dabei wurden z. B. Spulen vor fest stehenden Dauermagneten oder Dauermagnete vor fest stehenden Spulen gedreht. Einen ersten handbetriebenen **Generator** baute 1832 HIPPOLYTE PIXII, der Mechaniker von AMPÈRE. Bei diesem Generator wurde ein Hufeisenmagnet vor zwei Spulen mit einer Handkurbel gedreht (Bild 1).

Die ersten Generatoren hatten kaum praktische Bedeutung. Vor allem war ihre Leistung für praktische Anwendungen zu gering. Die Magnetfelder für die Induktion wurden zumeist durch Dauermagnete erzeugt, die relativ schwach waren und deren Stärke durch die ständigen Erschütterungen der Generatoren noch abnahm.

2 WERNER VON SIEMENS mit seiner Dynamomaschine

Ein neues technisches Prinzip

Um stärkere Magnetfelder und größere Leistungen der Generatoren zu erhalten, brauchte man Elektromagnete. Diese mussten aber durch Batterien oder durch einen zweiten Generator erzeugt werden. Man sprach auch von **Fremderregung der Elektromagnete.** Das war insgesamt sehr aufwändig, und so wurden solche Anordnungen vor allem in Forschungslabors verwendet.

Für eine breite Anwendung der elektromagnetischen Induktion war vor allem eine Erfindung des Technikers und Unternehmers WERNER VON SIEMENS (1816–1892) von ausschlaggebender Bedeutung. SIEMENS entdeckte 1866 das **dynamo-elektrische Prinzip** und trug dieses am 17. Januar 1867 der Berliner Akademie der Wissenschaften vor. Er erkannte, dass der Eisenkern eines Elektromagneten nach Abschalten des Stromes ein Restmagnetfeld behält. Dieses Magnetfeld reicht aus, um in einem Generator eine kleine Spannung zu induzieren. Diese Spannung kann man nutzen, um den Elektromagneten zu betreiben und das Magnetfeld zu verstärken. Dadurch wird eine größere Spannung induziert. So schaukeln sich das Magnetfeld des Elektromagneten und die induzierte Spannung wechselseitig bis zur vollen Leistung des Generators hoch.

Informiere dich auch unter: Dynamoelektrisches Prinzip, Fahrraddynamo, Fehlerstromschutzschalter, elektromagnetische Induktion, Induktionshärten, Induktionsherd, Induktionsschleife, Induktivität, ...

Fertig

Ein universelles Netzgerät

Verschiedene elektrische Geräte, wie Kassettenrecorder, CD-Player oder Radios, haben unterschiedliche Betriebsspannungen. Um diese trotzdem mit ein und demselben Netzgerät an eine 230-V-Steckdose anschließen zu können, gibt es Universalnetzgeräte (Abb. 1). Mit einem solchen Netzgerät kann man wahlweise 3 V; 4,5 V; 6 V; 7,5 V; 9 V und 12 V Betriebsspannung erhalten. Im Netzgerät befindet sich ein Transformator, dessen Primärspule 5 000 Windungen hat. Die Sekundärspule hat mehrere Abgriffe nach unterschiedlicher Anzahl von Windungen (Abb. 2).
Berechne die Anzahl der Windungen der Sekundärspule für die verschiedenen Sekundärspannungen des Universalnetzgerätes!

Analyse:
Der Transformator des Netzgerätes hat eine Sekundärspule mit mehreren Abgriffen.

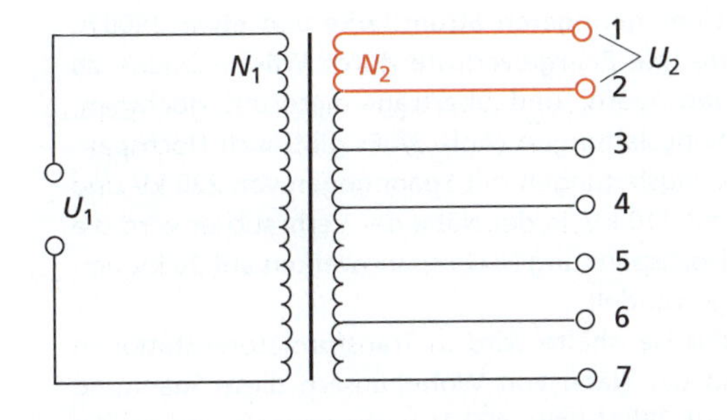

Um verschiedene Betriebsspannungen zu erhalten, müssen vom Abgriff 1 aus verschiedene Windungszahlen durch einen Schalter eingestellt

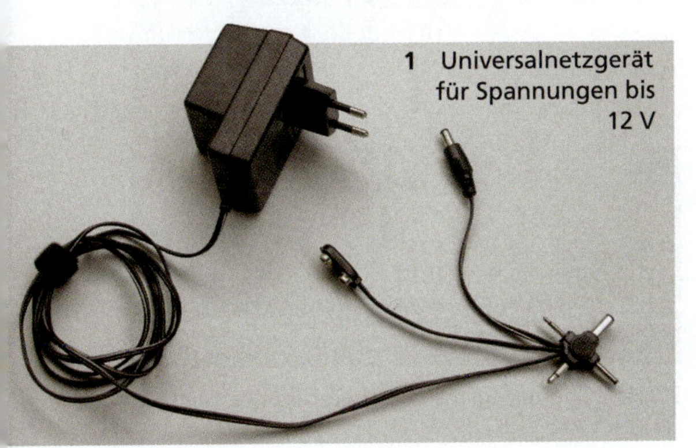
1 Universalnetzgerät für Spannungen bis 12 V

2 Transformator des Universalnetzgerätes

werden. Die jeweilige Windungszahl N_2 kann man nach dem Gesetz für die Spannungsübersetzung am unbelasteten Transformator berechnen, da die gewünschten Betriebsspannungen Leerlaufspannungen sind. Man geht dabei von der vereinfachenden Annahme aus, dass ein idealer Transformator vorhanden ist und damit keine Energieverluste auftreten.

Gesucht: N_2 für verschiedene U_2

Gegeben: $U_1 = 230\,\text{V}$
$N_1 = 5\,000$
$U_2 = 3\,\text{V}$ (4,5 V; 6 V; 7,5 V; 9 V; 12 V)

Lösung:
Für einen unbelasteten idealen Transformator gilt das Gesetz für die Spannungsübersetzung:

$$\frac{U_1}{U_2} = \frac{N_1}{N_2} \quad | \cdot N_2 \quad | \cdot \frac{U_2}{U_1}$$

$$N_2 = \frac{N_1 \cdot U_2}{U_1}$$

$$N_2 = \frac{5\,000 \cdot 3\,\text{V}}{230\,\text{V}}$$

$$\underline{N_2 = 65}$$

Analog kann man die anderen Windungszahlen berechnen.

Ergebnis:
An der Sekundärspule müssen für die gewünschten Betriebsspannungen folgende Windungszahlen abgegriffen werden:

U_2 in V	3	4,5	6	7,5	9	12
N_2	65	98	130	163	196	261

Mosaik

Stromverbundnetze in Europa

Um eine stabile Versorgung von Haushalten und Wirtschaft mit elektrischer Energie zu sichern, sind die Kraftwerke und die Verbraucher in großen Stromverbundsystemen in Europa miteinander verbunden (Abb. 1).
Durch diesen europaweiten Stromverbund können unterschiedliche Spitzenbelastungszeiten in verschiedenen Ländern bei einem gleichbleibenden Betrieb der Kraftwerke ausgeglichen und alle Verbraucher stabil mit elektrischer Energie versorgt werden.
Kraftwerksgeneratoren liefern sehr hohe Spannungen von ca. 20 kV. Wenn man die vom Generator gelieferte 20-kV-Spannung direkt in das Netz einspeisen würde, dann hätte man in den Leitungen allerdings eine Stromstärke von ca. 50 000 A.

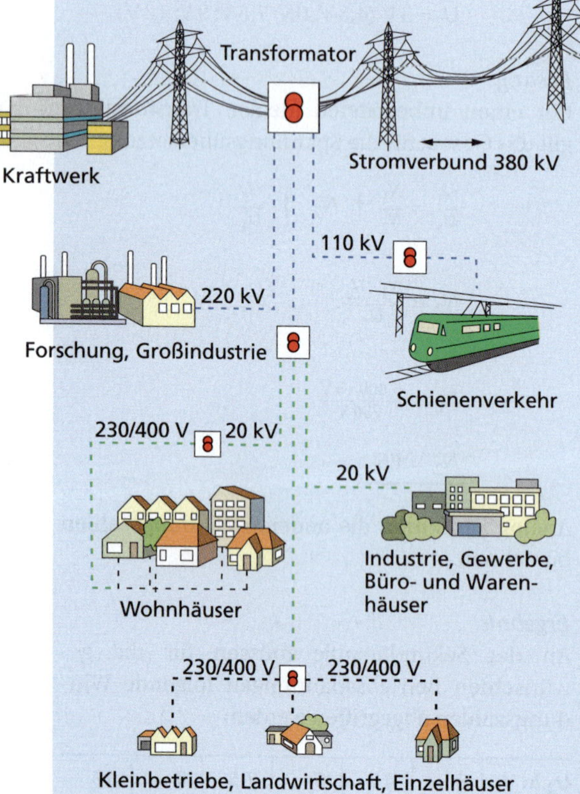

1 Aufbau eines Stromverbundnetzes

2 Hochspannungsleitung (380 kV)

Selbst auf mehrere Leitungen verteilt würden sich diese stark erwärmen. Durch die Erwärmung und Wärmeabgabe an die Umgebung würde wertvolle elektrische Energie verloren gehen. Deshalb überträgt man die elektrische Leistung bei einer noch höheren Spannung bis 380 kV (Abb. 2) und einer geringeren Stromstärke von etwa 2500 A, um die Energieverluste durch Wärmeabgabe zu verringern, und überträgt diese mit Hochspannungsleitungen (Abb. 3). Es gibt auch Hochspannungsleitungen mit Spannungen von 220 kV und mit 110 kV. In der Nähe der Verbraucher wird die Hochspannung in Umspannwerken auf 20 kV umgewandelt.
Für Haushalte wird in Transformatorenstationen in der Nähe von Wohnhäusern diese Spannung auf 230 V bzw. 400 V umgewandelt und an die Haushalte und andere Verbraucher verteilt.

3 Hochspannungstransformator im Kraftwerk

1. Untersuche experimentell, unter welchen Bedingungen in einer Spule mithilfe eines Dauermagneten eine Spannung induziert wird!

Durchführung:
Eine Spule wird mit einem Spannungsmesser (Messbereich 1 V, Zeiger in Mittellage) verbunden (s. Abb.).

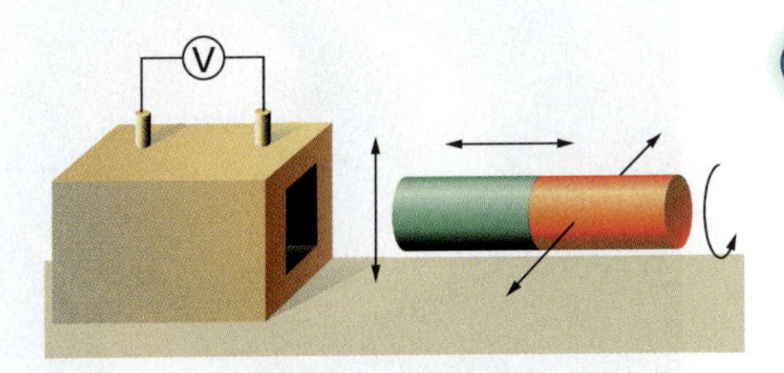

Der Dauermagnet wird in unterschiedlicher Weise bewegt.

Auswertung:
Bei welchen Bewegungen zwischen Spule und Magnet entsteht eine Induktionsspannung?
Trage deine Untersuchungsergebnisse in eine Tabelle ein!

2. In einem Magnetfeld wird eine Spule bewegt (s. Abb.).

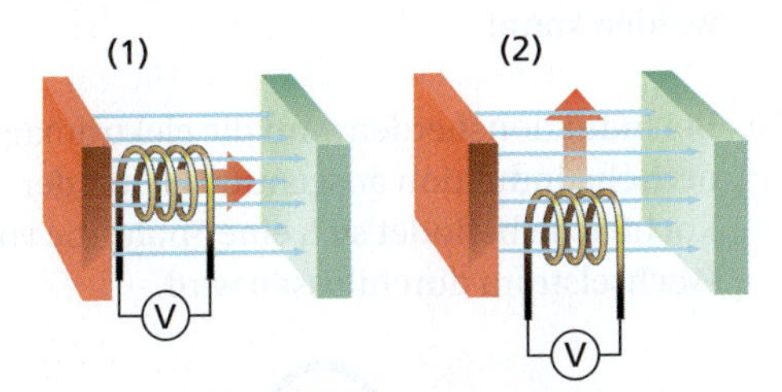

a) Was kann aus den Feldlinienbildern über die Stärke des Magnetfeldes zwischen den Polen abgeleitet werden?
b) Gib an, ob im Fall 1 bzw. 2 in der Spule eine Spannung induziert wird!
Begründe deine Antwort!
* c) Gib eine weitere Variante an, bei der keine Spannung induziert wird!

3. Eine Spule wird neben einen Elektromagneten gestellt. Gib für jeden der folgenden Fälle an, ob in der Spule eine Spannung induziert wird! Begründe!
a) Der Elektromagnet wird eingeschaltet.
b) Im Elektromagneten fließt ein Gleichstrom.
c) Im Elektromagneten fließt ein Wechselstrom.
d) Der Elektromagnet wird ausgeschaltet.

4. Gib für jeden der folgenden Fälle an, ob in der Spule eine Spannung induziert wird! Begründe deine Antwort!
Prüfe deine Voraussagen experimentell!
a) In eine Spule wird ein Dauermagnet eingeführt.
b) In einer Spule befindet sich ein Dauermagnet in einer bestimmten Stellung.
c) Ein Dauermagnet wird aus der Spule herausgezogen.

5. In der Abbildung ist eine Experimentieranordnung dargestellt, mit der in der fest stehenden Spule 2 eine Spannung induziert werden soll.

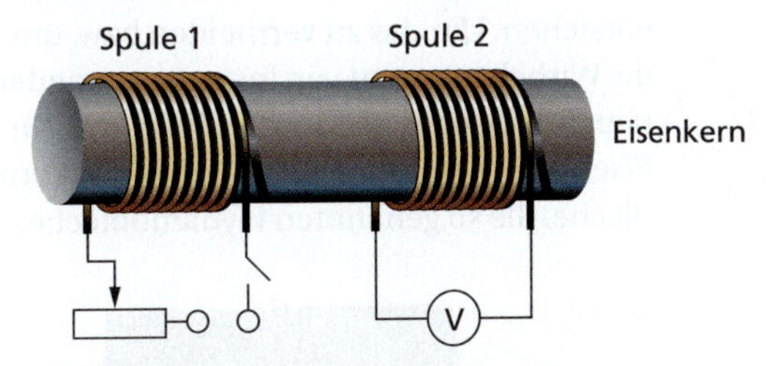

a) Beschreibe mehrere experimentelle Möglichkeiten, wie mit dieser Anordnung in der Spule 2 eine Spannung induziert werden kann!
Begründe deine Vorschläge!
b) Durch welche experimentellen Maßnahmen kann die in der Spule 2 induzierte Spannung vergrößert werden? Begründe!

6. Entsprechend der Abbildung in Aufgabe 5 werden Experimentieranordnungen aufgebaut.

Entscheide für jeden der folgenden Fälle, ob mit Experiment I oder II bei sonst gleichem Aufbau des Experiments eine größere Spannung induziert wird!
Begründe deine Entscheidung!

	Experiment I	Experiment II
a)	Spule 2 hat 750 Windungen.	Spule 2 hat 1000 Windungen.
b)	Stromstärke in Spule 1 ändert sich in 1 s von 0 A auf 2 A.	Stromstärke in Spule 1 ändert sich in 2 s von 0 A auf 2 A.
c)	Stromstärke in Spule 1 ändert sich in 1 s von 0 A auf 1 A.	Stromstärke in Spule 1 ändert sich in 1 s von 0 A auf 3 A.
d)*	Spule 2 hat 60 cm^2 Querschnittsfläche.	Spule 2 hat 40 cm^2 Querschnittsfläche.

7. In Elektromotoren, Transformatoren und Generatoren existieren sich ändernde magnetische Felder. Dadurch können in massiven Teilen dieser Geräte Spannungen induziert werden und Ströme (Wirbelströme) entstehen. Um das zu vermeiden bzw. um die Wirbelströme zu verringern, verwendet man für die entsprechenden Teile, z. B. für Eisenkerne, dünne, gegeneinander isolierte Bleche, die so genannten Dynamobleche.

a) Erläutere, warum Wirbelströme in den genannten Geräten unerwünscht sind!
b) Erläutere, wie mit den speziell gefertigten Teilen dieser Geräte Wirbelströme vermieden bzw. verringert werden können!

***8.** Für spezielle Anwendungen müssen Werkstücke aus Metall sehr hart sein. Dazu werden sie zum Glühen gebracht und anschließend in Wasser oder Öl abgekühlt. Um sie zum Glühen zu bringen, stellt man sie in eine Spule (s. Abb.) und nutzt die elektromagnetische Induktion aus.

Wie funktionieren solche Anlagen zum Induktionshärten?

9. In Wechselstromkreisen werden Spulen häufig auch als zusätzliche Widerstände genutzt, um den Stromfluss zu drosseln. Man nennt sie deshalb auch „Drosselspule“ oder „Drossel“. Erkläre, wie durch eine Drossel der Strom in einem Wechselstromkreis begrenzt werden kann!

10. Bei Induktionsherden wird die elektromagnetische Induktion ausgenutzt. Unter der Kochfläche befindet sich eine Spule, die von Wechselstrom durchflossen wird.

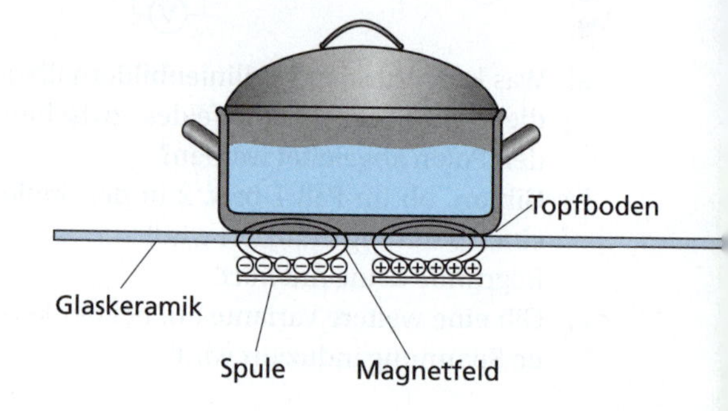

a) Erkläre die Wirkungsweise eines solchen Induktionsherdes!
b) Warum können auf Induktionsherden nur Metalltöpfe genutzt werden?
*c) Welche Vorteile bzw. Nachteile haben Induktionsherde gegenüber herkömmlichen Herden?

11. Bei Schienenfahrzeugen mit einem Elektromotor als Antrieb, z. B. Straßenbahnen oder U-Bahnen, kann zum Bremsen der Motor umgeschaltet und als Generator betrieben werden. Er gibt dann elektrische Energie an das Netz ab.
a) Warum kann man mit einer solchen Umschaltung das Fahrzeug bremsen?
b) Man nennt eine solche Bremsung auch „Nutzbremsung". Warum?

12. Beschreibe die Energieumwandlungen bei einem
a) Elektromotor,
b) Wechselstromgenerator,
c) Transformator!

***13.** Mithilfe einer in einer Straße verlegten Induktionsschleife (s. Abb. unten) kann der Straßenverkehr überwacht und gesteuert werden. Es können einzelne Fahrzeuge oder die Anzahl der Fahrzeuge in einer bestimmten Zeit registriert werden.
a) Erkläre, wie mit einer Induktionsschleife Fahrzeuge registriert werden können!
b) Erkunde, wo Induktionsschleifen genutzt werden!
c) Mithilfe von zwei Induktionsschleifen kann man die Geschwindigkeit eines Fahrzeuges messen.

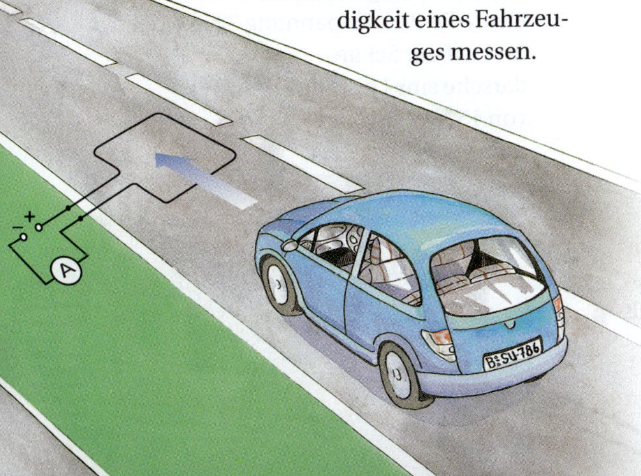

Erläutere das Messverfahren!
d) Die Entfernung zwischen zwei Induktionsschleifen beträgt 50 m. Wie groß ist die Zeit zwischen den Spannungsimpulsen, wenn ein Fahrzeug mit einer Geschwindigkeit von 100 km/h darüberfährt?

14. Bei einem Tonbandgerät wird ein leicht magnetisierbares Band vor einem Tonkopf bewegt. Der Tonkopf ist eine Spule mit einem Eisenkern (s. Abb.).
Erkläre die Wirkungsweise der Tonaufzeichnung und der Tonwiedergabe bei einem Tonbandgerät!

***15.** Um in Pkw-Motoren das Kraftstoff-Luft-Gemisch zu zünden, benutzt man Zündkerzen, an denen bei einer Spannung von etwa 15 000 V ein Funke zwischen zwei Elektroden überspringt. Die Lichtmaschine des Pkw liefert aber nur 12 V. Deshalb schaltet man die Zündkerze in einen Stromkreis mit einer Zündspule und einen Unterbrecher.
a) Skizziere die Anordnung!
b) Wie kann mit einer solchen Schaltung die für die Zündung erforderliche Spannung erzeugt werden?

16. Mit einem Transformator kann man entweder hohe Spannungen (Hochspannungstransformatoren) oder hohe Stromstärken (Hochstromtransformatoren) erzeugen.
a) Wie müssen Transformatoren gebaut sein, damit sie eine hohe Spannung bzw. eine große Stromstärke liefern?
b) Warum kann man nicht gleichzeitig eine hohe Spannung und eine große Stromstärke erhalten?
c) Nenne Beispiele für die Anwendung von Hochspannungs- bzw. Hochstromtrafos!

17. Der abgebildete Transformator ist sekundärseitig (rechts) durch eine Windung (Schmelztiegel) kurzgeschlossen. Erkläre die Funktionsweise eines solchen Schmelztiegels!

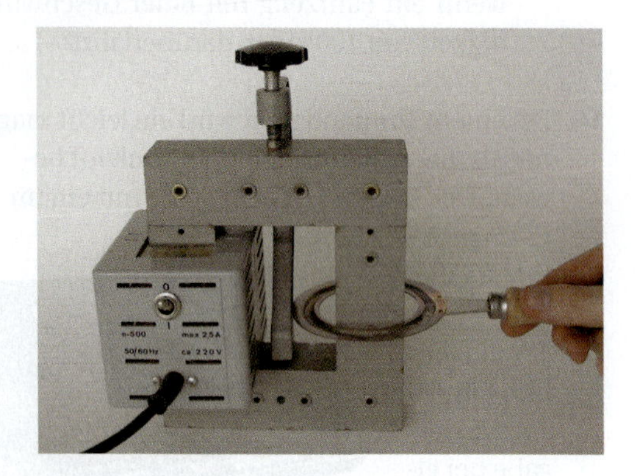

18. Gute Transformatoren haben heute einen Wirkungsgrad von 98 % bis 99 %. Was bedeutet diese Angabe?

19. Bestimme experimentell den Wirkungsgrad eines vorgegebenen Transformators bei einer bestimmten Belastung!

20. Eine elektrische Klingel, die eine Betriebsspannung von 8 V benötigt, wird über einen Transformator an die Netzspannung angeschlossen. Die Primärspule hat 5 500 Windungen.

a) Wie viele Windungen muss die Sekundärspule haben?

b) Beim Klingeln fließt ein Sekundärstrom von 0,6 A. Wie groß ist in diesem Fall die Primärstromstärke?

21. Für eine elektrische Modelleisenbahn wird eine Spannung von bis zu 12 V benötigt. Gib einige Kombinationen von Spulen an, mit denen diese Spannung durch einen Transformator aus der Netzspannung gewonnen werden kann!

22. Beim elektrischen Schweißen wird mit einem Strom der Stromstärke 100 A in einem Lichtbogen eine solche Hitze erzeugt, dass Metallteile schmelzen. Ein solches Schweißgerät kann man an 230 V Netzspannung (Absicherung 16 A) anschließen. Dazu benutzt man einen Schweißtrafo, der eine Sekundärspannung von 25 V liefert.
Erkläre, warum man trotz hoher Stromstärke beim Schweißen dieses Gerät an das übliche Haushaltsnetz anschließen kann!

23. Die Abbildung zeigt das Modell einer Fernübertragungsanlage für elektrische Energie.

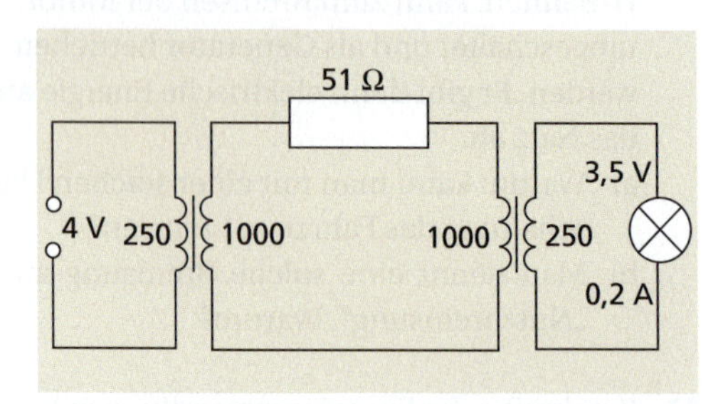

a) Erläutere anhand der Abbildung das Prinzip der Fernübertragung der elektrischen Energie!

b) Baue das Experiment auf und probiere die Funktionstüchtigkeit des Modells aus!

24. Generatoren in einem Kraftwerk liefern eine Spannung von 20 kV. Für die Fernleitung muss diese Spannung auf 380 kV hochtransformiert werden. Gib an, in welchem Verhältnis die Windungszahlen des entsprechenden Hochspannungstransformators stehen müssen! Wie verändert sich aufgrund der Transformation die Stromstärke?

***25.** Ein Transformator hat einen Wirkungsgrad von 97 %. Wie groß ist die Primärstromstärke, wenn die Primärspannung 220 kV beträgt und auf der Sekundärseite eine Leistung von 15 MW entnommen wird?

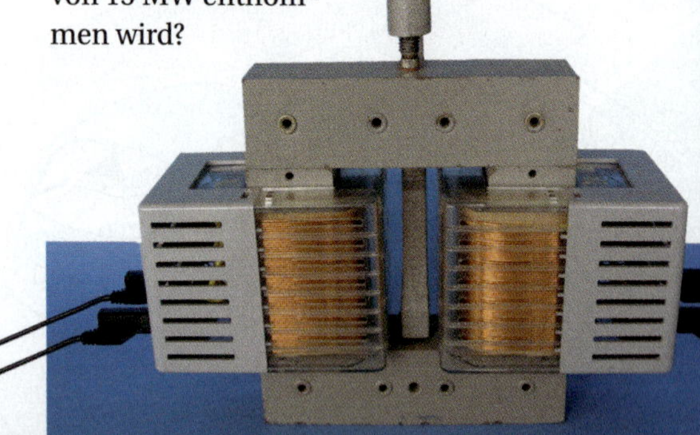

Elektromagnetische Induktion

Verändert sich das von einer Spule umfasste Magnetfeld, so wird in der Spule eine Spannung induziert. Es fließt ein Induktionsstrom.

Änderung des Magnetfeldes durch Änderung der Stromstärke

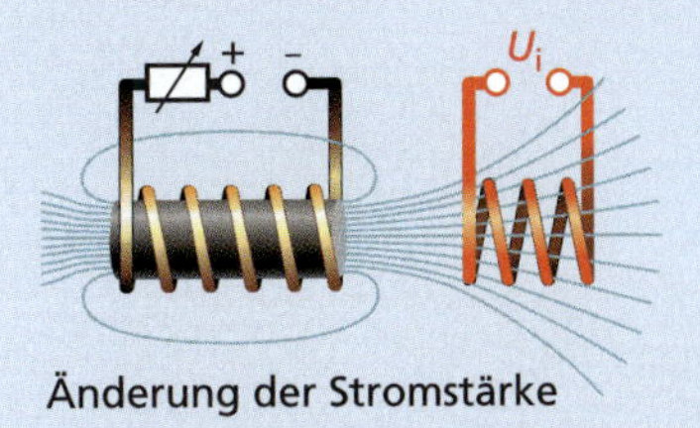

Änderung des Magnetfeldes durch Relativbewegung

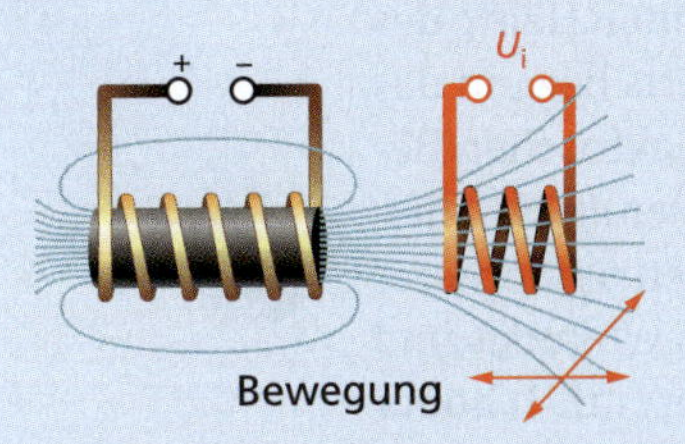

Die Erkenntnisse über die elektromagnetische Induktion sind im **Induktionsgesetz** zusammengefasst.

In einer Spule wird eine Spannung induziert, wenn sich das von ihr umfasste Magnetfeld ändert. Die Induktionsspannung hängt von der Schnelligkeit und Stärke dieser Änderung sowie vom Bau der Spule (Windungszahl, Eisenkern) ab.

Wichtige Anwendungen der elektromagnetischen Induktion sind der **Transformator** und der **Generator.** Ein Generator hat den gleichen prinzipiellen Aufbau wie ein Elektromotor.

Transformator

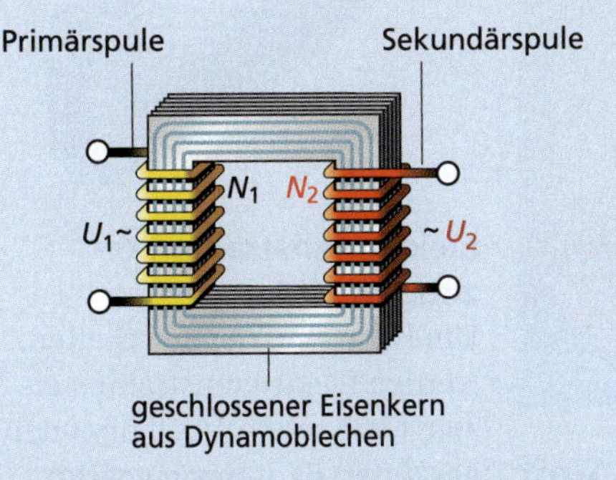

Durch die Änderung des Magnetfeldes der Primärspule wird in der Sekundärspule eine Spannung induziert.

Für einen **unbelasteten idealen Transformator** gilt:

$$\frac{U_1}{U_2} = \frac{N_1}{N_2}$$

Generator

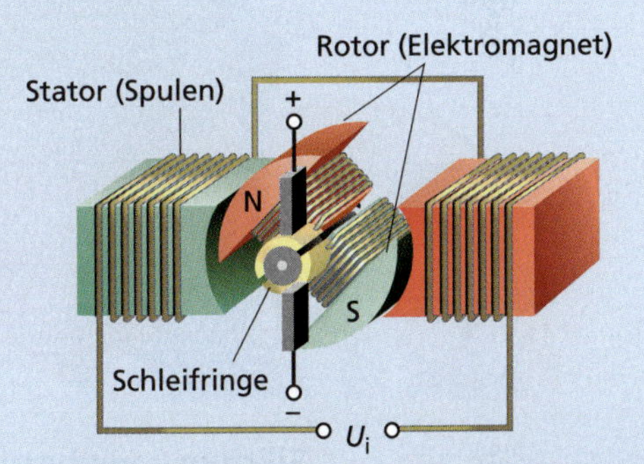

Durch die Drehung eines Magneten wird in den Statorspulen eine Spannung induziert.

Für einen **stark belasteten idealen Transformator** gilt:

$$\frac{I_1}{I_2} = \frac{N_2}{N_1}$$

5.7 Elektrische Leitungsvorgänge

Hell und sparsam
Mit der Entwicklung der Glühlampe in der zweiten Hälfte des 19. Jahrhunderts begann das Zeitalter der elektrischen Beleuchtung. Allerdings haben auch Glühlampen modernerer Bauart nur einen Wirkungsgrad von etwa 5 %. Wesentlich höher ist mit etwa 25 % der Wirkungsgrad von Leuchtstofflampen, die für den Haushalt auch als Energiesparlampen angeboten werden.
Wie ist eine solche Lampe aufgebaut?

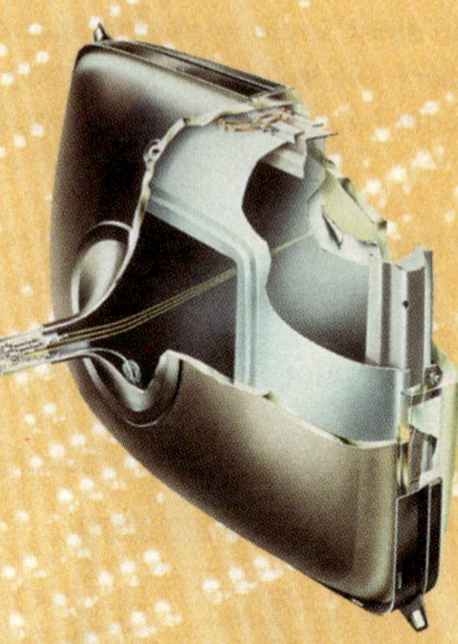

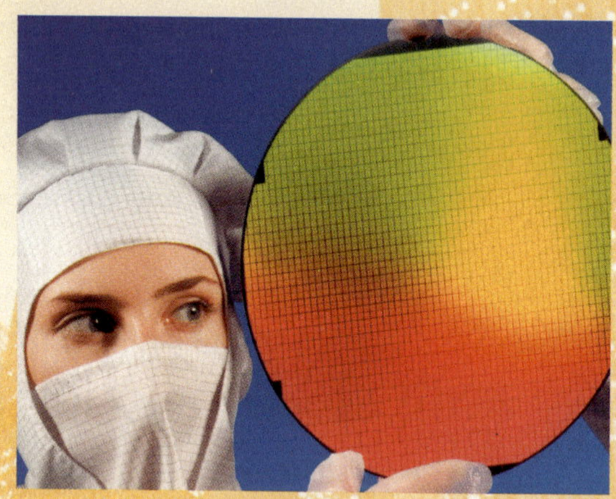

Silicium – ein besonderer Stoff
Halbleiterscheiben (Waver) aus Silicium sind das Ausgangsmaterial für Chips, die man heute nicht nur in Computern, sondern auch in vielen anderen Geräten und Anlagen findet.
Was unterscheidet Silicium von anderen Stoffen? Warum stellt man die Siliciumscheiben in Reinsträumen her?

Elektronenstrahlen erzeugen Bilder
Um Fernsehbilder zu erhalten, werden Elektronenstrahlen erzeugt, die sehr schnell über den gesamten Bildschirm geführt werden. Beim Auftreffen eines Elektronenstrahls auf den Bildschirm wird der Bildpunkt zum Leuchten angeregt. In der Fernsehbildröhre fließt ein elektrischer Strom.
Unter welchen Bedingungen kommt im Vakuum der Fernsehbildröhre ein Stromfluss zustande?

Der elektrische Leitungsvorgang

Fließt in einem Stoff (Metall, Flüssigkeit, Gas, Halbleiter) oder im Vakuum ein Strom, so spricht man von einem elektrischen Leitungsvorgang.

Ein elektrischer Leitungsvorgang ist eine gerichtete Bewegung von Ladungsträgern, z. B. von Elektronen oder Ionen.

Vergleicht man das Zustandekommen und den Verlauf von elektrischen Leitungsvorgängen in verschiedenen Stoffen, dann lassen sich einige allgemein gültige Aussagen treffen. Sie gelten für beliebige Stoffe und auch für das Vakuum.

Voraussetzungen für einen elektrischen Leitungsvorgang sind:

(1) das Vorhandensein beweglicher (wanderungsfähiger) Ladungsträger,

(2) die Existenz eines elektrischen Feldes (einer elektrischen Spannung) in dem betreffenden Bereich. Ein solches elektrisches Feld existiert z. B. zwischen den beiden Polen einer elektrischen Quelle.

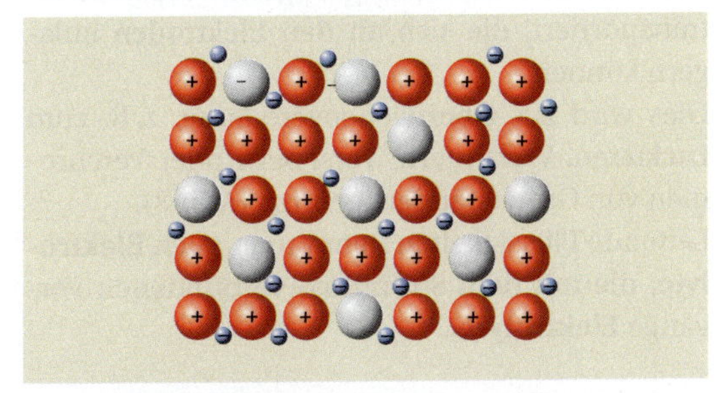

1a Metallischer Leiter ohne Vorhandensein eines elektrischen Feldes

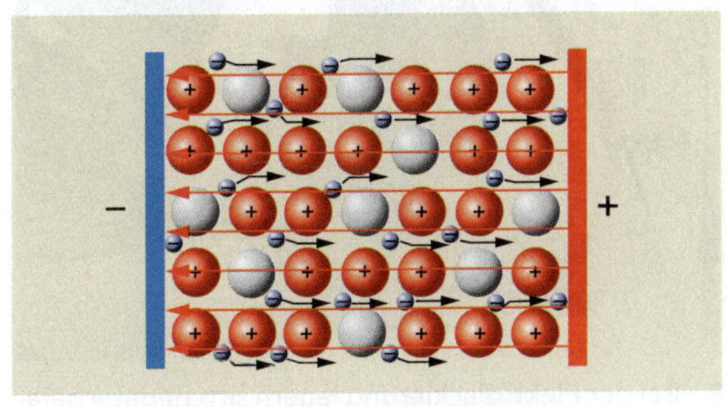

1b Bei Vorhandensein eines elektrischen Feldes bewegen sich die Elektronen in einer Vorzugsrichtung.

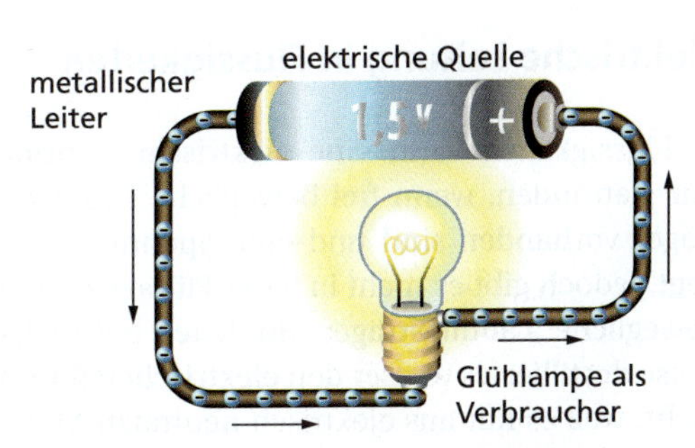

2 Elektronenstrom durch metallische Leiter

Der **Verlauf eines elektrischen Leitungsvorganges** hängt ab von

(1) der Art und der Anzahl der zur Verfügung stehenden beweglichen Ladungsträger,

(2) der Stärke des elektrischen Feldes im betreffenden Raumbereich,

(3) der Behinderung der gerichteten Bewegung der Ladungsträger durch andere Teilchen. Diese Behinderung äußert sich als elektrischer Widerstand des betreffenden Stoffes.

Leitung in Metallen

In einem metallischen Leiter ist ein Teil der negativ geladenen Elektronen nicht an bestimmte Atome gebunden, sondern kann sich frei im Leiter bewegen. Diese freien Elektronen führen im Leiter eine unregelmäßige Bewegung aus (Abb. 1a).

Wird der Leiter mit einer elektrischen Quelle verbunden, so bildet sich in ihm ein elektrisches Feld aus. In dem Feld wird auf die Elektronen eine Kraft ausgeübt. Sie bewegen sich gerichtet.

Stromfluss in metallischen Leitern bedeutet die gerichtete Bewegung von Elektronen in diesem Leiter.

Die negativ geladenen Elektronen bewegen sich gerichtet vom Minuspol zum Pluspol (Abb. 2). Ihre Geschwindigkeit liegt bei etwa 1 mm/s.

Elektrische Leitung in Flüssigkeiten

In Flüssigkeiten kann eine elektrische Leitung nur stattfinden, wenn frei bewegliche Ladungsträger vorhanden sind und eine Spannung anliegt. Jedoch gibt es nicht in jeder Flüssigkeit frei bewegliche Ladungsträger. So leitet beispielsweise destilliertes Wasser den elektrischen Strom nicht, weil es nur aus elektrisch neutralen Molekülen besteht.

Bringt man in dieses Wasser jedoch Salze, Basen oder Säuren, so entstehen wässrige Lösungen, die den elektrischen Strom leiten. Durch **Dissoziation** von Salzen, Basen oder Säuren in Wasser zerfallen diese in unterschiedlich geladene Ionen. So dissoziiert z.B. das Salz Kupfersulfat ($CuSO_4$) in positive Kupfer-Ionen und negative Sulfat-Ionen:

$$CuSO_4 \rightarrow Cu^{2+} + SO_4^{2-}$$

Das im Haushalt verwendete Kochsalz hat die chemische Formel NaCl (Natriumchlorid). Es dissoziiert in Wasser so:

$$NaCl \rightarrow Na^{+} + Cl^{-}$$

Die elektrisch positiv geladenen Ionen bezeichnet man auch als **Kationen** und die negativ geladenen Ionen als **Anionen.**

Diese Ionen stehen als frei bewegliche Ladungsträger in Flüssigkeiten zur Verfügung.

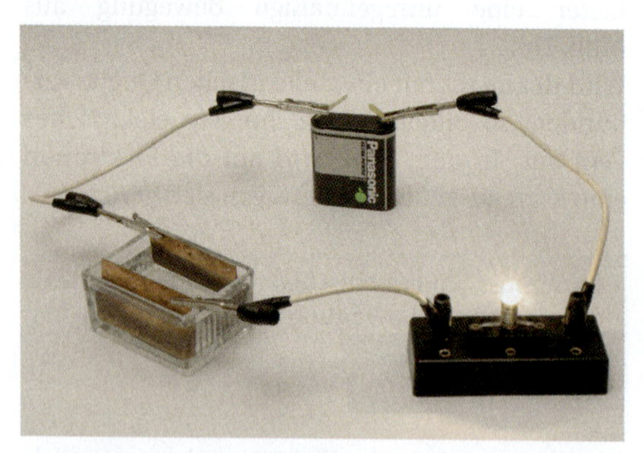

1 Destilliertes Wasser leitet den Strom nicht. Bei Verwendung von Leitungswasser oder Salzwasser fließt ein Strom.

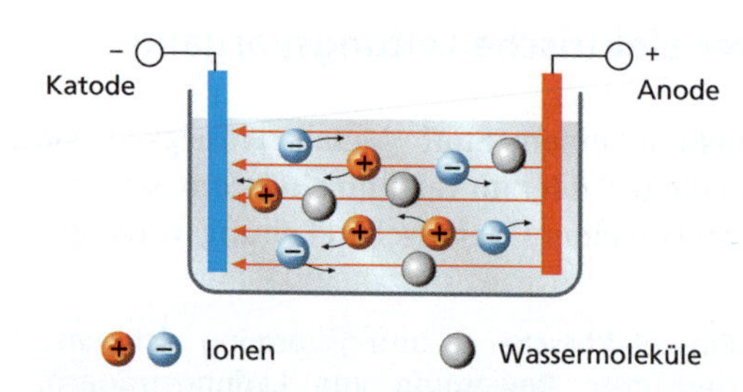

2 In leitenden Flüssigkeiten bewegen sich positiv und negativ geladene Ionen gerichtet.

Wird an zwei **Elektroden** (Stäbe oder Platten) eine Spannung angelegt und damit in der Flüssigkeit ein Antrieb erzeugt (Abb. 1, 2), so bewegen sich die positiv geladenen Kationen zur negativen Elektrode (**Katode**) und die negativ geladenen Anionen zur positiven Elektrode (**Anode**).

Stromfluss in Flüssigkeiten bedeutet die gerichtete Bewegung von positiv und negativ geladenen Ionen.

Mit den Ionen als Ladungsträgern werden Stoffe transportiert, die sich an den Elektroden anlagern können.

Dies wird zur Oberflächenveredlung, z. B. zum Lackieren, Verkupfern, Versilbern oder Verchromen von Gegenständen, genutzt (Abb. 3).

Leitende Flüssigkeiten nennt man auch **Elektrolyte,** die mit dem Stromfluss verbundenen Vorgänge **Elektrolyse.**

3 Bei der Elektrolackierung lagern sich negativ geladene Wasser-Lack-Teilchen an der als Anode geschalteten Karosserie ab.

Leitung in Gasen

In Gasen unter Normalbedingungen existieren nur sehr wenige frei bewegliche Ladungsträger, sodass kaum Leitungsvorgänge stattfinden können. Das Gasgemisch Luft ist z.B. unter Normalbedingungen ein guter Isolator. Das ist der Grund dafür, dass zwischen den beiden Anschlüssen einer Steckdose oder den offenen Kontakten eines Schalters kein Strom fließt.
Durch äußere Einflüsse können aber in Gasen frei bewegliche Ladungsträger erzeugt werden.
Eine Möglichkeit dafür ist die **Ionisation** des Gases. Durch Energiezufuhr in Form von Wärme oder radioaktiver Strahlung werden einzelne Elektronen aus den Gasmolekülen herausgelöst. Es entstehen Elektronen und positiv geladene Gas-Ionen als frei bewegliche Ladungsträger (Abb. 1). Nach Anlegen eines elektrischen Feldes kann in dem Gas ein Strom fließen.
Eine Ionisation von Gasen kann auch erfolgen, wenn schnelle Elektronen auf Gasmoleküle stoßen und dabei weitere Elektronen aus den Molekülen herauslösen. Diesen Vorgang nennt man **Stoßionisation.** In einem lawinenartigen Prozess entstehen Elektronen und positiv geladene Gas-Ionen als frei bewegliche Ladungsträger (Abb. 2).

Stromfluss in Gasen bedeutet die gerichtete Bewegung von negativ geladenen Elektronen bzw. positiv geladenen Gas-Ionen.

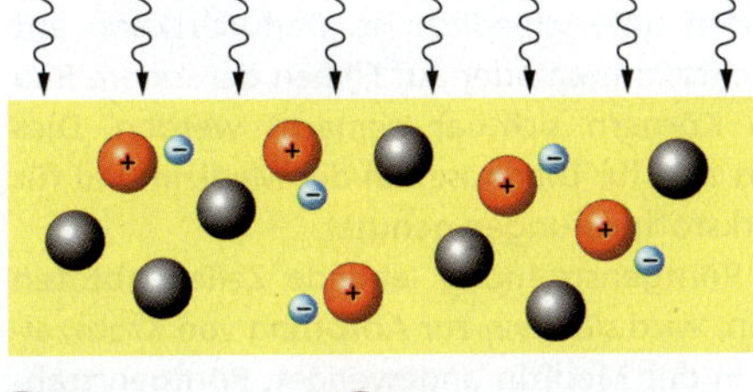

1 Ionisation eines Gases: Durch Energiezufuhr werden Gasmoleküle in Elektronen und positiv geladene Gas-Ionen aufgespalten.

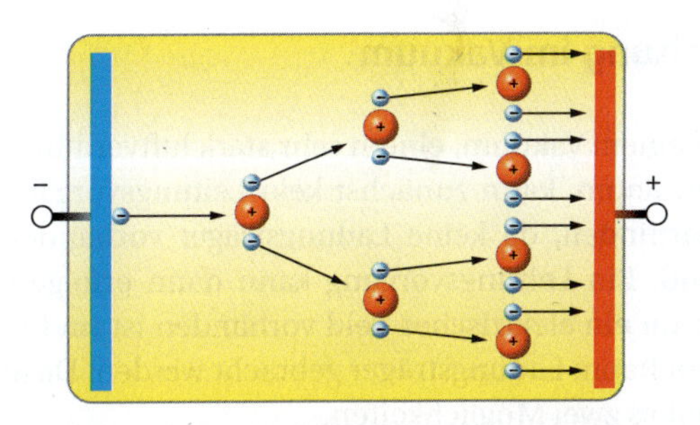

2 Stoßionisation in einem Gas: Als bewegliche Ladungsträger sind dann Elektronen und positiv geladenen Gas-Ionen vorhanden.

Voraussetzung für Stoßionisation ist, dass die Elektronen große Geschwindigkeiten und damit große kinetische Energien besitzen. Das kann man z.B. durch ein starkes elektrisches Feld oder durch geringen Luftdruck erreichen. So kann Luft zwischen Gewitterwolken oder in einer Elektronenröhre (Abb. 4) ionisiert werden. Einzelne Ladungsträger entstehen ständig durch die radioaktive Strahlung in der Luft.
Elektronen als frei bewegliche Ladungsträger können in Gasen auch durch **Emission** erzeugt werden (s. S. 404).
Leitungvorgänge in Gasen sind häufig mit Leuchterscheinungen verbunden (Abb. 3, 4). Dies wird z. B. bei **Leuchtstofflampen** oder **Glimmlampen** genutzt.

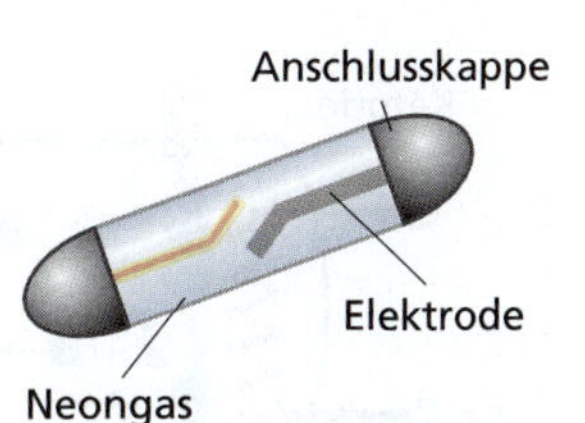

3 Glimmlampe

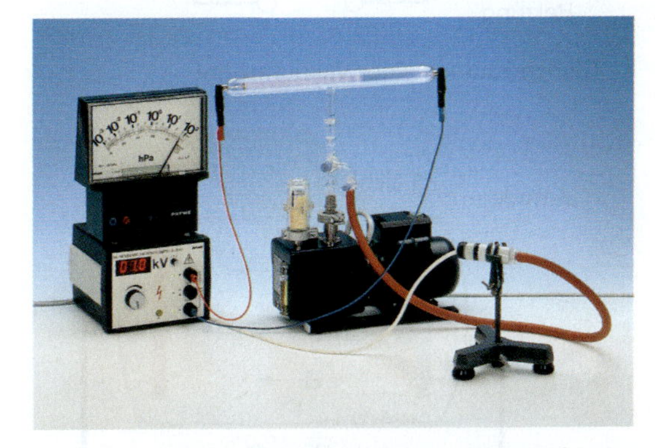

4 Leuchterscheinung eines Gases unter niedrigem Druck bei Anlegen eines elektrischen Feldes: Es entsteht eine leuchtende Säule.

Leitung im Vakuum

In einem Vakuum, einem sehr stark luftverdünnten Raum, kann zunächst kein Leitungsvorgang stattfinden, da keine Ladungsträger vorhanden sind. Ein Leitungsvorgang kann dann erfolgen, wenn ein elektrisches Feld vorhanden ist und in den Raum Ladungsträger gebracht werden. Dazu gibt es zwei Möglichkeiten.
Beim **glühelektrischen Effekt** wird einer Platte aus Metall oder Metalloxid durch Erwärmen so viel Energie zugeführt, dass sich Elektronen aus der Metalloberfläche herauslösen können. Sie werden aus der Metalloberfläche emittiert. Man nennt diesen Vorgang deshalb auch **Glühemission** (Abb. 1). Die Glühemission wurde 1883 von THOMAS ALVA EDISON (1847–1931) bei Experimenten mit Glühlampen entdeckt. Sie wird in Elektronenröhren genutzt, die früher vielfach in Geräten, z. B. in Radios, verwendet wurden. Heute wird die Glühemission vor allem in Elektronenstrahlröhren angewendet, die sich z. B. in Fernsehapparaten oder in Oszillografen befinden (s. S. 416).

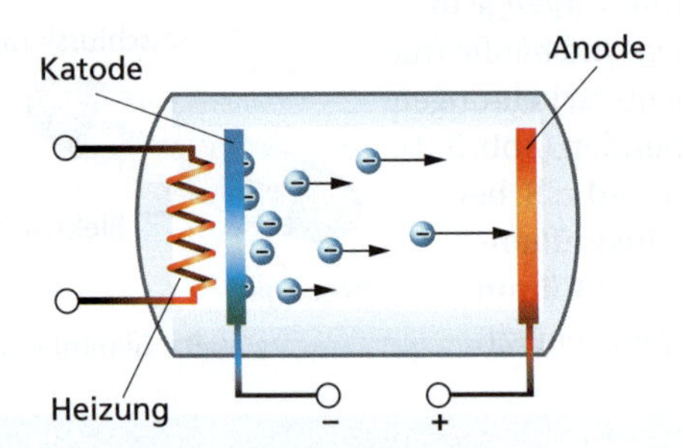

1 Glühemission in einer Vakuumröhre

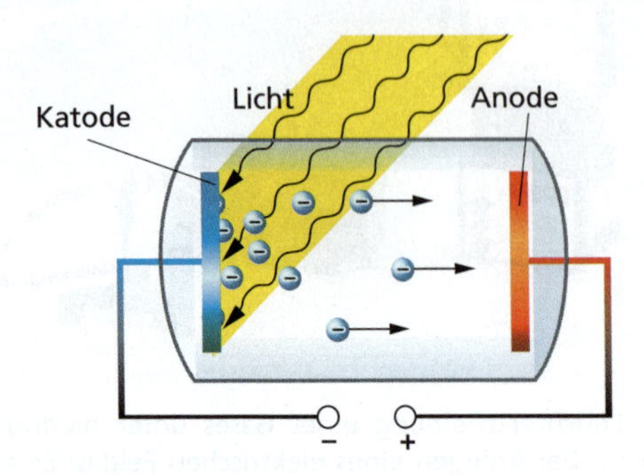

2 Fotoemission in einer Vakuumröhre

Beim **lichtelektrischen Effekt** werden durch Bestrahlung mit Licht Elektronen aus der Oberfläche einer Metall- bzw. Metalloxidplatte emittiert. Diesen Vorgang nennt man **Fotoemission** (Abb. 2). Die Fotoemission wurde 1888 von WILHELM HALLWACHS (1859–1922) erstmals beim Bestrahlen einer Zinkplatte mit Licht beobachtet.

Stromfluss im Vakuum bedeutet die gerichtete Bewegung von Elektronen, die durch Glühemission oder Fotoemission erzeugt werden.

Schon bei einer relativ geringen Spannung erreichen die Elektronen große Geschwindigkeiten.

Die Röntgenröhre

Eine Elektronenstrahlröhre besonderer Art ist die Röntgenröhre. In ihr sind ein Wolframfaden als Glühkatode und eine Metallplatte als Anode eingebaut. Durch Glühemission treten aus der Katode Elektronen aus. Durch ein elektrisches Feld zwischen den Elektroden werden die Elektronen sehr stark beschleunigt und beim Auftreffen auf die Anode abgebremst. Die kinetische Energie der Elektronen wird in thermische Energie und in Strahlungsenergie umgewandelt. Die dabei entstehende unsichtbare Strahlung wird nach ihrem Entdecker WILHELM CONRAD RÖNTGEN (1845–1923) Röntgenstrahlung genannt. Sie hat die besondere Eigenschaft, undurchsichtige Körper zu durchdringen, wobei die Durchdringungsfähigkeit von verschiedenen Stoffen unterschiedlich ist. Dadurch kann auf Leuchtschirmen oder auf Filmen der innere Bau von Körpern sichtbar gemacht werden. Dies wird z. B. für Diagnosen in der Medizin und für Werkstoffprüfungen genutzt.
Da Röntgenstrahlung lebende Zellen abtöten kann, wird sie auch zur Abtötung von Krebszellen in der Medizin angewendet. Röntgenstrahlung kann, ähnlich wie radioaktive Strahlung oder UV-Strahlung, gesundheitsschädigend sein.

Leitung in Halbleitern

Halbleiter sind Stoffe, deren elektrische Leitfähigkeit zwischen der von Leitern und Isolatoren liegt.
Diese Leitfähigkeit ist bei reinen Halbleitern wie Silicium, Germanium und Selen nur gering und technisch kaum nutzbar. Von reinen Halbleitern spricht man, wenn auf mehr als 10^9 Siliciumatome ein Fremdatom oder ein Gitterfehler kommt.

Bei Zimmertemperatur sind bei einem reinen Halbleiter fast alle Elektronen im Gitter fest gebunden (Abb. 3). Einzelne Elektronen können aber diese Bindung verlassen. Dabei entsteht jeweils eine Fehlstelle, ein Loch.

1 Siliciumscheibe mit Bauelementen

Man spricht auch von Defektelektronen. Diese Löcher oder Defektelektronen werden teilweise wieder durch Elektronen besetzt. Man sagt: Die Elektronen und Löcher rekombinieren. Im Mittel sind aber immer ein paar freie Elektronen und Löcher vorhanden.
Wird an einen solchen reinen Halbleiter eine Spannung angelegt, dann gehen parallel zueinander folgende Vorgänge vor sich:
- Die wenigen freien Elektronen bewegen sich in Richtung Pluspol der Spannungsquelle.
- In Löcher springen benachbarte, ursprünglich gebundene Elektronen.

Dadurch erfolgt insgesamt eine Bewegung von Elektronen in der einen Richtung und gleichzeitig von Löchern in der entgegengesetzten Richtung (Abb. 2).

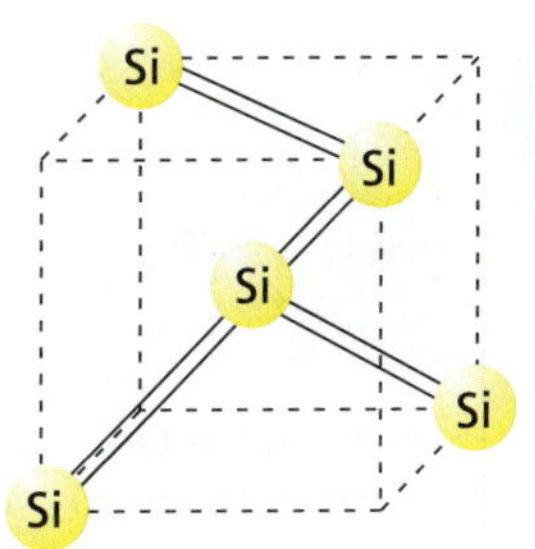

3 Räumliche Darstellung von Silicium: Bei reinem Silicium sind fast alle Elektronen im Gitter fest gebunden. Das Foto rechts zeigt Silicium.

Dieser Leitungsmechanismus wird als **Eigenleitung** bezeichnet. Er hat nur geringe praktische Bedeutung.
Die Leitfähigkeit eines Halbleiters kann gezielt erhöht werden, wenn man Atome anderer Elemente (Fremdatome) einbringt, die mehr oder weniger Außenelektronen haben als die Halbleiteratome. Man nennt diesen Vorgang **Dotieren.** Beim Dotieren entstehen **Störstellen** mit freien Elektronen oder Löchern. Die darauf basierende Leitung wird **Störstellenleitung** genannt.

Bei Halbleitern erfolgt der elektrische Leitungsvorgang durch Elektronen und Löcher (Defektelektronen).
Je nach der Dotierung unterscheidet man zwischen n-Halbleitern und p-Halbleitern.

Die beiden grundsätzlichen Möglichkeiten des Dotierens sind auf S. 406 oben dargestellt. Bewegen sich vorrangig negativ geladene Elektronen, so spricht man von **n-Leitung.** Erfogt die Leitung vor allem durch Löcher, so wird von **p-Leitung** gesprochen.

a)
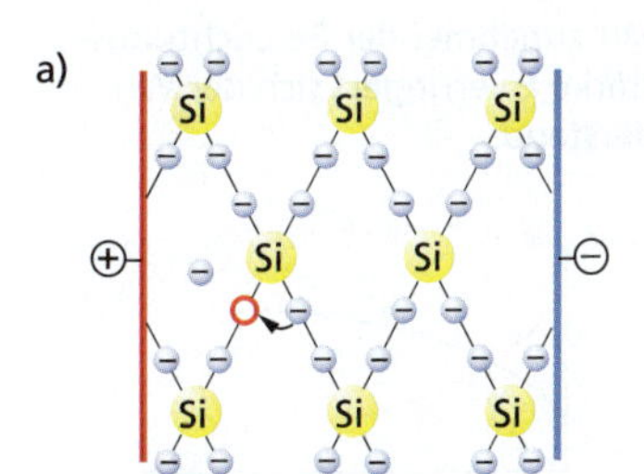

b)
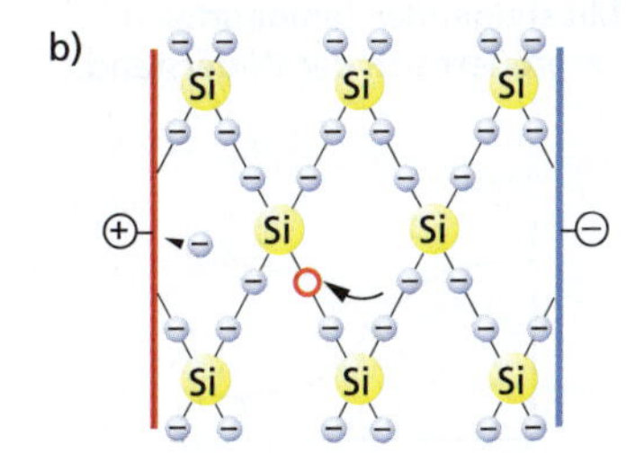

c)
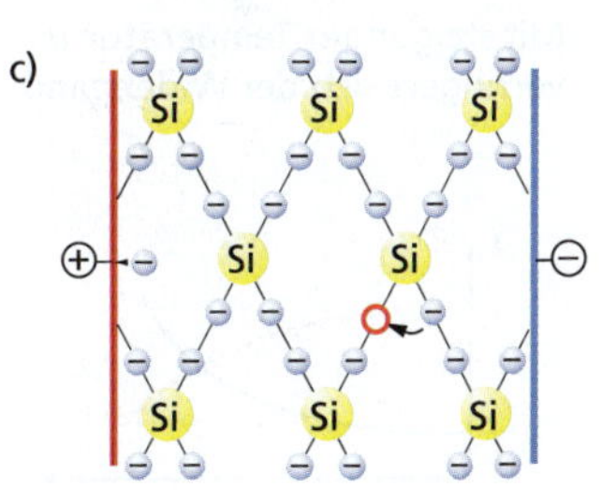

2 Eigenleitung in Silicium: Elektronen bewegen sich nach links, Löcher nach rechts.

n-Halbleiter	p-Halbleiter
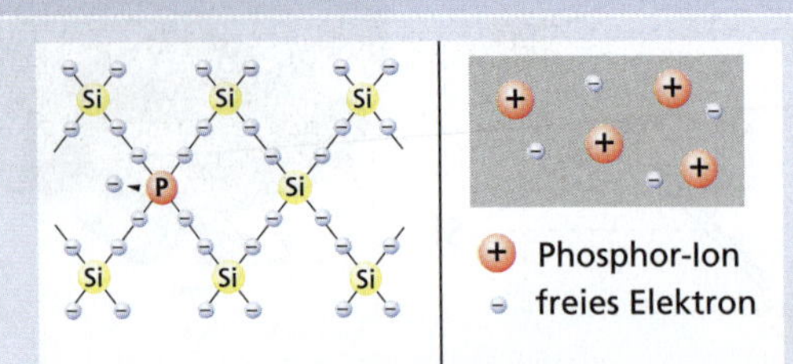	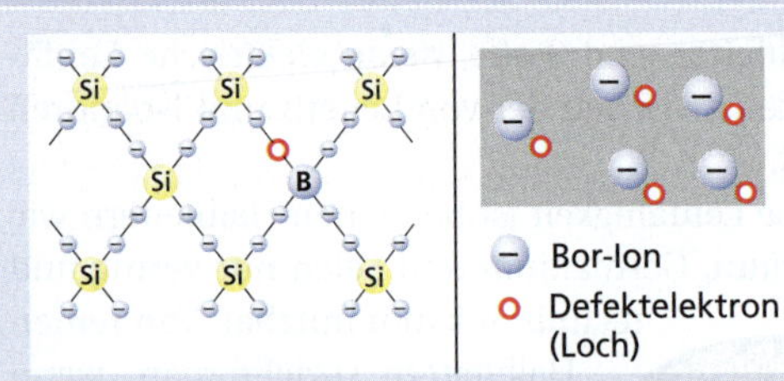
Wird ein Phosphoratom (5-wertig) in Silicium dotiert, kann ein Außenelektron des Phosphors nicht gebunden werden und steht als *freies Elektron* für eine *n-Leitung* zur Verfügung.	Wird in ein Siliciumkristall ein Boratom (3-wertig) dotiert, kann ein Außenelektron eines Siliciumatoms nicht gebunden werden. Es bleibt ein *Loch*, das für eine *p-Leitung* zur Verfügung steht.

Der elektrische Widerstand eines Halbleiters ist von dessen Temperatur abhängig. Dabei wirken zwei gegensätzliche Vorgänge.
Einerseits führen bei höherer Temperatur die Atome und Ionen des Halbleiterkristalls stärkere Schwingungen um ihre Ruhelage aus und behindern dadurch stärker die Bewegung der frei beweglichen Elektronen.
Andererseits können sich bei einer höheren Temperatur mehr Außenelektronen aus ihren Bindungen lösen. Somit stehen mehr frei bewegliche Ladungsträger und Löcher zur Verfügung. Je nachdem, welcher dieser Vorgänge überwiegt, steigt oder sinkt der Widerstand eines Halbleiters bei Temperaturerhöhung. Solche temperaturabhängigen Halbleiterwiderstände bezeichnet man als **Thermistoren,** wobei man zwischen Kaltleitern und Heißleitern unterscheidet.

Bei **Kaltleitern** wird der elektrische Widerstand umso größer, je höher die Temperatur ist. Bei **Heißleitern** nimmt der elektrische Widerstand mit steigender Temperatur ab (siehe Übersicht unten).
Die Leitfähigkeit und damit der Widerstand von Halbleitern kann auch durch die Stärke des einfallenden Lichtes beeinflusst werden. Das wird bei **Fotowiderständen** (s. unten) genutzt: Je stärker sie mit Licht beleuchtet werden, umso kleiner ist ihr elektrischer Widerstand.

Thermistoren		Fotowiderstände (LDR)
Heißleiter (NTC-Widerstand)	**Kaltleiter (PTC-Widerstand)**	
Mit steigender Temperatur ϑ verringert sich der Widerstand.	Mit steigender Temperatur ϑ vergrößert sich der Widerstand.	Mit zunehmender Beleuchtungsstärke E verringert sich der Widerstand.
I, R – ϑ	I, R – ϑ	I, R – E

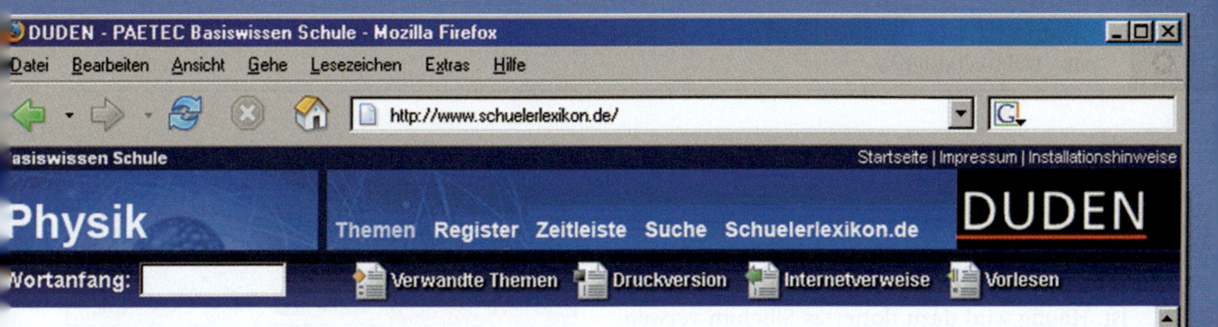

Leuchtdiode

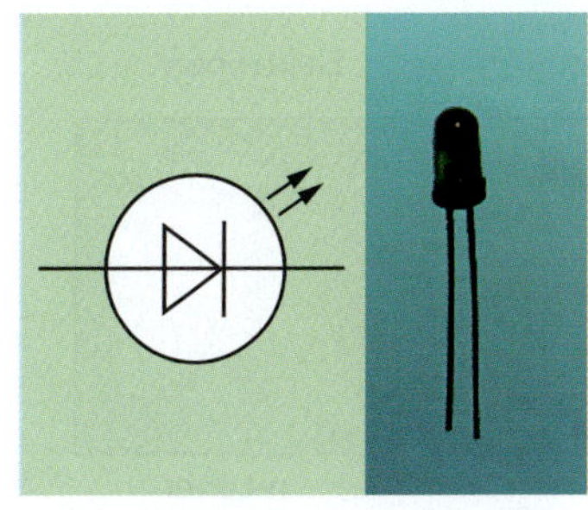

1 Schaltzeichen einer Leuchtdiode

Leuchtdioden, auch **Lumineszenzdiode**n, **Lichtemitterdiode**n oder **LED** (abgeleitet vom englischen **l**ight **e**mitting **d**iode) genannt, sind spezielle **Halbleiterdioden**, die beim Betrieb in Durchlassrichtung Licht in einem bestimmten Wellenlängenbereich aussenden. Die Umkehrung der Leuchtdiode ist die **Fotodiode.**

Aufbau und Wirkungsweise

Leuchtdioden bestehen wie andere Arten von Dioden aus einem **n-Leiter** und einem **p-Leiter** mit einem dazwischen liegenden, sehr dünnen **pn-Übergang.** Als Grundmaterial verwendet man vor allem Galliumarsenid (GaAs) und Galliumphosphid (GaP), wobei unterschiedliche Stoffe zur Dotierung genutzt werden. Diese Stoffe bestimmen die Farbe des Lichtes, das ausgesandt wird.

2 Aufbau einer Leuchtdiode

Leuchtdioden sind so gebaut, dass das im pn-Übergang entstehende Licht aus der Diode in einer bestimmten Richtung austreten kann. Abb. 2 zeigt eine verbreitete Bauform, einen Flächenstrahler.

Die Leuchtdiode wird in Durchlassrichtung geschaltet. Dann fließt durch den pn-Übergang ein Strom. Im pn-Übergang kommt es zu einer **Rekombination** von Elektronen und Löchern (Defektelektronen). Bei dieser Rekombination wird Energie frei, die in Form von Licht abgegeben wird. Dabei gilt:

- Die Stoffe, aus denen die Leuchtdiode besteht, bestimmen die Farbe des Lichtes.
- Durch die Form der Diode wird bestimmt, von welcher Fläche Licht abgegeben wird. Die wichtigsten Formen sind Flächenstrahler, halbkugelförmige Strahler und strichförmige Strahler.

Hinweis: Rekombination von Elektronen und Löchern tritt auch bei anderen Dioden in Durchlassrichtung auf. Die dabei frei werdende Energie wird aber im Unterschied zu Leuchtdioden nicht als Licht, sondern in Form von Wärme abgegeben.

Anwendungen

Wegen ihrer geringen Abmessungen und des relativ geringen Energieverbrauchs eignen sich Leuchtdioden als Lichtquellen für viele Zwecke (Abb. 3).

3 Leuchdioden werden u. a. als Anzeigelampen genutzt.

... und mehr

Informiere dich auch unter: *Fotodiode, Fotowiderstand, Solarzellen, Halbleiterdiode, Laserdiode, Thermistor, Transistor, Alarmanlage, Belichtungsmesser, Darlingtonschaltung, Digitaltechnik, Feuermelder, ...*

Fertig

Die Halbleiterdiode

Eine **Diode** ist ein elektronisches Bauelement (s. S. 413), das aus zwei unterschiedlich dotierten Schichten desselben Grundmaterials aufgebaut ist. Häufig wird dazu dotiertes Silicium verwendet. Zwischen den beiden Schichten befindet sich ein pn-Übergang (Abb. 2, 3).

Die freien Elektronen bewegen sich zunächst ungeordnet in der Diode und durchdringen so auch den pn-Übergang. Dabei gelangen einzelne Elektronen in den p-Leiter und besetzen dort die Löcher (Defektelektronen). Dies führt dazu, das zwischen dem p-Leiter und dem n-Leiter eine **Grenzschicht** entsteht, in der keine frei beweglichen Ladungsträger vorhanden sind. Vereinfacht erhält man damit einen Aufbau, wie er in Abb. 3 dargestellt ist.

Wird nun der n-Leiter einer Diode mit dem Minus-Pol und der p-Leiter mit dem Pluspol der elektrischen Quelle verbunden (Abb. 1a), so werden die freien Elektronen in die Grenzschicht gedrückt und können ab einer bestimmten Spannung diese überwinden. Die Spannung beträgt bei Siliciumdioden ca. 0,7 V und bei Germaniumdioden ca. 0,35 V. Bei größeren Spannungen wird der Widerstand der Diode sehr klein. Die Diode lässt in dieser Richtung den Strom hindurch. Sie ist in **Durchlassrichtung** gepolt (Abb. 1b).

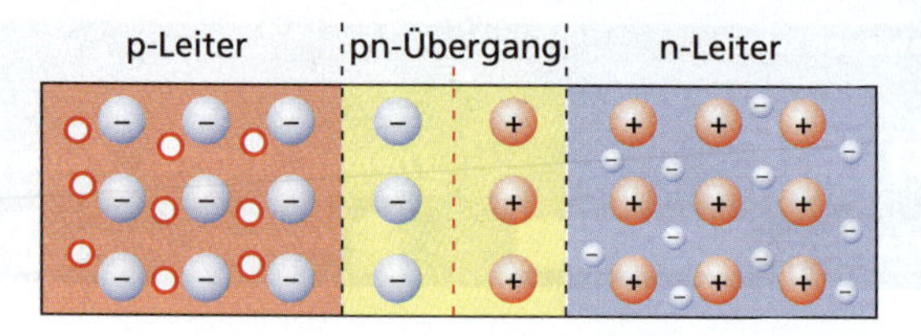

2 Aufbau einer Halbleiterdiode: Die großen Teilchen sind die ortsfesten Ionen der Dotierungsstoffe.

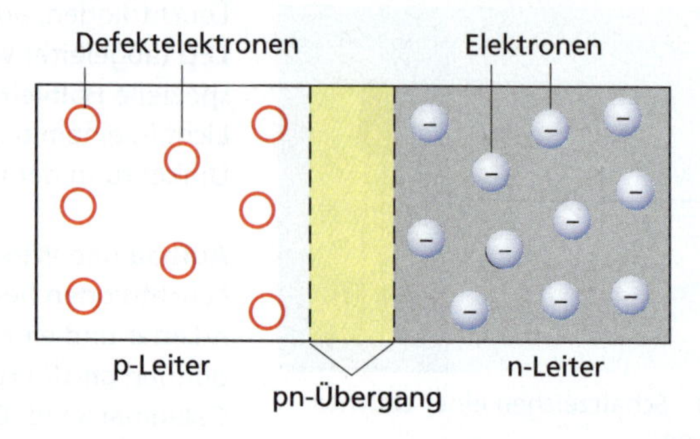

3 Vereinfachte Darstellung des Aufbaus einer Halbleiterdiode

Bei umgekehrter Polung wandern die freien Elektronen in Richtung Pluspol (Abb. 4a). Die Grenzschicht wird dadurch verbreitert und hat einen sehr großen elektrischen Widerstand. Die Diode lässt demzufolge in dieser Richtung keinen Strom hindurch. Sie ist in **Sperrrichtung** geschaltet. Damit wirkt die Diode in dieser Schaltung wie ein Isolator.

a) p-Leiter n-Leiter pn-Übergang

b)

1 Diode in Durchlassrichtung: Der Pluspol der Spannungsquelle liegt am p-Leiter.

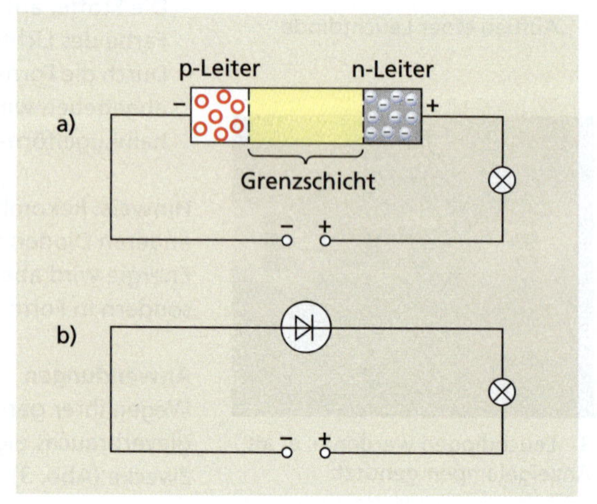

4 Diode in Sperrrichtung: Der Pluspol der Spannungsquelle liegt am n-Leiter.

Ein pn-Übergang lässt den elektrischen Strom nur in einer Richtung hindurch.

Diese Eigenschaft eines pn-Übergangs ist grundlegend für die gesamte Halbleiterelektronik und wird auch bei anderen Halbleiterbauelementen genutzt.
Die Eigenschaften der Diode werden mit der *I-U*-Kennlinie (Abb. 2) beschrieben. Aus dieser Kennlinie ist ablesbar: In Sperrrichtung fließt trotz anliegender Spannung kein Strom. Ursache dafür ist der große Widerstand der Grenzschicht. Auch in Durchlassrichtung fließt bis zu einer Spannung von ca. 0,7 V kein Strom. Erst bei dieser Spannung können Elektronen die Grenzschicht überwinden. Bei Spannungen von mehr als 0,7 V steigt die Stromstärke stark an, da der Widerstand der Diode nun sehr klein ist.
Da eine Diode den Strom nur in einer Richtung hindurchlässt, kann sie zur Gleichrichtung von Wechselströmen genutzt werden. Dabei werden Halbleiterdioden als **Gleichrichter** verwendet.
Abb. 1a zeigt eine einfache Gleichrichterschaltung. Bei einer solchen Gleichrichterschaltung wird eine Halbkurve des Wechselstromes „abgeschnitten" (Abb. 1b).
Will man beide Halbkurven nutzen, so muss man eine Zweiweggleichrichterschaltung anwenden, so wie sie in Abb. 4 dargestellt ist.

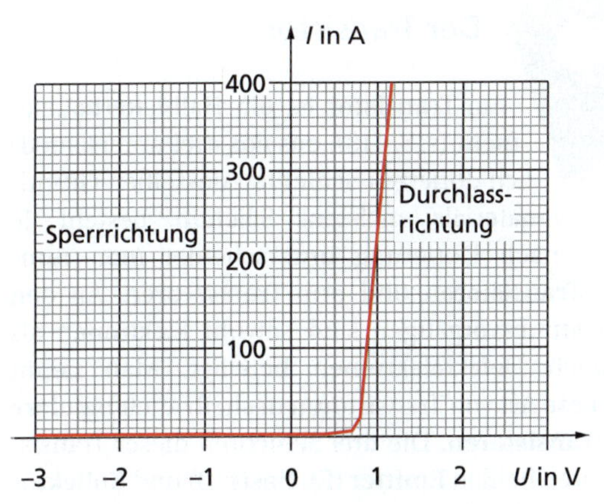

2 *I-U*-Kennlinie einer Siliciumdiode

Beim elektrischen Stromfluss durch Dioden in Durchlassrichtung bewegen sich Elektronen in Löcher und werden wieder zu Außenelektronen in einer Atombindung. Dabei geben sie Energie ab. Diese Energie kann als Wärme abgestrahlt oder als Licht ausgesendet werden. Die Aussendung von Licht wird bei **Leuchtdioden** (Lichtemitterdioden, LED, S. 413) genutzt.

3 Leuchtdioden, die unsichtbares infrarotes Licht aussenden, nutzt man bei Fernbedienungen.

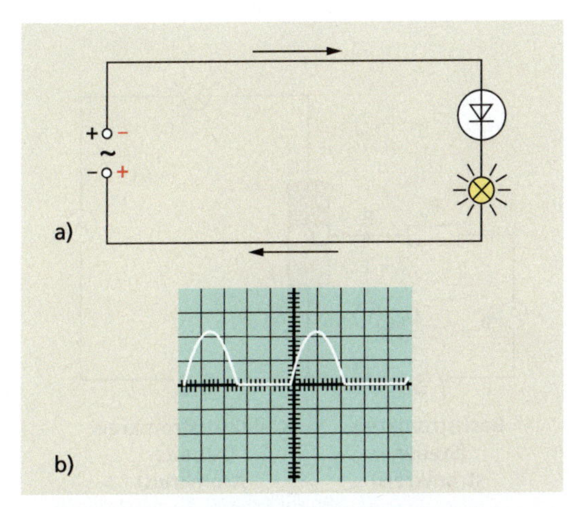

1 Schaltung eines Gleichrichters (a) mit Bild des pulsierenden Gleichstroms (b)

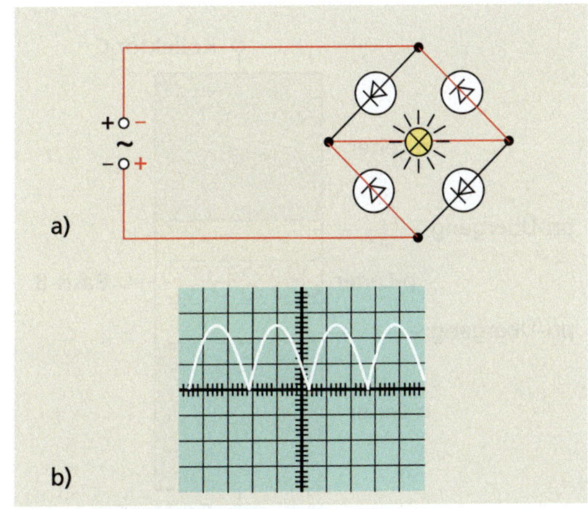

4 Schaltung eines Gleichrichters (a) mit Bild des pulsierenden Gleichstroms (b)

Der Transistor

Ein **Transistor** ist ein Halbleiterbauelement (s. S. 413), das aus drei unterschiedlich dotierten Schichten desselben Grundmaterials, meistens Silicium, besteht. Je nach Dotierung unterscheidet man **npn-Transistoren** und **pnp-Transistoren.** An den Leitungsvorgängen sind sowohl Elektronen als auch Defektelektronen beteiligt. Man nennt diese Art von Transistoren deshalb auch **bipolare Transistoren.** Die drei Schichten dieser Transistoren heißen **Emitter** (E), **Basis** (B) und **Kollektor** (C). Solche Transistoren haben zwei pn-Übergänge (Abb. 1). Mit Spannungen an den drei Anschlüssen eines Transistors können die Widerstände der pn-Übergänge beeinflusst und die elektrischen Ströme durch den Transistor gesteuert werden. Dazu schaltet man den Transistor so, dass zwei Stromkreise entstehen, der **Basisstromkreis** (Steuerstromkreis) und der **Kollektorstromkreis** (Arbeitsstromkreis). Mit dem Basisstromkreis wird der Kollektorstromkreis gesteuert (Abb. 2).

Liegt nur eine Spannung zwischen Emitter und Kollektor an, so ist ein pn-Übergang stets in Sperrrichtung geschaltet. Ein Strom, der **Kollektorstrom** I_C, kann nicht fließen. Durch eine zusätzliche Spannung zwischen Emitter und Basis, der **Basis-Emitter-Spannung** U_{BE}, kann der pn-Übergang bei entsprechender Polung in Durchlassrichtung geschaltet werden. Dann fließt im Basisstromkreis ein Strom, der **Basisstrom** I_B. Beim npn-Transistor bewegen sich Elektronen aus dem Emitter in die Basis. Da die Basisschicht sehr dünn ist, gelangen Elektronen aus dem Emitter in die Nähe des pn-Übergangs von Kollektor und Basis (Abb. 1, S. 411).

Der Kollektor ist mit dem positiven Pol der elektrischen Quelle verbunden. Von diesem Pol werden die Elektronen angezogen und überwinden den vorher gesperrten pn-Übergang von Kollektor und Basis. Dieser pn-Übergang wird leitend und es kann im Kollektorstromkreis der **Kollektorstrom** I_C fließen.

Mit einem Basisstrom I_B bzw. einer Basis-Emitter-Spannung U_{BE} kann also im Kollektorstromkreis ein Strom I_C fließen. Man nennt diesen Effekt auch **Transistoreffekt:**

Durch Anlegen einer Basis-Emitter-Spannung wird ein Transistor zwischen Emitter und Kollektor elektrisch leitend. Im Kollektorstromkreis fließt dann ein elektrischer Strom.

Der Transistoreffekt kommt durch eine spezielle Bauweise zustande (Abb. 1a, S. 411). Die Basis ist sehr dünn. Der Basisanschluss ist seitlich angeordnet. Der Kollektor ist wesentlich breiter als der

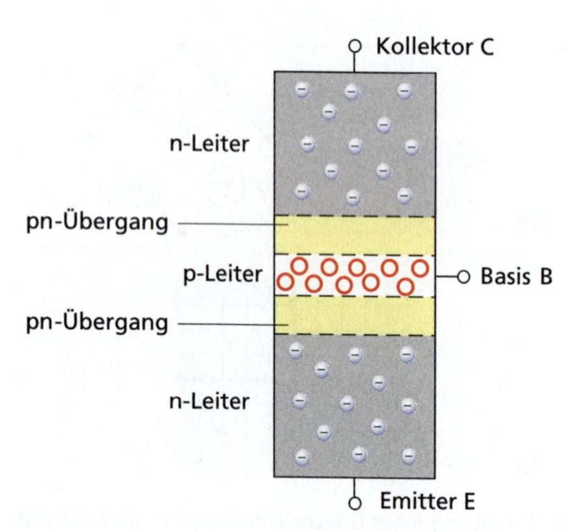

1 Aufbau eines npn-Transistors

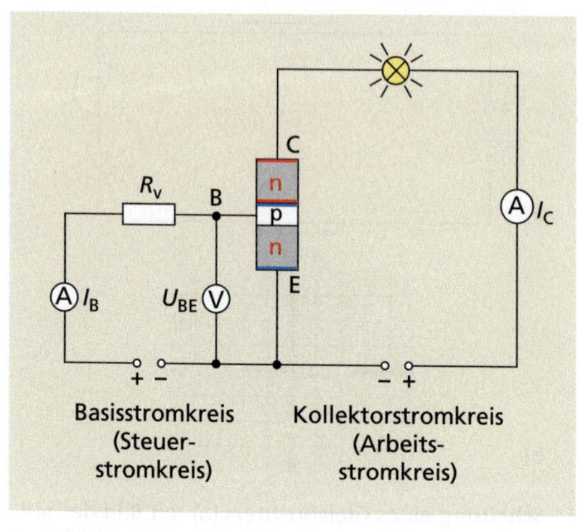

2 Schaltung eines npn-Transistors

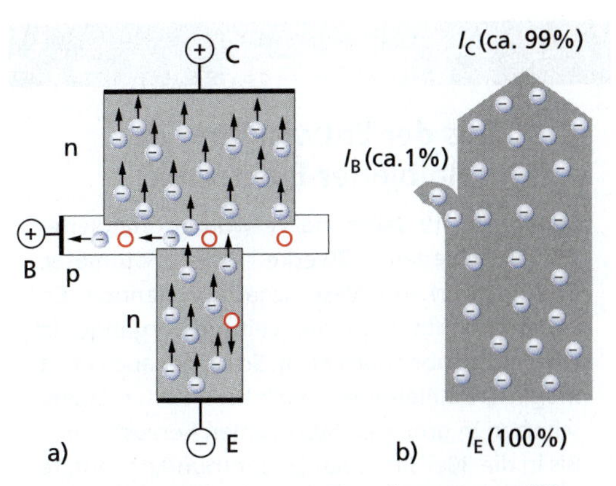

1 Leitungsvorgang im npn-Transistor: Der größte Teil des Stromes fließt vom Emitter zum Kollektor.

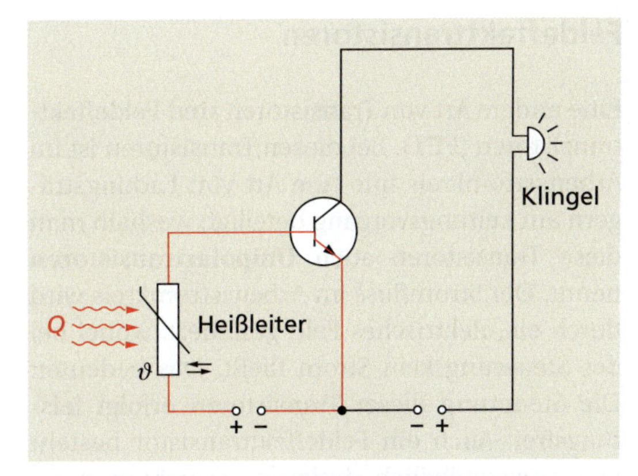

3 Feuermelder mit Heißleiter und Transistor als Schalter

Emitter und hat damit eine größere Berührungsfläche mit der Basis.

Beim Anschluss des Transistors wird die Basis mit Elektronen regelrecht überschwemmt. Bevor diese zum Basisanschluss gelangt sind, haben viele Elektronen den pn-Übergang von Kollektor und Basis erreicht und werden vom Kollektor angezogen. Nur etwa 1 % der Elektronen erreicht den seitlichen Basisanschluss (Abb. 1b). Der Großteil der Elektronen steht für den Kollektorstrom zur Verfügung. Dieser Effekt wird auch mit der I_C-U_{BE}-Kennlinie eines solchen Transistors (Abb. 2) beschrieben. Mit dem Basisstromkreis kann der Kollektorstromkreis ein- bzw. ausgeschaltet werden. Damit kann ein Transistor als **elektronischer Schalter** genutzt werden (Abb. 3).

Eine für Anwendungen sehr interessante Seite des Transistoreffekts zeigt die I_C-I_B-Kennlinie eines Transistors (Abb. 4). Aus dieser Kennlinie wird ersichtlich, dass im Basisstromkreis nur ein sehr geringer Strom fließt, während die Kollektorstromstärke ca. 100-mal so groß ist wie die Basisstromstärke. So wird in einem Transistor mit einem kleinen Basisstrom ein großer Kollektorstrom gesteuert. Eine kleine Änderung der Basisstromstärke bewirkt eine große Änderung der Kollektorstromstärke. Ein Transistor kann somit als **Verstärker** genutzt werden.

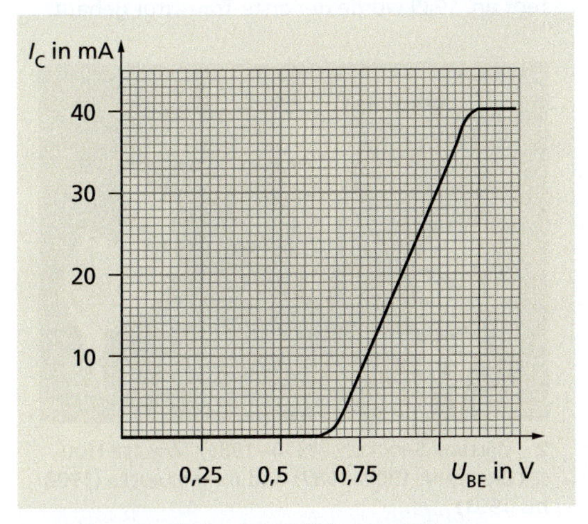

2 I_C-U_{BE}-Kennlinie eines Siliciumtransistors

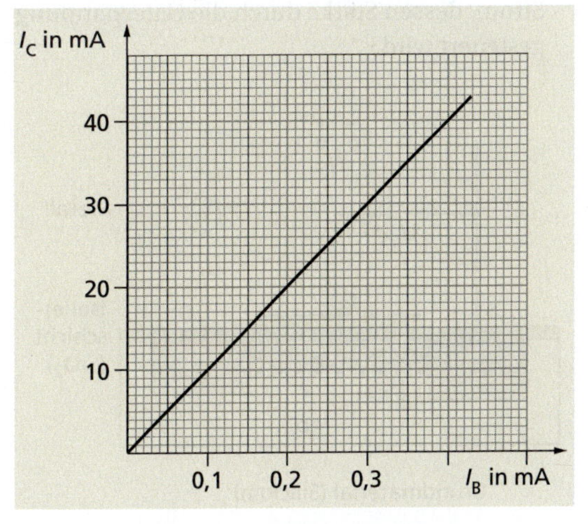

4 I_C-I_B-Kennlinie eines Siliciumtransistors

Feldeffekttransistoren

Eine andere Art von Transistoren sind Feldeffekttransistoren (FET). Bei diesen Transistoren ist im Arbeitsstromkreis nur eine Art von Ladungsträgern am Leitungsvorgang beteiligt, weshalb man diese Transistoren auch **Unipolartransistoren** nennt. Der Stromfluss im Arbeitsstromkreis wird durch ein elektrisches Feld gesteuert, wobei bei der Steuerung kein Strom fließt. Das bedeutet: Die Steuerung dieser Transistoren erfolgt leistungsfrei. Auch ein Feldeffekttransistor besteht aus unterschiedlich dotierten Schichten eines Grundmaterials, meistens Silicium.

Die Anschlüsse heißen **Source** S (Quelle, Zufluss), **Drain** D (Senke, Abfluss) und **Gate** G (Tor). Der Arbeitsstromkreis wird zwischen S und D geschaltet. Im Transistor befindet sich zwischen S und D ein Kanal, dessen Leitfähigkeit durch die Spannung am Gate G beeinflusst wird (Abb. 1).

Feldeffekttransistoren sind der Typ von Transistoren, der seit etwa 1970 für integrierte Schaltungen verwendet wird. Seine Wirkungsweise lässt sich folgendermaßen beschreiben:

- Liegt nur eine Spannung zwischen S und D an, so fließt kein Strom.
- Wird an G eine positive Spannung angelegt, so entsteht ein elektrisches Feld. Es bewirkt, dass Elektronen in den Kanal zwischen S und D gelangen. Der Kanal wird leitend. Es fließt ein Strom, dessen Stärke durch die Gatespannung gesteuert wird.

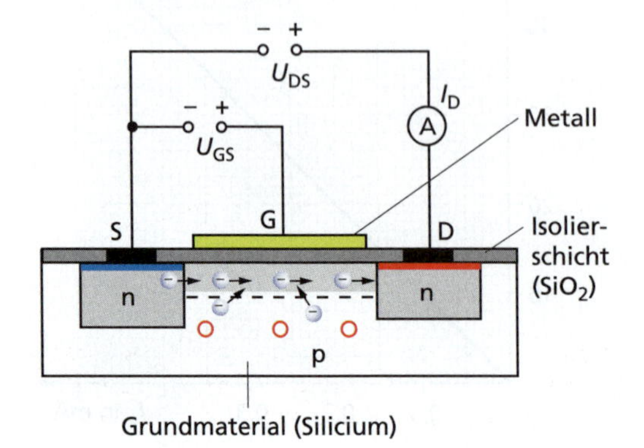

1 Aufbau und Schaltung eines Feldeffekttransistors

Mosaik

Aus der Entwicklung der Halbleiter-Elektronik

Bereits im 19. Jahrhundert wurden Halbleiter für verschiedene Zwecke (z.B. Fotometer, Gleichrichter) von Wissenschaftlern genutzt. Erklären konnte man die Leitungsvorgänge in Halbleitern aber noch nicht. So war es auch nicht möglich, Halbleiter mit ganz bestimmten Eigenschaften in größeren Stückzahlen herzustellen.

Bis in die 30er Jahre des 20. Jahrhunderts nutzte man in der sich entwickelnden Nachrichtentechnik vor allem Elektronenröhren, aber kaum Halbleiter. Auch die ersten größeren Computer wurden entweder mit Relais oder mit Elektronenröhren gebaut. Der Großrechner ENIAC (electronic numerical integrator and computer), der 1945 an der Universität von Pennsylvania (USA) entwickelt wurde, hatte 18 000 Röhren, eine Masse von 30 t und eine elektrische Leistung von 150 kW. Durch Forschungsarbeiten in den 40er Jahren, vor allem in den USA, lernte man die Leitungsvorgänge in Halbleitern zu verstehen und gezielt zu nutzen. Der entscheidende Durchbruch für die Halbleiter-Elektronik gelang 1947–1949 mit der Entdeckung des Transistoreffekts durch die amerikanischen Wissenschaftler W. H. BRATTAIN, J. BARDEEN und W. SHOCKLEY (Abb. 2), die dafür 1956 den Nobelpreis für Physik erhielten. 1948 meldeten sie ein verstärkendes Halbleiterbauelement zum Patent an. 1949 wurde der erste Transistor gebaut.

2 WILLIAM SHOCKLEY (1910–1989), WALTER HOUSER BRATTAIN (1902–1987) und JOHN BARDEEN (1908 bis 1991)

Ausgewählte elektronische Bauelemente im Überblick

Thermistor

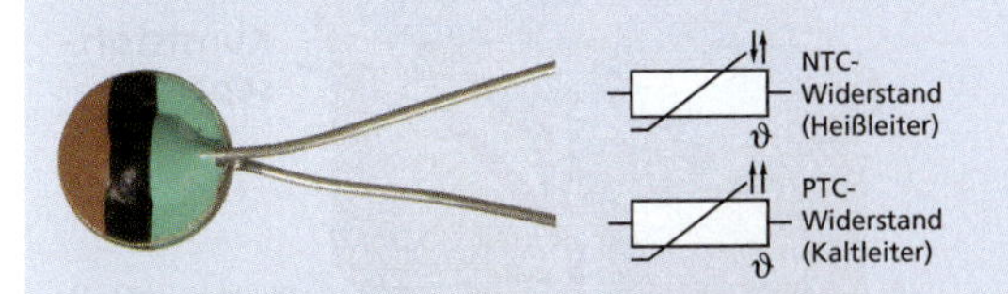

Thermistoren sind stark temperaturabhängige Widerstände aus halbleitenden Metalloxiden. Ihr Widerstand vergrößert oder verkleinert sich mit steigender Temperatur.

Fotowiderstand

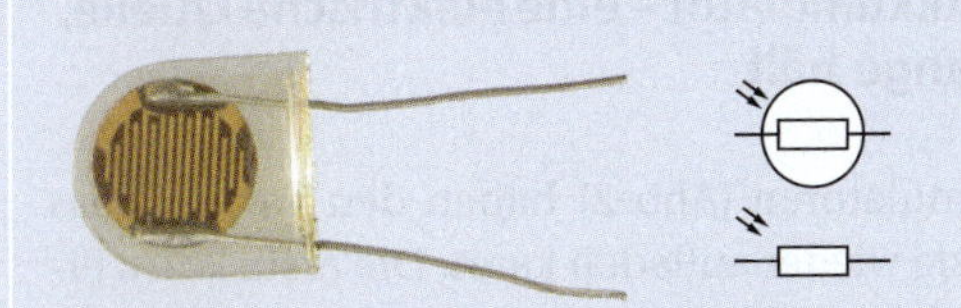

Fotowiderstände sind beleuchtungsabhängige Widerstände, z. B. aus Cadmiumsulfid, die auf ein Trägerplättchen aufgebracht sind. Ihr Widerstand verkleinert sich mit der Beleuchtungsstärke.

Gleichrichterdiode

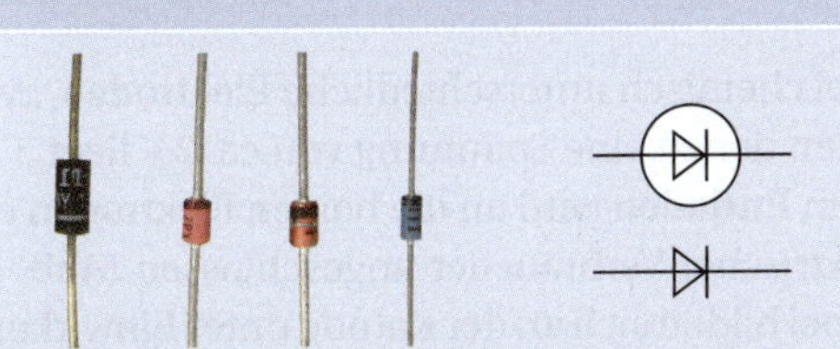

Gleichrichterdioden sind Bauelemente mit einem pn-Übergang, die in Sperrrichtung einen großen und in Durchlassrichtung einen kleinen Widerstand haben.

Leuchtdiode (LED)

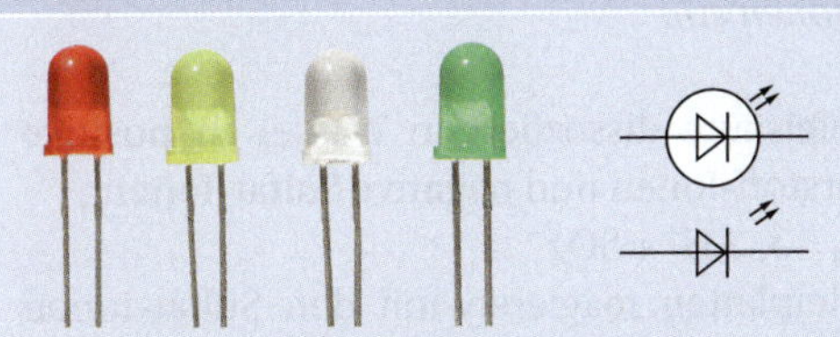

Leuchtdioden, z. B. aus GaAs, werden in Durchlassrichtung betrieben. Bei der Rekombination im pn-Übergang wird Energie frei, die in Form von Strahlung (Licht) abgegeben wird.

Fotodiode

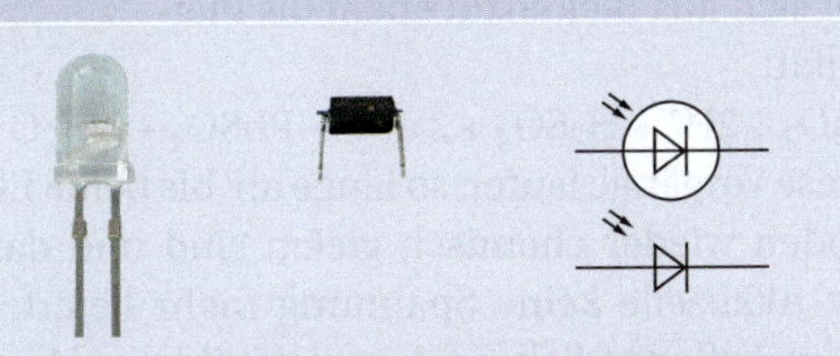

Fotodioden werden in Sperrrichtung betrieben. Bei Beleuchtung des pn-Übergangs mit Licht erfolgt eine Paarbildung. Die Stromstärke steigt an.

Fotoelement, Solarzelle

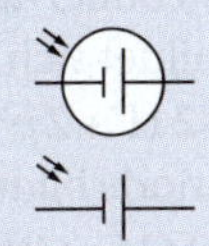

Solarzellen sind flächenhafte Anordnungen von Fotoelementen. Bei einem Fotoelement entsteht bei Lichteinstrahlung zwischen p- und n-Anschluss eine Spannung.

bipolarer Transistor

Bipolare Transistoren sind Bauelemente, bei denen ein Arbeitsstromkreis durch einen Steuerstromkreis beeinflusst wird. Sie werden als Schalter und Verstärker genutzt.

unipolarer Transistor

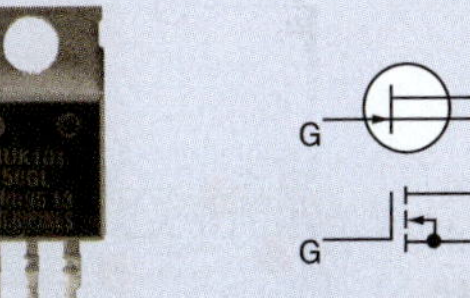

Unipolare Transistoren sind Bauelemente, bei denen durch ein elektrisches Feld ein Arbeitsstromkreis beeinflusst wird. Sie werden als Schalter und Verstärker genutzt.

Physik in Natur und Technik

Der Akkumulator – eine elektrische Quelle, die lange hält

Akkumulatoren (Abb. 2) haben den Vorteil, dass man sie wieder aufladen kann. Die erste Form eines solchen Akkus wurde von JOHANN WILHELM RITTER (1776 – 1810) im Jahre 1803 in Jena gebaut. *Beschreibe die elektrischen Leitungsvorgänge, die beim Laden und Entladen in einem Bleiakku ablaufen!*
Gehe dabei auch auf die ablaufenden chemischen Reaktionen ein!

Schwefelsäure dissoziiert in Wasser in positive Wasserstoff-Ionen und negative Sulfat-Ionen:
$H_2SO_4 \rightarrow 2\,H^+ + SO_4^{2-}$
Die Bleiplatten reagieren mit den Sulfat-Ionen und überziehen sich zunächst mit einer Bleisulfatschicht $PbSO_4$.
Beim **Laden** wird an die Elektroden eine Spannung angelegt. Zwischen den Elektroden besteht ein elektrisches Feld. Dadurch bewegen sich die positiven Wasserstoff-Ionen zur Katode und die negativen Sulfat-Ionen zur Anode (Abb. 1). An der Katode bildet sich aus Bleisulfat reines Blei:
$PbSO_4 + 2\,H^+ + 2\,e^- \rightarrow Pb + H_2SO_4$
An der Anode bildet sich aus Bleisulfat Bleidioxid:
$PbSO_4 + SO_4^{2-} + 2H_2O \rightarrow PbO_2 + 2H_2SO_4 + 2e^-$

Die an beiden Reaktionen beteiligten Elektronen werden durch den äußeren Stromkreis zu- bzw. abgeleitet. Durch den Ladevorgang entstehen zwei chemisch unterschiedliche Elektroden, zwischen denen eine Spannung von ca. 2 V liegt.
Beim **Entladen** wird an die beiden Elektroden ein elektrischer Verbraucher angeschlossen (Abb. 3). Dabei bilden sich an der Katode unter Einwirkung von Schwefelsäure wieder Bleisulfat und frei bewegliche Elektronen:
$Pb + SO_4^{2-} \rightarrow PbSO_4 + 2\,e^-$
Die Elektronen fließen über den äußeren Stromkreis zur Anode. Dort bildet sich aus Bleidioxid ebenfalls Bleisulfat:
$PbO_2 + 2H^+ + H_2SO_4 + 2\,e^- \rightarrow PbSO_4 + 2\,H_2O$
Diese Vorgänge laufen so lange ab, bis beide Elektroden wieder chemisch gleich sind und damit die Akkuzelle keine Spannung mehr liefert. Da beim Aufladen Schwefelsäure gebildet und beim Entladen wieder abgebaut wird, gibt die Konzentration an Schwefelsäure im Elektrolyten Auskunft über den Ladezustand des Akkus.

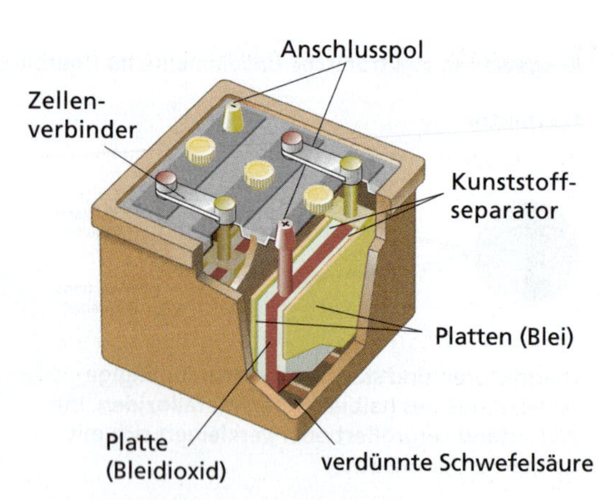

2 Aufbau eines geladenen Akkumulators

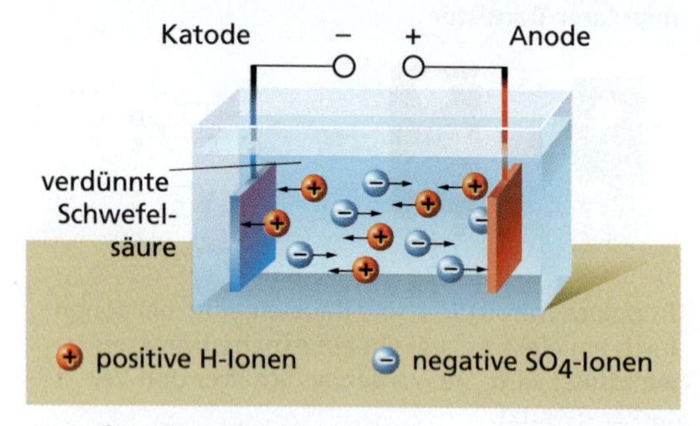

1 Laden eines Bleiakkumulators

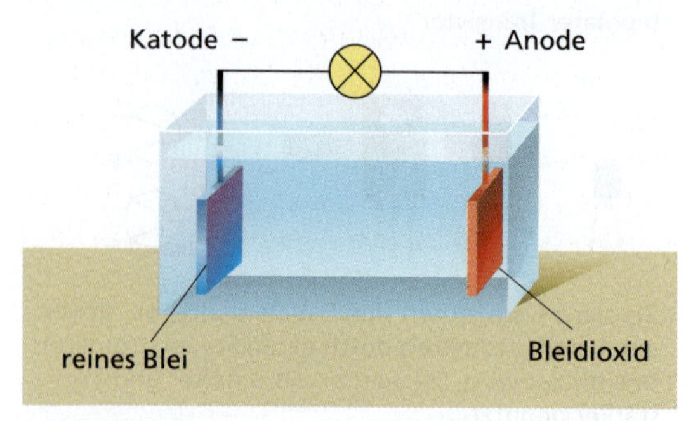

3 Entladen eines Bleiakkumulators

Mit Leuchtstofflampen Energie sparen

Leuchtstofflampen haben gegenüber herkömmlichen Glühlampen den Vorteil, dass sie für dieselbe Lichtausbeute nur ein Drittel bis ein Sechstel der elektrischen Energie benötigen. Es gibt sie in sehr unterschiedlichen Bauformen. Zur Beleuchtung großer Räume werden häufig röhrenförmige Leuchtstofflampen genutzt. Moderne Entwicklungen sind kompakte Leuchtstofflampen, bei denen die zum Betrieb erforderliche Drosselspule und der Starter fest im Sockel eingebaut sind (Abb.1). Sie werden auch als Energiesparlampen bezeichnet. Diese Lampen passen in Fassungen für herkömmliche Glühlampen.

Beschreibe den Aufbau und erkläre die Wirkungsweise einer Leuchtstofflampe!

Leuchtstofflampen dienen der Umwandlung elektrischer Energie in Lichtenergie und damit der Aussendung von Licht. Dabei werden Vorgänge der elektrischen Leitung in Gasen genutzt. Die Leuchtstofflampe ist eine Niederdruck-Entladungslampe. Sie besteht aus einem Glasrohr, in das zwei Elektroden aus Wolframdraht an den Enden eingebaut sind (Abb. 2). Die Innenseite der Glasröhre ist mit einer Leuchtstoffschicht versehen, deren Zusammensetzung die Farbe des Lichtes bestimmt. In der Glasröhre befindet sich ein Gasgemisch aus Argon und Quecksilberdampf. Beim Einschalten der Lampe senden die beiden Wolframelektroden durch Glühemission Elektronen aus. Diese werden im elektrischen Feld zwischen den Elektroden beschleunigt und treffen auf Gasatome. Dabei werden die Gasatome durch Stoßionisation ionisiert (s. S. 403). Gleichzeitig senden sie eine unsichtbare ultraviolette Strahlung aus, die die Leuchtstoffschicht zum Leuchten anregt. Leuchtstofflampen werden in der Regel mit 230 V Wechselspannung betrieben. Zum Zünden einer Leuchtstofflampe ist jedoch eine Zündspannung von 300 V bis 450 V erforderlich. Um diese Zündspannung beim Einschalten zu erreichen, werden der Starter und die Drosselspule benötigt (Abb. 2).

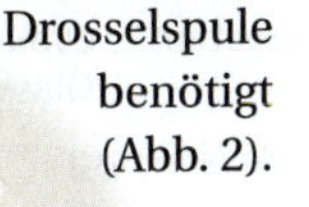

1 Energiesparlampen sind Leuchtstofflampen

Der Starter ist eine Glimmlampe (s. S. 403), bei der eine Elektrode ein Bimetallstreifen ist. Nach dem Einschalten kommt es zu einer Glimmentladung, wobei ein kleiner Strom im Stromkreis fließt. Der Bimetallstreifen schließt die beiden Elektroden kurz, wobei ein erhöhter Strom fließt. Dadurch beginnen die Wolframdrähte zu glühen und emittieren Elektronen. Das Gas in der Leuchtstofflampe wird elektrisch leitend. Gleichzeitig kühlt sich die Bimetallelektrode im Starter ab und unterbricht den Stromkreis plötzlich. Dies führt in der Drosselspule aufgrund der Selbstinduktion (s. S. 384) zu einem kurzen Spannungsstoß von 300 V bis 450 V, der zum Zünden der Lampe ausreicht. Die Elektronen in der Lampe werden stark beschleunigt und es kommt zur Stoßionisation. Gleichzeitig begrenzt die Drosselspule aufgrund der Selbstinduktion die Stromstärke im Stromkreis auf einen bestimmten Wert. Bei Energiesparlampen befinden sich Starter und Drosselspule im Sockel der Lampe.

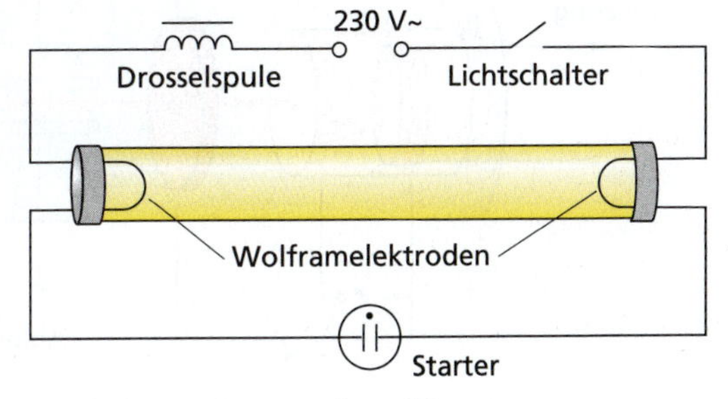

2 Schaltung einer Leuchtstofflampe

Die Elektronenstrahlröhre

In Fernsehgeräten, bei Computerbildschirmen oder in Oszillografen sind Elektronenstrahlröhren zur Bilderzeugung eingesetzt. Diese Röhren werden nach ihrem Erfinder, dem deutschen Physiker KARL FERDINAND BRAUN (1850–1918), auch **braunsche Röhren** genannt (Abb. 2).

Beschreibe den prinzipiellen Aufbau und erkläre die Wirkungsweise einer Elektronenstrahlröhre!

Elektronenstrahlröhren dienen der Erzeugung von Bildern, z. B. in Fernsehgeräten oder in Oszillografen. Dabei werden die elektrische Leitung durch Elektronen im Vakuum und die Kräfte auf bewegte Elektronen im magnetischen oder im elektrischen Feld genutzt. Prinzipiell besteht eine Elektronenstrahlröhre aus einem System zur Erzeugung eines Elektronenstrahls, einem Ablenksystem und einem Leuchtschirm (Abb. 1). Mit Heizung, Katode, Anode und Wehneltzylinder wird ein Elektronenstrahl erzeugt, der sich durch die Anode hindurch weiterbewegt. Der Wehneltzylinder, benannt nach dem deutschen Physiker ARTHUR WEHNELT (1871–1944), dient dabei der Helligkeitssteuerung. Durch das Ablenksystem wird der Elektronenstrahl horizontal und vertikal so abgelenkt, dass er an einem bestimmten Punkt auf den Leuchtschirm auftrifft. Dort bringt er die Leuchtschicht an der inneren Seite des Schirms zum Leuchten. Bei **Oszillografenbildröhren** erfolgt die Ablenkung des Elektronenstrahls im Ablenksystem durch elektrisch unterschiedlich geladene Platten (Skizze unten). Zwischen diesen Platten existiert ein elektrisches Feld, in dem auf Ladungsträger Kräfte ausgeübt werden. Durch diese Kräfte auf die Elektronen wird der Elektronenstrahl abgelenkt.

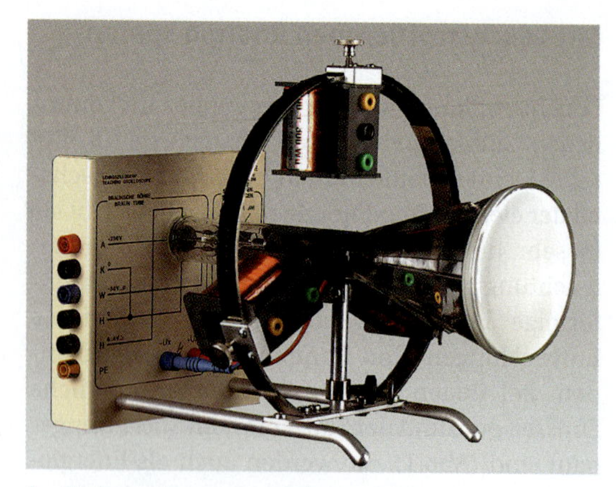

2 Einfache braunsche Röhre

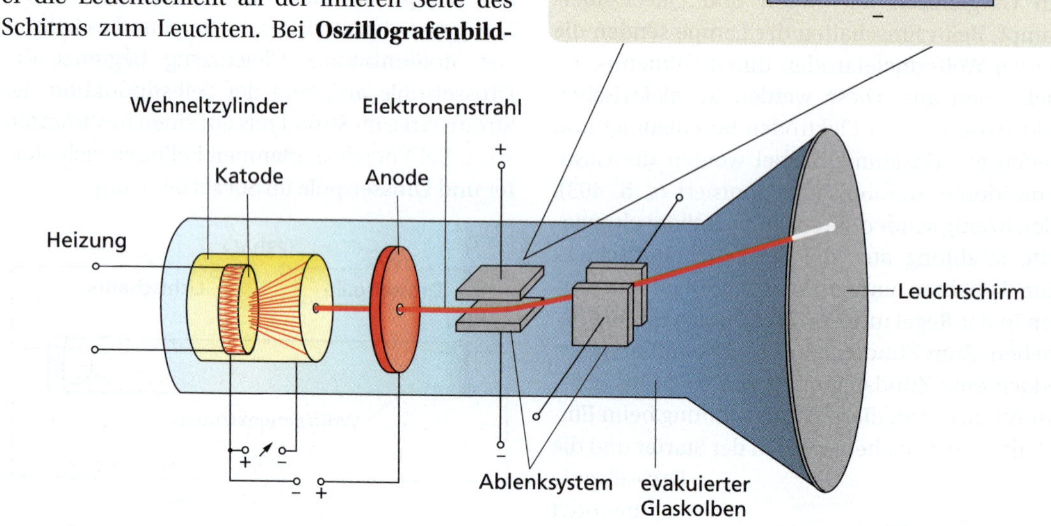

1 Aufbau einer Oszillografenbildröhre mit elektrischer Ablenkung

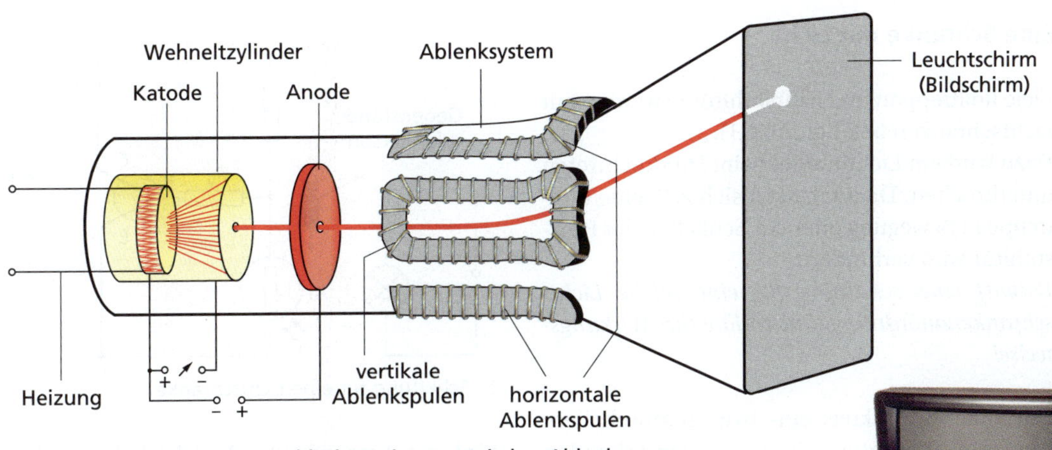

1 Aufbau einer Elektronenstrahlröhre mit magnetischer Ablenkung

In einer **Fernsehbildröhre** besteht das Ablenksystem aus stromdurchflossenen Spulenpaaren, die außen auf die evakuierte Glasröhre aufgesetzt sind (Abb. 1). Durch ein solches stromdurchflossenes Spulenpaar wird ein magnetisches Feld erzeugt, durch das sich der Elektronenstrahl bewegt. Auf die bewegten Ladungsträger des Elektronenstrahls, die Elektronen, wirkt in diesem Magnetfeld eine Kraft senkrecht zur Bewegungsrichtung und senkrecht zur Richtung des magnetischen Feldes.

Die Richtung der Ablenkung kann man mithilfe der Rechte-Hand-Regel (s. S. 374) bestimmen. Dabei ist die Stromrichtung zu beachten. Durch das eine Spulenpaar wird der Elektronenstrahl auf diese Weise horizontal, durch das andere Spulenpaar vertikal abgelenkt.
Mit Veränderung der Stromstärken in den Ablenkspulen wird die Stärke des Magnetfeldes und damit die Größe der Ablenkung des Elektronenstrahls beeinflusst.

Mosaik

Fernsehbildröhren

Bedeutende Beiträge zur Entwicklung von Fernsehbildröhren leistete Manfred von Ardenne (1907–1997), der viele Jahre lang in Dresden ein Forschungsinstitut leitete. In Schwarzweißbildröhren ist ein Strahlerzeugungssystem enthalten. Für den Aufbau eines Fernsehbildes wird der Elektronenstrahl in 625 Zeilen 50-mal je Sekunde über den Bildschirm von oben nach unten geführt, wobei in jeder Zeile 833 Bildpunkte zum Leuchten angeregt werden.

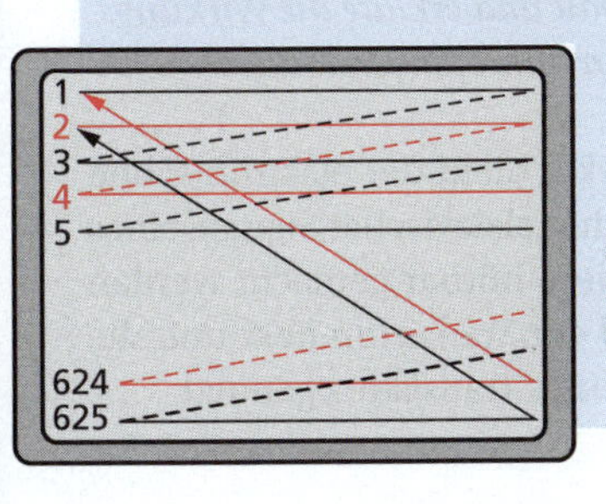

2 Bewegung des Elektronenstrahls über den Bildschirm

Farbbildröhren enthalten drei Strahlerzeugungssysteme. Ein farbiger Bildpunkt des Fernsehbildes entsteht dann durch die Mischung der Grundfarben Rot, Grün und Blau. Jeder dieser Farbpunkte wird durch einen der drei Elektronenstrahlen angesteuert (Abb. 3).

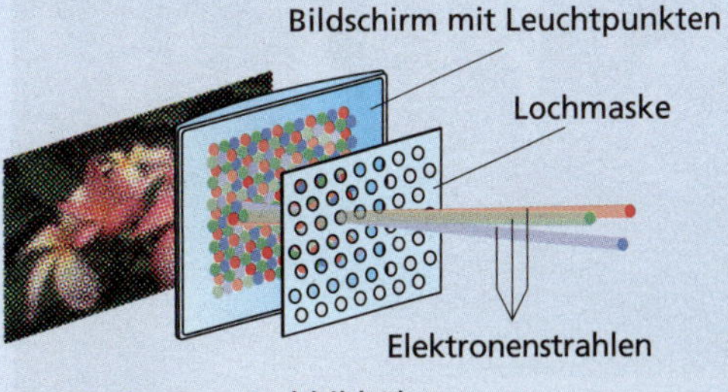

3 Prinzip einer Farbbildröhre

Eine Schranke mit Licht

Viele Rolltreppen und Fahrstuhltüren werden mit Lichtschranken betätigt (Abb. 1).
Dazu wird ein Lichtbündel beim Hindurchtreten unterbrochen. Dadurch setzt sich z. B. eine Rolltreppe in Bewegung oder das Schließen der Fahrstuhltür wird verhindert.
Entwirf eine Schaltung für eine solche Lichtschrankenanordnung und erkläre ihre Wirkungsweise!

Um einen Stromkreis ein- bzw. auszuschalten, kann ein Transistor mit dem entsprechenden Transistoreffekt genutzt werden. Durch Ein- bzw. Ausschalten eines Basisstromes kann ein Kollektorstromkreis z. B. mit einem Motor für Treppen oder Türen ein- bzw. ausgeschaltet werden. Der Transistor wird dabei als Schalter genutzt.
Als lichtempfindliches Bauelement, mit dem man den Basisstromkreis steuert, kann ein Fotowiderstand verwendet werden.
Bei Beleuchtung mit einem Lichtbündel ist der elektrische Widerstand des Fotowiderstandes gering und die Stromstärke groß. Wird die Beleuchtung unterbrochen, so wird der elektrische Widerstand des Fotowiderstandes größer.
Eine Schaltung für eine Lichtschranke zeigt Abb. 2. Wird der Fotowiderstand beleuchtet, so ist sein elektrischer Widerstand gering und der gesamte Strom fließt im äußeren Stromkreis am Transistor (rote Linien) vorbei. Durch den Motor fließt kein Strom.

1 Rolltreppe mit Lichtschrankenanordnung

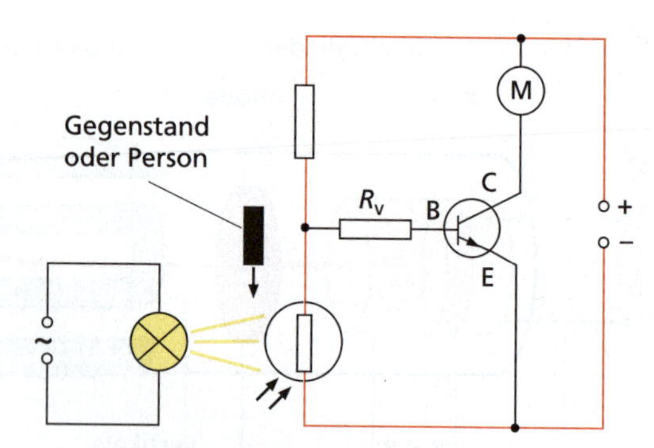

2 Schaltung für eine Lichtschranke

Wird der Fotowiderstand nicht beleuchtet, so vergrößert sich sein elektrischer Widerstand. Damit liegt auch eine größere Spannung zwischen Emitter und Basis. Es fließt ein Basisstrom. Damit wird der Kollektorstromkreis eingeschaltet, in dem sich z. B. ein Antriebsmotor befinden kann.
Eine derartige Schaltung nennt man **Dunkelschaltung,** weil bei Dunkelheit ein Arbeitsstromkreis eingeschaltet wird.
Mit einer solchen Schaltung kann z. B. auch eine Beleuchtungsanlage bei Dämmerung ein- oder ausgeschaltet werden. Mit solchen **Dämmerungsschaltern** wird das automatische Ein- und Ausschalten der Straßenbeleuchtung realisiert.

Der Verstärker

Um die Klänge einer Elektrogitarre gut hörbar zu machen, benötigt man einen elektronischen Verstärker. Auch in vielen anderen Geräten, z. B. in Radios oder CD-Playern, braucht man einen Verstärker, um relativ schwache elektrische Signale hörbar zu machen. Man nennt solche Verstärker deshalb auch **Signalverstärker.** Ein Mikrofonverstärker ist ebenfalls ein Signalverstärker.
Beschreibe den Aufbau und erkläre die Wirkungsweise eines einfachen Mikrofonverstärkers!

Ein Mikrofonverstärker dient der elektronischen Verstärkung schwacher elektrischer Signale eines Mikrofons, damit diese hörbar gemacht werden können. Dabei wird der Transistoreffekt und die Verstärkerwirkung eines Transistors genutzt.

1 Radiosprecher nutzen Mikrofone, die mit Verstärkern verbunden sind.

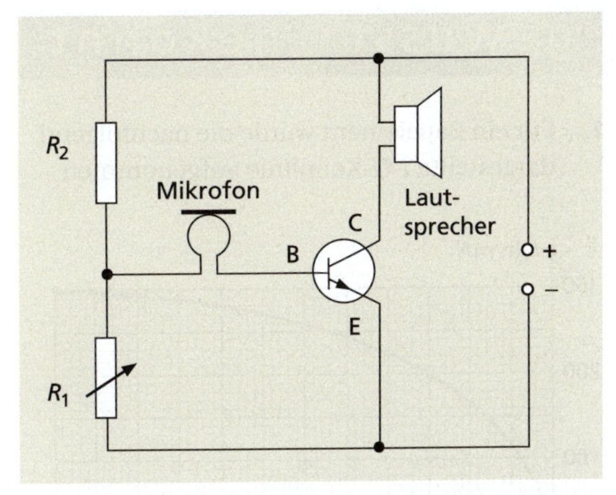

2 Schaltplan eines einfachen Mikrofonverstärkers mit einem Transistor

Ein einfacher Mikrofonverstärker kann einen Aufbau wie in Abb. 2 haben. Durch die Wahl der Widerstände R_1 und R_2 wird die Basis-Emitter-Spannung U_{BE} und damit die Basisstromstärke I_B so eingestellt, dass ein mittlerer Kollektorstrom I_C durch den Lautsprecher fließt. Dieser hält die Membran des Lautsprechers zunächst in Ruhestellung.

Gelangt Schall auf das Mikrofon, so ändert sich der Widerstand des Mikrofons und damit die Basisstromstärke. Mit der Basisstromstärke ändert sich im Transistor auch die Kollektorstromstärke. Wie aus der I_C-I_B-Kennlinie des Transistors (Abb. 3) ersichtlich ist, führt eine kleine Änderung der Basisstromstärke ΔI_B zu einer großen Änderung der Kollektorstromstärke ΔI_C. Somit kann ein schwaches elektrisches Signal in ein starkes umgewandelt werden (Abb. 3).

Damit ein Verstärker nicht verzerrt, müssen die Widerstände R_1 und R_2 so gewählt werden, dass die Basis-Emitter-Spannung nicht kleiner als die Schwellenspannung von 0,7 V wird. Dann nämlich würden Teile des Eingangssignals nicht zu einer Änderung der Kollektorstromstärke führen.

Sollte die erzielte Verstärkung für den gewünschten Zweck noch nicht ausreichen, so kann ein mehrstufiger Verstärker genutzt werden.

Dabei wird das bereits verstärkte Signal als Eingangssignal einer weiteren Transistorschaltung genommen und noch einmal verstärkt. Dieses verstärkte Signal kann in einer weiteren Stufe wiederum verstärkt werden. So sind tausend- oder zehntausendfache Verstärkungen möglich.

Nach Abb. 3 bewirkt eine Änderung der Basisstromstärke von 0,2 mA eine Änderung der Kollektorstromstärke von 20 mA. Es erfolgt also in diesem Fall eine 100fache Verstärkung des Stromes.

Wichtig ist dabei, dass das Ausgangssignal die gleiche Form wie das Eingangssignal hat, also keine Verzerrungen erfolgen. Wie man anhand von Abb. 3 erkennen kann, ist das nur dann der Fall, wenn der Graph im I_C-I_B-Diagramm eine Gerade ist.

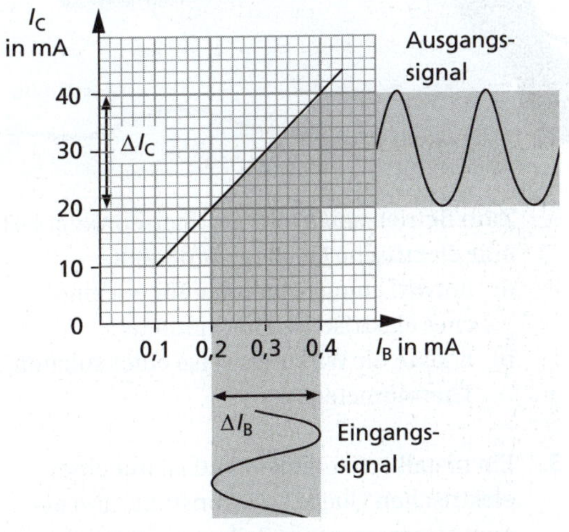

3 Prinzip der Signalverstärkung, verdeutlicht anhand der I_C-I_B-Kennlinie

gewusst · gekonnt

1. Für ein Bauelement wurde die nachfolgend dargestellte *I*-*U*-Kennlinie aufgenommen.

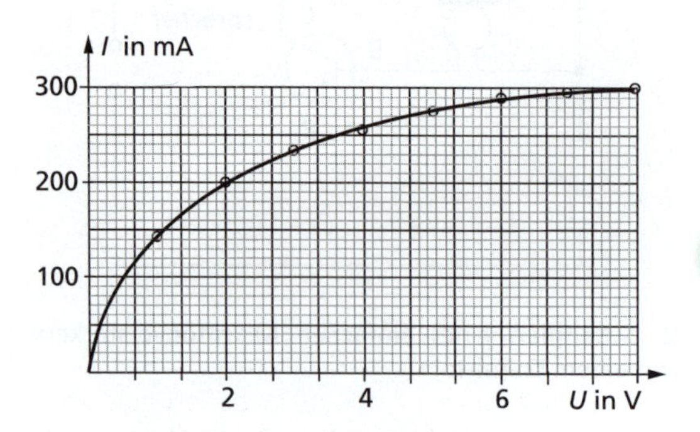

a) Interpretiere das Diagramm!
b) Um was für ein Bauelement könnte es sich handeln? Begründe!

2. Ein metallischer Widerstand kann als Messfühler für ein elektronisches Thermometer (s. Abb.) genutzt werden.

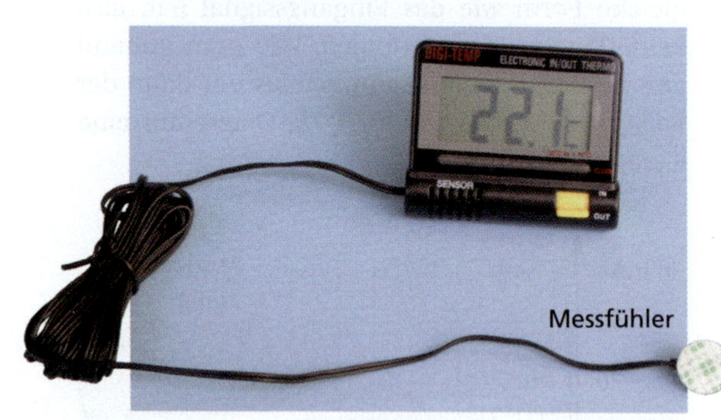

Zum Betrieb eines solchen Thermometers ist eine elektrische Quelle erforderlich.
a) Entwirf einen Schaltplan für ein einfaches elektrisches Thermometer!
b) Erkläre die Wirkungsweise eines solchen Thermometers!

3. Ein metallischer Widerstand ist mit einer elektrischen Quelle (*U* = konstant) und einem Strommesser in Reihe geschaltet. Es wurde jeweils die Stromstärke bei unterschiedlicher Temperatur des metallischen Widerstandes gemessen:

ϑ in °C	0	20	40	60	80	100
I in mA	98	89	80	71	59	50

a) Zeichne das *I*-ϑ-Diagramm!
b) Interpretiere dieses Diagramm!

4. Untersuche experimentell die elektrische Leitfähigkeit verschiedener Flüssigkeiten (z. B. destilliertes Wasser, Leitungswasser, Kochsalzlösung, Zuckerlösung)!
a) Erkläre die Ergebnisse!
b) Welche Folgerungen ergeben sich daraus für den Umgang mit Flüssigkeiten und elektrischen Quellen?

5. Luft ist normalerweise ein elektrischer Isolator. Bei einem Gewitter gibt es jedoch elektrische Leitungsvorgänge in Luft. Erkläre das Zustandekommen eines elektrischen Leitungsvorganges bei einem Gewitter!

6. In Fotozellen wird die Fotoemission zur Erzeugung eines elektrischen Leitungsvorganges genutzt.

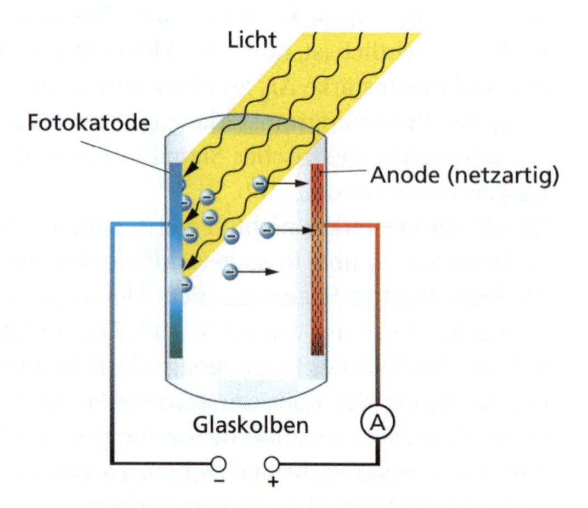

a) Beschreibe den Aufbau und erkläre die Wirkungsweise einer Fotozelle!
b) Wie verändert sich die Stromstärke bei intensiverer Beleuchtung? Begründe!

c) Wozu kann eine Fotozelle eingesetzt werden?

*d) Entwirf eine Schaltung zur Messung der Beleuchtungsstärke!

7. Welche Vor- und Nachteile hat eine Energiesparlampe gegenüber einer herkömmlichen Glühlampe?

8. Eine Fernsehbildröhre ist eine Elektronenstrahlröhre mit magnetischer Ablenkung. Beschreibe anhand der Abbildung 1, S. 417, den Aufbau und erkläre die Wirkungsweise einer solchen Röhre mit magnetischer Ablenkung!

9. Das folgende Diagramm zeigt die Abhängigkeit der elektrischen Stromstärke von der Beleuchtungsstärke bei einem Fotowiderstand bei U = konstant.

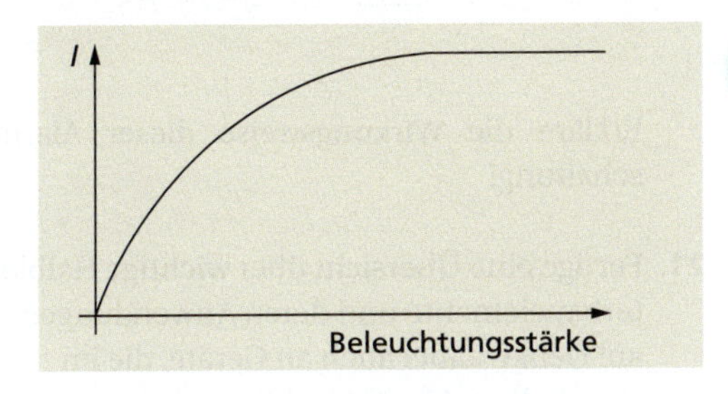

a) Interpretiere dieses Diagramm!

b) Erkläre, wodurch die im Diagramm dargestellte Abhängigkeit zustande kommt!

10. Welche Vorteile hat das Dotieren von Halbleitern und die darauf basierende Störstellenleitung gegenüber der Eigenleitung?

11. a) Wie verändert sich der Widerstand eines Heißleiters bei Temperaturerhöhung? Wie ist diese Veränderung zu erklären?

b) Begründe, warum Heißleiter stets mit einem Vorwiderstand in Reihe geschaltet werden sollen!

12. Ein elektrisches Thermometer (s. Abb.) wird mit einer kleinen Knopfzelle betrieben, die für eine konstante Spannung sorgt. Bei diesem Thermometer dient ein Thermistor als Messfühler.
Die Anzeige des Thermometers gehört eigentlich zu einem Strommesser, der auf die Temperatur geeicht wurde.

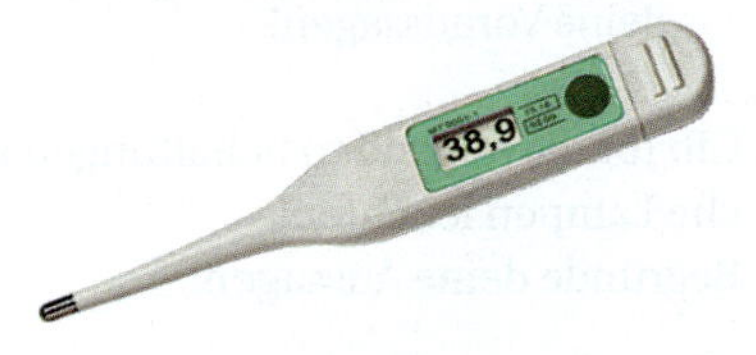

a) Entwirf einen Schaltplan für ein solches Thermometer!

b) Was für eine Art Thermistor (Kaltleiter, Heißleiter) kann für die Spitze des Thermometers verwendet werden? Begründe!

c) Erkläre die Wirkungsweise dieses Thermometers!

13. Bestimme experimentell die Durchlass- und die Sperrrichtung einer Halbleiterdiode! Fertige vorher einen entsprechenden Schaltplan an! Beachte dabei, dass Dioden nur mit einem Vorwiderstand betrieben werden sollten!

14. Beschreibe den Aufbau einer Halbleiterdiode und erläutere ihre Wirkungsweise als Gleichrichter!

15. Ein Stromkreis ist nach dem abgebildeten Schaltplan aufgebaut.

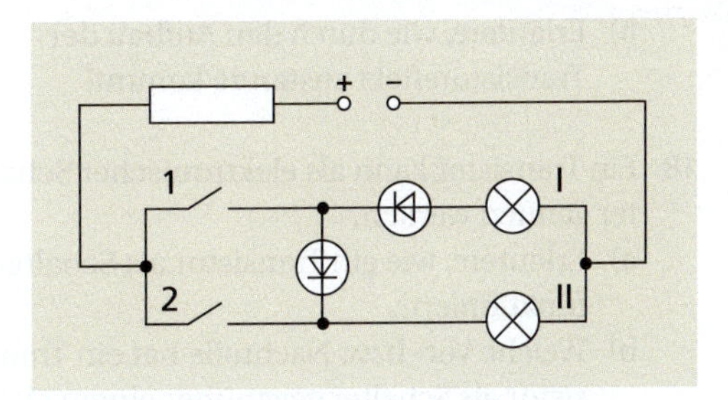

a) Sage voraus, welche Lampe leuchtet, wenn Schalter 1 oder Schalter 2 oder beide geschlossen werden!
Fertige dazu eine Tabelle an!

b) Die elektrische Quelle wird umgepolt. Sage voraus, welche Lampen nun leuchten, wenn Schalter 1 oder Schalter 2 oder beide geschlossen werden! Fertige auch hierzu eine Tabelle an!

c) Baue die Schaltung auf und überprüfe deine Voraussagen!

16. Gib für die folgenden Schaltungen an, welche Lampen leuchten! Begründe deine Aussagen!

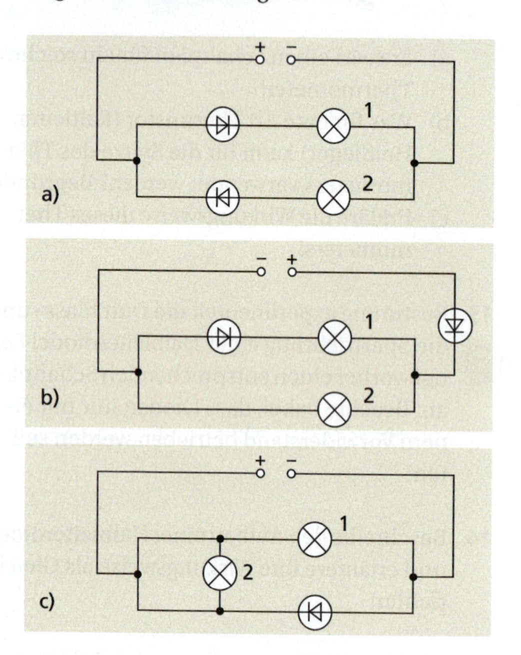

17. a) Beschreibe den Aufbau eines npn-Transistors!

b) Erläutere, wie durch den Aufbau der Transistoreffekt zustande kommt!

18. Ein Transistor kann als elektronischer Schalter genutzt werden.

a) Erläutere, wie ein Transistor als Schalter funktioniert!

b) Welche Vor- bzw. Nachteile hat ein Transistor als Schalter gegenüber einem elektromagnetischen Relais?

19. In Abb. 2, S. 418 wird ein Transistor als Schalter in einer Dunkelschaltung genutzt.

a) Erkläre die Wirkungsweise dieser Dunkelschaltung!

b) Wandle die Dunkelschaltung in eine Hellschaltung ab, mit der bei Helligkeit der Arbeitsstromkreis eingeschaltet wird! Erkläre die Wirkungsweise dieser Hellschaltung!

20. Die Abbildung zeigt einen Schaltplan für eine Alarmanlage, mit der Schaufenster gesichert werden. Die rot gezeichnete Leitung wird als dünner Draht um die Scheibe geklebt. Beim Zerreißen des Drahtes wird Alarm ausgelöst.

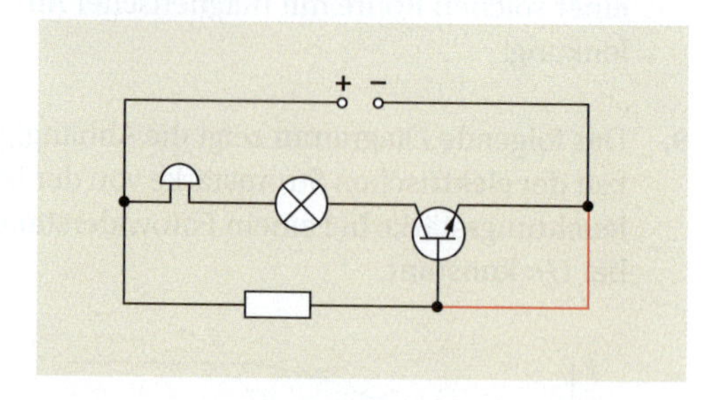

Erkläre die Wirkungsweise dieser Alarmschaltung!

21. Fertige eine Übersicht über wichtige Halbleiterbauelemente und deren Anwendungen an! Denke dabei auch an Geräte, die im Haushalt und im Freizeitbereich genutzt werden.

22. Seit etwa 1960 begann man Chips herzustellen. Heute können sich auf Chips Millionen Bauelemente befinden. Die Fotos zeigen solche komplexen Bauelemente. Bereite zum Thema „Entwicklung der Halbleiterelektronik" einen Vortrag vor! Nutze das Internet, z. B. **www.schuelerlexikon.de**!

Elektrische Leitungvorgänge

Ein **elektrischer Leitungsvorgang**, also die gerichtete Bewegung von Ladungsträgern, kann in Metallen, Flüssigkeiten, Gasen und im Vakuum auftreten. Die Kenntnisse über elektrische Leitungsvorgänge können in einem **allgemeinen Leitungsmodell** zusammengefasst werden:

Voraussetzungen für einen elektrischen Leitungsvorgang:
- Vorhandensein von frei beweglichen Ladungsträgern,
- Existenz eines elektrischen Feldes (einer elektrischen Quelle).

Verlauf eines elektrischen Leitungsvorganges:
- Ladungsträger bewegen sich gerichtet im elektrischen Feld.
- In Stoffen wird die gerichtete Bewegung durch Wechselwirkungen mit anderen Teilchen der Stoffe behindert.
- Elektrische Energie wird in andere Energieformen umgewandelt.

Metalle:

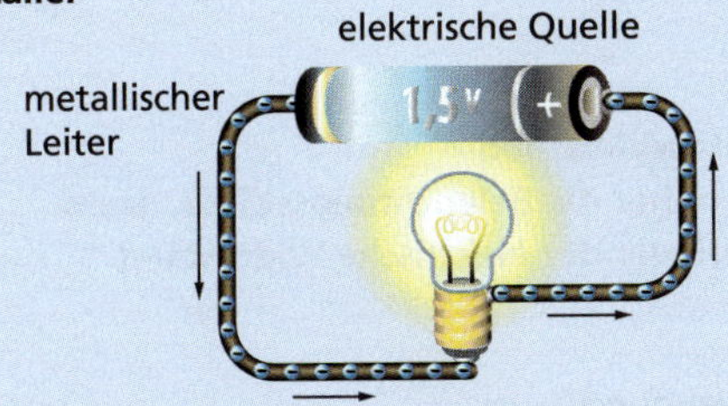

- Durch Metallbindung sind bewegliche Elektronen vorhanden.
- Gerichtete Bewegung von Elektronen.
- Umwandlung elektrischer Energie in Wärme und Licht (Heizgeräte, Glühlampen).

Gase:

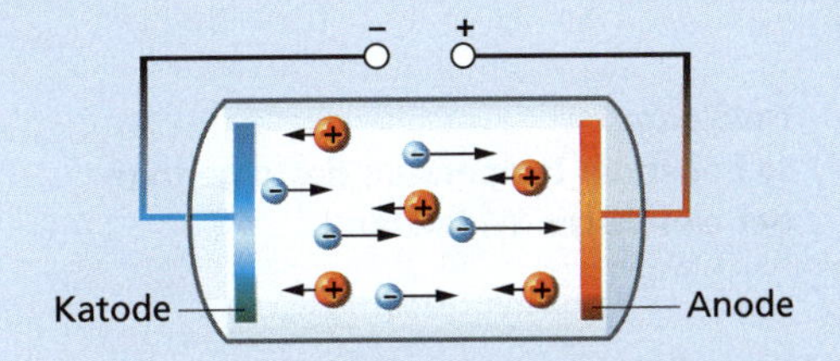

- Durch Ionisation sind Elektronen und Ionen, durch Emission Elektronen vorhanden.
- Gerichtete Bewegung von Ionen und Elektronen.
- Umwandlung elektrischer Energie in Licht und Wärme (Elektroschweißen, Leuchtstofflampen).

Flüssigkeiten:

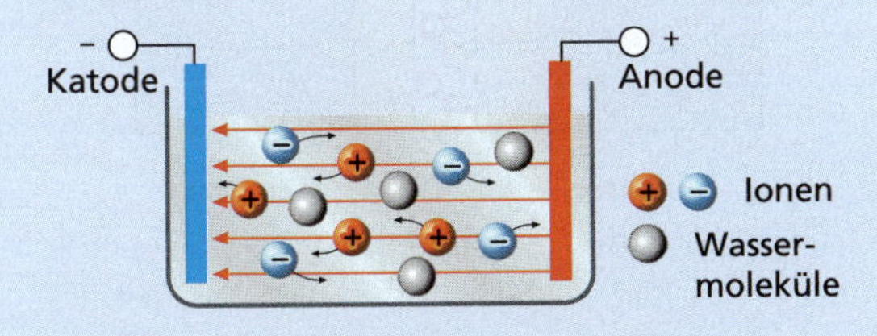

- Durch Dissoziation sind Ionen vorhanden.
- Gerichtete Bewegung von positiv und negativ geladenen Ionen.
- Leitungsvorgang ist mit Stofftransport verbunden.
- Umwandlung elektrischer Energie in Wärme und chemische Energie (Akkumulator, galvanische Beschichtung).

Vakuum:

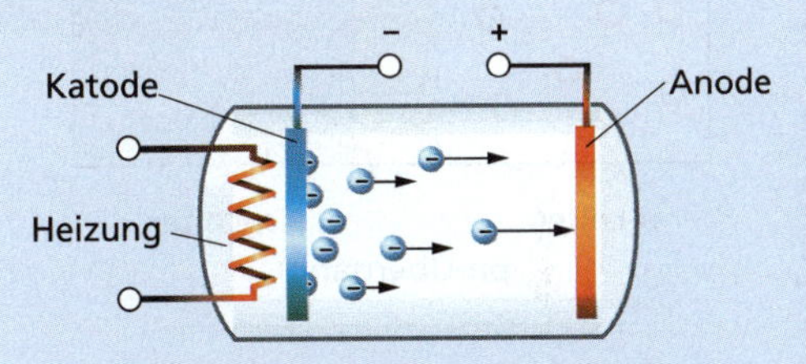

- Durch Glühemission oder Fotoemission sind Elektronen vorhanden.
- Gerichtete Bewegung von Elektronen.
- Bewegung kann durch elektrische und magnetische Felder beeinflusst werden.
- Umwandlung elektrischer Energie in Wärme und Licht (Fernsehbildröhre, Oszillografenröhre).

Halbleiter (Silicium, Germanium) sind Stoffe, deren elektrische Leitfähigkeit zwischen der von Leitern und der von Isolatoren liegt.
Durch **Dotieren** kann ihre Leitfähigkeit in weiten Grenzen verändert werden.

n-leitendes Silicium

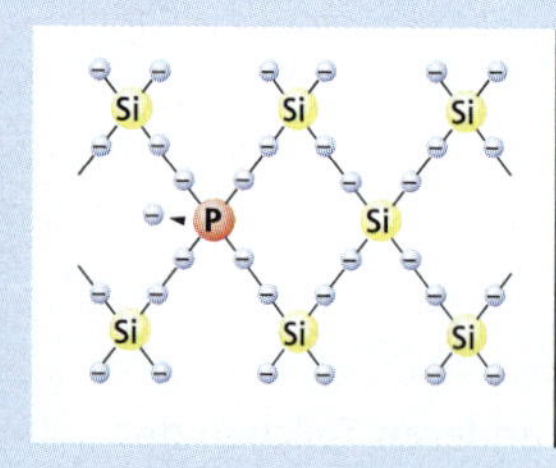

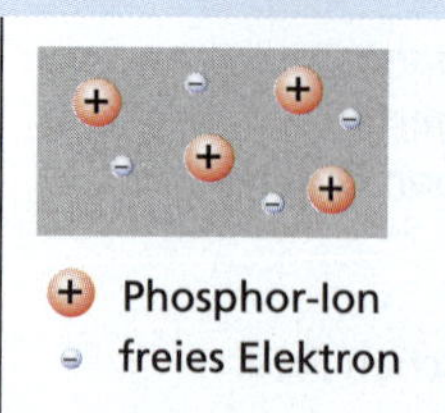

p-leitendes Silicium

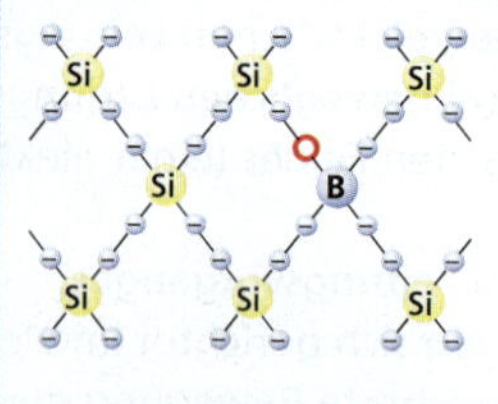

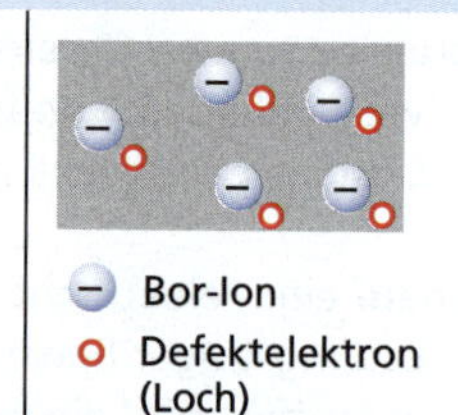

Der elektrische Leitungsvorgang in Halbleitern kann durch Wärme und Licht beeinflusst werden. Das wird bei Heißleitern und Fotowiderständen genutzt.

Heißleiter
Je höher die Temperatur, desto geringer der elektrische Widerstand.

Anwendung:
Halbleiterthermometer

Fotowiderstand
Je höher die Beleuchtungsstärke, desto geringer der elektrische Widerstand.

Anwendung:
Lichtschranke, Dämmerungsschalter

Wichtige elektronische Bauelemente sind die Halbleiterdiode und der Transistor.

Halbleiterdiode

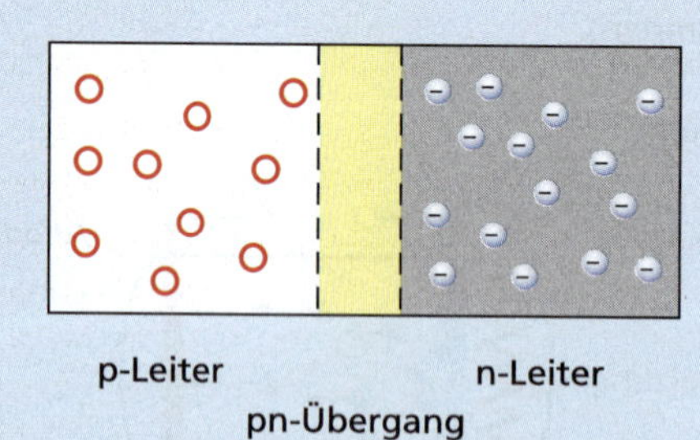

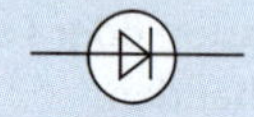

Anwendung:
Gleichrichtung von Wechselströmen

Transistor

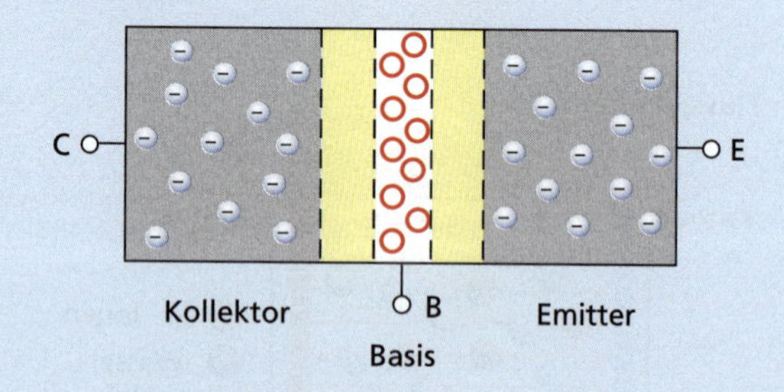

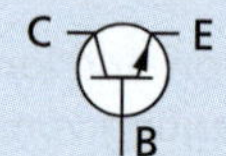

Anwendung:
elektronischer Schalter, Verstärker

Heute verwendet man statt einzelner Bauelemente meist **Chips**, auf denen zahlreiche Bauelemente integriert sind.

5.8 Informationsübertragung und -speicherung

Informationen aktuell

Um im Radio einen bestimmten Sender zu hören, muss die Frequenz dieses Senders eingestellt werden. Die Frequenz von Radiosendern befindet sich meist in einem Bereich von ca. 150 kHz bis über 100 MHz. Bei manchen Radios wird die Frequenz des eingestellten Senders angezeigt (s. Abb.).
Was für Wellen werden mit einem Radiogerät empfangen? Was wird geändert, wenn man am Radio den Drehknopf für die Senderwahl betätigt?

Informationen im Speicher

Informationen können in unterschiedlicher Weise gespeichert werden: auf Filmen, Festplatten, CD oder DVD.
Wie sind einzelne Speichermedien aufgebaut? In welcher Form werden Informationen gespeichert?

Informationen aus dem All

Seit dem Jahre 1932, in dem es erstmals gelang, Radiostrahlung aus dem Weltall nachzuweisen, wird der Weltraum von Astronomen nicht nur hinsichtlich des Lichtes untersucht, sondern man nutzt für die Erforschung auch Radioteleskope. Eines der größten beweglichen Radioteleskope mit 100 m Durchmesser besitzt das Max-Plank-Institut für Radioastronomie in Effelsberg (Eifel).
Was empfangen und untersuchen die Astronomen mit Radioteleskopen?
Suchen sie nach Radiosendern von Außerirdischen?

Elektromagnetische Schwingungen

Zur Übertragung von Informationen werden bei Rundfunk und Fernsehen elektromagnetische Wellen genutzt. Um diese zu erzeugen, benötigt man zunächst elektromagnetische Schwingungen. Analog zu mechanischen Schwingungen kann man formulieren:

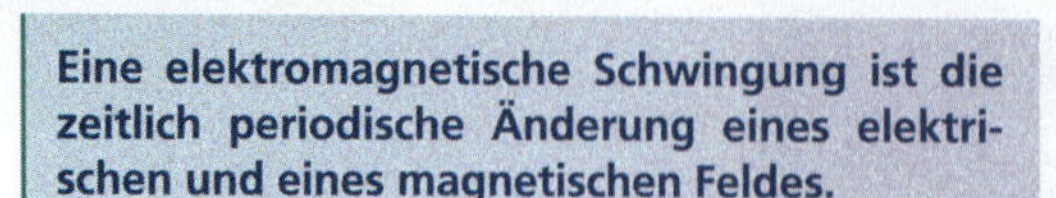

Eine elektromagnetische Schwingung ist die zeitlich periodische Änderung eines elektrischen und eines magnetischen Feldes.

Eine geeignete Anordnung, mit deren Hilfe man elektromagnetische Schwingungen erzeugen kann, ist eine Reihenschaltung einer Spule und eines Kondensators. Eine solche Anordnung wird als **Schwingkreis** bezeichnet (Abb. 1). Lädt man den Kondensator auf (Schalterstellung 1) und bringt man den Schalter dann in Stellung 2, so entstehen im Schwingkreis elektromagnetische Schwingungen. Die sich dabei vollziehenden Vorgänge sind in Abb. 2 dargestellt.

(A) Der Kondensator ist aufgeladen. Die Energie ist im elektrischen Feld des Kondensators gespeichert.

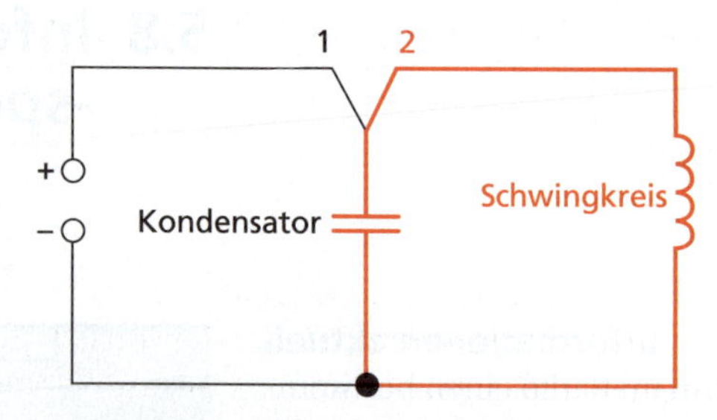

1 Anordnung zur Erzeugung elektromagnetischer Schwingungen

(B) Der Kondensator entlädt sich. Durch den Stromfluss entsteht um die Spule ein magnetisches Feld, in dem die Energie gespeichert ist.

(C) Durch das sich ändernde Magnetfeld entsteht in der Spule infolge Induktion eine Spannung und ein Strom, der zu einer entgegengesetzten Aufladung des Kondensators führt.

(D) Der Kondensator entlädt sich in umgekehrter Richtung. Durch den Stromfluss entsteht um die Spule wieder ein magnetisches Feld.

(E) Durch Induktion in der Spule entsteht wieder ein Stromfluss, der zum ursprünglichen Zustand führt.

Das Hin- und Herschwingen der Energie ist mit der Änderung der Stärke der Felder verbunden.

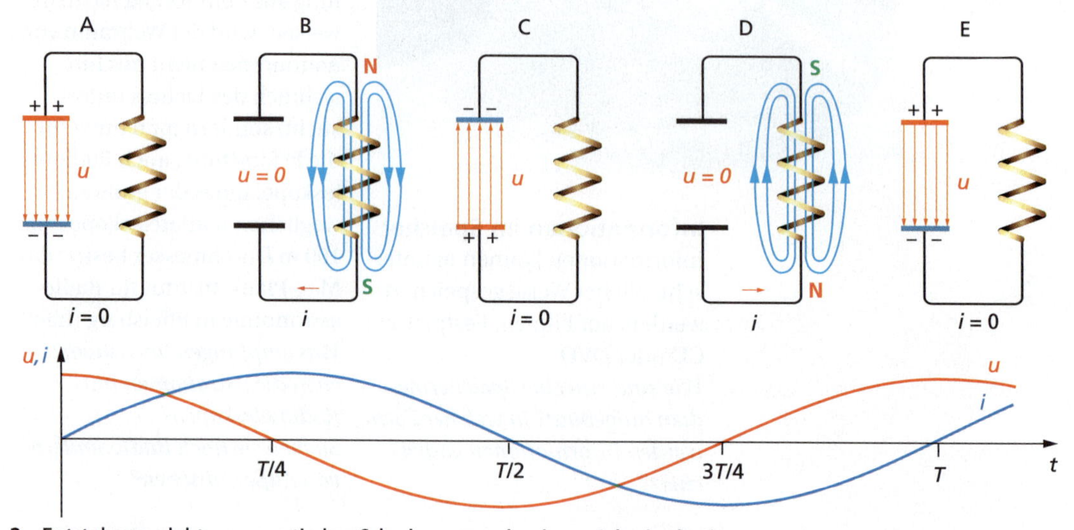

2 Entstehung elektromagnetischer Schwingungen in einem Schwingkreis

In einem Schwingkreis wird die Energie des elektrischen Feldes des Kondensators in Energie des magnetischen Feldes der Spule umgewandelt und umgekehrt.

Die Frequenz der elektromagnetischen Schwingungen in einem Schwingkreis ist nur von den Eigenschaften des Kondensators und der Spule abhängig.
Wird einem geschlossenen Schwingkreis einmal Energie zugeführt, z. B. durch einmaliges Aufladen des Kondensators, so kommt die elektromagnetische Schwingung im Schwingkreis nach einer bestimmten Zeit zum Erliegen. Es liegt eine gedämpfte **elektromagnetische Schwingung** vor (Abb. 1).
Eine Ursache dafür ist, dass die Energie des elektrischen bzw. magnetischen Feldes durch den Stromfluss in Spule und Leiter schrittweise in thermische Energie umgewandelt wird.
Bei einer **ungedämpften elektromagnetischen Schwingung** sind die Amplituden der sich ändernden Größen konstant (Abb. 2). Um eine ungedämpfte Schwingung zu erhalten, muss dem Schwingkreis ständig so viel Energie zugeführt werden, wie in ihm in thermische Energie umgewandelt und an die Umgebung abgegeben wird. Das kann man durch spezielle Schaltungen (s. unten) erreichen.

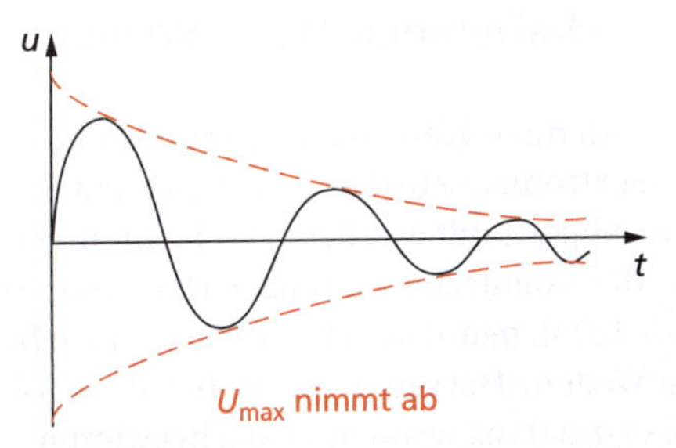

1 u-t-Diagramm für die Spannung bei einer gedämpften Schwingung

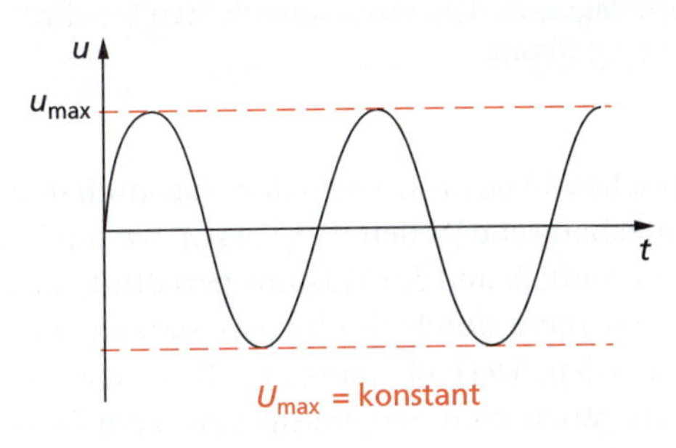

2 u-t-Diagramm für die Spannung bei einer ungedämpften Schwingung

Mosaik

Die meissnersche Rückkopplungsschaltung

Eine Schaltung, mit der man erreichen kann, dass einem Schwingkreis Energie in seiner Eigenfrequenz zugeführt wird, ist die **meissnersche Rückkopplungsschaltung** (Abb. 3).
Diese Schaltung hat 1913 der deutsche Techniker ALEXANDER MEISSNER (1883–1958) entwickelt.
Während MEISSNER für seine Schaltung eine Elektronenröhre (Triode) nutzte, verwendet man heute anstelle von Röhren Transistoren.
Die Basis des Transistors ist mit dem Schwingkreis gekoppelt. Fließt in der Spule des Schwingkreises ein Strom, so wird auch im Basisstromkreis des Transistors ein Strom induziert. Mit einem Basisstrom fließt auch ein Kollektorstrom, der dem Schwingkreis Energie zuführt. Durch die Anordnung wird also erreicht, dass im Rhythmus der Schwingungen im Schwingkreis dem Schwingkreis Energie zugeführt wird.

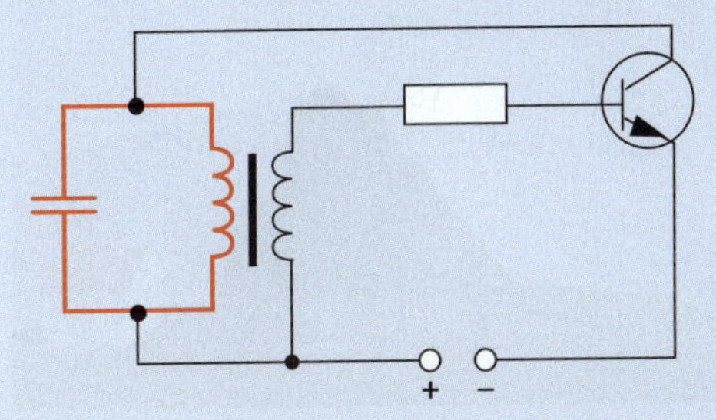

3 Die meissnersche Rückkopplungsschaltung mit Transistor als Schalter in einfacher Form

Eigenschaften hertzscher Wellen

Über Antennen können mit sehr hohen Frequenzen elektromagnetische Schwingungen in den Raum abgestrahlt werden. Nach ihrem Entdecker, dem deutschen Physiker HEINRICH HERTZ (1857–1894), nennt man diese Wellen auch **hertzsche Wellen**. HEINRICH HERTZ hat diese Wellen 1888 erstmals experimentell nachgewiesen.

Eine hertzsche Welle ist die Ausbreitung einer hochfrequenten elektromagnetischen Schwingung im Raum.

Hertzsche Wellen besitzen analoge Eigenschaften wie mechanische Wellen (s. S. 244 f.). Sie breiten sich in Stoffen und im Vakuum **geradlinig** aus, wenn sie nicht durch Hindernisse daran gehindert werden. Deshalb müssen z. B. Fernsehantennen genau zum Sendeturm bzw. zum Fernsehsatelliten ausgerichtet sein (Abb. 1).
Hertzsche Wellen breiten sich mit der Lichtgeschwindigkeit c aus. Die Frequenz einer hertzschen Welle wird nur durch die Frequenz des Senders bestimmt.

Für die Ausbreitungsgeschwindigkeit hertzscher Wellen gilt:

$c = \lambda \cdot f$ λ **Wellenlänge**
f **Frequenz**

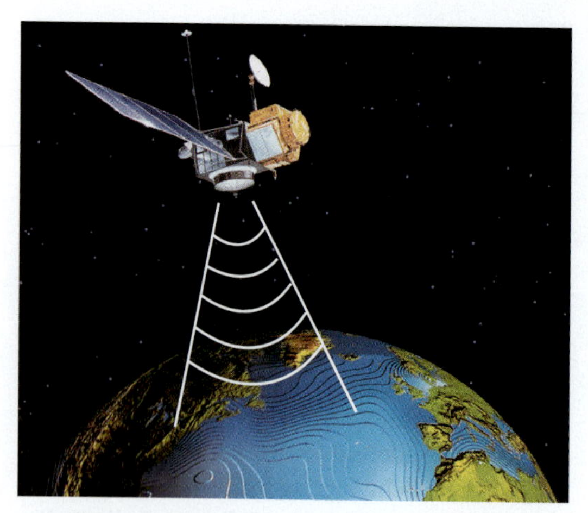

2 Hertzsche Wellen breiten sich vom Fernsehsatelliten geradlinig aus.

Die Ausbreitungsgeschwindigkeit in Luft beträgt wie im Vakuum etwa $c = 300\,000$ km/s. Damit ergibt sich z. B. bei einer Frequenz von 88,8 MHz eine Wellenlänge von 3,38 m.
Isolatoren können von hertzschen Wellen **durchdrungen** werden. Deshalb kann man auch im Zimmer mit einer Zimmerantenne Fernseh- oder Radiosender empfangen.
An Leitern werden hertzsche Wellen reflektiert. Deshalb benötigen Autos mit ihrer Blechkarosserie eine Außenantenne für einen guten Rundfunkempfang.
Wie bei mechanischen Wellen tritt bei hertzschen Wellen auch Beugung und Überlagerung auf (Abb. 1, 3).

1 Durch die Beugung ist ein Fernsehempfang z. T. auch hinter Bergen und hohen Gebäuden möglich. Die Intensität der gebeugten Wellen ist gering.

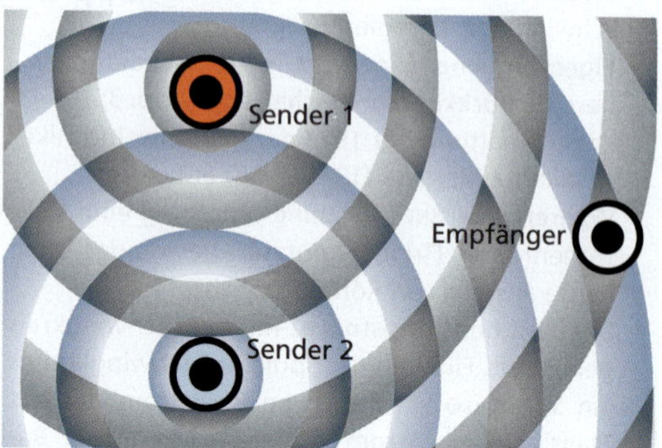

3 Die hertzschen Wellen beider Sender überlagern sich, wobei es zu Verstärkung und Auslöschung kommt. Mit dem Empfänger ist das nachweisbar.

Sendung und Empfang hertzscher Wellen

Hertzsche Wellen werden über Antennen (Dipole) abgestrahlt und empfangen (Abb. 1). Elektromagnetische Schwingungen können nur dann als hertzsche Wellen von einem Sender abgestrahlt werden, wenn sie eine relativ hohe Frequenz (mindestens 100 kHz) besitzen. Man nennt diese auch **Hochfrequenz-Schwingungen** (HF).

Sprache und Musik, also Schallschwingungen, besitzen aber nur eine Frequenz bis maximal 20 kHz. Diese Schallschwingungen kann man mit einem Mikrofon in elektromagnetische Schwingungen umwandeln. Man nennt diese auch **Niederfrequenz-Schwingungen** (NF). Sie sind aufgrund der geringen Frequenz für das Aussenden als hertzsche Wellen nicht geeignet.

Um Sprache, Musik und Bilder mithilfe hertzscher Wellen zu übertragen, bedient man sich deshalb eines Verfahrens, bei dem eine hochfrequente Schwingung, die als hertzsche Welle abgestrahlt werden kann, als „Träger" für niederfrequente Schwingungen (Sprache, Musik) genutzt wird.

Die Antenne des Empfängers wird durch die ankommenden elektromagnetischen Wellen zu elektromagnetischen Schwingungen angeregt. Abb. 1 zeigt den Aufbau eines einfachen Empfängers.

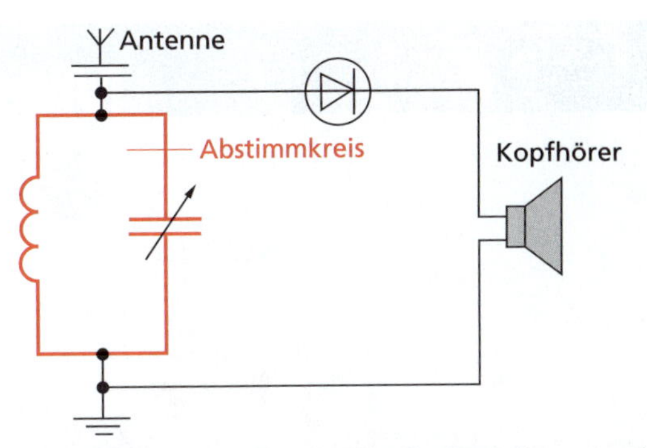

1 Aufbau eines einfachen Rundfunkempfängers mit einem Abstimmkreis (Schwingkreis)

Mosaik

Frequenzbereiche hertzscher Wellen und deren Anwendung

Hertzsche Wellen sind elektromagnetische Wellen, die zur Übertragung von Rundfunk und Fernsehen genutzt werden. Entsprechend ihrer jeweiligen Frequenz bzw. Wellenlänge besitzen hertzsche Wellen unterschiedliche Eigenschaften, die für verschiedene Anwendungen genutzt werden können.

Deshalb teilt man hertzsche Wellen in verschiedene Frequenzbereiche ein. Die wichtigsten Bereiche sind nachfolgend dargestellt.

Lang- und Mittelwellen werden um die Erde stark gebeugt. Sie breiten sich deshalb als so genannte „Bodenwelle" entlang der Erdoberfläche aus. Außerdem werden sie noch an äußeren Schichten der Ionosphäre reflektiert. Solche Schichten befinden sich in 100–400 km Höhe über der Erdoberfläche.

Die Bodenwelle reicht einige hundert Kilometer weit. Die an der Ionosphäre reflektierten Raumwellen erlauben noch viel größere Reichweiten dieser Sender. Der Nachteil besteht in der geringen Qualität von Musiksendungen.

Um eine stärkere Überlappung verschiedener Sender zu vermeiden, dürfen bei Mittelwellensendern nur Töne bis 4,5 kHz übertragen werden. Der Senderabstand beträgt in diesem Bereich z. Z. 9 kHz. Damit haben im Mittelwellenbereich auch nur 110 Sender Platz.

Mosaik

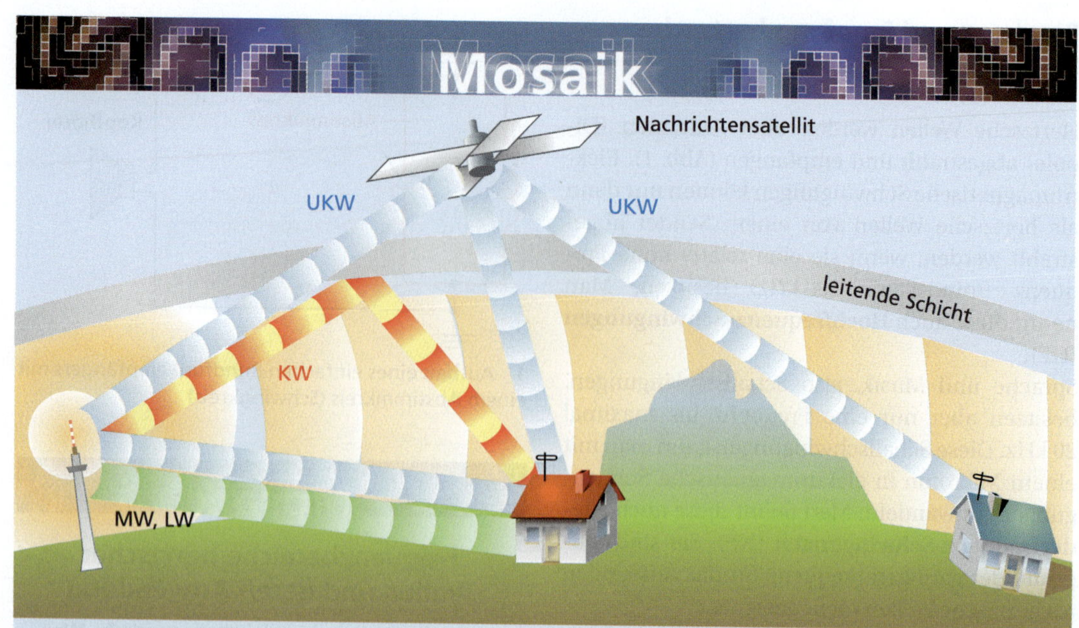

1 Ausbreitung hertzscher Wellen im Raum

Kurzwellen werden kaum gebeugt. Deshalb wird im Kurzwellenbereich vor allem mit Raumwellen gearbeitet, die an leitenden Schichten der Ionosphäre reflektiert werden. Damit sind sehr große Reichweiten, z. T. rund um die Erde, erreichbar. Der Nachteil der Kurzwellen besteht darin, dass die Beschaffenheit der leitenden Schichten in der Ionosphäre von der Sonnenaktivität und damit von der Tages- und Jahreszeit abhängig ist. Deshalb sind die Empfangsbedingungen von Kurzwellensendern sehr unterschiedlich.

Ultrakurzwellen haben den Vorteil einer sehr hohen Übertragungsqualität. Sie werden deshalb für hochwertige Sendungen im UKW-Rundfunk und für das Fernsehen genutzt. Weitere Bereiche enthält die Übersicht unten.

Bereich	Frequenz *f*	Wellenlänge λ	Anwendungen
Langwellen (LW)	148,5–283,5 kHz	1–2 km	Rundfunk, Funknavigation
Mittelwellen (MW)	526,5–1 606,6 kHz	100–600 m	Rundfunk, Schiffsfunk, Funkpeilung
Kurzwellen (KW)	3,95–26,1 MHz	10–100 m	Rundfunk, Schiffsfunk, Flugfunk, Amateurfunk, CB-Sprechfunk
Meterwellen (m-Wellen)	48,25–62,25 MHz 87,5–108 MHz 175,25–217,25 MHz	4,8–6,2 m 2,8–3,4 m 1,4–1,7 m	Fernsehen VHF Band 1 UKW-Rundfunk Fernsehen VHF Band III
Dezimeterwellen (dm-Wellen)	0,3–3 GHz 471,25–599,25 MHz 607,25–783,25 MHz	1–10 dm 5–6,3 dm 3,8–4,9 dm	Richtfunk auf der Erde, Radar, Fernsehen UHF Band IV, Fernsehen UHF Band V
Zentimeterwellen (cm-Wellen)	3–30 GHz	1–10 cm	Richtfunk von Nachrichten-Satelliten, Radioastronomie

Spektrum elektromagnetischer Wellen

Hertzsche Wellen sind ebenso wie Licht elektromagnetische Wellen und damit Teil des gesamten **elektromagnetischen Spektrums,** das in der nachfolgenden Übersicht dargestellt ist.
In dieser Übersicht ist die in der Physik übliche Einteilung angegeben.

Art der Wellen	Frequenz f in Hz	Wellenlänge λ in m	Eigenschaften und Anwendungen
technischer Wechselstrom	30 … 300	10^7 … 10^6	Nutzung zum Antrieb elektrischer Maschinen und Anlagen
tonfrequenter Wechselstrom (Niederfrequenz)	$3 \cdot 10^2$ … $3 \cdot 10^4$	10^5 … 10^4	Übertragung von Sprache mit Leitungen (Telefonie)
hertzsche Wellen Langwelle (LF) Mittelwelle (MF) Kurzwelle (HF) Ultrakurzwellen (UKW, VHF, UHF)	 $3 \cdot 10^4$ … $3 \cdot 10^5$ $3 \cdot 10^5$ … $3 \cdot 10^6$ $3 \cdot 10^6$ … $3 \cdot 10^7$ $3 \cdot 10^7$ … $3 \cdot 10^9$	 10^4 … 10^3 10^3 … 10^2 10^2 … 10 10 … 0,1	Nutzung für Rundfunk, Fernsehen, Radar, Mobilfunk
Mikrowellen	$3 \cdot 10^9$ … 10^{13}	0,1 … $3 \cdot 10^{-5}$	Absorption durch viele Stoffe (Mikrowellenherd, Mikrowellentherapie)
infrarotes Licht	10^{13} … $3{,}8 \cdot 10^{14}$	$3 \cdot 10^{-5}$ … $7{,}8 \cdot 10^{-7}$	Wärmestrahlung
sichtbares Licht rotes Licht oranges Licht gelbes Licht grünes Licht blaues Licht violettes Licht	 $3{,}8 \cdot 10^{14}$ … $4{,}8 \cdot 10^{14}$ $4{,}8 \cdot 10^{14}$ … $5{,}0 \cdot 10^{14}$ $5{,}0 \cdot 10^{14}$ … $5{,}3 \cdot 10^{14}$ $5{,}3 \cdot 10^{14}$ … $6{,}1 \cdot 10^{14}$ $6{,}1 \cdot 10^{14}$ … $7{,}0 \cdot 10^{14}$ $7{,}0 \cdot 10^{14}$ … $7{,}7 \cdot 10^{14}$	 780 … $620 \cdot 10^{-9}$ 620 … $600 \cdot 10^{-9}$ 600 … $570 \cdot 10^{-9}$ 570 … $490 \cdot 10^{-9}$ 490 … $430 \cdot 10^{-9}$ 430 … $390 \cdot 10^{-9}$	vom Menschen mit dem Auge wahrnehmbar
ultraviolettes Licht	$7{,}7 \cdot 10^{14}$ … $3 \cdot 10^{16}$	$3{,}9 \cdot 10^{-7}$ … 10^{-8}	ruft Bräunung und Sonnenbrand hervor
Röntgenstrahlung	$3 \cdot 10^{16}$ … $5 \cdot 10^{21}$	10^{-8} … $6 \cdot 10^{-14}$	Nutzung im medizinischen Bereich und zur Werkstoffprüfung
Gammastrahlung und **kosmische Strahlung**	größer als $3 \cdot 10^{18}$	kleiner als 10^{-10}	großes Durchdringungsvermögen von massiven Körpern, ruft Schäden bei Körperzellen hervor

Physik in Natur und Technik

Das Radar

2 Radarbildschirm

Das in den dreißiger Jahren des 20. Jahrhunderts entwickelte Radar (**Ra**dio **d**etecting **a**nd **r**anging = Funkortung und Entfernungsmessung) wird heute in der Technik vielfältig genutzt.
Es wird z. B. zur Ortung von Schiffen und Flugzeugen, vor allem bei schlechter Sicht, als Navigationshilfe von Schiffen, in der Meteorologie zur Beobachtung von Gewittern oder Regengebieten, in der Astronomie zur Erforschung der Oberfläche von Mond und anderen Planeten sowie im Verkehrswesen zur Geschwindigkeitsüberwachung eingesetzt. Alle diese Anwendungen arbeiten nach demselben Prinzip.
Erläutere das Prinzip des Radars!

Von einer meist drehbaren Antenne mit parabolspiegelförmigem Reflektor werden gezielt hertzsche Wellen hoher Frequenz ($f \approx 10^8$ Hz) in Form sehr kurzer Impulse abgestrahlt. Treffen diese elektromagnetischen Wellen auf ein Hindernis, so werden sie reflektiert und mit derselben Antenne empfangen (Abb. 1).
Um die reflektierten hertzschen Wellen auch registrieren zu können, muss zwischen den ausgesendeten Impulsen eine kleine Pause sein. Je größer die Reichweite eines Radars ist, desto größer muss die Pause zwischen den Impulsen sein, weil die Laufzeit des Signals länger ist. Rundsichtradaranlagen zur Überwachung eines Flughafens (Abb. 2) senden z. B. 1 200 Impulse pro Sekunde mit einer Länge von 1/1 000 000 s aus. Mittelbereichsradaranlagen, die einen Luftraum mit einer Reichweite von 250–450 km überwachen, senden nur 320 bis 450 Impulse pro Sekunde aus.
Reflektierte elektromagnetische Wellen der Radaranlage werden zur Helligkeitssteuerung einer braunschen Röhre genutzt (Abb. 2). Geortete Objekte (Flugzeuge, Schiffe) erscheinen dann als helle Punkte auf dem Schirm. Aus der Laufzeit der Impulse kann mit einem Computer die Entfernung des Objektes berechnet werden, aus der Ortsveränderung kann man auf die Geschwindigkeit schließen.

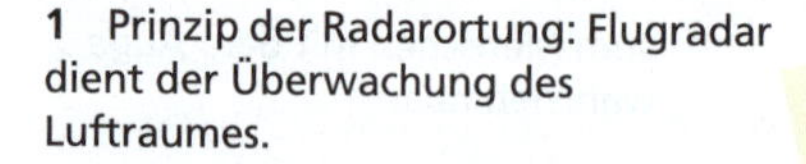

1 Prinzip der Radarortung: Flugradar dient der Überwachung des Luftraumes.

Analoge und digitale Signale

Informationen durch elektrischen Strom, z. B. Telefongespräche oder die Übermittlung von Computerdaten über ein Datennetz, können durch analoge oder digitale Signale erfolgen.
Was versteht man unter analogen bzw. digitalen Signalen? Wie unterscheiden sie sich? Können sie ineinander umgewandelt werden? Wie erhält man analoge bzw. digitale Signale?

Allgemein ist ein **Signal** eine durch Mess- oder Nachweisgeräte erfassbare Veränderung einer physikalischen Größe, z. B. eine Spannungsänderung oder eine Änderung der Stromstärke.
Bei **analogen Signalen** ändert sich die betreffende physikalische Größe kontinuierlich zwischen einem maximalen und einem minimalen Wert. Ein Beispiel dafür ist die bei einem dynamischen Mikrofon (s. S. 391) entstehende Spannung. Sie schwankt im Takt der Sprache oder der Musik (Abb. 1).

Bei **digitalen Signalen** gibt es jeweils nur zwei Zustände, die unterschiedlich bezeichnet werden, aber inhaltlich das Gleiche meinen:
- Ein oder Aus,
- high oder low,
- L oder 0,
- 1 oder 0.

Bei einem digitalen Signal in Form einer elektrischen Spannung gibt es nur die zwei Zustände „Spannung vorhanden" (Ein, high, L, 1) oder

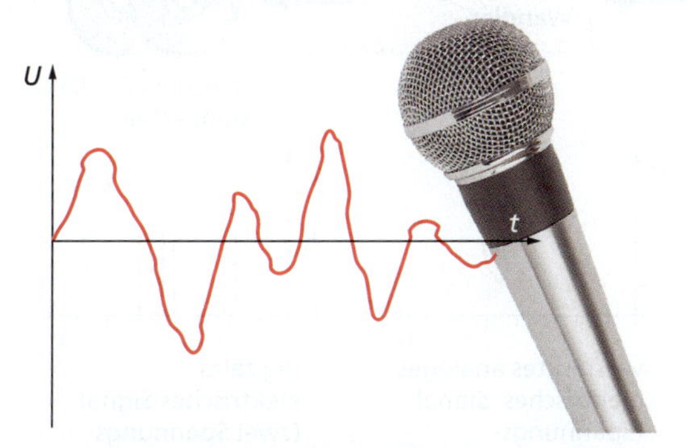

1 Analoges Signal: Durch ein Mikrofon wird Sprache oder Musik in Spannungsschwankungen umgewandelt und kann so übertragen werden.

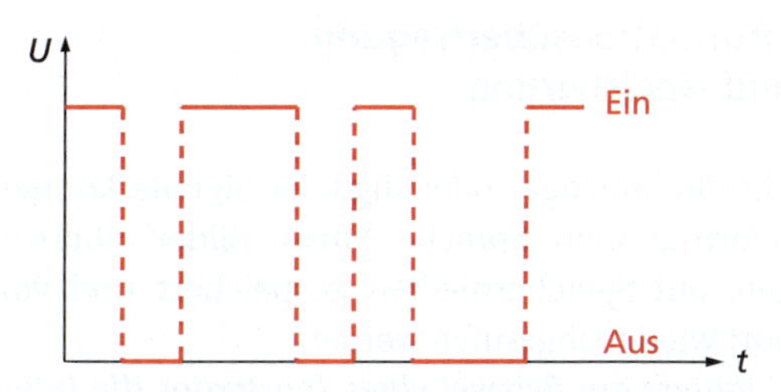

2 Digitale Signale sind durch zwei Zustände (high, low) gekennzeichnet.

„keine Spannung vorhanden" (Aus, low, 0). Abb. 2 zeigt die entsprechende grafische Darstellung.

Analoge Signale sind durch eine kontinuierliche Veränderung physikalischer Größen charakterisiert. Bei digitalen Signalen gibt es nur zwei Zustände.

Analoge und digitale Signale können ineinander umgewandelt werden. Die Umwandlung analoger in digitale Signale erfolgt mithilfe von **Analog-Digital-Wandlern** (AD-Wandlern). Umgekehrt können digitale Signale durch **Digital-Analog-Wandler** (DA-Wandler) in analoge Signale umgewandelt werden.
Der Vorteil von digitalen Signalen besteht darin, dass sie mithilfe der modernen Elektronik und Computertechnik gut verarbeitet werden können und eine weitgehend störungsfreie, qualitativ hochwertige Übertragung und Verarbeitung von Informationen möglich ist.
Welche Signale man jeweils erhält, ist weitgehend von den genutzten technischen Geräten abhängig. So werden z. B. die Helligkeits- und Farbunterschiede von Gegenständen bei der Aufnahme mit einem herkömmlichen Fotoapparat auf dem Film in Form von analogen Signalen gespeichert. Verwendet man eine Digitalkamera, so werden die gleichen Helligkeits- und Farbschwankungen in Form digitaler Signale gespeichert. Ein solches digitales Bild lässt sich sofort mit jedem Computer unter Nutzung eines Bildbearbeitungsprogramms bearbeiten. Schärfe, Helligkeit oder Farben können verändert, einzelne Stellen „verschönert" oder sogar auch verändert werden.

Informationsübertragung und -speicherung

Mithilfe analoger oder digitaler Signale können Informationen (Sprache, Musik, Bilder) übertragen, auf Speichermedien gespeichert und von dort wieder abgerufen werden.

Erläutere am Beispiel eines Tonstudios die Informationsübertragung! Wie kann man Informationen speichern?

In einem Tonstudio soll Schall (Sprache, Musik) aufgenommen und gespeichert werden. Der Schall trifft auf ein Mikrofon. Im Mikrofon werden die Druckschwankungen der Luft in Spannungsschwankungen umgewandelt (Abb. 1). Diese in der Regel sehr kleinen Spannungsschwankungen werden zunächst verstärkt. Die Form der Signale ändert sich dadurch nicht. Diese verstärkten analogen elektrischen Signale werden zu einem AD-Wandler geleitet und dort in digitale Signale umgewandelt. Die digitalen Signale können auf Magnetband, der Festplatte eines Computers, auf CD oder auf DVD gespeichert werden.

Eine gegenwärtig weit verbreitete Form von Speichern sind **Magnetspeicher,** bei denen die Informationen durch Magnetisierung kleinster Bereiche eines Magnetbandes (Tonband, Videoband) oder einer Magnetplatte (Diskette, Festplatte)

2 Verschiedene Arten von Magnetspeichern

gespeichert werden. Zum Speichern wird die magnetische Wirkung des elektrischen Stromes genutzt: Über einen Schreibkopf (kleine stromdurchflossene Spule) wird die Magnetisierung vorgenommen. Entsprechend können über einen Lesekopf die Informationen wieder abgerufen werden: Das Magnetband oder die Magnetplatte bewegen sich über den Lesekopf hinweg. Er besteht aus einer kleinen Spule mit Eisenkern. Durch das vorbeilaufende Band ändert sich das von der Spule umfasste Magnetfeld. In ihr wird eine Spannung induziert, die ein Abbild der auf dem Band gespeicherten Information ist.

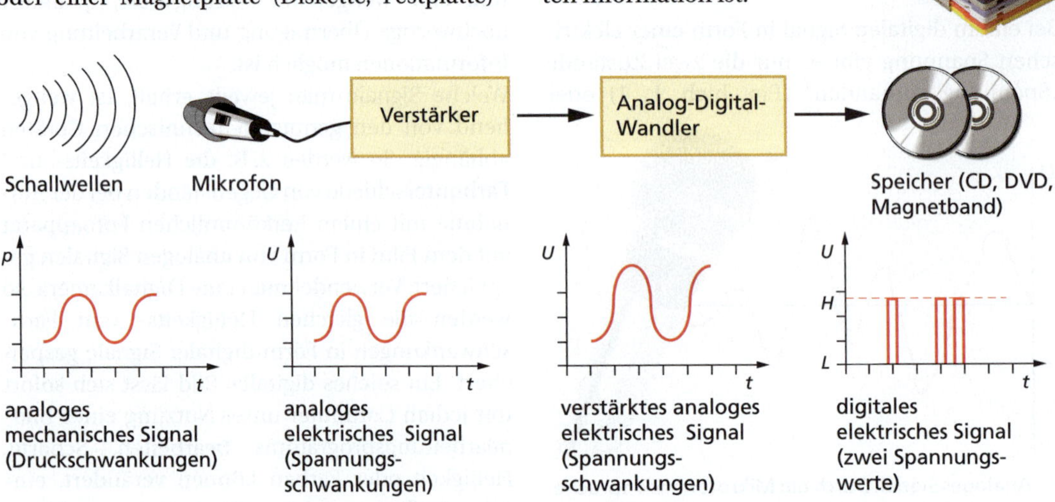

1 Signalwandlung, -übertragung und -speicherung in einem Tonstudio

Vom Telegrafen zum Telefon

Informationsübertragung gestern und heute

Die schnelle Übertragung von Informationen durch Telefon, Fax, E-Mail, Rundfunk oder Fernsehen ist heute eine Selbstverständlichkeit. Ganz anders war aber die Situation noch im 19. Jahrhundert oder gar im Mittelalter.

Der vielleicht bekannteste Übermittler von Nachrichten stammt aus der Antike: Nach der Legende überbrachte beim Sieg der Athener über die Perser im Jahr 490 v. Chr. ein Läufer die Botschaft vom Sieg von Marathon nach Athen und legte dabei eine Strecke von 42,195 km zurück. Nach Überbringung der Nachricht in Athen soll er tot zusammengebrochen sein. Auf diese Legende geht der Marathonlauf zurück, der erstmals bei den Olympischen Spielen 1896 zwischen Marathon und Athen durchgeführt wurde.

Im Mittelalter erfolgte die Nachrichtenübertragung durch Boten und durch Postreiter. Die Geschwindigkeit der Nachrichtenübermittlung war entsprechend gering. Wesentliche Fortschritte brachten Ende des 18. Jahrhunderts optische Zeigertelegrafen, im 19. Jahrhundert die elektrischen Telegrafen und im 20. Jahrhundert die Nachrichtenübertragung mittels elektromagnetischer Wellen.

1 Telegraf von CHAPPE auf dem Dach: Die einzelnen Arme konnten über Seile bewegt und damit in verschiedene Stellungen gebracht werden.

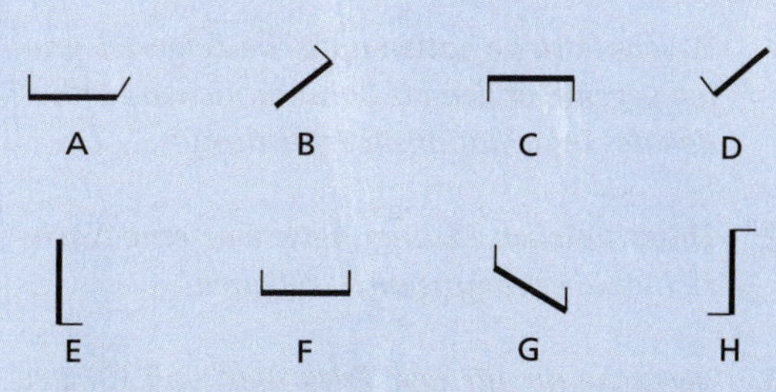

2 Ausschnitt aus dem Alphabet des optischen Telegrafen der Gebrüder CHAPPE: Mit den unterschiedlichen Stellungen der Signalarme konnten alle Buchstaben und Zahlen dargestellt werden.

Optische Zeigertelegrafen

1792 entwickelten die Gebrüder CHAPPE aus Frankreich ein optisches Telegrafensystem. Dazu wurden weithin sichtbare Signalarme genutzt, die in unterschiedliche Stellungen gebracht werden konnten (s. Abb.). Jede Stellung bedeutete einen bestimmten Buchstaben oder eine bestimmte Zahl (Abb. 2).

Die Information wurde jeweils von einer Station zur nächsten weitergegeben, wobei sich die Stationen in Sichtweite befinden mussten. Eine Informationsweitergabe war z. B. bei schlechter Sicht oder in der Nacht nicht möglich. Die erste Strecke wurde 1794 in Frankreich in Betrieb genommen. Für die 840 km zwischen Paris und Toulon brauchte ein Signal nicht mehr als 20 Minuten.

1795/96 gingen in Deutschland und in England die ersten Linien in Betrieb, darunter eine Verbindung zwischen Berlin und Frankfurt/Main.

Auch heute erinnern noch Bezeichnungen an die optischen Telegrafen: Auf dem Telegrafenberg in Potsdam stand eine Station der Strecke Berlin – Frankfurt (Main).

1. *Welche Vorteile hatten optische Zeigertelegrafen gegenüber den bis dahin üblichen Methoden der Informationsübermittlung?*

2. *Unter welchen Bedingungen war eine Nachrichtenübertragung nicht möglich?*

3. *Versuche dir für den Telegrafen von CHAPPE ein vollständiges Alphabet zu konstruieren! Jeder Buchstabe soll dabei eindeutig erkennbar sein.*

Elektrische Telegrafen

Zu Beginn des 19. Jahrhunderts vollzogen sich bedeutsame Entwicklungen in der Elektrizitätslehre. ALESSANDRO VOLTA (1745–1827) schuf elektrische Quellen, die über längere Zeit funktionierten. ANDRÉ MARIE AMPÈRE (1775–1836) untersuchte die verschiedenen Wirkungen des elektrischen Stromes, HANS CHRISTIAN OERSTED (1777–1851) fand die magnetische Wirkung des elektrischen Stromes.

Diese neuen Erkenntnisse versuchten verschiedene Wissenschaftler und Techniker auch zur Nachrichtenübertragung zu nutzen.
Einen der ersten elektrischen Telegrafen bauten 1838 in Göttingen CARL FRIEDRICH GAUSS (1777–1855) und WILHELM WEBER (1804–1891), um schneller Beobachtungs- und Messergebnisse zwischen ihren Laboratorien austauschen zu können.

1 SAMUEL MORSE (1791–1872)

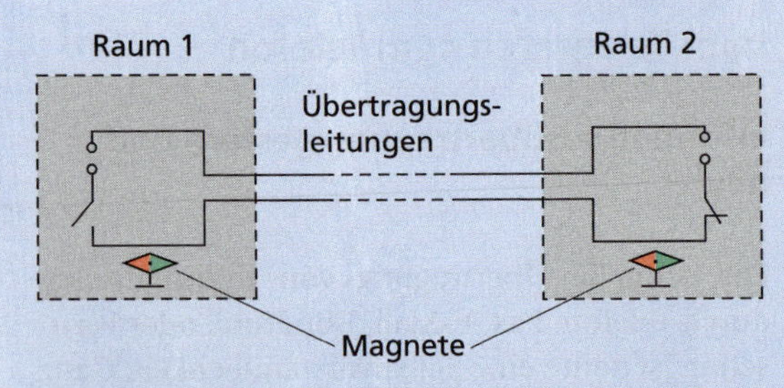

2 Prinzip des Telegrafen von GAUSS und WEBER

Das Prinzip der Nachrichtenübertragung war relativ einfach (Abb. 2). Bei Betätigung des Schalters in Raum 1 fließt ein Strom durch die Leitungen, die Magnetnadel in Raum 2 wird ausgelenkt. Bei mehrmaliger Betätigung des Schalters wird die Magnetnadel mehrmals ausgelenkt, bei Umpolung an der elektrischen Quelle verändert sich die Richtung der Auslenkung. Die beiden Wissenschaftler hatten ein Alphabet verabredet und konnten sich durch die Anzahl und Richtung der Auslenkungen verständigen. Das erste Telegramm, das übertragen wurde, lautete: *„Michelmann kommt."* MICHELMANN war der Labordiener in Göttingen.

Wesentliche Fortschritte wurden durch die Arbeiten des amerikanischen Malers und Bildhauers SAMUEL MORSE (1791 bis 1872) erzielt. Beschreibungen von Telegrafenapparaten, die MORSE zufällig kennen lernte, veranlassten ihn zu eigenen Experimenten und zum Bau neuer Geräte. Schließlich gelang ihm um 1840 der Bau eines brauchbaren Telegrafen (Abb. 3). Auf der Sende-

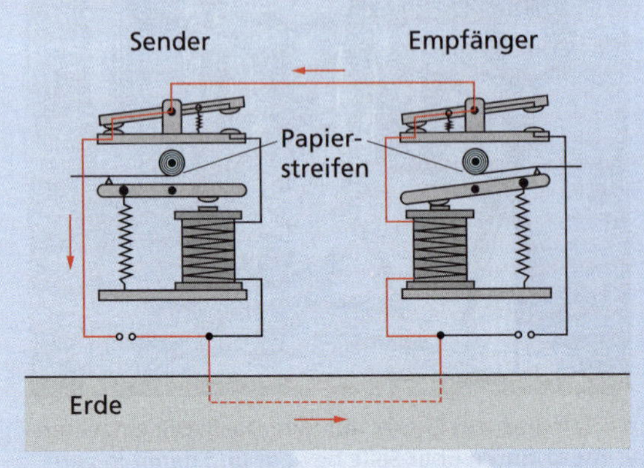

3 Telegraf nach MORSE

a	·–	i	··	r	·–·	0	–––––
ä	·–·–	j	·–––	s	···	1	·––––
b	–···	k	–·–	t	–	2	··–––
c	–·–·	l	·–··	u	··–	3	···––
ch	––––	m	––	ü	··––	4	····–
d	–··	n	–·	v	···–	5	·····
e	·	o	–––	w	·––	6	–····
f	··–·	ö	–––·	x	–··–	7	––···
g	––·	p	·––·	y	–·––	8	–––··
h	····	q	––·–	z	––··	9	––––·

1 Das Morsealphabet wurde 1865 vom Welttelegrafenverein als international gültiges Alphabet übernommen. Es ist noch heute gültig.

seite nutzte er als Schalter eine Taste, die so genannte Morsetaste (Abb. 2). Auf der Empfängerseite befand sich ein Elektromagnet mit Anker, an dem ein Schreibstift befestigt war.

Wurde die Morsetaste betätigt, so wurde der Schreibstift auf einen langsam vorbeigleitenden Papierstreifen gedrückt und hinterließ je nach der Dauer der Betätigung der Morsetaste Punkte oder Striche als „Abdruck" für kurze bzw. lange Signale.

2 Morsetelegraf der Firma Siemens & Halske (um 1870)

Morse schuf auch ein entsprechendes Alphabet aus kurzen und langen Signalen, das sich allmählich auch international durchsetzte und als Morsealphabet auch heute noch verwendet wird (s. Abb. 1).

An der Entwicklung der Telegrafie waren auch Wissenschaftler und Techniker aus anderen Ländern beteiligt, z. B. der Engländer Wheatstone (1802–1875) mit seinem Zeigertelegrafen oder der Deutsche Werner von Siemens (1816–1892).

So wurde z. B. die erste unterirdische deutsche Telegrafenlinie, die von Berlin über Halle, Erfurt, Kassel und Gießen nach Frankfurt (Main) führte, unter Leitung von Werner von Siemens gebaut und am 1. April 1849 in Betrieb genommen. 1850 erfolgte die erste telegrafische Verbindung zwischen Dover (England) und Calais (Frankreich) durch ein Unterseekabel. 1857 begannen Versuche, ein Unterseekabel zwischen England und den USA zu verlegen, ab 1866 existierte eine stabile Verbindung, wobei anfangs nur bis 50 Buchstaben pro Minute übertragen werden konnten.

4. *Welche Vorteile haben elektrische Telegrafen gegenüber optischen Telegrafen?*

5. *Baue dir eine Anordnung entsprechend Abb. 2, S. 436 auf! Erprobe sie!*

6. *Baue eine entsprechende Anordnung mit Morsetaste und Elektromagnet auf! Erprobe sie! Nutze dabei das Morsealphabet!*

7. *Erprobe die Nachrichtenübermittlung mithilfe des Morsealphabets!*

Telefonie

Alle Telegrafen hatten einen entscheidenden Nachteil: Jede Nachricht musste vom Absender in ein spezielles Alphabet umgesetzt und vom Empfänger wieder zurückübersetzt werden. Dieser Mangel wurde durch die Entwicklung der Telefonie beseitigt.

Der Erste, der Sprache durch einen Draht übertrug, war der deutsche Lehrer Philipp Reis (1834–1874).

Am 26. Oktober 1861 führte er auf einer Sitzung der Physikalischen Gesellschaft in Frankfurt (Main) das erste von ihm erfundene Telefon vor.

Deutliche Fortschritte in der Telefonie wurden wenige Jahre später durch die Entwicklungen von Graham Bell (1847–1922) und Thomas Alva Edison (1847–1931) erzielt. Bell arbeitete sowohl beim Sender als auch beim Empfänger mit Membranen, die vor einem mit Drahtwindungen umwickelten Stahlmagneten hin- und herschwingen konnten. Edison erfand das Kohlekörnermikrofon. Nach zahlreichen Versuchen mit unterschiedlichen Anordnungen gelang es Bell am 10. März 1876, menschliche Sprache zu übertragen. Der erste übertragene Satz soll gewesen sein: *„Watson, kommen Sie hierher, ich brauche sie nötig."* Thomas A. Watson war der Laborgehilfe von Bell. Bereits im November 1877 ging in Berlin das erste deutsche Telegrafenamt mit Fernsprecheinrichtung in Betrieb. 1881 wurde in Berlin das erste deutsche Fernsprechnetz eingeweiht. Schon vier Jahre später gab es in 58 deutschen Städten Fernsprechanlagen, 1895 war die Anzahl der Ortsnetze auf 420 gewachsen. In Berlin gab es ca. 20 000 Fernsprechanschlüsse. Der Siegeszug des Telefons begann.

Mit der Entwicklung der Mikroelektronik und der Funktechnik vollzogen sich ab den sechziger Jahren des 20. Jahrhunderts weitere gravierende Veränderungen. Bis dahin war der Telefonbetrieb immer drahtgebunden, nun begann die Entwicklung des Mobilfunks.

Seit Mitte der neunziger Jahre des 20. Jahrhunderts werden Funktelefone (Handys) in breitem Umfang genutzt. Auch schnurlose Telefone im Haushalt oder Satellitentelefone gehören heute zum technischen Standard. Das Service-Angebot in diesen Bereichen wird ständig ausgebaut: SMS, Verkehrs- bzw. Wetterinfos gehören zum Standardangebot.

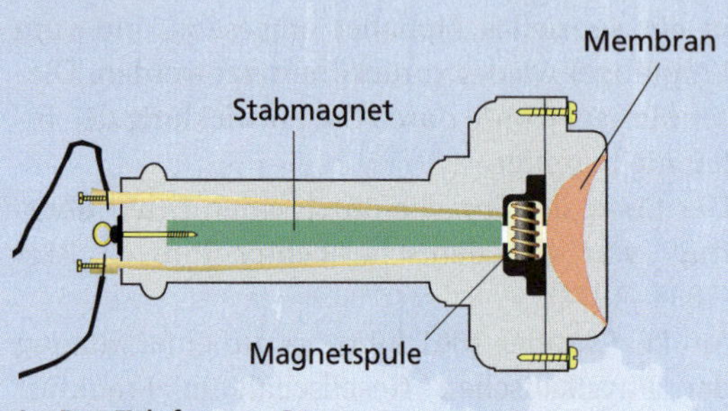

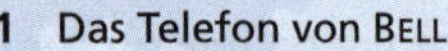
1 Das Telefon von Bell

8. *1877 schrieb Werner Siemens an seinen Bruder: „Werde wohl nächstens ein Telephonpatent beantragen. Wir sind mitten in den Versuchen und ich glaube, wir werden Bell sehr bald übertreffen. Am besten geht noch immer das alte Berliner Weihnachtsmarkt-Telephon." Gemeint war damit das Fernsprechen über eine straff gespannte Schnur mit jeweils einer Dose am Ende, eine Anordnung, die auf dem Weihnachtsmarkt als Spielzeug verkauft wurde. Baue dir eine solche Anordnung! Probiere sie aus!*

9. *Die Abbildung zeigt den Aufbau eines Kohlekörnermikrofons.*

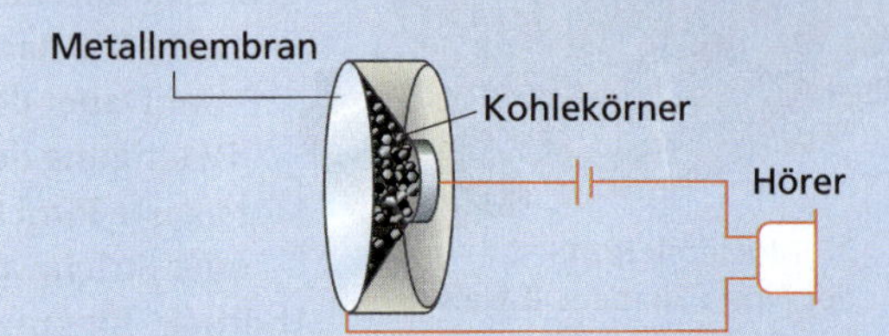

Durch die Schallschwingungen werden unterschiedliche Druckkräfte auf die Membran und damit auf die Kohlekörner ausgeübt.
Untersuche experimentell den Zusammenhang zwischen dem Betrag der Kraft und der Stromstärke bei konstanter Spannung! Anstelle des Hörers wird ein Strommesser und anstelle des Mikrofons eine mit Kohlekörnern gefüllte Streichholzschachtel verwendet.

10. *Erkunde, wie heute ein modernes Telefon aufgebaut ist!*

gewusst · gekonnt

1. Begründe, dass in unserem Stromnetz Schwingungen ablaufen!
Wie groß sind Frequenz und Schwingungsdauer dieser Schwingungen?

2. Beschreibe den Aufbau und erkläre die Wirkungsweise eines Schwingkreises!

3. Die folgende Abbildung zeigt das Schwingungsbild für die elektrische Spannung am Kondensator in einem Schwingkreis.

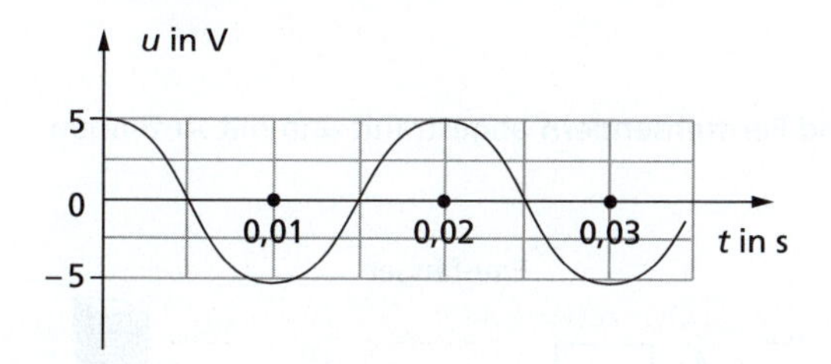

a) Ermittle aus dem u-t-Diagramm die Amplitude, Schwingungsdauer und Frequenz der Schwingung!

b) Beschreibe anhand des u-t-Diagramms die Vorgänge am Kondensator eines Schwingkreises!

4. Ein Funksignal benötigt von der Erde bis zum Mond 1,35 s.

a) Wie weit ist der Mond bei dieser Stellung von der Erde entfernt?

b) Vergleiche das Ergebnis von a mit der mittleren Entfernung Erde–Mond!

5. Radio hören ist eine beliebte Freizeitbeschäftigung.

a) Welche Frequenz hat der Radiosender, den du am meisten hörst?
Interpretiere diese Angabe!

b) Berechne die Wellenlänge der hertzschen Wellen dieses Senders!

c) In welchem Frequenzbereich liegt dieser Sender? Nutze zur Einordung die Übersichten S. 430 und S. 431!

6. Bei den folgenden Skizzen sind einige Experimente mit hertzschen Wellen abgebildet.

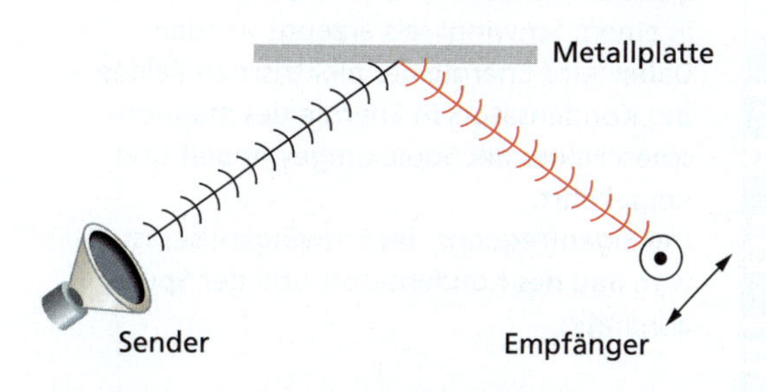

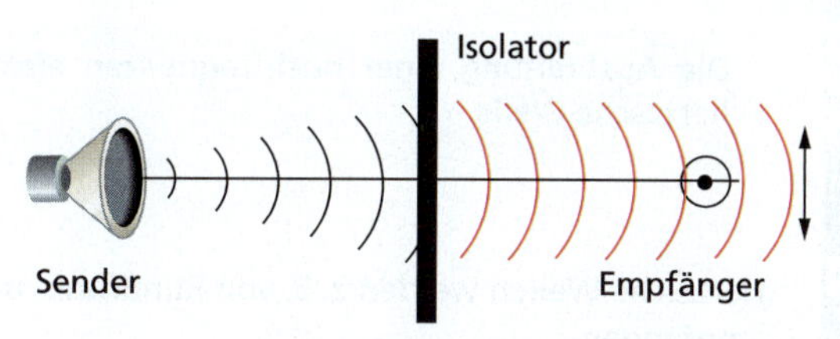

Beschreibe das jeweilige Experiment!
Welche Eigenschaften hertzscher Wellen werden mit dem jeweiligen Experiment demonstriert?

7. Für die Übertragung von Fernsehsendungen vom Aufnahmeort zum Fernsehsender oder für die Übertragung von Ferngesprächen werden Richtfunkstrecken aufgebaut.
Erläutere, welche Eigenschaften hertzscher Wellen dabei genutzt werden und wie diese Richtfunkstrecken im Prinzip funktionieren!

8. Macht man eine längere Autofahrt, so wird ein im Autoradio eingestellter UKW-Sender nach einer bestimmten Fahrstrecke immer schwächer und ist dann gar nicht mehr zu empfangen.
Wie ist das zu erklären?

9. Bei der Flugüberwachung wird ein Radarimpuls nach 2,3 ms wieder empfangen.
Wie weit ist das Flugzeug von der Radaranlage entfernt?

10. In manchen Tunnels ist ein Radioempfang nicht möglich. Welche Ursachen könnte es dafür geben?

Elektromagnetische Schwingungen und hertzsche Wellen

Elektromagnetische Schwingungen können in einem Schwingkreis erzeugt werden. Dabei wird Energie des elektrischen Feldes des Kondensators in Energie des magnetischen Feldes der Spule umgewandelt und umgekehrt.
Die Eigenfrequenz des Schwingkreises ist vom Bau des Kondensators und der Spule abhängig.

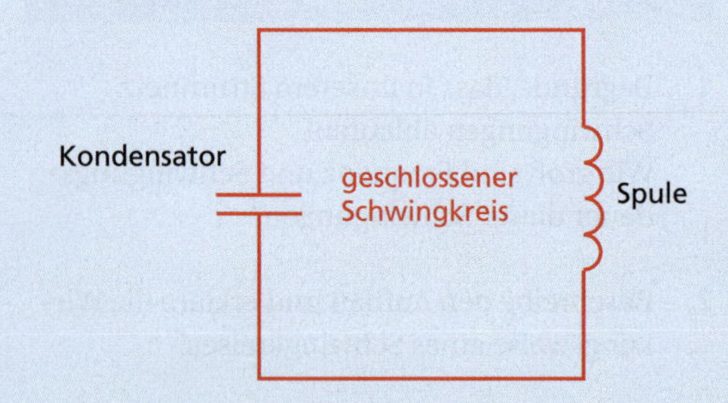

Die Ausbreitung einer hochfrequenten elektromagnetischen Schwingung im Raum ist eine hertzsche Welle.

Hertzsche Wellen werden z. B. von Rundfunk- und Fernsehsendern abgestrahlt und mit Antennen empfangen.

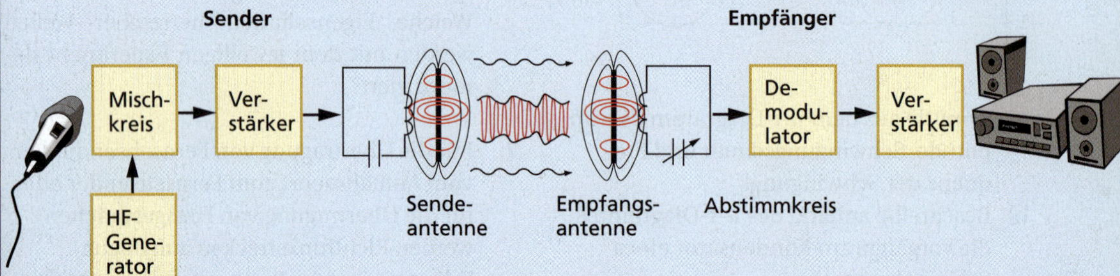

Bei Rundfunk, Fernsehen und anderen Anwendungen elektromagnetischer Wellen werden ihre Eigenschaften genutzt:

- Hertzsche Wellen breiten sich mit Lichtgeschwindigkeit aus.
  Es gilt:

$$c = \lambda \cdot f$$

- Hertzsche Wellen werden von Nichtleitern hindurchgelassen und an Leitern reflektiert.
- Hertzsche Wellen werden beim Übergang von einem in einen anderen Stoff gebrochen.
- Hertzsche Wellen werden gebeugt und können sich überlagern (interferieren).

6 Atom- und Kernphysik

6.1 Atome, Atomkerne und Radioaktivität

Woraus besteht ein Atom?

Bereits im Altertum waren Gelehrte der Auffassung, dass alle Stoffe aus unteilbaren kleinsten Bausteinen, den Atomen, bestehen. Aber erst zu Beginn des 20. Jahrhunderts fanden Physiker erste Belege für die Existenz von Atomen und entwickelten Vorstellungen über den Aufbau von Atomen.
Welche Experimente geben Auskunft über den Aufbau von Atomen? Welche Vorstellungen haben die Physiker heute vom Atombau?

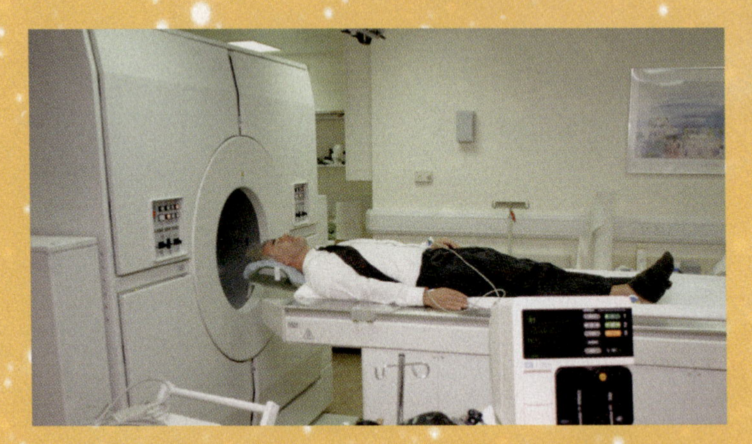

Radioaktivität in der Medizin

Radionuklide, d. h. Kernarten, die radioaktive Strahlung aussenden, werden in der Medizin in vielfältiger Weise bei der Diagnose und der Therapie eingesetzt. So verwendet man Radionuklide beispielsweise bei Untersuchungen der Schilddrüse und des Gehirns oder bei der Bestrahlung von Tumoren.
Welche Eigenschaften und Wirkungen der radioaktiven Strahlung werden dabei genutzt? Welche Heilungschancen, aber auch welche Risiken hat die Nutzung radioaktiver Strahlung in der Medizin?

Radioaktive Strahlung – eine Gefahr?

Viele Menschen haben Angst vor radioaktiver Strahlung. Sie tritt aber überall in unserer natürlichen Umwelt auf. Besonders groß ist die natürliche Strahlungsbelastung bei Wanderungen im Hochgebirge, bei einem Flug in großer Höhe und auch in manchen Gebieten, in denen Uranerz abgebaut wurde.
Welche Eigenschaften und Wirkungen auf den Menschen hat radioaktive Strahlung?

Der Aufbau von Atomen

Atome (griechisch: das „Unteilbare“) sind die kleinsten Bausteine der chemischen Elemente. Die winzigen Atome (Abb. 1, 2) entziehen sich unserer unmittelbaren Beobachtung. Durch zahlreiche experimentelle Untersuchungen weiß man aber heute, dass ein Atom aus einem Atomkern und einer Atomhülle besteht. In der **Atomhülle** bewegen sich in bestimmten Raumbereichen, den Schalen, Elektronen mit großer Geschwindigkeit um den Kern. Je nach Element existieren mehrere Schalen, in deren Bereichen sich Elektronen aufhalten können. Im Bereich einer äußeren Schale können sich mehr Elektronen als im Bereich einer inneren Schale befinden. Im **Atomkern** ist fast die gesamte Masse des Atoms auf kleinstem Raum konzentriert. Der Atomkern besteht aus elektrisch nicht geladenen **Neutronen** und aus positiv geladenen **Protonen.** Die Masse von Neutron und Proton ist etwa gleich groß und 1 836-mal größer als die eines Elektrons.

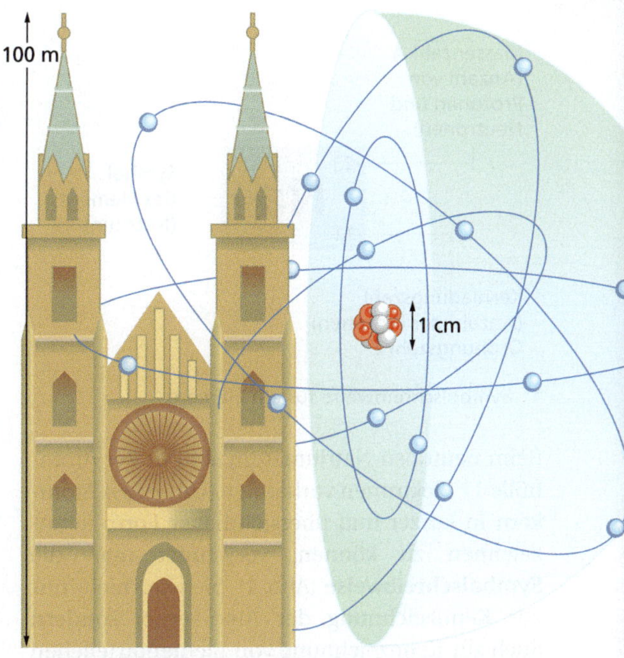

2 Größenverhältnisse in einem Atom im Vergleich zu einem 100 m hohen Bauwerk

Ein Atom besteht aus einer negativ geladenen Atomhülle mit Elektronen und einem positiv geladenen Atomkern mit Protonen und Neutronen.

Bei einem elektrisch neutralen Atom ist die Anzahl der negativ geladenen Elektronen in der Hülle gleich der Anzahl der positiv geladenen Protonen im Kern. Die Kernbausteine Proton und Neutron werden als Nukleonen bezeichnet, ihre Anzahl als **Massenzahl** *A*.

Die Massenzahl *A* ergibt sich aus der Kernladungszahl (Protonenzahl) *Z* und der Neutronenzahl *N*:

$$A = Z + N$$

Die Kernladungszahl ist gleich der Ordnungszahl im Periodensystem der Elemente. So hat z. B. Natrium im Periodensystem die Ordnungszahl 11 und die Massenzahl 23.
Das bedeutet: Ein Natriumatom hat in seinem Kern 11 Protonen und 23 – 11 = 12 Neutronen.

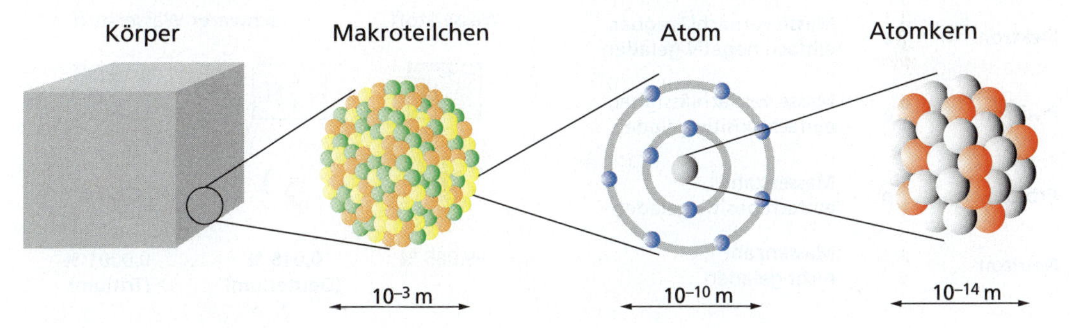

1 Größenvergleich zum Aufbau von Makroteilchen, Atomen und Atomkernen

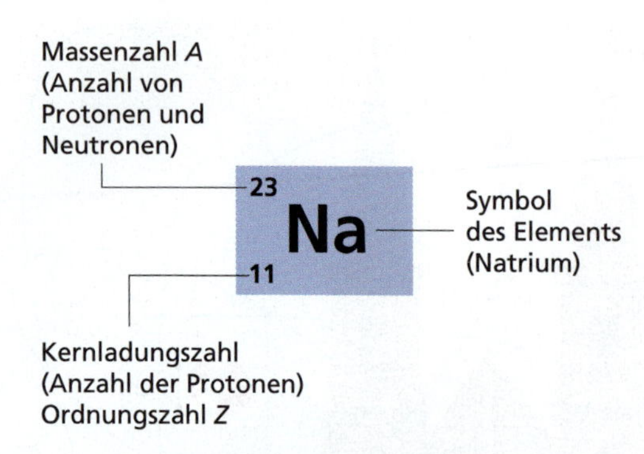

1 Symbolschreibweise für ein Element

Beim neutralen Natriumatom sind in der Atomhülle 11 Elektronen vorhanden. Um einen Atomkern in kurzer und übersichtlicher Form kennzeichnen zu können, verwendet man die **Symbolschreibweise** (Abb. 1). Sie wird nicht nur zur Kennzeichnung der Atomkerne, sondern auch zur Kennzeichnung von Elementarteilchen verwendet (Abb. 2). Manchmal setzt man die Massenzahl hinter das Elementsymbol und schreibt z. B. Natrium-23. Auch diese Schreibweise ist eindeutig, da man die Kernladungszahl im Periodensystem der Elemente findet.

Nuklide und Isotope

Das Periodensystem der Elemente umfasst gegenwärtig 111 Elemente. Davon kommen 91 in der Natur vor, die anderen werden künstlich hergestellt. Der Atomkern eines Elements ist eindeutig durch die Massenzahl und die Kernladungszahl gekennzeichnet.

Elektron:	${}^{0}_{-1}e$	Masse vernachlässigbar, einfach negativ geladen
Positron:	${}^{0}_{+1}e$	Masse vernachlässigbar, einfach positiv geladen
Proton:	${}^{1}_{1}p$	Massenzahl 1, einfach positiv geladen
Neutron:	${}^{1}_{0}n$	Massenzahl 1, nicht geladen

2 Symbolschreibweise für Elementarteilchen

Die durch Massenzahl und Kernladungszahl charakterisierten Atome werden als Nuklide bezeichnet.

So sind z. B. Natrium-23, Kohlenstoff-12 oder Uran-235 Nuklide. Die Atomkerne eines Elements haben alle die gleiche Anzahl von Protonen, sie können aber eine unterschiedliche Anzahl von Neutronen und damit eine verschiedene Massenzahl besitzen.

Atome mit gleicher Protonenzahl, aber unterschiedlicher Anzahl von Neutronen werden als Isotope bezeichnet.

So existieren z. B. beim Wasserstoff drei in der Natur vorkommende Isotope (Abb. 3), bei Eisen sind es vier und bei Zinn zehn. Auch beim Uran, das als Kernbrennstoff genutzt wird, existieren verschiedene Isotope. In natürlichen Uranvorkommen beträgt der Anteil an Uran-238 etwa 99,28 % und an Uran-235 etwa 0,72 %. Darüber hinaus ist noch ein geringer Anteil an Uran-234 (etwa 0,006 %) vorhanden.
Fast alle uns bekannten Elemente bestehen aus Isotopengemischen. Das ist auch der Grund dafür, dass die Massenzahlen im Periodensystem meist keine ganzen Zahlen sind.
Manche der Isotope haben spezielle Namen. So wird z. B. das Wasserstoffisotop H-2 auch als Deuterium und das Wasserstoffisotop H-3 als Tritium bezeichnet.

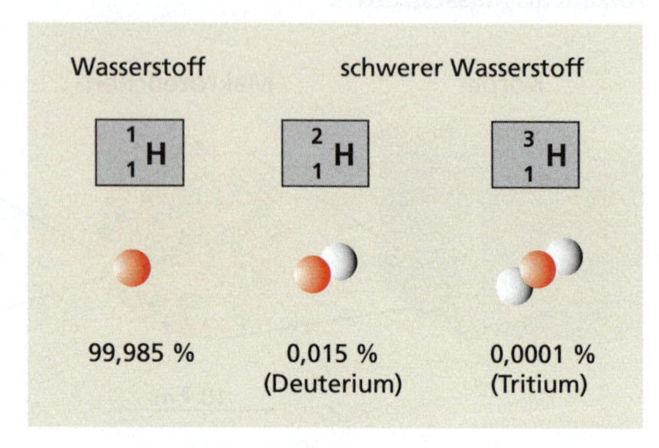

3 Isotope des Wasserstoffs

Mosaik

Entwicklung der Vorstellungen vom Aufbau des Atoms

Bereits in der Antike gab es Vorstellungen darüber, dass die Stoffe aus sehr kleinen Teilchen bestehen könnten. Ein Vertreter dieser Auffassung war der griechische Philosoph DEMOKRIT (5. Jh. v. Chr.).
Erst im 17. und 18. Jahrhundert wurden mit der Entwicklung der Wärmelehre und der Elektrizitätslehre diese Ideen wieder aufgegriffen, ohne dass die Existenz von Teilchen nachgewiesen werden konnte. Dies gelang erst zu Beginn des 20. Jahrhunderts.
1827 beobachtete der Biologe ROBERT BROWN (1773–1858) unter dem Mikroskop eine unruhige Bewegung von Blütenstaubkörnchen. Diese Bewegung konnte 1905 von ALBERT EINSTEIN (1879–1955) mit dem Teilchenaufbau erklärt werden. Bereits vorher hatten viele Physiker mit Katodenstrahlen experimentiert und festgestellt, dass sich diese Strahlen in elektrischen und magnetischen Feldern ablenken lassen. Der deutsche Physiker WIECHERT und der englische Physiker THOMSON fanden unabhängig voneinander, dass Katodenstrahlen aus sehr kleinen Teilchen mit negativer Ladung bestehen müssten; 1897 wurde von FITZGERALD die Bezeichnung **Elektron** für diese Teilchen eingeführt.
Die Katodenstrahlen erwiesen sich als schnell bewegte Elektronen, als Elektronenstrahlen.
Zwei andere bedeutende Entdeckungen führten immer stärker zu der Frage nach den elementaren Bausteinen der Stoffe: 1895 fand WILHELM CONRAD RÖNTGEN (1845–1923) die nach ihm benannten Röntgenstrahlen.
1898 entdeckten MARIE und PIERRE CURIE die Eigenschaft verschiedener Stoffe, eine bestimmte Strahlung auszusenden, die wir heute als radioaktive Strahlung kennen. Beide Arten von Strahlungen kommen durch Vorgänge im atomaren Bereich zustande.

Um 1900 wurden die ersten Atommodelle entwickelt z.B. das „Rosinenmodell“: Das kugelförmige Atom sollte aus einer positiven elektrischen „Flüssigkeit“ bestehen, in die ähnlich wie bei einem Rosinenkuchen die negativ geladenen Elektronen eingebettet sind.
Damit konnte man erklären, dass ein Atom elektrisch neutral ist, die Entstehung von Röntgenstrahlung oder radioaktiver Strahlung blieb aber ungeklärt.

1909/1910 führte ERNEST RUTHERFORD mit seinen Mitarbeitern Versuche zum Durchgang von α-Strahlung durch dünne Metallfolien durch. Nur ein geringer Teil der Strahlung wurde reflektiert, der größte Teil ging durch die Folie hindurch.

Daraus zog RUTHERFORD den Schluss, dass der größte Teil des Atoms leer ist. Er entwickelte ein Modell, das dem Aufbau des Planetensystems ähnelt: Um einen positiv geladenen Kern, in dem die Masse des Atoms konzentriert ist, kreisen Elektronen auf elliptischen Bahnen (Abb. oben). Mit diesem Modell konnte man die Masse- und Ladungsverteilung im Atom richtig beschreiben. Die Stabilität der Atome konnte damit allerdings nicht erklärt werden.

Dies versuchte NIELS BOHR mit einem anderen Modell: Die Elektronen bewegen sich auf bestimmten Bahnen um den Atomkern (Abb. unten). Wenn Energie zugeführt wird, können Elektronen auf eine kernfernere Bahn springen, beim Zurückspringen wird diese Energie wieder frei. Auch die Vorstellungen vom Aufbau des Atomkerns veränderten sich. Mit dem Nachweis des Neutrons im Jahre 1932 wurden Vermutungen über die Zusammensetzung des Atomkerns aus Protonen und Neutronen bestätigt. Das bohrsche Atommodell ermöglicht es, den Atomradius abzuschätzen und das Spektrum des Wasserstoffs zu erklären. Es versagte aber bei anderen Elementen. Neuere Atommodelle lassen sich nur noch mit mathematischen Mitteln beschreiben. Das gilt insbesondere für das quantenmechanische Atommodell.

Der Spontanzerfall – eine natürliche Kernumwandlung

1896 entdeckte der französische Physiker Henri Becquerel (1852–1908), dass Uransalz eine unsichtbare Strahlung aussendet, die Fotoplatten schwärzte. Wenig später fanden die aus Polen stammende Marie Curie (1867–1934) und ihr Mann Pierre Curie (1859–1906) die stark strahlenden Elemente Polonium und Radium.

Genauere Untersuchungen ergaben, dass eine Reihe von Nukliden nicht stabil ist, sondern sich verändert und dabei radioaktive Strahlung aussendet. Solche Nuklide bezeichnet man als **radioaktive** Nuklide oder kurz als **Radionuklide.**

> **Radioaktive Nuklide wandeln sich völlig spontan unter Aussendung von α-, β- oder γ-Strahlung um.**

Eine Übersicht über die Strahlungsarten ist unten angegeben. Dazu sind Beispiele für Kernumwandlungen genannt, bei denen die drei verschiedenen Strahlungsarten entstehen.

Dabei ändern sich zumeist auch die Atomkerne. So gibt z. B. das Radionuklid Caesium-137 β-Strahlung ab. Dabei entsteht ein Barium-Kern.

1 Spuren radioaktiver Strahlung

Diesen Spontanzerfall kann man als Kernreaktion ähnlich einer chemischen Reaktion schreiben: ${}^{137}_{55}\mathrm{Cs} \rightarrow {}^{137}_{56}\mathrm{Ba} + {}^{0}_{-1}\mathrm{e}$. Die Summe der Massenzahlen und der Kernladungszahlen ist links und rechts stets gleich groß.

Da es radioaktive Nuklide sind, die in der Natur vorkommen, bezeichnet man die Erscheinung der spontanen Umwandlung der entsprechenden Atomkerne als **natürliche Radioaktivität.**

Die entstehenden Folgekerne sind meist wieder radioaktiv, sodass in der Natur ganze **Zerfallsreihen** existieren. Aus dem Uranisotop ${}^{238}_{92}\mathrm{U}$ entsteht z. B. nach zahlreichen Umwandlungen das Bleiisotop ${}^{206}_{82}\mathrm{Pb}$ (Abb. 1, S. 447). Auch bei anderen Stoffen, z. B. Thorium oder Neptunium, existieren solche Zerfallsreihen.

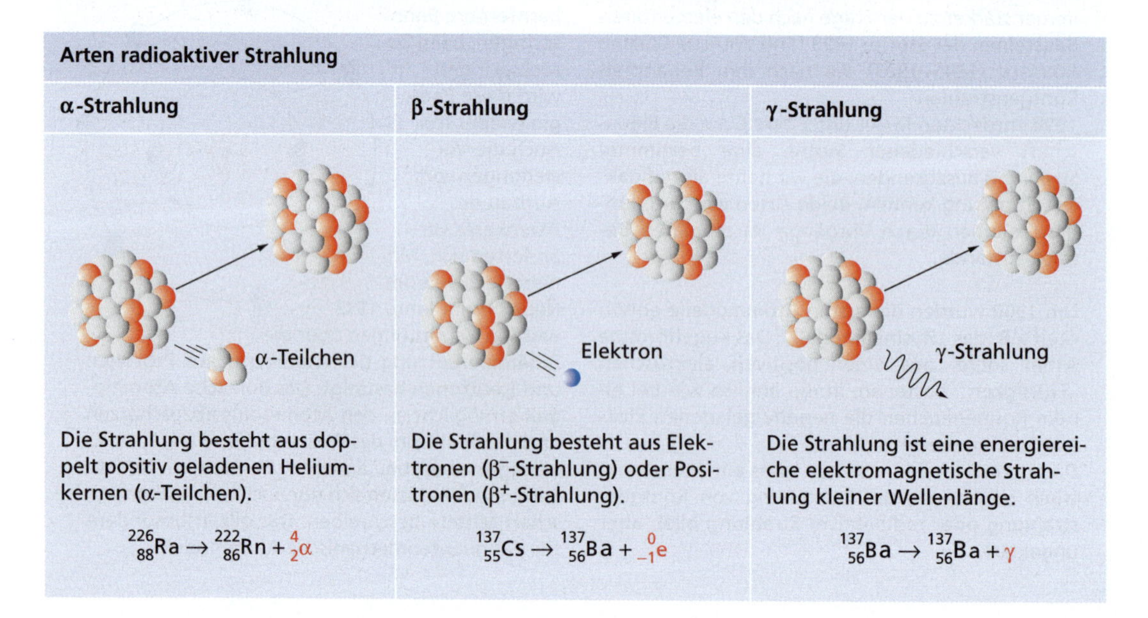

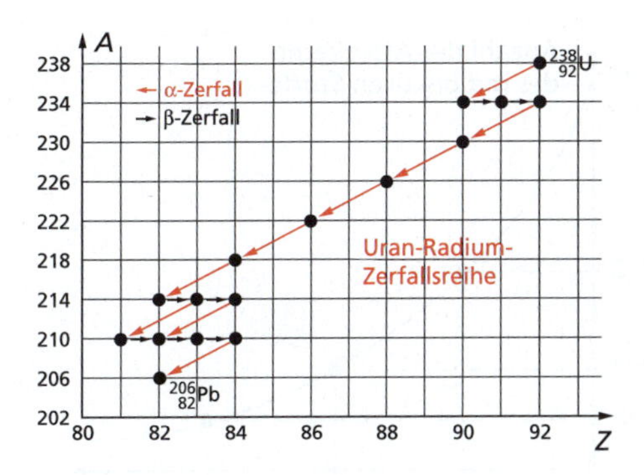

1 Zerfallsreihe von Uran-238: Im Laufe von Millionen Jahren entsteht stabiles Blei.

Von den 91 in der Natur vorkommenden Elementen sind ca. 300 Nuklide bekannt, von denen wiederum ca. 50 radioaktiv sind, also sich völlig spontan unter Aussendung von α-, β- oder γ-Strahlung in andere Kerne umwandeln.
Es ist auch möglich, radioaktive Nuklide künstlich herzustellen, z. B. durch Bestrahlung mit verschiedenen Teilchen (Neutronen, Elektronen, Protonen). Die Erscheinung, dass künstlich hergestellte Nuklide radioaktiv sein können, wird als **künstliche Radioaktivität** bezeichnet.
Bis heute ist es gelungen, zusätzlich zu den etwa 50 in der Natur vorkommenden radioaktiven Nukliden weitere 2 400 Nuklide künstlich zu erzeugen. Eine Reihe von ihnen wird für spezielle Anwendungen in der Medizin und in der Technik genutzt. So verwendet man z. B. Iod-123 oder Technetium-99 zur Untersuchung der Funktion der menschlichen Schilddrüse.

Einige radioaktive Nuklide

Nuklid	Art der Strahlung
Caesium-137	β^-, γ
Cobalt-60	β^-, γ
Iod-131	β^-
Kohlenstoff-14	β^-
Natrium-22	β^+, γ
Plutonium-239	α
Radium-226	α
Uran-235	α
Uran-238	α

Mosaik

Entdeckung der natürlichen Radioaktivität

In den neunziger Jahren des 19. Jahrhunderts beschäftigten sich viele Physiker mit Untersuchungen zu verschiedenen Strahlungen. Die Untersuchungen von „Katodenstrahlen" führten zur Entdeckung des Elektrons. W. C. RÖNTGEN entdeckte 1895 die Röntgenstrahlen.
Auch der französische Physiker HENRI BECQUEREL (1852–1908) beschäftigte sich mit den verschiedenen Strahlungen und experimentierte u. a. mit Uransalzen. Dabei zeigte sich, dass in der Nähe des Uransalzes liegende Fotoplatten geschwärzt waren.
Systematische Untersuchungen führten 1896 zu der Erkenntnis, dass von Uransalz eine neue, bisher unbekannte Strahlung ausging, die nach ihrem Entdecker zunächst als BECQUEREL-Strahlung bezeichnet wurde und später den Namen „radioaktive Strahlung" erhielt.
Intensiv beschäftigten sich die in Polen geborene MARIE CURIE (1867–1934) und ihr Mann, der Franzose PIERRE CURIE (1859–1906), mit der neuen Strahlung. Mit unglaublich primitiven Mitteln arbeiteten sie Tonnen Uranpechblende auf und entdeckten in Uranpechblende ein neues, stark strahlendes Element, das zu Ehren des Geburtslandes von M. CURIE als Polonium bezeichnet wurde. Im gleichen Jahr entdeckten sie ein weiteres Element, das eine intensive Strahlung aussandte. Es erhielt den Namen Radium („das Strahlende"). 1903 bekamen MARIE und PIERRE CURIE gemeinsam mit HENRI BECQUEREL für die Entdeckung der Radioaktivität den Nobelpreis für Physik. PIERRE CURIE verunglückte 1906 bei einem Verkehrsunfall tödlich. Seine Frau führte die Forschungen weiter.

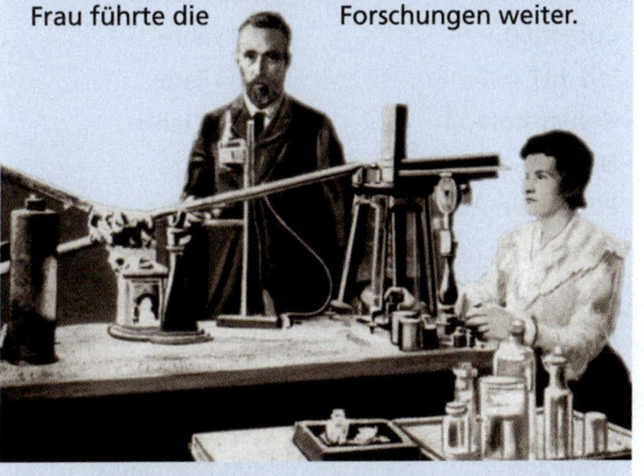

2 MARIE und PIERRE CURIE im Labor (um 1900)

Gesetz des Kernzerfalls

Ist zu einem gegebenen Zeitpunkt eine Anzahl N von Atomen eines radioaktiven Nuklids vorhanden, so wandelt sich in einer bestimmten Zeit die Hälfte der Atomkerne um (Abb. 1). Diese Zeit wird als **Halbwertszeit** bezeichnet.

Die Halbwertszeit gibt an, in welcher Zeit sich jeweils die Hälfte der vorhandenen instabilen Atomkerne umwandelt.

Formelzeichen: t_H oder $T_{1/2}$
Einheit: 1 Sekunde (1 s)

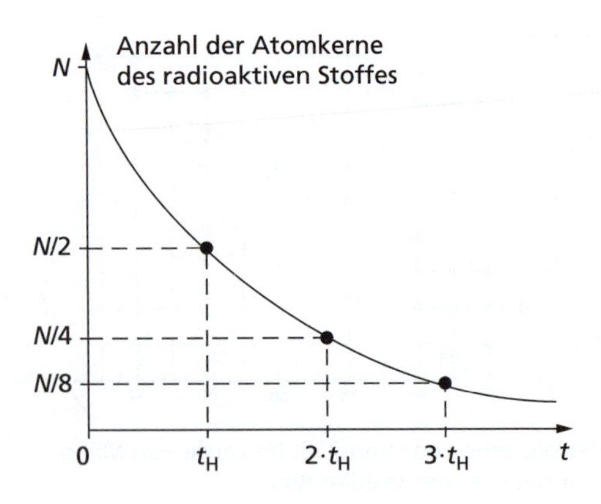

1 Gesetz des Kernzerfalls

So hat z. B. Caesium-137 eine Halbwertszeit von 30 Jahren. Das bedeutet: In 30 Jahren ist bei einer bestimmten Menge Caesium-137 die Hälfte aller Caesium-Kerne umgewandelt, in weiteren 30 Jahren ist es wiederum die Hälfte der dann noch vorhandenen Caesium-Kerne. Damit sind nach 60 Jahren 3/4 der ursprünglich vorhandenen Atomkerne umgewandelt. Die Halbwertszeiten liegen bei radioaktiven Nukliden zwischen Bruchteilen von Sekunden und einigen Milliarden Jahren (s. Übersicht unten). Das Zerfallsgesetz (Abb. 1) ist im Unterschied zu vielen anderen Gesetzen der Physik ein **statistisches Gesetz.**

Halbwertszeit einiger Nuklide

Nuklid	Halbwertszeit
Caesium-137	30,17 Jahre
Cobalt-60	5,3 Jahre
Iod-131	8,04 Tage
Kohlenstoff-14	5 730 Jahre
Natrium-22	2,6 Jahre
Plutonium-238	87,7 Jahre
Plutonium-239	24 390 Jahre
Polonium-210	138,4 Tage
Polonium-216	0,15 Sekunden
Radium-226	1 600 Jahre
Radon-220	55,6 Sekunden
Uran-235	700 Mio. Jahre
Uran-238	4,5 Mrd. Jahre

Das bedeutet: Das Gesetz macht nur eine Aussage über die Gesamtheit der Atomkerne. Von den insgesamt vorhandenen instabilen Atomkernen wandelt sich in der Halbwertszeit die Hälfte um. Damit ist aber keine Aussage darüber möglich, ob sich in dieser Zeit ein bestimmter Atomkern umwandelt oder nicht.

Dynamische und statistische Gesetze

Physikalische Gesetze sind allgemeine und wesentliche Zusammenhänge, die unter bestimmten Bedingungen stets wirken. Diese Bedingungen nennt man auch Gültigkeitsbedingungen. Unterscheiden kann man zwischen dynamischen und statistischen Gesetzen.

Ein **dynamisches Gesetz** gibt an, wie sich ein einzelnes Objekt unter den gegebenen Bedingungen verhält. Ein Beispiel für ein solches Gesetz ist das newtonsche Grundgesetz $F = m \cdot a$. Kennt man die Masse eines Körpers und die auf ihn einwirkende Kraft, so kann man die Beschleunigung eindeutig vorhersagen.
Ein **statistisches Gesetz** wie das Zerfallsgesetz trifft dagegen keine Aussage zum Verhalten eines einzelnen Objektes, z. B. eines bestimmten Atomkerns, sondern nur über die Gesamtheit der Objekte. Wenn z. B. ursprünglich 1 Mio. Atomkerne vorhanden sind, dann kann man sagen, dass sich während einer Halbwertszeit ca. 500 000 Kerne umwandeln. Welche es aber sind, kann man nicht vorhersagen. Statistische Gesetze sind immer mit Wahrscheinlichkeitsaussagen verbunden.

Radioaktive Strahlung und ihre Eigenschaften

Radioaktive Strahlung besitzt Energie. Dadurch können Gase ionisiert, Filme geschwärzt und Zellen geschädigt werden.
Ohne Beeinflussung breitet sich radioaktive Strahlung geradlinig nach allen Seiten aus. Die **Reichweite** der verschiedenen Strahlungsarten ist in Luft sehr unterschiedlich. Bei α-Strahlung beträgt sie 4–6 cm, bei β-Strahlung einige Meter. γ-Strahlung breitet sich auch über größere Entfernungen aus.

Sehr unterschiedlich ist die **Durchdringungsfähigkeit** radioaktiver Strahlung (Abb. 1). Sie ist abhängig
- von der Art der Strahlung,
- von der Intensität der Strahlung,
- von der Art des durchstrahlten Stoffes,
- von der Dicke des durchstrahlten Stoffes.

Unmittelbar damit hängt zusammen, wie radioaktive Strahlung von verschiedenen Stoffen absorbiert (aufgenommen) wird. Das **Absorptionsvermögen** eines Stoffes hängt von dem Stoff selbst, von seiner Dicke sowie von der Art der Strahlung ab (Abb. 1).
In elektrischen und magnetischen Feldern wird α- und β-Strahlung abgelenkt, γ-Strahlung dagegen nicht (Abb. 2, 3). Umgekehrt kann man aus der Richtung und der Stärke der Ablenkung auf die Art der Strahlung schließen.

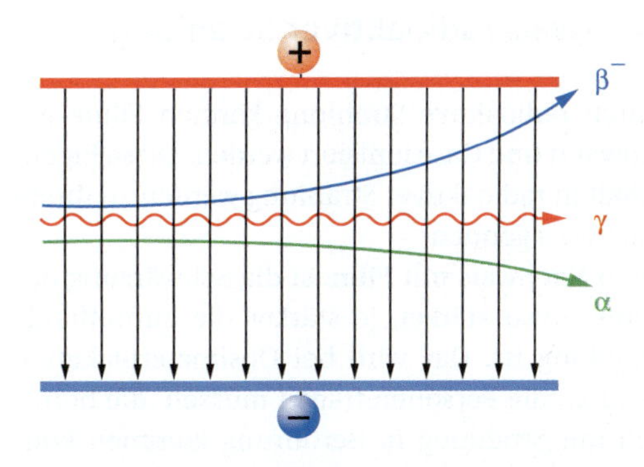

2 Radioaktive Strahlung im elektrischen Feld: γ-Strahlung wird nicht abgelenkt.

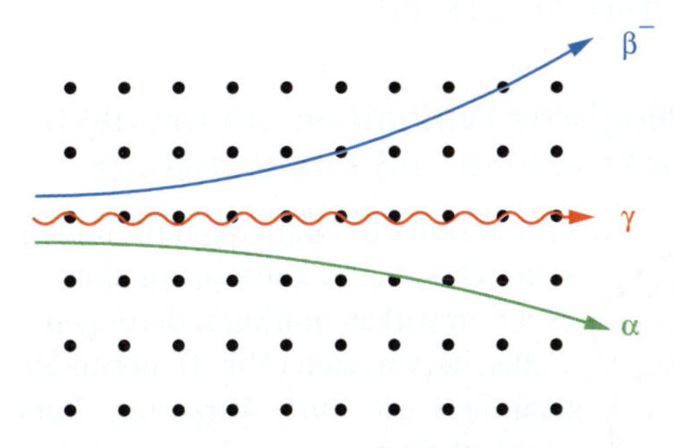

3 Radioaktive Strahlung im Magnetfeld: Die Richtung der Ablenkung ergibt sich aus der Rechte-Hand-Regel (s. S. 374).

Radioaktive Strahlung besitzt Energie. Sie wird von Stoffen unterschiedlich absorbiert. α- und β-Strahlung kann durch elektrische und magnetische Felder abgelenkt werden.

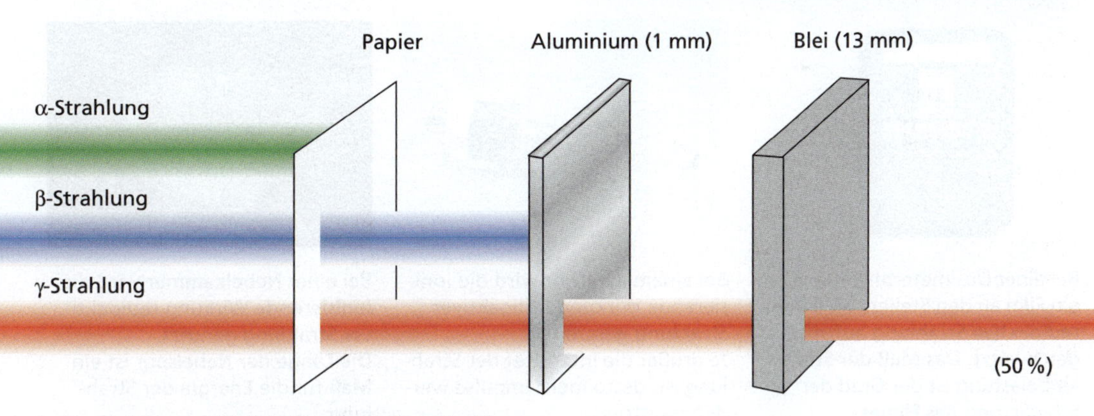

1 Durchdringungsfähigkeit radioaktiver Strahlung

Nachweis radioaktiver Strahlung

Durch radioaktive Strahlung können Filme geschwärzt und Gase ionisiert werden. Diese Eigenschaften radioaktiver Strahlung werden zu ihrem Nachweis genutzt.
Beim **Nachweis mit Film** ist die Schwärzung des Films umso stärker, je stärker die auftreffende Strahlung ist. Das wird bei Dosimeterplaketten genutzt, die Personen tragen müssen, die beruflich mit Strahlung in Berührung kommen können (s. Übersicht unten). Weitere Möglichkeiten des Nachweises radioaktiver Strahlung sind das **Zählrohr** (s. Übersicht) und die **Nebelkammer** (s. Übersicht und S. 452).

Biologische Wirkungen der radioaktiven Strahlung und Strahlenschutz

Trifft radioaktive Strahlung auf organisches Gewebe, so kann sie auf das Gewebe einwirken und Veränderungen in Zellen hervorrufen (Abb. 1). Besonders gefährlich ist eine kurzzeitig hohe Strahlenbelastung.
Sie kann zu unmittelbaren Schädigungen des betreffenden Lebewesens führen (somatische Schäden) oder sich auch erst bei den Nachkommen auswirken (genetische Schäden).

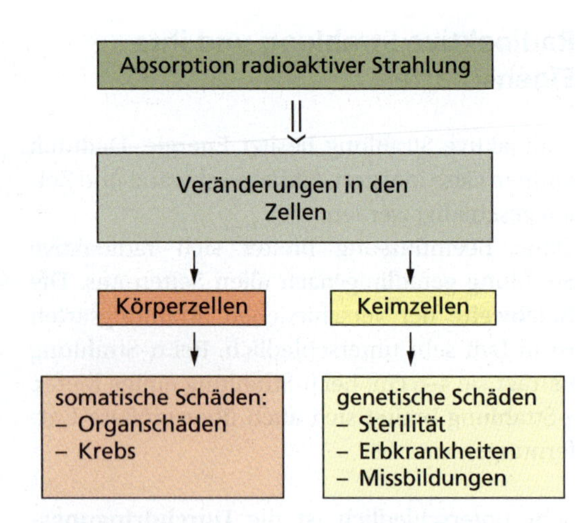

1 Biologische Wirkungen radioaktiver Strahlung

Die biologischen Wirkungen auf einen Körper hängen u. a. davon ab,
- wie viel Strahlung der Körper aufnimmt (absorbiert),
- welche Art der Strahlung wirksam wird,
- welche Körperteile bestrahlt werden.

Akut kann es bei Bestrahlung mit einer hohen Dosis zur **Strahlenkrankheit** kommen. Spätschäden durch Zellveränderungen treten häufig erst nach Jahren auf. Hierzu zählen z. B. Erkrankungen der blutbildenden Organe (Leukämie), der Haut und der Augen.

Nachweismöglichkeiten radioaktiver Strahlung

Fotografische Schicht	Zählrohr	Nebelkammer
	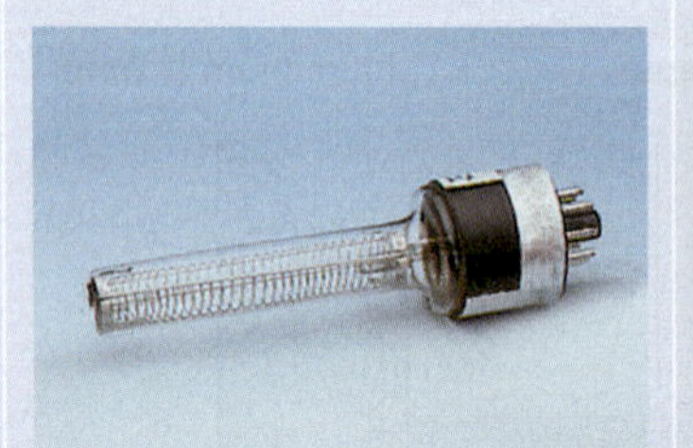	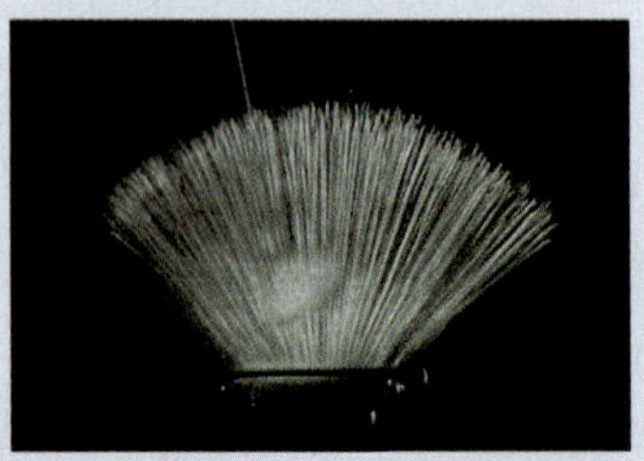
Bei einer Dosimeterplakette wird ein Film an den Stellen, an denen radioaktive Strahlung auftrifft, geschwärzt. Das Maß der Strahlenbelastung ist der Grad der Schwärzung des Filmes.	Bei einem Zählrohr wird die ionisierende Wirkung radioaktiver Strahlung genutzt. Je größer die Intensität der Strahlung ist, desto mehr Impulse werden registriert.	Bei einer Nebelkammer wird die ionisierende Wirkung radioaktiver Strahlung genutzt. Die Länge der Nebelspur ist ein Maß für die Energie der Strahlung.

Mosaik

Der Schutz vor radioaktiver Strahlung

Die biologische Wirkung radioaktiver Strahlung wird durch die physikalische Größe **Äquivalentdosis** charakterisiert. Die Äquivalentdosis kennzeichnet die von einem Körper aufgenommene Energie der Strahlung unter Berücksichtigung biologischer Wirkungen. Sie wird in der Einheit ein Sievert (1 Sv) gemessen, wobei gilt: 1 Sv = 1 J/kg

Eine Gesamtbelastung von 4 mSv je Jahr bedeutet dann für einen Menschen, dass er durch radioaktive Strahlung eine Energie von 4 mJ je Kilogramm Körpergewicht aufnimmt. Nach den gegenwärtigen Erkenntnissen treten bei einer kurzzeitigen Strahlenbelastung ab 250 mSv bereits Schäden auf, eine Belastung von 7 000 mSv ist tödlich.
Für Menschen, die beruflich radioaktiver Strahlung ausgesetzt sind, gilt z. Z. ein Grenzwert von 50 mSv je Jahr. Werte für die durchschnittliche Strahlenbelastung in Deutschland sind in der Tabelle unten angegeben.
Wegen möglicher Schäden durch radioaktive Strahlung gilt als Grundregel:

Die Strahlung, der man sich aussetzt, sollte so gering wie möglich sein.

Dabei muss man beachten, dass schon allein die natürliche Strahlung aufgrund der geologischen Besonderheiten (z. B. Gebiete mit Uranvorkommen, Gebirge) sehr unterschiedlich ist.
Diese **terrestrische** Strahlung beträgt in Mecklenburg-Vorpommern ca. 0,15 mSv/a, im Harz etwa 1 mSv/a und im Bayrischen Wald ca. 1,5 mSv/a.
In einzelnen Gebieten des Iran werden 450 mSv/a erreicht. Erheblichen Anteil an der Strahlenbelastung hat das Gas Radon, das wir mit der Luft einatmen.

Das Eintreten von Strahlenschäden ist vor allem abhängig von der Art der Strahlung, der Energie (Intensität) der Strahlung, der Dauer der Einwirkung und der Empfindlichkeit der bestrahlten Organe.
Besonders empfindlich sind das Knochenmark, die Lymphknoten und die Keimzellen.

Achtung! Radioaktive Strahlung

Die wichtigsten **Maßnahmen zum Schutz** vor radioaktiver Strahlung sind:
- Von Quellen radioaktiver Strahlung ist ein möglichst großer Abstand zu halten.
- Strahlungsquellen sind möglichst vollständig abzuschirmen, z. B. mit Blei.
- Mit radioaktiven Quellen sollte nur kurzzeitig experimentiert werden.
- Radioaktive Substanzen dürfen nicht in den Körper gelangen. Beim Umgang mit solchen Substanzen sind Essen und Trinken verboten.

Personen, die beruflich mit radioaktiver Strahlung in Berührung kommen, müssen eine Dosimeterplakette (s. S. 450) tragen, durch die radioaktive Strahlung registriert wird. Diese Plaketten werden regelmäßig kontrolliert.
Die Einhaltung aller Schutzmaßnahmen ist erforderlich, weil wir kein Sinnesorgan für radioaktive Strahlung haben, also nicht merken, ob wir radioaktiver Strahlung ausgesetzt sind. Deshalb werden auch regelmäßig Messungen durchgeführt.

Mittlere Strahlenbelastung in der Bundesrepublik Deutschland im Jahr

Art der Strahlung	Äquivalentdosis
von der Umgebung (Erde) ausgehende **terrestrische** Strahlung	0,4 mSv/Jahr
kosmische Strahlung	0,3 mSv/Jahr
Strahlung durch die aufgenommene Nahrung/Luft	1,7 mSv/Jahr
Medizinische Anwendungen einschließlich Röntgenuntersuchungen	1,5 mSv/Jahr
Strahlung durch Kernkraftwerke, Kernwaffenversuche	0,01 mSv/Jahr
Strahlung durch Bildschirm des Fernsehapparates und des Computers	0,02 mSv/Jahr
Gesamtbelastung	≈ 4 mSv/Jahr

Physik in Natur und Technik

Das Geiger-Müller-Zählrohr

1928 entwickelten die deutschen Physiker HANS GEIGER (1882–1945) und WALTHER MÜLLER (1905–1979) ein Zählrohr (Abb. 1), mit dem man nicht nur das Vorhandensein von radioaktiver Strahlung, sondern auch ihre Intensität ermitteln kann. Heute gibt es solche Zählrohre in den verschiedensten Bauformen.
Beschreibe den Aufbau und erkläre die Wirkungsweise eines GEIGER-MÜLLER-Zählrohrs!

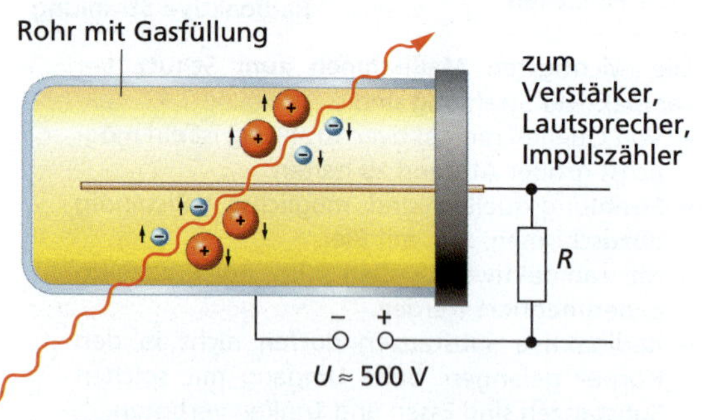

1 GEIGER-MÜLLER-Zählrohr

Ein Zählrohr dient dem Nachweis radioaktiver Strahlung. Es besteht aus einem gasgefüllten Rohr mit einer dünnen Rohrwandung, die von radioaktiver Strahlung durchdrungen werden kann. Im Rohr befinden sich eine stabförmige Elektrode in der Mitte und eine meist spiralförmige Elektrode in der Nähe der Wandung (siehe Abb. S. 450 unten). Zwischen den beiden Elektroden wird eine Spannung von etwa 500 V angelegt.

Fällt radioaktive Strahlung auf das Zählrohr, so wird das im Rohr befindliche Gas ionisiert, d.h. es werden Elektronen abgespalten. Es kommt zur Stoßionisation und damit zu einem kurzzeitigen Stromfluss im Zählerstromkreis. Die dadurch am Widerstand auftretende Spannungsänderung wird verstärkt. In einem Lautsprecher ist sie als Knacken hörbar, mit einem Zähler kann die Intensität der Strahlung als Impulse je Minute registriert werden.

Der Nulleffekt

Wenn z. B. im Klassenraum ein Zählrohr in Betrieb genommen wird, kann man eine merkwürdige Erscheinung beobachten. Mit dem Zählrohr wird radioaktive Strahlung registriert, obwohl sich kein radioaktives Präparat in der Nähe befindet. Die Intensität dieser überall in unserer Umgebung ständig vorhandenen radioaktiven Strahlung bezeichnet man als **Nulleffekt.**
Wie ist der Nulleffekt zu erklären?

Der Nulleffekt zeigt, dass überall eine schwache radioaktive Strahlung vorhanden ist. Die Ursachen dafür sind sehr unterschiedlich.
In unserer Umgebung, z. B. in der Erde, in Felsen, in Baumaterialien oder in Luft, sind natürliche radioaktive Stoffe vorhanden, die radioaktive Strahlung abgeben.
Auch der menschliche Körper gibt Strahlung ab. Diese wird durch die radioaktiven Nuklide hervorgerufen, die wir mit der Nahrung, dem Trinkwasser und der Luft aufnehmen.
In unserem Körper finden in jeder Sekunde etwa 9 000 Kernumwandlungen statt. Hinzu kommen geringe Dosen von Strahlung durch Kernwaffenversuche und Reaktorunfälle, durch den Einsatz schwach radioaktiver Stoffe in der Technik (z. B. Leuchtziffernblatt bei alten Uhren) und durch Abstrahlung bei technischen Geräten (Fernsehgerät, Computerbildschirm) sowie durch kosmische Strahlung.
Bei genaueren Messungen muss dieser Nulleffekt beachtet werden. Dazu wird er zunächst bestimmt und dann von den anderen Messwerten subtrahiert.

Altersbestimmung mit Kohlenstoff

Bei archäologischen Funden, z. B. den Resten von Bauwerken, Mumien oder Gebrauchsgegenständen, möchte man wissen, wie alt die Funde tatsächlich sind.
Wie kann man das Alter archäologischer Funde ermitteln? Wie genau sind solche Methoden der Altersbestimmung?

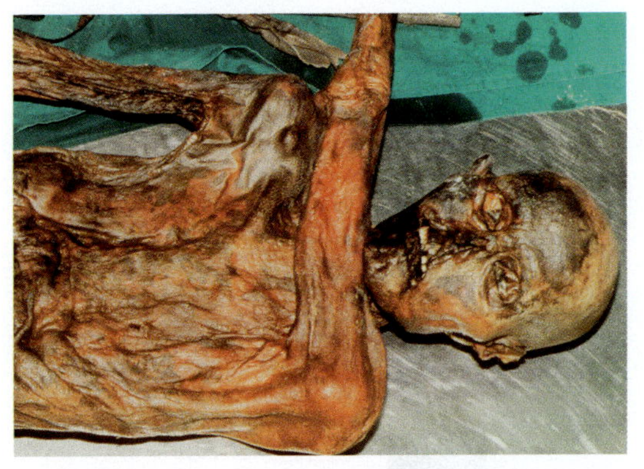

1 Die Bestimmung des Alters archäologischer Funde kann mit der C-14-Methode erfolgen.

Eine solche Altersbestimmung kann, wenn es sich um organische Überreste handelt, mit der **C-14-Methode** durchgeführt werden. Diese Methode wurde 1948 von dem amerikanischen Physiker WILLARD FRANK LIBBY (1908–1980) entwickelt

Das radioaktive Kohlenstoffisotop C-14 entsteht in der Luft durch Kernumwandlung von Stickstoff infolge des ständigen „Beschusses" der Atmosphäre mit Neutronen der Höhenstrahlung.

Dieser Prozess geht seit Jahrtausenden vor sich. Damit war und ist der Anteil an C-14-Isotopen in der Atmosphäre weitgehend konstant.

Nun nehmen alle Pflanzen bei der Assimilation das radioaktive C-14 und das nicht radioaktive C-12 auf. Pflanzen werden von Tieren gefressen. Menschen essen pflanzliche und tierische Produkte. In allen Lebewesen gibt es dadurch ein festes Verhältnis von C-14 und C-12.

Mit dem Tod eines Lebewesens oder einer Pflanze hört die Aufnahme von Kohlenstoff auf. Der Anteil an C-14 nimmt mit einer Halbwertszeit von 5 730 Jahren ab. Aus dem Mengenverhältnis von C-14 und C-12 im Fund kann auf das Alter des Fundes geschlossen werden.

Beträgt z. B. der C-14-Anteil nur noch 50 % des heutigen Anteils, so kann man folgern: Seit Beendigung der Kohlenstoffaufnahme ist eine Halbwertszeit vergangen, also 5 730 Jahre.

Wie jede Messmethode ist auch die C-14-Methode mit Fehlern behaftet. Man geht von einem durchschnittlichem Fehler von ±200 Jahren aus.

Radioaktive Nuklide in Medizin, Technik und Biologie

Die von radioaktiven Nukliden ausgehende Strahlung kann aufgrund ihrer Eigenschaften in verschiedenen Bereichen von Medizin und Technik genutzt werden.

Wie kann man radioaktive Nuklide herstellen?
Welche grundsätzlichen Anwendungsmöglichkeiten gibt es für radioaktive Nuklide?

Radioaktive Nuklide kann man heute im Labor künstlich herstellen. Dazu „beschießt" man stabile Atomkerne mit Teilchen (Protonen, Neutronen, α-Teilchen) oder anderen Atomkernen, die aus einem Teilchenbeschleuniger stammen. Gelingt ein Treffer, so tritt in dem beschossenen Kern eine Kernumwandlung auf. Viele der so entstehenden Kerne sind instabil und senden bei ihrer Umwandlung radioaktive Strahlung aus (Abb. 2). Darüber hinaus werden manchmal noch Neutronen freigesetzt. Die künstlich hergestellten radioaktiven Nuklide werden ebenso wie die in der Natur vorkommenden radioaktiven Nuklide auch als Radionuklide bezeichnet. Einige für die Medizin und die Technik wichtige Radionuklide sind in den Übersichten auf S. 447 und 448 angegeben.

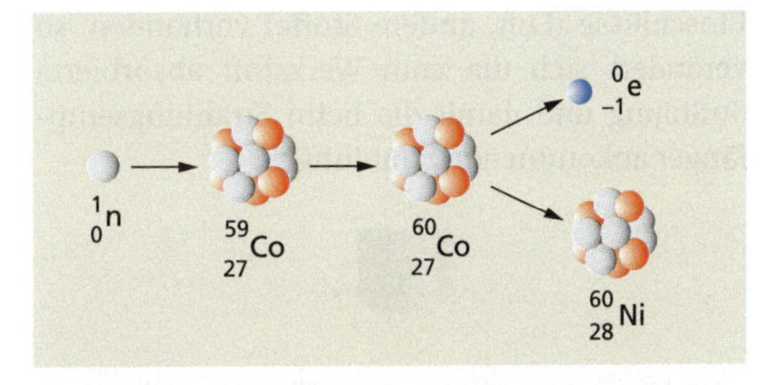

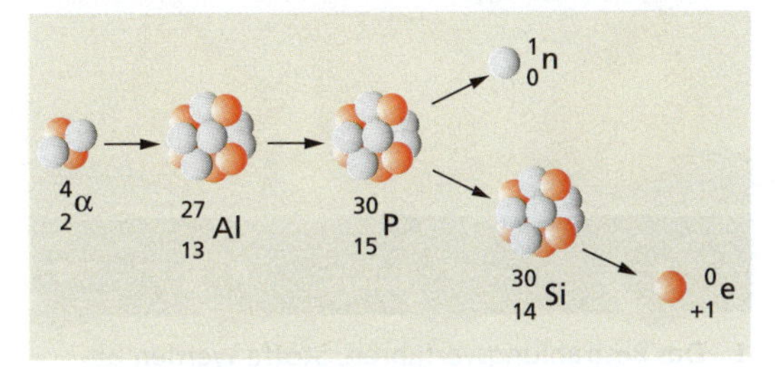

2 Einige Kernumwandlungen

Bei den Anwendungen radioaktiver Nuklide nutzt man die verschiedenen Eigenschaften radioaktiver Strahlung aus.
Wichtige Verfahren sind das Bestrahlungsverfahren, das Durchstrahlungsverfahren und das Markierungsverfahren. Das sind drei Verfahren, die man in den unterschiedlichsten Bereichen der Technik und der Medizin nutzen kann.

Beim **Bestrahlungsverfahren** (Abb. 1) wird die Eigenschaft radioaktiver Strahlung genutzt, in Stoffen chemische, biologische oder physikalische Veränderungen hervorzurufen. Durch Bestrahlung wird bei Zwiebeln oder bei Kartoffeln die Keimbildung verhindert und damit die Lagerfähigkeit verbessert.
Das Bestrahlungsverfahren wird in der Medizin z. B. bei der Tumorbehandlung angewendet, um Krebszellen abzutöten. Da man früher meist Cobalt-60 als Strahler nutzte, wurden die betreffenden Geräte als Cobaltkanonen bezeichnet.
In der Technik lässt sich durch radioaktive Bestrahlung die Reißfestigkeit dünner Folien wesentlich verbessern.

Beim **Durchstrahlungsverfahren** (Abb. 2) wird die Eigenschaft der Durchdringungsfähigkeit von Stoffen und der Absorption in Stoffen genutzt. Wird z. B. ein Werkstück durchstrahlt und sind Einschlüsse (Luft, andere Stoffe) vorhanden, so verändert sich die vom Werkstoff absorbierte Strahlung und damit die beim Strahlungsempfänger ankommende Strahlung.

1 Das Bestrahlungsverfahren: Stoffe werden bestrahlt und damit verändert.

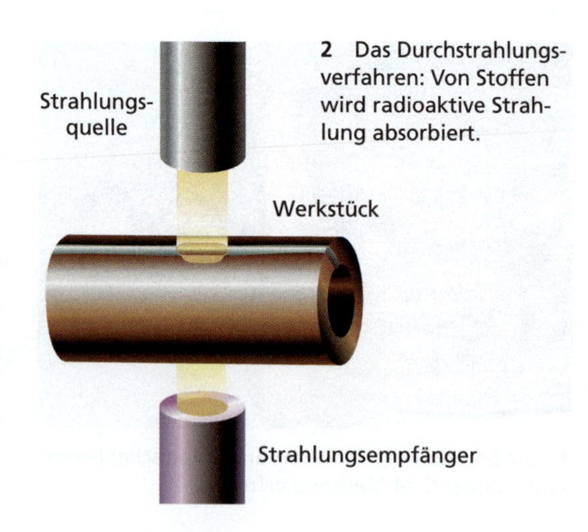

2 Das Durchstrahlungsverfahren: Von Stoffen wird radioaktive Strahlung absorbiert.

Das Durchstrahlungsverfahren kann z. B. genutzt werden, um die Qualität von Schweißnähten zu prüfen oder um die Schichtdicke bei der Papier- und Folienherstellung ständig zu überwachen.

Beim **Markierungsverfahren** (Abb. 3) werden Radionuklide dazu genutzt, um den Weg von Stoffen im menschlichen Körper, bei Pflanzen und Tieren, in Rohrleitungen oder im Erdboden zu verfolgen. Um z. B. die Schilddrüse zu untersuchen, wird radioaktives Iod injiziert. Iod reichert sich in der Schilddrüse an. Mit einem speziellen Zähler wird die von der Schilddrüse ausgehende Strahlung registriert und mithilfe von Computern ausgewertet. Damit können mögliche krankhafte Veränderungen festgestellt werden.

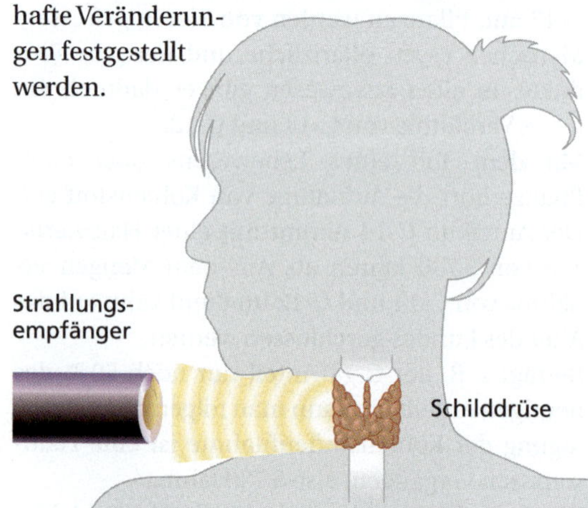

3 Das Markierungsverfahren: Der Weg radioaktiver Nuklide bzw. ihre Anreicherung wird verfolgt.

gewusst · gekonnt

1. Beschreibe den Aufbau eines Heliumatoms, eines Kohlenstoffatoms und eines Eisenatoms!

2. Stelle in einer Tabelle die Anzahl der Protonen, der Neutronen und der Elektronen unter der Annahme neutraler Atome zusammen:

$^{1}_{1}H,\ ^{12}_{6}C,\ ^{14}_{6}C,\ ^{60}_{27}Co,\ ^{137}_{55}Cs,\ ^{235}_{92}U,\ ^{238}_{92}U$

3. Dem Engländer JAMES CHADWICK gelang 1932 der Nachweis von Neutronen. Er beschoss Beryllium-9 mit α-Teilchen (s. Abb.).

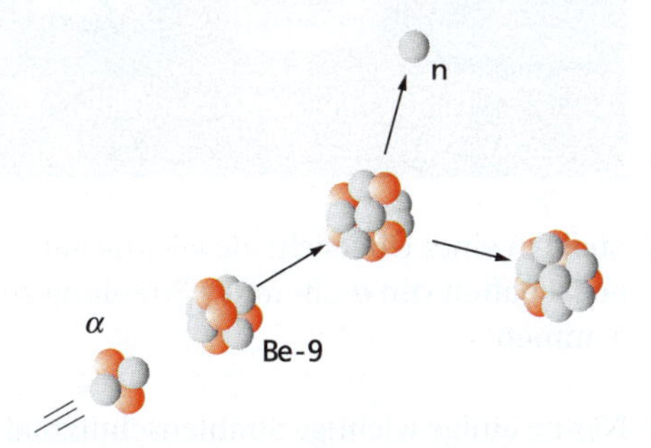

Stelle für diesen Prozess die Reaktionsgleichung auf!

***4.** Bei einem Barium-137-Präparat wurde mit einem Zählrohr in 30 s eine Zählrate von 2 070 Impulsen gemessen.
Nach jeweils zwei Minuten wurden die Messungen wiederholt.
Dabei erhielt man folgende Ergebnisse:

Zeit in min	2	4	6	8	10
Zählrate in Impulsen	1 100	650	416	241	179

a) Stelle die Messwerte grafisch dar!
b) Ermittle aus dem Diagramm die Halbwertszeit von Barium-137!

5. Für ein Radionuklid gilt die im Diagramm dargestellte Zerfallskurve.
Wie groß ist die Halbwertszeit?

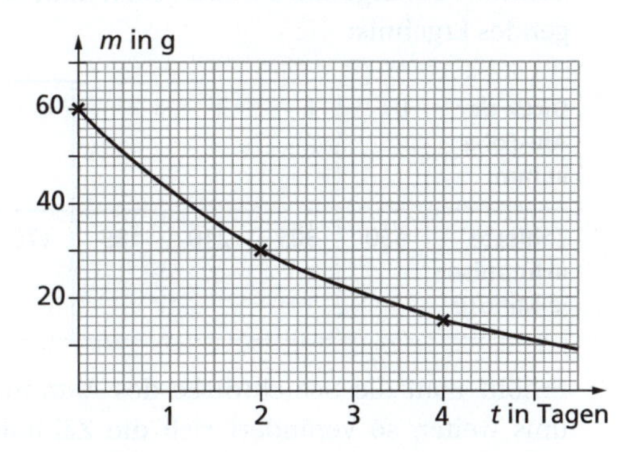

6. Radioaktive Strahlung wird zwischen zwei elektrisch geladenen Platten hindurchgelenkt (s. Skizze). Mit einem Zählrohr stellt man fest, dass sie abgelenkt wird.
Um welche Art von Strahlung könnte es sich handeln? Begründe!

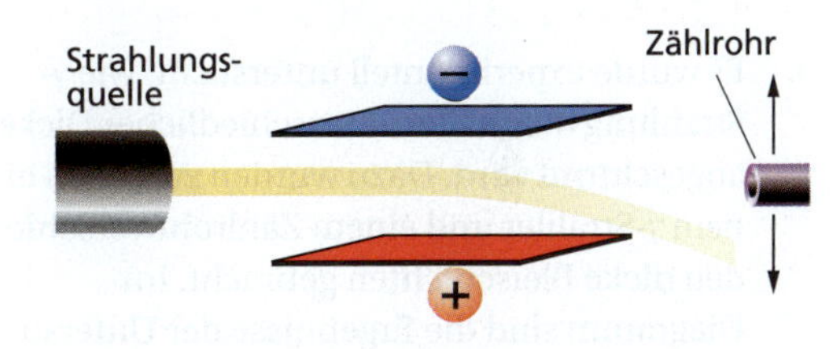

7. Radioaktive Strahlung wird jeweils durch ein Magnetfeld gelenkt (s. Skizzen a und b). Das Magnetfeld zeigt in die Blattebene hinein (a) bzw. (b) hinaus. Um welche Art von Strahlung könnte es sich handeln? Begründe!

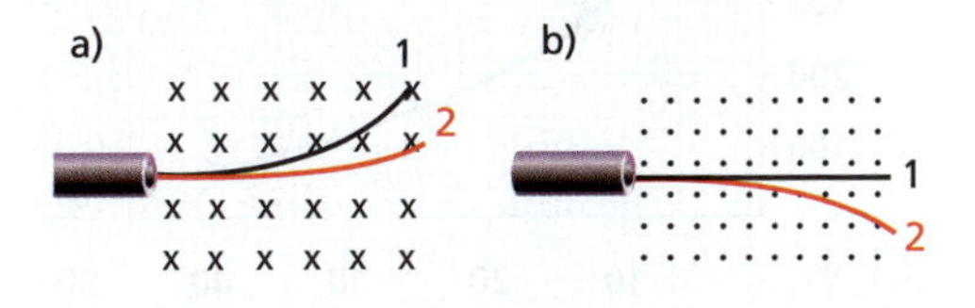

8. Es wird experimentell untersucht, wie die Strahlung eines radioaktiven Präparats durch Aluminiumfolie absorbiert wird. Dazu wird zunächst der Nulleffekt mit 20 Impulsen je

Minute ermittelt. Anschließend werden die Messungen mit dem radioaktiven Präparat und Aluminiumfolie zwischen Präparat und Zählrohr durchgeführt. Dabei erhält man folgendes Ergebnis:

Dicke der Alu-Folie in mm	0	1	2	3	4
Zählrate in Impulsen je Minute	650	305	210	185	170

Erhöht man die Schichtdicke des Aluminiums weiter, so verändert sich die Zählrate nicht.

a) Stelle den Zusammenhang zwischen Zählrate und Dicke der Aluminiumschicht in einem Diagramm dar! Interpretiere das Diagramm!

b) Wie ist es zu erklären, dass sich die Zählrate bei Erhöhung der Schichtdicke nicht verändert?

9. Es wurde experimentell untersucht, wie γ-Strahlung durch Blei unterschiedlicher Dicke abgeschirmt wird. Dazu wurden zwischen einem γ-Strahler und einem Zählrohr verschieden dicke Bleischichten gebracht. Im Diagramm sind die Ergebnisse der Untersuchungen dargestellt.

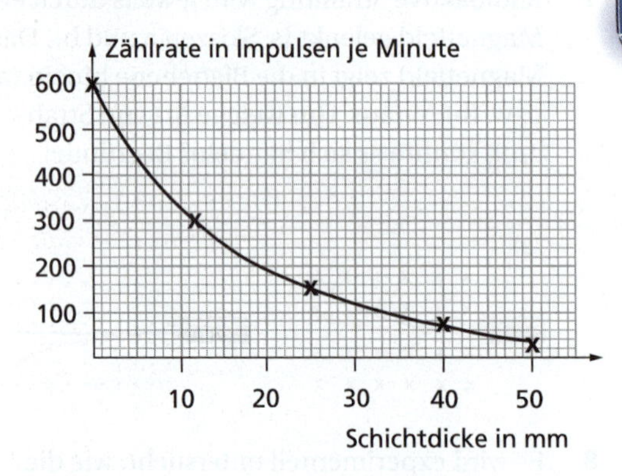

a) Interpretiere dieses Diagramm!

b) Bei welcher Schichtdicke wird die Hälfte der Strahlung absorbiert?

10. Beschreibe den Aufbau und erkläre die Wirkungsweise eines Zählrohres!

***11.** Beschreibe den Aufbau und erkläre die Wirkungsweise einer Dosimeterplakette, wie sie von Personen getragen werden muss, die beruflich mit Strahlung in Berührung kommen! Das Foto zeigt eine geöffnete Dosimeterplakette. Der lichtdicht eingepackte Film wird monatlich kontrolliert.

12. Stelle in einer Übersicht die wichtigsten Eigenschaften von α-, β- und γ-Strahlung zusammen!

13. Nenne einige wichtige Strahlenschutzmaßnahmen! Begründe sie!

14. Erkunde, in welchen Bereichen von Medizin, Technik und Biologie radioaktive Nuklide angewendet werden! Nutze dazu das Internet, z. B. die Adresse **www.schuelerlexikon.de**!

15. Erläutere das Bestrahlungsverfahren, das Durchstrahlungsverfahren und das Markierungsverfahren! Nenne je ein Beispiel und stelle dar, welche Eigenschaften und Wirkungen radioaktiver Strahlung dabei jeweils genutzt werden!

16. In vielen Gräbern sind Mumien zu finden. Bei einer dieser Mumien wurde festgestellt, dass der C-14-Anteil nur noch 25 % des heutigen Anteils beträgt. Auf welches Alter der Mumie kann man daraus schließen?

6.2 Kernenergie

Wohin mit dem Müll?
Bei einem Kernkraftwerk muss in jedem Jahr ein Viertel bis ein Drittel der Brennstoffstäbe, in denen sich das spaltbare Material befindet, ausgetauscht werden. Dieser Austausch erfolgt unter Wasser, um die von den Brennstoffstäben ausgehende Strahlung abzuschirmen.
Was geschieht mit den hoch radioaktiven Brennstoffstäben nach Entfernung aus dem Reaktor? Wo wird radioaktiver Müll gelagert? Welche Gefahren gehen von diesem radioaktiven Müll aus?

Pro und Contra Kernenergie
In Deutschland wird gegenwärtig ca. 30 % der elektrischen Energie aus Kernenergie gewonnen. Dies geschieht in 19 Kernkraftwerken und trägt zu einer stabilen Energieversorgung bei. Trotzdem gibt es intensive Diskussionen über die Nutzung von Kernenergie und einen Verzicht dieser Energie für die Energieversorgung.
Welche Vorteile und welche Nachteile haben Kernkraftwerke gegenüber anderen Kraftwerksarten? Welche Risiken sind mit ihrem Betrieb verbunden?

Kernenergie von der Sonne
Die Sonne ist nicht nur eine Lichtquelle, sondern auch eine riesige Wärmequelle. Die Entstehung des Lebens auf der Erde, das Wachstum von Pflanzen und Tieren, das Vorhandensein von Kohle und Erdöl und der ständige Kreislauf des Wassers in der Natur hängen unmittelbar mit der Sonnenstrahlung zusammen.
Welche Energieumwandlungen erfolgen in der Sonne?
Wie viel Energie gibt die Sonne in jeder Sekunde ab?

Kernspaltung

Unter **Kernspaltung** versteht man die Erscheinung, dass schwere Atomkerne, z. B. die Atomkerne von Uran oder Plutonium, in mittelschwere Kerne aufgespalten werden. Dabei werden Neutronen frei und es wird bei diesem Vorgang Energie abgegeben, die als **Kernenergie** oder auch als Atomenergie bezeichnet wird. Ein Beispiel für eine solche Kernspaltung ist in Abb. 1 dargestellt. Treffen Neutronen mit bestimmter Geschwindigkeit auf Uran-235, so erfolgt eine Umwandlung in Uran-236, das in Bruchteilen von Sekunden in zwei mittelschwere Kerne zerfällt.

Durch Beschuss mit langsamen Neutronen können schwere Atomkerne in mittelschwere Atomkerne aufgespalten werden. Dabei werden Neutronen freigesetzt und es wird Energie abgegeben.

Bei jeder Kernspaltung wird eine Energie von etwa $3 \cdot 10^{-11}$ J freigesetzt. Um 1 J zu erhalten, müssen ca. 30 Billionen Urankerne gespalten werden.

Die Ursache für die Energiefreisetzung besteht in Folgendem: Die Masse des Ausgangskerns plus des aufgenommenen Neutrons ist größer als die Masse der Endprodukte. Die Änderung der Masse ist nach der von ALBERT EINSTEIN (1879–1955) entdeckten Masse-Energie-Beziehung ($E = \Delta m \cdot c^2$) der freigesetzten Energie äquivalent. Das ist zugleich die physikalische Grundlage für die Funktionsweise von Kernkraftwerken und von Kernspaltungsbomben.

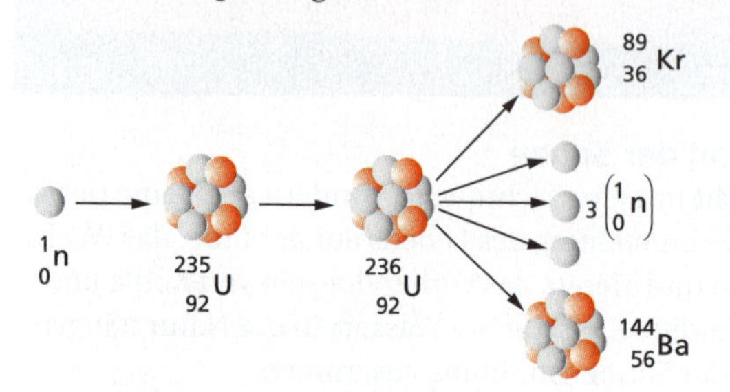

1 Spaltung von U-235 durch Neutronen: Es werden Neutronen und Energie freigesetzt.

Bei der Aufspaltung von Uran-235 ist nicht nur die in Abb. 1 dargestellte Reaktion möglich. Es können auch andere mittelschwere Kerne, z. B. Lanthan oder Caesium, entstehen. Man kennt heute etwa 200 verschiedene Spaltprodukte von Uran-235.

Treffen die Neutronen auf spaltbares Material und haben sie die „richtige“ Geschwindigkeit, so können sie weitere Kernspaltungen hervorrufen. Es kommt zu einer Kettenreaktion (Abb. 2), die **ungesteuert** verlaufen kann. Durch Begrenzung der Anzahl der Neutronen kann die Kettenreaktion **gesteuert** werden.

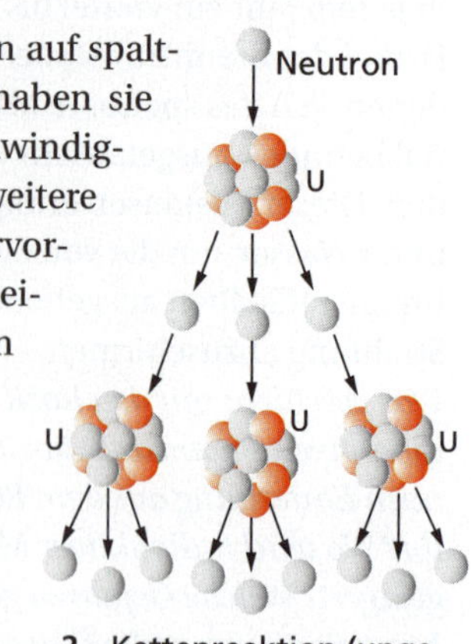

2 Kettenreaktion (ungesteuert)

Mosaik

Die erste ungesteuerte Kettenreaktion

Schon kurz nach der Entdeckung der Kernspaltung im Jahr 1938 war vielen Physikern bewusst, dass bei der Kernspaltung viel Energie frei wird und damit die Kernspaltung vielleicht auch technisch genutzt werden kann. Entsprechende Arbeiten wurden in Deutschland, England, den USA und der Sowjetunion vorangetrieben.

1942 begannen in den USA intensive Arbeiten zum Bau einer Kernspaltungsbombe (Atombombe). Innerhalb von drei Jahren wurde eine solche Bombe entwickelt und 1945 über den japanischen Städten Hiroshima und Nagasaki abgeworfen. Genauere Informationen findest du z. B. unter **www.schuelerlexikon.de.**

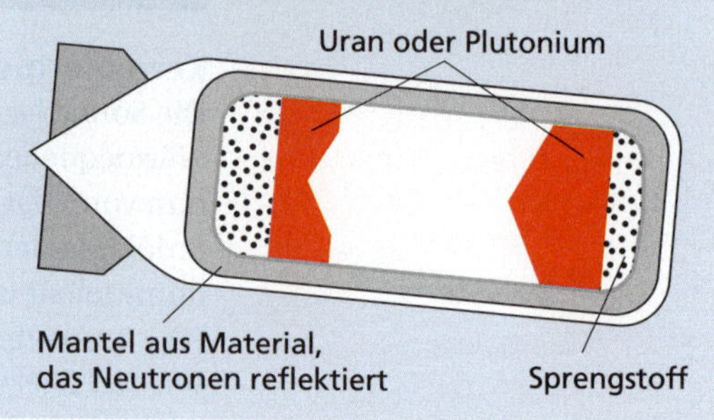

Mosaik

Die Entdeckung der Kernspaltung

In den dreißiger Jahren des 20. Jahrhunderts beschäftigten sich viele Physiker und Chemiker mit radioaktiver Strahlung.
ENRICO FERMI (1901–1954) beschoss zahlreiche Elemente mit Neutronen und stellte fest, dass sich dadurch fast alle Stoffe umwandeln lassen. Er nannte die neu entstehenden Stoffe Transurane, weil er zunächst annahm, dass alle diese Stoffe im Periodensystem jenseits des Urans liegen, also eine Ordnungszahl von über 92 hätten. 1934 erhielt FERMI durch Beschuss von Platin mit Neutronen Gold.
IRENE JOLIOT-CURIE (1897–1956), die Tochter von MARIE CURIE, und ihr Mann FREDERIC JOLIOT-CURIE (1900–1958) entdeckten 1934 die künstliche Radioaktivität.

1 LISE MEITNER (1878–1968)

In Deutschland beschäftigten sich in Berlin OTTO HAHN, FRITZ STRASSMANN und LISE MEITNER, die im Jahr 1938 emigrierte, mit der Untersuchung von Transuranen.
HAHN und STRASSMANN bestrahlten Uran mit Neutronen und untersuchten die dann entstandenen Nuklide. Dabei machten sie Ende 1938 eine Entdeckung, die ihnen selbst unwahrscheinlich vorkam.
In der Zeitschrift „Naturwissenschaften" erschien am 6. Januar 1939 ein Artikel von ihnen, in dem es heißt: *„... Nun müssen wir aber noch auf einige neuere Untersuchungen zu sprechen kommen, die wir der seltsamen Ergebnisse wegen nur zögernd veröffentlichen. ... Wir kommen zu dem Schluss: Unsere ‚Radiumisotope' haben die Eigenschaften des Bariums; als Chemiker müssten wir eigentlich sagen, bei den neuen Körpern handelt es sich nicht um Radium, sondern um Barium, denn andere Elemente als Barium und Radium kommen nicht in Frage. ... Als der Physik in gewisser Weise nahestehende ‚Kernchemiker' können wir uns zu diesem, allen bisherigen Erfahrungen der Kernphysik widersprechenden Sprung noch nicht entschließen ... Es könnte doch eine Reihe seltsamer Zufälle unsere Ergebnisse vorgetäuscht haben."*

Wenig später gelang es, die Spaltprodukte eindeutig zu identifizieren.
Durch Beschuss von Uran mit Neutronen waren Krypton und Barium entstanden. Zugleich wurden bei jeder Kernspaltung drei Neutronen und Energie freigesetzt.
Kurze Zeit später gelang der Nachweis weiterer Spaltprodukte von Uran, z. B. Strontium und Yttrium.
Damit war die Kernspaltung entdeckt, für die OTTO HAHN im Jahre 1945, nach Ende des Zweiten Weltkrieges, den Nobelpreis für Chemie für das Jahr 1944 erhielt.

2 OTTO HAHN (1879–1968)

Die Möglichkeit der Energiegewinnung aus Kernspaltung war bereits 1939 diskutiert worden. Mit Beginn des Zweiten Weltkrieges trat immer mehr die Frage in den Vordergrund, ob die Kernenergie auch militärisch nutzbar sei.
1942 begann in den USA die intensive Arbeit an Atomwaffen, die innerhalb von drei Jahren zum Bau von Kernspaltungsbomben (Atombomben) führte. Am 6. August und am 9. August 1945 gab es die erste Anwendung der Kernspaltung, die Zündung von Atombomben durch US-Amerikaner über den japanischen Städten Hiroshima und Nagasaki mit Hunderttausenden Toten.

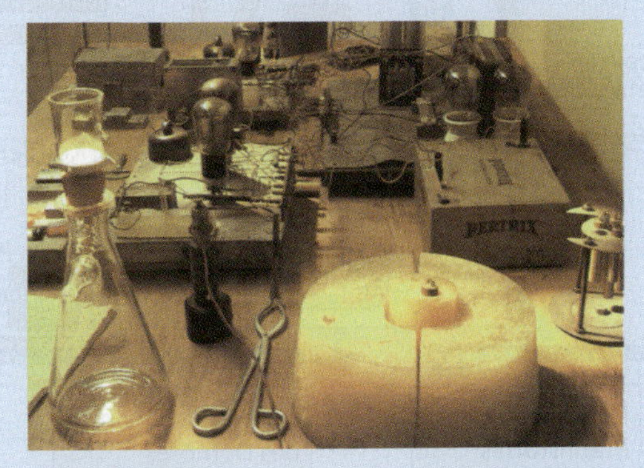

3 Arbeitstisch von OTTO HAHN (Deutsches Museum München)

Physik in Natur und Technik

Kernkraftwerke

Die gesteuerte Kettenreaktion wird heute in Kernkraftwerken zur Gewinnung von elektrischer Energie genutzt.

Wie arbeitet ein Kernkraftwerk? Welcher Nutzen und welche Gefahren bestehen beim Einsatz von Kernreaktoren?

Für den Betrieb eines Kernkraftwerkes (Abb. 1) muss gewährleistet sein, dass die Kernspaltung kontinuierlich und steuerbar abläuft. Dazu ist es erforderlich, dass

- genügend spaltbares Material vorhanden ist,
- Neutronen mit der für die Spaltung notwendigen Geschwindigkeit existieren,
- die Neutronenzahl reguliert werden kann.

Die notwendige Mindestmasse wird als **kritische Masse** bezeichnet.

Als **spaltbares Material** wird meist angereichertes Uran mit 3,5 % U-235 und 96,5 % U-238 verwendet. Im natürlichen Uran sind nur ca. 0,7 % spaltbares U-235 vorhanden. Natürliches Uran muss also angereichert werden. Das spaltbare Material wird meist in Tablettenform in **Brennstoffstäben** in das Reaktorgefäß gebracht (Abb. 2). Die für die Spaltung der Urankerne erforderlichen Neutronen entstehen bei der Kernreaktion selbst.

2 Blick in das Reaktorgefäß eines Kernreaktors

Da bei jeder Kernspaltung 2 bis 3 Neutronen frei werden, wächst ihre Zahl lawinenartig an. Es kommt zu einer **Kettenreaktion.** Voraussetzung dafür ist allerdings, dass die Neutronen die „richtige" Geschwindigkeit haben. Um das zu erreichen, werden **Moderatoren** genutzt. Zumeist verwendet man dazu Wasser oder Grafit.

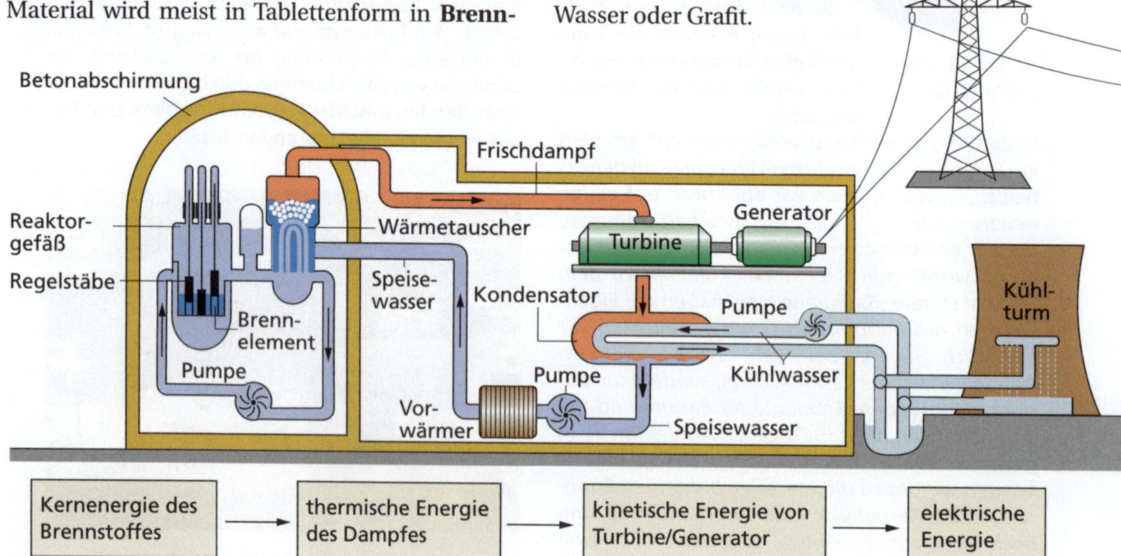

1 Aufbau eines Kernkraftwerkes mit Druckwasserreaktor: In einem ersten Kreislauf wird Wasserdampf erzeugt. In einem zweiten Kreislauf gelangt der Dampf zur Turbine.

Moderatoren bremsen die bei der Kernspaltung frei werdenden schnellen Neutronen so weit ab, dass sie weitere Kerne des Urans spalten können. Die Kettenreaktion wird mit **Regelstäben** aus Bor oder Cadmium gesteuert. Beide Elemente absorbieren Neutronen. Durch mehr oder weniger tiefes Einfahren dieser Regelstäbe wird die Zahl der Neutronen beeinflusst und damit die ablaufende Reaktion gesteuert. Eine ungeregelte Kettenreaktion würde zu einer starken Erhitzung und möglicherweise zur Zerstörung des Reaktors führen. Die freigesetzte Kernenergie wird auf Wasser übertragen. Ähnlich wie bei einem Wärmekraftwerk wird der entstehende Dampf genutzt, um Turbinen zu betreiben und mit Generatoren elektrische Energie zu gewinnen.

Der **Nutzen von Kernkraftwerken** besteht vor allem darin, dass

- keine fossilen Brennstoffe wie Kohle oder Erdöl verbrannt werden müssen,
- der Schadstoffausstoß eines solchen Kraftwerkes gering ist,
- mit relativ kleinen Mengen Kernbrennstoff viel elektrische Energie gewonnen werden kann.

Weltweit existieren heute etwa 440 Kernkraftwerke großer Leistung, die ca. 17 % des Elektroenergiebedarfs decken.

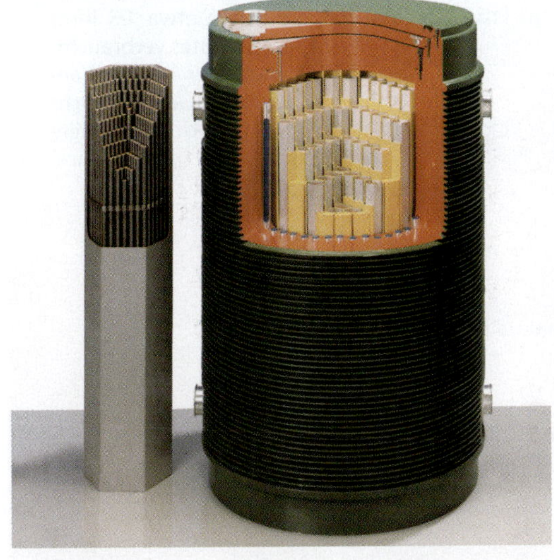

1 Brennstäbe und anderes hoch radioaktives Material werden in speziellen Behältern transportiert.

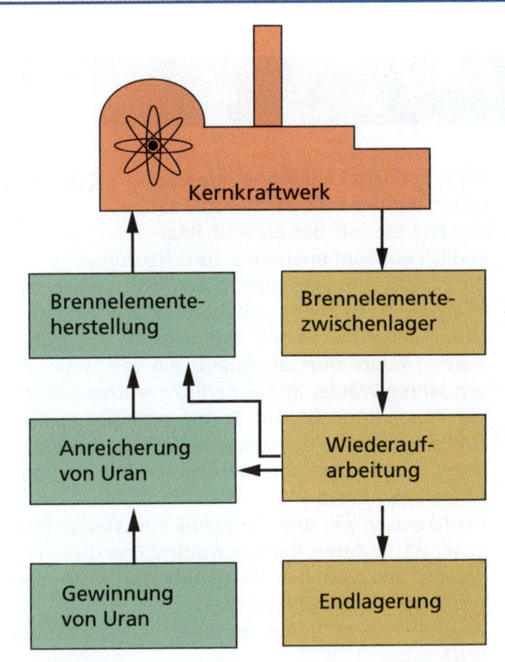

2 Vereinfachte Darstellung des Brennstoffkreislaufes bei Kernreaktoren

Die **Gefahren von Kernkraftwerken** liegen u.a. darin, dass durch menschliches Versagen oder durch technische Pannen radioaktive Stoffe freigesetzt werden können.

Trotz aller Sicherheitsmaßnahmen sind solche Unfälle nicht völlig auszuschließen. Sie würden in dicht besiedelten Gebieten katastrophale Folgen haben. Außerdem ist bis heute das Problem der dauerhaft sicheren Endlagerung von radioaktiven Abfällen, die in Kernkraftwerken entstehen, nicht gelöst. Solche beim Betrieb eines Kernkraftwerkes entstehenden radioaktiven Abfälle müssen wegen ihrer Radioaktivität und den großen Halbwertszeiten über viele Jahrzehnte hinweg sicher gelagert werden. Eine Möglichkeit ist die unterirdische Lagerung in ehemaligen Salzbergwerken. Eine solche Lagerung erfolgt im Zwischenlager Gorleben in Niedersachsen sowie in Morsleben (Sachsen-Anhalt). Eine andere Möglichkeit besteht darin, abgebrannte Brennstoffstäbe wieder aufzubereiten (Abb. 2). Dabei entstehen allerdings radioaktive Abfälle, die ebenfalls sicher gelagert werden müssen. Allein in Deutschland beträgt die Gesamtmenge des radioaktiven Abfalls etwa 30 000 m^3 pro Jahr.

Mosaik

Kernfusion in der Sonne

Ohne Sonnenstrahlung würde kein Leben auf der Erde existieren. Fast alle Energie auf der Erde ist letztendlich auf Sonnenenergie zurückzuführen.
Die Fotosynthese ermöglicht den Stoffwechsel der Pflanzen, sie ist aber nur bei ausreichendem Lichteinfall möglich. Fossile Brennstoffe wie Kohle werden heute dort abgebaut, wo vor Millionen von Jahren Wälder im Sonnenlicht wuchsen. Auch die Wasserkraft ist auf Sonnenenergie zurückzuführen, ebenso das gesamte Wettergeschehen. Selbst die Psyche der Menschen wird von der Sonne beeinflusst.
Heute wissen wir, dass die Sonne eine riesige Gaskugel ist, in deren Kern gewaltige Energien freigesetzt und von der Sonnenoberfläche in den Weltraum abgestrahlt werden.
Welche Prozesse gehen im Innern der Sonne vor sich?

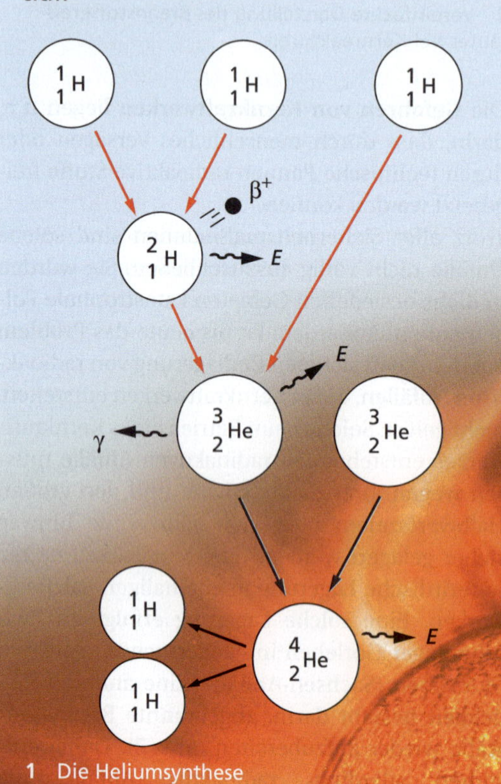

1 Die Heliumsynthese (Proton-Proton-Zyklus)

Die Sonne ist eine riesige Gaskugel, die heute zu etwa 73 % aus Wasserstoff und zu 25 % aus Helium besteht. Im Kern herrschen Temperaturen von etwa 15 Millionen Kelvin, ein Druck von etwa 10^{16} Pascal und eine Dichte von $160 \text{ g} \cdot \text{cm}^{-3}$. Das sind Bedingungen, unter denen Kernfusion vor sich geht. Im Zentrum der Sonne verschmelzen Wasserstoffkerne zu Helium. Die wichtigsten Prozesse sind vereinfacht in Abb. 1 dargestellt.
Zwei Wasserstoffkerne verschmelzen zu Deuterium. Dabei wird Energie freigesetzt und es werden Positronen abgestrahlt.
Anschließend erfolgt die Verschmelzung zu einem Helium-3-Kern, wobei wieder Energie frei wird. Schließlich verschmelzen zwei Helium-3-Kerne zu Helium-4, wobei zwei Protonen (Wasserstoffkerne) entstehen und wieder Energie frei wird.
Bei dem gesamten Prozess wird eine Energie von $4{,}3 \cdot 10^{-12}$ J freigesetzt. In der Sonne gehen in jeder Sekunde viele Milliarden solcher Prozesse vor sich. In einer Sekunde verschmelzen 567 Millionen Tonnen Wasserstoff zu 562,8 Millionen Tonnen Helium. Damit tritt in jeder Sekunde ein Massendefekt von 4,2 Millionen Tonnen auf. Das bedeutet: Die Sonne wird in jeder Sekunde 4,2 Millionen Tonnen leichter. Diesem Massendefekt entspricht eine Energie von $3{,}8 \cdot 10^{26}$ J. Diese Energie wird in jeder Sekunde von der Oberfläche der Sonne in den Weltraum abgestrahlt. Ein Teil davon gelangt zur Erde. Bis jetzt hat die Sonne etwa 1/3 ihres Wasserstoffvorrates verbraucht.
Der gegenwärtig vorhandene Wasserstoff reicht noch einige Milliarden Jahre.

gewusst · gekonnt

***1.** Vergleiche die Kernspaltung mit der Kernfusion! Nenne Gemeinsamkeiten und Unterschiede!

***2.** Uran-235 wird durch Beschuss mit Neutronen in Uran-236 umgewandelt. Dieses Uranisotop existiert nur Bruchteile von Sekunden und zerfällt dann in verschiedene mittelschwere Kerne.
Dabei werden zwei oder drei Neutronen frei. Nachfolgend ist jeweils ein Folgekern und die Anzahl der frei werdenden Neutronen angegeben.
Stelle jeweils die vollständigen Reaktionsgleichungen auf!
a) Lanthan-147 und 2 Neutronen
b) Selen-85 und 3 Neutronen
c) Caesium-137 und 3 Neutronen
d) Antimon-133 und 2 Neutronen
e) Xenon-143 und 3 Neutronen

***3.** Bei dem schweren Reaktorunfall im Kernkraftwerk Tschernobyl (Ukraine) im Jahr 1986 wurden große Mengen an radioaktivem Iod-131 ausgestoßen. Dies wirkte sich auch in Deutschland aus. Kurze Zeit nach dem Unfall wurde in Milch eine relativ hohe Iod-Aktivität und eine geringe Caesium-Aktivität gemessen. Nach einigen Wochen waren aber die Caesium-Werte höher als die des Iods. Wie ist das zu erklären?

4. Beschreibe anhand von Abbildung 1, S. 460, die Energieumwandlungen in einem Kernkraftwerk! Worin bestehen die Unterschiede gegenüber einem Kohlekraftwerk?

5. a) Stelle übersichtlich zusammen, unter welchen Voraussetzungen eine gesteuerte Kernspaltung möglich ist!
b) Wo wird die gesteuerte Kernspaltung genutzt? Nenne Beispiele!
c) Gibt es auch Anwendungen für die ungesteuerte Kettenreaktion? Welche?

6. Welche Vorteile und welche Nachteile haben Kernkraftwerke gegenüber anderen Arten von Kraftwerken?

7. Sammle Material zu Vorteilen und Nachteilen der Nutzung von Kernenergie! Stelle dazu einen Kurzvortrag oder ein Poster zusammen! Nutze zur Vorbereitung das Internet, insbesondere die Adresse **www.schuelerlexikon.de** und **www.kernenergie.de**!

8. Erkunde, welche regenerativen Energien in deinem Wohnort und in dessen Umgebung genutzt werden! Stelle eine Übersicht über die Nutzung solcher Energien zusammen!

***9.** Die Sonne strahlt je Sekunde eine Energie von ca. $3{,}8 \cdot 10^{26}$ J von ihrer Oberfläche in den Weltraum ab.
a) Wie viel von dieser Energie gelangt bis zur Obergrenze der Erdatmosphäre?
b) Vergleiche diese Energie mit dem gegenwärtigen Weltenergieverbrauch von etwa $3{,}7 \cdot 10^{20}$ J im Jahr!

10. Der Anteil der Kernenergie an der Elektroenergiegewinnung lag 2003 in den verschiedenen Ländern zwischen 0 % und 77 %.

Frankreich	77 %
Belgien	55 %
Schweiz	38 %
Japan	36 %
Deutschland	30 %
USA	21 %
Kanada	13 %

Diskutiere die Meinung: „Kernenergie kann durch andere Energien ersetzt werden!" Welche Argumente sprechen dafür, welche dagegen?

11. Eine mögliche neue Energiequelle ist die gesteuerte Kernfusion.

Informiere dich im Internet über den aktuellen Stand der Kernfusionsforschung!

Atome, radioaktive Strahlung, Kernenergie

Atome bestehen aus einer negativ geladenen Atomhülle mit Elektronen und einem positiv geladenen Atomkern mit Protonen und Neutronen.

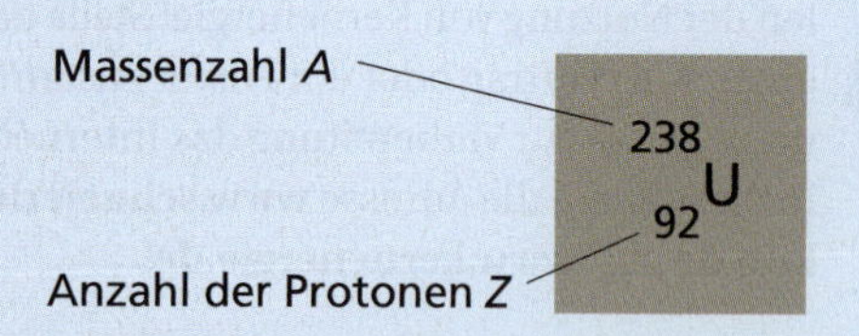

$$A = Z + N$$

Neutronenzahl N

$$N = A - Z$$

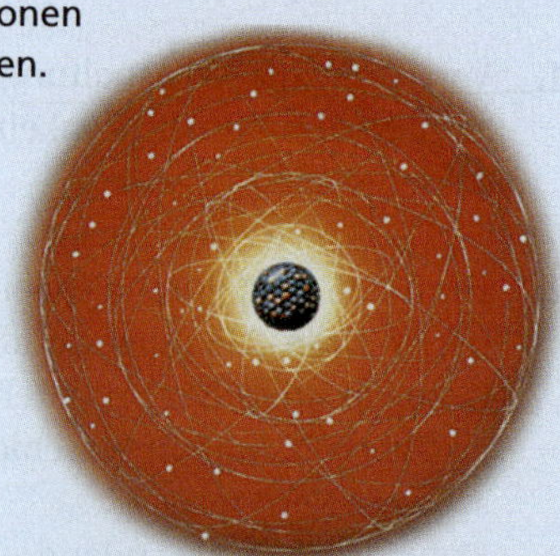

Von den in der Natur vorkommenden Nukliden und den künstlich erzeugten Nukliden sind viele radioaktiv. Sie senden bei Kernumwandlungen radioaktive Strahlung aus.

α-Strahlung
besteht aus doppelt positiv geladenen Heliumkernen.

β-Strahlung
besteht aus negativ geladenen Elektronen (β^-) oder Positronen (β^+)

γ-Strahlung
ist eine energiereiche elektromagnetische Strahlung.

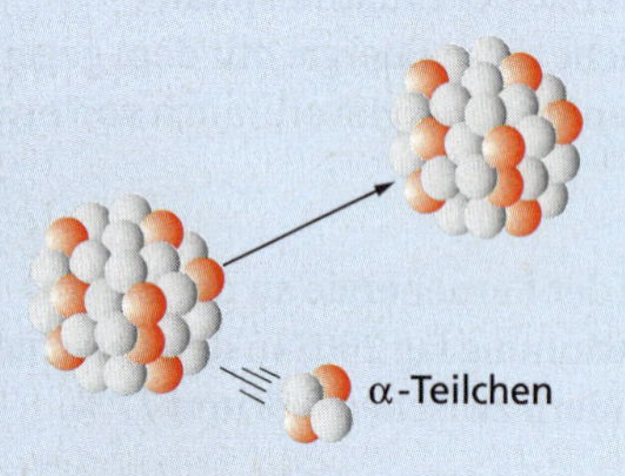

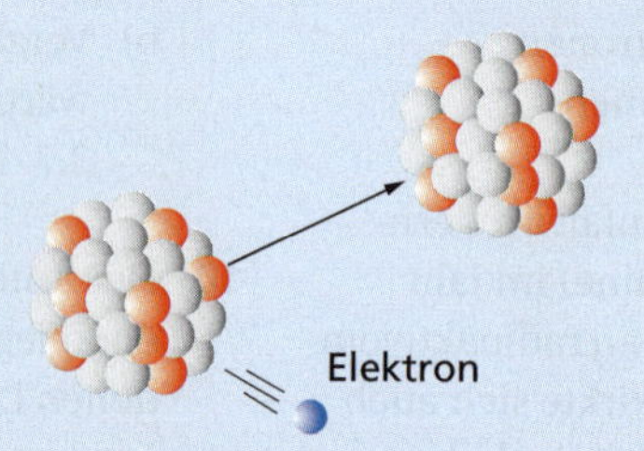

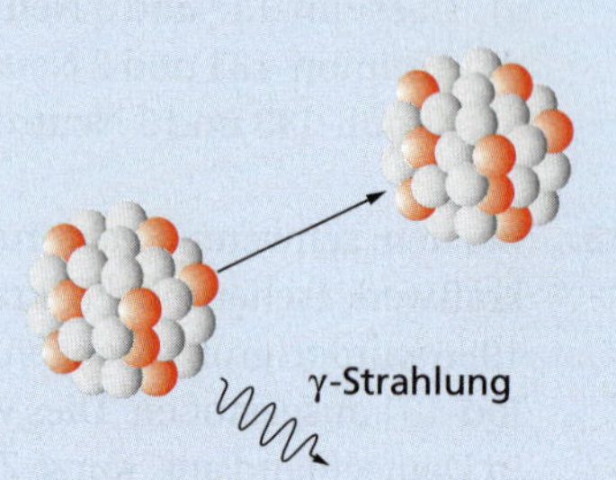

Radioaktive Strahlung

- besitzt Energie,
- kann Gase ionisieren, Filme schwärzen, Zellen schädigen,
- kann Stoffe in unterschiedlicher Weise durchdringen,
- wird teilweise (α-, β-Strahlung) in elektrischen und magnetischen Feldern abgelenkt.

Die Strahlung, der man sich aussetzt, sollte so gering wie möglich sein.

Bei Kernumwandlungen wird Energie freigesetzt. Das wird bei Kernspaltung und bei Kernfusion genutzt.

Kernspaltung
Ein schwerer Kern wird in zwei mittelschwere Kerne gespalten. Dabei wird Energie frei.
→ Kernkraftwerk
→ Atombombe

Kernfusion
Leichte Kerne verschmelzen zu einem schweren Kern. Dabei wird Energie frei.
→ Energiefreisetzung im Innern der Sonne
→ Wasserstoffbombe

7 Energie in Natur und Technik

7.1 Energie und ihre Eigenschaften

Energie – ein Verwandlungskünstler
Ein Feuer im Kamin oder ein Lagerfeuer zu beobachten, verschafft uns ein angenehmes Gefühl. Von den brennenden Scheiten gehen Licht und Wärme aus. Brennstoffe haben chemische Energie, aus der beim Verbrennen Licht und Wärme wird.
Kann Energie entstehen? Kann Energie verloren gehen? Oder verwandelt sich Energie nur?

Energiesparlampen statt Glühlampen
Zur Beleuchtung im Haushalt nutzen wir Glühlampen oder Energiesparlampen. Die für ihren Betrieb erforderliche elektrische Energie wird durch Kraftwerke bereitgestellt. Dabei wird Kohle, Erdöl oder Erdgas verbraucht. Bei gleicher Helligkeit braucht aber eine Energiesparlampe nur etwa ein Fünftel der Energie, die eine Glühlampe benötigt.
Warum ist es unbedingt notwendig, mit der Energie sparsam umzugehen, um unsere Umwelt zu schützen und zu erhalten?

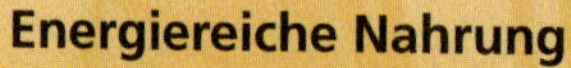

Energiereiche Nahrung
Ernährungsberater und Ärzte weisen uns immer wieder auf eine gesunde Ernährung hin. Neben Vitaminen, Eiweißen, Kohlenhydraten und Fetten spielt auch der Energiewert von Nahrungsmitteln eine Rolle. Jeder von uns nimmt täglich die unterschiedlichsten Nahrungsmittel und Getränke zu sich. Sie alle enthalten Energie.
Was ist Energie? Wo finden wir sie? Wie viel Energie enthalten die verschiedenen Nahrungsmittel? Wie viel Energie benötigt ein Mensch?

Energie, Energieträger und Energieformen

Im Alltag spricht man viel über Energie, Energieverbrauch, Energiegewinnung und Energieumwandlung, wenn man Brennstoffe (z. B. Kohle, Öl und Gas), Kraftstoffe (z. B. Benzin und Diesel) oder elektrischen Strom nutzt, um Räume zu beheizen oder zu beleuchten, Fahrzeuge zu bewegen oder Maschinen anzutreiben. Überall nutzen wir die verschiedensten Formen der Energie. Wie wichtig z. B. elektrische Energie für uns ist, merkt man erst, wenn die Elektroenergieversorgung unterbrochen ist: Computer, Kühlschrank oder Radio funktionieren nicht mehr. Der Bildschirm des Fernsehapparates bleibt dunkel. Straßenbahnen können nicht mehr fahren.

Lampen, Geräte und Maschinen funktionieren nur, wenn man ihnen Energie zuführt.

In einer Glühlampe wird elektrischer Strom genutzt, um Licht zu erzeugen (Abb. 1).

Bei einem Elektroherd wird die zugeführte elektrische Energie in Wärme umgewandelt, die zum Backen und Kochen verwendet wird (Abb. 2).

Im Motor eines Fahrzeugs wird Benzin verbrannt. Dadurch kann der Motor das Auto in Bewegung setzen und in Bewegung halten (Abb. 3).

Auch der Mensch muss Energie in Form von Nahrung zu sich nehmen, um die notwendige Körpertemperatur aufrecht zu erhalten und alle Lebensfunktionen zu sichern. Bei schwerer körperlicher Arbeit muss die Energiezufuhr erhöht werden. Bei leichten Tätigkeiten kann die Energiezufuhr geringer sein.

4 Zu einer ausgewogenen Ernährung gehören Vitamine, Eiweiße und Fette. Nahrung besitzt Energie. Sie wird u. a. zur Aufrechterhaltung der Körpertemperatur und zum Verrichten von Arbeit benötigt.

Energie ist die Fähigkeit eines Körpers, mechanische Arbeit zu verrichten, Wärme abzugeben oder Licht auszusenden.

Formelzeichen: E
Einheit: **1 Joule (1 J)**

Ein Joule ist die Energie, die man braucht, um einen Körper der Masse 100 g um 1 m zu heben.

Benannt ist die Einheit nach dem bedeutenden englischen Physiker JAMES PRESCOTT JOULE (1818–1889).

Vielfache der Einheit 1 J sind 1 Kilojoule (1 kJ) und ein Megajoule (1 MJ). Es gilt:

$$1\ \text{kJ} = 1\,000\ \text{J}$$
$$1\ \text{MJ} = 1\,000\ \text{kJ} = 1\,000\,000\ \text{J}$$

Als Einheit der elektrischen Energie (s. S. 348) wird eine Kilowattstunde (1 kWh) verwendet. Es gilt:

$$1\ \text{kWh} = 3{,}6\ \text{MJ}$$
$$1\ \text{MJ} = 0{,}28\ \text{kWh}$$

1 Bei einer Glühlampe wird elektrische Energie in Licht umgewandelt.

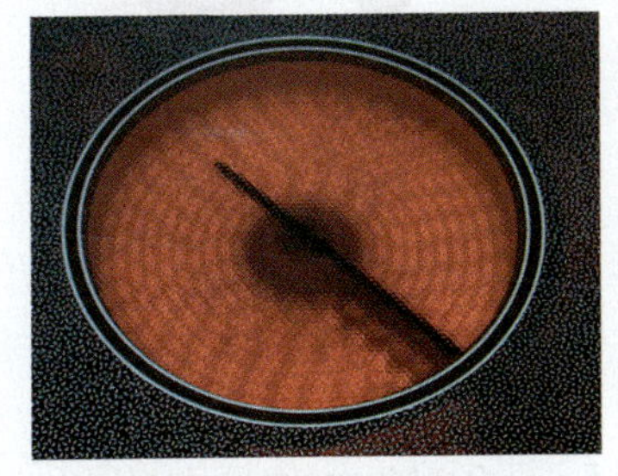

2 Bei einem Elektroherd wird elektrische Energie in Wärme umgewandelt.

3 Bei einem Pkw wird durch die im Benzin gespeicherte Energie das Auto bewegt.

Energieformen

Lageenergie

Körper, die aufgrund ihrer Lage mechanische Arbeit verrichten können, besitzen **potenzielle Energie** E_{pot}. Die Felsen besitzen potenzielle Energie.

Bewegungsenergie

Körper, die aufgrund ihrer Bewegung mechanische Arbeit verrichten können, besitzen **kinetische Energie** E_{kin}. Ein Flugzeug besitzt kinetische Energie.

Rotationsenergie

Körper, die aufgrund ihrer Rotation Arbeit verrichten können, besitzen **Rotationsenergie** E_{rot}. Der Rotor eines Hubschraubers besitzt Rotationsenergie.

Thermische Energie

Körper, die aufgrund ihrer Temperatur Wärme abgeben oder Licht aussenden können, besitzen **thermische Energie** E_{th}. Eine Kerzenflamme besitzt thermische (innere) Energie.

Chemische Energie

Körper, die bei chemischen Reaktionen Wärme abgeben, Arbeit verrichten oder Licht aussenden, besitzen **chemische Energie** E_{ch}. Beim Verbrennen von Holz entsteht Wärme und Licht.

Lichtenergie

Die Sonne und andere Lichtquellen senden Licht aus. Licht besitzt **Lichtenergie** E_{licht}. Sie wird manchmal auch als **Strahlungsenergie** bezeichnet.

Elektrische Energie

Körper, die aufgrund elektrischer Vorgänge Arbeit verrichten, Wärme abgeben oder Licht aussenden, besitzen **elektrische Energie** E_{el}. Elektrischer Strom und damit auch ein Blitz besitzt elektrische Energie.

Magnetische Energie

Körper, die aufgrund ihrer magnetischen Eigenschaften mechanische Arbeit verrichten können, besitzen **magnetische Energie** E_{magn}. Das Magnetfeld eines Lasthebemagneten besitzt magnetische Energie.

Kernenergie

Bei der Spaltung von Atomkernen und bei ihrer Verschmelzung wird Energie frei, die als **Kernenergie** E_{kern} bezeichnet wird. Kernenergie wird z. B. bei der Spaltung von Atomkernen des Urans und in der Sonne frei.

Speicherung von Energie

Energie kann in unterschiedlichen Formen gespeichert werden. So besitzt z. B. das Wasser in einem Stausee potenzielle Energie (Lageenergie). Diese ist umso größer, je mehr Wasser im Stausee gespeichert ist. Ein fahrendes Auto oder ein rotierendes Schwungrad besitzen kinetische Energie (Bewegungsenergie). Diese ist umso größer, je schneller die Bewegung erfolgt.

In Brennstoffen wie Holz, Kohle, Erdgas oder Heizöl und in Treibstoffen wie Benzin und Dieselkraftstoff ist ebenfalls Energie gespeichert. Diese Energie wird beim Verbrennen der betreffenden Stoffe freigesetzt.

Der **Heizwert** dieser Stoffe gibt an, wie viel Energie beim Verbrennen von 1 kg oder 1 l oder 1 m^3 frei wird. In der Übersicht unten sind die durchschnittlichen Heizwerte verschiedener Stoffe angegeben. Elektrische Energie ist in Akkumulatoren und Batterien gespeichert. So kann z. B. die Batterie eines Pkw eine elektrische Energie von etwa 0,40 kWh bis 1,0 kWh speichern.

Energie kann in Energieträgern wie Brennstoffen, Treibstoffen, gehobenen und bewegten Körpern oder Batterien gespeichert werden.

Heizwerte von Brenn- und Treibstoffen

Stoff	Heizwert
Benzin	35 MJ/l
Braunkohlenbriketts	20 MJ/kg
Dieselkraftstoff	36 MJ/l
Erdgas	31 MJ/m³
Holz (trocken)	9... 15 MJ/kg
Petroleum	41 MJ/l
Propan	94 MJ/m³
Stadtgas	17 MJ/m³
Spiritus	32 MJ/l
Torf (trocken)	15 MJ/kg
Wasserstoff	12 MJ/m³

Transport von Energie

Energie kann in verschiedener Weise von einem Körper auf einen anderen übertragen werden. In Warmwasserheizungen strömt erhitztes Wasser von einem Heizkessel oder von einem Heizkraftwerk aus durch die Rohre bis zu den einzelnen Heizkörpern. Energie wird dabei in Form von Wärme transportiert.

Elektrische Energie wird in Form von elektrischem Strom vom Kraftwerk zum Verbraucher transportiert (Abb. 1). Mechanische Energie kann z. B. durch Wellen, Zahnräder oder Ketten (beim Fahrrad) übertragen werden.

Wenn ein Kran eine Betonplatte anhebt, dann wird Arbeit verrichtet. Es wird Energie vom Kran auf die Betonplatte übertragen.

Heizöl oder Benzin kann durch Rohrleitungen von einer Stelle zur anderen gelangen.

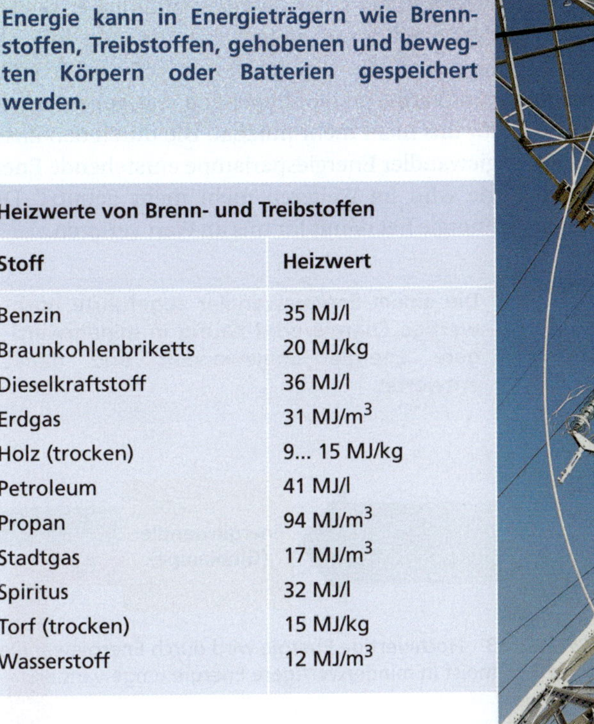

1 Durch Hochspannungsleitungen wird elektrische Energie vom Kraftwerk aus über Hunderte Kilometer hinweg bis zu den einzelnen Verbrauchern (Betriebe, Haushalte) übertragen.

1 Die wichtigste Energiequelle ist für uns die Sonne. Nur infolge der Wärmestrahlung, mit der Wärme zur Erde gelangt, konnte auf der Erde Leben entstehen und sich entwickeln.

Durch Licht und andere Strahlung wird ebenfalls Energie von einem Körper zu einem anderen transportiert. Ein Beispiel dafür ist die Strahlung der Sonne (Abb. 1). Auch von Heizkörpern wird Energie in Form von Wärme abgegeben.

Energie kann durch Arbeit, Wärme, Licht oder elektrischen Strom von einem Körper zu anderen Körpern transportiert werden.

Umwandlung von Energie

Die Energie, die ein Körper besitzt, kann in andere Energieformen umgewandelt werden (Abb. 2). So wird z. B. die chemische Energie von Kohle beim Verbrennen in thermische Energie umgewandelt. In Windkraftanlagen wird die kinetische Energie der Luft in elektrische Energie umgewandelt.
Einer Leuchtstofflampe wird elektrischer Energie zugeführt. Sie sendet Licht aus. Die für unser Leben notwendige Energie nehmen wir in Form von Nahrung zu uns. Allgemein gilt:

Bei physikalischen, chemischen oder biologischen Vorgängen kann Energie von einer Energieform in andere Energieformen umgewandelt und von einem Körper auf andere Körper übertragen werden.

Bei vielen Vorgängen, z. B. in einem Kraftwerk, gehen nacheinander verschiedene Energieumwandlungen vor sich. Es gibt dann regelrechte **Energieumwandlungsketten** (siehe z. B. S. 476, Abb. 2). Ausgangspunkt ist jeweils die Primärenergie, Endpunkt die Nutzenergie.

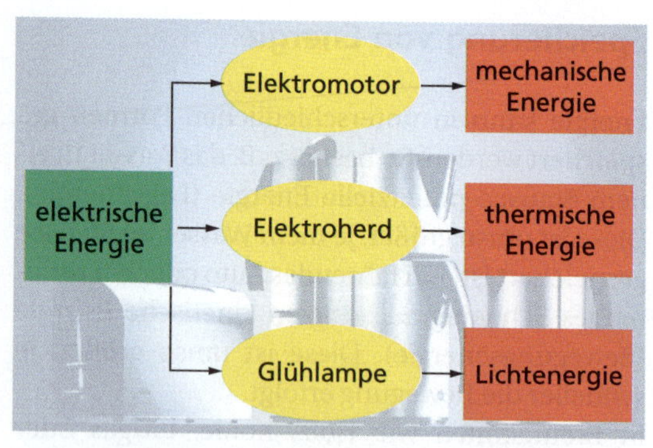

2 Elektrische Geräte sind Energiewandler. Die zugeführte elektrische Energie wird zum Teil in nutzbare Energie umgewandelt. Der andere Teil wird ungenutzt an die Umgebung abgegeben.

Entwertung von Energie

Energie soll möglichst effektiv genutzt werden. Bei jeder Energieumwandlung treten aber auch Energieformen auf, die nicht gewünscht sind. So wird z. B. bei einer Energiesparlampe etwa 25 % der zugeführten elektrischen Energie in Licht umgewandelt. Der „Rest" von 75 % wird in Form von Wärme an die Umgebung abgegeben und ist für uns nicht mehr nutzbar. Die durch den Energiewandler Energiesparlampe entstehende Energie wird im Weiteren nicht mehr genutzt. Die Energie hat damit für uns an Wert verloren.

Die einem Energiewandler zugeführte hochwertige Energie wird häufig in minderwertigere Energie umgewandelt und damit entwertet.

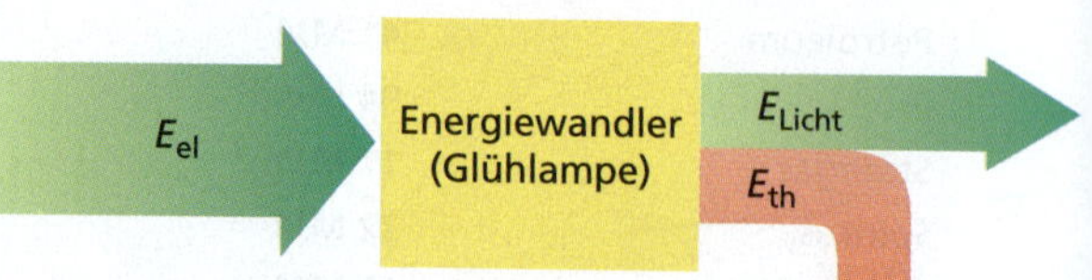

3 Hochwertige Energie wird durch Energiewandler meist in minderwertigere Energie umgewandelt.

Erhaltung von Energie

Beim Hin- und Herschwingen eines Pendels, beim Herabfallen eines Steines oder beim Hochwerfen eines Balles wird potenzielle Energie in kinetische Energie umgewandelt und umgekehrt. Die Gesamtenergie bleibt aber immer gleich groß. Das gilt auch beim Spannen einer Feder. Die Energie bleibt in der Feder gespeichert.

Beim Verbrennen von Benzin in einem Motor entsteht Wärme und es wird Arbeit verrichtet.

Auch hier ist die im Kraftstoff gespeicherte Energie vor der Verbrennung genauso groß wie die Energie, die insgesamt nach der Verbrennung vorhanden ist.

Heißer Tee gibt Energie in Form von Wärme an seine Umgebung ab. Bei allen Reibungsvorgängen wird mechanische Energie in thermische Energie umgewandelt und als Wärme an die Umgebung abgegeben. Bei einem fahrenden Auto erwärmen sich z. B. die Reifen. Die Gesamtenergie bleibt aber auch hier immer gleich groß.

Für beliebige Vorgänge in Natur und Technik gilt das **Gesetz von der Erhaltung der Energie,** auch **Energieerhaltungssatz** genannt.

In einem abgeschlossenen System ist die Summe aller Energien stets konstant.
Die Gesamtenergie bleibt erhalten.

$E_1 + E_2 + E_3 \ldots = \text{konstant}$

$E_1, E_2 \ldots$ verschiedene Energieformen

Dieses wichtige Naturgesetz wurde zuerst von dem deutschen Arzt JULIUS ROBERT MAYER (1814–1878) und von dem englischen Physiker JAMES PRESCOTT JOULE (1818–1889) um 1840 entdeckt. Eine besonders klare Formulierung des Energieerhaltungssatzes stammt von dem deutschen Arzt und Physiker HERMANN VON HELMHOLTZ (1821–1894), der den Energieerhaltungssatz so angab:

Energie kann weder erzeugt noch vernichtet werden. Sie kann nur von einer Form in andere Formen umgewandelt werden.

Mosaik

J. R. MAYER – Arzt und Entdecker

Wesentlichen Anteil an der Entdeckung des Energieerhaltungssatzes hatte neben dem englischen Physiker JAMES PRESCOTT JOULE (1818–1889) der deutsche Arzt JULIUS ROBERT MAYER (Abb. 1).

JULIUS ROBERT MAYER wurde am 25. November 1814 als Sohn eines Apothekers in Heilbronn geboren. Schon während seiner Schulzeit wurde er durch seinen Vater mit physikalischen und chemischen Problemen vertraut gemacht.

Nach einer Apothekerlehre studierte MAYER ab 1832 in Tübingen Medizin und war ab 1838 als Arzt tätig.

1 JULIUS ROBERT MAYER (1814–1878)

Bei einer Reise als Schiffsarzt nach Indonesien (1840/41) machte er eine interessante Beobachtung: Das Venenblut war in den Tropen heller als in Mitteleuropa. MAYER vermutete Zusammenhänge zwischen dem Wärmebedarf und der Oxidation der Nahrung. Weitere Untersuchungen führten ihn zu der Erkenntnis, dass einer bestimmten Arbeit eine gleich große Wärme entspricht. 1845 veröffentlichte er den Aufsatz „Die organische Bewegung in ihrem Zusammenhang mit dem Stoffwechsel", in dem erstmals der Satz von der Erhaltung der Energie formuliert war, nach dem Energie weder entstehen noch verschwinden kann.

MAYER übertrug dieses Prinzip auch auf Lebewesen und formulierte, dass die *„einzige Ursache der tierischen Wärme ein chemischer Prozess"* sei. Eine wissenschaftliche Anerkennung seiner Leistungen blieb dem Nichtphysiker MAYER lange versagt. Erst nach 1860 wurden vor allem durch den persönlichen Einsatz von HERMANN VON HELMHOLTZ (1821–1894) die Leistungen von MAYER allgemein anerkannt.

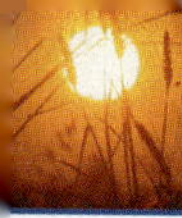

Der Wirkungsgrad

Bei den meisten Vorgängen in Natur, Technik und Alltag wird eine Energieform in mehrere andere Energieformen umgewandelt. Dabei sind einige der entstehenden Energieformen für den beabsichtigten Zweck erwünscht und andere unerwünscht. So wird z. B. bei einer Glühlampe elektrische Energie in Licht und Wärme umgewandelt (Abb. 1). Die entstehende thermische Energie ist dabei für den Zweck der Beleuchtung unerwünscht.

Der Motor eines Pkw soll das Fahrzeug in Bewegung setzen. Durch das Verbrennen des Kraftstoffs im Motor entsteht nicht nur kinetische Energie, sondern auch unerwünschte Wärme, die über Abgase und Kühlwasser an die Umgebung abgegeben wird (Abb 2).

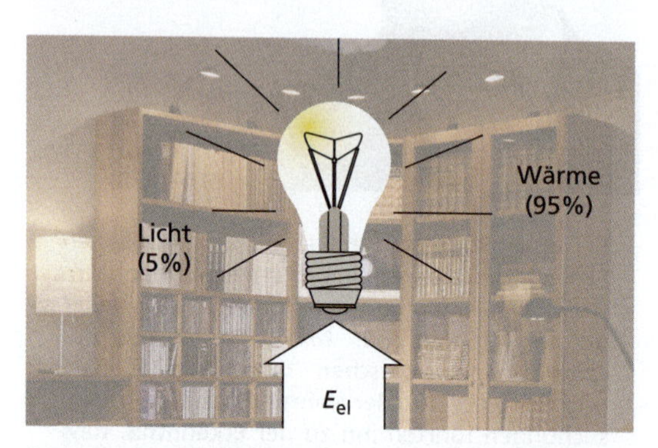

1 Energieumwandlungen bei einer Glühlampe

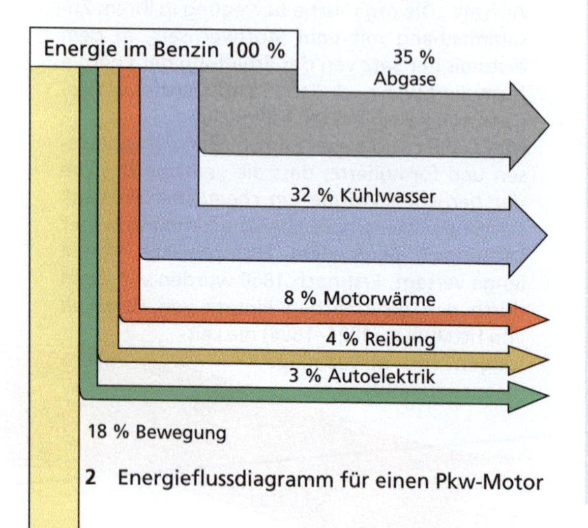

2 Energieflussdiagramm für einen Pkw-Motor

Je größer der Anteil der nutzbringenden Energie ist, desto günstiger ist ein Gerät, eine Maschine oder eine Anlage für die Energieumwandlung. Die Güte einer Anlage zur Energieumwandlung wird durch den **Wirkungsgrad** gekennzeichnet.

Der Wirkungsgrad gibt an, welcher Anteil der zugeführten Energie in nutzbringende Energie umgewandelt wird.

Formelzeichen: η

Ein Wirkungsgrad von 0,40 oder 40 % bedeutet, dass 40% der zugeführten Energie in nutzbringende Energie umgewandelt wird. Der andere Teil der Energie, im genannten Fall also 60 %, wird nicht genutzt.

Der Wirkungsgrad kann berechnet werden mit der Gleichung:

$$\eta = \frac{E_{nutz}}{E_{zu}}$$

E_{nutz} nutzbringende Energie

E_{zu} zugeführte Energie

Wirkungsgrade in Natur und Technik	
erste Dampfmaschine	3 % bis 4 %
Glühlampe	5 %
Solarzelle	15 %
Leuchtstofflampe	25 %
Benzinmotor	bis 30 %
Dieselmotor	bis 40 %
Kohlekraftwerk	40 %
Dampfturbine	bis 45 %
Wasserturbine	85 %
Elektromotor	bis 90 %
Generator	bis 99%
bei körperlicher Tätigkeit des Menschen:	
Schwimmen	3%
Gewichtheben	10%
Rad fahren	25%
Bergauf gehen	30%

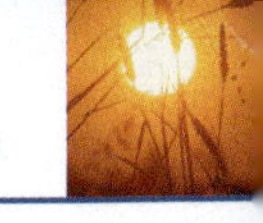

Energie für Lebensprozesse

Menschen, Tiere und Pflanzen benötigen Energie, um sich zu entwickeln, zu wachsen, ihre Lebensprozesse aufrechtzuerhalten. Energie ist bei Mensch und Tier auch erforderlich, um alle Organe funktionsfähig zu halten, um die notwendige Körpertemperatur zu gewährleisten, um sich zu bewegen und um Arbeit zu verrichten.

Für alle Lebensprozesse ist Energie erforderlich. Diese muss dem Organismus zugeführt werden.

Die für Organismen erforderliche Energie wird meist mit Stoffen (Nahrungsmitteln) aufgenommen. Im Organismus selbst erfolgen sowohl Stoff- als auch Energieumwandlungen.
Merkmale für alle Lebewesen sind:

- die Aufnahme von Stoffen und Energie aus der Umwelt,
- die Umwandlung von Stoffen und Energie im Organismus, verbunden mit Energieentwertung,
- die Abgabe von Stoffen und Energie an die Umgebung.

Schematisch lassen sich die Zusammenhänge so darstellen, wie es Abb. 2 zeigt.
Geht man von einer ausgeglichenen Energiebilanz aus, so ist die zugeführte Energie gleich der Summe der vom Körper genutzten und der abgegebenen Energie.
Wichtige Bestandteile der menschlichen Nahrung sind Nährstoffe (Kohlenhydrate, Eiweiße, Fette) und Ergänzungsstoffe (Vitamine, Mineralstoffe, Wasser, Ballaststoffe).

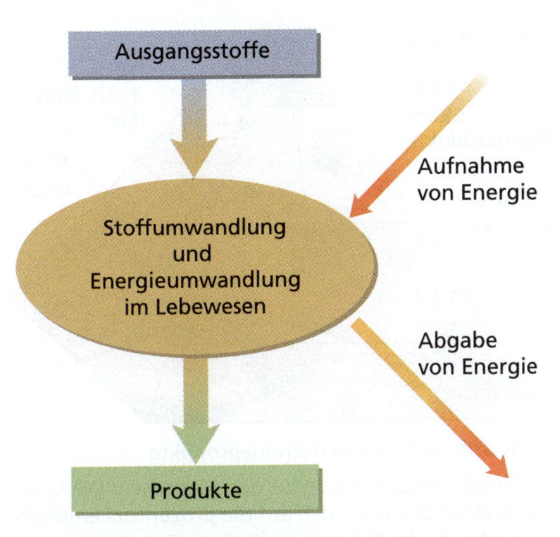

2 Bei jedem Lebewesen erfolgt in Verbindung mit der Aufnahme und Abgabe von Energie ein Stoff- und Energiewechsel.

Jedes Nahrungsmittel enthält immer nur einen Teil aller vom Menschen benötigten Nähr- und Ergänzungsstoffe. Deshalb ist es erforderlich, täglich unterschiedliche Nahrungsmittel aufzunehmen. Die wichtigsten Gruppen von Nahrungsmitteln sind in Abb. 1 genannt.

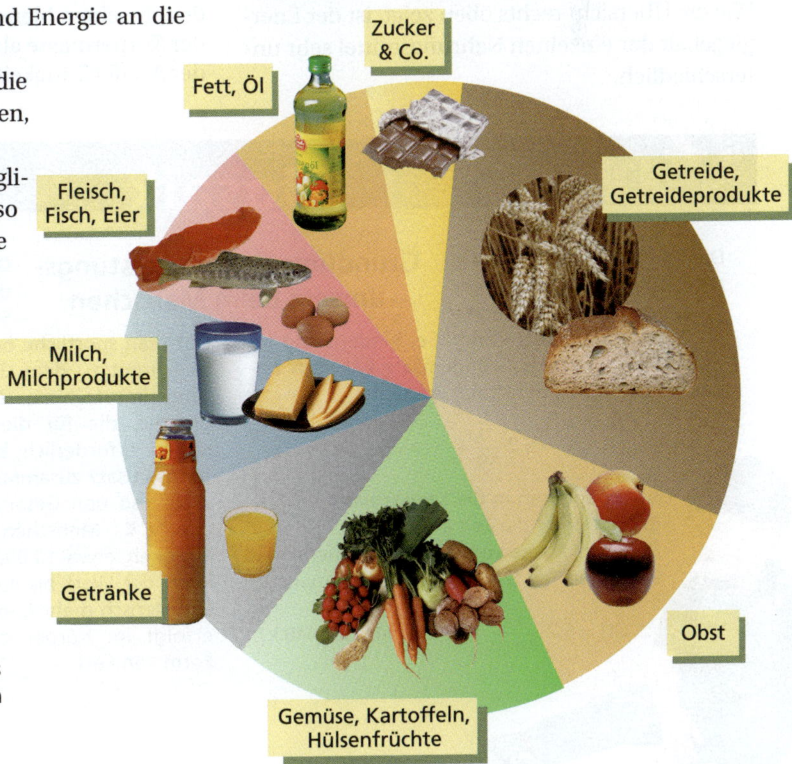

1 In dem „Nahrungsmittelkreis" sind die Gruppen von Nahrungsmitteln dargestellt, aus denen man täglich etwas zu sich nehmen sollte.

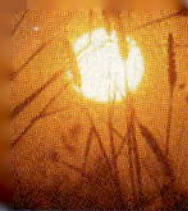

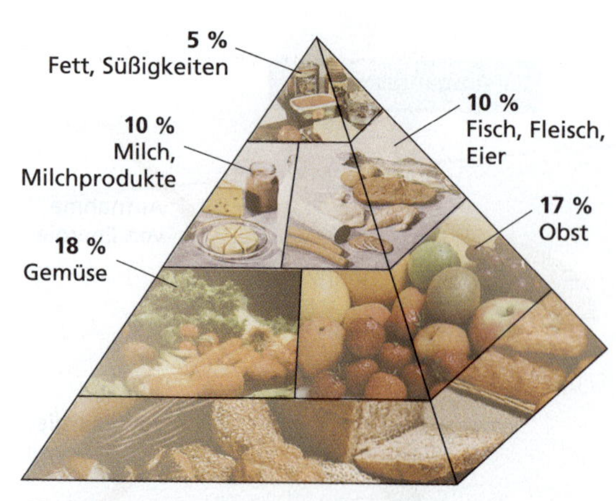

1 Ernährungspyramide für den Menschen: Die Prozentzahlen beziehen sich auf die prozentual empfohlene Menge der Nahrungsmittel pro Tag.

In welchen Anteilen man die verschiedensten Nahrungsmittel zu sich nehmen sollte, ist aus einer **Ernährungspyramide** ablesbar (Abb. 1).

> **Grundlage von Gesundheit und Wohlbefinden ist eine vielseitige und vollwertige Ernährung.**

Wie die Übersicht rechts oben zeigt, ist der Energiegehalt der einzelnen Nahrungsmittel sehr unterschiedlich.

Energiegehalt einiger Nahrungsmittel

Nahrungsmittel	Energiegehalt je 100 g in kJ
Joghurt	300
Butter	3 000
Schmalz	3 77
Hühnerei	680
Honig	1 270
Milchschokolade	2 180
Brötchen	1 130
Spaghetti	1 540
Kotelett	1 430
Rindsfilet	511
Cervelatwurst	1 070
Forelle	420
Karpfen	61
Apfel	243
Banane	360
Kartoffeln	320

Sehr unterschiedlich ist auch der **Energiebedarf** des einzelnen Menschen. Er hängt nicht nur von der Körpermasse ab, sondern vor allem auch von der Art der Tätigkeit, die der Einzelne ausübt.

Mosaik

Grundumsatz und Leistungsumsatz beim Menschen

Die Energie, die für die Aufrechterhaltung aller Lebensprozesse erforderlich ist, wird als **Grundumsatz** bezeichnet. Bei Kindern und Jugendlichen kann der Grundumsatz GU nach folgender Gleichung berechnet werden:

$$GU = 6{,}2\ \frac{\text{kJ}}{\text{kg} \cdot \text{h}} \cdot m \cdot t$$

Dabei bedeuten *m* die Körpermasse in Kilogramm und *t* die Zeit in Stunden.
Bei einer Masse von 50 kg und einem vollständigen Tag (24 Stunden) erhält man:

$$GU = 6{,}2\ \frac{\text{kJ}}{\text{kg} \cdot \text{h}} \cdot 50\ \text{kg} \cdot 24\ \text{h} = 7\,440\ \text{kJ}$$

Das bedeutet eine notwendige Energie von 86 J in jeder Sekunde.

Übt man sportliche oder andere Tätigkeiten aus, so kommt zu dem Grundumsatz noch der **Leistungsumsatz** hinzu. Der Leistungsumsatz ist die Energie, die für die unterschiedlichsten Tätigkeiten erforderlich ist. Grundumsatz und Leistungsumsatz zusammen ergeben den **Gesamtumsatz,** also den Gesamtenergiebedarf. So benötigen z. B. Menschen bei leichter körperlicher Tätigkeit etwa 10 000 kJ. Bei schwerer Tätigkeit kann der Wert bis auf 25 000 kJ steigen. Nimmt ein Mensch mehr Energie als erforderlich auf, so erfolgt im Körper eine Energiespeicherung in Form von Fett.

Physik in Natur und Technik

Hoch, höher, am höchsten

Im Zirkus benutzen manche Artisten ein Schleuderbrett (Abb. oben). Ein Artist springt von einem Podest auf eine Seite der Wippe und schleudert dadurch den anderen Artisten auf die Schultern eines dritten Artisten.
Welche Energieumwandlungen und Energieübertragungen treten dabei auf?

Der Artist auf dem Podest besitzt aufgrund seiner höheren Lage gegenüber dem Schleuderbrett und dem darauf stehenden Artisten potenzielle Energie. Beim Sprung vom Podest wird potenzielle Energie in kinetische Energie umgewandelt. Nach dem Auftreffen auf das Schleuderbrett wird die kinetische Energie und die restliche potenzielle Energie des Artisten auf das Schleuderbrett und den anderen Artisten übertragen, der sich dadurch nach oben bewegt. Dabei wird dessen kinetische Energie in potenzielle Energie umgewandelt, bis die Aufwärtsbewegung zu Ende ist.
Warum kann durch zwei Artisten eine größere Höhe erreicht werden?

Steigen zwei Artisten auf das Podest, so ist ihre gemeinsame potenzielle Energie aufgrund ihrer größeren Gewichtskraft größer, als bei einem Artisten. Diese größere potenzielle Energie der abspringenden Artisten wird in eine größere kinetische Energie des anderen Artisten umgewandelt. Er wird also wesentlich höher geschleudert.

Wie viel Energie braucht ein Mensch?

Bergsteigen oder Bergwandern sind beliebte Sportarten, können aber auch sehr anstrengend sein. Man muss deshalb ausreichend Nahrungsmittel und Getränke zu sich nehmen, damit die notwendige Energie für den Grundumsatz und für die zum Aufsteigen erforderliche Arbeit vorhanden ist. Der **Grundumsatz** ist zur Aufrechterhaltung aller Lebensfunktionen erforderlich. Er beträgt etwa 7 000 kJ pro Tag. Beim Wandern werden etwa 15 % der aufgenommenen Energie in nutzbringende Energie umgesetzt.
Welche Energieumwandlungen und Energieübertragungen gehen beim Bergaufsteigen vor sich?

Mit der Nahrung hat der Mensch hochwertige Energie in Form von Fetten, Eiweißen und Kohlenhydraten zu sich genommen. Die Nahrung wird in komplizierten chemischen Prozessen z. T. in körpereigene Stoffe umgewandelt, die ihrerseits als Energiespender dienen. Diese Energie ist zur Aufrechterhaltung der Lebensfunktionen notwendig. Sie ermöglicht uns auch, Arbeit zu verrichten. Aber nur 15 % der Energie, die in der Nahrung enthalten ist, wird auf den Menschen übertragen. Er sichert damit seine Lebensfunktionen und kann Arbeit verrichten. Der andere Teil wird an die Umgebung abgegeben.

Energiebedarf pro Tag in kJ in verschiedenen Lebensaltern

Lebensalter	Energiebedarf in kJ/Tag	
Kinder		
1– 4 Jahre	5 000	
7–10 Jahre	8 400	
Jugendliche	**männlich**	**weiblich**
12–15 Jahre	10 000	8 000
16–19 Jahre	13 000	10 500
Erwachsene	**männlich**	**weiblich**
25 Jahre	10 900	9 200
45 Jahre	10 000	8 400
65 Jahre	9 200	7 500

Energieflussdiagramm einer Windkraftanlage

Seit etwa 1935 werden Windkraftanlagen zur Gewinnung von Elektroenergie gebaut, getestet und ständig verbessert. Insbesondere in den letzten Jahren hat sich die Anzahl der installierten Windkraftanlagen in Deutschland stark vergrößert. Dadurch stieg die Leistung von Windkraftanlagen in Deutschland von 68 MW im Jahr 1990 auf 15 000 MW im Jahr 2004 und sie steigt weiter.

Wie ist eine Windkraftanlage aufgebaut?
Welche Energieumwandlungen gehen bei einer Windkraftanlage vor sich?

Den Aufbau einer Windkraftanlage zeigt Abb. 1. Auf einem Turm befindet sich ein meist dreiflügliger Rotor. Dieser Rotor ist über ein Getriebe mit einem Generator verbunden. Die gesamte Anordnung ist drehbar gelagert, damit der Rotor in die jeweilige Windrichtung gedreht werden kann. Darüber hinaus können die Rotorblätter verstellt werden, um möglichst günstige Bedingungen für unterschiedliche Windgeschwindigkeiten einstellen zu können.

Die **Energieumwandlungen** kann man mit einem Energieflussdiagramm verdeutlichen (Abb. 2). Die Energie des Windes treibt den Rotor an und versetzt ihn in Bewegung. Dabei treten aufgrund von Reibungseffekten und Wirbelbildung schon etwa 60 % Energieverluste auf.

Die Bewegungsenergie des Rotors wird über eine Welle auf das Getriebe und von dort über eine Welle zum Generator übertragen. Die im Getriebe entstehenden Verluste durch Reibung betragen 4 %. Auch bei der Umwandlung von kinetischer Energie in elektrische Energie im Generator treten nochmals Energieverluste auf. In der Anlage werden nur 29 % der ursprünglichen Windenergie in nutzbare elektrische Energie umgewandelt. Die Windenergie wird entwertet.

1 Aufbau einer modernen Windkraftanlage zur Gewinnung von elektrischer Energie

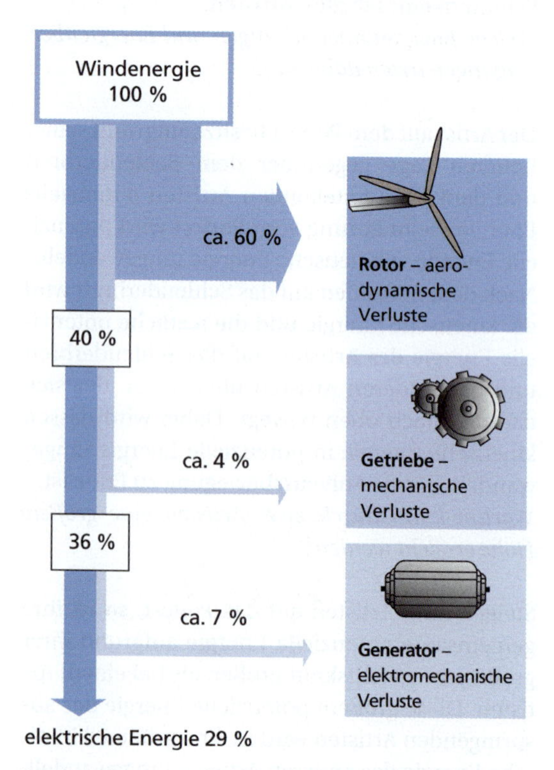

2 Energieumwandlungen bei einer Windkraftanlage: Angegeben sind Durchschnittswerte.

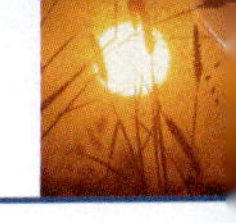

Eine geniale Erfindung

In einem Pumpspeicherkraftwerk strömt Wasser durch Rohrleitungen aus einem Oberbecken in ein Unterbecken und treibt über eine Turbine einen Generator an, in dem die mechanische Energie des Wassers in elektrische Energie umgewandelt wird (Abb. 1). Ein genialer Erfinder hatte nun die Idee, einen Teil der erzeugten elektrischen Energie zum Antrieb einer Pumpe zu verwenden, die das Wasser aus dem Unterbecken in das Oberbecken pumpt, sodass ein Wasserkreislauf entsteht. Der andere Teil der Energie wird ständig ins Netz eingespeist. Damit steht der Menschheit eine unerschöpfliche Energiequelle zur Verfügung, so der Erfinder.
Kann diese Erfindung funktionieren?

Die Erfindung ist ein typisches Perpetuum mobile, das nicht funktionieren kann. Das Wasser im Oberbecken besitzt potenzielle Energie, die beim Herunterströmen des Wassers in kinetische Energie umgewandelt wird. Die kinetische Energie wird zum Antrieb der Turbinen genutzt und im Generator in elektrische Energie umgewandelt:

$$E_{pot} \rightarrow E_{kin} \rightarrow E_{el}$$

Um den Wasserkreislauf in Gang zu setzen, wird mithilfe einer Pumpe die elektrische Energie in potenzielle Energie des Wassers umgewandelt:

$$E_{el} \rightarrow E_{pot}$$

Nach dem Gesetz von der Erhaltung der Energie gilt für das Pumpspeicherwerk:

$$E_{pot} + E_{kin} + E_{el} = \text{konstant}$$

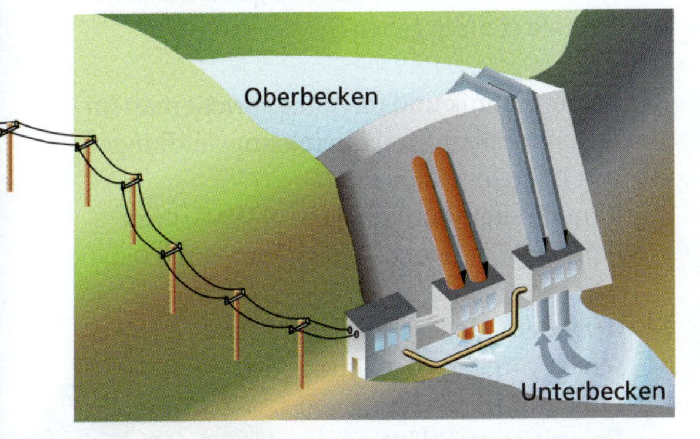

1 Aufbau eines Pumpspeicherkraftwerkes: Energie des Wassers wird in Elektroenergie umgewandelt.

Die notwendige elektrische Energie zum Hochpumpen des Wassers muss mindestens genauso groß sein wie die elektrische Energie, die aus dem herabströmenden Wasser gewonnen werden kann. Mit dieser Erfindung könnte somit im besten Falle der Wasserkreislauf aufrechterhalten werden. Da jedoch Reibung auftritt, käme der Kreislauf sehr schnell zum Erliegen. Eine Einspeisung von Energie ins Netz wäre auf jeden Fall ausgeschlossen.

Mosaik

Ein Perpetuum mobile

Viele Jahrhunderte lang versuchten Erfinder eine Maschine zu konstruieren, die dauernd Energie abgibt, ohne dass ihr Energie zugeführt wird oder die mehr Energie abgibt als ihr zugeführt wurde. Eine solche Anordnung wird als **Perpetuum mobile** („sich ständig bewegend") bezeichnet. Eine der Ideen für ein solches Perpetuum mobile zeigt die Abbildung. Es handelt sich dabei um eine Konstruktion, die der holländische Mathematiker SIMON STEVIN (1548–1620) angegeben hat.
Auf einer geneigten Ebene befindet sich eine Kugelkette. Ein Teil der Kugeln wirkt mit ihrer Gewichtskraft in der einen Richtung. Die Kugeln auf der geneigten Ebene wirken mit einer geringeren Kraft in der entgegengesetzten Richtung. Die gesamte Kette soll sich ständig in Pfeilrichtung bewegen.
Ein solches Perpetuum mobile kann nicht funktionieren. Es widerspricht dem Energieerhaltungssatz, der besagt, dass Energie weder erzeugt noch vernichtet, sondern nur von einer Form in andere Formen umgewandelt werden kann.

$\vec{F}_H$ $\vec{F}_G$

Bereits im Jahre 1775 erklärten die Pariser Akademie der Wissenschaften und die Royal Society in London als die damals weltweit führenden wissenschaftlichen Einrichtungen, dass sie keinen Vorschlag für ein Perpetuum mobile mehr prüfen werden. Trotzdem gab und gibt es noch zahlreiche Versuche, ein Perpetuum mobile zu konstruieren.

gewusst · gekonnt

1. Die Abbildungen zeigen Vorgänge in Natur und Technik.
Welche Energieformen besitzen die jeweiligen Körper? Welche Energieumwandlungen erfolgen bei diesen Vorgängen?

a)

b)

c)

d)

2. Unter welchen Bedingungen ist Wasser ein Energiespeicher?

3. Vergleiche die Heizwerte von Brennstoffen! Nutze dazu die Tabelle auf S. 469!

4. Nenne Argumente, warum die elektrische Energie häufig als die wichtigste Energieform in unserem Leben bezeichnet wird!

5. Bereite einen Vortrag zum Thema *„Die Sonne – unsere wichtigste Energiequelle“* vor! Nutze dazu das Internet, u. a. auch **www.schuelerlexikon.de**!

6. Akkumulatoren sind Quellen elektrischer Energie.
a) Warum musst du sie von Zeit zu Zeit erneuern bzw. wieder aufladen?
b) Wovon hängt die Zeitspanne zwischen zwei Ladevorgängen ab?

7. Zur Versorgung eines Wohnhauses mit Energie werden verschiedene Energieträger eingesetzt.
a) Welche Energieträger können eingesetzt werden?
b) Welche Energieformen sind in ihnen gespeichert?
c) In welche Energieformen werden diese im Wohnhaus umgewandelt?

8. Gib für die folgenden Geräte an, welche Energieumwandlungen im Gerät erfolgen:
a) elektrischer Mixer,
b) Heizsonne,
c) Benzinmotor eines Rasenmähers,
d) Pendeluhr,
e) Gasherd!

9. Erläutere die Energieumwandlungen in einem Pumpspeicherkraftwerk!
Zeichne die Energieumwandlungskette!

10. Warum gibt es Pumpspeicherwerke nur in einigen Gegenden Deutschlands?

11. Erkunde, wie in deiner näheren Umgebung die Versorgung mit Fernwärme funktioniert! Entwickle eine Energieumwandlungskette bis zum „Verbraucher“!
Wo treten „Verluste“ auf? Was wird unternommen, um diese klein zu halten?

12. Müssten Solaruhren nicht stehen bleiben, wenn es dunkel ist? Wie wird gewährleistet, dass sie ständig gehen?

13. In der Technik und im Alltag spricht man im Zusammenhang mit Energieumwandlungen von Energieverlusten.
Kann Energie verloren gehen? Was ist mit dem Begriff „Energieverlust“ gemeint?

14. Bei jedem Menschen finden zahlreiche Vorgänge der Umwandlung und Übertragung von Energie statt. Erläutere einige dieser Vorgänge!

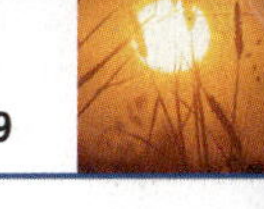

15. Nenne wichtige Energiewandler bei der Umwandlung elektrischer Energie in andere Formen und umgekehrt! Benutze dazu folgendes Schema:

16. Erläutere, warum auch Pflanzen Energiewandler sind!

17. Beschreibe die Energieumwandlungen, die in den Geräten erfolgen! Beziehe auch die jeweiligen Energieentwertungen mit ein!

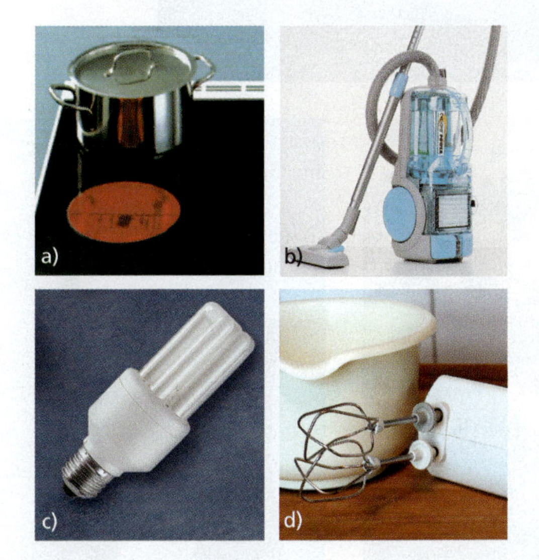

18. a) Stelle in einer Übersicht alle Nahrungsmittel und auch die Getränke zusammen, die du innerhalb von 24 Stunden zu dir nimmst!
b) Ordne die Nahrungsmittel und Getränke den 8 Gruppen des Nahrungsmittelkreises (S. 473) zu!
c) Leite Folgerungen für deine künftige Ernährung ab!

***19.** a) Berechne deinen Grundumsatz! Hinweise zur Berechnung findest du auf S. 474!
b) Erläutere den Unterschied zwischen dem Grundumsatz und dem Leistungsumsatz!

20. Auf Verpackungen von Lebensmitteln sind häufig „Nährwertangaben pro 100 g" angegeben (s. Abb.). Der Brennwert entspricht dem Energiegehalt.
a) Stelle in einer Übersicht für verschiedene Lebensmittel die Nährwertangaben pro 100 g zusammen! Notiere auch den Gehalt an Eiweiß, Kohlenhydraten und Fetten!
b) Welche Folgerungen könnte man daraus für eine gesunde Ernährung ableiten?

21. Stelle anhand der Übersicht auf S. 474 Nahrungsmittel für einen Tag so zusammen, dass
- der gesamte Energiegehalt etwa 10 MJ beträgt und
- die Ernährung zugleich vielseitig und vollwertig ist!

22. Paul isst zum Frühstück 100 g Joghurt, 50 g Butter, 50 g Honig und ein 100 g wiegendes Brötchen.
Wie groß ist der Energiegehalt dieser Nahrungsmittel? Nutze zur Berechnung die Angaben auf S. 474!

23. Der Energiebedarf ist beim Menschen u. a. vom Alter, vom Geschlecht und von der körperlichen Tätigkeit abhängig. Eine der zahlreichen Empfehlungen lautet:

Alter	Richtwert in kJ/Tag	
	männlich	weiblich
10–12	9 650	9 250
13–14	11 350	10 500
15–18	12 600	10 100
19–35	10 900	9 250

a) Versuche zu ermitteln, wie viel Energie du täglich zu dir nimmst!
b) Vergleiche mit den oben angegebenen Richtwerten! Wodurch könnten die Abweichungen zustande kommen?
c) Welche Folgerungen kannst du für dich ableiten?

7.2 Energieversorgung gestern, heute, morgen

Energie der Sonne

Sonnenenergie kann mithilfe von Solarzellen direkt in elektrische Energie umgewandelt werden. Damit lassen sich Solarboote oder Solarmobile ebenso betreiben wie Parkscheinautomaten oder Messstationen.

Wie effektiv sind Solarzellen? Kann man mit ihnen auch ganze Häuser versorgen?

Energie aus der Natur

Biomasse gehört zu den Energieträgern, die ständig nachwachsen und die in zunehmendem Maße genutzt werden.

Welche Energie ist in Pflanzen gespeichert? Wie groß ist diese Energie? Wie kann sie genutzt werden?

Energie aus der Steckdose

Für unsere Versorgung mit Elektroenergie spielen Kraftwerke eine entscheidende Rolle. Etwa 50 % der Elektroenergie wird bei uns in Kohlekraftwerken gewonnen, etwa 30 % in Kernkraftwerken.

Wie lange reichen die Kohlevorräte? Geht uns längerfristig die Energie aus?

Primär-, Sekundär- und Nutzenergie

Energieträger, die in der Natur vorhanden sind, nennt man **Primärenergieträger**. Die in ihnen gespeicherte Energie ist die **Primärenergie** (Abb. 1, 2). Primärenergie wird heute vom Menschen nur in begrenztem Umfange unmittelbar genutzt.

In der Regel wird **Primärenergie** in vielfältigen Umwandlungsprozessen in andere Formen umgewandelt, die sich besser transportieren, verteilen und für den Nutzer umwandeln lassen. Diese Zwischenstufe zwischen Primär- und Nutzenergie ist die **Sekundärenergie**. Die betreffenden Energieträger, z. B. Brikett, Koks, Benzin, Dieselkraftstoff, Heizöl oder elektrischen Strom, nennt man **Sekundärenergieträger**. Die wichtigste Form der Sekundärenergie ist die elektrische Energie (Abb. 3). Sie lässt sich aus vielen anderen Energieformen gewinnen, gut in andere Energieformen umwandeln, in großen Mengen und über weite Strecken transportieren, allerdings nur in relativ geringem Umfang speichern.

Unter **Nutzenergie** versteht man die Energie, die vom Menschen unmittelbar für verschiedene Zwecke genutzt wird, z. B. zum Heizen und Kochen, zum Betrieb von Maschinen, Geräten und Anlagen, für den Verkehr.

Von der gesamten Energie, die in Deutschland genutzt wird, benötigt der Verkehr etwa 30 %, die Haushalte etwa 28 % und die Industrie 26 %. Die restlichen 16 % entfallen auf Gewerbe, Handel und Dienstleistungen.

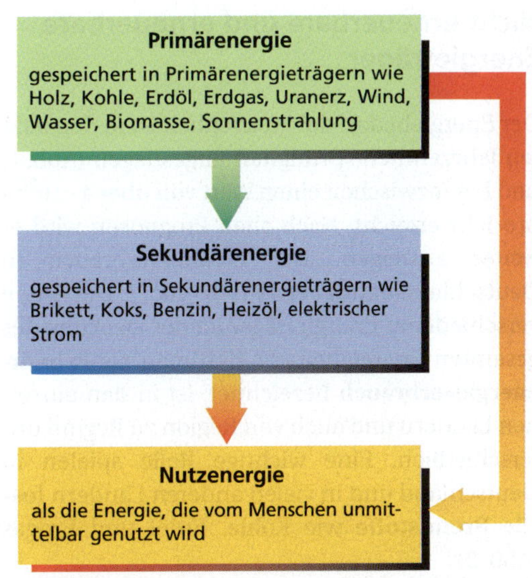

1 Zusammenhänge zwischen Primärenergie, Sekundärenergie und Nutzenergie

2 Erdgas ist ein Primärenergieträger, wird aber teilweise direkt zum Heizen und Kochen genutzt.

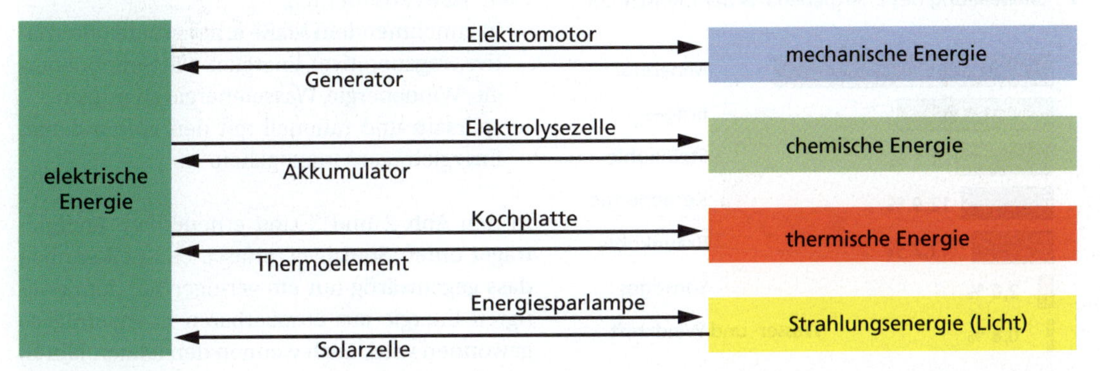

3 Elektrische Energie kann aus verschiedenen Energieformen erzeugt und in viele andere Energieformen umgewandelt werden.

Nicht erneuerbare und erneuerbare Energieträger

Der Energiebedarf der Menschheit ist in den letzten Jahrzehnten sprunghaft angestiegen (Abb. 1) und hat inzwischen einen Wert von über $4 \cdot 10^{20}$ J pro Jahr erreicht. Nach allen Prognosen wird er weiter ansteigen. Der Gesamtverbrauch in Deutschland beträgt etwa $1{,}45 \cdot 10^{19}$ J. Der Anteil verschiedener Energieträger an der Deckung des gesamten Energiebedarfs, den man als **Primärenergieverbrauch** bezeichnet, ist in den einzelnen Ländern und auch von Region zu Region unterschiedlich. Eine wichtige Rolle spielen in Deutschland und in vielen anderen Ländern **fossile Brennstoffe** wie Kohle, Erdöl und Erdgas (Abb. 2).

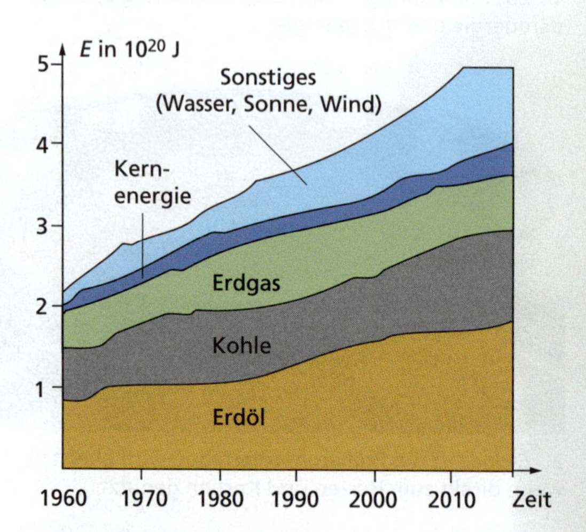

1 Entwicklung des Energiebedarfs der Menschheit

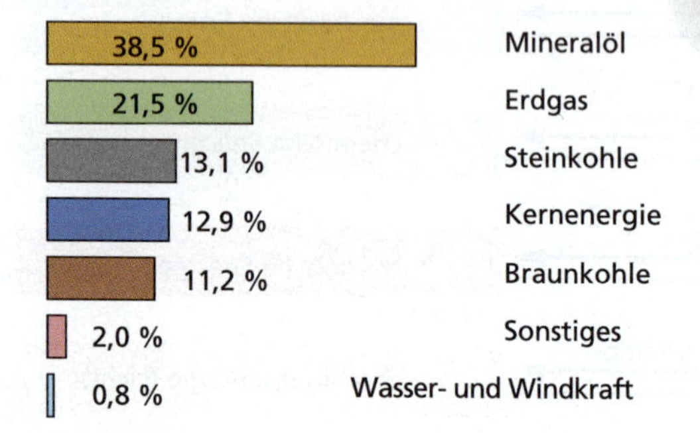

2 Energieträger beim Primärenergieverbrauch in Deutschland

Energieträger	Anteil
Kernenergie	30,0 %
Braunkohle	27,4 %
Steinkohle	24,0 %
Erdgas	9,0 %
Wasserkraft	4,5 %
Sonstiges	3,1 %
Windenergie	2,0 %

3 Energieträger für die Elektroenergieerzeugung in Deutschland

Eine andere Verteilung ergibt sich, wenn man nur die Elektroenergieerzeugung betrachtet (Abb. 3). Hier spielt die **Kernenergie** eine wesentliche Rolle, aber auch fossile Brennstoffe haben große Bedeutung. Die Energievorräte an solchen Brennstoffen sind aber begrenzt und nicht erneuerbar. Ihr Abbau wird immer teurer und ist auch mit ökologischen Problemen verbunden. Dazu zählen nicht nur die Zerstörung von Landschaften durch riesige Braunkohletagebaue, sondern vor allem auch die Umweltbelastung durch Verbrennungsprozesse mit ihren Verbrennungsprodukten. Trotz aller Maßnahmen zur Abgasreinigung haben Kraftwerke und die Motoren von Millionen Kraftfahrzeugen erheblichen Anteil an der Luftverschmutzung, aber auch an solchen Erscheinungen wie dem **zusätzlichen Treibhauseffekt,** dem **Ozonloch** und dem **sauren Regen.**

Um den weiter wachsenden Energiebedarf zu decken, ist es erforderlich,
- in zunehmendem Maße erneuerbare (alternative, regenerative) Energien wie Sonnenenergie, Windenergie, Wasserenergie zu nutzen,
- sparsam und rationell mit den vorhandenen Energieträgern umzugehen.

In den Abb. 2 und 3 sind erneuerbare Energieträger unter „Sonstiges" erfasst. Es ist erkennbar, dass gegenwärtig nur ein geringer Teil der benötigten Energie aus erneuerbaren Energieträgern gewonnen wird, auch wenn in den letzten Jahren die Nutzung der Windenergie und der Sonnenenergie deutlich zugenommen hat.

Regenerative Energiequellen

Energiequellen, die nachwachsen (Holz, Biomasse) oder immer von neuem nutzbar sind (z. B. Wind, Wasser, Sonnenstrahlung) nennt man erneuerbare oder regenerative Energiequellen. Beispiele sind in der Übersicht unten dargestellt.

1. *Interpretiere die Übersicht über regenerative Energiequellen und deren Nutzung!*

2. *Welche natürlichen Gegebenheiten begünstigen oder erschweren die Nutzung erneuerbarer Energiequellen?*

3. *Erkunde, welche erneuerbaren Energieträger in welchem Umfange in Deutschland genutzt werden! Informiere dich insbesondere über die Nutzung von Wind und Sonnenstrahlung! Verwende dazu das Internet, insbesondere auch die Adresse **www.schuelerlexikon.de**!*

Energie aus dem Wind

Nicht nur in Küstenregionen gibt es eine zunehmende Anzahl von Windkraftanlagen, sondern auch im Binnenland. Insgesamt bleibt aber die Leistung, die von ihnen in das Netz eingespeist wird, relativ klein. Die meisten Anlagen erreichen Leistungen bis zu 1 MW. Damit sie wirtschaftlich arbeiten können, sind mittlere Windgeschwindigkeiten von 4 m/s bis 5 m/s erforderlich. Das entspricht im Mittel Windstärke 3.

4. *Beschreibe den Aufbau und erkläre die Wirkungsweise einer Windkraftanlage (s. S. 476)! Welche Vor- und Nachteile hat sie gegenüber einem Kohlekraftwerk?*

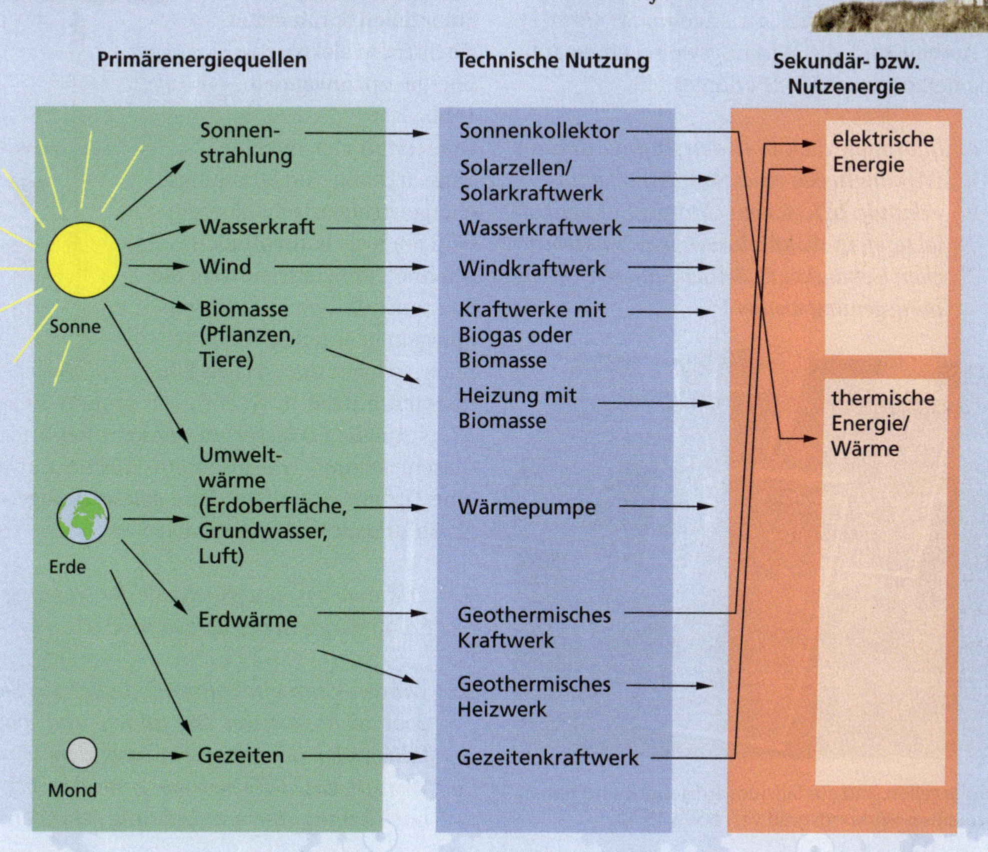

1 Im Sonnenkollektor auf dem Hausdach wird Wasser erwärmt.

Energie von der Sonne

Die Energie der Sonne kann man dazu nutzen, um auf direktem Wege in **Sonnenkollektoren** Wasser zu erwärmen. Dieses erwärmte Wasser kann z. B. zur Heizung von Räumen verwendet werden. Sonnenkollektoren werden meist auf den Dächern von Häusern angebracht (Abb. 1). Der Aufbau und die Wirkungsweise eines Sonnenkollektors ist auf S. 274 dargestellt.

5. a) *Informiere dich über den Aufbau und die Wirkungsweise eines Sonnenkollektors!*
   b) *Erkunde, in welchem Umfang Sonnenkollektoren in Wohnhäusern bzw. in öffentlichen Gebäuden in deiner näheren Umgebung genutzt werden!*

2 Solarzellen sind aus Silicium aufgebaut und haben heute einen Wirkungsgrad von etwa 15 %.

3 Die Sonnenenergie wird genutzt, um Elektroenergie zu erzeugen und einen Brunnen zu betreiben.

6. *Erkunde, in welchem Verhältnis Investitionskosten zu Einsparungen stehen, wenn man einen Sonnenkollektor installiert?*

Die Energie der Sonne kann auch dazu genutzt werden, um mithilfe von **Solarzellen** Sonnenenergie direkt in elektrische Energie umzuwandeln (Abb. 2, 3).
Die Technik der direkten Umwandlung von Strahlungsenergie in elektrische Energie wird auch als **Fotovoltaik** bezeichnet. Konzentriert man die Sonnenstrahlung mithilfe von Spiegeln in einem kleinen Bereich, so kann man das als Sonnenofen nutzen (s. S. 274). Mit großen Spiegeln ist es möglich, Wasser zu verdampfen und mit diesem Dampf, wie in einem Wärmekraftwerk, eine Turbine antreiben. Eine solche Anlage wird als **Solarkraftwerk** bezeichnet.

7. *Erläutere Vor- und Nachteile der Nutzung von Solarenergie in der Fotovoltaik!*

8. *Warum kann ein Solarmobil oder ein Solarboot nicht nur am Tag fahren und warum fährt es bei Sonnenschein besonders schnell? Warum hat diese Art des Antriebes bei uns noch keine größere Verbreitung gefunden?*

Energie aus Sonne, Wind und Wasser

Ein besonders interessantes Projekt wurde im Energiepark Geesthacht bei Hamburg realisiert. Die drei erneuerbaren Energiequellen Sonne, Wind und Wasser wurden miteinander kombiniert (Abb. 1).
Kernstück der Anlage ist ein Pumpspeicherkraftwerk, das seit 1958 in Betrieb ist. Die im Oberbecken gespeicherte Wassermenge reicht aus, um 5 Stunden lang eine Leistung von 120 MW zu erzeugen. Bis 1994 wurde zum Hochpumpen des Wassers billiger Nachtstrom genutzt. Jetzt wird ein Teil der notwendigen elektrischen Energie in einem Windkraftwerk gewonnen.
Ein anderer Teil der elektrischen Energie wird von Solarzellen geliefert. Allerdings reicht die vom Windkraftwerk und von den Solarzellen gelieferte Energie nur für insgesamt ca. 7 Stunden Volllastbetrieb des Pumpspeicherkraftwerkes jährlich.

9. *Wie arbeitet ein Pumpspeicherkraftwerk?*

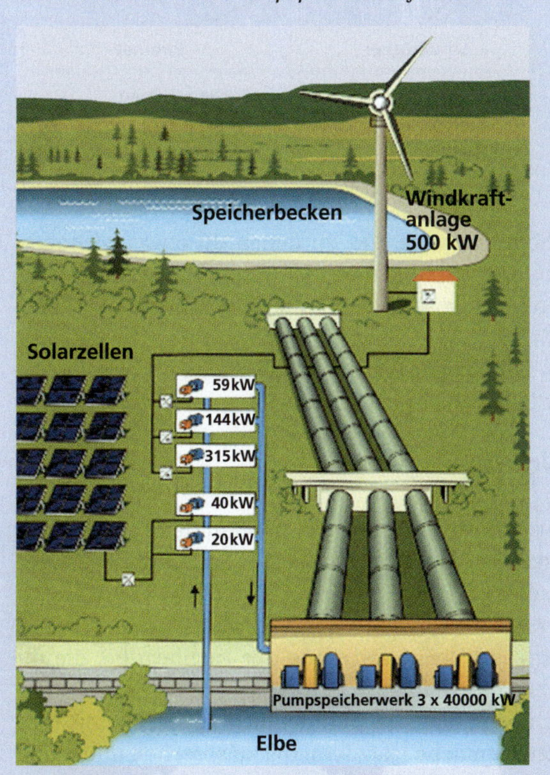

1 Energiepark Geesthacht bei Hamburg

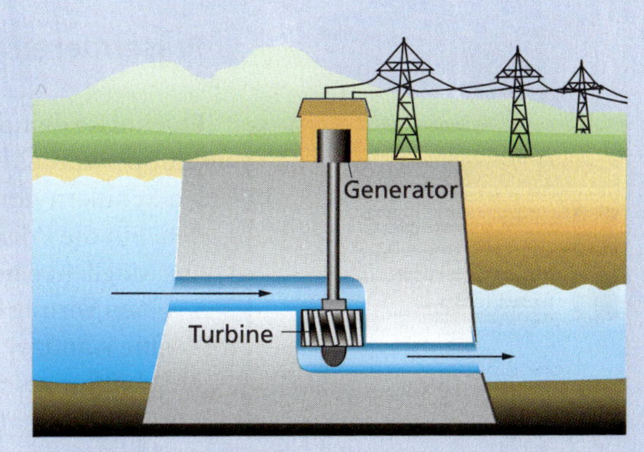

2 Prinzipieller Aufbau eines Gezeitenkraftwerks: Genutzt werden Ebbe und Flut.

10. *Stelle eine Energieumwandlungskette für den Energiepark Geesthacht auf!*

11. *Kommentiere die jeweiligen Leistungen, die im Energiepark durch das Wasserkraftwerk, die Windkraftanlage und die Solarzellen bereitgestellt werden können!*

12. *Erkunde, welche Kombination in der Nutzung erneuerbarer Energieträger es in deiner näheren Umgebung gibt!*

Energie aus Gezeiten

Ebbe und Flut bedeuten strömendes Wasser. An der französischen Atlantikküste bei St. Malo wurde 1961 das erste große Gezeitenkraftwerk gebaut. Ein 800 m langer künstlicher Damm versperrt den Mündungstrichter des Flusses Rance. Die flussaufwärts strömenden Wassermassen treiben bei Flut die Turbinen eines Generators an. Abb. 2 zeigt den prinzipiellen Aufbau.

*13. *Wie entstehen Gezeiten? Warum sind sie an der Ostsee kaum spürbar?*

14. *Nutze das Internet, um dich über die geograf-schen Besonderheiten von St. Malo zu informieren!*

15. *Welche Vor- und Nachteile hat ein Gezeitenkraftwerk? Erkunde, warum das Kraftwerk in St. Malo besonders effektiv arbeitet!*

Präsentieren von Informationen

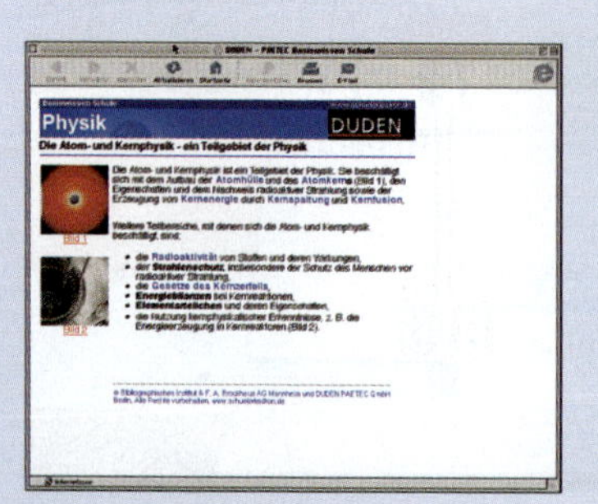

Unter der Internet-Adresse **www.schuelerlexikon.de** findest du für Schüler entwickelte Nachschlagewerke, u. a. für das Fach Physik.

Ergebnisse deiner Arbeit zu einem Thema oder das, was ihr in einer Gruppe erarbeitet habt, sollte den Mitschülern, vielleicht sogar allen Schülern der Schule oder der Öffentlichkeit, präsentiert werden. Für die Präsentation von Informationen gibt es unterschiedliche Möglichkeiten, beispielsweise:

- einen Vortrag halten,
- eine Wandzeitung oder ein Poster für den Physikraum oder den Schulflur gestalten,
- eine Präsentation mit dem Computer anfertigen und vorführen,
- eine Internetseite zu einem Thema gestalten.

Vorbereiten eines Vortrages

1. Verschaffe dir einen Überblick über das Thema! Nutze dazu verschiedene Informationsquellen!

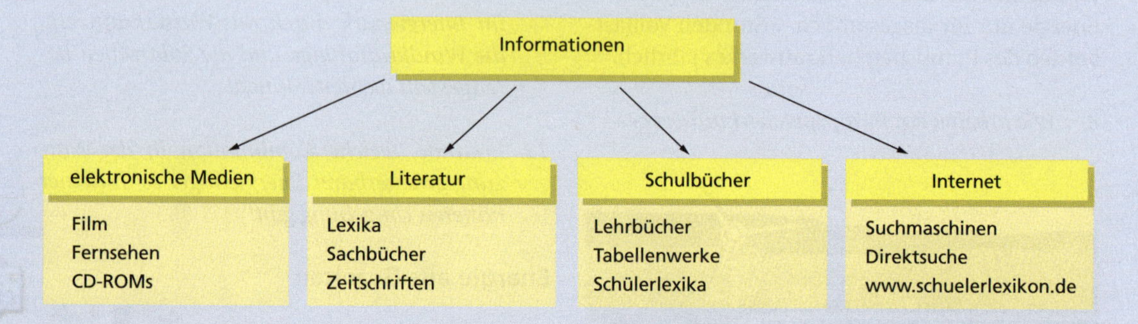

2. Wähle die Schwerpunkte aus, zu denen du etwas vortragen willst! Informiere dich über diese Schwerpunkte genauer!
3. Gliedere den Vortrag! Formuliere die Schwerpunkte in Kurzform schriftlich!
4. Stelle Bilder, Folien oder Plakate bereit, die du für den Vortrag nutzen willst!

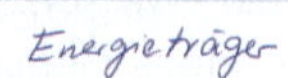

1. Was sind Energieträger?
2. Arten von Energieträgern
   - nicht erneuerbare (Kohle, Erdöl, Benzin, Diesel)
   - erneuerbare (Sonnenstrahlung, Wasser, Wind, Biomasse)
3. In welchen Formen ist die Energie gespeichert?
   Kohle ⇒ E_{ch}
   Wind ⇒ E_{kin}
   Wasser ⇒ E_{pot}, E_{kin}

Halten eines Vortrags

1. Wecke am Anfang des Vortrags Interesse und Neugier und nenne das Thema! Beginne mit „Wusstet ihr überhaupt...?“ „Hättet ihr gedacht, dass...“
2. Nenne und zeige die Gliederung (Tafel, Folie, Plakat)!
3. Sprich in kurzen Sätzen! Verwende nur Fachbegriffe, die du auch selbst erklären kannst!
4. Bemühe dich, laut, langsam und deutlich zu sprechen! Nutze deine Notizen! Versuche trotzdem, frei zu sprechen und deine Zuhörer anzuschauen!

5. Leite neue Teile deutlich ein, z. B.: „Ein weiterer Punkt ist ...“ oder „Als nächstes möchte ich ...“
6. Achte auf die Zeit! Schließe den Vortrag mit einer kurzen Zusammenfassung ab!

Anfertigen einer Wandzeitung oder eines Posters

Wandzeitungen oder Poster eignen sich gut dazu, Informationen und Arbeitsergebnisse der Schulöffentlichkeit vorzustellen. Damit das auch gut gelingt, sollten ein paar Tipps beachtet werden.

1. Jedes Poster hat ein Thema, das über den Inhalt informieren und Neugier wecken soll. Es sollte auffällig (groß, farbig) gestaltet sein.
2. Verwende Abbildungen, Grafiken, Skizzen, Schemata! Gehe sparsam mit Text um!
3. Ordne die Inhalte übersichtlich an!
4. Kennzeichne das, was inhaltlich zusammengehört, mit gleichen Schriftarten, Farben oder Formen! Verwende dabei aber keine zu große Vielfalt!
5. Teste die Erkennbarkeit und Lesbarkeit aus größerer Entfernung!
6. Bei einem umfangreicheren Thema kann man mehrere Poster zu einer kleinen Ausstellung zusammenfassen.

Gestaltung einer Internetseite

Im World Wide Web (www) kann man nicht nur Informationen suchen, sondern auch selbst Informationen präsentieren. Dazu ist eine eigene **Homepage** nötig oder es wird die Homepage der Schule genutzt.
Zur Erstellung der Seiten gibt es spezielle Programme.
Für die attraktive Gestaltung von Web-Seiten gelten die gleichen Hinweise wie für die Anfertigung einer Wandzeitung oder eines Posters. Vorteil ist aber beim Web: Es können auch Animationen, Videos oder Audios mit eingebaut werden. Es können auch schnell Änderungen und Aktualisierungen vorgenommen werden.

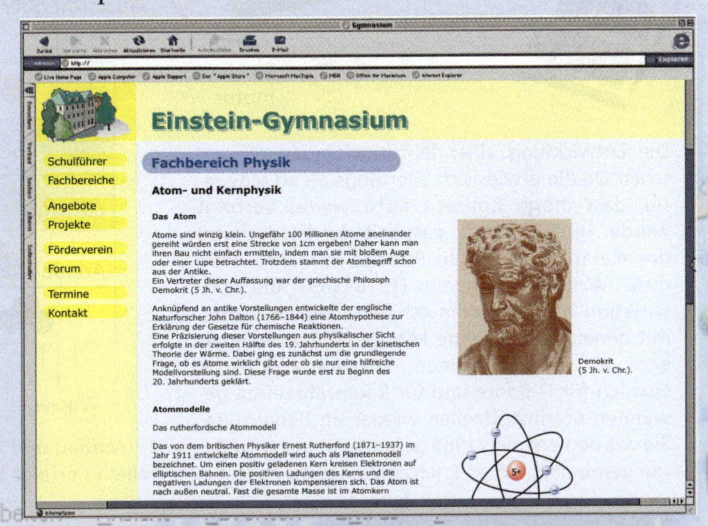

Brennstoffzellen – Energiequellen der Zukunft

Brennstoffzellen sind technische Anordnungen, mit deren Hilfe aus Wasserstoff und Sauerstoff elektrischer Strom erzeugt werden kann. Bereits 1839 demonstrierte der englische Astronom und Physiker WILLIAM GROVE im Labor die prinzipielle Wirkungsweise einer Brennstoffzelle: Elektrolytisch erzeugter Wasserstoff und Sauerstoff wird Elektroden aus Platin zugeführt. Dabei bildet sich zum einen Wasser, zum anderen entsteht zwischen den Elektroden eine Spannung, die zu einem Strom führt. Das Foto zeigt eine moderne Experimentieranordnung.

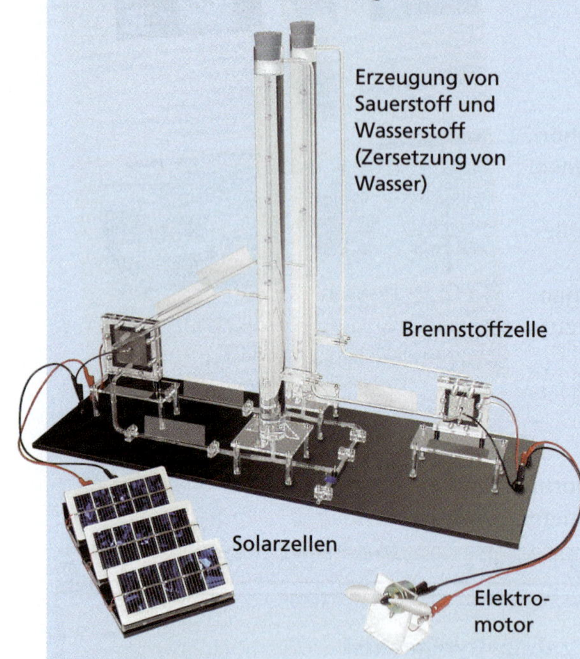

Die Entwicklung einer leistungsfähigen elektrischen Quelle erwies sich allerdings als so schwierig, dass dieses Konzept nicht weiter verfolgt wurde. Hinzu kommt, dass mit der Entdeckung des elektrodynamischen Prinzips im Jahre 1866 durch WERNER VON SIEMENS (1816–1892) die Konstruktion von Dynamomaschinen möglich wurde, mit denen ausreichende Mengen Elektroenergie erzeugt werden konnten. Erst als elektrische Quellen für U-Boote und für Raumfahrzeuge gewannen Brennstoffzellen wieder an Bedeutung. Sie wurden erstmals 1965 genutzt. Heute wird daran gearbeitet, sie als Energiequellen zu nutzen.

Eine Brennstoffzelle besteht aus zwei Elektroden und einem Elektrolyten (Abb. 1). Die Anode wird mit dem Brennstoff, meist Wasserstoff, und die Katode mit Sauerstoff versorgt. Der Elektrolyt verbindet die beiden Elektroden miteinander. Bei einer Betriebstemperatur zwischen 80 °C und 1000 °C gibt Wasserstoff an der Anode (Minuspol) Elektronen ab:

$$2H_2 \rightarrow 4H^+ + 4e^-$$

Die frei gewordenen Elektronen fließen über einen Verbraucher zur Katode und können dabei Arbeit verrichten.
An der Katode nimmt Sauerstoff Elektronen auf. Sauerstoff-Ionen bewegen sich durch den Elektrolyten zur Anode und vereinigen sich dort mit Wasserstoff-Ionen zu Wasser:

$$O_2 + 4e^- + 4H^+ \rightarrow H_2O$$

Als Gesamtreaktion entsteht aus Wasserstoff und Sauerstoff Wasser.
Eine einzelne Zelle liefert eine Spannung von 0,6 V bis 0,9 V. Durch Reihenschaltung solcher Zellen erreicht man Spannungen bis etwa 200 V.
Der Vorteil von Brennstoffzellen besteht vor allem darin, dass bei ihrem Betrieb keine Umweltbelastungen auftreten. Darüber hinaus ist ihr Wirkungsgrad mit 35 % bis 85 % sehr hoch.
Die derzeitigen Nachteile bestehen vor allem in den hohen Produktionskosten.

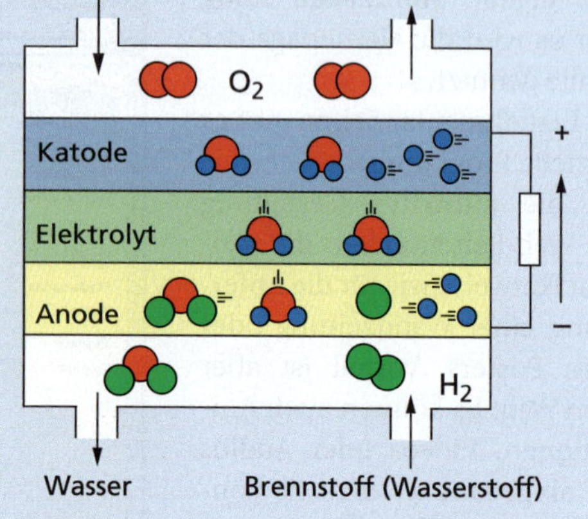

1 Aufbau und Wirkungsweise einer Brennstoffzelle: Es erfolgt ein Austausch von Elektronen.

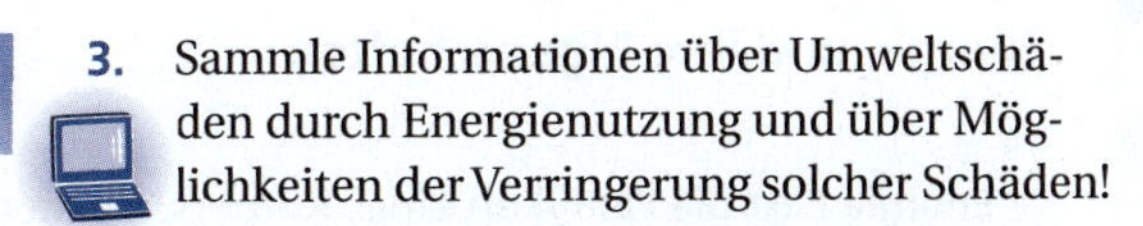

gewusst · gekonnt

1. Das Energieflussdiagramm zeigt die Energiebilanz für ein Kraftwerk mit Kraft-Wärme-Kopplung, bei dem die Abwärme für Heizzwecke genutzt wird.

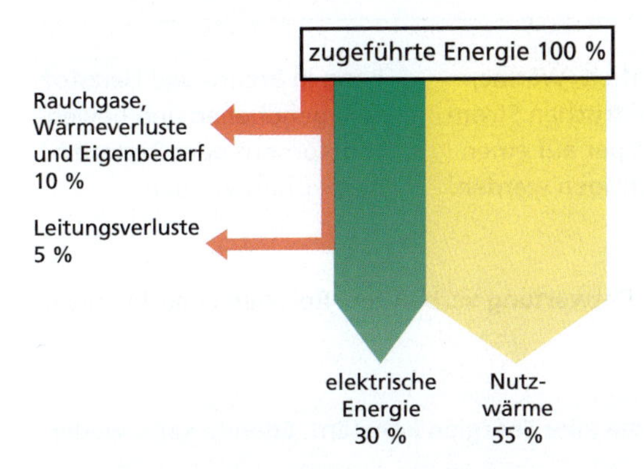

a) Wie groß ist der Wirkungsgrad dieses Kraftwerkes?
b) Kraftwerke mit Kraft-Wärme-Kopplung baut man in der Regel in der Nähe von Wohnvierteln. Warum?
c) Diskutiere Möglichkeiten der Nutzung der Abwärme bei Großkraftwerken ohne Kraft-Wärme-Kopplung!

2. In Biomasse ist Energie gespeichert, die für die Energieversorgung der Menschheit genutzt werden kann. Biomasse ist aufgrund des ständigen Nachwachsens von Pflanzen und Tieren eine erneuerbare Energiequelle. Trage in einer Tabelle verschiedene Verfahren zur Nutzung der Biomasse als Energieträger für die Energieversorgung zusammen! Gehe dabei auf die Energieumwandlungen ein, die bei diesen Verfahren auftreten!

Verfahren	Energieumwandlungen
Verbrennung von Biomasse (z. B. Holz)	...
...	...

3. Sammle Informationen über Umweltschäden durch Energienutzung und über Möglichkeiten der Verringerung solcher Schäden!

4. Nenne und erläutere einige Maßnahmen, wie man im täglichen Leben sparsam mit Energie und Treibstoffen umgehen kann!

5. Die Übersicht unten zeigt, wie lange die Reserven an fossilen Energieträgern reichen, wenn man den jetzigen Verbrauch zugrunde legt.

Energieträger	Reichweite in Jahren	
	weltweit	Deutschland
Braunkohle	515	230
Steinkohle	151	330
Erdöl	43	31
Erdgas	65	16

a) Welche Folgerungen kann man aus diesen Daten ableiten?
b) Welche Konsequenzen ergeben sich aus diesen Daten für die künftige Nutzung alternativer Energiequellen?

6. Elektrische Energie kann in Kraftwerken aus den verschiedensten Primärenergiequellen gewonnen werden.
a) Stelle diese für die wichtigsten Kraftwerkstypen in einer Tabelle zusammen und ergänze die zunächst vorhandene Energieform!

Kraftwerkstyp	Primärenergiequelle	Energieform
Wasserkraftwerk	...	...
...	...	...

b) Beschreibe für jeden Kraftwerkstyp die Kette der Energieumwandlungen bis zur elektrischen Energie!

summa summarum

Energie und ihre Eigenschaften

Energie *E* ist die Fähigkeit eines Körpers, mechanische Arbeit zu verrichten, Wärme abzugeben oder Licht auszusenden.

Energie

kann von einer Form in andere Formen umgewandelt werden.	kann durch Arbeit, Wärme, Licht oder elektrischen Strom von einem Körper auf einen anderen übertragen werden.	kann in Brenn- und Heizstoffen, gehobenen und bewegten Körpern oder Batterien gespeichert werden.

Die Umwandlung von Energie ist meist mit ihrer **Entwertung** verbunden. Bei allen Energieumwandlungen gilt stets der **Energieerhaltungssatz:**

In einem abgeschlossenen System ist die Summe aller Energien konstant. Energie kann weder erzeugt noch vernichtet werden.

$$E_{Gesamt} = E_1 + E_2 + E_3 + \ldots = \text{konstant}$$

Auch für alle Lebensprozesse ist Energie erforderlich. Diese muss dem Organismus zugeführt werden.

Die Vorgänge der Energieumwandlung und der Energieübertragung von einem Körper auf einen anderen können mithilfe von **Energieflussdiagrammen** dargestellt werden.

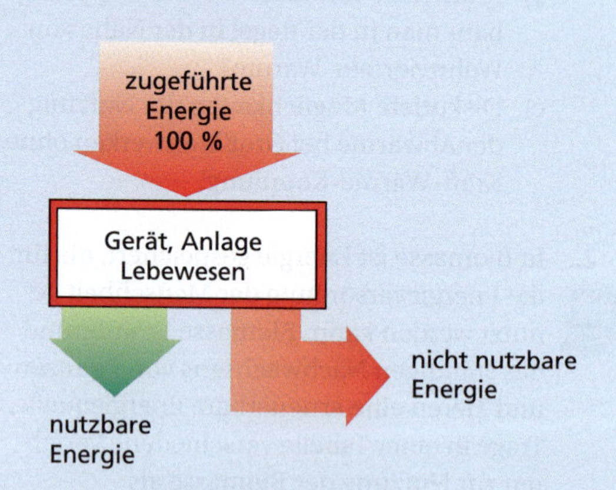

Bei Geräten, Anlagen und Lebewesen wird immer nur ein Teil der zugeführten Energie in nutzbare Energie umgewandelt.

Das Verhältnis von nutzbarer Energie zu zugeführter (aufgenommener) Energie wird als **Wirkungsgrad** η bezeichnet. Er ist immer kleiner als 1 bzw. kleiner als 100 %. Für ihn gilt:

$$\eta = \frac{E_{nutz}}{E_{zu}}$$

Register

Nuklidkarte (Ausschnitt)

Anzahl der Protonen (Ordnungszahl, Kernladungszahl) Z →

Z	120	121	122	123	124	125	126	127	128	129	130	131	132	133	134	135	136
92									**U** 238,029		**U 222** 1 µs α	**U 223** 18 µs α: 8,78	**U 224** 0,7 ms α: 8,47	**U 225** 95 ms α: 7,88	**U 226** 0,2 s α: 7,57	**U 227** 1,1 min γ: 0,247 α: 6,86	**U 228** 9,1 min ε,γ α: 6,68
91		**Pa** 231,036	**Pa 213** 5,3 ms α: 8,24	**Pa 214** 17 ms α: 8,12	**Pa 215** 14 s α: 8,09	**Pa 216** 0,2 s α: 7,87	**Pa 217** 4,9 ms α: 8,33	**Pa 218** 0,12 ms α: 9,61	**Pa 219** 53 ns α: 9,90	**Pa 220** 0,78 µs α: 9,65	**Pa 221** 5,9 µs α: 9,08	**Pa 222** 4,3 ms α: 8,21	**Pa 223** 6,5 ms α: 8,01	**Pa 224** 0,95 s α: 7,555	**Pa 225** 1,8 s α: 7,25	**Pa 226** 1,8 min ε α:6,86	**Pa 227** 38,3 min ε,γ: 0,065 α: 6,466
90	**Th** 232,038	**Th 211** 37 ms α: 7,79	**Th 212** 30 ms α: 7,80	**Th 213** 0,14 s α: 7,69	**Th 214** 0,10 s α: 7,68	**Th 215** 1,2 s α: 7,39	**Th 216** 28 ms α: 7,92	**Th 217** 252 µs α: 9,25	**Th 218** 0,1 µs α: 9,67	**Th 219** 1,05 µs α: 9,34	**Th 220** 9,7 µs α: 8,79	**Th 221** 1,68 ms α: 8,15	**Th 222** 2,2 ms α: 7,98	**Th 223** 0,66 s γ: 0,140 α: 7,324	**Th 224** 1,04 s γ: 0,177 α: 7,17	**Th 225** 8,72 h ε,γ: 0,321 α: 6,482	**Th 226** 31 min γ: 0,111 α: 6,336
89	**Ac 209** 90 ms α: 7,59	**Ac 210** 0,35 s α: 7,46	**Ac 211** 0,25 s α: 7,481	**Ac 212** 0,93 s α: 7,38	**Ac 213** 0,80 s α: 7,36	**Ac 214** 8,2 s α: 7,214	**Ac 215** 0,17 s α: 7,604	**Ac 216** 0,33 ms α: 9,028	**Ac 217** 0,069 µs α: 9,65	**Ac 218** 1,1 µs α: 9,205	**Ac 219** 11,8 µs α: 8,664	**Ac 220** 26 ms γ: 0,134 α: 7,85	**Ac 221** 52 ms α: 7,65	**Ac 222** 5,0 s α: 7,009	**Ac 223** 2,10 min α: 6,647	**Ac 224** 2,9 h ε,γ: 0,216 α: 6,142	**Ac 225** 10,0 d γ: 0,100 α: 5,830
88	**Ra 208** 1,3 s α: 7,133	**Ra 209** 4,6 s α: 7,010	**Ra 210** 3,7 s α: 7,019	**Ra 211** 13 s α: 6,911	**Ra 212** 13 s α: 6,9006	**Ra 213** 2,74 min ε,γ: 0,110 α: 6,624	**Ra 214** 2,46 s ε α: 7,136	**Ra 215** 1,6 ms α: 8,699	**Ra 216** 0,18 µs α: 9,349	**Ra 217** 1,6 µs α: 8,99	**Ra 218** 25,6 µs α: 8,39	**Ra 219** 10 ms γ: 0,316 α: 7,679	**Ra 220** 23 ms γ: 0,465 α: 7,46	**Ra 221** 28 s γ: 0,149 α: 6,613	**Ra 222** 38 s γ: 0,324 α: 6,559	**Ra 223** 11,43 d γ: 0,269 α: 5,7162	**Ra 224** 3,66 d γ: 0,241 α: 5,6854
87	**Fr 207** 14,8 s ε α: 6,767	**Fr 208** 58,6 s γ: 0,636 α: 6,636	**Fr 209** 50,0 s ε α: 6,648	**Fr 210** 3,18 min ε,γ: 0,644 α: 6,543	**Fr 211** 3,10 min ε,γ: 0,540 α: 6,535	**Fr 212** 20,0 min ε,γ: 1,274 α: 6,262	**Fr 213** 34,6 s ε α: 6,775	**Fr 214** 5,0 ms α: 8,426	**Fr 215** 0,09 µs α: 9,36	**Fr 216** 0,70 µs α: 9,01	**Fr 217** 16 µs α: 8,315	**Fr 218** 22 ms α: 7,615	**Fr 219** 21 ms α: 7,312	**Fr 220** 27,4 s γ: 0,045 α: 6,68	**Fr 221** 4,9 min γ: 0,218 α: 6,341	**Fr 222** 14,2 min γ: 0,206 β^-: 1,8	**Fr 223** 21,8 min γ: 0,050 β^-: 1,1
86	**Rn 206** 5,67 min ε,γ: 0,498 α: 6,260	**Rn 207** 9,3 min ε,γ: 0,345 α: 6,133	**Rn 208** 24,4 min ε,γ: 0,427 α: 6,138	**Rn 209** 28,5 min ε,γ: 0,408 α: 6,039	**Rn 210** 2,4 h ε,γ: 0,458 α: 6,040	**Rn 211** 14,6 h ε,γ: 0,674 α: 5,783	**Rn 212** 24 min γ α: 6,264	**Rn 213** 25 ms γ α: 8,09	**Rn 214** 0,27 µs α: 9,037	**Rn 215** 2,3 µs α: 8,67	**Rn 216** 45 µs α: 8,05	**Rn 217** 0,54 ms α: 7,740	**Rn 218** 35 ms γ α: 7,133	**Rn 219** 3,96 s γ: 0,271 α: 6,819	**Rn 220** 55,6 s γ α: 6,288	**Rn 221** 25 min γ: 0,186 β^-: 0,8	**Rn 222** 3,825 d α: 5,4895
85	**At 205** 26,2 min ε,γ: 0,719 α: 5,092	**At 206** 29,4 min ε,γ: 0,701 β^+: 3,1	**At 207** 1,8 h ε,γ: 0,815 β^+	**At 208** 1,63 h ε,γ: 0,686 α: 5,640	**At 209** 5,4 h ε,γ: 0,545 α: 5,647	**At 210** 8,3 h ε,γ: 1,181 α: 5,524	**At 211** 7,22 h ε α: 5,867	**At 212** 314 ms γ: 0,063 α: 7,68	**At 213** 0,11 µs α: 9,08	**At 214** 0,76 µs γ α: 8,782	**At 215** 0,1 ms γ α: 8,026	**At 216** 0,3 ms γ α: 7,804	**At 217** 32,3 ms γ,β^- α: 7,069	**At 218** 2 s γ,β^- α: 6,694	**At 219** 0,9 min β^- α: 6,27		
84	**Po 204** 3,53 h ε,γ: 0,884 α: 5,377	**Po 205** 1,66 h ε,γ: 0,872 α: 5,22	**Po 206** 8,8 d ε,γ: 1,032 α: 5,2233	**Po 207** 5,84 h ε,γ: 0,992 α: 5,116	**Po 208** 2,898 a ε α: 5,1152	**Po 209** 102 a ε α: 4,881	**Po 210** 138,38 d γ α: 5,3044	**Po 211** 25,2 s γ: 0,570 α: 7,275	**Po 212** 45,1 s γ: 2,615 α: 11,65	**Po 213** 4,2 µs α: 8,376	**Po 214** 164 µs α: 7,6869	**Po 215** 1,78 ms β^- α: 7,3862	**Po 216** 0,15 s α: 6,7783	**Po 217** <10 s β^- α: 6,539	**Po 218** 3,05 min β^-,γ α: 6,0024		
83	**Bi 203** 11,7 h ε,γ: 0,820 β^+: 1,4	**Bi 204** 11,22 h ε,γ: 0,899 α: 0,899	**Bi 205** 15,31 d ε,γ: 1,764 β^+	**Bi 206** 6,24 h β^+	**Bi 207** 31,55 a ε,γ: 0,570 β^+	**Bi 208** $3{,}68\cdot10^5$ a ε γ: 2,615	**Bi 209** 100	**Bi 210** 5,013 d γ β^-: 1,2	**Bi 211** 2,17 min γ: 0,351 α: 6,623	**Bi 212** 25 min β^-,γ α: 6,34	**Bi 213** 45,59 min γ: 0,440 β^-: 1,4	**Bi 214** 19,9 min γ: 0,609 β^-: 1,5	**Bi 215** 7,6 min γ: 0,294 β^-	**Bi 216** 3,6 min γ: 0,550 β^-			
82	**Pb 202** $5{,}25\cdot10^4$ a ε	**Pb 203** 51,9 h ε γ: 0,279	**Pb 204** 1,4	**Pb 205** $1{,}5\cdot10^7$ a ε	**Pb 206** 24,1	**Pb 207** 22,1	**Pb 208** 52,4	**Pb 209** 3,253 h β^-: 0,6	**Pb 210** 22,3 a γ: 0,047 β^-: 0,02	**Pb 211** 36,1 min γ: 0,405	**Pb 212** 10,64 h γ: 0,239 β^-: 0,3	**Pb 213** 10,2 min β^-	**Pb 214** 26,8 min γ: 0,352 β^-: 0,7				
81	**Tl 201** 73,1 h ε γ: 0,167	**Tl 202** 12,23 d ε γ: 0,440	**Tl 203** 29,524	**Tl 204** 3,78 a ε β^-: 0,8	**Tl 205** 70,476	**Tl 206** 4,2 min β^-: 1,5	**Tl 207** 4,77 min β^-: 1,4	**Tl 208** 3,05 min γ: 0,2615 β^-: 1,8	**Tl 209** 2,16 min γ: 1,567 β^-: 1,8	**Tl 210** 1,30 min γ: 0,800 β^-: 1,9							
80	**Hg 200** 23,10	**Hg 201** 13,81	**Hg 202** 29,86	**Hg 203** 46,59 d γ: 0,279 β^-: 0,2	**Hg 204** 6,87	**Hg 205** 5,2 min γ: 0,204 β^-: 1,5	**Hg 206** 8,15 min γ: 0,305 β^-: 1,3	**Hg 207** 2,9 min γ: 0,351 β^-: 1,8	**Hg 208** 42 min γ: 0,474 β^-								
79	**Au 199** 3,139 d γ: 0,158 β^-: 0,3	**Au 200** 48,4 min γ: 0,368 β^-: 2,3	**Au 201** 26,4 min γ: 0,543 β^-: 1,3	γ: 0,440 β^-: 3,5	**Au 203** 60 s γ: 0,218 β^-: 2,0	**Au 204** 39,8 s γ: 0,437 β^-	**Au 205** 31 s γ: 0,379 β^-										

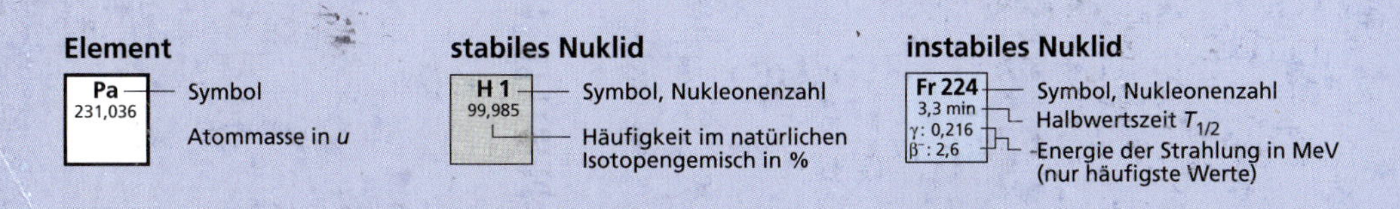

Häufigkeit der Zerfallsart

U 229, 58 min, ε,γ, α: 6,362 — α-Zerfall öfter als 50% (gelb), ε-Elektroneneinfang weniger als 50% (grün)

Nuklid

Th 232, 100, $1{,}41\cdot10^{10}$ a — mit der Erde entstandenes radioaktives Nuklid

Farben und Zerfallsarten

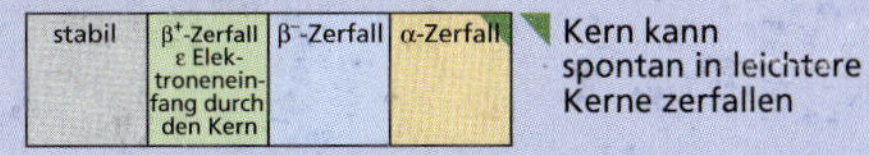

Bildquellenverzeichnis

ABB Kabel und Draht GmbH: 330/0, 345/2; ABB Transformatoren GmbH: 394/3; AEG Alotherm Remscheid: 396/2; AEG Hausgeräte GmbH: 348/2b, 479/1a–b; ADAC: 194/3, 355/2; ARAL: 270/3; Back Arts GmbH: 142/0, 159/1, 205/2, 229/4; Kathrin Bahro, Berlin: 149/2, 348/2c, 350/1, 352/1, 467/4, 478/1c, 479/1d; BEWAG Berlin: 11/3; BMW: 273/2; Aus: Bergmann-Schaefer: Lehrbuch der Experimentalphysik, Bd. III, Optik, Walter de Gruyter & Co., 1987: 127/2; BMW Rolls-Royce GmbH: 131/3; Andreas Biedermann, Berlin: 274/3; Bizerba GmbH & Co. KG: 101/2b, 110/1; Boeing: 174/1; Carl Braun Camerawerke GmbH, Nürnberg: 66/2; Hubert Bossek: 39/1; Canon Deutschland GmbH: 59/1, 72/1; CERN Genf: 22/1, 446/1; Corel Photos: 9/1, 10/3, 16/3, 25/1, 88/2, 90/2, 91/1, 111/3, 112/1, 112/3, 113/4, 113/5, 113/9, 131/3, 135/1, 135/2, 142/2, 143/1, 145/1c, 154/1, 162/2, 172/3, 173/3a-c, 179/2d, 182/1, 183/1, 184/2, 186/1, 188/3a, 195/1, 200/1, 203/1, 203/3, 204/4, 205/1, 211/1a–d, 212/1, 212/2, 222/3c, 230/3, 236/1b, 240/1, 240/3, 243/1, 255/1a, 259/1, 261/2, 266/1, 268/1c, 271/3, 280/1, 281/1c, 286/0, 292/1, 293/1, 296/1, 301/1, 311/2, 313/1, 335/2 (Fotomontage mit Bild von Sony Deutschland GmbH), 457/3, 465/1, 468/6, 470/1, 478/1a–b; Cornelsen Experimenta GmbH & Co. KG: 23/1, 27/1, 48/1a–c, 73/1, 123/1, 123/2, 178/1, 246/2, 248/1, 263/3, 272/0, 291/1, 291/2, 316/2, 317/3, 317/4, 317/5, 317/7, 362/1, 416/2; DEBRIV-Bundesverband Braunkohle: 467/0; DESY Hamburg: 11/1; Deutsche Bahn AG: 162/1, 179/2c, 181/1, 311/1; Deutsche Flugsicherung GmbH, Offenbach: 432/1; Deutsches Zentrum für Luft- und Raumfahrt e. V., Köln: 52/2; DPA: 149/1, 270/1, 293/3; Dunlop AG, Hanau: 111/2; ESO: 69/2, 77/1; ESA: 193/2; Fichtel & Sachs GmbH: 233/1, 234/1, 234/2, 237/1; John Foxx: 144/1, 221/1; Uwe Freitag: 39/2; Fulda Reifen GmbH & Co. KG: 194/1, 197/1; Bärbel Grimm, Berlin: 140/2, 466/3; Hamburgische Electricitätswerke (HEW): 485/1; Hawk Bike Gmbh. Berlin: 222/3b; Hemera Photo Objects: 16/4, 74/1, 97/1, 99/0, 101/3, 106/1, 107/1b, 110/2, 112/0, 114/2, 126/2, 138/1, 180/1, 191/1, 220/1, 221/3, 227/01, 235/1, 236/1a, 236/2, 240/2, 250/1, 257/1, 260/3, 262/1, 263/1, 267/1, 271/2, 283/0, 288/0, 289/1, 297/0, 300/1, 306/0, 310/0, 317/2, 326/0, 333/1, 347/1, 351/0, 376/0, 378/01, 378/02, 379/1, 408/0, 409/3, 410/0, 411/0, 414/0, 417/0, 419/1, 421/1, 426/0, 438/01, 438/02, 452/2, 461/1, 468/3, 474/0, 475/0, 479/2, 480/2, 490/0; Hessen Touristik Service GmbH: 188/3c, 214/2; H-TEC Wasserstoff-Energie-System: 488/1; Informationsstelle für Elektrizitätsanwendung, Zürich: 16/1, 442/1, 464/1; InfraTec GmbH, Dresden: 275/2, 275/3, 276/1, 276/2; Klaus Jupe, Erfurt: 38/2; Stefan Karsch: 39/3; Claudia Kilian, Berlin: 98/2; Knorr-Bremse AG: 201/1, 264/1; Hans-Joachim Kübsch, Gutow: 279/1; Kyocera: 413/6; Heinz-Günter Lau GmbH, Ahrensburg: 350/2; Günter Liesenberg, Berlin: 34/3, 35/1c, 41/2a, 41/2d–e, 55/1, 87/1a–b, 95/1, 107/1a, 112/2, 126/1, 127/1, 150/1, 157/1b, 163/3b, 238/1b, 280/3, 289/3, 290/1, 317/6a–b, 364/2, 376/1, 379/2, 382/3, 425/2, 434/0, 467/2, 484/2; LEYBOLD-DIDACTIC GMBH: 46/1, 90/1, 104/1a–b, 241/4, 244/2, 244/3, 244/4, 320/1, 374/1, 385/2, 385/4; Lufthansa Bildarchiv: 172/0, 335/3, 468/2; Mahler, H., Berlin: 37/3, 51/1, 53/1, 56/2, 95/3, 99/1, 109/1, 124/1, 127/3a–b, 132/1a–b, 210/2a–b, 267/2b, 268/1a–b, 268/2, 292/2, 293/2, 299/1, 315/2, 317/1, 332/0, 353/1, 366/1, 367/1, 371/1; Mannesmann Dematic AG, Wetter: 113/1, 375/1, 468/8; Juliana Mentzel, Radewege: 114/1; Lothar Meyer, Potsdam: 17/2, 26/1, 36/2, 37/1, 40/2, 41/2b, 41/2f, 44/1a, 44/2a, 44/3a, 49/1b, 49/2b, 52/3a–b, 55/2a–b, 56/1, 61/1, 61/2, 66/1, 68/2, 75/1, 95/2, 98/3, 99/2, 101/2a, 107/2, 107/3a–d, 113/2, 113/6, 113/8, 115/1a, 128/1, 130/1, 140/1, 145/1b, 149/3, 150/4, 153/0, 155/1, 156/1, 156/3, 157/1a, 157/1c–d, 161/1, 163/3a, 171/2, 179/1, 179/2a, 188/3b, 194/4, 195/2, 204/2, 208/1, 210/3a–c, 213/1, 215/0, 215/2b, 216/1, 218/1, 222/1, 222/3a, 229/1, 230/1, 234/3, 235/2, 236/1c, 237/3, 238/1a, 244/6, 261/1, 263/2, 263/4, 263/5, 267/2a, 267/2d, 269/1, 279/3, 280/2, 281/1b, 282/1, 282/2, 289/2a–b, 296/2, 301/2, 308/1, 315/3, 315/4, 327/1, 328/01, 328/02, 329/0, 333/2, 335/1, 338/2, 338/3, 338/4, 342/1, 344/1, 345/1, 349/1, 349/2, 356/1, 359/1a–c, 366/2, 369/1, 371/3, 372/1, 372/3, 377/3, 380/1, 382/1, 383/2, 391/2, 393/1, 393/2, 394/2, 396/1, 402/1, 406/0, 407/1, 407/3, 413/1, 413/2, 413/3, 413/4, 413/5, 413/7, 413/8, 418/1, 420/1, 425/1, 434/2, 450/1, 456/1, 478/1d, 484/3, 484/4, 487/1a–b; Meyer-Werft, Papenburg: 210/1; Motorola GmbH: 422/1; NASA: 14/3, 15/2, 43/2, 98/1, 111/1, 117/3, 118/1, 123/3, 270/0, 441/1, 462/0; Naturfotografie Frank Hecker: 131/1; Nikon: 71/4; ÖAMTC: 34/1, 184/1, 184/3, 198/1, 200/3; Adam Opel AG: 102/3a–c, 145/1a, 185/1, 186/2a–c, 200/2, 303/1, 305/2, 307/1, 365/3; Osram GmbH: 17/1, 36/3, 341/1, 347/2, 348/2a, 354/2, 400/1, 415/0, 466/2, 479/1c; Archiv PAETEC Verlag für Bildungsmedien: 12/1, 13/1, 13/2, 41/2c, 43/1, 51/4, 71/1, 80/1, 80/2, 80/3, 83/1, 103/2, 114/2, 128/2, 164/3, 177/1, 187/1, 187/2, 194/2, 216/2, 216/3, 227/02, 231/0, 237/2, 260/1, 265/0, 278/1, 279/2, 285/1, 287/1, 303/2, 304/2, 304/3, 308/2, 354/1, 358/2, 363/2, 369/2, 373/0, 388/1, 392/1, 392/2, 412/2, 428/2, 435/1, 436/1, 447/2, 450/3, 459/1, 459/2, 459/3; Jürgen Pettkus, Zepernick: 466/1; Philipps AG: 36/1, 400/2, 415/1; PhotoDisc, Inc.: 10/1, 10/2, 14/1, 14/2, 18/1, 35/1a, 35/1b, 41/1a–b, 77/2, 89/1, 124/2, 124/3, 133/1, 135/3, 138/2, 145/1d, 161/3, 163/3c, 170/1, 203/2, 222/2, 227/1, 229/2, 236/1d, 238/1c–d, 255/1b–d, 256/1, 260/2, 267/2c, 281/1a, 292/3, 314/2, 425/3, 432/2, 440/0, 442/2, 453/1, 467/1, 468/4, 468/5, 471/1, 478/2; Photosphere: 348/1, 480/3; Physikalisch-Technische Bundesanstalt Braunschweig und Berlin: 20/1, 20/2, 227/2; PHYWE SYSTEME GMBH & Co KG: 67/2, 85/1, 103/3, 173/1, 179/2b, 245/1, 322/1, 403/4, 450/2; Bernd Raum, Neuenhagen: 229/3, 468/1, 484/1; rebelpeddler Chocolate Cards: 12/2, 70/3, 336/2; Christel Ruppin, Berlin: 161/2, 314/1; Seppelfricke Haus- und Küchentechnik GmbH: 481/2; Siemens AG: 11/2, 15/1, 18/2, 33/1, 35/1d, 43/3, 46/0, 54/1, 88/1, 113/7, 254/1, 303/3, 347/3, 355/1, 381/1, 382/2, 390/2, 400/3, 404/0, 405/1, 412/0, 429/0, 437/2, 442/3, 457/1, 457/2, 460/2, 468/7, 468/9, 469/1, 480/1; Sternwarte Harpoint: 34/2; The Yorck Project: 77/3; Technorama, Winterthur: 51/3, 223/1, 358/1, 358/3, 369/3; Michael Unger, Königs Wusterhausen: 249/1; Universität Bremen, Fachgebiet Mineralogie: 337/2; Universitätssternwarte Bonn, Klaus Bagschik: 59/2, 68/3; Patrik Vogt, Landau: 18/3, 28/1, 129/1, 152/1, 152/2, 152/3, 315/1, 316/1, 318/1, 318/2, 318/3, 319/1, 327/3, 333/3, 339/1, 339/2, 351/1, 370/1, 386/0, 398/1, 398/2; Varta Batterie AG: 323/3; Volkswagen AG: 112/4, 113/3, 163/2, 176/1, 190/1, 221/2, 402/3, 467/3; Wacker Siltronic AG Burghausen: 405/3b; Carl Zeiß Jena und Oberkochen: 16/2, 59/3, 67/1, 71/2, 71/3.

Titelbild: PhotoDisc,. Inc.